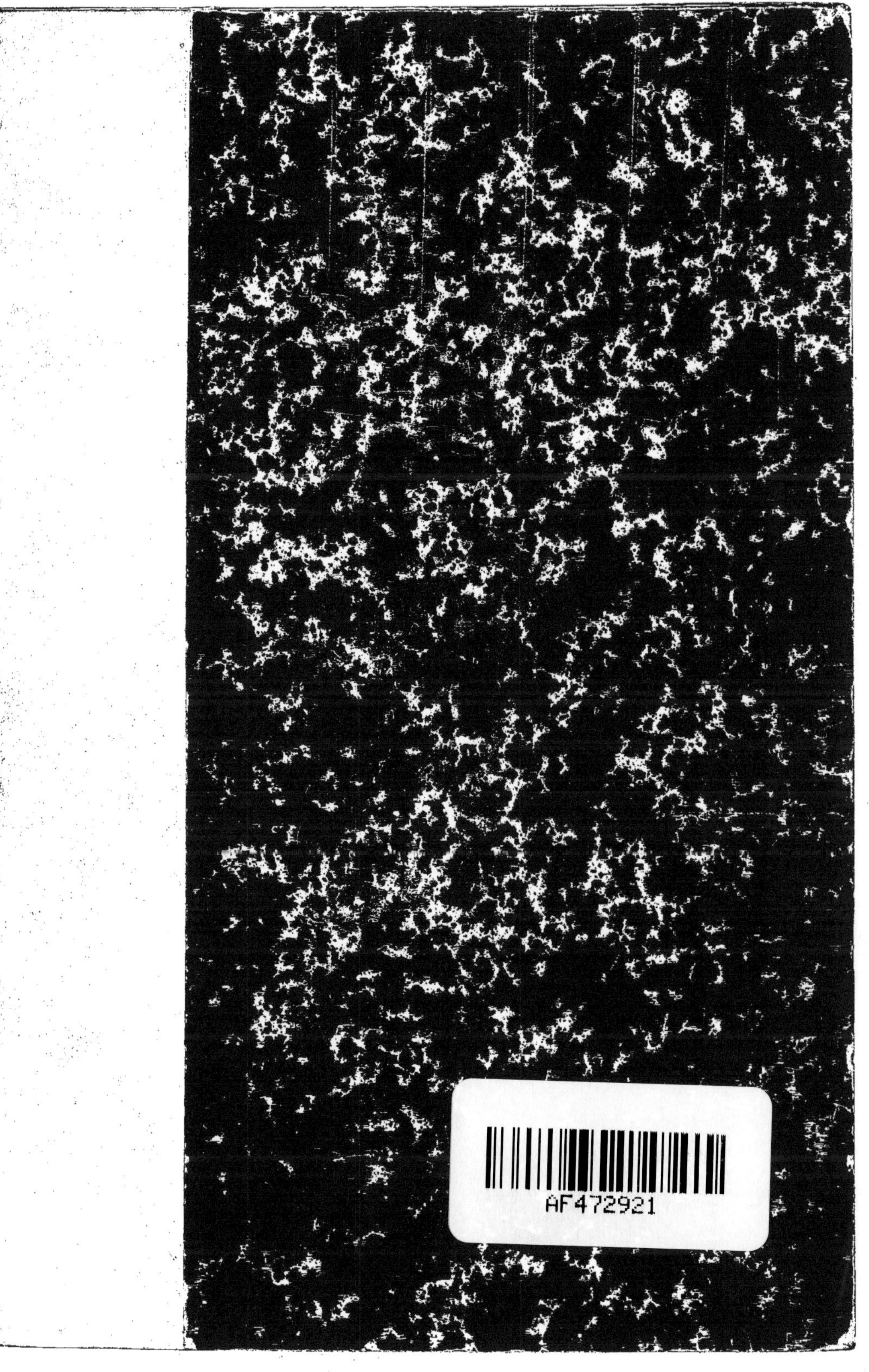

TRAITÉ
DES
PORTS DE MER

TOURS. — IMPRIMERIE DESLIS FRÈRES, 6, RUE GAMBETTA

ENCYCLOPÉDIE THÉORIQUE & PRATIQUE DES CONNAISSANCES CIVILES & MILITAIRES

(*Publiée sous le patronage de la Réunion des officiers*)

PARTIE CIVILE

COURS DE CONSTRUCTION

Publié sous la direction de

G. OSLET, INGÉNIEUR DES ARTS ET MANUFACTURES

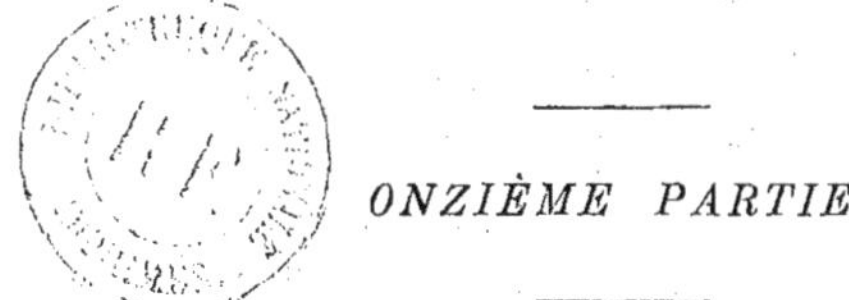

ONZIÈME PARTIE

TRAITÉ DES PORTS DE MER

PAR

P. BERTHOT

Ingénieur des Arts et Manufactures. — Membre et lauréat de la Société des Ingénieurs civils de France,
Ancien Ingénieur de la province de Céara (Brésil). — Ingénieur en chef de l'Exposition Française à Moscou, en 1891

PARIS
GEORGES FANCHON, ÉDITEUR
25, RUE DE GRENELLE, 25

TRAITÉ DES PORTS DE MER

ONZIÈME PARTIE DU COURS DE CONSTRUCTION

PAR

P. BERTHOT

Ingénieur des Arts et Manufactures. — Membre et lauréat de la Société des Ingénieurs civils de France
Ancien Ingénieur de la province de Céara (Brésil).
Ingénieur en chef de l'Exposition Française à Moscou, en 1891

PROGRAMME SOMMAIRE

CHAPITRE PREMIER

Historique. — Antiquité de la navigation. — Les ports de mer chez les anciens. — Travaux exécutés par eux.

CHAPITRE II

La mer. — Sa composition chimique et son action sur les matériaux de construction. — Sur les métaux. — Sa profondeur. — Appareils de recherche. — Explorations recentes. — Courants de la mer. — Travaux de Maury. — Marées. — Théorie de Laplace. — Loi de Chazelon. — Vagues. — Tempêtes. — Effet de l'huile. — Raz-de-marée. — Établissement d'un port. — Moyen d'utiliser les marées comme force motrice.

CHAPITRE III

Ce que doit être un port. — Différentes espèces de ports. — Rades. — Ports militaires. — Ports marchands. — Ports de refuge.

CHAPITRE IV

Régime des plages. — Vases. — Galets. — Sables. — Dunes. — Leur fixation. — Falaises.

CHAPITRE V

Approche des côtes. — Amers. — Balises. — Bouées. — Corps-morts. — Phares. — Sémaphores. — Life-boats. — Porte-amarres.

CHAPITRE VI

Entretien et amélioration des ports. — Quais. — Môles. — Digues. — Jetées. — Titans. — Bassin à flot. — Ponts mobiles. — Écluses. — Portes. — Portes de flot. — — Portes-volets. — Portes de chasse. — Dérochement. — Dragues.

CHAPITRE VII

Outillage des ports. — Exploitation des ports de commerce. — Voies d'accès. — Mouillage. — Grues. — Bassin de radoub.

CHAPITRE VIII

Description de quelques ports français et étrangers. — Le Havre. — Marseille. — Cherbourg. — Bayonne. — Saint-Jean-de-Luz. — Cap Breton. — Anvers. — Holyhead (port de refuge). — New-York. — Port de la Palice.

CHAPITRE IX

Canaux maritimes. — Canal d'Amsterdam à la mer. — Canal de Corinthe. — Canal de Saint-Pétersbourg à Cronstadt. — Canal de la mer du Nord à la Baltique. — Canal de Manchester. — Canal de Suez. — Canal de Tomorville. — Canal des deux mers en Écosse.

CHAPITRE X

Droit de feu. — Pilotage. — Remorquage. — Droits de quai et de tonnage. — Principales lois et règlements. — Personnel.

CHAPITRE PREMIER

HISTORIQUE

ANTIQUITÉ DE LA NAVIGATION

Historique de la navigation maritime.

1. L'origine de la navigation maritime se perd dans la nuit des chronologies les plus anciennes. Platon, dans son célèbre dialogue de Critias, en fait remonter l'origine jusqu'à ce continent mystérieux appelé *Atlantide*, qui, d'après les prêtres égyptiens, aurait existé neuf mille ans avant le siècle de Solon, qui vivait 600 ans avant J.-C.

Quelques auteurs modernes, entre autres M. Onffroy de Thoron, se sont efforcés de prouver, dans des mémoires pleins d'érudition (voyage des vaisseaux de Salomon au fleuve des Amazones) qu'il existait des traces de grande navigation des Phéniciens et des Hébreux de l'époque de Salomon (1 000 ans avant J.-C.) et a cherché à déterminer les positions géographiques des royaumes de Parvaïm, d'Ophir et de Tarschisch. De savantes dissertations sur la langue kichna, qui se parle encore dans les Andes du Pérou, établissent de grandes ressemblances entre cette langue, qui s'écrit avec quatorze lettres, et les langues mortes de l'Asie, de l'Égypte et de la Grèce. Aussi, semble-t-il résulter de ces comparaisons, et des récits des auteurs anciens, que le royaume d'Ophir était situé dans la Colombie sur les bords du Rio Negro, l'empire de Irin au nord du Brésil, les royaumes de Parvaïm dans le Pérou et celui de Tarschisch sur le haut Amazone.

Dans l'ordre chronologique, on cite d'autres voyages célèbres tels que celui de Danaüs fuyant l'Égypte (1500 ans avant J.-C.), les expéditions de Sésostris qui datent de la même époque, et le voyage des Argonautes à la conquête de la toison d'or (1226 ans avant J.-C.).

2. *Phéniciens.* — Quoi qu'il en soit, jusqu'à ce jour, on s'est accordé à considérer les Phéniciens comme étant les premiers peuples qui se soient adonnés à la navigation. Possesseurs d'un territoire exigu resserré entre les montagnes du Liban et la mer, ils occupèrent, dès le XIIIe avant Jésus-Christ, le monopole du commerce dans la Méditerranée. Dès le Xe siècle, ils avaient des ports dans l'Éthiopie, l'Arabie et l'Inde.

Indépendamment de Sidon et de Tyr, ils fondèrent les villes de Carthage, d'Utique, de Palerme, de Carthagène, Malaga, de Cadix, exploitèrent les mines d'étain des îles Cassitérides (Sorlingues), et ainsi suscitèrent les jalousies des Grecs et des Carthaginois. Les premiers leur disputèrent et leur enlevèrent leurs colonies de l'est de la Méditerranée, et les Carthaginois, celles de l'ouest. Ils disparurent complètement avec les Séleucides, soixante-quatre ans avant l'ère chrétienne, et le pays fut réduit en province romaine.

3. *Grecs.* — On trouve dans l'Iliade d'Homère, et confirmé par Thucydide, que les Grecs partirent assiéger Troie (XIIe siècle avant J.-C.) sur une flotte de douze cents navires montés, chacun, par cinquante à cent vingt hommes.

Le siècle suivant vit naître la grande expansion coloniale de la Grèce, qui, partie du continent, engloba, peu à peu, les îles de l'Archipel d'abord, puis les côtes de l'Asie Mineure et du sud de l'Europe. Il suffit de citer les villes de Milet, d'Éphèse, de Phocée, de Smyrne, d'Halicarnasse, les établissements maritimes de Lesbos, de Chios, de la Crète, de Rhodes, de l'île de Chypre, de Syracuse, de Crotone, de Tarente, de Néopolis, de Massilia, de Nice, etc. Cette puissance maritime passa des mains des Athéniens dans celles des Macédoniens sous Alexandre le Grand, qui fonda, comme on le sait, la ville d'Alexandrie, et elle fut enfin absorbée deux siècles avant notre ère par les Romains.

4. *Carthage.* — Les Carthaginois, comme leurs ancêtres les Phéniciens, créèrent de nombreux établissements, mais surtout à l'ouest de l'Europe, ils occupèrent Malte, la Corse, les îles Baléares, une portion de l'Espagne, y fondèrent les villes de Cadix (Gabès) et de Carthagène et visitèrent les côtes de la Grande-Bretagne. On connaît l'issue de leurs guerres avec les Romains, qui jalousaient leur puissance, et la destruction de cette ville cent quarante-six ans avant Jésus-Christ.

5. *Romains.* — Tous les historiens sont d'accord sur ce fait que l'accroissement pénible de Rome pendant les premiers siècles qui suivirent sa fondation (753 av. J.-C.) tient à ce qu'elle se préoccupa fort peu de la marine. Son incurie lui coûta même fort cher, et le commerce des pays maritimes qu'elle s'était annexée fut détruit par les pirates. Les plus célèbres furent ceux de la Cilicie et de la Crète, et le mal devint tellement grand qu'en l'an 67 av. J.-C., le Sénat donna les pleins pouvoirs à Pompée et les ressources nécessaires pour mettre fin à ces déprédations, ce que du reste il fit, on se le rappelle, en quatre-vingt-dix jours.

Depuis cette époque jusqu'au moyen âge, Rome conserva, avec diverses fortunes, les établissements des peuples qu'elle avait subjugués.

6. *France.* — A partir de la chute de l'empire d'Occident (476) il faut aller jusqu'à Charlemagne pour voir une puissante organisation maritime créée en vue de s'opposer aux incursions des Normands. Mais sous ses successeurs, la marine fut délaissée, et les Normands victorieux purent se faire céder, les armes à la main, la Normandie et la Bretagne. Puis vinrent la conquête de l'Angleterre, les Croisades, la guerre de Cent ans, époques pendant lesquelles la puissance maritime de l'Angleterre s'accrut aux dépens de nos ports, qui tombèrent pour la plupart entre ses mains, après de nombreuses vicissitudes. La fin de la guerre de Cent ans (1453) mit fin à ces malheurs, et, à partir de cette époque, la France, à l'exception du port de Calais, rentra en possession de son littoral de l'Atlantique.

La découverte de la boussole par Pietro d'Amalfi, en 1302, prépara l'ère des grandes découvertes maritimes dont l'éclosion eut lieu pendant la Renaissance. On vit alors les Basques poursuivre les baleines jusqu'au Canada et jusqu'au Groenland ; les Normands découvrir la Guinée et s'emparer des Canaries ; les Norvégiens s'avancer jusqu'au Labrador, Vasco de Gama doubler le cap de Bonne-Espérance, enfin Christophe Colomb découvrir le nouveau monde. Notre marine devint des plus florissantes sous François Ier; puis, elle resta stationnaire pendant la première période des guerres de religion, et elle se trouva presque réduite à néant, au commencement du règne de Henri IV.

Fig. 1. — Navire de guerre égyptien (d'après un bas-relief de Thèbes).

Ce fut ce roi qui commença à donner à la marine française une impulsion qui fut continuée par Richelieu, et on sait toute l'importance qu'elle acquit alors, et qui s'accrut encore sous le règne de Louis XIV. Colbert voulait faire de la France une puissance navale au niveau de l'Angleterre et de la Hollande. Nos colonies s'accrurent, de grandes Compagnies de commerce et de navigation s'établirent, les flibustiers de Saint-Dominique, pris sous la protection du gouvernement, l'inscription maritime et la caisse des invalides de la marine créées. Ces institutions, si sages qu'elles ont résisté à tous les événements politiques qui se sont passés sur notre sol, fournirent en 1683 soixante mille marins valides, disponibles. Colbert enfin mit dix ans à composer son *Ordonnance sur la marine*, qui est restée depuis le code de la marine de commerce. Après la mort de Colbert, les choses changèrent; la marine fut moins protégée, les finances obérées ne permirent pas de réparer le désastre de la Hougue, nos ports furent attaqués, Dieppe incendié, le port de Dunkerque détruit, et la marine militaire tomba en ruine sous le ministère de Dubois et du cardinal Fleury. Il n'en fut heureusement pas de même de la marine marchande. La Compagnie des Indes, issue de la Banque de Law, possédait au moment de la disgrâce de ce dernier, en 1723, cent cinq vaisseaux ; en 1745, cette Compagnie était devenue une véritable puissance maritime, sous l'impulsion de deux directeurs généraux aussi habiles qu'énergiques, La Bourdonnais et Dupleix. Malheureusement, la désunion se mit entre eux, La Bourdonnais fut rappelé en France, et mis à la Bastille.

Cette prospérité excita la jalousie de l'Angleterre qui profita de l'infériorité de la marine royale. Bien qu'en 1754 la flotte française ne comptât, dans les ports, que soixante vaisseaux, trente et une frégates et vingt-un autres bâtiments, et la flotte anglaise deux cent quarante-trois bâtiments dont cent vingt et un vaisseaux de ligne, l'Angleterre s'effraya de la renaissance de notre puissance maritime militaire et la guerre de Sept ans éclata (1755-1763). On en connaît la funeste issue, presque toutes nos colonies nous furent enlevées; nous y perdîmes le Canada, la Louisiane et l'Inde. Peu de temps après, la Compagnie des Indes, du reste à la fin de son privilège, entra en liquidation et revendit son matériel à l'Etat.

Choiseul s'efforça de réorganiser notre marine et donna une grande activité aux travaux des ports. La proclamation de l'indépendance de l'Amérique, des alliances contractées avec le Portugal, la Hollande, la Suède, l'Angleterre nous valurent quelques succès, l'Angleterre fut vaincue et nous pûmes alors relever le port de Dunkerque et améliorer le port de Cherbourg, dont les travaux de la digue commencèrent en 1784, pour se terminer en 1854, et ceux du port militaire en 1866.

Au début de la Révolution française, nous avions soixante-dix vaisseaux de ligne, soixante-cinq frégates et dix-huit vaisseaux ou frégates en chantier. On connaît toutes les péripéties des guerres soutenues à cette époque, qui se terminèrent par le désastre de Trafalgar, le blocus établi par l'Angleterre, auquel Napoléon Ier répondit par le blocus continental, et enfin le traité de 1814 qui nous fit perdre cinquante trois places fortes, treize mille canons, trente vaisseaux, douze frégates, l'île de France et Sainte-Lucie.

Nous n'insisterons pas sur nos accroissements maritimes contemporains, nous rappellerons seulement qu'au point de vue de la navigation le percement du canal de Suez est le plus grand fait de ce siècle.

Ceux de nos lecteurs qui désireraient avoir des renseignements complémentaires sur cette partie intéressante de l'histoire pourraient consulter utilement le *Précis historique de la marine française*, par Chasseriau, les *Ports maritimes de France*, publié par le ministère des Travaux publics, et les *Ports de mer*, par Voisin-Bey, inspecteur général des ponts et chaussées.

Itinéraires maritimes.

7. Nous allons maintenant jeter un coup d'œil rapide sur les constructions navales anciennes afin de bien pouvoir comprendre quelles étaient, à cette époque, les conditions que l'on devait exiger d'un port de mer.

Tout d'abord, cependant, nous parlerons des itinéraires réduits, avant l'invention de la boussole, à un simple cabotage. Ces itinéraires nous sont donnés seulement par l'Itinéraire maritime, dit d'Antonin, faisant suite à l'Itinéraire terrestre dont nous avons eu occasion de parler dans notre *Cours de routes* et, comme lui, publié sans cartes.

8. *Itinéraire d'Antonin.*— Cet itinéraire maritime donne l'indication des divers points du contour de la côte avec les distances qui les séparaient. On appelait alors :

Plagia ou litus. — Une rade foraine.

Positio ou statio. — Une station plus abritée.

Refugium. — Un port de refuge.

Portus. — Un véritable port.

Ostia vel fluvii. — Les embouchures des rivières.

Gradus. — Les bras barrés des deltas qui formaient de véritables bassins.

9. *Les tables géographiques de Ptolémée* parurent ensuite et donnèrent la latitude et la longitude, des différents points des côtes, à une minute près.

Constructions navales.

10. Quant aux constructions des anciens, nous les connaissons assez mal. Les arts représentatifs étaient fort peu pratiqués; dans les temps anciens, on se contentait de figures symboliques. Nous ne les connaissons que par les bas-reliefs des monuments égyptiens, les fresques de Pompéï, les médailles, les sceaux, etc.

Nous donnerons comme exemple et d'après un bas-relief de Thèbes, la représentation d'un navire de guerre égyptien ; ce bas-relief date de l'époque de Rhamsès IV, et ornait le palais de ce roi, en souvenir d'une bataille qu'il gagna contre les Indiens.

Ce navire indique seulement vingt rameurs et les grands bateaux du Nil portaient vingt-deux avirons de chaque bord ; il parait très plausible à M. Jal, à qui nous empruntons ce dessin, que l'artiste chargé de sculpter le navire a supprimé un certain nombre de rameurs. Les rapides du Nil étaient en effet aussi difficiles à remonter pour un bateau marchand que pour un bateau de guerre, et la tactique commandait de se battre la voile carguée. Il s'ensuit que les navires devaient avoir 120 pieds de longueur (38 à 40 mètres), 5m,19 de largeur. Les rames devaient avoir de 4 à 5 mètres.

Les vaisseaux romains, copiés sur ces navires, pouvaient atteindre une vitesse de 9 à 10 kilomètres à l'heure, et portaient environ cinquante-deux hommes, puisqu'on rapporte qu'il fallut mille navires pour transporter cinquante-deux mille hommes en Germanie, pour venger la défaite de Varus.

D'autre part, on sait que ces navires portaient 3 000 talents de blé, ce qui, à raison de 26k,107 par talent, correspond à des navires de 78 à 80 tonneaux. On suppose, d'après ces dimensions, qu'ils tiraient 2 mètres à 2m,50 d'eau.

11. On trouve également chez les anciens des traces de construction de navires beaucoup plus grands; mais Jal, dans une sérieuse critique, les regarde comme apocryphes. Nous en citerons quelques-uns à cause de la célébrité qu'ils ont acquise dans l'histoire. C'est ainsi que Denys d'Halicarnasse parle de navires

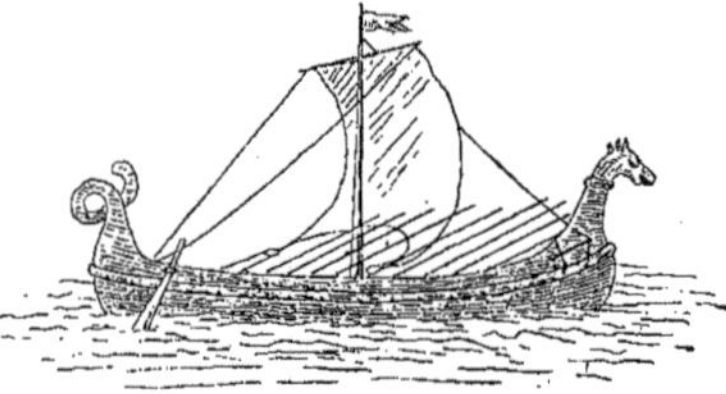

Fig. 2. — Restauration hypothétique d'un drakar.

ayant porté trois mille amphores pesant environ 20 kilogrammes, soit 400 tonneaux.

On cite encore le navire de Ptolémée Philopator qui avait près de 125 mètres de longueur sur 17 de largeur ; les rames devaient avoir aussi 17 m. Il aurait pu porter quatre mille rameurs, quatre cents matelots, deux cent quatre-vingt-cinq soldats.

Un autre, *le Thalamique*, aurait eu 100 mètres de longueur, 20 de largeur et 10 de creux.

Hiéron de Syracuse fit aussi construire, dit-on, par un disciple d'Archimède, un navire gigantesque à vingt rangs de rameurs, huit tours à parapet, trois mâts, douze ancres. Il était doublé de plomb et chevillé avec des clous en cuivre de 10 livres. Il avait un tonnage d'environ 1 050 tonneaux, c'est-à-dire qu'il pouvait charger 60 000 muids de blé ou 4 000 talents de marchandises.

En résumé, Jal conclut que la *galère subtile* du XVIIIe siècle est une traduction fidèle de la galère égyptienne contemporaine de Rhamsès IV, et que cette forme est celle qui a été généralement employée pendant tous les âges antérieurs à l'ère chrétienne.

12. Nous reproduisons (*fig.* 2) la restitution hypothétique d'un *drakar*, navire sur lequel les Normands faisaient leurs expéditions du temps de Charlemagne. Les Scandinaves avaient en outre des embarcations plus petites appelées *holders*, ainsi que le prouvent les vers tirés du *Roman du Rou* (*Rollon*) par le poète normand Wace, qui tenait ces détails de son père; il s'agit de la descente de Guillaume pour la conquête de l'Angleterre.

> Mais j'o oï dire à mon père
> Bien m'en sovint, mais varlet ère (mais enfant j'étais)
> Ke ses cens nés, quatre moins furent (700 moins 4)
> Ke nés, ke batels, ke esqueis (navires, bateaux, esquifs)
> A porter armes et harneis.

Ces navires étaient à fond plat, et on pouvait les mettre à sec, ainsi que le prouvent encore les vers de Wace :

> Li nés sont à un port turnées;
> Tutes sont ensemble arrivées (mises au rivage);
> Tutes sont ensemble accostées (mises à côte);
> Tutes sont ensemble aanchrées (mises à l'ancre);
> Et tutes ensemble asséchièrent (mises à sec).

La marine se transforma ensuite pendant le moyen âge; la découverte de la boussole et de l'artillerie amenèrent des modifications encore plus importantes, que vinrent compléter, dans ce siècle, l'emploi de la vapeur comme force motrice.

D'une manière générale, on peut dire que les navires anciens n'étaient pas pontés; aussi une tempête, même peu violente, suffisait-elle pour produire un désastre. Végèce cite une loi qui défendait de naviguer du 16 novembre au 21 mars, époque de brouillard, pendant laquelle les marins, qui ne se guidaient que par les étoiles, étaient désorientés et à la merci du premier vent violent.

13. D'après M. Léger (*Les Travaux publics, les Mines et la Métallurgie du temps des Romains*), « on faisait entrer dans la construction des navires le pin, le sapin, le larix, le cyprès, le frêne sauvage, le chêne vert pour les chevilles, l'aune, mais surtout le sapin et le larix. Les Gaulois employaient le chêne. Les assemblages étaient fixés par des clous en fer, plutôt en cuivre, calfatés avec des étoupes ou du sparte et de la cire liquide, de la poix ou de la résine. La coque était parfois doublée en plomb. Les voiles se faisaient en toile de chanvre ou en peaux cousues ensemble. On n'employa d'abord, d'après les données des médailles, qu'une voile latine ou carrée, lacée à une vergue fixée au mât (*molus*), ou par une drosse (*anquina*), ou par deux balancines (*caruchi*), orientée par des bras (*opifera*), et lacée en bas à une ralingue qui se fixait aux murailles du vaisseau par deux armures ou écoutes (*pes veli* et *propes*); par la suite, on mit plusieurs mâts et plusieurs vergues (*antenæ*); on eut des misaines (*dolon*), des huniers (*supparum*), on se servit même de foc. Les liburnes portaient une voile levantine. Les haubans et cordages se firent en chanvre, en sparte, en jonc ou en écorce; des chaînes en fer servaient à mouiller les ancres.

Les ancres étaient en fer, ou en bois et fer; elles avaient une tige, des bras spatulés en forme de pioches et un jas assez court; on les remplaçait quelquefois par des pierres, des lingots, des paniers remplis de pierres, qu'on faisait traîner sur les fonds.

14. Quant à la navigation, on s'orientait sur la Petite Ourse, dont les Phéniciens avaient observé la fixité. Ils en gardèrent longtemps le secret, ce qui leur assura, comme nous l'avons vu, le monopole du commerce de la Méditerranée, puisqu'ils pouvaient naviguer alors qu'on avait perdu les côtes de vue.

LES PORTS DE MER CHEZ LES ANCIENS

15. On ne trouve aucune trace de constructions maritimes avant la fondation des ports de Sidon et de Tyr. Le commerce se faisait dans des rades ouvertes; telle était la rade de Bérénice sur la mer Rouge, qui servait en quelque sorte d'entrepôt pour les marchandises venant des Indes. Plus tard, pour faciliter les déchargements, on construisit des quais en pierres sèches dans les endroits abrités, puis enfin des jetées en pierres sèches pour mieux abriter les navires et n'être pas obligés de les tirer à sec sur le rivage.

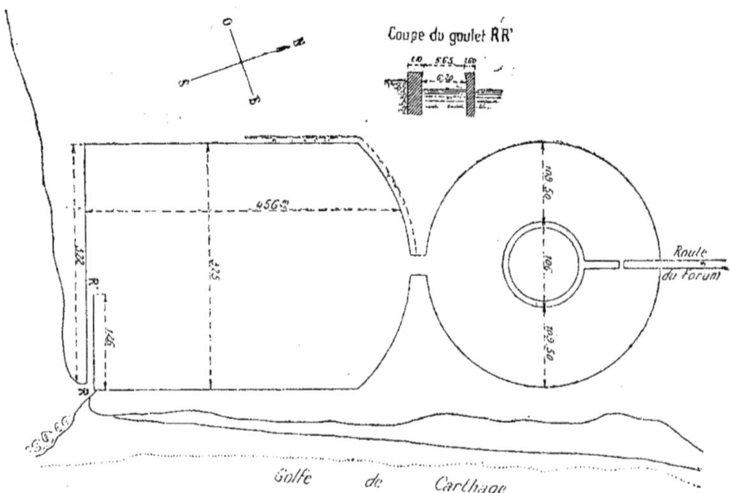

Fig. 3. — Port de Carthage.

Il est du reste fort difficile de se faire une idée exacte de ce qu'étaient ces ports. Les descriptions données par les anciens auteurs s'accordent mal ensemble, et en outre, les travaux restants ne peuvent permettre que difficilement de les reconstituer à cause des modifications incessantes que la mer apporte aux plages.

D'après M. Voisin-Bey, il est très difficile de se faire une idée exacte sur les anciens ports de Sidon (aujourd'hui Saïda), de Tyr (actuellement Sour) et de Tripoli; cependant, pour ce dernier, des vestiges de travaux existant, à l'extrémité d'une langue de terre, qui s'avançait de 2 000 mètres dans la mers, et était suivie d'une ligne de récifs formant brise-lames, permettent de penser qu'il y avait là un port intérieur.

Nous allons emprunter à M. Voisin-Bey quelques détails sur ceux qui sont les plus célèbres ou les mieux connus.

16. *Port de Carthage.* — D'après un travail de M. Beulé, sur les fouilles de Byrsa, inséré dans le *Journal des savants* de 1859, la ville de Carthage se divisait en trois parties :

1° Byrsa, qui paraît signifier tour ou citadelle, bâtie sur le point culminant de la presqu'île et assimilable à l'Acropole d'Athènes;

2° Mégare (νεαπολις), ou la ville proprement dite (l'ensemble forme Karthad-Hadtha, ville nouvelle) et :

3° Le Cothon ou port militaire. Ce port, dont nous donnons le croquis établi par Beulé, était circulaire avec une île au milieu, île dans laquelle était bâti le palais de l'amiral. Il communiquait avec le port marchand, qui était rectangulaire.

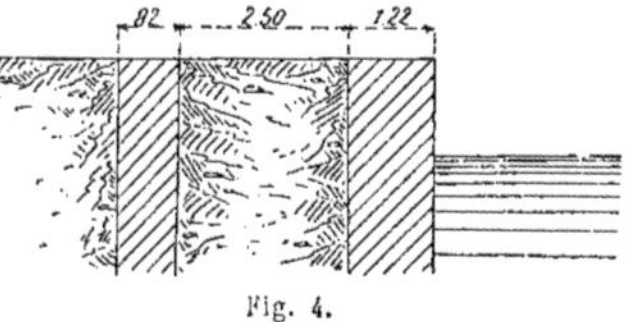

Fig. 4.

L'entrée des deux ports, ainsi qu'on le voit sur la figure 3, était commune. On

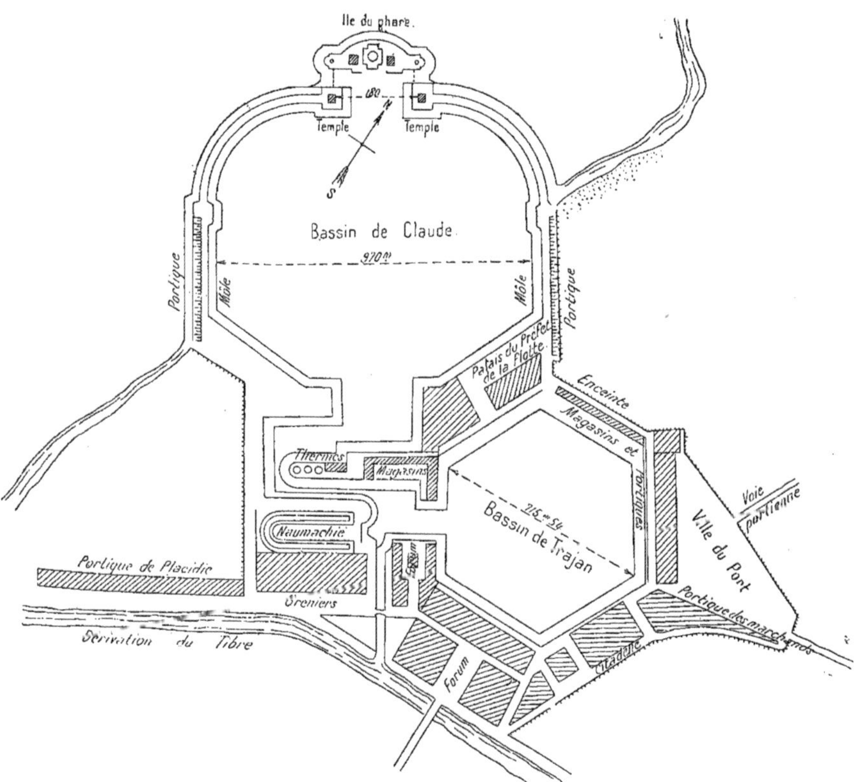

Fig. 5. — Port d'Ostie.

estime que les deux ports avaient 800 mètres de longueur et 325 mètres de largeur, soit 26 hectares. Les murs étaient parallèles et l'intervalle était rempli de sable (*fig.* 4).

Le port militaire était entouré de quais avec loges voûtées pour trois cent vingt galères et pourvu de magasins, dépôts, etc.

17. *Port du Pirée.* — Athènes avait trois ports : *Phalère*, *Munichie* et *le Pirée*. Le premier, le plus rapproché de la ville, devint insuffisant après les victoires de Thémistocle, et à l'instigation de celui-ci, on bâtit le port du Pirée. On rendit l'entrée de la baie plus étroite, au moyen de môles, et on flanqua l'entrée de tours de phares fortifiées. De plus, le port pouvait se barrer au moyen de chaînes.

La plupart des ports, tels que ceux d'*Halicarnasse*, de *Chios*, de *Cos*, de l'ancienne *Rhodes*, étaient formés par des baies naturelles, dont on rétrécissait les entrées au moyen de môles.

18. *Port d'Alexandrie.* — Lors de la fondation de la ville, le port consistait en une simple rade, abritée par l'île de Pharos, située à environ 1 000 mètres de la côte et s'étendant, avec les rochers qui s'y rattachaient, sur une longueur de 10 kilomètres. Sous le règne de Ptolémée, l'île fut jointe au continent par un pont ou môle ouvert, offrant notamment deux larges passages pour les navires, ce qui forma deux grands ports. La facilité des communications des deux ports faisait qu'on avait toujours un vent favorable, soit pour entrer, soit pour sortir.

19. *Port d'Ostie.* — Le port d'Ostie était, comme on le sait, le port de Rome ; la carte de Peutinger, que nous avons publiée dans notre *Cours de routes*, en donne un croquis.

Les vases et les courants du large encombraient l'embouchure du Tibre, aussi Ancus Martius (641-617 av. J.-C.) entreprit-il des travaux considérables et obtint-il d'excellents résultats. Il régularisa et encaissa le lit du fleuve vers son embouchure au moyen de quais solides et d'éperons, afin d'augmenter la vitesse du fleuve et d'entraîner les alluvions. Encouragé par ses succès, il fonda la ville d'Ostie et les choses restèrent en cet état jusqu'à Jules César, époque à laquelle on résolut de les améliorer. Les atterrissements avaient rendu l'embouchure du fleuve et, le port d'Ancus inabordables. Claude reprit alors le projet de Jules César, et d'après M. Léger, fit creuser un nouveau port sur la rive droite (*fig.* 5), plus à l'ouest, et le mit en communication avec le Tibre par un canal ; ce port étant insuffisant, après un projet de Néron qui ne fut pas exécuté, Trajan fit, en l'an 104, creuser un bassin hexagonal à l'est du port de Claude. La ville subit alors un grand accroissement, sa population atteint quatre-vingts mille âmes et après différentes vicissitudes, causées par les invasions des barbares, devint au xe siècle absolument impraticable.

Le port comprenait dans son enceinte le palais du préfet de la flotte, des temples,

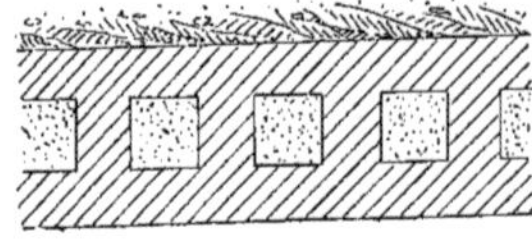

Fig. 6.

des thermes, des forums, des poids publics, une naumachie, un aqueduc d'eau douce, etc.

20. *Ports des Gaules.* — Parmi ces ports nous citerons d'abord le grand port militaire romain de Fréjus (*Forum Julii*), abrité par les montagnes des Maures, le cap d'Aigoux et les hauteurs de Saint-Raphaël ; il était surtout remarquable par la construction de sa citadelle. Sur une des faces les murs étaient doublés et parallèles, remplis de sable dans l'intervalle, présentant une épaisseur de 3 à 4 mètres de tête en tête, comme à Carthage ; sur une autre face, les murs parallèles étaient reliés par des murs transversaux, ménageant, dans leur épaisseur, des cheminées verticales remplies de sable tassé. L'ensemble avait 5 mètres d'épaisseur, et les alvéoles intérieurement 2 mètres de côté (*fig.* 6) ; ailleurs (*fig.* 7), le mur est soutenu par des contreforts réunis par des voûtes à berceau vertical de $1^m,25$ à $1^m,50$ de rayon; les niches ainsi formées extérieurement sont fermées par un mur continu pour ne pas servir d'abri aux assaillants. On retrouve, à 3 ou 4 mètres en arrière dans le terre-plein, un second mur parallèle destiné à suppléer le premier en cas de brèche; l'intervalle et les niches sont remplis de sable.

Marseille, d'après la tradition, fondé en l'an 600 avant Jésus-Christ par des Grecs des îles Ioniennes, qui accueillirent ensuite une émigration de Phocéens, acquit une grande réputation et profita des ruines de Tyr et de Carthage. Ses marins furent les plus hardis navigateurs de leur temps. En 320, Pythéas remontait jusqu'à la côte danoise, et Euthymènes touchait au Sénégal.

Quant aux ports situés sur l'Océan, les anciens itinéraires indiquent Bayonne, Bordeaux, La Rochelle, Saintes, Pornic, Nantes, Lorient, Brest, Morlaix, Caen, Honfleur, Le Tréport, Boulogne, etc.

Comparaison des ports anciens et modernes.

21. M. Léger donne ensuite un tableau comparatif très intéressant de la longueur des quais disponibles par hectare, tableau que nous reproduisons ci-dessous.

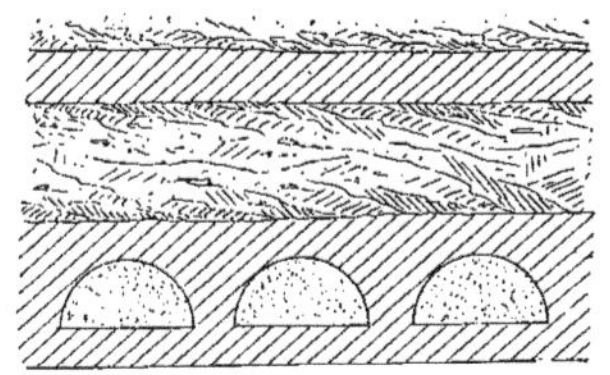

Fig. 7.

	NOMS DES PORTS	SURFACE du BASSIN	LONGUEUR des QUAIS	LONGUEUR MOYENNE par HECTARE DE BASSIN	
Ports antiques.			mètres		
	Ostie	$111^h,9940$	6 000	53	54^m,50
	Misène	98 ,0000	5 200	53	
	Pouzzoles	24 ,0000	1 200	50	
	Terracine	11 ,7100	1 160	99	
	Brindes	80 ,0000	6 400	80	
	Ancône	2 ,4500	400	160	
	Centum-Calle	2 ,8000	550	196	
	Fréjus	11 ,4625	1 000	87	
	Massilia	12 ,5000	1 000	80	
	Carthage militaire	7 ,3457	1 365	182	
	Carthage marchand	14 ,8000	1 310	87	
	Alexandrie	368 ,0000	15 000	41	
		745 ,6222	40 545		
Ports modernes.	Dieppe	$14^h,0000$	2 750	197	113
	Le Havre	55 ,0000	8 000	145	
	Honfleur	7 ,0000	1 500	214	
	Rouen	16 ,0000	2 000	125	
	Brest, port marchand	50 ,0000	4 125	82	
	Saint-Nazaire	10 ,0000	1 600	160	
	La Rochelle	5 ,0000	1 200	240	
	Marseille	112 ,0000	9 300	83	
	Londres, dock Victoria	26 ,3900	3 876	146	220
	— Greenock	8 ,140	2 185	249	
	— E. and W. India	14 ,000	4 800	342	
		49 ,2300	10 861		

Ainsi qu'on le voit, les grands ports de l'antiquité n'avaient que 40 à 90 mètres de quais par hectare de bassin, soit $54^m,50$ en moyenne. Aujourd'hui les nôtres ont 110 mètres et il faudrait en réalité beaucoup plus.

Les anglais ont jusqu'à 342 mètres par hectare, et leur moyenne est d'environ

220 mètres. Le premier chiffre approche de la limite de 400 mètres d'un bassin carré de 1 hectare.

La largeur des quais romains était de 12 mètres et exceptionnellement de 25 mètres. Elle s'élève aujourd'hui à 30, 40 et 50 mètres, ce qui est rendu obligatoire par suite de l'augmentation du tirant d'eau, car cet accroissement augmente le tonnage par unité de surface du navire et du bassin et exige par conséquent des voies de transports plus nombreuses pour le chargement et pour le déchargement.

TRAVAUX EXÉCUTÉS PAR LES ANCIENS

22. Nous avons dit, à propos de Carthage et de Fréjus, comment les anciens exécutaient leurs murs de quais et de citadelles.

Les jetées étaient, ainsi qu'on peut le voir sur les plans de Carthage et d'Ostie, rectilignes, polygonales ou courbes; elles avaient jusqu'à 640 mètres de développement, comme à Fréjus. Si elles ne servaient que de brise-lames, on ne leur donnait que 9 mètres ; mais, quand elles servaient également de quais, on portait ces longueurs : à 10 mètres à Dimes, 13 mètres à Alexandrie, 12 mètres au moins dans les ports romains, $15^m,60$ à Terracine, 25 et 40 à Ostie, quand elles servaient de quais d'embarquement et de débarquement.

23. Nous trouvons dans l'ouvrage de M. Léger, qu'il faut toujours citer quand il s'agit de travaux chez les anciens, que les Romains se préoccupèrent peu d'assurer de grandes rades à l'entrée de leurs ports ou de couvrir les passes d'accès par des avant-ports artificiels. Cela tenait au faible tirant d'eau de leurs navires. Il n'y a guère qu'à Fréjus et à Carthage où on trouve une sorte d'avant-port abritant le chenal.

La passe était placée dans la partie la plus abritée des jetées, et on lui donnait des largeurs variables : à Fréjus, 100 mètres; à Terracine, 112; à Ostie, 65; à Alexandrie, 105 mètres; au port d'Ecmoste, 55; au grand port, 20 mètres dans les bassins intérieurs. Quand la passe s'ouvrait dans une baie bien abritée, on la réduisait encore davantage ; c'est ainsi qu'à Carthage elle n'était que de $5^m,65$. Ce rétrécissement excessif était fait pour éviter les apports du fleuve Bagradas et on cherchait à les empêcher de pénétrer dans le port.

On disposait l'entrée autant que possible à 90 degrés des vents régnants, de façon à faciliter l'entrée et la sortie aux navires.

On fermait d'abord peu les ports; une simple jetée au fond d'un golfe était regardée comme suffisante; mais plus tard on améliora cet état de choses par une fermeture plus complète. C'est ce que l'on fit pour les principaux ports et surtout pour les ports militaires.

Pour ne pas changer le régime des alluvions de la côte, ce qui avait pour inconvénient dans certains cas d'ensabler les ports, on pratiqua des jetées à claire-voies. Ces dernières mesures étaient d'autant plus urgentes que les anciens ne possédaient pas nos puissants moyens de dragage, qui sont les seuls possibles pour approfondir les ports dans les mers sans marée, ce qui, comme on le sait, est le cas de la Méditerranée.

Les musoirs, ou les môles, étaient surmontés de phares, de feux de port, de temples à la Bonne Déesse protectrice des marins ; de fortes chaînes, s'élevant ou s'abaissant par des cabestans, permettaient de fermer ou d'ouvrir la passe.

24. *Quais.* — Les quais, proprement dits étaient généralement réduits au minimum pour la surface des bassins ; c'est ainsi que l'on voit presque tous les bassins affecter la forme d'un polygone régulier. Le trafic, le prix relativement peu élevé que devaient coûter des bateaux de faible tonnage et de faible tirant d'eau, permettaient de ne pas diminuer à son minimum leur séjour dans les ports.

« Ces murs et ces môles, dit M. Léger, étaient construits avec le plus grand soin. Ils furent exécutés généralement en blocages, avec parements antérieurs en briques, quelquefois même en réticulé, avec de grandes chaînes de Travertin, comme à Ostie et à Terracine, ou en moellons smillés de grès et de phorphyre, comme à Fréjus, ou bien encore en moyen appareil comme à Bône, à Tesefed (Algérie), etc., le tout surmonté de grands couronnements en pierre de taille ; toutes ces constructions, comme les môles et les jetées, furent faites à grand renfort de pouzzolane. La forte liaison obtenue permet de se passer d'un revêtement en grand appareil ; les vaisseaux avaient du reste une masse incomparablement moindre que de nos jours, et ne risquaient pas d'écraser les petits matériaux dans l'accostage des quais. »

Quelquefois, et surtout dans les ports naturels, on fit des quais en bois. Dans tous les cas, tout autour se trouvaient des parapets, des bornes d'amarrage, en pierre, en granit, en marbre, numérotées comme à Ostie, ou de gros anneaux en fer ou en bronze de $0^m,24$ de diamètre, comme à Fréjus, ou à défaut, comme à Terracine, des modillons en marbre soutenant la bordure du quai et percés pour recevoir les amarres.

Les ports marchands étaient entourés de quais pavés ou dallés sur l'arrière desquels on établissait des lignes de portiques formant magasins, greniers, etc.

Tout le port était protégé par une grande enceinte fortifiée, et renfermé dans une muraille continue, percée de quelques portes gardées par des surveillants qui devaient être de véritables douaniers.

Les ports militaires différaient des ports marchands par des murs de défense plus solides, et l'absence des magasins de marchandises, de simples cales sèches servaient soit à remonter les navires, qui autrement se rangeaient dans le port *arrière à quai*, soit de dépôts pour les rames, les voiles, etc.

25. *Annexes des ports.* — On rencontrait, comme on a déjà eu occasion de le dire et comme on voit (*fig.* 5), beaucoup d'annexes dans l'intérieur de l'enceinte d'un port. C'étaient des temples à la Bonne Déesse ou à Castor et Pollux, divinités particulièrement vénérées des marins, des statues, des palais pour le préfet de la flotte, celui de l'annone, sorte de commissaire général de ravitaillement.

On y trouvait encore une citadelle qui commandait le port au fond duquel elle était placée ; elle était bastionnée, garnie de machines de guerre, souvent entourée d'un fossé rempli d'eau ; des feux de ports ; des constructions formant *amers*, c'est-à-dire, indiquant aux marins la route à suivre, des magasins, des citernes d'eau douce, des viviers, des thermes dont il reste des ruines magnifiques à Fréjus et à Ostie, et même des théâtres, appelés *naumachies*, pour donner des représentations maritimes, et enfin des ponts mobiles complétaient cet ensemble.

Tous les mortiers des constructions, des fondations, étaient faits avec de la pouzzolane de Baïes qui résiste fort bien à l'eau de mer. On l'exportait dans tous les ports de la Méditerranée, et, le seul reproche qu'on puisse faire à ces travaux est de ne pas avoir su les garer contre les ensablements.

26. *Phares.* — Les navigateurs avant les inventions de la boussole et des chronomètres n'avaient que l'étoile polaire pour se guider dans leurs voyages. Leur navigation côtière avait donc le plus grand besoin de signaux pour se guider soit pendant le jour, soit pendant la nuit. On installa donc des édifices plus ou moins élevés, plus ou moins remarquables, sur lesquels on entretenait des feux de bois résineux. Le plus célèbre d'entre tous est le phare établi sur l'île de Pharo (Φαρος) qui a donné son nom à ce genre de constructions.

Les premiers phares ne furent très probablement que des feux de bois ou de broussailles allumés sur des points élevés, ainsi que le fait supposer ce passage tiré de l'Iliade d'Homère, chant XIX : « Tel aux yeux des nautonniers, que les vents entraînent loin des rives amies, apparaît l'éclat d'un feu qui brûle dans un lieu solitaire au sommet d'une montagne, tel rayonne jusqu'au ciel le bouclier d'Achille. »

On rapporte également que Leschès, auteur de la *Petite Iliade*, qui vivait environ six cent cinquante-cinq ans avant notre ère, place une tour à feu, à l'époque du siège de Troie, sur le promontoire de Sizée sur l'Hellespont. Les feux se multiplièrent alors, mais la baratterie se développa chez les populations latines, se perpétua assez avant pendant le moyen âge, et les pilotes ne se fièrent plus au concours précieux des feux allumés. Les phares, et les édifices importants qu'ils comportent, leur inspirèrent seuls confiance.

27. *Phare d'Alexandrie.* — Ainsi que nous le disions, le phare d'Alexandrie, qui fut placé au nombre des sept merveilles du monde, présentait un édifice hors ligne. Il se composait d'une tour commencée en 299 sous le règne de Ptolémée Soter et terminée en 284 sous celui de Ptolémée Philadelphe. Ce fut Sostrate de Cnide qui en fut l'architecte. Il subsista jusqu'au 8 août 1303, où un tremblement de terre la ruina de fond en comble.

Voici la description qu'en donne Edrisi, géographe arabe qui, en 1153, en fit la description suivante : « La ville d'Alexandrie bâtie par Alexandre, qui lui donna son nom, est située sur les bords de la Méditerranée. On y remarque d'étonnants vestiges et des monuments encore subsistants qui attestent l'autorité et la puissance de celui qui les éleva, et autant sa prévoyance que son savoir. Il existe un minaret, ou plutôt un phare, qui n'a pas son pareil au monde, sous le rapport de la structure et sous celui de la solidité; indépendamment de ce qu'il est fait en d'excellentes pierres de l'espèce dite Kédan, les assises de ces pierres sont scellées les unes contre les autres avec du plomb fondu, et les jointures sont tellement adhérentes que le tout est indissoluble, bien que les flots de la mer du côté du nord frappent continuellement cet édifice. La distance qui sépare le phare de la ville est, par mer, d'un mille, et par terre de trois milles. Sa hauteur est de 300 coudées, de la mesure dite de Rechadi, laquelle équivaut à 3 empans, ce qui fait donc 100 brasses de hauteur dont 96 jusqu'à la coupole et 4 pour la hauteur de la coupole. Du sol à la galerie du milieu on compte exactement 70 brasses, et de cette galerie au sommet 26. On monte à ce sommet par un escalier construit dans l'intérieur et large comme le sont ordinairement ceux que l'on pratique dans les tours. Cet escalier se termine vers le milieu, et là l'édifice devient, par ses quatre côtés, plus étroit. Dans l'intérieur, et sous l'escalier, on a construit des habitations. A partir de la galerie, le phare s'élève jusqu'à son sommet en se rétrécissant de plus en plus, de manière à permettre de circuler tout autour. De cette même galerie, on monte de nouveau pour atteindre le sommet, par un escalier de dimensions plus étroites que celles de l'escalier intérieur. Cet escalier est percé, dans toutes ses parties, de fenêtres destinées à procurer du jour aux personnes qui montent, afin qu'elles puissent convenablement placer leurs pieds en montant. Cet édifice est particulièrement remarquable tant à cause de sa hauteur qu'à cause de sa solidité; il est très utile en ce qu'on y allume nuit et jour du feu, pour servir de signal aux navigateurs durant leurs voyages; ils connaissent ce feu, et se dirigent en conséquence, car il est visible d'une journée maritime (100 milles) de distance. Durant la nuit il apparaît comme une étoile, durant le jour on en distingue la fumée. Alexandrie est située au fond d'un golfe et entourée d'une plaine et d'un vaste désert, où il n'existe ni montagne, ni aucun objet propre à servir de point de reconnaissance. Si le feu dont il vient d'être parlé n'existait pas, la majeure partie des vaisseaux, qui se dirigent vers ce point, s'égareraient dans leur route. On appelle ce feu Faros, et l'on dit que celui qui construisit le phare fut le même que celui qui construisit les pyramides situées sur les limites du territoire de Fostat à l'occident du Nil. D'autres assurent que cet édifice est du nombre de ceux qui furent élevés par Alexandre à l'époque de la fondation d'Alexandrie. Dieu seul connaît la vérité sur ce fait. »

On peut prendre comme terme de comparaison ce que ce même géographe Edrisi dit des pyramides :

« A six milles de la capitale de l'Égypte, on voit les pyramides. La hauteur de chacune d'elles à partir du sol est de 400 coudées et sa largeur tout autour est égale à sa hauteur. Le tout est construit avec des blocs de pierre de 5 empans en hauteur sur 10 ou 15 de long plus ou moins. Ces blocs sont unis les uns aux autres, et, à mesure que l'édifice s'élève, ses proportions se rétrécissent, en sorte que sa cime offre à peine l'espace nécessaire pour faire reposer un chameau. »

28. Ainsi, le géographe Edrisi, dit M. Allard, inspecteur général des ponts et chaussés, dans le tome cinquième des *Travaux publics de la France*, donne à la tour de Pharos une hauteur de 300 coudées, faisant d'après lui 900 empans ou 100 brasses. Il est difficile de savoir quelles mesures il a employées, car la coudée grecque valait seulement 2 empans et formait le quart de la brasse. On est

Fig. 8 à 10.

tenté de croire que ces renseignements ont été pris dans un auteur ancien, et qu'il y a eu quelques erreurs, soit dans les chiffres, soit dans les noms des unités de mesure. Quoi qu'il en soit, 300 coudées à raison de 0m,463 lui donnent une hauteur de 139 mètres, les 100 brasses formant un stade donnent 159 mètres ou 185 mètres, suivant qu'il s'agit du stade de 700 ou de 600 au degré. Si on veut évaluer la hauteur de la tour par comparaison avec celle des pyramides qu'Edrisi porte à 4 800 coudées, on reconnaît que la tour ayant 300 coudées, devait en être les trois quarts, et, comme la hauteur de la pyramide est en réalité de 146 mètres, celle de la tour de Pharos, devait être de 110 mètres.

Ces renseignements ne concordent pas avec ceux donnés par d'autres historiens, Flavius Josèphe entre autres, qui portaient la hauteur de ce phare à 56 mètres, mais ce qui ne correspond pas à la portée de 300 stades qu'indique ce même historien, (300 stades correspondent en effet à 25 milles et la hauteur de 56 mètres à 21 milles pour un observateur placé à 6 mètres au-dessus du niveau de la mer). D'autre part, Edrisi parle de la hauteur des pyramides; or, s'il est exact que celle de Chéops ait 146 mètres, celle de Chophrem n'a que 133 mètres, et celle de Menchère 54. A laquelle Edrisi a-t-il fait allusion ?

Quant à la portée indiquée par cet auteur, elle est absolument inexplicable. Toutefois, disons avec M. Allard que par

Fig. 11.

sa description et par les médailles égyptiennes, on peut faire une reconstitution du phare assez voisine de la vérité.

Nous reproduisons (*fig.* 8, 9, 10) le facsimilé du phare d'Alexandrie, tel qu'il est figuré sur la table de Peutinger, ainsi que ceux d'Ostie et de Chrysopolis (Scutari) et (*fig.* 11) le revers d'une médaille égyptienne, en bronze, agrandie, représentant le phare d'Alexandrie. Cette médaille a été frappée la huitième année du règne de Marc-Aurèle, ainsi que l'indique d'un côté la tête laurée de l'empereur, et de l'autre les lettres L. Λυκαβαντος année, et H huit.

29. Les phares romains avaient des formes un peu différentes. Ils se composaient généralement de tours superposées et avaient une grande ressemblance avec les catafalques des empereurs. Nous reproduisons un catalfaque gravé sur une médaille de Septime-Sévère et la vue d'un phare romain d'après une autre médaille. Ainsi qu'on le voit sur la carte de

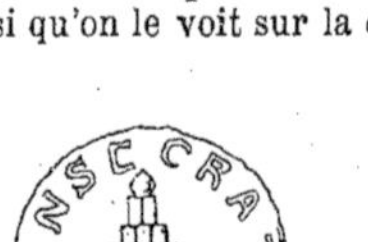

Fig. 12.

Peutinger, le phare d'Ostie était quadrangulaire; il offrait 60 mètres de côté à la base, et avait sept étages.

Quelques uns d'entre eux furent construits en pierres très blanches, pour attirer de loin l'attention pendant le jour. Ils en établirent à base carrée octogonale ou même complètement cylindriques, souvent même on leur donna un grand luxe de construction, surtout près des villes.

Les phares établis par les Romains furent extrêmement nombreux en Espagne,

Fig. 13.

à l'embouchure du Guadalquivir (tour de Capion), à la Corogne, et dans les Gaules, principalement à Boulogne, et on leur donna le nom de *Tour d'ordre*. La falaise minée par les vagues s'écroula, entraînant le phare, le 29 juillet 1644. Dom Bernard de Montfaucon, savant bénédictin français, qui vivait à cette époque, en a conservé le dessin et la description très postérieurement; d'après lui, on établit à Douvres une tour carrée, dont les trois faces étaient percées d'ouvertures différemment placées, de façon à permettre aux bateaux qui venaient soit de l'Atlantique, soit de la mer du Nord, de s'orienter (*fig.* 14, 15, 16, 17).

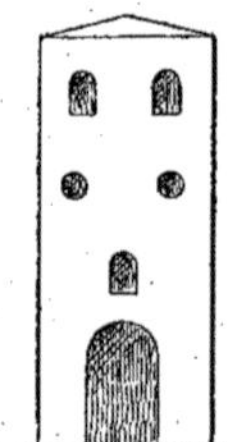
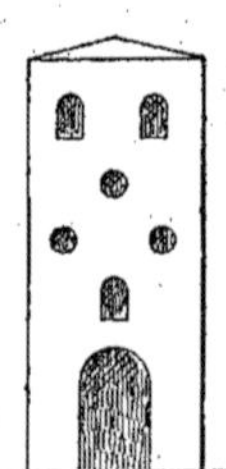
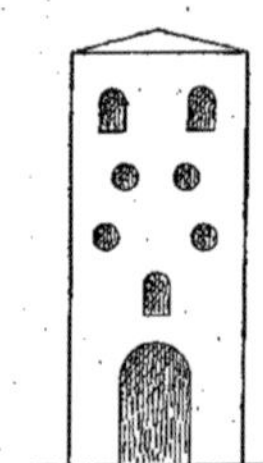
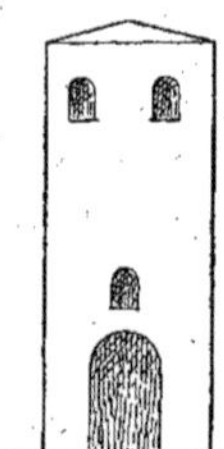

Fig. 14 à 17. — Phare de Douvres.

30. *Amers.* — On sait qu'en termes de marine on désigne par amers les signaux placés sur terre qui guident les navires dans les passes. On sait, par exemple, qu'on suit une bonne direction quand deux objets remarquables se défilent l'un par l'autre. Nous entrerons dans plus de détails dans différents chapitres de ce cours. Quant à présent, il nous suffit de savoir qu'ils servaient de repère. Quand il n'en existait pas de naturels, on construisait des tours sur des points élevés. On en trouve des exemples en face de la Ciotat. Ces tours, nommés *specula*, *vigillaria*, parce qu'elles paraissaient aussi servir de sémaphores, étaient souvent groupées de façons différentes pour présenter des aspects divers facilement reconnaissables. On trouve fréquemment, aussi sur les médailles, des drapeaux adaptés à des tours.

31. *Construction des phares.* — Les anciens s'évertuèrent à construire leurs phares avec une grande solidité, ils se servirent spécialement de l'*opus revinctum*. Cet appareillage, comme on le sait, consistait en maçonneries non assisées, mais à lits horizontaux, dont les joints horizontaux et verticaux s'enchevêtraient et s'engrenaient en formant des lignes brisées; nous en donnons (*fig.* 18) un croquis emprunté à M. Léger; souvent ils consolidaient les joints par des goujons et des crampons scellés dans les pierres avec du plomb. Ils firent généralement leurs constructions sur la terre ferme ou sur les musoirs des jetées, très rarement sur des récifs isolés et encore moins à certaine profondeur dans la mer.

32. *Éclairage.* — L'éclairage consistait principalement dans la combustion de bois à longue flamme, tels que les bois résineux que l'on brûlait sur des sortes de grilles; peut-être quelquefois employait-on des torches; mais, dans tous les cas, ces feux devaient avoir très peu de visibilité et être très inconstants. Ce fut pendant le moyen âge que l'on y substitua des chandelles abritées dans des vitrages; en 1780, on introduisit les lampes à huile, et, en 1782, le phare de Cordouan fut muni de quatre-vingts lampes à huile avec réflecteur.

33. *Phares du moyen âge.* — Voici comment M. Léger s'exprime à leur égard: « Le moyen âge montra longtemps une grande indifférence pour cet utile service; après quelques tentatives de restauration par Charlemagne, il laissa dépérir les rares monuments qui lui avaient été légués. Il faut arriver aux XIIe et XIIIe siècles pour apercevoir un retour favorable; saint Louis construisit, à Aigues-Mortes, la Tour de Constance, qu'il surmonta d'un feu. On en édifia d'autres pour éclairer l'entrée des ports, comme la tour Saint-Jean à Marseille, plus tard celle de la Lanterne à La Rochelle; on retrouve aussi sur les falaises et les promontoires, sur le contour de l'ancien littoral ou dans le voisinage des phares actuels, des ruines de constructions datant de la fin du moyen âge, qui devaient être affectées à la même destination. On les éclairait souvent alors avec des paquets d'étoupes goudronnés, placés dans des grilles ou dans des corbeilles en fer, au sommet des tours.

Par la suite, la tour de Cordouan, qui avait été élevée en 1362, à 24 mètres de hauteur, en remplacement, dit-on, d'un autre monument plus ancien, fut reprise par Louis de Foix, de 1584 à 1610, et élevée à 63 mètres, avec une portée de 27 milles (environ 50 kilomètres). Gênes se donna un phare de 63 mètres également; puis, en Angleterre, on fit et refit le phare d'Eddystone en 1696, en 1703 et

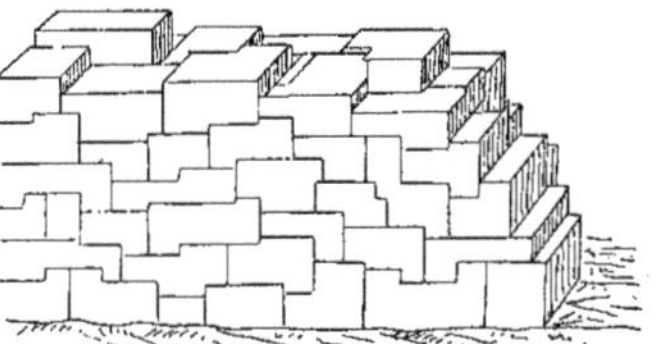

Fig. 18. — *Opus revinctum* irrégulier.

en 1757, ensuite celui de Smalls en 1772. Ce mouvement permit d'entreprendre et de compléter, à partir de 1830, le réseau de seize cents phares que nous comptons aujourd'hui, un peu partout, et que l'emploi des constructions métalliques va permettre d'étendre à tous les points dangereux du globe.

Nous n'avons pas de nos jours (1875) à produire à notre actif de magnifiques folies, comme la tour d'Alexandrie; mais nous pouvons être plus fiers de quarante-neuf phares de premier et de second ordre, bien autrement plus utiles et plus pratiques. Parmi eux on en compte du reste un grand nombre comme Cordouan (63 m.), Dunkerque (57 m.), Calais (51 m.), les Heaux de Bréhat (48^m,50), les Roches-Douvres (48^m,30), d'une construction bien autrement plus audacieuse et d'une grandeur suffisamment imposante.

CHAPITRE II

LA MER

Composition chimique de la mer.

34. Nous commencerons par dònner quelques détails sur la composition chimique de l'eau de mer. Cette étude est des plus importantes au point de vue de la conservation des travaux maritimes. Tels matériaux, tels mortiers, d'une durée pour ainsi dire indéfinie à terre, sont promptement désagrégés ou décomposés par les sels que contient l'eau de mer, et il arrive, quelquefois, que ce sont les maçonneries qui supporteraient mal les effets des agents atmosphériques qui résistent le mieux à l'influence des marées ou de l'eau de mer profonde.

La composition de l'eau de mer n'est pas constante, mais on peut dire que le chlorure de sodium en forme la majeure partie ; vient ensuite le sulfate de magnésie qui lui donne son goût amer.

De même que la composition, la teneur en matières fixes varie aussi beaucoup. C'est ainsi que l'Atlantique contient 32 à 38 grammes de résidu par litre, le Pacifique 32 à 34, la Méditerranée 29 à 40. Toutefois on remarque que les mers les plus rapprochées des pôles et les mers intérieures sont beaucoup moins chargées. Ainsi la mer Noire contient seulement 18 grammes par litre, la mer Baltique 5 à 18 grammes, la mer d'Azof 12 grammes, la mer Caspienne 6 grammes. D'autre part, les mers et golfes très profonds sans courants à évaporation rapide, tels que la mer Rouge, ont une salure plus grande que la moyenne.

Ces résidus fixes composés, ainsi que nous l'avons dit, en grande partie de chlorure de sodium et de sulfate de magnésie, contiennent encore du sel de potasse 1 gramme à $1^{gr},5$ par litre, des bromures 4 à 6 décigrammes. On y signale aussi la présence de la silice, de l'alumine, de la chaux et des traces de plus de trente et un éléments : fluor, iode, zinc, fer, argent, cuivre, plomb, arsenic, cobalt, nickel, lithium, rubidium, cœsium, etc. Nous donnons d'après Würtz le tableau de la composition des eaux de mer puisées dans différents océans (n° 35).

Quant aux matériaux gazeux, ils varient de 10 à 30 centimètres cubes par litre; à la surface ils paraissent augmenter d'abord avec la profondeur pour diminuer ensuite.

Densité.

36. L'évaporation et les autres phénomènes météorologiques qui ont lieu à la surface de la mer, modifiant sa composition et sa densité, déterminent ainsi des courants dont quelques-uns ont une grande importance. On comprend en effet qu'une différence de densité qui peut aller jusqu'à 0,013 et 0,014 (1,028 à 1,016) détermine des effets dynamiques d'une grande puissance. C'est Manry qui a fait le premier cette remarque, et le Gulf-Stream, qui rend certaines côtes du Nord presque méditerranéennes, transportant ainsi la chaleur des tropiques, est plus salé que les courants de retour qui descendent du pôle par la mer de Baffin.

Action sur les matériaux.

MÉTAUX

37. *Bronze.* — On comprend qu'avec sa composition chimique l'eau de mer agisse énergiquement sur certains métaux. Nous devons dire tout d'abord que le cuivre et le bronze s'y conservent bien ainsi que dans l'atmosphère salée. Aussi les emploie-t-on généralement. Les ferrures à bord des navires sont presque exclusivement en

TABLEAU DE LA COMPOSITION DES EAUX DE MER

35. (*Rapportée à un litre*). *On n'y a indiqué que les substances qui y existent en quantité dosable dans un litre.*

MERS	POINT OU L'EAU A ÉTÉ PUISÉE	*Na*	*Cl*	*Mg*	*Ca*	K	SO^4	*Br*	CO^3	F^2	*Mn*	(*Al*)	SiO^2	PhO^4	Matières organiques	AzH^4	RÉSIDUS FIXES
		gr.	gr.	gr.	gr.	gr.	gr.	gr.	gr.	gr.	gr.	gr.	gr.	gr.	gr.	gr.	gr.
Océan Atlantique	0° 47′ S — 35° 20′ O	11.081	19.460	0.957	0.457	0.760	2.577	0.407	»	»	»	»	»	»	»	»	35.700
	20° 54′ N — 40° 44′ O	10.464	19.012	1.273	0.468	0.725	2.446	0.310	»	»	»	»	»	»	»	»	34.700
	41° 18′ N — 36° 28′ O	11.719	10.840	1.198	0.537	0.668	3.029	0.388	»	»	»	»	»	»	»	»	38.400
Océan	Cap Horn	10.457	18.841	1.176	0.529	0.592	2.878	0.327	»	»	»	»	»	»	»	»	34.800
Mer du Nord	....	10.117	18.954	1.314	0.478	0.681	2.563	0.292	»	»	»	»	»	»	»	»	34.400
	Entre la Belgique et l'Angleterre	10.206	18.168	1.158	0.324	0.354	2.590	»	»	»	»	»	»	»	»	»	32.800
Manche	A quelques milles du Havre	10.142	17.794	1.230	0.409	0.042	2.882	0.105	0.078	traces	traces	»	0.016	traces	»	»	32.700
Méditerranée	Marseille	10.664	21.099	3.004	0.048	0.004	5.716	»	0.142	»	»	»	»	»	»	»	40.700
	Cette, à 3 500 mètres des côtes	11.706	20.527	1.314	0.441	0.264	2.943	0.434	0.068	0.003	»	»	»	»	»	»	37.700
	Lagune de Venise	8.779	15.882	1.646	0.177	0.136	2.6[illegible]2	»	»	»	»	»	»	»	»	»	29.100
Océan Pacifique	A 3m,50 de la surface	10.262	18.950	1.315	0.472	0.603	2.786	0.310	»	»	»	»	»	»	»	»	31.700
	A 140 mètres de profondeur	10.233	19.321	1.471	0.475	0.634	2.827	0.239	»	»	»	»	»	»	»	»	35.200
Baltique	....	5.894	10.386	1.611	0.0363	»	0.719	»	»	»	»	»	»	»	»	»	17.710
Mer noire	Côte Sud de la Crimée	5.512	9.574	0.662	0.130	0.097	1.250	0.005	0.247	0.127	»	»	»	»	»	»	17.605
Mer d'Azof	Entre Kertch et Mariapol	3.997	6.585	0.401	0.091	0.067	0.805	0.004	0.069	0.036	»	»	»	»	»	»	11.900
Mer caspienne	Sud-Ouest de Pisnboï	1.144	2.737	0.410	0.192	0.140	1.337	»	0.073	0.040	»	»	»	»	»	»	6.296
Mer morte	Puisée à la surface	0.885	17.628	4.177	2.150	0.474	0.242	0.167	traces	traces	traces	traces	0.006	traces	traces	traces	27.075
	A 300 mètres de profondeur	14.300	174.985	41.128	17.269	4.386	0.628	7.093	traces	traces	traces	traces	traces	»	traces	traces	278.135

bronze. On se sert aussi de ce métal pour doubler les œuvres vives des navires. Il est toutefois nécessaire de bien veiller à ce qu'il ne puisse former de couples voltaïques avec les métaux plus oxydables que lui ; sans quoi, le dernier métal serait attaqué et détruit beaucoup plus vite que s'il était seul. On évite cet inconvénient en isolant les métaux par les procédés connus, caoutchouc, etc.

38. *Zinc.* — Le zinc est, comme on le sait, un des métaux les plus attaquables surtout par les chlorures, aussi est-il promptement détruit ; plus électro-positif que le fer, il le protège assez efficacement.

39. *Fonte.* — La fonte s'attaque comme le fer, mais le carbone qu'elle contient n'est pas atteint, de telle sorte que, quand un objet en fonte est resté quelques dizaines d'années enfoncé dans la vase marine, il n'a pas perdu sa forme, mais se laisse couper avec une lame de couteau. Quand on emploie la fonte dans les ports, il faut donc avoir grand soin de la peindre à plusieurs couches, dont une au minium.

40. *Fer.* — Le fer est très attaquable par l'eau de mer, mais sa composition paraît avoir une grande influence sur sa durée. Aussitôt qu'un peu de rouille s'est formé, il se constitue un véritable couple voltaïque qui décompose l'eau et hâte la destruction. Le contact des matières ligneuses paraît produire le même effet. Il se forme alors des croûtes *superficielles* de rouille qui atteignent une épaisseur beaucoup plus considérable que celle de la surface métallique détruite. Il faut la gratter avec soin et refaire les peintures. Dans tous les cas, les ouvrages en fer doivent être facilement accessibles pour pouvoir être visités et entretenus en bon état, au moyen de bonnes couches de peinture ou d'un bon goudronnage, en un mot il faut protéger le fer contre l'action de l'eau et de l'humidité, surtout si elle est confinée. Beaucoup d'accidents sont dus à ce manque de précautions. Tels sont ceux, par exemple, d'un grand nombre de ponts suspendus dont les chaînes se rouillaient et se brisaient dans les puits d'amarrage inaccessibles.

On a essayé de protéger le fer au moyen du zinc. Ce moyen est bon chaque fois qu'on peut l'appliquer ; mais, l'opération qui consiste à recouvrir une pièce de fer avec du zinc (galvanisation) se pratiquant en la plongeant dans des bacs dans lesquels on maintient du zinc en fusion, on conçoit que les dimensions doivent être assez restreintes et que le procédé ne peut pas être très généralisé. Toutefois c'est le plus efficace, et on devra s'efforcer de l'utiliser quand les travaux en fer sont constamment immergés.

On devra préférer, dans le cas où on emploie la peinture, des couleurs claires qui font mieux apercevoir la rouille dans le cas où elle se forme.

41. *Acier.* — L'acier se comporte à la mer comme la fonte et le fer, avec la différence que la rouille pénètre dans l'intérieur de la masse métallique, et souvent un objet d'acier qui ne présente qu'un point de rouille est attaqué jusque dans les profondeurs de sa masse, surtout s'il est trempé. On peut constater ce fait sur les aiguilles à coudre ordinaires. Il en résulte que la rouille est plus dangereuse sur l'acier que sur le fer et qu'on devra encore mieux chercher à le protéger. Les procédés de conservation sont du reste les mêmes.

Pierres.

42. Un certain nombre d'animaux mous qui vivent dans la mer sont lithophages et se creusent des galeries dans les pierres les plus dures telles que le marbre. Dans tous les cas, leurs dévastations sont suffisamment faibles pour que nous ne nous y arrêtions pas davantage.

Bois.

43. Les phénomènes de cristallisation des sels contenus dans l'eau de mer désagrègent les bois et facilitent par suite leur destruction ; aussi ceux qui sont placés près de la mer et exposés à l'air s'altèrent plus vite que ceux placés dans l'intérieur des terres ; ils subissent dans ce cas la *pourriture sèche*.

Les moyens de les protéger sont la peinture, les injections au sulfate de fer, à la créosote, le goudronnage, la carbonisation superficielle qui produit une sorte de goudronnage intime et le mailletage; nous reviendrons un peu plus loin sur ces procédés.

Il faut surtout protéger les sections horizontales de bois contre l'eau qui, en pénétrant dans les fibres, en hâte la destruction.

Le goudronnage est également efficace pour les bois soumis à l'influence des marées; mais alors il faut bien laisser faire prise au goudron.

Le bois, comme les pierres, est soumis à l'action d'insectes qui prennent le nom de xylophages; nous devons ajouter que *certains* bois des pays tropicaux, tels que le grun-hart, sont inattaquables aux agents marins; mais ils sont rares, chers et de faibles échantillons. Certains essais se font actuellement sur l'Eucalyptus et paraissent devoir donner d'assez bons résultats, mais l'expérience n'a pas encore prononcé.

44. *Termites.* — Les uns attaquent les bois *secs* comme le *termite* (termes), insecte névroptère qui pénètre dans les bois et s'y creuse des galeries tellement nombreuses qu'il ne reste plus pour ainsi dire qu'une sorte d'enveloppe de l'épaisseur d'une forte feuille de papier et qu'une poutre de 20 à 25 centimètres d'équarrissage devient facilement compressible à la main. Ces insectes ont produit de grands ravages dans le port de Rochefort.

Les xylophages qui (toujours dans nos contrées) attaquent les bois *mouillés* sont les tarets et les petits vers.

45. *Tarets* (*Teredo*), mollusques acéphales, tubicoles de la famille des pholadaires qui se fixent sur le bois, y pénètrent et se creusent des galeries nombreuses atteignant jusqu'à 1 centimètre de diamètre et 30 centimètres de longueur. Ils s'attaquent aux bois les plus durs et détruisent les estacades. Certaines espèces du Brésil commettent surtout leurs déprédations à la hauteur de la marée basse et donnent aux pieux enfoncés la forme indiquée (*fig.* 19). Cette circonstance nous a permis de démontrer d'une façon péremptoire que le sol de la province de Ceara ne se soulevait pas, ainsi que le croyaient quelques savants géologues, qui attribuaient la diminution du fond du port à cette circonstance et non aux ensablements. Il nous a suffi pour cela de faire arracher les pieux d'une très ancienne estacade actuellement située à plus de 150 mètres de la plage. Ces pieux se sont rompus dans la partie où ils offraient le moins de résistance, et un nivellement nous a permis de vérifier que ce plan de rupture était à la même hauteur que celui présenté par les pieux d'une estacade qui servait alors au débarquement des voyageurs et des marchandises. Nous avons réservé un certain nombre de pieux de

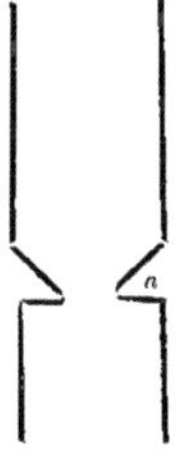

Fig. 19.

l'ancienne estacade, ce qui permettra de faire des vérifications ultérieurement. La position de la section *a* est tellement nette qu'elle permet d'amener l'exactitude de la méthode à $0^m,03$ près.

46. *Petits vers.* — Le petit ver (*Limnovia terebrans*) attaque seulement la surface du bois qu'il perfore tellement que celle-ci est facilement entraînée par les vagues, et l'action se continue.

Ces modes de destruction sont connus sous le nom de *pourriture humide.*

Préservation des bois.

47. On voit par ce qui précède que, quand les bois de nos contrées sont sains et coupés en bonne saison, les altérations qu'ils subissent par l'action de la mer se ramènent à celles opérées par des animaux vivants qui pénètrent de l'extérieur à l'intérieur ; il suffit donc, pour assurer leur conservation, de protéger leur surface. Les enduits, peintures, etc., sont généralement insuffisants, car ils ne peuvent être entretenus facilement en bon état et disparaissent en partie soit sous l'action chimique de l'eau de mer, soit par suite d'actions mécaniques de toutes sortes. On a donc recherché des procédés de conservation plus énergiques en créant, à la surface du bois, une surface inattaquable d'une certaine épaisseur. On a tout naturellement pensé tout d'abord aux doublages en ciment et aux doublages métalliques, puis aux procédés qui réussissaient sur les bois employés dans les constructions terrestres, et enfin au procédé mixte qui est connu sous le nom de mailletage.

48. *Doublages.* — Les doublages en ciment ne donnèrent aucun bon résultat, le ciment se fendillait et se détachait. Il n'en est pas de même du doublage pratiqué de la façon suivante : on goudronne le bois à préserver, on le recouvre de feuilles de feutrer et on cloue des tôles métalliques sur le tout. Ce procédé est celui employé pour les œuvres vives des bateaux en bois. Le meilleur métal à employer est le cuivre rouge ; vient ensuite le laiton et, en dernier lieu, le fer galvanisé, voir même le zinc.

Malheureusement ce procédé est inapplicable aux charpentes en bois.

49. *Injection.* — Parmi les procédés d'injection, tous ceux qui avaient pour base les produits métalliques n'ont donné que de mauvais résultats. Le créosotage a seul réussi dans une certaine limite dépendante de l'épaisseur de la couche préservatrice.

Forestier, dans une étude insérée dans les *Annales des ponts et chaussées* de 1868, deuxième semestre, cite entre autres exemples ceux des ports de Lowestoff. « C'est en 1846, dit-il, au pont de Lowestoff, qu'on employa en grand, pour la première fois, des bois créosotés dans des travaux à la mer, pour la construction de deux jetées dans lesquelles il n'est pas entré moins de mille six cents pilotis.

« Les heureux résultats obtenus furent longtemps niés et contestés, et on alla, dit-on, jusqu'à promettre une prime à qui apporterait un échantillon de bois créosoté attaqué par les tarets. En 1849, un intéressé à l'insuccès vint, assisté d'un ingénieur, passer trois jours à examiner avec le plus grand soin chaque pilotis, et cette longue et minutieuse recherche ne lui en fit découvrir sur mille six cents que six très légèrement attaqués, ce qui pouvait évidemment être considéré comme une rare exception sans conséquence.

Ces bois ont été visités plusieurs fois avec soin par MM. Bidder et Sainclair, ingénieurs du port, et il résulte des communications qu'ils ont faites dans les séances des 27 novembre 1840, 11 janvier 1853 et 5 avril 1859 à l'*Institution of civil Engineers*, qu'en quelques années tous les bois non créosotés sont toujours très fortement attaqués par le taret et la limnoria, tandis que ceux créosotés étaient restés intacts sans la moindre trace de ces térébrants, à l'exception d'un petit nombre de pièces qui, dans le principe, avaient été mal préparées, et de quelques autres qui avaient été *entaillées ou coupées après le créosotage*, ce qui avait mis à nu des parties moins bien imprégnées que la surface et par lesquelles quelques tarets avaient pu pénétrer dans l'intérieur.

« Cette expérience est d'autant plus concluante que le port de Lowestoff est peut-être, de tous ceux de l'Angleterre, le plus infesté des tarets et des limnoria. »

Nous avons cité cette expérience pour montrer avec quel soin on doit se garder de tailler, couper ou fendre la surface créosotée protectrice.

Forestier cite encore onze grands travaux maritimes en Angleterre, et il résulte de cette statistique que des bois créosotés visités après sept, huit, onze, treize, quatorze et vingt ans ont été trouvés en parfait état de conservation, tandis que quelques années et souvent quelques mois suffisent pour que des bois non créosotés soient mis hors de service.

On trouve encore, dans le mémoire dont nous venons de lire les résultats des expériences faites en Hollande avec :

1° Les enduits Classern, tenus secrets;
2° La couleur métallique du même auteur, tenue également secrète;
3° Un mélange appliqué en couche de 2 millimètres de talc de Russie, de goudron, de houille, de soufre et de verre pulvérisé (procédé Brikerink);
4° Un mélange à peu près semblable (procédé Van Ryjswijk);
5° Un vernis à la paraffine;
6° Le goudron de houille appliqué à froid en plusieurs couches, ou à chaud sur bois flambé et carbonisé;
7° Le peinturage, avec des couleurs soit à la térébenthine, soit avec des couleurs à l'huile de lin, avec le vert de chrome, le vert-de-gris;
8° Le flambage ou la carbonisation superficielle du bois.

Les pieux ainsi préparés furent placés dans l'eau à la fin du mois de mai 1859, et déjà l'examen auquel ils furent soumis à la fin du mois de septembre de la même année fit voir qu'aucun des moyens employés ne pouvait offrir un préservatif contre l'action du taret, à l'exception de ceux traités par le n° 6; mais, lors d'une nouvelle visite faite dans l'automne de 1860, par conséquent après que le bois eût séjourné dans l'eau pendant au moins une année et demie, les pieux, enduits de goudron de houille, furent trouvés également attaqués fortement par le taret.

Le résultat de ces essais donna à la Commission la conviction intime qu'aucun enduit extérieur, de quelque nature qu'il soit, aucune modification n'intéressant que la surface du bois, ne saurait le garantir efficacement des atteintes du taret. En supposant même que l'un ou l'autre de ces moyens empêchât les larves de se fixer au bois, le frottement de l'eau, celui des glaçons, d'autres causes encore de dégradation extérieure, ne tarderaient pas à endommager suffisamment la surface du bois pour en livrer l'accès au taret.

La même Commission a également essayé d'imprégner les bois avec :
1° Du sulfate de cuivre;
2° Du protosulfate de fer;
3° De l'acétate de plomb (on n'a pas recommencé des essais avec le sublimé corrosif et l'arsenic, dont l'inanité avait déjà été constatée dès 1730);
4° Du verre soluble et du chlorure de sodium;
5° De l'huile de goudron;
6° De l'huile de créosote.

(Cette huile de créosote est le produit de la distillation de la houille débarrassé, par une nouvelle distillation, tant des principes les plus volatils qui servent à la préparation de la benzine, que des matières peu volatiles qu'on emploie comme asphalte.)

La seule imprégnation, qui ait réussi au bout de quatre années, fut celle des pieux créosotés, à la condition que l'imprégnation soit suffisante; 300 kilogrammes par mètre cube paraissent être la proportion convenable. L'influence de ce produit très complexe, qu'on appelle huile de créosote, paraît être due à ce qu'elle est formée de produits antiseptiques, insolubles ou très peu solubles dans l'eau de mer.

Nous ne décrirons pas en détail les appareils à créosoter, nous dirons seulement qu'ils consistent en un cylindre en tôle de 15 mètres et plus de longueur, de $1^m,25$ de diamètre, dans lequel on peut faire le vide ou exercer une pression de 10 kilogrammes par cm^2 et qu'on peut chauffer à 80 ou 100 degrés, au moyen de la vapeur d'une locomobile de 5 à 10 chevaux, qui sert en même temps à la manœuvre des pompes pneumatiques et foulantes.

50. *Mailletage.* — C'est ici le lieu de parler du *mailletage*, qui consiste à couvrir le bois de clous de mailletage. Cette opération est fort dispendieuse, car, pour qu'elle protège complètement le bois, il est nécessaire que les têtes carrées des clous joignent exactement; pour obtenir plus sûrement ce résultat, avant de mettre à l'eau les pilotis qui ont reçu leur armature de clous, on les abandonne à l'air pendant quelque temps, afin que la rouille, se formant à la surface du fer, bouche les interstices qui se trouvent entre les têtes des clous. Cette précaution n'est malheureusement pas infaillible, toutefois c'est le procédé de conservation le plus généralement employé dans les ouvrages maritimes.

Les têtes des clous ont 15 à 16 millimètres de diamètre, et la pointe 15 millimètres; on en compte environ deux cent quinze au kilogramme; on les plante naturellement en quinconce.

On remplace quelquefois ces clous, quand on a des surfaces planes, par des pointes de Paris, qu'on fait pénétrer jusqu'à 2 ou 3 millimètres dans l'épaisseur du bois.

Action de l'eau de mer sur les mortiers et maçonneries.

51. Avant d'étudier l'action de l'eau de mer sur les mortiers, nous rappellerons en quelques mots les phénomènes auxquels est due la solidification des mortiers employés dans les travaux ordinaires.

SOLIDIFICATION DES MORTIERS

52. *Chaux grasse.* — On sait que la solidification de ces mortiers est due à la carbonatation de la chaux grasse qui forme des produits solides; l'acide carbonique étant fourni par l'air, on voit que la solidification a lieu du dehors au dedans, et, pour qu'elle se fasse dans de bonnes conditions, il faut la présence d'une certaine quantité d'eau. L'enduit extérieur formé par la carbonatation empêche souvent l'accès de l'air ; aussi le phénomène s'arrête-t-il quand les murs ont une épaisseur assez considérable. C'est ainsi qu'il y a quelques dizaines d'années on a retrouvé du mortier à l'état pâteux dans l'intérieur du mur d'enceinte de Paris construit par Philippe-Auguste. Ces mortiers se désagrègent dans une eau quelconque.

53. *Chaux maigre.* — On sait que la chaux maigre, c'est-à-dire qui ne foisonne pas, peut se diviser en deux sections bien distinctes, suivant que les calcaires qui ont servi à la fabrication sont argileux ou dolomitiques; l'interposition de matières étrangères empêche le foisonnement et leur donne des qualités spéciales.

La chaux qui provient de calcaire dolomitique est appelée *chaux maigre non hydraulique.* Le mortier fabriqué avec elle durcit à l'air au bout d'un certain temps, très probablement de la même façon que les mortiers de chaux grasse.

54. *Chaux hydraulique.* — Les chaux provenant de calcaire argileux prennent le nom de chaux maigre hydraulique ou simplement de chaux hydraulique.

On les divise, d'après Vicat, en trois classes:

1° Les *chaux moyennement hydrauliques*, qui contiennent 18 0/0 d'argile. Elles sont prises après quinze ou vingt jours d'immersion.

(On dit qu'une chaux fait prise quand elle supporte sans dépression une aiguille à tricoter de $0^m,0012$ de diamètre, limée carrément à son extrémité et chargée d'un poids de $0^k,3$.)

2° Les *chaux hydrauliques ordinaires* qui contiennent 26 0/0 d'argile, font prise au bout de huit ou dix jours d'immersion et continuent à durcir pendant six mois et même une année. A cette époque, la dureté de la chaux est comparable à celle de la pierre très tendre et l'eau *douce* ne l'attaque plus.

3° Les *chaux éminemment hydrauliques* à 30 0/0 d'argile, qui font prise du deuxième au quatrième jour d'immersion; au bout d'un mois, elles sont déjà dures et tout à fait insolubles dans l'eau. Au sixième mois, elles se comportent comme des pierres calcaires absorbantes; elles donnent des éclats par le choc et présentent une cassure écailleuse. Leur foisonnement est très faible.

On donne le nom de *chaux limites* à des chaux qui contiennent 34 0/0 d'argile. Lorsque les calcaires dont la composition correspond à cette proportion d'argile ont subi une cuisson complète, ils donnent un produit qui ne s'éteint plus comme les chaux hydrauliques contenant moins d'argile, ou du moins ne s'éteint qu'à la longue et par l'emploi de l'eau bouillante. Réduites en poudre et gâchées à la manière du plâtre, elles font prise instantanément en dégageant de la chaleur; mais la solidification ne persiste pas à l'air ou dans l'eau, pendant plus d'une journée; au bout de ce temps les chaux limites commencent à se fissurer et finissent par se réduire d'elles-mêmes en bouillie.

Le nom de chaux limites a donc été donné à cette classe de produits pour indiquer qu'ils ne possèdent plus les propriétés des chaux hydrauliques et qu'ils ne possèdent pas encore les caractères des *ciments*.

55. *Ciments.* — Le ciment romain se prépare en calcinant certains calcaires très argileux. Il acquiert une excessive dureté au bout de quelques minutes, quand on le gâche avec de l'eau, après l'avoir pulvérisé, et cette dureté persiste à l'air et dans l'eau *douce*, propriété qui les distingue des chaux limites.

On les divise généralement en trois classes :

1° Les *ciments limites inférieurs*, qui contiennent 39 0/0 d'argile ;

2° Les ciments ordinaires, 50 0/0 d'argile, font prise plus rapidement que ceux de la classe précédente, et on est obligé de diminuer cette énergie par la pulvérisation qui détermine une sorte d'extinction partielle au contact de l'air ;

3° Les ciments limites supérieurs (73 0/0 d'argile), qui acquièrent moins de dureté après la solidification.

56. *Pouzzolane.* — Quand la proportion d'argile atteint 90 0/0, on obtient la pouzzolane.

Les pouzzolanes peuvent être naturelles ou artificielles ; les premières proviennent de Pouzzoles, ville située près du Vésuve. Elles jouissent de la propriété de rendre hydrauliques les mortiers de chaux grasse.

Les mortiers préparés avec les pouzzolanes naturelles d'Italie paraissent *résister indéfiniment à l'action de l'eau de mer*.

On sait que le phénomène de solidification est dû principalement à la combinaison de tout ou partie de la silice provenant de l'argile avec la chaux vive résultant de la cuisson des roches employées. Toutefois, il y a un très grand nombre de phénomènes concomitants qui ont une grande importance, ainsi que nous allons le voir.

57. *Effet de l'eau de mer sur les mortiers.* — Voici comment Vicat qui, on le sait, a fait des travaux d'un immense intérêt sur les ciments et doté le monde entier de procédés qui permettent de les fabriquer de toutes pièces, a aussi étudié la question au point de vue de la conservation des mortiers à la mer.

58. *Rôle de l'acide carbonique dans les mortiers et autres composés hydrauliques où la chaux intervient.* — Si les mortiers pouvaient être exactement soustraits à toute influence extérieure, l'analyse n'y trouverait, n'importe à quelle époque, que les éléments mêmes qui ont concouru à leur confection ; mais il n'en est plus ainsi : quand on examine des mortiers qui ont durci en plein air ou sous terre, ou dans l'eau, le principe nouveau introduit après coup, que l'analyse met en évidence, est l'acide carbonique. Comment s'introduit-il, jusqu'où s'étend son action, quelle influence exerce-t-il sur leur durée ? Telles sont les premières questions qui se présentent.

Les analyses données par John, de Berlin, de plusieurs mortiers, anciens antiques depuis cent jusqu'à dix-huit cents ans d'âge, en fonctionnement en plein air, mortiers présumés à chaux grasse par la faible quantité de silice et d'alumine solubles qu'ils contenaient, donnent les quantités d'acide carbonique qui varient des 3/5 aux 4/5, inclusivement, de ce qui serait nécessaire à la saturation neutre de la chaux.

Frappé de ces résultats, Vicat constata lui-même ces variations et en tira les conclusions suivantes :

1° L'état intérieur d'un mortier quelconque avec ou sans pouzzolanes, relativement à la quantité d'acide carbonique contenue, n'est qu'un état transitoire, tant que la chaux n'y est pas complètement carbonatée, c'est-à-dire à l'état neutre, état variable non seulement dans les mortiers diversement composés, mais encore dans les divers points d'une même masse de mortier, selon la nature des milieux et sa position dans ces milieux ;

2° L'état final vers lequel tend l'état transitoire, sous l'influence des intempéries ou d'une humidité autre que celle qui constitue l'état hygrométrique de l'atmosphère en lieu couvert, et celui de la complète régénération de la chaux en carbonate neutre, qu'il s'agisse de mortier à chaux grasse ou à chaux hydraulique, l'acide carbonique pouvant, dans les circonstances spécifiées, déplacer la chaux artificiellement combinée avec la silice et l'alumine.

Cet état final peut, à dire vrai, n'arriver jamais, à raison des obstacles fortuits ou autres, surtout au sein des gros massifs.

Nous n'avons aucun moyen de constater le mode de distribution de l'acide carbonique dans un mortier dont toute la chaux n'est pas neutre, mais il est facile de reconnaître les points où cette chaux est soluble en totalité ou en partie, en y appliquant, après les avoir mouillées, de petites bandes de papier bleu réactif, faiblement rougi à la vapeur chlorhydrique : le papier restera rouge partout où elle sera neutralisée, soit par l'acide carbonique, soit par la silice.

Ainsi donc, toutes les fois que dans un mortier la chaux n'est pas saturée par l'acide carbonique, l'eau pure a le pouvoir de dissoudre une grande partie de celle qui est en excès.

59. *Effet d'une dissolution étendue de sulfate de magnésie sur les mortiers réduits en poudre impalpable.* — On sait que l'acide sulfurique a plus d'affinité pour la chaux que pour la magnésie. Cela étant, un mortier a été réduit en poudre fine, passé au tamis de soie et noyé, sous cette forme pulvérulente, dans une abondante dissolution de sulfate de magnésie contenant quatre parties de sel anhydre pour mille parties d'eau pure. Il s'est bientôt formé dans cette dissolution, renouvelée à mesure qu'elle se dépouillait de son sel, un magma gélatineux, composé en partie de magnésie et en partie de silice et d'alumine, enlevées à leur combinaison avec la chaux, celle-ci se trouvant alors à l'état de sulfate dissous dans le liquide. Le matras contenant les dissolutions était, pendant la durée des expériences, hermétiquement clos, pour interdire tout accès à l'acide carbonique.

Après l'épreuve, quand la dissolution magnésique renouvelée cessait de se troubler par l'oxalate d'ammoniaque, on lavait les résidus à l'eau pure pour les débarrasser des parties solubles ; après quoi on les analysait.

Le mortier de chaux de Theil ainsi traité, ayant séjourné pendant cinq ans sous mer libre, et contenant alors cent quarante-huit parties de chaux caustique pour cent parties de sable, de silice, d'alumine et de magnésie, ne donnait plus pour cette même quantité de principes fixes que 6,37 de chaux soustraite par l'acide carbonique du mortier à l'action du sulfate de magnésie.

Le mortier de chaux grasse, de deux cents ans d'âge, traité de la même manière, n'a conservé que la quantité de chaux pouvant être neutralisée par l'acide carbonique qu'il contenait.

Il en a été à très peu près de même du mortier hydraulique âgé de dix ans.

Il résulte de ces expériences que tout mortier hydraulique ou non, quel qu'en soient l'âge et la dureté, et quel que soit le milieu où il a durci, étant exposé en poudre impalpable à l'action suffisamment prolongée d'une dissolution étendue de sulfate de magnésie, y abandonne toute ou presque toute la chaux, qui excède la quantité qui peut être neutralisée par l'acide carbonique.

60. *Action de l'acide carbonique et de l'eau sur les ciments mis en œuvre.* — Les ciments hydrauliques, si improprement nommés *ciments romains*, sont, comme on le sait, des silicates doubles d'alumine et de chaux, mélangés accidentellement de sables de peroxyde de fer et de magnésie en petite quantité.

La dose de chaux peut varier de 110 à 237 0/0 d'argile pure (silice et alumine, et magnésie s'il y en a).

L'acide carbonique se porte sur la chaux de ces silicates comme sur celle des mortiers et y produit des modifications analogues, avec les mêmes tendances à la neutraliser en entier, en laissant l'argile dehors. En un mot, il se reconstitue la marne calcaire qui a fourni le ciment par sa calcination. Vicat en cite deux exemples probants sur des ciments provenant de Pouilly et de Grenoble.

Cette transformation s'effectue assez rapidement sur les parties superficielles en contact permanent avec l'eau ou avec une terre humide ; les pluies lui sont également favorables, mais elle arrive difficilement et très tard, sous les mêmes influences, au centre des masses d'un fort volume, surtout quand les ciments ont acquis, par suite d'une bonne manipulation, une grande densité. Il est évident que le progrès intérieur de l'acide carbonique doit marcher en raison directe de la porosité du ciment. Malheureusement, la cohésion suit l'ordre inverse.

61. *Effet d'une dissolution étendue de sulfate de magnésie sur les ciments.* — Les ciments préparés pour ces expériences avaient duré pendant plusieurs mois sous un sable frais. On les dépouillait, au moyen d'un acide étendu, de la couche très mince atteinte par l'acide carbonique, puis on les broyait à fond dans un mortier, jusqu'à consistance de bouillie très claire avec la dissolution magnésique elle-même. On décantait ensuite successivement cette bouillie, en ne laissant s'écouler superficiellement que les parties suspendues, afin de n'avoir à opérer que sur la matière réduite à l'extrême division mécanique. En cet état, elle était introduite dans un matras à capacité suffisante pour être noyée dans une abondante dissolution préparée pour les mortiers.

Les matras étaient ensuite parfaitement clos, pour interdire tout accès à l'acide carbonique, puis fréquemment agités, et les dissolutions renouvelées tant qu'elles se troublaient par l'oxalate d'ammoniaque. Finalement, on lavait les dépôts à l'eau pure. Ces opérations n'ont pas duré moins de six mois sur des quantités de ciment d'une dizaine de grammes. Tous les ciments essayés passaient, par suite de l'action du sel magnésique, à l'état gélatineux. Quelques-uns, sous cette forme, devenaient si légers que leurs flocons suspendus remplissaient presque toute l'étendue du liquide.

L'examen analytique des ciments ainsi modifiés a mis en évidence d'énormes pertes de chaux passée à l'état sulfaté; on s'en fera une idée exacte par les fractions qui expriment ce qui en est resté pour chacun d'eux, leur chaux totale étant prise pour unité:

Ciment de Boulogne.	0,2128
» de Cahors.	0,1690
Ciment de Vitry-le-François.	0,1338
» de Guétary.	0,1208
» de Portland.	0,0388
» de Grenoble.	0,0501

On voit par ces chiffres la puissance décomposante d'une très faible dissolution de magnésie.

62. *Effet de l'eau pure sur les gangues à pouzzolane et chaux grasse.* — Vicat a fait des essais sur: la pouzzolane volcanique par excellence, tirée de fouilles de Saint-Paul, près de Rome; les pouzzolanes brunes et grises du Vésuve célébrées par Pline et Vitruve; celles des bords du Rhin, connues sous le nom de trass; celle que l'on exploite à Bessan dans le département de l'Hérault; et ensuite, comme produits artificiels, celles que fournissent les argiles pures réfractaires, quelques argiles ocreuses et quelques terres à briques, ont été prises pour sujet des essais, afin d'écarter, autant que possible, les cas fortuits et les anomalies produites par des compositions exceptionnelles.

Il commença d'abord par déterminer la quantité de chaux grasse nécessaire pour saturer une de ces pouzzolanes; il délaya dans une quantité convenable d'eau de chaux les pouzzolanes ainsi préparées, et il plaça le tout en macération dans des matras hermétiquement clos. Il a fallu six mois pour obtenir la saturation de chaque pouzzolane. Elles restent pendant les trois ou quatre premiers jours, qui suivent leur immersion dans l'eau de chaux, sous forme d'un dépôt boueux au fond du matras. Ce dépôt, vers le quatrième ou cinquième jour, commence à foisonner en prenant une consistance semi-gélatineuse; mais, à mesure que le temps marche, le foisonnement augmente et devient tel après deux mois pour toutes les pouzzolanes volcaniques que les flocons, passant à l'état gélatineux, nagent et restent suspendus dans le liquide dont ils occupent toute l'étendue; et, en cela, ils se montrent plus légers que les précipités alumineux ou siliceux produits par les réactifs dans leurs dissolutions chlorhydriques. Les pouzzolanes artificielles se comportent de la même manière, à cela près que leur foisonnement n'arrive pas tout à fait à la même légèreté. C'est ce degré de saturation qui doit servir de base pour la composition des *gangues à pouzzolanes*.

Des gangues ainsi préparées furent, après un séjour de six mois dans le sable et être arrivées ainsi en un point très voisin de leur cohésion finale, réduites en pâte molle et noyées dans une grande quantité d'eau pure successivement renouvelée jusqu'à ce qu'elle ne précipite plus par l'oxalate d'ammoniaque, ce qui a duré cinq à six mois.

Le fait le plus saillant résultant de ces essais, c'est que les pouzzolanes ne retinrent pas les quantités de chaux indiquées par les précédents dosages. Cela provenait certainement de ce que les pouzolzanes n'avaient pas le degré de pulvérisation de celles primitivement employées.

63. *Effet de l'acide carbonique sur les gangues à pouzzolanes et à chaux grasse.* — Les parties extérieures, sur quelques millimètres d'épaisseur d'une semblable gangue à pouzzolane volcanique, qui avait séjourné pendant six ans en eau douce, se composaient de la manière suivante, après dessiccation naturelle de quelques jours en plein air :

Eau	7,20
Acide carbonique	8,30
Chaux caustique	17,35
Silice, alumine, etc.	67,15
Total	100,00

Or, la pouzzolane employée contenant naturellement 8,70 parties de chaux combinée, si l'on réduit proportionnellement de 17,35 ce qui appartient aux 67,15 parties de matières pouzzolaniques, il resterait 10,95 pour la chaux additive ou de fabrication de la gangue. Mais 8,30 d'acide carbonique neutralisent 10,56 parties de chaux : donc, en tenant compte des petites erreurs inséparables de ces sortes d'analyses, on peut affirmer que toute cette chaux additive est passée à l'état de carbonate neutre.

Cette puissante affinité de l'acide carbonique pour la chaux étant d'une grande importance pour la suite des recherches, Vicat a dû la constater définitivement sur un grand nombre de silicates d'alumine et de chaux. Or, en réduisant ces silicates en poudre impalpable et en les exposant ainsi à l'air pendant huit mois, dans une cave, il a trouvé que, dans cet intervalle de temps, toute leur chaux s'est carbonatée.

64. *Effet d'une dissolution étendue de sulfate de magnésie sur les gangues pouzzolaniques à chaux porphyrisée.* — Les gangues qui ont servi aux essais sont les mêmes que celles qui ont servi aux essais précédents et traitées absolument comme les mortiers et les ciments des numéros précédents.

La chaux constitutive des pouzzolanes qui en contiennent naturellement s'est retrouvée en entier dans les résidus analysés, d'où il suit que l'action du sulfate de magnésie ne s'est exercée que sur la chaux additive, introduite pour la confection des gangues. La magnésie trouvée dans les résidus est restée constamment proportionnelle à la quantité de chaux perdue.

Il existe donc des combinaisons de chaux et de pouzzolane qui, sous forme pulvérulente, perdent toute leur chaux additive dans une dissolution de sulfate de magnésie ; d'autres qui en conservent une partie seulement. Aucune n'a résisté jusqu'à présent avec moins de perte que les gangues à pouzzolanes normales d'argiles réfractaires et celles que fournissent certaines argiles ocreuses assez rares. Ce sont aussi les mêmes gangues qui ont abandnoné le moins de chaux aux simples dissolutions aqueuses, et dont les pouzzolanes ont montré la plus grande capacité pour la chaux : cela devait être évidemment ainsi. Pendant la durée de ces dernières expériences, tous les phénomènes observés sur les mortiers et les ciments, relativement à leur passage à l'état gélatineux dans les dissolutions magnésiques, se sont reproduits.

Résumé des expériences précédentes.

65. Les principaux résultats des expériences précédentes peuvent être résumés de la façon suivante :

1° Les hydrosilicates d'alumine et de chaux, connus dans l'art de bâtir sous les noms de chaux hydrauliques, ciments et gangues à pouzzolanes, sont des combinaisons très faibles ;

2° Tous les silicates sans exception, quels qu'en soient l'âge et la dureté, étant réduits en poudre aussi fine que le comportent les moyens mécaniques, et, sous cette forme, noyés dans une suffisante quantité d'eau pure, y abandonnent, lorsqu'ils n'ont subi en aucune manière, ou du moins que très incomplètement l'action de l'acide carbonique, une notable quantité de chaux ;

3° Dans les mêmes circonstances, si l'on substitue à l'eau pure une dissolution de quatre parties de sulfate de magnésie anhydre dans mille parties d'eau pure, la plus grande partie et le plus souvent la totalité de la chaux de ces silicates passent à l'état sulfaté, à moins qu'il ne s'y soit introduit de l'acide carbonique ; car il reste alors en chaux carbonatée tout juste ce que cet acide est capable de neutraliser ;

4° Toutes les pouzzolanes volcaniques et artificielles, connues et employées jusqu'à ce jour, ont une capacité propre et différente pour la chaux, capacité bien moindre que ne le supposent les dosages habituels ; certaines pouzzolanes artificielles peuvent faire exception à cette règle ;

5° Enfin, l'affinité de l'acide carbonique pour la chaux de ces divers silicates est si puissante que, à l'aide d'un certain degré d'humidité, et lorsque son accès est possible, il finit toujours par la neutraliser en totalité, en laissant en dehors tous les autres principes, qui, combinés ou non entre eux, ne se trouvent plus alors qu'à l'état de mélange dans le tissu de la masse transformée.

66. *Action de l'eau de mer sur les matériaux hydrauliques.* — Nous rappellerons d'abord qu'indépendamment du sel marin ou chlorure de sodium, à la dose de 25 ou 27 millièmes, l'eau de mer contient du sulfate de magnésie et du chlorure de magnésium, ainsi qu'une foule d'autres principes accidentels, tels que bicarbonate, acide carbonique dissous en quantité variable dans le voisinage des côtes, sels ammoniacaux de diverses natures, matières animales dissoutes ou en suspension, semences végétatives, etc.

Si on verse de l'eau de chaux dans l'eau de mer, il s'y forme sur-le-champ du sulfate de chaux et du chlorure de calcium, et il se précipite de la magnésie rendue libre ; le même fait s'observe lorsqu'on place en eau de mer, à l'état frais ou pâteux, un mortier, un ciment ou une gangue à pouzzolane ; il a lieu encore pour les mêmes composés parvenus à un degré de cohésion très avancé, quand l'acide carbonique n'a pas agi sur leurs surfaces. L'affinité des acides sulfurique et chlorhydrique pour la chaux est donc assez puissante, non seulement pour produire les effets, mais encore pour enlever cette base à ses combinaisons avec la silice et l'alumine ; c'est ainsi que toutes les gangues à pouzzolanes, tous les ciments et toutes les chaux hydrauliques sous forme pulvérulente sont décomposés par les dissolutions, même très étendues, de sulfate de magnésie. Tous ces silicates, cependant, ne sont pas attaqués au même degré ; quelques-uns peuvent retenir une partie de leur chaux, qui n'est jamais qu'une fraction assez petite de la totalité.

Si donc la cohésion, et parfois l'impénétrabilité qui résulte de la structure solide ou massive de ces composés, ne pouvait atténuer ou paralyser d'aucune manière l'action des sels magnésiens, il faudrait désespérer à jamais de la stabilité ou durée en mer des silicates doubles d'alumine et de chaux formés par voie humide, c'est-à-dire de nos mortiers, ciments, gangues à pouzzolane ; il n'en est heureusement pas toujours ainsi.

Les premières observations sur l'action destructive qu'exerce l'eau de la mer ne datent que de quelques dizaines d'années ; il a fallu que de grands désastres, arrivés à Saint-Malo, à La Rochelle, au Havre, et ailleurs, vinssent avertir les ingénieurs, et par suite le Gouvernement, pour qu'on se préoccupât sérieusement des causes du mal. Ce n'est pas que l'action saline ne se soit exercée dans tous les temps sur les maçonneries sous-marines, mais dans des circonstances et d'une manière assez restreinte pour qu'il fût permis d'attribuer ses effets à l'action dynamique des vagues et à celle du temps.

Les causes une fois connues et le problème posé, la solution pratique a dû sembler des plus faciles au premier abord. De quoi s'agissait-il en effet? De distinguer entre les composés divers que donnent les matériaux comme chaux, ciment et pouzzolane, quels sont ceux que la mer respecte ou détruit. Il suffisait donc d'immerger les uns et les autres et de faire un choix; c'est ce que l'on a tenté, et rien de certain, rien de positif n'est sorti de cette manière de procéder, soit en mer libre, soit dans la même eau enfermée dans les baquets ou cuves des laboratoires. En mer libre, on a vu se produire, en certains passages et sur des composés identiques, des phénomènes directement contraires. Tel ciment qui résistait à Saint-Jean-de-Luz était détruit au Boyard, sur les côtes de La Rochelle; telle combinaison de chaux ou de pouzzolane d'Italie admise comme bonne à Toulon ne réussissait ni à Alger, ni sur l'Océan; et ce qui rendait la difficulté plus grande encore, c'est que la mer libre ne répondait qu'après un temps très long, quelquefois après plusieurs années, aux questions posées de cette manière.

Des observations nombreuses, recueillies dans divers ports, tant sur les composés hydrauliques modernes employés, que sur d'autres appartenant à une haute antiquité, qui, rapprochées et comparées, ont jeté une grande lumière sur les causes et les effets de l'action saline, il est résulté d'abord qu'on ne peut assimiler les effets de la mer libre à ceux qu'elle produit lorsqu'on l'enferme dans les cuves d'un laboratoire. En mer libre, les matériaux qui ont une tendance prononcée à incruster, à tapisser en quelque sorte les corps immergés, sont fournis à ces corps d'une manière continue et toujours avec la même abondance. Dans le laboratoire, au contraire, l'eau de mer, même renouvelée tous les jours, n'apporte chaque fois qu'une très petite quantité de ces matériaux conservateurs et, dans cet intervalle, les composés hydrauliques en expérience restent sous l'influence prépondérante des sels destructeurs.

Lorsqu'on analyse les débris devenus stationnaires d'un composé hydraulique désagrégé par l'action saline, on y trouve immédiatement :

1° Un résidu de sable ou de matières pouzzolaniques, selon que la destruction a porté sur un simple mortier ou sur une gangue à pouzzolane;

2° Un peu de carbonate de chaux;

3° De la magnésie libre, ou combinée avec la pouzzolane, ou carbonatée;

4° Tantôt point, tantôt très peu de chaux neutralisée par la silice;

5° Et enfin quelques millièmes de sulfate de chaux et de magnésie, si l'on n'a pas suffisamment lavé les débris à l'eau pure avant de les analyser.

Si l'on pouvait rapprocher ces mêmes débris et les reconstituer en un tout physiquement cohérent et résistant, il est évident que l'eau de mer ne pourrait exercer aucune action chimique sur ce nouveau corps, qui ne contiendrait plus les éléments de destruction éliminés par l'eau de mer elle-même.

Lorsqu'on analyse, au contraire, les parties prises à quelques centimètres audessous de la croûte verdâtre ou des végétations sous-marines qui tapissent certains composés hydrauliques immergés depuis un assez grand nombre d'années pour ne laisser aucun doute sur la persistance indéfinie de leur stabilité, on y retrouve parfois en totalité les éléments du composé primitif, sans introduction d'autres principes, et ces parties tirées de l'intérieur sont le plus souvent attaquées et détruites en quelques jours dans la même eau de mer employée dans le laboratoire. La mer libre peut donc laisser subsister dans toute l'intégrité de leur composition première, c'est-à-dire avec toute leur chaux attaquable, certains silicates destructibles par son action dans le laboratoire, puisqu'elle s'est mise elle-même dans l'impossibilité de pénétrer dans leur tissu par l'effet des enduits végétatifs, madréporiques ou coquilliers dont elle les a enveloppés.

L'analyse d'autres composés, aussi bien

conservés en mer libre que les précédents, y dénote quelquefois une composition chimique nouvelle qui a la plus grande analogie avec celle du corps fictif dont nous venons de parler et qui ne peut conséquemment donner aucune prise aux sels magnésiens. Ces silicates transformés sont alors aussi inattaquables par l'eau de mer employée dans le laboratoire que par la mer libre; la mer peut donc, sans les détruire, introduire parfois des principes nouveaux dans le tissu de certains silicates d'alumine et de chaux, en même temps qu'elle en élimine ou modifie ceux qui sont contraires à la stabilité.

De là trois classes de composés hydrauliques par rapport à l'action saline, savoir :

1° Ceux qui résistent, par l'effet d'un changement de constitution chimique intégral, ou limité en profondeur, que la mer y opère spontanément et qui n'ont, par conséquent, besoin d'aucun enduit préservateur;

2° Ceux qui ne subsistent et ne peuvent subsister que sous la protection de ces mêmes enduits;

3° Ceux enfin sur lesquels les enduits ne peuvent se maintenir, soit par la violence des coups de mer, soit par la nature, et qui périssent par l'effet même des transformations chimiques que la mer tend à y introduire.

Les premiers peuvent être reconnus et appréciés par certaines expériences de laboratoire à l'aide desquelles on exerce sur eux une action purement saline, c'est-à-dire indépendante des éléments conservateurs que renferme la mer libre; on peut donc, quand ils résistent à cette épreuve, conclure *a fortiori* qu'ils résisteront en mer libre, puisqu'ils y trouveront des auxiliaires qui viendront ajouter à leur valeur intrinsèque.

Quant aux composés de la deuxième et de la troisième catégorie, les essais du laboratoire ne peuvent que les classer par ordre de stabilité, attendu que l'eau de mer naturelle ou artificielle qu'on y emploie ne possède plus, comme nous l'avons fait remarquer, cette espèce de vitalité qui produit les végétations sous-marines et les sécrétions d'origine animale dont elle enveloppe les corps immergés, quand elle agit dans toute sa liberté, avec ses courants, son agitation et tous ses éléments hétérogènes, constants ou accidentels. La mer libre, seule, peut donc répondre aux questions de stabilité ou de non-stabilité des composés dont il s'agit, et nous avons dit à quelles conditions.

67. *Résumé.* — En résumé, on voit que, l'acide carbonique à l'état libre manquant dans l'eau de mer, l'action solidifiante et conservatrice due à cet acide ne peut se produire et qu'au contraire on se trouve en présence de l'action dissolvante des sels de magnésie, le chlorure de sodium paraissant être sans action. On attribue donc aujourd'hui la destruction superficielle *très limitée*, qui se produit sur les *bons* ciments, à la décomposition du bicarbonate de chaux qui est soluble et qu'on rencontre dans l'eau de mer.

68. *Qualités à exiger pour les chaux et ciments.* — Nous indiquerons maintenant, d'après M. F. Laroche, les prescriptions généralement admises pour la fourniture et l'emploi des ciments dans les travaux maritimes. Elles sont complètement justifiées par ce qui précède.

1° Les ciments ne devront contenir *théoriquement* aucune parcelle de chaux non éteinte, et *pratiquement* la quantité minima. Cette chaux en foisonnant ferait écailler ou boursoufler les parties déjà prises. Pour obtenir ces résultats, on doit les laisser quelque temps exposés à l'air avant de les mettre en sacs ou en tonneaux; on a même obtenu à la mer de bons résultats avec des ciments qu'on aurait considérés comme éventés pour des travaux de terre;

2° Ils ne doivent pas contenir *théoriquement* de composés magnésiens de sulfate de chaux, et *pratiquement* la quantité minima;

3° L'avantage des ciments à prise lente est de faire leur hydratation et leur foisonnement avant leur prise définitive. Toutefois, dans le Portland, il se produit des réactions successives qui peuvent durer un an et demi. On s'en assure en broyant du ciment immédiatement après sa première prise et en remarquant qu'il est capable de faire une seconde prise;

4° L'eau dans le gâchage doit être en quantité suffisante pour que l'hydratation soit complète. Autrement le ciment en absorbe quand il est immergé et il devient l'objet de réactions et de boursouflements;

5° Les ciments les plus fins s'hydratent plus vite que ceux qui sont en poudre plus grossière;

6° L'analyse chimique ne peut donner que des indications et des termes de comparaison, mais aucune sécurité. Ce terme de comparaison n'est utile que pour vérifier si les fabrications successives d'une usine sont identiquement les mêmes et devra de même vérifier si ces mêmes fabrications sont suivies d'une trituration identique et si la résistance à l'écrasement et à la traction et le temps de prise sont identiques;

7° Les essais à la cuve au laboratoire ne donnent pas des résultats sur lesquels on puisse compter. On n'y trouve en effet ni l'action mécanique des lames, ni le renouvellement continu de l'eau de la mer, ni la température.

C'est ainsi que la chaux du Theil, reconnue excellente dans la Méditerranée, a donné lieu à quelques insuccès dans l'Océan.

Les jetées de Port-Saïd sont faites avec des blocs artificiels composés exclusivement de mortier de cette chaux. Ils se sont altérés au niveau de la mer et ont parfaitement résisté au dessus et au dessous.

Les essais de laboratoire ne peuvent donc donner que des résultats négatifs, utiles à connaître toutefois, car tout ciment ne résistant pas dans la cuve sera promptement détruit à la mer ; mais la réciproque ne sera pas toujours vraie.

69. *Provenance des chaux et ciments.* — En France, on ne se sert guère que du ciment artificiel de Portland, qui a donné partout de bons résultats, et la chaux du Theil dans la Méditerranée, la Manche et la mer du Nord. On a employé à Dunkerque et à Calais la pouzzolane d'Audernach ; le ciment de Zunaya à prise rapide rend de grands services en servant de protection aux ciments à prise lente qui doivent être uniquement employés.

Le sable doit être extrait des plages et avoir subi longtemps l'action de l'eau de la mer, sans quoi il peut subir des altérations qui, au contact de l'eau de mer, détruisent les mortiers. On peut même utiliser le sable très fin en forçant un peu la dose de chaux ou de ciment et triturant longuement la masse ainsi formée. On sait, du reste, d'une manière générale que les vides forment le tiers du volume total. On peut s'assurer de ce vide en mettant le sable à employer dans un vase d'un volume connu, et mesurant l'eau qui est nécessaire pour le mouiller complètement.

70. *Fabrication du mortier.* — On voit qu'on ne saurait employer trop de précautions pour avoir un mortier bien plein, ne contenant aucuns vides dans lesquels l'eau de mer pénétrerait. Dans ces conditions, il est préférable d'employer les meules pour la fabrication du mortier; l'opérateur peut, en effet, suivre l'état du mélange, sa compacité, etc.

M. Laroche recommande leur emploi pour les mortiers de chaux du Theil et les pouzzolanes.

71. *Maçonneries.* — Quant aux maçonneries, *théoriquement* elles doivent être absolument pleines :

1° Afin d'éviter les réactions chimiques dues à l'action de l'eau de mer intérieurement ;

2° A cause des sous-pressions qui, augmentées de l'action mécanique des vagues, détermineraient l'arrachement des moellons et même des pierres de taille, ainsi qu'on l'a observé sur certaines jetées.

On doit donc surveiller ces travaux avec le plus grand soin et, pour les maçonneries de moellon, employer au moins 35 à 40 0/0 de mortier.

Il est également sage pour ces dernières maçonneries de ne compter que sur $0^k,100$ de résistance au cisaillement par centimètre carré.

Une remarque importante consiste en ce que, dans les maçonneries de pierre de taille, on ne peut compter que sur les joints verticaux; les joints horizontaux laissent toujours à désirer.

L'économie et l'expérience engagent donc l'ingénieur à n'employer ce genre de maçonnerie que dans des cas particuliers, c'est-à-dire quand le bloc devra par sa masse résister à l'action des lames, présenter de grandes surfaces, recevoir des scellements, répartir de grandes pressions, etc.

Quant au *béton*, son usage devient de plus en plus considérable. Il donne, en effet, de grandes facilités pour préparer des blocs artificiels qui atteignent 10 et 30 mètres cubes ; on doit employer 40 et 50 0/0 de mortier, toujours en vertu de ce principe qu'il faut nécessairement *à la mer* des maçonneries complètement *pleines*.

On emploie le béton de deux façons: soit posé à sec, soit coulé sous l'eau.

Le béton posé à sec et destiné à être immergé est fabriqué à terre ou sur des plates-formes; on a soin de le pilonner par couches de $0^m,30$ et de terminer tout bloc commencé sans désemparer. Après vingt-quatre heures de repos la soudure se ferait mal; dans tous les cas, il faut dégrader les surfaces et les laver après chaque pilonnage, afin d'assurer la reprise.

Le béton coulé offre d'assez graves inconvénients inhérents à l'opération même:

1° Le délavage;

2° Les laitances qui en sont la suite.

Le délavage est principalement dû à la différence de densité qui existe entre la pierre et le mortier. On devra donc employer, autant que possible, des mortiers formant une pâte ferme et des pierres d'une densité aussi voisine que possible de celle de ce mortier. Le briqueton paraît jouir de cette propriété. Le portland ne donne pas de bons résultats à cause de l'état graveleux de son mortier jusqu'au moment où il fait prise; aussi ne l'emploie-t-on pas généralement pour les bétons coulés. Ajoutons toutefois qu'un tour de main employé en Angleterre consiste à l'employer au moment où il *commence* à faire prise, c'est-à-dire quand il est devenu *plastique*, nom sous lequel il est alors désigné.

Il n'en est pas de même des mortiers fabriqués à la meule, avec la chaux du Teil, et surtout de l'emploi de la pouzzolane. M. Guillemain donne comme exemple de leur emploi les bassins de radoubs construits dans la Méditerranée; ce sont de véritables monolithes de béton de pouzzolane et de chaux grasse. A Toulon et en Italie on a employé la pouzzolane de Rome; en Autriche et en Egypte, celle de Santorin; dans la mer du Nord, du trass de Hollande (pouzzolane d'Andernach sur le Rhin).

Pour éviter autant que possible le délavage, on a le soin de pratiquer les immersions dans des caisses qui ne s'ouvrent que quand elles reposent sur la couche sur laquelle le nouveau béton doit être coulé, ou dans des tubes dont l'extrémité inférieure repose dans le cône d'éboulement.

Si on coule dans des enceintes de pieux et palplanches, ceux-ci devront être verticaux, afin que le remplissage n'ait pas lieu par éboulement latéral, toute la partie ainsi formée n'offrant aucune solidité.

Quant aux laitances ou aux vases, elles produisent une couche inerte qui empêche la soudure des couches de béton.

On a essayé différents moyens pour s'en débarrasser : pompage, balayage par scaphandriers, etc. Un des plus pratiques consiste à laisser des intervalles de 1 à 2 centimètres entre les palplanches, les laitances s'écoulent alors au dehors. Il paraîtrait aussi qu'en laissant les mortiers de pouzzolane opérer un commencement de prise, les broyant à nouveau et les arrosant ensuite, on a une bonne prise et beaucoup moins de laitances.

72. *Infiltrations.* — Quels que soient les soins que l'on prenne pour faire les travaux hydrauliques, il se produit presque toujours, surtout si ces derniers sont considérables, quelques suintements ou quelques *renards*, d'autant plus dangereux que la hauteur d'eau qui les produit est plus considérable. Il est donc prudent de ne mettre les maçonneries en charge que cinq à six mois après leur confection. On laisse ainsi à la prise le temps de s'achever, et les dégâts produits par les premiers passages de l'eau sont moins considérables.

Pour remédier à ceux qui se forment quand ils viennent du fond, on perce un petit puits à l'endroit de la source ; on y place un tuyau extérieur en tôle, qu'on scelle hermétiquement, et on lui donne une hauteur telle que l'eau y prenne son niveau. On remplit alors l'intérieur du puits de béton coulé.

Si l'on n'a affaire qu'à des suintements latéraux, on réunit les eaux dans des cuvettes et on les épuise.

73. *Installation des chantiers.* — L'installation des chantiers devra être faite très largement, de manière à pouvoir produire beaucoup à un moment donné, et il faudra toujours se munir de machines à vapeur d'une force plus considérable que ne l'indiquent les prévisions, et cela à cause de l'imprévu.

FOND DES MERS

Topographie sous-marine.

74. La grande difficulté, on le conçoit, est de mesurer, en des points déterminés, la distance du sol au niveau de la mer.

Maury, dans son ouvrage sur la géographie physique de la mer, résume ainsi les procédés de sondage dont on se servait jusqu'à l'époque où il employa de nouveaux engins pour mener à bonne fin ses immortels travaux qui, entre autres résultats importants, ont servi de bases pour la pose des câbles de la télégraphie sous-marine.

« Avant l'établissement d'un système régulier d'opérations pour sonder les grandes profondeurs pareil à celui qui est en usage aujourd'hui dans la marine américaine, le fond de ce qu'on appelle les *eaux bleues* nous était aussi inconnu que l'intérieur des planètes de notre système. Ross, Dupetit-Thouars, ainsi que d'autres officiers des marines anglaise, française et hollandaise, avaient bien tenté de sonder les mers profondes, soit avec des lignes spéciales en soie ou en chanvre tissées d'une façon particulière, soit avec des lignes de cordes ordinaires. Mais toutes ces tentatives étaient basées sur la supposition qu'un choc était ressenti au moment où le plomb touchait le fond, ou que la ligne cessant d'être tendue ne devait plus filer à ce moment-là.

« Des expériences prouvent que le choc ne se transmet plus pour les grandes profondeurs, et que les courants sous-marins continuent à entraîner la ligne lorsque le plomb a cessé de le faire. Elles établissaient que, au-delà de 8 à 10 000 pieds, on ne peut plus guère accorder de confiance aux sondes obtenues par les méthodes ordinaires.

« On a fait bien des efforts pour trouver un moyen de connaître les profondeurs des *eaux bleues.* Les plombs de sonde les plus ingénieux ont été inventés. De puissantes explosions, produites au fond de l'Océan, alors que les vents se taisaient et que tout était tranquille, pouvaient se transmettre à la surface, grâce aux échos et à la réflexion du sol, et alors la distance eût été déterminée par la connaissance de la vitesse de propagation du son à travers la masse des eaux. Mais l'écho est resté silencieux, et aucune réponse n'est arrivée en haut. Ericson et d'autres à son exemple construisaient des plombs munis d'une colonne d'air susceptible d'être comprimée et d'accuser la pression qu'elle avait supportée de la part des eaux. Ce système réussit pour les profondeurs ordinaires ; mais pour celles où la pression se mesure par centaines d'atmosphères, l'instrument se trouva hors d'état de résister. »

Baur, ingénieur mécanicien de New-York, construisit, d'après les instructions de Maury, un appareil pour sonder. On avait attaché des ailettes, ayant la forme d'un propulseur à hélice, à un compteur notant le nombre de révolutions accomplies pendant la descente. On avait conclu, par expérience, que l'hélice faisait une révolution par chaque pied de descente verticale, et que le compteur l'enregistrait lui-même. Il fonctionne parfaitement et répond merveilleusement à son but pour des profondeurs modérées. Il devient inutile dans les eaux profondes, à cause de la difficulté de le ramener quand la ligne est d'un petit diamètre, ou de lui faire atteindre le fond quand la ligne est assez forte pour le haler avec sécurité.

Un vieux capitaine proposa une bombe comme on s'en sert quelquefois pour la pêche des cétacés, mais qui n'aurait pu faire explosion qu'en touchant le fond. Il voulait déterminer d'avance la vitesse d'ascension du son et du gaz, et, par le temps écoulé entre les deux arrivées, en conclure la profondeur. Cette méthode ne donnait rien sur la nature du fond, et d'autres obstacles s'opposèrent à l'exécution.

Enfin, on a proposé le moyen du télégraphe électrique. Le fil conducteur étant enveloppé et isolé dans la ligne de sonde, un mécanisme adapté au plomb serait disposé de telle sorte qu'à chaque abaissement de cent brasses dans la profondeur, par l'effet du surcroît de pression, la circulation du fluide s'établirait à peu près comme dans l'électrochronographe du Dr Locke, et un message viendrait accuser à la surface le nombre de centaines de brasses mesurant la chute du plomb. Cette idée si ingénieuse ne fut susceptible d'aucune application pratique pour le sondage des hautes mers.

Les grandes difficultés qu'on éprouvait à faire les sondages entraînèrent dans d'autres recherches physiques. Ces différents essais entretinrent l'ardeur des investigations, quoique n'ayant pas apporté de résultats pratiques.

Des expériences bien dirigées commencèrent à se poursuivre, et l'on eut lieu de s'étonner des profondeurs considérables qui furent accusées dès le principe.

Le lieutenant Walsh, du shomner des États-Unis *le Tancy*, annonça une sonde, mesurée à 34 000 pieds (10 363 m.) sans trouver de fond. Il avait fait usage d'une ligne en fil de fer de plus de 11 milles marins. Le lieutenant Berrsman, du brick des États-Unis *le Dolphin*, rendit compte d'une autre tentative sans résultats faite au milieu de l'Océan avec une ligne longue de 39 000 pieds (11 888 m.). Le capitaine Denham, du navire anglais *le Herald*, annonça le fond à la profondeur de 46 000 pieds (14 020 m.) dans l'océan Atlantique austral et le lieutenant Porker, de la marine des Etats-Unis, fit filer du *Congress* 50 000 pieds (15 239 m.) sans trouver de fond.

Ces résultats firent adopter un plan de sondage. Chaque navire de l'État, en prenant la mer, devait recevoir, sur sa demande, un certain nombre de lignes de sonde marquées de cent brasses en cent brasses. Chacune d'elles avait 10000 brasses de longueur. Le commandant avait l'ordre de choisir lui-même le moment favorable pour sonder la profondeur des *eaux bleues*. Il devait se servir d'un boulet de 32 ou de 68 livres pour plomb de sonde. Ayant attaché le boulet au bout de la ligne, on devait le jeter d'un canot en laissant la corde se dérouler d'elle-même. Il suffisait de la couper et de voir combien il en restait sur le dévidoir pour avoir la sonde. Des difficultés d'exécution, sur lesquelles on ne comptait pas, se montrèrent dans chaque tentative. On reconnut d'abord que la ligne ne cessait pas de filer et, par conséquent, on n'avait nul moyen de reconnaître le fond. Ensuite, il fut certain que la ligne ordinaire n'était pas d'un bon usage, car elle supportait, en filant, une tension très considérable, et, par conséquent, elle devait pouvoir y résister. En outre, les officiers furent prévenus que les sondes ne pouvaient être prises du navire lui-même et qu'il était nécessaire d'armer un canot pour chaque opération, et que les hommes devaient rester sur les avirons, de manière à se maintenir constamment à pic de la ligne de sonde.

Des observations émanant de sources non suspectes prouvent l'existence des courants sous-marins réglementant, en quelque sorte, les climats. Ces courants entraînaient les lignes et le dévidoir ne s'arrêtait jamais. En poursuivant les opérations, on prit l'habitude de noter le temps écoulé de cent brasses en cent brasses et, en employant toujours des lignes de même échantillon, identiques en poids et en volume, on réussit à établir la loi des vitesses pour la descente. Les examens donnèrent pour résultats principaux :

2'21", durée moyenne de la descente de 400 à 500 brasses ;

3'26", durée moyenne de la descente de 1 000 à 1 100 brasses ;

4'29", durée moyenne de la descente de 1 800 à 1 900 brasses.

Désormais, à l'aide de la loi indiquée, on pourrait apprécier avec assez d'exactitude le moment où, le boulet cessant d'entraîner la ligne, celle-ci n'obéirait plus à l'action des courants, car les courants devraient lui imprimer une vitesse

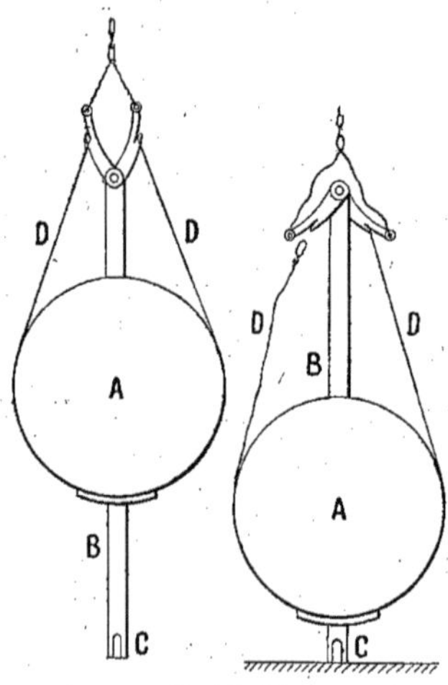

Fig. 20 et 21.

uniforme, tandis que le poids du boulet lui communiquait une vitesse croissante.

Le développement de cette loi fut un grand progrès ; il permit de reconnaître que les sondes rapportées ci-dessus n'étaient pas exactes et que la profondeur, dans les parages où elles avaient été prises, n'atteignait pas les chiffres accusés.

Aucun spécimen n'avait été rapporté du fond. La ligne était trop faible, le boulet trop pesant ; on ne pouvait songer à ramener l'appareil, et cependant, si l'on atteignait le fond, pourquoi ne réussirait-on pas à constater sa nature ? Les choses en étaient là quand le Passed Midshipman J.-M. Brooke (U.-S. N.) proposa d'adapter au boulet un système de déclic qui, en dégageant le poids lors du contact avec le fond, permettrait de ramener la ligne avec les spécimens tant désirés.

75. *Sonde de Brooke.* — Le boulet de canon (*fig.* 20, 21) est percé d'un trou pour laisser passer un tuyau B. D et D représentent l'attache du déclic dans la descente (*fig.* 20). La figure 21 montre qu'au moment où l'appareil touche le fond le déclic agit, le boulet se dégage et la ligne n'a plus qu'à remonter le tuyau B qui, enduit de suif, ramène des échantillons du fond.

76. *Bassin de l'océan Atlantique.* — D'après les sondages faits par la marine américaine (*fig.* 22), le bassin de l'Atlantique est, ainsi qu'on le voit, une sorte de fossé qui sépare l'ancien monde du nouveau et s'étend probablement d'un monde à l'autre.

Du sommet du Chimborazo au fond de la partie nord de l'Atlantique, au point le plus bas qu'ait atteint la sonde (7 630m.), la distance mesurée sur la verticale est d'environ neuf milles.

Il existe du fond du cap Race, à Terre-Neuve, au cap Clear en Irlande, un plateau remarquable de 1 640 milles de longueur et dont la profondeur, ajoute Maury, n'est probablement nulle part au-dessous de 10 à 12 000 pieds. C'est le plateau appelé *télégraphique* (*fig.* 23).

Recherches ultérieures.

77. Ces travaux et les résultats obtenus excitèrent le plus vif intérêt dans le monde savant et portèrent une vive lumière sur des parties inconnues de la physique du globe. D'autre part, la télégraphie sous-marine venait de naître et réclamait impérieusement un relevé exact du sol sur lequel ses câbles devaient être appliqués. Un grand élan se manifesta, l'initiative particulière et les gouvernements organisèrent de véritables expéditions. Il nous suffit à cet égard de citer les noms des Agassiz, des marquis de Follin, les voyages de *la Porcupine* en 1868, du *Challenger* en 1872 et 1873, et la croisière du *Travailleur* et du *Talisman*, dont nous allons parler avec quelques détails, à cause de l'importance des résultats obtenus et des méthodes employées.

L'impulsion donnée est suivie aujourd'hui par un grand nombre de savants, parmi lesquels nous devons citer le prince Albert de Monaco.

Expéditions du « Travailleur » et du « Talisman ».

78. *Appareil Thibaudier.* — Depuis l'époque de Maury, les appareils de sondage ont été de nouveau perfectionnés et ont permis de rectifier de nombreuses erreurs.

Le dernier en date et celui qui a donné les meilleurs résultats pour les grandes profondeurs est celui employé à bord et inventé par M. Thibaudier, ingénieur de la marine.

Voici, d'après M. Filhol, membre de l'Expédition, la description qui en a été donnée dans la *Nature* en 1884 :

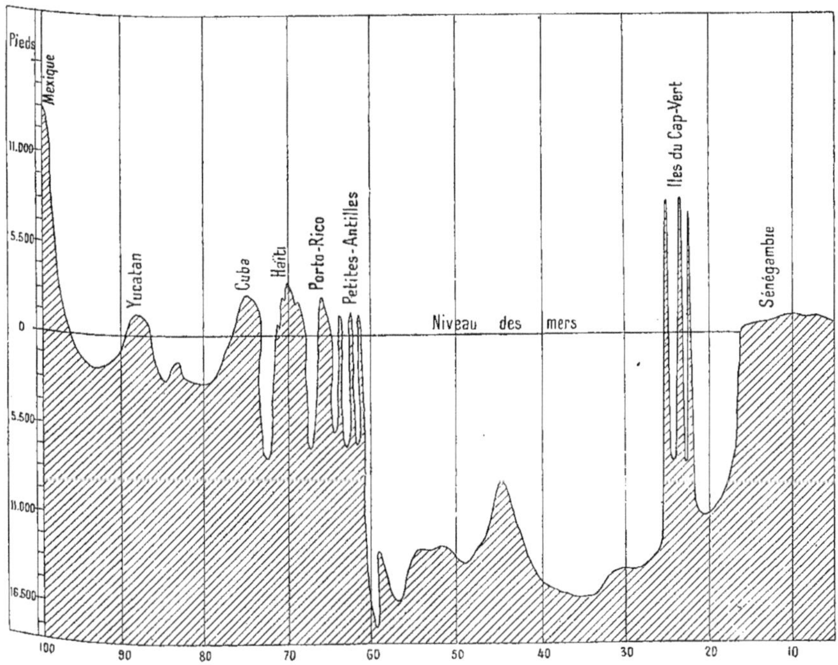

Fig. 22.

L'appareil enregistre lui-même le nombre de mètres de fil qui se déroulent, et, dès que le plomb de sonde atteint le fond, il s'arrête automatiquement.

Il se compose d'une poulie P (*fig.* 24) sur laquelle sont enroulés 10 000 mètres de fil d'acier d'un millimètre de diamètre. De la poulie, le fil se rend sur une roue B ayant exactement 1 mètre de circonférence ; de là il descend sur un chariot A mobile le long de bigues en bois; puis remonte sur une poulie fixe K et arrive au sondeur S, après avoir traversé un guide g où il trouve toujours un petit réa sur lequel il peut s'appuyer, quelle que soit l'inclinaison du bateau.

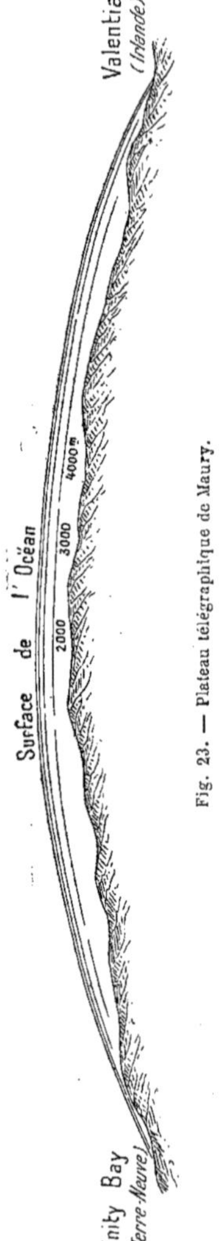

Fig. 23. — Plateau télégraphique de Maury.

La roue B porte sur son axe une vis sans fin qui actionne un compteur gradué jusqu'à dix mille tours, c'est-à-dire jusqu'à 10 000 mètres, puisque chaque tour de la roue B correspond à 1 mètre de déroulement du câble de la sonde. Sur l'axe de la poulie d'enroulement est une poulie de frein p. Le frein f est manœuvré par un levier L, à l'extrémité duquel se trouve une corde C, qui vient s'amarrer sur le

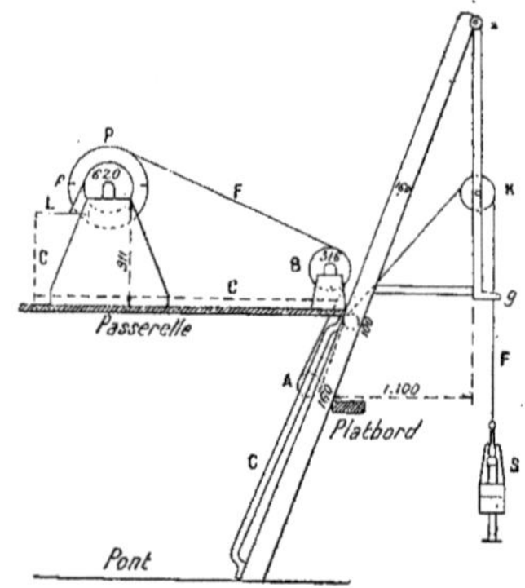

Fig. 24. — Schéma de la sonde Thibaudier.

chariot A. Lorsque, dans les mouvements de roulis, la tension du fil d'acier supportant le sondeur diminue ou augmente, le chariot descend ou remonte légèrement le long des digues; dans ce mouvement, il agit plus ou moins sur le frein et règle, par suite, la vitesse de déroulement. Lorsque le sondeur touche le fond, le fil, se trouvant allégé de tout son poids, qui atteint quelquefois 70 kilogrammes, s'arrête instantanément.

Pour effectuer la manœuvre, il suffit de ramener le compteur à o, de lâcher le frein, et le sondeur descend. On maintient pendant ce temps le bateau aussi immobile que possible, de façon à ce que le fil descende verticalement.

Le fil d'acier de 1 millimètre de diamètre supportait jusqu'à 140 kilogrammes sans

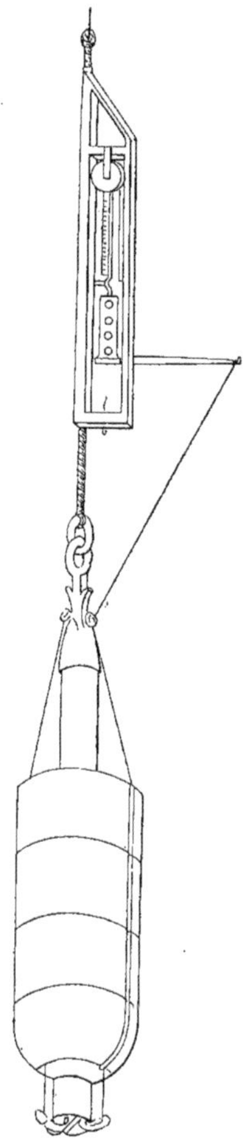

Fig. 25. — Sonde Thibaudier.

se rompre. Sa faible surface le rendait inaccessible à l'action des courants et de la pesanteur; aussi a-t-on relevé de nombreuses erreurs, tantôt en plus, tantôt en moins, parmi les premiers sondages. Par 27°10′ de latitude et 42° de longitude on a relevé 4 965 mètres, au lieu de 2 000 donnés par les sondages à la corde, et parmi les seconds 6 000 mètres, au lieu de 12 000 marqués sur d'anciennes cartes.

Le câble en acier était relié au sondeur par une corde en chanvre de 1 mètre.

Le sondeur consiste en un long tube (*fig.* 25) de fer à parois épaisses, de forme cylindrique à ses deux extrémités, et qu'on peut considérer comme comprenant deux chambres complètement indépendantes l'une de l'autre et superposées.

Dans la chambre supérieure, est renfermée une tige métallique terminée par un anneau auquel se rattache la corde à laquelle fait suite le fil à sonder. Quand l'on vient à exercer une traction sur cet anneau, la tige métallique se dégage en partie, un arrêt limitant sa course à une certaine étendue. Sur les bords droit et gauche de cette tige sont entaillées des dents.

Lorsqu'on veut se servir du sondeur, ajoute M. Filhol, on doit lui donner un poids suffisant, non seulement pour assurer sa chute, mais encore pour activer sa descente dans certaines limites. Afin de réaliser ce double but, on charge le tube de poids cylindriques en fonte, pesant environ 30 kilogrammes chacun. Les poids sont maintenus au moyen d'un fil métallique muni de trois anneaux, l'un à sa partie moyenne, les autres à chaque extrémité. L'anneau du milieu est introduit sous les poids autour du tube sondeur. Les deux anneaux extrêmes sont passés dans les crochets de la tige dentée.

Tant que le sondeur est suspendu au fil d'acier, la tige métallique à dent émerge du tube; aussitôt qu'il touche le fond, les poids la font descendre dans ce même tube et dégagent en même temps les anneaux des crochets dans lesquels ils sont placés. Les poids n'ont plus alors aucune connexion avec le tube sondeur qui, ainsi allégé, peut être remonté facilement.

L'ouverture inférieure du tube sondeur est munie de deux clapets en ailes de papillon, maintenues soulevées pendant la descente ; ils sont en forme de cuiller et enduits de suif pour ramener des parcelles des fonds solides. Si le fond est vaseux, un mouvement de sonnette les faisant se fermer au moment où les poids abandonnent le tube, ils ramènent des échantillons de la vase, etc.

79. *Thermomètres.* — Pour mesurer les

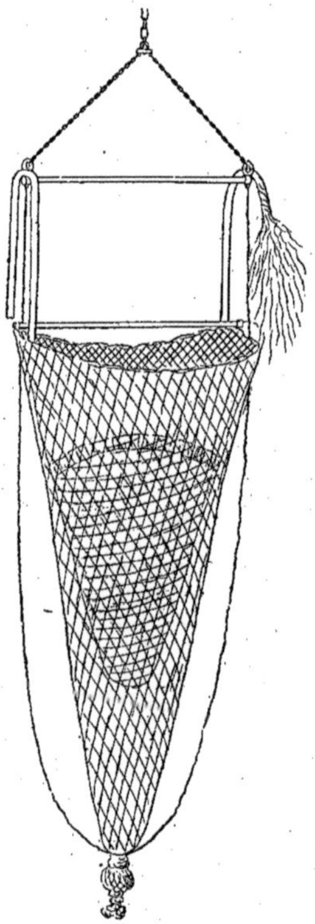

Fig. 26. — Chalut du « *Talisman* ».

températures on se servait d'un thermomètre à retournement. Ce retournement avait lieu par l'action des poids au moment où ils se détachaient.

La colonne mercurielle se brisait au point où le tube est soudé au réservoir. Ces thermomètres ont eu à subir des pressions supérieures à 300 atmosphères, c'est-à-dire 30 000 kilogrammes par décimètre carré.

80. *Matériel de pêche.* — Le matériel de pêche employé par *le Talisman* se composait de dragues et de chaluts.

On sait que les dragues consistent essentiellement en un cadre rectangulaire en fer, auquel est adaptée une sorte de sac en filet. La partie inférieure du cadre forme une sorte de racloir qui ratisse et ramène dans le sac tout ce qui se trouve au fond de la mer. Pour préserver le filet, on l'enveloppe, tantôt d'une sorte de filet

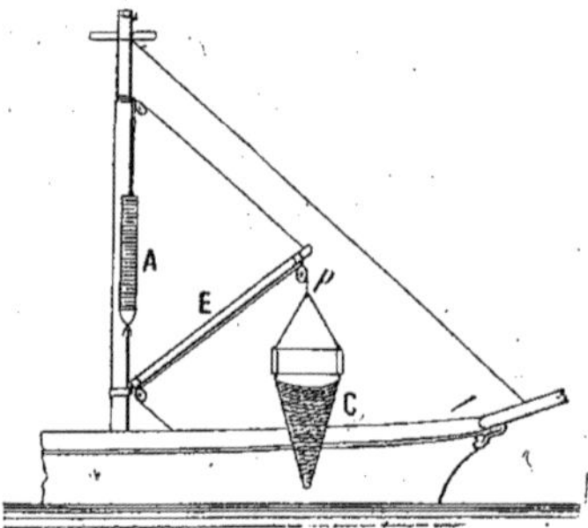

Fig. 27. — Schéma de l'accumulateur et de la suspension du chalut.

en chaînette de fer, tantôt d'un sac de toile à voile ou de cuir... Les résultats obtenus avec ces appareils furent toujours médiocres : les dragues se remplissaient presque immédiatement de sable et de vase et les échantillons étaient généralement mutilés ; on leur substitua promptement les *chaluts*, sortes de grands filets employés par les pêcheurs, sur nos côtes (*fig.* 26) ; Agassiz s'en était déjà servi avec avantage à bord du *Blake*. Celui du *Talisman* formait une sorte de nasse et un boulet placé au fond le forçait à suivre les sinuosités du sol. Un *faubert*, sorte de paquet de ficelle placé dans le fond, réunissait et conservait les petits échantillons ; les résultats furent merveilleux.

Les filets en fil de chanvre étaient d'une extrême solidité, M. Filhol en donne pour exemple que, le 27 juin, on le remonta d'un fond de 905 mètres, contenant 250 kilogrammes de roche, sans qu'aucune des mailles se soit rompue.

La manœuvre se faisait ainsi (*fig.* 27) : arrivé au sommet de l'espar E, un câble souple, formé de fil d'acier, était posé dans une poulie *p* et fixé solidement au chalut. On conçoit qu'il est essentiellement nécessaire de régler la traction du câble. A cet effet, on avait disposé au niveau du mât de misaine un *accumulateur* A, qui se composait de rondelles de caoutchouc vulcanisé, empilées et séparées entre elles par des plaques de tôle. C'est à cette sorte de ressort qu'était fixée la poulie *p*; il variait de longueur suivant les charges qu'il avait à supporter (1^m,90 normalement et 0^m,90 sous 2 000 kilogrammes).

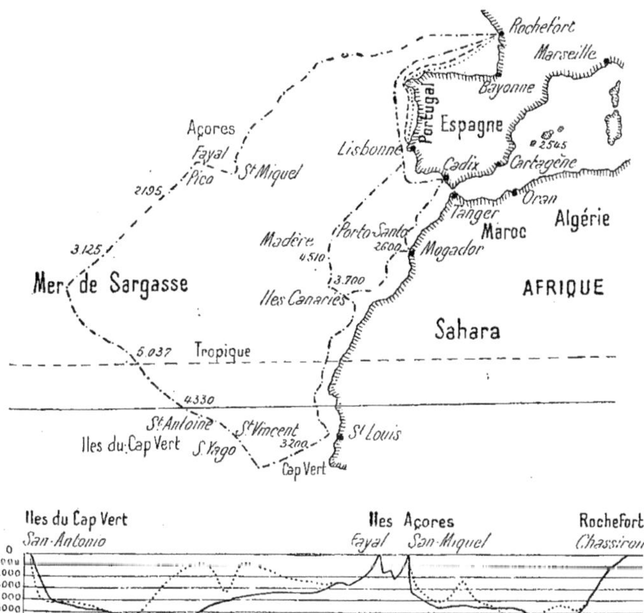

Fig. 28. — Voyages du *Travailleur* et du *Talisman*.

La vitesse du bateau devait être de deux à trois nœuds à la descente avec un peu de dérive, le traînage durait de trois quarts d'heure à plusieurs heures. On remontait le câble au moyen de treuils. La vitesse au déroulement était de 100 mètres par minute et à l'enroulement de 40 mètres. Un lavage et un tamisage dans des baquets permettaient de dégager les animaux les plus délicats.

81. *Résultats obtenus.* — La première grande expédition française fut celle du *Travailleur*, en 1880. C'était, « dit M. Milne-Edward dans sa communication faite à la Société de géographie, une campagne en quelque sorte improvisée, elle fut limitée au golfe de Gascogne, et certainement on était loin de s'attendre à la riche moisson de faits nouveaux qui en fut la conséquence ; aussi, l'année suivante, le Gouvernement décida que ces explorations seraient continuées, et *le Travailleur* étendit le champ de ses recherches jusqu'à la Méditerranée, en contournant la péninsule Ibérique et en jetant partout la sonde et la drague. » En 1882, le même bâtiment reprit, pour la troisième fois, sa mission ; il explora l'océan Atlantique jusqu'aux îles Canaries et revint en France avec un riche butin, ce qui décida le Gouvernement à mettre un éclaireur de l'escadre, navire beaucoup plus puissant que l'aviso à roues qui avait servi jusqu'alors. Ce navire, *le Talisman*, fut aménagé pour le voyage qui se préparait, et une commission scientifique, composée de M. Milne-Edward, président, et de MM. de Folin, Vaillant, E. Perrier, H. Filhol, F. Fischer, Ch. Brongniart et Poirault, se réunit le 30 mai à Rochefort et accomplit ce voyage (*fig.* 28), dont elle rapporta de si magnifiques résultats.

C'est ainsi qu'on découvrit, sur les côtes d'Espagne, des animaux que l'on croyait appartenir en propre à la faune méditerranéenne. A ses fonds très accidentés succédèrent les fonds en pente douce situés à l'ouest du Maroc et du Sahara. Le lit de l'Océan y est couvert d'une vase très fine qui paraît fort épaisse et en grande partie formée de *globigérines ;* puis, viennent des oursins et d'autres êtres qu'on ne connaissait qu'à l'état fossile.

« Toutes les espèces qui habitent les abîmes de la mer ont un aspect particulier et facilement reconnaissable : leur peau, recouverte d'un enduit muqueux très épais, n'a jamais de vives couleurs ; elle est grisâtre ou d'un noir de velours. Les écailles ne sont pas très solidement fixées. Les muscles sont peu épais et d'une consistance molle. Les os sont d'une structure spongieuse et de peu de dureté. La bouche est ordinairement très grande et armée de dents aiguës en forme d'hameçon. La plupart de ces animaux vivent dans la vase ou à sa surface, comme le montrent des parcelles de limon qui restent incrustées dans quelques-unes des cavités du corps. Tous ceux observés étaient pourvus d'yeux normalement développés, dont le fonctionnement serait difficile à comprendre dans un milieu complètement obscur, si on ne trouvait pas son explication dans l'existence de plaques phosphorescentes ou d'un enduit de mucosité lumineuse qui peut éclairer à une certaine distance. Chez le malacosté noir, ces plaques sont situées au-dessous des yeux ; chez d'autres espèces, elles sont disposées en lignes sur les parties latérales du corps. »

On rencontra la vie animale jusqu'à 5 000 mètres de profondeur ; *le Talisman* a pêché jusqu'à 4 255, et *le Challenger* jusqu'à 5 019 : cette faune abyssale doit surtout sa physionomie particulière à des Holothuries. La flore, au contraire, disparaît presque complètement à une profondeur de 150 à 200 mètres. Il en résulte que tous les poissons des grandes profondeurs sont carnivores. Quelques espèces peuvent habiter des zones variant de 2 000 à 2 500 mètres de hauteur.

Le cadre de cet ouvrage ne nous permet pas de nous étendre davantage sur toutes ces découvertes merveilleuses ; il faut avoir visité les collections pour se rendre compte de l'effet que produisent les formes bizarres, parfois élégantes, parfois monstrueuses et terribles, de ces êtres arrachés à des profondeurs où la vie telle que nous la comprenions il y a quelques dizaines d'années paraissait impossible.

82. Nous allons terminer ce que nous avons à dire sur la topographie de la mer par quelques données générales que nous emprunterons aux dernières publications parvenues à notre connaissance.

Presque tous les atlas modernes indiquent les profondeurs des différents océans et des différentes mers ; il suffit donc d'appliquer à ces côtes les tracés que nous avons indiqués dans notre *Cours de routes* pour avoir un profil en long dans une direction quelconque ; nous n'insisterons donc pas davantage et nous dirons seulement, d'une manière générale, que le fond des mers présente des profils plus adoucis que ceux des continents. Les sables, les limons et les vases, charriés par

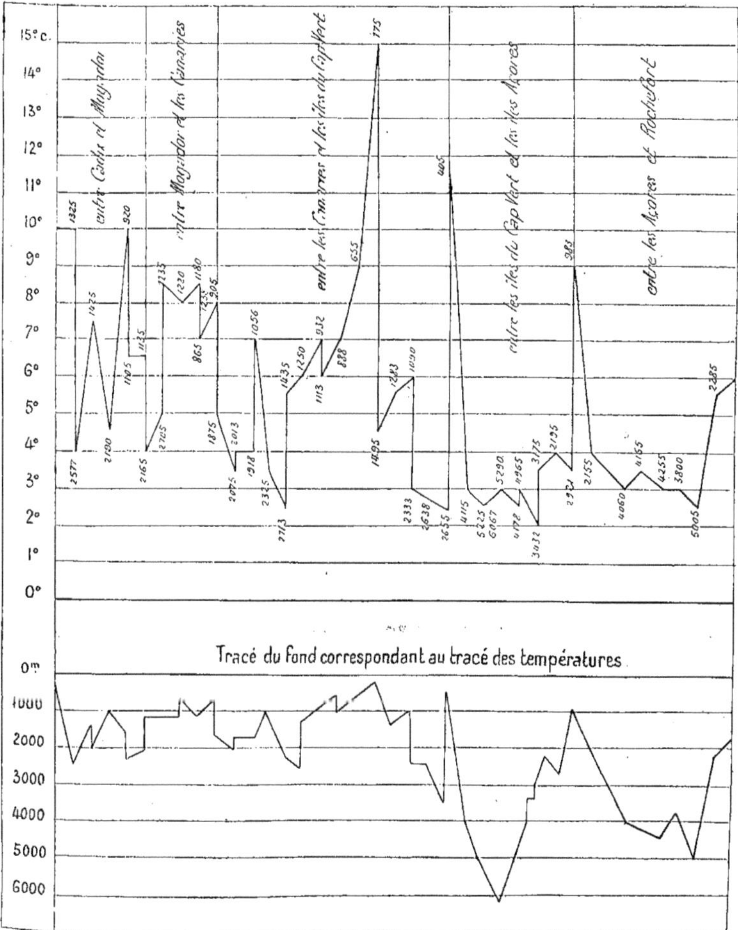

Fig. 29. — Diagramme des observations thermométriques à différentes profondeurs. Expédition du *Talisman*.

les rivières et transportés par les courants, comblent les vallées les plus profondes, tendant à opérer ainsi un nivellement général ; c'est ainsi que les côtes de France sont précédées d'une large terrasse en pente douce qui descend ensuite à une profondeur de 4 000 mètres par un talus très raide.

83. *Variation de température de l'eau de mer.* — L'eau par sa masse et sa grande chaleur spécifique forme une espèce de *réservoir* de chaleur, moins sensible aux variations de température que l'atmosphère; aussi voyons-nous généralement l'eau plus chaude que l'air de minuit à trois heures du matin, et plus froide de midi à trois heures de l'après-midi. Le maximum de sa température en air calme a lieu vers midi, son minimum au lever du soleil; on observe un phénomène analogue pour les saisons, le maximum et le minimum ne se confondent pas : ils sont pour la chaleur en août pour l'air, et en septembre pour la mer, et pour le froid en février pour la terre et mars pour la mer.

On a essayé de tracer des lignes isothermes, mais on ne peut y ajouter grande confiance : des courants de températures différentes existent sous presque toutes les profondeurs de la mer; on se rendra compte des difficultés que présente ce problème, quand on saura qu'on a rencontré quelques courants ayant jusqu'à 18 degrés de différence de température et passant à peu de distance l'un de l'autre.

Nous donnons, d'après M. Milne-Edward, les courbes correspondantes de la profondeur et de la température entre Rochefort et les Açores; on voit qu'elles ne se correspondent pas; on voit aussi que la température à 3 432 mètres était plus basse que celles observées jusqu'à 6 000 mètres (*fig.* 29).

COURANTS

84. Les courants peuvent se diviser en deux classes:

1° Les courants généraux;

2° Les courants de marée.

COURANTS GÉNÉRAUX

85. *Généralités.* — Les courants généraux sont connus de longue date par nos marins, mais leur étude complète est loin d'être terminée. Des essais journaliers sont tentés. Au mois de juin 1885, le prince de Monaco a fait lancer à la mer cinq cents flotteurs, formés par des bouteilles, des sphères en cuivre ou des barils contenant écrite en dix langues la note suivante : « Toute personne qui trouvera ce papier est priée de le faire parvenir aux autorités de son pays pour être transmis au Gouvernement français en indiquant, avec le plus de détails possibles, le lieu, la date et les circonstances où il aura été trouvé. » Cet essai se renouvela en 1886 et 1887 ; onze cent soixante-quinze flotteurs furent lancés à nouveau, près de deux cent cinquante sont revenus. D'après la *Géographie maritime* de M. Jules Girard, le groupement s'est fait principalement aux Açores, où il en est arrivé vingt-six; les côtes de France en ont reçu ving-quatre, et les côtes de Norwège vingt-deux. Leur vitesse moyenne a été de 4 milles 48 par jour.

On a déjà recueilli un grand nombre de données qui démontrent l'existence des courants superficiels circulaires des eaux de l'Atlantique autour d'un point situé au sud-ouest de l'archipel des Açores, de court rayon interne et dont le bord externe passe au sud du banc de Terre-Neuve et se dirige vers la Manche, s'infléchit vers le Sud et rejoint le courant équatorial.

Le prince de Monaco en a conclu que le courant de Rennel (courant giratoire dans le golfe de Gascogne) n'existait pas et que le courant des fleuves se faisait sentir assez loin en mer pour refouler le courant océanique. Mais le problème se complique singulièrement par suite de l'existence de courants superposés. C'est ainsi qu'en employant les appareils des lieutenants Walsh et Lee on a vu des flotteurs attachés à un bloc de bois, que l'on faisait descendre à une profondeur connue, progresser à la surface de la mer contrairement à la direction du vent et des courants superficiels.

On remplace actuellement, avec avantage, pour ces sortes d'observations, le bloc de bois par un appareil en volige offrant une grande surface (*fig.* 30 et 31). Cet appareil peut être utilisé par les pêcheurs qui placent des lignes en mer. Le renversement des courants de la surface de fond est généralement un indice de mauvais temps dont ils tirent parti.

On reconnaît facilement, avec une ligne de sonde ordinaire, l'existence de ces courants; en laissant descendre la sonde, quand on est placé dans un canot qui se meut avec la vitesse du courant de surface, le fil de la sonde est vertical; aussitôt que le plomb pénètre dans un autre courant, la ligne s'incline brusquement.

Comme exemple, on peut citer le détroit de Gibraltar, où le courant supérieur, un peu moins salé, passe de l'Atlantique dans la Méditerranée; au dessous, se trouve un contre-courant allant de la Méditerranée dans l'Océan.

Ce sont les contre-courants qui entretiennent le degré de la salure des mers, en se mélangeant avec les eaux sursalées provenant de l'évaporation superficielle.

Les courants de surface ont généralement une vitesse presque constante sur 60 et 100 mètres de hauteur; elle ne dépasse guère 2 à 3 milles à l'heure.

Les causes des courants généraux sont connues, mais elles sont assez nombreuses, et on se trouve en présence d'un problème presque insoluble dans l'état actuel de la science, savoir : déterminer le mouvement d'un fluide indéfini sous l'action de diverses forces.

86. *Causes des courants généraux.* — La chaleur solaire combinée avec la rotation de la terre et les vents alizés sont les causes principales des courants généraux. On conçoit, en effet, que le vide produit par l'évaporation équatoriale, qui est des plus actives, n'étant pas restitué par les pluies qui ont lieu sous les mêmes latitudes, amène nécessairement des courants d'eau froide des pôles vers l'équateur. Ces courants suivraient les méridiens si la terre n'était pas soumise à un mouvement de rotation; mais l'arc parcouru par chaque molécule liquide suivant le sens des latitudes, allant en augmentant au fur et à mesure que cette molécule se rapproche de l'équateur, il en résulte un mouvement de l'est à l'ouest; les deux vitesses se combinent, et on a deux courants, l'un du nord-est au sud-ouest, dans l'hémisphère nord, l'autre du sud-est au sud-ouest, dans l'hémisphère sud.

Les alizés, dont nous allons parler, agissent dans le même sens.

Comme conséquence de leur formation, ces courants froids à salure égale sont plus lourds que les eaux chaudes de l'équateur, mais celles-ci sont plus salées que les eaux provenant de la fonte des glaces, il y a donc là des phénomènes qui se contrarient.

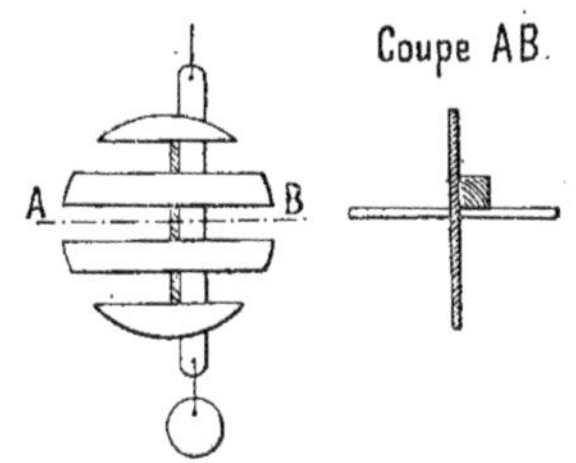

Fig. 30 et 31.

Vents alizés.

87. Ces courants sont encore favorisés vers l'équateur par les alizés qui s'exercent dans le même sens et pour les mêmes causes. Il faut toutefois remarquer que ces vents se refroidissent dans les régions élevées, et alors il se passe les phénomènes suivants :

Dans l'hémisphère nord de l'équateur, jusque vers le tropique du Cancer soufflent les alizés nord-est; du 30e au 33e degré, se trouve la zone où les courants supérieurs et inférieurs varient sans cesse, et, enfin, du 33e degré vers le pôle arctique règnent des contre-alizés soufflant du sud-ouest.

L'inverse a lieu pour l'hémisphère sud.

Cette zone de 3 à 4 degrés est souvent la cause de cyclones et de sautes de vent, qui se transportent jusque chez nous.

On a toutefois remarqué que, quand les vents sont animés d'un mouvement lent de rotation, ils suivent la loi de Doves, c'est-à-dire qu'ils se meuvent dans le sens des aiguilles d'une montre (nord-ouest-sud-est) dans l'hémisphère nord, et en sens inverse dans l'hémisphère sud.

Il suit également de là que les cyclones qui prennent naissance dans les contrées tropicales décrivent une sorte de parabole dont le sommet est placé vers le 30-33e degré et dont la concavité est tournée vers l'est. Ces tempêtes tournantes et ces moussons n'ont pas lieu

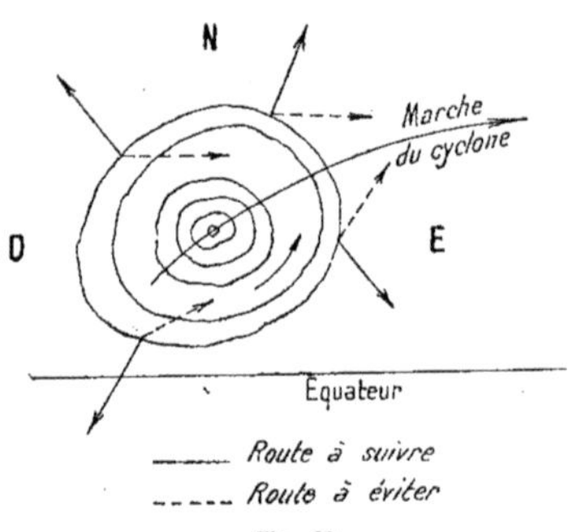

Fig. 32.

dans l'Atlantique du sud, ni dans le Pacifique du sud.

Il résulte des observations que la masse d'air qui se trouve autour du cyclone souffle toujours de droite à gauche par rapport à un observateur placé au centre (sens inverse des aiguilles d'une montre). Cette indication est des plus précieuses pour les marins, puisqu'elle leur donne le moyen de s'éloigner du centre, c'est-à-dire du point dangereux du cyclone. La figure 32 montre qu'il faut fuir vers le sud quand les vents viennent de l'ouest, et vers le nord quand ils viennent de l'est.

Grands courants généraux.

88. En résumé, il existe un grand courant équatorial dirigé de l'est à l'ouest, aussi bien dans l'Atlantique que dans le Pacifique, formant avec les courants polaires une sorte de demi-circonférence. Celui de l'Atlantique vient se heurter contre la côte orientale de l'Amérique, celui du Pacifique contre la côte orientale de l'Asie. Le premier, le plus étudié, se brise en arrivant sur la côte et se fractionne en courants qui suivent la direction des côtes. L'un longe le Brésil, remonte vers le pôle Sud et revient à son point de départ formant ainsi une courbe fermée; l'autre pénètre dans le golfe du Mexique et alimente le Gulf-Stream.

89. *Gulf-Stream.* — Ce courant, le plus considérable, n'a guère été reconnu que depuis un siècle; il a été depuis très étudié; il se fait sentir, en effet, sur une étendue du globe sur laquelle la navigation est la plus active. Maury, dans son ouvrage sur la géographie physique de la mer, en a donné une longue description; il commence ainsi :

« Le Gulf-Stream est une rivière au milieu de l'Océan, dont le niveau ne change ni dans les plus fortes sécheresses ni dans les plus fortes pluies. Il est limité par des eaux froides, tandis que son courant est chaud. Il prend sa source dans le golfe du Mexique et se jette dans l'océan Arctique. Il n'existe pas sur la terre un cours d'eau plus majestueux : sa vitesse est plus grande que celle du Mississipi ou des Amazones, et son débit mille fois plus considérable.

« Les eaux, depuis le golfe du Mexique jusqu'aux côtes de la Caroline, sont d'un bleu d'indigo foncé, et la ligne de séparation avec les eaux de l'Océan est parfaitement appréciable aux yeux. Souvent on peut voir un navire dont une moitié se trouve immergée dans les eaux du Gulf-Stream, tandis que l'autre flotte dans les eaux de l'Océan, tant la ligne de séparation est nette et distincte.

« D'après les documents les plus récents, on peut l'évaluer à un canal de 80 kilomètres de large sur 300 mètres de profondeur, dans lequel l'eau aurait une vitesse de 6 kilomètres à l'heure.

« Prenant naissance dans le golfe du Mexique, il se dirige vers le nord-est et, parvenu à Terre-Neuve, il se divise en deux branches, l'une dirigée vers Madère, l'autre traversant tout l'Atlantique. Ses eaux pénètrent jusqu'au 88e degré de latitude réchauffant ainsi les côtes de la Norwège et du Spitzberg. On a même trouvé des bambous transportés des pays tropicaux jusque sur les côtes de la Nouvelle-Zemble, arrêtant ainsi les *icebergs* ou montagnes de glaces flottantes détachées du pôle arctique. Ces limites, comme celles des vents alizés, se déplacent avec la position du soleil entre les tropiques.

« Son influence est considérable sur les climats de Terre-Neuve, de la Norvège et de nos côtes de Bretagne.

« Terre-Neuve, limite de sa rencontre avec les eaux polaires, lui doit ses brouillards; l'Atlantique, ses cyclones, aussi les Anglais l'ont-ils appelé le *père des tempêtes*.

« Sa température, au sortir du golfe du Mexique, varie suivant les saisons de 25 à 29 degrés centigrades. Sa masse est telle qu'il se refroidit lentement, 1 degré pour 10 degrés de latitude. »

90. *Courant équatorial de l'Atlantique.* — Ce courant prend sa source au fond du golfe de Guinée, s'épanouit en s'avançant à l'ouest. On évalue sa largeur à 300 milles par le travers du cap des Palmes. Devant Saint-Roque il se divise en deux branches, l'une qui remonte vers le nord et alimente le Gulf-Stream, l'autre qui longe la côte du Brésil, jusqu'au Rio de la Plata.

91. *Mer de Sargasse.* — Au milieu de l'Atlantique, probablement amené par la dérive du grand courant circulaire, se trouve un amas de raisins du tropique (*fucus natans*) qui occupe un espace triangulaire compris entre les Açores, les Canaries et les îles du cap Vert, c'est-à-dire entre les parallèles 17 et 38 degrés et les longitudes 50 et 81 degrés. Ce fucus se propage et naît à la surface de l'eau; on en trouve aux Antilles, au Mexique, etc.

92. *Courants du Pacifique.* — Le Pacifique semble avoir deux courants équatoriaux, séparés par l'équateur et se dirigeant tous deux de l'est à l'ouest.

Le courant sud se divise en deux branches, comprenant l'Australie.

Le courant nord prend naissance dans le grand Archipel de l'Asie et se dirige vers le Kamtschatka, après avoir déposé sur les îles Aléoutiennes des bois provenant de la Chine et du Japon, en quantité suffisante, disent les voyageurs, pour pouvoir être utilisés par les habitants de ces pauvres contrées.

Les Japonais donnent à ce courant le nom de *Kouro-Sivo* (courant noir); sa température varie de 28 à 30 degrés et sa vitesse varie de 1,8 à 2,2 milles à l'heure.

On compte un grand nombre d'autres courants généraux, dont la description nous entraînerait trop loin et sans grand profit, car ils sont tellement influencés par les moussons qu'il est difficile d'en tirer parti, au moins quant à présent, au point de vue de la physique générale du globe.

COURANTS DE MARÉE

93. On conçoit *a priori* que le mouvement de flux et de reflux, qui occasionne des dénivellations quelquefois très considérables et atteignant jusqu'à 13m,60 sur nos côtes (Saint-Servan), doit être la cause de courants correspondants.

Trois faits très intéressants distinguent ces courants de ceux d'une rivière. Le premier consiste en ce que très fréquemment c'est au moment où la mer monte le plus rapidement, c'est-à-dire quand elle est à son niveau moyen, qu'il n'y a pas de courants au large. Le second fait est, en quelque sorte, complémentaire du premier; on remarque, en effet, que très fréquemment c'est au moment des étales de haute ou de basse mer que les courants de flot ou de jusant atteignent leur maximum de vitesse. Enfin, le troisième fait résulte des expériences qui ont démontré que la vitesse du courant était la même au fond et à la surface.

On a entrepris de nombreuses expériences pour expliquer ces phénomènes; celles qui ont conduit aux meilleurs résultats ont eu lieu dans un long canal rectangulaire à fond horizontal, contenant une certaine hauteur d'eau. On y déterminait une onde en versant rapidement une certaine quantité d'eau à une des extrémités.

On a remarqué que des flotteurs noyés ou placés au fond et à la surface étaient tous animés de la même vitesse. Les choses se passent donc comme si la propagation de l'onde avait lieu par tranches verticales, oscillant verticalement. On en conclut qu'il doit en être de même dans les courants de marée.

Ce même chenal a également servi à reproduire les premiers et deuxièmes phénomènes dont nous avons parlé.

Si on verse de petites quantités d'eau doucement et par petites interruptions, on voit l'eau former un petit flot, qui se propage entraînant derrière lui une lame d'eau dont le volume peut être considéré comme égal à celui de l'eau versée (*fig.* 33, 34). Il y a donc calme en B et courant en A.

L'inverse a lieu si, au lieu de verser de l'eau dans le canal, on la soutire à la superficie par une vannette ; dans ce cas, il se produit une dépression qui se propage et le niveau s'abaisse du côté de la vannette; il y a donc un courant en A, tandis que B reste en repos.

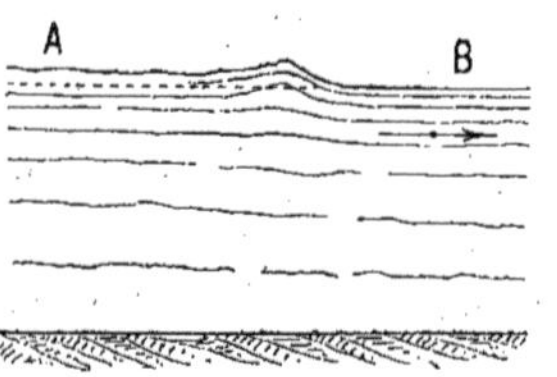

Fig. 33.

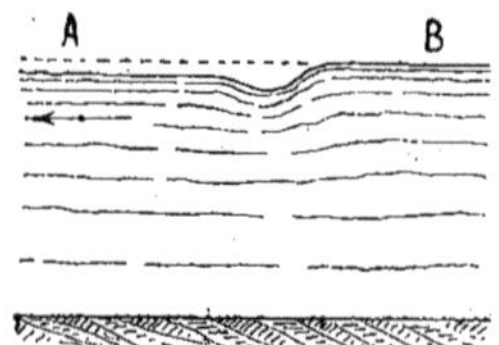

Fig. 34.

En donnant une continuité à ces expériences, c'est-à-dire en versant de l'eau ou en fermant la vannette à des intervalles convenables de temps, on se rend bien compte de la variation des vitesses du courant avec celles de la marée, car on voit les dénivellations s'accentuer et, par suite, les vitesses primitives s'accroître dans une proportion beaucoup plus considérable que n'en prennent les tranches en repos.

Il résulte de ceci que, si on suppose la mer libre sans courant, quand elle est à son niveau moyen, la courbe du courant de marée devra indiquer un maximum, et *vice versa*.

94. *Rencontre des courants entre eux.* — La forme des côtes, les détroits, etc., sont souvent la cause de la rencontre de courants, et, dans ce cas, il arrive quelquefois des combinaisons donnant lieu à des résultats remarquables, suivant que les courants sont dirigés dans le même sens, ou obliquement, ou opposés. Quand ils sont opposés, les phénomènes sont différents, suivant que les phases sont opposées ou concordantes. C'est ainsi que, dans le canal Saint-Georges entre la terre ferme et l'île de Vaucouver, les courants se précipitent tantôt dans un sens, tantôt dans l'autre, avec une vitesse de 6 milles à l'heure ; le même phénomène s'observe à Boulogne et dans beaucoup d'autres canaux.

Si les phases sont concordantes, elles donnent lieu à un autre phénomène appelé clapotis ou tipe-vips. La mer gronde brusquement, est couverte de vagues courtes, hachées, qui peuvent mettre les embarcations en danger, et il n'y a aucun courant.

On observe ce phénomène dans l'Atlantique ; nous l'avons vu se produire en petit dans le pertuis de Maumusson entre la pointe d'Arver et l'île d'Oléron.

Quand les courants sont dirigés dans le même sens, il peut arriver que les vitesses s'ajoutent et qu'il n'y ait pas de marée au point où la jonction se fait. On en voit deux exemples dans la mer d'Irlande.

95. *Rencontre des courants avec les terres.* — Nous ne dirons que quelques mots sur les modifications qu'éprouvent les courants le long des côtes, ayant à revenir longuement sur leur action transformatrice.

Si les courants rencontrent des caps, des baies, des fiords, ils se transforment souvent en courants giratoires ; ceux-ci peuvent même devenir dangereux, comme le célèbre Maëlstrom, qui est dû à la précipitation d'un courant venant du sud-est au milieu du West-Fiord, à l'extrémité des îles Loffoden. Ce courant s'infléchit et tourne en sens inverse des aiguilles d'une montre, en accomplissant sa rotation en vingt-quatre heures. C'est un courant giratoire *inverse*.

(On appelle *directs* ceux qui tournent dans le sens des aiguilles d'une montre.)

Sur nos côtes de la Manche, ils sont inverses, et directs sur les côtes qui nous font face en Angleterre.

Comme exemple des effets de la configuration des côtes, nous dirons que Saint-Servan, situé entre Brest, où les marées ne dépassent pas 8m,20, et Cherbourg, où elles n'arrivent pas à 7 mètres, voit les siennes atteindre 13m,60.

96. *Mesure des courants.* — Les courants voisins du rivage se mesurent comme on mesure le courant des rivières ; nous n'en parlerons donc pas.

En pleine mer, où on n'a pas les mêmes ressources, il ne peut en être de même. On se sert alors de la houache, du loch et du point. Nous allons indiquer les moyens qui servent à les déterminer

97. *Houache.* — Dans son acception la plus commune, la houache n'est autre que le sillage du navire. Si donc la ligne dite de foi ou grand axe du navire fait un angle avec la houache, c'est que le bateau *dérive*, c'est-à-dire qu'il obéit à la composante due à la vitesse du courant. Aussi quand on veut mesurer la vitesse des courants marins, on gouverne pour mettre la houache dans la direction de la ligne de foi.

Cela fait, on choisit un temps qui permette de marcher avec une vitesse aussi constante que possible, soit avec un vent régulier. On mesure la vitesse du navire à intervalles de temps réguliers, avec le *loch*, et on note ces vitesses.

98. *Loch.* — Le loch se compose de trois parties distinctes :

1° Le *bateau*, planchette triangulaire dont la base est plombée de telle sorte que les deux tiers du bateau plongent verticalement dans l'eau pendant l'expérience (*fig.* 35). Des extrémités *a* et *b* de la base partent deux cordelettes qui se réunissent à une cheville *d*, à 1m,50 de la planche ;

2° La *ligne* du loch est une cordelette de 100 à 200 mètres de longueur, fixée par l'extrémité *c* du bateau et portant un étui *e* placé à la même distance que la cheville *d* qu'on y introduit avec un petit effort ; après une longueur égale à celle du navire, se trouve un morceau de drap ou d'étamine et, à partir de ce point, sont marquées des distances égales à la cent vingtième partie du *mille*, qu'on appelle nœuds et qui sont divisées en demi-nœuds et quarts de nœud (*fig.* 36) ;

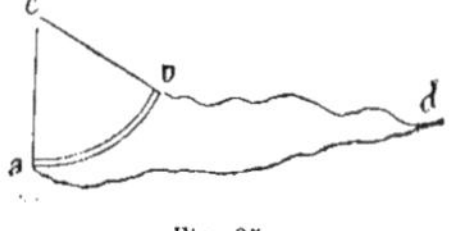

Fig. 35.

3° Le tour du loch, ou cylindre très mobile autour de son axe, sur lequel est enroulée la cordelette.

Chaque fois qu'on veut mesurer une vitesse, on mate le bateau et on le lance à la mer de l'arrière du navire, du côté opposé au vent, en laissant filer librement la ligne de loch. Le bateau est arrêté par la résistance de l'eau. L'expérience a montré qu'il est à peu près dégagé des influences du sillage, lorsqu'il est éloigné d'une distance égale à la longueur du navire. On sent alors le morceau d'étamine passer entre les doigts, et on crie à une personne qui tient un sablier ou une ampoulette d'une durée de trente secondes, et qui le retourne à l'instant : quand le sable est écoulé, celle-ci en donne le signal par le mot *stop*, et la personne qui a jeté le loch à la mer lui imprime aussitôt une forte secousse pour faire sortir la cheville de l'étui et pouvoir ramener le bateau à flot.

On compte alors les nœuds et fractions de nœud qui ont été filés, et on a le chemin fait par le navire pendant la durée du sablier; comme la durée du sablier est le 120me d'une heure et que le nœud est le 120me du mille, on a en même temps le nombre de milles que file le navire à l'heure, en supposant du moins que sa vitesse soit uniforme.

Si on divise par 120 la longueur 1 852 mètres du mille marin, on trouve 15^{m},43 pour la longueur du nœud; mais un grand nombre d'essais ont montré qu'il fallait la réduire à 14^{m},62, parce que le bateau du loch ne reste jamais stationnaire. Cette mesure est universelle et adoptée par toutes les nations; on sait que le mille est la minute de l'arc du grand cercle de la terre; il est, en réalité, de 1 851^{m},85, soit 1 852 dans la pratique.

Quand on n'a pas de loch à sa disposition, on obtient une approximation en comptant le nombre de secondes que met l'écume de la mer ou un morceau de bois à parcourir la longueur du navire.

La vitesse par heure est en mètres, en appelant t le temps, ou nombre de secondes obtenu par expérience, et L la longueur du navire :

$$V = L \frac{3\,600}{t}$$

et en milles :

$$V = \frac{L}{t} \cdot \frac{3\,600}{1\,852} = \text{approximativement } \frac{2L}{t}.$$

99. *Point.* — On relèvera, au commencement de l'expérience, par l'opération astronomique appelée *point*, la position

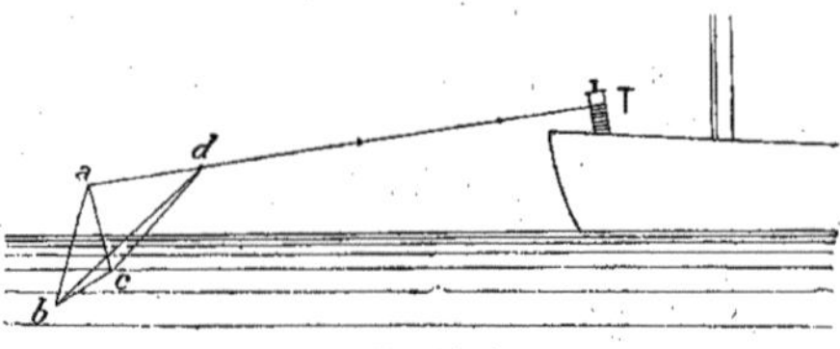

Fig. 36.

géographique du navire. Cette opération consiste à prendre les hauteurs du soleil au-dessus de l'horizon vers neuf heures du matin et à midi, en notant très exactement l'heure de la première au moyen d'un chronomètre, ou garde-temps de l'heure de l'observatoire de Paris; l'observation de midi sert à déterminer la latitude. On fait la même observation à la fin de l'expérience. Connaissant les deux positions du navire, on en conclut le chemin parcouru réellement. Cette quantité, comparée à celle indiquée par le loch donne l'influence accélératrice ou retardatrice du courant.

En pratique, les choses ne se passent pas aussi simplement, car les expériences du *point* en mer ne sont pas susceptibles d'une très grande précision, surtout pour les longitudes. En réalité, la détermination de la direction et de la vitesse des courants résulte de la comparaison d'un très grand nombre de routes de navires, ayant suivi le même chemin.

Une éruption volcanique sous-marine peut, en remplissant la mer de poussières flottantes qui abordent ou sont rencontrées en mer, donner des notions très exactes sur les courants et leurs directions par la comparaison des dates. On peut citer, à cet égard, l'éruption du Krakatoa, qui eut lieu en 1883 et qui non seulement envoya une onde formidable constatée dans le Pacifique et même dans l'Atlantique, mais émit, en dehors des ponces tombées dans la mer, des poussières qui furent perçues dans le monde entier.

MARÉES

100. *Généralités.* — Nous avons déjà eu occasion de parler plusieurs fois des marées. Ce phénomène consiste, ainsi qu'on le sait, en ce que, deux fois par jour, la mer élève son niveau pendant douze heures environ, reste stationnaire pendant un quart d'heure, puis s'abaisse de nouveau pendant environ douze heures, pour redevenir stationnaire pendant un quart d'heure et reprendre à nouveau ses fluctuations.

On désigne sous le nom de *flot*, *flux* ou *montant* la marée montante, et sous celui d'*èbe*, *reflux*, *jusant*, *perdant*, la marée descendante; les stationnements s'appellent *étale de haute mer* et *étale de basse mer*.

Dès la plus haute antiquité, les anciens marins avaient remarqué la coïncidence des oscillations de la mer avec le passage d'abord de la lune, ensuite du soleil au méridien. C'est ainsi que Pline (livre II, XCIX) dit :

Et de aquarum naturâ complura dicta sunt : sed æstus maris accedere et reciprocare, maxime mirum. Pluribus quidem modis, verum causa in Sole Lunaque (1) *bis inter duos exortus lunæ affluunt, bisque remeant, vicinis quaternisque semper horis. Et primum attolente secum in mundo, intumescentes; mox a meridiano cœli fastigio versente in occasum, residentes : rursusque ab occasu subter cœli ima et meridiano contraria accedente, inundantes; hinc donec iterum exoriatur, se resorbentes; nec unquam eodem tempore, quo pridie reflui; ut amillantes, sideri avido, trahentique secum haustu maria, et assidue aliunde, quam pridie exorienti...*

On voit que, chez Pline, c'était un raisonnement fondé sur le synchronisme des mouvements de la lune et de celui des marées, sans autre preuve; aussi, peut-on dire que, jusqu'à Descartes, personne n'avait essayé de fournir une explication détaillée de ce phénomène. S'il ne fut pas donné à ce dernier de dévoiler la cause de ces mouvements singuliers et de les soumettre au calcul, il a, du moins, le mérite d'avoir ouvert la carrière. Ce fut Newton qui eut la gloire de pénétrer ce mystère, qui n'est qu'une conséquence nécessaire du système de l'attraction universelle, et peut lui servir de preuves *a posteriori*.

La théorie des marées a été traitée par Maclaurin, Daniel Bernouilli, Euler, D'Alembert, et on doit à Laplace une formule générale pour trouver la hauteur de la mer à tout instant donné. Depuis, un grand nombre d'auteurs se sont occupés de la question, afin de mettre d'accord la théorie avec les faits existants qui s'en éloignent, dans certains cas particuliers. Parmi ces auteurs, nous citerons les recherches expérimentales de Darcy, continuées par M. H. Bazin, sur la propagation des ondes, dont on déduisit plusieurs lois que complétèrent celles de Lubbock et de Whewell sur les centres d'oscillation.

Toutefois, nous devons dire que, malgré l'ensemble de tous ces travaux, on ne peut encore déterminer théoriquement à quelle heure aura lieu la haute mer, et quelle sera la hauteur de la marée en un point déterminé du globe; mais, s'il existe des marées dans cette localité, elles sont soumises à des lois aussi régulières que les lois astronomiques.

Théorie des marées.

101. Les eaux de la mer, étant mobiles,

(1) J'ai déjà beaucoup parlé de la nature des eaux; mais ce qu'elles présentent de plus singulier est le flux et le reflux de la mer. La cause de ce phénomène, qui offre beaucoup de variétés, est dans le soleil et dans la lune. La mer, entre deux levers de lune, monte et redescend deux fois, toujours en vingt-quatre heures. A mesure que le ciel s'élève avec la lune, les flots se gonflent, puis ils reviennent sur eux-mêmes, lorsqu'après son passage au méridien, elle descend vers le couchant; de rechef, quand elle passe dans les parties inférieures du ciel et gagne le méridien opposé, l'inondation recommence, et, enfin, le flot se retire jusqu'au lever suivant. La marée ne se fait jamais à la même heure que le jour précédent, comme si elle était esclave de cet astre avide qui attire à lui les mers, et qui, chaque jour, se lève à un autre endroit que la veille.

sont très facilement déplaçables sous l'action des forces qui en sollicitent les molécules. Par conséquent, elles devront tendre à s'élever si elles sont attirées extérieurement.

On sait, d'autre part, que la matière s'attire en raison directe des masses en présence et en raison inverse du carré des distances. On peut même introduire dans cette formule les distances moléculaires, et, dans ce cas, elle est applicable non seulement aux actions sidérales, mais encore à un grand nombre de phénomènes élastiques, physiques et chimiques, ainsi que l'a prouvé l'auteur de ce *Cours* dans un mémoire qui lui a valu la médaille d'or de la Société des Ingénieurs civils de France.

Soit: S, la position du soleil (*fig.* 37);

R, la distance du centre de la terre au soleil;

r, le rayon de la terre.

On sait que la terre est maintenue dans son orbite par l'action de la force attractive et, comme cette force s'exerce, ainsi que nous l'avons dit, en raison inverse du carré des distances, la molécule M sera plus attirée que la molécule O; par conséquent, si elle est mobile, elle tendra à produire un gonflement en M.

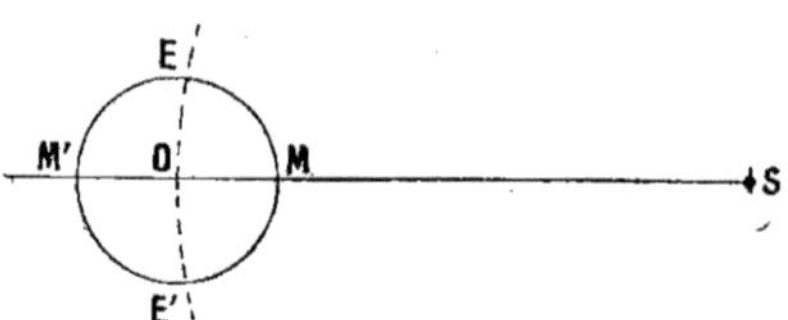

Fig. 37.

Dans la région diamétralement opposée, un phénomène semblable produira un effet inverse. La molécule M' sera, en effet, moins attirée que la molécule centrale O; par conséquent, la pesanteur sera diminuée, et l'eau formera un gonflement vers l'équateur et un abaissement au pôle (*fig.* 38).

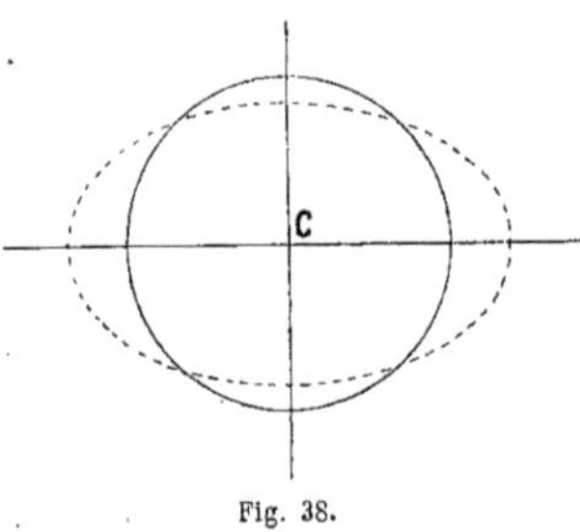

Fig. 38.

Deux protubérances aqueuses opposées s'avancent donc à mesure que la terre tourne sur elle-même, et leur maximum de turgescence *doit se trouver* sur la droite qui joint le centre de la terre à celui du soleil.

Ces masses, par leur mouvement progressif, envahissent les rivages, tandis qu'à 90 degrés de distance, en longitude, les eaux s'abaissent pour alimenter le flux. L'action du soleil doit donc produire par jour deux flux et deux reflux, soit deux marées.

Si on veut calculer la diminution de la pesanteur en M et M', on voit que l'on aura pour le point M, en appelant S la masse du soleil (*fig.* 37):

$$g - \mathrm{KS}\frac{1}{(\mathrm{R}-r)^2}, \qquad (1)$$

et pour le point M':

$$g - \mathrm{KS}\frac{1}{(\mathrm{R}+r)^2}. \qquad (2)$$

Ce que nous venons de dire pour le soleil s'applique exactement à la lune, et, quoique la masse de cet astre soit très petite, sa proximité de la terre rend son action presque triple de celle du soleil. La lune doit donc produire aussi deux marées par jour, mais les eaux de la mer, se trouvant soumises à deux actions simultanées, obéissent à leur composante. A la nouvelle lune, c'est-à-dire pendant les syzygies, les deux astres ayant à peu près la même déclinaison agissent presque suivant la même ligne. Pendant les quadratures, la basse mer lunaire arrive en même temps que la haute mer solaire, et réciproquement, et la marée effective est alors la différence des deux marées.

Telle est la théorie de Newton qui, bien que donnant une idée générale du phénomène, se prête aux critiques suivantes, qu'avait, du reste, prévues leur illustre auteur :

1° D'abord, ce serait vers l'équateur que devraient se produire les plus hautes marées et, d'après les calculs, elles ne devraient pas dépasser $0^m,60$ environ, ce qui, ainsi que nous l'avons vu, est loin de la vérité ;

2° La haute mer de vives eaux, c'est-à-dire des marées des syzygies, devrait se produire au moment du passage du soleil et de la lune au méridien. Or, il n'en est rien, et cette marée se produit sur nos côtes environ un jour et demi après ce passage ;

3° L'amplitude de la marée devrait être la même sur tous les points voisins ; nous avons déjà signalé des faits contraires.

102. *Action relative du soleil et de la lune.* — Avant de passer à l'analyse des travaux plus récents, nous allons rechercher l'action relative du soleil et de la lune.

Nous avons trouvé la formule pour la diminution de l'action de la pesanteur au point M'; celle qui aura lieu au point O sera :

$$g - \frac{KS}{R^2}. \qquad (3)$$

Prenant la différence entre 1 et 3, on aura, pour la valeur de cette diminution par rapport au centre de la terre, c'est-à-dire pour mesure de l'intumescence :

$$\Delta = KS\left(\frac{1}{R^2} - \frac{1}{(R-r)^2}\right).$$

Si on remarque que r est très petit par rapport à R, on pourra écrire :

$$\Delta = -KS\frac{2Rr}{R^4} = -2KS\frac{r}{R^3}. \qquad (4)$$

En faisant le même calcul pour M' :

$$\Delta' = KS\left(\frac{1}{(R+r)^2} - \frac{1}{R^2}\right) = -2KS\frac{r}{R^3}. \quad (5)$$

Les deux intumescences ont donc même valeur, mais il résulte aussi de ce calcul qu'elles sont proportionnelles à la masse S de l'astre, et inversement proportionnelles au cube de la distance.

La masse du soleil est 26 millions de fois plus grande que celle de la lune, et la distance moyenne de la terre à la lune est 400 fois plus petite ; par conséquent, l'action de la lune sera :

$$\frac{(400)^3}{26\ 000\ 000} = \frac{64\ 000\ 000}{26\ 000\ 000}$$
$$= 2 \text{ fois et demi environ.} \quad (6)$$

On a remarqué qu'effectivement la lune a une influence prépondérante sur les marées.

Le calcul appliqué aux autres astres de notre système planétaire (Jupiter, Vénus, etc.) montre qu'ils sont sans influence appréciable.

Il résulte de ceci que le jour vrai, mesuré par deux passages consécutifs du soleil au méridien, étant à très peu près de vingt-quatre heures, les marées solaires doivent avoir lieu toutes les douze heures.

La lune mettant vingt-quatre heures cinquante minutes, environ, entre deux passages consécutifs, les marées lunaires ne pourront avoir lieu que toutes les douze heures vingt-cinq minutes.

C'est exactement le phénomène qui se produit ; par conséquent, ainsi que le prévoit la théorie de Newton, c'est bien la marée lunaire qui est prépondérante, dans l'action combinée du soleil et de la lune ; nous avons vu quels phénomènes, à la déclinaison près, en résultaient pour les conjonctions, les oppositions et les quadratures de ces astres (marées de *vives eaux* ou de syzygies, et *marée de morte eau* ou de quadrature).

103. *Influence de la déclinaison. Marées des équinoxes.* — Nous avons défini la déclinaison des astres dans notre *Cours* *de routes*, et donné le moyen de la calculer, nous n'y reviendrons pas. Nous dirons seulement que l'ellipsoïde formé par les deux intumescences doit toujours avoir son grand axe dirigé vers l'astre qui les produit; par conséquent, la marée, pour un point donné de la terre, sera d'autant plus grande que la lune à son passage au méridien sera plus proche du zénith.

C'est ce que l'expérience vérifie.

Il suit de là que, quand le soleil est dans le plan de l'équateur, c'est-à-dire aux équinoxes, l'inclinaison de l'orbite lunaire ne dépassant jamais 5° 9′, les deux astres se trouvent à peu près dans le même plan, et, au moment des syzygies correspondantes, on doit avoir les plus fortes marées. Ce fait se vérifie encore d'une façon tellement nette que l'on attend quelquefois cette époque pour effectuer certains travaux maritimes, et profiter, soit de la grande hauteur des marées, soit de la mise à sec de certains emplacements.

104. *Influence de la parallaxe.* — Si les orbites de la lune et de la terre étaient circulaires, le centre de la terre se trouverait toujours à égale distance du centre de ces astres. Or, on sait qu'il n'en est rien et que leur parallaxe (mesure de cette distance) est variable. Cette variation se reproduit annuellement pour le soleil et à peu près mensuellement pour la lune (29 jours 1/2). Or, nous avons vu l'influence de la distance d'un astre $\left(\frac{1}{R^3}\right)$ sur le gonflement de la mer; par conséquent, nous devons encore retrouver, d'après la théorie, l'influence de ces variations, surtout pour la lune, puisque son action est prépondérante, et que la variation de sa parallaxe est dans le rapport de 7 à 8, tandis que celle du soleil est de 29 à 30.

On remarque effectivement que les marées de morte eau prennent souvent de l'importance vers le solstice d'hiver, c'est-à-dire quand la terre est à son périhélie et la lune à son périgée.

105. *Formule de Bernouilli.* — D. Bernouilli a déduit de la théorie de Newton des formules pour déterminer l'influence de la parallaxe et de la déclinaison sur la hauteur des marées. Nous allons donner cette formule sans entrer dans les détails de la démonstration. Cette formule est encore aujourd'hui employée en Angleterre pour la prédiction des marées.

En appelant :

α le temps, exprimé en degrés, qui s'écoule entre le passage de la lune au méridien du lieu et l'instant de la haute mer;

φ, l'arc de la distance en ascension droite du soleil et de la lune, on aura :

$$\sin \alpha = \sqrt{\frac{1}{2}\left(1 + \frac{A}{\sqrt{L + A^2}}\right)} \quad (7)$$

A étant une quantité déterminée par la relation :

$$A = \frac{4 \sin^2 \varphi - 7}{2 \sin \varphi \cos \varphi}.$$

En prenant un arc auxiliaire Ψ tel que l'on ait :

$$-\frac{1}{2} A = \text{tang } \Psi = \frac{7 - 4 \sin^2 \varphi}{4 \sin \varphi \cos \varphi},$$

d'où :

$$\text{tg } \Psi = \frac{2,5 + \cos 2\varphi}{\sin^2 \varphi}.$$

La formule (7) peut se réduire à :

$$\sin \alpha = \sin\left(\frac{\pi}{4} - \frac{1}{2}\Psi\right),$$

ainsi : $$\alpha = \frac{\pi}{4} - \frac{1}{2}\Psi. \quad (8)$$

On tient compte immédiatement des trente-six heures de retard, en remarquant que, dans cet intervalle, la lune s'avance de 19 degrés, et qu'il suffit ainsi de changer φ en $\varphi - 19° - 1$ ou en $\varphi - 20$, comme le fait Bernouilli, pour employer un nombre rond; alors les formules donnent :

$$\text{tang } \Psi = \frac{2,5 + \cos 2(\varphi - 20°)}{\sin 2(\varphi - 20°)}, \quad (9)$$

et : $$\alpha = \frac{\pi}{4} - \frac{1}{2}\Psi, \quad (10)$$

α converti en temps donne, d'après son signe, le retard ou l'avance de la haute mer sur l'heure du passage de la lune au méridien.

106. *Méthode anglaise.* — Les Anglais ont adopté cette formule pour déterminer l'heure et la hauteur de la marée. Ils admettent qu'elle est suffisante tant que les circonstances locales ne changent pas, et ils y ont ajouté la remarque suivante qui est très importante et, qui est fondée sur le cycle de Méton (Nombre d'Or). On sait, en effet, que tous les dix-neuf ans, à une heure et quelques minutes près, la lune et le soleil se trouvent dans la même position relativement à la terre. Il suffit donc d'observer la marée d'un port pendant dix-neuf ans pour pouvoir prédire, après cette période, cette même marée à un jour quelconque et puisqu'on retrouve toujours un jour correspondant dans les dix-neuf années écoulées, il suffit de faire la correction d'heure relative au Nombre d'Or.

On a des tables qui donnent facilement les quantités :

$$A, \alpha, \varphi \text{ et } \Psi.$$

Théorie de Laplace.

107. Laplace a consacré tout le quatrième livre de sa *Mécanique céleste* à l'étude des *oscillations de la mer et de l'atmosphère*. Dans cette théorie, l'illustre mathématicien a repris les calculs de Newton en modifiant l'hypothèse qui consistait à admettre que l'eau obéissait immédiatement à l'action des forces qui la sollicitaient. Laplace, en supposant que la couche liquide avait une épaisseur variable et que l'eau, par suite de son intumescence, devait produire des déplacements latéraux, est arrivé à cette conséquence extrêmement importante et remarquable, à savoir : que les mouvements des marées sont produits par la formation et la propagation d'ondes liquides.

Toutefois, il ne put tenir compte ni de la forme, ni de la nature des rivages, ce qui ne lui permit pas de donner une formule de la prédiction des marées pour un point déterminé à l'avance. Nous ne nous y arrêterons donc pas davantage.

Propagation des ondes.

108. Lagrange s'est occupé de la propagation des ondes ; il a trouvé, en appelant H la profondeur de l'eau, et V la vitesse de propagation, quand la hauteur H de l'eau est très petite :

$$V = \sqrt{gH}.$$

« Il s'ensuit, dit-il, que la vitesse de propagation des ondes sera celle qu'un corps grave acquerrait en tombant de la moitié de la hauteur H, c'est-à-dire de la moitié de la hauteur de l'eau dans le canal. De sorte qu'il y a, à cet égard, une parfaite analogie entre la propagation du son et celle des ondes, la vitesse de celle-là étant due à la hauteur de l'air supposé homogène, et la vitesse de celle-ci étant due à la hauteur de l'eau dans le canal. (*Œuvres de Lagrange*, t. V, p. 609, édit. 1870.)

On peut appliquer cette loi dans le cas où l'ébranlement de l'eau a lieu sous une certaine épaisseur, ce qui est confirmé par l'expérience. On trouve, en effet, en substituant, 175 mètres pour la vitesse au-dessus des profondeurs de l'Atlantique (un peu au nord de nos latitudes) et 21 mètres pour celle correspondant à la Manche :

$$H = 3{,}060 \text{ mètres et } 49 \text{ mètres}$$

Ce qui ne s'écarte pas sensiblement de la vérité.

109. *Expériences de Scott Russel.* — Scott Russel, ingénieur anglais, frappé par la vue de la propagation d'une onde qui s'était séparée de l'avant d'un bateau que l'on venait d'arrêter dans un canal, répéta l'expérience en petit et en déduisit, pour la vitesse, la formule suivante, dans laquelle :

H représente la hauteur du canal ;

h, celle de l'onde au-dessus du niveau général :

$$V = \sqrt{g(H + h)}.$$

On peut remarquer que, quand h est négligeable par rapport à H, on retrouve la formule de Lagrange.

Cependant, il y avait une différence entre l'onde *solitaire*, créée par Russel, qui reste toujours au-dessus du niveau de l'eau, et l'onde de la marée qui se propage tantôt au-dessous, tantôt au-dessus du niveau d'équilibre ; mais les chiffres que nous avons cités plus haut prouvent que la vitesse de propagation est la même.

Une autre preuve fut tirée de la connaissance d'une onde immense qui met douze heures et demie pour parcourir sa longueur et qui se propage du sud au nord de l'Atlantique.

On trouva, d'après sa vitesse, 7 à 8 000 mètres pour la profondeur moyenne de cet océan, ce qui est, comme nous le savons, une approximation très remarquable.

La longueur de cette ondulation est si considérable qu'elle embrasse l'espace compris entre la Corogne et Sainte-Hélène.

110. *Lois des ondulations.* — Il est clair que cette ondulation sera assujettie à toutes les lois relatives à un système ondulatoire quelconque, et M. Laroche, dans son cours de *Ports maritimes*, les résume ainsi :

Première loi. — Dans toute ondulation chaque point ébranlé devient un nouveau centre d'ébranlement. — C'est ainsi qu'une ondulation dérivée se fait sentir du cap Finistère d'où partent deux courants, l'un qui descend la côte d'Espagne, l'autre qui entre dans le golfe de Gascogne, tandis que la grande onde atlantique poursuit son chemin jusqu'en Irlande, et rencontre normalement et presque simultanément les côtes sud de la Bretagne, de l'Angleterre et de l'Irlande.

Deuxième loi. — Quand une ondulation se propage dans un canal dont la section n'est pas constante, la longueur et la hauteur de l'ondulation ne sont plus constantes (*fig.* 39). — Il suit de là que si, dans un canal de largeur uniforme, mais dont la profondeur diminue progressivement, on provoque une onde solitaire, on remarque que cette onde va en se raccourcissant et en augmentant de hauteur.

Ce fait s'observe sur les côtes ; on voit, en effet, des vagues, de peu de hauteur au large, déferler sur le rivage. On en conclut, en élargissant le phénomène, l'explication des hautes marées dans les baies en forme d'entonnoir, telles que la baie de Saint-Michel, en France, celle de Bristol, en Angleterre, et de Fundy, en Amérique.

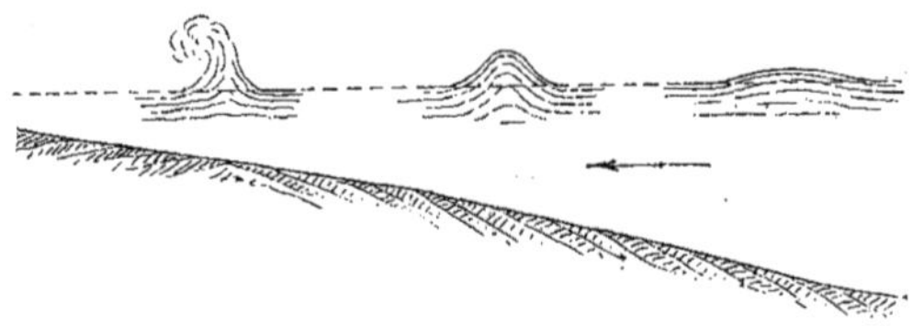

Fig. 39.

Troisième loi. — Les ondulations de l'eau dans un bassin oscillent au-dessus et au-dessous du niveau moyen de la même hauteur dans les deux sens. — Il en est de même des marées au-dessus et au-dessous du niveau moyen de l'Océan.

Quatrième loi. — Des mouvements ondulatoires différents peuvent coexister dans la même masse liquide. — C'est le principe général de la conservation de l'énergie et de la superposition des petits mouvements appliqué aux ondulations.

Si ces ondulations s'ajoutent (comme celles de la marée à Boulogne qui reçoit le courant de la Manche et celui de la mer du Nord), on trouve des hauteurs de 9 mètres ; dans le Pas-de-Calais, ces hauteurs n'atteignent que 6 mètres.

Si les durées ne concordent pas, on a plusieurs maxima comme dans la baie de la Seine, où on en compte deux successifs et voisins, séparés par un minimum intermédiaire.

Si elles sont en retard d'une demi-ondulation, et que les hauteurs soient les mêmes, elles pourront interférer et s'annuler, ainsi que cela existe sur les côtes d'Irlande en deux points restreints, situés près des entrées de la mer de cette contrée, et où il n'y a pas de marée sensible.

111. *Lignes cotidales.* — Les heures des marées sont connues dans chaque port ; on comprend l'importance qu'il y a à les rapporter à l'heure d'une observation fixe, qui sera, par exemple, celle de Paris. Ce travail permettra de représenter, sur une carte, l'état de la mer à une heure quelconque.

On pourra réunir, sur cette carte, les points où la haute mer se fait sentir à la même heure ; les courbes ainsi obtenues prennent le nom de lignes *cotidales* (*tiede* marée).

Chaque courbe cotidale représente donc la crête de la vague qui forme la marée, et l'ensemble des lignes indique le mode de propagation de cette vague.

Nous donnons, d'après M. Debauve, l'ensemble des lignes cotidales, des côtes de la Manche et de l'Angleterre (*fig.* 40) ; on y voit que la marée met sept heures à parcourir le Pas-de-Calais (de 4 heures à

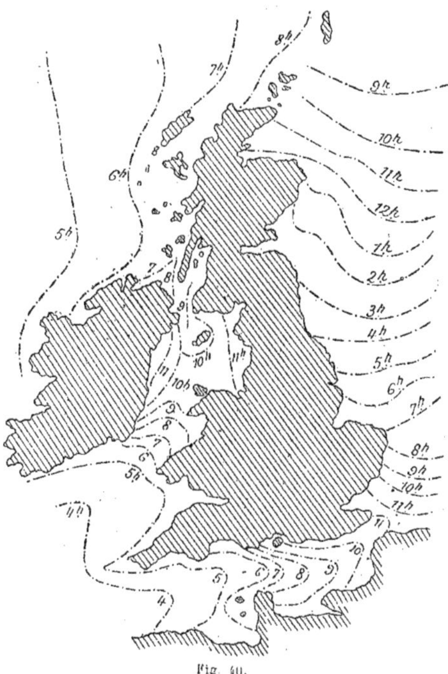

Fig. 40.

11 heures), et la vague qui contourne l'Écosse et l'Irlande est, quatre heures après, à la hauteur d'Edimbourg, et met huit heures pour atteindre le Pas-de-Calais.

Hypothèse de Lubbock et Whewell.

112. Si on attribue à l'inertie le retard que présentent les marées, par rapport à l'hypothèse de Newton, qui admet, ainsi que nous l'avons vu, l'instantanéité de l'action du soleil et de la lune, on peut rechercher un point de la terre où ce retard est nul. Ce serait, en quelque sorte, le foyer d'où partirait l'onde produisant la marée.

C'est ce qu'ont fait Lubbock et Whewell. Ils ont cru trouver ce point dans le Pacifique, près de l'Équateur, non loin des côtes ouest de l'Amérique. Malheureusement, on n'a pas d'observations sur les marées; au milieu de l'Océan cependant depuis, on a pu constater trente-six heures de retard au point indiqué.

Résumé.

113. En résumé, il n'y a, jusqu'à ce jour, que l'étude pratique des marées qui puisse nous permettre de les prévoir, ainsi que cela est nécessaire, aussi bien pour les travaux maritimes que pour la navigation.

Laplace, après avoir donné sa théorie générale des mouvements oscillatoires de la mer, reconnut l'impossibilité d'en tirer des conclusions pratiques.

Il reprit le problème d'une autre façon et donna des formules simplifiées, qui servent aujourd'hui, en France, à calculer l'heure des marées. (Nous avons donné (page 54) celles qui sont employées en Angleterre.)

Voilà la méthode à suivre d'après l'*Annuaire du Bureau des Longitudes de* 1894, pour calculer l'heure et la hauteur de la pleine mer.

Calcul de l'heure de la pleine mer.

114. Le retard journalier des marées est de $50^m,5$; ce retard varie avec les phases de la lune, avec les déclinaisons de la lune et du soleil, et avec les distances de ces astres à la terre.

Pour avoir égard à toutes ces circonstances, représentons par p l'heure du passage de la lune au méridien d'un port un jour donné, et par H l'heure de la pleine mer qui suit ce passage.

Supposons qu'un jour et demi avant le passage p, les demi-diamètres apparents et les déclinaisons du soleil et de la lune soient δ et δ', puis v et v', et que α soit l'excès de l'ascension droite du soleil vrai sur celle de la lune, posons :

$$A = 3{,}06 \frac{\delta'^3 \cos^2 v'}{\delta^3 \cos^2 v},$$

$$C = \frac{1}{30} \text{ arc tang } \frac{\sin 2\alpha}{A + \cos 2\alpha}.$$

Nous aurons, d'après la formule de la *Mécanique céleste*, convenablement transformée :

$$H - p - e = C$$

et l'heure de la pleine mer :

$$H = p + C + e$$

La quantité e est une constante qui varie d'un port à un autre et qui dépend des circonstances locales.

Désignons par E l'établissement du port, ou le retard $H - p$ de la pleine lune sur le passage p de la lune au méridien, le jour d'une syzygie équinoxiale, quand la lune est à sa moyenne distance de la terre; alors $\alpha = 18°$, puisque l'ascension droite du soleil surpasse celle de la lune de 18 degrés un jour et demi avant la syzygie. Avec l'écart moyen $\alpha = 18°$ et les valeurs moyennes v' et δ', puis v et δ, qui conviennent à la syzygie équinoxiale, on trouve d'abord la valeur de A et ensuite $C = 19^m$; on a donc :

$$H = p + 19^m + e.$$

Mais, le jour de syzygie équinoxiale, le retard $H - p = E$; donc, $E = 19^m + e$; d'où l'on tire:

$$e = E - 19 \text{ minutes},$$

et, enfin, l'heure d'une pleine mer quelconque est :

$$H = p + C + E - 19 \text{ minutes}.$$

Le passage p se déduit des passages de la lune au méridien de Paris; l'établissement E du port est donné par l'observation des marées des syzygies équinoxiales; enfin, C, par les tables I et II.

La table I donne pour tous les jours de l'année les valeurs du nombre A multiplié par 10. (Nous ne donnerons naturellement pas cette table qui ne s'applique qu'à une année déterminée. Nous dirons seulement que les limites extrêmes du nombre A sont 1, 8 et 4, 2.)

Si, un jour, on a A = 2, 1, et trois heures trente minutes de différence d'ascension droite, la correction sera C = − 55 minutes.

Cette correction prend toujours le signe — ou le signe + de la colonne dans laquelle tombe la différence d'ascension droite exprimée en heures.

115. *Passage de la lune au méridien du port.* — Si l'on applique la correction $n \times 2^s,1$ à l'heure du passage de la Lune au méridien de Paris, on aura l'heure du passage au méridien du port dont la longitude est n minutes. A Brest, le plus occidental des ports de France, on a $n = 27^m$ de temps, et la correction $27^m \times 2^s,1$, qui est seulement de 57 secondes, peut être négligée. Ainsi l'on peut prendre pour le passage de la Lune au méridien d'un port quelconque de France la même heure qu'à Paris.

116. *Différence d'ascension droite du soleil et de la lune.* — Soit p l'heure du passage de la lune au méridien de Paris, un jour donné, p' l'heure du passage l'avant-veille de ce jour, et D la différence entre les heures du passage la veille et l'avant-veille du jour donné.

L'heure p' est la différence d'ascension droite entre le soleil moyen et la lune, deux jours lunaires avant le passage p du jour donné; mais, pour l'avoir seulement 36 heures avant le passage p, il faudra prendre $p' + 0,55$ D, et toujours en retrancher le temps moyen à midi vrai, afin que la différence d'ascension droite soit ramenée au soleil vrai.

117. *Heure de la pleine mer.* — Au passage p de la lune au méridien du lieu du jour donné, appliquez la correction C fournie par la table II, ajoutez l'établissement du port, retranchez le nombre constant 19^m, et vous aurez, en temps moyen, l'heure de la pleine mer.

Ne pouvant reproduire la table donnant le nombre A, qui est spéciale à chaque année, nous supposerons que l'on ait calculé directement la valeur de A ainsi que le nombre C, et nous donnerons simplement un exemple de calcul, ainsi que l'établissement des principaux ports.

118. *Application.* — On demande pour le port de Saint-Malo l'heure de la pleine mer, qui arrive après le passage de la lune au méridien, le jeudi 8 février 1894.

Passage de la lune au Méridien à Saint-Malo comme à Paris, l'avant-veille 6 février . . .	$0^h,47^m$,S
Retard D = 44^m du passage de la lune du 6 au 7; donc la correction toujours additive. . . . . $0,55 \times 44^m =$	$0^h,24$
Temps moyen à midi vrai, 6 février, toujours à retrancher	$-0^h,14$
La différence d'ascension droite du soleil et de la lune, 36 heures avant le passage du 8 février est donc	$0^h,57^m$

Pour le 8 février, A = 25; avec ce nombre 25 et la différence $0^h,57^m$ d'ascension droite on trouve C = -16^m.

Cela fait, on a:

Heure du passage de la lune au méridien, le 8 février à Saint-Malo comme à Paris . .	$2^h,13^m$,S
Correction C . . . . —	0 16
Établissement du port . . .	6 5
Correction constante . . —	0 19
Heure de la pleine mer le 8 février	$7^h,43^m$,S

119. Établissements des principaux ports des côtes de l'Europe les jours de la nouvelle et de la pleine lune et longitude de ces ports en minutes de temps.

	Établissement	Longitude		Établissement	Longitude
Allemagne	h. m.	m.	France	h. m.	m.
Hambourg (Elbe)	5.10	31.E	Dunkerque	12.13	0.0
Cuxhaven	0.49	26.E	Calais	11.49	2.0
Gestendorp (Weser)	1.10	25.E	Boulogne	11.28	3.0
Vigesack (Weser)	4.15	26.E	Dieppe	11.8	5.0
Eckwarden (Jahde)	0.50	24.E	Fécamp	10.47	8.0
Delfzill (Ems)	11.15	19.E	Le Havre	9.18	9.0
Groningue	11.15	17.E	Honfleur	8.58	8.0
Amsterdam	3.0	10.E	La Hougue	8.48	16.0
Rotterdam	3.45	9.E	Cherbourg	8.0	16.0
Moerdick	4.00	9.E	Jersey	6.22	18.0
Berg-op-Zoom	3.00	8.E	Granville	6.9	16.0
Flessingue (Bouches de l'Escaut)	0.54	5.E	Mont Saint-Michel	6.30	15.0
Anvers	4.25	8.E	Saint-Malo	6.5	17.0
Ostende	0.25	2.E	Morlaix	5.16	24.0
Nieuport	2.18	2.E	Brest (le port)	3.46	27.0

ÉTABLISSEMENTS DES PRINCIPAUX PORTS DES CÔTES DE L'EUROPE (*suite*).

	ÉTABLISSEMENT	LONGITUDE		ÉTABLISSEMENT	LONGITUDE
FRANCE (*suite*)	h. m.	m.	ÉCOSSE	h. m.	m.
Lorient (le port).............	3.32	23.0	Le canal des Orcades........	8.15	21.0
La Roche-Bernard	4.30	19.0	Montrose	1.25	19.0
Saint-Nazaire................	3.47	18.0			
Ile d'Oléron (château)........	4.0	14.0	ANGLETERRE		
Pertuis de Maumusson.......	3.30	14.0			
L'Ile d'Aix...................	3.35	14.0	La rivière de Humber........	5.26	10.0
Rochefort....................	3.48	13.0	Londres (Tamise)............	1.53	10.0
Embouchure de la Gironde: Tour de Cordouan	3.53	14.0	Douvres	11.12	4.0
Embouchure de la Gironde: Royan.........	4.1	13.0	Dungeness..................	10.45	6.0
Embouchure de la Gironde: Bordeaux.......	6.50	12.0	Portsmouth	11.41	14.0
Rade de la Tête de Buch près de la chapelle d'Arcachon..	4.45	14.0	Plymouth....................	5.37	26.0
			Ile Sainte-Marie (Sorlingues).	4.27	35.0
En dehors et près de la barre du bassin d'Arcachon......	4.8	14.0	Bristol......	7.13	20.0
Bayonne.....................	4.5	15.0	Liverpool...................	11.23	21.0
ESPAGNE ET PORTUGAL			IRLANDE		
			Dublin	11.12	35.0
Lisbonne	2.30	46.0	Waterford...................	5.20	38.0
Cadix (le môle)	1.23	34.0	Cork (baie)	4.20	43.0
Gibraltar	1.47	31.0	Rivière Shannon (entrée)	4.16	48.0
			Limerick	6.10	44.0

Calcul des plus grandes marées.

120. Indépendamment de la connaissance des grandes marées, il est fréquemment intéressant de connaître d'avance les plus grandes marées de l'année et de prévoir la cote à laquelle elles arriveront soit pour prévenir des inondations, soit pour le lancement des navires, soit même, ainsi que cela nous est arrivé pour les fondations du pont de Brest, pour examiner d'anciennes fondations qui ne découvrent que ces jours-là. Nous savons qu'elles ont lieu aux syzygies, mais elles n'ont pas toutes la même valeur.

Ce sont celles qui avoisinent les équinoxes qui sont les plus fortes de toutes. Pour en donner un exemple, les plus fortes marées de 1894 sont les suivantes pour Brest :

	heures	coefficients
21 février	à 5,23 du soir	1,06
22 »	5,43 du matin	1,06
22 mars	4,57 du soir	1,05
1er septembre	5,18 du soir	1,10
30 »	4,32 du matin	1,09

On obtient la hauteur de la marée en multipliant par ce coefficient l'unité de hauteur qui convient à ce port.

Ces coefficients sont calculés par les formules de Laplace, et nous donnons le tableau des unités du port d'après l'*Annuaire du Bureau des Longitudes de* 1894.

	UNITÉ DE HAUTEUR
	m.
Entrée de l'Adour..................	2.00
Entrée d'Arcachon	1.81
Cordouan	2.76
La Rochelle........................	2.70
Saint-Nazaire (Loire)..............	2.46
Le Croisic.........................	2.46
Port-Louis.........................	2.38
Lorient............................	2.38
Audierne.....	2.00
Brest..............................	3.21
Ile Bréhat.........................	5.01
Saint-Malo.........................	5.67
Granville..........................	6.00
Les Ecrehoux.......................	5.13
Cherbourg..........................	2.82
Barfleur......................	2.87
La Hougue..........................	3.04
Port-en-Bessin.....................	3.20
Entrée de l'Orne	3.65
Le Havre...........................	3.50
Fécamp	4.65
Dieppe.............................	4.44
Cayeux (Somme).....................	4.58
Boulogne...........................	3.98
Calais.............................	3.30
Dunkerque..........................	2.70

Il faut bien noter que cette unité est obtenue expérimentalement et est la hauteur au-dessus du niveau moyen, soit la moitié de la hauteur de l'oscillation totale.

121. *Application.* — Quelle sera à Granville la hauteur de la marée qui arrivera un jour et demi après la syzygie du 30 août 1894. Il suffira de multiplier 6 mètres, unité de Granville, par $1^m,10$, et le produit $6^m,60$ sera la hauteur de la mer au-dessus du niveau moyen qui aurait lieu si l'action du soleil et de la lune venait à cesser.

Il faut bien remarquer que ces chiffres ne sont pas absolus. La direction et la violence des vents viennent souvent modifier ces valeurs ; mais, en temps calme, les résultats répondent assez bien aux prédictions du calcul.

Le ministère de la marine publie, du reste, tous les ans un *Annuaire des marées*, qui remplit parfaitement le but qu'on se propose d'atteindre.

122. *Marégraphes.* — *Maréographes.* — On voit, d'après tout ce que nous venons de dire, combien il est important d'avoir un grand nombre d'observations de marées. Ce n'est qu'avec la multiplicité des chiffres obtenus qu'on débrouille toutes les influences concomitantes des phénomènes qui nous occupent.

Les appareils qui servent à ces observations sont de plusieurs natures. Les plus simples sont formés d'une règle graduée en mètres, repérée et rattachée à des points fixes.

Les observations y sont difficiles à cause du mouvement de la mer, et presque impossibles de nuit ; de plus, elles se salissent facilement, ce qui rend difficile la lecture des divisions.

Tous ces inconvénients ont fait adopter les *maréographes* ou appareils enregistreurs. Ils sont tous établis sur le principe suivant :

Un puits communiquant par un canal étroit avec la mer est insensible aux clapotis des vagues, et indique exactement le niveau moyen à l'instant considéré.

Il suffit, pour avoir un appareil enregistreur, d'avoir un puits creusé dans ces conditions, ou un endroit où l'eau soit très calme, et d'y placer un flotteur. Ce flotteur fait marcher un crayon qui trace une courbe sur un papier qui se déroule sur un cylindre mû par une horloge. On réduit ordinairement le mouvement du crayon à 1/10 de celui du flotteur (*fig.* 41), et le cylindre sur lequel s'enroule le papier fait un tour en douze heures.

123. *Courbes des marées.* — Nous donnerons comme exemple des courbes ainsi obtenues, celles relatives à Saint-Malo, qu'on a réunies sur une seule et même feuille (*fig.* 42).

Grosso modo, ces courbes présentent l'aspect des sinusoïdes, et c'est l'équation de cette courbe qui avait été employée dans la théorie de Laplace ; mais un examen moins superficiel montre bien vite que les graphiques des marées s'éloignent sensiblement de cette forme.

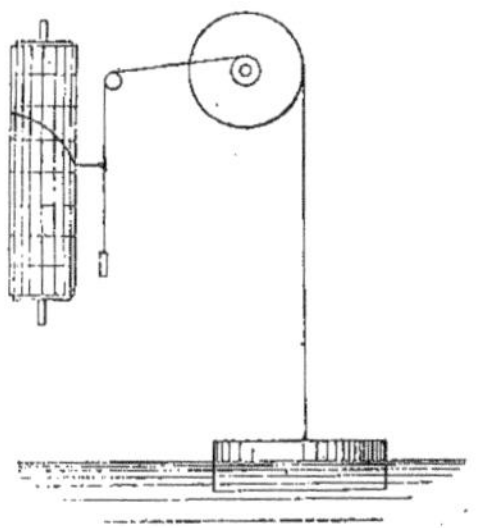

Fig. 41.

La déformation la plus ordinaire consiste en ce que la haute mer n'a pas lieu au milieu de l'intervalle de temps qui sépare deux marées ; sur nos côtes, la mer monte généralement plus vite qu'elle ne descend.

124. *Loi de Chazalon.* — Chazalon, ingénieur hydrographe chargé de la publication de l'*Annuaire des marées*, a pu renfermer dans des expressions algébriques, au moyen des nombreux documents qu'il possédait, les oscillations de la mer dans un port dont les marées sont bien connues.

C'est par la superposition de sinusoïdes provenant de cercles de rayons différents

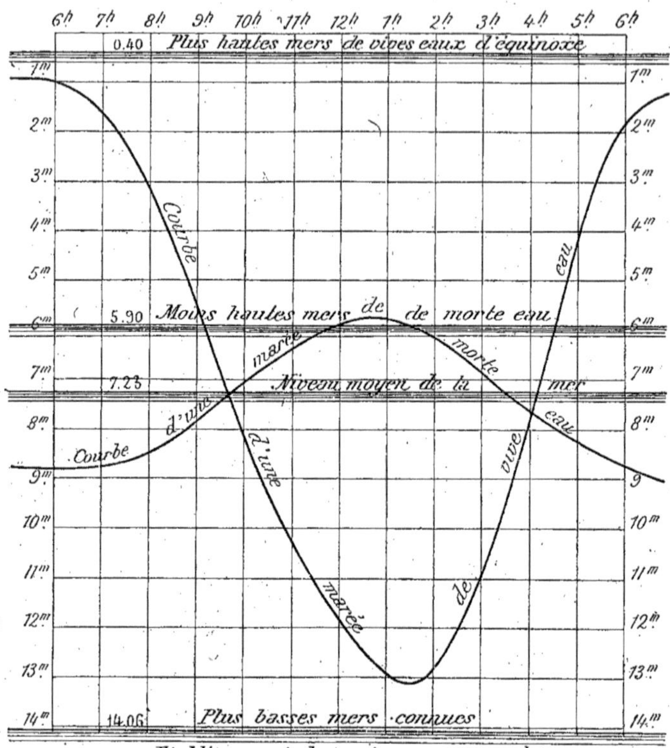

Fig. 42.

et prenant leurs origines les unes sur les autres, qu'il est parvenu à épouser complètement la courbe expérimentale. Ces sinusoïdes ont des périodes régulières de 1/2, 1/4, 1/6, etc., de jour (*fig.* 43). L'équation de la courbe finale comprend un grand nombre de termes dont les coefficients ont été déterminés par la méthode des moindres carrés.

En résumé, on peut considérer une marée comme produite par des ondes successives dont les hauteurs sont différentes, et les longueurs des parties aliquotes de l'onde totale formant la marée.

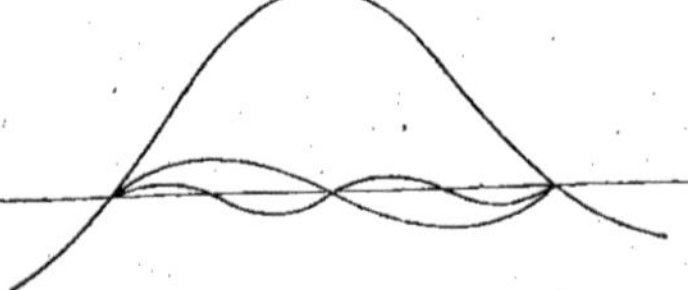

Fig. 43.

On a établi, en Angleterre, des appareils traçant immédiatement la forme de ces courbes.

125. *Application des résultats obtenus.* — Nous avons déjà appelé l'attention du lecteur sur la nécessité de connaître la hauteur des plus grandes marées pour fixer celle des ouvrages qui ne doivent pas être immergés; la hauteur des plus basses mers, n'est pas moins utile pour certains travaux de fondation, pour fixer la hauteur des seuils, etc.

En France, sur toutes les cartes hydrographiques, les niveaux sont rapportés aux plus basses mers connues, et, en Angleterre, aux basses mers de vives eaux ordinaires.

Il faut aussi connaître la durée des étales. Pour certains travaux, on ne peut travailler que pendant ce temps. C'est ce qui arrive quand on doit, par exemple, faire certaines réparations ou exhausser un récif qui affleure à basse mer. La durée de l'étale influe aussi sur la disposition des écluses.

Quant à la vitesse de la montée et de la descente de l'eau, elle est nécessaire pour le calcul des dimensions des aqueducs de vidange et de remplissage.

Niveau moyen de la mer.

126. Nous extrairons, à cet égard, les paragraphes suivants de la *Géographie du littoral*, de M. J. Gérard, qui résume complètement la question à l'heure actuelle.

Après avoir parlé de l'installation des marégraphes et des médiomarémètres, sorte de marégraphes dans lesquels la mer, au lieu de pénétrer par un aqueduc avec le puits où est installé le flotteur, est obligée de traverser une paroi capillaire ou, mieux, poreuse, l'auteur précité dit que ces appareils « fonctionnent aujourd'hui sur les côtes de la Manche, de l'Océan et de la Méditerranée, ainsi que sur celles des pays étrangers, et tous ces ports sont reliés au réseau général de nivellement de précision de l'Europe, de sorte que les hauteurs du niveau moyen dans les différents ports peuvent être comparés à une même origine.

« Avant l'organisation de la géodésie de précision, on établissait un *niveau moyen*, seule base de nivellement dans la pratique, et il était la résultante de la moyenne de toutes les hautes et basses mers obtenues pendant une année. »

Après avoir fait observer que ce serait le résultat de la courbe tracée par les marégraphes qui donnerait alors le *niveau d'équilibre*, l'auteur fait remarquer que cette expression est *relative*, puisqu'elle n'a rien de constant sur les côtes où le niveau peut varier avec chaque localité. « Il est donc nécessaire, dans chaque opération géodésique, de spécifier le point de départ et d'arrivée, afin de pouvoir tenir compte des différences.

« D'intéressants résultats ont été obtenus au moyen de la détermination plus précise du niveau de la mer par les médiomarémètres multipliés sur les côtes. M. Ch. Lallemand a réussi à prouver que la plupart des mers qui baignent l'Europe ont le même niveau, à quelques centimètres près. Cette constatation est venue détruire une croyance contraire, qui, jusqu'ici, paraissait solidement établie.

« Toutes les altitudes de France étaient rapportées au niveau moyen établi en 1854, d'après le « réseau Bourdaloue », qui a un développement de 14 980 kilomètres. Tout d'abord, pour les premières opérations, ce niveau moyen avait été celui de l'Océan, établi à Saint-Nazaire; mais on s'est aperçu que les différents niveaux moyens présentaient des divergences assez notables.

« Pour éviter cet inconvénient, on choisit définitivement comme plan de comparaison, et pour niveau moyen, celui de la Méditerranée, à Marseille. La Méditerranée se trouvait indiquée, par suite de ses faibles variations de niveau. On adopta un plan passant à $0^{m},40$ au-dessus du zéro de l'échelle des marées, à Marseille, dite Échelle Saint-Jean. Partant de cette côte et arrivant par plusieurs lignes de nivellement jusqu'à l'Océan, on constata qu'il existait une différence entre l'Océan et la Méditerranée : les variations semblaient dépendre de divers éléments mal définis, mais particulièrement relatifs à la configuration des côtes. De l'ensemble des mesures, on avait cru pouvoir déterminer que l'Océan était plus élevé que la Méditerranée de $0^m,75$ à $0^m,80$, et ce résultat semblait conforme aux différences trouvées en 1847, dans le nivellement de l'isthme de Suez, à celles entre l'Atlantique et le Pacifique, à Panama, où la différence atteignait un mètre, à celles entre la mer Noire et la Baltique de $1^m,20$, à celles entre l'Atlantique à New-York, et le golfe du Mexique, à celles entre Trieste et Amsterdam, reliées par les nivellements autrichiens, prussiens et hollandais qui indiquent $0^m,32$. Les nivellements espagnols entre Alicante et Santander avaient aussi donné des résultats comportant des différences analogues à celles du nivellement Bourdaloue.

« Ces résultats sont illusoires; ils étaient dus, les uns, à des erreurs systématiques, les autres aux caractères superficiels des observations faites sur la salure de la mer. L'exactitude des méthodes modernes est environ triple de celle de Bourdaloue. »

Et comme conclusion : « Malgré ces causes d'erreurs, on est maintenant arrivé à pouvoir considérer le niveau de la mer comme uniforme et représentant, dans l'ordre naturel, le grand plan de nivellement du globe. »

127. Pour avoir une idée complète de tous les phénomènes dus aux marées, nous devons parler de la pression atmosphérique des vents et des tempêtes qui viennent modifier, dans des conditions notables, les différents résultats prévus par les études que nous venons d'indiquer.

Pression atmosphérique.

128. La pression atmosphérique, agissant plus ou moins sur une nappe d'eau, y détermine des exhaussements ou des abaissements. Le rapport des densités de l'eau et du mercure étant d'environ 13, on voit que, si le baromètre baisse de un centimètre, la marée devra s'élever de $0^m,13$; ce chiffre en effet, se vérifie assez bien; toutefois, il est soumis à des influences locales.

Ces phénomènes s'observent surtout sur les mers sans marées ou à marées à peine sensibles. Ainsi, dans la Baltique, où il n'y a pas de marée, le niveau de la mer sert de baromètre à eau. Dans la Méditerranée, et même dans le lac de Genève, on remarque que certains points sont mis à sec, quand la pression atmosphérique augmente d'une façon toute locale.

Quant à la surélévation de la mer de 13 centimètres pour une baisse de 1 centimètre de mercure, voici quelques-unes des variations observées. A Londres, elle n'est que de 7 centimètres, et de 11 à Liverpool. Sur nos ports de l'Atlantique, on admet qu'elle est de 13 centimètres. Les extrêmes des variations de la pression barométrique pouvant atteindre 3 centimètres en douze heures, on voit donc que les marées peuvent différer de près de $0^m,40$ de celles qui étaient prévues.

Action du vent.

129. Cette action, quand le vent vient du large et pousse vers la terre la grande onde qui forme la marée, produit un exhaussement souvent considérable et atteignant jusqu'à $1^m,50$ et $1^m,60$, pendant les tempêtes. Aussi, conçoit-on que, dans ce cas, les marées de morte eau puissent atteindre et dépasser les marées de vive eau; c'est ainsi que la terrible inondation de Flessingue, en 1807, a eu lieu par une marée de morte eau.

On peut remarquer, en outre, que, sur nos côtes, quand le vent vient du large, c'est-à-dire du N.-O., la pression barométrique baisse, et cette action se joint à celle du vent pour augmenter les marées. Sur la côte Est de l'Angleterre, les vents du large viennent du N.-E., et la pression monte. Dans ce cas, les effets se contrarient, et on ne peut rien dire.

Raz de Marée.

130. Les raz de marée consistent en un exhaussement suivi d'un abaissement anormal de la mer, se passant généralement dans un temps plus court que celui d'une marée ordinaire. La mer reprend ensuite sa marche normale.

Ces phénomènes, fréquemment causes de catastrophes terribles, ont une origine quelquefois obscure. Très ordinairement ils coïncident avec des éruptions volcaniques plus ou moins voisines. Quelques auteurs les considèrent, dans certains cas, comme les contre-coups des cyclones. C'est ainsi qu'à l'île de La Réunion, les raz de marée sont attribués au passage des cyclones dans les parages de cette île.

Parmi les plus célèbres raz de marée, on peut citer celui de Lisbonne qui, apparaissant immédiatement après le tremblement de terre de 1755, acheva de détruire tous les édifices qui étaient restés indemnes dans la ville basse.

Utilisation des marées pour créer la force motrice.

131. Cette idée déjà ancienne recevra certainement une application grandiose

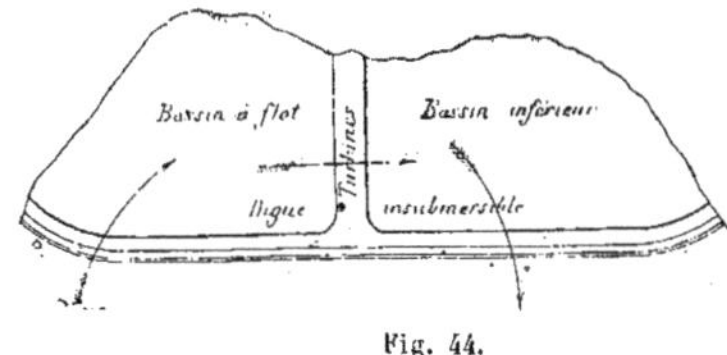

Fig. 44.

quand on aura trouvé le moyen de transporter facilement et à bas prix un travail moteur quelconque (électricité, air comprimé, etc.).

Avec des marées de 8 et 10 mètres en moyenne, comme nous en avons sur nos côtes de Bretagne et de Normandie, on conçoit, en effet, qu'il suffirait d'enfermer dans un bassin de retenue une certaine quantité de la vague immense qui, toutes les douze heures, vient visiter ces côtes, pour créer ainsi une chute de telle importance qu'on le voudrait. Il faut, toutefois, pour qu'une opération de ce genre réussisse que l'on puisse transporter *très facilement et très économiquement à de grandes distances* le travail ainsi recueilli. Les frais d'installation étant considérables, et les centres d'utilisation ne se créant pas de toutes pièces, si cette dernière condition n'est pas remplie, on se trouve en présence d'opérations moins que fructueuses, comme celles de la chute du Rhône à Bellegarde, ou de la Sarine à Fribourg.

La question nous paraît pourtant avoir une telle importance, et l'espoir que nous avons de voir, dans un avenir rapproché, les conditions économiques du transport de travail réalisées, nous engage à donner un aperçu dont cette utilisation pourrait se faire.

Jusqu'à présent, le meilleur projet est dû à M. Decœur, ingénieur des ponts et chaussées, connu par ses remarquables travaux sur les turbines, les pompes centrifuges et les béliers hydrauliques, travaux qui directement ou indirectement ont amené ces engins à un rare degré de perfection. Ce projet consiste, dans son

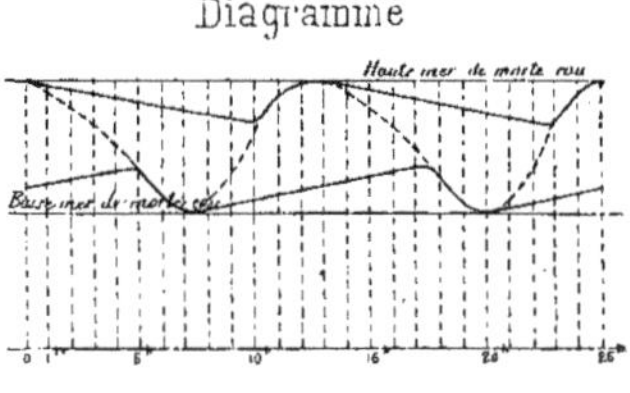

Fig. 45.

essence, en l'emploi de deux bassins, séparés de la mer par un mur insubmersible, se déversant l'un dans l'autre ; les récepteurs sont placés dans l'intérieur du mur de séparation. Des portes permettent d'introduire l'eau à marée haute et de la laisser écouler à marée basse (*fig.* 44). Cet écoulement d'un bassin dans l'autre permet de marcher d'une façon continue avec de faibles variations de travail.

Voici, extraite du journal le *Génie civil*, la description que l'auteur donne de son système.

132. *Projet de M. Decœur.* — « La force motrice due à la chute variable entre les bassins se calcule aisément par la méthode graphique.

« Appelons H (*fig.* 45) la différence de niveau correspondant à la plus petite oscillation de la mer aux époques de morte-eau, et traçons, entre deux horizontales distantes de H, la ligne ondulée qui représente la hauteur de la mer à chaque heure, à partir du plein, les sommets de la courbe étant espacés à une longueur proportionnelle à l'intervalle de deux marées, qui est à peu près de douze heures et demie.

« Si nous limitons à $\frac{1}{3}$ H l'oscillation du plan d'eau dans chaque bassin, les hauteurs d'eau, de chaque côté du barrage, seront représentées par deux courbes se confondant, haut et bas, pendant trois heures un quart, en moyenne, avec la courbe de marée, et s'en séparant pendant neuf heures un quart suivant des lignes à peu près droites, inclinées en sens contraire.

« La distance verticale des deux courbes nous donne à chaque instant la chute

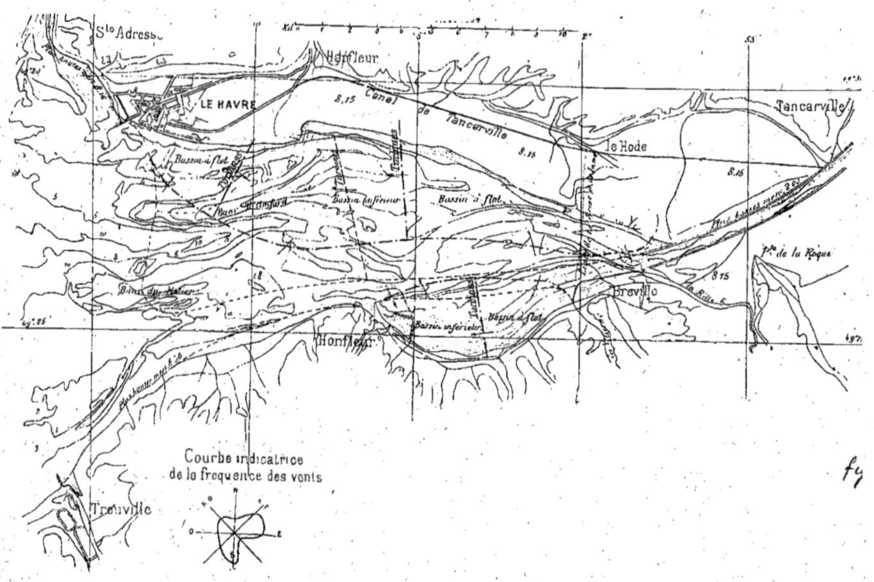

Fig. 46.

motrice cherchée, qui varie, dans ce cas, entre $0^m,53$ H et $0^m,80$ H. Sa valeur moyenne est 2/3 H.

« Pour avoir le débit moyen des turbines, il suffit de diviser par 33 300, nombre de secondes contenues dans neuf heures un quart, le volume d'eau recueilli dans le bassin inférieur pendant qu'il est séparé de la mer.

« Ce volume a pour expression :

$$V = 10\,000\,\frac{S}{2}\,\frac{H}{3},$$

S représentant en hectare la superficie totale des deux bassins.

« Le débit cherché est donc :

$$Q = \frac{10\,000}{33\,300}\cdot\frac{S}{2}\cdot\frac{H}{3} = \frac{SH}{20}$$

« Ce qui, avec la chute moyenne $\frac{2}{3}$ H, donne, pour la force brute en chevaux de 75 kilogrammes :

$$F_m = \frac{1\ 000}{75} \cdot \frac{SH^2}{30},$$

et pour la force utilisée, en admettant pour les turbines un rendement de 75 0/0 :

$$F_u = \frac{SH^2}{3}.$$

« En se bornant au rendement indiqué ci-dessus (rendement qu'on pourrait augmenter aux dépens de la régularité, du coût de l'installation, etc.), il suffira de calculer les turbines pour qu'elles puissent donner la force $F_u = \frac{SH^2}{2}$ avec la chute minimum 0,53 H.

« Leur débit, étant égal à $\frac{SH}{2}$ avec la chute $\frac{2}{3}$ H, devra être égal à :

$$\frac{SH}{20} \times \frac{0,67}{0,53},$$

avec la chute 0,53 H.

« En divisant ce débit par la vitesse minimum :

$$V = \sqrt{2g \times 0,53\,H},$$

on aura la somme des sections droites des canaux d'injection d'eau. »

L'auteur donne ensuite la description d'une turbine dans laquelle nous n'entrerons pas, ayant traité cette question dans notre *Cours de rivières*. Nous allons seulement donner les deux applications proposées l'une pour la rive droite, l'autre pour la rive gauche de la Seine.

133. *Application sur la rive gauche de la Seine.* — M. Decœur a joint à son mémoire une carte (*fig.* 46) de l'embouchure de la Seine sur laquelle il a tracé la disposition qu'on pourrait adopter pour la digue et les bassins sur la rive gauche, près du port de Honfleur.

« La surface séparée du lit du fleuve serait de 1 000 hectares, elle serait divisée en deux parties à peu près égales au moyen d'un barrage transversal de 2 000 mètres de longueur, facile à construire avec les matériaux de dragage, et dans lequel il suffirait de placer dix turbines de 300 chevaux pour obtenir une force de 3 000 chevaux aux époques des marées de morte-eau, avec des marées de 3 mètres.

« Les turbines utiliseraient alors une chute moyenne de 2 mètres entre les deux bassins. Leur débit moyen serait de 15 mètres cubes par seconde. On le ferait varier de 1/3 en plus ou en moins à l'aide des vannes régulatrices, qui maintiendraient la force et la vitesse constantes, la chute restant comprise entre $1^m,60$ et $2^m,40$, ainsi que l'indiquent les courbes jointes au dessin de la turbine.

« L'amplitude des marées variant entre 3 mètres et 8 mètres, on peut compter que les turbines donneraient en moyenne une

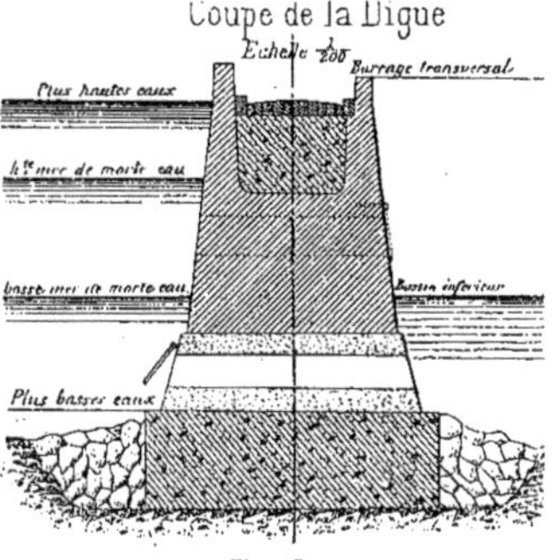

Fig. 47.

force de 6 chevaux par hectare de surface totale endiguée, soit 6 000 chevaux pour 1,000 hectares.

« La digue longitudinale, qui aurait environ 7 000 mètres de longueur, serait construite en maçonnerie sur une fondation de béton coulé (*fig.* 47).

« Dans la partie d'amont, on ménagerait, au-dessous du niveau des hautes mers de morte-eau, des ouvertures de 1 mètre carré de section, espacées de 5 mètres, d'axe en axe, et munies de clapets retenant les eaux introduites à marée haute dans le bassin à flot.

« Dans la partie d'aval, on échouerait sur la fondation, au niveau des plus basses eaux, une série de blocs creux en béton de ciment, à section carrée de 2 mètres de côté, percés de trous de $0^{m},70$ de diamètre qui assureraient la sortie de l'eau du bassin inférieur. Deux anneaux solidement fixés sur la tête de ces tuyaux permettraient d'y attacher de petits clapets en bois, qui résisteraient bien aux coups de mer.

« Dans chaque partie de la digue, il y aurait, en outre, une ou deux ouvertures de 8 à 10 mètres de largeur, fermées par une porte à un seul vantail s'ouvrant automatiquement sous la pression de l'eau.

« Les portes restant ouvertes pendant trois heures et un quart, à chaque marée, serviraient en même temps pour l'écoulement de l'eau et pour le passage des bateaux qui utiliseraient les bassins comme ports de refuge et de commerce. »

134. *Application à la rive droite.* — M. Decœur s'exprime ainsi :

« Nous ne connaissons pas exactement le tracé approuvé par l'Administration pour la construction des digues sur les deux rives de la Seine. Nous savons seulement que la courbe entre Berville et Honfleur doit s'infléchir plus ou moins pour donner aux courants une direction favorable à l'entraînement des vases dans la mer et éviter les dépôts à l'entrée des ports du Havre.

« Nous avons cherché à résoudre la question en suivant à peu près la ligne droite à partir de l'extrémité actuelle des digues et en laissant du côté du Havre la plus grande étendue de bassin.

« Si la courbe ne paraissait pas assez prononcée, on pourrait augmenter les bassins du côté de Honfleur, bien que l'intérêt du Havre soit d'avoir la part la plus large, et que le tracé le plus court soit aussi le plus avantageux pour la navigation.

« La disposition de l'appareil hydraulique à établir sur la rive droite serait semblable à celle de l'autre rive.

« On utiliserait, pour le stationnement des bateaux et pour les besoins du commerce, une assez grande surface attenante au port et séparée du bassin de vidange par une digue transversale, où l'on placerait des turbines réservées aux services publics.

« Ces turbines pourraient actionner directement les pompes envoyant l'eau comprimée dans les accumulateurs hydrauliques employés pour les manœuvres du port, et les machines électriques pour l'éclairage.

« Le bassin de retenue le plus éloigné fournirait la force motrice pour les industries particulières. On y établirait au besoin des terre-pleins pour l'installation d'usines diverses, qui trouveraient là, avec un appareil hydraulique fonctionnant sans interruption en toute saison, une situation très favorable pour l'arrivée des matières premières et l'écoulement des produits.

« Nous citerons principalement les industries absorbant de grandes forces comme la meunerie, le broyage des minerais et l'électro-métallurgie, dont les procédés à peine connus se développeront certainement quand on trouvera ailleurs que dans les montagnes, souvent d'accès difficile, des forces hydrauliques à bon marché.

« Le Havre serait ainsi appelé à devenir une grande ville industrielle; et, si la force motrice fournie à prix réduit par les usines hydrauliques permettait de compléter l'outillage du port et de terminer les travaux prévus sans imposer de nouvelles charges à la navigation, le commerce du Havre prendrait sans doute une extension extraordinaire.

135. *Conclusion.* — « La France, ajoute M. Decœur, se trouve bien placée pour utiliser la force des marées. On sait qu'elle consomme annuellement plus de houille qu'elle n'en tire de ses mines, qui s'épuiseront plus vite que celles des pays voisins; il ne faut donc pas laisser échapper l'occasion d'essayer un système qui pourra rendre de grands services dans l'avenir.

« Pour estimer les économies résultant de la substitution de l'appareil hydraulique aux machines à vapeur, on se base ordinairement sur une consommation annuelle de dix tonnes de houille par cheval, représentant, au prix moyen de 20 francs la tonne, une dépense de 200 francs. Mais les petites machines consomment beaucoup plus et, en tenant compte des frais d'entretien, on trouve que le prix moyen du cheval-vapeur, en France, dépasse 600 francs par an.

« Il est évident que le prix de revient de la force sur l'arbre de nos turbines sera d'autant moindre que les bassins auront plus de surface pour un même périmètre de digues.

« Nous aurions souhaité de n'avoir qu'une seule installation avec le maximum de surface du côté du Havre. Le tracé d'une digue en prolongement de la courbe actuelle jusqu'à Honfleur nous semblait, d'ailleurs, préférable au tracé projeté nécessitant le remaniement de certaines parties déjà existantes. L'Administration pourra modifier ses projets en tenant compte du nouvel état de la question.

« En admettant la construction de la digue insubmersible de 7 000 mètres qui donnerait 1 000 hectares de bassin en amont de Honfleur, nous aurions à prévoir pour l'installation des turbines les dépenses ci-après :

Barrage transversal 2 000 mètres à 400 francs.	800 000 fr.
Turbines 12 à 50 000 fr.	600 000
Chambres d'eau et couvertures 12 à 25 000 fr.	300 000
Imprévu.	100 000
Total	1 800 000 fr.

« Soit une dépense de 300 francs par cheval, pour une force moyenne de 6 000 chevaux.

« En évaluant les frais d'entretien et d'amortissement du capital à 10 0/0, soit 30 francs par cheval, et en ajoutant 10 francs par cheval ou 60 francs par hectare, pour tenir compte de la valeur des terrains, s'ils étaient livrés à l'agriculture après colmatage, on voit que l'État pourrait se contenter d'un prix de location de 40 francs par cheval livré sur l'arbre de la turbine.

« Nous pensons qu'on trouverait facilement une Société disposée à louer la force à ce prix, pour l'utiliser sur place ou la distribuer sous diverses formes, au Havre ou à Rouen, par les procédés des transports connus.

« Nous n'estimerons que pour mémoire la dépense de la digue longitudinale supposée comprise dans le projet d'amélioration de la Seine. Elle coûtera au moins 900 ou 1 000 francs le mètre, 7 000 000 de francs, y compris les clapets et les portes pour le passage des bateaux.

« Cette digue serait terminée en haut par un remblai recouvert d'une chaussée pavée de 3 mètres de largeur entre parapets. Elle serait plus solide, moins encombrante et moins cher d'entretien qu'une digue en matériaux ordinaires et talus perreyés.

« Si sa construction entraînait à un supplément de dépense, on ajouterait les différences au montant du projet pour l'installation des turbines.

« On voit que la digue à la mer constitue la principale dépense dans l'ensemble des travaux.

« L'installation du côté du Havre donnerait une force beaucoup plus grande avec une dépense relativement moindre. Elle présenterait des avantages exceptionnels.

« En résumé, la combinaison d'endiguement de la Seine avec notre projet d'utilisation des marées n'entraînerait qu'un supplément de dépenses relativement faible et donnerait un résultat industriel bien plus utile que le dessèchement et la mise en culture des terrains submersibles compris dans le périmètre des digues.

« En prolongeant les digues jusqu'au Havre, on résoudrait en même temps la question de l'agrandissement du port et celle de son entretien. Car la force motrice créée par les bassins à niveaux différents permettrait de faire, sans dépense de charbon, les travaux de dragage qui seraient nécessaires dans l'avenir pour combattre l'ensablement des passes navigables.

« Les expériences faites en Hollande pour le nouveau chenal d'accès de la mer à Rotterdam nous enseignent qu'il ne faut pas exagérer l'élargissement des digues à l'embouchure de la Seine.

« Le tracé donnant au Havre la plus grande étendue de bassins serait donc aussi le plus avantageux. Celui indiqué en traits interrompus sur le plan (*fig.* 46) nous paraîtrait préférable à tous les points de vue. »

Nous devons ajouter que ce mémoire avait été précédé d'une note présentée par son auteur à l'Académie des Sciences et publiée dans les *Comptes rendus* de mai 1890.

Lames.

136. Il ne nous reste plus, pour terminer ce que nous avons à dire de la mer, qu'à parler des vagues ou lames et des rapports du vent avec ces dernières.

Les lames ou vagues sont formées par une intumescence de la mer qui paraît s'approcher ou s'éloigner de l'observateur. On y distingue, par suite, le *flot* ou *crête*, et le *creux*.

Si on jette un corps léger à la surface de la vague, on voit qu'il se déplace fort peu, bien que la vague paraisse marcher rapidement. La lame est donc une ondulation qui se propage, d'après la remarque de Léonard de Vinci, « comme les épis d'un champ de blé sous l'action du vent, et bien que leurs pieds soient fixés au sol ». Léonard de Vinci fit même l'observation importante qu'il pouvait y avoir des ondulations superposées. Il résulte de ces préliminaires que l'eau doit avoir un double mouvement oscillatoire, l'un de haut en bas, l'autre horizontal, afin que le vide formé par le filet ascendant puisse se combler.

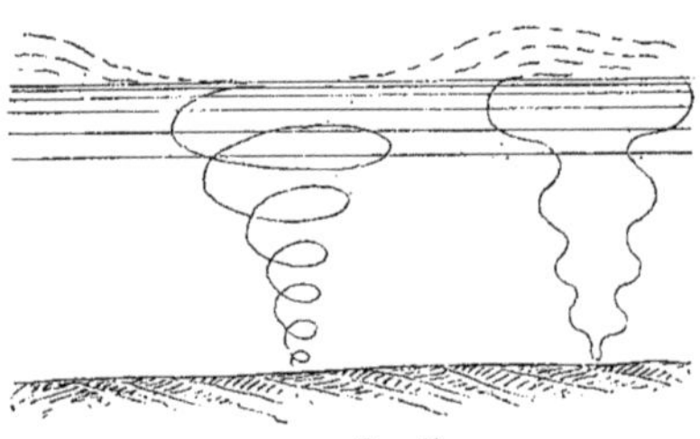

Fig. 48.

Ce fait se démontre par expérience en faisant sortir des globules d'huile colorée du fond d'une surface agitée par des vagues ; l'huile remonte suivant des courbes serpentantes dont le diamètre s'élargit au fur et à mesure qu'elles se rapprochent de la surface (*fig.* 48).

Les particules de même pesanteur que l'eau de mer doivent décrire, sous l'influence de ces deux mouvements, des courbes fermées ; aussi, dit-on que leur mouvement est *orbitaire*, et le mouvement de la colonne liquide est assimilé, à titre d'image, comme le dit fort bien M. Laroche, au fouettement d'une verge élastique qui s'allonge et se raccourcit dans le sens vertical, en même temps qu'elle oscille dans le sens horizontal (*fig.* 49).

Nous n'entrerons pas dans le détail des calculs et de la forme des courbes qui en résultent ; nous dirons seulement qu'on obtient des courbes cycloïdales plus aiguës que la sinusoïde et pouvant correspondre à toutes les formes de vagues observées.

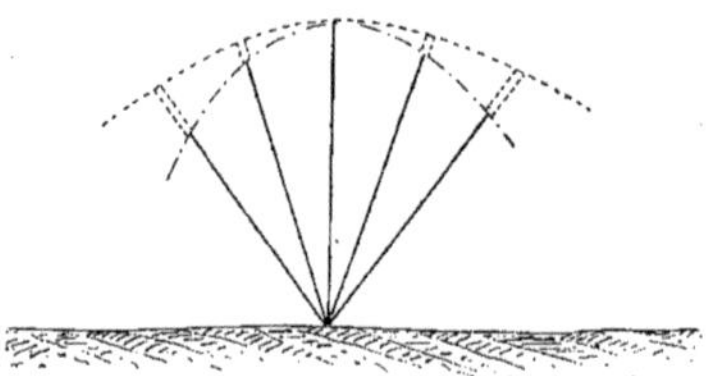

Fig. 49.

Généralement, la pente des vagues est douce du côté du vent, plus raide sur l'autre face. La crête est toujours plus élevée au-dessus du niveau moyen que le creux ne lui est inférieur.

On doit à l'amiral Pâris un appareil pour mesurer les lames. Il se compose d'une longue perche lestée qui, placée dans l'eau au milieu des vagues ne se déplace pas sensiblement s'il n'y a pas de courants ; un anneau traversé par la perche sert de flotteur. Il est relié à la partie supérieure de la perche par un fil de caoutchouc muni d'un crayon au dixième de sa longueur, par exemple. Cette portion du fil s'allongeant proportionnellement à la marche du flotteur, le crayon tracera sur un papier qui se déroule, et à l'échelle de 1/10, les différentes hauteurs de la vague.

Cet appareil a servi à reconnaître que la vague des tempêtes s'éloigne beaucoup de la simplicité et de la forme géométrique de la *houle*.

137. *Dimensions des lames.* — Voici les dimensions des lames observées.

Dans les gros temps ordinaires les hauteurs du creux à la crête sont de 4 à 5 mètres dans la Méditerranée, la Manche et la mer du Nord, de 5 à 6 mètres à Cherbourg, de 6 à 7 mètres dans le Golfe de Gascogne.

On croit avoir constaté des lames de 15 et 18 mètres; mais ce fait n'est pas bien prouvé.

Quant à leur longueur elle atteint fréquemment 20 et 30 mètres, mais on en cite de 100 à 600 mètres; ces dernières sont très dangereuses pour les grands navires, qui à un moment donné n'étant soutenu que par leurs extrémités, peuvent se rompre au milieu de leur longueur et *couler à pic*.

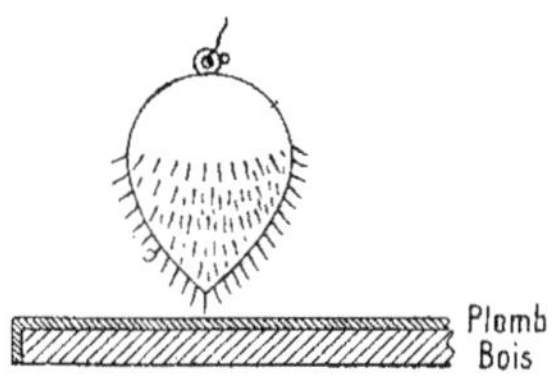

Fig. 50.

138. *Puissance des lames.* — On conçoit quelle est la puissance vive emmagasinée par de semblables masses d'eau, quand elles sont arrêtées dans leur propagation. On peut s'en faire une idée en sachant que, d'après des observations, des paquets de mer, déferlant sur le phare de la Hogue, se sont élevés à 23 mètres, à 32 mètres au phare de Bell-Rock, à 30 mètres au fort Boyard et à 50 mètres au phare d'Eddystone.

Nous devons ajouter toutefois que la profondeur de la partie ainsi agitée n'est pas aussi considérable qu'on pourrait le croire au premier abord.

Des expériences furent faites en 1842 au port d'Alger, par M. Aimé, au moyen d'une toupie armée de pointes et attachée à une lame de plomb que l'on maintenait horizontale au moyen d'un flotteur (*fig.* 50) et que l'on descendait à différentes profondeurs; l'agitation inclinait la toupie dont les pointes laissaient des traces sur le plomb.

Voici les résultats obtenus:

CREUX DES LAMES	PROFONDEUR D'EAU	ACTION
$0^m,70$	18^m	sensible.
$0^m,70$	28	nulle.
$2^m,00$	28	forte.
$3^m,00$	28	légère ou nulle.

On peut encore se rendre compte de cette profondeur le long des plages de

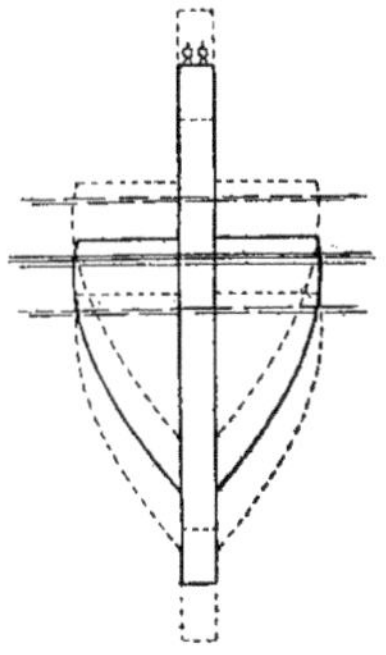

Fig. 51.

sable; d'un point un peu élevé on voit une ligne de démarcation entre l'eau bleue du large et l'eau jaunâtre de la côte. Celle-ci provenant du mélange de l'eau de mer avec le sable, la profondeur de la mer au point où se trouve la ligne de démarcation indique la profondeur à laquelle cesse l'agitation superficielle.

La construction des bouées parlantes a été basée sur ce phénomène.

On conçoit, en effet, que, si on place une bouée dont un long tube vertical, fermé à la partie supérieure, descende à une profondeur suffisante et avoisinant la couche tranquille, l'air confiné dans le tube subira des augmentations et des diminutions de pression à chaque lame qui passera. Si donc on place, sur le tampon supérieur du tube, deux soupapes à sifflet, marchant l'une par aspiration de l'air, et l'autre par sa compression, on aura un appareil avertisseur, d'autant plus bruyant que les lames seront plus fortes et, par suite, plus dangereuses (*fig.* 51).

Pour l'élaboration des projets, il est utile de savoir quelle est la pression, par mètre carré, que peuvent exercer les vagues les plus violentes ; des expériences ont été faites par un ingénieur écossais, Thomas Stephenson, au moyen d'une plaque appuyée sur des ressorts énergiques et gradués, et poussant des taquets engagés, à frottement dur, sur des tiges métalliques ; l'appareil était immergé contre un mur solide, et, quand on le relevait, l'emplacement des taquets indiquait les efforts supportés par la plaque.

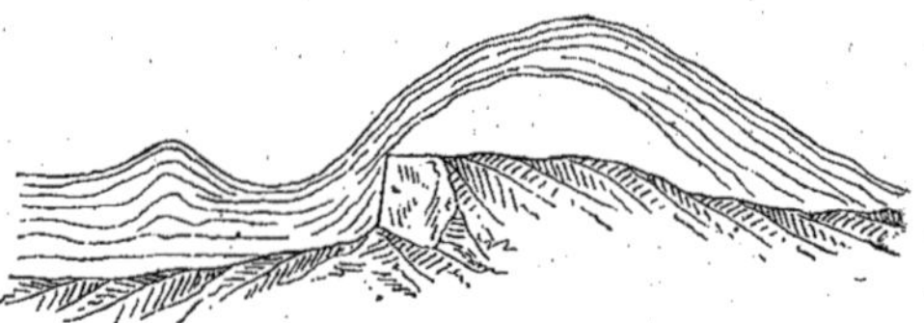

Fig. 52.

Ces expériences ont donné 3 000 kilogrammes par mètre carré, pour la pression moyenne des vagues de tempête ; mais on en a mesuré qui atteignaient jusqu'à 30 000 kilogrammes.

M. Debauve fait remarquer que, dans ces cas, ce n'est pas la pression hydrostatique de la hauteur de la lame, mais bien la puissance vide de cette lame, qui donne lieu aux pressions.

Brisants. — Ressac.

139. Nous avons déjà vu, quand nous avons parlé de la propagation des ondes, la forme que celles-ci prenaient quand la

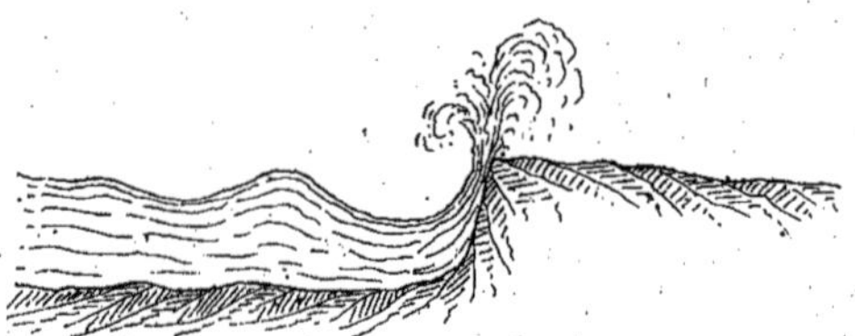

Fig. 53.

profondeur du fond diminuait. Si cet effet se produit au large, il est dû à des roches sous-marines, et donne lieu à des *brisants ;* mais, pour que ceux-ci se traduisent à la vue, il faut que la zone d'agitation atteigne au moins la crête des rochers. Si le phénomène a lieu le long des côtes, il porte alors le nom de *ressac*.

Les ingénieurs hydrographes distinguent ordinairement trois espèces de ressacs :

1° Ceux qui ont lieu contre des accores ;

2° Ceux qui ont lieu par réflexion des lames ;

3° Ceux qui ont lieu par pivotement de ces mêmes lames.

140. 1° *Ressac contre les accores.* — Ce ressac est celui qui a lieu contre les phares isolés au milieu de la mer, ou contre les dunes, etc. Quand la vague arrive contre un obstacle, elle est en partie réfléchie. Il en résulte une compression qui se traduit par un dégagement de chaleur, mais la plus grande partie du travail accumulé dans l'onde qui se propageait, soulève les eaux qui frappent contre l'obstacle, et, quelquefois, passent par dessus, soit sous forme de lame d'eau (*fig.* 52), soit sous celle d'embrun (*fig.* 53), qui, en retombant, affouille le sol à une certaine distance du pied de l'accore, à cause du remous qui se produit au pied même de cet accore (*fig.* 54). Il faut tenir compte de ces effets dans les constructions maritimes, et avoir grand soin de former un talus avec des enrochements ou des blocs de béton, ce qui amortit les effets dus au choc.

141. 2° *Ressac dû à la réflexion des lames.* — Voici l'excellente description qu'en donne M. Jules Girard, dans sa *Géographie littorale* (et non J. Gerard, *Géographie du littoral*, ainsi que cela a été imprimé par erreur).

« Le phénomène de brisement est variable suivant l'étendue de la mer devant la côte, l'amplitude de propagation de la marée, les courants littoraux et la force des vents. A grande distance du rivage, se creusent, à intervalles égaux, de grandes ondulations qui s'élèvent au fur et à mesure qu'elles approchent des pentes sous-marines, s'avançant majestueusement avec un bruit sourd et imposant. Trois ou quatres lames se suivent de près; la première brise à terre, revient sur elle-même et arrête la seconde dans sa course; celle-ci repousse la troisième qui, se repliant sur elle-même, se précipite en volute, assez grande quelquefois pour écraser une embarcation.

« C'est le ressac qui existe sur un grand nombre de côtes, mais particulièrement sur celles de l'Atlantique, où il acquiert une continuité et une intensité spéciales sur la côte occidentale d'Afrique, dans le golfe de Guinée. Ces plages de sable infinies sont recouvertes de brisants parallèles qui viennent successivement s'y écrouler avec fracas; ils ont un aspect formidable, comparable au mascaret de l'embouchure de certains fleuves. Ces brisants comprennent jusqu'à quatre et cinq volutes énormes se suivant de près, et toujours menaçantes, même par le plus beau temps. Aussi, on est obligé de débarquer les navires mouillés au large, au moyen de *chelingues*, sortes d'embarcations particulières à la côte, manœuvrées par les indigènes, doués d'une intuition particulière, pour leur faire franchir les brisants au moment opportun et éviter de chavirer.

« On a expliqué ce phénomène particulier au golfe de Guinée, comme le brisement général, mais avec cette variation que, à cause de sa grande mobilité, le sable du littoral se creuse et forme des terrasses sous-marines au bas de la plage où les ondulations du large viennent se heurter, au lieu de s'épanouir lentement en remontant un plan incliné uniformément. De plus, les puissantes ondes, d'un bassin aussi considérable que celui de l'Atlantique possèdent une amplitude en rapport avec l'étendue et la profondeur du bassin maritime. »

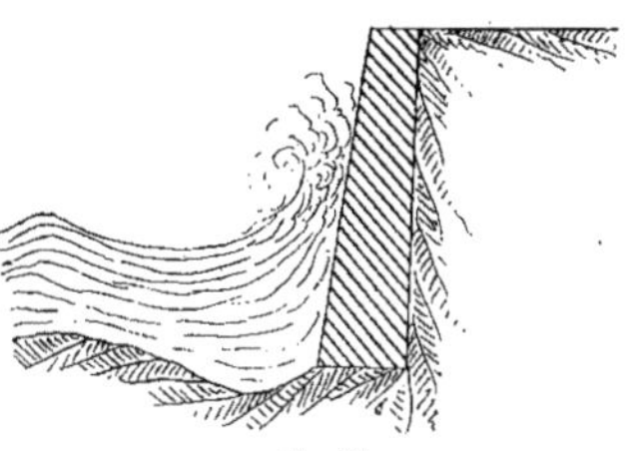

Fig. 54.

On peut remarquer que, dans leur réflexion, les lames suivent la loi générale des ondulations, c'est-à-dire que l'angle d'incidence est à peu près égal à l'angle de réflexion; elles se propagent ainsi jusque dans les parties des ports qu'on pourrait croire complètement à l'abri.

M. Laroche donne un exemple remarquable de la difficulté que présente la prévision de ces accidents en citant le fait qui s'est produit à Cherbourg, dans le port de commerce au sujet d'une roche appelée *Roche menteuse* (*fig.* 55), qui se trouvait placée dans l'avant-port. Pour faciliter l'entrée des bateaux de pêche pour lesquels elle était un danger, on la fit sauter.

A la suite de ce travail, l'agitation de la mer se propagea jusqu'au fond du port au point d'empêcher quelquefois la manœuvre des portes d'écluses, inconvénient beaucoup plus grave que le premier, et on fut obligé d'établir un éperon en maçonnerie pour remplacer la roche que l'on avait enlevée.

On cite des exemples semblables à La Ciotat, à Antibes, etc.

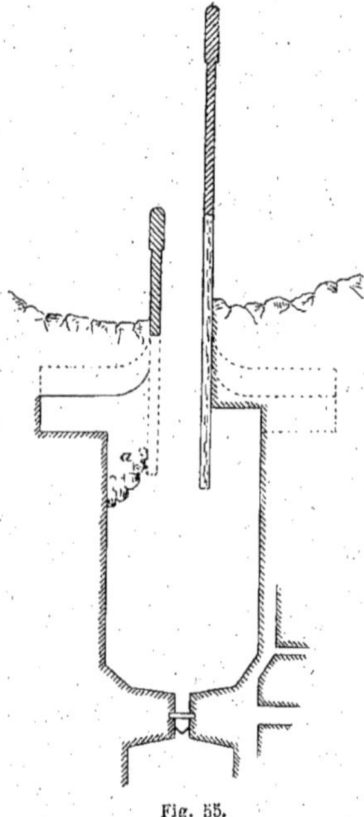

Fig. 55.

On conçoit qu'une semblable action doit se traduire par d'autres phénomènes, tels que ceux de transport à la côte de bateaux, d'épaves, etc.

La lame augmentant de vitesse au fur et à mesure que la hauteur du fond diminue, tout se passe comme si la vague, près de terre, était animée d'une vitesse de translation et était projetée ainsi contre le rivage.

Ce mouvement agit, comme nous l'avons déjà dit, sur les fonds sableux et vaseux, qu'il met en mouvement par une action tourbillonnaire, et contribue fortement à remanier la forme des plages.

142. On conçoit, d'après ce que nous venons de dire, la connexion qui existe entre les vagues et les ondulations. Aussi, trouve-t-on à peu près les mêmes lois. M. F. Laroche cite des exemples à l'appui de cette corrélation.

1° *Lorsqu'une ondulation se propage dans des profondeurs de plus en plus petites, sa hauteur diminue.*

Il en est de même pour les lames; on en a observé qui, au large, avaient $0^{m},60$ de hauteur et qui atteignaient 1 mètre sur la côte.

2° *A une diminution de la profondeur*

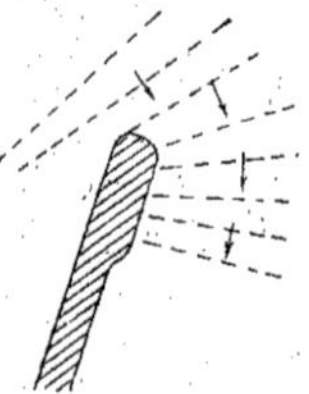

Fig. 56.

de l'eau correspond une diminution de la longueur de l'ondulation.

C'est ce que les marins expriment en disant que la mer devient *plus courte* en s'approchant des côtes.

3° *La forme d'une ondulation se modifie à mesure que la profondeur diminue, son sommet se porte vers l'avant, et sa crête peut devenir aiguë.*

Elle devient souvent tellement aiguë qu'elle forme des rouleaux ou des volutes et déferle, ainsi que nous l'avons vu dans la description que nous avons donnée, au point de pouvoir submerger les embarcations.

On conçoit que cette action soit fonction de la pente de la plage; plus celle-ci est considérable, plus la mer est courte et brisante. C'est ce qui arrive pour les plages de galets qui sont plus inclinées que les plages de sable.

4° *Les ondulations se propagent d'autant moins vite que l'eau est moins profonde.*

La puissance vive de la lame met, en effet, plus longtemps à se détruire, puisque la variation de sa vitesse de propagation s'effectue plus lentement. C'est à cette loi qu'est dû le :

143. *Ressac par pivotement des lames.* — Si nous considérons une onde se propageant dans une direction oblique à la plage et que celle-ci soit inclinée, l'extrémité de l'ondulation qui sera la plus rapprochée de la terre perdra une partie de sa vitesse, tandis que l'autre extrémité la conservant tout entière, l'onde semblera pivoter au tour du premier atterrage.

On voit ce phénomène se produire au musoir des jetées (*fig.* 56).

Ce phénomène se traduit sur une grande échelle autour de certaines îles et de certains caps avancés. On l'observe dans le port de Calais, à Belle-Ile (*fig.* 57), dans le port des Sables-d'Olonnes, dans celui du Cap Breton, dans l'île d'Yeu, dans les ports de l'île de Ré, de Camaret, d'Alger, de Bastia, etc.

5° *Quand une ondulation se propage dans un canal, dont la largeur et la profondeur diminuent progressivement, cette ondulation devient de moins en moins longue et de plus en plus haute.*

Il en est de même pour les lames, si elles pénètrent dans une baie largement ouverte : la mer devient plus courte et les lames plus hautes. C'est ce qui a lieu dans la baie d'Ajaccio. Au contraire, si la baie présente un goulet à son entrée, l'impulsion due à la vague, c'est-à-dire sa quantité de mouvement devient plus petite ; par suite, la vague diminue de hauteur et s'allonge. C'est un résultat important et sur lequel repose presque en entier le principe de la création des ports en tant qu'abri, et nous aurons à revenir sur cette question.

144. *Remous et contre-courants.* — Quand une lame arrive sur l'*estran* (portion de la plage qui se couvre et se découvre) elle en remonte le talus. On l'appelle *lame directe*. Quand elle redescend le talus, on l'appelle *lague de retour*. On conçoit que, ne recevant pas la poussée d'une masse d'eau, située derrière elle, cette vague, sauf des circonstances exceptionnelles de temps ou de dispositions locales, est plus faible que celle due à la lame directe ; aussi, les plages tendent-elles généralement à s'engraisser.

La vague de retour, en redescendant, prend la vague directe par le pied et la fait déferler ; c'est le rouleau d'eau de la vague de plage si apprécié des baigneurs.

Effet de la lame le long des côtes.

145. Indépendamment de ces courants qui ont lieu à chaque lame, on peut encore distinguer ceux qui ont lieu, à chaque marée le long des côtes, et qui ont une grande importance au sujet de la formation des plages.

A la marée montante correspond un

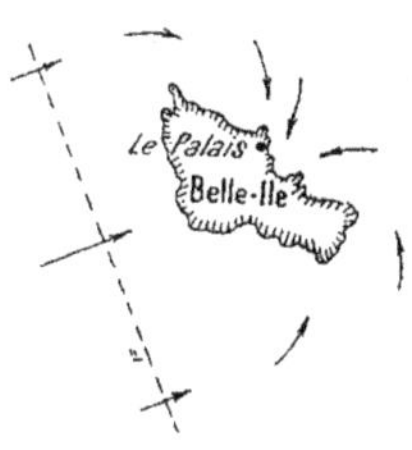

Fig. 57.

courant de flot, et à la marée descendante le courant de jusant. Il y a donc un moment où ces courants se renversent. On remarque, toutefois, que ce renversement ne coïncide pas exactement avec le changement de marée, et, d'une manière générale, on observe qu'il y a toujours un retard. Leur direction n'est elle-même pas diamétralement opposée. Ce que nous avons dit des lignes cotidales peut expliquer ce phénomène. C'est ainsi que, sur nos côtes de France, le courant de flot porte vers le Nord, et celui du jusant vers le sud.

Ils ont fréquemment des vitesses considérables. Voici quelques chiffres que nous empruntons à M. Debauve :

Pertuis de Maumusson
et Pertuis-Breton (*fig.* 58). 1 à $2^m,00$

Rade de Lorient. . . . $1^{m},00$
Nord ouest de l'île d'Ouessant. . . . . $4^{m},50$
Près d'Aurigny. . . . . $3^{m},50$ à $4^{m},50$
Au large de la digue de Cherbourg. . . . . $1^{m},40$
Contre les têtes des jetées du Havre, de Dieppe, de Boulogne. . . . . $1^{m},50$
Devant les jetées de Calais. . . . . $2^{m},40$

« Le renversement des courants commence par la surface, ajoute M. Debauve, ainsi qu'on en a une preuve au goulet de Brest : au moment où la mer commence à monter, un canot entre sans aucun effort, en temps calme, et, de même, un grand navire sort sans aucun effort ; le premier obéit aux courants de surface, le second aux courants inférieurs. »

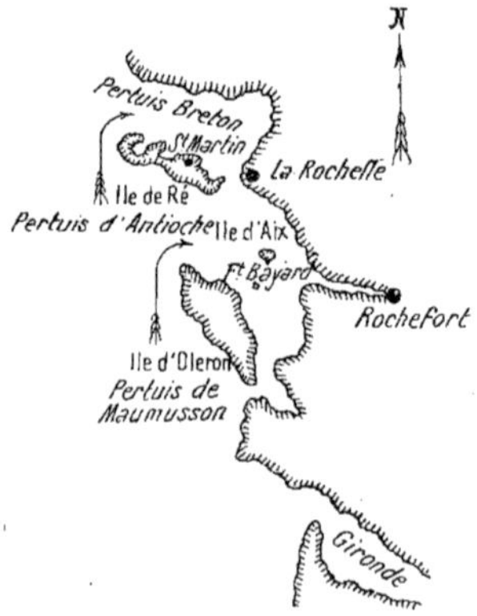

Fig. 58.

Ces courants engendrent des remous, des contre-courants et des tourbillons analogues à ceux que nous avons étudiés dans notre *Cours des rivières*.

Un exemple typique existe à l'île d'Aurigny où les marées atteignent jusqu'à $4^{m},50$ de vitesse (16 kilomètres à l'heure), et produisent, ainsi qu'on le voit sur la figure 59, deux contre-courants.

Un autre exemple que l'on peut encore citer est celui de l'île Swona qui fait partie des Orcades (*fig.* 60).

Il y a là un phénomène de succion analogue à ceux dont l'industrie a tiré partie, et que Venturi paraît avoir observés un des premiers sur les gaz.

Il est clair que, sur les zones de contact du courant et du contre-courant, doivent se développer des tourbillons. C'est ce qu'on remarque, en effet, dans les détroits, à Gibraltar, etc. C'est à eux qu'étaient dus Charybde et Scylla, dans le détroit de Messine.

146. *Action des courants à l'embouchure des fleuves.* — Les études les plus complètes à cet égard ont été faites par M. Partiot, dans son *Étude sur le mouvement des marées dans la partie maritime des fleuves*. Nous allons lui emprunter les passages suivants :

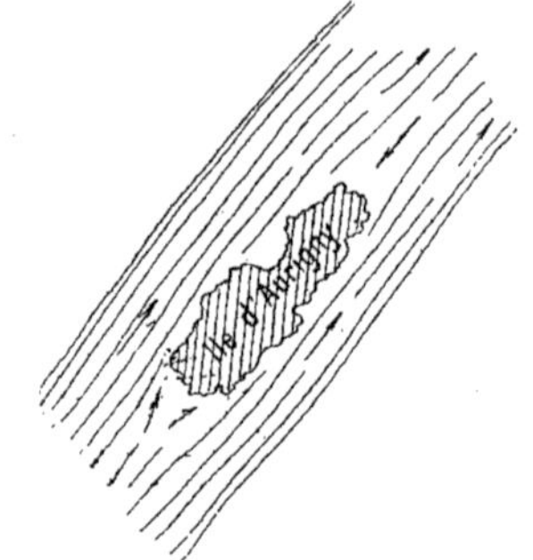

Fig. 59.

« Si l'on considère une rivière à marée au moment où la mer est basse à son embouchure, on voit, en général, qu'elle présente une pente vers l'aval, sur toute la partie inférieure de son cours. Si l'on se place à un point situé à un kilomètre de la mer, au moment où celle-ci commence à monter, on observe bientôt que la pente du fleuve diminue par suite de l'exhaussement des eaux du large. La surface de l'eau semble, pour ainsi dire, tourner autour d'une charnière horizontale, de telle sorte que sa pente devient de plus en plus faible, sans cesser d'être inclinée vers la mer. Dans les premiers moments de la marée montante, le niveau de la rivière s'élève, bien que ses eaux continuent à se diriger vers l'aval. Mais, peu à peu, leur vitesse décroît avec leur inclinaison, et il arrive un instant où l'une et l'autre deviennent nulles. Alors, le courant descendant, que l'on nomme *jusant*, *èbe*, *reflux*, s'arrête; les eaux restent un certain temps indécises ou, suivant l'expression des marins, *étales*, sans se diriger nettement ni vers la mer, ni vers la source. Cet étale, qui marque la fin du jusant, s'appelle étale de jusant.

« La mer continuant à s'élever, la pente du fleuve s'incline vers l'amont, et ses eaux commencent à remonter son cours. Le courant qui s'établit de l'aval à l'amont est le courant de *flot* ou de *flux*, et la masse des eaux qui remonte est ce qu'on appelle le *flot*.

« Lorsque l'eau arrive à son niveau le plus élevé au point où on est placé pour observer sa marche, la pente du fleuve est généralement encore inclinée vers l'amont. Elle conserve un certain temps cette pente, tandis que le niveau des eaux commence à descendre. Mais la surface du fleuve tourne de nouveau, en amont, comme autour d'une charnière horizontale perpendiculaire à son cours, et sa pente diminue par l'abaissement de son niveau au point où on se trouve. Le courant de flot persiste donc après l'instant du plein. Mais il arrive un instant, où l'eau a assez descendu, pour que sa pente devienne nulle. Elle perd alors sa vitesse, et il y a un nouvel étale, que l'on désigne sous le nom d'*étale de flot*. Puis, la pente s'incline vers la mer par l'abaissement des eaux vers l'aval, et le jusant recommence. Il dure jusque après la basse mer, comme nous l'avons indiqué tout à l'heure. »

On voit que l'écoulement de la marée peut être comparé à celui d'une crue dans une rivière, et, de même que les crues entretiennent la profondeur du chenal, de même, le jusant doit entretenir celle de l'embouchure des fleuves.

On remarque, toutefois, que la *mouille*, ou maximum de profondeur (V. notre *Cours de rivières*) du jusant ne se produit pas au même endroit que celle du flot, ce dernier étant en amont du premier.

A l'appui de ces assertions, nous allons donner l'extrait d'un travail de M. Partiot sur la marche des marées, dans une note sur les mascarets, insérée dans les *Annales des Ponts et Chaussées* de 1861. Nous y trouvons ce qui suit:

« On a pu se rendre compte de la manière dont la marée pénètre dans la Seine, au moyen d'observations qui ont été faites de quart d'heure en quart d'heure, sur différents points de ce fleuve. Je citerai celles du 18 août 1856, relevées par une brise NNE, le second jour après la syzygie, le coefficient de la vive-eau étant 1,14, et les eaux étant, à Mantes, à $0^m,15$ au-dessous de l'étiage. Des échelles rattachées avec soin au nivellement général de la Seine permettaient de prendre la hauteur de l'eau à chaque station. Les montres des observateurs avaient été réglées la veille à la station la plus voisine du chemin de fer de Paris et du Havre et ont été vérifiées le lendemain. Les horloges de ces stations, qui servent à régler la marche des trains, sont réglées avec exactitude sur l'heure de Paris. En portant, sur un profil en long de la Seine, les hauteurs observées sur les différents points, aux mêmes heures, on obtient des profils momentanés, relevés le 18 août 1856, entre Pont-de-l'Arche et le Havre; ils sont joints à ce mémoire (*fig.* 61).

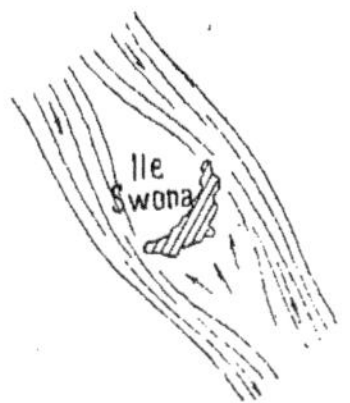

Fig. 60.

« Ces profils montrent que le flot pénètre d'abord en Seine sous la forme d'une croupe arrondie. On voit se dessiner l'onde de la marée, quand la mer est pleine à Quillebœuf. A ce moment, le flot n'est pas encore parvenu à la Meilleraye. Au Havre, où la mer est restée pleine pendant une heure et demie, la marée commence à descendre. La mer baisse ensuite rapidement à Quillebœuf, et on voit l'ondulation s'affaisser, pour ainsi dire, en se propageant vers l'amont. La vitesse

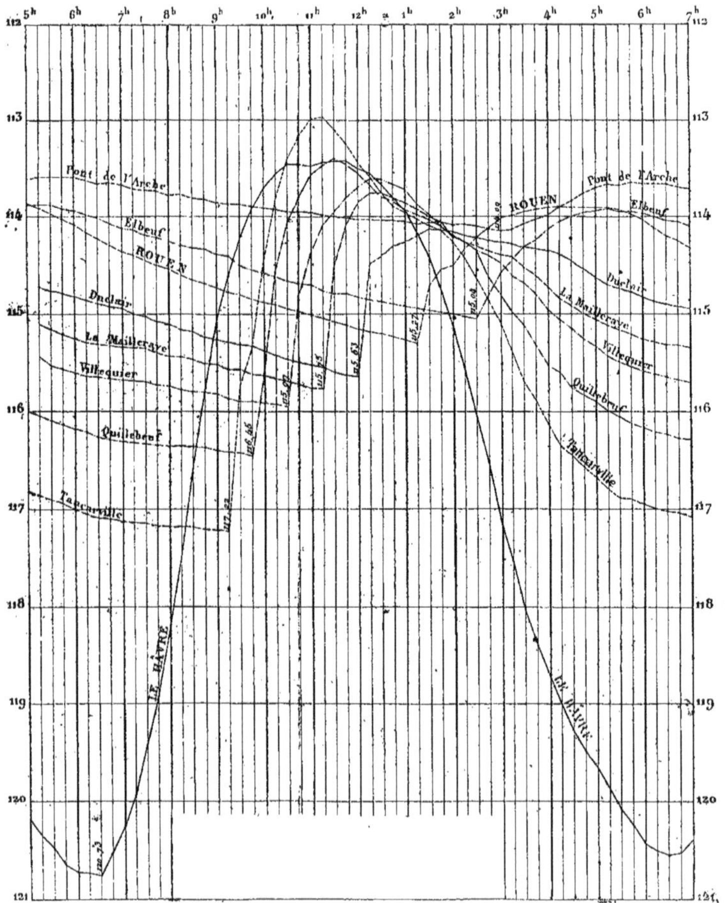

Fig. 61. — Courbes de marées de quart d'heure en quart d'heure (Seine maritime).

avec laquelle le flot a parcouru les 18 750 mètres qui séparent Quillebœuf de Villequier a été de $6^m,51$ par seconde ($22^{km},436$).

« Des expériences ont été faites le même jour à Villequier. Il en résulte que, immédiatement après le passage du flot, elles ne dépassent pas $1^m,70$ par seconde ($6^{km},120$). Une demi-heure après le flot, elles atteignirent leur maximum qui fut de $1^m,84$ ($6^{km},624$), et, par conséquent, beaucoup moindre que la vitesse de propagation de la marée. Elles n'ont commencé à reprendre leur cours vers la mer que lorsque les eaux se sont abaissées de $0^m,98$ au-dessous de leur niveau le plus élevé après l'heure de la pleine mer. Ces différents faits peuvent s'expliquer aisément.

« L'exhaussement du niveau de la mer est cause que les eaux descendent vers l'amont de la Seine et chassent devant elles les eaux qui viennent de ce fleuve vers le Havre.

« Le choc se propage rapidement, les eaux refoulées vers l'amont s'élèvent, et il se produit une onde dont les profils momentanés (*fig.* 62), joints à ce mémoire, indiquent la forme à différents instants. On voit que la Seine s'abaisse jusqu'au moment du flot, et que l'ondulation s'allonge à mesure qu'elle s'éloigne de la mer. Elle atteint sa plus grande hauteur à Tancarville, et la mer ne monte souvent, à vive-eau, qu'au Havre, ce que la vitesse acquise semble expliquer. La plus grande hauteur de l'onde diminue ensuite à mesure qu'elle s'étend sur l'amont, et que l'on considère le profil momentané qui correspond à la pleine mer sur un point plus éloigné de l'embouchure. La forme de l'onde lorsqu'elle est au plus haut, sur un point donné, suffit pour montrer que le courant doit continuer à descendre vers l'amont, après l'heure de la pleine mer. On remarque, en effet, que l'eau continue à se porter vers Pont-de-l'Arche, tandis que le niveau descend, et qu'elle ne reprend son cours vers la mer que lorsque la pente du fleuve s'incline de nouveau vers l'aval. L'angle sous lequel le flot coupe la Seine, au moment où il arrive, est de plus en plus petit. Sa vitesse de propagation qui est $5^m,06$ par seconde, entre le cap du Hode et Quillebœuf, atteint $7^m,40$ entre Villequier et Duclair et Rouen. Ainsi, dans la partie la plus profonde de la Seine, le flot se propage plus vite et forme une onde plus allongée que là où il se trouve des bancs et des hauts fonds. Les profils momentanés font voir que, lorsqu'elle ne rencontre rien, cette ondulation doit déferler et former un *mascaret*, ce qui est le fait que nous désirons surtout constater. Quand, au contraire, il y a une profondeur d'eau suffisante, elle est moins haute et se propage rapidement sur toute la largeur de ce fleuve, mais en commençant toujours par les bords, comme nous l'avons exposé plus haut. Quand elle est retardée par les bancs de l'embouchure, elle peut arriver assez vite pour que le choc des molécules liquides n'ait pas le temps de se propager, et qu'il se forme un mascaret par le soulèvement de l'eau, même dans les parties profondes.

« Des observations faites sur la Gironde par les soins de M. Poirier, ingénieur en chef des Ponts et chaussées, permettent de faire des profils momentanés de ce fleuve. Ces profils sont joints à ce mémoire (*fig.* 63). On voit que la forme de l'ondulation qui va entrer dans la Dordogne est analogue à celle de l'onde qui parcourt les baies de la Seine. La Dordogne présente peu de profondeur, et ses hauts-fonds doivent retarder la marche du flot et faire déferler l'ondulation qui y pénètre. Il n'en est pas ainsi sur la Garonne, qui offre presque partout une profondeur considérable en aval de Bordeaux. »

Il résulte des explications que nous venons de donner que le flot met en mouvement les parties vaseuses de la rivière, qui abondent généralement vers l'embouchure, et tend à les faire remonter, et comme la vitesse est diminuée par suite de la lutte des deux courants agissant en sens inverse, ces vases se déposent surtout dans la partie convexe du lit, c'est-à-dire là où le courant est le plus faible. Le jusant remanie à son tour ces vases et exerce une action inverse, mais plus faible que celle du flot, et surtout dans

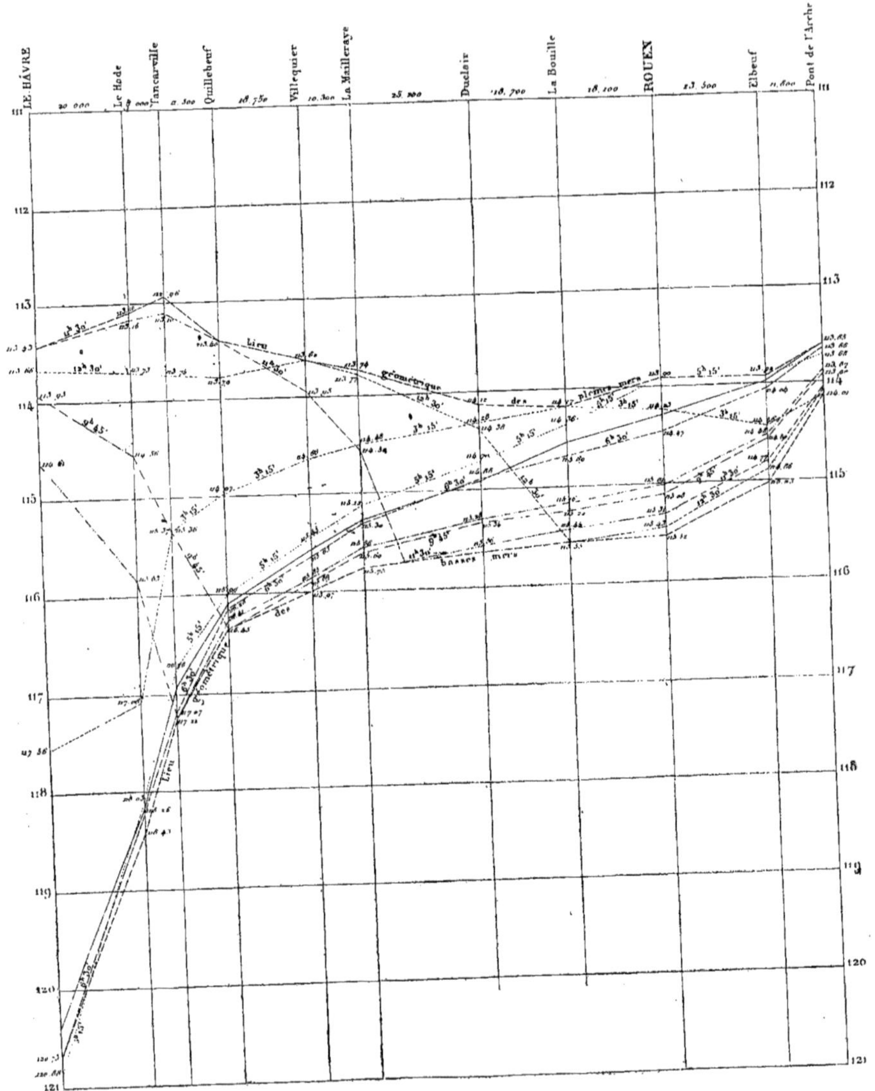

Fig. 62. — Profils instantanés de la Seine à différentes heures

les parties convexes où, le tirant d'eau étant moindre, la vitesse est plus faible.

Deux autres effets viennent s'ajouter à ces derniers et tendent à modifier les embouchures des fleuves. Ce sont, d'une part, les crues, qui tendent à approfondir le lit, et, d'autre part, l'apport de sables triturés dans leur parcours.

La somme de ces effets est très généralement un envasement du port ; il faut alors faire des travaux spéciaux que nous étudierons un peu plus tard.

M. Partiot résume ainsi son travail :

« 1° Sur un même point, l'eau monte beaucoup plus haut en vive-eau qu'en morte-eau ;

« 2° Elle descend beaucoup plus bas en vive-eau vers l'embouchure du fleuve, mais moins bas, au contraire, dans la partie d'amont de la portion de la rivière qui est sujette aux marées. Il y a un endroit intermédiaire où les marées descendent toujours à peu près au même point ;

« 3° La mer s'élève et s'abaisse plus rapidement en vive-eau qu'en morte-eau ;

« 4° L'eau s'abaisse, tant en vive-eau, qu'en morte-eau, plus lentement à mesure que l'on considère un point plus éloigné de l'embouchure ;

« 5° L'ondulation de la marée devient d'autant moins sensible que l'on s'éloigne davantage de la mer ;

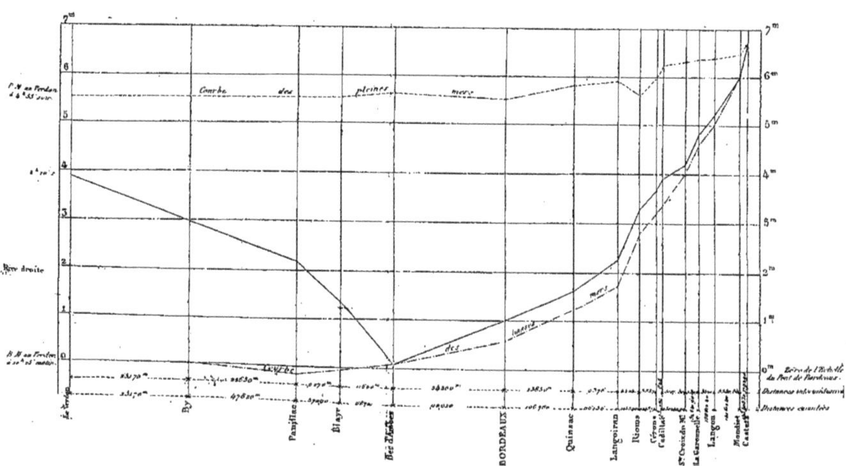

Fig. 63. — Profil momentané de la Garonne et de la Gironde, en vive-eau et en étiage.

6° Dans les fleuves où l'onde marée ne trouve pas d'obstacles, elle se propage, sans modifications sensibles sur de grandes longueurs depuis leur embouchure, tant en vive-eau qu'en morte-eau ;

« 7° Les hauts-fonds arrêtent le mouvement des marées descendantes, et font qu'elles s'abaissent avec lenteur, surtout dans la dernière période de leur recouvrement ;

« 8° La pente du thalweg, quand elle a une influence sur celle des eaux, exhausse le niveau des basses mers, et l'ondulation de la marée montante semble se soulever pour franchir les hauts-fonds ;

« 9° Les atterrissements accumulés à l'embouchure des fleuves, lorsqu'ils sont nombreux, comme sur la Seine, et qu'ils rendent le chenal très sinueux et sans profondeur, font que la marée monte très rapidement sur chaque point, lorsqu'elle y arrive. La partie antérieure en amont de l'onde déferle alors dans les endroits peu profonds du cours d'eau, en produisant un mascaret ;

« 10° Enfin, dans les crues, le niveau des pleines et des basses mers s'élève sur la pente du fleuve que l'onde marée rencontre de l'aval à l'amont ;

« 11° Les étranglements qui existent sur certains cours d'eau, et les obstacles que rencontre la propagation des marées, sur certains points, relèvent le niveau des pleines mers, et produisent un abaissement de ce niveau en amont. »

Premier flot.

147. Considérons la mer à son étale de basse mer ; le premier flot qui se fera sentir se manifestera au fond du fleuve, le long des courbes convexes, là où le courant général est le plus faible, et on remarque que le jusant descend encore quand le premier flot remonte déjà au fond. Cela peut s'observer d'une façon analogue à celle que nous avons signalée pour le goulet de Brest, en voyant la différence de sens de marche d'un canot et d'un navire à grand tirant d'eau.

Pendant les froids et quand les rivières charrient, on voit facilement la direction de ces courants par les glaçons.

On a donné de ces faits différentes explications plus ou moins satisfaisantes dans lesquelles nous n'entrerons pas, mais nous en tirerons les conséquences suivantes :

Dans une baie, la force du jusant se portera d'un côté et celle du flot de l'autre. D'après M. Laroche, c'est une loi générale observée dans la rade de Brest, dans la baie d'Arcachon, dans l'embouchure de la Gironde.

On voit qu'il se formera deux chenaux, l'un de flot, l'autre de jusant, qui laisseront entre eux un certain espace d'eau morte, et où, par cela même, il se formera des bancs de sable ou de vase, surtout si les deux rives du fleuve sont parallèles sur une certaine longueur.

Dans tous les cas, et de même que pour l'amélioration des rivières, on ne devra procéder qu'avec une extrême prudence, lorsque l'on voudra tenter des améliorations à l'entrée des fleuves. Autant que possible, les travaux devront être menés lentement, de façon à ce qu'on puisse observer les effets produits, et conduits de manière à pouvoir être modifiés sans grand frais, suivant les indications que donneront des phénomènes souvent imprévus.

Les dragages offrent, à cet égard, de précieuses ressources.

148. Nous compléterons ce que nous avons déjà dit sur la puissance hydraulique des fleuves à marée à l'embouchure des fleuves en rapportant une partie du discours prononcé par M. Mengin-Lecreulx dans la séance du 25 septembre 1889 au Congrès des travaux maritimes.

Il établit d'abord que les ingénieurs de rivières à marée se trouvent en présence de grandes difficultés à cause des sujets d'expériences et des comparaisons qui sont rares. « Quand nous sommes chargés d'un fleuve à marée, dit-il, nous avons beaucoup de peine après des années d'études, à le bien connaître. C'est dire que nous avons de grandes difficultés à connaître les autres, et alors cet élément essentiel de la science, qui est la connaissance des faits, la comparaison, nous fait souvent défaut. »

L'auteur pose ensuite un *postulatum*, qui est celui-ci : *il y a intérêt pour vaincre le plus possible les obstacles à l'embouchure, à augmenter le plus possible le débit de marée.*

« Ce débit est variable suivant le point où l'on se place. Au point jusqu'où remonte la marée le débit de marée est nul ; à l'embouchure même il est maximum. Et même je parle de débit de marée à l'embouchure; mais où est l'embouchure? On peut la prendre en beaucoup d'endroits. Il semble qu'on peut placer l'embouchure au point où il y a en quelque sorte une rupture de continuité, où vous sortez du fleuve, et des rives plus ou moins parallèles, pour entrer dans une zone plus ou moins différente qui pourra quelquefois être la mer. D'où il résulte que vous attribuez à un même fleuve plusieurs embouchures. Ainsi, par exemple, dans la Seine, il n'y a guère de doute, l'embouchure est à l'extrémité des digues actuelles.

« Maintenant on peut bien si l'on veut mettre l'embouchure au droit de Honfleur ; on peut bien en mettre une sur le méridien du Havre, seulement ce ne serait pas très motivé. Si je prends l'Escaut, je pourrais dire qu'il y a deux embouchures. Vous avez, à la frontière hollandaise, un passage brusque très marqué, qui est analogue à l'embouchure des digues de la Seine. C'est ce que j'appelle la première embouchure. On peut mesurer le débit de marée à ce point, mais on peut se transporter à Flessingue, et là, il y a encore une section bien marquée où il y a une seconde embouchure.

« Pour l'embouchure de la Seine prise à l'extrémité des digues, le débit total de jusant varie de 40 à 100 millions de mètres cubes, suivant que l'on est en mortes ou en vives-eaux, y compris d'ailleurs le débit propre, qui est une quantité également très variable, qui paraît être, en moyenne, de 12 millions, et qui s'élève souvent à 20 millions de mètres cubes.

« Dans l'Escaut, à son embouchure intérieure, qui est, pour moi, sa véritable embouchure, vous avez à peu près 125 000 000 de mètres cubes ; seulement, au lieu de varier beaucoup de la morte-eau à la vive-eau, ce débit est presque constant et varie très peu dans ce fleuve.

« Dans la Tamise, ce que je disais tout à l'heure sur la difficulté de trouver l'embouchure est très marqué ; on ne sait où la prendre, parce que le fleuve s'évase progressivement.

« Quant à moi, je la place à la pointe de Stony, parce que c'est le point où la largeur se met à croître très rapidement. En évaluant le débit en ce point, j'estime qu'il varie entre 125 et 200 millions de mètres avec un lit mineur de 1,000 mètres et un lit majeur de 2,000 mètres.

« Mais ce n'est pas tout de connaître le débit, il faut le comparer à la largeur et à la profondeur, c'est-à-dire considérer le rapport qu'on appelle la vitesse. Evidemment la vitesse est un élément important, et ici il se présente une des questions les plus difficiles que nous puissions rencontrer : celle de savoir quelle doit être cette vitesse.

« Pour ce qui regarde la Seine, vous savez qu'on l'a rétrécie par des digues, à son débouché dans l'estuaire ; cela a augmenté la vitesse, mais réduit le débit de marée. A ceux qui critiquent ce système, on répond que, la vitesse étant plus grande, la force vive n'est pas diminuée par le rétrécissement et que c'est la force vive qui donne au fleuve son action utile. Mais peut-on bien raisonner ainsi ? Quant à moi, je pense pour des motifs que je ne peux pas développer ici, que ce n'est pas à la force vive qu'il faut s'attacher, mais à la masse, avec cette seule condition que la vitesse soit suffisante.

« C'est pourquoi j'ai posé comme deuxième principe, ou plutôt comme deuxième opinion, que, pour aborder l'embouchure, il fallait avoir le plus grand débit possible en masse, avec une vitesse seulement suffisante. Reste à savoir ce que c'est qu'une vitesse suffisante, et c'est fort difficile. A ce sujet je remarque que le débit de marée est un cube et comprend trois dimensions ; la première dimension c'est la longueur, c'est-à-dire celle de la portion du fleuve soumise à la marée ; la deuxième dimension, c'est l'amplitude de la marée, qui varie à mesure qu'on remonte dans le fleuve ; enfin, le troisième élément du cube, c'est la longueur du fleuve.

« De ces trois éléments, les deux premiers, la longueur et la variation d'amplitude, se ramènent au même phénomène, c'est-à-dire à la plus ou moins grande facilité avec laquelle la marée se transmet. Si la marée se transmet très facilement, son amplitude diminuera peu, et elle se prolongera plus loin dans le fleuve. Ce sont là deux points de vue différents, mais qui se ramènent au même fait, c'est-à-dire à la plus ou moins grande facilité de transmission de marée. A cet égard, on a remarqué entre les fleuves de très grandes différences. Dans la Tamise, dans l'Escaut et probablement dans d'autres fleuves tels que la Garonne, etc., la marée se transmet sur de très grandes longueurs non seulement sans diminuer d'amplitude, mais même en augmentant, tandis que dans la

Seine, la marée diminue d'amplitude très rapidement. »

Mascaret.

149. C'est à M. Partiot qu'on doit une étude très approfondie de ce phénomène. Voici la description qu'il en donne dans les *Annales des ponts et chaussées* de 1861, 1er semestre.

« L'un des plus curieux phénomènes que présentent les rivières à marée est, sans contredit, ce que les marins de la Seine appellent la *barre*. Lorsque les eaux de marée arrivent à la mer, le flot est précédé d'une vague écumante qui remonte le fleuve avec fracas. Cette vague atteint souvent une grande hauteur et une longueur considérable. Elle s'étend, parfois, sur toute la largeur de la Seine, ce qui a motivé le nom de *barre* qui lui a été donné par les marins qui fréquentent

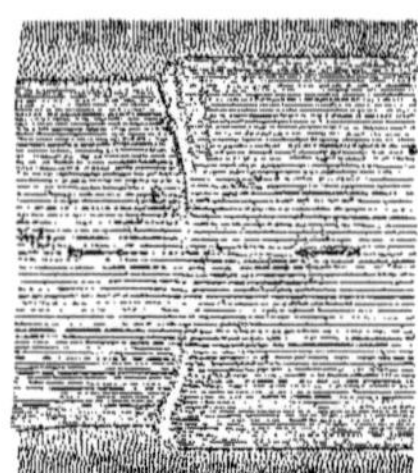

Fig. 64. — Mascaret dans les passes de la baie de Seine.

l'embouchure de ce fleuve. Sur la Dordogne, le même phénomène porte le nom

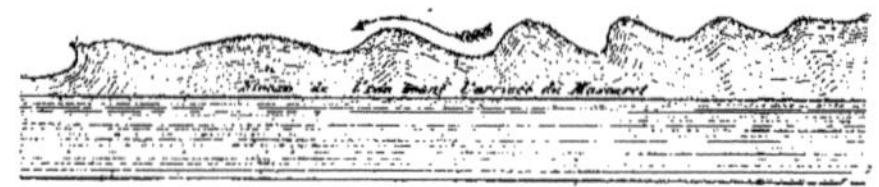

Fig. 65. — Mascaret dans la baie de Seine entre Tancarville et le Hode.

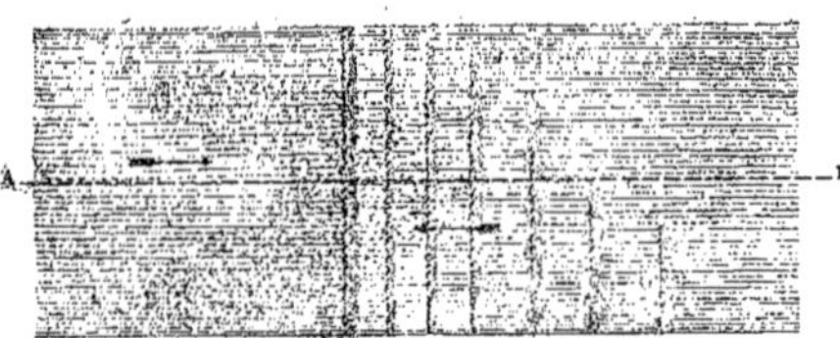

Fig. 66. — Mascaret observé dans la baie de Seine.

Fig. 67. — Coupe AB de la figure 66.

Fig. 68. — Mascaret dans la baie de Seine.

de *mascaret*. On l'appelle *bare* sur le Gange et *pororoca* sur le fleuve des Amazones.

« Sur le Gange ou mieux sur la branche

Fig. 69. — Mascaret dans la baie de Seine.

Fig. 70. — Coupe AB de la figure 69.

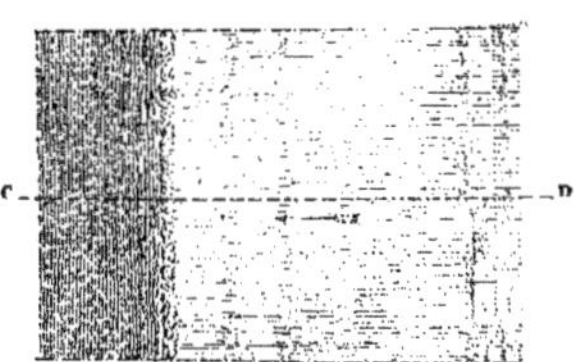

Fig. 71. — Mascaret sur les bancs de la baie de Seine.

du Gange appelée Hoogly, le flot remonte avec une vitesse de 37 kilomètres à l'heure, et, quand le fleuve est en crue, la vague atteint 4 et 5 mètres de hauteur renversant tout sur son passage.

« Il en est de même sur l'Amazone, où il se manifeste sur la branche principale, à l'embouchure et à 210 kilomètres de la

Fig. 72. — Coupe CD de la figure 71.

mer, sur le Guama, affluent de la branche sud.

« Sur la Seine, ce phénomène est assez

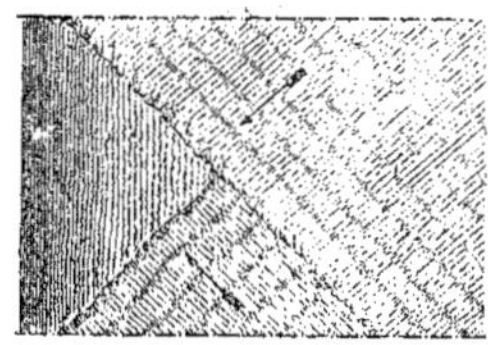

Fig. 73. — Mascaret sur les bancs de la baie de Seine

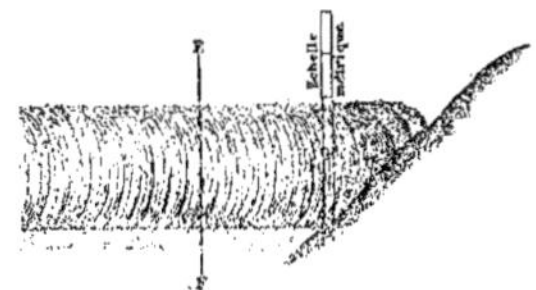

Fig. 74. — Mascaret dans la baie de Seine, à Saint-Jacques.

capricieux, mais il se produit toujours dans les vives eaux et dans les étiages.

« En résumé, en mer profonde, le mascaret se présente sous la forme d'une grosse vague et d'une lame déferlante ou rouleau, là où manque la profondeur. »

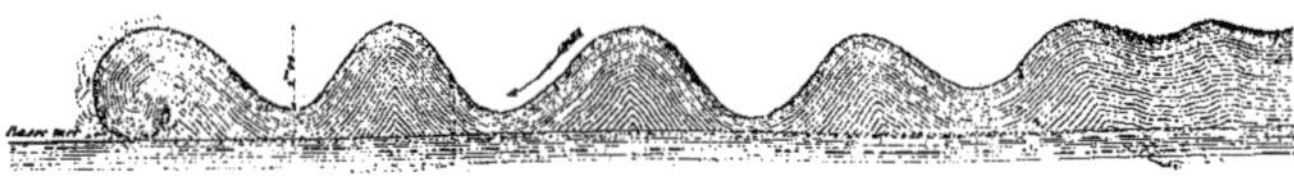

Fig. 75. — Coupe FF de la figure 74.

Nous reproduisons, d'après M. Partiot, les différents aspects du mascaret, suivant la forme des fonds (*fig.* 64, 65, 66, 67, 68, 69, 70, 71, 72, 73, 74, 75).

Les causes du Mascaret sont encore mal connues. Plusieurs théories ont été mises en avant, mais aucune ne donne complète satisfaction. La grosse difficulté consiste à expliquer comment la marée montante peut engendrer un flot d'une grande hauteur au lieu de monter d'une façon continue, ainsi qu'elle le fait aussitôt le premier flot passé.

Tempêtes.

150. Les récits des navigateurs sont tous remplis de détails sur les tempêtes, nous ne donnerons donc aucune description de ce phénomène et nous n'en parlons que pour signaler ce fait : c'est que le plus grand danger et celui qui occasionne ordinairement la perte des bateaux provient de lames immenses *qui déferlent* et viennent faire tomber *des paquets d'eau* ou des *coups de mer* sur le pont du navire, balayant le pont, entraînant hommes et agrès à la mer.

Empêcher ce déferlement est donc apporter un paliatif certain à ces effets désastreux, c'est à quoi l'on parvient au moyen du *filage de l'huile* étudié en 1887 par le vice-amiral Cloué et pratiqué aujourd'hui de plus en plus. Nous allons faire de nombreux emprunts à l'ouvrage qu'il a publié à cette époque, ainsi qu'à son mémoire inséré dans les *Comptes rendus de l'Académie des sciences* de la même année.

Filage de l'huile.

151. « La question si intéressante de l'emploi de l'huile, dit M. Cloué, pour diminuer les dangereux effets de la haute mer, remonte à une haute antiquité. On cite les écrits d'Aristote, de Pline, de Plutarque, etc. Nul doute qu'on ne doive remonter encore bien plus haut, car cette vertu extraordinaire de l'huile a dû frapper les premiers hommes qui ont exploité la mer soit comme voie de transport, soit pour la pêche. Franklin eut occasion de remarquer l'effet de l'huile sur la mer, dans un de ses voyages en Europe en 1756. Il étudia cette question, fit des expériences qui eurent un plein succès et présenta en 1774, à la Société royale de Londres, un « Mémoire sur la manière de calmer la violence des flots, en répandant de l'huile sur la mer. » Les bateliers de la partie Est de la Méditerranée et les pêcheurs du golfe Persique emploient l'huile à l'occasion ainsi que les marins de Saint-Kilda, au nord de l'Écosse, qui se servent de l'huile contre la grosse mer et obtiennent en quelques secondes un calme relatif.

« Les pêcheurs d'huîtres de la côte sud de l'Espagne se servent aussi de l'huile pour faciliter leur travail ; ceux des îles Bermudes emploient l'huile de coco pour rendre les eaux transparentes, et prendre avec plus de facilité, sur le fond, les poissons et les coquilles, particulièrement les huîtres perlières.

« Le plus ancien rapport de commandant de navire ou sujet du filage de l'huile, paraît dater de 1817, puis la question fut de nouveau étudiée de 1830 à 1840. A part quelques capitaines qui

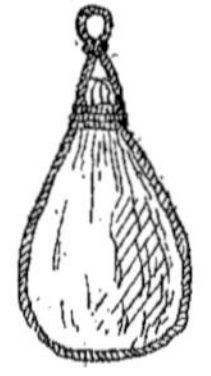

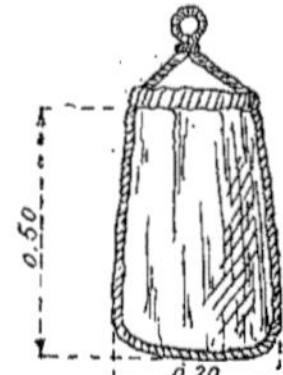

Fig. 76 et 77.

firent usage de ce procédé, cette pratique tomba dans l'oubli jusqu'au moment où le bureau hydrographique de Washington, le prenant en main, lui imprima une vigoureuse et persistante impulsion.

« Disons de suite que l'effet de l'huile est d'empêcher les brisants ou coups de mer de s'abattre sur les navires, qui se trouvent alors seulement soumis à une houle plus moins violente, et n'embarquent plus d'eau, nous citerons un peu plus loin quelques exemples des effets obtenus.

152. « Le moyen le plus généralement employé à bord des bâtiments pour répandre l'huile consiste en un sac de forte toile à voile, d'une capacité d'environ dix litres que l'on remplit d'étoupe saturée d'huile ; on complète en versant de l'huile par-dessus l'étoupe et le sac étant fermé solidement, on perce son fond de plusieurs trous avec une aiguille à voiles (*fig.* 76, 77).

« Vent arrière, fuyant devant le temps, alors que la mer semble toujours prête à envahir le navire, on place un de ces sacs à la traîne à chaque angle de la poupe ou un peu plus à l'avant.

« Plusieurs capitaines ont préféré suspendre les sacs à l'avant, à chaque bossoir, parce que le navire, en plongeant et repoussant la mer, étend la tache d'huile et élargit le chemin uni où les brisants sont supprimés.

« On a aussi employé avec succès le moyen suivant : on remplit d'étoupe saturée d'huile la cuvette de la fontaine de l'avant de chaque bord, et l'on verse de l'huile par-dessus, ou bien on place sur la cuvette un baril d'huile percé d'un petit trou.

« Si le navire est à la cape, on suspend un des sacs décrits ci-dessus au bossoir du vent et d'autres sacs le long du bord, de 10 mètres en 10 mètres à peu près de manière qu'ils touchent l'eau au roulis. Plusieurs capitaines ont placé les sacs à l'avant, sous le vent et s'en sont bien trouvés, la dérive du navire ne tardant pas à faire passer l'huile au vent.

Fig. 78.

« Il est arrivé à plusieurs bâtiments de pouvoir utiliser le filage de l'huile avec vent de la hanche et même vent de travers, ce qui leur a procuré le grand avantage de faire de la route, au lieu de perdre du temps en restant à la cape. »

La figure 78 montre deux moyens d'installer le sac à huile quand on est à l'ancre.

1° Le sac est pendu à l'extrémité du bâton de foc.

2° On a fouetté une poulie sur la chaîne, et après avoir passé un bon faux-bras tenant une bouée à laquelle est amarré le sac à l'huile : on a filé le câble-chaîne de manière à avoir la bouée à une dizaine de mètres à l'avant.

Parmi les deux cents observations dont l'amiral Cloué avait les rapports, trente seulement ont noté la consommation d'huile pendant un temps déterminé.

La dépense moyenne de dix-sept navires, fuyant vent arrière, a été de 1l,83 d'huile par heure, celle de onze navires à la cape de 2l,70, celle de deux canots de sauvetage 2l,75.

La moyenne générale est de 2l,20 par heure et quatorze navires n'ont pas dépensé plus de 0l,66 par heure.

« Si l'on se représente, dit l'amiral Cloué, un navire fuyant vent arrière avec une vitesse de dix nœuds, parcourant ainsi 18 520 mètres en une heure, et couvrant d'huile cette longueur sur une largeur de

10 mètres avec 2l,20 d'huile seulement, et si l'on remarque que 1 litre d'huile représente cent tranches de 1d.q. chacune, sur 0m,001 d'épaisseur, on arrive à reconnaître que l'épaisseur de cette longue couche d'huile est une fraction de millimètre si infime que cela dépasse tout ce qu'on peut imaginer.

« Nous trouvons en effet que cette épaisseur est de $^1/_{90000}$ de millimètre.

« On ignore encore la cause exacte de ce phénomène. C'est certainement une action superficielle.

Peut-être si, comme certaines formules tendent à le faire supposer, la tension superficielle des corps est beaucoup plus faible que la tension intérieure (l'épaisseur de cette couche superficielle échappant à nos mesures), peut-être, disons-nous, cette tension devient-elle plus considérable et à peu près égale à celle du corps sous la couche d'huile qui la touche et cette dernière offre-t-elle une plus grande résistance à la division en gouttelettes.

« Peut-être aussi, si on veut reconnaître une action prédominante à l'air, celui-ci étant isolé de la couche d'eau et agissant sur une matière ayant plus de cohésion, ne peut-il plus exercer son action désagrégeante.

« On a essayé toutes les variétés d'huile. Celles de poissons, entre autres; celles de phoques et de marsouin paraissent les plus efficaces; les huiles végétales viennent ensuite, mais à la condition qu'elles ne se figent pas à la température à laquelle on les emploie. Les huiles minérales sont les moins bonnes. »

153. Pour terminer ce que nous avons à dire, nous ajouterons qu'aujourd'hui, tous les canots de sauvetage de nos côtes sont munis de sacs à filer l'huile et nous reproduirons un des rapports cités dans son ouvrage par l'amiral Cloué.

« Le bâtiment à vapeur le *Napier*, capitaine Henderson, allant de Baltimore à Cork et se trouvant le 26 janvier 1885 par 37 degrés latitude N et 52 longitude O, rencontra un ouragan de NO avec une très grosse mer de la même direction. Une lame, plus forte que les autres, embarqua par l'arrière du navire, emportant le dôme et les autres objets, et couvrant le pont de bout en bout. Le capitaine allait essayer de mettre le navire à la cape, lorsque, songeant à l'effet de l'huile, il prit deux sac en toile, les remplit chacun de 2 gallons (9 litres) d'huile à brûler, perça de plusieurs trous le fond des sacs avec une aiguille à voile, et les suspendit devant et chaque côté, de manière qu'ils traînent à l'eau et soient frottés par la mer, plongeant tout juste dans l'eau. Dans cette position, ils opérèrent admirablement, l'huile rendant la mer unie sur une longueur d'environ 6 mètres de chaque côté du navire, jusqu'à atteindre l'arrière ou la nappe d'huile s'étendait en forme d'éventail. Le capitaine note qu'à l'arrière les grandes lames approchaient le navire à environ 20 mètres, qu'en joignant l'huile leur tête s'abaissait, et que seulement une grosse houle se faisait sentir au navire. Le *Napier* continua cette route pendant trois jours et trois nuit et pas une goutte d'eau n'embarqua à bord. Après avoir épuisé l'huile à brûler on employa l'huile à peinture qui donne un aussi bon résultat.

« En partant de Baltimore, le *Napier* avait pour compagnons sept autres steamers, dont deux n'ont plus donné depuis de leur nouvelles, et les autres arrivèrent trois jours et plus après lui. Ils étaient à la cape pendant que lui continuait sa route avec sécurité, grâce à l'usage de l'huile. »

CHAPITRE III

DES PORTS EN GÉNÉRAL

154. *Rade.* — Il est à peine utile de donner la définition d'un *port*, le langage figuré ayant nettement fixé le sens dans lequel ce mot doit être compris. C'est un lieu sûr, à l'abri des tempêtes, des lames, où tous les travaux et toutes les opérations relatives aux navires doivent s'effectuer, avec facilité et en toute sécurité.

Les *rades* sont en quelque sorte des avant-postes, ou mieux des espaces de mer abrités de telle sorte que les navires y sont plus en sûreté qu'en pleine mer. Ils y peuvent attendre soit l'heure de la rentrée au port si celui-ci n'est pas de *toute marée*, soit l'heure de gagner le large.

Les rades sont généralement des golfes entourés de montagnes plus ou moins élevées qui se rapprochent à l'entrée du golfe formant un *goulet*. Ce sont les rades les mieux protégées; quand la rade est largement ouverte vers la mer on l'appelle *rade foraine*.

En dehors des abris que présentent les rades, elles doivent offrir un *bon mouillage*, c'est-à-dire un fond de bonne tenue pour les ancres des navires, sans quoi par forte brise le navire peut *chasser* sur ces mêmes ancres et être en danger d'avaries ou de perdition.

Les rades foraines qui ne précèdent pas un port véritable prennent le nom de *ports de refuge*. Les navires viennent y chercher un abri assez sûr en mauvais temps ordinaire et plus ou moins précaire en cas de violentes tempêtes. C'est également sur les rivages des rades foraines que s'installent les lazarets, et les navires en quarantaine sont contraints de mouiller dans leurs eaux.

Les rades qui précèdent les ports ont besoin d'une grande superficie, car on calcule ordinairement qu'un navire de 100 mètres de long *embossé*, c'est-à-dire sur quatre ancres (deux à l'avant et deux à l'arrière) occupe un carré de 400 mètres de côté, soit deux encablures, c'est-à-dire 16 hectares. S'il n'est qu'*affourché*, c'est-à-dire mouillé sur deux ancres à l'avant, l'espace se trouve un peu réduit.

Très utiles dans tous les ports, les rades sont *indispensables* dans les ports à marée. Il faut, en effet, que les navires puissent y attendre en sûreté l'heure à laquelle l'entrée du port offrira une hauteur suffisante pour que le navire puisse y pénétrer. Elles sont également indispensables pour tous les ports militaires. Il faut, en effet, que les navires de guerre puissent appareiller au premier signal, ce qui ne peut se faire facilement par l'étroite sortie et par suite des difficultés de manœuvres qui existent dans l'intérieur d'un port.

Aujourd'hui, grâce à l'emploi de la vapeur et des remorqueurs, les rades ont un peu perdu de leur importance, à cet égard, surtout pour les ports de toute marée, mais elles l'ont conservé au point de vue de la protection des navires.

Avant-port.

155. Entre la rade et le port, et quelquefois anciennement confondu avec ce dernier, se trouve l'*avant-port*. Cet avant-port contient le chenal d'entrée, et de chaque côté, des parties plus ou moins profondes, découvrant même quelquefois à marée basse, et où viennent s'échouer les bateaux de pêche et les navires qui peuvent supporter l'échouage.

Le chenal des avants-ports doit être suffisamment large pour que deux navires, au moins, puissent s'y croiser, et même pour que chacun d'eux ait une place suffisante pour virer de bord. Le navire devant entrer presque sans vitesse dans le port, il faut que le chenal soit assez long, pour qu'il y puisse perdre *son aire*. On comptait qu'il était nécessaire pour un navire à voile de 100 mètres de parcourir trois encablures, soit 600 mètres. Cette longueur, toutefois, ne doit pas être dépassée, car alors, le navire ayant perdu toute vitesse avant d'arriver à l'entrée du port proprement dit, serait obligé d'avoir recours au remorquage.

Dans le cas où, comme à Honfleur, on manque de longueur, on réserve un massif de vase, sur lequel les navires peuvent sans risque de s'avarier épuiser leur force-vive. Un autre inconvénient, encore plus grave pour les navires, est que si l'avant-port n'a pas assez de longueur, et s'il communique avec la pleine mer ou avec une rade foraine, il peut n'avoir pas acquis assez de vitesse à sa sortie pour pouvoir *gouverner*, et alors il peut être jeté à la côte. Nous devons ajouter que, comme pour les rades, l'emploi des navires mixtes se répandant de plus en plus, ces considérations perdent de leur importance.

Les avant-ports servent fréquemment au trafic, aussi doivent-ils être bordés de quais avec tous leurs accessoires de chargement et déchargement, voies ferrées, magasins de dépôt pour les marchandises en transit, magasins d'approvisionnement, cales et grils de carénage pour les réparations, appareils d'amarrage, échelles, apontements, etc.

Dans les ports militaires, les avant-ports servent de port de commerce.

Ports de marée et ports sans marée.

156. On conçoit que l'action des marées modifie complètement l'économie des ports de mer. Sur la Méditerranée où l'amplitude des marées est négligeable, les navires pénètrent dans l'avant-port, entrent librement dans le port proprement dit ou dans ses bassins (*darses*) et en sortent de même.

Il en est tout autrement dans les ports de l'Océan; les bassins n'offrant généralement un mouillage d'une hauteur suffisante qu'à marée haute, il faut, pour empêcher les navires d'échouer, fermer l'entrée du port par des ports d'écluses. Ces écluses, avec ou sans sas, n'en sont pas moins, ainsi qu'on le voit, une gêne pour la navigation, tant à cause des manœuvres qu'elles nécessitent, que par suite du temps perdu.

Aujourd'hui, la tendance est de faire des *ports de toute marée*, c'est-à-dire des ports en eau profonde (comme à La Palice). On en comprend les avantages.

Nous ajouterons qu'au point de vue de la construction, les ports à marée sont bien plus faciles à construire que les ports sans marée ou à toute marée. Les premiers permettent de faire les fondations à basse mer, c'est-à-dire sous peu de profondeur et quelquefois à sec.

Ports militaires

157. Les ports militaires exigent comme tout point stratégique une situation géographique particulière. Ils doivent se trouver sur une pointe avancée du continent afin que la flotte qu'ils contiennent puisse se porter rapidement sur les côtes menacées.

Les navires doivent y trouver un abri autant au point de vue de la mer qu'au point de vue de l'attaque. C'est-à-dire que la rade doit pouvoir être facilement défendue par des batteries de côte. Celle-ci doit être vaste, profonde et d'un bon mouillage, car les navires de haut-bord ont un grand tirant d'eau et exigent une grande place pour évoluer.

L'arsenal doit faire partie du port; on doit y trouver tous les ateliers de fournitures et de réparations ainsi que les bassins de radoub, les casernes, etc. etc. Toutes ces conditions limitent donc extrêmement le nombre des ports militaires. Ainsi, en France, on ne compte que cinq ports militaires principaux: Brest, Toulon, Rochefort, Lorient et Cherbourg. Quelques ports marchands tels que: Dunkerque, le Havre, Saint-Servan, Nantes, Bordeaux et Bayonne sont bien défendus contre un coup de main par des batteries de côte, mais on ne peut les regarder comme des ports militaires proprement dits.

Ports de commerce

158. Il suit de ce fait reconnu que

les transports maritimes coûtant moins cher par tonne et par kilomètre que les transports par terre, les ports de commerce devront, contrairement aux exigences topographiques des ports militaires, être placés au fond des golfes profonds, là où le minimum de parcours terrestre est atteint.

Comme conditions générales, on doit chercher à réduire autant que possible les frais de chargement et de déchargement et les frais de planche. Ce desideratum ne peut s'obtenir qu'en multipliant la longueur des quais par hectares de bassin et les engins de chargement et de déchargement, ainsi que les voies ferrées pour éviter surtout l'encombrement.

Voici du reste comment, dans la séance du Congrès maritime du 25 septembre 1889, M. Laroche résumait son impression générale sur les tendances qui président actuellement à la construction et à l'amélioration des ports de commerce.

« Le caractère principal des travaux maritimes exécutés dans ces derniers temps, semble résulter de ce double fait qu'il faut aujourd'hui, pour les ports, des entrées profondes et des quais largement aménagés.

« Depuis vingt-cinq ans environ, il s'est opéré en effet une véritable transformation dans le matériel naval.

« La plus grande partie du commerce international maritime se fait aujourd'hui au moyen de paquebots à vapeur, dont les dimensions ne cessent de s'accroître et pour qui toute perte de temps est une sérieuse perte d'argent.

« Ces grands navires représentent chacun un capital de plusieurs millions et ont besoin de trouver à l'entrée des ports toutes les conditions possibles de sécurité.

. . . .

« En ce qui concerne la profondeur à l'entrée des ports, l'objectif, qu'on se propose partout, est de pouvoir faire entrer les plus grands navires à toute heure de marée, ou tout au moins, à haute marée.

« Le tirant d'eau maximum paraît être aujourd'hui réglé par la navigation dans certains parages que tous les navires sont plus ou moins appelés à fréquenter, par exemple par la profondeur dans le Canal de Suez.

« Jusqu'à une époque toute récente, on estimait qu'un tirant d'eau de 7m,50 était suffisant. Aujourd'hui les armateurs demandent qu'on leur assure 8 mètres à l'arrière.

« Quand un navire est entré au port, il faut qu'il fasse rapidement toutes ses opérations, car une journée, quelquefois une heure de retard, peut compromettre son service et constitue toujours une perte d'argent.

« Cette considération est surtout importante pour les grands paquebots réguliers qui ne font que de courtes escales.

« De là, la convenance de leur permettre, quand cela est possible, de venir librement à quai, sans subir la sujétion de passage par des écluses, et, par suite, la nécessité des quais de marée où les navires ne peuvent jamais échouer.

« La construction de ces quais profonds a fait de grands progrès grâce à l'emploi des procédés nouveaux de fondation, notamment à l'aide de puits foncés par havage avec ou sans air comprimé, ou par injection d'eau dans les terrains de sable.

« Mais il ne suffit pas que le navire puisse venir à quai ; il faut qu'il y trouve des moyens rapides et économiques de débarquement et d'embarquement.

« A ce point de vue spécial, on peut dire que tous les ports un peu importants ont subi, depuis une époque récente, une transformation radicale ou sont en train de l'opérer.

« Les nouveaux quais, larges, munis de grues mobiles, de voies ferrées, de hangars, etc. ne ressemblent en rien à ceux qu'on trouvait il y a dix ou quinze ans.

« Le changement a été si complet que quelques personnes en sont venues à se demander si l'organisation matérielle des quais n'était pas en avance sur les besoins actuels du commerce maritime; on voit en effet, dans plus d'un port, des grues inactives, des hangars vides, des voies de fer inoccupées.

« L'outillage paraît dépasser ce que réclame le travail à faire.

« Il n'en est heureusement pas ainsi sur les quais affectés à des Compagnies de docks, de chemin de fer, de navigation, etc. et il y a lieu d'espérer que la concurrence commerciale fera bientôt justice d'anciens errements qui constituent une sorte d'infériorité dans la lutte pacifique que se livrent les ports des différents pays pour attirer à eux le commerce marime. »

Ports en rivières.

159. On peut remarquer de suite que pour les *ports en rivière*, celle-ci peut à la fois servir de chenal, d'avant-port et même de port, si le mouillage est assez profond, et si les influences de la marée sont faibles. Rouen en est un exemple.

A Liverpool ou à Londres, ainsi que nous l'avons vu, les oscillations étant fortes, on établit des bassins sur le bord de la rivière.

Quand nous étudierons l'influence de la mer sur les plages, nous remarquerons (ainsi que nous l'avons vu dans notre cours sur les rivières), une différence essentielle sur la façon dont les sables se comportent à l'embouchure des fleuves, suivant qu'ils sont ou non sujets à la marée.

Les premiers donnent lieu à des deltas, c'est-à-dire que, le lit voisin de l'endroit où se jette le fleuve dans la mer s'exhausse progressivement, que sa pente diminue, et qu'il se forme de nouveaux bras qui s'anastomosent les uns avec les autres. Pour les fleuves soumis aux marées ou *fleuves à estuaire*, le phénomène est tout différent, il se forme une *barre*, que les navires franchissent avec plus ou moins de facilité, et le port peut être établi dans le fleuve en arrière de cette barre. On peut citer Bordeaux comme exemple.

160. Ces distinctions étant établies, nous allons compléter nos études générales par une étude du régime des plages. Cette étude est en effet nécessaire non seulement pour les créations et les améliorations immédiates des ports, mais encore et, surtout, pour réduire au minimum les frais d'entretien de ces ouvrages si coûteux et si nécessaires à la prospérité publique.

Un port, en effet, qui devient de moins en moins praticable pour des navires d'un tonnage déterminé, déplace le courant du transit et des marchandises et cela, au grand détriment non seulement de la contrée où il est situé, mais aussi très fréquemment à celui de la nation entière. Tel est le cas des améliorations d'un port situé sur la frontière d'un pays, améliorations qui peuvent dans certaines conditions ruiner le port établi près de lui et appartenant à la nation voisine.

CHAPITRE IV

RÉGIME DES PLAGES

Généralités.

161. Il résulte des études que nous venons de faire sur les mouvements de la mer et de ce fait que celle-ci est le réceptacle de tous les débris sablonneux et autres, résultant des actions mécaniques chimiques et de transport dues aux fleuves par suite du nivellement général qui tend à se produire à la surface de la terre sous l'action des agents atmosphériques et sous celle des eaux superficielles, il résulte de ce fait, disons-nous, que les rivages de la mer sont incessamment et lentement modifiés. Quelquefois, cependant, une violente action sismique en modifie en quelques instants l'aspect ; telle fut, par exemple, l'écroulement du Krakatoa dans l'Océan indien, d'autres fois aussi des phénomènes d'une grande lenteur, tels que les soulèvements et les abaissements de certaines contrées, abaissements trop lents pour avoir pu être étudiés jusqu'ici avec précision, et par suite d'une origine encore obscure, viennent s'ajouter à toutes ces causes de modifications.

On peut donc dire que les rivages de la mer ne sont pas identiques, dans l'acception absolue du mot, pendant deux instants successifs.

Conformément à ce que nous font pressentir les études faites dans le chapitre précédent, nous allons diviser en trois parties l'étude du régime des plages :

1° Plage d'un littoral éloigné des fleuves ;

2° Embouchure des fleuves dans les mers à marées ou *Estuaires* ;

3° Embouchure des fleuves dans les mers sans marée ou *Deltas*.

Plage d'un littoral éloigné des fleuves.

162. L'action mécanique des vagues depuis la ligne séparative où atteignant le fond de la mer elles se propagent jusqu'à l'estran, est une action essentiellement de trituration. Elle varie évidemment avec la puissance vive moyenne annuelle des vagues et avec la nature des matériaux soumis à son action. Quant au classement définitif des débris qui en sont le résultat, ainsi que la pente du rivage, ils résultent principalement de la différence entre les maxima et les minima de cette même puissance vive. Nous devons toutefois ajouter, que cette règle est loin d'être absolue et que souvent une tempête vient modifier un état d'équilibre qui avait mis de nombreuses années à s'établir ; telle couche de débris qui paraissait être enfouie suffisamment sous d'autres couches pour être à l'abri d'érosions et n'être plus soumise qu'à des actions chimiques ou de compression (les mouvements sismiques exceptés bien entendu) peut être de nouveau mise à nu et soumise à de nouveaux remaniements.

Au contact de l'estran avec la terre ont lieu d'autres phénomènes connus sous le nom d'*érosions*.

Voici comment M. J. Girard s'exprime dans l'ouvrage que nous avons déjà eu occasion de citer avec éloges.

« Les phénomènes du contact de la mer avec les terres sont aussi variés que grandioses, l'impulsion de la mer contre certaines côtes finit par opérer leur transformation ; ainsi ont été taillées les falaises de la Manche dans le bassin crétacé Anglo-Parisien, dans lesquels (*fig.* 79) l'isthme géologique, remplacé par le Pas-de-Calais, a été percé; l'érosion a détruit les côtes basses du Jutland et favorisé

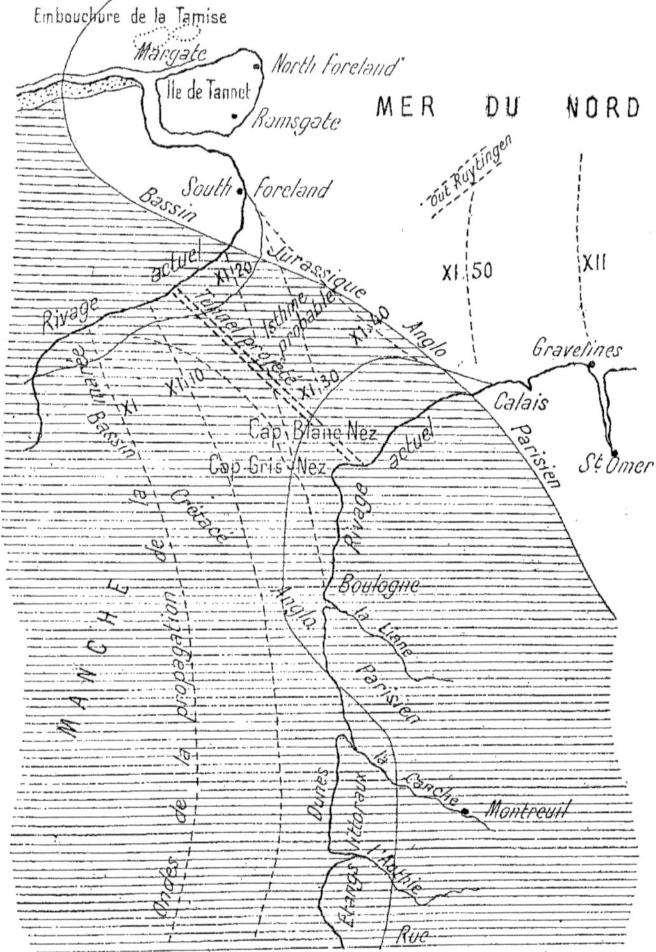

Fig. 79 — Le Pas-de-Calais à l'époque préhistorique (tiré de l'ouvrage de M. J. Girard).

l'invasion progressive de la mer dans les plaines des Pays-Bas; les efforts continus de la côte de Biscaye ont amoncelé les immenses champs de dunes des

Landes ; les effets des courants de marée ont détaché de la terre ferme les îles anglo-normandes du golfe de Saint-Malo.

. . . .

« L'*Ile de sable* située sur la côte de la Nouvelle-Écosse, dans un endroit battu par les tempêtes, représente l'accumulation de toutes les alluvions de la côte. Les courants de marée propres à ces parages, portent sur cette île, sorte de point culminant, qui émerge d'un immense banc de sable mobile où la mer brise avec fureur. Les déperditions s'y multiplient avec tant d'inconstance que la topographie de ces contours varie à chaque tempête et, quoique le banc qui en forme la base soit considérable, l'île finira par disparaître. Depuis 1880, trois phares y ont été successivement érigés ; le premier a été enlevé au bout de cinq ans, le second n'a pas résisté et le troisième, élevé loin de la mer, finira aussi par disparaître. Les brumes et les courants rendent l'île de sable dangereuse pour la navigation ; aussi a-t-elle été surnommée le *cimetière de l'Océan*. »

Nous avons eu nous-même à nous prononcer dans un cas semblable, au sujet d'un phare établi dans l'île de Sainte-Anne, voisine de la côte de la province de Maranhaô. Ce phare, bâti vers 1820, par les Portugais, à 200 mètres dans l'intérieur des terres, était battu par la mer en 1860 et menaçait de s'écrouler. Comme il était destiné à avertir les navires, qu'à environ 10 milles, se trouvait la chaîne de récifs sous-marins qui forme le prolongement du canal Saint-Roch ; vu la grande distance à laquelle se trouvait le danger (bien qu'on n'ait pas de brouillards à redouter dans ces contrées), je conseillai de réparer et de protéger le phare existant par des enrochements convenablement entretenus, de façon à créer une sorte d'île artificielle et non de le reculer dans l'intérieur des terres ainsi qu'on le proposait, ce qui l'eût rendu moins efficace et lui assurait une ruine semblable au bout de quelques dizaines d'années.

« Comme exemple de remaniements instantanés nous emprunterons encore à M. J. Girard la description suivante : « A Soulac (côtes de Gascogne), où le rivage est composé de dunes friables, la mer a dissous une bande d'une dizaine de mètres de large en quelques heures ; il en est résulté un banc de sable qui émerge actuellement. En ajoutant les érosions de plusieurs tempêtes depuis 1855, la ligne de haute mer a gagné plus de 25 à 30 mètres. Dans le bassin d'Arcachon les dégâts ont été non moins importants ; le port de la Teste a été inondé ; la digue voisine, qui a 800 mètres de long et s'élève à 5 mètres au-dessus de l'étiage, a été affouillée sur toute la longueur et coupée sur deux points ; au moment de la pleine mer, les vagues passant par dessus, ont poussé des embarcations à plus de 500 mètres de la digue ; plusieurs maisons ont été détruites et des cabanes de l'Ile aux Oiseaux ont été emportées. »

Si maintenant nous examinons l'érosion des roches formant le rivage, nous voyons que ce phénomène, variable avec leur plus ou moins grande dureté, est produit en grande partie par l'effet balistique des débris entraînés par la vague qui déferle. L'action percutante de ces débris finit pas entamer les roches les plus dures et cette action est favorisée par la gelée dans nos climats et par les hautes températures suivies d'un refroidissement subit dû à l'eau de mer relativement froide, dans les contrées tropicales.

On conçoit que les roches plutoniques sur lesquelles l'eau de mer n'a pas d'action chimique sont celles qui résistent le plus et qu'il n'en sera pas de même des roches stratifiées, c'est-à-dire qui ont déjà été soumises à l'action des eaux. Celles-ci sont en effet découpées et présentent des hauteurs souvent considérables (40 et 50 mètres). Les roches schisteuses offrant des duretés très différentes dans certaines portions de leur masse, sont déchiquetées en nombreuses dentelures ; souvent elles forment des grottes.

La craie tendre est plus facilement attaquée ; elle se découpe en poches friables comme aux environs d'Étretat et s'il y a quelques roches plus dures au sein de ces roches, elles résistent davantage et forment des sortes d'obélisques ou d'aiguilles.

« Lorsque les vagues, dit M. J. Girard, s'engouffrent dans les fissures profondes

des rochers, elles y produisent l'effet d'un coin, retentissant comme une explosion de mine. Quelquefois, les circonstances aidant, elles creusent un puits de bas en haut, par l'orifice duquel chaque poussée jaillit en colonne d'écume retombant aux alentours. De là le nom de *trous souffleurs*, donné à la perforation. Dans l'île de Gorzo, située dans l'archipel de Malte, se trouve une cavité de cette nature nommée la *saline de l'horloger*. Dans les tempêtes, les vagues s'y précipitent, bondissant à plus de 20 mètres de hauteur et retombent ensuite. Vainement on a bouché l'orifice, la violence des vagues comprimant l'air l'a débouché, en provoquant une explosion. On connaît encore plusieurs traces de souffleur dans l'île de

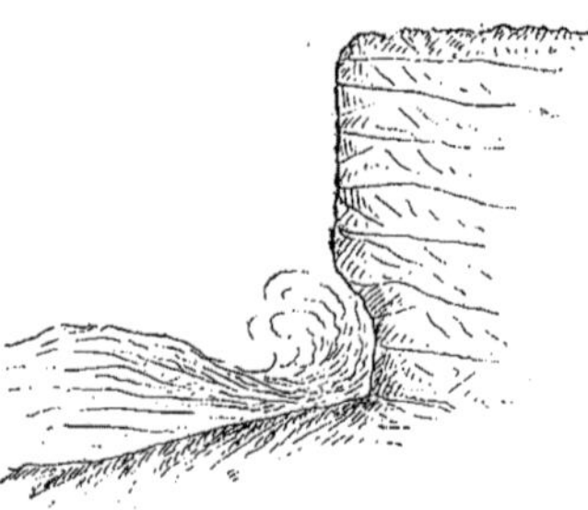

Fig. 80.

Minorque, à Newquay, dans le Cornwall et à l'île de Nord-Vist dans les Hébrides, où dans la *caverne du chaudron* l'eau jaillit à 60 mètres de hauteur. A Islay, dans l'Amérique du Sud, il en existe plusieurs dans la falaise voisine de la ville. »

163. *Falaise.* — Il est maintenant aisé de comprendre la formation des falaises : la montagne crétacée est attaquée et affouillée par le pied, la partie supérieure s'éboule (*fig.* 80). Celle-ci est triturée par la mer, les rognons de silex résistants sont dénudés, polis, arrondis, formant des galets et les parties crétacées, plus finement broyées et bien que transportées dans des conditions différentes, laissent à nu le pied de la falaise ; puis la succession des phénomènes se reproduit à nouveau, c'est-à-dire affouillement, éboulement, déblaiement.

Si les montagnes formant la falaise reposent sur des couches d'argile inclinées vers la mer, lorsque cette couche est mouillée elle forme comme un plan savonné sur lequel toute la masse supérieure peut glisser. Les journaux ont rapporté dernièrement qu'entre Douvres et Folkestone dans le port de Sandgote, on fit sauter à la dynamite la carcasse d'un navire. L'ébranlement causé détermina le glissement d'une bande de falaise d'un demi kilomètre sur 2 kilomètres 1/2 de long et cinq cents maisons furent détruites.

164. *Classement du produit de l'érosion des roches.* — Les mouvements de la mer sur les plages peuvent nous faire prévoir facilement ce qui se passera pour les débris de toute nature provenant de l'érosion des roches.

Les plus résistantes serviront en quelque sorte de meules pour les plus tendres, puis, après ce broyage et même pendant ce broyage il s'établira un véritable classement des roches. Ce classement sera facilité par la perte de densité qu'éprouvent les fragments placés dans l'eau ce qui augmente leur densité relative.

En effet, une roche pesant 2 kilogrammes, le décimètre cube pèsera un peu moins d'un kilogramme quand elle sera plongée dans l'eau de mer et la roche qui pèsera 3 n'en pèsera plus que 2. Par conséquent dans l'air, le rapport de leur densité est de 2 à 3 et dans l'eau de 1 à 2.

Les hydrographes ont reconnu que ces matériaux, par suite des actions dont nous venons de parler, occupent trois zones bien distinctes :

1° L'estran ou espace compris entre la haute et la basse mer ;

2° L'espace compris entre la laisse de basse mer et la profondeur maxima à laquelle la puissance des lames se fait sentir, c'est-à-dire environ 30 mètres (v. page 71) ;

3° Les zones profondes.

Sur nos côtes normandes la puissance vive du flot toujours plus considérable que celle du reflux, ainsi que nous l'avons vu, est suffisante pour repousser les galets à la partie la plus haute de la pente du rivage. Pendant ce mouvement, s'il y a un courant marin oblique à la direction de la côte, ce qui est le cas général, le galet obéit aussi à ce mouvement et, par suite, semble voyager le long du rivage. Ce sont les galets les plus volumineux et qui offrent par suite le plus de surface, eu égard à leur poids, qui sont placés les plus hauts; ils s'y entrechoquent vivement, s'y arrondissent, et les morceaux les plus petits sont entraînés par les eaux et occupent les étages inférieurs.

Il se produit dans ce cas un phénomène analogue à celui que l'on observe dans les cônes de déjection des rivières torrentielles, et, à celui que l'on obtient artificiellement au moyen des tables à secousses qui servent à classer les minerais. Quelquefois il se forme des amoncellements considérables de galets comme à Chesil-Bank, près de Portland en Angleterre.

Ce n'est plus, dit M. Laroche, un simple cordon littoral, mais une véritable levée de galets de près de 17 kilomètres de longueur, et dont la hauteur atteint jusqu'à 13 mètres au-dessus des plus hautes mers.

Si les courants marins divergent, le mouvement des galets diverge aussi ; l'inverse a lieu s'ils convergent.

On peut remarquer que les galets, se broyant avec une certaine rapidité, ne peuvent aller bien loin de leur lieu de dépôt primitif.

C'est ainsi qu'on ne les rencontre généralement pas loin des falaises qui leur ont donné naissance.

165. *Cordon littoral.* — Dans le cas où la vague s'étale sur une plage d'inclinaison moyenne, la différence entre l'intensité du flot et du jusant détermine, à la limite de l'étale de haute mer, un dépôt de matériaux qui s'accumule et forme ce qu'on appelle le *cordon littoral*. On comprend que ce cordon est formé de matériaux dépendant uniquement de la nature des roches triturées par la mer ; aussi leur composition varie-t-elle depuis les galets jusqu'aux vases les plus fines. Ajoutons, toutefois, que ce cordon ne se forme pas toujours à l'endroit où a lieu la trituration des matériaux qui servent à le former, mais bien là où les courants et l'orientation de la plage leur permettent de se déposer; généralement, l'amoncellement de ces matériaux se produit dans le cas d'une plage soumise aux vagues profondes. Il est quelquefois tellement considérable qu'il forme une sorte de digue derrière laquelle s'accumulent les eaux douces. Dans d'autres circonstances il relie les îles aux rivages.

Le plus remarquable des cordons littoraux est celui qui s'est formé dans la Virginie et dans la Caroline du Nord.

Les îles Saint-Pierre et Miquelon se trouvent aujourd'hui reliées par un isthme de formation toute récente, c'est-à-dire depuis le siècle dernier.

Anciennement l'isthme de Corinthe était un canal, ainsi que les portions de terre qui séparent les Schotts de la Méditerranée, l'isthme de Suez, etc.

Ces portions de terre ont été anciennement couvertes par la mer. Les sondages y font retrouver en effet les coquilles marines des espèces vivant actuellement dans la Méditerranée, et la masse du terrain est formée de couches arénacées superposées, sans traces d'autres rochers, ce qui est bien le propre de la formation des cordons littoraux.

Un rocher émergeant de la mer suffit quelquefois pour créer une sorte d'isthme entre lui et la terre ferme; cet isthme prend le nom de *flèche*, et ces flèches prennent les formes les plus variées.

Il arrive aussi que les deux points d'un golfe forment une renclôture ou sorte de lagune dont on reconnaît facilement la nature à la salure de l'eau, qui est plus considérable que celle de l'Océan qui l'a fournie.

Cette disposition s'étend sur toute la côte occidentale de l'Afrique, tout le long de la côte est de Madagascar, etc.

« Entre les deux rivières Ivandrana et Matinana, dit M. Grandidier dans le *Bulletin de la Société de Géographie* de 1886, sur une longueur totale de 485 kilomètres où le rivage est en parfaite ligne droite, aligné par le courant qui le longe, on rencontre vingt-deux lagunes formées par plus de cinquante cours d'eau ; assez étroits en de certaines portions pour ne donner passage qu'à une seule pirogue, elles s'élargissent ailleurs jusqu'à 200 et 300 mètres et deviennent des lacs importants. »

Ces cordons littoraux, quand ils sont formés de sables que les vents peuvent déplacer facilement, forment des *dunes* et deviennent alors une véritable défense pour les contrées marécageuses situées en arrière d'elles. Cette défense devient toutefois bien précaire quand le régime des marées vient à charger. On peut citer, comme exemple célèbre, la submersion des Pays-Bas sur laquelle nous reviendrons tout à l'heure. Les dunes ont été l'objet de travaux très importants (vitaux dans certains pays) que nous résumerons ; mais nous préférons parler d'abord des coraux, des roches madréporiques et des fjords, pour en terminer avec les éléments constitutifs des plages et de leurs abords.

166. *Récifs et bancs des madrépores et des coraux.* — Différentes espèces de polypes ont leur habitat dans la mer à des profondeurs contenues dans des limites spéciales à chaque espèce. Certaines espèces, connues sous le nom de madrépores et de coraux, créent de véritables plages, de véritables îles.

On sait que ces animaux, qui vivent en colonies, sont formés d'un cylindre mou surmonté de tentacules frangées, plus ou moins nombreuses suivant les espèces, mobiles à la volonté de l'animal et entourant une bouche qui se termine par une sorte de sac. Ce sac communique lui-même avec la partie centrale des polypes placée au-dessus et au-dessous, de telle sorte que la nourriture absorbée par l'un d'eux sert aussi à nourrir ses voisins. Ils se reproduisent soit sexuellement, et alors le jeune animal se déplace librement jusqu'à ce qu'il se soit fixé sur un rocher, soit par bourgeons ; des corpuscules calcaires plus ou moins colorés se développent dans les téguments des jeunes animaux, s'accumulent généralement à leur base et se soudent entre eux, au moyen d'un ciment qui les englobe et achève de les fixer sur la base qu'ils ont choisie ; l'ensemble prend le nom de polypier, de corail, de madrépores, etc.

Le développement de certaines espèces est tellement rapide et considérable qu'elles ont créé de nombreux écueils et qu'elles sont le type des rivages de la Polynésie, de la Micronésie, voire même de l'Australie.

Le développement de ces espèces commence à une certaine profondeur (50 à 60 mètres environ) pour s'arrêter à fleur d'eau. Les colonies paraissent se développer en même temps en hauteur par couches successives et en épaisseur, c'est-à-dire extérieurement et là où la nourriture doit être le plus abondante, puisque l'eau ambiante n'a pas encore été épuisée en infusoires par les polypes rencontrés à l'intérieur de la masse.

Si le sol marin sur lequel les premiers polypiers s'établissent est le rebord d'un cratère qui s'affaisse (Darwin), on comprend la forme de ces *atolls*, ou *lagons*, si nombreux dans le Pacifique. On sait que l'on désigne sous ce nom des espèces de lac communiquant avec la mer et entourés de récifs madréporiques.

On trouve encore une présomption de plus dans l'explication de ce fait que la pente est très douce en se dirigeant de l'extérieur au centre du lagon et presque à pic vers le large. Certains d'entre eux ayant été soulevés ultérieurement par suite de mouvements sismiques, tardent peu à se couvrir de végétation, car les débris de madrépores ont une composition chimique qui donne un sol qui devient rapidement très fertile quand il s'y est produit une première végétation. On sait en effet qu'il se compose en moyenne de :

Calcaire	95,00
Acide phosphorique et fluorhydrique	0,75
Matière organique	4,25
	100,00

167. Nous donnerons une idée de l'importance de ces récifs par les lignes suivantes que nous empruntons à M. J. Girard (*Géographie littorale*) :

« Le continent Australien et la Nouvelle-Calédonie sont entourés de ces récifs-barrières, ceintures aux dimensions extraordinaires en rapport avec l'étendue des fragments du continent de l'hémisphère austral. Le relief-barrière d'Australie a un périmètre de 1 875 kilomètres, commençant dans le détroit de Torrès, au milieu de roches sans nombre, et allant au sud jusqu'à Ladi-Elliot-Island. A peine entrecoupé de fossés, établissant l'échange nécessaire des eaux du bassin intérieur avec la pleine mer, il s'éloigne et se rapproche de terre, avec une distance variable entre 15 et 150 kilomètres.

« Le récif-barrière peut être considéré comme un immense archipel d'îlots et pâtés de corail, où se rencontrent quelques îles de dimensions plus étendues. On compte soixante-douze passes dans ce récif, praticables pour les navires, et une multitude de solutions de continuité sans importance. La profondeur du bassin intérieur varie entre 20 et 50 mètres. Elle semble être d'autant plus considérable que la largeur est plus importante; vers le sud le fond s'abaisse graduellement à 80 et même 100 mètres.

« La Nouvelle-Calédonie est pareillement entourée d'une digue de corail de 740 kilomètres de développement s'étendant parallèlement à la direction des côtes de l'île; elle se tient à une distance variant entre 15 et 30 kilomètres. A la distance de 200 mètres du bord de la digue, la sonde descendant le long d'une muraille verticale ne donne pas toujours le fond à 500 mètres.

« Grand nombre d'îles de l'Océan Pacifique, grandes et petites, ont, dans des proportions plus restreintes, le même système de structure. L'île de Tahiti, dont la plus grande largeur est de 65 kilomètres, est entourée d'une ceinture analogue. Parmi les îles madréporiques, on peut citer : l'archipel Fidji ou Viti; les îles Gambier, situées au sud du Bas-Archipel; les îles Seniavine et Hogolen, dans le groupe des Carolines; l'île Vanikoro (*fig.* 81), au nord des Nouvelles-Hébrides; les îles de Cocos ou Keeling. Dans la partie sud-est des îles Fidji, l'île des Tortues explorée par Cook, entourée d'un récif circulaire de 6 à 7 kilomètres de diamètre; celui de l'île d'Hogolen a 250 kilomètres de circonférence et renferme dans sa ceinture un archipel composé de plus de soixante îles, dont les plus rapprochées du récif sont encore distantes de plus de 12 kilomètres. Dans l'archipel des Laquedives, appelé aussi les « Cent mille îles », la surface de la mer est hérissée de pointes de corail, mélangé aux affleurements de sable et aux débris de ces pointes aux formes les plus capricieuses. Dans cet archipel, l'île Minicoï, qui a 10 kilomètres de diamètre, était artificiellement protégée par une digue de blocs de corail ; enlevée par une tempête en 1867, la mer fit irruption dans la plus grande partie de l'île, faisant périr les habitants et leurs plantations de cocotiers...

« Dans l'archipel des Maldives on compte plus de mille deux cents îlots ou *atolls* dont beaucoup sont plantés de cocotiers...

Fig. 81. — Ile de Vanikoro.

« Le groupe des Tchagos, séparé des Maldives par des fonds de 5 000 mètres, est entouré d'un anneau de corail de 450 kilomètres de circonférence à l'extrémité duquel on remarque l'attoll de Diego Gracia, avec son récif bizarre ayant deux branches développées des deux côtés sur 50 kilomètres de longueur, mais n'ayant qu'une largeur à peine d'un kilomètre...

« Les gisements de corail du golfe du Mexique appartiennent à une période plus ancienne que celle où nous les voyons dans le Grand Océan. La péninsule de la Floride est tout entière assise sur un banc de corail, dont on retrouve les affleurements aux Everglades. Les Cayes ou Keys, depuis le cap Floride jusqu'à la Havane, sur une longueur de 200 kilomètres, sont disposés comme une barrière destinée à enclore plus tard le golfe du Mexique, de la même façon que la péninsule du Yucatan prolongée par des récifs de corail. Les phases de transformations successives se sont développées comme dans les autres mers : les sédiments ont été déposés sur les coraux par les flots et les courants; puis, les lagons ont été comblés, les palétuviers ont poussé sur les bords et avec tous les végétaux, augmentés de leurs débris, un sol nouveau s'est constitué; mobile d'abord, il s'est définitivement affermi avec la suite des siècles...

« Admettant que les coraux ne puissent vivre que dans les couches superficielles de la mer à la température de 20 degrés, la hauteur de certains massifs corallins répondrait à l'idée d'enfoncement du fond de la mer, car les colonies madréporiques ne commencent leur travail qu'à 40 ou 50 mètres de sa surface en s'élevant graduellement jusqu'au contact de l'air. Des rangées de sommets sous-marins s'élèvent en effet sur tout le Grand Océan, là même où pas un rocher ne s'élève au-dessus de la surface. Toutes les îles madréporiques qui existent entre les îles Paumotou et l'île Wake, près de l'archipel Marshall sont disposées en alignement. Et, de même que les îles hautes, au sud de celles-ci, elles affectent une disposition de courbure uniforme allant vers le nord-ouest. Les îles de corail seraient donc les témoins de l'orographie sous-marine représentant une immense chaîne sous-marine de hauteur de plus de 5 000 milles de développement. »

168. *Mouvements lents du sol.* — Les mouvements lents du sol sont beaucoup plus fréquents qu'on ne le suppose généralement, et ils subissent souvent des fluctuations telles que l'on a pu les remarquer sur les ruines du temple de Pœstum dont les colonnes émergent actuellement après avoir été attaquées par les lithophages qui habitent l'eau de mer. Évidemment pendant que cette immersion et cette émersion s'accomplissaient, la forme du rivage a été profondément modifiée.

Un phénomène de même nature se produit sous nos yeux sur les côtes de la Suède, ainsi qu'on peut s'en rendre compte en jetant les yeux sur la carte ci-contre (*fig.* 82) dressée d'après Holmstrom.

D'après les relevés de la Commission, l'élévation moyenne est ainsi répartie :

De 1774 à 1825. . .	$0^m,59$
De 1825 à 1852. . .	$0^m,41$
De 1852 à 1875. . .	$0^m,32$

Nous ajouterons que, d'après *La Nature*, du 18 février 1893, l'exhaussement du littoral avait été depuis un siècle :

A Ospro, de. . .	$7^m,00$
A Angould, de. . .	11 ,00
A Trernino, de. . .	$12^m,00$

169. *Submersion de la Hollande.* — De même que nous venons de voir surgir des îlots par suite d'une surélévation du sol, de même certaines contrées formées de dépôts sableux défendus par un cordon littoral de dunes peuvent voir ce cordon attaqué par suite d'un changement produit dans la direction des courants de marée et courir alors les plus grands dangers. Bien des phénomènes différents peuvent être la cause de ces changements de direction; nous pouvons citer, parmi eux, la formation de nouveaux estuaires, l'affaissement ou le soulèvement lent de contrées plus éloignées, etc.

Si, en même temps, un affaissement de terrain a lieu derrière le cordon littoral ou ligne de dunes, on conçoit la situation terrible dans laquelle se trouvent constamment les habitants de ces contrées et les catastrophes qui peuvent en résulter et se sont effectivement produites. C'est ce qui s'est passé en Hollande; certains terrains sont à 8 et même 10 mètres au-dessous du niveau de la mer, de telle sorte que les canaux munis de clapets s'ouvrant automatiquement à marée basse ne peuvent plus servir à l'écoulement des eaux.

Telle est la cause des submersions qui ont eu lieu. Les plus anciennes dont on ait conservé le souvenir datent du XIe siècle; le Zuydersée se forma probablement en 1288, année où son nom apparaît la première fois dans l'histoire. Ce lac, de plus de 60 kilomètres de diamètre, n'atteint pas 2 mètres de profondeur. En 1230, plus de cent mille habitants, ou furent surpris, ou périrent dans une inondation de la Frise. Les mêmes faits se reproduisirent en 1470, en 1530 et en 1821. Le lac de Harlem se forma au commencement du XVIe siècle.

« La submersion des Pays-Bas, dit M. Girard, est principalement la conséquence de l'érosion; et, suivant l'expression d'Élie de Beaumont, « les découpures érosives des canaux ne sont que l'immense delta du Rhin, » où pénètre la marée de la mer du Nord, d'autant plus tumultueuse que ces côtes se trouvent devant le point de rencontre de l'onde venant de la Manche, et de celle de l'Atlantique qui a fait le circuit des îles Britanniques. Quand elle est poussée par les vents d'Ouest, elle acquiert une violence par laquelle les bouches de l'Escaut et de la Meuse se meuvent bouleversées, et les canaux sont affouillés jusque dans les plus petits étiers...

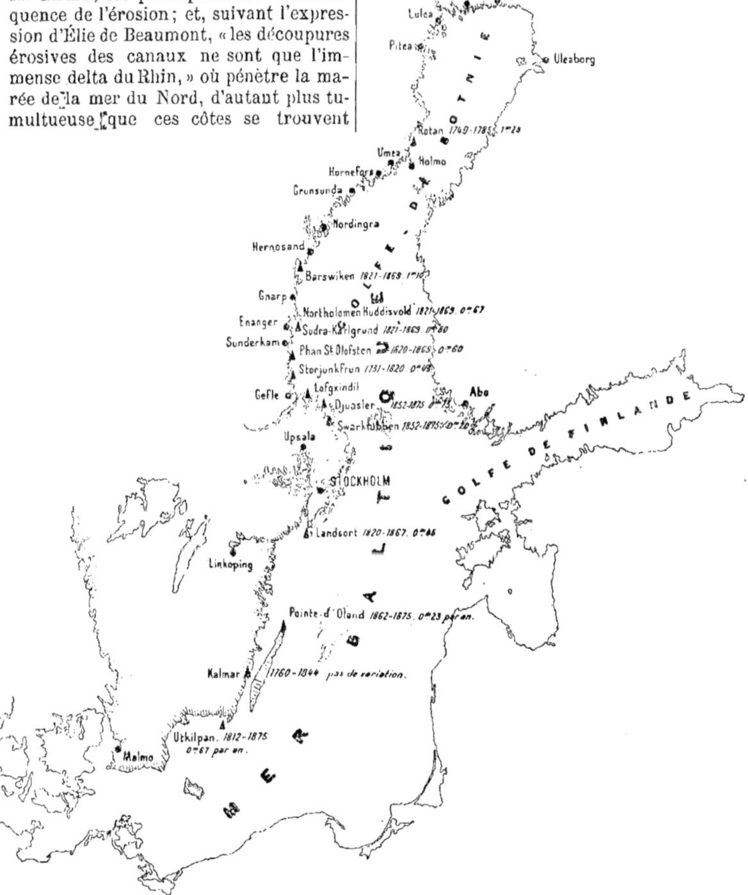

Fig. 82.

« Les événements considérables relatés par les chroniqueurs prouvent qu'à partir du XIe siècle une quantité de terres et de villages fut submergée ; de vastes territoires étant emportés, des mers intérieures se formaient au milieu des marécages. Depuis cette époque reculée, des irruptions de la mer sur des terres non protégées sont signalées fréquemment ; les îles d'Ameland, Schelling, Vlieland, Texel, furent séparées du continent du XIIIe au XVe siècle, pendant que leurs matériaux formaient des îlots sablonneux, à peine émergés de la côte du Schleswig. Ces îles représentent aussi les derniers vestiges des dunes emportées par l'érosion. Ce sont les restes d'un rempart attaqué d'un côté par les vagues de l'Océan, et, de l'autre, par celles de la mer extérieure. Le Texel, le lambeau le plus important, ayant 22 kilomètres de longueur sur 10 de largeur, conserve encore une défense par la chaîne des dunes renforcées de digues aux points faibles.

« Au commencement de la période historique, on comptait trente-deux îles plus ou moins importantes, en bordure, sur la côte de la mer du Nord ; actuellement, il reste à peine douze îlots sablonneux. Les cartes du siècle dernier les indiquent beaucoup plus étendues qu'elles ne le sont aujourd'hui. L'île de Wordstrand a été presque entièrement emportée ; l'île de Borkum a été diminuée de moitié ; l'île de Silt, sur la côte du Jutland est à peu près disparue. L'île de Wieringen faisait encore partie du continent en 1205 ; elle fut dissoute à la suite de plusieurs tempêtes, et particulièrement de celle de 1252. »

Dunes

170. Nous avons déjà vu comment se forment les dunes qui, dans certaines contrées, jouent un rôle capital dans la formation des plages. Les sables, qu'ils soient apportés par les fleuves ou préparés directement par la trituration opérée par la mer, se déposent sur les plages humides et, aussitôt qu'ils sont desséchés peuvent, suivant leur degré de finesse et la force exercée par les vents, être transportés à des distances plus ou moins considérables. De Humboldt, dans son *Cosmos*, cite des poussières de sable très fin recueillies en mer sur le pont et sur les agrès des navires à plusieurs centaines de mille de tout rivage. Quand ces sables sont transportés sur terre, une grande partie s'accumule et forme des dunes qui voyagent sur le sol, engloutissant et frappant de stérilité tout ce qui se trouve sur leur passage. Nous avons vu sur les côtes du Brésil disparaître ainsi des forêts, de magnifiques et gigantesques *anacardium occidentale* (arbre donnant la noix d'acajou). Le désastre est d'autant plus grand que les vents généraux, d'une direction déterminée, ont par année des périodes de plus longue durée.

Les sables les plus fins poussés par le vent forment un nuage superficiel qui dépose au fur et à mesure de son parcours de petits monticules de sable ; ces petits monticules sont en pente douce du côté des vents régnants, leur crête étant perpendiculaire à cette direction. Les grains de sable qui parviennent sur cette crête s'éboulent et forment sous le vent un talus à pente raide et unie, voisine d'un angle de 45 degrés. Finalement (*fig.* 83) tous ces petits talus s'accumulent et forment ainsi un long plan incliné à surface striée faisant face au vent régnant et un talus d'éboulement à pente uniforme et lisse du côté opposé.

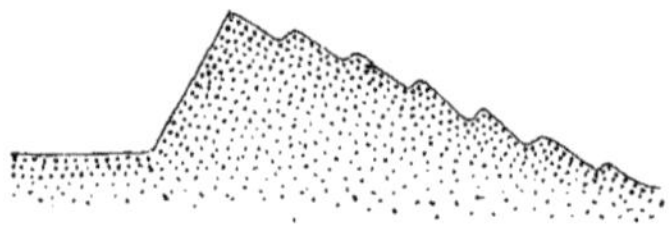

Fig. 83.

Quelques instants d'observation dans les pays où se forment les dunes suffisent pour se rendre compte de ce phénomène ; quelquefois même il s'accomplit avec un bruit semblable à celui des harpes éoliennes. C'est ce qui arrive quand les grains de sable sont formés de quartz pur et que l'atmosphère est sèche. M. J. Girard rapporte que ce phénomène a été observé du côté du Pérou, près de Casma, sur plusieurs points de l'île d'Oahu, (archipel Hawaïen). Nous l'avons observé nous-même à Mocoripe près de la ville de Céarà, au Brésil.

Le moindre obstacle peut servir à former ou à déplacer une dune en formation. Il suffit, en effet, de planter au vent un bâton dans le sable des dunes (*fig.* 84) pour voir immédiatemment se former une accumulation de sable derrière. Au contraire, une planche fichée en terre dans une direction un peu inclinée sur celle du vent régnant, détermine un couloir affouillé à son pied; ce couloir est dû à la réflexion du vent sur cette planche (*fig.* 85), réflexion qui détermine un excès de pression sur les molécules d'air et de sable qui arrivent, et non seulement empêche celles-ci de se déposer, mais même entraîne celles qui sont les plus mobiles. La protection exercée par la planche *a* sur l'espace A dure jusqu'à ce que la crête de la dune soit arrivée à la hauteur *a* de cette planche.

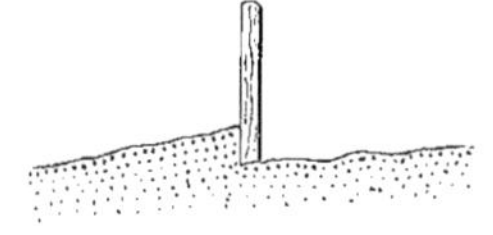

Fig. 84.

171. On peut tirer parti de cette observation dans certains cas : c'est ce qui nous est arrivé au Brésil, au sujet des améliorations du Port de Céarà.

La côte est découpée en croissant dont

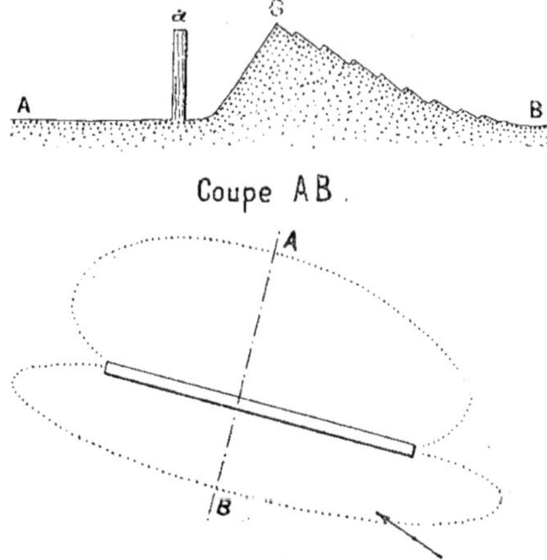

Fig. 85.

les points sont à des distances d'environ une dizaine de milles (*fig.* 86) ; les alizés d'E. S. E. y soufflent d'une façon presque constante ; les sables se déposent sur les plages à l'est, sont poussés vers l'ouest en A, et forment des dunes qui progressent et étouffent les forêts qu'elles rencontrent. Les sables poussés par les vents tombent en B dans la mer et sont reportés par les courants vers la côte C.

Le port se trouvant dans la position B, nous avons pu constater qu'un double phénomène se produisait: le port était comblé par les sables venus de la pointe de Mocoripe, bien que le reflux exerçât une véritable action de dragage, insuffisante toutefois pour enlever les apports annuels; ceci reconnu, nous avons fait édifier un mur dans la direction *ab ;* les sables se sont trouvés rejetés vers la terre, une nouvelle dune s'est formée, et la mer s'est approfondie. Ayant quitté le pays, nous ne savons quelle suite aura été donnée à ces travaux qui cependant, avec une dépense minime, avaient produit des résultats intéressants et qu'on pouvait rendre durables en fixant les dunes de Macoripe.

172. *Volume et hauteur des dunes.* — Les évaluations sur le volume des dunes sont essentiellement variables. On conçoit, du reste, les difficultés inhérentes à ces sortes de calculs. Il paraît cependant assez probable que l'apport annuel des sables sur la côte landaise est d'environ 6 000 000 de mètres cubes.

La même incertitude n'existe pas, on le conçoit, sur leurs hauteurs. Celle-ci varie de 30 à 75 mètres.

D'après M. J. Girard, « la plus haute dune de France se trouve dans la série intermittente des dunes de Marquanterre sur la Manche ; elle est représentée par le mont Saint-Frieux qui a 158 mètres. Sur la côte occidentale d'Afrique, où les sables côtiers sont voisins des champs de dunes de l'intérieur du Sahara, on cite les dunes du cap Bojador comme ayant 180 mètres de hauteur. Au cap Rosaz, en Algérie, entre Bône et la Calle, elles s'élèvent à 119 mètres ; celles de l'oued Zonarah, en Tunisie, à l'est de Tabarka, représentent une chaîne d'une longueur de 10 kilo-

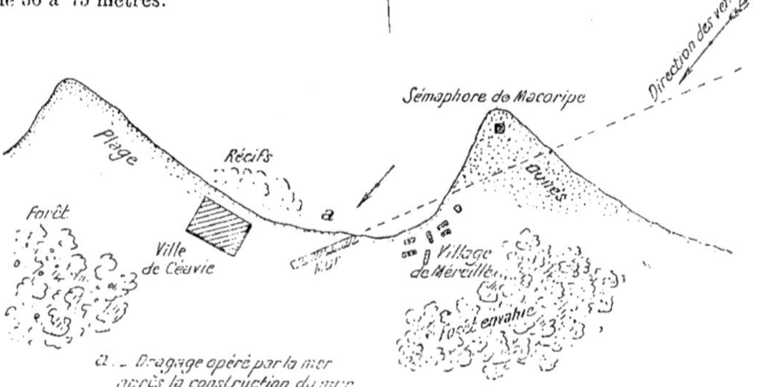

Fig. 86.

mètres, où certains sommets dépassent 200 mètres ; ces collines de sable sont fixées par des touffes de lentisques, mais comportent dans certains endroits des vallées d'éboulement. On n'a pas constaté de dunes élevées sur le littoral si vaste du continent américain ; là, comme ailleurs, l'étendue des champs de dunes ne concorde pas avec leur hauteur ; on a cité comme élévation remarquable celles du Morro-Melancia, au cap San-Roquo, qui ont 45 mètres. »

173. *Résumé.* — En résumé, nous dirons que les dunes les plus importantes de France sont les dunes quartzeuses qui s'étendent le long du golfe de Gascogne, entre l'embouchure de l'Adour et celle de la Gironde. A la fin du siècle dernier elles s'avançaient en moyenne de 20 mètres par an vers l'est, ensevelissant lentement tout sous leur passage, sans rien détruire dans l'acception rigoureuse du mot. Elles ont, comme nous l'avons vu, obstrué des rivières et créé ainsi des marais dans certaines contrées.

Brémontier (1738-1809), célèbre ingénieur Français, étudia ces dunes et réussit à les fixer au moyen de semis de pins, qui transformèrent en richesse cette cause de ruine.

174. *Législation.* — Ces travaux donnèrent, comme nous venons de le dire, de si bons résultats que pendant longtemps, et comme suite des travaux commencés, la plantation des dunes fut confiée aux ingénieurs des ponts et chaussées.

L'article 2, du décret du 29 avril 1862, a remis au Ministère des Finances et à l'Administration forestière les travaux de fixation, d'entretien, de conservation et d'exploitation des dunes du littoral maritime, lequel fait partie du domaine public.

« Lorsque les dunes appartiennent à l'Etat, dit M. Debauve, dans son *Dictionnaire administratif des travaux publics*, le ministre en ordonne la plantation ; lorsqu'elles appartiennent aux particuliers et aux communes, l'Etat, après avoir rempli les formalités prévues au décret du 14 décembre 1860 et avoir publié les plans parcellaires dans les formes prescrites par la loi du 3 mai 1841, prend temporairement possession des dunes, les plante, et en recueille le produit jusqu'à ce qu'il ait recouvré la dépense première avec ses intérêts.

« Les dunes sont alors remises à leur propriétaire, mais restent assujetties au régime forestier, et l'administration forestière les tient par conséquent sous sa dépendance absolue, afin d'empêcher le retour à l'ancien état de choses.

« L'article 226 du Code forestier exempte de tout impôt pendant trente ans les semis et plantations effectués sur les dunes. »

175. *Fixation des dunes.* — Toutes les plantes qui peuvent végéter vigoureusement dans le sable salé et qui ont des racines étalées profondes ou des rhizomes de même nature et offrent en même temps peu de résistance au vent, sont bonnes pour commencer la fixation des dunes et former un sol. On les rencontre en assez grand nombre parmi les monocotylédonées et principalement dans les cypéracées, les joncées, etc.

Aussitôt le sol un peu formé, on peut adjoindre à ces plantes des arbres doués des mêmes qualités. L'espèce qui a donné les meilleurs résultats dans nos contrées est celle du pin maritime. Il suffit, du reste, quand on arrive dans un pays quelconque d'étudier avec soin la flore du littoral ; on y découvre rapidement la monocotylédonée qui doit servir de base à la constitution du sol. Ce sera en effet la plante que l'on rencontrera dans la partie des dunes peu éloignées de la mer qui, par suite de la marche des autres dunes, aura été masquée pendant un certain temps et aura joui d'un certain repos. C'est ainsi que nous avons réussi à fixer quelques dunes à Macoripe au moyen d'une cypéracée qui poussait sur le bord de la mer. Les plantations exécutées au commencement de la pluie prospéraient pendant cette saison où les sables mouillés étaient peu ou pas mobiles et où la plante trouvait les éléments indispensables à toute végétation, c'est-à-dire l'eau et un sol approprié.

Fig. 87.

Les racines, à la fois profondes et traçantes, acquéraient assez de vigueur pour résister à la saison chaude, et on n'avait qu'à réparer les manques à la reprise de la saison des pluies.

En France, dans les Landes, on a utilisé le gourbet (roseau des sables, *Elymus arenaria*) comme graminée, et, le climat et la météorologie du pays n'offrant pas les mêmes ressources, les procédés sont un peu différents. On a protégé les plantations en disposant des clayonnages, en établissant normalement à la direction du vent des systèmes de clayonnages (*fig.* 87), tantôt sur les pentes, tantôt sur les sommets. Les sables s'arrêtent contre l'obstacle, et sous cet abri transitoire les plantes peuvent prendre racine et se développer. Quand la direction des vents devient oblique, il se produit des affouillements au pied de ces clayonnages, affouillements quelquefois suffisants pour les renverser.

Il est à remarquer que l'humidité favorable à la végétation qui se trouve dans les dunes provient de l'eau des pluies et entraîne la plus grande partie du sel qui se trouve dans les sables. Boussingault a vu près de Harlem, sur les bords de la mer, des puits d'eau douce creusés dans les dunes. « La faible dose du sel qui reste encore dans le terrain n'est plus défavorable à la végétation. »

Primitivement, en 1787, Brémontier avait établi un premier semis de graines de pins et de genêts, à partir de la base des premiers monticules jusqu'à la ligne qui marque la limite des hautes marées, terrain plat sur lequel le sable roule sans s'arrêter. Pour abri, cet habile ingénieur avait recouvert, en totalité, les semis de branchages verts, fixés solidement par des crochets enfoncés dans le terrain. Les branches étaient alignées dans la direction du vent régnant, le gros bout dirigé sur lui, de façon à diminuer la résistance. Les graines et les plans se développent alors avec une prodigieuse rapidité, et forment bientôt un fourré épais de 1 mètre de hauteur alors tout danger a disparu.

Cette plantation est une sorte d'avant-garde, qui protège celle que l'on exécute en arrière, aussitôt que les arbres de la première ont atteint cinq ou six ans.

Brémontier opérait ainsi par bandes de 60 à 100 mètres de largeur.

« En seize années, dit Boussingault, les pins avaient déjà atteint une élévation de 10 à 12 mètres. La croissance du genêt épineux, du chêne, du liège, du saule, n'a pas été moins rapide; et, ajoute plus loin le même auteur, les travaux de Brémontier doivent être considérés comme une de ces luttes remarquables, que l'industrie de l'homme soutient avec succès contre les éléments. »

176. *Travaux exécutés dans les Landes.* — En opérant ainsi on s'efforce de copier la nature, car beaucoup de dunes étaient anciennement recouvertes de végétation et de forêts; c'est à des exploitations mal dirigées qu'il faut attribuer leur dénudation et les envahissements qui en ont été la suite.

177. Voici, au point de vue historique, ce qu'en dit M. J. Girard:

« Si l'on interprète le texte des *Commentaires* de César et celui des géographes anciens, les Pays-Bas étaient couverts de forêts venues spontanément, confondues avec des roselières impénétrables sous la dénomination de Forêts-Sans-Pitié. D'après les mêmes traditions, les côtes de la mer Baltique étaient garnies de forêts de pins séculaires, enracinés dans les sables des rivages de Dantzig et de Pillau.

« Les dunes de Gascogne étaient pareillement boisées à l'époque romaine; servant ainsi de rempart protecteur entre l'Océan et les terres cultivées, elles subsistèrent jusqu'au XIVe siècle, époque à laquelle, se référant aux anciens titres, les forêts du Médoc étaient réservées pour les chasses seigneuriales. Mais avec la conquête du sol et l'accroissement de la population, succéda l'avidité des premiers occupants; ils exploitèrent sans surveillance les produits de valeur obtenus sans culture. Le déboisement inconscient eut pour résultat de livrer de nouveau le sol arénacé à la dénudation des vents, car il suffit d'arracher quelques arbres, de dénuder quelques places isolées pour donner place aux attaques de l'ennemi et provoquer des bouleversements étendus.

« Plus tard, les habitants des Landes, comprenant les fâcheuses conséquences de leur imprévoyance et de l'incurie de leurs prédécesseurs, entreprirent des semis de pins et d'autres plantes spéciales destinées à protéger les sables. On a retrouvé une ordonnance de 1725, émanant de Claude Boucher, intendant de la généralité de Bordeaux, prescrivant aux habitants de la commune de Mirwizan, la plantation du gourbet, et édictant des pénalités contre les délinquants. Au commencement du siècle dernier, quelques tentatives de reboisement avaient été entreprises par M. de Ruhat; mais il appartenait à Brémontier de donner un essor à cette œuvre, sur un plan méthodiquement conçu. Il pourvut à la fixation de plus de 200 hectares, dans les environs de La Teste, et organisa définitivement la culture forestière des dunes de 1787. Par suite de circonstances administratives, les travaux furent abandonnés en 1793 ; malgré cela, la possibilité du reboisement était démontrée, et l'élan était donné. »

178. Depuis cette époque, voici ce qui a été fait à cet égard. Nous en empruntons les chiffres aux notices publiées par le ministère des travaux publics, lors de l'Exposition de 1878 :

« Les Landes, comprises entre la mer et les vallées de la Garonne et de l'Adour, occupent une superficie de 8 000 kilomètres carrés, dont la presque totalité, il y a vingt-cinq ans (1853), était encore inculte et inhabitée. On n'y trouvait, de loin en loin, que des chaumières isolées et quelques bouquets de pins, inaccessibles l'hiver par suite de l'inondation des terrains environnants.

Depuis longtemps de nombreux essais avaient été faits pour la mise en rapport de cette sorte de désert, mais ils avaient tous échoué devant l'insalubrité du pays et la stérilité du sol.

En 1849, après plusieurs années d'étude du pays, il fut constaté qu'on pourrait assainir tous ces terrains marécageux par des travaux fort simples, qui leur donneraient une fertilité extraordinaire et permettraient de les mettre tout de suite et à peu de frais en culture forestière.

Les premiers résultats obtenus par des essais pratiques furent reconnus si concluants qu'une loi fut rendue, le 19 juin 1857, pour prescrire l'assainissement et la mise en valeur de toutes les landes communales des deux départements de la Gironde et des Landes, qui forment la plus notable portion du territoire inculte et malsain.

En réalité, les Landes constituent un vaste plateau presque entièrement horizontal, formé d'une couche de $0^m,60$ de terre maigre et sablonneuse, sans aucune trace d'argile ou de calcaire, reposant sur un sous-sol imperméable.

Il n'y existe aucune source, aucune trace d'eau pendant l'été ; en hiver, au contraire, les eaux pluvieuses, si abondantes sur les côtes de l'Océan, s'abattent pendant plus de six mois sur le plateau, et n'y trouvant ni écoulement intérieur, ni écoulement superficiel, elles y restent stagnantes jusqu'à ce qu'elles aient été évaporées par les chaleurs. Ainsi l'inondation permanente l'hiver, la sécheresse absolue d'un sable brûlant l'été, tels sont les caractères principaux du terrain.

Qu'on se figure maintenant l'effet de ce passage continuel d'une inondation de six mois à une longue sécheresse qui y succède, et l'on aura l'idée de la stérilité du sol et de l'insalubrité que devait présenter la contrée antérieurement aux travaux d'assainissement.

Les travaux entrepris se sont étendus dans la Gironde, à cinquante-deux communes et comprennent une superficie totale de 107 811 hectares.

Dans le département des Landes, le nombre des communes est de cent dix, et la surface de 183 714 hectares.

Total pour l'ensemble, cent soixante-deux communes, 291 525 hectares.

Une surface plus considérable a été assainie et ensemencée par les propriétaires.

Les ouvrages exécutés par l'Administration pour les landes communales, comprennent, dans la Gironde, une longueur de voie d'écoulement de 1 086 kilomètres, et dans le département des Landes, une longueur de 1 111 kilomètres.

Total pour les deux départements, 2 197 kilomètres.

Les canaux, tracés suivant la ligne de plus grande pente du plateau, ont une largeur moyenne de 5 à 6 mètres au plafond et une pente de $0^m,002$ à $0^m,001$ par mètre.

Pour la partie des landes de la Gironde qui se trouvent sur le versant de l'Océan, et dont les eaux sont arrêtées par la chaîne de dunes qui borde sans interruption le littoral sur 120 kilomètres, il a été nécessaire d'ouvrir un collecteur de 12 mètres de longueur au plafond, reliant entre eux les étangs formés au pied des dunes, et donnant une issue à toutes les eaux du versant.

Les travaux d'assainissement des landes

communales de la Gironde ont été commencées en 1858 et terminées en 1865. Ceux du département des Landes ont été commencées à la même époque et achevées en 1877, sauf 269 hectares, toutefois, qui restent encore à assainir en 1878.

Le montant total des dépenses s'est élevé, dans la Gironde, à 574 108 francs, et dans le département des Landes à 319 362 francs.

Total, 893 470 francs.

Il résulte des relevés que la valeur des landes communales ensemencées était, au commencement de 1877, pour la Gironde, de 30 955 700, et pour le département des Landes, de 49 308 900 francs.

Total pour les deux départements, 80 264 600 francs.

Indépendamment de cette superficie, une étendue de landes de 350 000 hectares appartenant à des propriétaires a été ensemencée et représentait, au 1er janvier 1877, une valeur de 125 millions.

Total de la valeur actuelle des landes ensemencées, 205 264 600 francs.

Par suite de la plus-value que les travaux d'assainissement ont donnée aux terrains, les communes ont pu vendre une partie de leurs landes et, avec le produit, réaliser des améliorations dont il suffit de donner l'énumération, savoir:

Construction et restauration d'églises, de presbytères, de mairies et de maisons d'école; création de puits d'eau potable; translation de cimetières; subventions et allocations spéciales pour chemins vicinaux, etc., le tout représentant une somme de 7 503 915 francs.

On peut juger, d'après ces chiffres, ajoute la notice, du développement moral et intellectuel qui a dû se produire.

Les résultats des travaux au point de vue sanitaire n'ont pas été moins satisfaisants.

Les fièvres qui ravageaient le pays ont complètement disparu, et des enquêtes officielles ont constaté que cette contrée, jadis si insalubre, pouvait être considérée comme une des plus saines de la France.

Les communes ont payé tous les travaux d'assainissement et d'ensemencement, ainsi que les améliorations indiquées ci-dessus, sans le moindre concours de l'Etat ni du département. Non seulement le produit de leurs landes a couvert la totalité des dépenses, mais elles ont placé en outre une somme de 4 352 746 francs en rentes sur l'Etat.

Avant la loi de 1857, la contrée des Landes en Gascogne était une des régions les plus pauvres de la France ; aujourd'hui c'est une des plus riches et des plus prospères.

Ces travaux de la Gironde ont été commencés par M. Malaure, et continués par MM. Chambrelant et Lemoyne, et M. Courret, conducteur des ponts et chaussées. Ceux des Landes, par MM. Pairier, Crouzet, Aubé, Salles, M. Rodrigues, conducteur principal, faisant fonction d'ingénieur ordinaire.

Plage du littoral à l'embouchure des fleuves.

179. D'après l'étude que nous avons faite sur les marées et sur leur marche à l'embouchure des fleuves, on conçoit que les phénomènes devront être différents à l'embouchure des fleuves qui se jettent dans une mer assujettie ou non assujettie au flux et reflux. C'est en effet ce que prouve l'observation; aussi allons-nous diviser ce paragraphe en deux parties :

1° Fleuves débouchant dans une mer à marée ;

2° Fleuve débouchant dans une mer à niveau constant.

Nous avons vu, dans le *Cours des Routes*, que le profil au long des fleuves et des rivières affluentes affecte la forme générale d'une courbe tournant sa concavité vers le ciel et dont la pente superficielle diminue au fur et à mesure que l'on s'approche de leur embouchure. Il en résulte un cours d'eau, torrentiel à son origine, entraînant des matériaux de fortes dimensions, dont une partie se dépose dans les cônes de déjection, et dont l'autre, triturée et incessamment remaniée, arrive finalement à la mer.

Si celle-ci possède un flux et un reflux,

une portion de ces sables et de ces boues est refoulée vers son origine quand le flot monte pour descendre ensuite avec lui. Il en résulte soit une dispersion de ces matériaux, soit un encombrement et une diminution de mouille à l'embouchure proprement dite ; il se forme alors une *barre* et des dépôts latéraux : l'ensemble porte le nom d'*estuaire*.

Si, au contraire, le fleuve coule en pays de plaine, la mer se maintient à un niveau constant ; les sables et les vases se déposent lentement en exhaussant le point de vitesse minima. Au bout d'un certain temps, le lit finit par dominer la plaine environnante. Qu'une crue arrive alors, et le fleuve déborde et pénètre dans les parties basses où il se creuse un nouveau lit ; il se forme ainsi, par la suite des temps, un réseau de canaux s'anastomosant entre eux et connus sous le nom de *delta*, par suite de l'aspect général que présente leur ensemble et les fait ressembler à la lettre grecque qui leur a donné leur nom.

180. *Embouchures des fleuves à marée.* — Dans le cas où les dépôts sont dispersés par la mer, la profondeur du fleuve se maintient; par conséquent, la configuration de la plage ne varie pas, non plus que la profondeur du port. Ce sont donc les conditions les plus favorables que l'on puisse rencontrer au point de vue de l'entretien.

Il est loin d'en être de même quand il se forme une barre. Mais ici un grand nombre de phénomènes concomitants viennent modifier d'une façon différente les localités observées. Telles sont la direction de l'embouchure par rapport à la plage et à la direction des courants généraux et locaux, l'influence des vents régnants, la structure géologique des roches encaissées, etc.

M. J. Girard rappelle à cet égard que l'embouchure de la Tamise est trois fois plus vaste que celle de la Somme, quoique les deux rivières débitent à peu près le même volume d'eau.

« Mais dans le premier cas, ajoute cet auteur, le mouvement des marées contrarié par l'étranglement du Pas-de-Calais a provoqué le remaniement des côtes voisines, au lieu que, dans le second cas, le mouvement plus régulier des eaux n'a pas été sollicité par des forces antagonistes. »

Eu égard à la constitution géologique du sol, il est aisé de comprendre que, si l'embouchure est resserrée et formée de terrains inattaquables, les courants de marée y seront violents, et la profondeur du bassin formé par la rivière un peu avant son embouchure se maintiendra. C'est le cas du Tage et de la Mersey. Si, au contraire, le terrain est affouillé, l'embouchure s'évase et les dépôts se forment, ainsi que nous l'avons vu pour la Seine.

Un élément dont on doit tenir compte est celui de la différence de densité de l'eau de mer et de l'eau douce. La première, pendant le premier flot, râcle pour ainsi dire le fond du lit de la rivière et remanie les dépôts formés pendant le reflux.

Nous ne reviendrons pas sur le mascaret, phénomène le plus saisissant des effets de la marée à l'embouchure des fleuves. Nous dirons seulement que l'influence des vents dans certaines contrées, telle que la côte d'Afrique, peut se traduire par de véritables inondations, en refoulant vers la côte l'eau de la mer, et, vers l'amont, celles de la rivière, de façon à empêcher l'écoulement de l'eau douce. Ce phénomène est observé pendant les moussons sur le fleuve le Congo et sur le New-Calabar.

Ce que nous venons de dire suffit pour expliquer tous les mouvements des sables à l'embouchure des rivières, et, en conséquence, le moyen le plus naturel qui se présente à l'esprit pour établir le chenal est, après les dragages, celui des réservoirs, dans lesquels on fait une réserve d'eau à marée haute et dont on ouvre les portes à marée basse ; l'eau contenue dans ce bassin s'écoule alors avec violence, et détermine une *chasse* des sables et des limons qui encombrent le chenal. Nous reviendrons dans un chapitre spécial sur ces bassins et sur leurs écluses, qui forment une partie importante des travaux à entreprendre pour l'amélioration et l'entretien des ports.

Le remaniement des sables a lieu fréquemment avec une grande rapidité, et nous emprunterons encore à M. J. Girard un fait à l'appui.

« Le tournoiement des eaux amasse les sables qu'un autre mouvement détruit ; le fait a été démontré par M. Labat, ingénieur maritime à Bordeaux, d'après cet exemple : Un navire coulé à pic à la suite d'un abordage en rade de Verdon, à l'embouchure de la Gironde, était resté posé régulièrement sur le fond, les mâts émergeant encore. Visité par les experts d'une Compagnie d'assurance, chargés de déterminer les conditions du renflouement, il fut reconnu que la coque était ensevelie dans les sables accumulés, et qu'elle reposait au centre d'une sorte de dune sous-marine, due aux effets des remous et des courants.

« Les experts jugèrent que le sauvetage du navire enlisé était impraticable. Peu de temps après, M. Labat visita de nouveau la position de l'épave et acquit la certitude, au moyen de nouveaux sondages, que les amas de sable n'existaient plus à l'avant ni à l'arrière ; le navire reposait sur le sommet d'un monticule, de sorte qu'en passant des câbles sous l'avant et sous l'arrière, on réussit à le renflouer. Les changements constatés dans la situation provenaient simplement de ce que les premiers sondages avaient été faits à la fin du jusant, et les derniers à la fin du flot. Une série de mesures permit enfin de conclure que, dans l'intervalle d'une marée à l'autre, le navire coulé était alternativement enseveli par le flot et dégagé par le jusant. »

Ces apports atteignent quelquefois des chiffres considérables : c'est ainsi qu'en soixante ans la Loire, entre Nantes et Saint-Nazaire, a déposé quarante-trois millions de mètres cubes, le double, fait avec raison remarquer l'auteur précité, de ce qui a été extrait pour le percement de l'isthme de Suez. C'est cette accumulation progressive qui a nécessité le creusement du canal de Nantes à Saint-Nazaire.

Ces dépôts et ces remaniements, sans être aussi rapides, ont généralement lieu sur ou aux environs de la *barre*, sorte de plaine ou de banc de sable surélevé qui existe à l'embouchure de toutes les rivières à marée, à moins que le goulet ne soit étroit et la mer profonde en dehors de ce goulet. Ainsi que nous l'avons vu dans notre *Cours de Rivières*, quand nous nous sommes occupés des sables charriés par celles-ci, les dragages ne sont qu'un palliatif temporaire, et il fallut dans bien des cas creuser un canal latéral à l'embouchure du fleuve, pour permettre aux navires de remonter jusqu'aux ports, quand ceux-ci sont situés à quelque distance de l'embouchure.

Comme exemple de ces lents remaniements, on a découvert dans l'estuaire de la Seine, à l'est du Havre, une couche de tourbe de 2 mètres d'épaisseur occupant une grande surface, couche qui renferme non seulement des traces de l'âge de pierre, mais encore des potiches romaines et des débris d'embarcations saxonnes.

Si les fleuves débitent de très grands volumes d'eau, et que leur embouchure soit située en pays plat, celle-ci se ramifie souvent en canaux innombrables ; on en a des exemples dans l'estuaire de l'Amazone. Si le volume d'eau est moindre, les bouches sont également moins nombreuses, quoique cependant, occupant une large superficie. C'est ce qu'on observe dans la Meuse et l'Escaut.

181. *Embouchure des fleuves sans marées. Deltas.* — D'après les explications que nous avons données ci-dessus, on voit que les crues des fleuves facilitent les atterrissements des deltas, et cela pour un double motif : d'abord parce que les eaux sont plus chargées de matières solides en temps de crue, et ensuite, parce qu'elles sont plus abondantes.

Ces atterrissements atteignent parfois des proportions extrêmement considérables. Nous citerons les suivants qui sont bien connus :

Gange et Bamahpoutra	8 259 435	kil. car.
Mississipi	3 189 983	—
Nil	2 219 400	—
Danube	258 795	—
Rhône	75 000	—
Aude	20 000	—

Les exhaussements successifs ont pu être mesurés dans un grand nombre de cas. C'est ainsi qu'on a constaté que, depuis sa construction, la statue de Memnon avait vu s'enfouir son piédestal de plus de 5 mètres. Lors de l'expédition d'Égypte, on calcula que le sol se surélevait de 0m,126 par siècle. En résumé, il paraîtrait que le rivage de la mer formant le front du delta se serait avancé près de 2 000 mètres, depuis le commencement de notre ère ; c'est, du moins, ce qu'indiquerait les mesures récentes, la plage de Rosette s'étant avancée de 40 mètres en quarante ans.

Nous allons maintenant indiquer les plus remarquables des deltas de quelques-uns des fleuves décrits par M. J. Girard.

182. *Rhône.* — Ce fleuve rejette, par son grand bras, environ 21 000 000 de mètres cubes de sable limoneux qu'entraînent les 54 milliards de mètres cubes d'eau, qu'il déverse annuellement dans le golfe de Foz. Ces limons s'accumulent dans ce dernier, et y forment une barre visqueuse sans consistance, tracée en demi-cercle, et au centre de laquelle se trouve la passe. Cette barre subit des modifications par les vents d'est et se rétablit quand ce dernier redevient normal. La passe étant ainsi incertaine, et par suite dangereuse, Marius fit creuser le canal d'Arles à la mer, dont on retrouve les vestiges sous le nom de Fosses Mariennes (*Fossa Mariani.* V. *Cours des Routes*, carte de Peutinger).

Toutes ces alluvions du Rhône ont donné naissance à une plaine de 75 000 hectares (la Camargue), dont l'aspect se rapproche à la fois, dit M. Girard, « du delta du Nil, des pampas de l'Amérique du Sud, des polders de la Hollande, des marais pontins d'Italie et des marennes de la Toscane ». Au centre se trouve l'étang de Valcarès, nappe d'eau saumâtre de 12 000 hectares. Il résulte de cette configuration, par suite de laquelle les eaux pluviales séjournent, à cause de la viscosité des matières qui ont formé les atterrissements, un pays d'une insalubrité sur laquelle nous n'avons pas à insister tellement elle est connue.

183. *Pô.* — Nous avons donné un grand nombre de particularités sur le cours du Pô et sur ses alluvions dans notre *Traité des Routes.* Nous compléterons ces renseignements par le suivant sur la composition du sous-sol du delta à Venise. Un sondage pour puits artésien poussé jusqu'à 172m,50 a traversé plusieurs amas de lignite et on a reconnu que les couches de sable et de vase alternent et sont plus ou moins limoneuses jusqu'à la profondeur moyenne de 50 mètres.

184. *Danube.* — Son delta consiste en îlots marécageux et ses crues violentes répartissent les limons et vases apportées sur un grand fond sous-marin.

185. *Volga.* — La masse totale de limons apportés en vingt-quatre heures atteint 22 000 mètres cubes. On peut donc prévoir l'époque à laquelle la mer Caspienne sera comblée. « Les différences résultant de la comparaison des cartes de 1726 avec celles de 1813 indiquent un avancement de l'embouchure du fleuve de plus de 150 kilomètres sur la mer Caspienne. »

186. *Ho-Hong-Ho* (*Fleuve Jaune*). — De tous les fleuves, celui-ci est le plus fangeux. Il a été dénommé à cause de ses crues qui recouvrent des espaces immenses le *fleuve ingouvernable* et le *chagrin de la Chine.* Il se porte tantôt aux rives du golfe de Pé-tché-li dans la province de Chan-tung, tantôt du côté de la mer Jaune dans la province de Kiang-Tsu, avec des écarts de 500 kilomètres. Il se creuse de nouveaux lits et confond souvent son embouchure avec celle d'autres fleuves. On attribue à son delta une superficie de 250 000 kilomètres. Pour se mettre autant que possible à l'abri des inondations qui en sont la suite, les agriculteurs construisent des digues formant des compartiments en sorgho hourdi de boue.

187. *Hong-Kiang* (*Fleuve Rouge*). — Ce fleuve qui forme « la grande artère fluviale » du Tonkin, s'écoule dans la mer par un delta de 170 kilomètres de base circulaire. La superficie de ce delta, ou mieux de ce secteur, est de 14 000 kilomètres carrés, et les terres peuvent s'y diviser en trois classes : dans celles qui sont inondées et celles qui peuvent être irriguées, l'activité agricole est extrême ; la population y offre une densité de 400 habitants par kilomètre carré.

188. *Gange et Bramahpoutre.* — Ces deux fleuves confondent leurs eaux et inondent le plus vaste delta du monde. « Le marécage impénétrable de Sunderbund, ou delta, s'étend le long du golfe de Bengale depuis l'Hoogly, (la branche fluviale conduisant à Calcutta) jusqu'à l'embouchure de l'Huringoto sur une expansion de 300 kilomètres. Le fond du golfe s'accroît perpétuellement par les apports de matériaux érosifs venant des deux fleuves géants, dont les bassins réunis offrent une surface de 432 000 kilomètres carrés. »

189. *Indus.* — Le delta de l'Indus a 200 kilomètres de base et 150 kilomètres de profondeur. « Contrairement aux autres deltas, dit M. J. Girard, les eaux limoneuses ne se déchargent qu'après être d'abord parvenues à la mer et refoulées ensuite dans les canaux par le flot de marée atteignant une élévation maximum de 3 mètres. »

Ici, ce sont les mangliers ou palétuviers (*Rhizophora mangle*) qui créent le terrain solide. Ces *arbres qui marchent* suivant l'expression des naturels de différents pays émettent en effet des racines qui descendent de leurs rameaux étalés et s'enfoncent dans la vase; le tronc pourrit et l'arbre continue ainsi à s'avancer au-dessus des vases, formant des arcades qui pénètrent peu à peu dans le fleuve.

Les graines elles-mêmes germent sur le pied, puis, se détachent de la branche sous forme de massues allongées et renversées, qui par l'action de leur propre poids tombent et s'implantent dans la vase, en donnant ainsi naissance à un nouveau végétal. Tous les débris s'accumulent à leurs pieds et finissent par former un sol qui sert à une végétation de plantes différentes, lesquelles repoussent les palétuviers le long des rives vaseuses.

190. *Mississipi.* — On a comparé avec une juste appréciation les bouches du Mississipi à l'empreinte, que représentent les doigts de la main tendue à plat, leur plus grand écart étant d'environ 150 kilomètres. Un certain nombre de canaux se détachent en effet à partir d'un tronc commun qu'on appelle *la fourche*. Ces canaux s'obstruent ou se débouchent au caprice des vents; toutes les rives en sont boueuses et visqueuses sur des longueurs de plus de 40 kilomètres et sont le produit d'un bassin de 3 496 000 kilomètres carrés recueillant les eaux de la partie moyenne de l'Amérique du Nord.

Les rives de ces canaux sont extrêmement basses et forment plutôt une succession interrompue de boues sur lesquels se stratifient sous une faible épaisseur l'eau de mer et l'eau du fleuve. Les crues amènent d'immenses radeaux de bois enchevêtrés qui peu à peu consolident les berges aux environs des passes et facilitent ainsi la formation de digues le long de ces mêmes passes. Ces digues ont 1 000 et 1 800 kilomètres de longueur.

191. *Fleuves de la Sibérie.* — Le régime d'embâcle auquel sont soumis ces fleuves, de la fin de septembre à la fin de mai, et la débâcle occasionnée par la chaleur et par la crue qui en est la suite, rendent ces dernièree beaucoup plus destructrices que celles qui ont lieu dans nos pays. D'énormes radeaux de bois flotté se forment alors et encombrent les fleuves. Sur les berges de la Beresovka on a pu en ramasser 27 000 mètres cubes. Les passes offrent donc à cet égard une grande ressemblance avec celles du Mississipi.

C'est la Lena qui présente le plus grand delta sibérien, 22 000 kilomètres environ.

Les embouchures de tous ces fleuves dans l'Océan Glacial, déversent une telle quantité d'eau douce; qu'il en résulte une zone tout le long des terres à une température plus élevée que celle de l'Océan, et d'une salure de deux tiers moindre que celle de l'eau de mer qui se trouve à une grande distance.

CHAPITRE V

APPROCHE DES CÔTES

Atterrage.

192. Ainsi qu'on le sait, c'est près de terre qu'existent les plus grands dangers pour les navigateurs. Les courants rapides, le déferlement des vagues y sont généralement plus violents, toutes choses égales d'ailleurs, qu'en pleine mer. Si on joint à ces causes le relèvement du fond de la mer qui cache fréquemment des récifs ou des bas-fonds sur lesquels les navires peuvent talonner ou échouer, on comprendra la sollicitude que l'Administration doit apporter à tout ce qui a trait aux atterrages.

Prenons donc un navire au moment où,

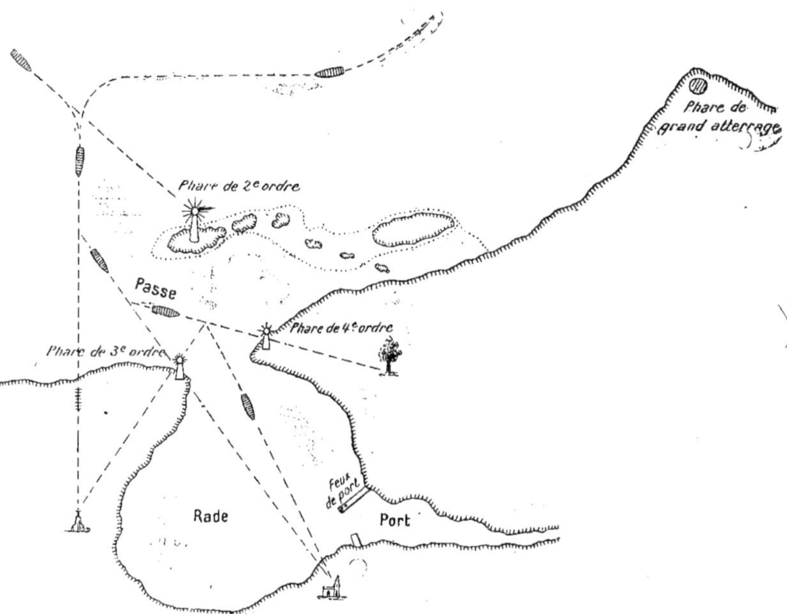

Fig. 88.

après avoir été rejeté hors de sa route, il a la terre en vue. Généralement il aura pu obtenir, par des observations astronomiques et chronométriques, une approximation à 1 degré près, soit environ 100 kilomètres de l'endroit où il se trouve. Le premier soin du capitaine sera donc de reconnaître la terre qu'il a en vue. Aidé de ses cartes et naviguant avec prudence, si elles indiquent que les parages offrent un danger quelconque, il cherche des repères ou *amers*. Ceux-ci sont ordinairement des points culminants, des caps, des îles, des constructions parmi lesquelles nous placerons au premier rang les phares de *grand atterrage*. Tous les amers sont relevés et décrits avec les plus grands soins dans tous les livres de pilotage.

Une fois la terre reconnue, ces mêmes amers servent au capitaine pour se diriger à coup sûr vers l'entrée de la rade ou de l'avant-port. Dans les passes difficiles (*fig.* 88) ces amers sont choisis ou combinés de façon à jalonner et à éviter les écueils. Le navire peut donc ainsi pénétrer dans la rade où il trouve un abri et où il peut jeter l'*ancre*, si pour une raison quelconque (marée, vent contraire, absence de remorqueur, etc.) il ne peut y pénétrer de suite.

En examinant la figure 88, on voit que, parmi les amers qui y sont indiqués, un certain nombre ne sont visibles que de jour ; ils ne seraient donc pas suffisants pour qu'on puisse trouver sa route pendant la nuit ; par conséquent, dans le cas d'un port très fréquenté et pour éviter une croisière de nuit devant le phare que l'on aurait reconnu, il sera nécessaire d'installer des feux en remplacement des points seulement visibles de jour.

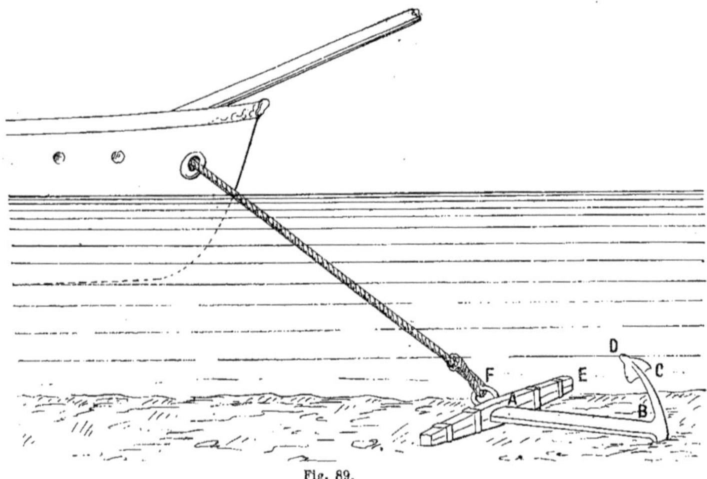

Fig. 89.

Ancres.

193. Sans entrer dans la description des manœuvres du mouillage et de la levée des ancres, nous croyons devoir donner quelques détails sur la fabrication de ces engins qui, ainsi qu'on le sait, servent à maintenir les bâtiments au mouillage. Les parties principales sont (*fig.* 89) :

1° La verge AB ;
2° Les bras BC ;
3° Les pattes CD ;
4° Le jas AE ;
5° L'organeau F qu'on remplace quelquefois par une cigale ou manille.

Une des pattes pénètre dans le sol du fond de la mer et s'y engage plus ou moins profondément, le jas se repose sur le sol et un câble ou une chaîne réunit le navire à l'organeau ; l'ensemble prend la disposition indiquée (*fig.* 89).

L'expérience a indiqué les proportions et le poids nécessaire pour qu'un navire d'un tonnage donné puisse être maintenu en sécurité quand l'ancre a bien mordu sur un fond ferme. Quelquefois cependant, lorsqu'elle est mal tombée ou qu'un gros temps exerce des poussées extraordinaires, la patte de l'ancre laboure le sol et on dit alors que le navire *chasse* sur son ancre. Les marins, suivant les cas, *mouillent* alors une, deux ou quatre ancres.

La chaîne qui relie l'ancre au navire passe dans un *stoppeur*, appareil formé de deux mâchoires à empreinte, qui arrêtent le mouvement de descente de celle-ci lorsqu'on en a filé une longueur suffisante. Ce stoppeur est solidement fixé au moyen de *bittes* à la charpente même du navire.

Les dangers que fait courir aux navigateurs la rupture d'une ancre ou de ses chaînes font que la fabrication de ces engins est entourée des plus grands soins. On les fabrique *d'une seule pièce* en enlevant les pattes dans un massiot de fer (*fig*. 90, 91).

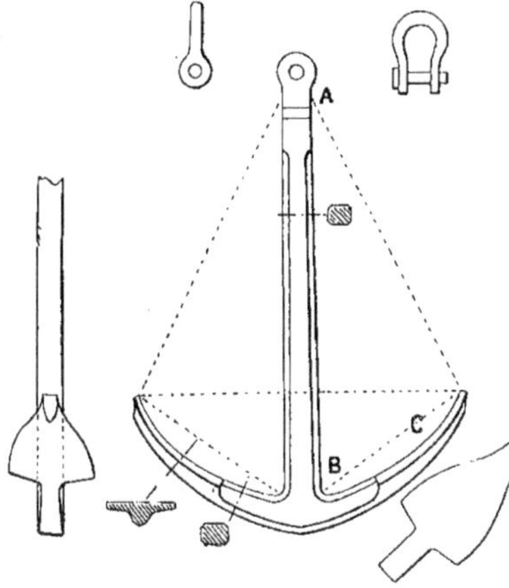

Fig. 90 et 91.

Les dimensions ont été établies sur un maître-type d'un poids donné P, de telle sorte qu'il suffit de multiplier ses dimensions par $\sqrt[3]{\frac{P'}{P}}$ pour avoir celle d'une ancre d'un poids P'.

Dans beaucoup d'ancres, pour éviter l'encombrement du *jas* en bois (*fig*. 92), on le remplace par un jas en fer, simple barre de fer ronde maintenue par une clavette (*fig*. 93) quand l'ancre est en service, et qui se rabat quand elle est attachée sur les bossoirs.

Corps morts.

194. Pour fixer des bouées d'amarrage ou de balisage on se sert quelquefois de masses de fonte, de vieilles ancres, de grappins, de pieux à vis, que l'on jette à la mer et que l'on appelle *corps morts*. Des chaînes relient un ou plusieurs de ces engins à l'appareil flottant dont on veut fixer la position.

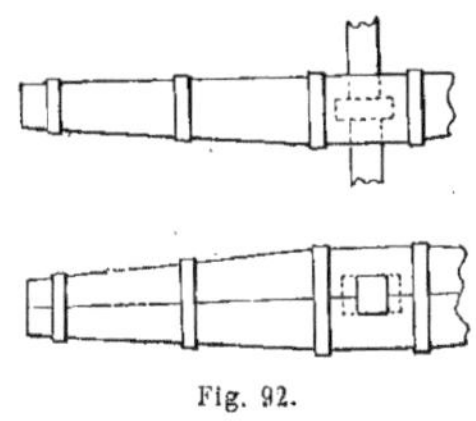
Fig. 92.

Phares.

195. Nous avons esquissé, pages 13 et suivantes, l'histoire des phares depuis les temps anciens jusque vers la fin du siècle dernier. C'est seulement depuis 1825 qu'une Commission spéciale a formulé les conditions générales de leur établissement et substitué un système rationnel à celui autrefois en vigueur.

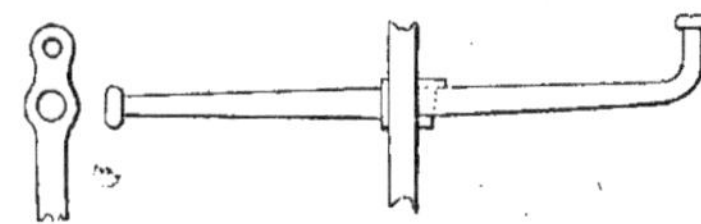
Fig. 93.

Le système ancien consistait en effet, et comme nous l'avons vu, à placer les phares à l'embouchure des rivières. Aujourd'hui leur établissement est réglé par les considérations suivantes (Commission des phares, 20 mai 1825) :

« Les différents phares ou feux disséminés sur toute l'étendue d'une côte doivent remplir divers objets dépendant de la position des vaisseaux, et principalement de la route qu'ils se proposent de tenir ; les navigateurs qui ont eu connaissance de terre avant la nuit et ne jugent pas à propos d'entrer pendant l'obscurité dans le port ou dans la rade qu'ils viennent chercher, s'en servent pour se maintenir dans une position qui leur permette de prendre, à la pointe du jour, une direction qui les conduise promptement au lieu de leur destination. Les vaisseaux qui suivent la côte, en se tenant à une distance de terre suffisante, pour se mettre à l'abri de tout danger, reconnaissent au moyen des phares, à tous les instants de la nuit le lieu où ils sont, et la route qu'ils ont à suivre pour éviter les écueils situés au large. Ces phares doivent être placés sur les caps les plus saillants et les pointes les plus avancées ; ils doivent aussi être les uns par rapport aux autres à des distances telles que, lorsque, dans des temps ordinaires, on commence à perdre de vue le phare dont on s'éloigne, il soit possible de voir celui dont on se rapproche. Les phares dont on vient de parler, destinés à donner des indications aux vaisseaux qui viennent du large ou à ceux qui longent la côte, doivent être vus de très loin et leurs feux être de la plus grande portée possible. C'est ce qui leur a fait donner, dans le système général, la dénomination de phares de premier ordre. Il faut, en conséquence, les tenir assez élevés, et leur donner le plus grand éclat que nous puissions produire dans l'état actuel de nos connaissances.

« Ces phares de premier ordre sont encore destinés à un autre usage qui n'est pas d'une moindre importance, puisque des indications qu'ils procurent dépend quelquefois le salut des vaisseaux : en effet, dans le cas où la force du vent les pousserait sur la côte, ou bien dans celui où, pour échapper à des forces supérieures, ils seraient obligés de venir chercher un port et d'y entrer pendant la nuit, ce sont les feux qui leur font reconnaître d'abord le point où ils se trouvent et leur donnent ensuite la première indication sur la route qu'ils doivent suivre pour entrer avec sécurité dans la rade même, dans le port où ils veulent aller. On sent, d'après ce qui vient d'être dit, de quelle importance il est que des vaisseaux, avertis seulement des approches de la côte par l'un des phares disséminés sur toute son étendue, ne puissent jamais être exposés à se tromper, ou à prendre le feu qu'ils aperçoivent pour l'un des feux voisins. C'est ce qui a mis dans la nécessité de diversifier, autant que la nature des choses a pu le permettre, les apparences présentées par les phares. Jusqu'à présent le nombre de ces apparences est très limité ; heureusement que l'erreur, dont la position d'un vaisseau venant du large peut être affectée, a également des limites, et qu'il a suffi de répartir les phares sur toute la côte, de manière que, dans l'étendue fixée par la plus grande erreur dont la position d'un vaisseau soit susceptible, il ne se trouve jamais deux phares offrant exactement la même apparence. C'est une règle dont on ne s'est écarté, dans le système général approuvé par la Commission, que dans le cas où deux feux semblables, placés l'un auprès de l'autre, acquièrent ainsi un caractère particulier qui ne laisse plus à craindre de méprises. On a dit précédemment que les phares de premier ordre, après avoir fait connaître le point où l'on se trouve, donnaient, ensuite, aux vaisseaux qui se rapprochent de la côte, les premières notions de la route à suivre pour se rendre au lieu de leur destination, c'est-à-dire pour entrer dans les passes plus ou moins étroites qui y conduisent, ou bien pour éviter les écueils qui se trouvent sur leur route. Des feux d'une moindre intensité que les premiers sont placés sur des îles, sur des écueils situés entre les grands phares et la côte, ou sur d'autres parties de la côte elle-même, de manière à indiquer la route qu'il faut tenir pour pénétrer dans ces passes ou éviter ces écueils en allant successivement prendre connaissance de chacun d'eux.

« Leur portée est déterminée pour la distance à laquelle on doit commencer à se diriger d'après chacun de ces feux ; elle doit, en général, être beaucoup moindre que celle des feux de premier ordre ; cependant comme, dans de certaines circonstances, il a été indispensable de lui donner une assez grande étendue, on s'est trouvé dans l'obligation d'établir deux ordres différents dans ces phares ou feux secondaires. Les phares du second ordre sont ceux qui ont la plus grande portée, et les phares de troisième ordre, ceux qui se voient de moins loin.

« Enfin, la Commission, désirant satisfaire à tous les besoins de la navigation, a décidé que des lumières seraient entretenues, pendant la nuit, à l'entrée des ports, pour guider les bâtiments près des jetées qui en forment l'entrée et servent d'abri, ou dans les passes étroites où ils sont obligés de s'engager. Ces derniers feux beaucoup moins brillants que les premiers, et par conséquent moins dispendieux, sont compris sous la dénomination de feux de port, et n'ont d'autres usages que d'indiquer l'entrée de ces ports aux bateaux pêcheurs et même aux bâtiments d'un plus grand tirant d'eau, toutes les fois que les localités le permettent. La majeure partie des petits ports situés sur les côtes de l'Océan, où les marées sont très grandes, ne peuvent recevoir les navires qu'à certaines époques de la marée, c'est-à-dire que l'on ne peut pas y entrer pendant le flot, avant que la mer ne soit parvenue à une certaine hauteur, et qu'il ne reste plus assez d'eau dans les passes après une certaine heure du jusant.

« Les feux de ports servent à donner ces indications très essentielles ; ils ne sont allumés, dans plusieurs lieux, que pendant le temps où il reste assez d'eau entre les jetées. La Commission a décidé que des feux de cette espèce qui ne peuvent être confondus avec aucun des phares de l'un des trois ordres adoptés, seraient allumés à l'entrée de tous les ports, même les plus petits, mais elle devra choisir ensuite le mode d'indication le plus sûr pour faire connaître les instants de la marée où il y a assez d'eau dans les passes, et ceux où il est impossible de s'y engager. »

Un décret, en date du 15 septembre 1792, a confié au ministère de la marine la surveillance des phares, amers, bouées et balises, et au ministère de l'intérieur l'exécution de ces ouvrages. Un autre décret du 7 mars 1806 a imputé sur le budget des Ponts et Chaussées toutes les dépenses du matériel et du personnel relatives aux phares, et depuis cette époque, le service est confié aux ingénieurs des Ponts et Chaussées, sous la direction de la Commission des phares.

A la tête du service central des phares est un inspecteur général, assisté d'un ingénieur en chef ; dans les départements, le service est confié aux ingénieurs en chef et aux ingénieurs ordinaires du service maritime.

Sur une médaille commémorative que l'on voyait à l'Exposition de 1878, on pouvait lire l'inscription suivante qui indiquait les progrès réalisés à cette époque :

« 1791, PHARES A RÉFLECTEUR PARABOLIQUE, TEULÈRE ET BORDA ;

1823, PHARES LENTICULAIRES, AUGUSTIN FRESNEL ;

1864, ÉCLAIRAGE ÉLECTRIQUE DES PHARES DE LA HÈVE ;

1875, ÉCLAIRAGE DES PHARES A L'HUILE MINÉRALE ;

1878, LES CÔTES DE FRANCE SONT SIGNALÉES PAR 372 PHARES, 760 BOUÉES ET 1 450 BALISES. »

En vertu de ces principes généraux, on a tracé un polygone enveloppant tous les points saillants des côtes de France, et on a donné de 18 à 27 milles de portée aux phares de 1re classe ou de grand atterrage qu'on y a installés ; on les a placés à des distances telles que, quand on cesse d'en apercevoir un, on aperçoit l'autre.

On a également admis, comme erreur de point du navire, une différence de 80 milles ; par conséquent, on ne doit pas placer deux feux de premier ordre semblables à une distance moindre.

Anciennement on diversifiait ces feux par des *feux fixes*, des *feux à éclipses de demi-minute en demi-minute, des feux à éclipses de minute en minute*, et par *deux feux jumeaux*, solution très coûteuse.

On a appliqué ensuite aux phares de premier ordre des feux *fixes variés par des éclats périodiques ;* puis, en diminuant la période, on a obtenu des *feux scintillants* et des *feux clignotants*.

Enfin, après un grand nombre d'essais et d'études dans lesquelles nous entrerons tout à l'heure, on a utilisé les feux colorés en rouge, même pour les phares de 1er ordre, et on a ajouté définitivement aux distinctions précédentes les trois suivantes :

Feux fixes blancs variés, par éclats rouges;

Feux à éclipses, avec éclats alternativement rouges et blancs;

Feux à éclipses, avec deux éclats blancs succédant à un éclat rouge.

En tout dix manières de distinguer les phares les uns des autres.

Ces caractères sont également employés pour les phares de deuxième, troisième

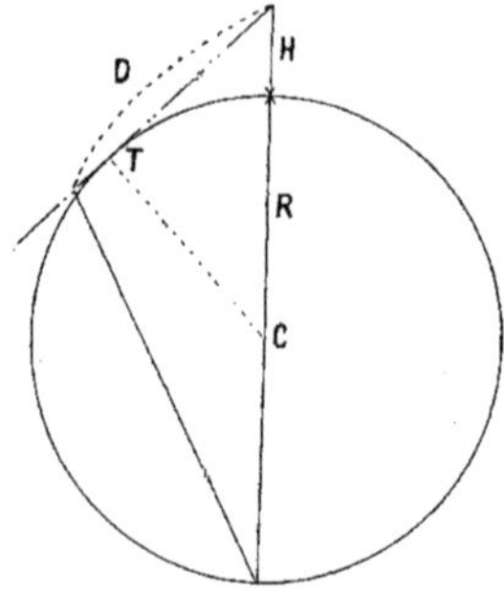

Fig. 94.

et quatrième ordres; on y a ajouté le *feu fixe rouge*, le *feu rouge à éclipse*, le *feu alternativememt blanc et rouge*, les *feux alternativement blancs et rouges avec éclipses*, les *feux alternativement blancs, rouges, verts.*

Les feux de port sont généralement fixes, et se reconnaissent à leur position.

Portée géographique des phares.

196. Il résulte de cette nécessité d'éclairer les côtes à des distances variables, que les phares doivent avoir à la fois une portée géographique et une portée lumineuse.

Dans une atmosphère sans réfraction, la hauteur du phare serait déterminée par l'intersection de la tangente partant du point à éclairer avec le rayon prolongé du lieu d'observation (*fig.* 94). En réalité, les choses ne se passent pas ainsi, à cause de la réfraction qui fait voir le point a dans le prolongement de la dernière portion du rayon lumineux qui arrive dans l'œil. Aussi prend-on, pour en tenir compte, la formule :

$$D = \sqrt{\frac{RH}{0,42}},$$

au lieu de :

$$D = \sqrt{2RH} = \sqrt{\frac{RH}{0,50}},$$

R étant le rayon de la terre égale à 6 336 953 mètres;

H, la hauteur du phare;

Et D, la portée géographique.

Si l'observateur est au-dessus du niveau de la mer d'une hauteur h, il faut ajouter un terme semblable, et la formule devient :

$$D = \sqrt{\frac{RH}{0,42}} + \sqrt{\frac{Rh}{0,42}}.$$

Angle des feux voisins.

197. Il est encore une autre condition à observer quand deux feux doivent être voisins; il faut que leur distance soit suffisante pour que, du point d'observation, ils ne puissent se confondre. La pratique a fait adopter :

15', pour les feux des trois premiers ordres;

8', pour les fanaux.

Ces angles sont les mêmes pour les feux horizontaux et les feux verticaux.

Visibilité des phares.

198. M. Allard, inspecteur général des ponts et chaussées, dans des mémoires des plus remarquables insérés dans les *Annales* de 1876 et dans le *Journal des savants étrangers* a établi la théorie complète de la visibilité des flammes et des phares.

Il a d'abord reconnu que les intensités des flammes ne sont pas proportionnelles, ainsi qu'on serait tenté de le croire, ni aux quantités d'huile consommées, ni aux surfaces apparentes, ni à leur volume. Voici le résumé des résultats obtenus :

Les cinq ordres de phares sont des appareils lenticulaires (*fig.* 95) dont les diamètres sont égaux à : 1m,84, 1m,40, 1m,00, 0m,50, et au dessous.

Les lampes correspondantes ont des becs dont le nombre de mèches concentriques est de :

5, 4, 3, 2, 1

et dont le diamètre extérieur est de :

11, 9, 7, 5, 3 centimètres.

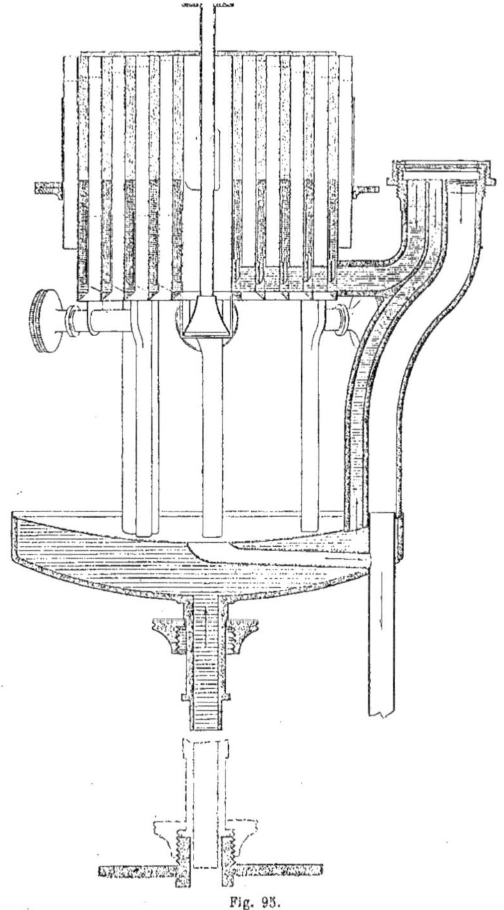

Fig. 95.

Ces mèches sont dans des tubes en cuivre, espacés de 0m,005, et ces tubes sont eux-mêmes espacés concentriquement de 0m,005.

Le diamètre moyen des mèches est donc de :
$0^m,105$ | $0^m,085$ | $0^m,065$ | $0^m,045$ | $0^m,025$
et la somme de longueur développée par chaque mètre dans chaque bec est de :
$1^m,021$, $0^m,691$, $0^m,424$, $0^m,220$, $0^m,078$

M. Allard a fait construire un bec à six mèches de $0^m,13$ à $0^m,125$ de diamètre moyen.

Les six becs de lampe dont le diamètre extérieur est de :
3, 5, 7, 9, 11, 13
consomment par heure :
C = 55, 175, 370, 643, 1 000, $1^k,450$
d'huile minérale.

Si on remplace la forme plus ou moins régulière de chaque flamme par un demi-ellipsoïde de révolution, on reconnait que la hauteur de ces différentes flammes elliptiques croît à peu près proportionnellement à la racine carrée du diamètre, et l'on peut fixer ainsi la valeur de la hauteur, de la surface apparente et du volume de chacune de ces six flammes :

$h =$	4,73	6,10	7,22	8,19	9,05	9,84cm
$S = \frac{1}{4}\pi hd =$	11,14	23,97	39,71	57,89	78,22	100,49cq
$V = \frac{1}{6}\pi hd^2 =$	22,28	79,90	185,31	347,34	573,61	870,91cc

Les intensités lumineuses ont été :

I = 2,2 | 6,9 | 14,3 | 24 | 36 | 50 becs Carcel

d'où, en prenant les rapports :

$\frac{I}{C} =$	4	3,93	3,86	3,72	3,59	3,45 bec par 100 gr.
$\frac{I}{S} =$	0,197	0,288	0,360	0,415	0,460	0,498 bec par cq.
$\frac{I}{V} =$	0,0987	0,0864	0,0772	0,0691	0,0628	0,0574 bec par cc .

Ainsi, d'une part, l'intensité augmente beaucoup plus rapidement que la surface apparente des flammes; de l'autre, elle augmente moins vite que leur volume et aussi un peu moins vite que la consommation. Le premier résultat est dû, en partie, à ce que la température augmente avec la dimension du bec, mais il tient aussi à ce que, la flamme ayant une certaine transparence, l'intensité totale observée ne provient pas seulement des parties superficielles.

Le second résultat prouve que la transparence de la flamme n'est pas complète, puisque, malgré l'accroissement de la température, et par suite de l'intensité lumineuse spécifique, l'intensité moyenne diminue lorsque le volume augmente.

M. Allard a fait des expériences avec des appareils catadioptriques, en écartant la flamme du foyer dans un sens perpendiculaire à l'axe du réflecteur et du foyer du miroir, ce qui fait séparer les deux flammes (la flamme réelle et la flamme réfléchie), et il a mesuré l'intensité de chacune d'elles. Il a trouvé ainsi que l'intensité de l'image était à peu près les 0,80 de celle de la flamme réelle. Si l'on réunit ensuite les deux flammes en faisant coïncider la flamme réelle au foyer, on n'obtient pas non plus une intensité double, ni même 1,80, mais bien :

1,28, lorsqu'il s'agit d'un bec à cinq mèches ;

1,33, pour un bec à quatre mèches ;

1,38, pour un bec à trois mèches.

M. Allard a, enfin, opéré directement en mesurant l'intensité d'une lumière avant et après son passage dans une autre flamme. Les conditions de l'expérience ont été que la flamme soit suffisamment petite pour ne pas être éteinte par la flamme qu'elle traverse, et que son volume soit suffisamment petit pour que tous les rayons qu'elle émet traversent les flammes sous des épaisseurs différentes. Il a trouvé ainsi que la lumière électrique valant cent vingt becs, et la flamme à cinq mèches trente-cinq becs, leur ensemble, quand on plaçait la lumière électrique derrière cette flamme, était de cinquante becs, c'est-à-dire que la lumière électrique se réduisait à 0,125 de sa valeur primitive. Pour la flamme de quatre mèches la réduction est de 0,175, et pour celle à trois de 0,193, ce qui dépend des épaisseurs de la flamme traversée, et, par suite, de la transparence incomplète des flammes. Les courbes des figures 96, 97,

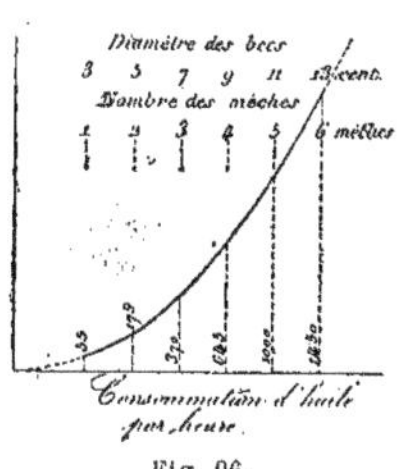

Fig. 96.

98 traduisent ces phénomènes; dans ces courbes les diamètres des becs sont pris pour abscisses.

La figure 98 indique les variations de la hauteur des flammes. On peut représenter à la fois l'intensité absolue et l'intensité effective obtenue dans chacun des becs par la combustion d'une même quantité d'huile. On voit alors que l'intensité absolue augmente rapidement avec le diamètre du bec, et que l'intensité effective va, au contraire, en diminuant un peu. L'intervalle entre les deux courbes représente l'intensité ou la quantité de lumière détruite par défaut de transparence de la flamme, et cette quantité augmente, comme on le voit, avec le diamètre.

199. *Intensité lumineuse des appareils.* — Dans la direction horizontale, toutes les lampes à mèches circulaires

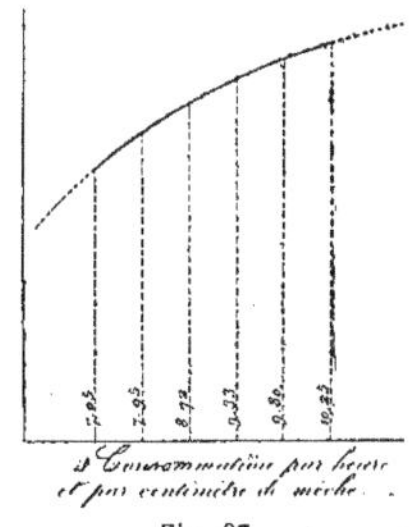

Fig. 97.

présentent la même intensité; mais les résultats dans des directions plus ou moins inclinées dans un plan vertical varient beaucoup. La décroissance est plus rapide au-dessous qu'au-dessus du plan horizontal, et varie un peu avec les différentes lampes et la forme de la flamme.

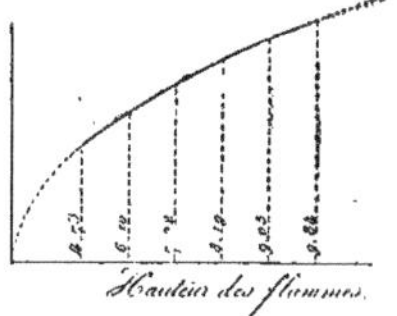

Fig. 98.

Ainsi, pour une lampe à quatre mèches, l'intensité, représentée par 1 dans le sens horizontal, devient, en s'élevant de 10 degrés en 10 degrés, suivant la verticale :

0,995	0,985	0,945	0,890	0,820	0,745	0,685	0,625	0,600

et, en l'abaissant de 10 en 10 degrés :

0,980	0,935	0,790	0,490	0,200	0,090	0,030	0,000	0,000

Si maintenant on considère une sphère dont la flamme occupe le centre, et si on la suppose partagée en un certain nombre de zones horizontales d'une faible longueur, chaque zone sera uniformément éclairée dans tout son développement, mais l'intensité lumineuse variera d'une zone à l'autre, conformément à la loi que nous venons d'indiquer. Si nous calculons la surface de chacune de ces zones, et si nous multiplions cette surface par l'intensité moyenne de la lumière qu'elle reçoit, nous aurons, en ajoutant tous les résultats, une évaluation de la quantité totale de lumière émise par la lampe.

Prenant pour unité de surface le carré ayant pour côté l'arc de 1 degré, et calculant la quantité de lumière qui se trouve comprise entre deux plans verticaux faisant un angle de 1 degré, il suffira de multiplier par 360 les résultats obtenus, si on veut avoir ceux qui concernent la circonférence entière. On trouve ainsi que les quantités de lumière répandues sur chaque portion de zone de 10 degrés de hauteur sont, en montant, à partir de l'horizon :

9,924	9,550	8,755	7,506	6,043	4,482	3,018	1,692	0,533

et, en descendant au-dessous de l'horizon :

9,850	9,237	7,807	5,236	2,436	0,831	0,253	0,039	0,000

Ce sont les coefficients, représentés par les courbes (*fig.* 99 et 100), par lesquels il faudra multiplier l'intensité de la lampe placée au foyer pour avoir les quantités de lumière envoyées par cette lampe sur chacune des dix-huit zones considérées. Ils permettent de déterminer la quantité de lumière reçue par chacune des grés à 70 degrés au-dessus de l'horizon, ce qui donne 21,049 ; on y ajoute, d'une part, les 8 centièmes du coefficient 8,735, correspondant à l'angle de 20 à 30 degrés, et, d'autre part, les 6 dixièmes du coefficient 1,693, relatif à l'angle de 70 à 80 de-

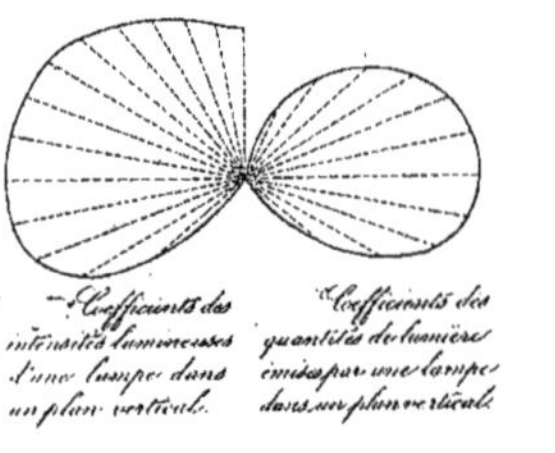

Fig. 99.

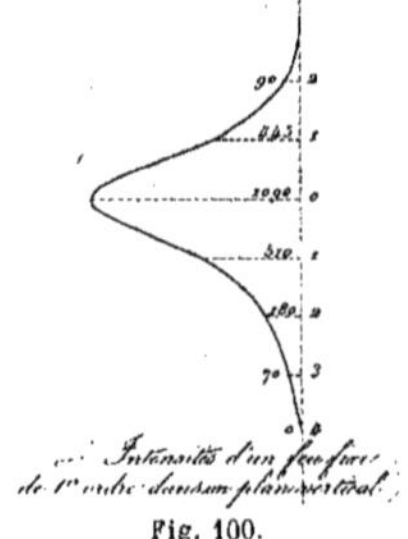

Fig. 100.

trois parties qui composent un appareil. Il suffit, en effet, de rechercher, pour les différents ordres, la position et l'amplitude de l'angle occupé par chacune de ces parties, et de calculer le coefficient total qui correspond à cet angle. En multipliant ce coefficient par l'intensité de la lampe, on obtient la quantité de lumière dont il s'agit. Ainsi, par exemple, la coupole catadioptrique du premier ordre s'étendant de 29°,2 à 76 degrés, on prend d'abord la somme des quatre coefficients de 30 degrés. Le coefficient total pour la coupole est donc 22,76, et en le multipliant par l'intensité de la lampe à cinq mèches, qui est de trente-six becs, on obtient 819 pour la quantité de lumière reçue par la coupole de premier ordre dans un angle de 1 degré formé par deux plans verticaux, l'unité adoptée dans cette évaluation étant, comme nous l'avons dit, la quantité de lumière émise horizontalement par une lampe située sur un carré de 1 degré de côté. On trouve de même 1 865 et 259 pour les quantités de lumière reçue par la lentille centrale et par la couronne inférieure du premier ordre. Ces nombres deviendraient: 515, 1 362 et 153, pour les trois parties de l'appareil de deuxième ordre ; 272, 848 et 70, pour le troisième ordre, et ainsi de suite.

Cette lumière éprouve, en outre, des pertes en traversant l'appareil dioptrique, perte à l'entrée, perte à l'intérieur, perte à la sortie. Leur somme s'élève à 13 centièmes pour les lentilles. Pour les anneaux, elle varie un peu ; elle est :

De 0,30, pour les deux premiers ordres ;
0,29, pour le troisième et le quatrième;
0,27, pour le cinquième.

En résumé, on trouve ainsi qu'un appareil de premier ordre émet :

573 + 1 623 + 181 = 2 377 unités de lumière.

Cette quantité devient :

1 653, dans un appareil de 2e ordre;
981 — de 3e ordre;
464 — de 4e ordre;
147 — de 5e ordre.

Ce qui sert à contrôler les mesures photométriques.

200. *Intensité des feux fixes.* — Considérons un appareil à feu fixe, illuminé par la lampe qui lui correspond, et imaginons qu'il soit entouré à une distance convenable par un vaste écran cylindrique ayant même axe que l'appareil. La lumière reçue sur cet écran formera une bande circulaire dont tous les points, situés sur un même cercle horizontal, seront également éclairés. Si l'on partage cette bande par des lignes verticales en 360 parties égales, chacune de ces parties correspondra à 1 degré et devra contenir une quantité de lumière précisément égale à celle que nous avons calculée. Si donc, au moyen d'un photomètre, nous mesurons de degré en degré, dans le sens vertical, les intensités lumineuses fournies par l'appareil, chacune de ces intensités étant applicable à un carré de 1 degré, le chiffre qui la représente donnera, d'après nos conventions, la quantité de lumière correspondante à ce carré, et la somme de toutes ces intensités devra reproduire les chiffres du calcul théorique. Si, pour plus d'exactitude, nous mesurons les intensités de 1/2 en 1/2 degré, ceci reviendra à dire qu'il faudra dans ce cas prendre la moitié de la somme pour retrouver les résultats du calcul. En combinant les résultats des expériences photométriques, on parvient à établir les chiffres d'intensité qui représentent aussi bien que possible les expériences, et qui satisfont à la condition de donner à peu près la quantité totale de lumière calculée théoriquement.

On trouve ainsi qu'une lentille centrale de l'appareil de premier ordre, dans le plan horizontal, a une intensité de 760 becs, qui se réduit à :

760 | 560 | 250 | 80 | 20

quand on s'élève, et à :

590 | 370 | 240 | 160 | 110 | 70 | 30

quand on s'abaisse de demi en demi-degré.

La somme de ces douze intensités est 3 240 qui, multipliée par l'intervalle 1/2, donne 1 620, quantité représentant à très peu près celle que nous avons déjà calculée. La figure 100 donne la courbe représentative de ce calcul.

Les intensités totales que les mesures photométriques donnent pour les cinq ordres d'appareils sont:

1 090, 600, 380, 74 et 17,5 becs.

Si l'on prend le rapport de chacune de ces intensités à la quantité totale de lumière, que nous avons indiquée plus haut comme étant fournie par l'appareil, on trouve :

0,45 | 0,36 | 0,29 | 0,16 | 0,12.

Ces chiffres représentent le rapport de la quantité de lumière comprise dans une bande horizontale de 1 degré de hauteur, dont le plan focal forme le milieu de la quantité de lumière répandue sur la zone entière qu'éclaire l'appareil.

On reconnaît ainsi que l'appareil de premier ordre concentre, dans cette bande de 1 degré, près de la moitié de la lumière totale, et que cette concentration va en diminuant en même temps que le diamètre de l'appareil ; elle n'est plus que 1/8 pour l'appareil du cinquième ordre. En résumé, si on calcule la proportion dans laquelle chacune des trois parties de l'appareil concourt à produire l'intensité totale, on trouve que cette proportion varie de 200 à 207 pour la coupole, de 0,697 à 0,720 pour le tambour, de 0,080 à 0,096 pour la couronne inférieure, soit environ dans le rapport des nombres :

2, 7, 1.

201. *Coefficient des différents appareils à feux fixes.* — Si on appelle coefficient d'un appareil le rapport dans lequel cet appareil augmente l'intensité de la lampe placée à son foyer, en calculant ce rapport d'après les intensités précédemment indiquées pour chaque ordre d'appareils on trouve :

30,26 — 25,00 — 19,58 — 10,72 —7,96

C'est-à-dire que l'appareil entier de feu fixe de premier ordre produit une intensité lumineuse égale à 30 fois celle de la lumière d'un foyer à cinq mèches, tandis que ce rapport se réduit à 8 environ, pour le foyer de cinquième ordre.

Si on calcule la divergence focale produite par chaque appareil, eu égard à sa distance focale et à la hauteur de la flamme, on trouve en degrés et centièmes de degré :

5°,63 | 6°,70 | 8°,27 | 13°,99 | 18°,07

On voit donc que les coefficients sont d'autant plus petits que la divergence est plus grande, et il est naturel de supposer qu'ils doivent varier en raison inverse d'une certaine puissance de cette divergence. Or, la hauteur de la flamme étant proportionnelle à $\sqrt{d}$, la divergence verticale, en appelant f la distance focale, sera $\frac{\sqrt{d}}{f}$, et on pourra représenter le coefficient m de l'appareil par la formule :

$$m = \mathrm{A}\left(\frac{f}{\sqrt{d}}\right)^n$$

Pour satisfaire le mieux possible aux expériences, on devra écrire :

$$m = \frac{2}{3}\left(\frac{f}{\sqrt{d}}\right)^{1,15},$$

ou, comme $h = 2,73\sqrt{d}$:

$$m = 2,12\left(\frac{f}{h}\right)^{1,15}.$$

Les valeurs calculées par cette formule sont d'accord avec celles qui résultent des intensités obtenues. Elles sont représentées par la courbe de la figure 101.

Cette formule peut encore s'appliquer assez approximativement en changeant, dans un phare d'un ordre donné, la lampe habituelle par celle qui la précède ou qui la suit immédiatement.

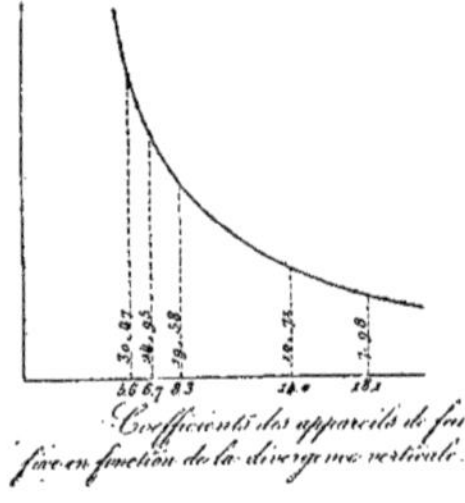

Fig. 101.

Elle s'applique aussi aux anciennes lampes alimentées par l'huile de colza.

202. *Intensité des lentilles annulaires et des lentilles à éléments verticaux.* — Cherchons maintenant les intensités des feux à éclats produits soit par des lentilles annulaires, soit par des lentilles à éléments verticaux.

Prenons pour exemple celle d'un tambour dioptrique de premier ordre occupant 1/8 de l'horizon, ou 43°,3, déduction faite de l'épaisseur du cadre.

On recueille la lumière sur un écran placé à une distance telle qu'on y puisse saisir l'image renversée de la flamme de cinq becs et l'examiner photométriquement, ainsi que la quantité de lumière projetée sur un échiquier tracé sur l'écran de demi-degré en demi-degré. En faisant

la somme. Puisque chaque intensité correspond à un carré de un quart de degré, le quart de la somme représentera la quantité de lumière émise par la lentille, et, en le divisant par 43°,3, on aura l'intensité qui correspond à 1 degré ; comme vérification, on devra obtenir celle calculée pour le tambour à feu fixe. C'est, au reste, le fait qui se produit, ainsi qu'on peut le voir par le tableau suivant :

DEGRÈS	3°	2°	1°	0°	1°	2°	3°	SOMME	
								TOTALE	POUR UN DEGRÉ
2	»	70	230	280	230	70	»	880	20
1	370	1 550	2 220	2 460	2 220	1 550	370	10 740	248
0	1 630	4 700	6 550	7 150	6 550	4 700	1 630	32 910	760
1	750	2 280	3 200	3 530	3 200	2 280	750	15 790	369
2	»	950	1 560	1 770	1 560	950	»	6 790	157
3	»	250	810	910	810	250	»	3 030	10
Totaux								70 340	1 624

La figure 104 représente la forme de l'image éclairée. Sur cette image sont tracées les lignes d'égale intensité, de mille en mille becs, depuis la courbe qui limite la figure, et dont l'intensité est nulle, jusqu'à la petite courbe intérieure relative

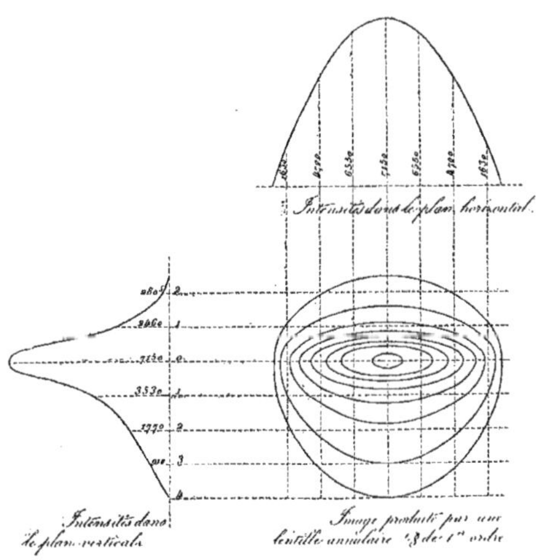

Fig. 102 à 104.

aux points qui ont sept mille becs. Au-dessus et à gauche de cette image se trouvent (*fig.* 102 et 103) les courbes des intensités prises sur la ligne horizontale et sur la ligne verticale qui correspondent à l'axe optique de la lentille. Ce sont des courbes en quelque sorte théoriques, satisfaisant le mieux possible aux expériences.

La vérification sur la quantité de lumière contenue derrière l'image peut se faire sur la quantité de lumière donnée par une tranche horizontale. Dans le plan focal, cette quantité est de 32 910, nombre qui, divisé par 43,3, donne 760, valeur qui représente bien l'intensité du tambour à feu fixe.

Cette remarque est importante en ce qu'elle permet d'établir une relation entre l'intensité d'un feu fixe et celle du feu à éclats correspondants.

Si on nomme :

A, l'intensité de l'éclat dans l'axe;

y, celle d'un autre point situé à x de l'axe;

α, la demi-divergence horizontale ; la forme parabolique étant celle qui convient le mieux pour représenter ces intensités, nous aurons la relation :

$$y = A\left(1 - \frac{x^2}{\alpha^2}\right).$$

La somme des intensités ou quantité de lumière correspondante sera représentée par la surface de cette parabole, qui est égale à $\frac{4}{3} A\alpha$.

D'autre part, si on appelle a l'intensité du feu fixe, et φ l'angle sous-tendu par la lentille annulaire, la quantité de lumière émise par le feu fixe, dans cet angle φ, sera φa, et elle devra être égale à celle que la lentille annulaire concentre dans l'angle de la divergence horizontale ; on devra donc avoir :

$$\frac{4}{3} A\alpha = \varphi a,$$

d'où :

$$A = a \frac{3\varphi}{4\alpha}.$$

Ainsi l'efficacité d'une lentille annulaire s'obtiendra en multipliant l'intensité du feu fixe correspondant par un coefficient $\frac{3\varphi}{4\alpha}$ qu'il est facile de calculer dans chaque cas.

Cette formule est générale et s'applique aux lentilles annulaires de la coupole, comme à celles du tambour. Mais il faut calculer pour chaque partie la véritable valeur moyenne de la divergence 2α. Cette divergence diminue à mesure qu'augmente la distance du foyer à l'élément de lentille que l'on considère, et l'on doit en calculer la moyenne en tenant compte de la quantité de lumière que reçoit chacun de ces éléments de lentille.

Si nous désignons par D la distance d'un élément lenticulaire au foyer, et par m le coefficient de la quantité de lumière qui correspond à l'angle vertical occupé par cet élément, la distance moyenne sera :

$$2\alpha = \frac{180}{\pi} d. \frac{\Sigma m}{\Sigma m D}.$$

La divergence moyenne ainsi déterminée le reste du calcul s'achève sans difficultés.

Pour les lentilles à éléments verticaux, la même formule est applicable ; seulement la divergence 2α doit être calculée en tenant compte de la distance focale, qui est plus grande que pour les lentilles annulaires, et cette divergence reste la même dans toute la hauteur de l'appareil.

Dans le cas de la lumière électrique, les lentilles verticales sont ordinairement calculées de manière à augmenter la divergence horizontale, et, par suite, la durée des éclats ; c'est ordinairement la divergence effective qui doit entrer dans le calcul. Il faut, d'ailleurs, tenir compte de la perte que la lumière éprouve en traversant cette nouvelle lentille, ce qui revient à multiplier les résultats par le coefficient 0,87, adopté précédemment.

On fait encore subir 0,07 de réduction à ces chiffres pour tenir compte de l'état d'entretien des lentilles, etc. Le coefficient devient alors 0,80.

M. Allard donne un tableau des intensités réduites que l'on peut admettre dans la pratique comme applicables aux lentilles telles qu'on les fabriquait à l'époque où il écrivait. Il parle ensuite de divers appareils destinés à remplir des buts spéciaux, tels que certains feux de terre qui ne doivent éclairer qu'un angle déterminé de l'horizon. Nous n'insisterons pas sur ces cas particuliers.

203. *Appareils sidéraux et photophores.* — On a également employé des appareils catadioptriques ou à miroirs. Ces miroirs sont paraboliques à une nappe (*photophores*) ou à deux nappes (*sidéraux*). Ces derniers sont abandonnés aujourd'hui. Quant aux premiers, ils sont de trois grandeurs et présentent les dimensions suivantes:

Diamètre de l'ouverture	$0^m,850$	$0^m,500$	$0^m,290$
Distance focale	$0^m,131$	$0^m,080$	$0^m,042$
Profondeur	$0^m,345$	$0^m,195$	$0^m,125$
Angle du rayon extrême dans l'axe	117°	115°	120°

Il en résulte que tous les réflecteurs employés sont à peu près semblables, et que leurs intensités peuvent être reliées entre elles par une formule comprenant seulement la divergence, comme dans le cas des lentilles; et on trouve que le coefficient K par lequel il faut multiplier l'intensité de la lampe doit varier en raison même d'une certaine puissance du produit des deux divergences :

$$K = A\left(\frac{f}{\sqrt{d}} \cdot \frac{f}{d}\right)^m.$$

La valeur la plus convenable pour représenter les résultats est donnée par la formule suivante:

$$K = 18,5\,\frac{f^{1,16}}{d^{1,2}},$$

résultats qu'on doit multiplier par 0,8, ainsi que nous l'avons fait pour les lentilles, afin de tenir compte des imperfections de l'appareil.

On trouve ainsi qu'un réflecteur de 0,85 illuminé par une lampe de deux becs, donne dans l'axe une intensité de neuf cent huit becs; un réflecteur de 0,50, quatre cent douze ou deux cent quarante-trois, suivant que la lampe est à deux ou à un bec; et une lampe à un bec, avec un réflecteur de 0,29, produit quatre-vingt-six becs.

204. *Intensité des appareils des feux flottants.* — Les feux flottants sont ordinairement des appareils catadioptriques plus commodes à installer.

Les feux *fixes* s'obtiennent au moyen de dix réflecteurs de $0^m,29$ d'ouverture, disposés circulairement dans une lanterne qui entoure le mât. Les lampes de ces réflecteurs sont décentrées intérieurement c'est-à-dire à $0^m,032$ du sommet, au lieu de $0^m,042$, qui est la distance focale. Cette disposition diminue la différence de répartition de la lumière autour de l'horizon. Il y a toujours un maximum d'intensité dans l'axe de chaque réflecteur et un minimum dans les directions intermédiaires; mais, comme le ponton n'est jamais complètement immobile, la direction des rayons change plus ou moins d'un instant à l'autre, et l'observateur aperçoit ainsi successivement différentes intensités.

Pour calculer la portée d'un pareil feu, il paraît naturel de lui attribuer une intensité moyenne que l'on peut obtenir en représentant par des courbes les intensités des réflecteurs de degré en degré, et de diviser par 360 la somme de la surface de ces courbes. Si n est le nombre des réflecteurs; I, leur intensité dans l'axe; 2α, leur divergence; et i, l'intensité moyenne du feu ; on aura, en supposant une forme parabolique à la courbe des intensités :

$$i = \frac{n}{360} \cdot \frac{2}{3}\,2\alpha I = I\,\frac{n\alpha}{270}.$$

Les mouvements de roulis et de tangage qu'éprouve le ponton font, il est vrai, osciller plus ou moins les axes des réflecteurs au-dessus ou au-dessous de l'horizon, mais, l'observateur n'en reçoit pas moins à chaque oscillation l'impression de l'intensité maximum correspondant à la direction dans laquelle il se trouve. L'intensité moyenne, donnée par la formule précédente, peut donc être admise comme représentant l'intensité du feu flottant.

205. *Feux scintillants.* — On conçoit que la multiplicité des phares ait déterminé les ingénieurs à rechercher le plus grand nombre de modes spéciaux de les distinguer entre eux, et cela, quelque soit l'état de l'atmosphère. Parmi ces moyens, un de ceux qui ont le mieux réussi est la rotation rapide des appareils optiques, de façon à obtenir des éclats pouvant se succéder à quatre ou cinq secondes d'intervalle. Il y en a deux espèces: les uns présentent des éclats dont la durée est moindre que celle des éclipses, ce sont les feux *scintillants* proprement dits; les autres sont, au contraire, à éclipses très courtes et connus sous le nom de feux *clignotants*.

L'appareil de Biarritz, composé de vingt-quatre panneaux lenticulaires, tourne en huit minutes et produit des éclats de vingt en vingt secondes; l'intervalle est déjà moindre que dans les anciens feux ; mais, si l'on imprime à cet appareil une vitesse cinq fois plus grande (un tour en une minute trente-six secondes), l'intervalle des éclats ne sera plus que de quatre secondes, au lieu de vingt, et l'on aura un feu scintillant de premier ordre. C'est un appareil de ce genre qui fonctionne au phare des Roches-Douvres. On a, de même, des feux scintillants de quatrième ordre à Berck et à la pointe des Poulains de Belle-Ile. Dans ces derniers phares, l'appareil, de $0^m,50$ de diamètre, est formé de six panneaux annulaires complets; il tourne en trente secondes et produit, par conséquent, des éclats de cinq en cinq secondes.

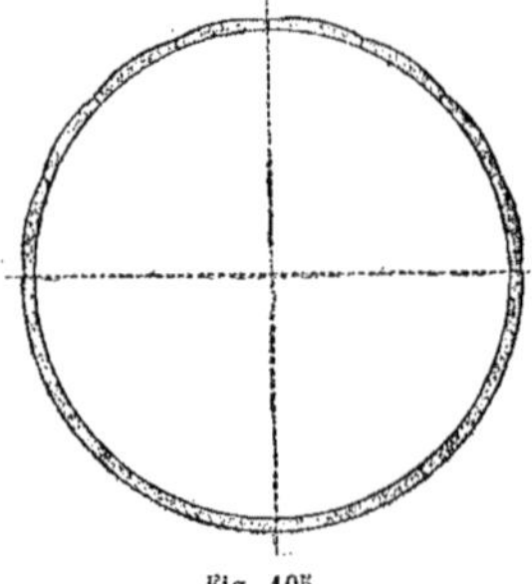

Fig. 105.

En combinant ce caractère de feu scintillant avec celui de feu fixe, on obtient encore un moyen très précieux de diversifier les phares. C'est ainsi que le phare du Four, près des côtes du Finistère, phare de troisième ordre, de 1 mètre de diamètre, est divisé en deux parties occupant chacune une demi-circonférence. L'une de ces parties est un appareil de feu fixe ordinaire ; l'autre comprend huit panneaux annulaires complets, occupant chacun un seizième de la circonférence et destinés à produire huit éclats. La rotation s'effectuant en une minute, on aperçoit pendant trente secondes un feu fixe, et pendant les trente secondes suivantes huit éclats se succédant à trois secondes trois quarts d'intervalle (*fig.* 105, 106).

206. *Feux clignotants.* — Ces feux sont obtenus au moyen de feux fixes, dont on intercepte périodiquement la lumière pendant un temps très court.

La première application de ce système a été faite au phare de troisième ordre de la pointe de Grave ; il s'agissait d'empêcher ce feu fixe d'être confondu avec les lumières des navires mouillés sur la rade du Verdon. Après un premier essai qui avait pour but d'occulter le feu seulement dans l'angle correspondant à la rade, on a jugé préférable de lui donner la même apparence dans toutes les directions, et on a adopté le système qui consiste à faire tourner, autour de l'appareil, quatre écrans verticaux équidistants, soutenus par une armature mobile. Ces écrans ont toute la hauteur de l'appareil et $0^m,22$ de largeur; ils se trouvent à $0^m,60$ de l'axe et embrassent, par conséquent, un angle de 21 degrés chacun. La

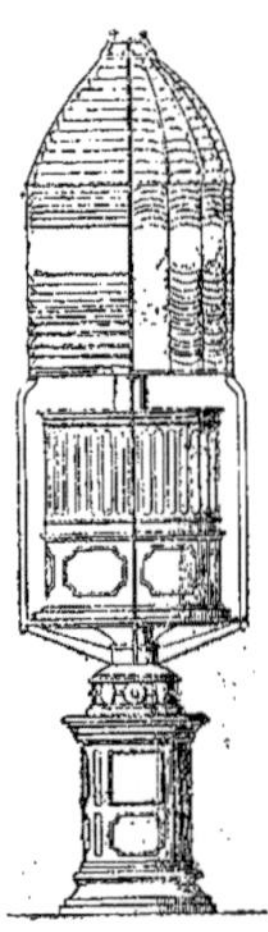

Fig. 106.

rotation se fait en vingt secondes, de sorte que les éclipses se succèdent de cinq en cinq secondes et durent une seconde un sixième.

De même, le feu établi sur l'îlot de Tevenec, au milieu du raz de Sein, est à feu clignottant, pour le distinguer des feux voisins.

On a appliqué également ce feu à des phares à miroirs paraboliques, tels que le feu de Patiras, dans la Gironde, et les deux feux de direction de l'embouchure du Trieux. Un seul écran, un peu plus large que le réflecteur, tourne autour d'un axe vertical situé derrière le sommet du paraboloïde. Il donne ainsi lieu à des occultations qui se reproduisent de quatre en quatre secondes.

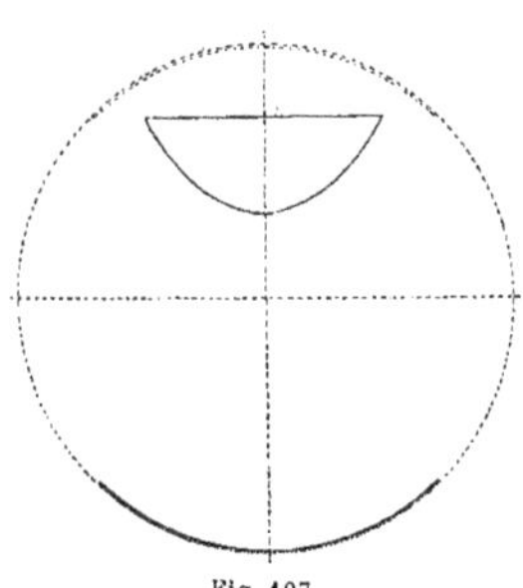

Fig. 107.

Ce caractère est très saisissant et très apprécié des marins et rend des services en permettant de multiplier les caractères distinctifs des phares entre eux.

Les figures 107 et 108 représentent l'un des appareils du Trieux.

207. *Étude théorique des feux scintillants et clignottants.* — M. Allard a étudié, dans un très savant mémoire dont nous avons déjà parlé, les feux scintillants et clignottants. Nous ne pouvons le suivre dans tous ses développements, mais nous indiquerons les résultats obtenus et les principes sur lesquels repose sa théorie.

M. Allard suppose la rétine recevant une impression lumineuse dont l'intensité soit égale à I. Si le feu est instantanément supprimé, l'impression sur la rétine s'éteindra suivant une loi inconnue, mais qu'il suppose être celle de Newton pour le refroidissement des corps de petites dimensions.

Par suite, on a :

$$\frac{di}{dt} = -mi,$$

d'où :

$$\frac{di}{i} = -mdt,$$

et par conséquent :

$$\mathrm{L}i + \mathrm{C} = -mt,$$

c'est-à-dire :

$$i = \mathrm{I}e^{-mt}.$$

I étant l'intensité lumineuse au moment $t = o$, où la lumière est éteinte ;

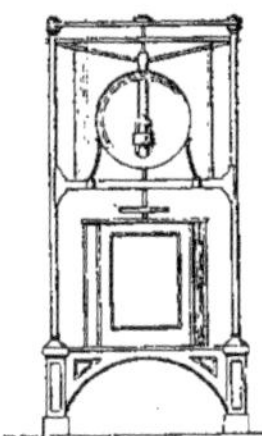

Fig. 108. — Feu de direction du Trieux.

i, cette intensité à un moment quelconque ;

m, un coefficient.

Si j est la plus petite impression lumineuse que puisse percevoir la rétine, on aura :

$$j = \mathrm{I}e^{-m\theta}.$$

θ sera la durée de la sensation lumineuse après l'extinction.

Inversement, si la lumière apparaît subitement, elle mettra un temps pour acquérir son intensité j', donnée par l'équation :

$$j' = \mathrm{I}e^{-m\theta'},$$

de telle sorte que, pour $j = j'$, on aura : $\theta = \theta'$ pour une même valeur de I.

M. Allard considère ensuite le cas où la lumière I, au lieu d'être constante, varie avec le temps suivant une certaine loi. La marche du calcul est la même, mais les formules sont beaucoup plus compliquées ; nous ne les donnerons donc pas. Nous nous contenterons de reproduire les courbes théoriques qui en résultent, et dont l'exactitude a été confirmée par les expériences faites à l'Administration des phares.

La courbe 109 est celle des impres-

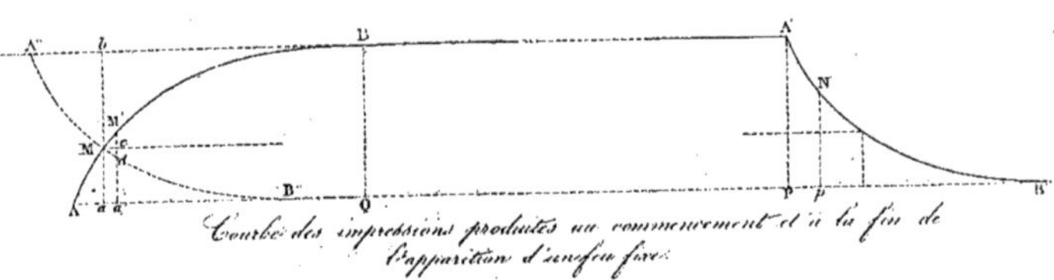

Fig. 109.

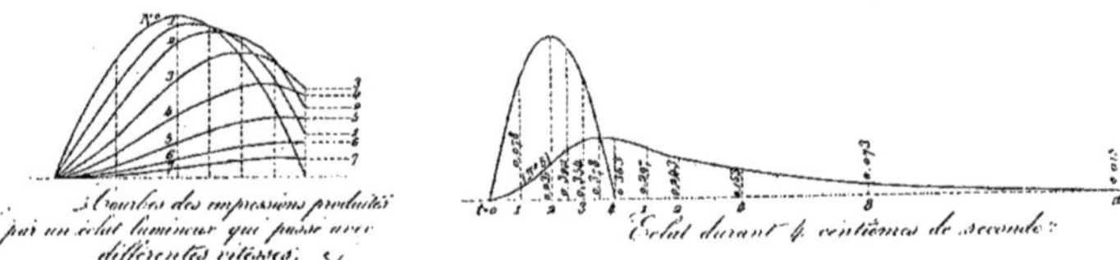

Fig. 110. Fig. 111.

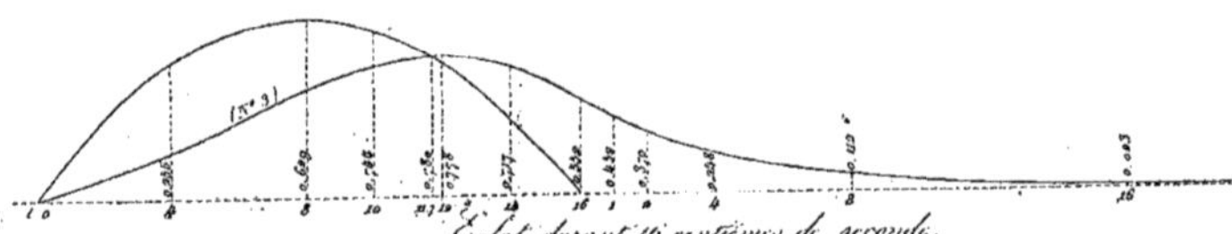

Fig. 112.

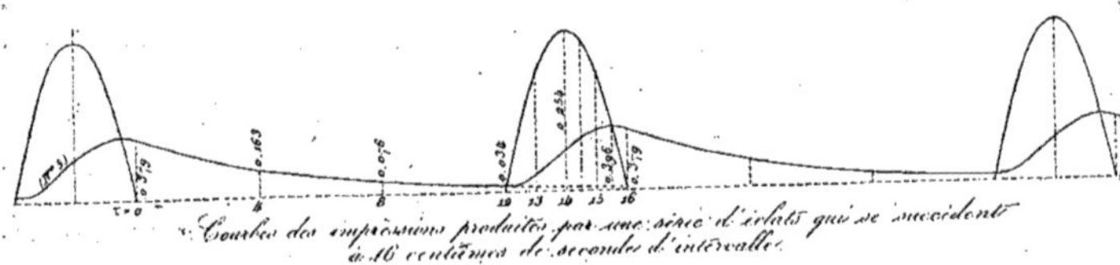

Fig. 113.

sions produites au commencement et à la fin de l'apparition d'un feux fixe;

La courbe 110, celle d'un éclat lumineux qui passe avec différentes vitesses : la parabole représente les intensités de l'éclat immobile ou passant avec une vitesse très faible. La courbe n° 1 est relative au cas où l'éclat passe en 64 centièmes de seconde ; elle diffère de la courbe des intensités ; son ordonnée maximum est de 0,974, c'est-à-dire que la rotation fait perdre un peu moins de 3 centièmes de l'éclat. Les courbes numéro 2 et numéro 3 s'éloignent de plus en plus de la courbe des intensités ; leur maximum s'abaisse, c'est-à-dire que l'impression produite diminue à mesure que la vitesse augmente. Lorsque l'éclat ne met que 4, ou 2, ou 1 centième de seconde à passer devant l'œil, l'impression n'est plus que 0,381, 0,22 ou 0,12 de ce qu'elle serait si l'éclat passait très lentement.

Les impressions de la période de décroissance sont figurées sur les figures 111, 112, 113, 114. La courbe 115 donne les impressions maxima qui se produisent dans un feu scintillant dont l'appareil tourne avec différentes vitesses. A la limite des rapidités croissantes, l'œil doit éprouver, avec un appareil de feu scintillant, une sensation équivalente à celle que lui donnerait le feu fixe, l'appareil étant immobile.

Transparence nocturne de l'atmosphère.

208. Les observations que font les gardiens des différents phares du littoral sur

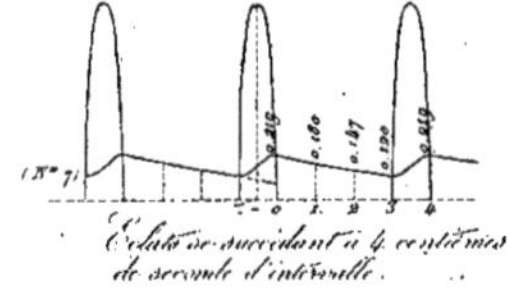

Fig. 114.

la visibilité des feux voisins consistent à noter, chaque nuit, à neuf heures du soir, à minuit et à trois heures du matin, les noms des phares dont la lumière est visible à ce moment. Le dépouillement de

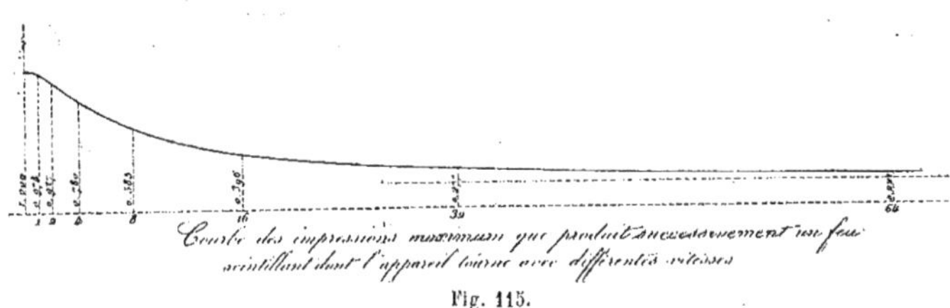

Fig. 115.

ces observations a permis à M. Allard d'étudier la transparence nocturne de l'atmosphère et de déterminer les variations qu'elle éprouve, selon les saisons et selon les localités. Les résultats obtenus ne sont pas définitifs, mais ils constituent une première approximation importante.

209. *Variation de l'intensité lumineuse dans l'atmosphère.* — Cette variation tient à deux causes :

1° A la loi inverse du carré des distances ;

2° A l'absorption par l'atmosphère.

Cette dernière, d'après la loi de Newton, sera une fonction exponentielle ; on pourra donc écrire :

$$y = L\frac{a^x}{x^2}.$$

L_1 étant l'intensité de la lumière émise par la source dans le vide à la distance 1 ; y, son intensité à la distance x dans un milieu absorbant.

Pour l'air atmosphérique, le coefficient de transparence a varie beaucoup. Il résulte d'expériences faites par Bouguer que, dans l'air, un intervalle horizontal de 189 toises fait perdre la centième partie de la lumière, et que 7 469 toises en dissipent le tiers. En prenant pour unité de distance le kilomètre, on trouve :

$$a^{0,3684} = 0,99,$$

et :

$$a^{14,5574} = \frac{2}{3},$$

qui donnent toutes les deux : $a = 0,973$.

Par les temps de brouillard, le coefficient diminue considérablement : le 29 janvier 1861 un bec Carcel n'était plus visible à 25 mètres, ce qui suppose $a = (0,62)^{1000}$, soit 0,62 par mètre.

L'intensité lumineuse décroissant ainsi présente à une distance suffisante une valeur λ trop faible pour être aperçue, valeur variable pour chaque observateur, et on a :

$$\lambda = L\frac{a^x}{x^2}.$$

On peut déterminer directement la valeur de λ par l'expérience en faisant varier x. Généralement pour les marins qui ont la vue perçante on peut adopter $\lambda = 0,01$, le kilomètre étant pris pour unité.

L'énorme variation qui existe dans les valeurs de a (0,973 à $0,62^{1000}$) a conduit à prendre une formule plus simple, fonction de λ, dans laquelle p représente la portée de la lumière unité :

$$a^p = p^{2\lambda}.$$

Ces nombres, faciles à écrire, représentent très bien l'état de l'atmosphère ; c'est ainsi que, pour $a = 0,973$ et $a = 0,62$, ils donnent p = 8 860 mètres et p = 25 mètres.

Le seul inconvénient de cette formule est de changer avec chaque observateur, et, aussi, pour la même atmosphère, lorsque λ varie.

En réalité, toutes les formules conduisent à :

$$La^d = \lambda d^2.$$

Si donc on prend le rapport $\frac{L}{\lambda}$ comme une quantité particulière, on aura une relation entre trois quantités $\frac{L}{\lambda}$, a, d, qui représentent une surface. Si on porte $\frac{L}{\lambda}$ et a sur deux axes situés dans un plan horizontal, d sera l'ordonnée verticale, et les courbes des niveaux de la surface pour différents volumes de d auront une forme hyperbolique :

$$yx^d = d^2.$$

Pour simplifier les solutions graphiques on prendra les logarithmes, et on aura :

$$\log\frac{L}{\lambda} = (-\log a)d + 2\log d,$$

ou en posant :

$$\log\frac{L}{\lambda} = y,$$

et :

$$-\log a = x,$$
$$y = xd + 2\log d.$$

« On voit ainsi que, d étant l'ordonnée verticale, cette nouvelle surface est telle que ses courbes de niveau, à différentes hauteurs x, sont des droites faciles à construire, et, si elles sont tracées sur un plan horizontal, il sera très simple de trouver la portée d'une lumière L dans une atmosphère dont le coefficient de transparence est a ; il suffira, en effet, de chercher sur le plan horizontal, le point qui a $(-\log a)$ pour abscisse et $\log\frac{L}{\lambda}$ pour ordonnée. La droite de niveau qui passera par ce point aura pour hauteur la partie cherchée d. »

On peut donc tracer un tableau graphique une fois pour toutes, et il donnera toutes les solutions cherchées.

210. On voit combien il serait important de connaître le coefficient a de transparence de l'atmosphère. Malheureusement, son observation directe est presque impossible, il faudrait pour cela qu'un observateur pût noter, chaque nuit, à quelle distance une lumière d'une intensité connue disparaîtrait, ce qui est, sinon impossible, du moins très difficile.

Pour y suppléer, M. Allard a utilisé les observations des gardiens des phares, qui consistent à constater, trois fois par nuit, les phares visibles et invisibles à l'horizon, ce qui apprend si le coefficient de transparence est supérieur ou inférieur à une certaine valeur connue, puisqu'on connaît la distance et l'intensité du phare. On réunit l'ensemble de ces observations et on en forme un tableau, ou bien on trace une courbe représentative.

Comme exemple, on verrait sur ce tableau que le feu de Gravelines, observé du phare de Dunkerque, en est éloigné de 18 570 mètres, et qu'il a une intensité de quatre-vingt-dix becs. Pour qu'il cesse d'être vu à Dunkerque, il faut que

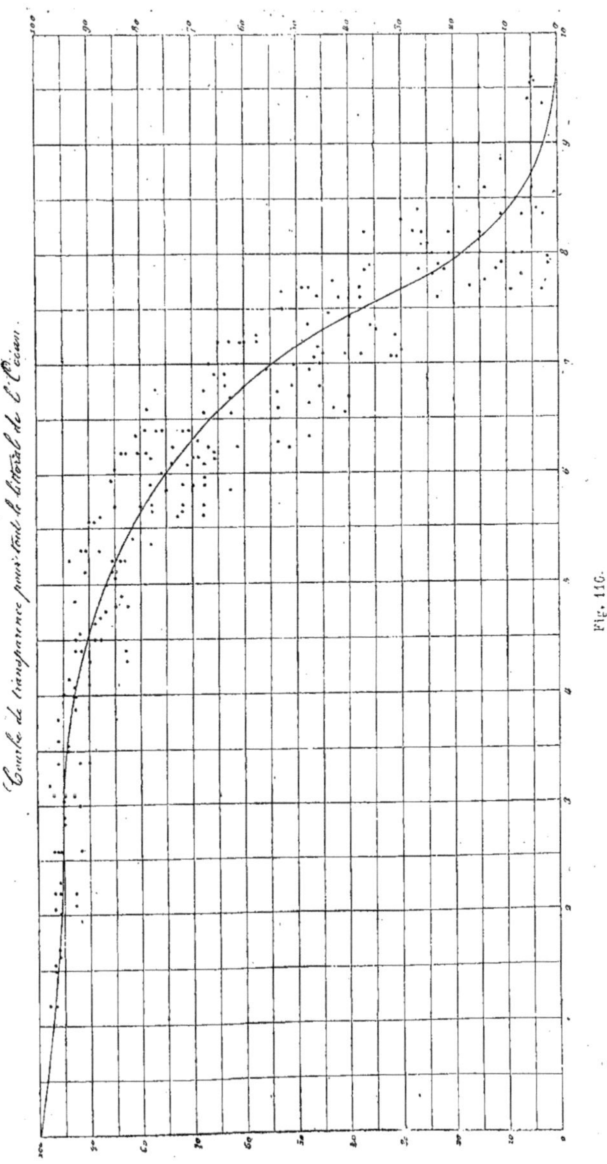

Fig. 116.

Courbe de transparence pour la Bretagne
Courbe de transparence pour la Méditerranée
Courbe de transparence pour la Manche
Courbe de transparence pour le sud de l'Océan

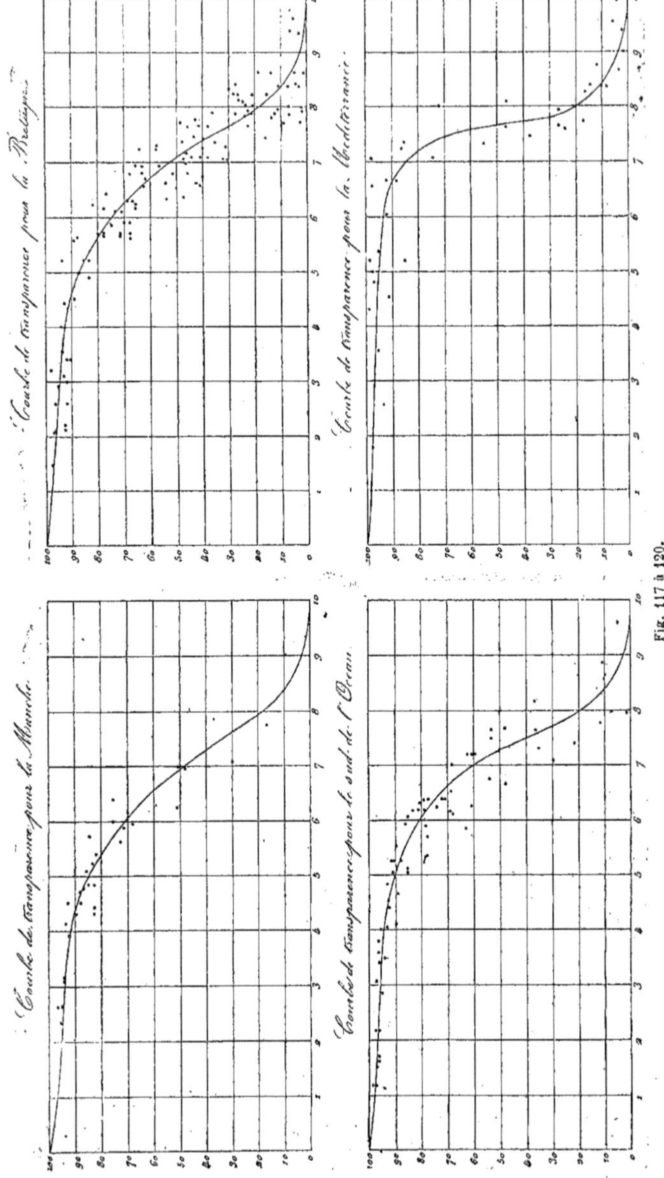

Fig. 117 à 120.

le coefficient de transparence de l'atmosphère soit inférieur à la valeur de a tirée de l'équation :

$$90\, a^{18,57} = 0,01\, (18,57)^2,$$

qui donne : $a = 0,839$,

ou pour la portée p de la lumière unité :

$$(0,839)^p = 0,01\, p^2,$$

d'où : $p = 5,95$, etc. etc.

Au moyen d'un abaque, on simplifie beaucoup les calculs et on obtient une approximation bien suffisante.

Les courbes 116, 117, 118, 119, 120, 121, 122, 123, 124, donnent l'ensemble des résultats recueillis. Les valeurs de p sont portées sur l'axe des x, à l'échelle de 2 centimètres par kilomètre, et les valeurs de n, rapport du nombre de fois que le phare a été vu au nombre d'observations, forment les ordonnées à l'échelle de 1 millimètre par mètre.

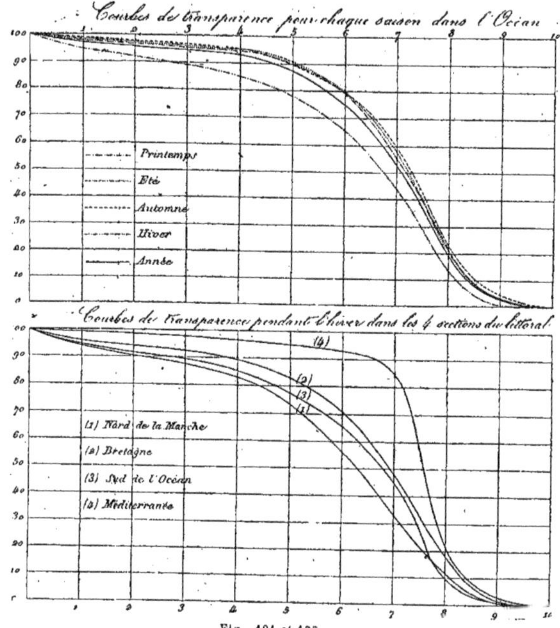

Fig. 121 et 122.

La figure 116 contient l'ensemble des renseignements relatifs à la Manche et à l'Océan de Dunkerque à Biarritz;

La figure 117, de la Méditerranée ;

La figure 118, de Dunkerque à l'embouchure de la Seine ;

La figure 119, de l'embouchure de la Seine à Lorient ;

La figure 120, de Lorient à Biarritz.

La signification de ces courbes est facile à comprendre ; si on place un observateur à l'origine des coordonnées et une lampe unité en un point quelconque de l'axe de x supposé en grandeur naturelle, l'ordonnée correspondante à la lampe indiquera combien de fois sur cent cette lampe sera vue par l'observateur, et, par suite, le prolongement de l'ordonnée, jusqu'au cadre supérieur, marquera combien de fois sur cent elle ne sera pas aperçue.

On reconnaît ainsi sur la figure 116 qu'une lampe unité placée à 4 650 mètres sera vue neuf fois sur dix, à 7 150 mètres cinq fois sur dix, à 8 400 mètres une fois sur dix.

La figure 122 montre combien la répartition de la transparence nocturne se modifie quand on passe de l'Océan dans la Méditerranée. Le coefficient maximum est à peu près le même et correspond à $p = 7,75$ environ, mais il se produit plus fréquemment dans la Méditerranée que dans l'Océan. Les coefficients, compris entre 4 kilomètres et 7 kilomètres, sont, au contraire, plus fréquents dans l'Océan que dans la Méditerranée.

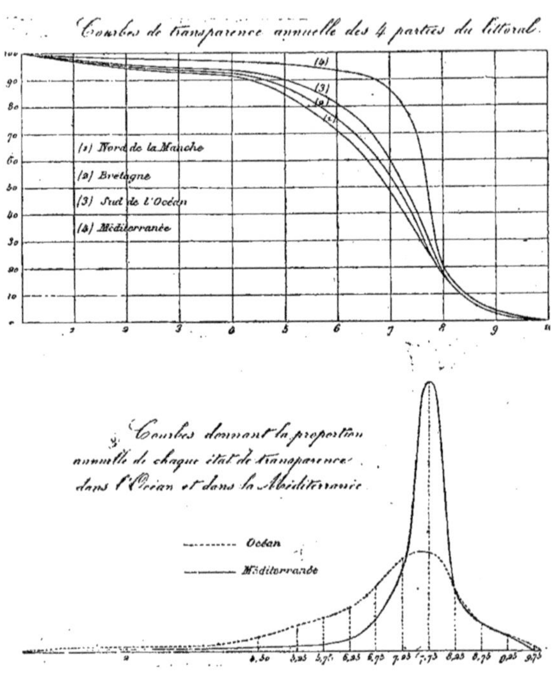

Fig. 123 et 124.

Les autres courbes représentent les visibilités sur le littoral pendant les différentes saisons.

211. *Feux rouges.* — M. Allard s'occupe ensuite dans son mémoire des feux rouges. La question principale qu'il s'agit de résoudre consiste à calculer la portée lumineuse des feux rouges, ou à déterminer le coefficient de réduction qu'il faut appliquer à l'intensité de la flamme pour tenir compte de l'absorption par le verre coloré. Ces rapports varient beaucoup avec la nature du verre. On obtient directement ce coefficient en mesurant, au photomètre, une lumière d'abord blanche, ensuite colorée par l'interposition d'un verre rouge.

Voici quelques chiffres à cet égard, donnant le rapport moyen entre la lumière colorée en rouge par un verre et la même lumière blanche.

Verre rouge à l'or donnant une teinte rosée carminée. 0,25

Verre rouge à l'argent, ordinaire donnant une teinte rouge orangé. 0,19

Verre rouge à l'argent. ordinaire, plus foncé. 0,09

Verre rouge au cuivre, ordinaire, donnant une teinte rouge pourpre 0,05

Verre rouge au cuivre très foncé. 0,02

Quand l'observateur s'éloigne de la plaque du photomètre, la bande rouge l'emporte sur la bande blanche. Voici ce que donnent les verres ordinaires à l'argent et au cuivre :

Observateur à une distance de	Verre rouge à l'argent	Verre rouge au cuivre
$0^m,20$	0,19	0,05
$2^m,00$	0,25	0,07
$4^m,00$	0,32	0,09
$6^m,00$	0,40	0,12
$8^m,00$	0,41	0,15

Il est donc difficile de conclure l'effet produit à 20 ou 30 kilomètres.

On sait toutefois qu'à intensité égale au photomètre l'intensité de feux, blanc, vert et rouge, varie beaucoup ; à 1 000 mètres, l'intensité de la lumière rouge paraît supérieure à celle du feu blanc ; et celle du feu blanc à celle du feu vert.

On a fait sur les phares les mêmes observations pour les feux rouges que pour les feux blancs. Ainsi, par exemple, le phare de Fatouville a été vu quatre-vingt-deux fois sur 100 par les observateurs du phare de la Hève. Ce nombre quatre-vingt-deux correspond sur la courbe 117 à $p = 5,25$. La distance de Fatouville à La Hève est de 21 460 mètres, ce qui donne huit cent quatre-vingt-dix becs pour une distance de visibilité de 21 460 mètres avec une atmosphère définie par 5,25. L'intensité du feu blanc qui produisait l'éclat de Fatouville étant de trois mille huit cents becs, le coefficient de réduction est de :

$$\frac{890}{3\,800} = 0,23.$$

On pourra donc admettre, sauf modification ultérieure, le coefficient 1/5 pour calculer les portées des feux rouges ; l'expérience a donné 1/8 pour celles des feux verts.

212. *Portée des phares.* — La plus grande distance à laquelle une lumière puisse être aperçue dépend de l'état de transparence de l'atmosphère, puisqu'elle s'obtient en résolvant par rapport à d l'équation :

$$La^d = \lambda d^2.$$

Le coefficient λ représente la limite d'intensité lumineuse perceptible par l'observateur à l'unité de distance dans le vide. Il peut être supposé égal à 0,01. La valeur du coefficient de transparence a variant dans des limites très étendues, la portée du phare devient tout à fait relative et a besoin d'une définition.

M. Allard appelle *portée ordinaire ou moyenne* d'un phare la distance à laquelle un observateur verrait ce phare pendant la moitié de la durée totale des nuits et le perdrait de vue pendant l'autre moitié. Les courbes font voir que, dans la Manche et dans l'Océan, la transparence est supérieure à celle que représente le coefficient $p = 7,15$ ou $a = 0,910$, et que cette limite est 7,65 ou $a = 932$ pour la Méditerranée. En résolvant l'équation ci-dessus et en y remplaçant a par 0,910 ou 0,932 on aura la *portée moyenne* d'un phare d'intensité L situé dans l'Océan ou dans la Méditerranée. C'est celle qu'on indique dans le *Livret des Phares*.

Dans le même ordre d'idée et en calculant les visibilités par mois ou par douzième, on en tire les coefficients suivants :

$p = 4,9$ pour les temps brumeux ;
$p = 7,0$ pour les temps ordinaires ;
$p = 8,6$ pour les temps clairs.

Ceci a permis de calculer un tableau général de la portée des phares dans ces trois circonstances ; ce tableau se trouve comme annexe dans le travail de M. Allard, et M. Debauve le résume ainsi :

DÉSIGNATION DES FEUX	PORTÉE EN MILLES DE 1 852 MÈTRES PAR UN TEMPS		
	BRUMEUX	MOYEN	CLAIR
Feu fixe de 1er ordre	9.6	19.6	38.2
Feu à éclipse de minute ou minute à 8 lentilles.	12.9	28.5	60.7
Feu fixe de 1er ordre, électrique (La Hève)	12.5	27.3	57.5
2e ordre, à éclipse de 1/2 minute en 1/2 minute.	11.4	24.5	50.1
Feu fixe de 3e ordre	7.8	15.3	27.1
Feu fixe rouge	14.2	19.8	30.5
Feu de 4e ordre	7.1	13.4	22.9
Feu fixe blanc à 1 mètre, appareil de 0m,50	4.1	6.6	9.1

Éclairage à l'huile minérale.

213. Ainsi que nous l'avons vu dans la partie historique on n'employait anciennement pour l'éclairage des phares que la combustion du bois à longue flamme. Ce fut pendant le moyen âge qu'on substitua les chandelles à ce mode barbare, et celles-ci furent elles-mêmes remplacées par des lampes à huile végétale en 1780.

Vers 1856, on commença à étudier les effets de l'huile minérale de *schiste*, fabriquée dans les environs d'Autun. Cette industrie encore dans l'enfance donnait des produits qui s'enflammaient à 25 et 30 degrés ; malgré cet inconvénient cette huile se substitua peu à peu dans tous les feux et fanaux à une seule mèche, là où une faible accumulation de produits détonants offrait peu de danger. Vers 1868, on fit de nouveaux essais sur des lampes à plusieurs becs avec un produit nouveau, nommé *paraffine d'Écosse*, qui ne dégageait de vapeurs inflammables qu'à 60 degrés.

Ces essais donnèrent une satisfaction suffisante pour que cette huile soit adoptée d'une manière complète sur les phares de notre littoral. La transformation se fit sur les grands appareils de 1872 à 1874.

L'adoption de ce nouveau mode d'éclairage apportant une notable économie en argent, on en profita pour augmenter l'intensité lumineuse des appareils. Les becs des lampes des différents ordres de phares furent agrandis, de manière à recevoir chacun une mèche de plus ; on profita de la refonte générale du matériel pour l'uniformiser et donner le même diamètre aux mèches de même rang à partir du centre. Les diamètres sont ceux que nous avons indiqués page 120.

214. On avait, au commencement de

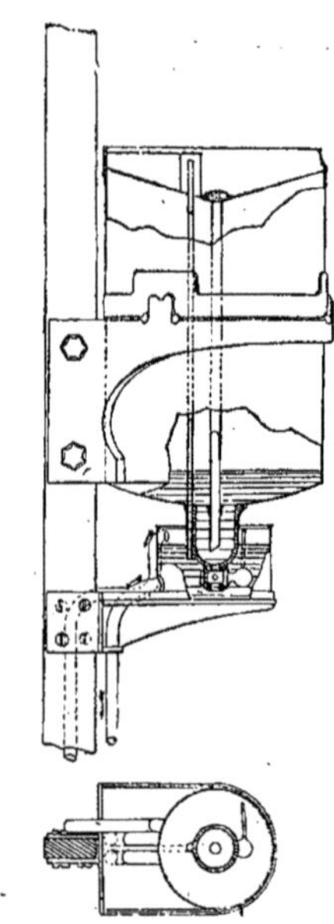

Fig. 125 et 126.

la substitution de l'huile minérale dans les feux à plusieurs becs, utilisé les anciens appareils mécaniques qui servaient à faire monter l'huile végétale aux lampes.

Aujourd'hui, on les a remplacés par des lampes à niveau constant. Les figures 125 et 126 représentent le dernier modèle adopté.

Cette lampe se compose d'un vase cylindrique en cuivre, muni à sa partie inférieure d'un goulot qu'on ouvre ou qu'on ferme à volonté avec un robinet. Un tube central ouvert à ses extrémités traverse le fond supérieur du réservoir disposé en entonnoir et descend jusqu'à la région inférieure du goulot; un autre tube vertical, débouchant à l'extérieur du goulot, s'élève jusqu'à la partie supérieure du réservoir avec laquelle il communique. Le goulot plonge dans une petite bâche d'où partent les tuyaux d'alimentation du bec et celui du trop-plein.

Pour remplir la lampe, on ferme le robinet du goulot et l'on verse sur l'entonnoir l'huile qui s'écoule dans le réservoir par l'intermédiaire du tube central, en refoulant l'air dans le tube latéral d'où il s'échappe dans l'atmosphère.

Le plein du réservoir terminé, on ouvre le robinet ; l'huile se déverse alors dans la bâche jusqu'à ce que son niveau ait atteint l'orifice inférieur du tube central, c'est-à-dire le niveau constant. A partir de ce moment le tube central est vide, le tube latéral est plein jusqu'au niveau de l'huile dans le réservoir, et la lampe est prête à fonctionner; si l'on ouvre le robinet du bec on peut faire son allumage: à mesure que l'huile se consomme, son niveau baisse dans la bâche, découvre l'orifice du tube central par lequel l'air s'introduit dans le réservoir et fait écouler dans la bâche la quantité d'huile voulue pour rétablir le niveau constant.

La lampe est fixée sur un des montants de la lanterne dans l'angle mort du feu. Elle communique avec le bec par l'intermédiaire d'un tuyautage qui passe sous l'armature et s'élève dans une colonne centrale servant de support à ce bec.

Ces dispositions donnent plus d'aisance dans le service, surtout pour les appareils de petites dimensions. Elles suppriment toutes les sujétions de lampes mécaniques et assurent, comme il convient, l'alimentation du feu.

La comparaison des deux modes d'éclairage donnait, en 1878, les résultats suivants :

Les phares des différents ordres du littoral français consommaient	320 000 kil.
d'huile minérale, qui à raison de 0 fr. 79 le kilog. représentaient.	252 800 fr.
La consommation en huile de colza avec des becs plus étroits aurait été de .	245 000 kil.
qui, à raison de 1 fr. 51 le kil., donnent une dépense de	370 000 fr.
D'autre part, la somme des intensités, produites par toutes les lampes en service, aurait été pour l'huile minérale, de	3 000 becs
et pour l'huile de colza, de.	1 785 becs

Soit pour le prix des unités d'intensité 84 francs et 207 francs, c'est-à-dire dans le rapport de 2 à 5. On a utilisé récemment pour l'éclairage des balises, ainsi que nous le verrons un peu plus loin, l'huile minérale très légère appelée *gazoline*.

Phare de Faraman.

215. Nous donnerons comme exemple de cette disposition d'après la notice de l'Exposition de 1889, celle d'un appareil optique de troisième ordre, destiné au phare de Faraman. La réinstallation de ce phare avec un feu scintillant de troisième ordre a fourni à l'Administration des Ponts et Chaussées l'occasion de réunir, dans un même ensemble, les diverses améliorations qui ont été introduites dans les phares français éclairés à l'huile minérale.

« On est d'usage, dit le rapport de l'Exposition de 1889, de calculer et de construire, avec un foyer commun, les éléments dioptriques des lentilles annulaires cylindriques à éléments verticaux employés dans les optiques des phares des trois ordres. On applique la même règle aux anneaux catadioptriques, et il n'y a été fait jusqu'ici d'exception que pour ceux de la couronne inférieure de l'appareil du Pilier (Vendée).

« Cette manière de faire s'imposerait

si les lentilles étaient formées d'une seule pièce; mais elle ne saurait se justifier pour celles dites à *échelons*, en usage dans les phares et encore moins pour les anneaux catadioptriques, car les éléments qui les composent doivent être cal-

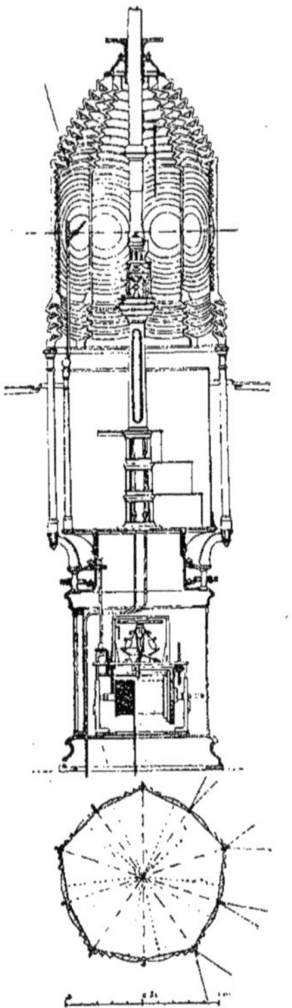

Fig. 127 et 128. — Phare de Faraman.

culés et construits séparément. Il est d'ailleurs facile de se rendre compte qu'elle ne permet de réaliser ni le maximum d'effet utile de la flamme, ni la meilleure répartition de l'éclairage sur les surfaces de la mer, et que les résultats ne peuvent être obtenus qu'à la condition d'assigner à chaque élément un foyer spécial placé dans la situation la plus convenable.

« En déterminant ainsi les divers éléments d'une lentille cylindrique, on trouve qu'ils doivent être pris sur son axe de révolution, au-dessus du foyer de la lentille centrale et à une hauteur croissant avec la distance des éléments au plan focal de cette lentille.

« Ce mode de distribution de foyer ne peut convenir aux optiques annulaires dont les éléments sont obtenus par révolution autour d'un axe horizontal, mais il est facile de reconnaître que l'on réalise les effets voulus, en prenant les foyers sur cet axe, comme dans le cas précédent, avec cette différence, toutefois, que les éléments situés au-dessus de la lentille centrale ont leur foyer à gauche de celui de cette lentille, et les éléments inférieurs à droite; grâce à ces dispositions, les bords contigus de deux anneaux successifs sont formés de deux cercles concentriques de même rayon qui se juxtaposent et s'assemblent parfaitement sans vide ni superposition. On évite ainsi les défectuosités présentées par les anciens appareils annulaires au contact des éléments dioptriques avec les anneaux catadioptriques, lesquels ont un foyer distinct placé hors de l'axe de révolution.

Cette multiplicité des foyers ne complique d'ailleurs ni les calculs, ni la construction de l'optique et ne présente, par suite, que des avantages sans inconvénients.

L'appareil du nouveau phare de Faraman est multifocal (*fig.* 127, 128). Il se compose de cinq panneaux formés chacun de deux lentilles dissymétriques dont les axes principaux se trouvent ainsi émis par groupe de deux. Dans chaque groupe, ils durent une seconde et sont séparés par une petite éclipse de deux secondes. Une grande éclipse de six secondes sépare chaque groupe de celui qui le précède et de celui qui le suit. L'appareil accomplit une révolution en cinquante secondes.

Ce feu n'éclairant que la moitié de l'horizon, il convenait d'utiliser la lumière perdue du côté des terres et de la renvoyer sur la surface de la mer avec un réflecteur sphérique, mais on n'a pas jugé nécessaire de donner à ce réflecteur un rayon sensiblement égal à celui de l'optique, comme on l'a fait jusqu'à ce jour. Il est en effet facile de se rendre compte que le résultat à obtenir est indépendant de ce rayon et qu'on en peut réduire sans inconvénient la longueur suivant les convenances du service ou de la construction. Dans ces conditions, il devient facile d'exécuter les réflecteurs en verre coulé et même en verre soufflé, c'est-à-dire avec une grande économie. Une légère retouche au tour et au bassin suffit à assurer la régularité convenable de leur surface intérieure et extérieure. Celle-ci est ensuite argentée et enduite d'un vernis protecteur. On réalise ainsi à peu de frais des réflecteurs qui utilisent le tiers environ de la lumière incidente et se prêtent facilement à l'installation de tous les appareils optiques.

Quant à la machine de rotation, ainsi qu'à l'armature, elles ont été l'objet de diverses améliorations de détail, dont la

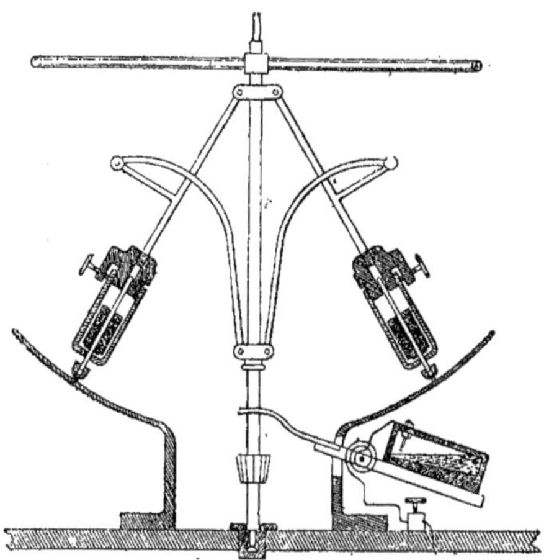

Fig. 129.

plupart sont admises en France et à l'Étranger. On peut signaler notamment :

1° La substitution de galets coniques aux galets sphériques, antérieurement adoptés pour le chariot de roulement ;

2° L'installation d'un remontoir du poids moteur permettant de relever ce poids sans arrêter la machine ;

3° Des dispositions nouvelles destinées à assurer en toutes circonstances la rotation de l'appareil optique.

Cette rotation, s'effectuant avec un mouvement uniforme, exige que l'action du poids moteur soit toujours égale aux résistances passives qu'elle a à vaincre. Quand celles-ci viennent à augmenter par suite de diverses éventualités, l'appareil est exposé à des arrêts fréquents. Pour les prévenir il faut :

1° Donner au poids du moteur une surcharge qui le rende capable de mettre la machine en mouvement, en surmontant le frottement de ses organes au départ ;

2° Annuler, durant le mouvement, l'effet de cette surcharge qui tendrait à accélérer la vitesse.

La combinaison a été réalisée au moyen d'un pendule conique (*fig.* 129) dont les deux branches sont munies d'un étrier percé de deux trous dans lesquels peut glisser une tige convenablement lestée. Cette tige porte, à sa partie inférieure, un bouton en bois ou en liège qui vient frotter sur la surface intérieure d'une calotte sphérique, lorsque, par suite du mouvement de rotation, les branches du pendule prennent leur écart normal. Le frottement cesse automatiquement quand la rotation, se ralentissant ou s'arrêtant, les branches se rapprochent. A cet effet, un arrêt empêche la tige de descendre ; le centre de la calotte est situé un peu au-dessous de celui de la circonférence décrite par le bouton, lorsque la tige repose sur son arrêt.

Avec ce dispositif la surcharge est libre, si la machine est immobile, et son action détermine le mouvement qui va en s'accélérant jusqu'à ce que les branches du pendule aient pris leur écart normal. A ce moment, le travail de la surcharge est égalisé par celui du frottement, à raison du chemin que le bouton parcourt sur la calotte et de la pression exercée par le lest de la tige, en vertu de la force centrifuge. Le mouvement devient donc uniforme et la rotation se maintient dans les conditions voulues tant que les résistances passives restent constantes. Si elles diminuent passagèrement, la rotation s'accélérant, l'écart du pendule ainsi que le travail du frottement s'accroissent et le mouvement uniforme se rétablit. Il en est de même dans les cas où ces résistances augmentent, le frein fonctionne ainsi comme régulateur, et il est d'une grande sensibilité. On comprend aisément qu'en faisant varier le lest et la course des tiges, ce dispositif se prête à toutes les allures des machines de rotation.

Une sonnerie électrique est mise en mouvement par les branches du pendule, lorsqu'elles retombent par suite du ralentissement ou de l'arrêt de la machine. Le contact nécessaire est obtenu dans une caisse en ébonite qui renferme du mercure ; un index pénètre dans ce liquide quand sa surface atteint une certaine hauteur, par suite de l'abaissement des poids du pendule conique, et il établit la communication avec la sonnerie.

Éclairage électrique des phares.

216. Ce fut vers 1863 que l'on songea à appliquer l'éclairage électrique aux phares. Ce procédé fut longtemps à se répandre, ce qui tient à ce que, tous les phares importants étant déjà installés, il fallait attendre que leurs appareils entrassent en grande réparation pour faire la substitution. Il y avait aussi généralement des constructions importantes à établir, car la production de l'électricité exige, comme on le sait, la création d'une

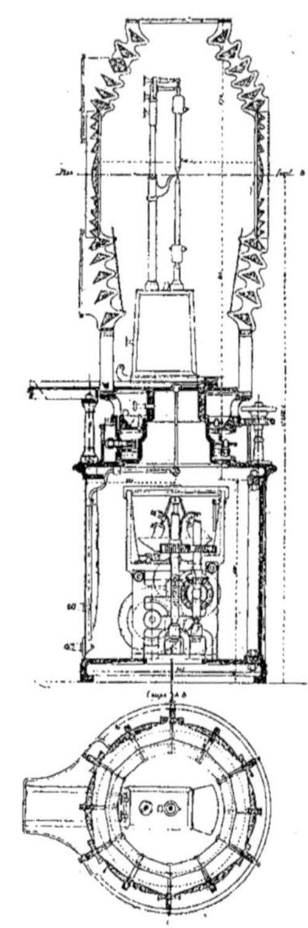

Fig. 130 et 131.

force motrice. En 1878, il n'y avait encore que trois phares électriques en fonctionnement, ceux du cap de La Hève et celui du cap Gris-Nez. Depuis l'on a décidé que l'on se bornerait à appliquer ce mode d'éclairage aux phares les plus importants qui servent au grand atterrage. En 1889, ceux-ci étaient au nombre de treize, dont huit en service à Dunkerque, Calais, Gris-Nez, La Conche, La Hève, Créach, les Baleines et Planier, et cinq en voie d'établissement à Barfleur, Penmarc'h, Belle-Ile, l'île d'Yeu et la Coubre. On a en même temps introduit successivement de nombreux perfectionnements.

On a conservé pour ces appareils les petites dimensions précédemment admises pour les appareils optiques ($0^{m},60$ de diamètre). Leurs avantages ne paraissent plus pouvoir être mis en question, après l'expérience acquise aujourd'hui.

On a renoncé à l'optique double de feu fixe varié par des éclats groupés qui a été jugée trop fragile et trop difficile à entretenir. On lui a substitué une optique simple composée de lentilles annulaires dissymétriques (*fig.* 130, 131) conservant aux feux électriques leurs caractères anciens (scintillants avec groupes de deux, trois ou quatre éclats), lesquels sont très appréciés par les navigateurs et facilitent notablement la mesure des angles et des relèvements. Cette disposition de l'optique a permis d'augmenter l'angle horizontal sous-tendu par les lentilles et d'accroître, par suite, l'intensité lumineuse du feu. Celle-ci a encore été augmentée par la suppression de la divergence horizontale artificiellement donnée aux lentilles à éléments verticaux des anciens appareils. La divergence artificielle est d'ailleurs sans utilité et les marins ont été unanimes à déclarer que la durée des éclats n'avait pas d'importance, pourvu qu'elle suffise à les rendre perceptibles.

Quant à la divergence verticale, on a pensé aussi qu'il n'y avait pas lieu de l'augmenter artificiellement comme on l'a fait jusqu'ici dans les feux électriques. Dans la plupart des cas, il n'y a pas, en effet, d'intérêt, et il peut même y avoir des inconvénients, à donner, au faisceau lumineux, une divergence au-dessous de l'horizon supérieure à 1° 19' avec laquelle ce faisceau rencontre la surface de la mer à la distance de 2 milles environ, d'un phare d'altitude ordinaire. Or, cette divergence peut être réalisée dans les appareils optiques de faibles dimensions, en plaçant, dans le plan focal du tambour dioptrique, la partie du charbon inférieur où se produit le maximum d'incandescence. En opérant de même pour le charbon supérieur et en disposant à une hauteur convenable le plan focal des éléments catadioptriques au-dessus de celui des anneaux dioptriques, on obtient à la fois la divergence verticale voulue, la meilleure distribution de la lumière sur la surface de la mer, et, une plus grande utilisation de la lumière totale.

Cette disposition *bifocale* est donc la plus avantageuse et la mieux appropriée à la nature spéciale de l'éclairage électrique. C'est celle qu'on a admise dans les nouveaux appareils.

Diverses améliorations de détail ont été, en outre, apportées aux dispositions de l'optique. On signalera notamment l'emplacement assigné aux entretoises, derrière la face réfléchissante des éléments catadioptriques, afin d'éviter l'occultation qu'elles produisent ainsi que l'installation de glaces planes destinées à garantir les anneaux inférieurs de la couronne, contre les poussières et les projections produites par les charbons.

La machine de rotation est en tous points semblable à celle que nous avons décrite pour les appareils à huile minérale.

Les moteurs employés (locomobiles, moteurs à air chaud) sont de la puissance de 9 chevaux. Il y en a trois dans chaque phare. Ils actionnent, non seulement les machines électriques, mais encore le mécanisme des signaux sonores associés aux phares. Un seul moteur suffit dans les circonstances ordinaires pour la production de la lumière électrique, et il est susceptible de marcher sans arrêts ni chômages pendant toute la nuit. Il est nécessaire d'en mettre deux en service pendant les temps brumeux, ou lorsque l'on fait fonctionner les signaux sonores. Le troisième est une machine de relai et de rechange.

On continue à employer les machines Méritens à cinq disques avec quelques modifications. On a décomposé chaque machine en deux demi-machines, ayant séparément cinq groupes de huit bobines en tension et en réunissant en quantité cinq demi-disques, chacun de ceux-ci étant formé de huit bobines en tension. Un distributeur de courant convenablement disposé permet d'atteler une, deux, trois ou quatre demi-machines en quantité.

Les machines sont commandées chacune séparément, ce qui donne les mêmes résultats et évite les inconvénients résultant de leur accouplement.

Cette installation permet donc de faire varier les circonstances d'intensité lumineuse, et de mettre celle-ci en rapport avec la transparence variable de l'atmosphère définie dans la pratique, par la visibilité des phares qui se trouvent dans les limites de l'horizon du phare électrique.

Le tableau suivant fait connaître les diverses intensités admises dans le service et les moyens de les obtenir.

Nature du temps	Clair	Moyen	Brume	Brouillard
Diamètre des charbons en millimètres	10	16	20	23
Nombre des magnétos en mouvement	Demi	Une	Une et demie	Deux
Mesures mécaniques.				
Nombre de tours de la magnéto par minute	430	430	430	430
Travail transmis en chevaux-vapeur sur l'arbre des magnétos, circuit fermé avec lampes	2.24	3.80	5.80	7.50
Mesures électriques.				
Intensité I en Ampères — Circuit fermé sans lampes	33	78	111	150
Intensité I en Ampères — Circuit fermé avec lampes	22	51	74	[illegible]8
Force électrom. E en Volts — Circuit ouvert	68	68	68	68
Force électrom. E en Volts — Circuit fermé avec lampes	41	42	41	44
Énergie en Watt, EI, circuit fermé avec lampes	902	2142	3034	4312
Mesures photométriques.				
Intensité horizontale L de la lampe électrique en becs Carcel	100	360	500	738
Intensité du faisceau émis par l'appareil, mesurée à 400 mètres	350.000	»	»	600.000
Rendements.				
Becs Carcel obtenus par cheval	64.3	85.3	77.6	88.5
Nombre de becs par Ampère	6.5	6.4	6.1	6.8
Rendement $\frac{EI}{75gt}$	0.54	0.77	0.71	0.78

Les forces électromotrices sont prises aux bornes de la machine.

En temps clair et en temps moyen, c'est-à-dire pendant les 10 douzièmes de l'année, la partie lumineuse des feux électriques dépasse 27 milles, ce qui est largement suffisant, car, à raison de l'insuffisance des portées géographiques dont on dispose dans la plupart des cas, le phare cesserait d'être utile à une plus grande distance.

Pendant les autres 2 douzièmes, les portées lumineuses sont d'autant plus insuffisantes que le temps est plus chargé de brumes, mais il est presque impossible d'y remédier ; on ne pourrait qu'atténuer cette défectuosité, mais au moyen de grands sacrifices. On préfère avoir recours, ainsi que nous le verrons tout à l'heure, aux signaux sonores.

Les anciens régulateurs Serrin ont été modifiés pour pouvoir être adaptés aux nouvelles machines.

Le courant d'une demi-magnéto, avant

de se rendre au charbon inférieur, passe dans un électro-aimant agissant sur une tige de fer doux, qui porte le cliquet destiné à produire le déclenchement de la roue étoilée du régulateur (*fig.* 132). Cette tige est suspendue sur un axe horizontal autour duquel elle peut osciller ; elle est placée à distance convenable des pôles de l'électro-aimant, au moyen d'un levier coudé actionné par une vis et muni de deux ressorts antagonistes.

Avec ce dispositif très simple, les variations de résistance de l'arc voltaïque, et celles du courant qui en sont la conséquence, déterminent l'oscillation du fer doux et le déclenchement du cliquet, avec le rapprochement voulu du charbon ; et

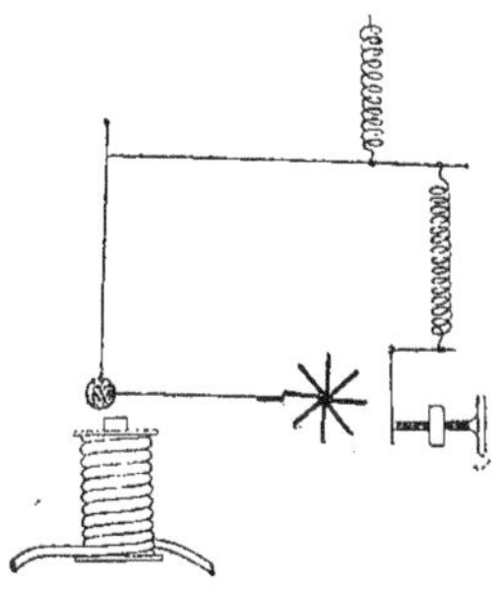

Fig. 132.

ce déclenchement, contrairement à celui des anciens régulateurs Serrin, reste indépendant du charbon inférieur.

Lorsque l'éclairage nécessite l'emploi de plus d'une demi-machine, le circuit des demi-machines supplémentaires se rend directement dans les charbons au moyen de balais qui permettent le mouvement du porte-charbon, et le régulateur fonctionne comme s'il n'avait qu'une demi-magnéto en action.

L'allumage se fait à la main au moyen d'un levier.

On a joint à cette installation :

1° Un électro-dynamomètre Siemens ndiquant l'intensité des courants obtenus, et, permettant de vérifier si les résultats de l'exploitation sont conformes aux prescriptions réglementaires.

2° Un avertisseur électrique des arrêts et des ralentissements des magnétos, indiquant aux maîtres de phares les défaillances des chauffeurs. Il se compose (*fig.* 133) d'un curseur qui se meut, sous l'influence de la force centrifuge, le long d'une tige fixée normalement sur l'arbre des magnétos et pressant sur un ressort en raison de la vitesse de rotation donnée à ces machines. Quand celle-ci est insuffisante, la réaction du ressort ramène le curseur dans une position telle, qu'il ferme le courant de la sonnerie.

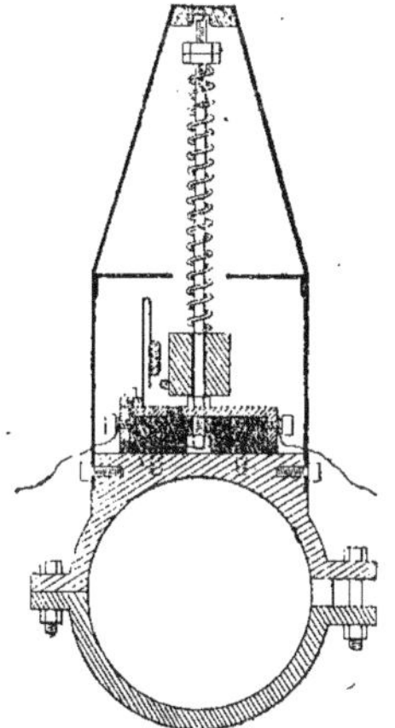

Fig. 133.

3° Un avertisseur électrique d'extinction de la lampe électrique signalant au maître de phares la négligence des marins placés dans la lanterne. Un électro-aimant à fil fin est monté en dérivation sur le circuit du régulateur. Le courant principal s'annulant en cas d'extinction, le courant dérivé est également annulé et provoque la fermeture du courant d'une sonnerie (*fig.* 134).

4° Un contrôleur avec mouvement d'horlogerie pour tenir les gardiens en haleine.

On peut évaluer de la façon suivante

la dépense d'un appareil, tel que nous venons de le décrire:

Appareil optique, machine de rotation, frein automatique, avertisseurs électriques de l'arrêt de la machine de rotation et de l'extinction de la lampe.	16 000 fr.
Trois moteurs à air chaud (système Bénier).	24 000
Transmission, embrayages Mégy, réservoirs d'eau et thermo-siphons.	11 500
Deux magnétos de Méritens avec palier, poulies folles et avertisseurs	18 700
Quatre régulateurs Serrin transformés.	4 800
Distribution du courant, conducteurs électriques, contrôleur de veille, électro-dynamomètres.	3 000
Divers	2 000
Total	80 000 fr.

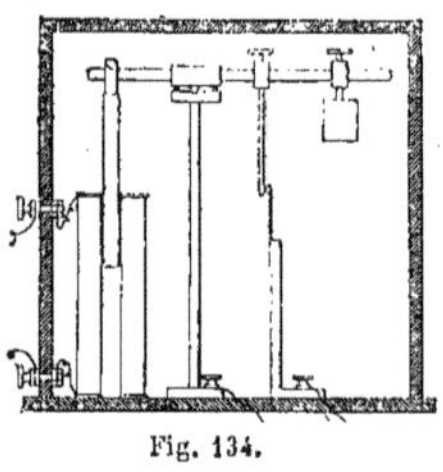

Fig. 134.

Appareil hyper-radiant de 2m,66 de diamètre intérieur.

217. Après avoir ainsi examiné les différents perfectionnements apportés dans ces dernières années à l'éclairage des phares, nous allons parler de ceux non moins considérables qui sont relatifs aux appareils optiques.

Les moyens dont on disposait, il y a quelques dizaines d'années, ne permettaient pas de dépasser les dimensions adoptées par Fresnel, pour les appareils de premier ordre (1m,84). A moins de recourir à l'électricité, on ne pouvait accroître la puissance des phares, qu'en augmentant l'intensité lumineuse de leur flamme et en associant ensemble plusieurs feux, de manière à ajouter leurs effets. C'est ainsi qu'on a procédé en Angleterre et en Irlande où l'on a superposé dans une seule lanterne deux, trois, et même quatre appareils de premier ordre, réduits à leur partie dioptrique et illuminés par des lampes à l'huile ou au gaz des plus puissantes.

Mais ces combinaisons, designées sous le nom de *biforme*, *triforme* et *quadriforme*, ont de graves inconvénients. Elles compliquent le service, augmentent le prix de revient de l'unité de lumière et accroissent inutilement la divergence déjà excessive des appareils. Elles dérogent à la règle établie et toujours à suivre pour augmenter la puissance des phares, règle qui exige la réduction au strict nécessaire de la divergence des faisceaux émis par l'optique, en vue d'obtenir le maximum de leur éclat et qui conduit à proportionner le diamètre de cette optique aux dimensions de la flamme qui l'illumine.

En France, on n'a pas cru devoir s'écarter de cette règle et on a jugé convenable d'attendre, pour améliorer l'éclairage à l'huile, que les progrès de l'industrie aient donné la possibilité d'augmenter les dimensions des appareils optiques.

Vers la fin de 1885, M. Barbier, constructeur de phares, réussit la fabrication d'une grande lentille annulaire au 1/6 ayant premièrement 1m,330 de longueur focale et une ouverture de 65 degrés dans le plan vertical.

Elle fut soumise aux expériences, alors en cours en Angleterre à South-Foreland, et comparée à une lentille également au 1/6 et sous-tendant un angle de 92 degrés (type Eddystone). Des mesures photométriques très précises qui furent relevées, on peut conclure qu'un appareil complet de 2m,66 de diamètre intérieur est capable de tripler l'éclat, c'est-à-dire la puissance d'un appareil semblable de premier ordre, et d'égaler celle d'une combinaison triforme de cet ordre, à la condition, bien entendu, que tous ces appareils soient illuminés par des lampes identiques.

Les applications de grands appareils de $2^m,66$ de diamètre, ou hyper-radiants, ont suivi de près les expériences.

La Russie et les États-Unis les ont adoptés pour deux feux fixes, illuminés avec une seule lampe ; l'Angleterre les a admis avec la combinaison biforme pour feux à éclat ; l'Irlande les a même employés en feux triformes au sixième (Tory-Island).

En France on a repoussé les combinaisons multiples et choisi l'appareil hyper-radiant complet pour feu à éclat avec lampe unique. Ce choix est motivé par les raisons données ci-dessus, et par le rôle qui a été assigné dans l'éclairage maritime aux phares munis de cet appareil.

Leur importance les place entre les feux de premier ordre et les feux électriques, les derniers étant destinés au grand atterrage. Les phares hyper-radiants sont donc destinés à améliorer certains points où sont placés actuellement des phares de premier ordre, et l'appareil complet à lampe unique suffit. Le prix de revient de l'unité de lumière est alors en rapport avec le service rendu.

Le premier appareil hyper-radiant installé est celui du cap d'Antifer aux abords du Havre (*fig.* 135, 136). L'optique a $2^m,66$ de diamètre intérieur : il se compose de six panneaux annulaires complets, occupant chacun un sixième de la circonférence et comprend douze éléments catadioptriques inférieurs, dix éléments dioptriques intermédiaires et vingt-six éléments catadioptriques supérieurs.

L'appareil optique est installé sur un soubassement en fonte formé de six colonnes supportant un entablement circulaire et une table centrale sur laquelle on accède au moyen d'un marchepied.

Sur ce soubassement, un chariot à galets coniques, en acier, porte l'armature de l'appareil, dont la base, constituée par un plateau mobile, à circonférence dentée, engrène avec le pignon de la machine de rotation. Le mouvement d'horlogerie de cette machine fait faire à l'appareil un tour complet en cent vingt secondes, de manière à produire, toutes les vingt secondes, des éclats précédés et suivis d'éclipses totales du feu.

La machine est munie d'un frein automatique, d'un avertisseur électrique de ralentissement et de l'arrêt, ainsi que

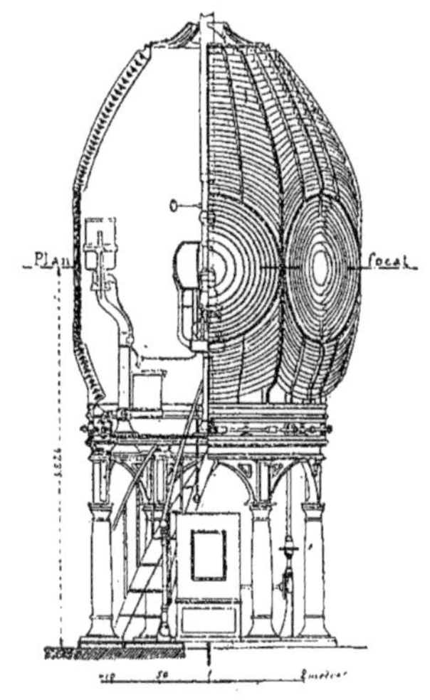

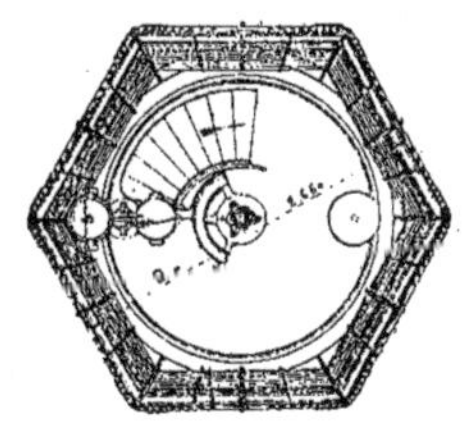

Fig. 135 et 136. — Phare du cap d'Antifer.

d'un dispositif permettant de remonter le poids moteur, sans interrompre la rotation, dispositif que nous avons déjà signalé dans les améliorations des phares éclairés à l'huile.

Le prix de revient de l'appareil s'élève à la somme de 94 000 francs.

Signaux sonores associés aux phares électriques.

218. Nous avons vu que pendant deux douzièmes de l'année, la visibilité des phares était réduite plus ou moins, suivant l'intensité des brumes et des brouillards. En vue de suppléer à cette insuffisance, on a imaginé de leur associer des signaux sonores.

Deux phares ont été pourvus de ces signaux. On a adopté tout d'abord le dispositif préféré des États-Unis. On sait que ce système consiste en :

1° Une sirène actionnée par la vapeur d'eau ;

2° Une chaudière à génération rapide ;

3° Une machine réglant la hauteur du ton et le rythme.

Toutefois, on reconnut que ce système présentait certains inconvénients, et on adopta d'autres combinaisons mieux appropriées aux convenances du service; on se proposa, par suite, de réaliser le programme suivant :

1° Utiliser autant que possible le personnel et le matériel des phares électriques pour le fonctionnement de ces signaux;

2° Disposer tous les mécanismes, de manière à produire immédiatement les sons au moment du besoin ;

3° Émettre les sons à distance du phare et dans les conditions les plus favorables à leur perception en mer.

La conséquence naturelle de ce programme fut de substituer l'air comprimé à la vapeur, et d'exiger la réunion dans un même local, sous la conduite d'un même chauffeur, du service de toute la machinerie phonique et électrique. Celle-ci se compose donc: de trois moteurs à air chaud de 9 chevaux, du magnéto, et d'un compresseur à air qui refoule celui-ci dans des réservoirs de distribution.

Afin de pouvoir faire fonctionner la sirène pendant le jour, et, alors que les machines sont arrêtées et pour se donner le temps, pendant la nuit, de mettre un moteur en train (car il faut un moteur pour l'électricité), on a deux accumulateurs d'air à 15 kilogrammes. Ceux-ci alimentent le réservoir de distribution de la sirène au moyen d'un détendeur. Cet air comprimé actionne une petite machine qui règle la tonalité et le rythme du son donné par la sirène, laquelle peut être mise en marche au premier signal.

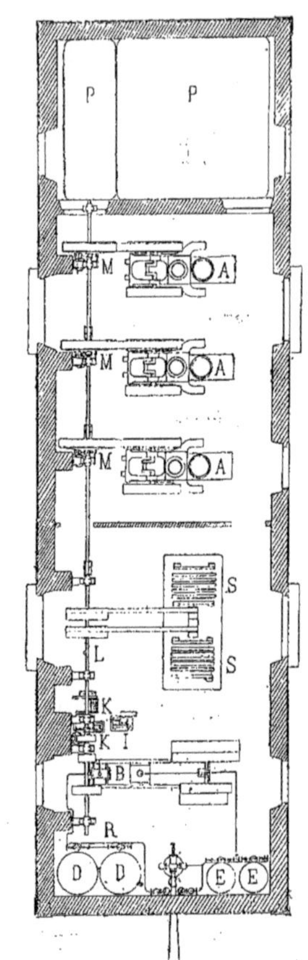

Fig. 137. — Plan de l'installation de la machine du phare de Belle-Isle.

219. La sirène étant, comme nous l'avons vu, installée dans la machinerie du phare, on transporte le son au rivage avec de simples tuyaux en poterie de $0^{m},30$ de diamètre, partant du pavillon de l'appareil, et se dirigeant souterrainement jusqu'au point choisi sur le rivage. On peut, comme on le voit, multiplier ainsi les points d'émission du son, ce qui a l'avantage de pouvoir l'orienter suivant la direction du vent.

Nous donnons (*fig.* 137) d'après la notice dont nous avons déjà parlé, l'installation des signaux sonores dans les phares électriques de Belle-Isle et de Barfleur.

220. *Installation des signaux sonores dans les phares électriques de Belle-Isle et de Barfleur.* — La figure 137 donne le plan de l'installation générale. En voici la nomenclature et les prix de fourniture :

AAA, Trois moteurs à air chaud du système de MM. Bénier frères, de la force de neuf chevaux chacun. . . .	24 000 fr.
B, Compresseur d'air à haute et à basse pression, de la force de vingt chevaux avec circulation d'eau pour le refroidissement.	8 000
C, Sirène, système Holmes, Sauter, Lemonnier et Cie, à régulateur automatique, avec mécanisme électrique déterminant l'émission et le rythme du son.	8 000
ED, Deux réservoirs d'air comprimé de 4^m,500 de contenance chacun, en tôle d'acier soudé, timbrés à 15 kilogrammes avec soupape de sûreté et robinets d'arrivée, de départ et de vidanges.	6 800
EE, Deux réservoirs distributeurs de 1^m,500 de contenance chacun, timbrés à 15 kilogrammes avec deux robinets	2 400
II, Deux détendeurs à air comprimé avec robinets. . .	1 600
I, Un moteur oscillant, système Mégy, de la force de un demi-cheval avec régulateur de vitesse.	1 100
K, Dynamo Gramme et	
A reporter.	51 900 fr.
Report.	51 900 fr.
distributeur de courant actionnant la sirène et réglant le rythme ainsi que l'émission des sons..	1 600
L, Transmission principale	5 400
MMMM, Quatre embrayages Mégy	4 100
P, Réservoir en tôle. . .	2 500
R, Tuyauterie et robinetterie.	2 900
Divers.	1 600
SS, Deux machines magnéto-électriques de M. de Méritens (pour mémoire). .	»
Total.	70 000 fr.

et, en ne totalisant que les sommes spéciales aux signaux sonores, on arrive seulement à 30 000 fr.

Ces chiffres ne comprennent du reste, ni les frais de mise en place, ni ceux afférents aux édifices.

Fondations des phares.

221. Après avoir ainsi indiqué tout ce qui est relatif au mode d'éclairage, et, laissant de côté la construction proprement dite des appareils optiques qui sortirait de notre cadre, nous allons donner quelques renseignements généraux sur la manière de fonder les phares les plus importants, c'est-à-dire les phares de grand atterrage qui sont généralement bâtis sur un écueil au milieu des mers. Nous donnerons ensuite la description d'un certain nombre de ces ouvrages, réservant pour plus tard, afin de ne pas scinder ce qui est relatif aux phares, les indications sur les balises et le dérasement des rochers.

M. Ribière, ingénieur des ponts et chaussées, a rédigé, en janvier 1892, une note que nous trouvons insérée dans le cours lithographié de l'école des Ponts et Chaussées, note dont nous allons faire l'analyse.

Il faut se préoccuper d'abord :

1° Du régime de la mer à l'endroit considéré ;

2° Etudier l'accostage de la roche, le mode de débarquement du personnel, du matériel, de l'organisation des chantiers, et enfin;

3° Du choix des matériaux et de la résistance de l'ouvrage.

Régime de la mer à l'endroit considéré.

222. « Il importe, dit M. Ribière, de comparer au point de vue de la puissance des lames, l'emplacement considéré avec ceux des constructions existantes. »

Les indications fournies manquent généralement de précision. Le seul moyen connu est de s'efforcer de mesurer la force vive contenue dans les ondulations liquides et de tenir compte de l'amortissement dû à la forme du fond devant l'écueil. Les éléments sont donc la longueur, la hauteur et la durée des fortes lames qui déferlent sur l'ouvrage projeté.

Pour obtenir ces chiffres: « L'observateur doit être placé sur un bateau mouillé au point voulu. Pour avoir la hauteur des lames, il se met au-dessus du pont, dans les haubans, si c'est nécessaire, et il suit les lames de l'œil, de manière à ramener la lame voisine à la ligne de l'horizon. Lorsque le bateau est droit et dans le creux de la lame, la hauteur de l'œil au-dessus de l'eau donne la hauteur de la lame.

« La longueur s'obtient au moyen du loch par la quantité de ligne qui est dehors, quand il y a deux ou trois lames entre lui et le bateau.

« La durée de l'oscillation ou intervalle qui s'écoule entre le passage de deux lames consécutives au même point, s'obtient en mesurant, avec une montre à secondes, le temps que 10, 20, 30 lames mettent à passer sur un point du bateau et en divisant l'intervalle de temps écoulé par le nombre des lames. »

La force vive varie évidemment comme la longueur et le carré de la hauteur.

$$\frac{1}{2}\text{M}v^2 = \frac{\text{M}}{2}2gh = \text{P}h = \frac{ah^2}{2}.$$

Cette quantité varie dans de grandes proportions, ainsi qu'on en peut juger par le tableau suivant, que nous empruntons à M. Ribière.

EMPLACEMENT	KUYTINGEN	NOUVEAU DICK	ROCHEBONNE	GRAND BAN (Gironde)
Profondeur d'eau à basse mer.........	20m	18m	48m	15m
Longueur des fortes lames..........	50m	35m	100m	120m
Hauteur des fortes lames............	3m	2m,80	4m,50	5m
Durée de l'oscillation en secondes....	5"5	5"	9"	10"
Vitesse de propagation	9'	7'	11'	12'

Il est évident que les constructions modifiant l'état de choses primitif, il faudra tenir compte de cet effet, ce qui sera laissé à l'appréciation de l'ingénieur; il n'aura généralement pour se guider que l'effet des lames à une certaine distance de la roche, ou sur les roches environnantes.

Accostage de la roche.

223. L'accostage des roches est toujours dangereux et exige des marins exercés et adroits. Au vent, les vagues acquièrent des dimensions considérables et balayent le rocher; sous le vent, celles qui ont traversé, déferlent et créent des paquets de mer capables de briser ou de faire chavirer les embarcations; il faut donc, comme nous le disions à l'instant, des marins habiles, exercés, et choisir son jour.

Aussitôt abordé, la première besogne doit être d'établir un appui pour les hommes. Cet appui consiste en un mât que l'on maintient avec des haubans amarrés dans des pitons scellés dans la roche. Ce mât, après lequel les hommes peuvent s'accrocher, peut servir à établir des signaux et un va-et-vient avec les bateaux porteurs de matériaux que l'on amarre à une bouée, fixée dans un endroit de calme relatif.

Nous en donnerons un exemple un peu plus loin, en parlant des travaux exécutés pour les chantiers du phare des Grands-Cardinaux.

Choix des matériaux. Résistance.

224. Il y a vingt ou vingt-cinq ans, on construisait toutes les parties basses en pierres de taille soigneusement appareillées par lits et par joints à queue d'hironde. On les réunissait ensemble avec des crampons comme dans les constructions romaines. Aujourd'hui, on emploie des pierres de petit échantillon posées à bain de mortier, recouvertes, soit de moellons taillés de petites dimensions, comme à Ar-Men (*Voyez plus loin*), soit simplement d'un enduit de Portland.

Les travaux se font ainsi plus simplement et par suite plus économiquement et plus rapidement. De plus, la masse, étant plus *homogène*, résiste mieux, ainsi que la théorie du choc le démontre, aux efforts des brisants des lames. La connaissance à peu près complète que l'on a de la résistance de certains mortiers à la mer, ne doit donc laisser aucune crainte au sujet des dégradations.

La masse joue également, ainsi que le fait se présente chaque fois qu'il s'agit de chocs, un grand rôle, eu égard à la stabilité, mais les sections de base n'ont pas besoin d'être extrêmement considérables. Nous le verrons dans les exemples que nous donnerons de la construction de différents phares.

On a généralement remarqué que pour les balises ayant 10 mètres de hauteur, une base de 5 mètres de diamètre était suffisante sur nos côtes. Le volume total est alors de 125 mètres cubes. Ce volume paraît être celui au-dessous duquel le volume de toutes les tourelles à la mer ne résiste pas.

Construction métallique.

225. En réalité, au point de vue des lames, c'est plutôt la résistance aux chocs qu'il faut avoir en vue.

On est conduit, par là, à chercher un système de construction qui fasse du phare une sorte d'estacade.

On emploie encore avec avantage les fondations métalliques, nous en verrons un exemple dans la construction du phare de Port-Vendres. La forme la plus répandue est celle de charpentes établies sur des pieux en fer enfoncés dans des fonds peu résistants. Leur défaut consiste en ce qu'il est difficile de donner aux tirants les positions nécessaires pour s'opposer aux chocs des lames. En réalité, ils n'offrent pas une masse suffisante, c'est là leur grand défaut d'origine. Par suite, on les emploie généralement pour les lacs intérieurs, les bancs fluviaux, les feux de jetées ou les parages maritimes peu exposés.

226. Pour éclaircir ce qui précède et bien fixer les idées, nous allons donner la description d'un certain nombre de phares. Nous les emprunterons aux notices sur les modèles exposés de l'administration des phares de 1878 et de 1889.

Phare du Four.

227. Le phare du Four est construit à l'extrémité nord du chenal de ce nom, sur la roche la plus avancée en mer, à deux milles à l'ouest du petit port d'Argenton; cette roche, formée d'un granit très dur, s'élève à 2 mètres environ au-dessus du niveau des hautes mers, et il devient impossible de l'accoster dès que la mer est agitée.

Dans les gros temps, les lames y déferlent avec une telle fureur, qu'elles s'élèvent au-dessus de la lanterne du phare, et ont brisé des volets de $0^{m},06$ d'épaisseur qui fermaient, pendant la période d'exécution des travaux, les étroites fenêtres de la tour. Les dépôts et les chantiers de préparation des pierres étaient établis dans le port d'Argenton, d'où partait, quand les circonstances de mer paraissaient favorables, la flottille qui transportait, sur la roche, les ouvriers et les matériaux de construction.

Des échelons, diversement disposés et distribués, permettaient aux ouvriers de gravir les parois abruptes et glissantes, et une grue très simple, n'offrant presque pas de prise à la mer, servait au débarquement du matériel.

Le phare consiste en une tour d'un diamètre intérieur de $4^m,50$, établie sur un massif de maçonnerie arasé à 2 mètres au-dessus des pleines mers d'équinoxe et encastré dans le rocher dont il enveloppe les parties les plus hautes. Le mur a $2^m,75$ d'épaisseur à la base et $1^m,18$ au sommet. Au-dessus de la corniche du couronnement, dont le larmier est soutenu par seize consoles, s'élève un parapet composé de dalles de $0^m,20$ d'épaisseur, assemblées dans des pilastres.

La tour s'élève à $22^m,70$ au-dessus du massif de la base; à cette hauteur, elle est surmontée d'une murette hexagonale en tôle, de $2^m,40$ de diamètre, au-dessus de laquelle s'élève la lanterne; le plan focal dépasse de 28 mètres le niveau des plus hautes mers.

Les maçonneries sont exécutées en moellons de granit posés à bain de mortier de ciment de Portland, avec parements en pierres de grand appareil.

La déclivité très prononcée de la roche, vers le Sud, a commandé les plus grandes précautions dans l'implantation du phare.

Le rocher a été profondément entaillé partout en redans concentriques, inclinés vers le centre de la tour, et de nombreux goujons en fer, de $0^m,07$ de diamètre, y ont rattaché les premières assises de la maçonnerie. Des crampons de même métal relient entre elles toutes les pierres de l'assise du cordon, et une vigoureuse ceinture, également en fer, est encastrée au-dessus des consoles de la corniche. Les pilastres du parapet sont maintenus à leur pied par des dés en bronze.

La tour se compose d'un rez-de-chaussée surmonté de cinq étages.

Le rez-de-chaussée et les quatre premiers étages sont mis en communication par un escalier en pierre, commençant au bout du couloir qui suit la porte d'entrée.

Droit d'abord, puis circulaire à noyau plein, cet escalier compte quatre-vingt-quatorze marches, et sa cage est formée en partie aux dépens du vide cylindrique de la tour; un mur de faible épaisseur l'isole des chambres. Du quatrième étage auquel il s'arrête, on accède à l'étage supérieur, et de là dans la lanterne, au moyen d'escaliers métalliques en forme d'échelle de meunier, disposés de manière à occuper peu de place. Le rez-de-chaussée est divisé en trois compartiments: le vestibule et deux caveaux dallés, éclairés chacun par une lucarne de $0^m,50$ sur $0^m,25$. Le caveau de gauche renferme une soute à charbon de 5 000 kilogrammes de contenance, se chargeant par l'escalier, et une pompe aspirante et foulante pour l'alimentation d'eau. Celui de droite est le dépôt des huiles. Au premier étage est le magasin. Il peut recevoir, dans vingt-deux caisses en tôle, un approvisionnement de 5 000 litres d'eau douce; on y trouve aussi deux soutes de charbon d'une contenance totale de 2 000 kilogrammes, placées de chaque côté de la porte, dans les angles formés par la saillie de la cage d'escalier sur le cylindre intérieur de la tour. La chambre du deuxième étage sert de cuisine; le fourneau y est placé dans une niche surmontée d'une coulisse de $0^m,30$ de largeur sur $0^m,45$ de profondeur, ménagée dans le mur du phare et se prolongeant jusqu'à la plate-forme supérieure. Dans cette coulisse se loge le tuyau en cuivre du fourneau. Les pans coupés que présente l'escalier ont servi à établir deux placards. Le troisième étage forme la chambre à coucher, contenant deux lits et deux placards analogues à ceux de la cuisine.

Au quatrième étage est la chambre de la trompette à vapeur, qui surmonte la chambre de service formant le cinquième étage. Le rez-de-chaussée et les deux premiers étages sont voûtés, ainsi que le cinquième; la voûte du rez-de-chaussée est cylindrique, celle des autres étages est sphérique. Toutes sont en briques de Bristol, sauf la voûte du cinquième, qui, traversée par la pénétration de l'escalier de service, est tout entière en granit.

Aux troisième et quatrième étages, dans le but de gagner de l'espace, on a substitué aux voûtes une charpente formée e sept poutres en tôle entretoisées et servant de sommiers à de petites voûtes en briques.

La porte d'entrée du phare et les fenêtres extérieures sont exécutées en chêne enduit d'huile de lin cuite.

Les fenêtres intérieures, les parquets, les bâtis des lambris, les portes des chambres ou des armoires, les plinthes, les cimaises, sont en chêne ciré, les panneaux sont en sapin également ciré. Les lucarnes des caveaux et les deux premières fenêtres extérieures de l'escalier sont fermées par des châssis en bronze garnis de verres à hublots, dans le genre de ceux que l'on emploie à bord des navires.

Tous les ouvrages de serrurerie sont confectionnés en bronze, la plupart sur modèles spéciaux.

Les trompettes auxquelles on a recours pour suppléer les phares dans les temps de brume, sont habituellement mises en action par de l'air qui a été comprimé dans un grand réservoir au moyen d'une machine à vapeur. Ici, où la place faisait défaut, on a adopté une nouvelle disposition due à M. Lissajoux.

L'appareil se compose :

1° De deux chaudières à vapeur verticales, accouplées (système Field), d'une force totale de quatre chevaux ;

2° D'une trompette avec appareil d'entraînement par jet de vapeur ;

3° D'un mécanisme de distribution, mû par la vapeur, destiné à ouvrir et à fermer périodiquement la communication des chaudières avec la trompette, de façon que le son se produise à raison d'un coup par cinq secondes;

4° D'une horloge commandant la distribution de vapeur de ce mécanisme.

La trompette se fait entendre au dehors à travers un pavillon métallique logé dans une ouverture circulaire pratiquée à l'O.-S.-O, dans le mur de la tour. La fumée du combustible se dégage par un tuyau en cuivre qui va se greffer sur le tuyau du fourneau de la cuisine, dans la coulisse ménagée à cet effet. Les chaudières ont la pression nécessaire à la mise en marche, vingt minutes au plus, après l'allumage des feux.

Les chaudières sont alimentées à l'eau douce; leur consommation avec le rythme adopté pour la trompette, est d'environ 25 litres par heure. L'eau est approvisionnée au moyen de la pompe aspirante et foulante placée dans le caveau ouest du phare, laquelle, puisant l'eau douce dans les bateaux accostés à la roche, la refoule dans les vingt-deux caisses en tôle, placées au premier étage, dont la capacité est de 1 500 litres pour l'eau destinée aux gardiens et de 3 750 litres pour l'eau destinée aux chaudières. Ces dernières peuvent ainsi être alimentées pendant cent cinquante heures de travail au moins, sans que l'approvisionnement soit renouvelé. L'eau des caisses est montée à la bâche d'alimentation, dans la chambre de la trompette, au moyen d'un appareil injecteur que l'on met en marche par l'ouverture d'un robinet de prise de vapeur placé sur la chaudière.

Les phares étant très multipliés sur la côte ouest du Finistère il a fallu distinguer le phare du Four des autres phares déjà existants. Voici les dispositions adoptées à cet égard.

L'appareil lumineux est de troisième ordre. A un feu fixe durant une demi-minute, il fait succéder pendant le même temps, un feu à éclipses, dont les intervalles sont fixés à 3 secondes 3/4. Il est illuminé par trois mèches concentriques, alimentées à l'huile minérale.

Les travaux du phare du Four ont été commencés en 1869. Les maçonneries étaient complètement terminées à la fin de 1872, les menuiseries et autres ouvrages de détail vers le milieu de 1873 ; enfin, le phare a été allumé le 15 mars 1874.

Les dépenses de la construction se sont élevées à 256 000 francs, non compris la trompette à vapeur qui a coûté 31 000 francs, et l'appareil optique, dont le prix est de 22 000 francs. Le volume total des maçonneries de la tour étant de 920 mètres cubes, le prix de l'édifice ne revient pas à plus de 280 francs par mètre cube de maçonnerie.

Pendant toute la période active de la construction, et malgré les conditions périlleuses dans lesquelles cette construction s'exécutait, on n'a eu aucun accident mortel à déplorer. Depuis cette époque, et par un beau temps, le 20 avril 1873, une lame de fond fit chavirer une barque, dont trois ouvriers qui la montaient furent noyés. Le 2 novembre 1876, un gardien qui travaillait à plus de 4 mètres au-dessus du niveau de la mer, fut également enlevé par une lame de fond et entraîné par le courant.

Les vitres de la lanterne furent également brisées par un coup de mer, le 9 mars 1876.

Par un gros temps de N.-O. le phare disparaît complètement dans l'écume et l'on peut dire que la mer est plus forte peut-être sur ce point que sur aucun autre du littoral breton; mais, la grosse mer étant moins continue qu'à l'île de Sein, les difficultés de constructions ont été moindres que celles que l'on a rencontrées au phare d'Ar-Men.

Phare d'Ar-Men.

228. L'île de Sein, située à l'extrémité occidentale du département du Finistère, se prolonge dans la direction de l'ouest par une suite de récifs qui s'abaissent à mesure qu'ils s'éloignent, et s'étendent à près de 8 milles de distance de l'île. Les uns élèvent leurs cimes au-dessus des plus hautes mers, d'autres couvrent et découvrent alternativement; la plupart sont toujours submergés. Ils constituent une sorte de barrage dont la direction est à peu près normale à celle des courants de marée et la mer y brise presque constamment avec une violence extrême. Cette singulière formation géologique, connue sous le nom de *Chaussée de Sein*, est tristement célèbre parmi les navigateurs, et avait préoccupé la commission qui fut chargée, en 1825, d'élaborer le programme de notre éclairage maritime.

La solution adoptée à cette époque, et il était impossible alors de proposer mieux, consista à élever deux phares de premier ordre: l'un sur la pointe du Raz, l'autre dans l'île de Sein, pour jalonner la direction de la chaussée. Les navigateurs sont en dehors des dangers et savent de quel côté se diriger quand ils voient les feux à l'ouvert l'un de l'autre, et ils sont prévenus, dès que ces points lumineux sont près de se montrer sur la même verticale, qu'ils doivent se tenir à grande distance au large, pour éviter de tomber sur les écueils. Mais cette distance, rien ne leur permet de l'apprécier, et d'ailleurs, il n'est pas besoin d'une brume bien épaisse pour que les phares ne portent pas jusqu'à la limite du danger, et perdent par conséquent toute efficacité. La chaussée de Sein n'a donc pas cessé d'être le théâtre des sinistres. Le système d'éclairage dont elle a été dotée n'a eu pour effet que d'en réduire le nombre, et notre navigation, qui trouve aujourd'hui tant de sécurité sur les autres points du littoral, s'est plainte à plusieurs reprises de cet état de choses.

En avril 1860, la Commission des phares demanda que la question fut examinée, de savoir: s'il ne serait pas possible de construire un phare de premier ordre sur l'une des têtes de rochers émergentes, les plus rapprochés de l'extrémité de la chaussée. Sa demande fut approuvée le 3 juin suivant, et les premières études à faire sur place furent confiées à une Commission composée d'ingénieurs et d'officiers de marine. En juillet de la même année, cette Commission avait fait un examen sérieux des circonstances locales; elle avait reconnu que, dans les grandes marées, trois têtes de rochers émergent près de l'extrémité, lesquelles portent les noms de Madion, Shomeur et d'Ar-Men; que les deux premières découvrent à peine, et que la troisième s'élève à environ $1^m,50$ au-dessus des plus basses mers.

Mais les dimensions d'Ar-Men, que l'état de la mer n'avait pas permis d'accoster, lui ayant paru insuffisantes pour l'assiette d'un grand phare, en même temps qu'il semblait impossible de descendre sur cet écueil, si favorable que pût se montrer l'état de la mer, elle concluait en proposant de s'établir sur la roche de Neurl'ach, à 5 milles en dedans des écueils les plus éloignés. Cette solution fut repoussée par la Commission des phares, comme n'étant pas de nature à améliorer l'état actuel des choses autant que l'exigeaient les intérêts de la navigation. L'Administration de la marine fut priée d'ordonner une reconnaissance hydrographique approfondie de l'extrémité de la chaussée.

Diverses circonstances retardèrent l'exécution de ce travail. En 1860, M. l'ingénieur hydrographe Ploix fut envoyé sur les lieux, et, s'il ne put recueillir tous les renseignements désirables, il permit cependant à la Commission des phares d'arrêter un programme. M. Ploix concluait à une construction sur Ar-Men. « C'est une œuvre excessivement difficile, presque impossible, disait-il, mais peut-être faut-il tenter l'impossible, eu égard à l'importance capitale de l'éclairage de la chaussée. »

Les courants qui passent sur la chaussée de Sein sont, en effet, des plus violents ; ils s'élèvent au-delà de huit nœuds (près de 15 kilomètres à l'heure) dans les grandes marées, donnent naissance, même par les temps les plus calmes, à un fort clapotis, et rendent la mer très grosse dès que la brise pousse dans une direction opposée à la leur. Aucune terre n'abrite la roche contre les vents compris entre le Nord et l'E.-S.-E. en passant par le Sud, et elle n'est accostable que par de très faibles brises contenues entre le Nord et l'Est.

Mouiller un feu flottant à l'extrémité de la chaussée avait été reconnu impossible, tant à cause de la grande profondeur d'eau, qu'eu égard à la nature du fond, qui est parsemé de roches sur lesquelles s'enroulaient la chaîne de retenue. On ne pouvait non plus songer à établir sur ce point une construction métallique reposant directement sur l'écueil ; le percement de trous profonds de $0^m,18$ et de $0^m,20$ de diamètre, qu'exigeait le scellement des montants, serait une opération des plus difficiles et de bien longue durée ; les principaux plans de clivage de la roche étant verticaux, il serait à craindre qu'elle ne résistât pas aux ébranlements qu'elle aurait à supporter ; enfin, il serait presque impossible de débarquer des pièces de fer, nécessairement lourdes et difficiles à manier, et on serait exposé à en perdre plusieurs avant de parvenir à les mettre en place. La Commission des phares émit en conséquence l'avis, dans sa séance du 29 novembre 1866, qu'il fallait essayer d'établir un massif de maçonnerie sur la roche Ar-Men, en lui donnant de telles dimensions qu'il pût servir ultérieurement de base à un phare.

Ni la Commission de 1860, ni les ingénieurs hydrographes, ni les ingénieurs du département, ni leurs marins, ni le directeur du service des phares n'étaient encore parvenus à descendre sur la roche. M. Ploix n'avait pu s'en approcher à moins de 15 mètres ; mais M. l'ingénieur Joly avait réussi à la ranger de plus près, et les dessins qu'il avait pris, complétés sur les indications des pêcheurs de l'île de Sein qui l'accompagnaient, permettaient de présenter un système de construction à titre de point de départ. On savait que la roche avait une largeur de 7 à 8 mètres au niveau des basses mers, sur une longueur de 12 à 15 mètres ; que sa surface était fort inégale ; qu'elle était divisée par de profondes fissures, et que, presque accore du côté de l'Est, elle s'inclinait en pente douce à l'opposé. Bientôt le syndic des gens de mer de l'île, annonça qu'une nouvelle tentative faite par lui dans des circonstances favorables, avait été couronnée de succès, et il envoya un échantillon qui montra que la roche est formée d'un gneiss assez dur, sauf en quelques points où il y a décomposition.

Le mode de construction auquel on s'arrêta fut le suivant : percer dans la roche, sur tout l'emplacement que doit couvrir l'édifice, des trous de fleuret de $0^m,30$ de profondeur, espacés de mètre en mètre environ, et quelques autres en dehors de cette limite ; ces derniers, appelés à recevoir des organaux pour faciliter les accostages ou tenir des haubans ; les premiers, destinés au scellement de goujons de fer, avaient pour objet, à la fois, de fixer la maçonnerie au rocher et de faire servir la construction elle-même, à relier entre elles les diverses parties de cette roche fissurée, ainsi qu'à consolider une base qui n'inspirait qu'une confiance limitée.

Il était dit, en outre, que d'autres goujons verticaux et de vigoureuses chaînes horizontales en fer seraient introduites dans la maçonnerie au fur et à mesure qu'elle s'élèverait de manière à s'opposer à toute disjonction.

Pour le percement des trous, on s'adressa aux pêcheurs de l'île de Sein, dont l'industrie s'exerce au milieu de toutes les roches de la chaussée, et qui étaient, par conséquent mieux que personne, à même de profiter de toutes les occasions favorables. Après bien des difficultés, ils acceptèrent un marché à forfait, l'Administration leur fournissant des outils et des ceintures de sauvetage.

Ils se mirent résolument à l'œuvre en 1867. Dès qu'il y avait possibilité d'accoster, on voyait accourir des bateaux de pêche; deux hommes du bateau débarquaient, munis de leur ceinture de liège, se couchaient sur la roche, s'y cramponnant d'une main, tenant de l'autre le fleuret ou le marteau, et travaillaient avec une activité fébrile, incessamment couverts par la lame, qui déferlait pardessus leurs têtes. L'un d'eux était-il emporté? La violence du courant l'entraînait-elle loin de l'écueil contre lequel il se serait brisé, sa ceinture le soutenait, et une embarcation allait le prendre pour le ramener au travail. A la fin de la campagne, on avait pu accoster sept fois, on avait eu en tout huit heures de travail, et quinze trous étaient percés sur les points les plus élevés.

C'était un premier pas vers le succès. L'année suivante, on se trouvait en présence de plus grandes difficultés, puisqu'il fallait se porter sur des points qui découvraient à peine, mais on avait acquis de l'expérience; des prix plus forts accrurent l'ardeur au travail, la saison fut favorable, on eut seize accostages, dix-huit heures de travail, et l'on parvint à percer quarante nouveaux trous; on put même exécuter les dérasements partiels, nécessaires à l'établissement de la première assise des maçonneries.

La construction proprement dite fut entreprise en 1869. Des goujons en fer galvanisé de 0^{m},06 d'équarrissage et de 1 mètre de longueur furent implantés dans les trous et l'on maçonna d'abord en petits moellons bruts et ciment de Parker-Medina. Il fallait, en effet, une prise des plus rapides, car on travaillait au milieu des lames qui venaient se briser sur la roche et qui parfois arrachaient de la main de l'ouvrier la pierre qu'il se disposait à placer. Un marin expérimenté, adossé contre un des pitons du rocher, était au guet, et l'on se hâtait de maçonner quand il annonçait une accalmie, de se cramponner quand il prédisait l'arrivée d'une grosse lame. Les ouvriers, le conducteur, l'ingénieur, qui encourageait toujours les travailleurs par sa présence, étaient d'ailleurs munis, comme l'avaient été les pêcheurs, de ceintures fournies par la Société de sauvetage des naufragés, et d'espadrilles destinées à prévenir les glissements.

Toutes les fois que l'état exceptionnel de la mer présentait quelques chances de débarquement, une petite chaloupe à vapeur, portant le personnel et la quantité de matériaux qu'on espérait pouvoir mettre en place dans la marée, partait de l'île, de manière à arriver en vue de la roche vers quatre heures de jusant, et elle remorquait les canots d'accostage; mais on ne trouvait pas toujours au large le calme sur lequel on comptait, et la journée était perdue.

Quand on pouvait accoster, on débarquait à la main les pierres et les petits sacs de ciment, et l'on avait soin, avant de bâtir, de piquer à vif la surface sur laquelle devait s'établir la nouvelle maçonnerie. Il est sans doute inutile d'ajouter que le ciment était employé pur, on le gâchait à l'eau de mer; on n'a commencé à employer de l'eau douce qu'en 1877, quand on est arrivé aux parties du phare qui doivent être habitées.

A la fin de la campagne de 1869, on avait exécuté 25 mètres cubes de maçonnerie, que l'on retrouva l'année suivante.

En 1878, le cube de maçonnerie s'élevait à 702^{m3},85 qui dominaient de 12^{m},30 le niveau des plus hautes mers. En 1880, le gros œuvre était terminé et on n'a eu en 1881 qu'à faire les aménagements intérieurs.

Le phare a été allumé le 30 août 1881.

Depuis 1871, le ciment de Portland, dont la résistance à la décomposition par l'eau de mer paraît bien établie, fut substitué au ciment Parker, qui ne présentait pas le même mérite, et l'on comptait préserver les maçonneries du pied de la construction par des rejointements exécutés en même matière et peut-être par une enveloppe continue.

Des expériences faites sur l'adhérence que les pierres du pays contractent avec le mortier ayant fait reconnaître que la roche amphibolique de Kersanton était la meilleure de toutes sous ce rapport, comme sous beaucoup d'autres d'ailleurs, elle a été employée exclusivement à l'exécution des maçonneries. Les moellons de parement sont smillés, ceux du remplissage sont dans l'état où les fournit la carrière; tous sont de petites dimensions. Des goujons, des tirants et des ceintures en fer galvanisé sont noyés dans les maçonneries, afin de prévenir les disjonctions.

Le phare est du second ordre, à feu fixe blanc ; on a élevé son foyer à 28^m80 au-dessus du niveau des plus hautes mers et à 32^m,60 au-dessus de la roche. On eût dépassé cette limite et admis un appareil de premier ordre, si l'on n'avait été arrêté par l'insuffisance du diamètre à la base. Il fallait s'attacher à assurer la stabilité de la construction.

La portée lumineuse est de 20 milles; la sirène à vapeur fonctionne depuis 1882.

Le massif plein qui constitue le soubassement se prolonge jusqu'au niveau des hautes mers avec le diamètre de 7^m,20, auquel la largeur du rocher a obligé de se restreindre, et avec celui de 6^m,90 sur les 3 mètres suivants. Le diamètre intérieur des chambres varie de 3 mètres dans le bas à 3^m,40 dans le haut, au moyen de retraites successives, et l'épaisseur du mur passe de 1^m,70, au niveau de la porte d'entrée, à 0^m,80 au-dessus de la corniche du couronnement. Il y a sept étages dans la hauteur de l'édifice, dont l'un est consacré à l'appareil sonore destiné à signaler la position dans les temps de brume.

Le tableau suivant montre encore avec quelle attention soutenue les travaux ont dû être menés pour profiter de toutes les occasions favorables que présentait la mer.

ANNÉES	NOMBRE			CUBE DE MAÇONNERIE EXÉCUTÉ			EXHAUSSEMENT ANNUEL DE LA TOUR	HAUTEUR TOTALE à la fin DE CHAQUE ANNÉE		DÉPENSE PAR ANNÉE	PRIX MOYEN DU MÈTRE CUBE
	DES ACCOSTAGES	DES HEURES passées sur la roche									
		PAR ANNÉE	PAR ACCOSTAGE	PAR ANNÉE	PAR ACCOSTAGE	PAR HEURE		AU DESSUS DU ROCHER	AU DESSUS DES PLUS HAUTES EAUX		
				mètres	mètres	mètres	mètres	mètres	mètres	francs	francs
1867	9	8	1.8	»	»	»	»	»	»	8 000	
1868	17	18	1.8	»	»	»	»	»	— 4.40	21 000	2 156
1869	25	42.10	1.45	25.00	1.04	0.60	0.60	0.60	— 3.80	25 000	
1870	8	18.5	2.15	11.55	1.44	0.64	0.60	1.20	— 3.20	26 636	2 289
1871	12	22.10	1.50	23.40	1.95	1.05	0.60	1.80	— 2.60	17 000	726
1872	13	34.20	2.38	54.55	4.20	1.62	0.60	2.40	— 2.00	40 000	727
1873	6	15.25	2.34	22.00	3.67	1.46	0.40	2.80	+ 0.60	62 000	2 818
1874	18	60.10	3.20	115.30	6.41	1.91	2.00	4.80	+ 0.40	71 800	623
1875	23	110.53	4.49	203.00	8.83	1.82	3.00	7.80	+ 3.40	76 000	373
1876	23	162.25	7.5	128.00	5.56	0.78	3.20	11.00	+ 6.60	80 000	625
1877	30	261. »	8.42	120.00	4.00	0.46	5.70	16.70	+ 12.30	90 000	750
1878	30	207.30	»	125.00	»	0.60	7.10	23.80	+ 19.40	100.000	»
1879	11	60 »	»	30.00	»	0.50	2.40	26.20	+ 21.80	120.000	»
1880	30	195 »	»	59.00	»	0.30	5.60	31.80	+ 27.40	120.000	»
1881	40	206.30	»	»	»	»	»	»	»	76.164	»
TOTAUX ET MOYENNES	295	1421.50		916.80	3.90	0.99	2.65	31.80	31.80	517 136	901 fr.

L'étude de ce tableau montre non seulement combien il faut savoir profiter des chances de mer, mais encore des différentes phases de la construction.

En 1874, on put installer sur la roche un mât de charge et faciliter ainsi le débarquement des matériaux. La hauteur laquelle on était parvenu, tout en permettant de séjourner plus longtemps a chaque marée, rendait en outre le travail moins périlleux et plus facile ; enfin, on n'avait encore à exécuter que des maçonneries de blocage. Aussi on arriva en 1874 et 1875 à faire près de 2 mètres cubes par heure, et le prix moyen du mètre, qui avait atteint près de 3,000 francs en 1873, s'abaissa à 375 francs en 1875.

A partir de 1876, les conditions d'accostage et de séjour s'améliorèrent encore ; seulement la nécessité d'élever les matériaux, de faire des maçonneries de sujétion, diminuèrent le cube moyen exécuté, celui-ci n'atteignit plus que $0^{m3},46$ et le prix de l'unité s'éleva à 750 francs. Par contre, la tour monta plus rapidement, car le cube à exécuter diminuait avec la hauteur.

Tous les apparaux étaient fort simples, peu coûteux et faciles à remplacer, car on prévoyait qu'ils étaient soumis à des fortunes de mer. Deux fois ils furent emportés en 1877.

Le nombre des hommes employés cette même année là, fût de cinquante-cinq personnes, marins, maçons, manœuvres et tailleurs de pierres. Le nombre de ceux qui travaillaient sur la roche était de trente-cinq.

On n'eut qu'un accident mortel à déplorer ; un homme, dont la ceinture de liège s'était déplacée et transportée sous le ventre, fût maintenu par elle la tête sous l'eau, et se noya.

Nous avons emprunté tous ces derniers détails à M. Victor Lacroix, conducteur principal des Ponts et Chaussées, qui a publié une brochure sur le phare de l'Ar-Men.

Le matériel flottant comprenait un remorqueur à vapeur, trois chaloupes à voile et trois embarcations.

Phare du Pilier.

229. En 1875, le phare du Pilier, qui avait été construit très économiquement en 1829, sur un îlot à 2 milles et demi de la pointe N.-O. de l'île de Noirmoutier pour indiquer le chenal S. de la Loire, menaçait complètement ruine. Son appareil lenticulaire était lui-même en mauvais état. On décida par suite la reconstruction de la tour et le remplacement de l'appareil.

Le nouveau phare est établi dans l'axe et à quelques mètres de l'ancien ; un corridor le met en communication avec le logement des gardiens et les magasins, qui ont été conservés.

Il consiste en une tour carrée, avec évidement cylindrique de 3 mètres de diamètre. Deux voûtes superposées forment la chambre de service ; sur la voûte supérieure est établie la lanterne, avec un soubassement métallique. Un escalier en fonte, avec rampe en fer forgé, et deux échelles de meunier en fonte conduisent à la lanterne. La hauteur depuis le sol, jusqu'au niveau du dessous de la corniche, se trouve fixé à $26^{m},43$.

La construction est à peu près entièrement en petits matériaux. Le gros ouvrage est en moellons bruts granitiques de l'île de Noirmoutier, avec mortier de chaux hydraulique de Marans. Les voûtes, les encadrements des fenêtres, la balustrade du couronnement sont en briques et mortier de ciment de Portland. La corniche, les pénétrations des voûtes sont en béton de mortier de ciment de Portland.

Les ouvrages en maçonnerie ont été exécutés à l'entreprise. Les travaux ont été commencés le 10 avril 1875, et l'appareil a été allumé le 12 septembre 1877.

La dépense de la construction s'est élevée à 40 000 francs pour les maçonneries et à 7 700 francs pour l'escalier métallique.

Phare de Planier.

230. A 8 milles au S.-O., de l'entrée du port de Marseille, se trouve un massif de roches sous-marines qui émerge en un seul point pour former l'îlot de Planier. Cet îlot, de 200 mètres de long dans la direction E.-O, sur 100 mètres de large, est entièrement rocheux. Sa surface est plate ; le point le plus élevé du sol n'est qu à $4^m,50$ en contre-haut de la haute mer. Dans les fortes houles du S.-E. au Sud et à l'Ouest, les lames couvrent l'île jusqu'aux abords du phare actuel.

Les bords de l'îlot sont accores, mais ils présentent plusieurs petites criques dans lesquelles on peut aborder, quand le temps n'est pas mauvais, en choisissant celle qui est sous le vent. Toutefois, elles ont très peu d'étendue et ne présentent guère que 1 mètre à 2 mètres de fond ; on ne peut donc y entrer qu'avec des bateaux de petites dimensions.

La roche qui constitue le sol de Planier est un calcaire compact de couleur brun clair ; elle est à nu sur toute l'étendue de l'îlot. Mais les bancs de la surface, par suite des dislocations qu'ils ont subies, sont mal gisants, fracturés, et ne présentent pas un fond solide pour les constructions d'un monument important.

Cet îlot se trouvant à l'entrée de la baie de Marseille, il a fallu de tout temps le signaler aux navigateurs. Une vieille tour, située sur la côte Est, servait anciennement à cet usage.

En 1829, on jugea nécessaire d'établir à Planier un phare de grand atterrage, et on y construisit, dans la partie Ouest, une tour sur laquelle on installa un phare de premier ordre, à éclipses de 30 en 30 secondes, dont le foyer était à 36 mètres au-dessus du sol et 40 mètres au-dessus des basses mers.

Mais depuis que la fréquentation du port de Marseille a pris un très grand développement, depuis surtout que l'emploi de la vapeur a donné aux navires une marche plus rapide, on a reconnu la nécessité d'indiquer les approches de ce port d'une manière qui ne permît, ni l'erreur, ni même l'hésitation, et qui les signalât à plus grande distance et pendant une plus grande partie de l'année. On a, en conséquence, décidé que l'on placerait sur l'îlot de Planier un feu scintillant, faisant succéder un éclat rouge à trois éclats blancs et dont la portée lumineuse serait de 23,4 milles marins (42,869 mètres) pour les $\frac{17}{18}$ de l'année, et, avec une exception de $\frac{1}{18}$ (20 nuits).

Pour obtenir cette portée bien supérieure à celle de l'ancien feu, qui n'était, dans les mêmes conditions atmosphériques, que 15,3 milles marins (28 030 mètres), il fallait augmenter l'intensité lumineuse du foyer ainsi que la hauteur et la portée géographique du phare ; on a remplacé l'éclairage à l'huile par la lumière électrique, et on a élevé, de 40 mètres à $63^m,469$, la hauteur du foyer au-dessus des basses mers.

La tour existante n'était pas assez élevée et n'avait pas été construite de manière à recevoir un surhaussement.

On a donc pris le parti d'en construire une nouvelle un peu plus loin ainsi qu'un bâtiment spécial, pour recevoir les machines.

Les figures 138, 139, montrent les dispositions adoptées.

La nouvelle tour est une tour cylindrique; elle est construite en maçonnerie de moellons, hourdés en mortier de chaux hydraulique du Teil et de sable non salé de Riou. La pierre de taille n'est employée que pour le revêtement du soubassement, ainsi que pour la corniche, la murette et le couronnement. Le parement du fût est rejointoyé en Portland. L'escalier est en pierres de taille; mais le parement de la cage est simplement revêtu d'un enduit en ciment de la Valentine.

Les moellons ont été pris, partie sur l'île, partie sur le continent ; ces derniers viennent des carrières des Catalans. Les pierres de taille proviennent des bancs, dits *plombés*, des carrières de Cassis.

Le soubassement repose sur une plate-forme de fondation qui est arasée à $4^m,45$ au-dessus de la basse mer; la hauteur du soubassement est de $8^m,60$. Le seuil de la porte est à 1 mètre au-dessus de la plate-forme et de plain-pied avec un passage extérieur circulaire de $0^m,90$ de largeur. La hauteur du fût est de $42^m,08$, celle du couronnement de $5^m,45$; le foyer se trouve ainsi à $59^m,019$ au-dessus de la plate-forme de fondation.

Les rayons des sections circulaires horizontales de la tour sont : $3^m,35$ au sommet du fût, $4^m,40$ à la base et $6^m,90$ à la base du soubassement. Le vide intérieur, formant la cage de l'escalier, est un cylindre de 4 mètres de diamètre. Il est éclairé au moyen de vingt-cinq fenêtres échelonnées en hélice sur la hauteur du fût. L'escalier en pierre a $0^m,80$ de largeur et s'arrête à la deux cent cinquante-quatrième marche ; il est prolongé par un escalier en fer de seize marches, réduites à $0^m,60$: c'est ce dernier qui traverse la voûte sur laquelle est établi le plancher de la chambre de service, à $49^m,08$ de hauteur au-dessus du seuil de la porte d'entrée.

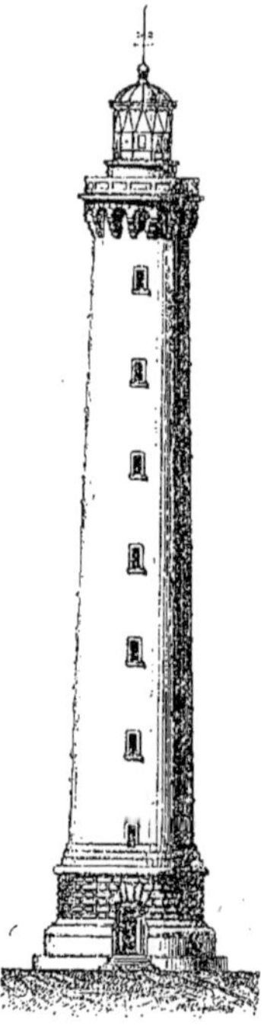

Fig. 138.

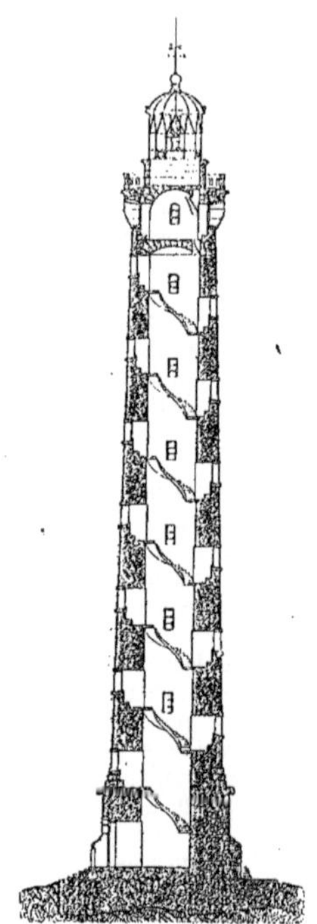

Fig. 139.

Cette chambre est éclairée par quatre fenêtres percées entre les consoles du couronnement et orientées, ainsi que celles de la tour, suivant les quatre points cardinaux. Un deuxième escalier en fer, de vingt et une marches, conduit, à travers la voûte, à la chambre de la lanterne, contenue dans une petite tourelle en pierre de 2 mètres de hauteur, qui en forme le soubassement et surmonte le couronnement du phare.

La lanterne métallique a 4 mètres de diamètre intérieur.

Le phare est protégé par un paratonnerre.

Pour distinguer ce phare des autres phares, on a donné au nouvel appareil le caractère d'un feu scintillant à trois éclats blancs et un éclat rouge et on a employé la lumière électrique qui est très favorable à ce genre d'éclairage.

Le système optique, destiné à remplir

ce nouveau caractère se compose d'un appareil dioptrique de feu fixe, de $0^m,60$ de diamètre intérieur, entouré d'un tambour mobile de lentilles verticales comprenant six groupes de quatre lentilles, dont une rouge et trois blanches, effectuant sa révolution en quatre-vingt-dix secondes. Les lentilles destinées à produire l'éclat rouge embrassent 30 degrés; celles qui donnent les éclats blancs n'embrassent chacune que 10 degrés. Il en résulte entre les éclats blancs des intervalles égaux de deux secondes et demie, et entre chaque éclat rouge et les éclats blancs voisins un intervalle de cinq secondes.

La machine qui produit la rotation régulière du tambour est logée dans le socle de l'appareil.

Le poids moteur est d'environ 150 kilogrammes; il descend dans une cheminée ménagée dans la maçonnerie de la tour, et sa chute est d'environ $0^m,90$ par heure.

Les appareils pour la production de l'électricité sont en double; ils forment deux groupes distincts, installés dans un bâtiment spécial et disposés de telle sorte que l'une quelconque des machines à vapeur puisse actionner immédiatement l'une ou l'autre des machines magnéto-électriques.

Les machines à vapeur sont horizontales, à détente variable et à condensation à surface; elles sont munies chacune d'une chaudière et forment deux appareils indépendants; cependant chaque chaudière est munie de deux prises de vapeur, afin qu'elle puisse, au besoin, alimenter l'autre machine.

Les chaudières sont timbrées à 5 kilogrammes.

La puissance varie de 5 à 10 chevaux.

L'électricité est produite par des machines magnéto-électriques capables de fournir quatre-vingt-cinq becs Carcel par cheval.

Le courant est transmis au régulateur électrique (système Serrin) par un distributeur qui permet de coupler les machines en tension ou en quantité, et de les employer chacune successivement et isolément.

La lumière normale est de quatre cents becs Carcel et peut être portée à huit cents.

La portée lumineuse des éclats est de 48,2 milles (88 302 mètres) pour un état moyen de l'atmosphère; la portée géographique actuelle est de 21,2 milles (38 832 mètres) pour un observateur dont l'œil est élevé à $4^m,50$ au-dessus de la mer. A la limite de cette portée géographique, le feu est visible pendant les $\frac{11}{12}$ de l'année. La tour ne contient ni magasin, ni logement pour les gardiens. On utilise, pour ces installations indispensables, les dépendances qui servaient déjà à cet usage.

Les dépenses se sont élevées à $474\,776^f,22$.

Les travaux ont duré quatre années, de juillet 1877 à novembre 1881.

Phare de la Vieille.

231. Le raz de Sein compris entre l'île de Sein et le bec du Raz, une des extrémités occidentales de la Bretagne, a été longtemps redouté des navigateurs. Les nombreuses roches qui entourent l'île de Sein et le bec du Raz et rétrécissent le passage ne sont pas seules à craindre : le plateau du Thevenec ajoute beaucoup aux difficultés de la navigation, non seulement par les roches sous-marines qui l'entourent, mais encore par les perturbations qu'il produit dans les courants de marée.

Ces courants sont plus rapides peut-être dans le raz de Sein, sorte de pertuis ouvert dans le barrage, opposé par la chaussée de Sein et la pointe du Raz aux mouvements de marée, que sur tout autre point du littoral. Leur vitesse atteint près de 7 milles à l'heure (13 kilomètres environ) aux abords de la Vieille, dans les petites marées de morte-eau, et il est permis de supposer qu'elle dépasse 10 milles (18 kilomètres 1/2) dans les grandes marées.

De pareils courants de masse, troublés par les formes accidentées des fonds, contribuent puissamment à l'agitation presque constante de la mer.

Malgré ces difficultés, le raz de Sein a toujours été très fréquenté par la navigation. Outre qu'il est une des voies les plus suivies par les navires de l'État à l'entrée et à la sortie de Brest ; il offre, à la navigation en général, la route la plus courte entre la Manche et le golfe de Gascogne, et lui fait éviter les dangers de la chaussée de Sein, qui pendant longtemps n'a pas été éclairée.

Un avant-projet, dressé en 1862 pour la construction du phare de la Vieille, fut soumis aux conférences mixtes; mais une appréciation peut-être exagérée des difficultés de l'entreprise, et l'impossibilité de la mener de front avec la construction d'autres phares en mer, dont l'établissement venait d'être décidé, firent ajourner l'exécution.

En 1879 et 1880, les travaux du phare d'Ar-Men approchant de leur fin, on consacra quelques jours de chômage à une étude plus approfondie de la roche de la Vieille et à l'exécution de petits travaux propres à faciliter le débarquement. On constata ainsi, contrairement à ce qui avait été dit précédemment, que la roche produisait un remous sensible dans les courants de marée, surtout pendant le flot; que, grâce à ce remous, la tenue d'une chaloupe de charge le long de la roche était possible, même dans les vives eaux, lorsque la mer était belle. De forts organaux furent scellés et quelques massifs de maçonnerie, dont le principal fut construit sur l'extrême pointe nord, améliorèrent l'accostage du côté du nord-est.

Après cette expérience, la construction du phare de la Vieille fut décidée, et les travaux furent entrepris au printemps de 1882.

Les chantiers étaient organisés comme l'avaient été antérieurement ceux du phare d'Ar-Men. Vers le premier mai de chaque année, le conducteur chargé de leur surveillance s'installait à l'île de Sein où les matériaux divers, notamment les pierres d'appareil toutes taillées, avaient été approvisionnés. Un petit bateau à vapeur, portant la plupart des ouvriers et remorquant un convoi, formé d'une grosse chaloupe pontée, chargée de matériaux et de canaux pour l'accostage, se rendait à la roche, près de laquelle trois bouées d'amarrage permettaient de maintenir la chaloupe à une petite distance des mâts de charge installés sur le rocher.

Le travail se prolongeait, en général, pendant toute la durée du flot; plus rarement on put utiliser une partie de la marée de jusant en débarquant dans le remous qui se formait au sud-ouest de la Roche, mais le déchargement des matériaux se faisait toujours au point principal d'accostage dans le nord-est.

Le remorqueur à vapeur se tenait pendant le travail à quelque distance de la roche, sur un corps-mort spécial.

Mais dans les vives eaux, et bien que la machine fût maintenue en marche, il entraînait son corps-mort sous l'effort du courant. Il fallut fréquemment l'envoyer mouiller en dehors du courant, dans la baie des Trépassés. Il y restait en vue de la roche, près de laquelle il pouvait revenir au premier signal.

Dès les premiers accostages, on construisit dans une anfractuosité du rocher, du côté est, un petit abri maçonné.

Quelques ouvriers, installés dans cet abri avec des vivres, des outils et de la poudre, purent travailler sans discontinuer, sauf dans les gros temps, au dérasement de la tête de la roche, qui présentait une arête vive dirigée du sud au nord. Les jours d'accostage, les maçons travaillaient aux plates-formes de déchargement et aux escaliers de la roche.

Dans les campagnes suivantes, on dut renoncer à laisser des ouvriers en permanence, à cause de l'impossibilité de faire des dépôts de matériaux qui auraient été enlevés par les lames.

Le 5 août 1882, on commença les maçonneries du soubassement sur les flancs de la roche, sans pouvoir atteindre pendant la campagne le sommet dérasé, puis on exécuta les maçonneries de la tour en 1883, 1884 et 1885. En 1886, on termina la tour de la plate-forme, et on commença les travaux intérieurs, qui furent terminés en 1886, et le feu fut allumé le 15 septembre 1887.

La dépense des maçonneries s'est élevée à 520 000 francs, soit 612 francs le mètre cube; celui-ci avait coûté 856 à Ar-Men. En réalité, la maçonnerie proprement dite n'a coûté que 507 francs.

Il n'y a pas eu d'accidents graves de personnes. Le phare de la Vieille a la forme d'une tour quadrangulaire (*fig.* 140) avec une demi-tour ronde accolée à la face nord et contenant l'escalier tournant. La tour quadrangulaire se compose d'un rez-de-chaussée contenant les caisses à eau, le matériel d'accostage et de quatre chambres superposées dans l'ordre suivant : magasin aux huiles, cuisine, chambre à coucher, chambre de service. Les angles de la construction, les encadrements des portes et fenêtres, le soubassement et le couronnement sont en pierre de taille de Kersanton ; le granit gris de l'île de Sein a été employé dans le reste des parements extérieurs en moellons piqués, et dans la maçonnerie du blocage. Toutes les maçonneries sont à bain de ciment de Boulogne.

Le feu fixe est du troisième ordre ; le plan focal est élevé à 33m,25 au-dessus du niveau des hautes mers et à 22m,05 au-dessus du sommet du rocher. Deux secteurs rouges, un secteur vert et un secteur obscur couvrent les trois groupes de dangers de l'île de Sein, du plateau du Thevenec et du bec du Raz.

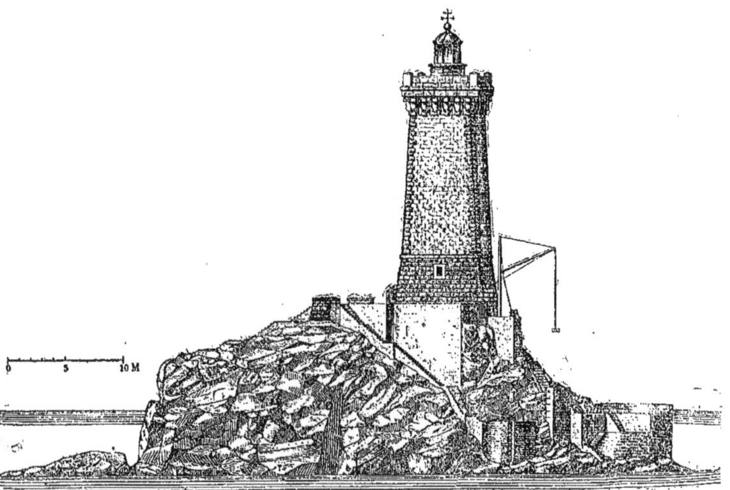

Fig. 140. — Phare de la Vieille.

Phare des Grands-Cardinaux (Morbihan).

232. Le phare des Grands-Cardinaux est destiné à signaler l'extrémité sud des dangers qui s'étendent de la presqu'île de Quiberon aux îles de Houat et d'Hœdic jusqu'à l'archipel des Cardinaux.

Il est établi sur une roche de cet archipel désigné sous le nom de Grougue-Guès. Il se compose d'une tour en maçonnerie comprenant un rez-de-chaussée pour l'emmagasinement des huiles, et quatre étages destinés au logement des deux gardiens, ainsi qu'au service du feu. Ce feu est fixe, et l'altitude de son plan focal s'élève à 27 mètres au-dessus du niveau des plus hautes mers.

Les dispositions de l'édifice ne diffèrent pas sensiblement de celles qui sont ordinairement adoptées aujourd'hui en

France pour les phares isolés en mer, et le seul intérêt que présente celui des Grands-Cardinaux réside dans les moyens nouveaux qui ont été mis en œuvre pour sa construction.

La roche de Grougue-Guès est formée de granit à grains fins très résistants; sa surface, fort irrégulière, n'émerge que sur quelques points au-dessus du niveau des hautes mers. Elle est directement exposée à la grande houle de l'Océan, qui l'enveloppe et la recouvre entièrement dans son déferlement. L'accostage n'est praticable qu'en beau temps ou par les vents de l'est, assez rares dans ces parages.

Grougue-Guès se trouve à près de 4 kilomètres de l'île d'Hœdic, qui ne pouvait fournir que les moellons, le sable et l'eau douce nécessaires aux travaux. Tous les autres approvisionnements, ainsi que les ouvriers et les vivres, devaient être expédiés du port du Palais (Belle-Ile), distant de plus de treize milles marins. Dans ces conditions, les moyens de construction, ordinairement en usage, auraient nécessité l'emploi d'un bateau à vapeur et d'un matériel naval important pour le transport, ainsi que l'installation d'engins et d'ouvrages d'abri coûteux pour l'accostage et le débarquement. Ils auraient, en outre, occasionné de grandes pertes de temps avec de longs chômages et exigé, par suite, des dépenses qui ont paru excessives. Pour les éviter, on a procédé de la manière suivante :

En premier lieu, on s'est décidé à exécuter la maçonnerie avec moellons ordinaires et mortier de ciment de Portland et à n'admettre la pierre de taille de petit appareil que dans les parties où elle était indispensable. Ce système de construction, éprouvé déjà par l'expérience des tours-balises, a grandement facilité les travaux en les simplifiant et en réduisant surtout les systèmes de débarquement des matériaux.

Après l'achèvement du phare, on a enduit sa surface intérieure et extérieure avec du mortier de ciment de Portland, qui a donné des résultats satisfaisants tant au point de vue de l'étanchéité que sous le rapport de l'aspect architectural.

On a commencé les travaux dans une campagne préparatoire faite en 1877, sur des crédits restreints. En procédant sans installation spéciale et comme pour une tour-balise, on parvint à élever la tour du phare jusqu'à 6 mètres au-dessus des hautes mers. On fit tous les préparatifs pour l'année suivante, et on s'efforça d'acquérir l'expérience voulue en vue d'entreprendre, sans tâtonnements ni mécomptes, la campagne effective.

Cette campagne, à raison des circonstances atmosphériques, ne put commencer qu'en mai 1878.

Dès son début, on installa un échafaudage en charpente dans l'intérieur de la tour déjà construite, laquelle atteignait une hauteur assez grande pour fournir une protection efficace contre le choc direct des lames et des paquets de mer. Cet échafaudage qui dépassait l'altitude finale du phare était disposé de manière à subsister jusqu'à l'achèvement de la maçonnerie sans en paralyser l'exécution. Il se composait de quatre montants verticaux de $0^{m},20$ d'équarrissage (*fig.* 141), formant les arêtes d'un parallélipipède à base carrée de 3 mètres de côté, inscrit dans le cylindre intérieur de la tour; les montants étaient reliés par des moises horizontales, espacées verticalement de $2^{m},25$ et portant des planchers entre lesquels on avait une série de neuf étages pour le dépôt des approvisionnements, la confection des mortiers et le logement des ouvriers. Une clôture en planches et en carton bitumé enveloppait l'échafaudage, et constituait à chaque étage une chambre convenablement abritée contre le vent et les embruns. Une échelle verticale mettait en communication toutes les chambres.

L'échafaudage atteignait une hauteur de 25 mètres, il était indispensable de le consolider pour lui donner toute la résistance nécessaire à la flexion et au renversement. Ce résultat a été obtenu, d'une part, en maintenant son extrémité supérieure au moyen d'étais fixés dans la roche, d'autre part, en reliant chaque cours de moises aux voisines par des contrefiches serrées à l'aide d'un coin, de manière à former une poutre américaine avec chacune des faces de l'échafaudage.

Cette installation a permis de maintenir sur la roche, pendant toute la durée de la campagne, les ouvriers et les manœuvres, au nombre de dix-huit en moyenne, qui étaient employés à l'exécu-

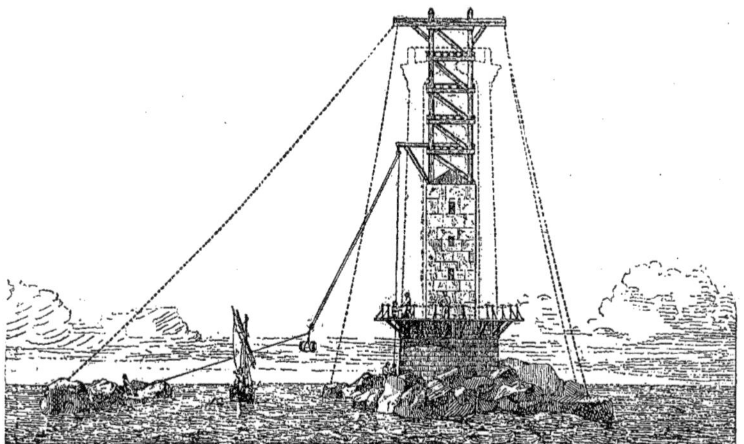

Fig. 141. — Construction du phare des Grands-Cardinaux.

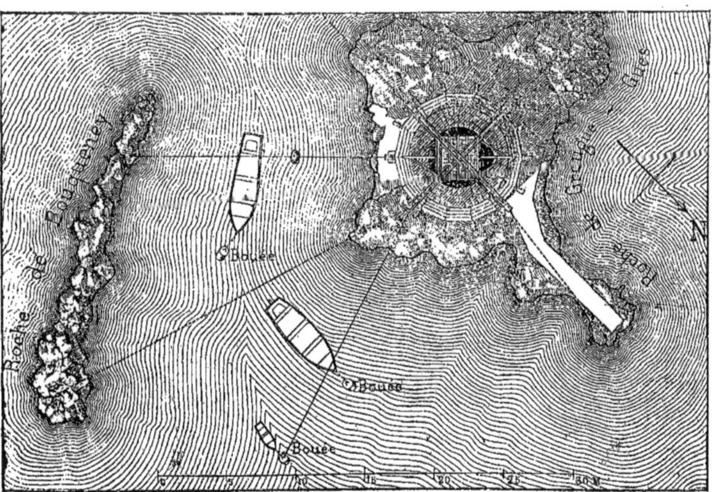

Fig. 142. — Phare des Grands-Cardinaux. — Plan du chantier.

tion des maçonneries. Ces hommes couchaient dans des hamacs et étaient nourris par l'Etat.

On a pu ainsi maintenir sur la roche les approvisionnements nécessaires et exécuter, par suite, les travaux presque sans interruption, quel que fût l'état de la mer ou de la marée.

Les dispositions prises ont eu un autre avantage important: celui de rendre facile, à peu près en tout temps, l'embarquement ou le débarquement des matériaux et même, au besoin, celui des hommes. On a, en effet, mouillé (*fig.* 142) des bouées à une distance suffisante de la roche pour n'avoir rien à craindre des lames et du ressac.

Les embarcations portant les approvisionnements venaient s'amarrer sur les bouées, où elles saisissaient le croc d'une itague dont le filin, après avoir passé sur une poulie portée par l'échafaudage, était actionné par un treuil fixé sur la roche. Grâce à la grande hauteur de cet échafaudage on pouvait hisser directement les matériaux et les débarquer à un étage quelconque à l'aide d'une amarre de retenue.

Celle-ci était manœuvrée par un homme spécial, posté soit sur une roche voisine quand le temps le permettait, soit sur un petit canot bossé sur une bouée convenablement placée.

On s'est assuré, par expérience, que les hommes munis de ceintures de sauvetage pouvaient être transbordés comme les matériaux, et qu'en cas de péril grave il était possible de porter secours au personnel logé dans l'échafaudage. Aussi son moral n'a-t-il jamais laissé rien à désirer, quoique l'on ait eu à essuyer plusieurs coups de vent très violents.

L'installation du chantier, en permettant d'opérer les débarquements sans accoster la roche, à l'abri du ressac et du déferlement des lames, a donné le moyen d'approvisionner les matériaux avec une continuité assez régulière pour éviter tout chômage. On a pu, dès lors, organiser très économiquement le service des transports.

Il a suffi de trois chaloupes non pontées de 8 mètres de longueur, montées chacune par trois hommes et munies d'une misaine et d'un taille-vent. Deux petits canaux servaient à transborder sur ces chaloupes les matériaux qui étaient déposés aux abords de l'une des plages de l'île d'Hœdic. Un autre petit canot insubmersible, amarré en permanence sur une bouée près de la roche, complétait le matériel flottant, dont la valeur totale ne dépassait pas 5 000 francs.

Quant au personnel affecté aux transports et à l'extraction des matériaux, il se composait de vingt-deux marins, ouvriers et manœuvres. Il était nourri par l'État et logé à Hœdic dans l'ancien port.

La campagne de 1878 a pu être prolongée jusqu'en décembre, malgré les mauvais temps de l'équinoxe, et dépasser de beaucoup la période de temps que l'on consacre d'ordinaire aux travaux de la mer. Pendant sa durée (sept mois) on a terminé à très peu près les maçonneries de la tour, sans aucun accident, pour les personnes ; l'édifice et ses abords ont été ensuite facilement achevés dans la campagne suivante. On est arrivé à réaliser des économies importantes, car les dépenses n'ont atteint que la somme de 147 798 francs, c'est-à-dire moins de la moitié du chiffre exigé par les autres constructions faites dans des conditions analogues.

Phare du Grand-Charpentier.

233. Le phare du Grand-Charpentier est situé en mer, à l'embouchure de la Loire, à 12 kilomètres du port de Saint-Nazaire.

Le rocher du Grand-Charpentier a été choisi pour la construction du phare, d'une part, parce qu'il est le plus avancé, du côté des chenaux d'entrée de la Loire, de la série d'écueils qui s'étendent entre la côte de Batz et la côte de Saint-Michel-Chef-Chef, et qu'il peut ainsi couvrir toute cette chaîne de récifs, d'autre part, parce qu'il est d'un accès relativement facile, d'une superficie suffisante et d'une résistance supérieure à celles des roches voisines.

La tour se trouve placée au point culminant de la roche.

Les travaux ont été commencés le 27 juin 1884.

Deux allèges de 40 tonneaux environ et trois grands canots de 7 mètres de longueur, remorqués par un vapeur, servaient au transport des ouvriers et des matériaux.

Le chantier d'approvisionnement et de taille était installé au port de Saint-Nazaire. Les embarcations et allèges de service profitaient du jusant pour se rendre sur le rocher, et du flot pour revenir à terre ; grâce à l'écluse à sas, elles entraient dans le port ou en sortaient à toute heure de la marée, suivant les besoins du travail.

On dut tout d'abord construire une jetée pour le débarquement des matériaux, dans le nord-est du phare. On profita d'une surélévation de la roche pour fonder cet ouvrage le plus économiquement possible. Son couronnement fut arasé au niveau des hautes mers ordinaires. L'emplacement de la jetée a été

Fig. 143 et 144. — Phare du Grand-Charpentier.

déterminé par cette considération que les lames qui font, de part et d'autre, le tour de la roche, viennent interférer en ce point, et qu'il s'y produit, par suite, un calme relatif.

Le mouillage y est bon et la roche accore ; on y est abrité contre la lame du sud-ouest par le massif du Grand-Charpentier lui-même.

Sur le couronnement de la jetée à 8 mètres des maisons fut installée une bigue tournante, qui, prenant les matériaux du mât de charge des allèges, les déposait sur des trucs.

Une voie Decauville, de 1 mètre de largeur, scellée sur le dallage, permettait de transporter facilement les matériaux de la bigue au pied de la tour.

Aux environs du bout de la jetée, du côté de l'est, on dut niveler le rocher pour donner aux allèges un fond d'échouage convenable. Les pierres provenant de ce nivellement servirent à constituer une sorte de brise-lames qui forma avec la jetée un petit port où les allèges purent échouer avec assez de sécurité.

Ces travaux occupèrent le personnel pendant toute la campagne de 1884.

Les premières pierres de la première assise du phare ne furent posées qu'en mai 1885.

Le phare (*fig.* 143 et 144) est constitué par une tour ronde absolument semblable à celle du phare de la Banche, du Haut-Banc du nord et des Barges d'Olonnes. Le rocher qui le supporte étant assez résistant, on n'a pas exécuté de risberme au pied. Toutefois, pour empêcher le glissement des feuillets de granit qui apparaissent sur les bords du massif central, on a bouché les cavités de la roche et établi un glacis circulaire à faible pente de 1/10 tout autour de la base de la tour. La première assise a été de plus encastrée sur une hauteur de $0^m,30$ à $0^m,40$.

La tour a $24^m,55$ de hauteur, du dessus du rocher au dessus de la murette de la chambre de la lanterne. Elle est massive à son pied sur une hauteur de $6^m,15$, moins le vide d'une cave-citerne.

La hauteur du seuil de la porte d'entrée au-dessus du niveau des hautes mers est de 4 mètres. On a été conduit à élever ainsi le seuil au-dessus des hautes mers de vives-eaux, parce que les lames subissent une levée considérable au-dessus de la roche. La mer est d'ailleurs presque toujours mauvaise sur les Charpentiers.

La partie massive de la tour a $11^m,006$ de diamètre à la base, et $6^m,834$ au niveau du vestibule. C'est un solide de révolution ayant pour génératrice un arc d'ellipse renversé, dont le demi-grand axe, légèrement incliné sur la verticale, est parallèle à la génératrice du fût conique. Il repose sur un cylindre de $0^m,75$ de hauteur. Au-dessus de la partie massive, le profil elliptique se continue le long de la partie creuse, jusqu'au-dessus des linteaux des ouvertures du vestibule, au diamètre de $6^m,50$. Le diamètre de la partie tronconique de la tour est de $6^m,50$ à la naissance de la courbe et de $5^m,30$ à la partie supérieure du fût. Au-dessus du fût s'élève une corniche de $0^m,90$ de hauteur.

Une balustrade à jour surmonte la corniche dont la plate-forme supporte également le soubassement de la lanterne.

La partie creuse du phare comprend, en dehors de la citerne-cave, cinq chambres superposées, non compris la chambre de la lanterne, savoir : un vestibule contenant les caisses à eau et à huile, une cuisine, deux chambres de gardiens et la chambre de service.

L'échelle extérieure du phare, logée dans une cheminée creusée dans le parement de la partie massive, est composée de barreaux de bronze de $0^m,03$ de diamètre. Les escaliers intérieurs sont formés de limons en fer profilés et de marches et contre-marches en fonte.

La porte d'entrée du phare est exécutée en teck ; elle porte à sa partie supérieure des panneaux vitrés qui éclairent le vestibule et permettent d'aérer le phare. En face de cette porte est pratiquée une fenêtre de $0^m,90$ de hauteur et de $0^m,45$ de largeur, à croisée de bronze, munie de glaces, et qu'un volet, également en bronze, peut protéger contre les coups de mer.

A l'aplomb de la fenêtre du vestibule, dans chacune des quatre chambres, est pratiquée une fenêtre de $1^m,35$ de hauteur, de $0^m,65$ de largeur, fermée par une croisée en chêne, vitrée en glaces.

Le sable employé dans la maçonnerie est provenu des bancs de la Loire, en amont de la limite de salure des eaux ; le ciment de Portland sortait de la maison Kingt, Nevan, Sturge and C°.

Les pierres ont été extraites des carrières granitiques de La Contrie, près de Nantes.

Elles arrivaient de Nantes à Saint-Nazaire par gabares ; elles étaient taillées et posées à l'essai sur le chantier d'approvisionnement à Saint-Nazaire.

Conduites près de la jetée du phare, elles étaient saisies par la bigue tournante, placées sur les trucs et transportées au pied de la tour sous la flèche d'une nouvelle grue. Cette grue, montée sur la maçonnerie déjà exécutée, avait un mouvement d'abatage et un mouvement de rotation autour de l'axe du phare ; elle déposait exactement chaque pierre à sa place définitive.

Le sable et le ciment étaient mis dans des sacs de même capacité, de sorte qu'on pouvait faire très facilement, sur la roche, le dosage que l'on désirait.

On a employé l'eau de mer pour la confection des mortiers de la jetée et de la partie pleine du phare. Lorsqu'on a été rendu au vestibule, on emportait de Saint-Nazaire de l'eau douce dans de grandes caisses en fer ; au moyen d'une pompe on la refoulait dans la cave-citerne, d'où on la puisait ensuite pour faire les mortiers de la partie creuse de la tour.

Le phare du Grand-Charpentier est muni d'un appareil dioptrique de troisième ordre. Il émet de cinq en cinq secondes des éclats précédés et suivis d'éclipses. Il a été allumé le 16 janvier 1888.

Le feu paraît : 1° rouge du côté de terre, dans un secteur de 199 degrés, couvrant tous les écueils situés au nord d'une ligne passant par Basse-Lovre et les Jardinets et limitant vers le nord le mouillage de la rade des Charpentiers ; 2° blanc, du côté du mouillage des Charpentiers dans un secteur de 70 degrés ; 3° vert du côté de la Lambarde dans un secteur de 29 degrés, couvrant l'écueil et les deux bouées de la Lambarde ; et 4° blanc du côté du chenal du nord de l'entrée de la Loire, dans un secteur de 62 degrés.

Les dépenses se sont élevées à 301 782f,82 non compris l'appareil d'éclairage.

Phare métallique de Port-Vendres.

234. Pour faciliter l'entrée et la sortie des paquebots qui font un service régulier entre Port-Vendres et l'Algérie, un phare a été construit sur le versoir du môle édifié en vue d'abriter ce port contre la grosse mer du large.

A raison des circonstances locales, cette construction rencontrait des difficultés et des sujétions exceptionnelles.

D'une part, on devait se prémunir contre les conséquences du tassement certain des fondations du môle, lesquelles sont établies sur blocs artificiels, suivant le mode le plus souvent adopté dans la Méditerranée. D'autre part, il fallait disposer l'édifice de manière à loger le gardien du feu et à résister, en outre, à toute la violence des lames, car le parapet du môle ne surmonte le niveau des basses mers que d'une hauteur de 4 mètres, hauteur tout à fait insuffisante, dans les gros temps, pour empêcher les lames de franchir l'ouvrage et permettre d'accéder au phare.

Dans ces conditions, l'Administration a renoncé à construire l'édifice en maçonnerie et prescrit d'élever le feu, ainsi que le logement de son gardien, sur une charpente métallique, à une hauteur telle, au-dessus de la mer, qu'on n'ait plus à redouter ses efforts pour la stabilité de la construction ou la sécurité du service.

Des considérations analogues ont conduit à adopter la même solution en France et à l'Étranger, notamment au phare en mer de Walde, près Calais. Dans les constructions de cette nature, on a constitué la charpente métallique avec des montants inclinés, en fers pleins et ronds, reliés à l'aide de tirants munis de ridoirs. Mais l'expérience a prouvé que, sous l'influence des lames et des vibrations qu'elles déterminent, ces tirants se détendent et cessent de remplir leur rôle. L'entretien des vis et des écrous et le maintien du serrage à la tension voulue paraissent, en outre, à peu près impraticables. Il n'est pas démontré d'ailleurs que, sous l'action du choc des lames, cet entretoisement se comporte comme à l'état statique et qu'il procure la consolidation qu'on a en vue. Par contre, ses effets nuisibles sont évidents, puisque l'on constate qu'il retient des herbes marines et qu'il contribue ainsi à augmenter notablement l'action de la mer sur la charpente.

Pour ces raisons, on n'a pas cru devoir solidariser les montants de la charpente du phare de Port-Vendres, autrement qu'en les reliant solidement à leur partie supérieure, c'est-à-dire au-dessus du niveau où l'action des lames est à craindre (16 mètres). La surface de l'ouvrage laissant prise à la mer est ainsi réduite à son minimum (*fig.* 145).

On a jugé ainsi qu'il y avait avantage à constituer les montants avec des fers tubulaires que l'industrie fabrique maintenant sur des grandes dimensions. Ces fers laminés et soudés à chaud sur mandrin, suivant une génératrice de cylindre, particulièrement appropriés aux constructions faites à la mer, et l'emploi qui en a été déjà fait dans l'établissement de quelques balises a démontré tous leurs avantages, malgré leur prix de revient relativement élevé.

On a donc établi l'édifice sur six mon-

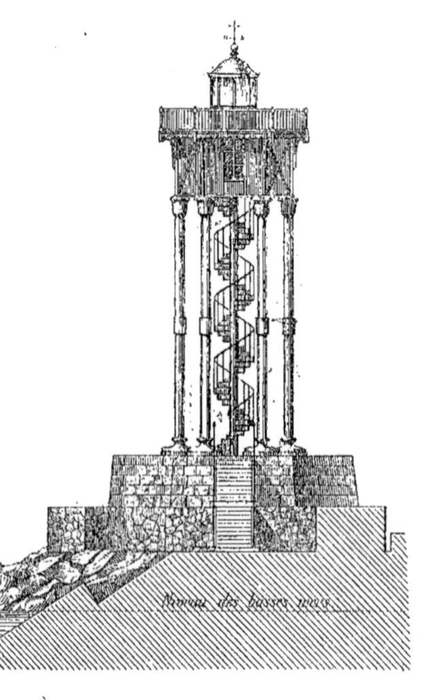

Fig. 145. — Phare métallique de Port-Vendres.

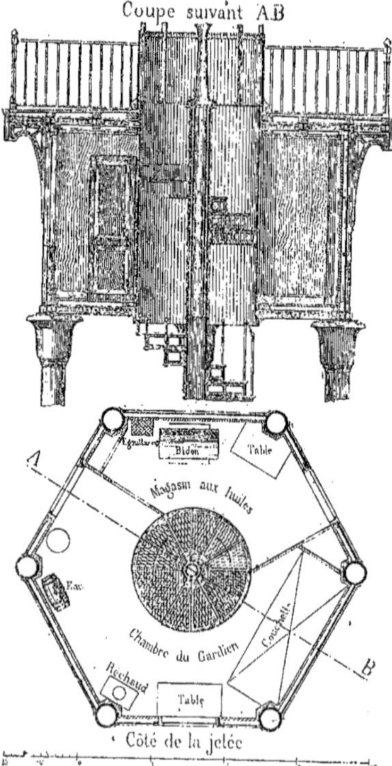

Fig. 146 et 147. — Phare de Port-Vendres. — Coupe et plan de la chambre.

possèdent, à égalité de poids, un moment d'inertie de beaucoup plus considérable que celui des fers ronds et pleins. Ils s'assemblent facilement et promptement bout à bout, à l'aide de manchons à vis, et leur assemblage ne diminue pas leur résistance, à la condition de disposer en saillie le filetage des vis. Ils sont donc tants en fer tubulaire de 14^{m},50 de longueur, disposés suivant les sommets d'un hexagone régulier de 2^{m},20 de côté (*fig.* 146, 147). Chacun de ces montants est formé de trois parties. La partie inférieure, qui a 0^{m},30 de diamètre extérieur, et 0^{m},03 d'épaisseur, est encastrée sur

2 mètres dans un massif de maçonnerie et s'assemble à l'aide d'un manchon avec la partie moyenne, qui a le même diamètre et une épaisseur calculée sur sa résistance. La partie supérieure est vissée sur la partie moyenne et assemblée à ses deux extrémités avec les planchers métalliques de la plate-forme et de la chambre de service. Les parois de celle-ci sont formées avec des tôles qui complètent l'entretoisement de la charpente et qui sont revêtues, à l'intérieur, avec de la menuiserie. Le plafond et le parquet sont également en bois.

Pour accéder à la chambre et à la lanterne, on a installé un escalier à vis, avec noyau en fer tubulaire. Les contre-marches, en fonte évidée, sont mobiles autour de ce noyau et reposent chacune sur quatre tenons, qui permettent de les faire tourner facilement, sans que le poids des contre-marches supérieures fasse obstacle au mouvement. Les marches et la rampe sont démontables; on peut, par suite, dès que le temps devient menaçant, les enlever rapidement et orienter toutes les contre-marches, suivant la direction des lames, de façon à supprimer, à peu près complètement, la prise que la mer pourrait avoir sur l'escalier. Dans ces circonstances, les contre-marches forment une échelle verticale, qui permet encore l'accès de la chambre et de la lanterne.

Les dispositions sont prises pour que le gardien puisse rester sans communication avec la terre, pendant les gros temps et assurer le service du feu, quoi qu'il arrive. Depuis quatre années environ, le phare a régulièrement fonctionné et sans accident sérieux, malgré les tempêtes d'une violence exceptionnelle, qui ont sévi pendant l'hiver 1887-1888. Elles ont causé de grosses avaries au môle, enlevé son parapet aux abords du phare, et projeté des moellons jusque sur la plate-forme de l'édifice, à 18 mètres au-dessus du niveau de la mer. Les gros embruns ont recouvert fréquemment la lanterne, éteint le feu de la cheminée du gardien et brisé les glaces de sa chambre. Les paquets de mer ont même atteint le plancher, ainsi que les parois de cette chambre, et imprimé de fortes oscillations à l'édifice. Néanmoins, ni la sécurité du service, ni la stabilité de la construction, n'ont jamais été mis en péril; le moral du gardien seul s'est trouvé passagèrement affecté, mais il est aujourd'hui fortifié par l'expérience. On peut donc considérer les résultats comme satisfaisants à tous égards.

Les travaux ont donné lieu à une dépense de 59 489f,72.

Phares flottants.

235. C'est surtout en Angleterre que ces phares se sont propagés. D'après M. Degrand (*Annales des Ponts et Chaussées*, 1860), il en existait quarante-six, alors que nous n'en avions qu'un seul en France, à Thallais, embouchure de la Gironde, allumé en 1845.

Ces phares, ou feux flottants, sont installés sur des bateaux, que l'on s'efforce de rendre par leurs formes aussi stables que possible, c'est-à-dire à les soustraire autant que faire se peut, à l'influence du tangage et du roulis. On les munit souvent de deux fausses quilles latérales, pour amoindrir encore les mouvements transversaux.

Aujourd'hui on les construit en fer, on donne une grande largeur au maître bau, par rapport à la longueur du bateau ; en réalité, ce sont des pontons très solidement construits.

La petite hauteur à laquelle les feux doivent être placés ne leur donne qu'une faible portée, et ces feux sont eux-mêmes de quatrième ou cinquième ordre, quelquefois avec secteur catadioptrique.

On varie ces feux comme ceux des phares ordinaires, et on emploie souvent des feux colorés.

Dans la Baltique où, d'après M. Seyrig, les feux sont très multipliés, le feu se compose de trois lanternes, qui sont des appareils uniquement dioptriques. Chaque lanterne est suspendue par un mouvement à la Cardan, et elles sont disposées par rapport au mât, de façon à ce qu'on en aperçoive toujours deux sur trois.

Nous donnons, d'après la note publiée par M. Seyrig, en 1883, dans le *Génie civil*, le schéma du phare de Gênes (*fig.* 148, 149).

Ces appareils sont surmontés d'une

sphère, pour servir de balise pendant le jour.

L'éclairage se fait à l'huile minérale avec un bec à deux mèches.

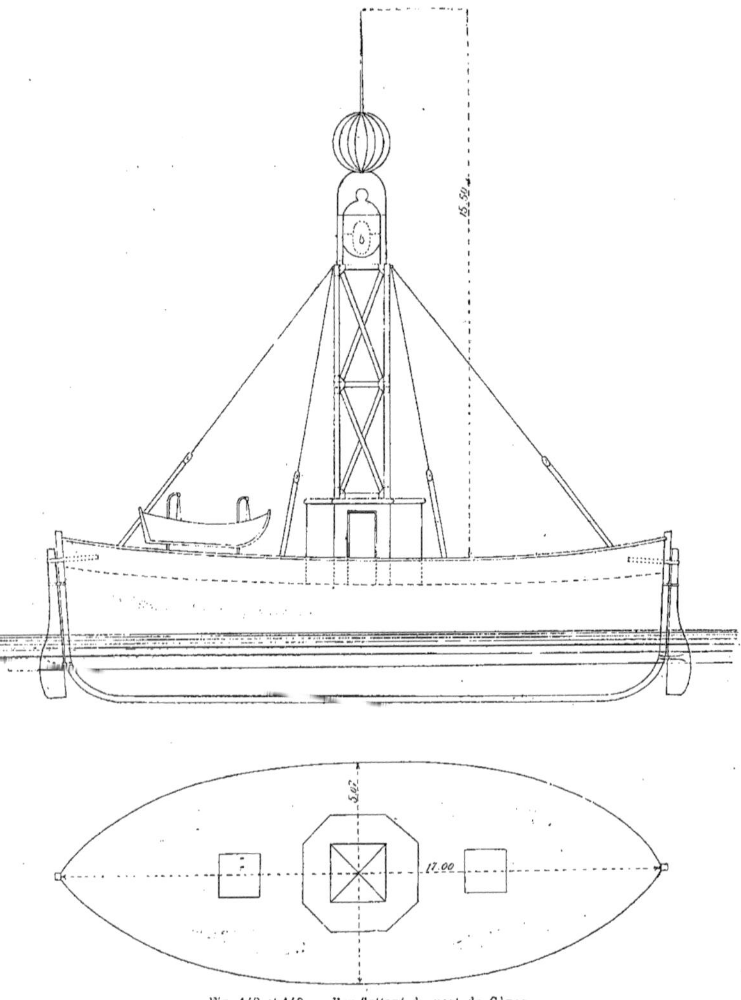

Fig. 148 et 149. — Feu flottant du port de Gênes.

On amarre ces pontons avec des ancres à champignons pesant jusqu'à 1 500 kilogrammes ; ils sont montés par sept hommes environ : un maître du phare, deux gardiens et quatre matelots. Aujourd'hui, on les remplace, autant qu'on le peut, par des feux fondés sur pieux à vis, qui n'ont pas les inconvénients dus aux oscillations de la lumière.

BALISES

236. En dehors des phares de grand atterrage, des phares d'ordre inférieur et des feux de port, il est nécessaire de signaler aux navigateurs les écueils sous-marins, qu'ils peuvent rencontrer sur leur route à l'approche des côtes et d'installer des signaux qui les guideront sûrement à l'entrée du port. C'est le but des balises.

Tantôt ces balises sont simplement formées de gaules en bois de $0^m,25$ à $0^m,40$ de diamètre qu'on fiche en terre et que l'on maintient par des enrochements. Elles portent fréquemment, et si cela est nécessaire, un voyant qui permet de les distinguer à une certaine distance.

On comprend toutefois que le mode de fixation que nous venons d'indiquer, est très précaire et que ces perches doivent être fréquemment enlevées par des coups de mer; aussi a-t-on songé à les remplacer par des constructions plus stables et plus durables.

C'est ainsi qu'au pertuis d'Antioche on a installé une sorte de pyramide formée de montants en fer et couronnée par une sphère. On garnit généralement la partie supérieure de lames de tôles non jointives qui, en donnant un aspect plus massif à la construction, lui permettent d'être aperçu de plus loin.

On installe aussi ces balises à terre pour servir d'amers; on peut alors les établir en bois, si elles sont à l'abri des coups de mer, et on peint les lamelles en blanc.

Depuis quelques dizaines d'années, on a perfectionné ce système et on lui a substitué des tourelles en maçonnerie construites sur les écueils qui émergent aux grandes marées, et munies de poignées et échelles de sauvetage. Elles remplissent ainsi un double but.

Les tours-balises sont peintes en rouge au-dessus des hautes mers avec couronne blanche portant le nom ou le numéro de l'écueil.

Un grave inconvénient toutefois se révèle immédiatement : les sphères ou les cylindres qui couronnent ces appareils ne sont pas visibles la nuit, aussi a-t-on cherché tout d'abord à les armer d'une cloche, dont le battant est mis en branle par un flotteur soumis à l'action des vagues.

Comme dernier perfectionnement, on les a éclairés au moyen de la gazoline.

Nous allons donner quelques exemples de ces ouvrages, en commençant par les appareils d'éclairage, afin de ne pas modifier l'ordre que nous avons adopté quand nous avons parlé des phares.

Éclairage à la gazoline des tours-balises, et dangers isolés en mer.

237. Jusqu'à ce jour dit la Notice publiée par le ministère, *sur les modèles, dessins et documents exposés en* 1889 par l'Ecole des Ponts et Chaussées, on n'est parvenu à réaliser cet éclairage que dans des circonstances exceptionnellement favorables soit en employant la gazoline (essence légère de pétrole) comme en Norwège, soit en utilisant le gaz d'huile comprimé dans des réservoirs, ainsi qu'on le fait pour les bouées lumineuses. Ce dernier procédé a été mis en pratique dans les ports de Boulogne et de Marseille, en vue de signaler temporairement l'extrémité de jetées en construction; mais, à raison des sujétions qu'il impose, il ne paraît susceptible de recevoir que des applications restreintes. Quant à la gazoline, elle a permis d'alimenter des feux de faible importance, fonctionnant d'une façon continue, jour et nuit, sans surveillance, durant deux semaines environ et n'exigeant, par suite, que tous les quinze jours, l'intervention d'un gardien pour changer les brûleurs et faire le plein des réservoirs.

Les combinaisons adoptées dans ce dernier mode d'éclairage ne permettent de l'utiliser qu'à terre ou sur les points isolés en mer de facile accostage. Afin de le rendre applicable en tous lieux, et en particulier sur les tours-balises, il est nécessaire, comme pour les bouées lumineuses, de porter jusqu'à trois mois la durée de son fonctionnement automatique. Ce n'est qu'à cette condition que l'on peut être toujours assuré de ravitailler le feu en temps utile et de le maintenir en permanence, quels que soient les circonstances du temps et l'état de la mer. On a obtenu ce résultat et donné satisfaction aux autres exigences de l'éclairage au moyen des dispositions suivantes :

L'appareil se compose de quatre brûleurs, groupés au centre d'un tambour dioptrique à feu fixe, et abrités par une lanterne cylindrique. Cette lanterne est vitrée à sa partie inférieure, sous la hauteur correspondante à l'optique, et munie de tout le dispositif nécessaire pour assurer la ventilation et éviter les effets des rafales. Sa partie supérieure est formée par des tôles rivées sous des montants verticaux qui sont solidement reliés à la maçonnerie de la tour-balise. Une porte, ménagée au-dessus du vitrage, permet

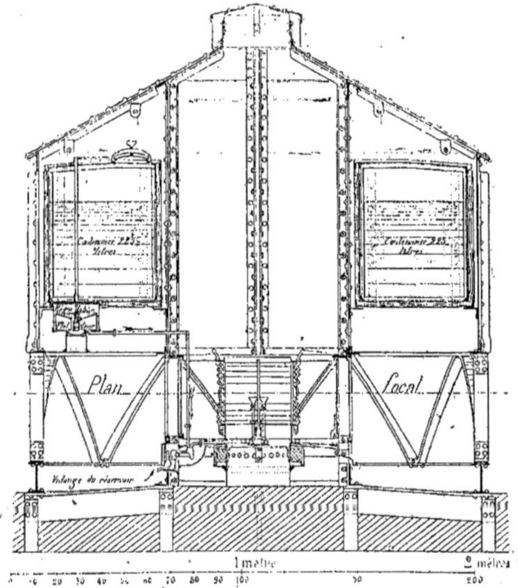

Fig. 150. — Appareil d'éclairage à la gazoline d'une tour-balise (coupe).

d'enlever l'optique, de remplacer les brûleurs et de procéder à tous les soins réclamés par l'entretien.

Les brûleurs sont en communication avec deux réservoirs ayant chacun 225 litres de capacité et destinés à contenir la gazoline nécessaire à l'alimentation du feu pendant trois mois. Ces réservoirs enveloppent la lanterne métallique sur une partie de son pourtour, en laissant deux secteurs libres pour le service. Ils sont mis à l'abri du soleil, de la pluie et de la mer (*fig.* 150), à l'aide d'une toiture et d'une cage cylindrique en tôle, portée par une forte poutre en treillis d'acier qui laisse passer sans occultation sensible les rayons lumineux de l'optique. La poutre est scellée dans la maçonnerie, et la construction, solidaire dans toutes ses parties, forme un ensemble très résistant à l'effet des lames. Pour mieux garantir cette résistance, on élève, autant qu'il convient, la maçonnerie de la tour au-dessus du niveau des hautes mers, et on lui donne, à son sommet, un diamètre surpassant de 1 à 2 mètres celui de la superstructure métallique qui est de 2 mètres.

Des expériences longtemps poursuivies il résulte que toutes les essences de pétrole employées à l'éclairage produisent, à la suite de leur décomposition par la chaleur, des dépôts de goudron et de charbon adhérant fortement à l'orifice des brûleurs et qui, augmentant avec le temps, réduisent de plus en plus le débit de l'essence, ainsi que l'intensité de la flamme.

L'importance de ces dépôts diminue; et la durée de l'éclairage augmente d'autant plus que l'essence est plus légère et se rapproche davantage des éthers. D'autre part, l'intensité lumineuse obtenue paraît s'affaiblir à mesure que l'essence employée est moins lourde. On a été conduit, par ces raisons, à faire le choix d'une gazoline pesant 670 grammes par litre, parfaitement épurée et rectifiée.

Quant aux brûleurs, on a adopté l'ancien type consacré par une longue pratique. Ils sont munis d'un trou capillaire donnant issue à la vapeur de gazoline qui est projetée sans pression, contre une spatule métallique sur laquelle la flamme s'étale en forme de papillon. Cette spatule sert, en outre, de réchauffeur pour réduire en vapeur par conductibilité la gazoline qui arrive au brûleur. Celle-ci y est conduite au moyen d'un tube communiquant avec les réservoirs et tamponné avec du coton, dans le voisinage du bec.

238. Le dispositif des réservoirs constituait la partie la plus délicate du problème à résoudre. Il était, en effet, nécessaire d'emmagasiner près d'un demi-mètre cube de gazoline, de débiter ce combustible à raison de la consommation variable du brûleur, de maintenir constante la pression sur ce brûleur afin de réaliser la combustion normale de la flamme, et d'éviter enfin tout écoulement surabondant d'un liquide extrêmement volatil, ou toute émission de vapeur susceptible de provoquer un mélange détonant avec accident grave. On ne pouvait d'ailleurs songer, pour obtenir ces résultats, à employer le vase de Mariotte, ou les divers systèmes de réservoirs à niveau constant, à cause de la grande variation qu'éprouve la tension de la vapeur de gazoline, sous l'influence de la température. Il était donc indispensable d'adopter une combinaison spéciale.

Elle consiste à interposer un régulateur de pression et de débit, entre chaque réservoir et les brûleurs qu'il alimente. Ce régulateur se compose d'un flotteur cylindrique qui porte, suivant son axe, une éprouvette contenant une quantité convenablement calculée de mercure, dans lequel vient plonger un tube communiquant avec le réservoir et muni d'un robinet. Le flotteur se meut verticalement, avec un peu de jeu, dans un récipient réuni aux brûleurs, au moyen d'un tube fixé sur son fond. Le robinet du réservoir étant ouvert, la gazoline s'écoule par le tube, remplit l'éprouvette, se déverse dans le récipient et fait monter le flotteur. A mesure que celui-ci s'élève, le tube du réservoir s'enfonce progressivement dans le mercure qui réduit de plus en plus le débit de la gazoline jusqu'à l'annuler. A ce moment, le niveau du liquide atteint, dans le récipient, une hauteur de $0^m,30$ au-dessus de l'orifice du brûleur, considérée comme la plus favorable au bon fonctionnement de l'éclairage. Dès lors, on peut procéder à l'allumage en ouvrant les robinets des brûleurs. La gazoline s'écoule du récipient et fait baisser le flotteur jusqu'à ce que le débit du réservoir égale la consommation des brûleurs. Le régime s'établit ensuite d'une façon permanente et l'appareil fonctionne automatiquement avec une grande sensibilité en maintenant, malgré les variations thermométriques et barométriques, la régularité du débit et la permanence de la pression aux brûleurs, quelle que soit la hauteur de la gazoline dans les réservoirs.

Les expériences variées et multipliées faites au Dépôt des phares ont établi que les dispositions adoptées répondent convenablement au but que l'on avait en vue. On est parvenu à maintenir l'éclairage continu pendant une durée de cent cinquante jours et autant de nuits sans rechanger les brûleurs. L'intensité lumineuse obtenue a été trouvée égale à trois becs Carcel, pour quatre brûleurs groupés, brûlant à feu nu. Avec l'optique, on réalise un éclairage à peu près égal à celui des feux de cinquième ordre. Il n'est, d'ailleurs, survenu aucun accident et tout donne lieu de croire qu'avec des précautions simples on parviendra à entretenir, sans danger, les feux à gazoline, au moins sur les tours-balises et les dangers isolés.

Un appareil du système décrit a été installé sur la tour-balise de Lavardin aux abords de l'île de Ré et du nouveau port de La Pallice.

Sur la proposition de la Commission des phares, l'Administration a approuvé l'établissement de deux autres feux semblables : l'un sur la tour-balise en construction sur l'écueil des Chiens-Perrins à l'ouest de l'île d'Yeu, l'autre sur la roche le Menhir, qui est située au large de Penmarc'h, dans les parages les plus exposés de la côte française.

Le prix de revient de la superstructure métallique des tourelles de Laverdin et des Chiens-Perrins s'élève à 7 000 francs, y compris l'optique, les réservoirs et tous les accessoires.

On peut estimer à 1 000 francs par an, en moyenne, les frais d'entretien du feu.

Installation des chantiers pour la construction des tours-balises.

239. On conçoit que les installations des chantiers sur des espaces généralement très restreints, constamment battus par la mer, offrent des difficultés de même nature que celles que nous avons rencontrées pour les fondations de l'Ar-Men. Nous allons donner deux exemples qui montreront avec quel soin l'ingénieur doit étudier attentivement tous les phénomènes qui se produisent autour de l'écueil et profiter de toutes les circonstances favorables.

240. *Tour-balise de Lavezzi.* — L'écueil de Lavezzi est situé dans les bouches de Bonifacio entre la Corse et la Sardaigne, à 1 800 mètres au sud de l'île de Lavezzi (France) et à 7 000 mètres au N.-O. de l'île de Razzoli (Sardaigne). Il est formé à sa partie supérieure d'un plateau incliné dans lequel on peut inscrire une circonférence de $6^m,50$ de diamètre et dont les cotes de profondeur, au-dessus des mers moyennes, varient entre $2^m,30$ et 6 mètres. Du côté du N.-O., la paroi du rocher est verticale sur environ 8 mètres de hauteur.

L'existence de cet écueil sous-marin au milieu de la passe, et pour ainsi dire sur la route des navires, a été la cause de nombreux sinistres, dont le plus célèbre fut une véritable catastrophe ; nous voulons parler de *la Sémillante* qui, le 14 février 1855, se perdit corps et biens. Personne n'échappa, et il y avait à bord trois cent cinquante marins et quatre cents soldats. Une enquête a démontré que le navire toucha sur l'écueil où l'on trouva le gouvernail et s'échoua sur les falaises rocheuses de Lavezzi.

Pour éviter le retour de semblables événements, on détermina pendant la nuit la position de l'écueil par l'intersection de deux secteurs lumineux rouges émanés de feux rouges et, le jour, par une tour-balise.

Les conditions d'exécution étaient fort difficiles. On se trouvait à 1 800 mètres de Lavezzi qui n'offre aucune ressource (c'est une île presque déserte) et à 12 kilomètres de Bonifacio, qui en offre fort peu. Il a fallu fréter à Ajaccio les embarcations et les gondoles. On a dû faire venir de France le ciment, les fers et le matériel par un vapeur qui fait le service tous les quinze jours entre Ajaccio et Bonifacio. On avait, en outre, à lutter contre les courants intenses du détroit et l'extrême variabilité de l'état de la mer.

La fondation fut formée d'un massif cylindrique en béton de ciment, de $6^m,50$ de diamètre, arasé à 1 mètre des terres moyennes; la tour affecte la forme d'un tronc de cône de 6 mètres de hauteur, dont les bases ont $5^m,50$ et 4 mètres de diamètre.

L'adhérence de la tour au rocher a été augmentée au moyen de douze goujons en fer ; les quatre les plus rapprochés ont

0^m,10 de diamètre et pénètrent de 0^m,60 dans le rocher ; les huit autres de 0^m,15 de diamètre ont été scellés à 1 mètre de profondeur.

Le travail peut se diviser en quatre périodes :

1° L'installation ;

2° La fondation ;

3° Le forage des trous dans le rocher ;

4° La construction de la tour au-dessus de l'eau.

En avril 1876, on commença à construire à l'île de Lavezzi, dans l'enceinte du phare. Le matériel avait été commandé et fabriqué à Marseille.

Le 1er juin, tout le personnel, ainsi que les embarcations, étaient rendus à Lavezzi, tout le matériel nécessaire pour commencer les travaux, était également sur place ; un approvisionnement important de ciment était arrivé avec les gâcheurs et les plongeurs, venus du continent français.

Le personnel se composait des conducteurs des travaux, MM. Giraud et Ilari, de deux plongeurs et d'un guide, de deux gâcheurs et de quarante ouvriers, tant marins que manœuvres.

Le matériel flottant consistait en deux tartanes de 22 tonneaux chacune, et en trois canots de dimensions diverses, dont l'un portait le scaphandre. Un quatrième canot était chargé des transports de toutes sortes entre Lavezzi et Bonifacio.

On plaça immédiatement les corps-morts de l'ancrage, au nombre de quatre ; ils furent rattachés à autant de bouées en tôle placées au N.-O., à l'O.-S.-O., au S.-E. et à l'E.-N.-E. de l'écueil, de manière à constituer un système d'amarrage aussi solide que possible.

Le 5 et 6 juin, on s'occupa du nettoyage du rocher ; cette opération fut interrompue par le mauvais temps et ne put être reprise que le 25 ; le 28, elle était terminée ; le mois de juin avait donc été peu propice ; la campagne commençait mal.

Lorsqu'on ne pouvait se rendre sur l'écueil, tous les ouvriers, sans exception, préparaient de la pierre cassée pour le béton.

Le 5 juillet, on détermina, aussi exactement que possible, le centre des fondations, et on y scella, avec du ciment pur, un axe formé d'une barre en fer galvanisé de 0^m,06 de diamètre ; puis, le coulage du béton commença. Il était descendu dans les seaux du plongeur, qui les vidait en les retournant, et, qui tassait la matière en la serrant contre le tas le plus rapproché. Douze vides furent ménagés dans le massif, à l'aide de tubes en fonte de 0^m,60 de hauteur, qui s'emboîtaient de 0^m,15 les uns dans les autres, et que l'on plaça successivement, au fur et à mesure de l'avancement des fondations.

Dès que l'on eut ainsi atteint le point le plus élevé du rocher, et réglé la fondation suivant une surface à peu près plane, on se servit d'un panneau mobile de 0^m,60 de hauteur, ayant en plan un développement de 1/5 de circonférence environ. Il empêchait le délayage et l'enlèvement du béton, et permettait de donner à celui-ci une forme très régulière.

Le ciment employé dans les fondations était du ciment de la Méditerranée (Désiré Michel). Le béton était composé en volume, d'une partie de pierres cassées pour une de mortier, formé lui-même moyennant deux parties de ciment pour une de sable. Cette proportion de mortier variait, du reste, suivant la force du courant et la portion de massif à élever. Ainsi, extérieurement, le ciment était employé sans aucun mélange de pierres et quelquefois pur, en vue d'un durcissement plus rapide, tandis qu'intérieurement, le béton était presque toujours composé de volumes égaux de ciment, de sable et de pierres.

Souvent on travaillait une heure à peine ; bien des fois, les travaux furent interrompus pendant quinze jours consécutifs par des tempêtes.

Nonobstant, le 30 septembre, la fondation était élevée à 1 mètre au-dessus du niveau moyen de la mer ; sur cent dix-sept jours, on avait à peine travaillé trente-six, à raison de six heures par jour en moyenne. Le cube du massif de fondation était de 163 mètres ; mais, en profitant d'une crevasse que le rocher présentait dans sa partie S.-E., on a pu adosser à la tour un contrefort de 14 mètres cubes environ, ce qui porte le cube total de la fondation à 177 mètres. On a donc coulé près de $1^{m3},14$ de béton par heure de travail effectif.

Le forage des trous se pratiqua au moyen de trépans, manœuvrés dans les tubes qu'on avait ménagés à cet effet dans le massif de fondation ; puis, lorsqu'un trou avait la profondeur voulue, on y descendait un goujon en fer galvanisé, ayant à $0^m,01$ près le diamètre de ce trou, et dont la longueur était double de la profondeur dudit ; le tube était ensuite rempli de ciment pur très liquide.

La somme des profondeurs ainsi forées s'éleva à $10^m,40$. L'opération, commencée le 27 octobre 1876, a été terminée le 7 août 1877, quoique fréquemment contrariée par la mer. C'est à peine si on a pu travailler onze jours par mois, à raison de $7^h,10$ par jour, en moyenne. On a foré $0^m,014$ par heure de travail effectif.

Le 8 août, on a commencé la construction de la tour, qui fut terminée, y compris la balustrade, le 14 septembre suivant. Elle est en maçonnerie de ciment recouvert d'un crépissage de $0^m,02$ d'épaisseur, également en ciment. Le cube total est de 113 mètres cubes, qui ont exigé cent cinquante heures de travail effectif.

La tour est peinte par bandes, de 1 mètre de largeur, alternativement rouges et noires, et munie d'échelons qui aboutissent à une plate-forme supérieure en fer pouvant servir de refuge.

On a dépensé :

Fondations.	43 075f,07
Forage des trous.	23 366 36
Tour au-dessus de l'eau. .	15 022 00
Divers.	10 536 57
Total.	92 000f,00

Construction d'une tour-balise sur l'écueil de la Petite Barge.

241. M. Prozynski, ingénieur en chef des Ponts et Chaussées, et M. Charron, ingénieur ordinaire, ont fait construire une tour-balise, sur l'écueil de la Petite-Barge, le plus redouté de ceux que l'on rencontre dans les parages des Sables-d'Olonne. Nous allons donner un extrait de la note qui a été publiée, dans le *Cours* lithographié de l'école des Ponts et Chaussées, par M. Laroche.

Fig. 151. — Vue d'ensemble du chantier de construction des Petites-Barges.

La tête sud du rocher dépasse de $2^m,50$ le niveau des plus basses mers connues, et de 2 mètres environ, celui des basses mers de vives-eaux ordinaires.

La grande houle du large la balaye presque constamment, et, lorsque la mer est exceptionnellement belle, à l'époque des grandes vives-eaux, le premier flot s'y fait encore sentir par une série d'embardées, qui couvrent toute la roche. On ne peut donc maintenir les embarcations accostées pendant le travail.

On perça dans la roche quatre trous de scellement, dans lesquels on scella quatre pitons en fer. On installa un mât de charge, formé d'une tige en fer de 8 à 9 centimètres de diamètre, qu'on maintint vertical avec quatre haubans, fortement tendus par des raidisseurs à vis.

Quelques jours après, une tempête avait ployé la tige de fer, cassé les chaînes, en un mot, tout démoli.

On installa alors un mât en bois (*fig.* 151, 152, 153 et 154), maintenu par des cordages, que l'on mettait en place à chaque commencement du travail.

Pour l'exécution des maçonneries, et à cause de l'irrégularité de la roche, on divisa le cercle de base en parties plus ou moins étendues, qui furent faites une à une, à l'abri d'une aile en béton de ciment à prise rapide de $0^m,20$ à $0^m,25$ d'épaisseur, que l'on faisait au commencement de la marée et que l'on remplissait de béton

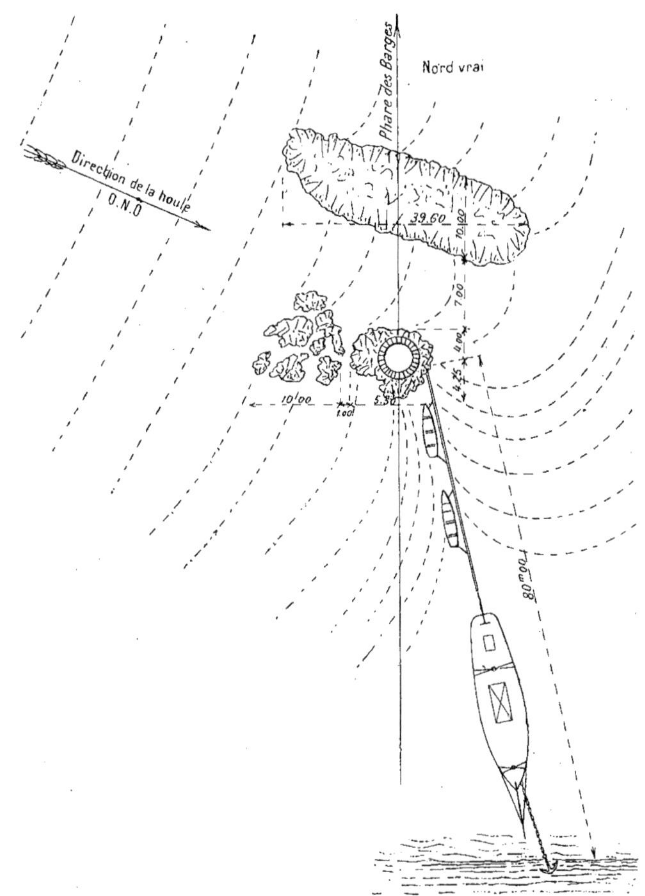

Fig. 152. — Plan de la roche des Petites-Barges.

de Portland, recouvert, au dernier moment, d'un épais enduit de ciment à prise rapide.

Pour organiser les chantiers, on mouilla sous le vent de l'écueil, une bouée que l'on réunit à la roche par une aussière. Elle servit, au moyen du touage d'une embarcation légère, à faire passer les hommes et les matériaux, en profitant des embellies.

Le travail se fit ainsi peu à peu, en profitant de chaque marée favorable ; trente furent ainsi réparties, en trois années :

Campagne de 1882	....	10 marées.
— 1883	....	5 —
— 1884	....	15 —
Total	......	30 marées.

En 1885, on était à 4m,50 ou 5m,00 au-dessus des plus basses mers.

Le cercle exécuté était de 20 à 25 mètres. La dépense fut de 9 000 francs environ, soit 400 francs par mètre cube, prix qui alla en diminuant, car au fur et à mesure que le travail émergeait, le travail devint plus facile, et les équipes purent séjourner plus longtemps sur la roche.

242. Nous avons dit précédemment que l'on avait actuellement adopté le béton pour ce genre de construction. Nous allons donner le procédé généralement suivi aujourd'hui. Nous en emprunterons la description au même ouvrage, auquel

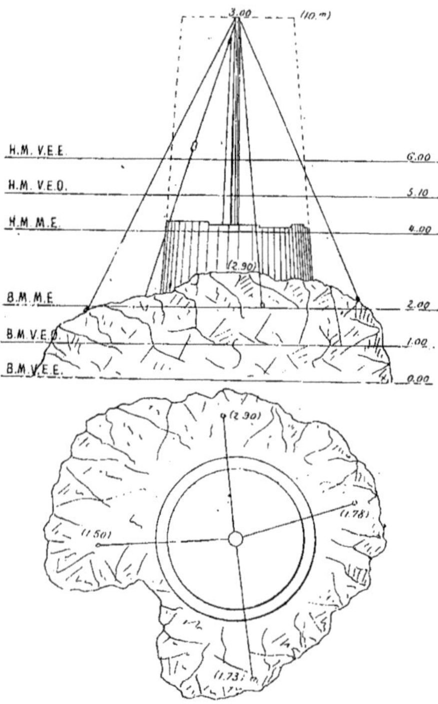

Fig. 153 et 154. — Roche des Petites-Barges, état d'avancement des travaux en 1885.

nous avons fait déjà tant d'emprunts, nous voulons parler de la Notice relative à l'Exposition de 1889.

Tours-balises en béton.

243. La première établie fut celle de Soulard, située aux abords extérieurs de la rade de Lorient, et les résultats furent

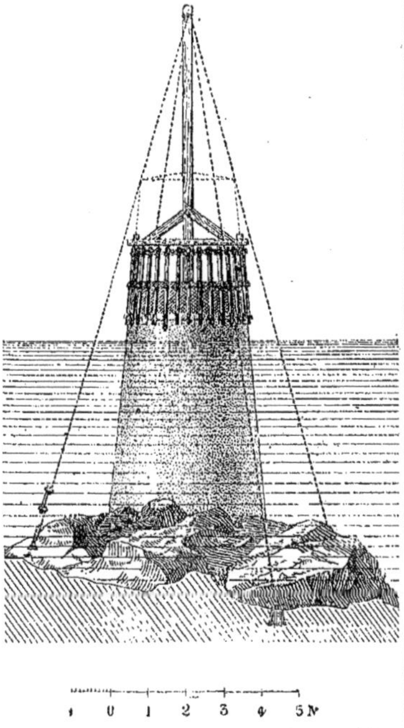

Fig. 155. — Construction d'une tour-balise en béton.

tellement satisfaisants que ce mode de construction fut appliqué depuis à beaucoup d'autres ouvrages de même nature, établis sur le cours du littoral du Morbihan et du Finistère (*fig.* 155).

Le procédé consiste, dans son essence, à couler du béton dans un moule économique et léger, disposé de façon à résister à l'action des lames, et à être monté et démonté rapidement à la mer. Le moule est formé avec des couchis, reposant sur la maçonnerie déjà faite et sur un gabarit, représentant la section de la tourelle. Ce gabarit est porté par un mât en fer, et soutenu par deux moises en croix. Le mât est maintenu par des étais en chaînes de fer (*fig.* 156 et 157).

Les couchis sont disposés suivant les génératrices de la tour; on les met en

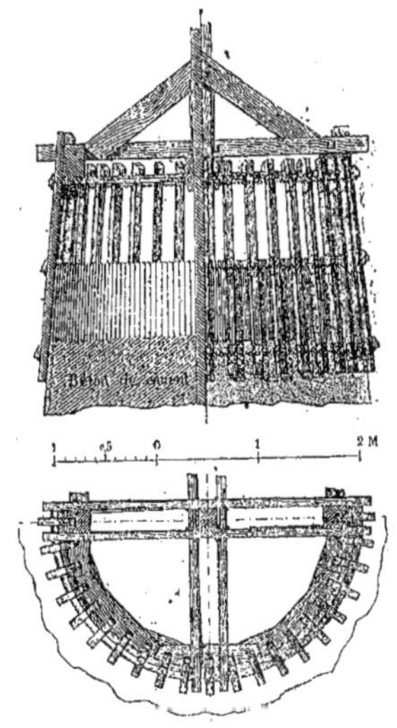

Fig. 156 et 157. — Construction d'une tour-balise en béton.

place, et on les maintient réunis au gabarit au moyen de taquets; la pose terminée, on les serre au moyen de chaînes trévirées sur le gabarit et la maçonnerie. On a soin de garnir de feuillard la partie sur laquelle repose les chaînes, afin de faciliter leur glissement et, par suite, le serrage.

Le moule posé, on remplit le vide entre les couchis, avec des feuilles de tôle de 1/2 millimètre, et on coule le béton jusqu'au-dessous du gabarit. Vingt-quatre heures après, on desserre les chaînes, on enlève le tout, on replace au-dessus un nouveau gabarit et on recommence la même opération. Cette succession de travaux se continue jusqu'à ce que l'ouvrage soit complètement achevé.

On commence, naturellement, le travail par l'installation du mât et le scellement des étais. Le rocher est d'abord décapé à l'acide chlorhydrique étendu d'eau, et débarrassé ensuite de ses parties défectueuses.

On établit le premier moule en appuyant les couchis, soit sur un rouleau de maçonnerie, soit sur un gabarit de bois. Dans ce dernier cas, on enlève le gabarit quand la maçonnerie est arrivée à son niveau.

Le mortier est formé de 500 kilos, par mètre cube, de ciment à prise lente de Portland.

Le béton contient 2 mètres cubes de ce mortier, pour 3 mètres cubes de cailloux à l'anneau de 2 à 6 centimètres. On noye des moellons, que l'on comprime, dans le centre de la tourelle.

Ce système supprime, comme on le voit, la lenteur d'exécution, les pertes de temps, les chances de malfaçons, les délavages, etc., etc.

Il protège le béton frais contre l'action des lames ou du clapotis, et n'exige pas d'autres ouvriers que des marins.

Il permet d'utiliser bien plus longtemps les marées et d'élever les tours-balises avec beaucoup plus de rapidité, c'est-à-dire avec plus d'économie.

La tourelle de Soulard n'a coûté que 77 francs le mètre cube.

Nous avons vu aussi que, comme résistance à l'action de la mer, il était préférable d'employer de petits matériaux, qui, avec un mortier convenablement choisi, forment un véritable monolithe, offrant plus d'élasticité dans son ensemble qu'une maçonnerie plus ou moins hétérogène.

Fanaux d'Isigny.

244. On établit fréquemment, à l'entrée des rivières, des feux de moindre importance que les feux de port, qui portent le nom de fanaux ; tels sont ceux d'Isigny, que nous allons décrire.

Ces fanaux ont été établis en 1852, pour l'éclairage du chenal de Vire, qui donne

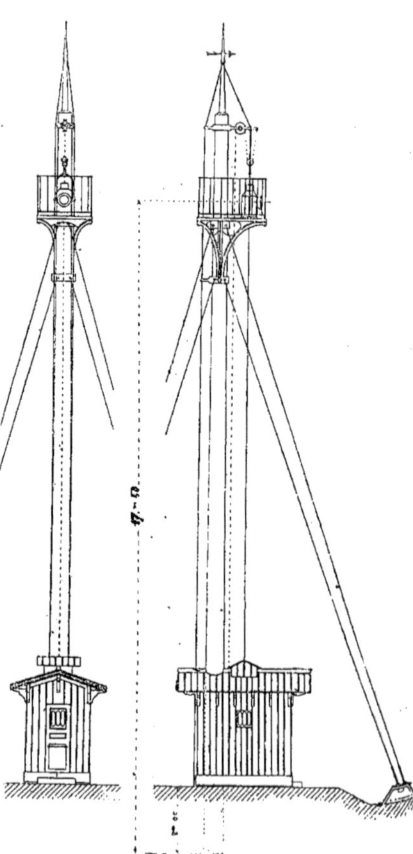

Fig. 158 et 159. — Fanal d'Isigny.

accès au port d'Isigny ; la longueur du chenal rectiligne, dont la direction est donnée par les deux fanaux, est d'environ 4 500 mètres ; le feu aval est établi au confluent de l'Aure et de la Vire, et le feu amont sur une ancienne digue, à 600 mètres en arrière du premier.

Le fanal amont est porté par un mât métallique.

Ce mât, entièrement en tôle, est haut de 22 mètres ; il présente un diamètre, à la base, de $0^m,60$, et au sommet de $0^m,42$; il est surmonté d'une flèche de $2^m,70$. Il est fixé, au moyen d'un encastrement de 2 mètres, dans un massif de maçonnerie, et maintenu par huit étais compris, deux à deux, dans quatre plans verticaux (*fig.* 158, 159).

Ces étais sont reliés avec le mât, par l'intermédiaire de deux colliers en fer forgé et avec le sol, par des porte-étais en tôle, munis de plaques à œil, scellés, comme le mât, dans des massifs de maçonnerie.

Le mât présente une hune destinée à recevoir la lanterne du feu ; le tablier de cette hune est porté par des fers cornières, rivés sur le mât au moyen d'une lame de tôle, et dont les extrémités sont prises dans le collier inférieur. Le plancher de la hune est en tôle striée.

Un collier, placé au-dessus de la hune, vers l'extrémité du mât, porte la poulie et la chaîne de traction de la lanterne, ainsi que ses guides et les montants d'une échelle en fer, par laquelle on monte sur la hune. Les guides et les montants sont prolongés et rattachés à la flèche du mât par l'intermédiaire d'un dernier collier.

Le tronc de cône du raccordement du mât et de la flèche, est renforcé intérieurement par des nervures en cornières, rivées à leur extrémité sur le mât et sur la flèche. Les étais sont reliés aux plaques au moyen d'un boulon à fourche, arrêtant un écrou rectangulaire, dans lequel s'engage l'extrémité filetée de l'étai.

Les tôles sont assemblées à francs-bords avec couvre-joints, à un rang de rivets de chaque côté du joint.

Les colliers, les guides de la lanterne, les montants de l'échelle et les plaques à œil des étais sont en fer forgé ; les étais, en fil de fer galvanisé.

La hauteur du feu est de $27^m,09$ au-dessus du zéro des cartes marines, soit à $17^m,50$ au-dessus du sol.

La dépense de construction et de mise en place, s'est élevée à 9 537^f,10.

M. Buneau-Varilla, ingénieur des Ponts et Chaussés, a imaginé un appareil pour caler automatiquement la lanterne, parvenue au sommet du mât ; cet appareil se compose de deux parties :

1° Partie fixée au plancher de la hune : deux barres rigides boulonnées à ce plancher, et possédant chacune deux tiges faisant, avec l'horizontale, un angle de 75°40′ ; chaque tige est terminée par un talon parallèle aux barres ;

2° Partie fixée à la lanterne : un châssis appliqué sur le fond en cuivre de la lanterne, au moyen de quatre boulons ;

3° Quatre bras de levier mobiles autour de deux axes ; l'une des deux extrémités est terminée par un talon à angle droit ; l'autre extrémité est reliée à celle du bras de levier de même couple, par une tige portant un contrepoids en plomb.

La lanterne, arrivée à la face inférieure de la partie fixée au plancher de la hune, les leviers rencontrent les barres et s'inclinent pour passer en dedans de celles-ci, pendant le mouvement de montée ; dès qu'ils ont dépassé ces barres, les leviers reprennent la position d'équilibre sous l'action d'un contrepoids ; il suffit alors de laisser redescendre la lanterne, dont le châssis se pose sur les barres, où il est maintenu par les talons, à angle droit.

Pour la descente, la lanterne est d'abord remontée, jusqu'à ce que les leviers rencontrent les talons des tiges (partie fixée au plancher de la hune), les contrepoids dépassant la verticale, maintiennent les leviers en dedans des tiges ; la descente s'opère alors sans que les leviers butent, ni sur les talons de ces tiges, ni sur les barres.

Le résultat obtenu est très satisfaisant : l'appareil n'a pas cessé une seule fois de fonctionner convenablement. Grâce à ce système, le gardien des feux est dispensé, pour le service courant, de faire l'ascension, pénible en mauvais temps, du mât élevé du fanal.

Appareils à feu de marée et indicateurs de marée.

245. Dans les ports à marée, il est

utile de renseigner les navigateurs sur la hauteur de la mer, et le tirant d'eau qu'ils peuvent trouver dans les passes. On sait que, pendant le jour, un système de ballons de différentes formes, est hissé sur un appareil composé d'un mât et d'une vergue. Les indications ne commencent que lorsque la hauteur dépasse 2 mètres; un ballon, placé à l'intersection du mât au-dessous de celui-ci avec la vergue, ajoute 1 mètre à la hauteur primitive de 2 mètres, et tout ballon, placé au-dessus, en ajoute deux. Les fractions de mètre sont indiquées par des ballons hissés à une extrémité de la vergue ou à l'autre; quand le ballon paraît à gauche du mât, il indique $0^m,25$; quand il est vu à droite, il indique $0^m,50$; les deux ballons indiquent ensemble $0^m,75$. On complète ces renseignements, en faisant connaître le mouvement de la marée avec pavillon blanc et croix noire, ou une flamme noire en forme de guidon.

Dans le cas d'une navigation très active, il est important de donner ces indications aux pilotes pendant la nuit, indépendamment des *feux de marée* que l'on allume, quand la mer atteint une hauteur de 2 mètres au-dessus des plus basses eaux.

Nous allons donner la description d'un appareil, installé dans ce but dans le port de Honfleur. Remarquons que, pour obtenir ce résultat, il suffit de produire une série d'éclats, dont on fait varier le nombre à volonté, d'attribuer à une partie de ces éclats une couleur différente représentant les quarts de mètre, enfin de séparer, par une lumière fixe, le signal ainsi produit du signal suivant. L'appareil se compose d'un appareil de feu fixe, de $0^m,50$ de diamètre, éclairant la moitié de l'horizon, d'un réflecteur catadioptrique occupant l'autre moitié, et d'un demi-tambour de huit lentilles verticales, embrassant chacune 22°,30′: ces huit lentilles sont colorées, cinq en rouge et trois en vert; elles sont disposées de manière à pouvoir être, à volonté, enlevées et remises en place, ou plutôt, afin d'éviter les déplacements, elles peuvent tourner autour d'un axe vertical, de manière à venir se placer dans un plan diamétral de l'appareil; dans cette position, elles ne produisent plus, sur la lumière du feu fixe, qu'une légère occultation, qui est à peu près insensible lorsqu'on emploie une lampe à 2 mèches. Ces lentilles sont, du reste, maintenues par des taquets à ressort, dans l'une et l'autre des deux positions qu'elles doivent prendre. La rotation s'effectue en quatre-vingts secondes et pourrait au besoin être accélérée. Le sens du mouvement est tel, que les lentilles rouges paraissent avant les vertes.

Voici la manœuvre de l'appareil. Comme tous les feux de marée, on l'allume dès que la mer atteint la hauteur de 2 mètres au-dessus des plus basses mers; toutes les lentilles sont enlevées ou du moins, placées dans des plans diamétraux, de sorte qu'on a l'apparence d'un feu fixe ordinaire. Dès que l'eau atteint $2^m,25$, le gardien met en place la lentille verte, qui se présente la première dans le sens du mouvement. On voit alors, toutes les quatre-vingts secondes, un éclat vert précédé et suivi d'une courte éclipse, puis un feu blanc, durant soixante-quinze secondes, entre chaque éclat et le suivant. La seconde lentille verte est mise en place lorsqu'il y a $2^m,50$ d'eau, et la troisième, lorsqu'il y a $2^m,75$. On voit alors deux, puis trois éclats verts, se succédant à 5 secondes d'intervalle, suivi d'un feu fixe pendant soixante-dix ou soixante-cinq secondes, et se reproduisant toutes les quatre-vingts secondes. Lorsqu'il y a 3 mètres d'eau, le gardien enlève et retourne les trois lentilles vertes, et met en place la dernière lentille dans le sens du mouvement, c'est-à-dire celle qui confine à la première lentille verte. Cette lentille rouge ajoute 1 mètre aux 2 mètres primitifs, et représente ainsi 3 mètres de hauteur. En remettant successivement en place la première, la deuxième et la troisième lentille verte, qui suivent immédiatement cette lentille rouge, on indique $3^m,25$, $3^m,50$ et 3^m75. Pour 4 mètres, on retourne encore les trois lentilles vertes et on met en place l'avant-dernière lentille rouge, de sorte qu'on aperçoit deux éclats rouges, qui ajoutent 2 mètres à la hauteur primitive, et représentent par conséquent 4 mètres. En continuant ainsi, on peut arriver jusqu'à cinq éclats rouges et trois verts, lesquels se succèdent à cinq secondes d'intervalle, et sont suivis d'un feu fixe blanc durant quarante secondes. Ce signal représente une hauteur de 7m,75 qui dépasse les besoins ordinaires de la pratique. Lorsque la mer descend, ou reproduit les mêmes signaux dans l'ordre inverse, et le feu est éteint, dès que la hauteur s'est abaissée à 2 mètres.

Dans cet appareil, le feu fixe blanc a une intensité de quatre-vingts becs et une portée de 13 milles et demi ; l'intensité des éclats est d'environ deux cent cinquante becs de lumière blanche ; leur portée est de 12 milles pour les rouges, et elle peut être supposée à peu près la même pour les verts, en admettant une coloration un peu claire, qui, dans ce cas, n'a pas d'inconvénients.

Les éclats sont produits au moyen de lentilles colorées dans leur épaisseur. Ce mode de coloration a été appliqué pour la première fois, en 1876, à l'appareil des signaux de marée du port de Honfleur.

Ce système laisse de côté les indications relatives à la marche de la marée, mais on pourrait y appliquer les combinaisons propres à fournir ce renseignement.

Appareils pour feux provisoires de différents caractères.

246. L'administration des phares a construit un appareil pour servir de rechange, lorsqu'un phare existant a besoin de réparations, ou, de phare provisoire en attendant l'installation d'un phare définitif. Il est disposé de manière à produire, à volonté, les différents caractères que présentent les feux du littoral.

Il se compose d'un appareil de feu fixe de 0m,375 de diamètre, éclairant les trois quarts de l'horizon, et d'un tambour de 0m,50 de diamètre, composé de huit lentilles verticales. La lanterne est circulaire de 0m,81 de diamètre extérieur. Le piédestal, de 0m,45 environ de diamètre, contient une machine qui imprime au tambour lenticulaire un mouvement de rotation. Les différentes parties de cet appareil ont des dimensions aussi réduites que possible, afin qu'on puisse facilement le transporter et le monter sur la galerie extérieure d'un phare en réparation, ou sur une charpente provisoire.

La machine de rotation peut imprimer au tambour trois vitesses différentes, que l'on obtient à volonté par un système d'embrayage. Des lentilles verticales glissent dans les rainures de l'armature, de sorte qu'on peut en enlever autant qu'il est nécessaire pour produire le caractère voulu. Elles sont formées de deux parties superposées. Chacune d'elle est accompagnée d'un petit cadre, dans lequel on peut placer, s'il y a lieu, un verre coloré. La lampe focale est à réservoir inférieur, sans mécanisme, avec bec à deux mèches brûlant à l'huile minérale; elle reçoit une cheminée blanche ou colorée, suivant les cas; elle peut être remplacée par une lampe à une mèche, si l'on n'a besoin que d'une faible intensité.

On produit avec cet appareil :

1° Un feu fixe blanc ou coloré, en enlevant toutes les lentilles verticales, ainsi que la machinerie et en plaçant sur la lampe une cheminée blanche ou colorée ;

2° Un feu à éclipse de minute en minute, ou à éclipse de trente en trente secondes, ou scintillant, en conservant toutes les lentilles verticales et en faisant produire, par la machine, l'une des vitesses qu'elle peut donner;

3° Un feu à éclipses, avec des éclats alternativement blancs et rouges, et rouges et verts, en plaçant devant un certain nombre de lentilles des verres rouges ou verts, dans l'ordre indiqué par le caractère du feu ;

4° Un feu fixe, varié par des éclats précédés et suivis d'éclipses, en conservant une des lentilles verticales, ou plusieurs de ces lentilles également espacées, et en adoptant une des trois vitesses, suivant l'intervalle que doivent avoir les éclats ;

5° Un feu fixe, varié par des éclats sans éclipse, en enlevant la moitié de chacune des lentilles verticales. et en adoptant une des trois vitesses.

L'intensité lumineuse de la lampe à deux mèches, étant de six becs et demi, celle du feu fixe est de quarante becs, et celle de l'éclat s'élève à deux cents.

Bouées.

247. Pour terminer ce que nous avons à dire, sur la manière de guider les navires à l'entrée des ports, nous n'avons plus à parler que des bouées.

Anciennement, les bouées étaient construites en bois. Depuis les progrès de la métallurgie, on les construit en tôle, dont la matière se prête à des diversités de forme qui permettent de mieux les différentier.

On les fait généralement sphériques à leur partie inférieure, ce qui leur donne le maximum de stabilité dans tous les sens, et de quelque côté que vienne le courant. Pour assurer le flottage malgré quelques avaries, on ménage à l'intérieur des cloisons étanches. Les bouées que les navigateurs, venant du large, doivent laisser à tribord, c'est-à-dire à leur droite, sont ordinairement peintes en rouge, avec une couronne blanche au sommet, celles, qu'ils doivent laisser à babord, sont peintes en noir. Celles qu'il peut laisser indifféremment à babord ou à tribord, sont peintes en bandes alternativement noires et rouges ; souvent même, comme nous le disions au commencement, on termine, par des voyants distinctifs, la partie de la bouée qui émerge.

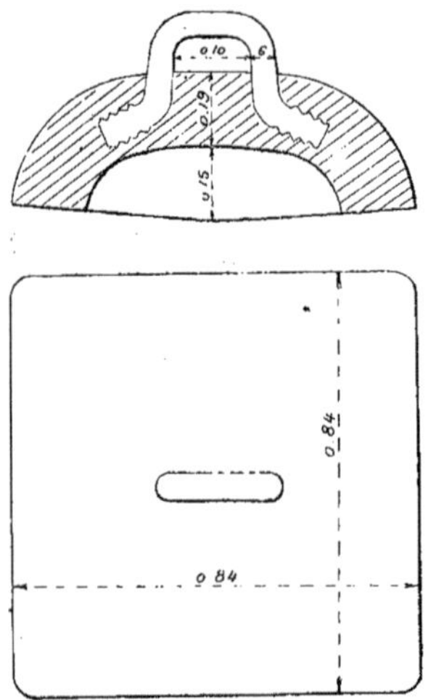

Fig. 160. — Crapaud de 1 000 kilos.

Quelquefois les bouées servent à l'amarrage des bateaux ; dans ce cas, on y fixe des organaux ; elles ont alors une forme qui se rapproche, plus ou moins, de celle d'un tonneau.

Les grandes bouées coniques de la Gironde ont, d'après M. Debauve, 2^{m},56 de diamètre maximum, 7^{m},47 de longueur totale ; elles sont mouillées par des profondeurs de 19 mètres, et se maintiennent inclinées environ à 45 degrés, sous l'influence des courants.

248. *Amarrage des bouées sur fond de roches.* — Ainsi que nous avons déjà eu occasion de le dire, pour fixer les bouées, on amarre leurs chaînes à des ancres de rebut, des ancres à champignon, des pieux à vis ou des vis Michel, qui s'engagent dans le sable ou dans l'argile compacte. Mais

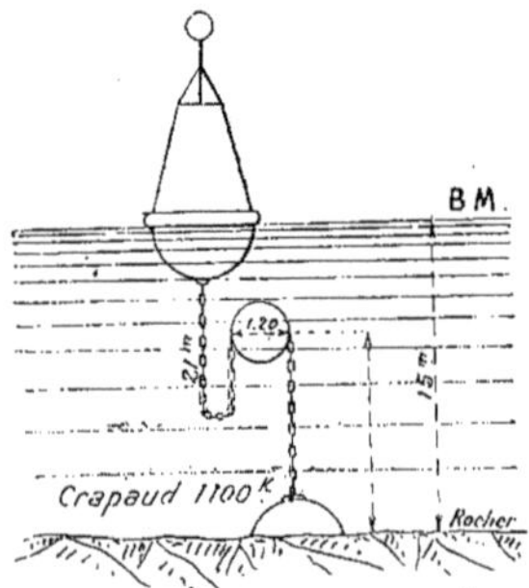

Fig. 161. — Bouée de la Valbelle (Finistère).

ce moyen ne peut s'appliquer, si le fond est rocheux et que l'ancre n'y puisse mordre. Dans ce cas, au lieu d'ancres, on emploie des crapauds en fonte, pesant de 1 000 à 2 000 kilogrammes (*fig.* 160), après lesquels on fixe la chaîne de la bouée.

Pour empêcher cette chaîne de traîner sur le fond à basse mer et, par suite, de risquer de s'y accrocher si elle rencontre une anfractuosité de rocher, et, dans tous les cas, de s'y user rapidement, on la munit d'un flotteur placé le plus haut possible, mais cependant, descendant assez bas pour ne pas être atteint par le fond de la bouée à basse mer, et, aussi, pour ne pas être trop soumis au mouvement des vagues (*fig.* 161).

On peut attacher ce flotteur à la chaîne de la bouée par une chaîne intermédiaire (*fig.* 162), ce qui a l'avantage de permettre d'opérer le relevage plus facilement. Les schémas que nous donnons, d'après M. Laroche, font comprendre ce système.

Décapage des roches.

249. On est quelquefois gêné, lorsque l'on veut faire les fondations des phares ou des tours-balises sur des rochers à fleur d'eau, par les algues et les varechs, qui empêchent de souder les maçonneries après la roche. Ces algues forment des

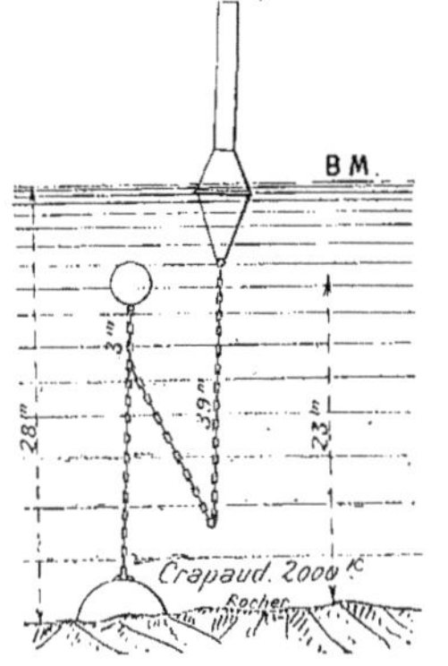

Fig. 162. — Bouée de la Valbelle (Finistère).

enduits gluants qui, enlevés un jour, réapparaissent quelques marées après, et on n'obtiendrait que des soudures imparfaites, entre la roche et la maçonnerie, ce qui occasionnerait fatalement, si on n'y prenait garde, la ruine de la construction en peu d'années.

Pour éviter cet inconvénient, il suffit d'un lavage à l'acide chlorhydrique, qui dissout les dépôts calcaires formés par les algues, et détruit pour longtemps leur adhérence.

Règlements pour empêcher les abordages en mer et dans les ports.

250. Indépendamment de tous les appareils que nous venons de décrire et qui guident les marins pour l'atterrissage, il existe, pour chaque rade et pour chaque port, des règlements particuliers, destinés à prévenir les accidents et les abordages.

Au-dessus de tous les règlements, se trouve une sorte de code général, en quelque sorte international (il est obligatoire en France et en Angleterre), et qui est appliqué par presque toutes les nations maritimes ; nous allons le reproduire.

Règlement du 1er septembre 1884, concernant les règles établies pour prévenir les abordages.

251. ARTICLE PREMIER. — A dater du 1er septembre 1884, les bâtiments de la Marine nationale, ainsi que les navires de commerce, seront assujettis aux prescriptions ci-après, qui ont pour objet de prévenir les abordages.

Dans les règles qui suivent, tout navire à vapeur qui ne marche qu'à l'aide de ses voiles, est considéré comme bâtiment à voiles, et tout navire à vapeur, dont la machine est en action, est considéré comme navire à vapeur, qu'il se serve de ses voiles ou qu'il ne s'en serve pas.

Règle concernant les feux.

ART. 2. — Les feux mentionnés dans les articles suivants, numérotés 3, 4, 5, 6, 7, 8, 9, 10 et 11, doivent être tenus allumés, par tous les temps, depuis le coucher du soleil jusqu'à son lever.

Aucun autre feu ne devra paraître à l'extérieur du navire.

ART. 3. — Tout navire à vapeur de mer, quand il est en marche, doit porter :

(A) Sur le mât de misaine, ou en avant du mât de misaine, à une hauteur d'au moins 6 mètres au-dessus du plat-bord, et si la largeur du navire est de plus de 6 mètres, à une hauteur au-dessus du plat-bord au moins égale à la largeur du navire, un feu blanc brillant, placé de manière à fournir une lumière uniforme et sans interruption, sur tout le parcours d'un arc horizontal de vingt quarts ou rumbs de vent.

Il devra être fixé de telle sorte, que la lumière se projette de chaque côté du navire, depuis l'avant jusqu'aux deux quarts de l'arrière du travers. La portée de ce feu devra être assez grande pour qu'il soit visible à cinq milles de distance par une nuit noire, mais atmosphère pure ;

(B) A tribord, un feu vert établi de manière à projeter une lumière uniforme et sans interruption, sur tout le parcours d'un arc horizontal de dix quarts du compas, compris entre l'avant du navire et deux quarts de l'arrière à tribord ; il doit avoir une portée telle qu'il soit visible à au moins deux milles de distance, par une nuit noire, mais atmosphère pure;

(C) A bâbord, un feu rouge établi de manière à projeter une lumière uniforme et sans interruption, sur tout le parcours d'un arc horizontal de dix quarts du compas, compris entre l'avant du navire et deux quarts de l'arrière du travers à bâbord; il doit avoir une portée telle, qu'il soit visible à au moins deux milles de distance, par une nuit noire, mais atmosphère pure;

(D) Les feux de côté, vert et rouge, doivent être pourvus, du côté du navire par rapport à eux, d'écrans se projetant en avant d'au moins 91 centimètres, de telle sorte que leur lumière ne puisse pas être aperçue de tribord devant pour le feu rouge, et de bâbord devant pour le feu vert.

Art. 4. — Tout navire à vapeur qui remorque un autre bâtiment, doit porter, outre ses feux de côté, deux feux blancs brillants, placés verticalement à 91 centimètres de distance, au moins, l'un au-dessus de l'autre, afin de le distinguer des autres bâtiments à vapeur. Chacun de ces feux doit être du même genre, et installé de la même manière que le feu blanc brillant, porté au mât de misaine par les autres navires à vapeur.

Art. 5.—(A) Tout navire à voiles ou à vapeur qui, par une cause accidentelle, n'est pas libre de ses mouvements, doit, si c'est pendant la nuit, mettre à la place assignée au feu blanc brillant, que les bâtiments à vapeur sont tenus d'avoir en avant du mât de misaine, trois feux rouges placés dans des lanternes sphériques, d'au moins 25 centimètres de diamètre, et disposées verticalement à une distance l'une de l'autre d'au moins 91 centimètres; ils doivent avoir une telle portée, qu'ils soient visibles à au moins deux milles de distance, par une nuit noire, mais atmosphère pure.

Si c'est le jour, il doit porter, en avant de la tête du mât de misaine, et pas plus bas que cette tête de mât, trois boules noires de 61 centimètres de diamètre chacune, placées verticalement, l'une au-dessus de l'autre, à une distance d'au moins 91 centimètres.

(B) Tout navire à voiles ou à vapeur employé soit à poser, soit à relever un câble télégraphique, doit, si c'est pendant la nuit, mettre à la place assignée au feu blanc brillant, que les bâtiments à vapeur sont tenus d'avoir en avant du mât de misaine, trois feux placés dans des lanternes sphériques, d'au moins 25 centimètres de diamètre, et disposées verticalement à une distance d'au moins 1m,82; le feu supérieur et le feu inférieur devront être rouges et celui du milieu devra être blanc et les feux rouges devront avoir la même portée que le feu blanc. Si c'est le jour, il doit porter à la tête du mât de misaine et pas plus bas que cette tête de mât, trois boules de 61 centimètres de diamètre au moins chacune, placées verticalement l'une au-dessous de l'autre à une distance d'au moins 1m,82; la boule supérieure et la boule inférieure devront être de forme sphérique et de couleur rouge, et celle du milieu devra être de la forme d'un diamant (deux cônes réunis par la base) et de couleur blanche.

(C) Les navires cités dans cet article, ne doivent pas avoir les feux de côté allumés lorsqu'ils n'ont aucun sillage; ils doivent, au contraire, les tenir allumés s'ils sont en marche, soit à la voile, soit à la vapeur.

(D) Les lanternes et les boules que cet article oblige à montrer servent à avertir les autres navires, que celui qui les montre n'est pas manœuvrable et, par suite, ne peut se garer. Les signaux que doivent faire les bâtiments en détresse et demandant du secours sont spécifiés dans l'article 27.

Art. 6. — Tout navire à voiles qui fait route ou qui est remorqué, doit porter les feux indiqués par l'article 3 pour un bâtiment à vapeur en marche, à l'exception du feu blanc, qu'il ne doit avoir en aucun cas.

Art. 7. — Toutes les fois que les feux de côté, rouge et vert, ne pourront pas être fixés à leur poste, comme cela a lieu à bord des petits navires, pendant les mauvais temps, on devra tenir les feux sur le pont, à leurs côtés respectifs du bâtiment, allumés et prêts à être montés.

Si l'on approche d'un autre bâtiment, ou si l'on en est approché, on doit montrer ces feux à leurs bords respectifs en temps utile, pour empêcher l'abordage, les placer de manière qu'ils soient le plus visibles possible, et de telle sorte que le feu vert ne puisse pas s'apercevoir de bâbord, ni le feu rouge de tribord.

Afin de rendre plus facile et plus sûr l'emploi de ces feux portatifs, les lanternes doivent être peintes extérieurement de la couleur du feu qu'elles contiennent, et munies d'écrans convenables.

Art. 8. — Tout navire, soit à voiles, soit à vapeur, doit, au mouillage, avoir un feu blanc dans une lanterne sphérique d'au moins 20 centimètres de diamètre, placé le plus en vue possible à une hauteur au-dessus du plat-bord qui n'excède pas 6 mètres; ce feu doit montrer une lumière claire, uniforme, sans interruption, et visible tout autour de l'horizon à une distance d'au moins un mille.

Art. 9. — Les bateaux-pilotes, quand ils

sont sur leur station de pilotage pour leur service, ne doivent pas porter les mêmes feux que les autres navires; ils doivent avoir à la tête du mât un feu blanc, visible tout autour de l'horizon; ils doivent également montrer, à de courts intervalles ne dépassant jamais quinze minutes, un ou plusieurs feux intermittents.

Quand un bateau-pilote n'est pas dans sa zone et occupé au service du pilotage, il doit porter les mêmes feux que les autres navires.

ART. 10. — Les embarcations non pontées et les bateaux de pêche de moins de 20 tonneaux (jauge nette), étant en marche sans avoir leurs filets, chaluts, dragues ou lignes à l'eau, ne seront pas obligés de porter les feux de couleur de côté ; mais dans ce cas, chaque embarcation ou chaque bateau devra, en leurs lieu et place, avoir prêt sous la main un fanal muni, sur l'un des côtés, d'un verre vert, et, sur l'autre, d'un verre rouge ; et s'il approche d'un navire ou s'il en voit approcher un, il devra montrer ce fanal assez à temps pour prévenir un abordage, et de manière que le feu vert ne soit pas vu sur le côté bâbord, ni le feu rouge sur le côté tribord.

(La partie suivante de cet article s'applique seulement aux bateaux et embarcations de pêche, au large de la côte d'Europe et dans le nord du cap Finistère).

(A) Tous les bateaux et toutes les embarcations de pêche de 20 tonneaux (jauge nette) et au-dessus, lorsqu'ils sont en marche, et ne se trouvent pas dans l'un des cas où ils ont à montrer les feux désignés par les prescriptions suivantes de cet article, doivent porter et montrer les mêmes feux que les autres bâtiments en marche.

(B) Tous les bateaux qui seront en pêche avec des filets flottants ou dérivants, devront montrer deux feux blancs placés de manière qu'ils soient le plus visibles possible. Ces feux seront disposés de façon que leur écartement vertical soit de $1^m,50$ au moins et de 3 mètres au plus ; et de manière aussi que leur écartement horizontal, mesuré dans le sens de la quille du navire, soit de $1^m,50$ au moins et de 3 mètres au plus. Le feu inférieur devra être le plus sur l'avant, et les deux feux devront être placés de telle sorte, qu'ils puissent être aperçus de tous les points de l'horizon, par nuit noire, avec atmosphère pure, à une distance de trois milles au moins.

(C) Un bateau pêchant à la ligne et ayant ses lignes dehors, *devra porter les mêmes feux qu'un bateau en pêche avec des filets flottants ou dérivants.*

(D) Si un bateau de pêche devient stationnaire par suite d'un engagement de son appareil de pêche dans un rocher ou tout autre obstacle, il devra montrer le feu blanc et faire le signal de brume d'un bâtiment au mouillage.

(E) Les bateaux de pêche et les embarcations non pontées peuvent, en toute circonstance, faire usage d'un feu intermittent (c'est-à-dire alternativement montré et caché), en plus des autres feux exigés par cet article. Tous les feux intermittents montrés par un bateau qui chalute, drague ou pêche avec un filet à drague quelconque, devront être montrés à l'arrière du bateau.

Toutefois, si le bateau est tenu par l'arrière à son chalut, à sa drague ou à son filet à drague, le feu intermittent devra être montré à l'avant.

(F) Chaque bateau de pêche ou embarcation non pontée à l'ancre, entre le coucher et le lever du soleil, devra montrer un feu blanc, visible tout autour de l'horizon, à une distance d'un mille au moins.

(G) Par temps de brume, un bateau en pêche avec des filets flottants au dérivants, et attaché à ses filets, un bateau chalutant, draguant ou pêchant avec des filets à drague quelconque, un bateau pêchant à la ligne et ayant ses lignes dehors, devra, à intervalles de deux minutes au plus, sonner alternativement du cornet de brume et de la cloche.

ART. 11. — Un navire qui est rattrapé par un autre bâtiment doit montrer, au-dessous de sa poupe, un feu blanc ou un feu intermittent destiné à avertir le navire qui approche.

Signaux phoniques par le temps de brume, de brouillards, etc.

ART. 12. — Tout navire à vapeur doit être pourvu :

1° D'un sifflet à vapeur ou de tout autre système efficace de sons au moyen de la vapeur, placé de manière que le son ne doit être gêné par aucun obstacle ;

2° D'un cornet de brume d'une sonorité suffisante et qu'on puisse faire entendre au moyen d'un soufflet ou de tout autre instrument ;

3° D'une cloche assez puissante.

(On substitue un tambour dans les navires ottomans.)

Tout navire à voiles doit être pourvu d'un cornet et d'une cloche analogues.

En temps de brume, de brouillard, ou de neige, soit de nuit, soit de jour, les avertissements indiqués ci-dessus seront employés par les bâtiments.

(A) Tout navire à vapeur, lorsqu'il est en marche, doit faire entendre un coup prolongé de son sifflet à vapeur ou de tout autre mécanisme à vapeur, à des intervalles qui ne doivent pas excéder deux minutes.

(B) Tout navire à voile, lorsqu'il est en marche, doit faire les signaux suivants, avec son cornet, à des intervalles de deux minutes au plus : un coup lorsqu'il est tribord amures; deux coups, l'un après l'autre, quand il est bâbord amures; trois coups l'un après l'autre, quand il a le vent de l'arrière du travers.

(C) Tout navire à voiles ou à vapeur qui ne fait pas route doit sonner la cloche à des intervalles qui n'excèdent pas deux minutes.

Art. 13. — Tout navire, soit à voiles, soit à vapeur, ne doit aller qu'à une vitesse modérée, pendant les temps de brouillard, de brume ou de neige.

Règle relative à la route et à la manière de gouverner.

Art. 14. — Quand deux navires à voiles font des routes qui les rapprochent l'un de l'autre, de manière à faire courir le risque d'abordage, l'un des deux s'écartera de la route de l'autre, d'après les règles suivantes :

(A) Le navire qui court largue doit s'écarter de la route de celui qui est au plus près;

(B) Le navire qui est plus près bâbord amures doit s'écarter de la route de celui qui est tribord amures;

(C) Si les deux navires courent largue, mais avec les amures de bords différents, le bâtiment qui a le vent par bâbord s'éloigne de la route de celui qui le reçoit par tribord;

(D.) Si les deux navires courent largue, ayant tous les deux le vent du même bord, celui qui est au vent doit s'écarter de la route de celui qui est sous le vent;

(E) Le bâtiment qui est vent arrière doit s'écarter de la route de l'autre navire.

Art. 15. — Si deux navires marchant à la vapeur courent l'un sur l'autre en faisant des routes directement opposées, ou à très peu près, de manière à faire craindre un abordage, chacun d'eux devra venir sur tribord, afin de laisser l'autre navire passer à bâbord.

Cet article s'applique uniquement au cas où les bâtiments ont le cap l'un sur l'autre en suivant des rumbs de vent tout à fait ou presque tout à fait opposés, de telle sorte que l'abordage soit à craindre. Il ne s'applique pas à des navires qui, s'ils continuent leur route, se croiseront certainement sans se toucher.

Les seuls cas que vise cet article sont ceux dans lesquels chacun des deux bâtiments a le cap l'un sur l'autre, les deux plans longitudinaux étant complètement ou à peu près dans le prolongement l'un de l'autre; en d'autres termes, les cas dans lesquels, pendant le jour, chaque bâtiment voit les mâts de l'autre navire l'un par l'autre, ou à très peu près, et tout à fait ou à très peu près dans le prolongement de son cap; et, pendant la nuit, le cas où chaque bâtiment est placé de manière à voir à la fois les deux feux de côté de l'autre.

Il ne s'applique pas au cas où, pendant le jour, un bâtiment en aperçoit un autre devant lui et coupant sa route; ni au cas où, pendant la nuit, chaque bâtiment, présentant son feu rouge, voit le feu de même couleur de l'autre navire; où chaque bâtiment, présentant son feu vert, voit le feu de même couleur de l'autre navire; ni au cas où un bâtiment aperçoit droit devant lui un feu rouge sans voir de feu vert, ou aperçoit droit devant lui un feu vert sans voir le feu rouge; enfin, ni au cas où un bâtiment aperçoit à la fois un feu vert et un feu rouge dans tout autre direction que droit devant ou à peu près.

Art. 16. — Lorsque deux navires, marchant à la vapeur, font des routes qui se croisent de manière à faire craindre un abordage, le bâtiment qui voit l'autre par tribord doit s'écarter de la route de cet autre navire.

Art. 17. — Si deux navires, l'un à voiles et l'autre à vapeur, courent de manière à risquer de se rencontrer, le navire sous vapeur doit s'écarter de la route de celui qui est à voiles.

Art. 18. — Tout navire à vapeur qui en approche un autre au point de faire craindre un abordage, doit diminuer de vitesse ou stopper, et même marcher en arrière si cela est nécessaire.

Art. 19. — En changeant de route, conformément à l'autorisation et aux prescriptions de ce règlement, un bâtiment à vapeur qui est en marche peut indiquer ce changement à tout autre navire en vue, au moyen des avertissements suivants, donnés avec le sifflet à vapeur :

Un coup bref pour dire : je viens sur le tribord;

Deux coups brefs pour dire : je viens sur le bâbord;

Trois coups brefs pour dire : je vais en arrière à toute vitesse.

L'emploi de ces avertissements est facultatif, mais, si l'on s'en sert, il faut que les mouvements du navire soient d'accord avec la signification des coups de sifflet.

Art. 20. — Quelles que soient les prescriptions des articles qui précèdent, tout bâtiment à vapeur ou à voiles qui en rattrape un autre, doit s'écarter de la route de celui-ci.

Art. 21. — Dans les passes étroites, tout navire à vapeur doit, quand la recommandation est d'une exécution possible et sans danger pour lui, prendre la droite du chenal.

ART. 22. — Quand, d'après les règles tracées ci-dessus, l'un des navires doit changer de route, l'autre bâtiment doit continuer la sienne.

ART. 23. — En suivant et interprétant les prescriptions qui précèdent, on doit tenir compte de tous les dangers de la navigation, ainsi que des circonstances particulières qui peuvent forcer de s'écarter de ces règles pour éviter un danger immédiat.

ART. 24. — Rien de ce qui est recommandé ici ne peut exonérer un navire, ou son propriétaire, ou son capitaine, ou son équipage, des conséquences d'une négligence quelconque, soit au sujet des feux ou signaux, soit de la part des hommes de veille, soit enfin, au sujet de toute précaution que commandent l'expérience ordinaire du marin et les circonstances particulières dans lesquelles le bâtiment se trouve.

ART. 25. — Rien dans ces règles ne doit entraver l'application des règles spéciales dûment édictées par l'autorité locale, relativement à la navigation dans une rade, dans une rivière, ou enfin dans une étendue d'eau intérieure quelconque.

ART. 26. — Ces règles ne doivent en rien gêner la mise à exécution de toute prescription spéciale faite par un gouvernement quelconque, quant à un plus grand nombre de feux de position ou de signaux à mettre à bord des bâtiments de guerre, au nombre de deux ou davantage, ainsi qu'à bord des bâtiments à voiles naviguant en convoi.

ART. 27. — Lorsqu'un bâtiment est en détresse et demande des secours à d'autres navires ou à la terre, il doit faire usage des signaux suivants, ensemble ou séparément, savoir :

Pendant le jour :

1° Coups de canon tirés à intervalles d'une minute environ ;

2° Le signal de détresse du code international indiqué par NC ;

3° Le signal de grande distance, consistant en un pavillon carré, ayant au-dessus ou au-dessous une boule ou quelque chose ressemblant à une boule.

Pendant la nuit :

1° Coups de canon tirés à intervalles d'une minute environ ;

2° Flammes sur le navire, telles qu'on peut les produire au moyen d'un baril à goudron ou à l'huile en combustion ;

3° Bombes ou fusées, de quelque genre et couleurs que ce soit, lancées une à une, à courts intervalles.

Code international des signaux.

252. Le *Code international des signaux à l'usage des bâtiments de toutes les nations* fournit aux navires les moyens de communiquer entre eux et avec la terre, quel que soit l'idiome entendu par leurs équipages. Il a été décrété, le 25 juin 1864, à la suite d'une entente avec le Gouvernement anglais, et mis en vigueur le 1er mai 1866.

Ce code renferme les éléments d'une langue maritime universelle, langue qui se formule soit avec des signes extérieurs (pavillons, flammes, boules, etc. etc.), soit avec des signes écrits ou caractères, selon que les bâtiments veulent communiquer par la voie des signaux ou par écrit.

Les signes écrits ou caractères, au nombre de dix-huit, sont :

B, C, D, F, G, H, J, K, L, M, N, P, Q, R, S, T, V, W.

A chaque caractère correspond un signe extérieur portant son nom.

Les mots et les phrases nécessaires pour l'échange des idées ont, comme équivalent, des groupes de deux, trois ou quatre signes.

Les groupes de deux signes sont les combinaisons de B avec les dix-sept autres caractères, combinaisons dans lesquelles B occupe le 1er rang ; puis celles de C avec les dix-sept autres caractères, et ainsi de suite jusqu'à W : BC, BD... CB, CD,... WB, WC, WV.

Les groupes de trois signes sont les combinaisons successives des groupes de deux signes avec les quinze autres caractères BCD, BCF,... CBD, CBF,.... WVB, WVC, WVT.

Les groupes de quatre signes sont les combinaisons successives des groupes de trois signes avec les quinze autres caractères : BCDF, BCDG,... BCFD, BCFG,... CBDF,... CBDG...

Le nombre total des combinaisons obtenues ainsi, au moyen des dix-huit signes différents, pris deux à deux, trois à trois, quatre à quatre est de 78, 642.

Tout groupe à une signification particulière, mot, verbe, nombre, membre de phrase, phrase, nom de lieu, nom de bâtiment, etc. — signification invariable qui est interprétée dans le même sens par tous les bâtiments.

Plusieurs groupes peuvent être réunis les uns à la suite des autres, de même que sont assemblés entre eux, dans le langage ordinaire, les mots, membres de phrases ou phrases qu'ils représentent.

Le Code international permet donc d'exprimer toutes les idées.

Les groupes de deux signes (au nombre de 306), sont réservés pour les avis pressés et importants; ceux de trois (4 896) sont affectés aux demandes et renseignements les plus utiles, lors des rencontres en mer; ceux de quatre (73 440) sont destinés aux communications moins usuelles, et aux noms des bâtiments de guerre et de commerce. Ils ne sont pas tous utilisés; ceux compris en FGMH et GQBC sont vacants, et pourront ultérieurement être affectés à d'autres communications.

Les combinaisons GQBC à GWVT sont réservées aux bâtiments de guerre, celles de HBCD à WVTS (dont le signe supérieur est toujours un pavillon carré), sont destinées aux bâtiments de commerce.

Le nombre des combinaisons n'étant pas assez considérable, pour permettre d'affecter un groupe de quatre signes uniquement à un seul navire, deux bâtiments de nations différentes, peuvent avoir le même signe distinctif. Chaque gouvernement dispose entièrement des signe des GQBC à WVTS, et dresse une liste nationale, sans tenir compte des marines étrangères. Ces différentes listes sont publiées en volumes séparés de celui du Code international, à cause de leur nature essentiellement variable. Le signal distinctif d'un bâtiment, doit donc toujours être accompagné du pavillon sous lequel il navigue, et qui indique la liste dans laquelle il faut chercher le nom du navire, en regard du signal qu'il a arboré.

A très petite distance, deux navires peuvent communiquer entre eux, en écrivant, sur un tableau noir, les groupes des consonnes affectées aux mots ou phrases qu'ils veulent échanger. Si l'éloignement est trop considérable, ils doivent user des signaux.

Dans les signaux du Code international, les dix-huit caractères sont représentés par un guidon (pavillon carré échancré en triangle à l'extrémité) quatre flammes et treize pavillons carrés. Ces signes s'arborent sur une seule drisse, le signe supérieur correspondant au premier caractère du groupe à signaler, le second, au deuxième caractère, et ainsi de suite.

Afin de pouvoir transmettre les communications au-delà des distances auxquelles les couleurs des pavillons cessent d'être faciles à distinguer, le Code fournit aussi un autre mode d'exprimer les caractères. Dix-huit combinaisons différentes de sphères ou boules; carrés ou pavillons et triangles ou flammes, sans distinction de couleur, ont reçu le nom de chacune des lettres du Code et remplacent, pour les signaux à grande distance, les pavillons ordinaires. Nous y reviendrons un peu plus loin.

La série des pavillons B, C, D.... est la même pour les bâtiments de commerce de toutes les nations, et les combinaisons de grande distance sont les mêmes pour les navires *de guerre* et de commerce de toutes les nations.

Afin d'éviter que les signaux du Code international puissent être confondus avec d'autres signaux, une flamme spéciale, dite caractéristique du Code, est hissée au-dessous du pavillon national, pendant la durée des signaux. Cette flamme caractéristique est unique pour tous les bâtiments. Elle sert *d'aperçu* au navire qui interprète ce signal.

Les avantages des signaux du Code sont les suivants:

Chaque signal n'a qu'une signification *unique*. Il n'est pas employé de pavillons spéciaux, hissés séparément, pour faire varier le sens de la même combinaison de lettres;

Le nombre maximum de signes, frappés sur une drisse est quatre, ce qui permet de distinguer facilement chacun d'eux;

Un caractère n'étant jamais répété deux fois dans le même groupe, l'usage des pavillons substituts, usage toujours fort délicat, n'existe pas.

Pour ne pas donner lieu aux confusions qui pourraient être faites, avec les pavillons distinctifs d'armateurs ou de compagnies maritimes, les signes hissés séparément ne sont pas utilisés. Toutefois, les mots *oui* et *non*, d'un emploi très fréquent, peuvent être signalés par les flammes et les signes C et D.

Les communications de même nature sont groupées entre elles de manière à être caractérisées par les formes différentes des signes employés. Cela permet de reconnaître à première vue le genre du signal qui est fait. Ainsi, dans les signaux de deux signes, une flamme supérieure dénote un signal d'aire de vent, le guidon supérieur (B) indique un signal pour appeler l'attention ; tous les signaux de trois signes et les signaux de quatre signes commençant par une flamme représentent les mots et les phrases ; dans les signaux de quatre signes, le guidon supérieur spécifie les noms géographiques, tandis qu'un pavillon carré supérieur est l'indice d'un numéro de bâtiment de Commerce.

Le Code international des signaux pourrait peut-être devenir une langue parlée universelle.

253. Quand on navigue un peu et qu'on voit avec quelle rapidité les timoniers habiles causent, même sans le secours du livre, avec les navires en vue, c'est-à-dire ont mis dans leur mémoire les signes les plus usuels, on se demande s'il ne serait pas possible de transformer en langage parlé ce *langage vu*, *universellement adopté* par toutes les nations civilisées, *admirablement combiné* et auquel il ne *manque que les sons* pour être la langue absolument universelle. Ce qui s'oppose certainement à ce qu'il en soit ainsi, c'est que les pavillons sont représentés par des consonnes. Si donc on mariait ce Code avec une autre langue également à peu près universelle, nous voulons parler de la musique, il nous semble, et cela sous toutes réserves, qu'il serait facile d'atteindre un *desideratum* qui dépasserait de beaucoup en simplicité le volapück d'origine plus que suspecte.

Il suffirait, en effet, de faire subir à la gamme la petite modification aux terminaisons des notes naturelles que Chevé a indiquée pour solfier les dièses et les bémols. On obtiendrait ainsi un intervalle de moins d'une octave avec les dix-huit syllabes remplaçant les dix-huit pavillons. L'écriture pourrait s'en faire, comme celle du plain-chant, sur quatre lignes, en ayant seulement soin de distinguer par la forme, une note naturelle d'une note diésée ou d'une note bémolisée (un cercle par exemple, un carré et un triangle), et cette langue serait ainsi indépendante des caractères d'écriture propres à certains peuples.

Les mots, les membres de phrases n'auraient jamais plus de quatre syllabes, et les hommes pourraient ainsi communiquer entre eux soit par la vue à grande distance, soit par l'écriture, soit par la parole (en lisant les syllabes sans émettre les sons musicaux). Elle se prêterait également à la cryptographie, et aux signaux sonores.

Nous émettons naturellement cette idée sous toutes réserves, mais, il nous semble qu'il y aurait quelque chose à tenter dans un sens analogue.

Communications avec la terre.

254. Les communications avec la terre se font au moyen d'un mât de signaux qui est installé aussi en vue que possible de la mer. On se sert alors des pavillons et des signaux de grande distance, dont nous avons déjà parlé et sur lesquels nous allons donner quelques détails.

On préfère toutefois installer à terre des sémaphores, qui se voient de plus loin, et avec lesquels les communications se font plus rapidement.

Signaux à grande distance.

255. Le principe des signaux à grande distance est de faire abstraction complète des couleurs des signes employés, pour ne tenir compte que de leurs formes et de l'ordre dans lequel ils sont arrangés.

Ces signaux sont de la plus grande utilité lorsque la distance entre les deux navires, ou entre le navire et la côte, est telle qu'il est impossible de distinguer les couleurs des pavillons.

Nous avons déjà dit qu'on employait

alors une boule noire, un pavillon carré et une flamme. En cas de besoin, et, à défaut des signes ordinaires, les caboteurs, les bateaux de pêche, etc., peuvent employer :

Pour les pavillons carrés.	des mouchoirs;
Pour les flammes.	des avirons ou des espars élingués carrément;
Pour les boules.	des bailes ou des seaux.

La flamme caractéristique est remplacée par une boule noire montrée seule.

Chaque caractère du Code représenté à petite distance par un seul signe, est représenté à grande distance par un signal de boules noires, flammes ou pavillons carrés, composé de trois signes et contenant au moins une fois la boule noire, indice des signaux à grande distance.

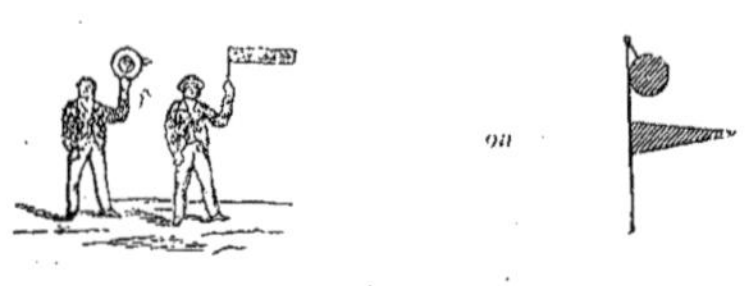

Fig. 163. — Signifie : « *Votre route est dangereuse* ».

Les signaux très urgents, se font avec deux ou trois signes seulement. Nous donnerons comme exemple de ce dernier cas quatre signaux de deux signes (*fig.* 163, 164, 165, 166), et comme exemple des signaux à longue distance celui des hommes d'un canot à terre qui réclament les secours d'un chirurgien à la suite d'accidents (*fig.* 167).

Fig. 164. — Signifie : « *Voie d'eau ou feu à bord. Besoin de secours immédiat* ».

Sémaphores.

256. Un sémaphore consiste en un mât de 10 mètres de haut, muni de trois ailes superposées et portant à sa partie supérieure une tige terminée par un disque. Les ailes et le disque tournent autour de leur point d'attache au mât dans le même plan vertical. Tout le système pivote lui-même sur sa base, afin que les ailes puissent être présentées carrément au bâtiment auquel les signaux sont adressés.

Fig. 165. — Signifie : « *A bout de vivres* ».

Les stations sémaphoriques des côtes de France correspondent avec les bâtiments de toutes les nations, au moyen du Code international. Un mât sert à hisser les signaux ordinaires de petite et de grande distance. Les pavillons dont on fait usage sont ceux de la série des bâtiments de commerce.

Fig. 166. — Signifie : « *Echoué, besoin de secours immédiat.* »

Ces stations peuvent, en outre, comme nous l'avons déjà dit, employer les ailes de leur appareil pour signaler les communications du Code plus loin et plus vite qu'avec les combinaisons ordinaires de grande distance.

Chacune des trois ailes représente, suivant la position qui lui est donnée, un des trois signes (flamme, boule, pavillon) adoptés pour composer les signaux de grande distance (*fig.* 168).

Une aile quelconque placée à droite du mât et *inclinée* à 45 degrés vers la terre représente la flamme ;

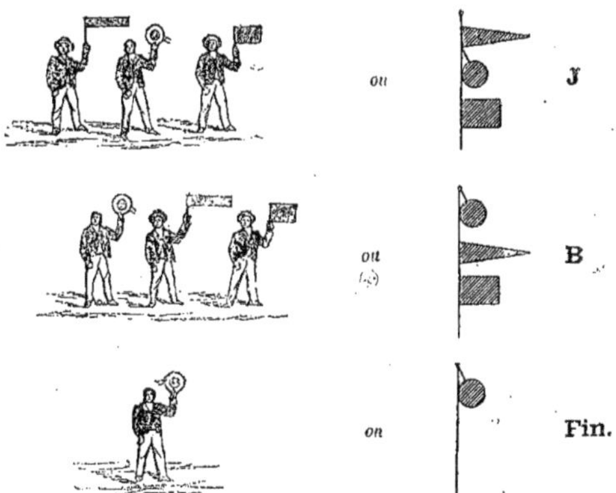

Fig. 167. — J.-B. Signifie : « *Accident, j'ai besoin d'un chirurgien.* »

Une aile quelconque horizontale représente la boule ;

Une aile quelconque inclinée à 45 degrés vers le ciel, le pavillon.

Le disque horizontal est l'aperçu du sémaphore.

Le disque vertical indique que les signaux sont des signaux de grande distance du Code international.

Ces signaux se faisant en un, deux, trois ou quatre temps, le disque reste vertical pendant toute la durée d'un signal complet. On le replie le long du mât lorsque le dernier temps a été compris. Le bâtiment met l'aperçu pour chaque temps. Si la communication à transmettre comporte l'emploi de plusieurs signaux ou séries de temps, après la dernière série le disque est placé à la position verticale et l'une des ailes à la position horizontale. Ils sont repliés dès que le bâtiment a l'aperçu. Il en est de même s'il est nécessaire, pour assurer une bonne interprétation, d'indiquer des points de séparation, entre des séries de temps, se rapportant à des idées différentes.

Quelquefois les sémaphores sont reliés avec le télégraphe. Dans ce cas :

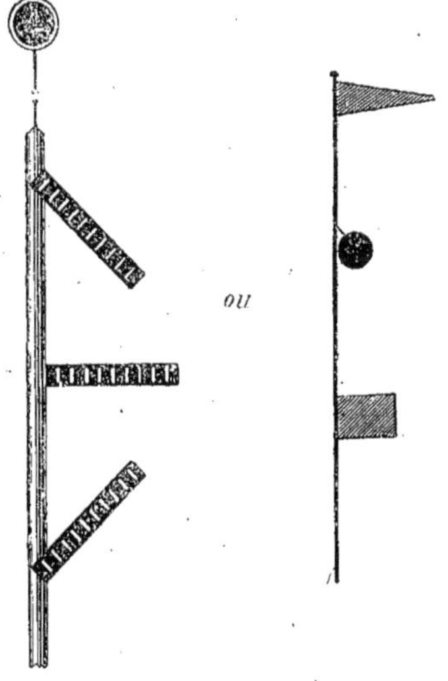

Fig. 168. — Signal en un seul temps ; signifie : « *Stoppez ou mettez en panne, j'ai un renseignement important à vous communiquer.* »

Les stations électro-sémaphoriques françaises transmettent au large, par la voie des signaux, les dépêches télégraphiques envoyées de l'extérieur ou de l'étranger aux bâtiments en vue, ainsi que les avis, nouvelles, ordres, adressés aux guetteurs pour être communiqués aux navires lors de leur passage.

Sur la demande qui leur en est faite, les guetteurs transmettent à destination les communications que leur signalent les bâtiments en mer; il les expédient par le télégraphe ou par la poste en France et en Algérie, et, par le télégraphe, seulement pour les États qui ont signé la convention télégraphique de Saint-Pétersbourg ou qui y ont adhéré.

La transmission des dépêches se fait uniquement au moyen des signaux du *Code international.*

Les télégrammes ou messages envoyés par les guetteurs des sémaphores, d'après les ordres des navires, et ceux expédiés de l'intérieur à destination des bâtiments au large, doivent être clairs, redigés dans la langue du sémaphore qui doit les transmettre au navire, ou en groupes de deux, trois ou quatre lettres choisies parmi les consonnes du Code international.

Ces groupes ont pour signification soit les mots, membres de phrases et phrases leur correspondant dans le Code susnommé, soit un sens secret convenu à l'avance entre l'expéditeur et le destinataire.

Avis des tempêtes.

257. Les observations météorologiques faites à terre dans différentes contrées permettent, dans un certain nombre de cas, de pouvoir prédire quelquefois quarante-huit heures à l'avance les grandes perturbations atmosphériques qu'il y a le plus grand intérêt à faire connaître aux marins, surtout aux approches des côtes, alors même que les craintes pourraient être exagérées.

Dans ce but, le Ministère de la Marine de France envoie éventuellement, aux ports et aux sémaphores, des télégrammes annonçant les phénomènes météorologiques qui peuvent menacer les côtes de France.

Aussitôt un de ces télégrammes parvenu, on le communique au large en faisant un signal et en affichant la dépêche explicative. Le signal reste hissé pendant quarante-huit heures, mais pas plus longtemps.

Les signaux se font au moyen d'un cône et d'un cylindre, qui, une fois hissés, paraissent, de quelque point qu'on les regarde, sous la forme d'un *triangle* et d'un *carré* noirs tous deux.

258. *Coups de vent de la partie sud.* — Le cône la pointe en bas indique la probabilité de forts vents du Sud (tournant par le S. du S.-E. au N.-O.) (*fig.* 169).

259. *Coups de vent de la partie nord.* — Le cône la pointe en haut indique la probabilité de forts vents du Nord (*fig.* 170).

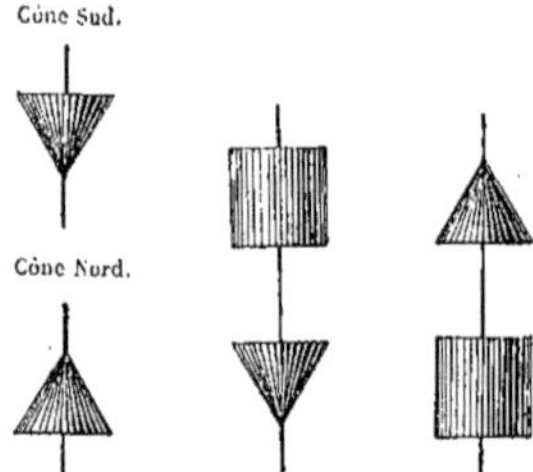

Fig. 169 à 172.

260. *Très mauvais coups de vent de la partie sud.* — Le cylindre sur le cône la pointe en bas indique une tempête probable de la partie sud (*fig.* 171).

On ne fait jamais usage du cylindre sans le cône.

261. *Très mauvais coup de vent de la partie nord.* — Le cylindre sous le cône la pointe en haut indique une tempête probable de la partie nord (*fig.* 172).

On ne fait jamais usage du cylindre sans le cône.

262. *Saute brusque de vent.* — Il n'y a point de signal pour indiquer la probabilité d'une saute brusque de vent, mais il faut se rappeler que les vents de la partie du sud passent beaucoup plus souvent au nord de l'ouest que les vents de la partie du nord ne passent au sud de l'est.

Conséquemment, quand le cône sud est hissé, et, si le mouillage est exposé au N.-O., il est prudent de se préparer à recevoir un coup de vent de N.-O.

263. *Interprétation du signal.* — Il est bien entendu que les signaux ci-dessus ne prédisent pas le temps ou le vent qui doit régner ; ils préviennent qu'il existe, dans les environs (soit à moins de 50 milles) du lieu où le signal est hissé, une perturbation atmosphérique qui produira probablement un coup de vent de la direction indiquée par le signal et dont la connaissance peut être utile aux marins et aux pêcheurs de la côte ; leur but est donc d'avertir les marins de l'approche du mauvais temps et de leur faire connaître la direction probable du vent qu'ils ont à craindre. Chaque signal veut donc dire simplement :

Veillez, le mauvais temps peut atteindre le lieu ou vous êtes.

Les signaux sont transmis par le bureau météorologiques central de France, dans la mer du Nord, la Manche, l'océan Atlantique et la Méditerranée.

264. *Signaux indiquant le temps qu'il fait au large sur les côtes de France.* — Ces signaux sont hissés par les sémaphores et aux bureaux de port pendant une demi-heure, le matin et le soir ; en voici la liste :

Un *pavillon* (quelle qu'en soit la couleur).	Temps douteux. Le baromètre tend à baisser.
Un *guidon* (quelle qu'en soit la couleur).	Mauvaise apparence. Mer grosse. Le baromètre baisse.
Une *flamme* (qu'elle qu'en soit la couleur).	Apparence de meilleur temps. Le baromètre monte.

NOTA. — En cas de beau fixe, pas de signal.

Pavillon supérieur au guidon.	L'entrée du port devient mauvaise.
Guidon supérieur au pavillon.	Le bateau de sauvetage va sortir.

Le même genre de signaux, avec quelques variations, est adopté par les pays étrangers.

265. *Signaux de détresse.* — Les signaux de détresse se font avec tous les signaux dont nous avons parlé.

Pendant le jour, on joindra au signal NC des coups de canon tirés à intervalles de *une* minute environ, et le signal de grande distance, formé d'un pavillon carré et d'une boule, ou de quelque chose y ressemblant.

Pendant la nuit, on doit encore tirer le canon de minute en minute, lancer des bombes et des fusées à de courts intervalles, et enfin produire des flammes sur le pont du navire avec un baril de goudron, ou de l'huile en combustion, etc.

Société centrale de sauvetage des naufragés.

266. Nous avons vu que les plus grands dangers que courrent les embarcations de tout genre se faisaient surtout sentir en vue et proche des côtes, et qu'un certain nombre de signaux avaient été établis pour avertir les populations du littoral.

Malgré tout leur courage et leur habileté, les marins les plus braves et les plus expérimentés périssaient, victimes de leur dévouement, en se portant à leur secours, et cela faute d'un matériel organisé *ad hoc*.

En 1865, une société, appelée *Société centrale de sauvetage des naufragés* se fonda, sous les plus hauts patronages, afin de parer à cette grave lacune ; elle fut reconnue d'utilité publique la même année.

Pour arriver à son but éminemment humanitaire, « elle entretient, sur tout le littoral de la France, de l'Algérie et de la Tunisie, un matériel considérable, d'une valeur de plus de deux millions, qu'elle améliore et augmente sans cesse, suivant les ressources mises à sa disposition par

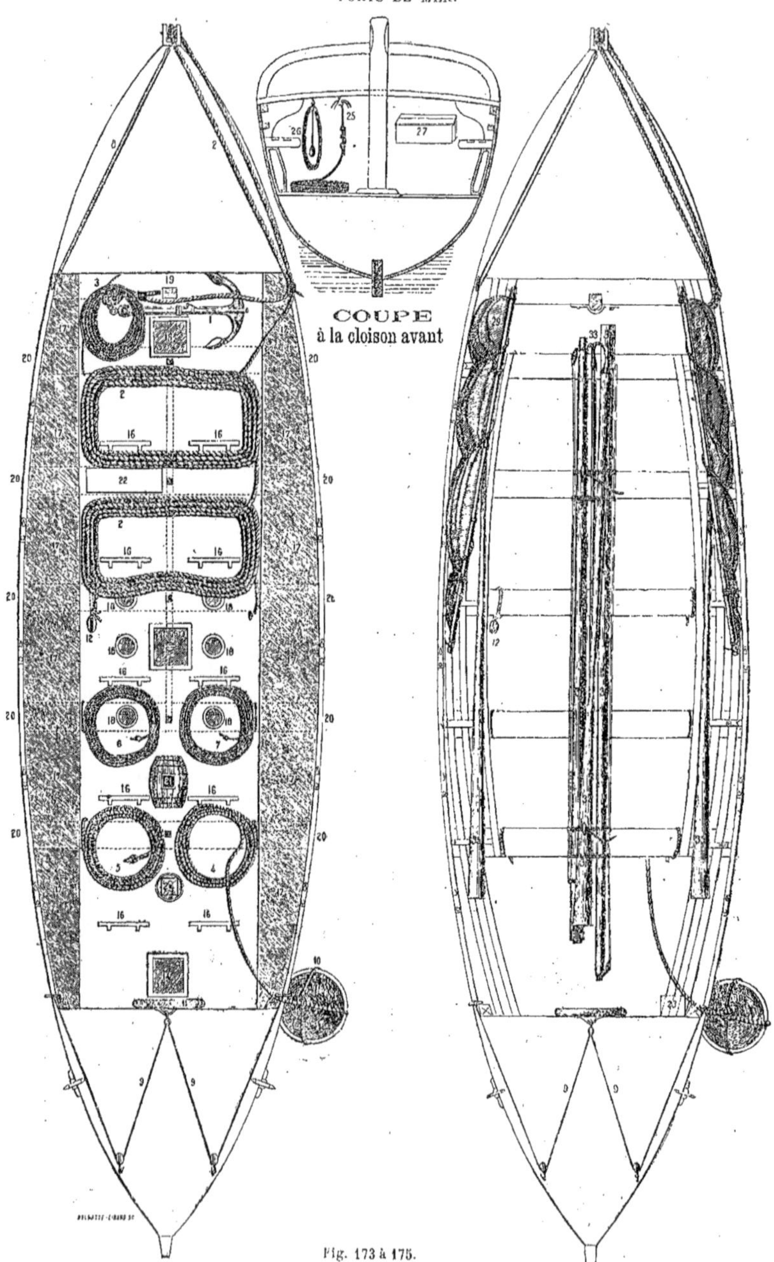

Fig. 173 à 175.

les personnes généreuses, qui s'intéressent au sort de nos marins; elle s'assure que ce matériel spécial est surtout entre les mains d'hommes dévoués, bien exercés, aptes à s'en servir dès que le besoin s'en fait sentir.

LÉGENDE DES FIGURES 173 A 175.

1, ancre; 2, cablot; 3, ligne pour grappin d'abordage; 4, 5, cartahus tannés pour l'ancre flottante; 6, 7, cartahus de sauvetage; 8, ancres de foc; 9, écoute de taille-vent; 10, ancre flottante (représentée dans la position qu'elle doit occuper quand le canot est sous son abri); 11, bouée de sauvetage; 12, poulie à fouet; 13, Panneau de la pompe; 14, 15, panneaux destinés à l'aération de la calle; 16, Marchepieds; 17, caisse à air; 18, puits d'évacuation; 19, bitton mobile; 20, bancs; 21, baril à eau; 22, boîte à provision; 23, boîte pour le compas; 24, fanal dans son seau; 25, grappin d'abordage; 26, baton plombé et sa ligne; 27, boîte à ustensile; 28, misaine et foc serrés ensemble; 29, taille-vent; 30, grand-mât; 31, mât de misaine; 32, aviron de queue; 33, grande gaffe; 34, saisines de la drome; 35, avirons de rechange.

« Là, où la population maritime est assez nombreuse, la navigation fréquente, les dangers éloignés de la côte, la *Société centrale* établit une station de canot. Les postes des porte-amarres sont placés, au contraire, sur les points déserts de notre littoral, là où il serait impossible de recruter un équipage, où il n'existe souvent qu'un poste de douanes, un phare, un sémaphore à plusieurs kilomètres de tout point habité. »

267. *Canots de sauvetage.* — Les canots de sauvetage (*fig.* 173, 174 et 175), sont presque tous construits sur le même modèle, reconnu supérieur aux autres à la suite d'expériences nombreuses.

Fig. 176.

Règle générale à observer.

268. 1° Chaque corde doit être amarrée par un bout à un banc du canot;

2° Chaque corde est autant que possible lovée sous un banc, et les marchepieds doivent être complètement dégagés.

Non seulement ces bateaux sont *insubmersibles* comme tous les canaux de sauvetage, mais ils peuvent *se redresser après chavirement* et *évacuent directement l'eau des embardées.*

Le premier effet s'obtient par l'adaptation d'une quille en fer et de deux caisses à air aux extrémités, de telle sorte que, lors du chavirement, le bateau est en équilibre instable sur ces deux caisses à air, et le plus petit mouvement le fait redresser.

On obtient l'évacuation de l'eau au moyen de six larges tubes en cuivre, dont l'orifice supérieur est au ras du pont, lequel est placé à plusieurs centimètres au-dessus de la flottaison; l'orifice inférieur débouche sous le fond du canot, sans permettre la moindre infiltration

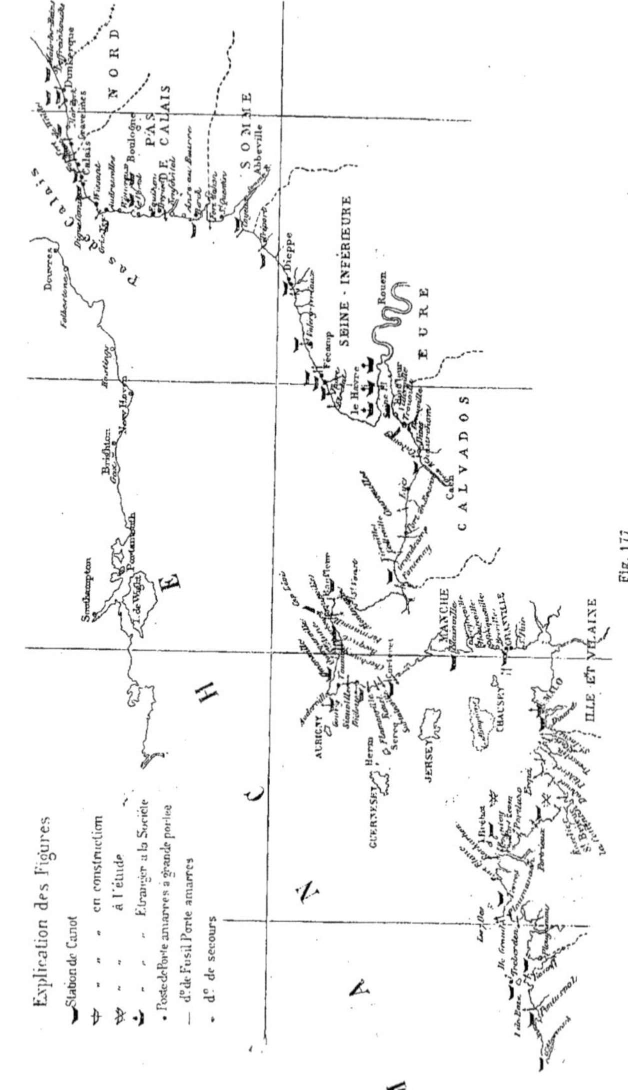

Fig. 177

Ouessant
FINISTÈRE
COTES DU-NORD
I DE SEIN
Audierne
Douarnenez
MORBIHAN
I DE GROIX
BELLE ILE
LOIRE-INFRE
Nantes
I DE NOIRMOUTIERS
VENDÉE
I D'YEU
les Sables d'Olonne
la Rochelle
Rochefort
CHARENTE-INFRE
Royan
GIRONDE
Bordeaux
Arcachon
LANDES
Bayonne
PYRÉNÉES
Hendaye
ATLANTIQUE
Golfe de Gascogne

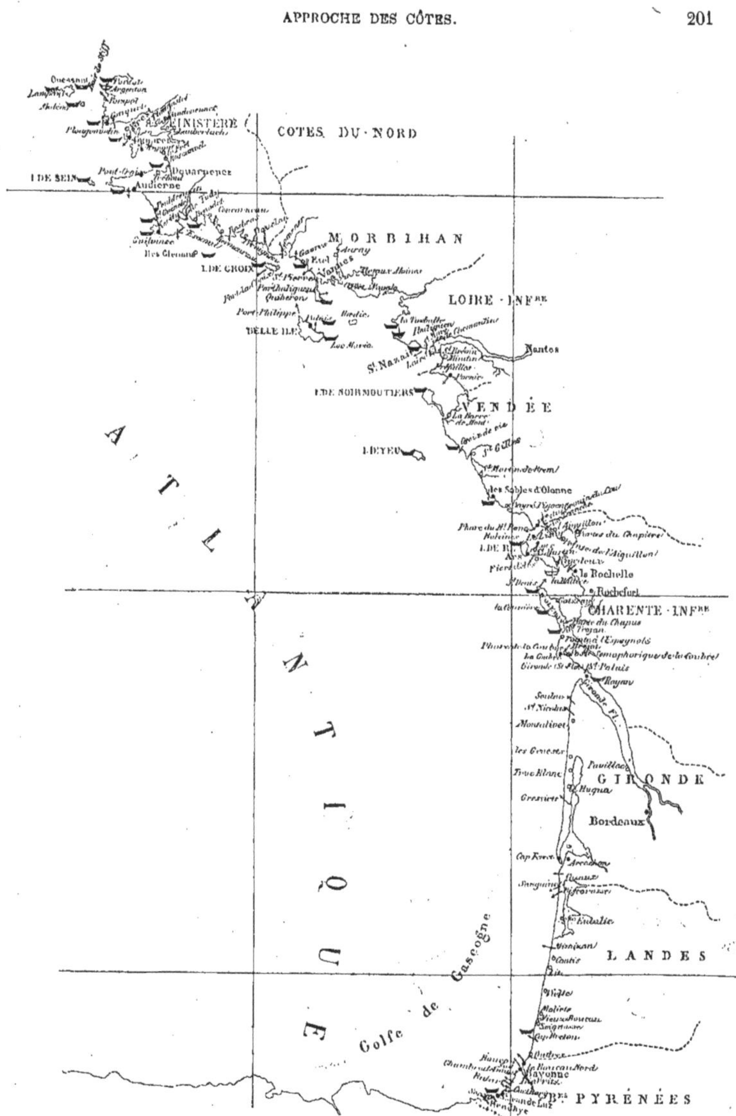

Fig. 178.

dans l'entrepont et dans la cale. Les tubes sont calculés de façon à ce que l'eau qui est sur le pont soit évacuée en une vingtaine de secondes.

Les hommes sont tous munis de ceintures de sauvetage et attachés à leurs bancs ; de telle sorte que quand le bateau chavire un certain nombre restent dans le canot, accrochés instinctivement à leur banc et ils aident les autres à remonter.

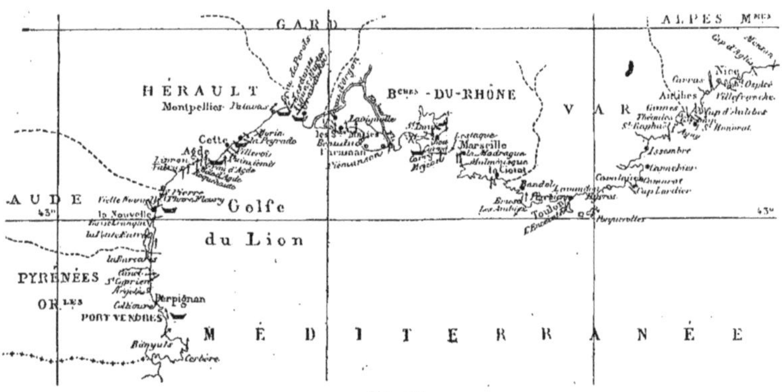

Fig. 179.

Quelques canots ont adopté des appareils pour le filage de l'huile ; mais ceux-ci ne paraissent donner de résultats réels que dans les mers un peu profondes. Près des côtes le ressac est, en effet, produit

Fig. 180.

par l'action du retour de la vague échouée sur les vagues qui viennent du large et l'influence de l'huile n'est plus efficace contre le choc qui en résulte.

L'équipage habituel des bateaux de sauvetage est de douze hommes, dix qui arment les avirons, le patron qui est à la barre, et le sous-patron qui se tient à l'avant.

Le patron et le sous-patron sont appointés annuellement. Les canotiers ont droit à une indemnité toutes les fois qu'ils prennent la mer, soit pour un sauvetage, soit pour les exercices trimestriels.

Les canots sont placés dans un berceau fixé sur un chariot dans une maison-abri (*fig.* 176). Un chemin de roulement facile (dalles, pavage, etc.), s'avançant jusque dans la mer, part de l'intérieur de la maison-abri. Les roues de ce chariot sont suffisamment élevées pour que, quand le chariot arrive à l'extrémité de sa course, le bateau puisse flotter; quelques coups d'aviron suffisent alors pour l'isoler de son berceau.

La *Société centrale de sauvetage des naufragés* possède actuellement quatre-vingt-cinq stations de canots en plein fonctionnement répartis sur les côtes de France, de la Corse, de l'Algérie et de la Tunisie (*fig.* 177, 178, 179 et 180).

Il existe, en outre, deux autres canots de sauvetage à Boulogne, appartenant à une Société anglaise, et trois au Havre et installés par la chambre de Commerce de cette ville (ils sont désignés sur la carte par un canot mâté).

269. *Coût d'un canot de sauvetage.* — Une station de canot coûte, dans les circonstances ordinaires :

Canot avec son gréement.	12 500 fr.
Chariot.	2 500
Maison-abri.	15 000
Total.	30 000 fr.

L'entretien annuel est estimé. . . . . 1 200 fr.

Du 1er mars 1893 au 1er mars 1894 les

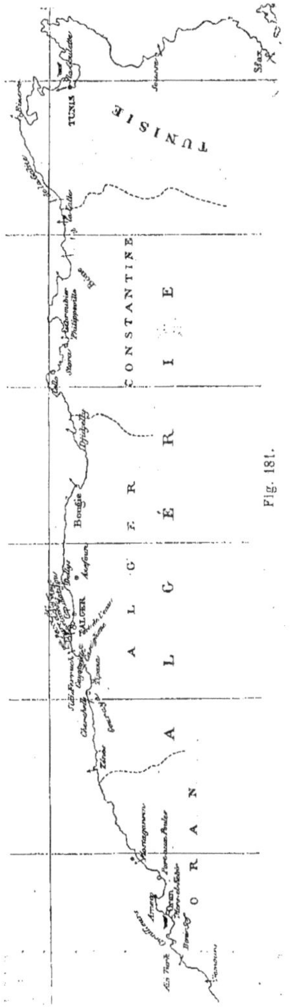

Fig. 181.

Fig. 182.

canots de la Société ont sauvé cent soixante-seize personnes et secouru vingt-quatre navires.

270. *Porte-amarres.* — Outre ses canots de sauvetage, la Société possède

Fig. 183.

450 postes de porte-amarres et de secours confiés aux douaniers, aux gardiens des phares, etc.

Ces postes contiennent des canons

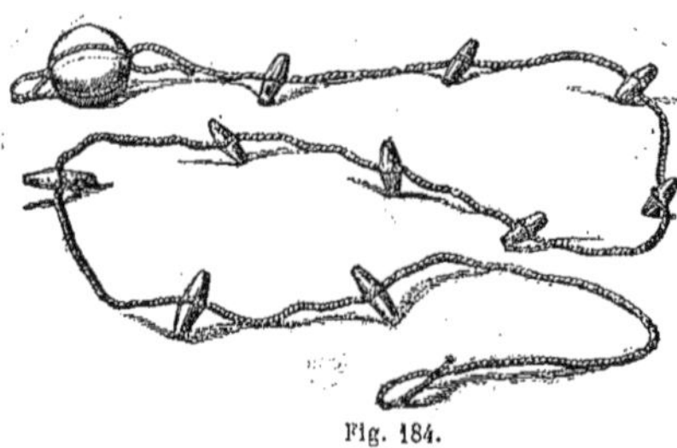

Fig. 184.

porte-amarres (*fig.* 182), des fusils porte-amarres (*fig.* 183), des bâtons plombés, des lignes et cordages de toute espèce (*fig.* 184, 185, 186), ainsi que des ceintures de sauvetage.

Au moyen des armes, on lance un projectile auquel est fixée une ligne. Le projectile passe au-dessus du navire en

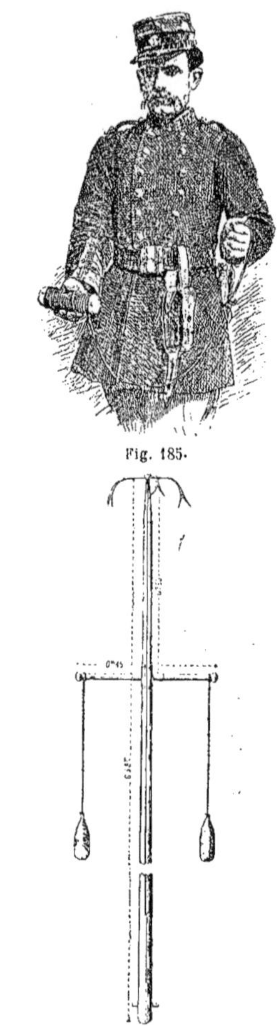

Fig. 185.

Fig. 186.

détresse, et la ligne tombe à bord des naufragés. On fait alors passer à ceux-ci successivement d'autres cordes, avec les indications nécessaires inscrites sur une petite planchette. On installe ainsi un va-et-vient qui est complètement manœuvré par les sauveteurs à terre. Les naufragés n'ont qu'à se placer successivement dans une espèce de culotte attachée à une bouée circulaire en liège qui fait la navette entre le navire et la plage.

73 des 450 postes sont munis d'un canon sur affût et d'un chariot avec matériel complet de va-et-vient. Un semblable poste, y compris l'abri, coûte 4 500 francs, ainsi répartis.

PORTE-AMARRE DE PREMIÈRE CLASSE

Canon, projectiles, va-et-vient	3 000 fr.
Maison abri	1 500
Total	4 500 fr.
Entretien annuel, environ	100 fr.

PORTE-AMARRE DE SECONDE CLASSE

Fusil, flèches et lignes de lancement	180 fr.

271. *Services rendus.* — Depuis sa fondation jusqu'au 1er mars 1895, voici les services rendus par cette Société.

Nombre de personnes sauvées par les engins de la Société		7 106
Nombre de navires sauvés	342	
Nombre de navires secourus	570	
Nombre de personnes sauvées par des actes de dévoûment pour lesquels la Société a décerné des récompenses		1 508
Totaux	912	8 614.

CHAPITRE VI

AMÉLIORATION ET ENTRETIEN DES PORTS

Généralités.

272. Les améliorations dont les ports naturels sont susceptibles, et la création de nouveaux ports, consistent principalement à en faciliter l'entrée, à assurer la tranquillité et la profondeur du mouillage, à créer toutes les facilités et toute la rapidité possibles pour opérer le chargement et le déchargement du navire, ainsi que l'arrivée et l'expédition des marchandises, et enfin à fournir aux bateaux des établissements où ils puissent venir réparer leurs avaries.

Quant à l'entretien, il consiste surtout à maintenir la profondeur du mouillage, et diffère un peu ainsi, du reste, qu'il est facile de le prévoir, dans les ports à marées et dans les ports sans marées.

Les principales améliorations qui servent à obtenir ces résultats, sont les suivantes :

La construction des jetées hautes ou basses ;

Celle des brise-lames ;

Celle des quais des Darses, des ports d'échouage, des bassins à flot, avec leurs écluses ;

Celle des ponts mobiles ;

Celle des appareils pour la réparation des navires ;

Et enfin les voies d'accès avec leurs accessoires pour faciliter le chargement et le déchargement des marchandises.

Les principaux travaux pour entretenir la profondeur du mouillage, sont les dragages et les écluses de chasse.

Presque tous ces travaux, nécessitant des constructions sous-marines, nous ne suivrons pas l'ordre que nous venons d'indiquer ; nous pensons que le lecteur pourra plus fructueusement nous suivre, en commençant par les travaux formant, pour ainsi dire, un des éléments de ces constructions, nous voulons parler des quais.

QUAIS

Généralités.

273. Nous avons vu, dans les paragraphes précédents, la tendance à augmenter la longueur des quais, par rapport à la quantité de navires que le port peut recevoir (V. page 11). On admet, aujourd'hui, qu'il faut au moins un mètre de quai par 300 tonnes annuelles d'arrivage régulier dans un port. Ce chiffre est, naturellement, sujet à de nombreuses variations. Il dépend de la nature des marchandises et de l'époque de l'arrivée.

Certains ports, en effet, n'ont de commerce actif que dans la saison d'été (tels sont ceux de la Baltique en général).

D'autres, au contraire, ne font d'expédition qu'au moment des récoltes, etc., etc.

La tendance est aussi d'élargir considérablement les quais, afin d'y faire pénétrer les voies ferrées, et d'y créer des magasins. On évite ainsi des frais si coûteux de camionnage, de chargement et de déchargement.

Dans les ports sans marée, tels que ceux de la Méditerranée, on obtient ce développement de quais, au moyen de traverses qui s'avancent du quai de rive dans l'intérieur du port; de cette façon, on atteint le plus grand développement possible d'accostage et on a plus de tranquillité dans les eaux du mouillage.

Nous commencerons cette étude des quais par celle des quais en maçonnerie, qui ont la plus grande importance et nous donnerons ensuite celle des quais et appontements en charpente, à peu près complètement abandonnés en France et en Angleterre, à cause de la pénurie des bois, mais qui peuvent encore recevoir des applications intéressantes dans nos colonies.

Fondations des quais en maçonnerie.

274. Le mode de fondation des murs de quais est à peu près identique à celui employé pour les fondations des piles de pont décrit avec tous ses détails dans le *Cours de Fondations, Mortiers et Maçonneries*, par MM. Oslet et Chaix, faisant partie de cette *Encyclopédie*. Il ne nous reste donc plus qu'à donner quelques exemples de fondations de quais. Comme les quais doivent donner à leur pied un tirant d'eau suffisant pour les bateaux, on emploie plus guère aujourd'hui que l'air comprimé pour les fondations de ce genre de travaux. Nous verrons, quand nous parlerons des bassins, d'autres modes de fondations qui pourraient également être employés.

275. *Quais du port de Bône.* — Les quais du port de Bône (*fig.* 187, 188, 189) ont été construits par MM. Hersent et Couvreux sur de petits piliers de 3 mètres sur $3^m,50$. Ils sont foncés dans un sol d'alluvion ayant 15 et 18 mètres de profondeur au-dessous du niveau de la mer. On les a fait reposer, en général, sur une couche sableuse; on a réuni les piliers par des voûtes, et, pour intéresser le sol à la résistance, on a construit les voûtes sur un cintre en pierres sèches que l'on a abandonné.

Ces quais sont revenus à environ 1 900 francs le mètre courant, et se sont bien comportés.

276. *Quais du viaduc de l'arsenal de Brest.* — Ces quais ont été fondés par les mêmes entrepreneurs sur des piliers foncés à air comprimé et reposant sur le rocher (*fig.* 190, 191, 192, 193, 194, 195).

Ce fonçage a présenté cette particularité que le sol était incliné ainsi que le rocher, de telle façon qu'on a dû commencer le travail d'extraction en appréciant par avance la quantité du déplacement en avant qui se produirait pendant l'enfoncement. Ainsi qu'on l'avait prévu, les caissons se sont avancés de $0^m,40$ à $0^m,60$ pendant le fonçage.

Il y a des précautions à prendre pour l'enfoncement quand on atteint la roche; il faut que le rocher soit taillé verticalement d'une façon bien régulière, jusqu'au dehors de la tranche du caisson, de façon

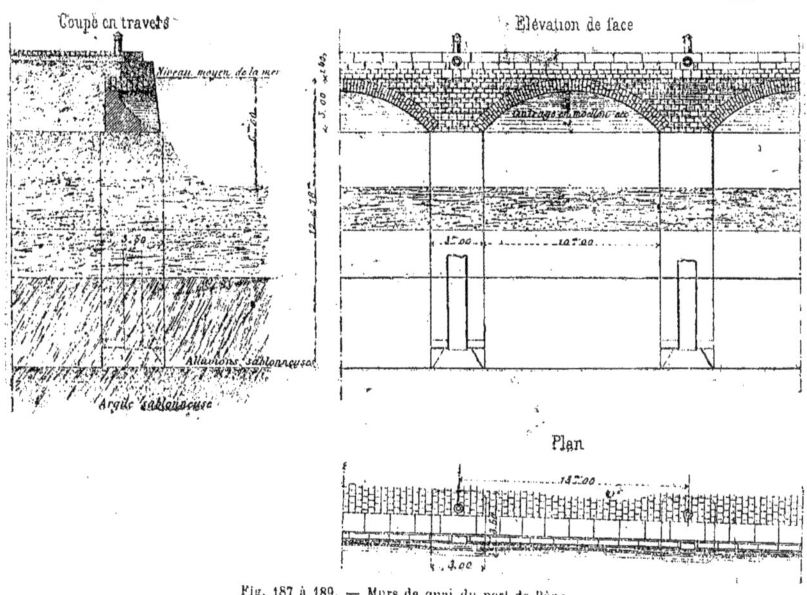

Fig. 187 à 189. — Murs de quai du port de Bône.

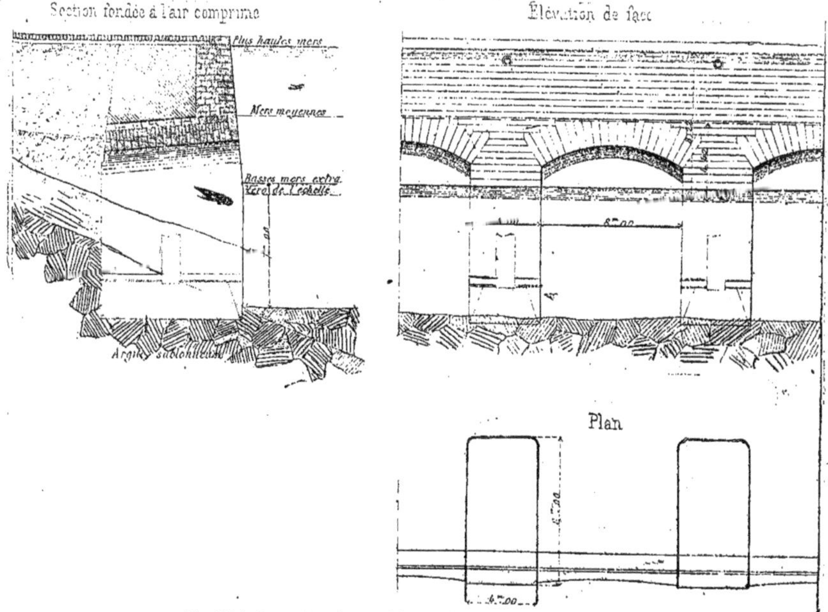

Fig. 190 à 192. — Mur de quai à l'arsenal de Brest en aval du viaduc.

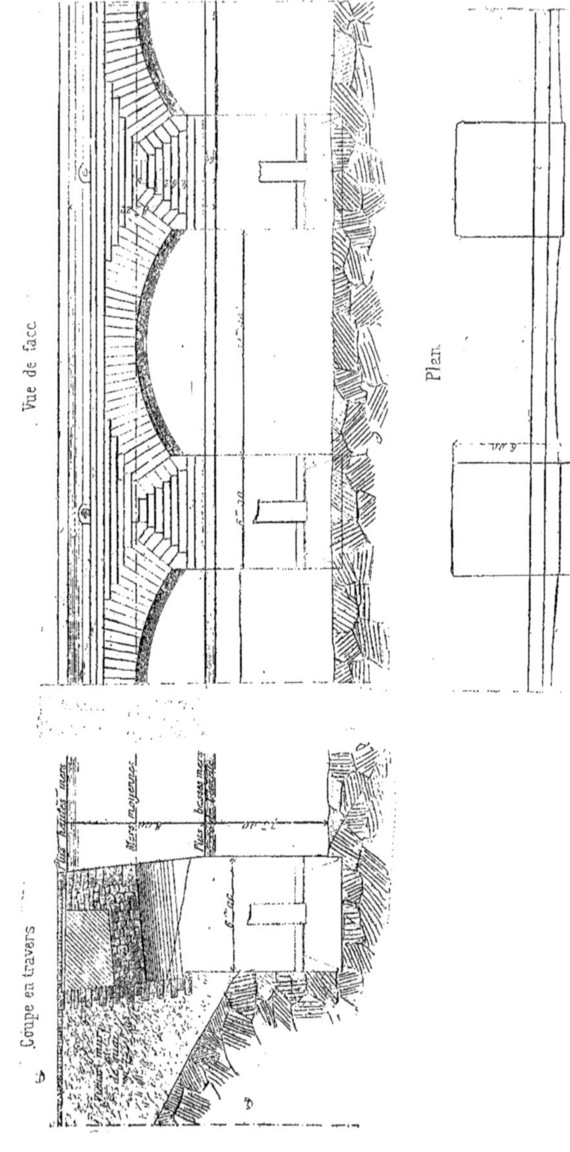

Fig. 193 à 195. — Quai de l'Artillerie à l'arsenal de Brest.

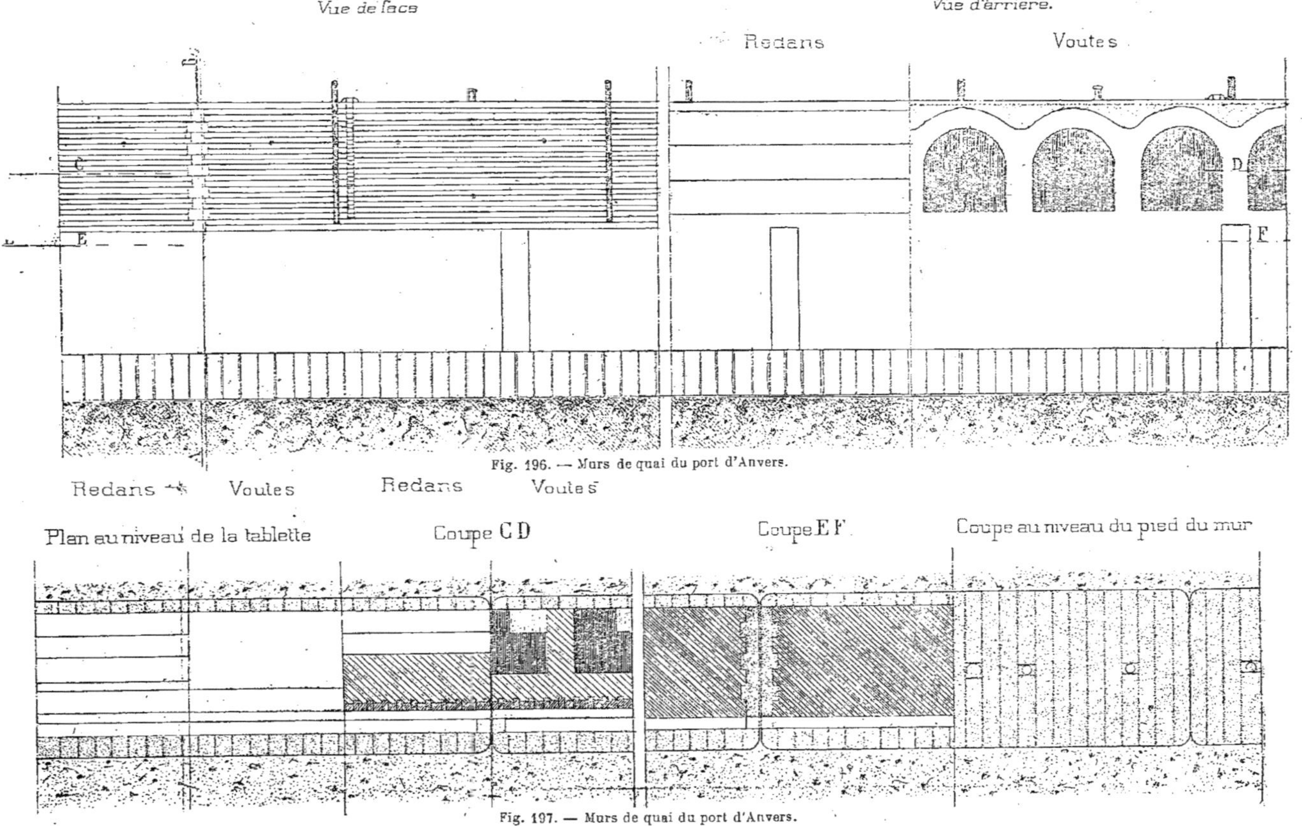

Fig. 196. — Murs de quai du port d'Anvers.

Fig. 197. — Murs de quai du port d'Anvers.

à ne pas s'opposer à sa descente. Les quais du viaduc et de l'arsenal ont coûté environ 4 000 francs le mètre courant.

277. *Quais du port d'Anvers.* — Ainsi que nous le verrons plus loin, l'Escaut forme un grand port, bien abrité, et, entre autres améliorations nécessitées par le développement du commerce, il a fallu construire des quais sur la rive droite de l'Escaut.

Une partie fondée sur pilotis, près de l'écluse de Kettendick, n'ayant pas tenu, on se décida à employer l'air comprimé pour les nouvelles fondations. Le travail, fut confié à MM. Couvreux et Hersent.

Nous allons donner quelques détails à cet égard, détails que nous emprunterons à un mémoire publié à Bruxelles, en 1880, par ces entrepreneurs.

Un profil à trois redans de 2 mètres fut accepté (*fig.* 198 à 204). La fondation a

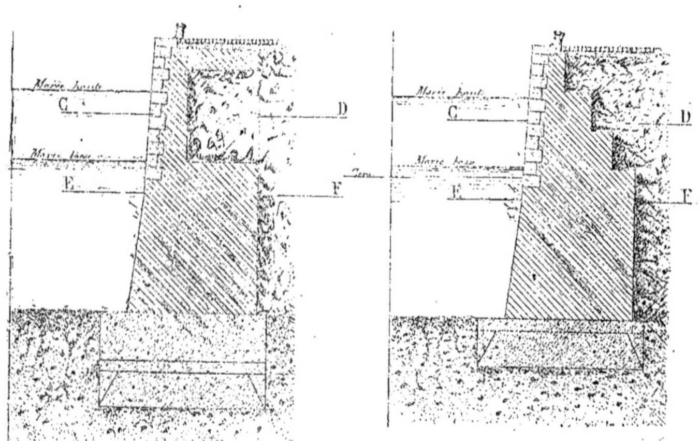

Fig. 198 et 199. — Murs de quai du port d'Anvers.

uniformément 9 mètres de largeur et fait saillie de $1^m,50$ vers l'Escaut, sur la face du mur. La hauteur varie de $2^m,50$ à 5 mètres.

Les calculs de stabilité du mur ont donné par mètre courant comme résistance au renversement, un coefficient de 4 912 et au glissement » 3 906

Le remblai était supposé peser 1 500 kilogrammes le mètre cube, et se tenir sous un angle de 45 degrés.

La maçonnerie fut comptée à raison de 1 800 kilogrammes le mètre cube; la contre-pression exercée par l'eau fut considérée comme nulle. Enfin, on supposa une surcharge de 6 000 kilogrammes appliquée aussi bien sur le mur que sur le remblai.

Le mur est fondé à $10^m,50$ au-dessous de la marée basse et comporte un cube de $97^{mc},25$ par mètre courant, ce qui établit la proportion d'une épaisseur moyenne de 43 0/0, et le prix en fut fixé à 7 700 francs, soit à 79f,17 le mètre cube.

Dans la longueur des quais, on dut faire trois enclaves rectangulaires pour loger des pontons flottants construits en tôle, ayant pour but de fournir une communication avec l'Escaut. Ces murs ont les mêmes dimensions que les murs de quai.

Les auteurs du mémoire présentent ensuite les considérations suivantes sur les moyens d'exécution :

« La construction d'un mur de quai continu, reposant sur une fondation de 9 mètres de longueur arasée à 8 mètres au-dessous de basse marée, et d'une épaisseur variant entre 2m,50 et 5 mètres, et quelquefois plus, dans des profondeurs d'eau de 8 et 12 mètres à marée basse et de 14 à 18 mètres à marée haute, est un travail considérable et tout nouveau ; il faut ajouter à ces conditions que le travail doit se faire dans un fleuve ayant un fort courant, jusqu'à 1m,90 par seconde, et soumis à des marées de 4, 5 et 6 mètres.

« La longueur du quai fut divisée en

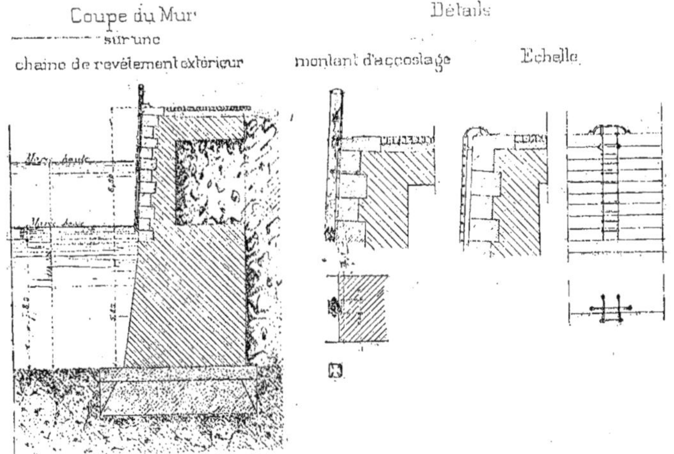

Fig. 200 à 204. — Murs de quai du port d'Anvers.

tronçons de 25 mètres à poser l'un au bout de l'autre pour la fondation. »

Jusqu'alors on avait construit certaines piles de pont en bâtissant, autour de l'emplacement qu'elles doivent occuper, un solide échafaudage de pieux, sur lequel on attachait des chaînes soulevant le caisson au-dessus du sol, et cela jusqu'au moment où la maçonnerie était assez élevée pour sortir de l'eau quand il touchait le fond.

La chambre de travail était alors surmontée de hausses fixes en tôle, dans l'intérieur desquelles on maçonnait.

Ces hausses pouvaient avoir une faible épaisseur sur toute la hauteur où elles étaient en contact avec la maçonnerie, mais on devait leur donner une surépaisseur dans les parties non soutenues. De plus, pour diminuer la charge supportée par les échafaudages, il fallait laisser des évidements d'autant plus grands qu'on devait atteindre plus profondément le terrain.

Dans le cas des quais d'Anvers, ce procédé était peu praticable. Il aurait nécessité en effet une grande hauteur d'échafaudage, et, de plus, les marées n'auraient laissé que cinq heures de travail par jour.

L'emploi des hausses aurait aussi été très coûteux.

Un autre procédé consiste à soutenir les caissons par des bateaux aux lieu et place d'échafaudages fixes. Mais alors il faut réduire considérablement le poids des maçonneries, pour ne pas faire porter aux bateaux une charge trop considérable.

Pour remédier à tous ces inconvénients on surmonta (*fig.* 205 et 206) le caisson proprement dit, c'est-à-dire la chambre

de travail et son poutrage de plafond, d'une caisse en fer capable de soutenir seule la pression de l'eau sans être appuyée sur la maçonnerie, et de laisser flotter l'ensemble du caisson et de cette hausse comme un bateau, en le guidant entre les échafaudages, sans faire porter à ceux-ci de grandes charges, et en assurant la rigidité de cette caisse, qui fait l'office de batardeau, par sa construction même et par un système d'étançonnage très résistant.

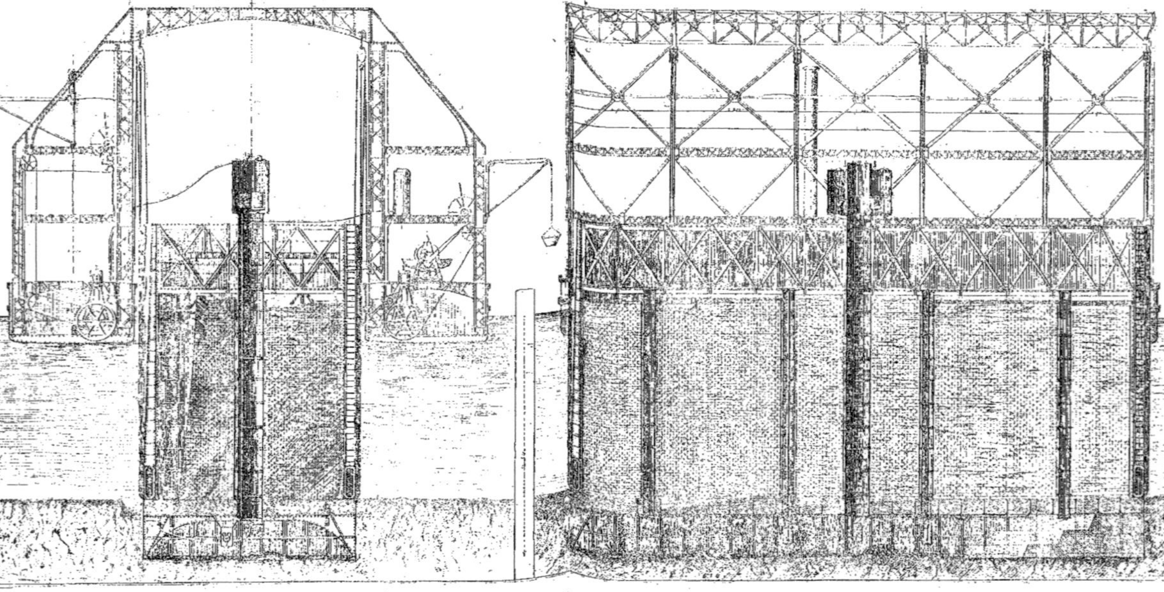

Fig. 205 et 206. — Quais du port d'Anvers. — Section de mur en construction.

On construisit donc tous les caissons identiques en plan, afin de pouvoir y ajouter successivement le batardeau mobile après le fonçage de chacun d'eux.

Au-dessus de la fondation proprement dite, c'est-à-dire depuis la basse mer jusqu'à 8 mètres au dessous, on éleva le mur à l'air libre à l'intérieur du batardeau, qui descend en même temps que le caisson. On enleva ensuite le batardeau, qui fut adapté à un autre caisson.

L'épaisseur exigée par les assemblages du batardeau a mis dans la nécessité de laisser 1 mètre d'intervalle entre chaque caisson. Cet espace, garni de palplanches extérieures, fut rempli de béton coulé dans l'eau.

Le caisson ou chambre de travail servit au déblai du terrain, et c'est lui seul qui fut abandonné au fond de l'eau et qui forma la partie métallique perdue.

Ces caissons ont, ainsi que nous l'avons déjà dit, une longueur de 25 mètres, une largeur de 9 mètres et ne diffèrent entre eux que par leur hauteur, qui varie de $2^m,60$ à 6 mètres, suivant les points du fleuve où ils doivent être placés.

Ces caissons sont, dans le sens de la hauteur, divisés en deux parties. La partie inférieure, ou chambre de travail, à $1^m,90$ de hauteur; la paroi est maintenue par des consoles placées de mètre en mètre en même temps qu'elles soutiennent le plafond, lequel est rendu rigide par un poutrage supérieur placé au droit des consoles. Ce poutrage sert à construire le mur que l'on construit sur le plafond; il doit résister, par moment, à des charges considérables. Le bord supérieur du caisson est garni tout autour d'une platebande, renforcée par un fer cornière, dans laquelle sont percés les trois cent soixante trous qui doivent servir à l'assemblage du batardeau.

Enfin, le plafond est percé de sept trous, un grand, au centre, pour l'entrée des ouvriers dans la chambre de travail; quatre petits pour l'introduction du béton, et deux autres, encore plus petits, pour le refoulement des déblais.

Le batardeau mobile est en fer. Il a la forme d'une grande caisse de mêmes dimensions que le caisson à sa base, soit 25 mètres sur 9 mètres. Intérieurement il a seulement 24 mètres sur 8. L'intervalle de $0^m,50$ qui existe sur tout le pourtour et sur une hauteur de $1^m,50$ sert de chambre d'assemblage et de boulonnage.

Cette galerie est complètement étanche. Son plancher est percé de trois cent soixante trous, à des distances correspondant à celles des caissons. On accède à cette chambre par quatre cheminées à sas partant du dessous du batardeau; l'intérieur de la galerie est contrevoûté et rendu rigide par des cadres en fer à T et des cornières, laissant un espace libre de $0^m,35$. Au droit des cheminées, des deux petits côtés et dans l'intérieur, sont placés au niveau du sol de la galerie des vannes pour l'introduction et l'expulsion de l'eau.

Du dessus du plafond de la galerie d'assemblage partent vingt-six grandes poutres verticales, formant avec les cheminées, l'ossature du batardeau. A ces poutres est attaché le bordage en tôle d'épaisseur variant de 6 à 12 millimètres. Ce bordage est encore raidi par des cadres placés horizontalement à $0^m,50$ l'un de l'autre, entre les montants principaux. La partie supérieure du batardeau est entretoisée, parallèlement aux petits côtés, par douze grandes poutres croisillonnées, de 3 mètres de hauteur, et par deux autres de même hauteur dans le sens de la longueur. Le batardeau est donc rendu rigide en bas par son attache avec le caisson et en haut par des poutres entretoisées. Il reste entre ces deux soutiens un espace libre de 9 mètres de hauteur; il est rendu rigide pendant le travail par des étrésillons mobiles placés à $1^m,50$ l'un de l'autre, et que l'on enlève au fur et à mesure de l'avancement de la maçonnerie.

Deux bandes de caoutchouc, placées tout autour du batardeau et en dessous, servent à assurer l'étanchéité du joint existant entre le caisson et le batardeau.

Le poids de cet appareil, y compris le sas, les cheminées de descente et d'introduction du béton, les étrésillons, etc., est de près de 200 tonnes.

L'échafaudage flottant sert à soulever le batardeau pour le mettre sur le caisson et pour le guider pendant la construction du mur quand il est suffisamment lourd pour l'échouer; il sert enfin, à relever le batardeau, quand le mur est terminé, jusqu'à 0m,60 au-dessus de la marée basse (*fig.* 205 et 206).

Cet échafaudage se compose de deux bateaux ou flotteurs, longs de 26 mètres, larges de 5m,15, espacés l'un de l'autre de 10 mètres. Six ferrures de 12 mètres de hauteur les rendent solidaires l'un de l'autre; les deux extrêmes sont entretoisées sur toute leur hauteur, tandis que les quatre du milieu sont complètement libres, pour permettre la montée et la descente du batardeau mobile. Cette opération se fait à l'aide de douze palans à cinq leviers chacun, dont l'attache supérieure se trouve à l'extrémité de chaque ferrure, soit six palans par bateau, dont les garants s'enroulent sur douze treuils à noix.

Ces douze treuils, placés par moitié sur chaque bateau, sont commandés par une seule machine et par l'intermédiaire de deux arbres de transmission courant d'un bout à l'autre des bateaux. Le mouvement est transmis de l'arbre placé dans le bateau de droite à l'arbre du bateau de gauche par deux chaînes galle. L'ensemble forme donc un engrenage, et tous les treuils sont forcés de marcher en même temps et de la même quantité, afin que les 200 tonnes à lever le soient également par chaque palan, car, si l'une des chaînes venait à porter plus que l'autre, elle casserait immédiatement. Malgré toutes ces précautions, il a encore été nécessaire, pour compenser les petites différences qu'ont toujours les chaînes les mieux calibrées, d'ajouter à l'extrémité supérieure de chaque palan un ressort à cinq disques en caoutchouc, lequel régularise complètement la charge à porter par chaque palan.

Le batardeau mobile a douze oreilles-attaches correspondant à ces douze palans.

En outre de l'appareil de levage du batardeau, il y a sur l'échafaudage flottant toutes les machines et appareils nécessaires à la construction du mur et du fonçage d'un caisson.

Sur le bateau placé vers le fleuve, il y a une machine à vapeur de vingt-cinq chevaux, activant deux machines soufflantes pouvant fournir chacune 300 mètres cubes d'air à l'heure; deux grues, pour l'élévation et l'introduction dans le batardeau des briques, pierres cassées, moellons piqués, sont mues par la même machine. Sur celui placé du côté de la terre, il y a la même machine que sur l'autre bateau; elle met en mouvement les broyeurs à mortier et les grues desservant ces broyeurs; sur ces bateaux se trouve la pompe aspirante et foulante, servant à distribuer l'eau aux éjecteurs pour l'expulsion des déblais de la chambre de travail.

L'ensemble est maintenu sur l'eau, à la place voulue, par douze treuils sur lesquels s'enroulent douze chaînes de 25 millimètres attachées à douze ancres de 500 kilogrammes chacune.

Enfin, l'appareil est complété, pour le travail de nuit, par quatre foyers électriques Jablokhoff, recevant l'électricité de machines placées à terre, près de l'écluse.

L'échafaudage flottant supportant le batardeau mobile est amené à la place que doit occuper le mur; il est solidement amarré à l'aide de chaînes et d'ancres, de façon à ce que le vent et les courants ne puissent l'entraîner.

Le dessous du batardeau se trouve à environ 0m,70 au-dessus du niveau de l'eau; on amène, à l'aide des remorqueurs, le caisson du chantier de lançage, et, pendant l'étale de haute ou de basse mer, on l'introduit sous le batardeau, puis on descend celui-ci dessus et on fait le boulonnage.

On fixe ensuite la cheminée du sas à air. Pour faciliter l'assemblage, on insuffle de l'air dans la chambre de travail; celle-ci remonte, tend à soulever le batardeau; on peut alors serrer les boulons à bloc. Les boulons sont placés la tête en haut, l'écrou en bas, de façon que ce dernier est perdu lors du déboulonnage.

Cette opération faite, on bétonne le sol du caisson jusqu'au niveau du dessus de ses poutres; puis, on commence la construction du mur en faisant avancer moins vite le milieu que les extrémités, afin de les soulager, car, comme on l'a vu, elles ne sont pas étançonnées.

Quand les maçonneries arrivent au niveau d'une ligne d'étrésillon, on pose un petit étrésillon, à l'avant du mur qui est en retrait de $1^{m},50$ sur la fondation. On peut ainsi enlever le grand étrésillon primitif.

Le centre de gravité du mur se trouvant, à cause de sa section verticale, en dehors de l'axe du batardeau, on remplit de sable l'intervalle, compris entre la paroi et l'avant du mur, afin de rétablir l'équilibre. Ce sable et les évidements ménagés au droit des cheminées de la bétonnière suffisent pour maintenir l'équilibre, et le tout dans la position verticale.

On continue ainsi jusqu'à ce que le caisson touche le sol à marée haute. Il y a généralement à ce moment $3^{m},50$ à 4 mètres de hauteur de mur construit. On le met alors rigoureusement à sa place en le soulevant légèrement au moyen d'insufflation d'air et des échafaudages. Aussitôt qu'avec des instruments de précision on s'est assuré qu'il est bien en place, on laisse échapper l'air, on déroule les chaînes, et la masse, qui comporte alors 1 500 mètres cubes, s'échoue avec des positions plus ou moins régulières, qui dépendent de la forme du fond ; mais la maçonnerie a déjà acquis suffisamment de solidité pour ne pas être déformée.

Primitivement, on cherchait à régulariser le fond par des dragages, mais après chaque dragage de nouveaux apports avaient fait reprendre au sol sa forme primitive. On a observé, en effet, que les courants transportent une très grande quantité de sables ; ceux-ci se déposent sous le caisson et dans la chambre de travail, et il se forme un mamelon de 7 à 8 mètres de diamètre dont l'axe est placé à peu près à $1^{m},50$ de la paroi du caisson tournée vers la rive ; on profite de la première marée basse pour descendre dans la chambre de travail et régler le terrain, afin de ramener le caisson dans la position verticale ; puis, on maçonne jusqu'à ce qu'il soit suffisamment chargé pour ne plus se relever, à marée haute, quand on introduit l'air comprimé dans la chambre de travail pour faire le déblai des sables.

Pour ce travail on a supprimé l'ancien système des chaînes à godet, et on s'est servi de l'eau, mais on n'a pas employé le procédé américain des pompes à sable opérant par aspiration et par entraînement, comme le ferait un injecteur. On a délayé les déblais dans la chambre de travail, dans une caisse rectangulaire de $0^{m},150$ avec de l'eau envoyée par une pompe. Au fond de cette caisse et sur le côté se trouve un tuyau de $0^{m},100$ de diamètre, qui débouche extérieurement en passant à travers la paroi du caisson au-dessus du terrain avoisinant. Deux hommes pellettent les sables dans la caisse, l'eau les délaye et un petit excès de pression dans la caisse détermine le départ du tout par le tuyau de $0^{m},100$, dont il suffit d'ouvrir le robinet.

Quand les déblais sont extraits et que le caisson est arrivé à sa profondeur, sur le sol très résistant, c'est-à-dire quand il a pénétré de $2^{m},50$ à 3 mètres et repose sur un sable vert coquillé très dur, on procède à l'introduction du béton par les quatre cheminées spéciales affectées à ce travail. On bourre le béton sous le plafond, de façon à ne pas laisser de vide.

Le travail est conduit de façon à se retirer vers la cheminée centrale, dont le remplissage s'achève en dernier. Arrivé à ce point, on déboulonne cette cheminée pour l'enlever avec le batardeau ; les cheminées des bétonnières étant à emboîtement, les points d'attache qui se trouvent sur le batardeau s'enlèvent sans aucun travail préparatoire.

Pendant le temps du fonçage, on continue la construction des maçonneries à l'air libre dans l'intérieur du batardeau jusqu'au niveau de l'assise de moellons piqués, laquelle se trouve à 1 mètre en contre-bas de la marée basse. C'est alors qu'on vérifie la position du caisson. S'il est bien en ligne, on pose la pierre ; s'il y a une différence, on la rachète au moyen du parement.

Une fois les maçonneries terminées et le béton coulé, on se prépare à relever le batardeau. Pour y arriver, on ouvre d'abord les clapets et les vannes ménagés dans la paroi du batardeau du côté donnant sur la face du mur, afin de faire partir le sable et d'équilibrer les pressions intérieures et extérieures, et, pour que les tôles ne frottent pas contre les maçonneries.

Pendant le même temps, on ouvre les deux vannes de la galerie d'assemblage; on envoie de l'air comprimé dedans, et l'eau est expulsée. Quatre hommes descendent alors par les cheminées dans cette galerie, et en six heures opèrent le déboulonnage.

Ce travail terminé, on amarre les palans après le batardeau et l'on procède à l'enlèvement; celui-ci se fait en une demi-heure. On avance ensuite l'ensemble de 25 mètres, et l'opération est terminée. Dans la même marée, on peut remettre un caisson sous le batardeau.

Le travail dure environ vingt-cinq jours pour un caisson; cela fait donc environ 1 mètre courant de quai par jour.

Au moment du déboulonnage le dessus des maçonneries est à environ $0^m,60$ au-dessus du zéro, mais il reste encore à remplir les évidements laissés par la cheminée d'accès, les bétonnières et les joints entre deux tronçons de 25 mètres; ces joints ont 1 mètre d'épaisseur à la hauteur des batardeaux, et sont très étroits à la hauteur des caissons, car ceux-ci étant abandonnés n'ont pas besoin de galerie de déboulonnage; le joint n'est donc à faire que sur 8 mètres de hauteur. A cet effet, on place deux panneaux de bois formés de planches et de brides en fer, que l'on introduit dans des rainures laissées dans la maçonnerie. On charge ces panneaux avec des pierres pour les empêcher de flotter, et on coule du béton avec des caisses s'ouvrant par le fond. Les rainures, au nombre de trois, sont construites pour faciliter la prise du béton, en interrompant la partie droite des murs. Les cheminées sont également remplies de béton. Le mur est ensuite construit en pierres et en briques, sans solution de continuité et avec la sujétion des marées. Des broyeurs à mortier et des grues sont installés sur des bateaux pour faciliter le service.

Quais en charpente.

278. Nous allons donner maintenant quelques détails sur les quais en charpente, aujourd'hui presque inutilisés en Europe, mais qui peuvent rendre des services dans nos colonies. Il faut, comme dans le cas des quais en maçonnerie, distinguer les quais des ports à marée de ceux des mers intérieures. Ces derniers n'ont pas à résister à la poussée des terres, tandis que les seconds à basse mer supportent toute la charge du remblai. On les calcule donc comme les bajoyers des murs

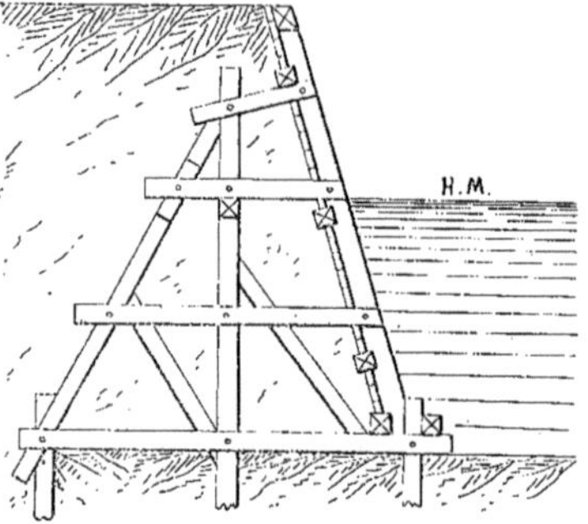

Fig. 207. — Quai en charpente au Tréport.

d'écluses, dont nous aurons à nous occuper ultérieurement. Pour les ports à marée, on place des fermes transversales portées sur deux ou trois files de pieux pour résister à la poussée, et on fait le revêtement en bois avec des planches horizontales (*fig*. 207, 208).

279. *Revêtements métalliques.* — On a imité ce genre de construction avec des pieux et des revêtements métalliques. On en rencontre des exemples en Angleterre (*fig*. 209); nous n'insisterons pas sur ce genre de construction spéciale et qui ne peut donner de résultats économiques satisfaisants, que là où la fonte est à bas prix et les autres matériaux d'un prix relativement élevé.

Divers modes de fondation des quais.

280. Ainsi que nous l'avons dit au commencement de ce paragraphe, avant

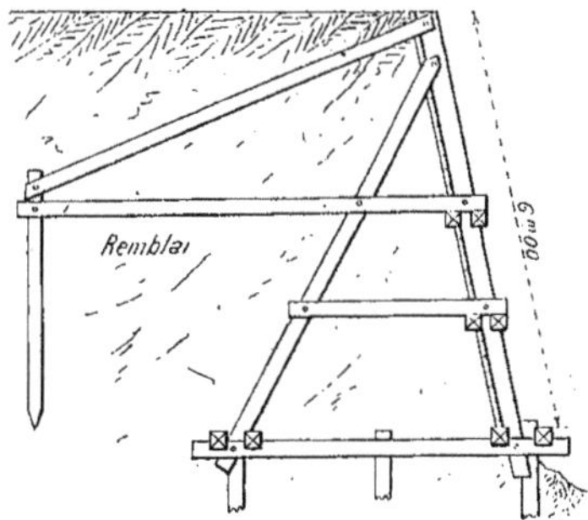

Fig. 208. — Ancien quai de Dieppe.

l'application de l'air comprimé aux fondations, on construisait ou à sec au

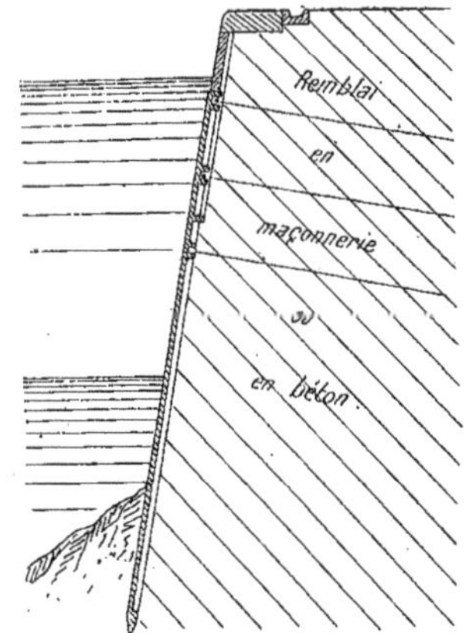

Fig. 209. — Revêtement métallique d'un quai sur la Tamise.

moyen de batardeaux, ou l'on battait des pieux. C'était sur les têtes moisées de ces pieux qu'on établissait le quai proprement dit, soit en charpente, soit en maçonnerie ; dans ce dernier cas, on établissait un grillage sur la tête des pieux, et on bâtissait sur la plate-forme ainsi construite ; cette plate-forme était toujours établie à une certaine hauteur au-dessous de l'étiage.

Quelquefois, l'intervalle compris entre les têtes des pieux et la plate-forme était comblé par des blocs, soit naturels, soit artificiels (*fig.* 210), ainsi que cela s'est pratiqué au port de Marioupol sur la mer Noire.

On conçoit, du reste, que l'on doive employer des procédés différents suivant qu'il s'agit de fonder à sec ou sous l'eau.

FONDATION A SEC

281. D'une manière générale, on ne peut fonder à *sec* que les quais des bassins

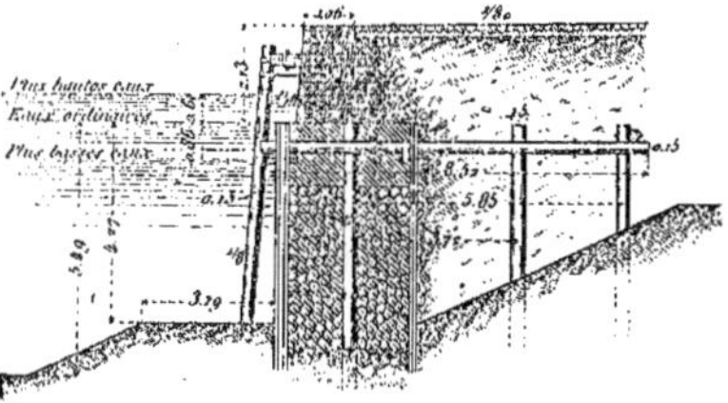

Fig. 210. — Quai de Marioupol (Russie).

ou ceux des ports à marée. Quelquefois, cependant, on peut creuser dans le terrain solide, épuiser et enlever le remblai extérieur. Dans ce cas, le procédé peut être employé dans la Méditerranée.

Ces fondations peuvent elles-mêmes se subdiviser en cinq groupes.

Elles ont lieu :

1° Sur un sol résistant ;
2° Sur un fond de galets ;
3° Sur un fond de sable ;
4° Sur un fond de vase de faible profondeur ;
5° Sur un fond de vase de moyenne profondeur.

282. 1° *Fondation sur un sol résistant.* — Si le rocher est horizontal, il n'y a aucune difficulté. On n'a à redouter que la poussée du remblai et les effets de glissement ; pour y obvier, on ancre le quai dans le rocher à sa partie inférieure, au moyen d'une encoche variant de $0^m,30$ à $0^m,50$, suivant la résistance du sol.

Si le sol est incliné, on l'arase par banquettes horizontales, de manière à former une sorte d'escalier. Tel est le cas du quai Saint-Louis du port de Saint-Malo (*fig.* 211).

Si on rencontre des suintements dans la fouille, on doit drainer les eaux et leur donner un écoulement au moyen de barbacanes, surtout si la solidité du rocher a conduit à diminuer l'épaisseur du mur.

On doit aussi s'assurer que l'eau de mer n'attaque pas le rocher. Dans ce cas, qui s'est présenté à La Palice, on doit recouvrir celui-ci d'une certaine épaisseur de maçonnerie. Nous entrerons dans quelques détails sur ces travaux, quand nous parlerons de ce port.

283. 2° *Fondation sur galets.* — Supposons d'abord un terrain solide sous les galets. Dans ce cas, l'ancrage de la fondation doit être beaucoup plus considérable : on lui donne 1 mètre à $1^m,50$; puis, on remplit la fouille de béton, et on élève la maçonnerie du quai sur cette fondation. Cette fouille est simplement garnie de planches étrésillonnées, si on n'a pas à craindre les affouillements ; autrement, on doit battre deux lignes de pieux. On enfonce à 5 mètres au-dessous du sol ceux du côté de la mer, et à 1 ou 2 mètres ceux du côté de la terre.

Si les galets recouvraient un sol vaseux, il faudrait alors enfoncer des pieux jusqu'à refus, faire une fouille de $1^m,50$ à 2 mètres au-dessous du sol, recéper les pieux à $0^m,75$ ou 1 mètre au-dessus du fond, et noyer leurs têtes dans la maçonnerie du béton.

Si on avait des infiltrations dont on ne soit pas le maître, on devrait alors avoir recours à l'air comprimé pour foncer, soit des puits, soit des caissons. C'est le dernier système qui a été employé à Fécamp, pour le quai de l'avant-port.

284. 3° *Fondation sur fond de sable.* — Dans le sable *pur*, on n'a qu'à se prémunir contre son entraînement par les eaux ; on établit donc un massif de béton de $1^m,50$ d'épaisseur enfoncé dans le sol et servant d'ancrage, et on entoure ce massif de pieux et de palplanches que l'on a soin de faire descendre à 4 mètres ou $4^m,50$ au-dessous du sol, afin de bien maintenir le sable en place.

Dans le cas d'un sable *vaseux*, il faut opérer comme pour les galets, surtout si la couche a une épaisseur un peu grande. Dans le cas contraire, on peut fonder sur des blocs de maçonnerie, foncés jusque sur le sol résistant.

285. 4° *Fond de vase peu profond.* — Au point de vue de la résistance, on doit toujours avoir en vue que la vase est susceptible d'une certaine résistance verticale, mais qu'au contraire elle cède facilement aux efforts horizontaux, de telle sorte qu'en ayant soin de mesurer la résistance d'un pieu non enfoncé à refus on peut établir une construction stable, si celle-ci ne supporte qu'un effort vertical, comme le poids d'une jetée, et que le contraire aura lieu s'il s'agit, par exemple, d'un quai ; le fait s'est produit à Trieste.

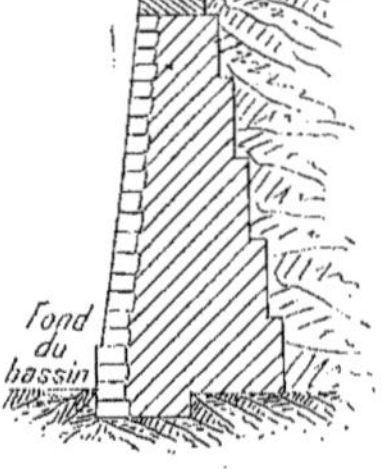

Fig. 211. — Quai Saint-Louis, à Saint-Malo.

Dans le cas qui nous occupe, la vase étant peu profonde, on asseoit la fondation sur le sol résistant que l'on atteint par un dragage, et qu'on remplit de blocs, ou bien on fonce des puits ou des piliers.

286. 5° *Fond de vase de moyenne profondeur.* — On appelle profondeur moyenne de vase, une profondeur de 4 à 10 mètres.

Le fait du mouvement latéral de la vase a été la cause de nombreux accidents. Si, en effet, on construit un quai sur une file longitudinale de pieux enfoncés ou non à refus, mais ne pénétrant pas dans la roche sous-jacente, le mur tiendra bien, tant que l'on ne commencera pas à remblayer; mais, quand ce travail sera terminé, et quelquefois même en cours d'exécution, tout le mur entier se déplacera latéralement ou pivotera autour de son arête inférieure.

En rappelant un accident, M. Laroche dit: « Ces effets étaient d'autant plus prompts et plus graves que le remblai s'élevait plus haut au-dessus de la surface primitive du sol naturel, que la vase était plus fluide, que le sol résistant sous-jacent était plus déclive, que le bourrelet de vase soulevé en avant du quai par la poussée avait plus de facilité pour s'étendre ou pour être enlevé par le batelage, les courants, etc. »

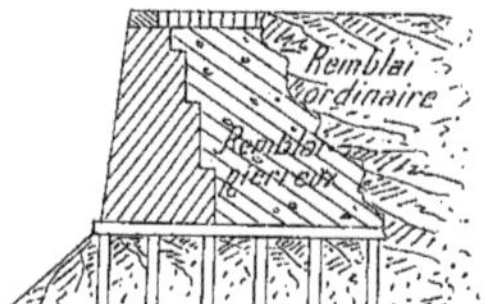

Fig. 212. — Quai sur fond vaseux.

On peut éviter le déplacement latéral par un entourage suffisant des pieux, qui ne permettent plus alors qu'un mouvement de rotation, et on cherche à remédier à cet inconvénient :

1° En diminuant la poussée;

2° En augmentant la résistance du mur à la rotation.

On diminue la poussée en faisant porter le remblai sur un plancher formant la continuation de celui qui supporte la fondation et dont les pieux sont battus jusqu'au sol résistant (*fig.* 212).

Au point de vue de la rotation, on se sert non de la vase, mais de pierraille pour faire le remblai; on donne généralement à celui-ci 2 mètres à la partie supérieure au-dessous du pavage, et on l'incline à 45 degrés; la largeur du plancher se trouve ainsi déterminée.

On a eu aussi recours à des contreforts voûtés établis du côté de la terre et reposant également sur un platelage. Ce procédé a été appliqué au port de Nantes (*fig.* 213).

Nous donnerons quelques exemples de ces fondations.

Quai de la Bourse (port de Rouen).

287. L'arête supérieure du quai, dont nous empruntons la description aux notices publiées par le Ministère des Travaux publics à l'occasion de l'Exposition Universelle de 1878, est située à 4^{m},73 au-

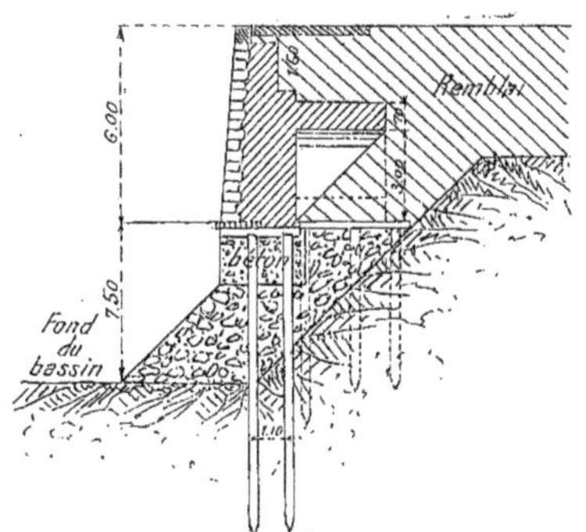

Fig. 213. — Quais du port de Nantes.

dessus du niveau des plus basses eaux connues. Le tirant d'eau maximum, le long du quai, est de 5 mètres en contrebas du même niveau; la hauteur totale du parement, depuis le fond jusqu'à l'arête du couronnement, est donc de 9^{m},73.

Le terrain sur lequel le quai est fondé est un banc de craie dure sensiblement horizontal, situé à 17 mètres au-dessous du couronnement du quai. Ce banc est recouvert d'une couche de gravier vaseux dont l'épaisseur varie de 0 à 7 mètres.

Lorsqu'il y a lieu de déblayer pour obtenir le tirant d'eau minimum de 5 mètres, on dresse horizontalement le fond du lit à la drague, jusqu'à la rencontre du plan du parement du mur projeté; puis, on règle le reste de la berge suivant une inclinaison de 3 de base pour 2 de hauteur, à partir du pied de ce parement jusqu'au sommet du terre-plein.

Lorsque, au contraire, il y a lieu de remblayer, on crée, tout d'abord, au moyen de débris crayeux que les carrières voisines de Rouen fournissent en abondance, un massif dont le talus, réglé à 3 de base pour 2 de hauteur, rencontre le plan du même parement à 5 mètres au-dessous des plus basses eaux. Ce massif atteint sur certains points une épaisseur verticale de plus de 17 mètres.

C'est dans le terrain ainsi préparé qu'a lieu le battage des pieux de fondation du quai. Parmi ces pieux, les uns (ceux du large), recépés au-dessous du niveau des plus basses eaux, reçoivent le mur en maçonnerie fondé à l'aide de caissons étanches; les autres, recépés à un niveau plus élevé, sont surmontés d'une plate-forme en charpente qui supporte un contre-mur en pierres sèches.

Le mur et le contre-mur sont contigus l'un à l'autre, de telle sorte qu'à 3^{m},50 au-dessous du sol du terre-plein leur épaisseur cumulée est de 9 mètres, et que le prisme de la poussée des terres n'a que 3^{m},50 de hauteur.

Malgré la faiblesse de cette poussée, et malgré la contre-poussée créée par l'obliquité d'une partie des pieux du large, on a jugé utile de placer, de distance en distance, de forts tirants en tôle dont une extrémité s'engage dans les maçonneries

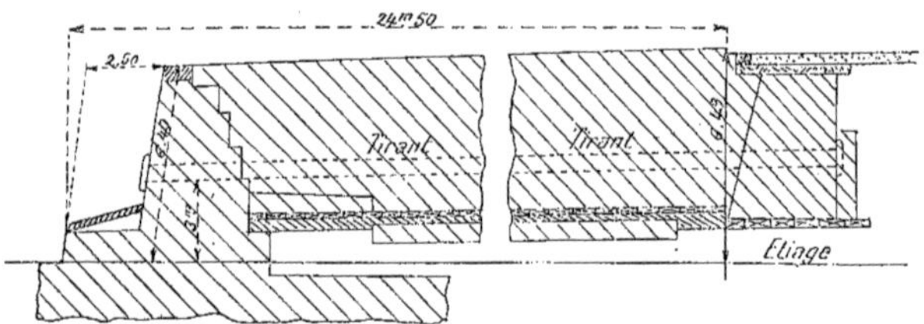

Fig. 214. — Port de Bordeaux, mur du quai.

du mur de quai, et l'autre dans un massif d'ancrage établi dans le corps du terre-plein, à une distance convenable.

Ces tirants sont espacés de 10^{m},50. Des bornes d'amarrage en fonte de 0^{m},30 de diamètre, sont posées au droit de chacun d'eux, comme pour un des quais de Bordeaux (*fig.* 214); un couronnement en granit de 0^{m},25 d'épaisseur et de 1^{m},20 de largeur, complète la construction.

Les pieux de fondation sont en bois de hêtre fraîchement coupé de 0^{m},40 de diamètre moyen. Ils sont battus au refus à l'aide d'un mouton de 1 000 kilogrammes, tombant de 3 mètres de hauteur.

Ceux qui supportent le mur de quai ont de 11 à 12 mètres de longueur, et au moins 7^{m},50 de fiche; leur portée libre n'excède jamais 4^{m},30. Ils sont battus par files transversales; quatre pieux forment une file et sont espacés entre eux de 0^{m},90; l'intervalle d'axe en axe d'une file à l'autre est de 1^{m},50. Chaque pieu correspond donc à une surface horizontale de 1^{m},35.

Sur les quatre pieux d'une file, les trois premiers, à partir du large, sont battus avec un fruit ou une inclinaison de 1/8; le quatrième est battu verticalement. Tous sont recépés à 0^{m},70 en contre-bas des plus basses eaux connues.

Le mur en maçonnerie repose sur les pieux de la première série, par l'intermédiaire de plates-formes en bois de hêtre de 20^{m},60 de longueur sur 3^{m},63 de largeur et 0^{m},16 d'épaisseur, placées bout à bout avec 0^{m},31 de vide intermédiaire, de telle sorte que chaque plate-forme corresponde à quatorze pieux et à 21 mètres courants de quai.

Ce mur a $3^m,35$ d'épaisseur à la base et $1^m,50$ au sommet. Il présente, à $0^m,93$ au-dessus des plus basses eaux, une grande retraite de $1^m,14$ de largeur, destiné à recevoir le plancher du contre-mur. Au-dessous de cette retraite et jusqu'au niveau des plus basses eaux, le mur est fait en béton de ciment de Portland, avec parements de briques; plus bas, le béton occupe toute la largeur du mur et forme lui-même parement. Au-dessus de la retraite de $1^m,14$, le parement de briques se continue, mais le massif intérieur est en maçonnerie de moellons avec mortier de ciment.

Le contre-mur a uniformément 2 mètres de hauteur et $0^m,44$ de largeur; il est construit à pierres sèches, à l'aide de moellons crayeux, et repose sur un plancher en bois de hêtre de $0^m,12$ d'épaisseur, cloué sur des traverses également en hêtre de $0^m,25$ d'équarrissage, qui coiffent les quatre pieux de contre-mur.

Les tirants de retenue sont en tôle de $0^m,26$ de largeur sur $0^m,02$ d'épaisseur et 20 mètres au moins de longueur. Chacun d'eux se ramifie, vers une de ses extrémités, par une série de cornières rivées transversalement sur sa face supérieure, et scellées à bain de mortier dans la maçonnerie du mur de quai. L'autre extrémité s'engage de même dans un massif cubant environ 21 mètres.

Les barres d'amarrage sont posées à $1^m,20$ de l'arête du quai. Elles sont emprisonnées, dans les contre-forts en maçonnerie, de 2 mètres de longueur sur 1 mètre d'épaisseur, et s'élèvent à $0^m,62$ au-dessus de l'arête du couronnement.

Les maçonneries de toute nature sont exécutées avec un mortier à composition uniforme, contenant 400 kilogrammes de ciment de Portland pour 1 mètre cube de sable de carrière. Le ciment provient de Boulogne-sur-Mer.

Chaque tronçon de quai de 21 mètres de longueur est exécuté, à l'aide d'un caisson étanche à fond plat et à parois mobiles. Le fond du caisson, dont on a donné plus haut les dimensions, est formé de deux lits de madriers de hêtre entrecroisés, séparés par une double feuille de papier goudronné, et cloués ensemble.

Les parois verticales sont en bois de sapin du Nord de $0^m,08$ d'épaisseur. Elles ont $3^m,29$ de hauteur, et reposent directement sur le pourtour rectangulaire du fond du caisson.

Chacune des parois longitudinales se subdivise en trois panneaux égaux, dont les bords verticaux pénètrent dans les rainures que présentent latéralement de forts poteaux d'union en bois de hêtre. Ces membrures butent par le pied contre un madrier disposé à plat, et formant feuillure au pourtour du fond du caisson.

Dans chaque panneau, les madriers de sapin servant de bordage sont cloués sur des membrures verticales en bois de hêtre. Ces membrures butent par le pied contre un madrier disposé à plat, et formant feuillure au pourtour du fond du caisson.

Les parois latérales sont reliées ensemble par des traverses supérieures en sapin, correspondant aux membrures et aux poteaux d'union. Ces traverses sont surmontées elles-mêmes de deux longrines en sapin qui règnent latéralement sur toute le longueur du caisson. Des tirants en fer ronds de $0^m,03$ rattachent, de distance en distance, les longrines au fond du caisson, dans l'épaisseur duquel sont engagées des douilles taraudées en fonte. Le nombre de ces tirants est de vingt-huit par caisson.

Enfin, des moises et des croix de Saint-André maintiennent la verticale des poteaux d'union.

Tous les joints du caisson sont calfatés et brayés à l'extérieur avant le lancement.

Le caisson lège ne déplace que $0^m,40$ d'eau. Lorsqu'il est convenablement chargé de maçonnerie, on l'échoue par le simple jeu de la marée descendante, en choisissant autant que possible les basses marées de morte-eau, qui s'abaissent à Rouen, au dessous de celles de vive-eau.

Les principales qualités de ce caisson sont d'être léger, économique, facile à monter et à démonter, et de ne laisser subsister, à la base du mur, après l'enlèvement des parois mobiles, qu'une petite saillie de $0^m,05$.

Le vide entre deux caissons consécutifs

est, après le démontage, rempli à l'aide d'un plancher en chêne de $0^m,77$ de portée qui se pose à 1 mètre environ au-dessus des plus basses eaux.

Le pont de service au moyen duquel se font le battage et le recépage des pieux de fondation, ainsi que l'échouage des caissons, se compose de trois files parallèles de pieux de sapin espacés deux à deux de $5^m,90$ et surmontés de fortes longrines dont la face supérieure est à $3^m,60$ au-dessus des plus basses eaux.

Deux sonnettes à vapeur ont parcouru simultanément ce pont de service. L'une était affectée aux pieux du contre-mur, l'autre aux pieux du mur. Chacune d'elles a battu moyennement 5 pieux par jour.

Le recépage des pieux a été obtenu à l'aide d'une scie à mouvement alternatif, inventée et construite par MM. Perdial Frères, de Nantes. Cet instrument, d'une grande légèreté et d'un maniement fort simple, a donné des résultats satisfaisants; il a permis de déraser, en général, à un centimètre près, les têtes des cinquante-six pieux qui correspondent à un même caisson. La scie, manœuvrée par une équipe de cinq hommes, a recépé douze ou quinze pieux par jour.

Le prix du mètre courant de quai, en négligeant les remblais et le pavage du terre-plein, peut s'établir ainsi qu'il suit:

			fr.
Pieux de fondations	Fourniture (sabot compris)	675	1 110
	Battage (pont de service compris)	345	
	Recépage	90	
Caissons	Charpente du fond	83	155
	Location de parois mobiles (trois jeux de parois étant supposés suffire pour vingt caissons)	72	
Plate-forme du contre-mur	Charpente	95	95
Maçonnerie du mur du quai	Béton	113	360
	Briques	97	
	Moellons	111	
	Granit	39	
Maçonnerie du contre-mur	Pierres sèches	53	53
Tirant de retenue	Terrassements et maçonneries	42	114
	Fers	72	
Barres d'amarrage	Maçonneries	13	28
	Fonte	15	
	Total		1 915
	Frais de surveillance		45
	Prix du mètre courant		1 960

Quais du Havre.

288. Les quais du Havre ont été construits d'une façon tout à fait analogue à ceux de Rouen. La principale modification a consisté à recéper à 1 mètre plus bas ($2^m,50$ au-dessous des basses mers de morte-eau) les pieux de fondation du mur, afin de ne pas augmenter sensiblement la longueur de la partie de ces pieux au-dessus du sol, malgré l'abaissement du niveau de dragage au pied du mur; le dragage, exécuté à $6^m,50$ au-dessous des plus basses eaux ordinaires, est prévu devoir être abaissé ultérieurement à $0^m,50$.

Quais de Bordeaux.

289. Les murs de quai, dont le couronnement est à la cote de 7 mètres, ont une hauteur de 10 mètres ou 10^m,50, selon la profondeur du plafond, et une épaisseur moyenne égale aux 40/100 de la hauteur. Le profil présente, du côté du bassin, la forme d'une courbe parabolique concave, dont les éléments inférieurs ont une inclinaison assez prononcée pour embrasser le gabarit d'une carène de navire ; le raccordement parabolique est difficile à construire, aussi le remplace-t-on fréquemment, en donnant à la portion du mur inférieur un fruit différent de celui de la partie la plus élevée. Dans tous les cas, il faut que partout il y ait au moins 0^m,50 de *pied d'eau* pour les navires (*fig.* 215). Les éléments supérieurs se raccordent tangentiellement au sommet du mur, et présentent un fruit de 1/20.

Des contreforts espacés de 50 en 50 mètres sont établis de manière à subdiviser l'action de la poussée.

On a commencé par fonder sur pilotis ; ce mode de construction a été appliqué à la partie du mur qui soutient la rive droite du bassin, sur 600 mètres de développement en amont des écluses. Les autres parties ont été établies sur une suite continue de voûtes en plein cintre de 8 mètres d'ouverture, espacées de 12 mètres d'axe en axe, voûtes qui reposent elles-mêmes sur des blocs de 6 mètres de longueur et de 5 mètres de largeur, enfoncés dans le sol.

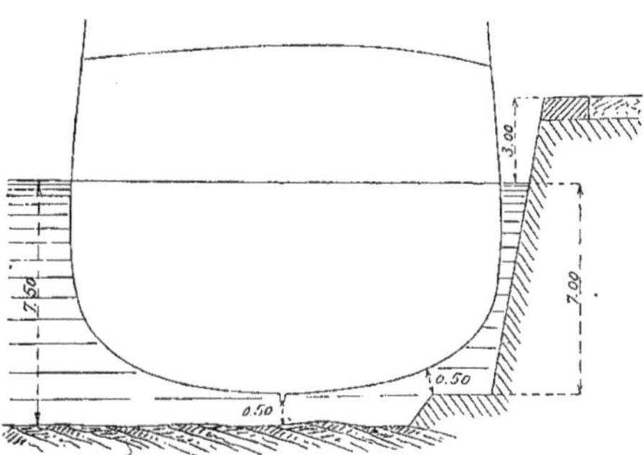

Fig. 215.

Le vide des voûtes est fermé par des massifs de maçonnerie en pierres sèches, soutenant les terres en arrière du mur.

Quai du port de Calais.

290. On a exécuté de grands travaux dans le port de Calais, de 1875 à 1889. Nous allons seulement parler, quant à présent, de ceux relatifs aux quais, nous diviserons cette étude en deux parties :

1° Celle du quai nord-est de l'avant-port; et:

2° Celle du quai sud-ouest, et nous en emprunterons la description aux notes sur l'Exposition de 1889.

Disons tout d'abord que les niveaux des hautes et basses mers rapportés aux cartes marines sont les suivants :

Hautes mers	de vive-eau moyenne	+ 7^m,00
	de morte-eau moyenne	+ 5 70
	de morte-eau minimum	+ 5 10
Basses mers	de morte-eau moyenne	+ 1 90
	de vive-eau moyenne	+ 0 72
	de vive-eau minimum	+ 0 00

291. *Quai nord-est de l'avant-port.* — Le quai nord-est a été construit en vue du service des paquebots de Calais à Douvres. Le terre-plein dont il forme le mur de soutènement porte les voies et les bâtiments de la gare maritime construits par la Compagnie du chemin de fer du Nord pour cet important service.

Le mur plein, à parement presque vertical (*fig.* 216), est interrompu de distance en distance, par des chambres ou retraites, au nombre de quatre, de 55 mètres de largeur, 8 mètres à 9 mètres de profondeur, séparées par un môle en maçonnerie de 10 mètres de largeur, qui doit servir d'appui au porte-roues des paquebots. Dans ces retraites sont établis, deux par deux, des groupes d'appontements formés de charpentes métalliques, à trois étages, qui doivent servir à l'embarquement et au débarquement des voyageurs, et sur lesquels circulent librement au niveau du terre-plein, les grues pour le transbordement des bagages et des sacs de dépêches, ainsi que les fourgons et allèges servant à charger et décharger les marchandises.

Chaque groupe d'appontement occupe la partie centrale du poste d'accostage et d'opération d'un paquebot; les deux postes du milieu, dont l'un fait face aux bâtiments principaux de la gare maritime, ont une longueur totale de 120 mètres; les deux postes extrêmes ont une longueur de 100 mètres correspondant à la longueur des plus grands paquebots actuellement en service (95 mètres).

Le reste du quai, sur une longueur de 130 mètres environ, reste disponible, vers l'extrémité ouest, pour le stationnement d'un cinquième paquebot ou des dragues et remorqueurs affectés au service de l'entretien ou du mouvement du port.

Le mur plein régnant entre chaque groupe d'appontement, présente une section uniforme de 7 mètres d'épaisseur à la base, et de 2^{m},70 au sommet. La fondation est descendue jusqu'à 2^{m},75 au-dessous du niveau du fond de l'avant-port, creusé à la cote — 3^{m},50; le couronnement est à la cote + 9^{m},50, la hauteur totale du mur est donc de 15^{m},75.

Le parement extérieur est vertical au-dessous de la cote — 0^{m},50; au-dessus de cette cote, il est incliné, avec un fruit de 1/10. Sur toute la hauteur correspondant au parement vertical extérieur, l'épaisseur du mur est constante et égale à 7 mètres. A partir de la cote — 0^{m},50, la différence d'épaisseur entre la base et le sommet est rachetée, du côté du parement vu, par le fruit du mur, et, du côté des terres par des retraites successives de 0^{m},45.

Au droit des appontements, l'épaisseur totale du massif est portée à 13^{m},75, sur une longueur de 64 mètres. Dans le massif sont pratiquées deux chambres de 11^{m},50 de longueur, séparées, comme on l'a dit ci-dessus, par un môle de 10 mètres d'épaisseur. Ces chambres, comprises entre des parois verticales, sont descendues, depuis le niveau du terre-plein jusqu'à la cote + 2^{m},25 du côté du parement du quai, et jusqu'à la cote + 2^{m},45 du côté

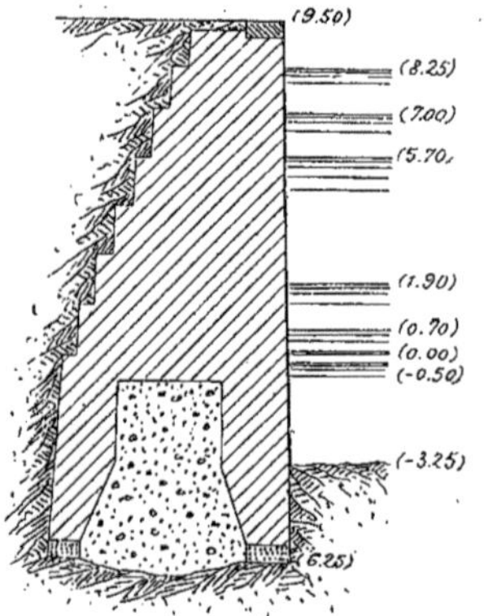

Fig. 216. — Quai de Calais.

opposé au parement. Cette différence de niveau est rachetée par une pente continue pour faciliter l'écoulement de l'eau. La profondeur des chambres d'appontements, suivant une perpendiculaire à la face vue du quai, est de 8^{m},95 au niveau le plus bas, et, de 8^{m},20 au niveau du terre-plein supérieur.

Le massif de maçonnerie, dans lequel sont pratiqués ces évidements, est formé de deux murs parallèles à l'alignement général du quai. Le premier, plein et continu, de 4 mètres d'épaisseur, prolonge le parement extérieur du quai; il est fondé à la cote — 6^{m},25 et monte jusqu'à la cote + 2^{m},25; le second, de 4^{m},50 d'épaisseur, s'élève jusqu'à la cote + 9m,50, c'est-à-dire jusqu'au niveau du terre-plein ; il est établi sur de petites voûtes reposant elles-mêmes sur des piliers isolés de section carrée, de 4m,50 sur 4m,50, descendus, comme tout le reste de la fondation, jusqu'à la cote − 6m,25. Ce second mur formant le fond de la chambre, est évidé en arrière par de petites voûtes de décharge ; il est traversé par un escalier partant du niveau du palier intermédiaire de l'appontement, à la cote + 6 mètres, pour aboutir au terre-plein. Entre ces deux voûtes est jetée une voûte parallèle à l'alignement du quai, sur laquelle est établi le palier inférieur de débarquement et d'embarquement. Les chambres des appontements sont limitées latéralement par des murs transversaux de 4m,50 d'épaisseur à la base, reposant sur des voûtes dont les culées sont fermées, d'un côté, par le mur extérieur continu, et, de l'autre, par les piliers de fondation du mur postérieur.

Chaque appontement est formé de six fermes, dont le plan est perpendiculaire au percement du quai, portant, avec les murs latéraux le poutrage des deux planchers qui correspondent au palier intermédiaire et au palier supérieur d'embarquement ou de débarquement. Chaque ferme est composée de trois montants ou colonnes en tôle et cornières, dont l'une est inclinée suivant le fruit du parement extérieur du mur du quai, tandis que les deux autres sont verticales ; ces colonnes, dont le pied repose sur un sabot en fonte noyé dans la maçonnerie, sont réunies, au-dessous de chaque plancher, par des fortes poutres transversales, également en tôle et cornières.

Le plancher du palier intermédiaire est formé d'une série de longerons en fers en U garnis de fourrures en bois, reposant sur ces poutres transversales inférieures, et portant elles-mêmes un tillac à claire-voie.

Le poutrage supérieur est formé de forts longerons en tôle et cornières, placés au-dessous de chaque ligne de rails et assemblés sur les poutres transversales qui réunissent les sommets des montants des fermes. Ce poutrage porte un tablier continu formé par des plaques de tôle emboutie, sur lequel est répandu le ballast des voies ferrées.

Un escalier en charpente met en communication le palier inférieur, formé par la maçonnerie de fond des chambres, avec le plancher intermédiaire ; celui-ci communique lui-même avec le terre-plein par un escalier en maçonnerie, pratiqué dans l'épaisseur du mur.

Des fourrures en bois de chêne garnissent extérieurement les montants inclinés et les poutres de rive en tôle, pour les protéger contre le choc direct des navires. Les môles en maçonnerie sont garnis eux-mêmes de poteaux en bois, contre lesquels s'appuient les porte-roues des paquebots ; ils s'élèvent au-dessus du quai, à une hauteur suffisante pour leur servir d'appui par les plus hautes marées.

Le palier de l'étage inférieur est à la cote de + 2m,25, le palier intermédiaire à la cote + 6 mètres, enfin, le palier supérieur se confond avec le terre-plein à la cote + 9m,50.

Le massif des murs de quai est formé de maçonnerie de blocaille avec mortier en ciment de Portland, dont le parement extérieur est appareillé en *opus incertum*. Les tablettes de couronnement, ainsi que les arêtes verticales des chambres d'appontement et les feuillures des poteaux de garde et des échelles, sont en pierre de taille de granit.

Des organneaux en fer, logés dans des niches en pierre de taille, sont répartis sur le parement, à différentes hauteurs, pour faciliter l'amarrage à tous les niveaux de la marée.

292. *Quai du sud-ouest de l'avant-port.* — Ce quai, réservé pour les opérations des grands vapeurs des lignes régulières qui adopteront Calais comme port d'escale, doit être accessible à toute marée, et, les navires qui y stationneront doivent y rester toujours à flot.

Au pied du quai, l'avant-port est creusé jusqu'à une profondeur de 7 mètres au-dessous des plus basses mers. Les fondations ont été descendues en conséquence jusqu'à la cote — 10 mètres. Le couronnement du mur est à la cote + 9, et sa hauteur totale est de 19 mètres.

La partie inférieure, sur une hauteur de 9^{m},50, est formée de puits foncés isolément et soudés entre eux comme il sera exposé tout à l'heure. Elle constitue un massif plein dont l'épaisseur uniforme est de 8 mètres. Sur toute cette hauteur, c'est-à-dire jusqu'à la cote — 0^{m},50, les deux parements, extérieur et intérieur, sont verticaux ; au dessus de la cote — 0^{m},50, le mur est formé d'un massif plein et homogène de maçonnerie de blocailles, dont le parement extérieur, appareillé en *opus incertum*, présente un fruit de 1/10, tandis que le parement intérieur présente une série de retraites successives de 0^{m},50 environ de largeur, de manière à réduire progressivement l'épaisseur de 8 mètres à la base jusqu'à 2^{m},50 au sommet. Les tablettes de couronnement sont formées de pierres de granit.

293. *Fondation de ces quais.* — La fouille de l'avant-port n'était séparée du chenal, pendant l'exécution des travaux, que par un simple batardeau de sable établi en certaines parties sur d'anciens ouvrages, qui ne permettaient pas de compter, d'une manière absolue, sur sa résistance et son étanchéité. Aussi, avait-on jugé prudent de ne pas pousser les épuisements au-dessous de la cote — 1^{m},25, limite fixée pour l'exécution des terrassements à sec.

On avait donc à descendre les fondations, qui, primitivement, devaient être établies pour les deux quais à la cote — 6^{m},25, à une profondeur de 5 mètres au dessous des fouilles. La largeur de ces fondations devait être, en général, de 7 mètres. Pour pratiquer dans le sable fin boulant, des rigoles de 7 mètres de largeur et de 5 mètres de profondeur, puis fonder les murs des quais, comme ceux du bassin à flot, il fallait construire des enceintes en charpente, très coûteuses, draguer le sable à l'intérieur de ces enceintes, et, y couler du béton dans l'eau sur une grande hauteur, opération qui n'aurait pu s'exécuter que dans des conditions défectueuses.

Il eut été certainement préférable de recourir aux procédés de fondation par l'air comprimé, procédés également très coûteux, mais plus sûrs.

A la suite de quelques essais qui donnèrent d'excellents résultats, les ingénieurs proposèrent d'appliquer purement et simplement au fonçage des puits en maçonnerie (à base rectangulaire, pouvant avoir jusqu'à 7 mètres sur 7 mètres environ de côté et 5 mètres de hauteur) la méthode déjà imaginée à Calais pour le fonçage des pieux en bois.

Les piles isolées furent formées de puits ou blocs évidés intérieurement, dont la section extérieure carrée avait 4^{m},50 sur 4^{m},50 de côté.

Les fondations des murs continus furent formées de puits dont la section horizontale extérieure, également rectangulaire, avait, soit 6^{m},50 de longueur parallèlement à l'alignement du quai, sur 7 mètres de largeur perpendiculairement au dit alignement, soit 4 mètres sur 4 mètres.

Nous décrirons plus particulièrement les puits de grandes dimensions.

294. La section horizontale de l'évidement est octogonale, ou plutôt elle a la forme d'un rectangle dont les côtés sont parallèles aux côtés extérieurs, et dont les angles droits sont remplacés par des pans-coupés, destinés à renforcer le massif de maçonnerie aux quatre coins.

Les parements extérieurs des puits sont verticaux ; les parements intérieurs sont montés verticalement jusqu'à la hauteur de 0^{m},50 à partir de la base, l'épaisseur étant de 1 mètre. A partir de cette hauteur, la maçonnerie est montée en surplomb vers l'intérieur du puits, sur une hauteur de 2^{m},10, de manière à porter l'épaisseur des parois à 1^{m},75 ; cette épaisseur est ensuite conservée jusqu'au sommet (*fig.* 217, 218, 219, 220). La base, sur la hauteur de 0^{m},40, était formée d'un massif de béton en mortier de ciment, coulé à l'intérieur d'un vannage composé de panneaux verticaux démontables. Aussitôt que le béton avait convenablement durci, le reste du puits était construit en maçonnerie de blocaille, avec mortier en ciment.

On ne procédait généralement, au fonçage de blocs ainsi construits, que dix jours après leur achèvement. Cette opération s'exécutait en délayant le sable au-dessous du bloc, au moyen d'un courant d'eau énergique et continu, et, en rejetant le mélange d'eau et de sable en dehors de la cavité intérieure.

Ce courant était obtenu au moyen de pompes foulantes qui prenaient l'eau au fond de la fouille, et d'une pompe aspirante qui rendait à la fouille l'eau enlevée par les pompes foulantes avec le sable dilué.

La pompe aspirante employée était une pompe centifruge actionnée par une locomobile de 10 chevaux. Le tuyau d'aspiration, suspendu par un léger échafaudage, descendait verticalement au milieu du puits; la crépine était établie à un niveau variable, un peu supérieur au niveau de la base de ce même puits.

Les pompes foulantes employées étaient au nombre de quatre (*fig.* 220); c'étaient de petites pompes à action directe, débitant environ 600 litres par minute, à la pression de 2 kilogrammes. Chacune d'elles alimentait trois lances adaptées à l'extrémité de tuyaux de caoutchouc garnis de spirales en fer; ces tuyaux passaient sur des poulies portées par un petit échafaudage volant installé sur le dessus du puits.

Tout le matériel était installé sur quatre wagons plates-formes, et circulait sur une voie ferrée disposée dans la fouille parallèlement à l'alignement du quai.

Sur les douze lances dont on disposait, huit descendaient le long des parois intérieures du puits, au milieu de chacun des côtés de l'octogone; les quatre autres étaient disposés autour du tuyau de la pompe aspirante; trois d'entre elles, débouchant autour de la crépine, servaient à délayer le sable près de l'orifice d'aspiration, et augmentaient le rendement tout en diminuant le danger d'engorgement. La douzième lance était complètement solidaire du tuyau d'aspiration, et débouchait à la base de ce tuyau audessus du clapet de pied de la crépine; cette disposition, imaginée par M. le conducteur Delaunay, avait permis d'éviter, d'une façon presque complète, les engorgements qui se produisaient fréquemment à l'origine, et faisaient perdre beaucoup de temps.

Les jets des lances, fonctionnant toutes ensemble, mettaient le sable en suspension dans l'eau, et le mélange sableux était extrait par la pompe centrifuge. On avait soin de régler le débit des pompes de telle sorte que la quantité d'eau aspirée, fût sensiblement égale à la quantité d'eau refoulée et que le niveau de l'eau, dans le

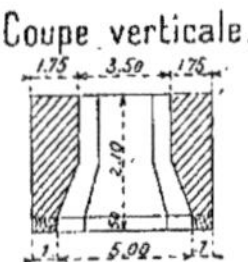

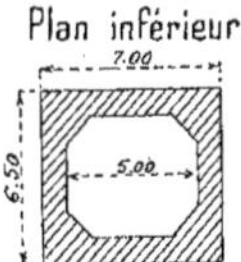

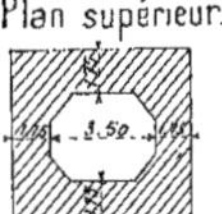

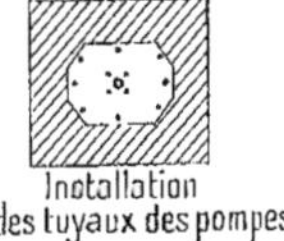

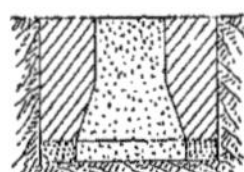

Fig. 217 à 221.

puits, fût toujours très voisin du plan d'eau normal dans le sol, tout en restant un peu inférieur à ce niveau. De cette façon, on n'avait point à craindre l'éboulement du sable extérieur dans le puits, et on n'enlevait réellement qu'un volume de sable très peu supérieur au volume de ce puits.

Deux niveaux à bulle d'air, disposés en croix, permettaient de surveiller la régularité de l'enfoncement. On réussissait très aisément à maintenir les puits presque constamment entre leurs repères, en abaissant ou en relevant simplement les lances de tel ou tel côté, de manière à les faire pénétrer plus ou moins profondément dans le sable.

Lorsqu'un puits était arrivé à fond, après une descente de 4 à 5 mètres environ, suivant le niveau de la fouille au point où il avait été construit, on laissait le sable se tasser, puis on coulait dans l'eau, sur une hauteur de 2 mètres à 2m,50 environ, une première couche de béton hydraulique formé de galets, de chaux de Tournay, de trass et de sable (*fig.* 221).

Cette couche durcie formait, grâce à la disposition de la cavité inférieure des puits, un tampon parfaitement étanche qui résistait très bien à la sous-pression de l'eau ; on épuisait alors le vide intérieur du puits que l'on continuait de remplir avec du béton de mortier de ciment, jusqu'au niveau où il devenait possible de terminer le remplissage avec de la maçonnerie. Chaque puits formait ainsi un bloc de fondation parfaitement plein.

La méthode suivie pour l'exécution des fondations du quai, était la suivante :

Un plan général était dressé, indiquant les dimensions et l'emplacement de chaque puits, et réservant entre deux puits consécutifs, un intervalle de 0m,40 qui devait être ultérieurement rempli.

On procédait au tracé, à la construction et au fonçage des puits de rang impair, puis on passait aux puits de rang pair.

L'expérience avait démontré, en effet, qu'il suffisait de laisser entre deux puits foncés consécutivement, l'intervalle correspondant à un seul puits, pour que le fonçage du second puits pût avoir lieu comme s'il était complètement isolé. D'autre part, lorsqu'on procédait au fonçage des puits de rang pair, l'influence des deux puits voisins, disposés symétriquement, se neutralisait, de sorte que le fonçage s'opérait encore très régulièrement, quoique d'une façon un peu plus lente.

On ne procédait au remplissage d'un puits que lorsque les puits voisins étaient foncés, afin d'éviter les inconvénients qui auraient pu résulter d'un entraînement de sable au-dessous des fondations.

Lorsque toute une série de puits consécutifs était foncée et remplie, on procédait à la soudure des blocs de deux en deux. Des rainures verticales étaient ménagées dans les parois latérales des puits, pour faciliter cette soudure qui était effectuée de la manière suivante. Sur les arêtes voisines des parements antérieurs et des parements postérieurs de deux puits consécutifs, on faisait glisser extérieurement des feuilles de tôle que l'on descendait verticalement par injection d'eau jusqu'à la base des puits. Ces feuilles de tôle formaient une enceinte, à l'intérieur de laquelle le sable était délayé et enlevé, toujours par le même système. On remplissait ensuite l'intervalle avec du béton ou du mortier de chaux hydraulique et de trass.

Sur les blocs ainsi soudés, on montait la partie supérieure du mur, formée d'un massif de maçonnerie de blocailles parfaitement homogène, en mortier de ciment de Portland.

La construction en béton de la base des puits et l'enlèvement du sable compris entre eux avaient lieu en régie, le travail de l'entreprise comprenant l'exécution des maçonneries, la fabrication et l'emploi du béton de remplissage et de soudure.

La facilité d'exécution des travaux de fondation du quai nord-est, permit d'augmenter les dimensions des puits de fondation du quai sud-ouest et la profondeur du fonçage. Ces puits dont la section horizontale extérieure avait 8 mètres sur 8 mètres et dont la hauteur totale était de 8m,75, furent construits et foncés en deux fois, par la méthode décrite. Leur poids total était d'environ 800 000 kilogrammes. On réussit à les foncer avec la même exactitude rigoureuse que les blocs de moindre dimension du quai nord-est, mais on rencontra un peu plus de difficultés dans l'exécution des soudures, pour empêcher les rentrées de sable qui tendaient à se produire au-dessus des plaques de tôle.

La durée du fonçage des puits de $6^m,50$ sur 7 mètres (quai nord-est), descendus à une profondeur moyenne de $4^m,50$ environ, a varié entre dix heures et trente-cinq heures; elle a été, en moyenne, de $21^h,45$, pour les puits de rang impair; elle a varié entre $15^h,30$ et 65^h et a été en moyenne de $23^h,45$ pour les puits de rang pair. Le volume moyen déplacé par heure a été de $6^m,350$, pour l'ensemble des puits de rang pair et de rang impair.

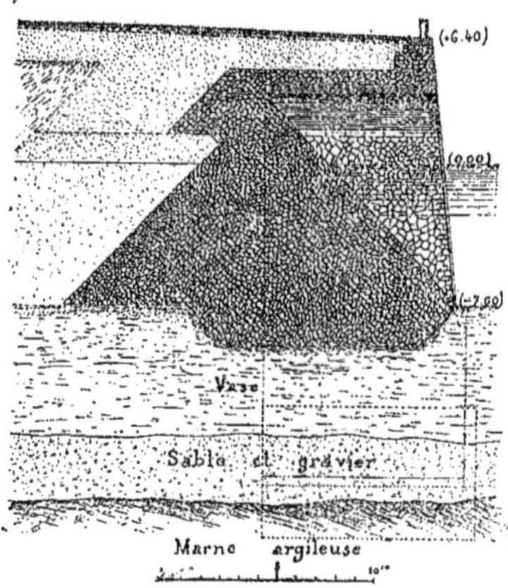

Fig. 222. — Coupe du quai rive gauche (Port de Bordeaux).

La durée du fonçage des puits de 8 mètres sur 8 mètres (quai sud-ouest), descendus à une profondeur moyenne de 8 mètres environ, a varié entre 33 heures et 92 heures; elle a été en moyenne de $45^h,30$ pour les puits de rang pair. Le volume moyen, déplacé par heure, a été de $10^{m^3},880$ pour l'ensemble des puits de rang pair et de rang impair.

Le fonçage des puits de 4 mètres sur 4 mètres et de 4^m50 sur $4^m,50$ a été relativement plus facile, le volume moyen déplacé par heure ayant été de $12^{m^3},500$ environ.

La longueur totale des quais de l'avant-port, construits à l'abri des batardeaux de 1884 à 1888, a été de 770 mètres; les dépenses correspondantes s'élèvèrent, en chiffres ronds, à 2 750 000 francs.

La dépense relative au fonçage des puits entre dans cette somme pour 99 000 francs. Cette dépense correspond à un volume total déplacé de 31 253 mètres cubes, ce qui fait ressortir le prix de revient à $3^f,17$ environ pour 1 mètre cube de sable enlevé, et de maçonnerie mise en place.

Les dépenses faites pour l'extraction du sable dans l'intervalle compris entre les puits, et pour la préparation des soudures, s'élèvent à 27 540 francs, pour un volume total de 1 696 mètres cubes, c'est-à-dire à $16^f,24$ par mètre cube.

En résumé, les dépenses pour l'exécution des fondations, dont le volume total est de 32 949 mètres cubes, au dessous du niveau général du fond des fouilles, ont donné lieu à une plus-value de $3^f,84$ seulement par mètre cube de maçonnerie ou de béton, ce prix tenant compte de l'extraction du sable.

Quai du port de Bordeaux.

295. Le type adopté pour ce quai peut être défini ainsi : un massif d'enrochement, soutenant un terre-plein, dont l'approche et l'utilisation sont facilitées aux navires par un viaduc jeté sur le talus extérieur du massif.

Le massif d'enrochement présente, jusqu'à la cote de + $1^m,50$, un profil uniforme sur tout le développement du quai; il est fondé à 2 mètres en contre-bas de la cote — 7 prévue pour le lit du fleuve; il est à talus coulants et présente en crête une largeur horizontale de 4 mètres (*fig.* 222).

A ce massif est superposé, sous les voûtes, un second massif de même talus extérieur, réglé à sa partie supérieure suivant l'extrados de la voûte, avec une largeur horizontale de 2 mètres.

Pour fortifier ces massifs, le remblai est en sable sur 10 mètres d'épaisseur horizontale.

Le viaduc est formé d'arches de

12 mètres de portée et de piles de 4 mètres. Aux extrémités de chaque section de quai, et toutes les dix-huit voûtes au moins, existe une culée de 8 mètres de largeur (*fig.* 223).

A hauteur d'étiage, le viaduc a 9^{m},30 de largeur, son parement du côté de la rivière a un fruit de 1/10.

On a employé, pour construire les voûtes, des cintres métalliques dont les couchis en tôle étaient soutenus à l'aide de tirants, par des poutres placées au-dessus de l'extrados.

Procédé hollandais.

296. En Hollande, a on adopté un autre système pour les fondations du quai de l'Y où le terrain solide se trouvait à 11^{m},50 ou 12^{m},50 audessous du niveau du canal. On fit un remblai de sable de 25 mètres de largeur (*fig.* 224), qu'on rechargea de façon à lui donner 4^{m},50 ou 5^{m},50 au-dessus de ce niveau. Le poids de cette sorte de chaussée comprima la vase et en fit refluer une partie sur les côtés; au bout d'un an, on eût un remblai solide, étanché par la vase, dans lequel on put fouiller et battre des pieux qui, traversèrent le sable ajouté, la vase comprimée et s'enfoncèrent de 1^{m},50 dans le sable supérieur, formant terrain solide. On procéda ensuite de la manière ordinaire, c'est-à-dire en noyant

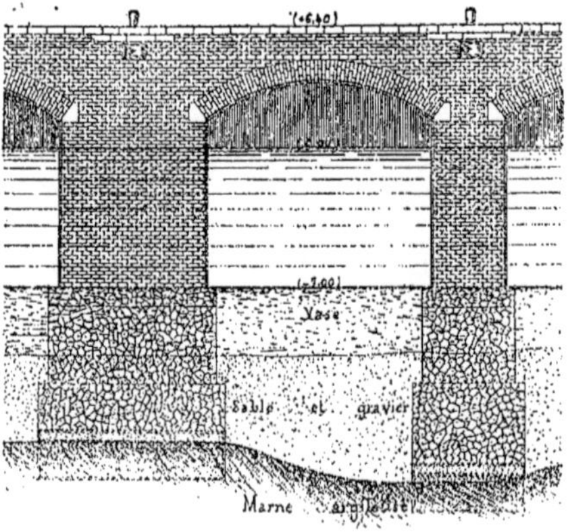

Fig. 223. — Elévation du quai rive gauche (Port de Bordeaux).

les têtes des pieux dans un massif en béton de 3^{m},50 de hauteur et de 3^{m},50 de largeur coulé dans un circuit de palplanches; puis, on établit à la surface de ce béton un grillage supporté par un pilotis, que l'on prolongea en arrière du mur sur 5 mètres de largeur. On relia le plancher, destiné à supporter la base du remblai de sable, à un autre quai placé à une soixantaine de mètres, par des câbles en fer distants de 7 en 7 mètres, et on éleva la maçonnerie du quai à l'abri du batardeau. Celui-ci terminé, on dragua le sable de manière à former un chenal et à permettre l'accostage des navires du plus fort tonnage que devait recevoir le canal.

Un procédé analogue avait déjà réussi aux abords du pont de Cubsac où on fut obligé de recharger les remblais, qui disparaissaient dans la vase.

Procédé par blocs.

297. Nous avons vu qu'il y avait généralement avantage à employer des maçonneries de béton qui offrent une homogénéité et une masse considérable aux efforts de la mer. Cependant, dans certains cas, au lieu de faire du quai une sorte de monolithe, on fabrique des blocs artificiels que l'on vient échouer en place sur un terrain solide.

Nous en verrons des exemples dans la construction des digues et des jetées, aussi, n'insisterons-nous pas davantage sur ce mode de construction. Remarquons seulement, que quand on craint des tassements partiels, il ne faut pas croiser les joints des assises, mais laisser, pour ainsi dire, chaque pilier vertical ainsi formé libre de ses mouvements, ce qui simplifie les réparations en cas d'avarie.

On dispose quelquefois ces piliers avec une certaine inclinaison, ou, si l'on a des engins suffisamment puissants, on forme des piliers de toute la hauteur que l'on immerge debout.

Résumé.

298. En résumé, l'on voit :

1° Qu'au point de vue de leur stabilité, il faut établir une distinction entre les quais des ports des mers intérieures et ceux des ports à marée, ces derniers étant soumis à des efforts de renversement qui n'existent pas chez les autres ;

2° Qu'au point de vue de la construction,

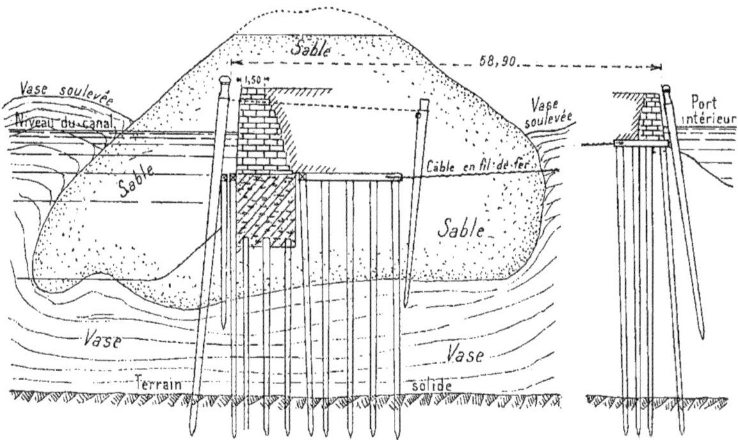

Fig. 224. — Quai de l'Y (Hollande).

on doit distinguer les fondations à sec des fondations sous l'eau, les premières rentrant, pour ainsi dire, dans le cas des constructions ordinaires.

Quant aux fondations sous l'eau, les procédés varient, suivant que le terrain solide est à nu ou recouvert d'une couche vaseuse plus ou moins forte ; si le terrain solide est à nu, on emploira à volonté les batardeaux, les blocs ou les caissons avec ou sans l'emploi de l'air comprimé. Les conditions de profondeur et les engins que l'on aura à sa disposition, ainsi que les prix relatifs serviront à déterminer le choix de l'ingénieur.

Dans le cas de vase peu profonde, on pourra opérer des dragages et se servir des procédés ci-dessus. Si, au contraire, celle-ci présente une grande profondeur, il faudra recourir, soit au procédé hollandais, soit à l'air comprimé, soit au puits par havages, comme au port de Calais. On devra généralement établir les quais sur voûtes pour laisser à la vase la liberté de ses mouvements, liberté que l'on devra troubler le moins possible. Dans tous les cas, ces travaux offriront une difficulté extrême, seront généralement sujets à accidents, et, il faudra toute la sagacité de l'ingénieur pour lui faire adopter le système préférable.

ACCESSOIRES DES QUAIS

Couronnement des quais.

299. Le couronnement des quais doit supporter les frottements des câbles, des

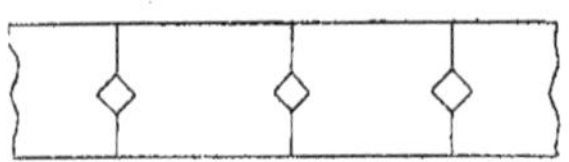

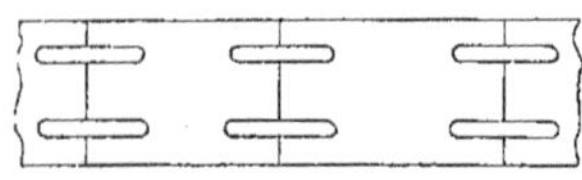

Fig. 225 à 227. — Couronnements de quais.

chaînes, le choc des navires, le maniement des colis, etc. On le construit donc en matériaux très durs, granit, calcaire convenablement choisi, pièce de bois de fort échantillon doublé de tôle, etc.

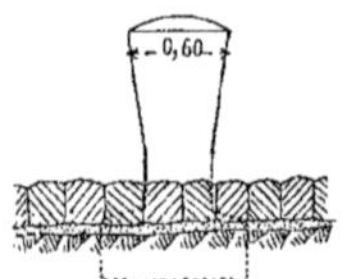

Fig. 228. — Borne en granit de Jersey.

Quand on emploie la pierre, on a généralement soin de lui donner un échantillon aussi gros que possible, afin d'opposer une forte masse au choc; ordinairement 1/2 à 3/4 de mètre cube suffisent; on relie l'ensemble, soit par la taille (*fig.* 225 et 226), soit par des crampons (*fig.* 227).

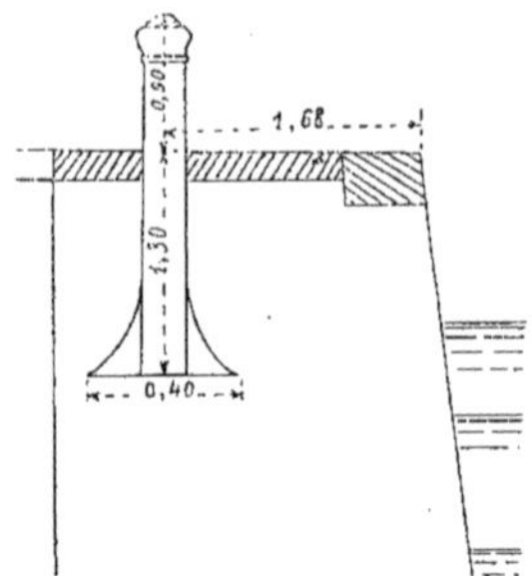

Fig. 229. — Canon. — Port des Sables.

Amarrage des navires.

300. Le couronnement reçoit des moyens d'amarrage. Les appareils employés sont de trois natures différentes : les bornes, les organneaux et les bollards.

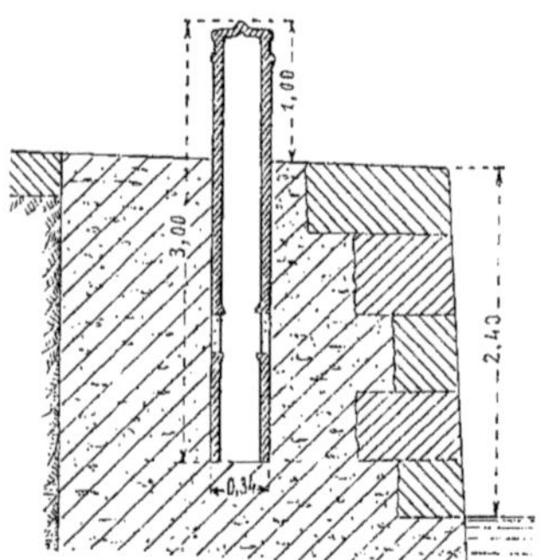

Fig. 230. — Borne en fonte. — Port de Marseille.

301. *Bornes.* — Les dimensions des bornes ne peuvent guère se calculer. On se contente d'imiter ce que l'expérience a démontré être suffisant dans les ports du voisinage. Ordinairement le fût a 25 à

30 centimètres de diamètre, pour permettre aux câbles de gros diamètre de s'enrouler sans trop de fatigue; le diamètre de la borne va en s'évasant à la partie supérieure pour empêcher de décapeler.

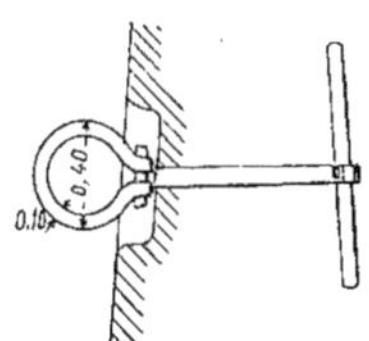

Fig. 231. — Organneau.

On les dispose ordinairement tous les 25 mètres et on les place à $1^m,50$ ou 2 mètres de l'arête du couronnement (*fig.* 228, 229, 230).

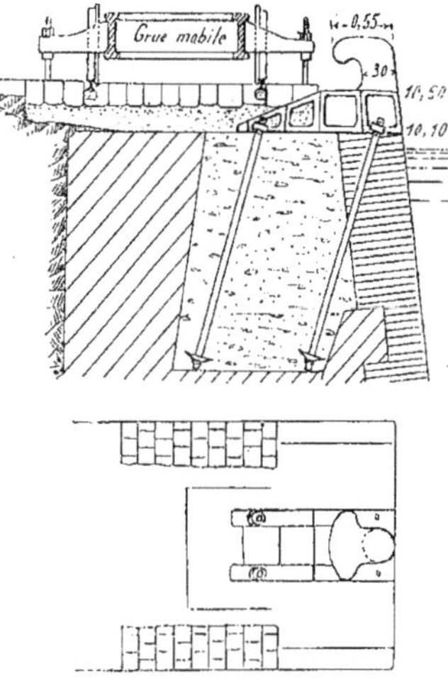

Fig. 232 et 233. — Bollard.

302. *Organneaux.* — Les organneaux sont de véritables anneaux qui jouent dans l'œil d'une tige longue de 1 mètre, munie d'un ancrage, d'une plaque ou de scellement, et fixée solidement dans la maçonnerie (*fig.* 231). Les organnaux sont plus généralement fixés le long des parements des quais; on a soin de les enclaver complètement, afin qu'ils n'offrent pas de saillie; l'œilleton se place verticalement, ce qui facilite l'amarrage de la corde, l'anneau étant alors vertical.

Ils sont disposés le long des parements, en quinconce sur diverses lignes horizontales placées à $1^m,50$ de hauteur mesurée verticalement. De cette façon, quelle que soit la marée, les hommes, qui portent l'amarre dans un canot, ont toujours facilement un organneau à leur disposition.

On place les organneaux comme les bornes, à 25 mètres environ de distance.

303. *Bollards.* — Ces deux genres d'appareils ont d'assez graves inconvénients : les organneaux, celui d'être peu visibles la nuit, et quelquefois difficiles à atteindre par les hommes; les bornes, celui de gêner la circulation des grues et autres appareils. On les a remplacés, en Angleterre, et maintenant en France, par des bollards (*fig.* 232, 233, 234 235,), dont la forme tient de celle du crochet et de celle du champignon; ils sont supportés par une armature qui leur permet d'être scellés très près de l'arête même du quai.

Fig. 234 et 235. — Bollard.

On voit sur les figures comment on les a installés sur les murs du quai du nouveau bassin à flot de Dieppe, murs construits en béton avec simple parement de brique qu'on renforçait au droit du bollard en supprimant la dernière retraite intérieure.

Le prix de ces appareils est peu différent de celui des bornes; on les estime à 420 francs.

304. *Parements.* — Dans les quais en charpente, on exécute les parements en madriers de bois dur, mais ceux-ci n'ont qu'une durée extrêmement limitée. Non seulement, en effet, ils doivent résister aux insectes xylophages, mais encore, et surtout, aux chocs et aux frottements des embarcations qui abordent. Ces considérations font employer, pour les quais en maçonnerie, les matériaux les plus durs et les plus résistants que l'on puisse se procurer ; on doit entretenir leurs joints avec le plus grand soin. Autrefois, et encore aujourd'hui, quand les parements n'offrent pas assez de solidité, on les garantit par des pieux placés de distance en distance.

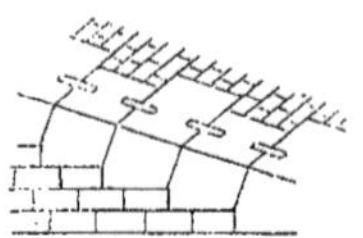

Fig. 236. — Cale de débarquement.

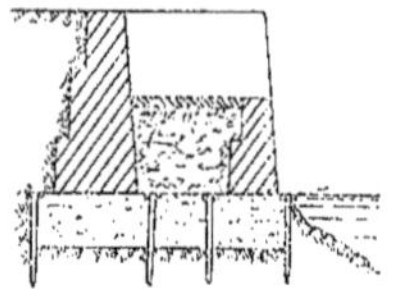

Fig. 237. — Cale de débarquement.

Il n'y a pas à se préoccuper de la dureté des parements à l'égard de la coque des bateaux, ceux-ci peuvent se sauvegarder en laissant descendre des billes de bois le long de leur bord.

305. *Cales de débarquement. Escaliers.* — On doit évidemment ménager des moyens sûrs et faciles de débarquer.

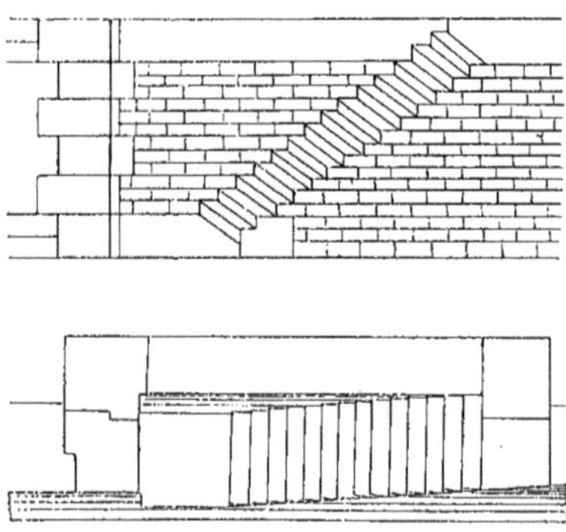

Fig. 238 et 239. — Escalier de quai.

Quand le pont du navire arrive à peu près au niveau du couronnement du quai, dans les ports sans marée on se sert des passerelles volantes, mais ce système ne peut être employé par les canots ou les petites embarcations ; on pratique, dans ce cas, des *cales* et des *escaliers*.

Les cales sont des rampes qui ne doivent pas faire saillie sur les parements du mur. La pente, pour les piétons, peut atteindre jusqu'à 1/6, et pour les voitures, 1/10. Dans les ports à marée, on doit les balayer fréquemment pour éviter les végétations d'algues plus ou moins glissantes, qui ne tarderaient pas à se former sur la surface alternativement couverte et découverte par la mer.

Il convient surtout d'orienter les cales, de façon à ce que les vagues qui pourraient venir déferler sur les parois verticales ne soient pas dangereuses pour les personnes qui sont appelées à s'en servir.

Ces calles doivent être bordées de matériaux durs et résistants, comme les parements du quai dont elles font partie.

Comme elles ne sont pas munies de garde-corps du côté de l'eau, il convient de leur donner une certaine largeur, pour permettre aux personnes chargées de fardeaux de s'y croiser sans crainte. Le dessus de la rampe, formant chaussée, est en pavage maçonné (*fig.* 236, 237).

Au pied de la cale est un palier horizontal, dont la longueur minimum ne semble pas devoir descendre au-dessous de 1m,50 à 2 mètres, pour la commodité de l'accostage, de l'embarquement et du débarquement.

On forme généralement l'arête avec

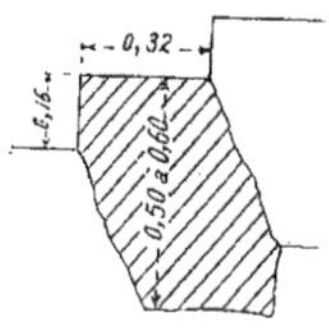

Fig. 240.

des pierres de 0m,40 d'épaisseur, 0m,50 à 0m,70 de queue, et 0m,70 à 0m,80 de largeur, puis on réunit les blocs contigus avec des crampons.

Quant au pavage maçonné, on doit l'établir sur une couche de béton d'au moins 0m,25 à 0m,30 d'épaisseur.

On donne aux *escaliers*, pour les mêmes raisons, 1m,50 de largeur ; on les noie dans une retraite du quai, et, autant que possible, on donne aux marches les dimensions déterminées par la formule ordinaire

$$2\,h + l = 0^{m},64,$$

h étant la hauteur de l'emmarchement et l la largeur de la marche; le mieux est, quand le terrain le permet, de faire $l = 0^{m},32$ (*fig.* 238, 239). Il est nécessaire de se procurer des blocs aussi gros que possible, de pierre très dure et résistant bien à l'usure. Ci-joint un tracé de la taille que l'on peut adopter (*fig.* 240).

Si on place une main-courante, on la place le long du mur opposé à la mer.

306. *Échelles.* — En dehors des cales et des escaliers, qui ont l'inconvénient de gêner les manœuvres du quai et de diminuer la portée utile de ceux-ci, il est souvent nécessaire, pour les différentes opérations maritimes, et au besoin pour le sauvetage des hommes qui peuvent tomber à l'eau, de pouvoir regagner facilement le terre-plein du quai. Dans ce but, on installe des échelles qu'on loge dans une retraite spéciale. On les espace d'une cinquantaine de mètres.

Le mieux est de construire les échelles tout en fer et de sceller leurs montants dans une retraite pratiquée *ad hoc* dans le parement du quai. Généralement, les scellements se font au moyen de goujons fixés dans les parois de l'entaille formant retraite.

Nous donnerons un peu plus loin des exemples de débarcadère mobiles.

Terre-plein.

307. Les terre-pleins, dont l'outillage formera un article spécial, doivent avoir une largeur suffisante pour pouvoir recevoir cet outillage et laisser toute facilité aux manœuvres. Diminuer le temps nécessaire au chargement et au déchargement des navires, revient, en effet, à diminuer le frêt, et nous avons déjà insisté plusieurs fois sur l'importance vitale des frais de transports au point de vue de notre prospérité nationale.

Voici les dispositions qui ont été prises à cet égard au port de Calais.

308. *Terre-plein du quai ouest* (port de Calais). — Le terre-plein du quai ouest est spécialement aménagé pour le dépôt et la manutention des marchandises de valeur, qu'il est nécessaire de protéger contre les intempéries, et, dont le séjour à quai doit être relativement court. Il est pourvu de voies ferrées et de hangars.

La largeur normale du terre-plein proprement dit est de 100 mètres, ainsi répartis :

1° Une zone découverte, de 11m,50 de largeur, le long du quai, portant une voie de roulement pour grues hydrauliques et deux voies normales de transbordement direct, dont l'une est comprise entre les rails de la voie des grues ;

2° Une zone couverte de 48 mètres de largeur totale, comprenant une grande halle centrale de 40 mètres de largeur, formée de deux travées parallèles de 20 mètres et de marquises extérieures de 4 mètres de largeur chacune ;

3° Un faisceau de cinq voies ferrées, dont l'une est située sous la marquise, du côté opposé au bassin, et dont les quatre autres occupent, sur le terre-plein découvert, une largeur de 18 mètres. La voie la plus rapprochée des hangars est spécialement affectée au stationnement des wagons en chargement ou en déchargement ; les quatre autres servent au garage des wagons pleins et des wagons vides, à la formation et à la circulation des trains et aux manœuvres ;

4° Une chaussée pavée, de 16m,50 de largeur, comprenant l'emplacement d'une voie ferrée le long du trottoir extérieur ;

5° Un trottoir de 6 mètres de largeur, longeant une série d'îlots réservés, sur une profondeur de 50 mètres en façade sur le quai, pour être affectés à la création de magasins, entrepôts et autres établissements intéressant le commerce maritime.

En dehors du terre-plein proprement dit, le domaine public maritime s'étend encore sur une zone de 70 mètres de largeur, comprenant, outre la bande de 50 mètres occupée par les îlots réservés pour la création d'établissements commerciaux, une rue extérieure de 20 mètres de largeur sur laquelle pourront être établies les voies ferrées destinées à desservir ces établissements.

309. *Terre-plein du quai est* (Port de Calais). — Le terre-plein du quai est doit recevoir les marchandises encombrantes de peu de valeur, et dont il est difficile d'éviter le séjour prolongé sur le quai (bois, fontes, minerais, charbons, etc.).

La largeur totale de ce terre-plein est d'environ 140 mètres, ainsi répartie :

1° Un faisceau de trois voies de gabarit normal destinées aux transbordements directs, dont une est comprise entre les deux rails d'une voie de grue, occupant ensemble une largeur de 13m,50;

2° Un terre-plein de dépôt découvert, de 67m,50 de largeur moyenne ;

3° Un faisceau de cinq voies analogues aux voies du quai ouest, occupant une largeur totale de 21 mètres;

4° Une chaussée empierrée, avec trottoir de 13 mètres ;

5° Une zone de 10 mètres entre clôture, occupée par les deux voies de l'embranchement qui relie la gare centrale de Calais à la gare maritime ;

6° Une rue extérieure de 15 mètres.

Outre cette installation, il existe une canalisation hydraulique générale, partant de la machinerie centrale des écluses, canalisation établie tout autour du bassin pour alimenter les appareils de manutention.

Ces appareils consistaient, en 1889, en :

Dix grues roulantes, de 1 500 kilos ;

Deux grues roulantes à double pouvoir, de 5 000 à 2 500 kilos ;

Six treuils de 750 kilogrammes ;

Une grue fixe à double pouvoir, de 40 000 et de 20 000 kilogrammes de force.

310. *Résumé.* — En résumé, on voit qu'il faut donner de très grandes dimensions aux terre-pleins des ports, et que pour ceux qui sont très fréquentés, un minimum d'au moins 100 mètres paraît nécessaire. Ainsi que nous le verrons plus tard, on n'a donné que 80 mètres à ceux de Marseille et on y est gêné.

Dans le massif même du terre-plein, on on devra ménager un égout longitudinal, pour l'égout des eaux pluviales, d'une section suffisante pour recevoir, comme dans les villes, les tuyaux d'eau douce, d'eau sous pression, ainsi que les fils télégraphiques et téléphoniques. Pour éviter l'infection du port, on devra faire déboucher ces égouts en dehors des bassins ou des darses.

La grande longueur que l'on donne aujourd'hui aux quais, pour faciliter les manœuvres, les fait préférer aux appontements qui, dans ces cas, exigent des dépenses considérables de premier établissement et des frais d'entretien, qui augmentent le prix annuel de la surface occupée par eux et les rendent, dans ce cas, moins économiques que la construction d'un remblai formant quai et convenablement défendu du côté de la mer.

Débarcadères mobiles.

311. Quand la circulation est très active, ou qu'on n'a pas à sa disposition des cales de débarquement, on installe, dans les ports à marée, des débarcadères flottants qui se composent d'un ponton accompagnant la mer dans ses mouvements, et d'un tablier articulé reliant ce ponton au mur du quai, et dont la longueur est calculée d'après la pente limite due aux oscillations de la mer. On maintient ce ponton en place avec des amarres et des béquilles (*fig.* 241, 242).

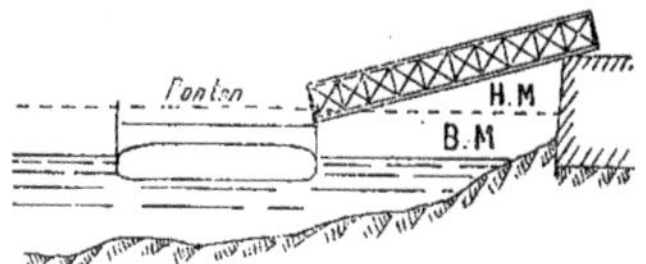

Fig. 241. — Débarcadère flottant.

Le pied de la passerelle se déplace, soit sur le quai, soit sur le ponton lui-même. On favorise ce glissement au moyen de galets dont on arme l'extrémité de la passerelle.

Nous donnerons, d'après M. Debauve et comme exemple pouvant être appliqué aux colonies, le plan d'une estacade avec débarcadère flottant sur les longs talus vaseux de la Garonne (*fig.* 243).

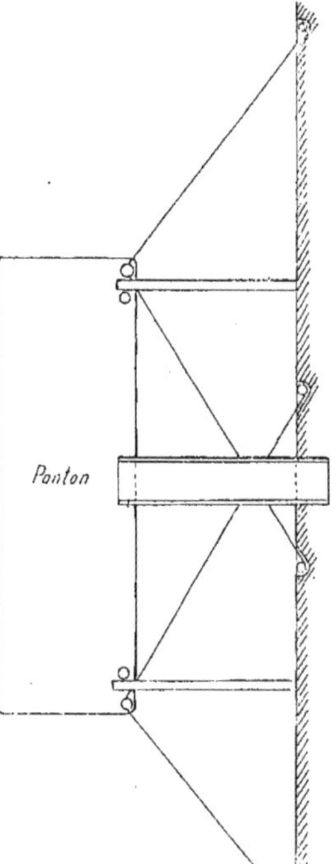

Fig. 242. — Débarcadère flottant.

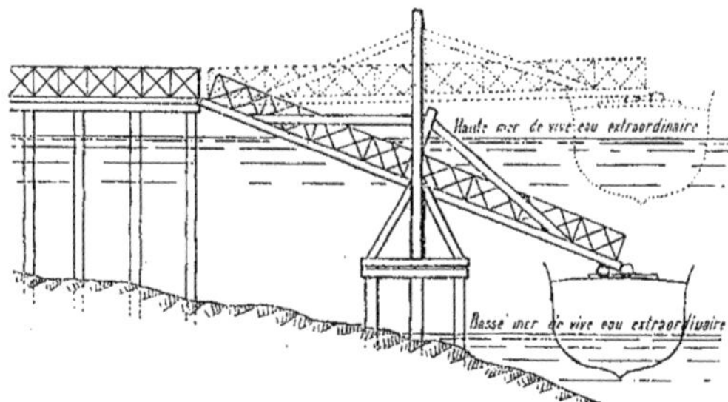

Fig. 243. — Débarcadère flottant sur talus vaseux.

Quelquefois, quand on est très gêné par la place, on dispose le ponton dans une enclave et les passerelles parallèlement au quai.

Elles sont composées d'une sorte de chapelet de caissons, reliés entre eux, et reposant à basse mer sur une cale à pente limite et reliant le quai au ponton. Quand la marée élève celui-ci, elle fait également et successivement flotter les caissons n° 1, n° 2, etc., en supposant que l'on donne le n° 1 au caisson, qui est amarré au ponton. Cette disposition, ainsi que nous venons de le dire, économise la place, ce qui est d'autant plus important que l'ouvrage est placé dans un chenal ou dans un avant-port plus resserré; il est donc très essentiel de lui faire occuper le moins de place possible.

A Birkenhead, les choses sont disposées un peu différemment.

Le ponton a 316m,680 de longueur, 14m,128 de largeur au milieu et sur la plus grande partie de son étendue, 10m,617. Il est recouvert d'un double plancher de 0m,15 d'épaisseur totale portant sur de fortes solives en bois. Ce plancher repose sur trois carlingues AB en tôle régnant sur toute la longueur du ponton; les carlingues présentent dans leur section transversale la forme rectangulaire. Deux carlingues supplémentaires sont placées entre les ponts où l'on a ménagé un élargissement correspondant à leur largeur.

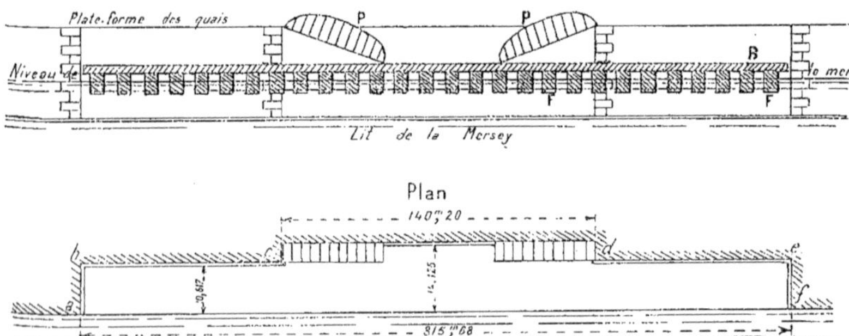

Fig. 244 et 245. — Débarcadère de Birkenhead.

A leur tour, ces carlingues sont fixées sur 65 caissons en tôle, fermés par un trou d'homme et, par conséquent visitables, et pouvant facilement être vidés d'eau.

La face antérieure du bateau est protégée par deux bordages en bois d'orme, formant défense, et suspendus par des chaînes, l'une inférieure à des montants en bois fixés sur la carlingue extérieure, l'autre supérieure, aux poteaux d'amarrage.

Un garde-corps, composé de montants et de chaînes mobiles, règne sur toute la longueur.

Les deux ponts mobiles P sont composés chacun de deux poutres en tôle pleine, séparées par une voie de 3 mètres de largeur. Ils ont chacun 45m,720 de long. Les poutres sont maintenues à leur écartement, en bas par les pièces de pont, et en haut, par deux arcs en plein-cintre en tôle.

L'articulation d'un pont sur le quai se compose :

1° D'une plaque en fonte avec crapaudine scellée dans la maçonnerie ;

2° D'une traverse en fonte, avec pivot au centre; les extrémités sont terminées en dessus et en dessous par des surfaces cylindriques, convexes ;

3° De deux semelles en fer forgé, fixées sous les semelles basses du pont, et, partant, sans y être attachées, sur la partie supérieure des extrémités cylindriques de la traverse.

L'articulation du ponton comprend ainsi trois parties principales :

1° Deux plaques en fer forgé rivées sur

les carlingues, dont la surface aciérée supporte le mouvement des galets ;

2° Deux galets en fer forgé à surface aciérée ;

3° Deux coussinets en bronze avec boîte, boulonnés sous chaque poutre et portant des galets sous les tourillons.

A chaque extrémité du pont reste un vide, que l'on franchit au moyen d'une plaque en fonte striée, articulée sur le pont.

Les dépenses dans les devis ont été évalué à 1 195 355 francs, y compris les maçonneries et les abords.

DIGUES, MOLES, JETÉES

Définition et généralités.

312. On confond assez fréquemment, dans le langage ordinaire, ces trois sortes de constructions. Toutefois dans leur sens exact, on doit réserver le mot de *jetées* pour les ports de l'Océan ; elles sont toujours enracinées au rivage, limitant le chenal du port de façon à reporter son entrée en eau suffisamment profonde, et servent de guidage au navire. Elles ne remplissent utilement ce but que dans les ports à marée, c'est pourquoi on n'en construit pas dans la Méditerranée, puisque les navires peuvent y entrer à toute heure du jour. Les *jetées* ont comme effet *secondaire* d'abriter le port et le chenal contre le vent et les lames.

Ce besoin se faisant sentir dans les mers intérieures, on y a remplacé les jetées par des *môles*, qui sont des murailles isolées ou reliées à la terre et qui protègent le port, la rade ou l'avant-port.

Quant aux *digues*, que l'on peut, à la rigueur, confondre avec les jetées, ce sont des murailles *isolées* ou *enracinées*, que l'on construit pour abriter les ports de l'Océan.

L'établissement de leur projet est très délicat : il est soumis à l'examen de la surface que l'on veut abriter, à la direction des lames, des courants, à celle des vents régnants, enfin aux alluvions. Il est donc très difficile de prévoir, *a priori*, les effets qui se produiront ; aussi doit-on effectuer lentement ces travaux et se ménager les moyens de remédier aux inconvénients qui pourraient se présenter par suite de leur établissement, et qui sont quelquefois plus graves que ceux que l'on veut éviter.

Généralement, on fait ces constructions en ligne droite, quelquefois, cependant, soit par suite d'une modification au projet, soit pour toute autre cause, on leur donne une certaine courbure. Dans ce cas, pour les ports destinés à recevoir de grands navires, on donne 800 à 1 000 mètres au

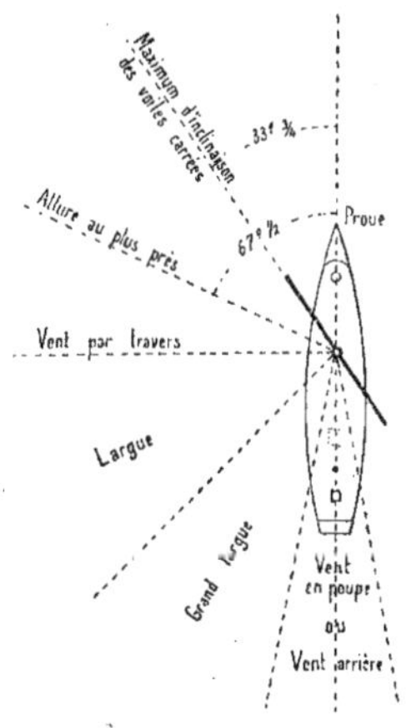

Fig. 246.

minimum au rayon de la courbure. L'écartement est ordinairement uniforme, mais il présente quelquefois un évasement à l'entrée et à la sortie, pour faciliter les manœuvres. La longueur des jetées doit être telle que le navire y puisse perdre son *erre* ou vitesse.

Quant à l'orientation, elle a été et continue à être dirigée en vue des navires à voiles, qui doivent pouvoir entrer et sortir facilement.

Pour atteindre ce but, il paraît, tout d'abord, que le chenal devrait être orienté perpendiculairement à la direction des vents régnants; mais ceci suppose que le navire marche aussi bien le vent debout qu'avec le vent grand largue ou le vent arrière, ce qui n'est pas vrai. On ne peut, en effet, dépasser la limite du *plus près* (*fig.* 246); il semble donc indiqué d'obliquer le chenal de façon à ce que les navires entrants aient le vent un peu à l'arrière. Ces considérations théoriques sont généralement modifiées, parce qu'avant tout il est important de faciliter l'entrée aux navires, quand le vent souffle en tempête, et, dans ce cas, la direction de celui-ci peut être alors toute différente de celle des vents régnants. On peut citer, comme exemple de dérogation au principe général, l'entrée de l'Adour, dont le chenal est dans la direction du vent régnant, afin de permettre aux navires de franchir vent arrière les brisants de la barre.

On voit combien le problème est difficile, et, comme il est nécessaire que l'ingénieur s'entoure de tous les documents qu'il pourra recueillir des navigateurs. Si la longueur du chenal est trop petite, les navires à voile ne peuvent perdre leur erre et risquent de s'échouer dans le fond de l'avant-port, si celui-ci n'est pas suffisamment long. Pour éviter cet inconvénient, ils sont obligés de mouiller une ancre, et, par suite de leur impulsion, ils font un demi-tour, et, ainsi que cela arrive au Havre, présentent leur poupe aux écluses.

Si les courants parallèles à la côte ont une vitesse considérable, ils peuvent faire manquer la passe, et le navire risque d'être jeté à la côte, n'ayant plus assez de vitesse pour évoluer et gagner le large.

Nous avons vu, dans le chapitre précédent, que les courants obliques à la côte déterminent des transports d'alluvions; il s'ensuit que toute jetée qui est opposée aux vents régnants détermine un dépôt de ces alluvions sur la côte externe de la jetée, et celles-ci finissent par en dépasser l'extrémité et pénétrer dans le chenal; il n'y a pas alors d'autres remèdes que de prolonger la digue, ou de l'exhausser, ou de créer des chasses puissantes. C'est à ces considérations qu'on doit la construction des jetées en charpente à claires-voies qui laissent passer les courants et diminuent les dépôts de la face externe des jetées sous le vent.

Quant à la largeur du chenal, il est également difficile de la fixer d'une manière générale. En effet, si, d'un côté, elle doit être aussi grande que possible pour faciliter la marche des navires dans les deux sens, cette largeur est souvent une cause d'ensablement et de propagation des lames dans le port. On regarde toutefois comme suffisamment large, un chenal qui a cinq ou six fois la largeur du plus grand navire qui doit y circuler, et on donne ainsi: 40 à 50 mètres aux chenaux des ports peu importants, 75 mètres pour les ports de second ordre, et 100 mètres pour ceux de premier.

On donne aux jetées une longueur à peu près égale à celle de l'*estran* (zone du rivage comprise entre les hautes et les basses mers), c'est-à-dire qu'on les pousse jusqu'à la limite des basses mers. On commence les constructions du côté de la terre en les enracinant dans le sol, et on chemine progressivement vers la mer. Il arrive fréquemment que les premières constructions produisent les effets voulus, et que l'on n'est pas obligé de les prolonger autant qu'on l'avait prévu.

« En effet, dit M. Laroche, dans la plupart des cas, les premiers effets des travaux sont remarquablement prompts et satisfaisants.

« Le jusant, guidé par les premiers tronçons des jetées, tend à couper la barre et à fixer la passe dans leur direction vers la mer; on favorise, au besoin, l'action des courants, en exécutant, à bras d'hommes, des fossés à travers les bancs qui assèchent devant l'entrée.

« On prolonge ensuite les deux jetées jusqu'à ce que la position de la passe paraisse assurée dans l'orientation voulue.

« Généralement, on n'a pas besoin d'aller pour cela au-delà de la laisse des plus basses mers. En tout cas, on s'arrête ordinairement à cette limite par raison d'économie.

« Les travaux deviennent, en effet, plus difficiles et plus chers, à mesure qu'on s'avance dans les profondeurs plus grandes.

« Il y a encore d'autres motifs pour ne pas exagérer la longueur des jetées; nous y insisterons plus tard. Pour le moment, il suffit de savoir qu'ils tiennent à ce que, autant les premiers effets des ouvrages sont prompts et satisfaisants pour redresser et fixer une passe, autant ils sont peu durables en général. »

Voici, d'après M. Debauve, les largeurs adoptées pour la plate-forme des jetées :

1° *Jetées en maçonnerie.*

Fécamp	$3^m,20$
Le Havre (jetée du Nord)	5 ,50
Honfleur (jetée de l'Ouest)	4 ,50
Les Sables-d'Olonne	7 ,30
Dieppe (jetée Ouest)	8 ,00
Le Havre (jetée Sud)	3 ,30
Cherbourg	5 ,50

2° *Jetées en charpente.*

Ostende	$1^m,50$
Dunkerque	$1^m,75$ à 2 ,50
Calais	$2^m,00$ à 2 ,30
Boulogne (jetée du Nord)	$2^m,40$

On termine les jetées du côté de la mer par une plate-forme un peu plus étendue, généralement circulaire et surélevée de $1^m,50$ à 2 mètres, appelée *musoir*. On y installe ordinairement des feux de port et de marée, des mâts de signaux, des cabestans, un poste de pilote, etc. Leurs dimensions varient de 6 à 12 mètres de diamètre. On doit racheter la différence de hauteur entre le musoir et la digue par un plan incliné, qui n'offre pas les dangers d'un escalier en temps de brume et de brouillard.

Règle de Stephenson sur la réduction de la hauteur des vagues.

313. Comme complément de ces généralités, nous donnerons la règle de Stephenson relative à la diminution de la hauteur des lames qui pénètrent dans l'intérieur d'un port. Cette règle, tout empirique, est la suivante :

$$\alpha = \sqrt{\frac{l}{L}} - 0,027\left(1 + \sqrt{\frac{l}{L}}\right)\sqrt[4]{D}.$$

α est le coefficient de réduction de la vague, c'est-à-dire le rapport de la hauteur atténuée à la hauteur primitive ;

l, la largeur de la passe à l'entrée du port ;

L, la largeur du port à la distance

D, de l'entrée.

Cette formule donne des résultats assez exacts, surtout pour les ports fermés par des jetées convergentes.

JETÉES ET DIGUES

314. Les jetées, ainsi que nous l'avons vu, servant à maintenir le chenal en bon état, on ne leur donne généralement que la hauteur strictement suffisante pour bien diriger la fin du courant de jusant. On résout ainsi le problème de la manière la plus économique comme argent, temps et matériaux; plus, en effet, la jetée a de saillie sur l'estran, plus elle est soumise à des efforts de destruction violents, et plus il lui faut de solidité. On lui donne aussi des talus très inclinés, afin d'éviter le ressac qui aurait lieu sur des parois accores. D'autre part, cependant, on doit pouvoir la visiter, afin de pouvoir l'entretenir. Dans ces conditions, on en place le sommet ou couronnement, au niveau des basses mers de morte-eau. De cette façon, les lames ne déversent pas dans le chenal en transportant les alluvions ; le transport s'effectue surtout par les jusants.

Généralement, on ne donne pas la même hauteur aux deux jetées, et on maintient un peu plus élevée celle qui est au vent régnant.

On est quelquefois obligé de surélever une des jetées, au bout de quelques années: ce fait se produit quand les sables se sont accumulés à son pied. Nous avons déjà vu que ce phénomène conduisait d'autres fois, dans le même cas, à prolonger la digue vers la haute mer. Il y a des effets particuliers qui se produisent, et on ne peut poser aucune règle générale. Ce sont les phénomènes locaux qui seuls peuvent guider l'ingénieur dans le choix des moyens à employer.

Jetées basses.

315. *Jetées en fascinage.* — Nous parlerons, d'abord, des jetées basses et, en premier lieu, de celles en fascinage que l'on peut construire dans tous les pays où les bois, les brindilles sont à bon marché et qui, par suite, conviennent spécialement à nos colonies. Abandonnées généralement en France, elles sont encore employées à l'entrée de la Meuse en Hollande, dans l'Amérique du Nord pour les jetées du Mississipi, etc.

Elles ont l'avantage d'être flexibles et de donner rapidement et économiquement

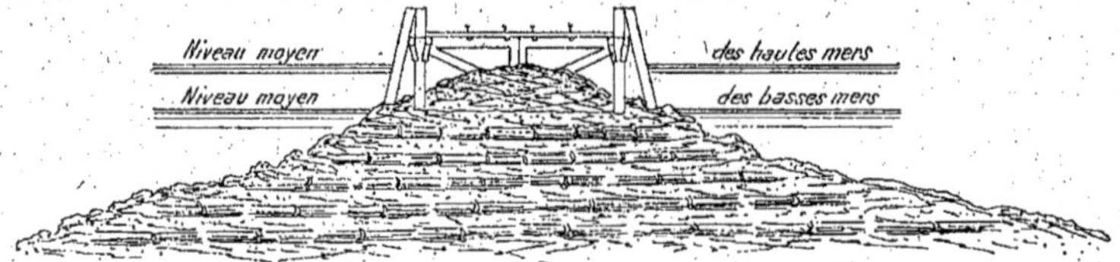

Fig. 247. — Jetée sur la nouvelle embouchure de la Meuse.

des résultats. Mais à côté de ces avantages elles sont de peu de durée.

Ces jetées se construisent comme nous avons vu qu'on le pratiquait pour la défense des rives. (Voyez *Cours de Rivières*, p. 213). Généralement, on les recouvre d'une première couche de $0^m,25$ de pierres cassées et d'une seconde en pierres de $0^m,30$ de queue, maçonnées avec soin.

En principe, dit M. Laroche, « l'enveloppe extérieure d'une jetée doit être formée d'une couche assez épaisse des

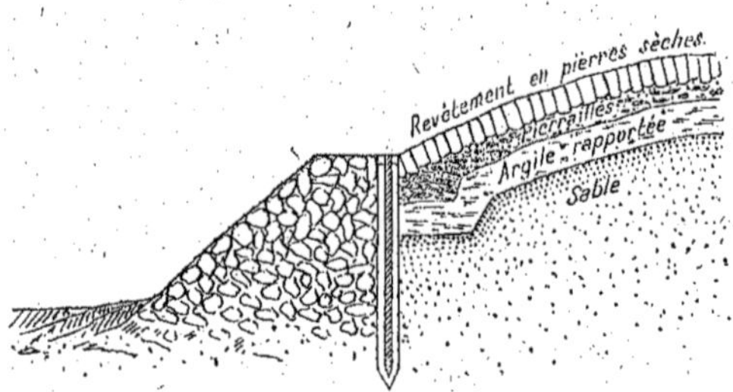

Fig. 248. — Jetée à noyau d'argile.

plus gros matériaux dont on dispose; sous la protection de cette première enveloppe, on peut employer une couche de matériaux moins gros, et ainsi de suite, de façon à briser successivement la force de la mer, et à atténuer de proche en proche l'agitation de l'eau au point de la rendre incapable de remuer les matériaux de plus en plus en petits, à travers lesquels elle pénètre. »

Nous donnerons comme exemple, d'après le même auteur, la coupe de la jetée sud de l'embouchure de la Meuse (*fig.* 247).

316. *Jetées à noyau d'argile.* — En vertu du même principe, que nous verrons également appliquer dans certaines jetées en maçonnerie, et pour éviter la rapide destruction des jetées en fascinage, on a construit des jetées avec un noyau d'argile corroyée, que l'on protège par des enrochements. On maintient le noyau d'argile par un coffrage en pieux et palplanches. Celles-ci doivent descendre au moins à un mètre au-dessous du sol; on place ensuite l'argile corroyée, puis un revêtement (*fig.* 248). Quelquefois, on remplace l'argile par des galets et on exécute un bon revêtement.

Jetées hautes.

317. Il est très rare, toutefois, que l'on établisse seulement des jetées basses.

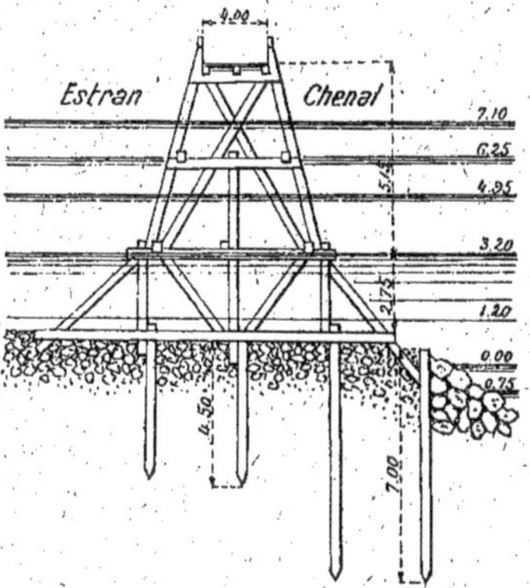

Fig. 249. — Port de Calais. — Jetée Est. — Coupe près du musoir.

On les surmonte ordinairement d'une superstructure qui les indique mieux que les balises aux navires qui entrent et sortent à marée haute. Cette superstructure, qui porte le nom de jetée haute, peut servir à la circulation des hommes, qui ont à porter secours aux navires qui se présentent et ont manqué l'entrée du port.

On comprend, sous le nom plus général de jetée, l'ensemble de la jetée haute et la jetée basse.

Nous allons nous occuper d'abord des jetées en charpentes.

318. *Jetées en charpente.* — Elles se composent d'une série de palées réunies entre elles et supportant un palier en bois destiné au halage des bateaux et désigné sous le nom de *tillac*.

Ces palées sont perpendiculaires à la direction de la jetée, ainsi que le seraient celles d'un pont qui s'avancerait dans la mer. Pour éviter que les parties saillantes ou le beaupré puisse s'engager entre elles, on multiplie les poteaux de *remplage*, ou de remplissage, le long et au-dessous du tillac, bordant ainsi le chenal d'une sorte de claire-voie.

Pour assurer la solidité de ces palées qui sont soumises au choc des lames et de puissants navires, on leur donne un grand empâtement à la base, mais en réduisant de 1/8 à 1/10 la pente du parement situé du

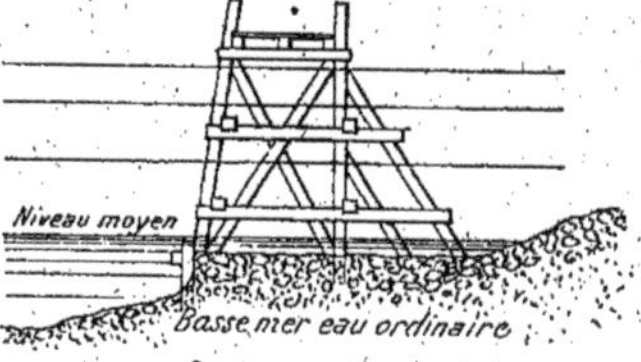

Fig. 250. — Port de Calais. — Jetée Est. — Coupe à mi-longueur de la digue.

côté du chenal. Un talus en pente plus douce risquerait, en cas de choc d'un navire, d'avarier les œuvres vives, ce qui augmenterait l'importance du dommage (*fig.* 249, 250).

On doit naturellement employer les bois du plus gros échantillon que l'on puisse rencontrer dans le commerce. Ce sont des bois variant de 30/30 à 40/40. Avec cet équarrissage, on espace ordinairement les fermes de 3 mètres en 3 mètres, et on les contrebute aussi de 3 mètres en 3 mètres.

La caractéristique de ces charpentes, dit M. Laroche, est d'être faite avec joint d'embrèvement ou à plat joint; les liaisons, sont faites avec des moises ou des pièces juxtaposées. On doit de même disposer le tout de façon à ce qu'on puisse toujours serrer les assemblages, et on dois'efforcer de rendre les réparations et la substitution des pièces aussi faciles que possible. Aucunes têtes de boulon, extrémités de moise, etc., ne devront être en saillie du côté du chenal.

Autrefois, les pieux des palées étaient enfoncés dans le sol et montaient de fond jusqu'au tillac; aujourd'hui, on bat un pilotis qu'on arase au-dessous des plus basses mers, et on construit sur ce pilotis une véritable jetée haute en basse mer. Cette pratique est excellente. Le pilotis a

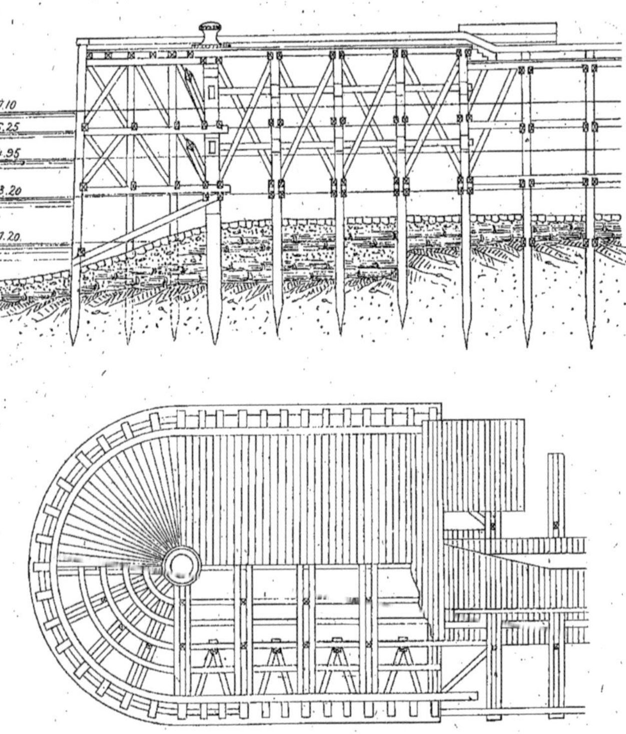

Fig. 251 et 252. — Port de Calais. — Jetée Est. — Élévation et plan du musoir.

une durée indéfinie; il n'en est pas de même des parties alternativement soumises aux actions de flux et de reflux; elles sont alors sous le coup de causes nombreuses de destruction et cela à toutes les latitudes. Nous en avons déjà vu un exemple (port de Céara, p. 21).

Quant au tillac, on le place généralement à 2 ou 3 mètres au-dessus des plus hautes mers et on le borde d'un parapet *intérieur* très résistant; on obtient cette résistance en réunissant par une forte lisse les poteaux de remplage.

Pour ne pas gêner le halage, on ne donne

à ce parapet que 0m,60 à 0m,70 de hauteur.

On installe un second parapet *extérieur*, qui peut avoir la hauteur ordinaire, soit 0m,80 à 1 mètre.

La largeur du tillac varie de 2 à 8 mètres. Celle de 2 mètres est un minimum, car il faut que les hommes qui hâlent le bateau puissent tirer dans la direction oblique du câble. On dispose, de distance en distance, des bittes d'amarrage qui remplacent les bornes et les bollards des quais.

Le plancher est à claire-voie pour qu'il puisse laisser écouler l'eau qui vient le frapper soit par dessus, soit par dessous.

On place ordinairement deux montants de claire-voie entre chaque ferme, on leur donne 0m,30 d'équarrissage, ils laissent donc un intervalle de 0m,70 entre eux.

On dispose au pied du pilotis un enrochement pour le protéger; cet enrochement formant risberme ne doit pas avoir plus de 1 à 2 mètres de largeur; sans quoi, il serait dangereux pour les navires.

Quand on construit en même temps une jetée haute et une jetée basse dans un port à fond de sable, il faut éviter les affouillements au pied des pilotis pendant la construction; pour cela, on emploie un *tapis* formé soit de fascines, soit d'argile, soit de pierrailles.

319. *Musoir des jetées en charpente.* — La partie la plus exposée de la jetée est, comme nous l'avons déjà dit, le musoir (*fig.* 251 et 252). Nous ne reviendrons pas sur les nécessités de donner à celui-ci plus de hauteur qu'à la jetée proprement dite; nous dirons seulement qu'il convient d'installer un cabestan de halage qui exige au moins 5 mètres de diamètre, ce qui, avec les feux de port, etc., porte ses dimensions de 8 à 12 mètres sur 15 à 30 mètres.

320. D'une manière générale, les jetées à claire-voie limitant bien le chenal, leur charpente brise les lames, atténue les courants et donne ainsi un calme relatif; mais elles produisent un ressac qui, dans le cas où la jetée surmonte la hauteur d'une jetée basse, oblige à en consolider le couronnement (*fig.* 249 et 250).

Si le calme obtenu n'est pas suffisant, on y remédie en fermant une partie des vides de la jetée haute, ou en augmentant le relief de la jetée basse. Ce dernier moyen arrête le mouvement des alluvions sur l'estran du côté des lames dominantes, alluvions, qui, ainsi que nous l'avons expliqué, finissent par tomber dans le chenal.

Quand on ferme les vides au moyen de madriers horizontaux ou de bordages fixés le long des montants de la claire-voie, si le ressac est un peu violent, ou la poussée du sable trop considérable, on doit consolider d'abord la construction par un enrochement placé, si cela est nécessaire,

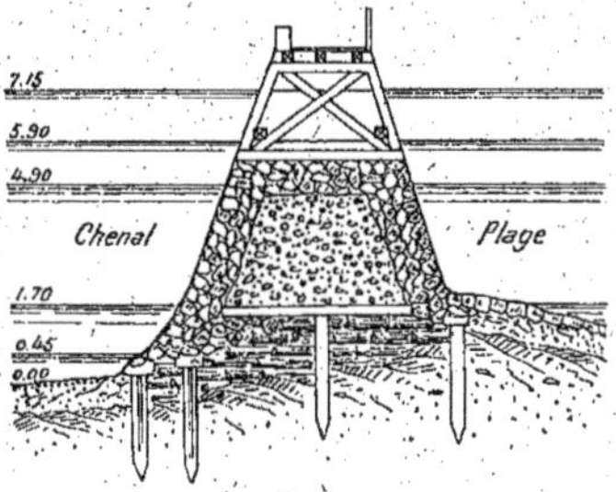

Fig. 253. — Nouvelle jetée coffrée du port de Dunkerque.

le long d'un second bordage fixé du côté extérieur, et maintenant les blocs en place; enfin, on augmente encore la solidité du tout en recouvrant ces blocs par un plancher de bordage. Ce mode de construction prend le nom de *jetée coffrée*.

321. *Jetées coffrées.* — La première question que l'on doit se poser est de savoir si on doit placer les bordages en dehors ou en dedans des pieux.

Si le bordé est en dehors, les réparations sont plus faciles, et les pieux n'offrent pas d'obstacles à la navigation; mais, dans ce cas, il obéit plus facilement à la poussée de l'enrochement intérieur. On diminue cet effet en arrimant convenablement les blocs de l'enrochement (*fig.* 254).

On n'a, du reste, pas besoin d'employer des bois de grand prix pour ce bordé; on se sert ordinairement des équarrissages ou des dosses pour les construire.

Ce mode de jetée est surtout avantageux dans les colonies là où on a en abondance des bois imputrescibles et où la pierre d'échantillon est rare; on peut fabriquer ensuite des blocs artificiels que l'on immerge et qui protègent la construction. Nous citerons encore, comme exemple de ce genre de digue, la jetée et le quai de Marioupol (*fig.* 210).

322. *Jetées métalliques.* — On peut substituer aux jetées en charpente des jetées métalliques, mais il faut avoir soin d'observer, dans la construction de ces ouvrages en fer, que, contrairement à ce qui se présente pour la plupart d'entre eux, tels que les ponts qui n'ont guère à résister qu'à des efforts dirigés dans un ou deux sens différents (les ponts droits, par exemple, qui subissent seulement le passage des trains et l'action du vent), les jetées ont à résister à des efforts violents dirigés dans tous les sens; c'est ce à quoi la

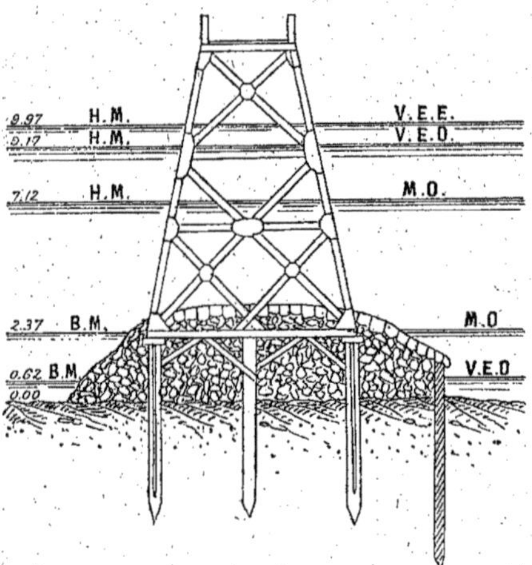

Fig. 254. — Port de Dieppe. — Prolongement jetée Ouest. — Claire-voie métallique.

section carrée des bois se prête parfaitement. Il faut donc se rapprocher de cette forme et donner aux pièces métalliques des sections à double I, ou la forme de caisson, et entretoiser dans tous les sens.

Faute d'avoir pris ces précautions, on a eu des avaries à Dieppe; la jetée qu'on avait construite sans appliquer rigoureusement ce principe avait des pièces mal contreventées, qui se sont courbées et même brisées (*fig.* 254).

Jetées pleines.

323. Nous allons maintenant étudier les jetées pleines; mais, avant, nous entrerons dans quelques détails sur leurs avantages, leurs inconvénients et le programme auquel elles doivent satisfaire.

Généralités.

324. Toute jetée pleine doit briser complètement la mer et éviter que, dans tous les cas où la mer permet d'aborder le port, les vagues ne puissent la surmonter, rendre le musoir inhabitable et créer de l'agitation dans le chenal.

Sur nos côtes de l'Atlantique, il suffit

ordinairement que la plate-forme soit à une hauteur de $2^m,50$ à 3 mètres au-dessus des plus hautes mers; du côté du large, on la borde d'un parapet de 1 mètre à $1^m,50$.

Cette condition conduit, à cause des marées, à donner à ces constructions dans quelques ports jusqu'à 12 mètres de hauteur, ce qui en rend l'édification beaucoup plus difficile que celle des jetées basses ou des jetées à claire-voie, puisqu'il faut briser la lame.

On en construit sur tous les terrains, mais on est surtout conduit à les établir dans les ports à galets, car c'est sur ces plages que la mer est généralement la plus forte. Il est très difficile de calculer leurs dimensions; il y a là, en effet, des coefficients qu'aucune règle bien fixe ne peut amener à déterminer exactement.

Voici cependant comment on opère: On néglige le frottement de la jetée sur sa fondation, on calcule la surface totale par mètre linéaire de la jetée, depuis le *sommet* du parapet jusqu'à sa base, on admet une force F constante comme *composante* normale de l'action de la vague à la surface de la mer (point où elle est maxima), et on prend le moment de cette poussée en supposant que son point d'application a lieu à la demi-hauteur du mur; puis, on rend ce moment plus petit que celui du renversement.

Soient donc (*fig.* 255):

F, l'effort de la lame par mètre carré;

H, la hauteur totale du mur, y compris le parapet;

h, la hauteur immergée;

π, le poids de la maçonnerie par mètre cube;

l, l'épaisseur du mur à la base;

l', l'épaisseur moyenne correspondant à la hauteur H;

l_1, l'épaisseur moyenne correspondant à la hauteur h.

On aura par mètre courant, pour le moment de la force F:

$$F \times H \times \frac{H}{2} = F\frac{H^2}{2}.$$

Le moment du poids qui s'oppose au renversement sera également par mètre courant:

$$(\pi H l' - 1\,000^k \times h l_1)\frac{l}{2},$$

et on devra avoir pour la stabilité:

$$F\frac{H^2}{2} < (\pi H l' - 1\,000\, h l_1)\frac{l}{2}.$$

Pour évaluer F, on se rappellera que la pression due à une lame est toujours inférieure à la hauteur de son jaillissement vertical, soit, par exemple, 1 500 kilogrammes pour $1^m,50$ de hauteur de vague.

Quand on a ainsi obtenu une première évaluation, on la vérifie en calculant le frottement de la digue sur sa fondation en béton, et on voit si les dimensions adoptées d'abord sont suffisantes.

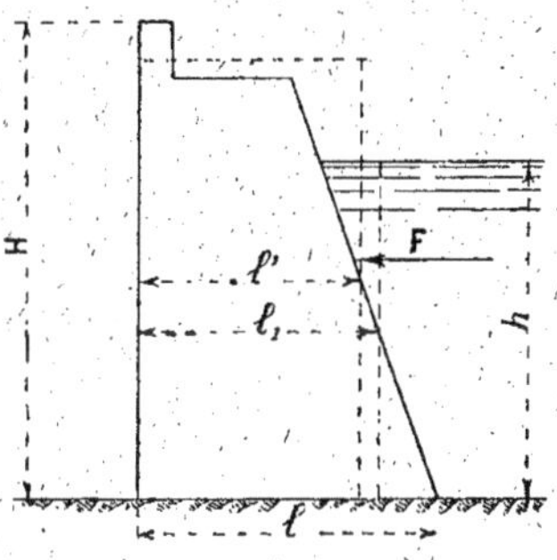

Fig. 255.

On devra avoir, en prenant 0,75 pour coefficient de frottement:

$$FH < (\pi H l - 1\,000\, h l_1)\,0,75.$$

325. Maintenant que nous connaissons le procédé employé pour calculer ces ouvrages, procédé qui peut également s'appliquer à toutes les digues pleines, en ne tenant compte que de la formule du renversement (la formule due au frottement seul étant inapplicable, à cause de l'ignorance complète où l'on est de la valeur exacte du coefficient), nous allons étudier d'abord la construction des jetées sur les plages à terrain solide à la hauteur des basses mers, puis celle où on ne rencontre ce terrain qu'à des profondeurs plus ou moins grandes, puis, enfin, celle des plages à galets.

326. *Jetées en maçonnerie.* — Les jetées en enrochement ont l'inconvénient d'avoir des talus assez doux et, par suite, de présenter des dangers le long des musoirs, là où ils prennent une plus faible inclinaison par rapport à l'horizon. Aussi,

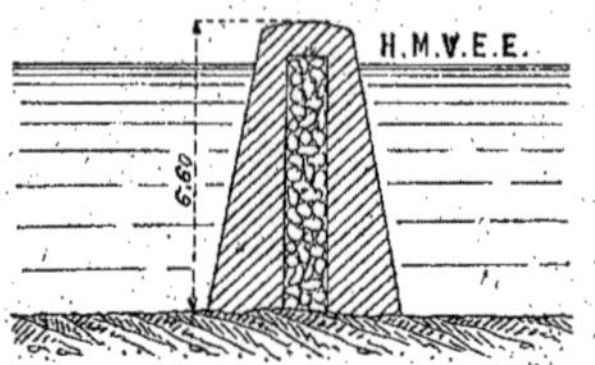

Fig. 256. — Jetée des Ileaux à Noirmoutier.

est-on conduit à construire, quand on a un sol résistant au niveau des basses mers, des jetées tout en maçonnerie.

Dans ce cas, on construit deux murs presque verticaux à une certaine distance (*fig.* 256), et on comble le vide par des enrochements; on a soin de relier ces deux murs par des refends perpendiculaires, ce qui leur donne plus de résistance pour affronter soit les effets de

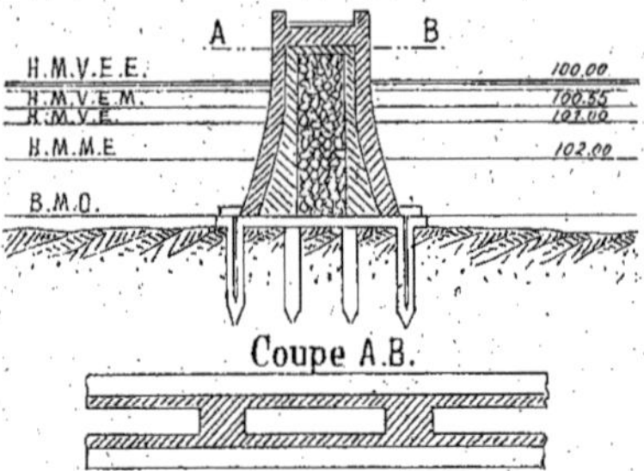

Fig. 257 et 258. — Jetée de Saint-Gilles-sur-Vic.

la mer, soit les poussées des enrochements (*fig.* 257 et 258). La schéma de la digue des Ileaux et celle de Saint-Gilles-sur-Vic, que nous empruntons à M. Laroche,

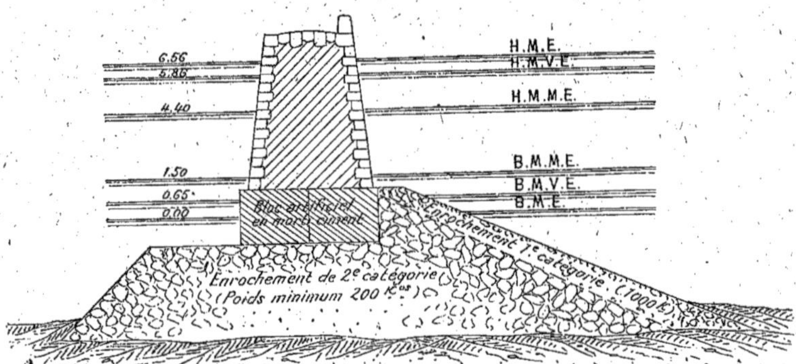

Fig. 259. — Port de Douarnenez.

font bien comprendre ces deux systèmes.

Si le terrain résistant est peu au-dessous des basses mers, on peut encore employer le même procédé, en faisant reposer la maçonnerie sur un enrochement atteignant le niveau des basses mers, en ayant soin de le composer de matériaux suffisamment gros pour qu'ils ne puissent être déplacés (*fig.* 259). On peut encore former cette même fondation soit avec des bétons coulés sous l'eau dans une enceinte de pieux et de palplanches sur un sol bien nettoyé (*fig.* 260), soit en fabriquant de gros blocs artificiels que l'on immerge sur place. Nous donnerons, comme exemples de ces deux modes de construction, la digue du port de Diélette et l'élévation de l'extrémité du môle d'Arland à l'île d'Ouessant (*fig.* 261).

Quand le sol est meuble et affouillable,

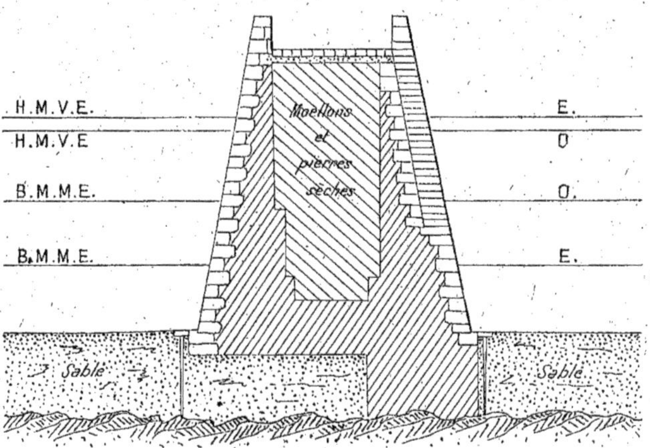

Fig. 260. — Port de Diélette.

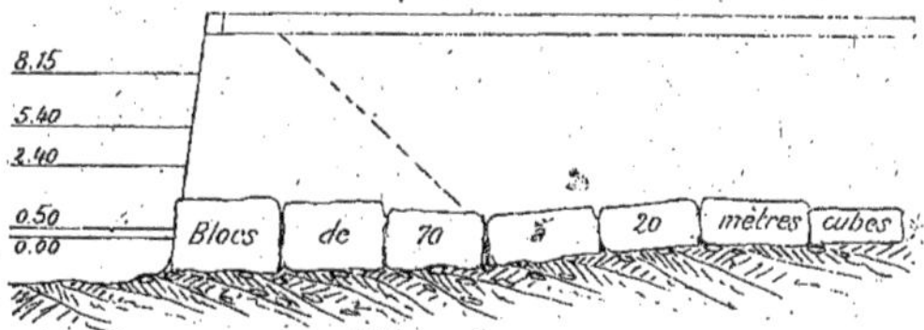

Fig. 261. — Ile d'Ouessant. — Élévation de l'extrémité du môle d'Arland.

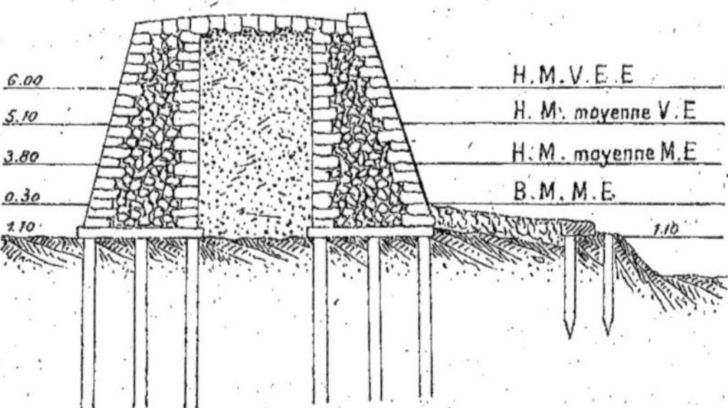

Fig. 262. — Les Sables d'Olonne. — Profil-type de la grande jetée.

on est obligé de fonder sur pilotis et grillage, mais alors il faut défendre le côté du large par une large risberme bien consolidée par des pieux et des palplanches (*fig.* 262). Dans tous les cas, on ne peut adopter ce système que dans une baie relativement abritée. Autrement, on devra recourir aux procédés employés pour les jetées en eau profonde.

Avant d'étudier spécialement celles-ci, nous donnerons, pour bien fixer les idées sur les difficultés qu'on peut rencontrer dans ce travail, une étude sur la jetée S.-O. du port de Boulogne, qui peut déjà être considérée comme une digue en eau profonde.

327. *Digue du port de Boulogne.* — La situation du port de Boulogne en 1878, au moment où fut décidée la création d'un port en eau profonde, était celle-ci :

Les hauts-fonds de la passe extérieure formaient, au large des jetées, une barre dont le niveau dépassait toujours, de 1 mètre au moins, le zéro des cartes marines.

L'entrée du chenal intérieur était exposée, sans aucun abri, à toutes les tempêtes des vents du Nord-Ouest, d'Ouest et du Sud-Ouest. Ce chenal, compris entre deux jetées en charpente, distantes de 70 mètres, était complètement inaccessible à marée basse, et n'était praticable,

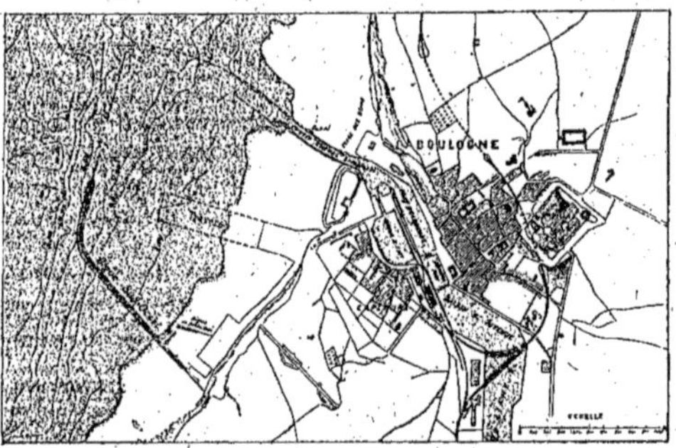

Fig. 263. — Plan de Boulogne.

pendant les hautes mers de morte-eau, que pour les navires de plus de 5 mètres de tirant d'eau.

Le port de marée ou port d'échouage présentait une superficie totale de 13 hectares, et un développement de quais de 1 450 mètres, avec une surface de terre-plein de près de 2 hectares, utilisable pour le dépôt de marchandises ; mais le niveau moyen du fond s'élevait de près de 3 mètres au-dessus de zéro (*fig.* 263).

On pénétrait dans le bassin à flot au moyen d'une écluse à sas de 100 mètres de longueur et de 21 mètres de largeur.

Ce bassin présentait une surface de 6 hectares 87, 1 048 mètres de quais et 2 hectares 1/2 de terre-plein utilisable. Le radier du sas était au 0 des cartes et le fond du bassin à — $0^m,60$. Ajoutons que la profondeur du chenal et les difficultés de navigation ne permettaient pas de profiter de ces avantages. Les bateaux de pêche, ne pouvant entrer de marée, échouaient pendant la basse mer. Le chenal et le port d'échouage ne permettaient même pas d'organiser un service de voyageurs à heures fixes.

Malgré tous ces inconvénients, l'emplacement de Boulogne est si favorable qu'en 1877 il y avait eu un mouvement de 983 000 tonneaux, 130 000 voyageurs, et la pêche de 300 bateaux avait produit 7 000 000 de francs.

On se résolut donc à entreprendre des travaux d'amélioration dans le port proprement dit, mais il fallait d'abord approfondir et modifier les conditions d'accès du chenal et, par suite, le protéger contre les gros temps.

La côte, entre les caps d'Olpreck et le cap Gris-Nez est attaquée et par le déferlement des lames lors des tempêtes, et surtout par un grand courant qui coule alternativement du Sud au Nord et du Nord au Sud (V. *fig.* 263), avec une vitesse souvent supérieure à 3 nœuds. On peut donc comparer la côte devant Boulogne à la rive d'un grand fleuve qui coulerait entre elle et le banc de la Bassure de Baos. Elle est constamment attaquée, rongée et s'ensable. L'action destructive est limitée par la résistance opposée par les pointes rocheuses de l'Heurt et de la Crèche, et s'arrête sur l'alignement sous-marin de ces deux caps, où disparaît la plage de sable, et où l'on trouve des talus accores, constamment lavés par les courants alternatifs de flot et de jusant. Un brise-lames, dirigé du Nord au Sud, par les fonds de 8 à 9 mètres, c'est-à-dire parallèlement à la direction des courants, et sur l'alignement des points de l'Heurt et de la Crèche, doit donc être exposé aux affouillements plutôt qu'aux ensablements. Si l'on relie ce brise-lames à la côte par ses deux extrémités, et si l'on réserve dans l'alignement du large une entrée principale dirigée vers l'Ouest, cette passe conservera sa profondeur; aucun trouble sérieux ne sera apporté au régime général de la côte et à la marche des alluvions; le port ainsi formé n'aura pas à craindre d'ensablements dangereux, et ne pourra recevoir que des dépôts peu abondants de matières légères faciles à draguer.

La convenance de ces dispositions fut confirmée par les études hydrauliques de M. Ploix, qui démontrèrent la constance du régime de la côte aux abords de Boulogne.

Le programme, dressé et adopté par la loi du 17 juin 1878, fut donc le suivant :

1° Création, en avant et au sud de Boulogne, d'une rade presque rectangulaire de 300 hectares environ de superficie, présentant deux passes ouvertes dans des profondeurs de 8 mètres à basse mer, à l'intérieur de laquelle doit être construite une traverse d'accostage, entourée de quais accessibles à toute heure de marée pour des paquebots de 5 mètres de tirant d'eau.

L'enceinte de la rade doit être formée par trois digues, l'une parallèle, et les deux autres sensiblement perpendiculaires à la côte.

La *digue du large*, parallèle à la côte, est tracée tout entière par des fonds de 7 à 8 mètres de profondeur au-dessous des basses mers. Sa longueur totale, divisée en deux tronçons par une passe intermédiaire, dite *passe Ouest*, de 250 mètres de largeur, est d'environ 1 100 mètres. La branche Nord, comprise entre la passe Ouest et la passe Nord, qui la sépare de la jetée Nord-Est, forme un môle, isolé de terre, de 500 mètres de longueur; la branche Sud, longue de 600 mètres environ, se raccorde avec la digue Sud-Ouest.

La *digue Sud-Ouest*, raccordée, comme on vient de le dire, avec la branche Sud de la digue du large, se dirige à peu près perpendiculairement à la terre où elle s'enracine; sa longueur doit être d'environ 1 650 mètres, en y comprenant la courbe de raccordement des deux lignes.

La *digue Nord-Est*, qui complète l'enceinte de la rade, forme, sur une longueur de 1 440 mètres, le prolongement de la jetée Nord-Est du port actuel; son extrémité Nord-Ouest est séparée de l'extrémité Nord du môle, isolé par une passe de 150 mètres (passe Nord).

Des dragages doivent être effectués à l'intérieur de la rade et aux abords de la traverse, pour réaliser une profondeur d'au moins 5 mètres au-dessous du zéro hydrographique.

Ce port, extérieur au port en eau profonde, est appelé à procurer à la navigation en général, et au commerce de Boulogne en particulier, les avantages suivants :

1° Assurer un abri contre la tempête à la nombreuse flottille de bateaux qui se livrent à la pêche le long des côtes françaises de la mer du Nord et de la Manche, dans le voisinage du Pas-de-Calais, et offrir aux navires du commerce et de l'État, surpris par les mauvais temps à l'entrée ou à la sortie du détroit, un refuge où ils puissent attendre des vents favorables pour continuer leur route dans la Manche ou dans la mer du Nord ;

2° Améliorer les conditions d'accès du port de Boulogne en protégeant l'entrée du chenal du port intérieur contre la violence des lames du large, et en permettant aux navires qui se proposent d'entrer au port, d'attendre en pleine sécurité l'heure de la marée la plus convenable ;

3° Procurer des quais, accostables à toute heure, pour les paquebots rapides qui transportent des voyageurs entre la France et l'Angleterre, pour les navires à vapeur des services réguliers employés au transport des marchandises entre Boulogne et les ports voisins de la côte anglaise ; enfin, pour les bateaux de pêche qui ne peuvent pénétrer à basse mer dans le port de marée actuelle.

328. *Construction de la digue Sud-Ouest et de la branche Sud de la digue du large.* — Les travaux ont commencé en juillet 1879.

On dut créer d'abord au pied des falaises abruptes qui bordent la côte, entre Boulogne et le Portel, deux terre-pleins de 7 hectares de superficie totale, compris entre murs de soutènement et reliés par un chemin d'accès, avec la ville, et, par une voie ferrée, avec la gare du chemin de fer du Nord. Les carrières de pierre furent ouvertes au sommet des falaises de Portel et mises en communication avec les terre-pleins par des plans inclinés. On construisit ensuite un petit port compris

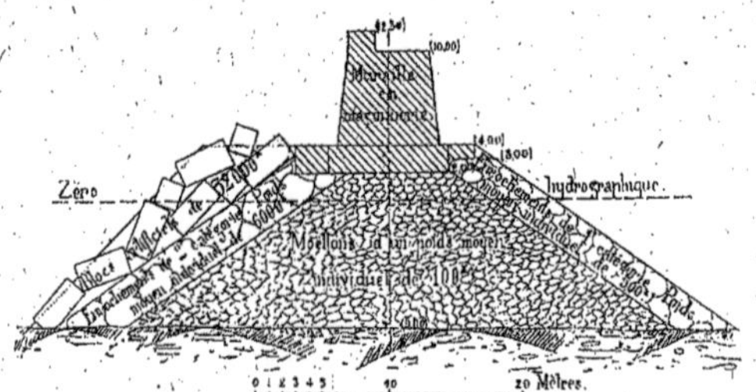

Fig. 264. — Boulogne. — Coupe de la digue du large.

entre l'origine de la digue Sud-Ouest et deux jetées de 100 mètres et 270 mètres de longueur, pour faciliter l'embarquement sur chalands des matériaux disposés sur les terre-pleins, et destinés à former l'infrastructure des digues d'enceinte du port en eau profonde. Ce ne fut qu'après l'achèvement de ces premiers travaux, que l'on put procéder avec activité à la construction des digues (*fig.* 264).

La partie de l'enceinte du port en eau profonde, dont la construction était terminée en 1889, comprenait la digue Sud-Ouest et la branche Sud de la digue du large. Ces deux digues, ou parties de digues, ne constituent, en réalité, qu'une seule et même jetée partant de terre, dont les deux alignements principaux, dirigés, l'un à peu près perpendiculairement, et l'autre à peu près parallèlement à la côte, sont raccordés par un arc de cercle de 350 mètres de rayon.

Cette jetée, qui forme brise-lame, dans la direction du Sud-Ouest et de l'Ouest, se détache de la côte, entre Boulogne et le Portel, à 1 750 mètres environ au sud de l'entrée du port actuel ; sa longueur totale est de 2 110 mètres, comprenant 1 265 mètres pour l'alignement droit de la digue Sud-Ouest, depuis son enracinement au pied de la falaise, 360 mètres pour le développement linéaire de la courbe de raccordement, et 485 mètres pour l'alignement droit de la branche du large.

Le profil de la digue se compose de deux parties distinctes correspondant à l'infrastructure et à la superstructure.

L'expérience acquise dans le courant du travail fit succéder différentes modifications, et finalement on adopta la marche suivante pour les parties construites à grande profondeur.

L'infrastructure, formée d'un massif d'enrochements naturels et artificiels, se compose d'un noyau central de blocs pesant chacun 100 kilogrammes en moyenne. Ce noyau repose sur le sol et s'élève jusqu'à la cote + 2 du 0 des cartes, c'est-à-dire à 1^{m},04 au-dessus du niveau des basses mers moyennes de vive-eau. De gros enrochements dits de *première catégorie*, pesant environ 500 kilogrammes et formés de blocs naturels, recouvrent le talus du côté de la rade, sur une épaisseur de 2^{m},50. Du côté du large, d'autres enrochements de *seconde catégorie*, pesant en moyenne 6 000 kilogrammes, recouvrent le noyau central sur une épaisseur de 3 mètres. Par-dessus cet enrochement on a placé une couche de blocs artificiels de maçonnerie pesant 33 000 kilogrammes. Au-dessus du noyau central et sur une épaisseur de 2 mètres (de la cote + 2 à la cote + 4), on a construit un massif de maçonnerie de 9 mètres de largeur, servant de fondation à la muraille qui forme la superstructure.

Cette muraille a le profil d'un trapèze de 7^{m},66 de largeur de base inférieure, 6 mètres au sommet et 6^{m},90 de hauteur. Du côté du large, se trouve un parapet de 1^{m},40 de hauteur et de 2 mètres à 2^{m},50 d'épaisseur.

De chaque côté de la fondation, et au niveau de la plate-forme, se trouve une risberme en maçonnerie couronnant les enrochements et formée par des blocs de 6 mètres de longueur.

On n'a adopté l'épaisseur indiquée de la muraille que sur une longueur de 1 350 mètres, à partir de l'origine, sur toute la longueur de la courbe qui forme la partie de la digue la plus sérieusement attaquée, par les tempêtes des vents d'Ouest et de Sud-Ouest; les talus du large ont été rechargés de plusieurs couches superposées de blocs artificiels, et la risberme extérieure, relevée à la cote + 5 mètres, a reçu une largeur de 6 mètres.

Une rampe de communication entre la plate-forme supérieure de la digue et la risberme intérieure a été ménagée dans l'épaisseur de la muraille, à l'origine de la branche du large, pour faciliter l'approvisionnement des matériaux pendant la construction et prolonger la durée du travail à chaque marée basse.

La digue est terminée par un musoir provisoire signalé, de jour et de nuit, par une balise lumineuse.

Après deux entreprises successives, les travaux ont été terminés en régie.

Il y avait deux installations de chantiers, l'une sur la terre, l'autre sur la digue.

Celle de la terre comprenait :

1° La fabrication du mortier au moyen de deux broyeurs à meule verticale et à auge tournante ;

2° La construction, le levage et le chargement des blocs artificiels ;

3° Le pesage, la manipulation et le chargement des matériaux d'enrochements et des moellons employés pour la construction des maçonneries de la muraille.

Les chantiers de la digue comprenaient une double organisation, l'une pour le travail à marée haute, l'autre pour le travail à marée basse.

A marée basse, on coulait les moellons d'enrochements pour le noyau central de la digue, ainsi que pour l'emploi des blocs artificiels.

On se servait de chalands à clapets remorqués par un petit bateau à vapeur pour le coulage des moellons d'enrochement. Celui des blocs artificiels à marée haute avait lieu au moyen d'un chaland spécial en tôle comprenant 3 puits verticaux. On pouvait donc à la rigueur couler 3 blocs par marée ; mais généralement, à cause de la précision que l'on apportait à cette opération, on ne pouvait en couler qu'un par marée haute.

Le coulage des moellons d'enrochement, qui pouvait se faire par une houle de 0^{m},50, permettait d'utiliser la moitié des marées.

A marée basse, on procédait au coulage des moellons d'enrochements nécessaires pour compléter et régler le noyau central, et l'on amenait sur les talus la plus grande partie des blocs naturels et artificiels qui devaient en former le revêtement. Pour les moellons d'enrochements, on faisait usage de wagons à bascule ordinaires ; pour les gros blocs, on employait des trucs à trois essieux dont la plate-forme pouvait être soulevée et basculée au moyen de vireurs. Ces vagons et trucs circulaient sur les voies placées sur les risbermes de la muraille déjà construite, et, à partir de l'extrémité de la muraille, sur la plate-forme en enrochements qui devait la recevoir.

Pour le travail à marée basse, on pouvait utiliser environ les 4/5 de la durée de la marée. Seulement pendant l'hiver, on ne pouvait défendre suffisamment le noyau central contre l'action des vagues ; il y avait étalement, et par suite, perte des matériaux. On fut obligé d'interrompre le coulage par les chalands du 1er novembre au 1er avril.

L'expérience a démontré que la seule manière d'empêcher les avaries de s'étendre et de conserver l'avancement obtenu pendant la belle saison, consistait à construire sur place, aussitôt que la plate-forme émergeait à une hauteur suffisante, des blocs de maçonnerie isolés, qui chargeaient et consolidaient cette plate-forme. Ces blocs ou tasseaux devaient faire partie des risbermes et de la fondation même de la muraille, mais ils restaient quelque temps à l'état de blocs isolés, et pouvaient tasser à volonté, jusqu'à ce qu'on ait obtenu un état d'équilibre suffisamment stable. Au bout d'une année environ, les blocs situés dans la partie centrale de la digue étaient reliés entre eux, de manière à former les fondations de la muraille.

C'est à marée basse que l'on procédait aussi à l'exécution des maçonneries de la muraille proprement dite.

Le dosage du mortier a varié, suivant les parties construites, jusqu'à 1 500 mètres ; il contenait 450 kilogrammes de ciment de Portland par mètre cube de gravier ou de gros sable. On a porté ce dosage à 500 kilogrammes pour la branche du large.

Au moment de la cessation du travail, tous les joints exposés au délavage étaient enduits de ciment à prise rapide. On l'enlevait à chaque reprise et on grattait les surfaces, afin d'avoir une bonne liaison entre l'ancien et le nouveau mortier.

Les dépenses faites de 1879 à 1889 pour l'organisation des chantiers, et la construction de la digue Sud-Ouest et du large, s'éleva, en chiffres ronds, à 14 500 000 francs. En outre, on dépensa 1 850 000 francs pour la construction d'une première partie de la traverse d'accostage, et 2 000 000 pour les dragages du chenal et de la passe d'entrée.

On put, dès 1889, constater les améliorations suivantes :

1° L'entrée du chenal intérieur était parfaitement abritée contre les tempêtes des vents de Sud-Ouest, qui sont les plus fréquentes et les plus violentes sur la côte de la Manche ; elle est même partiellement abritée contre les tempêtes du vent d'Ouest ;

2° Le régime des courants à l'entrée du port a été complètement modifié. Le courant de flot passait autrefois en tête des jetées, au moment de la haute mer, avec une vitesse qui, pendant certaines marées, rendait l'entrée du port impossible aux grands navires ; il est reporté aujourd'hui au large de la digue et ne se fait plus sentir à l'entrée du port que par un faible courant de remous dirigé comme le courant du jusant ;

3° La protection obtenue à l'entrée du port contre les lames et contre les courants, a permis d'approfondir la passe extérieure, le chenal du port et d'entretenir sans difficulté les profondeurs réalisées. Ces profondeurs sont aujourd'hui de plus de 4 mètres au-dessous du zéro dans la passe extérieure et de 2 mètres entre les jetées : elles sont suffisantes pour se prêter au fonctionnement régulier d'un service de voyageurs à heure fixe, entre Boulogne et Folkestone, service qui a pu s'organiser dès 1886 ;

4° La digue forme une petite rade d'une cinquantaine d'hectares, très suffisamment abritée par les vents de Sud-Ouest et d'Ouest, et dont on doit tirer parti, aussitôt que les dragages auront donné plus d'étendue aux fonds de 6 à 7 mètres.

Les prévisions relatives aux modifications apportées au régime de la plage se sont réalisées. Les fonds devant la digue tendent à se creuser, ce qui permet d'espérer que la profondeur des passes de la rade se maintiendra. La plage au sud de la branche Sud-Ouest s'est notablement relevée; le talus est plus raide, mais le pied n'a pas changé.

Sous l'influence de ces heureuses modifications, on a ajourné la suite du programme de 1878 et on a commencé les travaux d'approfondissement du port et la construction de nouveaux quais. Quand ces travaux seront achevés, on sera exactement fixé sur l'influence de la digue sur le régime de la côte et du port, et on pourra compléter le projet définitif.

Mais tous ces avantages ne furent recueillis qu'avec beaucoup de peine; c'est ainsi qu'avant que les enrochements aient atteint $2^m,50$ au-dessus des plus hautes mers, il se produisit de tels bouleversements dans la partie haute, qu'on dut se résigner à araser le dessus de la jetée pleine au niveau des plus hautes mers, et cela malgré les gros matériaux que l'on avait employés.

Le talus extérieur, même ainsi diminué, subit de graves avaries; il fallut le recouvrir de gros blocs, que les grandes tempêtes arrachaient par un phénomène de succion inexpliqué, et aussitôt il se produisait une brèche considérable; ce ne fut qu'en maçonnant ces blocs qu'on put arrêter les avaries.

On avait également surmonté la digue d'une jetée haute en charpente élevant le tillac à $2^m,50$ au-dessus des plus grandes eaux. On fut obligé d'en supprimer le bordé.

329. *Exécution des travaux.* — Le mode d'exécution est exactement semblable à celui employé pour les quais; nous n'avons donc pas à y revenir. Nous dirons seulement que les parements des jetées du côté du large doivent, dans le cas des ports à galets, être faits en matériaux aussi durs que possible, et qu'il n'est pas besoin que leur face soit taillée tout au moins dans la partie atteinte par les galets.

Il faut aussi avoir le plus grand soin d'éviter le délayage des mortiers, chaque fois que la marée force à abandonner les travaux. On évite cet inconvénient, soit en recouvrant les joints d'une couche de ciment à prise rapide qu'on enlève à la marée suivante, soit, si la mer est tranquille, avec des prélarts maintenus par des gueuses de fonte.

Brise-lames.

330. Quand nous avons étudié les mouvements de la mer, nous avons vu que, dans certaines orientations, les lames semblaient pivoter autour des extrémités des obstacles accores et se propageaient dans une nouvelle direction. Ce fait se produit le long des musoirs des jetées à parements presque verticaux, et la propagation a lieu dans le chenal, ce qui est une gêne et quelquefois un danger pour les navires, les portes d'écluses, etc., etc. On sait que le phénomène est beaucoup moins sensible sur des talus en pente douce, aussi supprime-t-on des parties de jetées pleines et construit-on, en arrière, des talus en pente douce (12 à 15 0/0) que l'on appelle *brise-lames*. Le pied de ces talus doit descendre du côté du chenal à une hauteur au moins égale au niveau de la basse mer de vive-eau. Leur crête doit s'élever au-dessus des plus hautes mers, afin de ne pas propager l'agitation que l'on cherche à éviter.

Il convient généralement de faire, en face et sur l'autre jetée, un brise-lame semblable, afin d'amener de la symétrie dans les mouvements de l'eau par rapport à l'axe du chenal. On doit aussi les faire les plus longs possibles, sans quoi la lame, après les avoir dépassés, reprendrait sa force et sa hauteur.

On établit une claire-voie supportant le tillac au-dessus du brise-lames, afin de ne pas interrompre le halage.

Il est bien rare que l'emplacement disponible permette de remplir toutes les conditions que nous venons d'énumérer. On tâche d'abord de s'en rapprocher le plus possible; puis, si, par exemple, la pente n'est pas suffisante, on construit une sorte de déversoir rejetant les eaux dans un réservoir communiquant avec le port, réservoir dont les parois, réfléchissant la vague déferlée vers le déversoir, amortiraient les chocs et concentreraient la réaction.

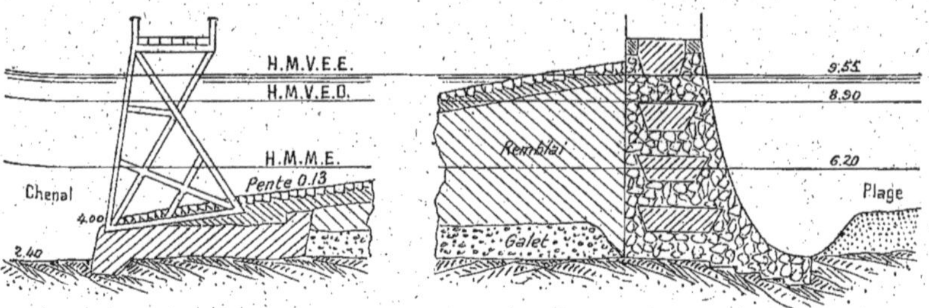

Fig. 265. — Port de Saint-Valéry-en-Caux.

On augmente encore l'action du brise-lames en plantant des rangées de pieux brise-mer disposés en quinconce.

Afin de briser la vague, on place aussi, et très rapprochées, des files de pieux réunis deux à deux ou trois à trois. En un mot, on doit s'efforcer de détruire la puissance vive de la vague par tous les moyens possibles, et surtout par la création de réactions dans lesquelles elle vient se perdre.

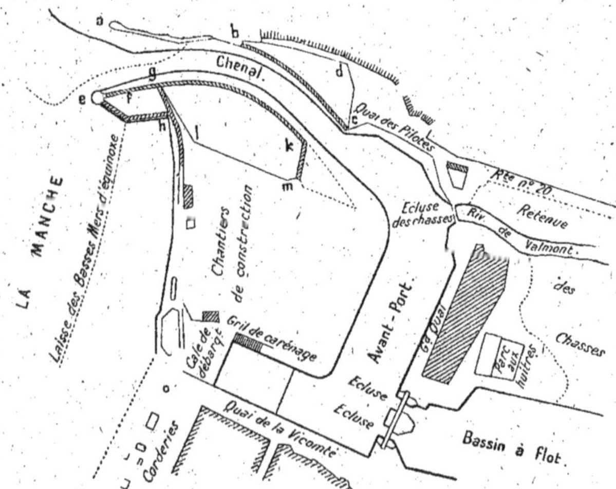

Fig. 266. — Port de Fécamp.

Nos ports ont souvent de nombreux brise-lames. C'est ainsi que le port du Havre en possède quatre : deux dans la jetée du Nord et deux dans la jetée du Sud.

Le plus grand a $81^m,67$ de longueur sur $54^m,25$ de largeur; le 2°, $48^m,50$ sur 74 mètres de largeur et les deux autres 34 et 37 d'ouverture.

En résumé un brise-lames se compose :

1° D'un mur qui soutient le massif du talus;

2° D'un plan incliné à 1/12 qui s'élève du seuil du chenal au mur de soutènement;

3° D'un seuil;

4° D'une claire-voie avec son tillac.

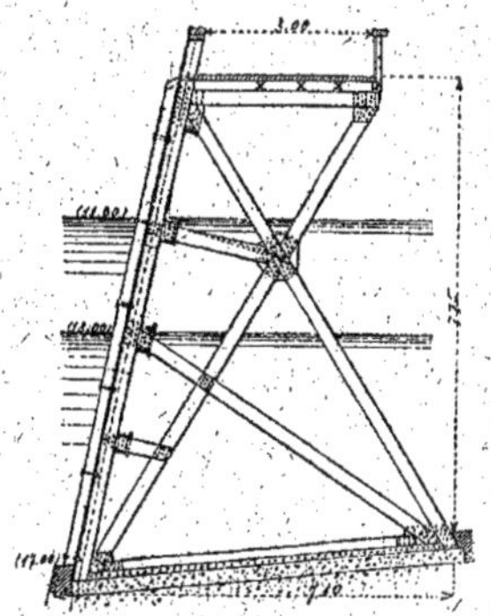

Fig. 267. — Estacade métallique du brise-lames sud du Havre.

Le mur de soutènement adossé au talus peut être considéré comme un quai ou comme une jetée et construit dans les mêmes conditions, sauf que les parapets n'ont pas la même importance, puisque le mur ne doit pas être parcouru pendant les mauvais temps (*fig.* 265).

Le talus se fait en galets recouverts de 25 à 30 centimètres de béton et d'un pavage maçonné de $0^m,25$ à $0^m,30$ de hauteur.

Le seuil doit être très solidement établi.

Nous donnerons, comme exemple d'installation, celle du port de Fécamp (D'après la *Notice sur* l'exposition de 1889). La jetée Nord *ab* (*fig.* 266) se prolonge par la claire-voie *bc*, en arrière de laquelle est le brise-lames du Nord *bdc*. De l'autre côté du chenal, sur la jetée Sud, est l'estacade *gk*, et, le brise-lames Sud *gklm*; sur la même jetée, à l'entrée du port, on trouve le brise-lames Ouest *efghi*; *fg* est la portion de jetée pleine.

Quant aux claire-voies, elles se construisent aujourd'hui en fer galvanisé; autrefois, on les édifiait en charpente, mais ce système est abandonné. Nous allons donner la description d'une de ces dernières.

331. *Estacade métallique ou claire-voie du brise-lames Sud de l'avant-port du Havre.* — Cette estacade a 100 mètres de longueur et affecte en plan une surface courbe. Elle a $8^m,50$ de hauteur (*fig* 267) mesurée depuis le seuil du brise-lames arasé à la cote $2^m,15$, jusqu'au plancher de la passerelle qui en forme le couronnement et qui est ainsi à la cote $10^m,65$.

Elle se compose de seize fermes espacées de 6 mètres d'axe en axe. Chaque ferme comprend : une semelle formée d'une tôle à plat, reliée à une âme verticale par deux cornières et encastrée dans la maçonnerie; un poteau de rive est formé de deux fers **U** adossés, qui sont reliés à la semelle par deux arbalériers de fer également en **U**. Un bracon en fer de section semblable est assemblé, et sur la semelle du côté du chenal et sur les deux arbalétriers. C'est ce bracon qui supporte l'extrémité du tillac. Le poteau de rive, incliné à 1/5, le relie à une poutre horizontale ainsi que deux décharges intermédiaires.

On a attaché les fermes entre elles au moyen de garde-corps en tôle pleine et de sept liernes horizontales contreventées à l'intérieur par des fers ronds.

Entre deux fermes consécutives, on a établi trois poteaux de remplage identiques aux poteaux de rive et placés à $1^m,50$ d'axe en axe. Ces poteaux, scellés sur le seuil du brise-lames, s'appuient sur les liernes supérieures.

Tous les poteaux sont garnis de fourrures en chêne.

Le tillac formé de quatre poutres de fer **T** supporte un plancher en chêne. Il a 3 mètres de largeur et est bordé de deux garde-corps en tôle avec lisse en bois.

Les fers ont subi la galvanisation, et les

Fig. 268. — Plan de Cherbourg.

bois le mailletage, jusqu'au niveau des pleines mers de morte-eau ; ils sont goudronnés à leur partie supérieure.

Les fermes, assemblées dans la chambre du brise-lames, ont été mises au levage et scellées sans aucune difficulté.

En résumé, l'expérience a démontré que les entretoises horizontales ont besoin d'être très solides, afin de ne pas être courbées et faussées par les coups de mer, ce qui compromet toute la stabilité de la construction, puisque les fers ne sont plus dans la position pour laquelle ils ont été calculés. Il ne faut donc pas faire ces pièces trop longues et il paraît prudent de ne pas dépasser 6 mètres.

Brise-lames flottants.

331. Nous dirons quelques mots de ces brise-lames, qui sont complètement abandonnés aujourd'hui, et dont nous avons déjà eu occasion de parler, quand nous nous sommes occupés des mouvements de la mer. L'ensemble le plus complet de ceux qui ont été construits paraît être celui de la Ciotat ; il consistait en un réseau en charpente en mailles serrées, formant une sorte de carcasse de vaisseau sans bordages, de 50 mètres de longueur et de 10 mètres de largeur. Il y en avait dix fixées chacunes à des ancres au moyen de six chaînes en fer. La passe de la Ciotat était couverte par deux rangées de cinq de ces brise-lames, les vides de l'une des rangées correspondaient au plein de l'autre.

Ce système n'a pas réussi ; ne pouvant être maintenu en place durant les tempêtes, il se disloqua complètement, en faisant courir des dangers aux navires qu'il devait protéger. Son coût était de 1 500 francs le mètre courant.

Tous les autres essais ont donné les mêmes résultats négatifs.

Digues.

332. *Digue de Cherbourg.* — Nous commencerons par parler de la digue de Cherbourg, dont les péripéties de la construction sont utiles à connaître, et renferment de précieux enseignements.

Nous en emprunterons les détails à l'ouvrage de M. Bonnin sur Les *Travaux d'achèvement de la digue de Cherbourg.*

La rade foraine de cette ville présentait vers le Nord, entre la pointe de Querqueville et l'île Pelée, une passe de 7017 mètres (*fig.* 268) ; la plus grande largeur entre cette ligne et le rivage était de 3 898 mètres.

L'idée de couvrir cette rade par un ouvrage remonte à 1665, mais ce ne fut qu'après le désastre de la Hogue (1692), que cette idée fut reprise, et, en 1777, de la Bretonnière père, capitaine des vaisseaux du roi, présenta un projet complet. Celui-ci comportait une digue située à 2 000 toises (3 098^{m}) du rivage, établissant une communication avec la mer par trois passes, savoir : l'une à l'Ouest, entre la pointe de Querqueville et l'extrémité Ouest de la première branche ; l'autre située au milieu, et enfin, la troisième, entre l'extrémité Est de la seconde branche et l'île Pelée.

Le noyau de cet ouvrage devait être formé au moyen de navires remplis de maçonneries qu'on aurait coulé bas, et qui auraient ensuite été recouverts d'un enrochement à pierres perdues jusqu'à 50 pieds (16^{m},30) environ, au-dessus du fond de la mer ; c'est-à-dire que cet enrochement aurait été recouvert de 18 pieds (5^{m},85) d'eau, dans les pleines mers des syzygies. Ce projet ne fut point accueilli.

Le département de la Guerre qui avait été aussi chargé de l'étude d'un projet, proposa, en 1778, une digue qui aurait été établie dans une direction, passant sur les rochers du Hommet, et par l'extrémité Sud-Ouest de l'île Pelée, réduisant ainsi la rade à l'espace de mer compris entre cette direction et la terre. On projeta, en même temps, la construction de deux grands forts, l'un sur le Hommet, l'autre sur l'île Pelée, en choisissant les positions qui réduisaient, le plus possible, la distance qui sépare ces deux points.

Cette digue devait être formée par des caissons remplis de maçonnerie de béton, établis en retraite les uns sur les autres, et recouverts, du côté du large, par un enrochement à pierres perdues, comme dans le système de de la Bretonnière.

On abandonna ce projet, et le gouvernement fit seulement entreprendre la construction des forts.

Ce fut en 1781 que l'Etat adopta le projet des caisses coniques de de Cessart. La digue devait être formée suivant *une ligne brisée en plan* aux deux tiers de sa longueur, et les deux directions passaient, d'un côté, par l'île Pelée, et de l'autre par la pointe de Querqueville. Cette digue

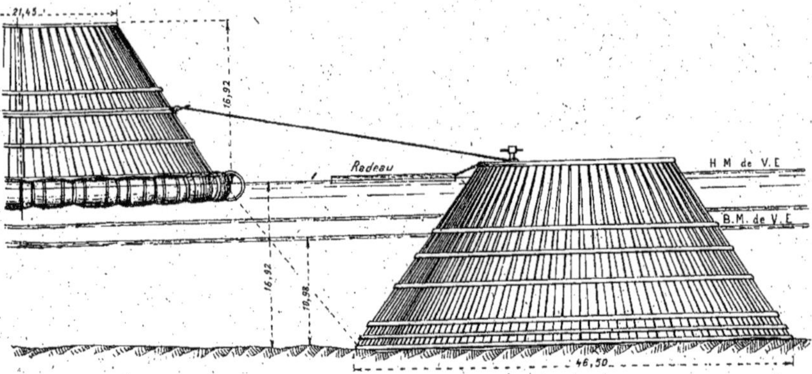

Fig. 269. — Digue de Cherbourg. — Cônes de de Cessart.

devait laisser et laissé effectivement deux passes dans les emplacements que nous venons de désigner.

Les caisses coniques (*fig.* 269) devaient avoir 45m,50 de diamètre à la base, 19m,50 au sommet, et 19m,50 de hauteur. Dans le principe, ces caisses devaient se *toucher base à base* sur toute la longueur de la digue, être remplies en moellons *à sec* (*fig.* 270), depuis le fond jusqu'au niveau des basses mers, et en maçonnerie de béton, parementé de pierres de taille, depuis ce niveau jusqu'au sommet.

L'exécution ne fut pas conforme à ce projet; le département de la Guerre s'opposa à porter la digue plus au large pour ne pas rendre inutiles les forts de l'île Pelée et surtout celui du Hommet, dont la construction était fort avancée lors de l'échouement du premier cône (*fig.* 271), en 1784.

La découverte par Chavagnac, officier de la marine royale, d'un écueil auquel on donna son nom, modifia tous ces plans.

Des considérations d'économie firent qu'on ne remplit les cônes que de *petites pierres*, sans aucune liaison de mortier,

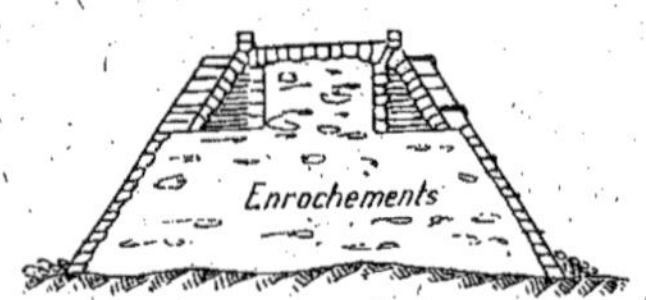

Fig. 270. — Digue de Cherbourg. — Coupe d'un cône.

et qu'on les espaça successivement de 30 toises (58m,50), 50 toises (97m,50), 120 toises (234m), et même 200 toises (389m,80); on remplit l'intervalle par des enrochements de petites pierres qui s'élevaient à peu près jusqu'au niveau de la basse mer.

Les cônes éprouvèrent des avaries con-

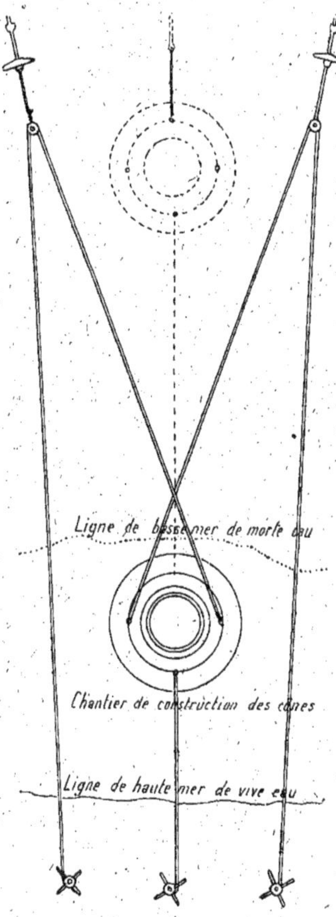

Fig. 271. — Digue de Cherbourg. — Construction, mise à flot et remorquage des cônes.

sidérables; les vagues, en déferlant enlevaient les pierres du sommet, le ressac affouillait les enrochements, enfin les charpentes elles-mêmes eurent beaucoup à souffrir. On essaya d'y remédier en construisant, sur le sommet des cônes de l'Est, des massifs de béton de 2 mètres d'épaisseur; mais ce fut sans succès, et les tarets détruisirent les bois; en 1799, le dernier cône tombait en ruines.

Dès 1788, on avait abandonné ce système de construction et adopté le parti des enrochements, parti que l'on poursuivit avec une telle activité, qu'à la fin de 1790, on avait jeté 2665400 mètres cubes de pierres.

A cette époque, les enrochements étaient élevés à peu près au *niveau moyen des basses mers* sur toute la longueur de la digue, mais ces enrochements éprouvèrent des avaries et on devint très incertain sur les moyens à employer pour mener à bien l'entreprise.

Les pierres formant le talus extérieur furent d'abord déplacées dans *deux sens différents*, par suite du mouvement oscillatoire des ondes. La pente du talus primitif fut adoucie en partie, et l'autre partie fut remontée plus haut que son emplacement primitif.

Quant au talus intérieur, il n'éprouva pas d'altération tout d'abord; mais, quand le sommet s'abaissa à son tour, les pierres furent culbutées sur le talus intérieur et celui du côté du large continua à s'étendre et à augmenter d'inclinaison. La forme prise fut la suivante. Le petit côté, vers le large, avait 1 de base sur 1 de hauteur, jusqu'au point où il rencontrait une profondeur d'eau moindre que 14 à 15 pieds ($4^m,56$ à $4^m,89$) au-dessous du niveau des basses mers.

Le côté supérieur avait une pente de 10 de base pour 1 de hauteur, depuis sa rencontre avec le petit côté jusqu'au point culminant du profil.

Enfin, le côté vers la rade avait 1 de base sur 1 de hauteur.

Les dragages démontrèrent que pas une pierre n'avait été projetée dans l'intérieur de la rade.

A partir de forme d'équilibre, les enrochements n'éprouvèrent plus de dérangements sensibles, mais, comme on avait remarqué que l'action des vagues se faisait sentir jusqu'à 14 ou 15 pieds ($4^m,56$ à

4^{m},89) au-dessous du niveau des plus basses mers, on conserva quelques doutes sur les enrochements en petite pierre, et on essaya de les consolider complètement en recouvrant, sur la branche Est, une certaine longueur, du talus extérieur, par une couche de blocs de 20 à 25 pieds cubes (0^{mc},56 à 0,^{mc}89). Cette partie de l'ouvrage, appelée digue d'épreuve, a résisté depuis sa construction, malgré les plus violentes tempêtes.

En 1790 et 1791, de Lamblardie père indiqua, comme le moyen le plus efficace de faire prendre au parement extérieur la forme la plus convenable, celui de laisser agir la mer sur les masses de petites pierres que l'on avait seulement versées, de manière à pouvoir en approcher le plus près possible. Pour éviter que les pierres, soulevées par l'action des vagues, ne fussent jetées sur le talus intérieur de la digue, cet ingénieur proposait de faire usage de prismes triangulaires bâtis en charpente, que l'on établirait sur le sommet des enrochements, supposés élevés au niveau des basses mers. Ces prismes devaient être échoués sur une de leurs faces et fixés dans cette position par quelques blocs reposant sur la paroi inférieure. La face, du côté du large, eut été a claire-voie; celle du côté de la rade, bordée au fur et à mesure que les petites pierres, poussées par l'action des lames, seraient venues s'appuyer contre elle.

L'auteur prévoyait que ce système empêcherait la marche des petites pierres dans le sens *perpendiculaire* à la direction de la digue, mais non dans le sens *longitudinal*; dans son opinion, il devait se former des *pouliers* aux extrémités de la digue, mais ils ne devaient pas acquérir assez d'importance pour nuire à la sûreté des passes.

On aurait, d'après ce système, été obligé de recharger chaque année la digue, à raison, d'après l'évaluation de de Lombardie, de 2/5e de toise cube (3^{mc}) par toise courante de digue (1^{m},95). Les difficultés inhérentes aux constructions en maçonnerie paraissaient *alors* insurmontables.

En 1792, on avait déjà dépensé 31 millions, L'Assemblée Législative nomma une Commission, composée de deux officiers du génie, deux officiers de la marine royale, deux ingénieurs des ponts et chaussées et deux pilotes, qui fit un rapport des plus remarquables sur toutes les questions relatives au port et qui conclut, après de nombreuses observations :

1° Que les petites pierres, formant la partie de la digue non recouverte de gros blocs, étaient encore susceptibles de prendre du mouvement, et qu'il serait difficile de prévoir l'époque à laquelle ce mouvement s'arrêterait;

2° Que le point où l'action des vagues se trouve en équilibre avec la résistance des petites pierres, étant à 14 ou 15 pieds 7 pouces (4^{m},59 ou 4^{m},86) en contre-bas du niveau des basses mers, les parties supérieures du talus ne deviendraient tout à fait stables, que lorsque celles inférieures seraient assez allongées pour que les vagues eussent dépensé, en les parcourant, toute la force dont la mer est animée avant d'arriver au sommet de la digue;

3° Que le moyen de prévenir l'abaissement successif du sommet actuel de la digue, était de recouvrir les talus extérieurs de matériaux d'une dimension telle, que les vagues n'aient plus de prise sur eux.

Considérant ensuite que les blocs, jetés sur la digue d'épreuve, avaient satisfait à cette condition, la Commission proposa de faire usage de ce mode de construction, qui lui parut devoir réussir à quelque hauteur que l'on voulût élever le massif des enrochements.

Elle proposa d'élever la digue jusqu'à 9 pieds (2^{m},92) au-dessus des plus hautes eaux.

Trouvant la passe Ouest trop large et ne pouvant prolonger la digue vers la roche Chavagnac (V. *fig.* 268), elle proposa de réunir cette roche à la pointe de Querqueville par une seconde digue, ce qui avait, en outre du but de donner plus de calme à la rade, l'avantage de protéger le rivage de la baie de Sainte-Anne contre les attaques de la mer, et d'empêcher la formation d'une quantité considérable d'alluvions, qui viennent ensuite encombrer la rade de Cherbourg. Cette disposition devait aussi favoriser la sortie des bâtiments, par un vent contraire, en faisant porter plus au Nord la direction du courant de jusant.

La Commission pensait que les forts existant seraient suffisants pour la défense des passes, et, qu'il y aurait tout au plus lieu d'établir quelques batteries rasantes sur la digue, ce qui suffirait, avec les défenses maritimes dont on disposerait.

En 1800, Napoléon Ier ne fut pas de cet avis; les forts étant trop éloignés pour croiser leurs feux, il fit étudier des défenses fixes sur la digue elle-même. Ce fut alors que furent décidés un fort avec batterie de vingt pièces de gros calibre, au centre de la digue, et un sur chacun des musoirs.

Les prévisions de la Commission ne se réalisèrent pas complètement. De petites pierres formèrent d'énormes dépôts aux extrémités du cordon qui les avait arrêtées. On commençait néanmoins à placer des blocs pour installer la batterie centrale, quand une tempête, le 8 décembre 1803, en fit écrouler une partie. En 1804, 1805 et 1806, on répara les avaries, on augmenta la largeur de la digue, on donna plus de pente aux talus et on les chargea de blocs plus gros; malgré cela, le 18 février 1807, une tempête ouvrit une brèche dans l'Ouest, et l'on remarqua que l'action de la mer s'était surtout fait sentir entre le niveau des basses mers des mortes-eaux et celui des hautes mers des vives-eaux. Sur toutes les portions non dégradées, les blocs étaient parfaitement arrimés, et, généralement, suivant un arc de cycloïde dont le cercle générateur aurait eu 4 mètres de rayon.

On voulut suivre cette forme dans les réparations, mais les 29 et 30 mai de la même année, la mer culbuta de nouveau les enrochements. Enfin, le 2 février 1808, jour de syzygie, une tempête plus forte que les autres eut lieu, et bouleversa, en moins de six heures, les enrochements, l'épaulement, le terre-plein et les baraquements des soldats et des ouvriers. Les seuls points qui résistèrent furent ceux qui avaient été maçonnés, tels que la citerne et les latrines. Blocs et petites pierres passèrent pêle-mêle au sud de la digue.

On rétablit une batterie provisoire, et on rechargea de blocs pour protéger la petite pierre qui était à découvert; le 27 septembre, il y eut encore un nouveau bouleversement.

Les 2, 10 et 11 novembre 1810, d'autres tempêtes affouillèrent le sol et produisirent encore les plus grands dégâts. Il fallut recommencer les chargements en 1811.

Ce fut dans cette même année que l'on changea le système sur lequel on commençait à avoir les plus grands doutes, et qu'on jeta les fondations du soubassement que l'on voit au sud de la batterie. Pour cela, on se détermina à construire un édifice dont la base, établie au niveau des plus basses marées, maçonnée et revêtue de granit, présentât à la mer un bloc artificiel qui pût soutenir l'effort des tempêtes, par le seul effet de sa grande masse.

On adopta le mode qu'on avait suivi lors de la construction des murs du quai extérieur du terre-plein, qui sépare la rade du bassin à flot du port militaire, lequel résistait aux coups de mer depuis de longues années. Il était fondé au niveau de la mer basse sur une digue à pierres perdues, qui descendait à 4 et 5 mètres en contre-bas du point zéro, et recevait directement le vent du Nord-Est.

La batterie fut terminée en 1813, et, jusqu'en 1824, on n'y fit aucune dépense d'entretien, bien que les enrochements se soient notablement affaiblis. Le 3 mars 1824, le deuxième jour de la nouvelle lune, deux larges brèches se formèrent de chaque côté de la citerne maçonnée qui resta intacte; le sol de la batterie était affouillé en différents endroits. L'effet destructeur, ainsi qu'on l'avait déjà observé, ne se fit sentir qu'au-dessus du niveau des basses mers de morte-eau.

On ordonna la réparation de la batterie, et, on décida que sa masse serait établie sur un plan concentrique au fort Dauphin; l'étendue fut bornée au pourtour des revêtements extérieurs, de manière à assigner aux différentes parties de son relief, les dimensions suivantes :

Epaulement.	3 mètres.
Plate-forme de l'artillerie	8 »
Place d'armes.	13 »
Fossé	6 »
Total	30 mètres.

Les revêtements intérieurs devaient être maçonnés; ceux de l'extérieur semblaient, d'après le plan joint à la dépêche ministérielle, ne devoir se composer encore que d'enrochements, mais on autorisa que l'épaulement fût maçonné sur toute son épaisseur; les fondations ne purent être établies qu'au niveau des hautes mers de morte-eau, attendu le coût des déblais considérables qu'il aurait fallu faire pour les descendre plus bas. L'épaulement ainsi construit, et jointoyé au ciment romain, fut enveloppé de blocs du Roule, dont la hauteur atteignait le cordon en briques formant le couronnement du parapet. Ce travail fut terminé en 1825.

Les blocs furent attaqués et transportés surtout par les tempêtes du 26-27 janvier 1827, veille et jour de la nouvelle lune. Toutefois, on put remarquer que les blocs *entassés* les uns sur les autres ne participèrent pas à ce mouvement, et formèrent une sorte de mur vertical adossé contre la maçonnerie. Leur résistance était donc beaucoup plus considérable que celles des plans inclinés.

Quant à l'épaulement, il resta complètement intact, malgré son parement en moellonnage, le peu de profondeur de sa fondation et la destruction successive de son enveloppe.

Les choses en étaient là, lorsque, en 1828, le ministre de la Marine prescrivit la continuation des ouvrages commencés en 1814, fit établir un chemin de fer pour le transport des matériaux de la montagne du Roule au bassin du port de commerce (*fig.* 268), et donna l'ordre de remplacer les bateaux à voile par des pontons remorqués par des bateaux à vapeur.

Le chemin de fer n'alla pas jusqu'au pied de la carrière et était formé de rails plats placés sur des longrines en bois, système qui, outre les difficultés des réparations, avait celui d'exiger des transports mixtes.

Le premier ponton, sans gréement ni mâture, pouvait porter 100 mètres cubes de moellons, pesant 2600 kilogrammes le mètre cube; il était donc d'un chargement et d'un maniement difficile. On renonça à son emploi après deux ou trois voyages, et on revint à l'emploi des barques à voile.

Les bateaux à vapeur eux-mêmes ne donnèrent pas de meilleurs résultats. L'un était d'un système encore non éprouvé, qui consistait à refouler de l'eau dans des cylindres horizontaux placés sous l'eau, cette eau devant servir de propulseur.

L'autre avait une chaudière à haute pression, qui, avec les moyens de construction alors employés, en rendait l'emploi dangereux.

Avant de commencer les travaux, on s'attacha tout d'abord à reconnaître la situation des anciens enrochements. On constata des différences importantes. Les talus anciens du côté du Nord se partageaient en deux parties de pentes inégales. Du fond, jusqu'à 5 mètres environ en contre-bas du zéro des marées, il y avait une inclinaison d'environ 3 de base sur 2 de hauteur; au-dessus, là où l'action de la mer sur les moellons de l'enrochement commençait à s'exercer, le talus s'adoucissait à 1/8. Dans les nouveaux profils, le partage entre les deux pentes était moins prononcé, l'action de la mer s'était étendue à plus de 5 mètres au-dessous du zéro, et avait même atteint le sable. La largeur de la base s'était accrue d'environ 10 mètres, et la pente du talus supérieur réduite à 1/12.

A l'extrémité Est, un approfondissement de $0^m,50$ s'était produit dans le sable, sur une étendue qui allait jusqu'à 200 mètres du musoir Ouest, du côté de la rade, mais partout ailleurs, le sable s'était élevé au-dessus du pied du talus, jusqu'à 2 mètres environ de hauteur.

On reconnut, par ces opérations, que pour élever la base sous-marine en enrochement, jusqu'au niveau des basses mers de forte vive-eau, où devaient commencer les ouvrages en maçonnerie, suivant les dispositions proposées, il fallait 357 638 mètres cubes pour la branche Ouest et 97 906 mètres pour celle de l'Est, ce qui,

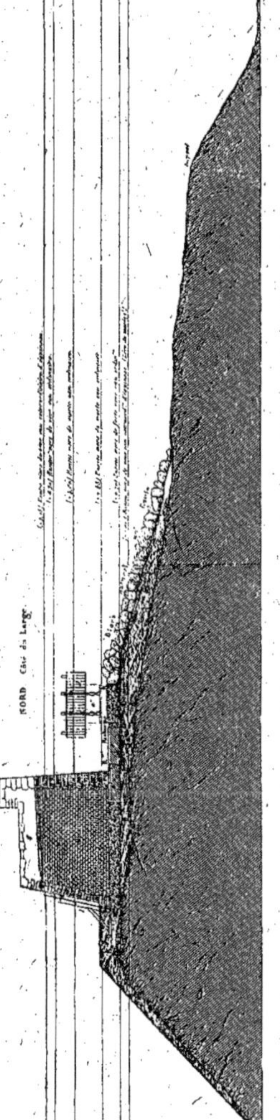

Fig. 272. — Digue de Cherbourg. — 1er profil suivi en 1832, branche de l'Est.

augmenté de 1/4 pour tenir compte des tassements et des versements faits en dehors des limites prévues, donnait un total de 709 435 mètres cubes.

Les travaux s'organisèrent et furent poussés avec activité en 1830 et en 1831. A la fin de cette dernière année, la base de la branche Est se trouvait exhaussée dans toute sa longueur jusqu'au niveau des fortes basses mers de vive-eau, et présentait partout la largeur nécessaire pour l'assiette de la muraille projetée (*fig.* 272).

Dans la crainte d'accidents et de déplacement des blocs avant la construction de la muraille, on prit les dispositions suivantes pour la campagne de 1832, dispositions présentées par Duparc et adoptées par une Commission supérieure désignée à cet effet. Dans ce projet, l'ouvrage devait être formé de deux parties distinctes :

1° Un massif de base, en enrochements ou pierres perdues, recouvert d'une croûte de gros blocs de $1^m,25$ d'épaisseur moyenne, répandus sur un talus d'environ 5 mètres de base pour 1 de hauteur, jusqu'à 5 mètres en contre-bas du niveau des plus basses mers ;

2° Une muraille maçonnée avec mortier hydraulique et parement en pierres de taille du côté du large, parement établi sur un arasement en béton de $0^m,80$ d'épaisseur moyenne, coulé sur le couronnement du massif de base ; la muraille devait être couronnée par un parapet.

Mais, par crainte d'affouillement de l'enrochement du *côté du large* en avant du parement extérieur vertical de la muraille, la majorité de la Commission fut d'avis qu'il convenait de construire une risberme en béton de 7 mètres de largeur, qui n'était autre chose que l'extension de la couche de fondation de la muraille ; on devait, néanmoins, prendre la précaution de séparer cette risberme du reste de la couche par un vannage destiné à former d'avance une ligne de rupture qui eût évité les cassures irrégulières produites par les tassements inégaux, et, qui eût permis de faire, au besoin, les réparations ultérieures au moyen de rehaussements exécutés au ciment de Pouilly.

La Commission ajoutait que des contreforts ajoutés à la muraille du côté de la rade seraient nuisibles, à raison de l'inégale compressibilité du sol factice sur lequel la muraille devait être élevée.

Elle ajoutait encore que ces dispositions lui paraissaient applicables aux musoirs de la digue, à la condition de faire usage de quelques blocs artificiels pour consolider les parties du massif de base de ces musoirs, là où le besoin s'en ferait sentir.

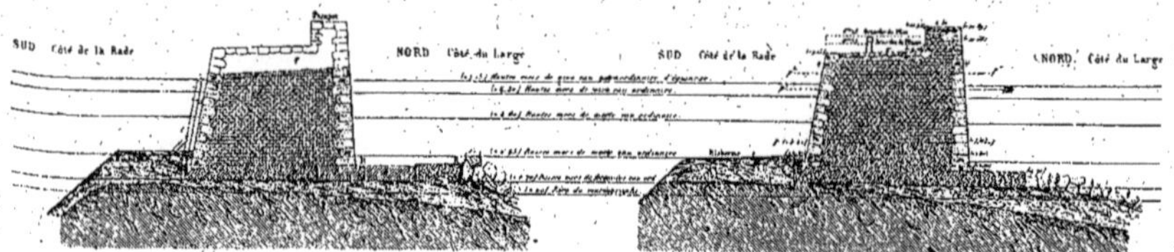

Fig. 273 et 274. — Digue de Cherbourg. — 2e profil, suivi de 1833 à 1837 et 3e profils définitifs, branches de l'Est et de l'Ouest

On fabriqua une sorte de pouzzolane en cuisant de l'argile pour la mélanger à la chaux. On mit la première couche de béton pendant les mers basses de vive-eau, puis on construisit à terre des blocs de béton d'environ 6 mètres cubes pesant 7 600 kilogrammes, dans l'eau, pour les transporter à la digue après leur durcissement. On les plaçait sur de petits pontons dont on faisait un convoi remorqué par le petit vapeur, on fixait les pontons aussi bien que possible, puis on dégageait l'estrope, ou les tenailles qui la remplaçaient, et, le bloc descendait à sa place. Une fois placé sur la risberme, on bétonnait les intervalles à basse mer.

Quand la couche générale de fondation eut pris un peu de consistance, on posa sur elle une file de tablettes minces en pierres schisteuses, puis des assises en granit, et, pendant l'exécution de ces travaux, on versait des blocs bruts provenant des carrières du Roule et du Buquet ; le cube de chacun d'eux variait de 1 mètre cube à 1/3 ou 1/2 mètre cube.

Dans les années suivantes, on modifia quelque peu les dimensions des pierres et les formes des profils (*fig.* 273 et 274). Les emplacements des anciens cônes furent la cause des tassements inégaux et des avaries dont les plus graves eurent lieu en 1836 (*fig.* 275) avaries qui se réparèrent facilement. Il fut alors démontré le peu d'efficacité des blocs naturels de défense pour garantir le pied de la muraille contre les

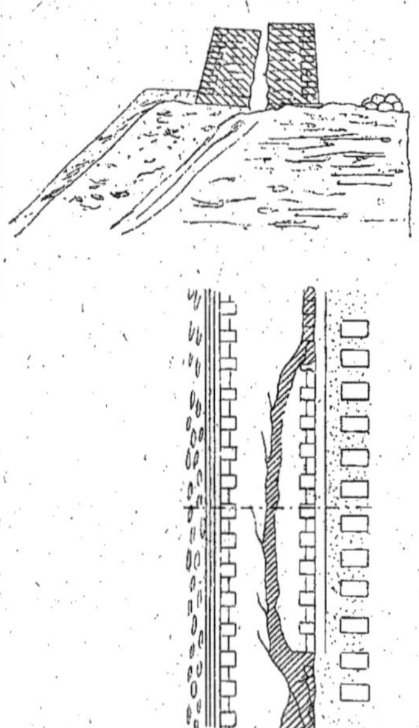

Fig. 275. — Digue de Cherbourg. — Accident arrivé en décembre 1836.

affouillements, c'est-à-dire pour remplir le rôle auquel la risberme en mortier était destinée. Les blocs s'étaient rapprochés du pied du mur contre lequel leur crête se trouvait désormais appuyée, et la mer les avait dressés suivant une pente régulièrement inclinée vers le large. Ils étaient arrimés et serrés les uns contre les autres avec tant de perfection, que l'on pouvait affirmer qu'ils présentaient dans leur ensemble une stabilité de forme et une résistance supérieures à celle de la risberme primitive et qu'ils garantiraient la muraille contre tout danger d'affouillement.

D'après cela on retrancha toute la largeur inutile de la risberme.

On réduisit les ouvrages d'art en avant du mur à une simple file de caisses jointives, remplies de béton, rapprochées aussi près que possible du parement Nord (*fig.* 274). Ces caisses étaient descendues vides, et arrimées à basse mer, des fortes vives-eaux, remplies immédiatement de béton et recouvertes aussitôt d'un voligeage en sapin.

Ce furent ces procédés qui furent employés jusqu'au complet achèvement des travaux, sauf les deux perfectionnement suivants :

1° On substitua au voligeage, en sapin, une maçonnerie en ciment romain de moellons plats de 0m,06 à 0m,08 d'épaisseur;

2° On remplaça les fonds de bois par des fonds en toile qui facilitèrent l'adhérence avec l'infrastructure.

La suite montra l'excellence de ces dispositions, car on n'observa plus que des tassements sans importance.

Dans la suite de la construction, on profita des progrès réalisés sur les ciments pour remplacer l'argile cuite, par des ciments hydrauliques. Trois remorqueurs à vapeur furent attachés aux différents services; les bateaux à voile cédèrent la place à des chalands et à des pontons. On remplaça les manœuvres du rabot par des manèges pour la fabrication des mortiers, etc.

Le cantelage en moellons smillés de la partie supérieure de la digue fut quelquefois arraché, par suite du choc des vagues (celles-ci s'élevaient quelquefois

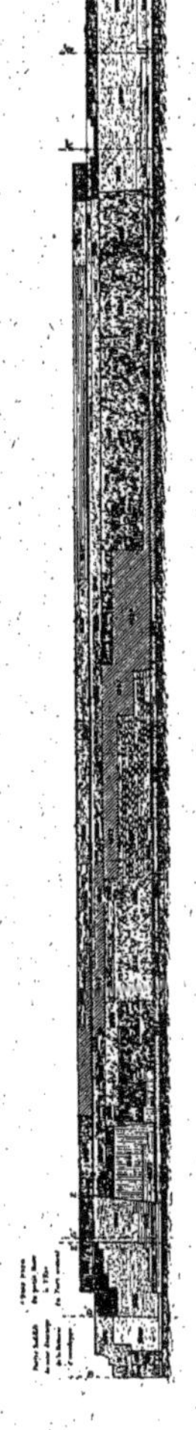

Fig. 276 et 277. — Digue de Cherbourg. — Avancement des travaux de 1832 à 1852.

jusqu'à 30 et 45 mètres et retombaient de cette hauteur sur le mur). L'arrachement provenait de l'attaque des mortiers par l'eau de mer qui se concentrait dans les joints; aussi, en 1844, on remplaça ce cantelage par de la maçonnerie ordinaire en pierres de taille, donnant un libre écoulement aux eaux.

Il résulte de tout ceci que, toutes choses égales d'ailleurs, et dans des travaux analogues, la meilleure méthode à suivre dans la formation d'un enrochement de base, consiste à diriger les versements de manière que la crête primitive du talus vers le large, qui paraîtrait au niveau des marées basses, se trouvât correspondre, à peu près, à l'emplacement du parement Sud des maçonneries, et même un peu au Sud de ce parement. Alors, tous les chargements complémentaires se feraient du côté du large où ils seraient comprimés par les vagues pendant leur formation, et il n'y aurait pas de travaux d'art à établir sur les élargissements de la base faite après coup du côté de la rade.

Nous n'entrerons pas dans les détails de la construction des bateaux qui servirent au transport des blocs. Ce système serait profondément modifié aujourd'hui.

On pourra se rendre compte, par les figures 276 et 277, de la marche des travaux, depuis 1832 jusqu'en 1853, époque de leur fin.

Pour terminer ce que nous avons à dire au sujet de l'exécution de cet immense travail, il ne nous reste plus à parler que des forts construits sur la partie centrale et sur les musoirs.

Les projets comprenant le fort central et les petits forts furent remaniés, et définitivement arrêtés en 1841.

L'ensemble du fort central se compose d'un réduit et d'une batterie extérieure, séparés par une place d'armes (*fig.* 281).

Le réduit de forme elliptique comporte deux étages de casemates, et une batterie à barbette.

On dut renforcer les anciennes constructions par un mur extérieur de 4 mètres, le long de l'ancienne escarpe. La difficulté était d'effectuer la fouille de fondation dans l'enrochement. On se tira d'affaire

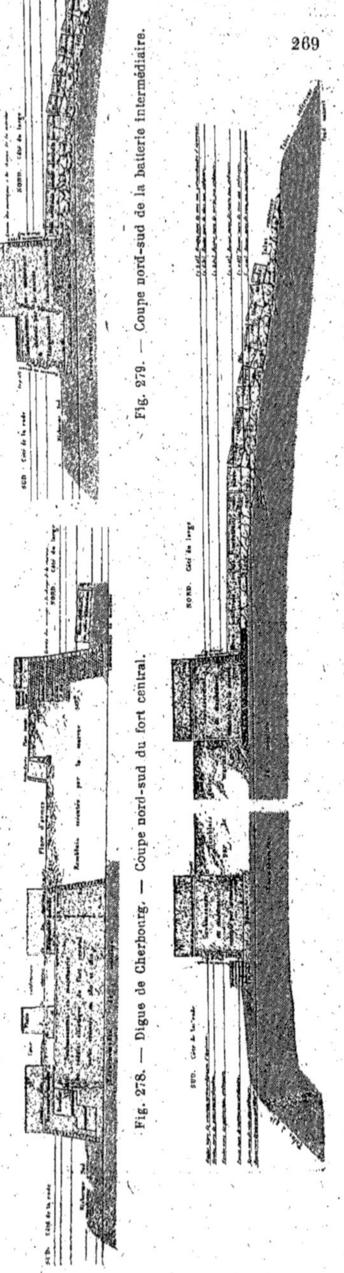

Fig. 278. — Digue de Cherbourg. — Coupe nord-sud du fort central.

Fig. 279. — Coupe nord-sud de la batterie intermédiaire.

Fig. 280. — Coupe nord-sud des forts extrêmes.

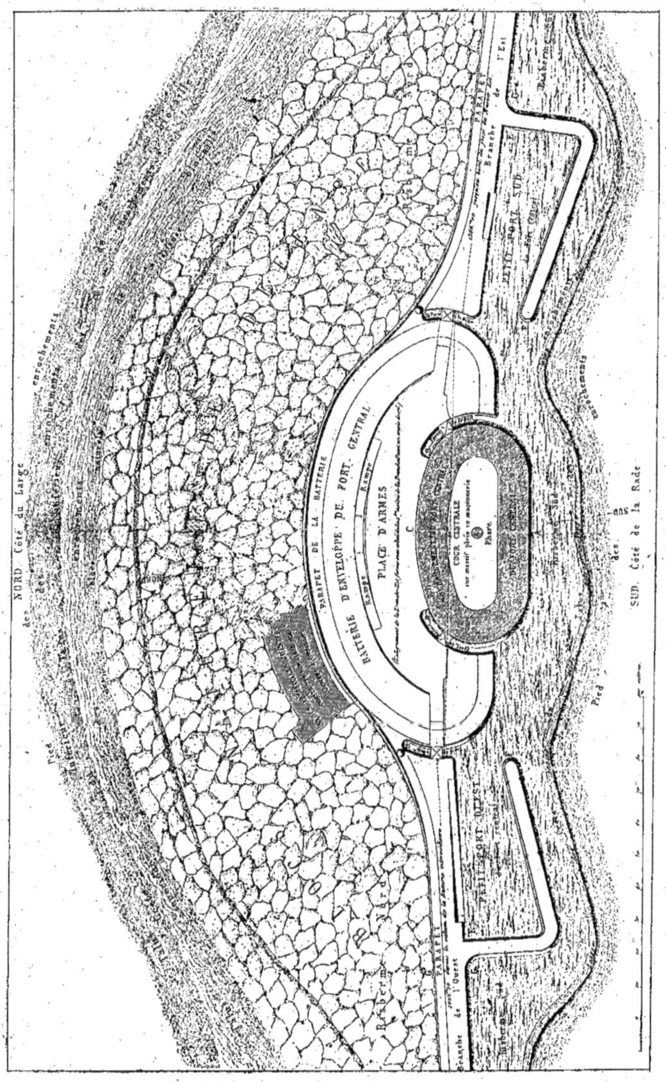

Fig. 281. — Digue de Cherbourg. — Plan général du fort central.

en n'agissant que par parties de 7 à 8 mètres de longueur, et en travaillant dans la belle saison. Ce fut, du reste, la règle générale adoptée depuis 1845. On poussa énergiquement les travaux pendant la belle saison afin de clôre la campagne, pendant les mauvais temps d'automne.

Quant aux forts à établir sur les musoirs (*fig.* 282 et 283), il fut longtemps discuté pour savoir si ceux-ci devaient ou non présenter une saillie vers le large. Au point de vue de la construction, l'absence de saillie les mettait à l'abri des coups de mer, mais au point de vue militaire et pour le croisement des feux avec le fort central, la saillie était plus avantageuse, aussi

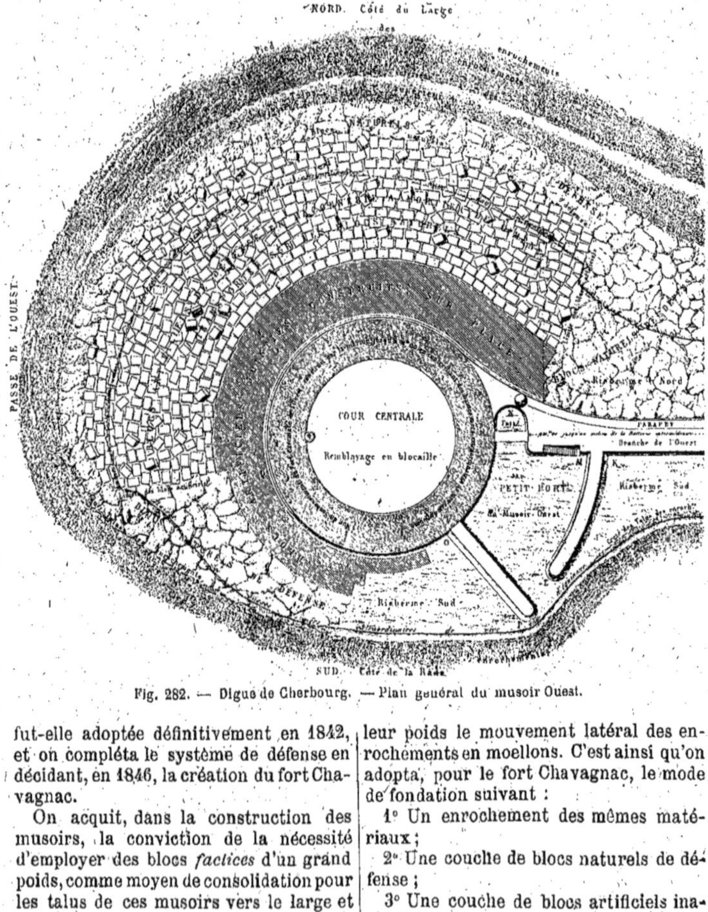

Fig. 282. — Digue de Cherbourg. — Plan général du musoir Ouest.

fut-elle adoptée définitivement en 1842, et on compléta le système de défense en décidant, en 1846, la création du fort Chavagnac.

On acquit, dans la construction des musoirs, la conviction de la nécessité d'employer des blocs *factices* d'un grand poids, comme moyen de consolidation pour les talus de ces musoirs vers le large et vers les passes. Ceux-ci empêchent par leur poids le mouvement latéral des enrochements en moellons. C'est ainsi qu'on adopta, pour le fort Chavagnac, le mode de fondation suivant :

1° Un enrochement des mêmes matériaux ;

2° Une couche de blocs naturels de défense ;

3° Une couche de blocs artificiels inamovibles.

Ces blocs de la zone inférieure vers le large, étaient confectionnés dans un chantier particulier, ceux de la zone supérieure, sur les soubassements même des forts.

On peut voir sur le plan et sur les coupes (*fig.* 278 à 283), qu'on plaça les blocs de la digue par files le plus en ordre possible. Ils furent fabriqués en mortier de ciment et sable. Un bloc d'essai de 13 mètres cubes ayant été soulevé et transporté par la mer, on jugea utile de leur donner 20 mètres cubes, leurs dimensions furent donc $3^m,79$ de hauteur, $2^m,70$ de largeur et 2 mètres de hauteur. Un fait prouva qu'elles n'étaient pas exagérées. Dans un coup de vent de

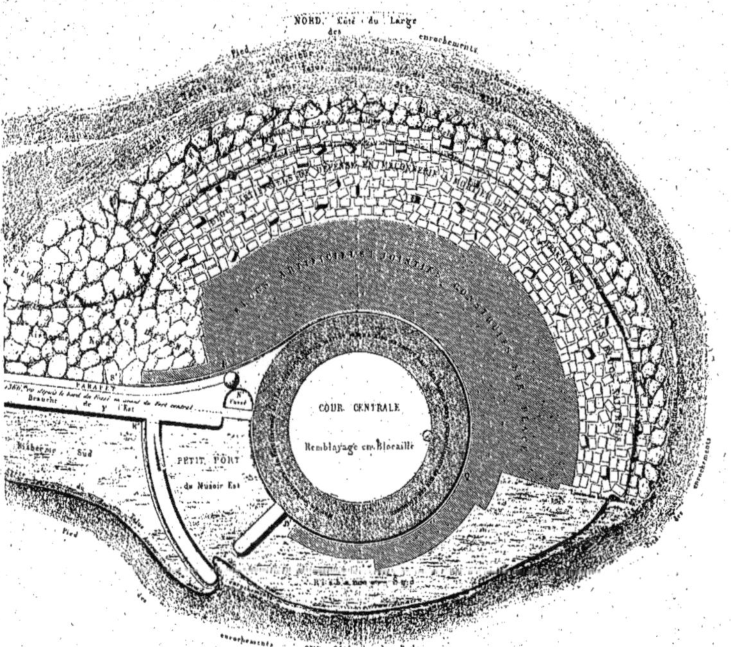

Fig. 283. — Digue de Cherbourg. — Plan général du musoir Est.

Nord-Ouest du mois d'octobre 1848, un des blocs immergés sur la zone Nord-Ouest de la risberme du musoir Ouest, appuyé ou à peu près par une de ses petites faces contre la rangée extérieure des blocs construits sur place, et exposé par ses trois autres faces latérales au choc des vagues, a été enlevé de sa position et porté par la mer à *plus de* 10 *mètres de distance*, jusqu'au pied de l'escarpe du fort. Il resta sur les autres blocs artificiels, à 2 mètres de hauteur au-dessus de son lit de pose primitif, et était retourné sens dessus-dessous.

On a admis la profondeur maximum de $3^m,50$ en contre-bas du zéro comme limite inférieure de protection des blocs artificiels, de telle sorte que, du niveau de la mer à $3^m,50$ au-dessus de zéro, on trouve un talus de blocs artificiels de $3^m,50$ à 6 mètres, puis un autre en blocs naturels, et, enfin de 6 mètres jusqu'au sol, un enrochement de moellons.

Les blocs étaient fabriqués, soit en cailloutis, soit en maçonnerie grossièrement composée de moellons smillés; ces derniers avaient l'avantage de ne pas exiger de moulage. On en fabriqua 2111. Ils portaient deux trous qui permettaient de passer les estropes pour l'échouage. L'expérience aidant, dans la dernière année 1853, on a pu en immerger le tiers, soit 704. Un puits pouvant servir de maréographe est établi dans le môle du port définitif de l'ouest du fort central, et permettra, étant raccordé par un nivellement à l'échelle fixe du maréographe de l'arsenal, de se rendre compte des tassements qui pourraient avoir lieu sur la digue.

On a de même exécuté dans les môles des musoirs de petits ports d'accostage avec bornes d'amarrage, etc.; puis, pour compléter la défense, une batterie intermédiaire a été placée au milieu de la branche ouest.

Il s'est produit de petits tassements et quelques légères crevasses, mais elles ont été en diminuant d'importance chaque année.

De 1830 jusqu'à l'achèvement, en 1853, il a été dépensé 28 038 455 francs, ainsi répartis :

Digue proprement dite, branches Est et Ouest, 3 059 mètres. . . .	20 869 367 fr.
Soubassement du fort central, raccordement, etc.	1 801 655
Soubassement des forts des musoirs..	4 993 061
Soubassement du fort intermédiaire	374 372
Total.. . .	28 038 455 fr.

Voici le détail des cubes employés :

700 000 mètres cubes pour massifs d'enrochements complémentaires, à 6 francs.	4 200 000 fr.
222 000 mètres cubes de blocs naturels de défense, à 12 francs.	2 664 000
A reporter.	6 864 000 fr.
Report.	6 864 000 fr.
41 160 mètres cubes de blocs artificiels pour talus extérieurs, à 55 francs. . .	2 263 800
410 000 mètres cubes de maçonnerie pour murailles, à 45 francs.	18 450 000
Déblais pour le mur d'enveloppe du fort central. . . . . Remblai dans l'intérieur du soubassement des forts.	460 655
Total égal. . .	28 038 455 fr.

Soit, par mètre courant, pour les branches, 6 345 francs, et 8 626 755 francs pour les quatre forts, leurs raccordements et les petits ports.

La dépense totale s'élève, depuis le commencement des travaux :

Avant 1803 à	31 000 000 fr.
De 1803 à 1830 à	7 828 819
De 1830 à l'achèvement (1853) à	28 038 455
Total. . . .	66 867 274 fr.

Somme qui, divisée par 3 712, distance d'une passe à l'autre, mesurée au pied des enrochements, donne une somme de 18 000 francs par mètre courant.

On peut évaluer à 16 000 000 les sommes perdues par les premiers travaux, et on estimait, qu'à la date de 1853, l'ensemble n'aurait dû coûter que 50 000 000.

333. Nous citerons comme second exemple les travaux récents la digue de l'Artha du port de Saint-Jean-de-Luz, nous réservant d'en citer encore quelques autres, quand nous parlerons de différents moyens d'exécution mis à la disposition des ingénieurs pour l'exécution de ces travaux.

Port de Saint-Jean-de-Luz. Digue de l'Artha.

334. Les travaux de cette digue ont duré dix-sept ans, de 1872 à 1889. La mer y est tellement violente qu'on n'a pu y employer les enrochements naturels que comme remplissage entre les blocs artificiels (*fig.* 284 et 285).

MÔLES

Travaux chez les Anciens.

335. Les Romains naviguaient peu sur l'Océan ; par contre, tout leur mouvement commercial se faisait par la Méditerranée, aussi est-ce sur cette mer que l'on rencontre un grand nombre de travaux importants. Ils étaient plus faciles à édifier que sur l'Océan, où, pour mieux dire, moins sujets à ces accidents imprévus qu'amènent les grandes marées. Ignorants des dangers qui menaçaient leurs œuvres, les Romains ont laissé peu de traces des travaux, souvent considérables, qu'ils avaient entrepris.

Ajoutons toutefois que leurs bateaux,

Fig. 284. — Port de Saint-Jean-de-Luz. — Digue d'Artha.

ayant un faible tirant d'eau et portant peu de toile, évoluaient presque sur place, et n'avaient pas besoin de ces grandes rades, qui sont devenues de plus en plus

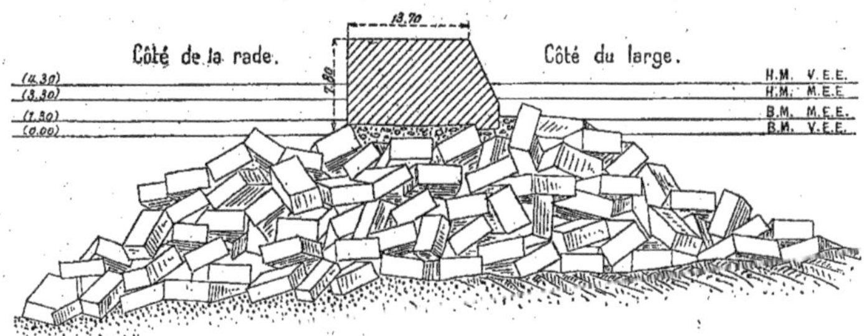

Fig. 285. — Port de Saint-Jean-de-Luz. — Digue d'Artha.

nécessaires depuis que le champ d'évolution s'est agrandi.

Les jetées avaient pour but d'abriter *spécialement* le port. C'est ainsi qu'on ne rencontre une sorte d'avant-port abritant l'entrée du chenal qu'à Fréjus (*fig.* 286) et à Carthage (*fig.* 3).

Les jetées qui fermaient les portes ou, mieux, protégeaient la passe, eurent, d'après M. A. Léger, jusqu'à 640 mètres comme à Fréjus. « Elles servirent le plus souvent de quai de débarquement, on leur donna fréquemment une grande largeur. Leur petite largeur, quand elles ne servirent que de brise-lames, semble avoir été de 9 mètres, comme au prolongement de Fréjus : à Dimas la jetée avait 10 mètres de largeur, 13 à Alexandrie,

12 mètres au moins dans les ports romains et atteignait 15m,60 à Terracine, 25 mètres et 40 mètres à Ostie, servant alors au mouvement des marchandises. Leur couronnement s'élevait jusqu'à 3m,75 au-dessus des basses mers, comme à Terracine.

« Les parements étaient verticaux surtout à l'intérieur du port; extérieurement la jetée, ou le môle, présentait parfois un grand talus défendu par de gros enrochements, qui en protégeaient le pied et brisaient les vagues.

« Ces jetées et leurs musoirs furent exécutés tantôt en pierres de taille de grand appareil, comme à Soli, tantôt en béton de chaux grasse et de pouzzolane, avec ou sans revêtement extérieur de moellons smillés, ou en briques, ou bien avec de gros blocs immergés comme à *Centum Cellæ* (Civita-Vecchia) ou à Samos.

« Ces jetées furent pleines ou évidées. On a retrouvé en Tunisie, au port de Dimas, une jetée en béton de 146 mètres de longueur et de 10 mètres de largeur, formant, avec les îles de Djénan et d'El-

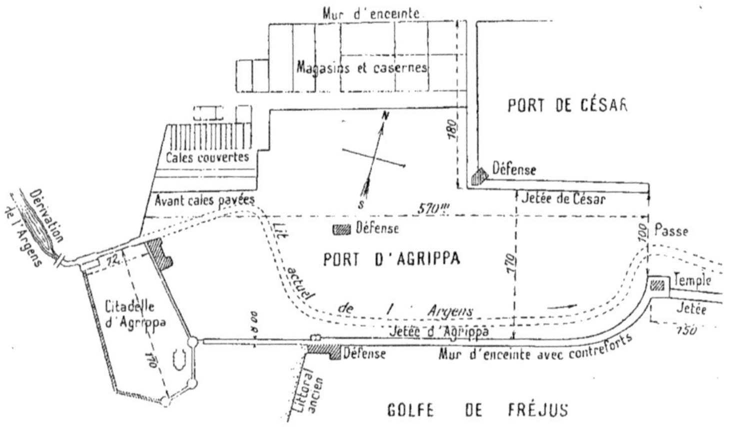

Fig. 286. — Port de Fréjus.

Firam un port très vaste et très sûr. Cette digue présente cette particularité que, au-dessus du niveau de l'eau, elle est percée de part en part de deux étages de canaux à section carrée, d'environ 0m,50 de côtés, écartés horizontalement de 2 mètres, verticalement de 1 mètre, et destinés évidemment à laisser étaler les lames du large et à empêcher, au pied de la digue, des coups de ressac dangereux. C'est l'idée première des brise-lames ; la digue s'est fort bien conservée, et il faut, pour une large part, en attribuer le mérite à cette précaution.

« A Fréjus, les envahissements de l'Argens obligèrent bientôt à prolonger la jetée; malgré cette dépense, ce port, envahi par devant et par derrière, sous l'influence d'une dérivation malheureuse de l'Argens, fut mis assez tôt hors de service. »

Les Romains, ayant observé que les dépôts se faisaient surtout le long des digues pleines, songèrent à supprimer le plus possible l'obstacle opposé au courant et à la marche des alluvions, en dérangeant, aussi peu que possible, leur allure et leur régime ; ils renoncèrent à élever une barrière complète, et se décidèrent à établir une barrière à claire-voie formée par des piles et des voûtes en maçonnerie, arrêtant suffisamment l'agitation des flots, sans intercepter les courants du littoral. Les premiers essais de ce système furent faits à Pouzzoles, puis à Misènes et à l'entrée de la rade de Tarente. Il reste seize piles du môle de Pouzzoles, dont treize sont encore au-dessus de l'eau; le môle avait 384m,77 de longueur; les piles avaient une section carrée dont le côté augmentait à mesure qu'on s'éloignait du rivage, depuis 8m,68 jusqu'à 13m,15 et même 15m,71 au musoir; les arcs en briques plates qui les reliaient avaient 10 mètres d'ouverture en plein cintre, et leur naissance au niveau de la mer. Ces larges baies laissaient passer les vases sans les arrêter, mais aussi permettaient à l'agitation de se propager dans l'intérieur du port.

« Les Romains plaçaient généralement, sur les musoirs des jetées ou des môles des phares, des tours de défense, des postes de veilleurs ou de gardiens, des temples à la *Bonne-Déesse*, protectrice des marins, ou des statues colossales. De fortes chaînes, qui s'élevaient ou s'abaissaient avec des cabestans, permettaient d'intercepter l'entrée de la passe et du port. »

336. *Port de Trieste.* — Dans l'ordre chronologique, nous citerons, comme exemple du type de ces anciennes jetées, celle du port de Trieste, qui donne de bons résultats dans les eaux relativement calmes (*fig.* 287). On s'est contenté de jeter des enrochements bruts, de grosseur modérée, jetés à peu près pêle-mêle. L'étude que nous avons faite de la rade de Cherbourg montre combien ce système serait défectueux dans le cas d'une mer agitée et les accidents qui en seraient la suite.

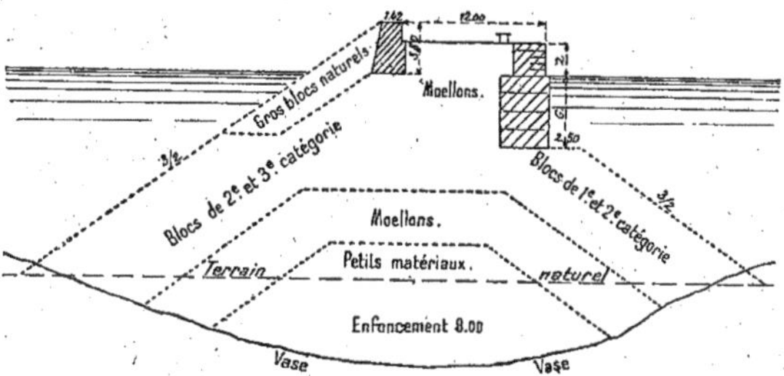

Fig. 287. — Profil de la jetée du port de Trieste.

Le procédé qui a été le plus efficace jusqu'à présent a été l'emploi des blocs de dimensions suffisantes et classés par catégorie. Leur étude fera l'objet d'un paragraphe spécial de ce chapitre, paragraphe que nous placerons à la suite de l'étude de l'effet des grandes jetées, au point de vue de la profondeur à l'entrée des ports et de la défense des côtes.

Effets des grandes jetées sur la profondeur de l'entrée des ports.

337. On a remarqué que la hauteur de l'entrée était assurée, si les profondeurs qu'atteignent les musoirs se conservent indéfiniment, et surtout si les alluvions sont peu considérables. C'est généralement le cas de la Méditerranée. Ainsi, à Trieste, dans l'Adriatique, bien qu'il y ait un fond de vase indéfini, les passes se maintiennent avec la même profondeur.

Il faut, toutefois, bien se garder de confondre, à ce point de vue, l'entrée du port avec les bassins. Le calme relatif obtenu par la présence de la jetée fait que les vases se déposent plus facilement dans les bassins; ainsi, à Trieste, par exemple, les darses s'envasent et il faut les draguer. Ce travail est ordinairement peu coûteux, car on a toutes les facilités possibles pour l'effectuer.

Il faut encore tenir compte des courants et de la quantité des alluvions amenées par les fleuves qui, quelquefois, viennent infirmer la règle que nous venons de donner. On peut citer comme exemple l'entrée du canal de Suez à Port-Saïd, qu'il faut draguer tous les ans pour en maintenir la profondeur.

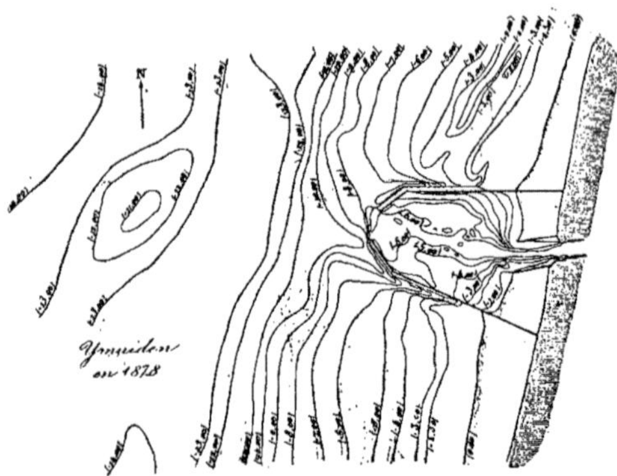

Fig. 288.

Dans les ports à grandes marées, les jetées ont été également favorables à la conservation de la profondeur des passes.

Nous rappellerons qu'à Cherbourg les alluvions viennent se déposer au sud de la digue.

On cite le port de Kingstown, près de Dublin, dont la profondeur des passes établies sur un sol meuble se maintient, bien que les musoirs ne descendent pas à plus de 8 ou 9 mètres au-dessous des basses mers.

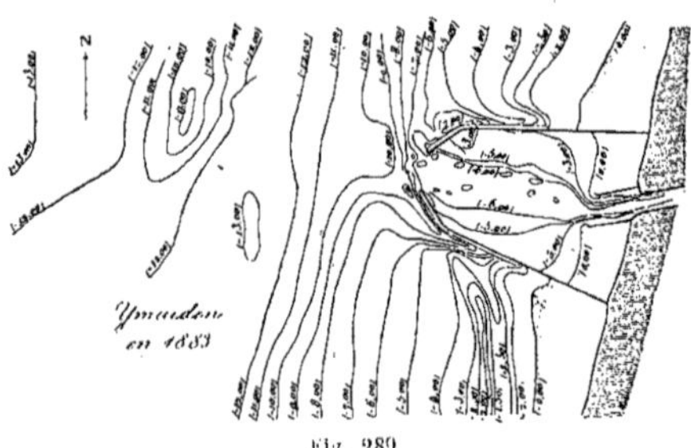

Fig. 289

L'exemple le plus remarquable est fourni par la bouche de Malomocco, située sous le vent de l'embouchure du Pô dans les lagunes de Venise. Le chenal est indiqué par deux jetées parallèles, dont les musoirs atteignent des fonds de 9 mètres au-dessous de la basse mer. Ce fond est formé de sable et de vase d'une profondeur indéfinie. Un bassin, formé par une lagune d'une grande superficie, permet de faire quelques chasses, car on observe une marée de 1 mètre en cet endroit. On a constaté, depuis de nombreuses années, que la profondeur de la passe s'est conservée intacte. C'est à peine si les sables du Lido, ou cordon du littoral, se sont accumulés le long d'une des jetées, sans que cependant la laisse de basse mer ait empiété sur le large; par suite, les alluvions n'ont pas gagné sur les musoirs.

Dans le cas où le fait se produit, comme à l'embouchure de la Meuse (Hoeck von Holland) ou à Ymuiden (*fig.* 288 et 289), débouché du canal d'Amsterdam à la mer, il faut avoir recours à des dragages extérieurs pour maintenir la passe.

On voit l'avantage qu'il y a à faire de longues jetées. Elles favorisent, en outre, les opérations de dragage, en reportant plus au large, là où la houle est moins forte, les engins destinés à opérer ce déblayement. On sait, en effet, que $0^m,60$ de houle suffisent pour empêcher le travail, et qu'elle est moins forte par des fonds de 8 à 10 mètres que par des fonds de 2 ou 3 mètres.

Ces grandes jetées agissent aussi quelquefois sur le régime de la plage même, ainsi que le fait un obstacle quelconque subitement créé. L'enracinement des jetées peut arrêter le mouvement des sables, ou, comme à Douvres, celui des galets. Ceux-ci se sont d'abord accumulés, puis cette accumulation, produisant elle-même un obstacle d'une autre forme, s'est arrêtée.

Nous avons constaté des effets semblables au Brésil, dans le port de Céara, ainsi que nous l'avons déjà dit quand nous avons parlé des dunes. Ce phénomène se manifeste surtout dans les pays où les vents soufflent régulièrement, et d'une façon différente, pendant plusieurs époques de l'année.

DÉFENSE DES COTES

Généralités.

338. Nous avons vu que les côtes basses étaient généralement défendues par le cordon du littoral formé soit par les dunes, soit par les galets. Nous avons également vu que, le régime de la mer étant altéré soit par les mouvements du sol, soit par les apports de nouveaux matériaux provenant des localités voisines, ce cordon pouvait être attaqué et donner lieu à des catastrophes subites, à des corrosions lentes ou à des ensablements des ports et de leurs passes.

Les premières défenses se sont faites comme celles des rivières, c'est-à-dire en fascinage ou en paillassonnage, ainsi que cela s'est pratiqué en Hollande et à l'île de Ré. Nous sommes entrés dans tous les détails d'exécution relatifs à ces travaux dans notre *Cours des Rivières;* nous n'y reviendrons donc pas, et nous y renverrons le lecteur qui aurait à exécuter ce genre de travail applicable dans nos Colonies, mais complètement abandonné en France, où on n'emploie plus que les enrochements, les maçonneries et les claire-voies. Nous allons citer quelques exemples.

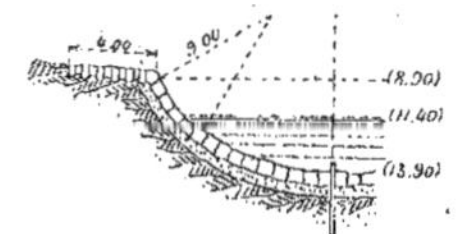

Fig. 290. — Digue de la chaussée de Saint-Malo.

Défense de la route nationale de Saint-Malo.

339. On sait que la ville de Saint-Malo est réunie au continent par une route nationale, établie sur une digue naturelle appelée le Sillon, et défendue par une série de dunes situées au nord. Ces dunes étant attaquées par la mer, on défendit la route au moyen d'un mur ayant d'abord la forme parabolique, puis la forme circulaire avec un élément rectiligne incliné à 1 à la partie supérieure (*fig.* 290).

Le pied de ce mur est défendu par une cloison de pieux et de palplanches enfoncés de 2^m,70 au-dessous desdits pieux.

Le revêtement est double ; le premier est en pierres sèches appliqué sur la

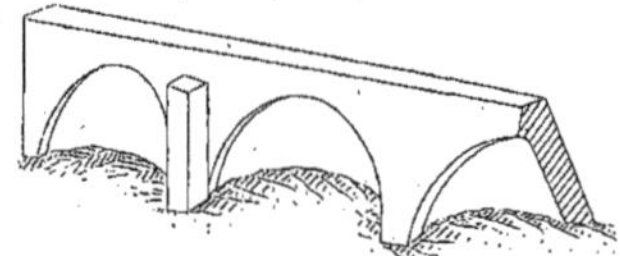

Fig. 291. — Digue d'Alger.

dune, le second en *opus incertum* maçonné sur le revêtement en pierres sèches, puis enfin, en arrière du couronnement, un passage de 4 mètres de largeur a été maçonné, afin d'empêcher, ce qui est très important, les affouillements dus au déferlement de la vague. Cette digue a donné de bons résultats.

Défense de la côte à Alger.

340. M. Hardy, ingénieur des ponts et chaussées, a cherché à combiner les avan-

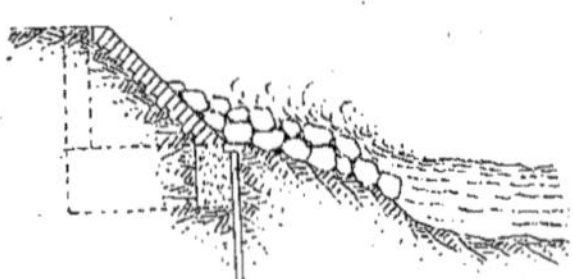

Fig. 292. — Digue d'Alger.

tages des murs inclinés, pour éteindre la force vive de la vague, avec la stabilité des parois verticales du côté des terres, ce qui soustrait la construction aux variations de compressibilité.

Dans ce but (*fig.* 291 et 292), il a fait construire un parement à 45 degrés du côté de la vague, un parement vertical du côté de la terre, et il a évidé le massif avec des

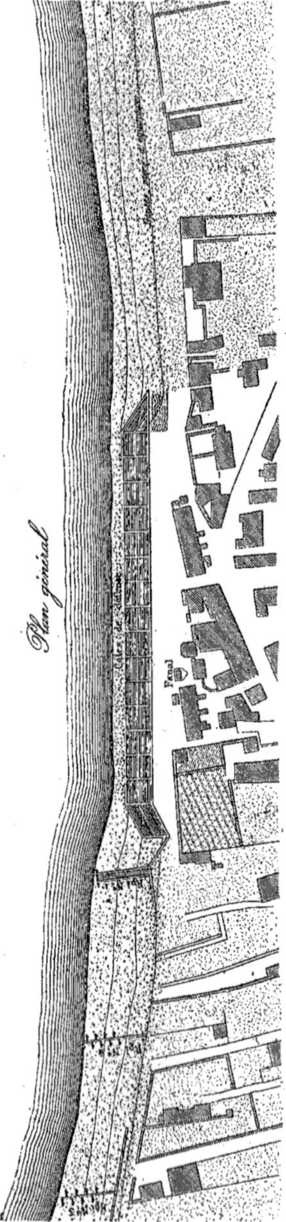

Fig. 293. — Travaux de défense de Grandcamp (Calvados).

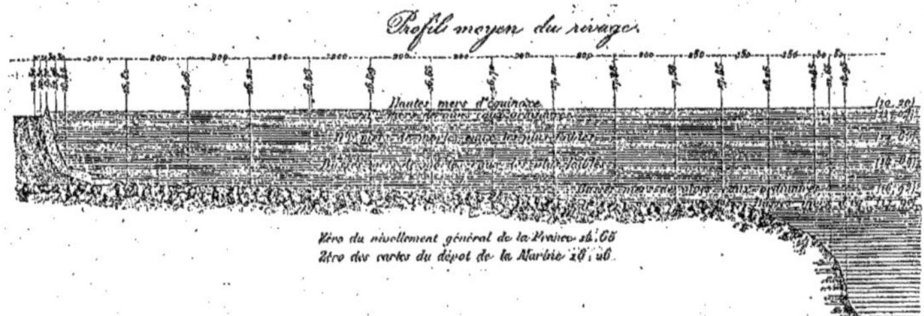

Fig. 294. — Travaux de défense de Grandcamp (Calvados) — Profil moyen du rivage.

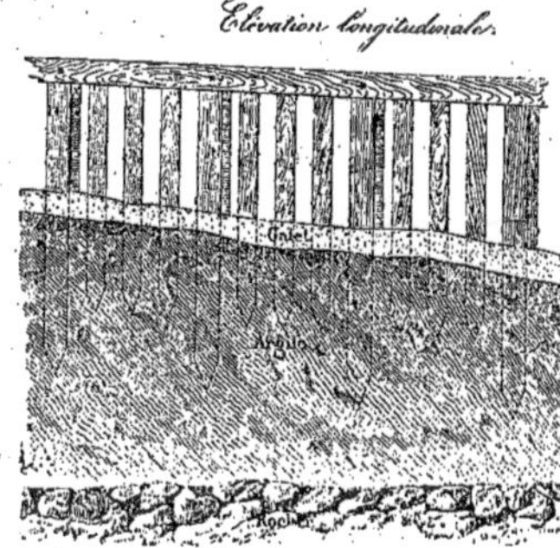

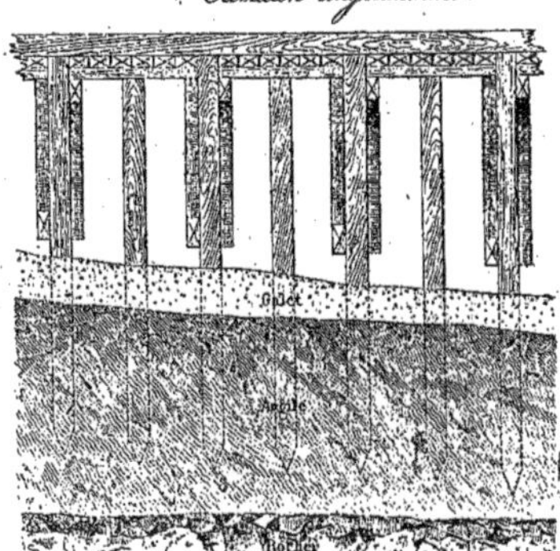

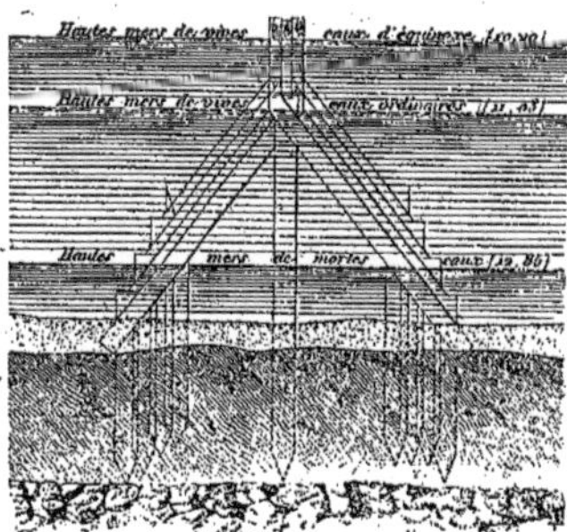

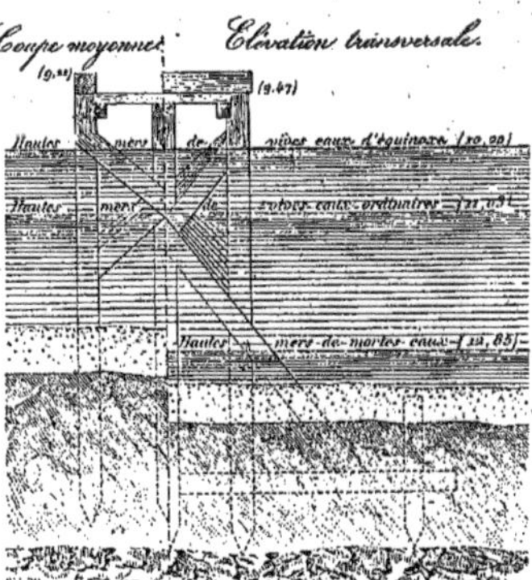

Fig. 295 et 296. — Travaux de défense de Grandcamp (Calvados). — Épis numéros 2 et 3.

Fig. 297 et 298. — Travaux de défense de Grandcamp (Calvados). — Épi numéro 1.

voûtes en berceau, de manière à ne laisser que ce qui est strictement nécessaire à la stabilité.

Un enrochement en maçonnerie a été construit en avant de la pile de pieux et palplanches, de façon à protéger les maçonneries contre les affouillements.

Ainsi construit, ce mur a supporté des coups de mer auxquels les ouvrages précédents n'avaient pu résister.

Défense de Grandcamp.

341. Nous trouvons, dans les *Annales* de 1871, les détails des défenses exécutées dans cette station de pêche par M. Lemoyne, ingénieur des ponts et chaussées.

Le village de Grandcamp est situé près de la baie des Veys, à la limite du Calvados. La plage est argileuse et recouverte de galets ; malgré cela elle était attaquée, et plusieurs maisons étaient menacées.

Des cales *pleines* en charpentes furent promptement attaquées, et résistèrent mal aux affouillements qu'elles subissaient sur une de leurs faces, et aux dépôts qui se formaient en même temps sur la face opposée (*fig.* 293 et 294).

Ce fut alors que M. Lemoyne se décida à employer des épis brise-lames, sorte de charpente à claire-voies, composée d'une file de pieux et de palplanches consolidés par un cours de moises et par des contrefiches. Un passage libre était ainsi laissé aux galets, mais on réduisait la puissance des vagues qui les entraînaient.

Nous donnons (*fig.* 295, 296, 297 et 298 les détails de ces épis qui, ainsi qu'on l'a constaté depuis, sont efficaces pour fixer les galets.

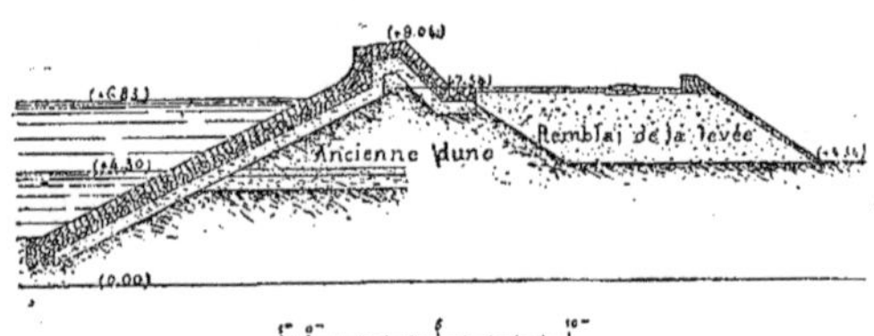

Fig. 299. — Coupe transversale de la digue de l'Aiguillon.

Travaux de défense de la côte de l'Aiguillon.

342. « La digue de l'Aiguillon, dit *la Notice* sur l'Exposition de 1889, a été construite en vue de mettre à l'abri des eaux de la mer les vastes et riches terrains qui s'étendent depuis la côte jusqu'à la ville de Luçon, sur une superficie de 17 000 hectares, et dont le niveau se trouve en moyenne à 2 mètres en contre-bas du niveau des plus hautes mers » (*fig.* 299).

L'ensemble des travaux s'étend sur une longueur de 5 000 mètres environ.

Sauf à l'extrémité ouest, où subsistent encore les premiers ouvrages constitués par de simples enrochements et des plantations de tamaris, les digues forment une ligne continue sans ouvrages saillants. Les extrémités seules sont marquées à l'Ouest par la jetée des Caves, à l'Est par l'Eperon des Sablons.

Le profil type est constitué par un perré maçonné de $0^m,70$, recouvrant un corroi de glaise de $0^m,50$.

Le pied est établi à la cote de $2^m,10$, où il a été reconnu que l'estran conservait un niveau invariable ; une file de pieux et palplanches moisés protègent le parement du muret qui en forme l'assiette.

Le talus est à 2/1 jusqu'à la partie supérieure où il est remplacé par un arc de cercle.

La crête extérieure de la banquette supérieure est à la cote de 8 mètres. La crête intérieure est à la cote $8^m,20$.

En projection horizontale, la banquette a 2 mètres ; le talus intérieur du parapet est à 45 degrés et s'appuie sur une risberme horizontale de 1 mètre de largeur.

La chaussée de la route qui suit le contour des digues se trouve placée au niveau de la risberme. Cette route, qui contient une voie ferrée de 1 mètre, a une largeur totale de 9 mètres ; au-dessous de la cote de 6 mètres (niveau des hautes mers des vives-eaux), les maçonneries sont en mortier de Portland, au-dessus en mortier de chaux hydraulique.

Le prix, variable avec l'utilisation possible des anciens ouvrages, s'est élevé en moyenne à 400 francs le mètre courant.

On a effectué le travail en marchant de l'Est à l'Ouest.

Comme on avait observé que de l'Ouest-Nord-Ouest à l'Est-Sud-Est, les affouillements et les avaries étaient surtout à craindre à l'extrémité de ces ouvrages, on les a renforcés par l'établissement d'un fort éperon insubmersible, appelé éperon des Sablons.

En plan, cet ouvrage représente un grand triangle.

Du côté Ouest, sa crête fait avec la digue un angle de 125 degrés, et ces deux directions sont raccordées par un arc de cercle de 30 mètres de rayon.

Du côté Est, le perré qui limite la jetée est perpendiculaire à la dune dans laquelle il s'enracine fortement.

Dans la direction de l'Ouest, un épi incliné rejoint l'estran et prolonge ainsi la jetée.

On a arasé la partie insubmersible à 8 mètres du couronnement de la jetée ; elle présente, perpendiculairement à la digue, une longueur de $68^{m},60$.

L'épi submersible a une longueur de 50 mètres et une pente de $0^{m},162$ par mètre.

Le profil Ouest se raccorde avec la digue et a le même profil, seulement il ne présente pas de gorge à sa partie supérieure. Abrité des tempêtes les plus fréquentes, il était inutile de recourir à cette disposition.

Un remblai de sable, recouvert d'un empierrement de $0^{m},50$ pour éviter les affouillements dus à l'embrun, forme le terre-plein.

Un perré maçonné constitue l'épi submersible d'un profil arrondi, recouvrant un noyau de moellons bruts.

Celui-ci est séparé du remblai de l'éperon par un mur de refend destiné à empêcher l'écoulement des sables à travers les moellons non maçonnés.

Les dépenses pour ce travail se sont élevées à 1 395 507 fr. 50.

343. Avant de passer à la classification et à la fabrication des blocs artificiels ainsi qu'à la description générale des travaux, nous compléterons cette étude de la défense des côtes par celle du port de Dunkerque où nous pourrons nous rendre compte et des difficultés que l'on peut rencontrer, et de la lenteur avec laquelle on doit mener ces travaux, surtout dans les plages de sable, si on veut éviter de faire des constructions inutiles et quelquefois nuisibles, par suite de l'impossibilité où l'on est de prévoir les effets dus au changement de régime.

Port de Dunkerque.

344. Nous emprunterons nos documents à une étude approfondie de ce port et à un travail de M. Eyriaud des Vergnes inséré dans les *Annales* de 1889.

Ce port était autrefois un simple havre d'échouage, établi dans une lagune séparée de la mer par des dunes. Cette lagune recevait les eaux d'une vaste superficie des terrains plus bas que la pleine mer et les déchargeait par une petite embouchure percée à travers les dunes et la plage. A mesure que les conquêtes de ces terrains bas sur la mer se sont prononcées, et que la lagune a été réduite par ces conquêtes, l'embouchure, qui constituait l'entrée du havre s'est atrophiée ; pour donner aux besoins de la navigation une satisfaction toujours tardive, le port est devenu peu à peu un port entièrement artificiel créé ou rétabli au prix d'efforts considérables et de travaux qui ont eu à lutter contre des circonstances naturelles très défavorables. L'examen des difficultés rencontrées et des essais entrepris pour les vaincre est donc des plus instructifs.

L'étude des courants superficiels faite par M. Flocq a établi, et l'expérience de chaque jour a confirmé depuis, que les courants de marée dans la rade et devant la plage de Dunkerque sont giratoires, avec deux maxima d'intensité qui correspondent, l'un, au moment de la pleine mer, pour le flot, l'autre, au moment de la basse mer, pour le jusant. Ces maxima coïncident avec les étales de haute et de basse-mer, circonstance peu ordinaire pour le voisinage d'un port qui n'est pas en rivière, ou n'est pas influencé par la proximité de l'estuaire d'une grande rivière.

Les étales des courants de marée correspondent, au contraire à peu près, à la mi-marée montante ou descendante, c'est-à-dire au moment où les variations de hauteur sont les plus rapides.

Au moment du plein, le courant de flot est orienté de l'Ouest à l'Est et, au moment de la basse mer, celui du jusant de l'Est à l'Ouest. Entre ces deux sens, ils prennent toutes les aires du compas. Le flot incline vers le large au moment où il s'amortit pour finir Sud-Nord.

Le jusant commence dans la même direction, tourne en sens inverse des aiguilles d'une montre, pour devenir Est-Ouest à son maximum. Il continue son mouvement giratoire en inclinant vers la terre et se termine Nord-Sud en portant franchement sur la plage. Le flot recommence alors Nord-Sud et prend des directions de plus en plus inclinées sur la plage, à mesure que sa force augmente, pour redevenir Ouest-Est au plein. La vitesse maxima du flot varie de $2^m,45$ à $1^m,15$ par seconde, suivant l'importance de la marée et la direction du vent. Dans les mêmes limites et avec les mêmes influences, celle du jusant est de $2^m,00$ à $1^m,30$. Le flot a donc une intensité plus grande que le jusant ; mais sa durée est inférieure d'une heure et demie ou deux heures sur celle du jusant.

On admet généralement qu'il doit y avoir du courant au-dessous de 0 de la ligne des marées et on voit, par suite, qu'on peut, à cause du peu de vitesse de tous ces courants, leur attribuer les transports considérables de sables de l'est à l'ouest.

On a pu se convaincre que ce sont les vents du large qui ont la plus grande influence. D'une observation de huit années (1878-1885) formant 72 528 heures, on a remarqué :

Calmes				4 458 heures		
Vents de	E.	avec une vitesse moyenne de	$27^{km},37$	8 691 heures	=	194 625
»	N.-E.	» »	25 ,33	8 820 »	=	214 427
»	N.	» »	24 ,76	3 876 »	=	95 970
»	N.-O.	» »	25 ,61	8 583 »	=	219 818
»	O.	» »	27 ,08	12 604 »	=	350 419
»	S.-O.	» »	20 ,41	12 896 »	=	263 301
»	S.	» »	15 ,68	5 996 »	=	94 068
»	S.-E.	» »	13 ,30	6 604 »	=	86 082
	Total			72 528		

Les chiffres de la dernière colonne (produit de la vitesse du vent par le nombre d'heures) indiquent les coefficients d'agitation et peuvent être classés de la façon suivante :

E. 1, N. - E. 1,10, N. - O. 49, N. - O. 1,13, 1,79, S. - O. 1,35, S. 0.48, S. - E. 0,44.

Comme le flot et le jusant ont à peu près le même coefficient d'agitation, il s'ensuit que le *gain* provient des vents d'ouest. On a pu l'évaluer à 374 000 mètres cubes annuels, en se basant sur les quantités de sables enlevées dans certaines portions de la plage où on a pu considérer l'alimentation comme supprimée, mais, mieux encore, sur l'examen des documents anciens.

La plage Est du port a subi très peu de changements, depuis les temps les plus anciens, tandis que la plage Ouest, au contraire, a été extrêmement modifiée, et jusqu'au point de donner des estrans de 12 à 1 600 mètres. Ceci tient à ce que, là même où est aujourd'hui la plage, existait le port ou la rade de Mardick, séparé de la rade actuelle par une barre qui couvrait à peine à la pleine mer, et s'allongeait à peu près perpendiculairement à la terre au droit de Mardick, pour s'incliner en courbe vers Dunkerque ; une autre barre, le *Scutebeck*, était soudé à la terre (voir *fig.* 300 et 301). La rade de Mardick s'ensabla également et produisit un abaissement de la laisse de basse mer.

En 1658, on trouvait, devant le vieux Mardick, quatre brasses de fond et, en 1664, 15 pieds seulement. L'entrée de la rade avait subi une réduction semblable : au lieu de dix brasses il n'y en avait plus que cinq. En 1714, l'encombrement était définitif et le port de Dunkerque était condamné par un batardeau ; ne pouvant plus écouler les eaux du bas pays, on chercha à restituer cet écoulement et à rendre une petite navigation possible jusqu'au port, en réalisant le projet du canal dû à Van Langren, projet que l'on modifiait, en faisant aboutir ce canal, non plus dans le Mardick qui n'existait plus, mais de percer le Schurken pour arriver à la mer à une cote suffisante pour faire écouler l'eau au baissant de la mer. Ce canal et les jetées de Mardick furent exécutés en un an sur les plans de Vauban ; mais, en 1717, sur les réclamations du gouvernement anglais, on dut combler ce canal et démolir les jetées. On ne put donc constater les effets des lâchures à demi-marées sur la plage, bien qu'elles eussent déjà produit, à la sortie des jetées, un delta provenant des matières enlevées au chenal. Ce delta disparut, du reste, bientôt sous l'action des lames de la région Ouest.

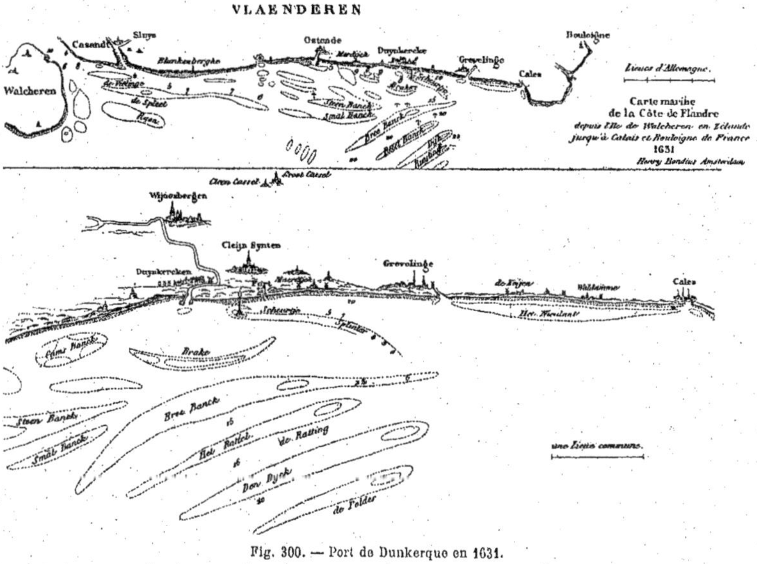

VLAENDEREN

Fig. 300. — Port de Dunkerque en 1631.

En résumé, la plage Ouest de Dunkerque, formée par la réunion à la terre du Schurken et du Scutebeck présentait et présente encore une superficie vallonnée ayant la forme d'une selle, avec un col situé à peu près devant Mardick et deux vallées comprises entre la terre et le Schurken, l'un versant à l'Ouest dans la fosse de Mardick, l'autre versant à l'Est, vers le port de Dunkerque. Le col qui s'est exhaussé peu à peu a été fixé au moment où on a construit les jetées de Mardick. Les vallées étaient, à chaque pleine mer, complètement couvertes, en même temps que la plage et le Schurken s'imbibaient d'eau, et, au baissant, elles étaient parcourues par des courants violents, labourant les sables et les entraînant d'une part, vers la passe de Mardick, d'autre part, vers l'entrée du port. Les premiers n'ont pas d'influence sur l'entrée, les seconds sont, au contraire, très défavorables à son maintien. Eux seuls expliquent l'exagération des apports qui,

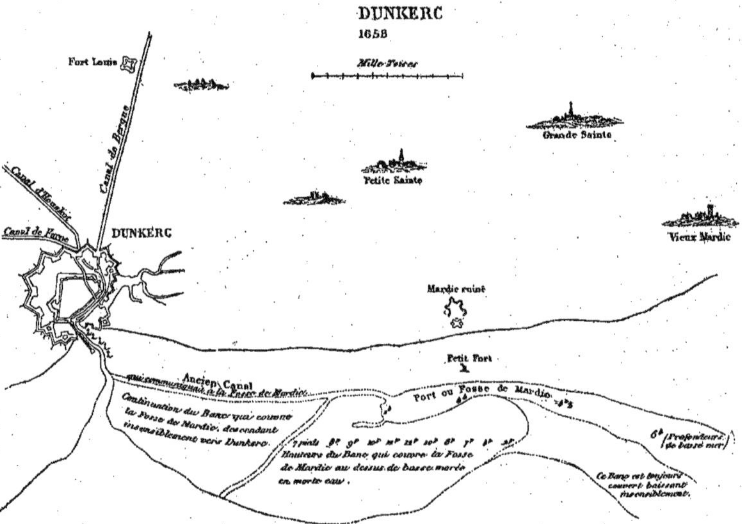

Fig. 301. — Port de Dunkerque.

de 374 000 mètres cubes, dus aux lames d'ouest et de nord-ouest, s'élèvent jusqu'à 500 000 mètres cubes du fait de ces courants. En d'autres termes, depuis 1658 jusqu'à nos jours, la constitution du terrain s'est à peine modifiée. On retrouve encore la crête du Schurken à la cote qu'il avait en 1658 (V. *fig.* 301). Le sommet s'est seulement un peu rapproché de Dunkerque, en suivant la marche générale des sommets vers l'Est. Les vallées se sont un peu effacées et la pente du Schurken vers le port s'est raidie, par suite de l'avancement du sommet du banc, et la direction générale de la laisse de basse mer est toujours inclinée à 45 degrés sur le méridien.

Le port de Dunkerque, remis en communication avec la mer par la rupture du batardeau qui fermait l'entrée du chenal, rupture qui eut lieu à la suite d'une violente tempête du N.-N.-O, est resté abandonné à lui-même jusqu'en 1785 ; puis, il a été restauré, partie au moyen de la reconstruction des ouvrages détruits, partie au moyen d'ouvrages neufs.

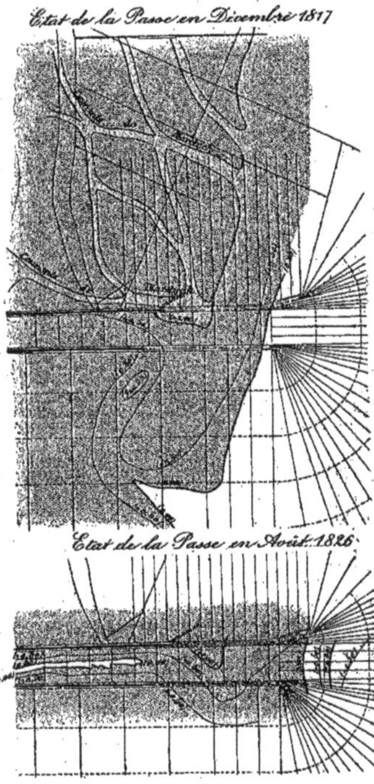

Fig. 302 et 303. — Port de Dunkerque.

Nous allons seulement étudier ce qui a trait aux jetées proprement dites. Nous reviendrons un peu plus loin sur les chasses.

Les jetées basses ont été reconstruites sur l'emplacement des anciennes jetées de Vauban, et peu à peu, on les surmonta d'estacades qui, en 1817, les couronnèrent sur toute leur longueur. La plage Ouest s'étant fortement engraissée, les ouvrages devinrent intérieurs jusqu'au-delà du fort Revers. Ils le devinrent définitivement après la construction du bassin Becquet, conquis sur la mer et protégé du côté du large par une épaisse levée, qui alla

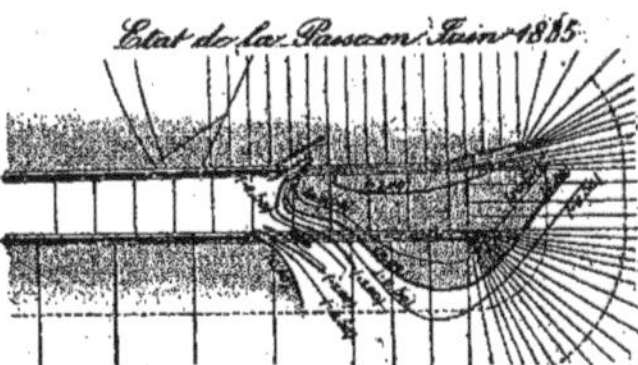

Fig. 304. — Port de Dunkerque.

rejoindre des renclôtures exécutées par des particuliers. La partie des jetées située au Nord de l'ancien Risban resta le seul ouvrage extérieur.

Nous donnons les états de la passe à différentes époques, depuis 1817 jusqu'à 1886 (*fig.* 302 à 310). Les digues sont figurées sur ces dessins à leur longueur actuelle, mais un trait *plus fort* indique la vraie longueur à l'époque à laquelle se rapporte le plan. On peut ainsi mieux se rendre compte des effets produits par l'allongement des jetées.

On voit qu'en 1817 l'état du chenal et de la passe est très mauvais ; la laisse

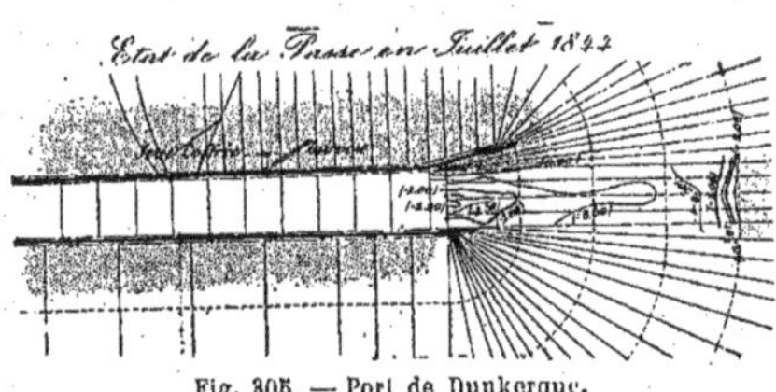

Fig. 305. — Port de Dunkerque.

de basse mer ou zéro des cartes marines correspondant aux plus basses mers des vives-eaux d'équinoxe, déborde la jetée ouest de 240 mètres; le chenal est ouvert seulement à la cote de (+ 0m,50) et dévié à l'est de la sortie des jetées.

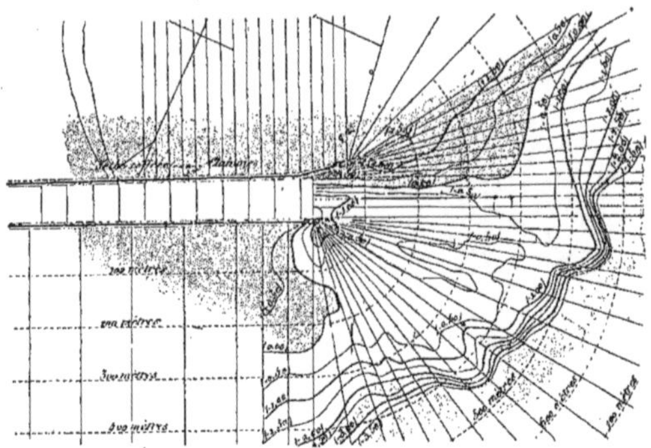

Fig. 306. — Port de Dunkerque. — État de la passe en septembre 1855.

Outre son manque de profondeur, le chenal était mauvais, parceque les navires qui s'y engagaient n'étaient pas suffisamment abrités par les estacades. On chercha à supprimer ce défaut en coffrant les jetées jusqu'à 4 mètres au-dessus du zéro

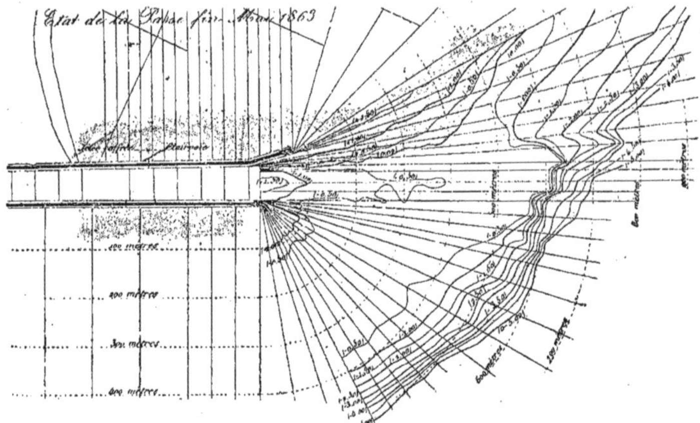

Fig. 307. — Port de Dunkerque.

et on le réduisit, en effet, beaucoup. Ces travaux étaient terminés en 1826; on peut voir le creusement qui s'en suivit sur le chenal, car, en 1836, la profondeur entre les jetées était de 2 mètres au-dessous du zéro, ce qui ne servait du reste à rien, car on rencontrait la courbe zéro à 20 mètres de la jetée ouest et (+ 1 mètre) à 75 mètres de ce même point, c'est-à-dire un seuil de 3 mètres au-dessus de la cote du fond du chenal intérieur.

De 1836 à 1842, on augmenta de

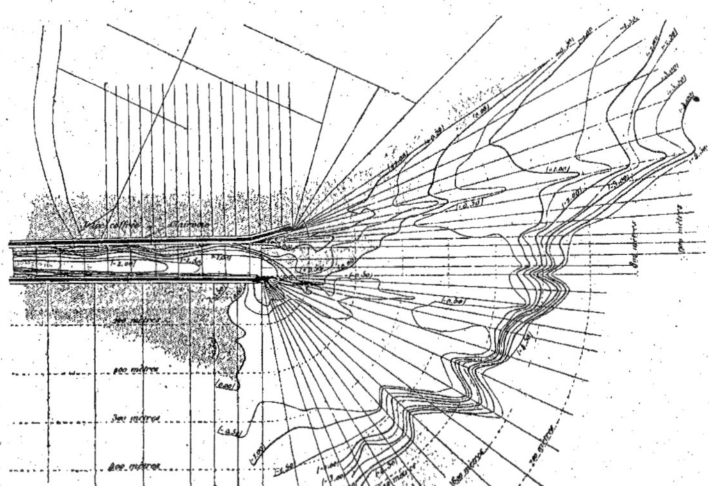

Fig. 308. — Port de Dunkerque. — État de la passe en janvier 1867.

276 mètres la longueur des ouvrages et de 25 mètres en 1876. On voit, du reste, que, dès 1835, la courbe du zéro, ainsi que les courbes (+ 0m,50) et (+ 1 mètre),

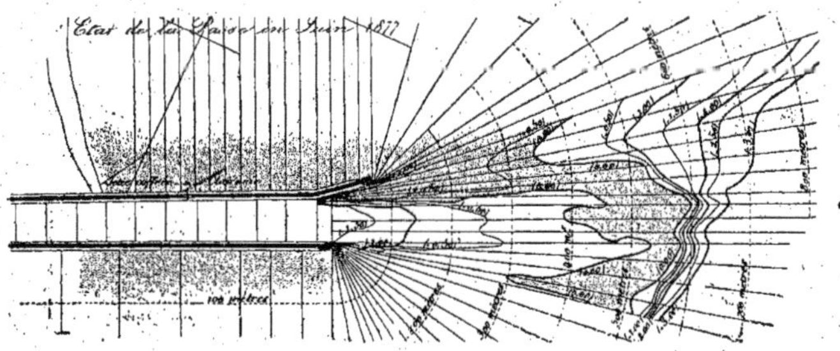

Fig. 309. — Port de Dunkerque.

dépassaient le point où se trouve aujourd'hui le musoir de la jetée Ouest. Depuis, la plage a continué à s'avancer, et les prolongements des jetées ont suivi lentement, plutôt qu'ils n'ont provoqué les *avancements de la plage qui ont été surtout produits par les châssis et les courants de Mardick*. Ce prolongement des jetées, dont les musoirs ont toujours été beaucoup en dedans de la laisse, n'a contribué à l'avancement qu'en reportant plus au large l'embouchure des courants de Mardick.

Les claires-voies élevées sur les jetées basses présentèrent une faible saillie par

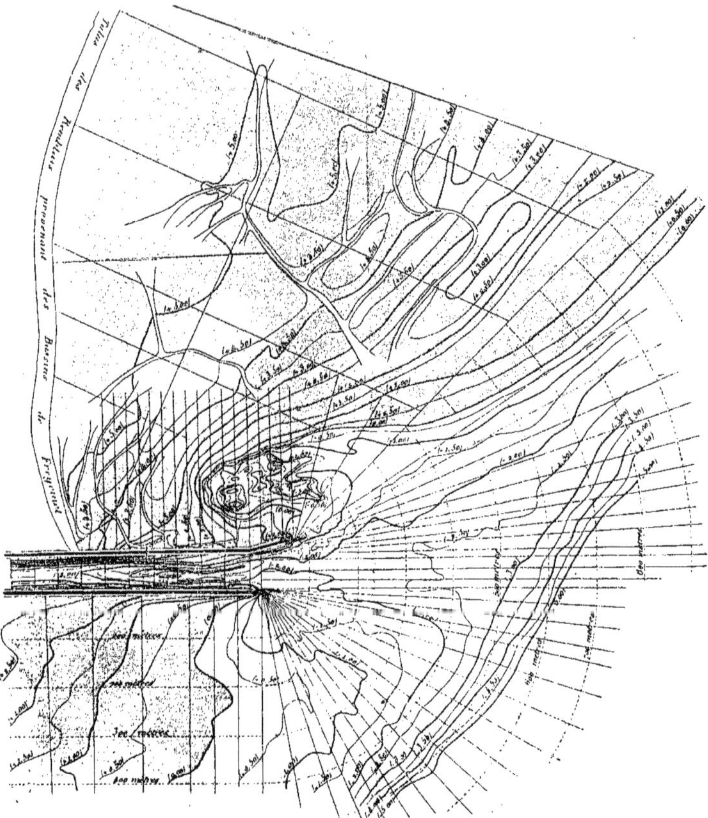

Fig. 310. — Port de Dunkerque. — État de la passe en octobre 1885.

rapport aux sables, aussi ceux-ci se déversèrent-ils bientôt dans le chenal, d'où il fallait ensuite les expulser, soit par le dragage, soit par les chasses.

On voit qu'en résumé la plage tendait constamment à se reformer à travers les claires-voies.

Nous arrêterons ici ce que nous avons à dire sur le port de Dunkerque, et nous y reviendrons un peu plus loin à propos des chasses, lorsqu'il sera question de l'entretien des ports. Nous résumerons, pour finir, ce qui a trait à la défense des côtes en citant très brièvement quelques exemples que nous continuerons à emprunter à M. Eyriaud des Vergnes.

Résumé.

345. Tous les systèmes proposés pour défendre une plage de sable, de façon à permettre d'y établir un port, peuvent se ramener à trois types :

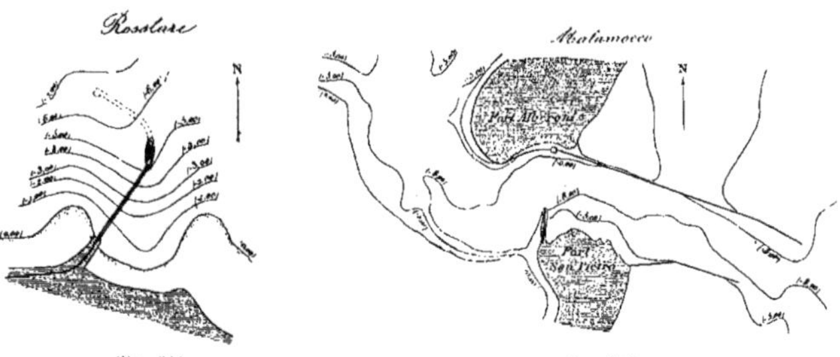

Fig. 311. Fig. 312.

1° La construction au large d'un brise-lames d'abri, accostable par les navires et relié à la terre ferme par un viaduc sur piles très espacées;

2° La construction de jetées parallèles peu espacées, procurant entre elles un accès à un avant-port intérieur, et com-

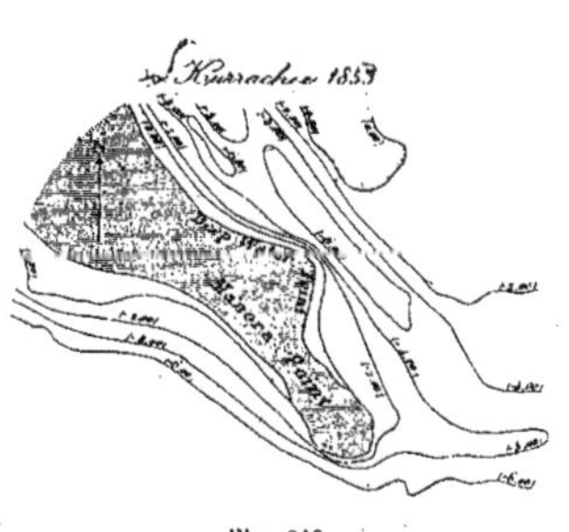

Fig. 313.

binées souvent avec l'emploi des chasses pour l'entretien du chenal entre jetées;

3° La construction de deux jetées partant de terre, pointant vers le large à une distance convenable l'une de l'autre, pour converger ensuite vers les musoirs plantés en eau profonde.

346. *Port de Rosslare.* — 1° Nous citerons comme exemple des premiers le port de Rosslare (*fig.* 311) sur la côte Sud-Est de l'Irlande, entre le port de Wexford et la pointe de Greenore.

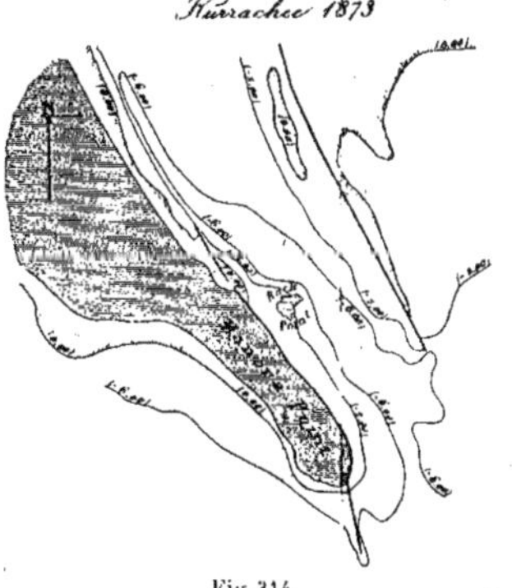

Fig. 314.

Les ouvrages forment un embarcadère relié aux chemins de fer, accostable par les bâtiments destinés au transport des voyageurs entre l'Irlande et l'Angleterre. Le brise-lame donnant un abri est imparfait, mais il n'a pas déterminé de modifications dans la plage.

347. *Ports de Malamocco et de Kurrachee;* — 2° Comme exemples de ports à jetées parallèles, nous avons déjà parlé de celui de Malamocco (*fig.* 312), nous y joindrons ceux de Kurrachée (*fig.* 313 et 314), en 1853 et 1873, port placé à l'extrémité N.-E. de la côte orientale de l'Inde anglaise sur la mer Arabique. Ce dernier port, situé dans la région des moussons, offre, par cela même, un intérêt spécial. On voit que la pointe de Manora s'avance en mer sous la forme d'un épi rocheux, protégeant la côte de l'Est contre les moussons du Sud-Ouest. Cet épi a contribué, par son abri, à former un bourrelet littoral, donnant naissance à des lagunes en laissant une passe, où l'on trouvait, devant Deepwater-Point, une fosse profonde offrant plus de 6 mètres d'eau à basse mer et bien abritée contre la mousson du Sud-Ouest. La mousson du Nord-Est soufflant de terre n'a point d'action sur la côte ; celle-ci est soumise seulement à l'influence prolongée des vents du Sud-Ouest, qui retroussent les sables du fond de la mer et les portent au rivage. A l'Ouest de Manora-Point, la côte est rocheuse et plonge avec un talus raide; et comme elle est, de plus, normale à la direction des vents et des lames, les sables n'y tiennent point. A l'Est de la pointe, la plage, douce et abritée, présentait une grande largeur, à travers laquelle les courants de remplissage et de vidange creusaient un lit, ouvrant les courbes à 4 mètres ; mais ces courants, déjà déviés par la Deepwater-Point, étaient refoulés par la mousson, en sorte que la passe extérieure s'infléchissait dans l'Est, laissant à l'Ouest une pointe de la courbe de (— 4 mètres) très prolongée. On chercha alors à mieux guider les courants en les enfermant entre la pointe de Manora et une jetée à peu près parallèle à sa direction. De plus, on a cru utile de pousser, au dehors de la pointe, une jetée, dont le musoir a été porté, par les fonds de 6 mètres, au-dessous de la basse mer des vives-eaux ordinaires.

La figure 314 montre les résultats obtenus, résultats que l'ont peut considérer comme satisfaisants, mais qui ont été acquis au prix de dépenses très importantes.

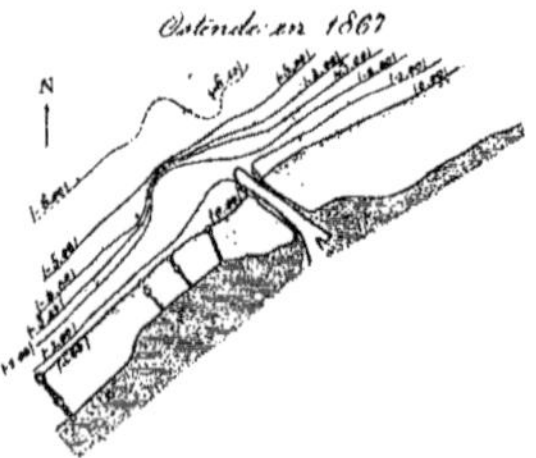

Fig. 315.

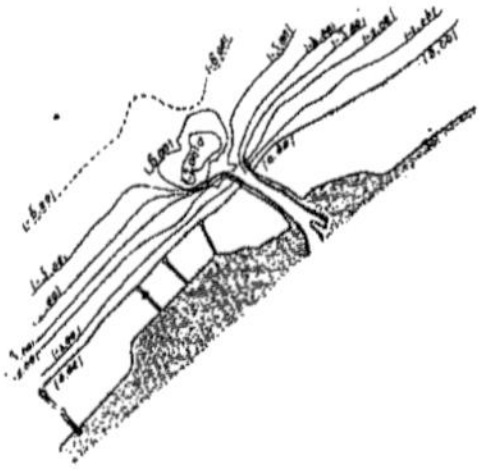

Fig 316. — Port d'Ostende.

Ils ont consisté essentiellement dans l'ouverture des courbes de (— 6m) à l'extérieur et dans l'extension vers l'intérieur de la passe à (— 6m) qui constitue le port. On voit ainsi les résultats que l'on a pu obtenir en profitant du vaste réservoir de 47 kilomètres carrés qui débouche dans la mer.

348. *Port d'Ostende.* — En France et en Belgique, les ports en plage de sable ont été, à l'origine, entreteaus par les courants de vidange et de remplissage de lagunes relativement peu importantes. C'étaient, d'ailleurs, des havres asséchant à basse mer et non des ports de stationnement à flot.

Tous ces ports sont à jetées parallèles, et leurs chenaux sont orientés presque exactement au Nord-Ouest, orientation

tion motivée par les besoins de la navigation à voile, et, comme les côtes n'ont pas une orientation constante, l'angle, sous lequel elle est coupée par la jetée, varie d'un point à un autre. Les longueurs totales des ouvrages, la proportion entre les longueurs des coffrages et des claires-voies varient également. Les effets produits par les travaux sont donc quelquefois très différents. C'est ainsi qu'à Ostende la plage présente une fixité remarquable, ainsi qu'on peut s'en rendre compte par les figures 315 et 316, et cela malgré les nombreux épis qui ont été construits. La différence qui existe entre cette plage et celle de Dunkerque tient à ce que le premier port est abrité des vents du sud et de l'ouest par le Trapœger et le Broers-Banck.

349. *Port d'Ymuiden.*—3° Le troisième système de port à jetées convergentes a été surtout employé par les ingénieurs anglais. Nous examinerons d'abord ce système sur le port d'Ymuiden, dont nous avons déjà parlé, et qui a été construit, de 1866 à 1878, sur les plans d'un ingénieur anglais, Hawkshaw.

Les courants des marées sont très faibles à Ymuiden; la pente de la plage, extrêmement douce; l'estran a 5 millimètres de pente moyenne sur 1 500 mètres de longueur (voir *fig.* 288 et 289).

La mer ne montant en réalité que de $1^m,60$, la partie que découvre la basse mer a donc peu de largeur. Elle présente en moyenne une pente de 16 millimètres sur 160 mètres, comptés du pied de la dune qui est la laisse de la pleine mer.

En dessous du zéro, l'estran sous-marin se prolonge avec une pente très douce, $5^m,3$, sur 1 500 mètres de la laisse de basse mer, où on rencontre une pente encore plus douce, qui raccorde l'estran avec un plateau horizontal de 8 000 mètres de largeur régalé à ($-$ $15^m,60$). On ne trouvait originairement aucune boue sur ce plateau, qui, vers le large, se raccordait par un talus avec les fonds de 20 et 25 mètres.

Les courants de marée sont très faibles. Le flot qui porte au Nord-Ouest-1/4 Est ne dépasse pas 2 nœuds en vives-eaux et descend à 1 nœud en mortes-eaux. Le jusant, qui porte au S.-O., atteint 1 nœud en vives-eaux et n'est plus que de 1/2 nœud en mortes-eaux. Par compensation, la durée du flot n'est que de $4^h,15'$, tandis que celle du jusant est de $7^h,54'$. Il ne paraît donc pas que les courants puissent avoir une influence sur le régime de la plage, qui est déterminé uniquement par les vents et les lames qu'ils produisent.

Les vents les plus fréquents sont ceux du S.-O. ou N.-O. par le N. Les plus violents sont ceux du N.-O.

Les apports sont surtout dus aux lames et sont retroussés par celles du fond de la mer, lorsque les vents battent en côte, sous un angle plus ou moins voisin de 90 degrés.

On en trouve plusieurs preuves. La première dans l'épaisseur considérable des dunes, qui, mesurée normalement à la côte, varie de 3 à 4 kilomètres au N. et au S. de l'emplacement choisi pour le port, sauf sur les 4 kilomètres situés immédiatement au Nord et sur lesquels la largeur des dunes n'est que de 1 000 à 1 300 mètres.

D'autres preuves de cette origine résultent de la forme des avancements de la laisse de basse mer, qui a progressé presqu'aussi vite à l'intérieur du port qu'au dehors et, enfin, dans celle des avancements sous-marins, qui produisent sur l'estran les bourrelets parallèles au rivage.

La figure 317 montre la situation du port d'Ymuiden et de l'estran aux abords, telle qu'elle existait au moment de l'achèvement des travaux. On voit que l'axe du port est à très peu près normal aux courbes de niveau de la plage. Les jetées sont convergentes à partir de leur enracinement, où elles sont espacées de 1 200 mètres. Elles se rapprochent ensuite lentement l'une de l'autre (à 1 200 mètres, elles sont encore à 660 mètres). Elles convergent ensuite rapidement suivant des alignements normaux entre eux, raccordés avec les premiers par des courbes de 150 mètres de rayon. Ces bras ont chacun 345 mètres de longueur, musoirs compris, et, sont séparés par une fosse de 260 mètres de longueur.

La superficie englobée par les jetées est de 120 hectares; on ne l'a pas approfondie tout entière, on se proposait de donner 7^{m},70 de mouillage à une surface elliptique de 55 hectares. On croyait pouvoir réaliser ce travail en draguant 1 500 000 mètres cubes, mais, il fallut renoncer, après avoir extrait 4 500 000 mètres cubes, à entretenir une surface profonde aussi considérable. On s'est décidé finalement à entretenir un chenal de 250 mètres de largeur sur 7 mètres de profondeur allant de la fosse à l'entrée du port d'Amsterdam.

La figure 318 montre l'état des lieux, cinq ans après l'achèvement des travaux ; bien que cette période soit un peu courte, on peut déduire de sa comparaison avec la figure 317, les observations suivantes :

Le flot n'a que des vitesses de 0^{m},50 à 1 mètre à la surface, et le jusant, 0^{m},25 à 0^{m},50 ; ce dernier durant presque deux fois autant que le flot, on en déduit qu'il ne peut y avoir que des vases fines transportées, et que les apports doivent venir du large ; les cheminements longitudinaux étant peu importants, en comparaison des cheminements transversaux à la plage, celle-ci doit, en conséquence, s'engraisser sur une grande longueur, et des accumulations locales de sable doivent se faire au Nord et au Sud du port dans les angles que les jetées abritent des vents opposés.

Le plan de 1878 (*fig.* 317) montre des avancements qui concordent avec les indications ci-dessus. La laisse de basse mer, qui était, autrefois, parallèle à la laisse de pleine mer, s'incline sur elle en s'écartant à l'enracinement des jetées ; sa concavité vers le large est très faible ; au Nord de la jetée Nord, on remarque un bourrelet longitudinal supérieur à (— 2 mètres), qui est l'indice incontestable d'un retroussement à la côte des sables venant du large, retroussement que l'action des courants de marée n'expliquerait pas.

Les courbes de niveau de grande profondeur de (— 5^{m}) à (— 11^{m}), tourmentées, comme cela a lieu sur toute plage recevant des apports du large, se rapprochent toutes brusquement des musoirs et des jetées, grâce au ressac produit sur leurs faces extérieures. Le long de la jetée N. on constate à l'angle de ses deux alignements plus particulièrement battus par les tempêtes de N.-O., une fosse à (— 8^{m}) résultant des lames du N.-O. et un sillon longeant la jetée, dû aux lames du N.-O. et d'Ouest. Le long de la jetée S, un sillon de même genre refoule toutes les courbes par le fait des lames de N.-O. et d'Ouest. Immédiatement devant les musoirs, on ne retrouve plus la cote (— 8^{m}) par laquelle on avait eu l'intention de planter les extrémités des jetées ; la courbe à (— 7^{m}) passe devant l'entrée, qui est même barrée par une pointe à (— 6^{m}) se rattachant à la jetée N. On constate là un seuil, formé par l'arrêt des sables du large, que les courants de remplissage et de vidange n'ont pu ronger.

Au-delà de la courbe de (— 11^{m}), le

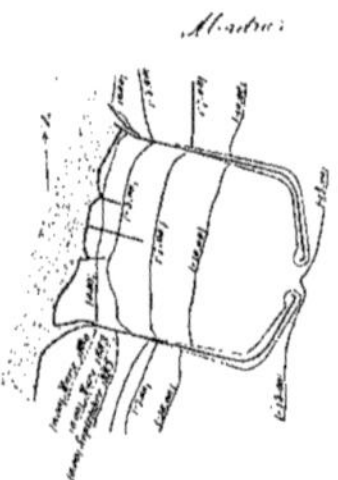

Fig. 317.

plan de 1878 montre un mamelon compris entre les courbes à (— 13^{m}), et dont le sommet dépasse (— 11^{m}). On ne peut expliquer sa naissance qu'en l'attribuant au versement des cubes considérables de dragages exécutés, dans les dernières années des travaux, pour l'approfondissement de l'avant-projet, car ces versements avaient lieu à 1 mille au-delà des jetées, et c'est précisément à 1 mille des musoirs que se trouve le mamelon signalé.

L'examen de la figure 318 donne lieu à des constatations analogues à celles que nous venons d'exposer. L'avancement de la laisse de basse mer s'est prononcé d'une manière sensible pendant les cinq années qui séparent les deux plans, et à peu près autant au nord qu'au sud. Au nord, le bourrelet que montrait la figure 317 n'existe plus, les lames ont achevé de le remonter sur l'estran, ce qui a déterminé une forte progression de la laisse de basse-mer.

L'avancement de l'estran sous-marin apprécié par des fonds de (— 7m) est très marqué, mais il importe de remarquer que la fosse et le sillon, longeant la jetée nord ont diminué de profondeur ; que la courbe à (— 10m) s'est rapprochée de terre et que le talus s'est fort raidi entre les courbes à (— 10m) et à (— 5m). Il semble que la situation, levée avant les tempêtes N.-O., soit instable, et qu'un bourrelet semblable à celui de 1878 soit prêt à se former aux dépens du talus.

Au Sud du port, où un bourrelet supérieur à (— 2m) est en voie d'ascension vers le haut de la plage, les talus sont plus doux qu'au nord. La courbe à (— 4m) est à la même distance du pied des dunes qu'en 1878. Toutes les courbes inférieures à (— 4m) se sont rapprochées de terre, la courbe de (— 10m) marchant de près de 100 mètres vers la côte.

Devant les musoirs, le seuil supérieur à (— 8m) a augmenté un peu d'épaisseur, mais a été abaissé par des dragages.

Au large, les modifications sont notables, et sans être inquiétantes, sont peu avantageuses. Les courbes à (— 11m) et à (— 12m), les plus voisines de terre, ont peu changé ; elles se sont un peu rapprochées de la côte, mais le mamelon existant au large s'est fort exhaussé, et son sommet dépasse un peu la cote (— 9m). En même temps, la fosse à (— 13m) qui existait entre ce mamelon et le port s'est presque comblée, et on ne trouve plus qu'un petit trou à (— 13m) entre les courbes à (— 12m). Ce fait ne tient certainement pas à la construction, mais bien au déchargement des produits du dragage.

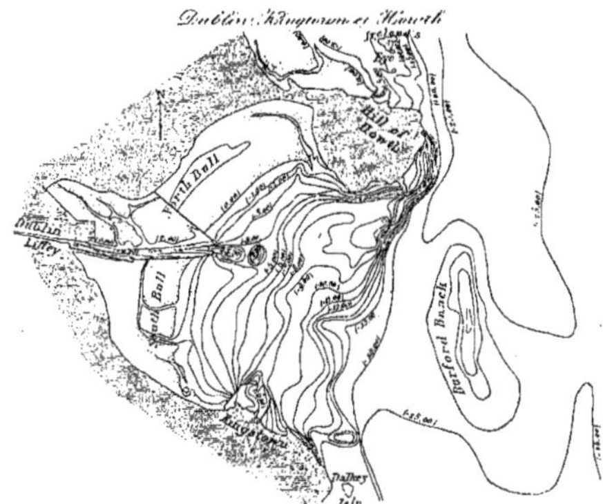

Fig. 318.

350. Si on examine maintenant ce qui s'est passé à l'intérieur du port, on voit que, pendant les commencements de la construction des jetées, la laisse de basse mer s'est avancée à l'intérieur autant qu'au dehors, et que cet avancement a continué par la suite, du fait des apports venant du large.

Le chenal de 250 mètres, que l'on a renoncé à étendre, présente une surface de 30 hectares, sur laquelle la cote de (— 7m) n'est pas tout à fait atteinte. Pour obtenir ce résultat, on est obligé de draguer annuellement un peu plus de 400 000 mètres cubes de sable et de vase. Les apports intérieurs représentent donc un cube de 1,33 par mètre carré de surface du chenal. Ils sont formés, non seulement de ce qui se dépose sur sa surface, mais encore de ce qui s'y écoule des autres parties de l'enceinte totale de l'avant-port, lorsque les tempêtes d'ouest et de nord-ouest y produisent une certaine agitation. Pendant les périodes calmes, les talus deviennent plus raides; dans les périodes agitées, au contraire, cette portion s'écroule et envase le chenal.

En résumé, si ce port n'a pas complètement répondu à ce qu'on en attendait, il n'en a pas moins constitué un type qui mérite d'être imité. Outre que les difficultés auraient été partout les mêmes sur les côtes de la Hollande, le port avait l'avantage de réunir, par un canal très court, Amsterdam à la mer, et, on ne prévoit pas que l'entrée du port soit compromise avant quelques siècles.

351. *Port de Madras.* — Parmi les nombreuses imitations du système de jetées, que nous venons de décrire, nous citerons les travaux du *port de Madras* (*fig.* 317): ils sont fort intéressants.

La mer y marne $0^m,60$ à $0^m,90$ au plus. Le régime des vents est celui des moussons comme à Kurrachee. La tête est orientée presque N.-S devant Madras. La mousson N.-E., qui souffle de novembre à avril, produit une houle de surface, assez courte, attaquant la côte de biais, et déterminant des mouvements longitudinaux des sables du nord au sud. La mousson du Sud-Ouest, qui est un vent de terre, ne devrait pas avoir d'action sur la plage; elle ne produit pas, en effet, de lames de surface, mais elle donne lieu à une houle de fond, dérivée et interne, qui vient briser à la côte de Sud-Est, en partant du Nord-Ouest, pendant les mois de mai à octobre. Elle tend ainsi à faire cheminer les sables du Sud au Nord, plus vite que la mousson du Nord-Est ne les fait descendre du Nord au Sud. Ces mouvements alternatifs se résument donc en un grain du Sud au Nord. En outre, la côte est exposée à des lames résultant de cyclones qui passent, en général, à une très grande distance au large, et qui ont lieu principalement aux changements de moussons, en mai et en novembre, quelquefois en octobre. Les lames ainsi produites, attaquent la côte sous un très petit angle, l'orientation de leurs crêtes étant du Nord-Nord-Est au Sud-Sud-Ouest. Leur hauteur n'est pas en relation avec l'intensité des tempêtes ressenties à Madras, mais plutôt avec l'intensité et la durée des cyclones qui passent au large.

L'estran a une pente très raide près de terre, entre le zéro et la courbe à 7 mètres. Le talus s'adoucit beaucoup au large. Il ne paraît pas attaqué par les lames au-dessous de 9 mètres.

Les ouvrages se composent d'une fondation en blocs naturels, arasée à $6^m,70$ au-dessous du niveau de la mer, et, d'une superstructure en gros blocs de béton; commencés en 1876, les travaux étaient presque achevés en 1881, lorsqu'un cyclone, le 12 novembre de la même année, a disloqué les jetées, à partir du tournant qui raccorde les bras en retour avec les grands alignements, et, qui a obligé à les reconstruire.

Le tracé, ainsi qu'on le voit (*fig.* 317), comporte deux grandes jetées espacées de 915 mètres au départ. Elles avancent en mer jusqu'à 915 mètres de leur origine, parallèlement l'une à l'autre, et à angle droit sur les courbes de niveau de la plage.

Elles se retournent alors l'une vers l'autre en faisant avec leurs directions premières des angles de 70 degrés et en laissant entre leurs musoirs, plantés par des fonds de (-14^m), une fosse de $167^m,25$. La superficie englobée est de près de 90 hectares.

On voit que cette disposition diffère de celle d'Ymuiden:

1° Par une superficie englobée plus petite;

2° Par une réduction de la largeur de la fosse;

3° Par le défaut de convergence des jetées au départ;

4° Par l'angle très grand que font les bras en retour avec l'axe du chenal.

Cette dernière disposition a été prise dans le but de se rapprocher du parallélisme avec la côte. Il paraît y avoir dans ce dernier tracé une erreur qui a été la cause des accidents survenus. Il arrive, en effet, que les lames déferlent presque directement sur ces bras et, par suite, y développent toute leur puissance vive.

Le fond du port paraît bien se maintenir; toutefois, au dehors, la plage s'est engraissée au Sud du port, par suite de l'arrêt des transports longitudinaux qui viennent du sud.

La laisse de basse mer de septembre 1883 est très en avance sur celle de mars 1882, qui est elle-même en avant de celle de mars 1880, mais il paraît que, pendant la mousson du Nord-Est, les avancements du Sud diminuent un peu, soit que l'abri de surface produit par la jetée Sud, qui est arasée seulement à 1m,07 au-dessus de la pleine mer, se trouve imparfait, soit plutôt que les talus s'éboulent un peu, quand ils ne sont pas raidis par la houle du Sud-Est. Il est probable, en tous cas, que les engraissements diminueront d'année en année, à mesure qu'ils auront à se faire sur des profondeurs plus grandes, et cela grâce à la raideur des talus de la plage. On s'est certainement assuré plusieurs années de tranquillité, en plantant les musoirs par 14 mètres de fond. Lorsque les avancements seront inquiétants, on sera conduit à draguer pendant la mousson de Nord-Est au Sud de la jetée Sud, de manière à amaigrir la plage de ce qui peut s'y accumuler pendant la mousson du Sud-Ouest.

352. *Port de Dublin.* — Nous trouvons trois exemples de jetées convergentes dans la rade de Dublin (*fig.* 318) par suite, très voisins les uns des autres, ils fournissent des exemples frappants de l'influence de l'orientation.

Le port proprement dit de Dublin est un port de rivière établi dans le chenal de la Liffey, mais on a construit un avant-port (celui qui va nous occuper), au moyen de deux grandes jetées qui constituent une entrée, relativement étroite, de 305 mètres de largeur.

La baie de Dublin sur laquelle sont établis deux autres ports est abritée de tous les vents compris entre le Nord et le Sud en passant par l'Ouest, c'est-à-dire des vents les plus fréquents. Les vents du Nord sont tangents au Hill-of-Howth, les vents du Sud le sont au promontoire Sud et à l'île de Dalkey, qui le prolonge ; par suite, les lames qu'ils produisent ne se propagent dans la baie que par des ondulations dérivées et, par conséquent, atténuées. Tous les vents du Sud au Nord, en passant par l'est, poussent leurs lames plus ou moins directement dans la baie et portent, dans le fond, les apports sablonneux venant du large. Ce transport transversal vers la terre est mis en évidence par la formation de dunes sur le North-Bull, qui, avec le South-Bull, représente une accumulation considérable de sables venant du large. L'estran de la baie de Dublin est, en effet, sablonneux, bien que le sol primitif soit rocheux ; l'apport s'est fait principalement par les lames du Sud-Est.

Au-dessous du zéro, l'estran se prolonge en pente douce jusque près de l'ouverture de la baie, par les fonds de 11 mètres, et, présente au delà un talus raide jusqu'aux fonds de 20 mètres, qui se rencontrent sur la ligne de jonction des deux promontoires d'arrêt de la baie.

Au large, on trouve, près de l'ouverture de la baie, un premier banc orienté à peu près Nord-Sud, le *Burford-Bank*, qui a son sommet à (— 5m) en saillie de 15 mètres sur sa base. On rencontre, plus dans l'Est, deux autres bancs, le *Burford-Bank* et le *Kils-Bank*. Ce sont eux qui, remués dans leurs parties hautes par les lames du Sud-Est et de l'Est, fournissent les sables qui sont retournés jusqu'au fond de la baie.

Le courant général de flot passe au large de la baie en venant du Sud, pour se diriger vers le Nord ou le Nord-Nord-Est ; le courant de jusant du large porte au Sud-Est ou au Sud-Ouest, suivant l'heure de la marée. Dans la baie elle-même, le flot et le jusant s'infléchissent suivant des directions inverses qui contournent la courbure de la baie. Le flot porte au Nord-Ouest devant Kingstown, au Nord devant Dublin, longe la rive Sud du Hill-of-Howth en partant de l'Est, et, contourne la pointe pour sortir au Nord-Est-1/4-Est, puis reprendre sa direction générale. Le jusant suit une marche directement inverse.

Avant les travaux de l'avant-port de Dublin, le North-Bull et le South-Bull, coupés seulement par le faible courant de la Liffey, tendaient constamment à se réunir en formant une barre que l'on désespéra longtemps de vaincre.

Vers le milieu du dernier siècle, on essaya de diriger le courant de la Liffey pour abriter son embouchure, au moyen d'une jetée insubmersible que l'on prolongea jusqu'à 5 368 mètres de longueur. Ce fut la jetée Sud de l'avant-port actuel. Elle n'améliora pas la situation; les sables, roulés par les lames du Sud-Est, se déposèrent à l'abri de la jetée.

On eut alors la conviction que le port de Dublin devait être abandonné, et l'on commença (1807) le port de Howth et celui de Kingstown (1817); puis, en 1820, on résolut de faire l'essai d'une dernière amélioration au port de Dublin, en construisant une jetée Nord submersible, couronnée à mi-marée, et on la fit partir de la terre à 2 400 mètres au Nord de la jetée Sud, que l'on poussa sur 2 816 mètres de longueur, en se rapprochant de l'ancienne jetée, de manière à laisser entre les musoirs une passe de 305 mètres de largeur. L'enceinte de l'avant-port actuel s'est ainsi trouvée constituer, en 1827, une superficie de 320 hectares environ, non compris l'ancien port et le lit de la Liffey. Les courants déterminés par le remplissage et la vidange de l'enceinte ont produit un approfondissement notable entre les musoirs.

Au dehors, la plage s'engraisse d'une manière continue, et, comme les apports viennent du large, il ne serait pas possible de les combattre par des dragages extérieurs.

A l'entrée, on constate que la profondeur y est localisée dans une fosse due à la concentration des courants de remplissage et de vidange.

En résumé, les défauts du port de Dublin paraissent consister dans l'exagération de la surface de l'enceinte des jetées, et, dans l'insuffisance des profondeurs dans lesquelles les musoirs sont plantés.

353. *Kingstown.* — Ce port a longtemps servi de port-type à jetées convergentes.

Il est établi au Sud de la baie de Dublin jusqu'à l'extrémité de la rive Nord du promontoire qui limite la baie au Sud. Il est formé par deux jetées pleines qui ont l'une 1 574, l'autre 1 305 mètres de longueur et sont enracinées en terre à 1 220 mètres l'une de l'autre. Toutes deux pointent vers le Nord-Est. La jetée Ouest se coude trois fois vers l'Est; la jetée Est, trois fois vers l'Ouest. La passe ménagée entre les musoirs a 229 mètres de largeur, et s'ouvre à peu près au Nord-Est. La surface enfermée dans l'enceinte des jetées est de 101 hectares. Cette forme ne serait pas à recommander pour un port ouvrant sur une plage découverte, parce que la convergence des premiers alignements parallèles est trop brusque, et que les derniers éléments des jetées sont à peu près parallèles à la côte; il en résulterait une agitation très fâcheuse devant l'entrée, surtout avec la largeur donnée à la passe.

L'intérieur de l'enceinte et la plage se sont maintenus dans un grand état de stabilité. Les profondeurs n'éprouvent pas de changement à l'intérieur, parce que le courant de remplissage n'amène pas de vase, et, parce que les lames de Nord-Est, qui seules pénètrent dans ce port, n'y amènent que très peu de sable du large.

A l'extérieur, la plage Est est rocheuse et très raide; les apports qui tendraient à s'amonceler du fait des lames produites par les vents de la région de l'Est ne pourraient séjourner dans l'angle formé par la jetée Est avec la rive, à cause du ressac qui s'y produit. A l'Ouest, la plage a une petite tendance à s'avancer, mais les vents qui pourraient produire les cheminements venant de terre ont peu d'action sur la plage et, par suite, les avancements sont négligeables.

354. *Port de Howth.* — Bien différentes sont les suites des travaux entrepris pour construire ce dernier port, situé en dehors de la baie de Dublin. Il renferme une superficie de 21 hectares seulement. La jetée Ouest est rectiligne et dirigée vers le Nord-Est. Elle a une longueur de 616 mètres et coupe les courbes de niveau à peu près à angle droit. La jetée Est présente deux alignements : le premier, de

396 mètres, est dirigé vers le N.-1/4 E., convergeant vers la jetée Est. Le second, de 351 mètres de longueur, pointe vers le N.-O. et porte le musoir de cette jetée à 91^m,50 du musoir de la jetée Ouest. La passe se trouve ainsi à faire face au Nord-Ouest, et son ouverture est presque normale aux courbes de niveau de la plage. Les jetées ne s'avancent qu'à de faibles profondeurs, et le musoir le plus au large a été planté par 3^m,55 de fond au-dessous des plus basses mers. Les travaux ont duré de 1807 à 1825.

A l'intérieur du port, la profondeur d'environ (— 3^m) a disparu presque complètement, et la laisse de basse mer arrive à peu près au bout des jetées. On voit que cet ensablement est dû à l'action des lames sur l'estran Ouest, car le jusant, quoique marchant bien dans le sens des sables, n'entre pas dans le port, qui se vide au moment où il se produit, et le flot n'a pas parcouru de plage sablonneuse. Ce port se trouve donc condamné, et, de fait, ce n'est plus qu'un petit port d'échouage pour bateaux de pêche.

355. *Résumé.* — De cette longue étude on peut, d'après M. Eyriaud des Vergnes, tirer les conséquences suivantes :

1° Les expériences tentées à Dunkerque ont établi deux faits :

D'abord que, dans des circonstances, même très défavorables, il est possible de lutter contre les apports de sable qui se concentrent près des ouvrages d'un port, en draguant un cube qui n'est pas excessif, et, ensuite, que les dragages de sable à la mer peuvent se faire très économiquement, 0^f,20 par exemple, par mètre cube dragué et transporté à 2 mille en mer.

Si les transports de sable se font le long d'une côte, on devra draguer en tête du banc et y pratiquer une fosse de garde suffisante pour parer aux intermittences du fonctionnement du dragage.

Si les transports longitudinaux sont doubles et s'équilibrent, la fosse de garde devra être établie devant l'entrée.

Si les sables viennent du large, il faudra se contenter de supprimer les accumulations locales ;

2° Lorsque l'on aura à établir un port sur une plage de sable, il faudra bien tenir compte du régime des vents et des lames qu'ils produisent. On devra se rappeler que les lames sont les principaux agents de déplacement des sables, et que leur action est de beaucoup supérieure à celle des courants de marée, dont la vitesse est généralement faible ; en même temps que l'on constatera leur durée et leur direction, il faudra noter leur vitesse ainsi que l'influence des abris ;

3° Pour permettre les opérations des navires devant une côte de sable, il faut que l'on n'ait pas à redouter une modification du régime de la côte. On créera donc les abris à une grande profondeur, au moyen de brise-lames ou d'une combinaison de brise-lames reliés à la terre par un viaduc. Dans ce cas, les grandes dimensions des piles devront être parallèles aux courbes de niveau de l'estran. On devra ainsi planter les brise-lames à une profondeur plus grande que celle nécessaire au mouillage et laisser une marge aux ensablements qui se produiront fatalement dans l'abri ;

4° Le système des jetées parallèles paraît excellent là où il existe des bassins intérieurs (lagunes, etc.) qui se remplissent ou se vident à chaque marée. Il faut bien assurer l'entrée du flot en écartant suffisamment les jetées, quitte à les rapprocher un peu dans la passe. Le meilleur tracé est de les établir perpendiculairement aux courbes de niveau.

Dans le cas où il n'y a pas de lagunes, il faudra que les jetées tracées de la même façon soient poussées au moins jusqu'à la profondeur que l'on veut entretenir dans le port on assurera la profondeur dans le canal par des dragages et des chasses. L'emploi de ces dernières, comme nous le verrons plus tard, est très délicat. Il n'en faut pas exagérer le courant et on doit les manœuvrer à chaque marée, de façon à n'envoyer à la mer qu'un petit cube, ce qui évite la formation d'un delta.

Pour des ports de profondeur moyenne, l'entretien du chenal peut être assuré par des dragages ;

5° Le système des jetées convergentes, embrassant une enceinte plus ou moins étendue, paraît être celui qui convient le mieux aux exigences de la navigation. Il semble devoir être choisi, quand il s'agira de créer un port de toutes pièces.

Si la plage est peu inclinée, on peut les construire parallèlement à partir de leur implantation sur la terre ferme; si, au contraire, le talus est raide, il vaudra mieux les faire converger de suite, puis à une certaine distance de terre, qui variera avec la pente de l'estran, on les fera converger avec une inclinaison à 45 degrés au plus; les musoirs seront implantés à une profondeur supérieure à celle que l'on veut conserver dans le port.

On observera que, si les vents de tempête sont très inclinés sur la normale à la plage, il sera nécessaire de couder une seconde fois les bras en retour, avant d'arriver au musoir, afin de garantir la plage contre le ressac et les réflexions qui se produiraient sur les bras de retour. Dans tous les cas, la passe ne devra pas être ouverte parallèlement à la côte, car les vagues se propageraient dans le port par tous les temps. Les dragages devront entretenir les profondeurs, si l'ensablement provient des déplacements longitudinaux. Dans le cas où ceux-ci viendraient du large, on retardera, répétons-le, le moment où ils deviendront dangereux, en avançant le plus possible les musoirs dans la mer;

6° On voit que, dans presque tous les cas, il faudra organiser un système de dragage économique, car il s'agira de gros cubes, et se préoccuper de l'endroit du dépôt, afin de ne pas créer un danger pour l'avenir. Les dragues pourront fonctionner en régie; les vases des ports, formant un amendement précieux, pourront être déposées sur les terres, qu'elles enrichiront.

Il est bien entendu que tout ce que nous venons de dire dans ce paragraphe ne s'applique qu'aux ports en plage de sable.

DÉROCHEMENT ET SAUTAGE DES ROCHES

356. Pour terminer ce que nous avons à dire sur les procédés de fondation des travaux maritimes et, au besoin, de certaines améliorations dans les chenaux, nous allons parler du sautage des roches.

Ce genre de travail est souvent nécessaire pour certaines fondations, et, si l'on n'est pas obligé d'opérer dans le but de travaux subséquents avec des caissons à air comprimé, comme on l'a fait à Anvers, on peut se proposer de faire sauter une roche plus ou moins importante.

Anciennement, on se contentait simplement, pour cette opération, de déposer sur la roche, dans des boîtes en fer blanc, ou dans des vases imperméables, des charges de poudre à la surface du rocher. La pression de l'eau de mer faisait bourre et il suffisait de mettre le feu au moyen d'une mèche imperméable, allant soit jusqu'à terre, soit à une certaine distance en mer. On proposa des cloches avec des souffleries, vers 1795, et, à Rouen on construisit une cloche en fonte dans laquelle on introduisit de l'air avec une pompe, et sous laquelle se tenaient les ouvriers.

En 1840, Cavé construisit sur la Seine une cloche qui permettait de travailler

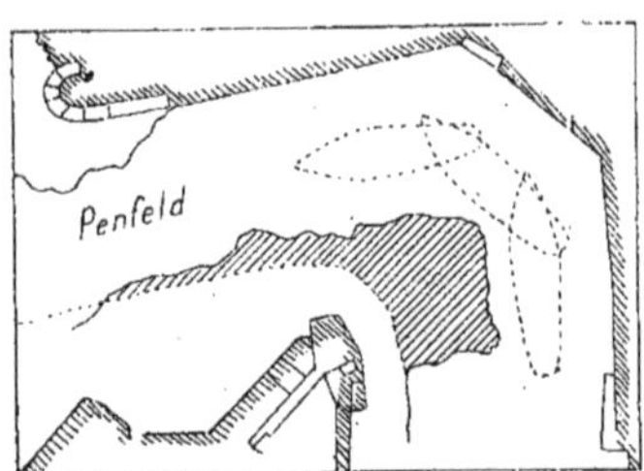

Fig. 319. — Rade de Brest.

à 5 mètres sous l'eau, et qui avait une écluse à air.

Nous avons vu toutefois, d'après l'exemple du port de commerce de Cherbourg, à la Ciotat, à Antibes (page 73),

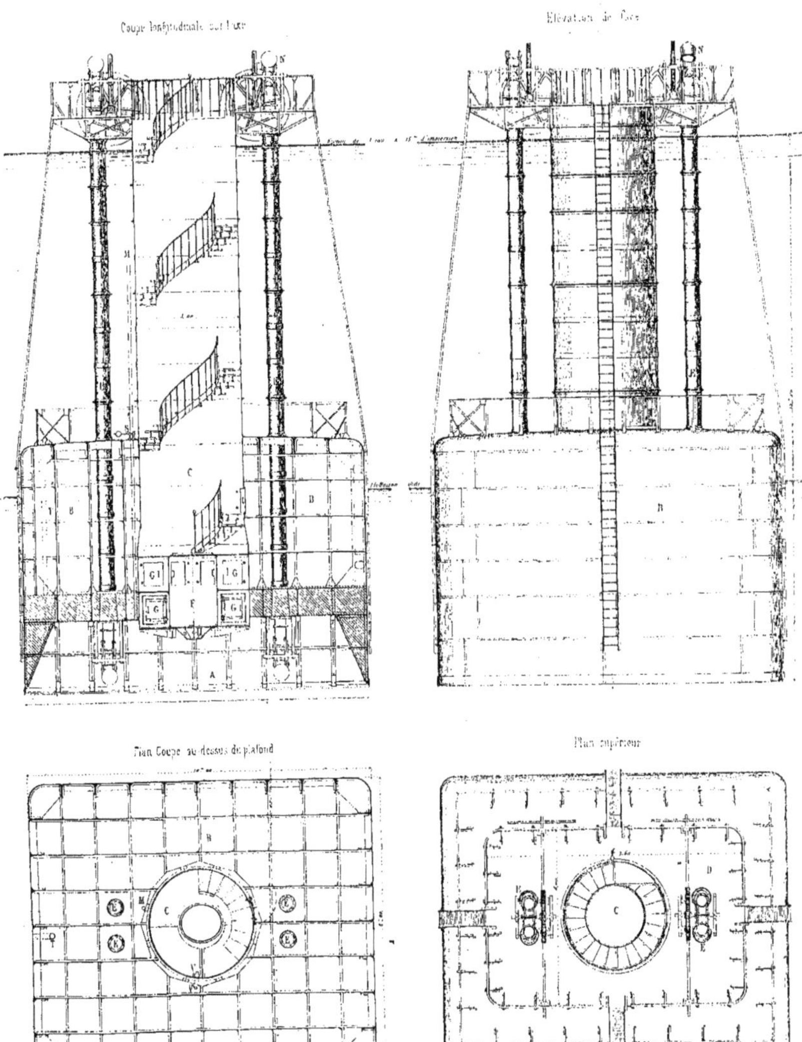

Fig. 320 à 323. — Cloche plongeante pour dérochements sous-marins.

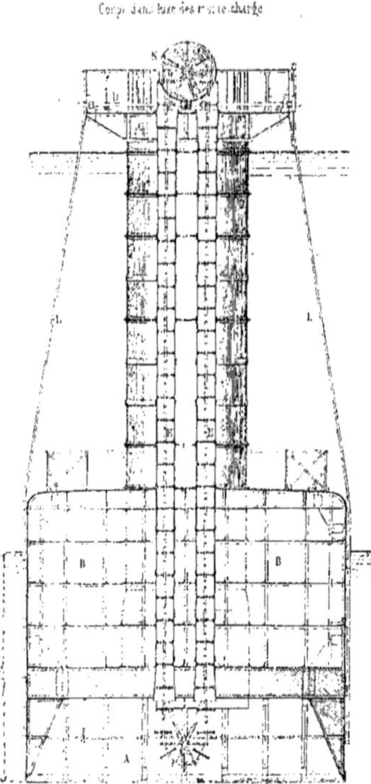

Fig. 324. — Cloche plongeante pour dérochements sous-marins.

A, Chambre de travail pour l'extraction des déblais; B, Chambre de déplacement pour lever l'appareil; C, Cheminée d'accès contenant un escalier; D, Plate-forme supérieure; E, Cheminées d'extraction des déblais contenant les plateaux de monte-charge; F, Écluses à air pour la communication de l'intérieur à l'extérieur, et *vice-versa*; G, Portes des écluses; H, Lanterneau pour introduire la lumière d'une lampe électrique; L, Échelles d'accès extérieur du haut en bas; M, Conduite d'air comprimé; T, Tuyau d'expulsion de l'eau, quand on veut lever la cloche; VV', Tubulure de communication avec un robinet pour introduire l'air comprimé de la chambre de travail dans le flotteur; S, Soupape de sûreté, constamment ouverte quand la cloche est immergée, pour éviter que l'air comprimé ne s'accumule dans le flotteur; N, Monte-charges à plateaux.

avec quelle prudence il fallait opérer dans ce genre de travaux, quand il s'agissait seulement d'améliorer un chenal ou l'entrée d'un port.

Nous donnerons, comme exemple des engins actuels, celui qui a servi au dérochement de la roche la Rose, à Brest.

Dérochement de la roche la Rose.

357. Le port de Brest est établi dans une crevasse servant de lit à la Penfeld, rivière qui court du Nord au Sud, pour déboucher dans la rade (*fig.* 319).

La profondeur d'eau à basse mer sur une petite largeur varie de 8 à 12 mètres, et la direction du courant est très sinueuse, aussi les navires sont-ils abrités de tous les vents.

La roche *la Rose*, située sur la rive gauche attenant à la pointe du château, s'avançait dans le chenal, de telle sorte que les navires devaient évoluer à 90 degrés pour l'éviter; aussi les gros bâtiments étaient-ils obligés de stopper et de recourir aux amarres et aux remorqueurs.

Il y avait 17 à 18 000 mètres cubes de rocher massif à extraire, et 3 ou 4 000 mètres cubes de sable et de vase.

Le travail mis au concours a été donné, après adjudication, à M. Hersent.

Ce travail a été décrit dans les *Mémoires de la Société des Ingénieurs civils*, en 1880.

L'appareil qui a servi se composait (*fig.* 320 à 324) d'une cloche à deux compartiments, facile à transporter, peu encombrante en surface, ce qui était important au point de vue de la navigation.

Cette cloche, ainsi qu'on le voit, a 10 mètres de longueur sur 8 mètres de largeur, et permet à vingt ou vingt-cinq hommes de travailler aisément dessous; elle fut construite entièrement en fer et en tôle. Le compartiment inférieur, de 2 mètres de hauteur, servait de chambre de travail. Les parois extérieures étaient doublées en maçonnerie, ainsi que le poutrage du plafond, tant pour en augmenter la résistance, que pour créer un lest accroissant la stabilité d'une façon peu coûteuse.

Le compartiment supérieur avait $4^{m},25$ de hauteur, pour servir de flotteur et permettre les manœuvres. Au dessus se trouvaient des treuils spécialement affectés aux déplacements, et à régler l'exactitude de l'échouage.

L'appareil était traversé en entier par une cheminée de 3 mètres de diamètre, placée au milieu, et d'une hauteur suffisante pour être toujours hors de l'eau ; elle servait à supporter une plate-forme destinée au service. Cette cheminée contenait, en outre, un escalier tournant pour la montée et la descente du personnel. Au bas étaient installées les écluses à air, au nombre de deux pour les personnes, et une troisième au centre pour les gros objets.

Pour l'éclusage de la plus grande partie des déblais, on a installé deux monte-charges placés à chaque bout, de façon que les déblais puissent sortir en assez grande quantité, pour satisfaire aux besoins de l'extraction.

Chacun de ces monte-charges est composé d'une série de plateaux garnis de caoutchouc sur leurs deux faces, pour faire joint dans les cheminées cylindriques d'ascension. Des seaux, ou petites bennes, contenant les produits de l'extraction, sont posés sur ces plateaux, qui les conduisent sur la plate-forme; les plateaux montants et descendants sont mus par une chaîne sans fin, passant sur des poulies à empreintes, qui peuvent être mues par un moteur installé soit sur la plate-forme, soit à terre, soit sur un ponton.

Dans tous les cas, l'éclusage continu est la caractéristique de ce système.

On peut encore opérer directement pour les très gros blocs en déplaçant la cloche.

Quant à la manœuvre de la cloche, elle se fait facilement au moyen du flottage, et on peut la ramener très exactement à sa place primitive au moyen de repères, d'ancres, ou de mesures.

On immerge l'appareil en introduisant l'eau par une soupape, ou un robinet à la partie inférieure de la chambre de flottaison; l'appareil lesté par la maçonnerie descend verticalement.

Tant que la cloche repose sous l'eau sur le sol, il est prudent d'ouvrir une soupape à la partie supérieure de la capacité de flottaison, pour laisser échapper l'air comprimé qui aurait pu pénétrer dans la chambre de flottaison, et serait une cause de danger, puisque, s'il s'accumulait en trop grande quantité, la cloche pourrait se trouver soulevée.

D'après le devis, les charges peuvent se répartir ainsi :

Chambre de travail jusqu'au plafond:	
Métal et maçonnerie de lest	100 000 kil.
Plafond et écluse :	
Métal et lest.	190 000 kil.
Chambre du flotteur et cheminée	35 000
Cheminée au-dessus du flotteur et plate-forme. . .	5 000
Total de la charge .	330 000 kil.
Déplacement :	
1° Du flotteur et de la maçonnerie du lest, la chambre de travail étant remplie d'eau	450 000 kil.
D'où il résulte que la ligne de flottaison de l'appareil levé est à 3m,50 environ au-dessus du plafond et à 1m,50 au-dessous de la plate-forme du flotteur ;	
2° De la chambre de travail et du lest en maçonnerie sur le plafond, lorsque l'appareil est immergé. . .	220 000 kil.
3° De l'écluse et de la cheminée sur 12 mètres de hauteur	91 000
Total	311 000 kil.

On voit que la charge sur le tranchant est très faible, même dans le cas le plus défavorable.

L'éclairage se faisait au moyen de bougies de stéarine et de bougies Jablockoff.

Pour bien asseoir la cloche sur le sol et permettre de travailler à dérocher, on dégage d'abord tout le pourtour du tranchant, puis on pratique des trous de mine, comme dans une carrière; on charge les mines avec des cartouches de fulmicoton, de préférence aux autres explosifs, parce que le fulmicoton fait beaucoup moins de fumée que la poudre, et ne dégage pas de gaz nitreux comme la dynamite.

Pour le tirage de la mine, les hommes montent dans l'écluse, et prennent ordinairement la précaution de mettre une fascine sur la charge. On peut même tirer de petits pétards sans inconvénient.

Lors de l'échouage de la cloche sur le sol, il arrive souvent que celui-ci n'est pas horizontal et qu'on doit faire un joint provisoire pour faciliter le refoulement de l'eau par l'air comprimé; ce joint est ordinairement établi avec des sacs de sable et de l'argile grasse corroyée, et il permet d'asseoir plus vite la cloche sur le sol.

Le tirage des mines le dérangeant quelquefois, un peu de terre grasse suffit pour le rétablir en peu de temps.

La position de l'écluse à la partie inférieure permet d'opérer le travail de montée et de descente sensiblement comme dehors, ce qui est avantageux à tous les points de vue.

« Nous croyons même, ajoute M. Hersent, dans son mémoire imprimé dans les *Comptes Rendus de la Société des Ingénieurs civils de France* (année 1880), que l'obligation de monter les escaliers a exercé sur les ouvriers une action salutaire, et écarté une partie des congestions que l'on contracte souvent à la sortie de l'écluse. Cette petite gymnastique remet les fonctions en équilibre, et nous n'avons eu que fort peu d'indispositions chez les ouvriers occupés à Brest et à Cherbourg, bien qu'un certain nombre d'entre eux travaillât depuis plus de deux ans, dans l'air comprimé, dix heures par jour. »

Les deux cheminées spéciales ont servi à élever les déblais.

On a quelque peu modifié, dans la crainte d'accidents, les écluses à déblai de la première cloche construite, qui est celle que nous avons décrite.

Les déblais sont élevés à la partie supérieure par deux cheminées spéciales, au-dessus desquelles il y a aussi deux écluses spéciales pour les sorties du dehors.

L'écluse à déblai est composée d'un grand cylindre de 1m,70 de diamètre et de 2 mètres de hauteur, dans lequel il y a une éclusette pour l'entrée des hommes à la partie supérieure, il y a un treuil à embrayage à friction, mis en mouvement de dehors, au moyen duquel un ouvrier peut enlever les bennes chargées à la partie inférieure.

Ces déblais sont versés dans les éclusettes à déblai, placées au-dessus de la chambre principale, ce qui évite la fatigue pour l'ouvrier placé dans l'air comprimé.

Les éclusettes se ferment dans l'intérieur et s'ouvrent en dehors; quand elles sont pleines, un signal suffit pour que l'ouvrier du dehors ouvre le robinet pour l'expulsion de l'air comprimé, et se rendre compte que l'éclusette est bien fermée à l'intérieur, pour ouvrir la porte qui laisse sortir le contenu (0m,40 ou environ, 0m,25 massif à chaque fois). Chaque écluse est munie de deux éclusettes, de sorte que le travail du montage peut être continu.

Les écluses d'extraction, avec leurs treuils, permettent de sortir autant de déblai que l'on en peut produire, soit 40 à 50 mètres cubes en vingt-quatre heures.

Dans l'exécution de ce genre de travaux, on procède par coiffements successifs et par arasements horizontaux. On creuse un trou de 1 mètre à 1m,30 de profondeur, comme dans l'opération du fonçage; puis, on fait un autre trou un peu plus loin, et, on vient ensuite coiffer l'espace intermédiaire, qui ne présente plus que deux côtés à couper au tranchant, et on effectue le déblai.

On pratique ainsi une première rainure horizontale, puis on en fait une seconde, parallèle, et on vient coiffer la partie intermédiaire restant entre ces deux rainures.

L'air comprimé est fourni au moyen d'un compresseur installé à terre, et mû par un moteur de 20 chevaux.

La conduite d'air flotte sur l'eau et est composée de parties alternatives de tuyaux en caoutchouc ou en fer pour suivre les oscillations de la marée; un seul compresseur à deux cylindres, avec rafraîchisseur, suffit à l'alimentation de la cloche en temps ordinaire. Pour refouler l'eau plus vite, et pour compenser les pertes, on emploie deux compresseurs pour la première période.

Les prix ont été de 62f,50 le mètre cube pour la roche et 10 francs pour la vase.

On voit que cet engin peut servir, non seulement à la démolition du rocher, mais, comme le fait fort bien remarquer M. Hersent, il peut aussi être un instrument de construction pour nettoyer le sol sous l'eau, y exécuter des maçonneries, pour bétonner, sceller des anneaux, préparer la base pour les blocs, en d'autres termes, il permet d'exécuter les fondations sous l'eau, *sans y laisser le fer des caissons.*

TITANS

358. Comme complément des engins qui servent à la construction des jetées, nous citerons les titans, d'invention relativement récente.

On les utilise surtout dans les plages ouvertes constamment, soumises à la houle, et quand on progresse de la terre ferme vers le large. Leur but est de conduire et d'échouer des blocs dont le poids a pu être porté jusqu'à 50 tonnes.

On conçoit que, dans ce cas, l'appareil doit être très pesant et, par suite, coûteux; celui que nous décrirons un peu plus loin pesait environ 450 tonnes. Un poids aussi considérable entraine naturellement a une grande dépense. De plus, il rend difficile les manœuvres, et presque impossible celle du passage dans des courbes de petit rayon, ainsi que l'exige le tracé de certaines jetées. On voit donc qu'il faudra, avant d'en décider l'emploi, examiner la question économique et se rendre compte si les machines à mâter et les grues sur pontons, ainsi que les autres procédés, que nous avons déjà décrits, ne pourraient pas être employés avec un plus grand avantage.

Disons, de suite, qu'un titan se compose essentiellement d'une plate-forme sur laquelle une plaque tournante supporte une volée convenablement équilibrée.

Nous allons décrire, d'après les notes publiées par Fives-Lille, le titan construit par cette usine et qui a servi au port de Leixoês.

Titan de Leixoês.

359. Le port de Leixoês, sur les côtes de Portugal, est soumis à la grande houle de l'Atlantique, de telle sorte qu'il était à peu près impossible de défendre les enrochements des jetées que l'on voulait construire, si ce n'est par des blocs pesant quarante à 50 tonnes.

On fut conduit à employer :

1° Pour les enrochements naturels et artificiels, des blocs de granit blanc, dont la densité est de 2,57.

Première catégorie : blocs d'un poids maximum de 2 000 kilogrammes, en moyenne 800 par pierre;

Deuxième catégorie : blocs d'un poids maximum de 8 000 kilogrammes, en moyenne 3 000 par pierres;

Troisième catégorie : Blocs d'un poids minimum de 8 000 kilogrammes, en moyenne 13 000 par pierre.

2° Ces blocs artificiels ont la forme d'un parallélipipède de 4 mètres de longueur, 2m,50 de largeur et 2 mètres de hauteur, soit 20 mètres cubes, d'une densité de 2m,20; ils pèsent environ 45 tonnes.

On fut conduit à employer un titan, car la houle est très forte. Il n'y a aucun abri sur la plage, et les roches qui affleurent ne permettaient pas d'employer un matériel flottant.

On résolut donc de procéder presque uniquement par avancement, à l'aide de deux appareils roulants et pivotants.

Ces appareils déchargent les enrochements naturels dans leurs positions respectives, et par wagons complets de 15 à 20 tonnes; les appareils ayant une grande volée, on peut toujours opérer les déchargements, de manière à former des talus adoucis qui ne permettent pas aux lames d'avoir d'action sur eux.

Aussitôt les blocs artificiels en place, on immergeait les blocs de 40 à 45 tonnes, qui les défendaient contre tout déplacement ultérieur.

Fig. 325. — Titan du port de Leixoës (Portugal).

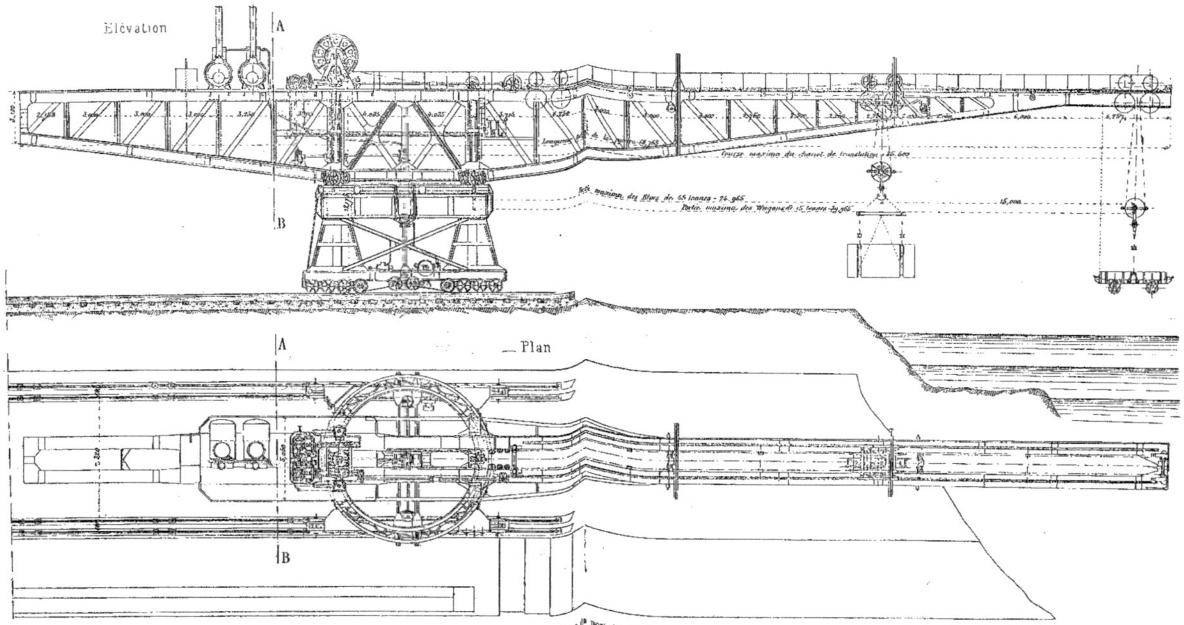

Élévation

Plan

Fig. 326 et 327. — Titan du port de Leixoës (Portugal).

On a dû établir la chaussée d'une façon tout à fait spéciale, et lui donner une épaisseur d'environ 1 mètre, afin qu'elle puisse supporter les efforts du roulement de cet appareil entier, qui pèse près de 450 tonnes.

On construisit le mur d'appui du côté du large avec les mêmes blocs, que l'on superposa. Il était, en effet, de toute nécessité, d'après le mode de construction adopté, de pouvoir obtenir immédiatement une chaussée solide et à l'abri de toute avarie, pour pouvoir opérer l'avancement des engins de transport des blocs.

Nous avons dit que ce mode d'opérer a donné toute satisfaction et que l'on a été à l'abri de toutes les avaries qui accompagnent trop fréquemment ces sortes de travaux.

On voit que cet appareil se composait :

1° D'une plate-forme soutenue par huit paires de galets roulant sur le chemin de fer établi sur la portion de la jetée en avancement et déjà consolidée ;

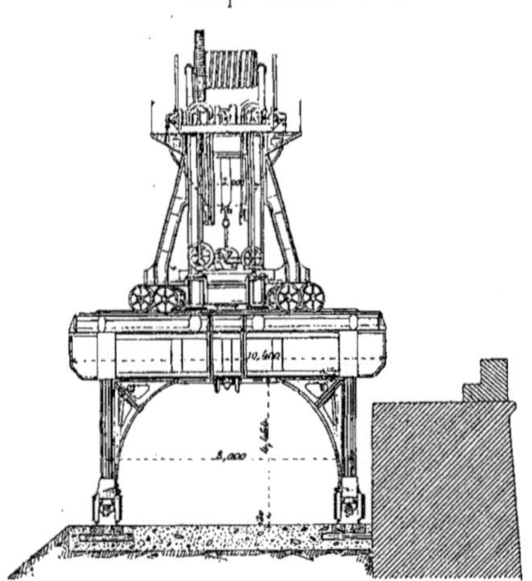

Fig. 328. — Titan du port de Leixoës (Portugal).

2° D'un chevalet formant seconde plate-forme placée sur la première, continuant le chemin de roulement circulaire de la volée et servant ainsi à l'orienter dans tous les azimuts ;

3° D'un pivot attaché à la volée et reposant sur une crapaudine fixée au chevalet ;

4° De la volée attachée au pivot central et disposée horizontalement ; elle était munie d'un contrepoids et de rails ;

5° D'un chariot transbordeur des blocs roulant sur cette volée ;

6° D'une machine à vapeur de 25 à 30 chevaux installée sur la volée et donnant le mouvement à tous les organes que nous venons de décrire, et que nous allons examiner un peu en détail.

Ainsi qu'on le voit sur les figures 326 et 327, la plate-forme roulait sur quatre files de rails disposés deux par deux. Les huit groupes de galets comprenaient donc chacun quatre galets. Ceux-ci avaient 0m,850 de diamètre et 0m,135 de largeur de jante.

Pour obvier aux petites imperfections

de la voie, on les avait accouplés deux par deux à un même balancier, et, les deux balanciers d'un même groupe étaient réunis à un balancier unique, dont l'axe d'articulation était fixé sur un support en fonte solidement relié à la plate-forme ; le mouvement leur était transmis par des chaînes Galle actionnées par la machine à vapeur.

Le chemin de roulement installé sur le chevalet est à double voie et a $9^m,20$ de diamètre ; il repose sur quatre poutres en caisson de $1^m,40$ de hauteur ; quatre groupes de quatre galets fixés à la volée servaient à l'orienter. Le pivot, ainsi que la crapaudine, sont percés d'un trou, par lequel passe l'arbre vertical de transmission de mouvement à la plate-forme inférieure, et le tuyau amenant la vapeur au moteur du cabestan de halage des wagons portant les blocs ; on les voit représentés sur la plate-forme inférieure.

La volée attenante au pivot est composée de deux poutres de $68^m,75$ de longueur, dont 46 mètres pour la volée proprement dite, et $22^m,75$ pour la culasse servant à supporter un contrepoids en maçonnerie représenté (*fig.* 326).

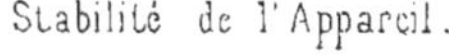

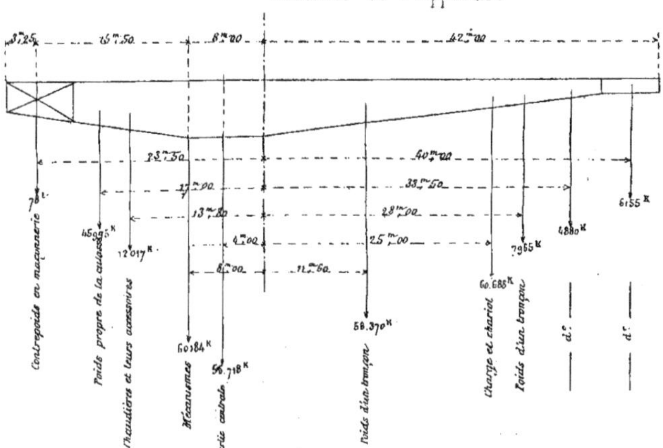

Fig 329. — Titan du port de Leixoës (Portugal).

La volée était construite pour immerger des blocs de 45 tonnes à 25 mètres de son centre de rotation, et, de 15 tonnes sur le surplus de sa longueur.

Le chariot transbordeur était supporté par des galets de $0^m,850$ de diamètre.

Enfin, les chaudières tubulaires de la machine à vapeur étaient placées sur la culasse de la volée, et fournissaient en outre la vapeur à la machine du cabestan de halage.

Les moments des efforts on été calculés de façon à assurer la stabilité dans tous les cas prévus. Nous n'entrerons pas dans les détails des calculs que l'on trouvera dans le cours de M. Laroche, mais nous en donnerons l'épure (*fig.* 329) d'après un article de M. G.-L. Pesce, inséré dans le *Génie Civil* du 26 mars 1892.

Nous empruntons aussi à cette publication les chiffres suivants :

« Les mécanismes de levage et de translation de la charge étaient pourvus de deux vitesses : l'une correspondant à la charge maximum de 50 tonnes, l'autre pour les wagons chargés de 10 tonnes.

« La translation de l'appareil et l'orientation de la partie tournante s'effectuaient toujours avec la même vitesse; les efforts à transmettre pour ces deux mouvements étaient sensiblement les mêmes pour l'appareil en charge et à vide.

« Pour toutes les manœuvres sous charge, soit avec la petite vitesse, soit avec la grande, l'allure de la machine était d'environ 50 tours par minute; mais cette vitesse était, sans inconvénient, portée à 80 tours par minute, pour les manœuvres à vide.

« Les vitesses étaient, pour les différents appareils :

	PETITE VITESSE	GRANDE VITESSE
« Levage de la charge	0,0083	0,020
« Descente de la charge	0,0150	0,032
« Translation de la charge	0,150	0,360
« Orientation	0,100	
« Translation de l'ensemble de l'appareil	0,100	
« Levage du crochet à vide		0,032
« Translation du chariot à vide		0,380

« La durée des manœuvres était :

« Levage de la charge à $0^m,200$ de hauteur au dessus du sol	30″	blocs de 50 tonnes
« Descente du bloc à une profondeur moyenne de 8 mètres	550″	
« Relevage du crochet à vide	250″	
« Accrochage et décrochage	150″	
TOTAL	980″	

« Soit 16 minutes 20 secondes.

« La translation de la charge, aller et retour, et les mouvements d'orientation pouvaient s'effectuer en même temps que la descente du fardeau et le relevage à vide du crochet.

« Levage à $0^m,200$ de hauteur au dessus du sol	10″	Pour les blocs de 50 tonnes
« Transport horizontal à une distance moyenne de 30 mètres du point de départ	95″	
« Déchargement par basculement	5″	
« Retour du chariot à vide	50″	
« Descente du wagon sur la jetée	40″	
« Accrochage et décrochage	40″	
TOTAL	240″	

« Soit 4 minutes ».

BLOCS NATURELS ET ARTIFICIELS

360. *Qualités de la pierre.* — La pierre, destinée aux travaux de la mer, doit d'abord être inaltérable, dure pour résister aux frottements et dense afin d'avoir une plus grande stabilité. Il est à remarquer que relativement à ce dernier point de vue, une différence relativement petite peut acquérir une assez grande importance, chaque pierre perdant, immergée, un poids égal à celui du volume d'eau qu'elle déplace. Ainsi le rapport de stabilité entre deux pierres dont l'une pèsera 2 000 kilogrammes le mètre, et l'autre 2 200, sera : $\frac{2\,200}{2\,000} = 1{,}1$ et celui de ces mêmes pierres immergées sera : $\frac{1\,200}{1\,000} = 1{,}2$, soit environ 10 0/0 en plus.

On comprendra d'autant plus l'importance de cette question qu'on aura à lutter contre une mer plus agitée, et contre des efforts plus violents. Nous avons déjà dit qu'à Alger on avait constaté des pressions de 30 000 kilogrammes par mètre carré; Stefenson a mesuré à l'île Serryvore, à l'Ouest de l'Ecosse, 30 415 kilogrammes ; M. Lefeuvre a calculé que l'effort qui a renversé le phare du Petit-Charpentier était de 23 500 kilogrammes.

Ce que nous venons de dire, eu égard aux qualités de cette pierre, indique suffisamment que son exploitation ne peut se faire qu'avec les explosifs.

Quand on a besoin d'un grand nombre de mètres cubes de pierre, on commence par disloquer, ébranler et abattre un véritable pan de montagne au moyen de fourneaux de mine dont la charge peut atteindre 20 000 et 25 000 kilogrammes d'explosifs, puis, l'on débite ensuite avec des pétards les blocs qui ne peuvent être transportés.

Nous avons décrit, dans notre *Cours de Routes, Rivières et Canaux*, les différents procédés employés pour le sauvetage des roches; nous n'y reviendrons pas; nous dirons seulement que les gros fourneaux de mine ne sont pas toujours les plus économiques, et qu'on n'obtient fréquemment que 3 à 4 mètres cubes de roche éboulée par kilogramme d'explosif.

On cite comme exemple intéressant d'exploitation les carrières de Gênes. Les strates du rocher sont relevées presque verticalement. On en affouille le pied au moyen de galeries horizontales séparées par des piliers; on détruit tous ces piliers en même temps par des coups de mine simultanés; toute la masse du front d'abatage s'écroule sur une épaisseur égale à la profondeur de la galerie.

Les blocs sont transportés suivant le procédé qu'employaient les Egyptiens. Un plancher de madriers dressé et suiffé descend en pente douce jusqu'à la cale d'embarquement. Le bloc est basculé sur un cadre traîné sur la pente par des attelages de bœufs et embarqué sur un ponton au moyen d'un treuil. Le ponton est conduit au lieu d'immersion, on introduit de l'eau dans sa cale qui fait chavirer le tout (blocs, cadres et rouleaux), et on repêche les bois qu'on ramène sur le ponton.

361. *Catégories d'enrochement.* — On doit avoir un petit nombre de catégories de façon à ne pas compliquer les exploitations. Ordinairement, on se contente de trois ou quatre catégories.

On classera par exemple comme moellons les pierres dont le volume est inférieur à 1/4 de mètre cube, et comme dernière catégorie, les blocs naturels de 2 mètres cube, et au-dessus. Il y a du reste intérêt à employer, autant que possible, des blocs naturels tant au point de vue de la résistance et de la densité que sous celui de l'économie.

On cite le port de Gênes où on a employé des blocs de 60 tonnes et même de 120.

Pratiquement, les catégories se rapportent au poids et non au volume. Il est en effet à peu près impossible de cuber certains blocs naturels, à cause de leur forme, tandis qu'on peut toujours les peser; mais il est nécessaire d'avoir des bascules sur lesquelles on fait passer les wagons, à moins qu'on ne les embarque directement; dans ce cas, les bateaux doivent porter des échelles de jaugeage.

Toutes les manœuvres de chantiers doivent être faites avec des instruments simples, robustes, rustiques et faciles à réparer. Généralement, les moellons sont soulevés par des crics, des verrins, des coins, de façon à ce qu'on puisse glisser un plateau dessous, puis on soulève ce plateau au niveau de la hauteur d'un wagon que l'on fait passer dessous.

Quand les blocs sont de petites dimensions, on peut les charger dans des bateaux analogues aux bateaux porteurs de vase, dont on ouvre les porte au-dessus de l'endroit où doit se faire l'immersion.

On peut encore faire chavirer le chaland, ainsi que nous l'avons dit ci-dessus, en remplissant d'eau des caisses convenablement disposées, et, en les épuisant ensuite.

Quelquefois encore, on charge le bateau sur le pont d'un seul côté et on rétablit l'horizontalité par de gros blocs placés en porte-à-faux de l'autre côté. Au moyen de leviers, on les jette à l'eau, le bateau s'incline et les autres moellons s'immergent.

On peut encore encore opérer ainsi qu'il est décrit dans les *Annales des ponts et chaussées* (de 1881, 2e semestre) et qu'on l'a pratiqué au port de Saint-Jean-de-Luz.

L'appareil se compose d'un bateau-ponton qui porte, dans sa partie centrale, quatre crèches en forte tôle reposant partiellement sur le pont. Ces crèches, placées à droite et à gauche de la ferme située dans l'axe longitudinal du ponton, pivotent dans le sens transversal du bateau (*fig.* 330 et 331).

Ces crèches sont placées sur des paliers en fonte qui reposent sur deux poutres longitudinales A, A. Elles portent à leur arrière, c'est-à-dire dans le plan transversal du bateau, de gros doigts en fer sur lesquels s'engagent de forts crochets B, B, B, également en fer, commandés par des barres et des leviers en fer C, fixés sur le pont et contre la ferme longitudinale. De cette façon, la crèche reste horizontale tant qu'on n'est pas prêt à opérer l'immersion. On a le soin, en chargeant, de mettre un excès de poids en porte-à-faux, de telle sorte qu'en abattant les crochets de retenue, au moyen de leviers, la crèche bascule, fait un angle de 30 degrés environ avec l'horizon, les blocs glissent alors et s'immergent. Les crèches étant indépendantes les unes des autres, on peut immerger les blocs séparément et au point où on désire les placer, ce qui permet de pratiquer l'immersion bien exactement dans l'emplacement prévu (*fig.* 332).

Les crèches ayant un petit excès de poids du côté des crochets, le moindre effort suffit pour les ramener dans la position horizontale.

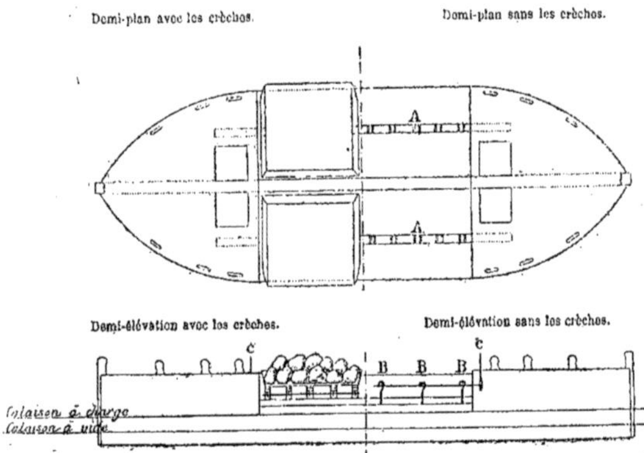

Fig. 330 et 331. — Port de Saint-Jean-de-Luz.

Le ponton avait un très faible tirant d'eau 1 mètre à $1^m,10$ en pleine charge, $0^m,50$ à $0^m,60$ à vide, ce qui lui permettait de passer à charge sur les fondations pendant les hautes mers ordinaires.

Le prix de ce ponton inventé par M. Millon, conducteur des ponts et chaussées, était de 10 000 francs, et il pouvait porter 50 à 60 tonnes de blocs naturels.

Port de la Réunion. Fabrication des blocs et mise en place.

362. Les travaux exécutés ont été décrits dans les *Mémoires* de la Société des ingénieurs civils de 1884 par MM. Joubert et Fleury, auxquels nous empruntons ce qui suit.

Les blocs employés à la Réunion, d'une densité de 2 700 kilogrammes étaient construits en basalte d'une densité de 3 100 kilogrammes. Ceux qui servirent de blocs de base pesaient 43 tonnes environ.

Voici le détail de la fabrication des blocs et de leur mise en place :

Les pierres étaient cassées dans une machine à mâchoire articulée ; les matières étaient dosées à l'avance et amenées dans des wagonnets qu'on élevait, par un plan incliné, presqu'au sommet des bétonnières donnant 380 litres de béton en 4 minutes, et, faisant huit tours à la minute.

Une locomobile de 18 chevaux mettait le tout en mouvement.

Le béton tombait dans des caisses semi-cylindriques ouvertes par le fond et posées sur des trucs qui les conduisaient sur le lieu d'emploi.

Les blocs étaient construits à terre dans des moules composés de panneaux

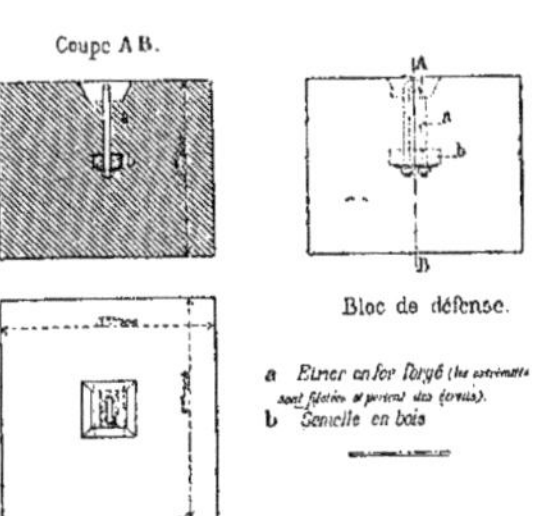

Fig. 333. — Port de la Réunion.

mobiles réunis par des broches et des boulons; une grue y déchargeait les caisses.

Le béton était ainsi composé :

Cailloux cassés (lave et basalte)	562 litres
Sable basaltique	790 »
Ciment de Portland (D=1,47)	240 »

que le malaxage réduisait à un mètre cube soit 300 kilogrammes de ciment pour un mètre cube de sable.

Dans les *blocs de défense*, on a remplacé le Portland par la chaux du Theil.

On incorporait dans ce béton des galets de lave poreuse à surface rugueuse. Ces galets étaient placés sur leur pointe, aussi irrégulièrement que possible, pour éviter les plans de rupture. On mettait 30 0/0 de galet et 70 0/0 de béton, de telle sorte que finalement la composition de 1 mètre cube était :

Galets de lave	300 litres
Sable	368 »
Cailloux cassés	553 »
Ciment ou chaux hydraulique	168 lit., 5

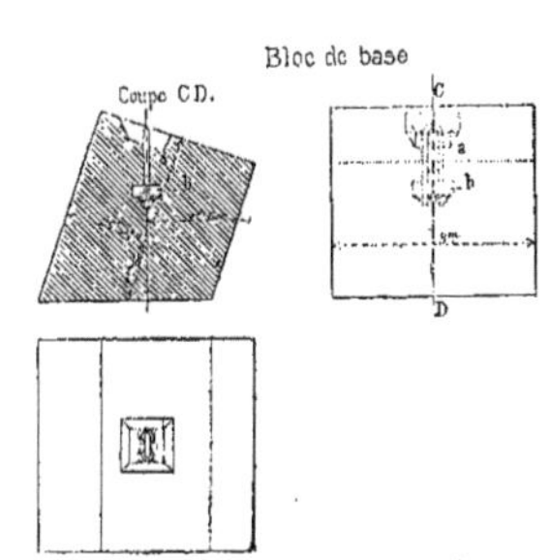

Fig. 334 et 335. — Port de la Réunion.

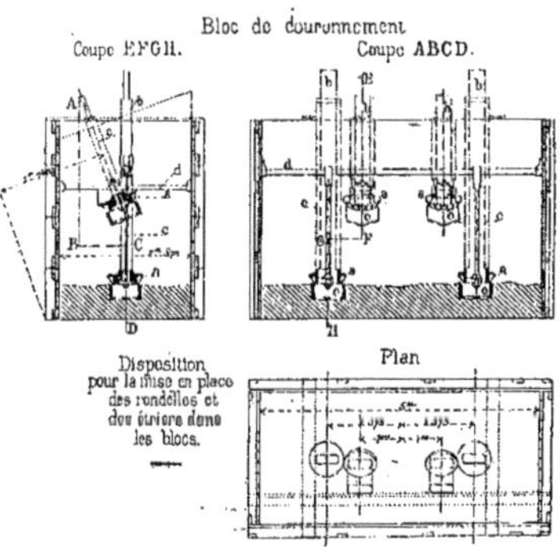

Fig. 436 à 438. — Port de la Reunion : *a*, rondelles en fonte ; *b*, noyaux servant à ménager les trous de louve; *c*, tige servant à supporter la rondelle ; *d*, entretoises mobiles ; *e*, coffrages.

Cette composition, différente de celle employée dans la Méditerranée, résiste mieux au choc et au transport ; elle se rapproche de celle des quais de Dublin et paraît être préférable pour les mers agitées.

Le démoulage s'opérait quarante-huit heures après la fabrication; on recouvrait les blocs de paillassons et on les arrosait pour les empêcher de se gercer; on soulevait les grands pour les transporter, au plus tôt, cinq mois après leur fabrication; trois mois suffisaient pour les petits.

Le mode de suspension pour leur enlèvement du chantier et leur mise en place variait suivant leur poids et leurs dimensions.

Un bloc de base et de défense était soutenu par un étrier en fer. Les branches inférieures de cet étrier étaient tenues dans un sommier en bois de chêne (*fig.* 333 à 335), et tout ce système, placé suivant la verticale passant par le centre

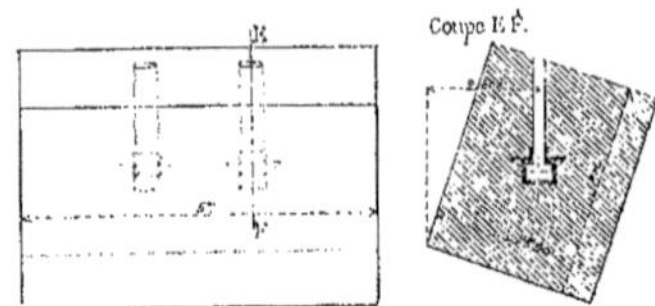

Fig. 339 et 340. — Port de la Réunion. — Bloc intermédiaire.

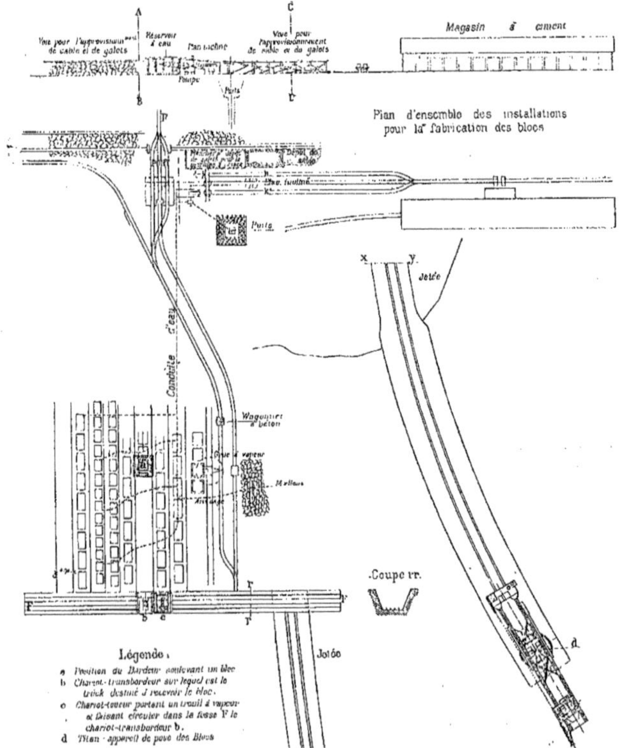

Fig. 341 et 342. — Port de la Réunion.

de gravité du bloc, était saisi pendant la construction même dans la maçonnerie.

Les étriers avaient 52 à 65 millimètres de diamètre, suivant la dimension des blocs et travaillaient à 10 kilogrammes par millimètre carré.

Les grands blocs des parties hautes de la jetée étaient soulevés au moyen de louves (*fig.* 336 à 340).

On a ménagé dans le bloc des cheminées verticales aboutissant à leur partie inférieure à une rondelle en fonte, dans laquelle existait une ouverture rectangulaire pour le passage de la louve. Le dessus de cette rondelle porte des bossages qui limitent le mouvement de la tête de la louve, lorsqu'on la met en prise, et, des parties dressées sur lesquelles cette tête s'appuie de toute sa largeur. Pour faciliter la construction et le transport, on a construit verticalement ces grands blocs sur le chantier, tandis que dans leur mise en place, ils doivent être inclinés. De là la nécessité de les pourvoir d'un second moyen de suspension pour le moment de l'immersion.

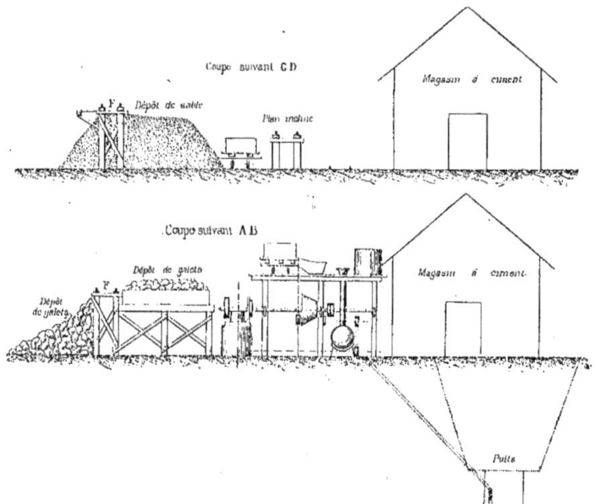

Fig. 343 et 344. — Port de la Réunion. Fabrication des blocs.

On a satisfait à cette nécessité au moyen de rondelles et de cheminées dont la direction fait avec les premières un angle égal à celui du bloc mis en place.

On voit sur les figures 339 et 340 les dispositions qui furent employées pour mettre ces rondelles en place. On les soutenait provisoirement jusqu'à ce qu'elles aient pû être encastrées dans la maçonnerie. Au-dessous, on ménageait au moyen d'un coffrage en madriers le vide nécessaire pour le libre mouvement de la tête de la louve.

Les figures 341, 342, 343 et 344 donnent les dispositions générales du chantier.

Les blocs sont disposés sur le chantier par files parallèles ne contenant chacune que des blocs de même type. Les horizontales passant par l'axe de suspension sont rigoureusement parallèles entre elles et écartées de $4^m,70$. Entre deux files de blocs sont établis des rails de 40 kilogrammes, posés à demeure sur longrines. Ces voies aboutissent à une fosse dont la direction leur est perpendiculaire, et qui règne depuis l'origine de la jetée jusqu'à l'extrémité du chantier.

Dans cette fosse circule un double chariot représenté (*fig.* 345, 346, et 347), et analogue aux appareils de transbordement des chemins de fer.

La première partie se compose d'un toueur à vapeur, la seconde du chariot porteur. Ce chariot porte des rails au même niveau que ceux des chantiers où sont déposées les files de blocs.

Entre ces rails est placée une autre voie plus étroite correspondant à ceux de la jetée ; sur ces rails est placé un truc très bas.

Les blocs étaient soulevés sur les chantiers par une grue roulante, ou *bardeur*, au moyen de deux presses hydrauliques de $0^m,400$ de diamètre, agissant directement sur les louves. Le bloc soulevé, on halait le bardeur jusque sur le chariot de la fosse, puis, on descendait le bloc sur le truc ; le bardeur retournait alors au chantier et le chariot amenait le truc en face de la voie établie sur la jetée.

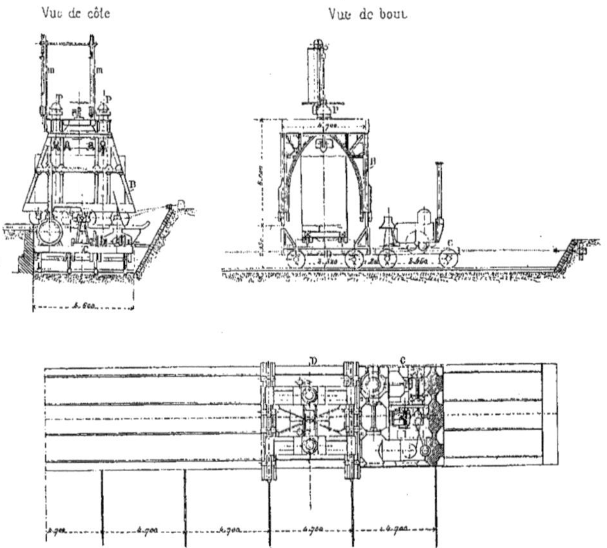

Fig. 345 à 347. — Chariot roulant à vapeur et bardeur pour le transport des blocs. — B, Bardeur ; C, toueur ; D, chariot porteur ; T, truck ; P, presses hydrauliques, ; *m*, potences pour la manœuvre des louves.

Ce même chariot servait aussi à transporter le bardeur d'une file de blocs à l'autre.

Arrivé à l'extrémité de la jetée le truc était amené jusque sous le titan.

Cet appareil, à de faibles variantes près, était semblable à celui, plus récent, que nous avons décrit ci-dessus.

C'était sur le truc que se faisait le basculement des blocs, pour que ceux-ci prennent l'inclinaison nécessaire pour leur pose qui s'effectuait, ainsi que nous l'avons décrit pour Leixoës.

Ce titan pouvait immerger des blocs de 40 tonnes à 13 mètres de l'axe des appuis d'avant, et de 115 tonnes à $6^m,80$.

JETÉES EN MER PROFONDE ET HOULEUSE.

363. Maintenant que nous connaissons les appareils nécessaires pour le transport et la fabrication des blocs destinés aux mers exceptionnellement agitées, nous allons donner quelques détails sur la construction des ports qui ont donné lieu à recourir à ces appareils spéciaux, établis uniquement pour les cas exceptionnellement difficiles.

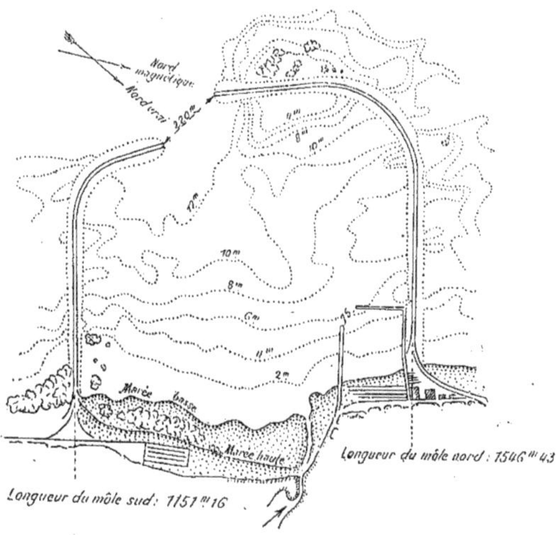

Fig. 348. — Port de Leixoës (Portugal).

Nous commencerons par le port de Leixoës et nous continuerons par celui de la Réunion.

Port de Leixoës.

364. On a employé pour les jetées de ce port (*fig.* 348) une infrastructure en enrochements et une superstructure en maçonnerie, que l'on peut rapporter à trois types.

365. Le profil numéro 1 (*fig.* 349) est appliqué sur les plages et en général sur les rochers découverts à marée basse, et, présentant une très petite profondeur. La superstructure ou mur d'abri repose directement sur le rocher. Le niveau de la partie supérieure est à 9m,80 au-dessus du zéro hydrographique. L'épaisseur au zéro est de 5m,40, et, de 4m,50 à la partie supérieure avec fruit de 1/10 sur le parement

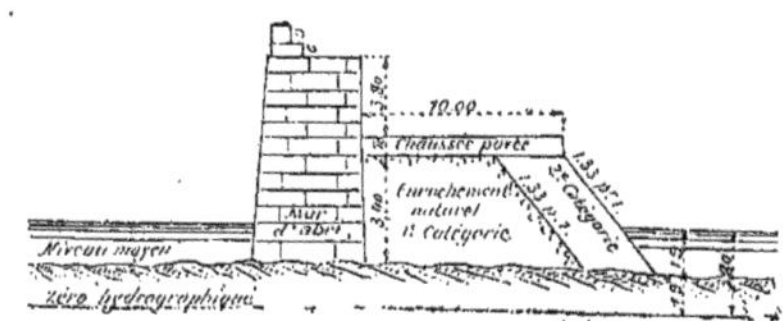

Fig. 349. — Port de Leixoës (Portugal). — 1er type.

extérieur. Le parapet, placé sur le haut du mur, a 1m,40 de hauteur, 1m,50 d'épaisseur en bas, et 0m,90 au sommet.

Une plate-forme est établie contre ce

mur, du côté du port. Elle est un enrochement de première catégorie (v. p. 311) régularisée par une chaussée maçonnée de 10 mètres de large, $0^m,70$ d'épaisseur, et à la hauteur de 6 mètres au-dessus du zéro.

Du côté du port, le talus est revêtu avec des enrochements de deuxième catégorie et mesure $1^m,33$ de base pour 1 de hauteur.

366. Le type numéro 2 s'applique aux profondeurs variant de 0 à 5 mètres. L'enrochement sur lequel est fondé le mur d'abri est constitué en pierre de deuxième

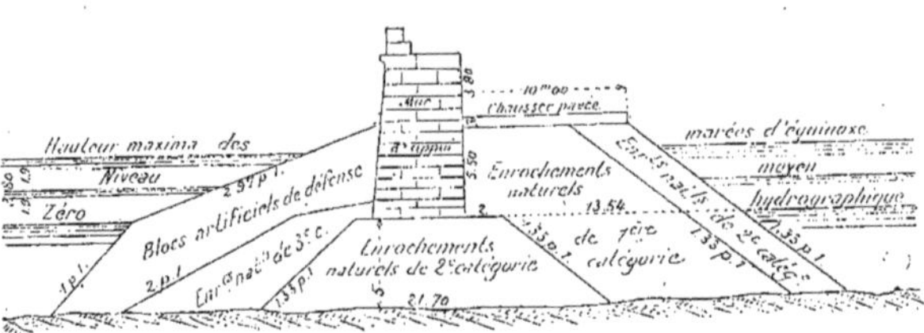

Fig. 350. — Port de Leixoës (Portugal). — 2e type.

catégorie, et présente la forme d'un trapèze mesurant $8^m,40$ de largeur au zéro hydrographique, avec talus de $1^m,33$ pour 1 (*fig.* 350)

Cet enrochement est défendu du côté de la mer :

1° Par un autre enrochement de troisième catégorie, et ensuite par des blocs artificiels, disposés de manière qu'au niveau du zéro, ils présentent une épaisseur d'environ $10^m,80$ et un talus de 1/1 au-dessous et de 3/1 au-dessus, protégeant

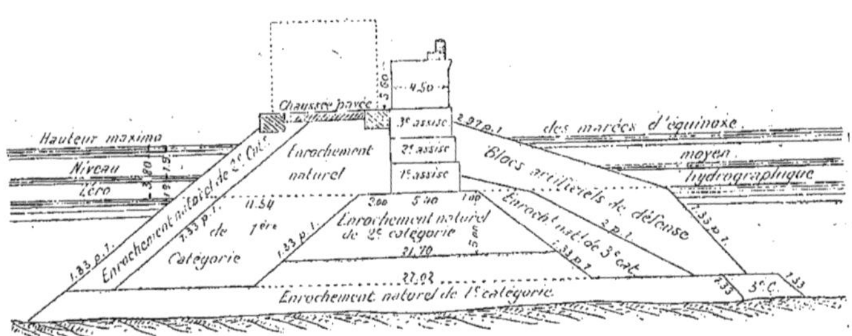

Fig. 351. — Port de Leixoës (Portugal). — 3e type.

ainsi la muraille en maçonnerie sur une hauteur d'environ 5 mètres au-dessus du zéro hydrographique.

Du côté du port, la plate-forme a la même disposition qu'au profil numéro 1.

367. Le type numéro 3 (*fig.* 351) est appliqué aux profondeurs supérieures à 5 mètres. L'infrastructure de l'enrochement présente, à la partie supérieure d'un plan passant à 5 mètres au-dessous du zéro, une disposition et des dimensions égales à celles du profil numéro 2.

Au-dessous dudit plan, la base est formée par un enrochement de première catégorie. Les revêtements en pierre de troisième catégorie et en blocs artificiels descendent avec les mêmes talus jusqu'au fond naturel pour les cotes inférieures à 7 mètres, et, au moins à cette cote quand la profondeur est supérieure. Les blocs artificiels reposent à la base sur des enrochements de troisième catégorie.

La superstructure et la plate-forme-chaussée ont la même disposition qu'au profil numéro 2.

Port de La Réunion.

368. Nous allons emprunter ces détails au *Mémoire* de MM. Joubert Fleury dont nous avons déjà parlé.

L'emplacement choisi pour le port est la *plage des Galets* qui est la moins exposée à l'action du vent et des ouragans.

L'île est en effet soumise à l'action des

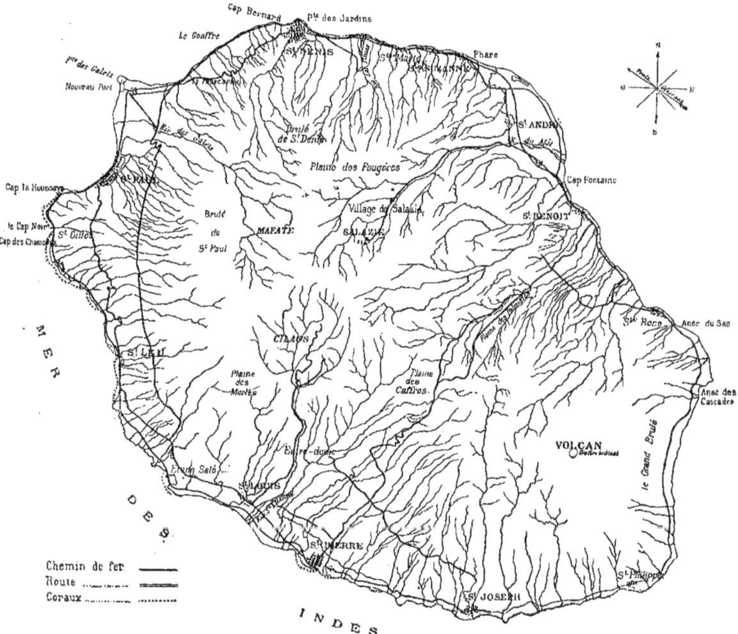

Fig. 352. — Ile de la Réunion.

vents généraux du Sud-Est. D'avril à novembre, ces vents soufflent régulièrement, et, souvent avec une violence telle, que les navires ne peuvent séjourner en rade. C'est à Saint-Philippe, qui est situé au S.-E. de l'île (*fig.* 352), que ces alisés se font d'abord sentir. Les falaises abruptes et les montagnes les divisent en deux branches : l'une suit la côte dite *du vent* en remontant du Sud-Est, vers le Nord, puis s'infléchissant à l'Ouest, passe à Saint-Denis, capitale administrative de l'île et heurtant la grande falaise basaltique du cap Bernard, prend la direction du Nord-Ouest, vers le large. L'autre branche, après avoir fait sentir toute son action sur la rade de Saint-Pierre, suit la côte du Sud au Sud-Ouest, se heurte aux roches du cap Noir et du cap Champagne et de là se dévie vers le large, où elle rejoint la branche supérieure à une grande distance du cap des Galets.

Il suit de là que, du cap Bernard au cap la Houssaye où se trouvent Saint-Paul et la pointe des Galets, on n'a que les remous des alisés, donnant lieu à des brises généralement légères, variant du Sud-Ouest au Nord-Est, en passant par le nord.

Cette partie de l'île est également celle où les cyclones font le moins sentir leur redoutable présence. Ils attaquent presque toujours la Réunion à Sainte-Rose, c'est-à-dire à l'Est-Nord-Est. De même

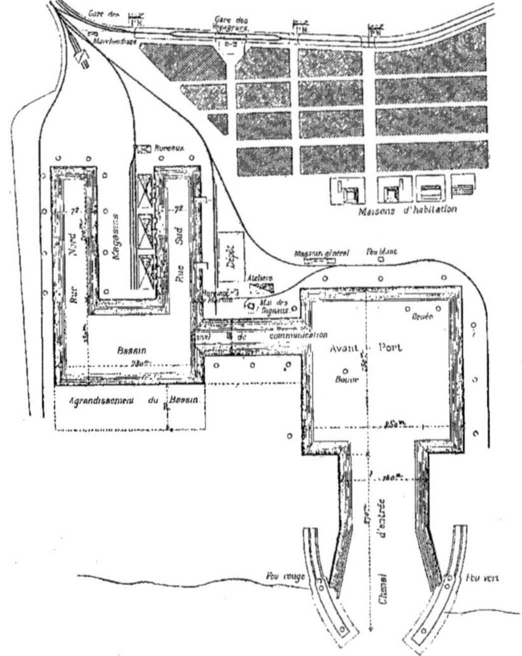

Fig. 353. — Port de la Réunion.

que pour les vents généraux, le massif montagneux s'oppose à leur transmission à la pointe des Galets et une annonce télégraphique permet aux navires qui y sont ancrés d'y prendre les précautions nécessaires, car très affaiblis, les cyclones n'y arrivent que quinze ou dix-huit heures après qu'ils ont touché Sainte-Rose.

A ces avantages se joint la fixité de la plage et la facilité de pouvoir accroître le port au fur et à mesure des exigences commerciales. De plus, un chemin de fer dessert cette localité.

L'étude du terrain sur lequel devait être construit le port fut faite au moyen de puits de 1 mètre de section descendus à 8 mètres au-dessous du niveau de la mer. C'était un amas de matériaux en ordre confus, tantôt volumineux, tantôt impalpables, sables, gravier et galets recoupés par quelques minces couches de tuf argileux et de cendres volcaniques agglutinées. Les déblais devenaient d'autant plus faciles qu'on s'avançait davantage vers le nord. Ces résultats conduisirent à s'arrêter au pied des dunes qui limitent la plaine de ce côté.

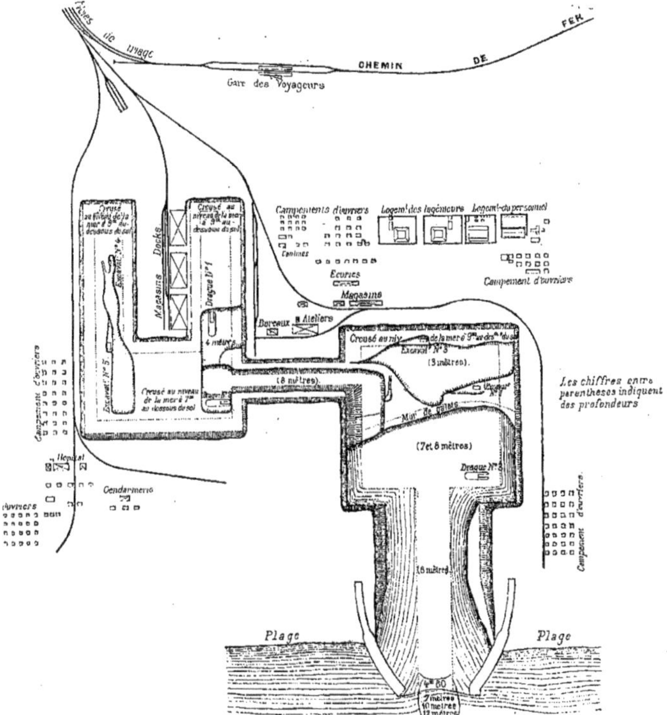

Fig. 354. — Port de la Réunion.

On plaça l'axe de l'entrée au nord à 1 500 mètres de la pointe des Galets, et, au sud, à 1 900 mètres environ de la rivière.

La figure 353 montre les dispositions essentielles du port.

L'*entrée* est formée par deux jetées convergentes en arc de cercle, ayant 225 mètres d'écartement à l'enracinement, et 100 mètres aux musoirs. Cet enracinement était fixé sur la plage au delà de la laisse connue des plus violents raz de marée, et à 90 mètres de la laisse d'eau ordinaire. Les musoirs arrivent presque dans les fonds de 12 mètres, leurs défenses extrêmes dans ceux de 15 mètres.

L'*avant-port* comprend, outre la partie

circonscrite par les jetées, une entrée de 190 mètres de long, débouchant dans un bassin de 250 mètres de côté L'expérience a prouvé que les navires pouvaient y opérer en toute sécurité.

On accède dans le port intérieur par un canal de 150 mètres de longueur, 22 mètres au plafond avec des talus de 2 sur 1, de façon à empêcher toute agitation. On pénètre alors dans un bassin de 200 mètres de longueur débouchant sur des *rues* ou *bassins d'opérations*. Ils sont pourvus d'apontement et de docks dont le rez-de-chaussée est au niveau de ces mêmes apontements et le premier étage au niveau des voies ferrées.

Le terrain naturel, élevé tout autour, défend ces bassins contre les ouragans. Il y a en tout 1 160 mètres de bords disponibles. La superficie est de 16 hectares.

La figure 354 donne les installations des chantiers; on y remarque, presque au centre, un puits d'eau douce.

Le cube total à extraire était de 2 300 000 mètres cubes.

Toute la partie au-dessus du niveau de l'eau a été déblayée à sec par les procédés ordinaires et au moyen d'excavateurs.

Pour la partie sous l'eau, on a employé trois dragues, la plus petite de 40 chevaux frayait, pour ainsi dire, le passage

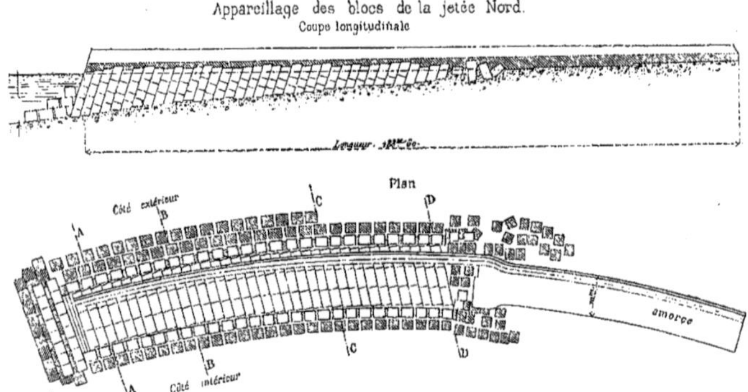

Fig. 355 et 356. — Port de la Réunion.

de la plus grande. La longueur de son élinde permettait de draguer à 4 mètres, et, en l'abaissant sur des contre-fiches à 8 mètres. Il passait 16 godets de 150 litres par minute.

La grande drague de 150 chevaux attaquait les fonds de 8 mètres et plus, et faisait passer, à la minute, douze godets de 460 litres chacun, soit 240 mètres cubes à l'heure pour la grande, et 108 pour la petite.

Deux remorqueurs l'un de 240 chevaux, l'autre de 120, servaient à transporter les gabarres de vidange.

La plupart des organes des dragues étaient en acier; le tourteau de la grande, à lui seul, pesait 8 000 kilogrammes en un seul bloc.

La surface d'appui donnée aux maillons était de 130 millimètres carrés pour éviter l'usure.

Ces appareils furent mis à flot, en 1881, dans un bassin primitif devant faire partie de l'avant-port. Ils ont d'abord ouvert une communication avec la mer en creusant un chenal de 2m,50 de profondeur pour conduire les gabarres de déblais au large.

Les jetées n'étant pas commencées, les raz de marée l'obstruèrent plusieurs fois, mais, quand ce chenal eut $4^{m},50$ de profondeur sur 45 mètres de largeur, on fut à l'abri de cet inconvénient.

Pendant l'année 1882, le travail marcha assez régulièrement, interrompu seulement quelquefois par l'état de la mer qui empêchait la sortie des gabarres. On rencontra seulement (*fig.* 354) un mur de galets à l'entrée de l'avant du port et il fallut recourir à l'air comprimé pour l'extraire.

Comme il fallait protéger l'entrée du port par des ouvrages en saillie, la plage étant assez accore, on put ne leur donner qu'une petite longueur tout en atteignant les grands fonds. Cent mètres de développement suffirent pour atteindre des profondeurs de 12 à 15 mètres.

Chacune de ces jetées se compose de deux parties :

La première (*fig.* 355 à 360) comporte l'amarre ou enracinement qui part de la plage à la cote $4^{m},40$ et s'avance à 8 mètres de la laisse moyenne des eaux. Son épaisseur dans le sens vertical est de 2 mètres. Sa face supérieure a une pente continue de 2 centimètres par mètre. Le terrain naturel ayant une pente d'à peu près $0^{m},04$, l'extrémité de l'amarre, où le ressac rendait les fouilles impossibles, se trouve entièrement en saillie sur le sol; aussi, l'a-t-on préservée contre les affouillements, par des blocs de défense accolés à ses faces extérieures et intérieures. Sa largeur va en s'évasant vers la mer en passant de $10^{m},50$, à l'origine, à $14^{m},50$. Cet accroissement de largeur avait pour but d'en augmenter la résistance et de faire manœuvrer le titan à partir du moment où il devenait utile.

On a construit cet encaissement en béton pilonné dans des coffrages formés de panneaux mobiles qu'on déplaçait au fur et à mesure de l'avancement.

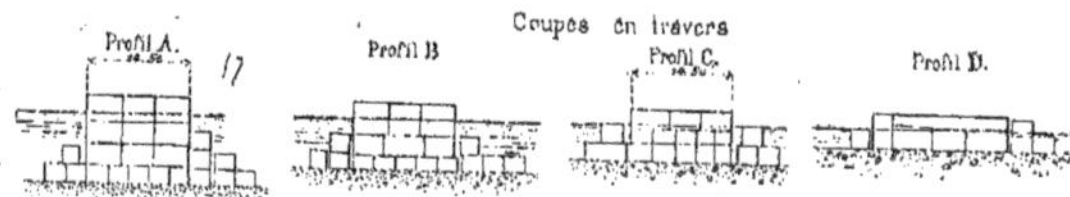

Fig. 357 à 360. — Port de la Réunion.

La fréquente agitation de la mer ne permettait pas de se servir d'appareils flottants, qu'on n'aurait du reste pu abriter nulle part. On décida donc de partir de l'amarre en s'avançant vers la mer.

On savait aussi, d'autre part, que l'action des vagues du raz de marée atteignait des profondeurs de 10 mètres.

Voici comment on résolut le problème (*fig.* 355 et 356) :

Le corps de la jetée fut complètement composé de blocs de béton arrimés par tranches successives, d'une épaisseur uniforme de $2^{m},50$ posés directement sur le sol de galets, gravier et sable.

Pour éviter de donner à ces blocs la forme de voussoirs, ce qui en aurait compliqué la fabrication, on a déplacé chaque tranche par rapport à la précédente vers l'intérieur de la courbe, de façon à ce que les centres de figure de toutes les tranches soient tous sur un arc de cercle de 250 mètres de rayon.

Chaque tranche est en outre inclinée sur la précédente suivant un angle dont la tangente est 1/3, disposition qui augmente la stabilité, empêche, pendant la construction, le déversement vers le large, et assure un meilleur joint. On a de même évité les joints horizontaux : les lits entre deux assises consécutives sont normaux aux joints des tranches.

La première tranche s'appuie à l'extrémité de l'amorce; elle et les deux suivantes sont formées d'une seule assise de blocs. Au fur et à mesure que la profondeur a augmenté, on a mis deux, trois et jusqu'à cinq assises de blocs.

Les blocs des assises inférieures, dits *blocs de base*, sont relativement petits; (16 mètres cubes environ, soit 43 tonnes, leur densité est de 2, 7).

Les blocs de couronnement sont au nombre de trois sur la largeur. Un de $4^m,50$ au milieu, et un de 5 mètres de chaque côté. Ils ont $3^m,60$ de hauteur et cubent, ceux des extrémités 44 mètres cubes, soit un poids de 115 tonnes, et, celui du milieu, $38^{m3},394$, soit 104 tonnes.

Le volume d'une assise de couronnement est donc de $123^{m3},714$ et son poids de 334 tonnes, auquel on doit ajouter celui de la maçonnerie du couronnement et du mur de garde. Au surplus, le fait de l'arrimage augmente beaucoup la résistance de la jetée.

On voit en effet que l'assise de couronnement n'était immergée que sur moitié de sa hauteur ; le poids destiné à résister à la lame est donc de :

$$\frac{123^{m3},714}{2} \times 2\,700^k + \frac{123^{m3},714}{2} \times (2\,700 - 1\,018) = 271\,057^k.$$

La face exposée n'ayant que $8^{m2},28$, la résistance due au seul poids des éléments de la tranche est de 31 408 kilogrammes par mètre carré.

Un blocage en ciment de béton régularise, par un plan horizontal, le couronnement.

La plate-forme de la jetée est arasée à $2^m,40$ au-dessus du niveau moyen avec mur de garde arasé à 6 mètres du côté extérieur.

Le pied de la jetée est protégé contre les affouillements par un pavage en blocs de défense de 60 tonnes, que l'on voit sur les figures 355 et 356. Les tranches sont complètement indépendantes les unes des autres, ce qui limite les tassements, ainsi que nous avons déjà eu occasion de le dire.

On a eu les plus grandes difficultés pour lutter contre les raz de marée, et les grandes houles sont fréquemment venues s'opposer à la construction.

Les blocages de la plate-forme ont été détruits, refaits, détruits encore sur chaque mètre d'avancement.

Les blocs de base étaient à peine posés qu'ils étaient affouillés, déplacés, et il a fallu très fréquemment, saisissant une accalmie, soit le jour, soit la nuit, les reprendre, dresser à nouveau leur lit de pose, les remettre en place et souvent recommencer ce travail qui n'a offert de sécurité que quand l'appareillage de la jetée a été complet.

En résumé, on a travaillé un jour sur trois, et plus de la moitié du temps a été employé en réfection. Pour poser les 12 592 mètres cubes de blocs de la jetée Sud, il a fallu dix-huit mois et demi (de mai 1880 à décembre 1881), soit moins de 750 mètres cubes par mois. A l'abri de cette première jetée, on a eu pour celle du Nord moins à redouter des lames, et sa construction n'a duré que dix mois (de mars à décembre 1882).

Si donc on remarque que le titan peut poser un bloc de 46 mètres cubes par heure, on peut se rendre compte des difficultés que l'on rencontra, les deux jetées de la Réunion ne formant qu'un cube de 27 000 mètres.

Résumé.

369. En résumé, la construction des jetées se divise, au point de vue de la construction, en deux natures de travaux différents, suivant qu'il s'agit de mers sans marée, ou de mers soumises à la marée.

370. *Mers sans marée.* — En principe, ils consistent en amoncellement de pierres en quantité suffisante pour former un massif saillant hors de l'eau. Dans les mers où les bois se conservent bien, comme dans la Baltique, on peut fabriquer des coffrages en fois qui facilitent beaucoup le travail.

Dans celles où le taret exerce ses ravages, comme dans la Méditerranée, il faut avoir recours aux enrochements et aux maçonneries.

371. *Mers à marées.* — On y emploie généralement les enrochements, la maçonnerie ou le béton.

Les enrochements doivent être divisés en catégories dans les mers agitées et il faut souvent avoir recours à la fabrication de blocs artificiels.

Les talus extérieurs présenteront des pentes très douces jusqu'au-dessous des basses mers et dans toute la profondeur d'agitation possible ; afin de briser la lame, au dessous, les talus peuvent être plus raides. Il en est de même au-dessus des plus hautes mers.

Généralement 5 à 6 mètres au-dessous des plus basses mers, et 5 à 6 mètres au-dessus des plus hautes mers, suffisent.

L'inclinaison du talus doux varie de 5 à 10 de base pour 1 mètre de hauteur. Les talus raides de 1 1/2 à 3 de base pour 1 de hauteur.

Quelquefois, on subdivise les talus raides en deux, un de 3 sur 1, et, l'autre de 1 1/4 à 1 1/2 sur 1.

Dans tous les cas, il faut surveiller et entretenir les talus à faible pente, et il est bon de couronner les digues par un massif de maçonnerie formant une sorte de monolithe.

ENTRETIEN DE LA PROFONDEUR DES PASSES

Généralités.

372. Nous avons vu que dans les ports soumis à la marée la profondeur de certains d'entre eux et de leurs passes s'entrenait naturellement (V. p. 277), tandis qu'il fallait des travaux presque constants pour les autres. Cette question devient d'autant plus importante, qu'ainsi qu'on le sait, la tendance de la marine marchande et de la marine militaire est d'augmenter de plus en plus le tonnage, et, par suite, le tirant d'eau de leurs navires.

Nous avons également vu que, parmi les procédés employés dans ce but, il y en a un qui, quoique coûteux, est obligatoire dans les ports non soumis à l'action du flux et du reflux, ce sont les *dragages ;* mais, d'autre part aussi, nous avons fait remarquer que les ports de marée à grandes lagunes conservaient naturellement presque indéfiniment leur profondeur. Ce fait est tellement général qu'il est passé en proverbe dans la marine que « grandes lagunes, bon port ».

On a également pu observer que, quand les digues ou les cordons du littoral se rompaient et qu'il se formait de nouvelles lagunes, la profondeur des passes s'augmentait, si ces lagunes avaient un écoulement par le chenal.

Comme preuve de ce fait, on avait aussi remarqué que d'anciennes passes et d'anciens ports, dont la profondeur s'était entretenue à peu près constante pendant de nombreuses années, avaient vu leur tirant d'eau diminuer, quand on avait comblé ou utilisé les lagunes qui s'y déversaient.

Il était donc indiqué de s'efforcer d'imiter la nature en utilisant mieux, ou en créant artificiellement des lagunes sous forme de bassins et d'utiliser l'eau qu'elles pouvaient contenir à la conservation des profondeurs des passes et des ports. Ce système est connu sous le nom de *chasses naturelles et de chasses artificielles.*

CHASSES

CHASSES NATURELLES.

373. Pour mieux utiliser les chasses naturelles, il faut ou augmenter le volume d'eau disponible, ou rendre plus efficace le volume dont on dispose.

Le premier procédé n'est pas toujours possible, soit à cause de la disposition des lieux, soit à cause de la cherté des terrains qui avoisinent le port. Dans ces deux cas, il faut chercher à utiliser le mieux possible, pour le but qu'on se propose d'atteindre, le volume d'eau disponible.

On comprend que l'effet de ce volume d'eau sera d'autant plus considérable qu'il aura plus de vitesse. On devra donc opérer à mer basse, car alors la force vive du volume écoulé est maxima, elle se distribue dans une masse d'eau extérieure minima et est dirigée exactement dans le chenal proprement dit, sans action sur les portions à découvert. On devra donc munir ces lagunes de portes qui s'ouvrent automatiquement ou que l'on puisse ouvrir à volonté. Nous les étudierons dans le paragraphe suivant.

CHASSES ARTIFICIELLES.

374. Il suffit pour obtenir des résultats semblables à ceux que nous venons de décrire, de créer des bassins ou réserves d'eau pour remplacer les lagunes.

L'ensemble de ces dispositions comporte donc :

1° Des bassins ;

2° Des pertuis ;

3° Des portes d'ouverture et de fermeture.

Généralités sur les bassins.

375. D'après ce qui précède, la capacité des bassins est le facteur dominant de leur utilité, et leur forme est généralement déterminée par celle des terrains disponibles. Il suit de là qu'il faut les faire aussi grands que possible. Quant à leur forme théorique, il parait que le mieux serait de leur donner celle d'un secteur circulaire qui permettrait aux masses d'eau les plus éloignées d'arriver toutes en même temps au centre du cercle de ce même secteur et on y placerait le pertuis. Le même aperçu indiquerait une profondeur uniforme.

Ce tracé a été à peu près suivi pour le bassin de chasse de Dunkerque.

Dans tous les cas, répétons-le, c'est surtout la capacité qui est à envisager et qu'il est difficile et même impossible de la fixer à l'avance.

Fonctionnement des chasses.

376. Pour bien nous rendre compte de l'agencement à donner à tous les organes des chasses, nous allons examiner d'abord les meilleures conditions de leur fonctionnement. Il est clair que leurs effets se feront d'autant plus sentir que la vitesse de l'eau sortant du bassin sera plus considérable et que la masse d'eau stagnante sera plus faible ; par conséquent, on ne pratiquera les chasses que pendant les marées de vives-eaux, c'est-à-dire deux ou trois jours avant et deux ou trois jours après les syzygies, et on les supprimera pendant les temps de grande houle qui en amoindriraient les effets, et rendraient dangereuses l'ouverture et la fermeture des portes.

Les emplacements disponibles pour les bassins conduisant fréquemment à en construire plusieurs, il convient de les ouvrir aussi symétriquement que possible par rapport à l'axe du chenal de façon à n'y pas créer de courants latéraux qui pourraient attaquer les fondations des ouvrages existants et ne creuseraient pas la passe profonde au milieu du lit. D'après M. Laroche, on a remarqué ces effets dans le port de Calais, quand, pour une cause quelconque, un des pertuis latéraux ne fonctionnait pas.

Il est également aisé de comprendre qu'il y a tout intérêt à placer le pertuis aussi près que possible de la barre, puisque c'est surtout elle qu'il s'agit d'approfondir.

Le flot produit affecte la forme du mascaret (V. p. 84), et, d'après certaines remarques, les choses se passent comme si la puissance vive se transmettait successivement de haut en bas à l'eau, primitivement dans le chenal ; aussi cette action met-elle un temps (très court du reste) à se faire sentir et ne correspond-elle pas au passage du flot.

Les conditions de placer le pertuis aussi près que possible de la barre et de lui donner autant que possible la direction du chenal impliquent une sorte de contradiction, aussi prend-on un terme moyen, en plaçant la direction du pertuis aussi peu oblique sur l'axe du chenal que le terrain le permet. Toutefois, ce tracé comporte un inconvénient assez grave (*fig.* 361).

En effet, l'une des chasses s'échappe en grande partie dans le chenal, mais elle crée en A un violent remous, détermine du côté de l'avant-port un courant en sens inverse, par suite de la surélévation des eaux, et, par suite, remue les vases de l'avant-port et les transporte dans le port d'échouage.

Pour obvier à cet état de choses, on commence par déterminer un courant dans ce port d'échouage, en ouvrant les bassins à flot, et on n'ouvre le pertuis des bassins des chasses que quand le courant est bien établi. On a soin de commencer par les bassins à flot les plus éloignés.

Voici, d'après M. Laroche, comment on opère dans le port de Dunkerque (*fig.* 362) :

1° On ouvre les vannes des écluses du bassin du Commerce, qui transporte les vases jusqu'à l'écluse de la Cunette;

2° A ce moment, on ouvre le pertuis de l'écluse de la Cunette, les deux flots se confondent et achèvent de nettoyer l'avant-port;

3° Aussitôt que ces courants réunis arrivent devant l'écluse des chasses, on ouvre les cinq pertuis de cette écluse, et, comme on doit exécuter cette dernière manœuvre au moment le plus bas de la marée, pour obtenir le maximum d'effet utile, on

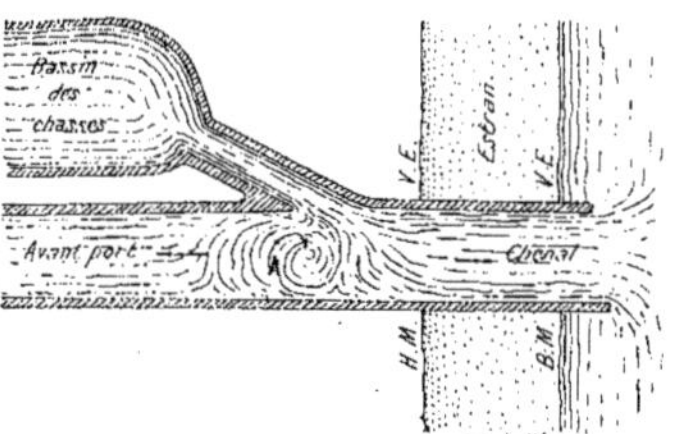

Fig. 361.

ouvre les écluses des bassins à flot quinze à vingt minutes avant celles-ci.

On peut juger de l'effet de ces chasses

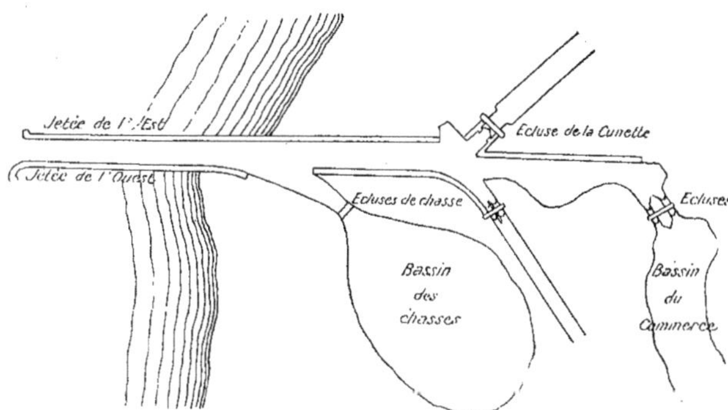

Fig. 362. — Port de Dunkerque.

par l'extrait suivant des notices, publiées par le Ministère des Travaux publics, lors de l'Exposition de 1878 :

« La passe d'entrée du port de Dunkerque est une dépression entretenue artificiellement dans une vaste plage de sable, sur une longueur d'environ 600 mètres au-delà de la tête des jetées.

« Les matériaux de cette plage, remués par l'action combinée des vents et des courants, s'avancent de l'Ouest vers l'Est et tendent continuellement à combler la dépression; il se produit, en outre, de temps en temps, sous l'influence des vents du Sud-Ouest, des apports brusques de sable; des masses de 30 000 à 40 000 mètres cubes de sable s'amoncellent ainsi en moins de quinze jours dans la partie Ouest du chenal intérieur de la passe, rétrécissant et barrant même quelquefois l'entrée du port.

« Les chasses actuelles (1878), qui comportent une émission de 1 000 000 de mètres cubes en trois quarts d'heure, attaquent facilement les alluvions déposées dans les parties d'amont de la passe et entretiennent une profondeur de 2 mètres à 2m,50, dans les 300 ou 400 premiers mètres, à partir de la tête des jetées; mais elles sont incapables d'approfondir les 200 ou 300 derniers mètres qui s'étendent jusqu'aux talus des grands fonds de la rade; dans cette partie d'aval, existe toujours un bourrelet, sur lequel on ne trouve, en basse mer de vives-eaux ordinaires, que 1 mètre à 1m,30 de profondeur, quand les chasses produisent leur maximum d'effet. Or, il faut que cette profondeur soit portée à 3 mètres,

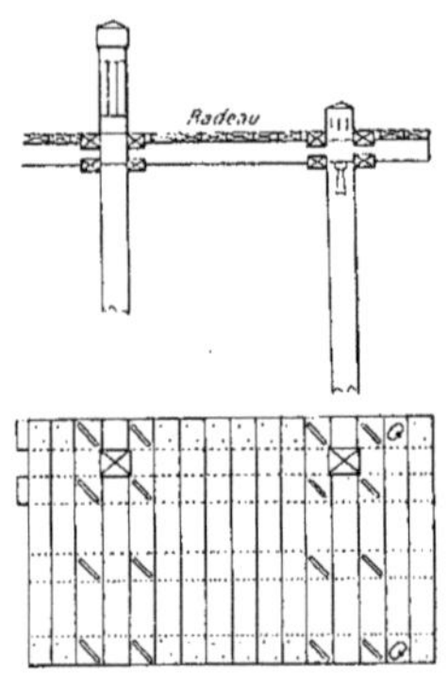

Fig. 363 et 364. — Guideau.

pour que les grands navires, de 6m,50 à 7 mètres du tirant d'eau, puissent entrer au port à marée haute en tout temps. On a dû, en conséquence, décider que l'on creuserait et entretiendrait la partie d'aval par des dragages à la même profondeur que la partie d'amont, et l'on inventa un système spécial d'appareils pour cette opération, sur laquelle nous aurons à revenir. »

377. *Guideaux.* — On voit quel intérêt il y a à pouvoir prolonger, jusqu'à la barre, l'action des chasses en dehors des têtes des jetées. Le courant s'épanouit, n'a plus d'action, et si la passe n'est pas dans l'axe de ces mêmes jetées, il a une tendance à se porter vers elle, au lieu de la ramener dans la direction du chenal

Nous venons de voir qu'à Dunkerque on avait été obligé de recourir à des dragages; mais, quand la distance entre les môles et la barre n'est pas très considérable, on peut y arriver par des moyens appliqués le siècle dernier au port de Honfleur, mais qui ont été insuffisants à Dunkerque. Ils consistent en *guideaux*.

Ceux-ci sont des radeaux en charpente recouverts de madriers traversés suivant un de leurs longs côtés par des poteaux verticaux et qu'on appelle *béquilles*. Ces béquilles ne descendent pas jusqu'au fond de l'eau à marée haute. Quand l'eau baisse, elles viennent d'abord toucher le sol, puis, l'eau continuant à descendre, le radeau pivote autour d'elles et forme un plan

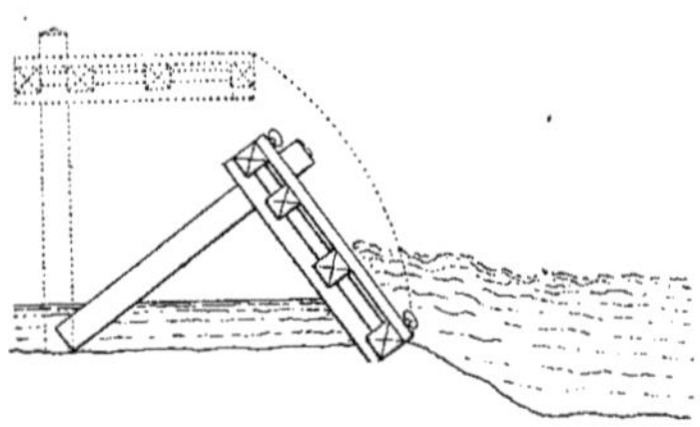

Fig. 365. — Guideau.

incliné en forme de talus. En réunissant un certain nombre de ces guideaux bout à bout, on forme ainsi une sorte de quai artificiel qui garde les eaux de la chasse.

Nous donnons les croquis d'un de ces appareils, d'après M. Laroche (*fig.* 363, 364 et 365).

378. *Désagrégation du sol.* — On a cherché à désagréger le sol au préalable pour faciliter l'action des chasses; piochage, pelletage et emploi de l'eau comprimée, aucun d'eux n'a donné jusqu'à présent de résultats bien pratiques, excepté quand il s'agit de vases dans des eaux tranquilles, et lorsqu'on peut faire agir ensuite un courant d'une énergie suffisante. Autrement les alluvions sont seulement déplacées.

Voici cependant quelques exemples où on est parvenu à obtenir des approfondissements par une étude attentive des phénomènes qui se passent sur la plage que l'on a en vue d'améliorer.

Nous avons déjà cité les faits que nous avons observés sur les côtes du Brésil, dans la province de Céarà, faits dont nous avions tiré parti dans nos projets d'amélioration de ce port.

En Italie, on a essayé sur un petit cours d'eau, le Regii-Lagii, qui se jette dans la baie de Naples, un système spécial pour obtenir des approfondissements. On y forma un chenal au moyen de pieux battus de distance en distance, mais assez rapprochés pour diriger le flot et l'y maintenir. Comme les alluvions étaient mises en mouvement par des courants parallèles à la côte, elles pouvaient traverser l'intervalle de ces pieux. Le rapport du vide en plein était de 1 à 2, c'est-à-dire que les pieux avaient 0^m,30 d'équarissage, et étaient distants de 1^m,20 d'axe en axe. Le ressac, en agissant sur les pieux, en affouillait les pieds, et les sables ainsi mis en suspension étaient plus facilement entraînés par les courants. Mais l'effet ne se continua pas, soit que les pieux aient été détruits par les tarets, soit que ce système fut insuffisant.

Il en fut de même pour la passe de l'Adour. Plus on avançait les jetées pleines, plus la barre se reculait vers le large, et la situation restait toujours la même. On essaya le système italien, et la barre resta fixe, mais les tarets vinrent encore détruire cette œuvre, et l'on remplaça le bois par la fonte. La passe fut ainsi fixée, ce qui était très important. Quant aux autres résultats, les travaux sont encore trop récents pour qu'on en puisse rien dire.

A Honfleur, devant l'entrée du chenal, il s'était formé un banc de sable de 250 mètres de longueur.

Pour arriver à couper ce banc au moyen de chasses artificielles, il fallait creuser une première rigole qui servirait à diriger les chasses. On y parvint suivant M. Arnoux (*Annales des Ponts et Chaussées* de 1873), en employant l'artifice suivant :

On avait remarqué que les mariniers de la Seine pour dégager leurs ancres, quand elles étaient trop ensablées, attachaient simplement une grosse pierre à un panier en osier, dont ils plaçaient l'ouverture en dessous. Ce panier était distant de la pierre de 1 mètre à 1^m,50 ; par suite de cet agencement, il flotte entre deux eaux et détermine ainsi des courants qui amènent en dessous des cônes d'affouillement. La pierre s'enfonce alors, le panier la suit, et l'approfondissement devient de plus en plus grand, au moins jusqu'à une certaine limite.

A Honfleur, en disposant ainsi quatre-vingts paniers à 2^m,50 de distance, on réalisa en deux marées une rigole de 200 mètres de longueur, 1^m,50 de profondeur maxima, et 3 à 6 mètres de largeur. Les chasses firent le reste, et le chenal fut creusé.

On a encore essayé l'emploi de l'eau plus ou moins comprimée et s'échappant par des ajutages, mais on n'obtient ainsi que des tourbillonnements, et si on n'a pas un courant énergique pour entraîner les sables ainsi mis en mouvement, on ne fait que les déplacer.

Le procédé analogue au *papillonnage* ne réussit bien qu'avec les dragues suceuses, parce qu'alors on a immédiatement au-dessus des alluvions mises en mouvement un courant énergique produit par l'aspiration des pompes à sable.

Tout ce que nous venons de voir montre qu'il n'y a en réalité aucune règle générale bien précise. L'ingénieur chargé d'un travail de ce genre devra surtout examiner tous les phénomènes qui se passent sur la plage, les effets des vents, ceux du jusant et du flux ; les petits obstacles disséminés çà et là, soigneusement observés, pourront lui fournir des indices très précieux et très certains. Ce n'est qu'après de nombreuses observations, se corroborant les unes les autres, qu'il pourra se faire une idée nette des phénomènes locaux, et, par suite, décider de ce qu'il y aura lieu de faire.

Résumé de l'effet des chasses.

379. En résumé, on voit que les chasses suffisamment énergiques donnent des résultats utiles et ont permis de gagner quelquefois dans les passes des hauteurs de $1^m,50$ à 2 mètres. On peut compter qu'elles entretiennent dans de bonnes conditions, entre les jetées, des hauteurs d'eau généralement suffisantes de 2 à 4 mètres au-dessous des plus basses mers, et elles sont tout à fait indiquées là où les bassins de retenues sont nécessaires pour emmagasiner, à haute mer, les eaux d'écoulement des marais et les évacuer à basse mer, ainsi que nous l'avons vu, lorsque nous avons parlé des travaux d'assainissement dans notre *Cours de Rivière*.

Aujourd'hui, cependant, on y a à peu près renoncé sur le continent pour différents motifs que nous allons énumérer :

1° On ne peut les employer que dans les

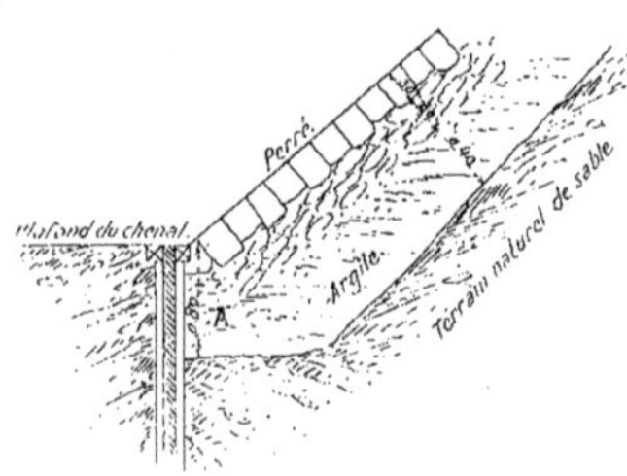

Fig. 366.

ports dont les marées atteignent 5 à 6 mètres au moins ;

2° Le chenal doit être assez étroit pour être balayé par un flot d'eau d'au moins $0^m,60$ à $0^m,80$;

3° Elles ne peuvent donner que 2 mètres au maximum de profondeur d'eau au-dessous des marées de vives-eaux, ce qui est insuffisant avec l'état actuel et les tendances de la marine ;

4° Elles déplacent et repoussent seulement vers le large les dépôts formés, ce qui n'est pas toujours suffisant ;

5° Quand cet effet se produit il faut alors draguer les dépôts pour les reporter encore plus loin. Mieux vaut donc les draguer de suite ;

6° Les vases entraînées à marée basse rentrent dans le port à marée haute ;

7° Les bassins de retenue occupent des espaces considérables et souvent d'une grande valeur ou qui seraient plus avantageusement occupés par des bassins à flot ;

8° Les chasses ne peuvent être employées que par les temps calmes ;

9° Il est impossible de prévoir leur effet utile.

Toutefois, comme elles peuvent encore rendre des services dans nos colonies, là où les terrains ont moins de valeur et où souvent il suffit d'établir un service de cabotage, nous allons entrer dans les détails des travaux qu'elles nécessitent.

Bassins de retenue.

380. Les bassins étant creusés, il faut défendre leur plafond et leur talus contre les affouillements.

L'expérience a prouvé que la pente des talus qui pouvait être la mieux défendue était celle de 1 1/4 à 1 1/2 de base pour 1 de hauteur.

La défense devra être naturellement plus ou moins forte suivant la nature du sol et la violence des courants et des remous.

Dans les terrains sablonneux, qui sont les plus attaquables, et dans les talus les moins exposés, on commence par plaquer sur le sol une couche d'argile de $0^m,30$ à $0^m,40$ d'épaisseur. On place dessus un lit de pierres cassées de $0^m,30$ et un perré en pierres sèches de même épaisseur ; des fils de pieux et palplanches, descendant jusqu'à 5 mètres, garantissent le pied des talus (*fig.* 366).

Dans les talus plus exposés, on remplace la couche d'argile par une couche de sable de $0^m,50$ à $0^m,60$, pilonnée et arrosée de lait de chaux, et sous le plafond, en A, un massif de béton de $0^m,60$ à $0^m,80$. On substitue du béton à la pierre cassée, et une maçonnerie avec harpes, au perré.

Nous donnerons, comme exemple de bassin, la description de celui de Honfleur, qui présente un certain nombre de particularités remarquables. Nous en emprunterons les détails à la notice du ministère des Travaux publics sur l'exposition faite par les Ponts et Chaussées et les Mines en 1889. Pour plus de clarté, nous ne la scindrons pas, bien que plusieurs des sujets traités appartiennent aux paragraphes suivants.

Bassin de Honfleur.

381. Le port de Honfleur est soumis, par sa situation même sur la rive Sud de la baie de la Seine, à des envasements considérables.

Pour assurer le maintien du chenal d'accès, une loi du 26 juillet 1873 décida l'exécution d'un bassin de retenue pour les chasses, s'alimentant directement à la marée haute, pendant l'étale de pleine mer, au moyen d'un déversoir de superficie, et, fournissant, à mer basse, des chasses d'une intensité et d'un volume décuple de celui des anciennes chasses.

Le bassin est triangulaire et d'une superficie de 54 hectares. Pour éviter, en l'asséchant à toutes les chasses, de créer un foyer d'insalubrité, on a creusé toute l'étendue du bassin à 1 mètre au-dessous du niveau moyen du sol naturel, et, on a dérasé le fond à 15 mètres du nivellement particulier du port de Honfleur. Le plan de comparaison de Honfleur est à 16m,087 du plan de comparaison général de la France.

On dispose ainsi pour les chasses, tout en laissant dans le bassin une tranche d'eau de 1 mètre, d'un volume d'eau qui s'élève à :

Dans les grandes vives-eaux (coefficient 1,15). . . . 700 000 ^{m3}.

Dans les grandes vives-eaux ordinaires (coefficient 0,90). 500 000

Dans les faibles vives-eaux (coefficient 0,75). . . . 330 000

Des terre-pleins ont été constitués au moyen du déblai du bassin : l'un, de 8 hectares, est destiné aux chantiers de constructions navales; l'autre, de 5 hectares, reçoit des dépôts de bois.

Les travaux ont été commencés dans le courant de mai 1875, par la construction de la digue d'enceinte. Cette digue, qui a 12 mètres en couronne, est arasée à 2 mètres au-dessus des plus hautes mers; elle a été formée d'un noyau de terre grasse, protégé de part et d'autre par des revêtements perreyés. Le revêtement extérieur présente un talus de 3 mètres de base pour 1 mètre de hauteur et une épaisseur de 1m,60. Le pied de la digue est défendu contre les affouillements, du côté du large, par une risberme en enrochements qu'il a fallu recharger à plusieurs reprises, et qui descend actuellement jusqu'à la cote 27 mètres environ. Le revêtement intérieur présente une inclinaison de 3 mètres de base pour 2 mètres de hauteur et une épaisseur de 1 mètre.

Pour prévenir les infiltrations au travers de la digue, dans les portions de l'enceinte où cette digue n'est pas appuyée par un large terre-plein, on a disposé, sous le revêtement intérieur, un corroi en argile s'étendant à 1m,60 en contre-bas du fond du bassin et un vannage en sapin de 0m,66 de largeur.

On a exécuté la digue en partant de l'enracinement à terre pour la branche de Poudreux d'une part, et, d'autre part, de la jetée de l'Est, pour la branche du large.

On avait ménagé jusqu'à la fin une coupure de 400 mètres entre les deux attaques, pour que le remplissage et la vidange du bassin s'opérassent librement aux marées de vives eaux. Pendant la morte-eau du milieu de juin 1876, grâce au puissant matériel dont disposaient les entrepreneurs, on put établir sur toute l'étendue de la coupure une banquette de terre, protégée par des enrochements du côté du large, et assez élevée pour n'être pas surmontée à la vive-eau suivante.

A l'abri de cette enceinte, le creusement du bassin, représentant 900 000 mètres cubes de déblais à extraire, fut exécuté au moyen d'un excavateur et de trois ateliers de terrassiers, fournissant ensemble 1 800 mètres cubes de déblai par jour de travail.

A chaque haute mer, surtout en vives-eaux, les infiltrations recouvraient la surface du bassin d'une mince couche d'eau ; pour assainir le chantier, on creusa une série de rigoles débouchant dans une portion du lit de la Morelle, que l'on avait enfermée en constituant l'enceinte.

Un aqueduc traversant la jetée de l'Est

et muni d'un clapet du côté de la mer, évacuait dans l'avant-port, à chaque basse mer, les eaux accumulées dans cet ancien lit de la Morelle.

Les dépenses pour la construction de la digue d'enceinte et le creusement du bassin se sont élevées au chiffre de 3 048 133f,87.

382. *Écluse de chasse.* — L'écluse de chasse se compose de quatre pertuis, de 5 mètres chacun d'ouverture, séparés par des piles de 2 mètres de largeur et surmontés à l'aval par un pont en maçonnerie qui donne accès aux nouveaux chantiers de constructions navales.

L'ouvrage est fondé sur un radier général en béton de 2 mètres d'épaisseur, soutenu par des pilotis dont la tête est noyée de 0m,50 dans le béton. Le revêtement est en pierres de taille de granit, de 0m,50 d'épaisseur moyenne. Le radier, arasé à la cote de 18m,50, se trouve à 3m,50 en dessous du plafond du bassin; la différence est rachetée par un plan incliné de 100 mètres de longueur.

Les affouillements n'étaient pas à redouter vers l'amont de l'écluse projetée, puisque l'alimentation du bassin de retenue s'opère par un ouvrage spécial placé à l'autre extrémité dudit passin; la fondation a donc été arrêtée de ce côté par une ligne de pieux et palplanches s'engageant sous les perrés jusqu'à l'extrémité des culées du pont; cette protection est complétée par un avant-radier en enrochements maintenus par des pieux coiffés de traversins, qui s'étend sur une longueur de 20 mètres en amont de l'ouvrage.

C'était du côté aval surtout que les affouillements étaient à craindre. Le terrain était formé d'alluvions disposées en couches de sable fin, entremêlées de couches de vase, jusqu'à une profondeur de 7 mètres en contre-bas de zéro des cartes, soit jusqu'à la cote 27m,50; des sondages préliminaires avaient révélé l'existence, à partir de cette cote, d'un banc de galets de 4 mètres environ d'épaisseur, au-dessus de l'argile plastique de Honfleur (Kimmeridge Clay).

Il importait de barrer toute espèce de communication entre le massif supportant l'écluse et l'affouillement d'aval qui pouvait s'étendre jusqu'au niveau de l'argile plastique; dans ce but, on descendit, par des procédés de fonçage à l'air comprimé, un barrage en maçonnerie de 42 mètres de longueur, 5 mètres de largeur et 16m,30 de hauteur, qui s'encastre dans l'argile plastique de 0m,30 environ. On a donné à ce barrage, ou *parafouille*, une longueur de 42 mètres débordant de 8 mètres les culées de l'écluse, pour éviter les infiltrations latérales; l'épaisseur de 5 mètres avait, d'ailleurs, été considérée comme le minimum admissible pour un caisson de 42 mètres de longueur.

Les premières chasses ont produit dans le goulet de l'écluse, jusqu'au droit de la jetée Est, des affouillements importants qui ont été comblés par des blocs artificiels en béton ou en maçonnerie de moellons.

Le pont qui franchit l'écluse a 6 mètres de largeur totale et supporte une chaussée de 3m,50 de large et deux trottoirs de 1m,25. Le trottoir d'aval, en encorbellement de 0m,50, est supporté par des corbeaux en granit faisant saillie sur le mur de tête; un garde-corps en fonte borde le trottoir.

Les maçonneries de l'écluse de chasse ont été faites en moellons d'Ablon et mortier de ciment de Portland; les parements vus sont en maçonnerie de briques avec chaînes de granit aux angles; tout ce revêtement des piles et des culées du côté des pertuis de chasse est en pierre de taille de granit.

Les travaux ont commencé par le fonçage du mur parafouille. Lorsque le caisson eut pénétré de 3 à 4 mètres dans le sol, le poids des maçonneries construites sur ce caisson ne suffisait pas pour le faire descendre. On lâchait alors brusquement l'air par les soupapes placées au-dessus des cloches, et le caisson s'enfonçait en quelques minutes de 0m,10 à 1 mètre suivant la nature des couches de terrain traversées.

Pour le déblai de sable fin, plus ou moins mélangé de vase, que l'on rencontra dans le fonçage, les procédés ordinaires d'extraction par les sas ont été puissamment secondés par l'emploi de deux siphons, formés de tuyaux en fonte, débouchant par une extrémité recourbée et horizontale à la partie supérieure du caisson; ces tuyaux étaient terminés, dans la chambre de travail, par un raccord flexible en caoutchouc, dont un ouvrier plongeait incomplètement l'orifice dans le sable à extraire mélangé d'eau; sous l'action de la pression et de l'entraînement mécanique que produisait l'air comprimé, le mélange était expulsé au dehors.

Le parafouille une fois fondé, on procéda à l'exécution des battages et du radier en béton, par le moyen d'épuisements.

Les dépenses des fondations et des maçonneries de l'écluse de chasse se sont élevées au chiffre de 870 482f,14.

383. *Appareil de fermeture de l'écluse de chasse.* — Pour chaque pertuis, ces appareils se composent :

1° De deux vannes de garde de 2m,45 de largeur, qui assurent l'étanchéité de la fermeture et préviennent le battement ou l'ouverture intempestive de la porte tournante, sous l'action des lames du dehors;

2° D'une porte tournante, sur laquelle se reporte la charge d'eau de la retenue, lorsqu'on ouvre les vannes de garde; les vannes une fois levées, la porte démasque instantanément l'orifice du pertuis.

Chaque vanne est munie de deux crémaillères, qui engrènent avec les pignons d'un arbre horizontal supérieur, auquel quatre hommes impriment un mouvement de rotation, par le moyen de l'un des treuils à engrenages, placés sur les piles et sur les culées de l'écluse. Les crémaillères soulèvent d'abord une vannette placée au bas de la vanne, et découvrent deux orifices de 0m,20 de hauteur et de 1m,70 de largeur. Par ces orifices, la chambre comprise entre les vannes et la porte tournante se vide. L'effort à faire pour lever les vannes se réduit donc à leur propre poids; les crémaillères portent un arrêt qui, la vannette une fois levée, accroche la vanne et la soulève jusqu'au sommet des voûtes du pont. L'opération préliminaire de relèvement des vannes exige une heure, avec deux équipes de quatre hommes.

Le type des portes tournantes est celui des anciennes portes de chasse de la Floride, au Havre. L'axe de rotation divise la porte en deux parties, sensiblement égales; l'excès de largeur (0m,09) de l'un des panneaux sur l'autre, a pour objet de faciliter la fermeture de la porte, contre le courant de chasse. Dans le grand panneau, est ménagée une ventelle tournante, dont l'axe également vertical, est très excentré, et qui s'ouvre instantanément, sous la pression de l'eau, dès qu'on dégage l'arrêt qui la soutient.

La grande porte, dont les panneaux se trouvent inégalement chargés, pivote alors brusquement, et vient se placer dans l'axe du pertuis. Pour fermer la grande porte, il suffit, la ventelle une fois rendue solidaire de cette porte, d'incliner celle-ci d'une faible quantité, par rapport à l'axe du pertuis, au moyen d'un câble fixé sur elle et enroulé sur l'arbre d'un des treuils. La dénivellation qui existe de l'amont à l'aval de la porte détermine alors une différence de pression sur les deux panneaux, et entraîne la fermeture.

384. *Construction des portes.* — Chaque porte se compose d'aiguilles verticales en chêne de 0m,40 d'épaisseur, reliées solidement à leurs extrémités par des poutres en fer à double T, formant moise; les semelles de ces poutres sont noyées dans le bois, de façon à éviter toute saillie. Les aiguilles sont réunies entre elles à l'aide de trois boulons horizontaux, qui traversent toute la porte; deux ceintures en fer forgé rendent tout le système solidaire. L'axe de la porte est formé par une poutre à double T, terminée par deux pivots et assemblée avec les moises horizontales. Les pivots sont en acier de 0m,210 de diamètre.

Les dépenses pour la construction des vannes et des portes de l'écluse de chasse et des treuils de manœuvre se sont élevées au chiffre de 132 169 francs.

385. *Déversoir d'alimentation.* — Le problème à résoudre consistait à introduire dans le bassin, à volonté et d'une façon exclusive, les eaux des couches superficielles de la mer, pendant la durée de l'étale; des expériences préliminaires avaient montré, en effet, que ces couches sont toujours beaucoup moins chargées de troubles que celles du fond et que, par suite, leur emploi permettait d'éviter, autant que possible, l'envasement du bassin. Comme on pouvait disposer, à chaque marée, de deux heures et demie environ, il

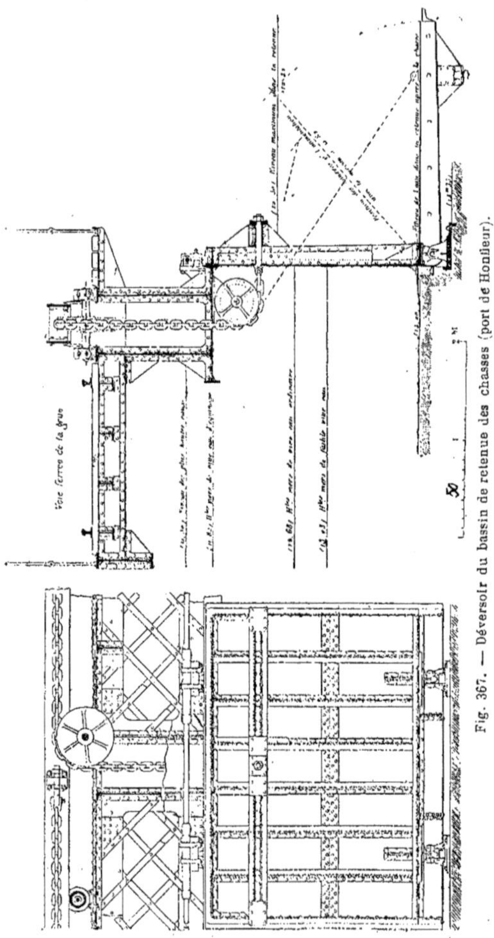

Fig. 367. — Déversoir du bassin de retenue des chasses (port de Honfleur).

suffisait d'une tranche d'eau de $0^{m},60$ de hauteur sur 100 mètres de longueur pour effectuer le remplissage du bassin ; on a divisé cette longueur en dix pertuis, de 10 mètres d'ouverture, fermés chacun par trois hausses mobiles, du même type que les hausses imaginées par Thénard, pour les barrages de navigation (V. *Cours de Rivières*, p. 503). Ces hausses, tournant autour d'une charnière horizontale inférieure, sont maintenues chacune par une chaîne, fixée vers leur partie supérieure; toutes ces chaînes passent sur des poulies de renvoi, et leurs extrémités sont fixées sur un même châssis, roulant sur des galets, de telle sorte que les mouvements de va-et-vient du châssis déterminent un mouvement simultané de toutes les hausses; des presses hydrauliques actionnent le châssis (*fig.* 367), soit pour provoquer le relevage, soit pour régler l'abaissement des hausses; on obtient ainsi un déversoir à crête mobile, qui permet d'introduire dans le bassin une lame d'eau d'épaisseur constante, malgré les variations du niveau de la mer, variations qui ne dépassent guère $0^m,40$ à $0^m,50$ pendant la durée du remplissage.

Le déversoir d'alimentation se compose donc :

1° De dix pertuis formés par neuf piles et deux culées attenantes à la digue d'enceinte; ces pertuis ont chacun 10 mètres de largeur et $11^m,75$ de longueur; leur radier, dans la partie la plus élevée, est à la cote 14 mètres, afin de permettre le remplissage du bassin dans les plus faibles marées de vives-eaux, dont le plein atteint 13 mètres. Chaque pertuis comporte une chambre de $10^m,20$ de largeur sur $6^m,45$ de longueur, dans laquelle sont logées les hausses. Sur la pile centrale, est construit le bâtiment qui renferme la machinerie hydraulique et le logement du mécanicien;

2° De trente hausses métalliques, trois dans chaque pertuis, tournant sur des gonds horizontaux scellés dans le radier du pertuis; ces hausses redressées s'élèvent depuis le radier (cote de 14 mètres) jusqu'au niveau des hautes mers de vives-eaux d'équinoxe, qui atteignent la cote $11^m,82$;

3° D'une charpente métallique établie sur les piles et servant d'appui à l'arête supérieure des hausses; cette charpente supporte les poulies de renvoi des chaînes de relevage et les galets sur lesquels roule le châssis; elle forme en même temps une passerelle de communication sur laquelle peut circuler une grue de 3 tonnes, qui permet de démonter, réparer et remettre en place très rapidement les hausses avariées;

4° Du mécanisme de transmission composé de chaînes et du châssis mobile; ce dernier est attelé à une tige actionnée par deux presses conjuguées, mues par l'eau comprimée à 70 kilogrammes par centimètre carré. L'autre extrémité du châssis est tirée par un contrepoids destiné à vaincre les résistances passives de l'appareil pendant l'ouverture des hausses;

5° Du mécanisme d'arrêt destiné à maintenir les hausses appuyées contre la charpente, pour leur permettre de supporter la pression de la marée montante, jusqu'au moment du remplissage; ce mécanisme se compose d'un arbre portant une série de verrous (deux pour chaque hausse), commandé par une petite presse hydraulique spéciale.

La manœuvre des hausses s'effectue au moyen de deux presses hydrauliques accouplées.

Les verrous sont manœuvrés à l'aide d'une petite presse hydraulique à double effet.

Une petite machine à vapeur horizontale, à deux cylindres de neuf chevaux de force, met en mouvement les pompes qui refoulent l'eau, soit dans l'accumulateur, soit au besoin directement dans les cylindres des grandes presses.

L'accumulateur contient 600 litres d'eau à une pression de 70 kilogrames par centimètre carré.

L'eau évacuée par les appareils hydrauliques, pendant la période d'abaissement des hausses, est recueillie dans un réservoir en tôle R, placé sur des consoles scellées dans le mur de la chambre des machines; c'est dans ce réservoir que les pompes aspirent l'eau nécessaire, ce qui en diminue notablement la consommation; c'est une économie importante, parce que les appareils doivent être alimentés avec de l'eau douce qu'il faut apporter de la ville.

La manœuvre du barrage consiste :

1° Au moment de la pleine mer, la retenue étant vide, à abaisser graduellement les hausses de façon que leur crête soit recouverte d'une lame d'eau de $0^m,60$ d'épaisseur ;

2° A relever les hausses lorsque la retenue est pleine, c'est-à-dire le plus généralement avec une différence de niveau, sinon nulle, du moins peu importante entre la mer et le bassin.

386. *Fondations et maçonneries.* — L'ouvrage est fondé sur un radier en béton supporté par des pilots ; le dessus du radier est arasé à la cote 14 mètres sur une longueur de 4 mètres, nécessaire pour permettre l'établissement d'un batardeau en cas d'avarie de l'une des hausses d'un pertuis.

Le seuil des hausses et toute les parties postérieures du revêtement, du côté du bassin, sont en granit ; l'arrière-radier est en maçonnerie de briques ; les infiltrations sont combattues par l'interposition de quatre lignes de palplanches jointives, battues parallèlement. Pour prévenir les affouillements, on a prolongé l'arrière-radier en briques par un radier en enrochement de 25 mètres de longueur.

Les massifs des piles et des culées sont construits en maçonnerie de blocage ; leur revêtement est en briques, leur couronnement, en pierres de taille de granit.

A l'Ouest du déversoir, un épi de 52 mètres de long, perpendiculaire à la digue d'enceinte, abrite l'ouvrage contre les vents du Nord-Ouest. Cet épi est construit, jusqu'à la cote $14^m,50$, en enrochements surmontés par des blocs artificiels en béton de ciment, arasés à la cote des hautes mers de vives-eaux ordinaires ($12^m,40$).

La protection du barrage est complétée par un brise-lame circulaire de 69 mètres de rayon et d'un développement total de 66 mètres, ayant son point de départ sur la pile centrale du déversoir.

Le terrain rencontré étant de nature presque exclusivement sableuse, on a employé avec succès, pour le battage des pieux et des palplanches, le procédé qui consiste à mettre les sables en mouvement par l'eau comprimée à l'emplacement où l'enfoncement doit se faire. La lance servant à l'injection était alimentée par une petite pompe centrifuge et précédait le sabot du pieu ou de la palplanche.

Les dépenses pour la construction des déversoirs d'alimentation se sont élevées au chiffre total de 1 224 $888^f,30$.

Les ouvrages créés au port de Honfleur, en vertu de la loi du 26 juillet 1875, sont en service depuis 1881. Les grandes chasses ont une efficacité complète ; il suffit d'en opérer une ou deux à chaque marée de vive-eau pour dégager le chenal extérieur.

Le déversoir d'alimentation fonctionne d'une façon régulière ; toutefois, le courant interne qui se produit aux abords du barrage, lorsqu'on abaisse les hausses, ne permet pas d'exclure absolument de l'alimentation du bassin, les couches d'eau inférieures les plus chargées de troubles.

387. *Siphon établissant la communication entre le bassin de retenue et le quatrième bassin à flot.* — Pour terminer ce qui est relatif au port de Honfleur, nous indiquerons le procédé employé pour réunir ensemble la retenue avec les eaux du bassin de navigation, qui sont souvent à des niveaux différents. Cette manœuvre est employée quand on ne donne pas les grandes chasses destinées uniquement à la passe, et qu'on veut accroître la durée et l'efficacité des chasses données par les écluses de navigation, afin de réduire l'envasement des bassins. Ce résultat s'obtient en relevant autant que possible leur plan d'eau avant l'ouverture des portes d'èbe, et, l'introduction des eaux du flot très chargées de trouble. Cette communication ne doit être ouverte que quatre ou cinq fois tous les quinze jours pour rétablir le niveau dans les bassins de navigation, lorsque ce niveau est descendu au-dessous de celui du bassin de retenue, à la suite des chasses.

Le niveau du bassin de retenue étant généralement au-dessous de celui des bassins de navigation, il y avait le plus grand intérêt à disposer d'une fermeture étanche.

C'est ce motif, joint à celui d'une économie sérieuse à réaliser, qui a conduit à adopter des siphons aspirants. Ces siphons sont au nombre de six ; la selle est placée au-dessus du niveau habituel des bassins, à la cote 12^m,30.

Les appareils d'amorçage et de désamorçage sont basés sur les phénomènes suivants:

Lorsqu'on perce un petit trou O à travers la paroi d'un siphon en plein débit et dans la portion où la pression est inférieure à la pression atmosphérique, le siphon ne se désamorce pas si le trou est suffisamment petit; il y a succion et l'air extérieur aspiré s'échappe avec l'eau par les grandes branches du siphon (*fig.* 368).

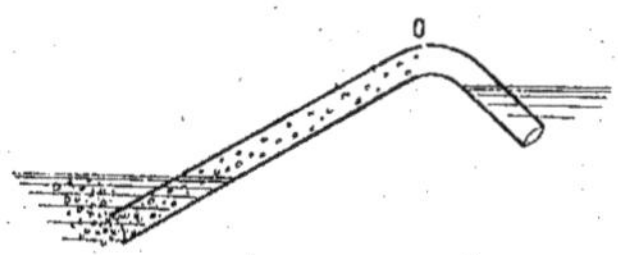

Fig. 368.

En élargissant le trou O ou en multipliant le nombre de ces trous, on finit par désamorcer le siphon.

En ouvrant l'orifice suceur jusqu'à amener le désamorçage, on constate que le débit de ce dernier se réduit progressivement jusqu'à atteindre une certaine valeur, limite très différente de zéro, et pour une ouverture plus considérable, le désamorçage est instantané.

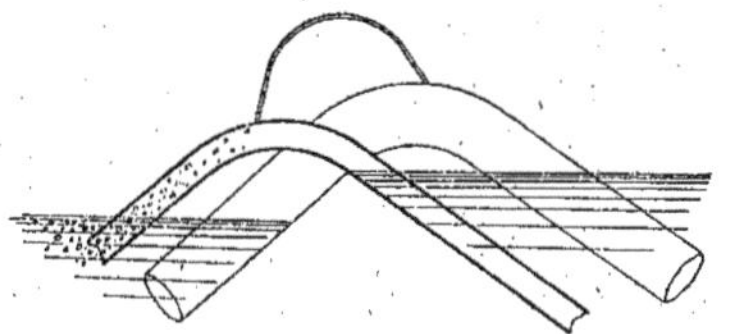

Fig. 369.

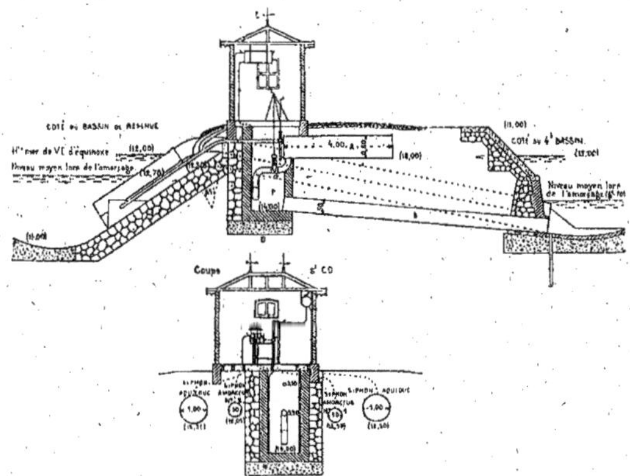

Fig. 370. — Siphon de Honfleur.

On voit immédiatement le parti que l'on peut tirer de cette expérience pour l'amorçage des siphons d'une grande ouverture.

On amorcera toujours très facilement et très rapidement, soit par la vidange d'un réservoir plein d'eau, soit par le moyen d'une pompe aspirante, un siphon de faibles dimensions. Ce petit siphon, percé d'un orifice suceur convenablement disposé, fonctionnera comme amorceur à l'égard de siphons de plus grandes dimensions, à la condition de relier le suceur percé dans le premier, au sommet des seconds (*fig.* 369).

Pour supprimer la communication, il

suffira de désamorcer les siphons, en les mettant en communication avec l'atmosphère par un orifice suffisamment grand.

Voici comment on opère à Honfleur sur les siphons qui traversent la digue séparative du bassin de retenue et du quatrième bassin de navigation.

On ouvre (*fig.* 370), la vanne *a* pour vider dans le puits P, relié avec l'aval par la conduite B, l'eau contenue dans le réservoir A et l'on met en communication la partie supérieure de ce réservoir avec le sommet du siphon amorceur n° 1. La capacité du réservoir A est calculée de telle façon que tout l'air contenu dans le siphon n° 1 y est aspiré pour remplacer l'eau qui s'écoule par la vanne *a*. Lorsque le siphon est amorcé, ce qu'indique le manomètre correspondant, on ferme les robinets et la vanne du réservoir. Le siphon n° 1 renferme un suceur d'air, constitué par un tube en cuivre de 0m,02 de diamètre qui pénètre normalement à la paroi du siphon et se termine un peu audelà du sommet par une crépine.

Le but de cette disposition est de diviser l'air à son entrée dans le siphon et d'obtenir un entraînement plus rapide de bulles formées vers l'aval.

La somme des sections de tous les orifices de la crépine est supérieure de 1/10 à la section du tuyau de 0m,02.

Lorsque la différence de l'amont à l'aval est égale ou supérieure à 0m,80, l'expérience indique que ce suceur peut être mis en communication avec l'atmosphère, sans que le siphon n° 1 se désamorce, étant donnée, bien entendu, la hauteur d'aspiration du siphon (moyennement 1 mètre), pour laquelle le suceur a été établi.

On met ce suceur en communication avec le siphon n° 2, qui a le même diamètre que le siphon n° 1, mais qui est placé à 0m,25 plus haut que lui.

L'air contenu dans le siphon n° 2 est entraîné par lui, et le siphon s'amorce ainsi que l'indique le manomètre correspondant.

Ce siphon renferme un suceur identique au précédent, mais d'une section moindre (0m,015 au lieu de 0m,020).

On met les deux suceurs en communication avec le premier des siphons-aqueducs; lorsque le manomètre indique que le premier siphon-aqueduc est amorcé, on détermine l'amorçage du second siphon-aqueduc, en ayant soin de ne découvrir un nouvel orifice du distributeur qu'après amorçage complet du siphon précédent.

Un seul agent suffit pour tous les siphons. Cette opération dure dix à douze minutes.

Les siphons amorcés, on refait le plein du réservoir A, en le mettant en communication, d'une part, avec les siphons, d'autre part, avec le bassin d'amont.

Tout l'air contenu dans ce réservoir est aspiré par les siphons et remplacé par l'eau venant d'amont.

La communication doit être fermée lorsque les bassins sont sensiblement de niveau : il suffit pour obtenir ce résultat, de désamorcer les siphons, en ouvrant le robinet de 0m,02, qui les met en communication avec l'atmosphère. Le désamorçage est complet en sept à huit minutes.

388. *Amorçage automatique.* — Indépendamment du procédé d'amorçage qui vient d'être décrit et qui fonctionne depuis 1884, époque de la pose des siphons, ceux-ci s'amorcent naturellement, et d'une façon automatique, toutes les fois que l'on remplit le bassin des chasses.

L'eau couvre alors la selle d'un siphon de 0m,06 de diamètre, qui plonge dans le puisard et s'amorce par déversement. Ce siphon en amorce un second, de 0m,13 de diamètre, placé à 0m,33 au-dessus de lui, et ces deux siphons réunis en amorcent trois autres, de 0m,20 de diamètre, placés à 0m,28 du second. Cette batterie d'amorceurs est relié avec le siphon n° 1, de 0m,50 de diamètre, par un robinet.

Lorsque ce robinet est ouvert, tous les siphons s'amorcent en une heure et demie ou deux heures, pour une différence de niveau qui doit être supérieure à 0m,40. C'est le temps nécessaire à la décantation des eaux prises au moment de la pleine mer, dans le bassin des chasses.

Cette installation d'amorçage au moyen d'une batterie d'amorceurs, disposés en échelons, fonctionne régulièrement, sans le secours de personne, depuis 1886. Aussi, l'ancienne installation ne fonctionne-t-elle plus qu'exceptionnellement.

389. *Communication du bassin de retenue avec la Morelle.* — Cette communication reproduit sur une plus grande échelle, l'amorçage par le moyen de siphons disposés en échelons, appliquée en dernier lieu aux siphons du quatrième bassin à flot.

Elle ne doit fonctionner que lorsqu'on chasse dans le bassin de retenue (ce bassin est alors complètement vide, et le seuil de la cuvette dans lequel dégorgent les siphons est découvert), et quand l'eau de la Morelle se trouve, à peu de chose près, à son niveau de régime.

Cette installation se compose d'un amorceur par déversement de 0^m,37 de diamètre, dont la selle est placée à 0^m,30 en contre-bas du régime de la Morelle, et dont l'orifice d'aval est fermé par une petite vanne ; elle est complétée par deux siphons-aqueducs. Le premier, en fonte, a 1^m,10 de diamètre ; la selle de ce siphon est placée au niveau du régime de la Morelle ; pour éviter que les eaux du bassin des chasses ne se déversent dans la rivière, lors des marées des vives-eaux d'équinoxe, ce siphon est muni d'un clapet à l'aval. Le second siphon, en maçonnerie de blocage, avec chappe en ciment, a 1^m,20 de diamètre intérieur ; la selle de ce siphon est placée à 1 mètre au-dessus de la selle du siphon de 1^m,10, au niveau des plus hautes marées.

Les sommets de ces siphons sont reliés par une conduite de 0^m,04 de diamètre sur laquelle sont disposés deux robinets de 0^m,04 ; l'un de désamorçage, l'autre de communication entre les siphons-aqueducs.

Ces deux robinets permettent de régler le débit de la chasse en n'amorçant que l'un ou l'autre de ces siphons, ou, en y laissant pénétrer plus ou moins d'air ; la communication des aqueducs avec l'amorceur se fait par une conduite de 0^m,02 qui part du sommet de ce dernier, passe par un robinet automobile, dont le but sera décrit un peu plus loin, et revient se brancher sur la conduite de 0^m,04 qui relie les sommets des aqueducs.

Pour amorcer, on ouvre la vanne du siphon-amorceur, lequel s'amorce par déversement ; aussitôt qu'il coule à gueule-bée, on le met en communication avec les aqueducs. Toutefois, le niveau de la rivière peut se trouver au-dessous du niveau de régime, et l'amorceur met un certain temps à s'amorcer. Il faut éviter dans ce cas de le mettre trop rapidement en communication avec les aqueducs, ce qui rendrait leur amorçage lent ou impossible.

Tel est l'objet du robinet automobile, qui permet d'opérer encore lorsque l'eau s'abaisse dans la rivière à 0^m,20 au-dessous du niveau de régime.

Ce robinet de 0^m,02 est calé sur une poulie sur laquelle s'enroule un fil de laiton, qui, d'un côté, porte des poids, et de l'autre, une boîte cylindrique en tôle de cuivre, terminée par un tube de 0^m,04 qui plonge dans la rivière.

A la partie supérieure, la boîte communique avec le sommet de l'amorceur par un tube de 0^m,01, dont une partie est flexible. Lorsque l'amorçage a eu lieu, il détermine un vide partiel dans la boîte et l'eau de la rivière y est aspirée à une certaine hauteur. Le poids de la boîte devient supérieur à celui du contrepoids, et le robinet s'ouvre.

Si l'amorceur vient à se désamorcer, même partiellement, la boîte se vide, et le robinet se ferme.

Lorsque l'amorceur est mis en communication avec les aqueducs, il détermine en sept à huit minutes l'amorçage de ces derniers ; le siphon de 1^m,10 s'amorce le premier en cinq minutes, et, tout l'air qui se trouve encore confiné dans le siphon de 1^m,20 est alors entraîné par le siphon de 1^m,10, qui joue le rôle d'amorceur.

Quand on veut arrêter la chasse, on ferme la vanne et on désamorce presque instanément les siphons-aqueducs, en ouvrant le robinet du désamorçage.

Le siphon de 1^m,10 joue, en dehors des chasses, le rôle de régulateur du niveau de la rivière. Lorsque, par suite d'une crue, l'eau s'élève dans la Moselle à 0^m,35 au-dessus du niveau de régime et que l'on a omis d'ouvrir les vannes de décharge à la mer, le siphon de 1^m,10 s'amorce seul, bien que le robinet de désamorçage soit ouvert ; il débite alors notablement plus d'eau que la rivière n'en fournit; le niveau de celle-ci baisse, et le siphon se désamorce lorsque le niveau de l'eau dans la rivière tombe à 0m,07 au-dessous du niveau du régime.

Pertuis.

390. Nous avons indiqué précédemment les conditions générales auxquelles doivent satisfaire les pertuis et réaliser :

1° Un débouché suffisant pour se remplir en une seule marée de vive-eau ;

2° Une vitesse d'eau qui n'atteigne pas la limite au-delà de laquelle l'intérieur du bassin s'affouillerait, soit 2 mètres à 2m,80 dans les terrains de sable ;

3° Un débit considérable au commencement de la chasse.

(L'expérience a appris que, dans les ports de la Manche et de la mer du Nord, le plus grand effet se produit pendant le premier quart d'heure et qu'il devient à peu près nul au bout de trois quarts d'heure).

La hauteur du pertuis sera limitée, en haut et en bas, par le niveau des hautes et des basses mers de vives-eaux. Il y a, en effet, intérêt, d'une part, de profiter de toute la hauteur de chute possible, et, d'autre part, de pouvoir visiter le radier et y faire les réparations nécessaires.

On peut, du reste, se rendre compte de l'influence de la hauteur d'eau sur l'efficacité des chasses, au moyen du calcul suivant, donné par M. Laroche :

En effet, dans une section égale à l'unité de largeur, la vitesse est proportionnelle à $\sqrt{h}$ et le débit à $h\sqrt{h}$.

Le travail T, accompli par ce débit, sera donc :

$$T = h \times \sqrt{h} = h^{\frac{3}{2}}.$$

En effectuant le calcul, on voit que si la hauteur h diminue de 1/9, T n'est plus que les 3/4 de ce qu'il était primitivement; en d'autres termes, en diminuant de 1/9 la hauteur de la chute, on diminue de 25 0/0 l'effet de la chasse, ce qui confirme tout ce que nous avons dit précédemment sur le choix du moment de faire les chasses et prouve, que pour bien les utiliser, il suffit de prendre une lame d'eau d'une épaisseur indiquée à la surface du bassin par l'expérience. Dans nos ports du Nord, 2m,50 suffisent. Le volume relativement petit à introduire, de nouveau, dans le bassin à la marée suivante, présente les avantages suivants :

1° N'ayant à faire pénétrer qu'un volume relativement faible, on ne détermine pas de courants violents dans le chenal; cet effet est d'autant plus sensible que l'eau est déjà remontée dans le port;

2° L'eau qui entre, étant prise dans une couche plus superficielle, n'entraîne pas, ou entraîne moins de vase dans l'intérieur du bassin de chasse.

En prenant les données suivantes, on peut effectuer facilement les calculs de largeur et de débit.

Voici le mode indiqué par M. Laroche :

On s'imposera quarante-cinq minutes pour le lançage du volume d'eau dont on dispose pour la chasse.

On admettra que le bassin se vide par couches horizontales, tant qu'il y restera une hauteur d'eau de 1 mètre à 1m,50, et, bien que le mouvement soit incessamment varié, on appliquera les formules usuelles de l'hydraulique, ce qui revient à considérer les variations de la vitesse dans chaque intervalle de temps comme très faibles.

Nous aurons donc :

$$Q = KLh\sqrt{2gh},$$

en appelant :

Q, le débit ;

K, un coefficient que, d'après Lesbros, nous poserons égal à 0m,35 ;

L, la largeur du pertuis ;

H, la hauteur de la retenue au-dessus du seuil.

Cette formule peut se mettre sous la forme :

$$Q = K'Lh^{\frac{3}{2}} \quad \text{en posant :} \quad K' = 1,6.$$

Si h_0 représente la hauteur de la retenue au commencement de la chasse ;

S_0, la surface du bassin de chasse à cette même hauteur ;

Et h', l'abaissement du niveau de l'eau

pendant le temps t, on pourra écrire, en vertu des conventions ci-dessus :

$$K'Lh_0^{\frac{3}{2}} \times t = S_{h_0}h'$$

ou : $$K'Lh_0^{\frac{3}{2}} = \frac{S_{h_0}h'}{h^{\frac{3}{2}}}.$$

Si on prend h' constant et égal à $0^m,10$, on aura t exprimé en secondes.

Pour un nouvel abaissement de h' on aura :

$$KL(h_0 - h')^{\frac{3}{2}} \times t' = S_{(h_0 - h')} \times h',$$

ou, en posant $h_0 - h' = h_1$:

$$K'Lh_1^{\frac{3}{2}} \times t' = S_{h_1}h',$$

ou : $$K'.L.t' = h' \frac{S_{h_1}}{h^{\frac{3}{2}}}.$$

On en conclut :

$$K'L\Sigma t = h'\Sigma \frac{S_h}{h^{\frac{3}{2}}}$$

et comme $\Sigma t = 45$ minutes soit $45^m \times 60^s$, on en tirera la largeur L du pertuis.

Il faut aussi que le bassin puisse se remplir en une seule marée. A cet effet, on peut employer une formule empirique représentant les résultats du remplissage des bassins de Dunkerque ; toutefois, il faut, dans ce cas, que les circonstances locales ne diffèrent pas trop de celles de ce port ; cette formule est la suivante :

$$Q = 0,98L \frac{H + h}{2} \sqrt{2g(H - h)},$$

dans laquelle

Q, est le débit par seconde ;

L, la largeur du pertuis ;

H, le niveau de la mer, à l'instant considéré, au-dessus d'un plan de comparaison ;

h, le niveau de la retenue par rapport au même plan.

On peut mettre cette formule sous la forme :

$$Q = KL(H + h)\sqrt{H - h},$$

et remarquer que H est une fonction du temps, de telle sorte que l'on peut écrire :

$$H = f(t).$$

Quand la mer remontante est au niveau de la retenue, on a $h = f(t)$, et on ouvre la retenue pour remplir le bassin.

Pour effectuer les calculs, M. Guillemain suppose que pendant un temps très court θ, exprimé en secondes, on laisse monter l'eau en dehors du bassin, puis que les portes étant ouvertes, la différence de niveau, entre la mer et le bassin, reste constante pendant un nouvel intervalle de temps θ.

On a alors l'équation :

$$K \times L \times f(t + \theta + h) \times \sqrt{f(t + \theta - h)} \times \theta = S_h dh,$$

ce qui permet de calculer dh et, par suite, la nouvelle hauteur de l'eau dans le bassin $h' = h + dh$.

Pour un nouvel intervalle de temps θ, on prendra comme hauteur $f(t + 2\theta)$ et on aura :

$$KL(H' + h')\sqrt{(H' - h')} \times \theta = S_h dh'$$

Si $\theta = 5$ minutes, on prendra :

$5^m \times 60^s = 300$ secondes,

et il faudra que, au moment de la mer haute, on ait :

$$KL\theta\Sigma \frac{(H' + h')\sqrt{(H' - h')}}{S_h} = H - h.$$

H étant le niveau de la pleine mer, et h celui de la retenue au commencement du remplissage.

Ce calcul donnera une seconde valeur de L.

On prendra, bien entendu, la plus grande des deux ; puis, on s'assurera que la vitesse

$$K(H' + h')\sqrt{(H' - h')},$$

n'excède pas la limite fixée de 2 à 3 mètres.

Radier du pertuis.

391. Comme il serait impossible de construire des portes d'une grande largeur s'ouvrant aussi instantanément que possible, on est obligé de diviser le radier du pertuis au moyen de piles en maçonneries, ce qui fait qu'il faut augmenter le

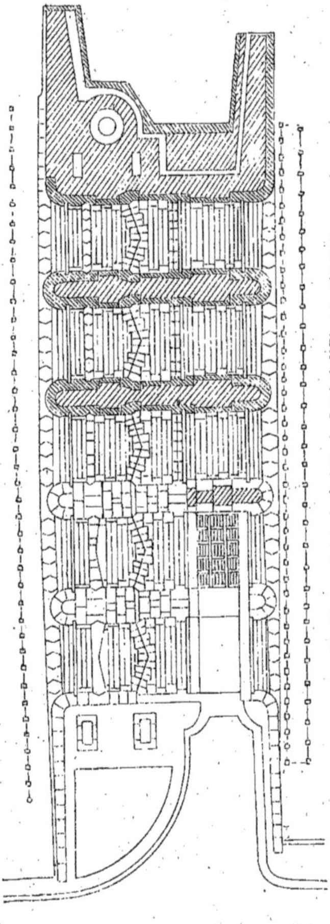

Fig. 371. — Portes de l'écluse de Calais à différents niveaux.

débouché L, que nous venons de calculer, de la somme des largeurs de ces piles, (*fig.* 371).

Il est à peu près impossible de calculer les dimensions de ces dernières, car on ne peut évaluer les efforts auxquels elles sont soumises. On leur donne généralement une largeur comprise entre $2^m,50$ et $3^m,50$.

Quant aux culées, on leur applique comme épaisseur celle des murs du quai, soit 40 à 50 0/0 environ de leur hauteur, et on les termine par des murs en retour, qu'on prolonge de trois ou quatre fois la hauteur de la retenue, pour empêcher les eaux du bassin de passer dans le chenal de fuite, au travers du remblai des terre-pleins.

La largeur du radier (mesurée perpendiculairement au débouché) devra être suffisante pour résister à des charges d'eau qui peuvent atteindre jusqu'à 7 mètres sur nos côtes, à Calais par exemple. On lui donne généralement 15 à

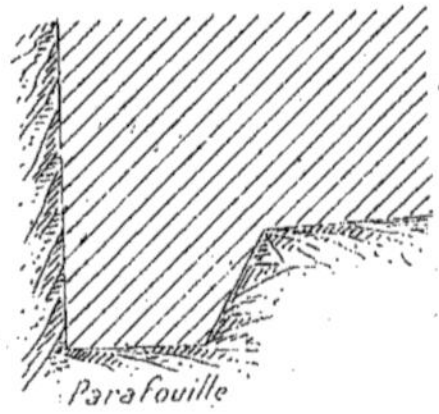

Fig. 372. — Parafouille.

25 mètres. Il faut, en effet, non seulement que les ouvrages puissent résister à la pression de l'eau, mais encore qu'ils fournissent un espace libre dans la longueur du pertuis pour la manœuvre des portes; souvent il faut construire un pont ou une passerelle pour rétablir un chemin coupé par le radier. Si la houle vient battre la porte, il faut aussi la protéger par une porte de flot ; enfin, on doit ménager des rainures aux extrémités du mur, pour pouvoir établir des barrages en poutrelles en cas de réparations.

L'épaisseur doit être considérable, afin d'éviter les sous-pression, et les cheminements d'eau qui altéreraient les mortiers.

A Dunkerque, par exemple, on a donné 3 mètres d'épaisseur au radier pour une largeur de pertuis de 4 mètres ; à Calais, 3m,25 à 3m,50 par 6 mètres.

Il faut avoir soin de mettre en amont et en aval une forte surépaisseur de maçonnerie qu'on appelle *parafouille* (*fig.* 372), dont le nom indique suffisamment l'usage. Chacun d'eux se compose d'un massif de béton coulé dans une enceinte de pieux et de palplanches. On les descend aussi profondément qu'on peut. C'est ainsi qu'à Calais, on est allé, pour le béton, jusqu'à 5m,50 au-dessous des plus basses mers ; les pieux ont été enfoncés à 3m,70 au-dessous de ce même béton, et les palplanches, à 3m,20.

L'écartement entre les piles de pieux est d'environ 40 0/0 de la hauteur du béton coulé.

Quant au radier proprement dit, on le

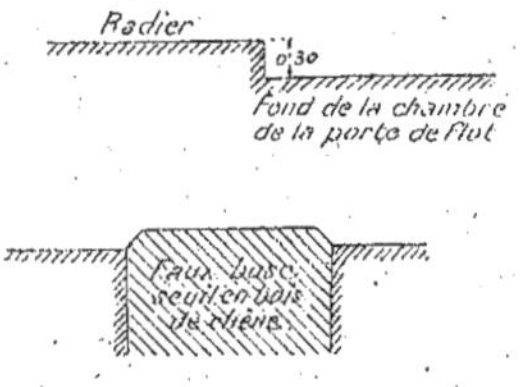

Fig. 373 et 374.

construit sur pilotis, ce qui est indispensable à cause de la petite longueur de l'ouvrage, qui, par suite, ne peut empêcher les cheminements de l'eau qui dégradent le sol sous les fondations. On noye la tête des pieux de 0m,50 à 0m,75 dans une couche de béton de 1m,50 à 1m,75 d'épaisseur ; le surplus du radier se compose d'une maçonnerie ayant à peu près la même épaisseur.

Quant à la plate-forme supérieure du radier, nous avons vu qu'on doit la placer au niveau des vives-eaux, afin de pouvoir la visiter facilement. Il faut toutefois remarquer que, dans le cas où il faut installer des portes de flot il est nécessaire de tenir compte de l'épaisseur du busc de cette porte, soit de 0m,25 à 0m,30, ce qui relève d'autant le radier à l'amont (*fig.* 373). Pour que cette porte ne frotte jamais à sa partie inférieure on laisse 0m,05 de jeu

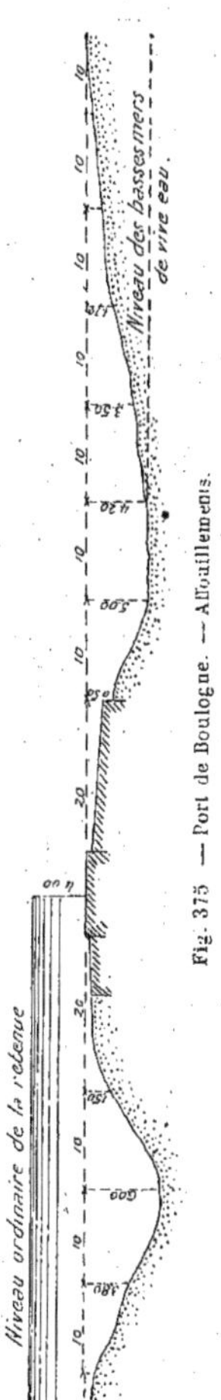

Fig. 375 — Port de Boulogne. — Affouillements.

et on met un faux busc en chêne pour éviter les fuites (*fig.* 374).

Il faut prendre de grandes précautions

pour les avant et arrière-radiers qui sont sujets à des affouillements considérables. C'est ainsi que, d'après M. Debauve, on a constaté des affouillements :

A *Boulogne*, de 6 mètres au-dessous du sol primitif, à 20 mètres du garde-radier d'amont et à 10 mètres de celui d'aval (*fig.* 375) ;

A *Calais*, après les vingt-cinq premières chasses, de $4^{m},70$ au-dessous du radier de l'écluse, à une distance de 10 à 15 mètres du garde-radier d'aval (*fig.* 376) ;

Au *Havre*, à *Dieppe*, à *Fécamp*, à *Saint-Valery*, 4 et 5 mètres dans des bancs de galets agglutinés par la vase ;

Au *Tréport*, à l'aval de l'écluse, dans la craie, $1^{m},80$ (*fig.* 377) ;

A *Anvers*, $7^{m},50$;

A *Terreneuse*, 8 mètres ; et il a fallu pourvoir à la sûreté des fondations en échouant des radeaux remplis de fascines chargées de grosses pierres pour garantir les fondations.

Ces précautions n'ayant pas été prises en temps utile à Calais, une écluse s'est écroulée.

Dans tous les cas, les affouillements les plus à craindre sont ceux qui se produisent à l'aval, lors des chasses (*fig.* 378).

Voici les moyens à employer pour parer à ces dégradations :

1° Autrefois, on construisait un massif en béton de 2 mètres au moins d'épaisseur, dont le niveau affleurait le niveau inférieur du radier, et on le protégeait par un double plancher en madriers de sapin posés à plat-joint dans le sens du courant. On les fixait sur des petits pieux noyés dans le béton.

Aujourd'hui, comme à Calais, on remplace ce mode de protection par une maçonnerie en mortier contenant un excès de ciment.

On a donné 30 mètres de longueur à cette première partie à Calais, 24 à Boulogne, et 30 à Dunkerque, soit environ quatre à six fois la hauteur de la retenue au-dessus des planches.

On la termine par une ligne de pieux et de palplanches, derrière lesquels on fait descendre aussi profondément que possible le béton du radier.

La seconde partie de l'avant-radier, qui

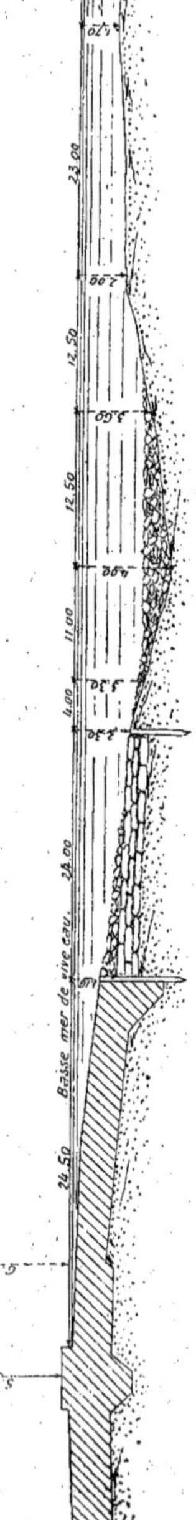

Fig. 376. — Écluse de chasse de Calais.

protège la première, comme celle-ci protège le radier, doit pouvoir être susceptible de tassements, afin que l'on puisse être averti des cavernes qui pourraient se former au-dessous du premier avant-radier, et provoquer sa chute à un moment donné, sans que rien puisse la faire prévoir de l'extérieur. Par suite, cet ouvrage devra pouvoir s'enfoncer verticalement, dans le cas où il y aurait des affouillements, et épouser constamment le sol. De cette façon, non seulement on est averti, mais, comme le sol n'est jamais dénudé, il se trouve, par suite, protégé.

On peut employer comme à Boulogne des sortes de tunnages (V. *Cours de Rivières*, p. 216 et suiv.) ou plate-formes en fascinage chargées d'enrochements.

On peut remplacer cet agencement par une couche de glaise de 0m,75 à 1 mètre d'épaisseur, recouverte de gravier ou de pierres carrées sur 0m,40 à 0m,50 et d'enrochement, sur 0m,70 ou 0m,80 d'épaisseur.

On facilite le transport des matériaux sur la glaise en recouvrant celle-ci d'une couche de paille ou de roseaux de 0m,10 à 0m,15, puis, de brindilles ou de branchages verts de 0m,20 à 0m,25 d'épaisseur.

Des dalles en maçonnerie juxtaposées peuvent remplacer les enrochements ; à Calais, par exemple, ces dalles ont 2 mètres sur 2 mètres et 0m,80 d'épaisseur.

On donne à cette seconde défense, la longueur de la première, et on la termine par un parafouille en béton analogue à celui que nous avons décrit lorsque nous avons parlé du radier proprement dit.

Enfin, comme troisième défense, on creuse deux fouilles en aval du parafouille et on y dépose des blocs sur une longueur de 5 à 6 mètres et sur une profondeur de 4 à 5 mètres, afin de combler les excavations qui pourraient se produire. On visite les enrochements de temps à autre et on les recharge, si le besoin s'en fait sentir, c'est à-dire, s'ils ont éprouvé un affaissement.

Les remous ayant beaucoup moins d'importance en amont du radier, c'est-à-dire dans l'arrière-radier, on n'est pas tenu à prendre autant de précaution. Le matelas de 1m,50 d'eau qu'on laisse dans le bassin détruit en partie la puissance vive du flot qui y pénètre, aussi ne donne-t-on, à chacune des deux autres parties qui servent de protection, que les 2/3 de la longueur de celles que l'on construit à l'avant-radier.

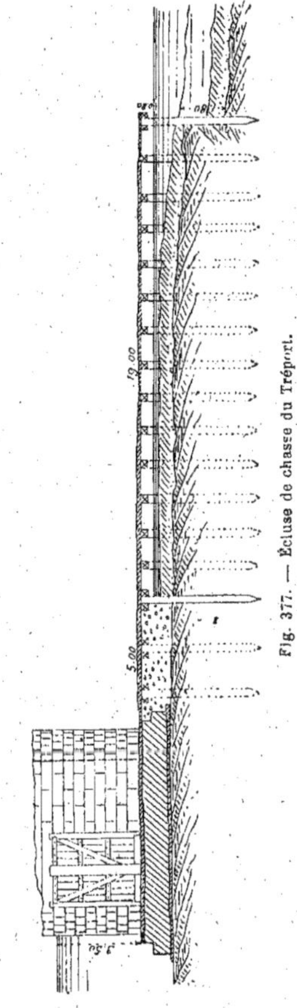

Fig. 377. — Écluse de chasse du Tréport.

PORTES DE CHASSE

Généralités.

392. La rapidité de l'ouverture des portes, rapidité nécessaire pour obtenir toute l'efficacité des chasses, a fait renoncer à l'emploi des vannes qui sont d'une manœuvre longue et pénible.

On peut citer comme exemple, les aqueducs latéraux de l'écluse d'un bassin d'Anvers qui étaient fermés par des vannes mues par une vis en bois d'orme de $0^m,22$ de diamètre, au moyen d'un écrou fixe, également en bois d'orme, solidement fixé en haut et en bas, afin que la vanne pût être poussée dans les deux sens, ce qui était nécessaire, pouvoir bien l'appliquer contre le seuil (*fig.* 379, 380).

Huit hommes mettaient l'écrou en mouvement, et il leur fallait huit à dix minutes pour lever la vanne de $1^m,50$, sous une pression de 4 mètres d'eau.

Aujourd'hui, on emploie généralement des portes tournantes, dont l'invention est due à deux charpentiers hollandais, et, souvent, pour plus de garantie on munit les bassins d'une porte tournante pour les manœuvres ordinaires et d'une vanne pour servir de garde.

On voit que, en outre de la rapidité des manœuvres, il faut que les portes puissent se fermer à la fin de la chasse, alors qu'il y a encore un violent courant dans le chenal.

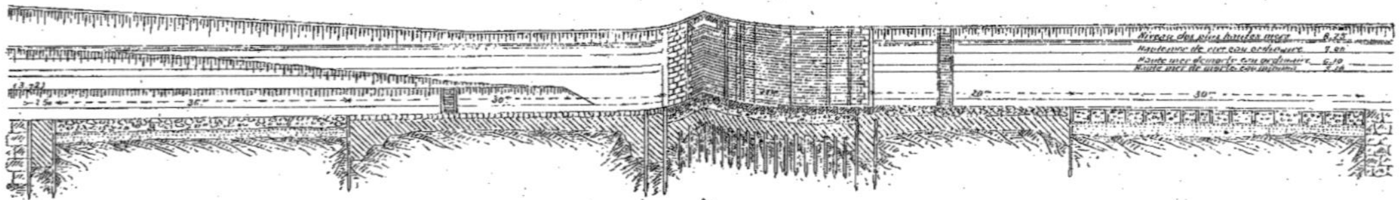

Portes tournantes.

393. Le système inventé par les Hollandais consiste à faire les portes mobiles autour d'un axe vertical placé à coté de la ligne médiane de ladite porte, qui se trouve ainsi partagée en deux rectangles inégaux en surface; des vannes placées dans le plus grand panneau peuvent être levées, et, dans ce cas, la surface du grand panneau, diminuée de celle de ces vannes, est plus petite que celle du plus petit panneau. Par suite des dénivellations de l'eau en avant et en arrière de la porte, il se détermine des mouvements autour de l'axe vertical. Ces portes peuvent être ou accouplées ou fonctionner isolément.

Lorsque les portes sont couplées, les deux grands côtés s'appuient sur un poteau tournant qui occupe le milieu du passage (*fig.* 381); une de ses dimensions étant moindre que l'intervalle qui sépare les deux portes, et l'autre plus grande, en faisant faire un quart de rotation à ce poteau avec un treuil, les deux portes échappent et s'ouvrent en même temps. Lorsque la mer rentre dans la retenue, elle fait tourner les portes en sens contraire, et l'eau monte dans le bassin. Pendant ce temps, l'éclusier remet le poteau dans sa première position, et, dès que la mer descend, l'eau qui commence à sortir du bassin ferme les portes d'elle-même, et la retenue s'opère.

On conçoit que ce poteau peut servir à retenir l'eau de la mer haute, et l'empêche de rentrer dans le bassin, si cela est jugé nécessaire.

Dans les portes tournantes simples on a imaginé pour appui mobile du grand côté un système de deux poteaux verticaux (*fig.* 382) mus par des triangles en fer et tournant à leur jonction sur les poteaux, de manière à permettre à ceux-ci de s'éloigner ou de se rapprocher sans cesser d'être parallèles.

Le poteau *a* est fixe et fortement encastré dans un renfoncement du bajoyer; l'autre *b* est mobile; on le rapproche du premier quand on veut ouvrir la porte, et il la laisse tourner. Quand on veut qu'elle reste fermée, on l'applique contre elle et elle est ainsi soutenue. Un mécanisme ingénieux rapproche ou éloigne les poteaux au moyen d'une seule vis en fer de 8 centimètres de diamètre. Ce système a été appliqué au Havre, à Dieppe, etc...

Aujourd'hui, on emploie des poteaux tournants, dits *poteaux valets*, logés dans les bajoyers et analogues au poteau milieu des portes accouplées (*fig.* 383). Ces poteaux sont hémicylindriques et peuvent tourner autour de leur axe vertical, de façon à s'effacer complètement dans une rainure pratiquée à cet effet dans le bajoyer. On comprend d'après la figure qu'il suffit de leur faire faire un quart de tour pour que la pression extérieure permette immédiatement à la porte de tourner et de s'ouvrir. Il suffit même de déclancher ce poteau pour que la pression suffise à la faire tourner (*fig.* 384).

Fig. 378. — Port de Calais. — Coupe suivant l'axe de l'écluse.

On donne généralement aux portes, comme hauteur, la différence entre la hauteur du niveau des plus hautes mers de vive-eau et le seuil de ces mêmes portes, qui est, ainsi que nous l'avons vu, généralement à $0^m,30$ au-dessus du radier, lequel est au niveau des basses mers de vive-eau.

On prend, pour niveau de la hauteur du niveau des plus hautes mers, celui atteint dans l'*avant-port*, en tenant compte de la houle, s'il y a lieu.

Quant à la largeur des portes, il y a intérêt à la faire aussi grande que le comporte la grande solidité nécessitée par les chocs auxquels elles sont soumises et la pratique a appris que l'on ne devait pas dépasser 5 à 6 mètres. Cela conduit, il est vrai, à multiplier les piles des pertuis, ce qui augmente la perte de puissance vive due aux remous, mais ces portes sont d'une manœuvre plus facile et ne sont pas soumises à autant de sujétions que les grandes.

Les orifices à ouvrir dans les vanteaux pour les manœuvres peuvent être soit des vannes, soit eux-mêmes des portes tournantes, comme à Honfleur, mais alors la fermeture des portes a lieu très brusquement, et il en résulte des chocs très violents; il y a donc intérêt à les éviter.

Quant à la position du poteau servant d'axe de rotation, on le place dans le même but au maximum à 10 et même 5 0/0 de la largeur de la porte; quelquefois même on l'installe au milieu, et la différence des surfaces est obtenue au moyen d'une vantelle placée dans chaque vanteau.

Il suffit d'ouvrir l'une et de fermer l'autre pour obtenir la différence des pressions nécessaires à la manœuvre.

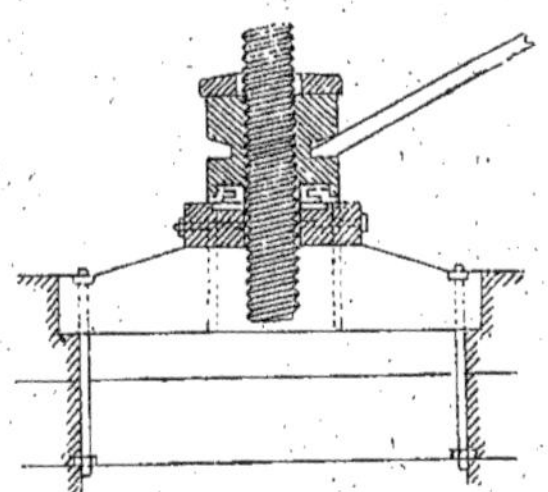

Fig. 379. — Vanne d'Anvers.

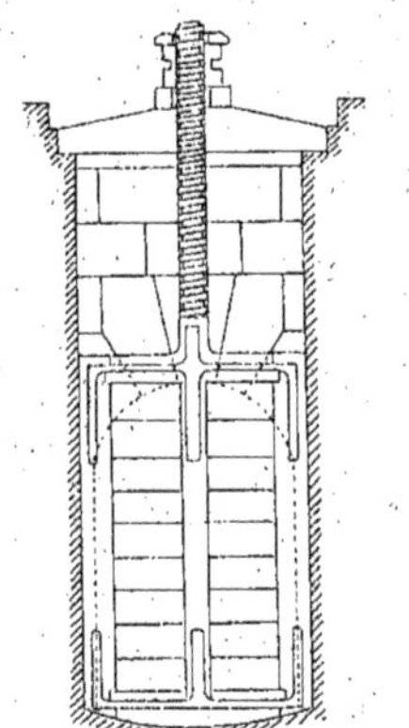

Fig. 380. — Vanne d'Anvers.

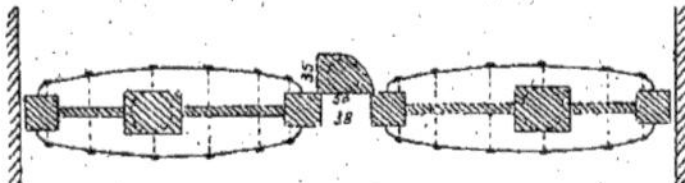

Fig. 381. — Porte couplée.

394. *Emplacement des portes.* — On place les portes le plus en avant possible du pertuis, car on a tout intérêt, à cause

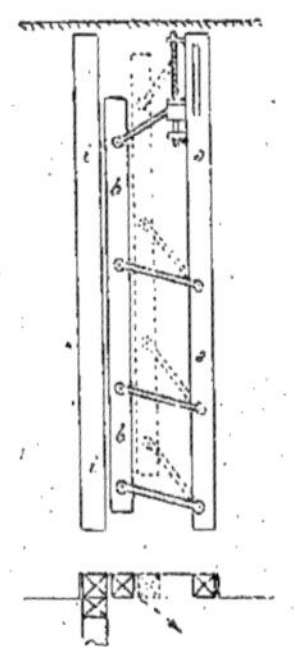

Fig. 382.

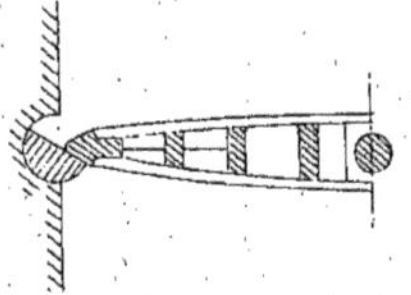

Fig. 383.

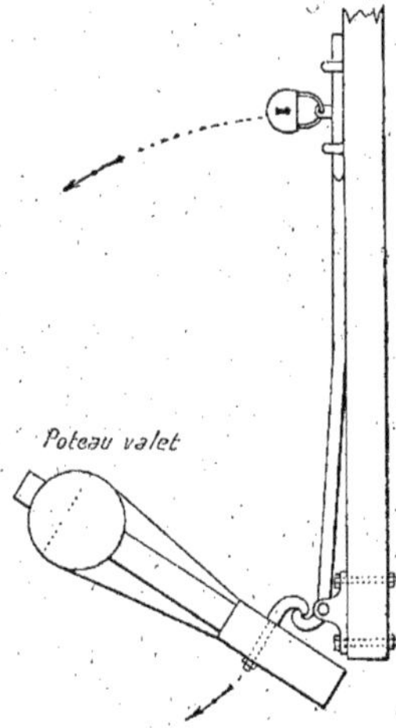

Fig 384.

des affouillements à l'amont, de partir d'une eau tranquille. Un accident arrivé aux portes de Boulogne est venu confirmer cette manière de voir.

La forme que prend la lame d'eau à la sortie de la porte en donne l'explication théorique (*fig* 385). On voit, en effet, que, si la section est uniforme à l'amont et à l'aval, la vitesse en *a* s'accroît considérablement, et on a aussi bien à l'amont qu'à l'aval des puissances vives différentes qui réagissent contre les obstacles, tandis qu'en partant d'une eau tranquille, on n'a à lutter que contre la puissance vive de l'aval.

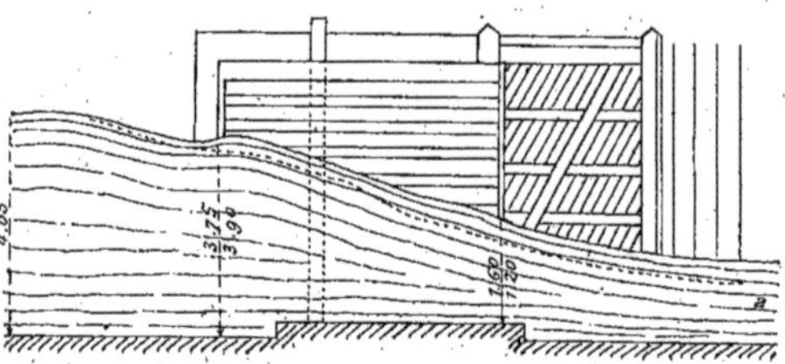

Fig. 385. — Écluse de Boulogne.

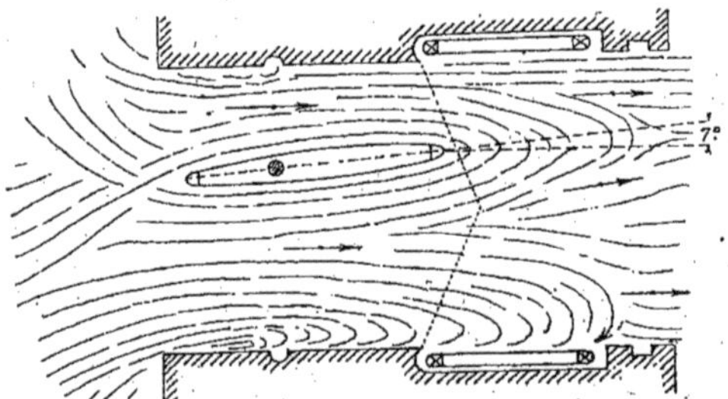

Fig. 386. — Écluse de Boulogne. — Position que prennent les portes de chasse.

Quelquefois on a placé les portes dans les portes d'ébe, mais elles donnent des chocs dangereux à celles-ci, et la manœuvre en est plus difficile, ainsi que nous le verrons; aussi y a-t-on renoncé. Nous en donnerons toutefois un exemple, car les faits prouvent qu'elles peuvent avoir une longue durée, quand elles sont solidement construites et avec soin.

Généralement on donne aux portes une épaisseur qui, tout compris (glissières des vannes, etc.), est de un dixième environ de sa largeur.

Avant de décrire la construction des portes proprement dites, nous allons indiquer le mode de les manœuvrer, qu'elles soient isolées ou encastrées.

Fig. 387. — Position des portes couplées de la première écluse de chasse d'Ostende.

Manœuvre des portes.

395. Voici ce que dit M. Chevallier à cet égard, dans les *Annales des Ponts et Chaussées* de 1854 :

La fermeture la plus ordinaire d'une écluse de chasse est une porte qui tourne autour d'un axe vertical plus ou moins rapproché du milieu ; quelquefois deux de ces portes, dites alors couplées, occupent toute la largeur de l'écluse.

Dans tous les cas, le côté le plus pressé, quand on enlève l'obstacle qui le retient, cède à la pression, et la porte s'ouvre, mais presque toujours incomplètement.

On a cherché à rendre cette ouverture complète, soit en modifiant le rapport des deux côtés de la porte, soit en ajustant à l'extrémité d'aval un bordage saillant, soit enfin en agissant sur la porte par un cabestan.

L'emploi du cabestan exige des hommes ;

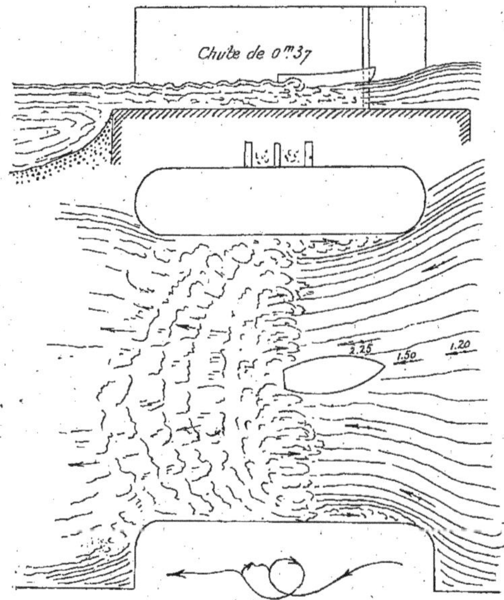

Fig. 388 — Pertuis de Saint-Maur.

celui d'un bordage saillant diminue le débouché.

Quant au rapport des deux côtés, aucun encore n'a réussi. Ainsi, dans les figures 386 et 387, tirées du *Cours de Travaux hydrauliques à la mer*, de Minard, ni la porte simple de Boulogne, ni les portes couplées d'Ostende ne sont parallèles aux bajoyers ; et cependant le rapport entre le grand et le petit côté est, à Boulogne, 79, et à Ostende, 1,90. A Boulogne, la porte conservait une inclinaison de 7 degrés sur la direction parallèle ; quand on l'y ramenait, elle reprenait sa direction primitive dès qu'on l'abandonnait à elle-même. Les portes d'Ostende présentaient ce fait singulier que toutes deux étaient inclinées inégalement et dans le même sens.

Des faits analogues se remarquent dans bien d'autres portes ; ils ont appelé, au Havre, mon attention, continue M. Chevallier.

« En examinant la disposition des retenues en amont des écluses de chasse, j'ai vu que, par le manque de symétrie aux abords, les filets fluides, pendant l'écoulement, traversaient chaque partie plus ou moins obliquement à l'axe, et que c'était dans le sens de cette obliquité que se fixaient les portes tournantes. »

Les figures 388 et 389, tirées du *Cours de Navigation intérieure* de Minard, montrent très nettement cette obliquité d'écoulement dans deux parties du barrage de la Marne et de l'Oise, et la disposition des lieux en fait comprendre immédiatement la cause.

Ainsi une porte tournante, qui, au moment de l'ouverture, n'obéit qu'à la différence de pression mesurée par l'inégalité de ses deux côtés, est influencée, en outre, pendant l'ouverture, par toutes les circonstances de l'écoulement, par la direction des filets fluides, par les tourbillons horizontaux et verticaux, par les oscillations de l'eau en amont, etc.

Pour arriver à la position oblique qu'elle prend alors, la porte a pu décrire un angle aigu ou un angle obtus.

Si c'est l'angle obtus, la porte s'est trouvée un instant parallèle aux bajoyers, et il suffit de taquets en haut et en bas pour l'arrêter au passage et la maintenir dans la position désirée.

Or, le constructeur, s'il prévoit d'une manière certaine le sens de l'obliquité du courant, pourra toujours, par la position de l'axe de rotation, forcer la porte à s'ouvrir par l'angle obtus, et, au moyen de taquets d'arrêt, il obtiendra la solution la plus simple du problème.

C'est ainsi, continue M. Chevallier, que je l'ai résolu au Havre, aux écluses de chasse de la Floride. A ces écluses, les anciennes portes couplées, qui ne s'ouvraient que très imparfaitement, ont été remplacées par des portes simples de 6m,20 de largeur et de 5m,30 de hauteur, qui, non seulement se mettent parallèles au bajoyer, mais qui dépasseraient même cette position, sans les taquets établis sur le radier et dans le haut de l'écluse. Là, la direction du courant était facile à prévoir, parce que les deux écluses accolées sont précédées d'un chenal courbe et que les filets fluides, un peu avant d'arriver aux écluses, tendent déjà à s'échapper tangentiellement. Les deux portes ont donc été installées pour s'ouvrir dans le même sens.

Précédemment, il avait fallu reconstruire aux deux pertuis de chasse de la Barre, des portes tournantes de 3m,95 de large et 6m,70 de haut; ces pertuis, prenant l'eau d'un bassin à flot, sont munies chacune, par précaution, d'une vanne levante en amont de la porte tournante. C'est en étudiant successivement les effets produits dans chacun de ces pertuis que l'on a été amené aux conclusions précédentes.

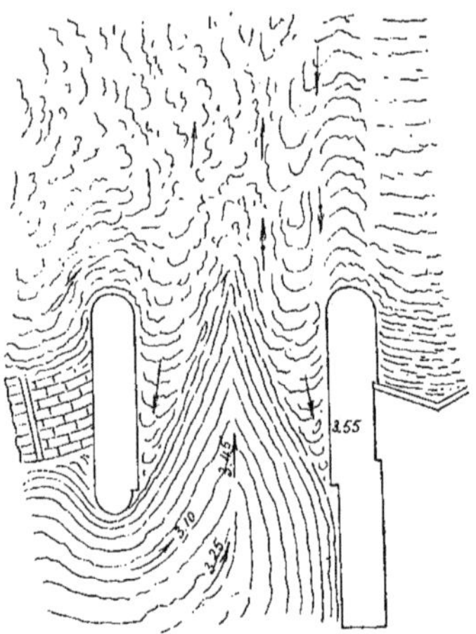

Fig. 389. — Pertuis de Verberie.

Dans le premier pertuis, on a échoué, et il faut un cabestan pour achever d'ouvrir la porte.

L'autre pertuis présente un fait curieux. La porte tournante, malgré les perfectionnements apportés dans sa construction, ne décrit d'abord qu'un angle aigu et ne se met pas immédiatement dans l'axe de l'écluse; mais elle y va d'elle-même, quand on a suffisamment descendu la vanne levante d'amont ou laissé baisser l'eau retenue. Ne pourrait-on pas en conclure que la direction moyenne des filets fluides n'est pas la même dans chaque zone horizontale de la masse d'eau qui traverse le pertuis?

M. Chevallier a aussi observé à ces pertuis que chaque porte, établie à 9m,10 de la tête d'amont, ne reçoit les filets fluides qu'après une bricole sur un des bajoyers.

Un rapprochement va faire voir que, dans la construction des portes tournantes, on a attaché à la différence des deux côtés une importance beaucoup trop grande.

Les portes de la Barre et de la Floride peuvent se refermer d'elles-mêmes contre le courant. L'axe de rotation partage la surface en deux parties dont la largeur ne diffère que de 0m,04 à la Barre et de 0m,06 à la Floride.

Dans le grand côté se trouve une vantelle tournante qui, en s'ouvrant, rend la pression sur le petit côté prépondérante et fait alors ouvrir la porte avec le grand côté en amont. Dans ce mouvement, la vantelle reprend la position de fermeture dans laquelle on l'arrête. On fixe ainsi la porte qui est parallèle aux bajoyers, et, pour la fermer, il suffit de la dévier un peu de sa direction et de la mettre en prise à l'action du courant.

Au moment de l'ouverture de la vantelle, la différence de pression sur les deux côtés de la porte est considérable; mais à mesure que la porte s'ouvre, comme la vantelle se referme successivement, la différence de pression diminue de plus en plus, et cette différence même change de sens, quand la porte est parallèle au bajoyer.

Ainsi, tandis que les autres portes (à Boulogne, à Ostende, etc.) s'arrêtent obliquement dans leurs écluses, quoique la surface d'aval soit toujours à peu près double de la surface d'amont, les portes simples du Havre continuent à tourner pour se mettre parallèles aux bajoyers, quoique la surface d'amont aille toujours en augmentant et finisse par être de 1/50 plus large que la surface d'aval.

De tous ces faits, on peut conclure que, pour faire ouvrir complètement les portes tournantes, il faut avoir égard, dans la position de leurs axes, à la direction présumée des filets fluides qui traverseront les pertuis pendant l'écoulement.

La difficulté du problème est dans cette prévision, qu'aidera souvent la configuration des lieux, car il suffira de connaître, non pas la direction du courant, mais le sens de sa déviation.

Considérons le volume d'eau compris dans la retenue entre la tête d'amont et l'écluse et une section verticale distante d'une centaine de mètres et perpendiculaire à la direction des bajoyers; le plan vertical qui passe par l'axe de l'écluse partagera généralement ce volume en deux parties inégales, et, le plus souvent (à moins d'irrégularités trop grandes dans les profondeurs), le courant tendra à frapper le bajoyer contigu au moindre volume.

L'angle obtus, que forme le sens du courant avec la porte fermée, indique alors comment on doit faire ouvrir cette porte.

Mais, ici, deux observations sont indispensables :

1° Si la porte est éloignée de la tête d'amont, le courant peut n'y arriver qu'après une bricole sur un des bajoyers;

2° Quand plusieurs pertuis sont accolés, des cas analogues peuvent seuls indiquer le mode de partage des filets fluides et la direction du courant dans chaque pertuis.

M. Chevallier termine en prévenant l'objection suivante :

Augmente-t-on toujours le débouché en contrariant ainsi l'impulsion des filets liquides?

Au Havre, dans le pertuis S.-E de la Barre, la porte tournante, abandonnée à elle-même sous une charge un peu moindre que celle des chasses, s'est entr'ouverte et a oscillé pendant deux minutes environ, réduisant moyennement le débouché aux 4/10, puis elle s'est mise brusquement parallèle aux bajoyers, et elle aurait dépassé cette position sans les taquets d'arrêt. Pendant les cinq premières minutes, dont deux au moins d'ouverture incomplète, la nappe d'eau retenue s'est abaissée de 0m,09, et pendant les cinq minutes suivantes d'ouverture complète, de 0m,14.

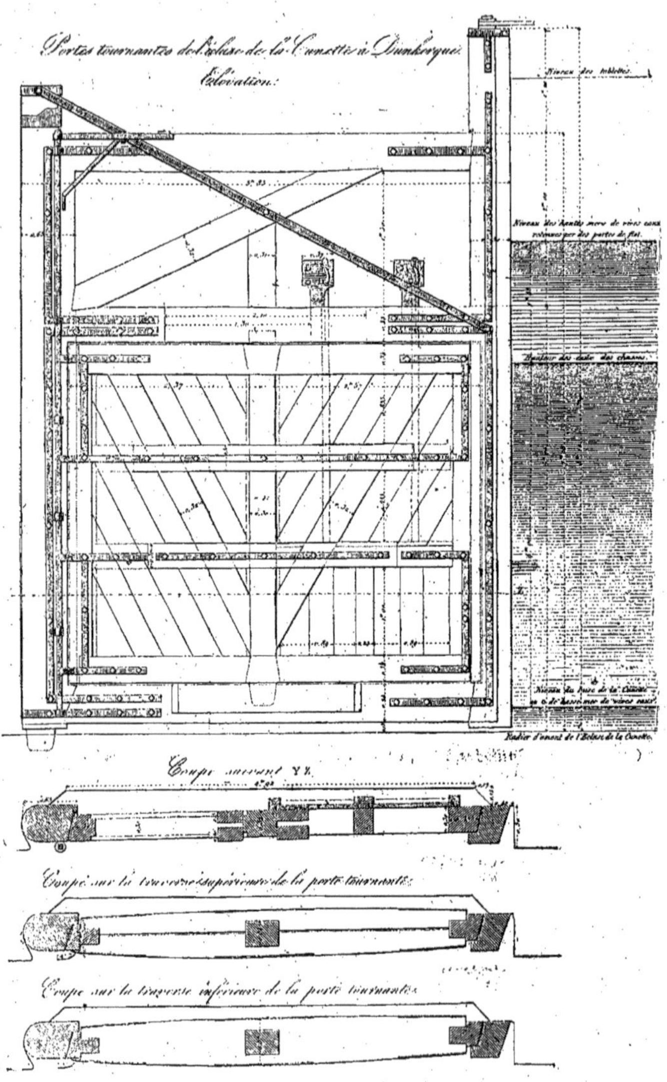

Portes tournantes de l'écluse de la Cunette à Dunkerque.
Élévation.
Niveau des tablettes.
Niveau des hautes mers de vives eaux retenues par les portes de flot.
Radier d'amont de l'Écluse de la Cunette.
Coupe suivant YZ.
Coupe sur la traverse supérieure de la porte tournante.
Coupe sur la traverse inférieure de la porte tournante.

Fig. 390 à 393.

L'ouverture incomplète diminue donc le débit.

Dans une écluse de chasse, comme celle de Boulogne, où la porte, après avoir décrit l'angle obtus, reste parallèle aux bajoyers, le débit maximum, s'il ne répond pas exactement au parallélisme, doit certainement répondre à une position très voisine. Ce serait le sujet d'expériences intéressantes ; mais, comme la direction relative au plus grand débit changerait peut-être alors avec la profondeur d'eau, et qu'ordinairement toute quantité varie peu dans le voisinage de son maximum, il sera sans doute préférable de faire toujours ouvrir les portes parallèlement aux bajoyers.

D'ailleurs, le procédé indiqué permet de faire atteindre aux portes une position quelconque.

En résumé, M. Chevallier a montré que, par suite de l'obliquité des courants, une porte tournante, suivant qu'elle a son axe d'un côté ou de l'autre de son milieu, décrit, en s'ouvrant, un angle aigu ou obtus, et que, dans ce dernier cas, les taquets peuvent arrêter la porte au passage, et la maintenir soit parallèlement aux bajoyers, soit au besoin dans toute autre position.

396. *Manœuvre des portes de la Cunette à Dunkerque.* — Voici, d'après Vicat, la description de la manœuvre des portes tournantes enchassées dans la porte d'èbe de l'écluse de la Cunette, à Dunkerque (*Annales des Ponts et Chaussées*, 1842, 1er sem.).

Le niveau moyen des eaux introduites dans la Cunette pour les chasses est de 4 mètres seulement au-dessus de la basse-mer de vive-eau, quoique la haute mer de vive-eau s'élève de 5m,45 environ. Cette mesure est prise pour conserver les talus du canal, que les chasses dégradent beaucoup.

Chaque porte tournante (*fig.* 390 à 393) encadrée, comme on le voit, dans la porte d'èbe, renferme deux vannes placées vers le poteau busqué du même côté du poteau tournant.

La porte tournante est divisée en deux parties inégales pour le poteau tournant : le grand côté, celui des vannes, a 2m,57 de largeur, et l'autre, 2m,37.

Cette faible différence de 0m,20 est calculée de manière que, quand les deux vannes sont levées, la surface de résistance du grand côté de la porte devient plus petite que celle de l'autre côté.

Les eaux étant introduites, et les portes fermées, lorsqu'on veut chasser, on ouvre rapidement les quatre vannes deux à deux, bien ensemble, en commençant par celles qui touchent le poteau busqué ; les grands côtés étant devenus plus petits, en faisant sauter les valets, les portes se

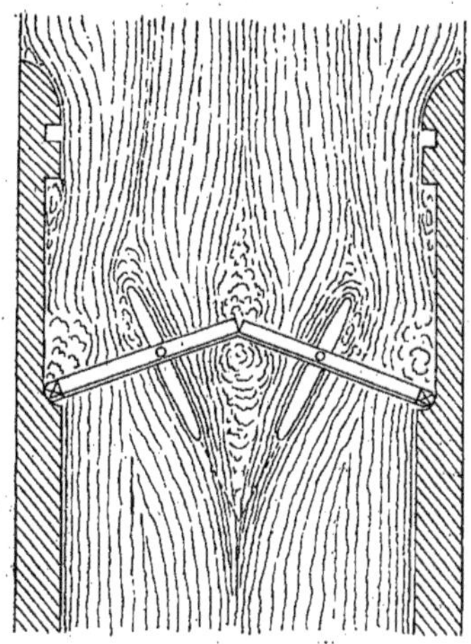

Fig. 394 — Portes tournantes enchâssées de l'écluse militaire d'Ostende.

placent dans le fil de l'eau, les côtés de 2m,35 à l'aval.

Lorsqu'on veut fermer contre le courant, on baisse les quatre vannes comme elles ont été ouvertes, ce qui fait reprendre aux grands côtés leur plus grande surface de résistance, et, en aidant chaque porte tournante au moyen de deux hommes sur une poulie, chaque porte se ferme sans difficulté.

Il est bon de remarquer qu'au premier moment de l'effort, elle marchent lentement; mais, ce premier effort passé, elles se ferment avec une grande rapidité.

La seule difficulté que présente la manœuvre, c'est que souvent le mouvement rapide de l'une des portes se détermine avant celui de l'autre; et alors, tout le courant se reportant sur le second passage, il devient impossible de fermer cette dernière porte. On est obligé, dans ce cas,

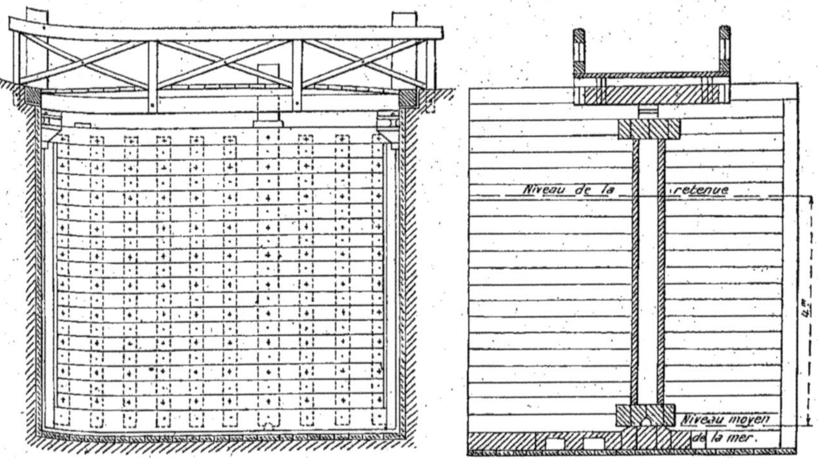

Fig. 395 et 396. — Écluse de Boulogne.

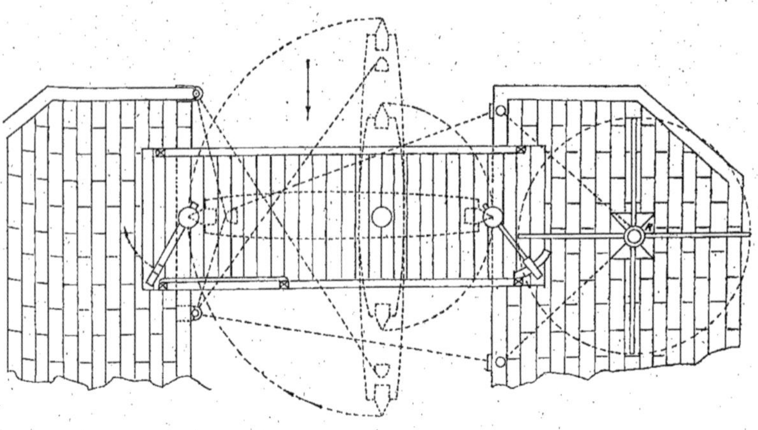

Fig. 397.

de rouvrir la première porte en levant ses vannes et en recommençant l'opération.

En mettant les hommes en mouvement à un signal donné, on est certain de manquer la manœuvre, parce que, toujours une porte offre plus de résistance que l'autre ; il faut, pour réussir, que cette manœuvre soit dirigée par un seul homme qui soit à l'une des poulies ; il donne le signal aux hommes de l'autre poulie, et, suivant de l'œil le mouvement de la porte, qui n'est pas le même, il augmente ou diminue les efforts sur la poulie qu'il manœuvre, pour que le mouvement rapide des deux portes commence en même temps.

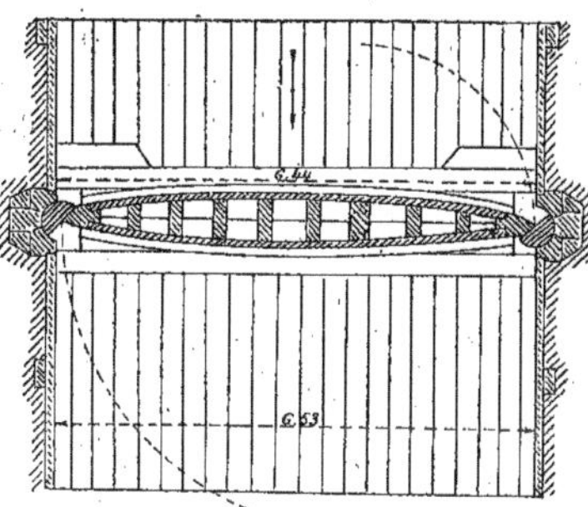

Fig. 398.

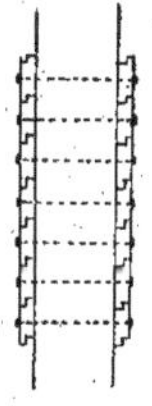

Fig. 399.

Les mêmes phénomènes ont été observés sur les portes du pont militaire d'Ostende (*fig.* 394).

Construction des portes de chasse.

397. *Généralités.* — Quelles que soient les matières avec lesquelles on construit ces portes, on doit tenir compte des chocs auxquels elles peuvent être soumises, aussi doit-on réduire les coefficients de résistance des matériaux employés.

On devra calculer les pivots pour résister au cisaillement, en tenant compte des pressions au moment de la fermeture. Un calcul analogue, auquel on joindra celui de la flexion, servira à régler les dimensions de l'axe de rotation. L'ossature devra donc être combinée de façon à reporter sur cet axe tous les efforts verticaux qui peuvent se produire quand la porte est ouverte.

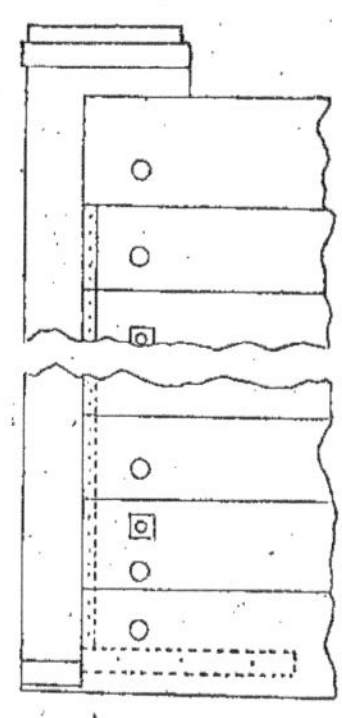

Fig. 400.

Les poteaux-valets devront laisser aussi peu de jour que possible dans leur enclave. On polira cette dernière dans de la pierre dure, et on aura ainsi le minimum de perte d'eau.

Nous allons examiner successivement la construction des portes en bois et celle des portes en métal.

398. *Construction des portes en bois.* — Nous avons déjà donné (*fig.* 390 et suivantes), les détails de construction d'une *porte encastrée;* nous n'y reviendrons pas. Comme exemple d'une porte à un vantail, nous donnerons, d'après Minard, une des plus anciennes; nous voulons parler de celle de l'écluse de chasse de Boulogne.

399. *Porte de l'écluse de chasse de Boulogne.* — La porte a $6^m,44$ de largeur; le débouché ayant $6^m,53$, il y a environ $0^m,045$ de jeu de chaque côté. L'axe du poteau-tourillon divise les portes en deux ailes, l'une de 4,13, l'autre de $2^m,31$ (*fig.* 395, 396, 397 et 398).

La charpente est composée de deux poteaux-valets, d'un tourillon et de sept montants intermédiaires, fortement moisés en haut et en bas, bordés, des deux

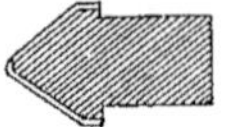

Fig. 401.

côtés, par des madriers horizontaux de 6 centimètres d'épaisseur, assemblés à recouvrement (*fig.* 399), fixés à chaque poteau par un boulon et portant sur une

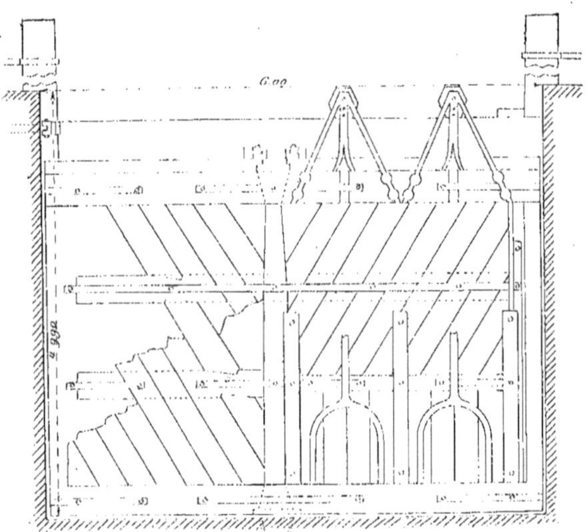

Fig. 402. — Portes de Gravelines.

large feuillure des poteaux extrêmes (*fig.* 400 et 401).

L'épaisseur de la porte, dont la section horizontale (*fig.* 398) offre la forme d'une navette, est de $0^m,55$ dans le milieu, réduite à $0^m,30$ et $0^m,32$ aux extrémités.

Le seuil est formé de cinq pièces de bois assemblées avec trois boulons. L'arête du milieu touche presque le bas de la porte (*fig.* 396). Les poteaux butants s'appuient contre les poteaux-valets, d'où dépend le jeu de la porte.

Leurs extrémités sont retenues, à leur

tête, par des colliers scellés dans les bajoyers et portant à leur pied le pivot de rotation, la crapaudine étant fixée au radier.

Le poteau formant l'axe de rotation de la porte tourne, en haut, dans la charpente du pont de service, et, à son pied, dans la crapaudine renversée, le pivot étant fixé dans le seuil.

La porte est saisie à la tête du poteau

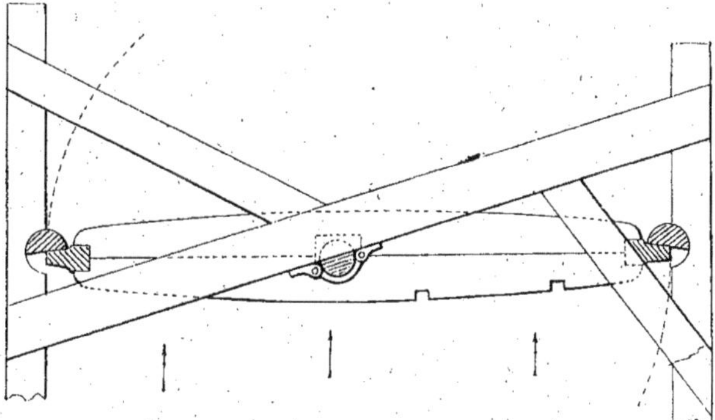

Fig. 403. — Portes de Gravelines.

butant, du grand côté, par un cordage qui, passant sur les poulies de renvoi, s'enroule autour d'un cabestan R, lequel sert à modérer le mouvement de la porte, à la mettre dans une bonne direction, et *à la fermer à la fin de la chasse*, ou même un peu avant.

On voit, en effet, que cette porte est pleine et n'a pas de ventelles.

Un seul homme suffit à opérer le déclenchement, en ouvrant le verrou de la porte qui peut alors tourner.

Huit hommes sont nécessaires à la manœuvre complète.

Minard a vu l'ouverture s'opérer en trois ou quatre secondes. La porte s'incline de 7° sur l'axe du chenal, ainsi que nous avons déjà eu occasion de le dire,

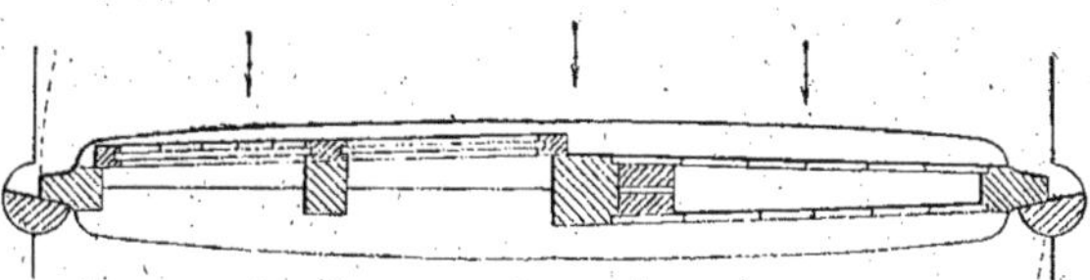

Fig. 404. — Portes de Gravelines.

et les hommes ont beaucoup de peine à la ramener.

400. *Porte en bois avec ventelles de Gravelines.* — Voici, d'après Minard, la disposition de cette porte : le poteau-tourillon tourne au moyen d'un pivot, d'une crapaudine scellée dans le radier et d'un demi-collier fixé à une charpente, fortement encastrée dans les bajoyers. Il divise la porte en deux ailes, qui ont l'une 3^m,20 et l'autre 2^m,76 de largeur ; la largeur de l'écluse est de 6 mètres (*fig.* 403 et 404).

Les deux poteaux butant peuvent s'appuyer sur deux poteaux-valets hémicylindriques, logés dans les enclaves de la maçonnerie.

Dans la grande aile, sont pratiquées

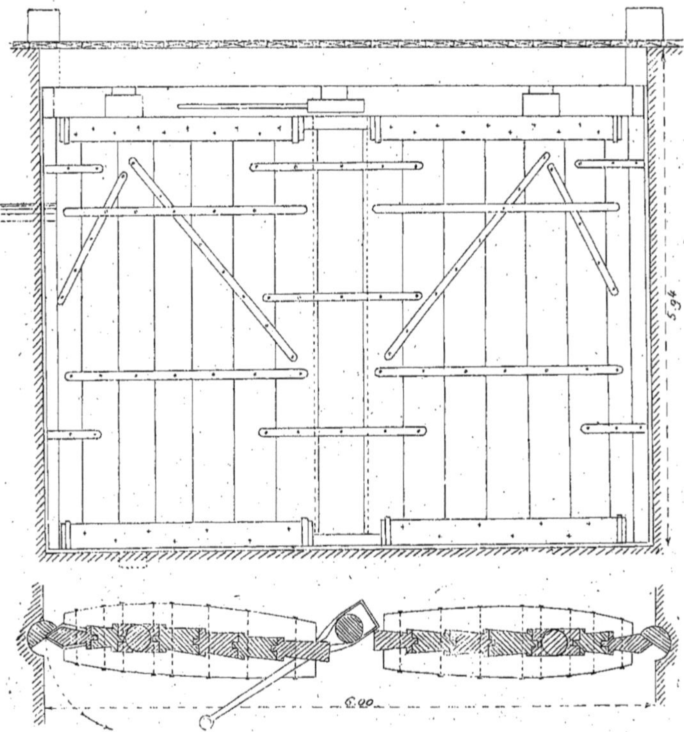

Fig. 405 et 406. — Porte d'Ostende.

deux vannes de 1^m,10 sur 0^m,96 chacune, avec crémaillères et cric, et pouvant être manœuvrées par des hommes placés au-dessus de la porte.

Quand on veut ouvrir la porte, on commence par lever les vannes, la pression sur la grande aile diminue graduellement, et devient bientôt égale à celle qui s'exerce sur la petite aile ; puis, cette pression lui devient inférieure, au point que, quoique aidée du frottement, elle ne pourrait maintenir l'équilibre, si le poteau d'arrêt n'empêchait pas le mouvement. Dès qu'on a rangé ce dernier dans son enclave, la porte s'ouvre ; on peut modérer le mouvement par le jeu des van-

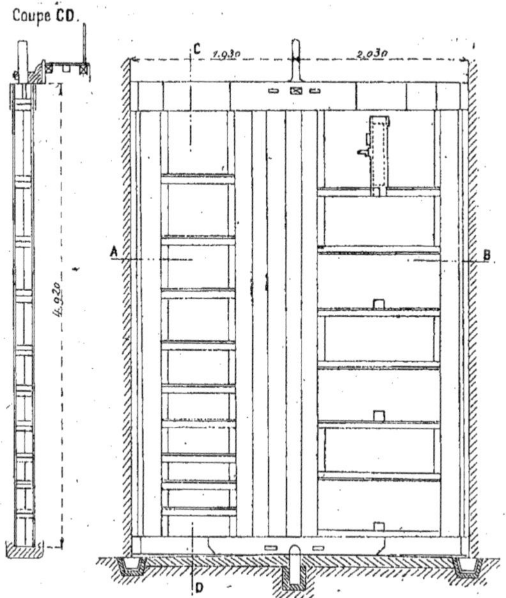

Fig. 407 et 408. — Port de Dunkerque.

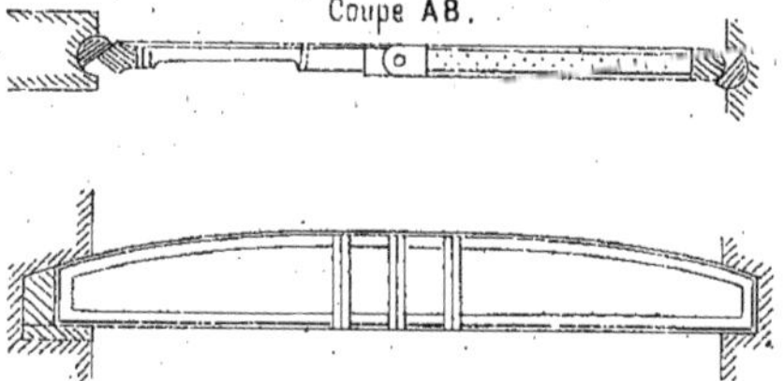

Fig. 409 et 410. — Port de Dunkerque : Coupe suivant AB et plan supérieur de la traverse fixe.

nes, et, au moyen de cordages qui retiennent la porte, on range le poteau-volet dans son enclave, et l'écoulement s'opère librement.

Si on veut fermer la porte au milieu d'une chasse, on commence par mettre le poteau-valet dans sa première position ; ensuite, au moyen des cordages qui retiennent la porte dans son mouvement, on la ramène en biais, de manière à ce que la grande aile soit un peu frappée par le courant du côté des vannes ; alors on baisse celle-ci, et, la pression de ce côté de la porte reprenant sa prédominance, la porte achève de se fermer contre le poteau-valet ; après quoi, on remet le deuxième poteau-valet, en le tournant dans sa première position, pour soutenir la petite aile et en diminuer la fatigue.

Minard a vu à Nieuport une porte tournante semblable à celle de Boulogne fermant un passage de 5 mètres de largeur, mais qui se manœuvrait à chaque instant de la marée au moyen de deux vannes placées aux extrémités des ailes, l'une à droite, l'autre à gauche de l'axe de rotation.

401. *Portes tournantes couplées d'Ostende.* — L'ancienne écluse de chasse a deux passages, l'un fermé par une seule porte tournante, l'autre par une seule porte à deux vantaux couplés. C'est de cette dernière que nous allons donner la description (*fig.* 405 et 406).

Le pertuis a 6 mètres de largeur. Un fort poteau occupe le milieu et les vantaux s'appuient sur lui et sur les poteaux valets tournant dans les enclaves des bajoyers.

Ces vantaux n'ont pas de bordages ; chacun d'eux a 2^{m},78 de largeur et est formé de sept montants verticaux, y compris le tourillon et les deux poteaux butants, ayant de 0^{m},20 à 0^{m},28 d'épaisseur, s'assemblant à languette et rainure, et liés par des ferrures. Ils sont solidement maintenus en haut et en bas par deux fortes moises rapprochées par huit boulons, et assemblées par redans avec les montants.

Le tourillon divise le vantail en deux ailes, qui ont 1^{m},82 et 0^{m},96 de largeur. Il tourne en bas sur un pivot dont la crapaudine est scellée dans le radier, et en haut dans la charpente du pont de service, qui embrasse sa tête circulaire.

La rotation du poteau tournant au milieu des poutres est assurée de la même manière.

Lorsque la porte est fermée, les deux poteaux butants, en regard l'un de l'autre, laissent, entre eux, un intervalle d'environ 0^{m},36. Cet espace étant plus petit que la largeur du poteau du milieu du passage et plus grande que son épaisseur, il est facile de voir comment on peut ouvrir la porte.

On commence par faire rentrer dans leurs enclaves les deux poteaux-valets ; les deux vantaux n'ont plus alors comme

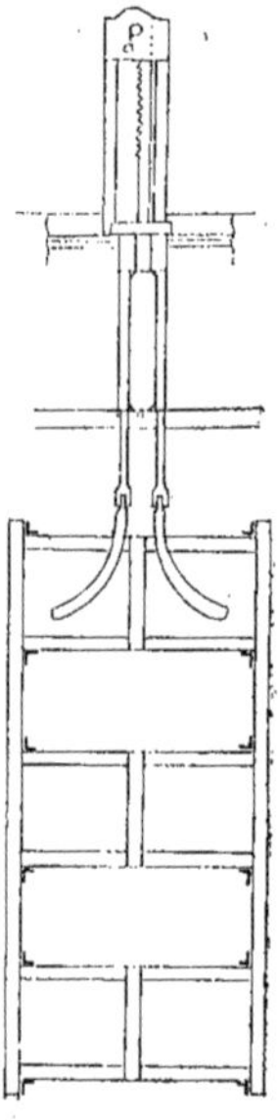

Fig. 411. — Ventelle et cric de manœuvre.

appui que le poteau du milieu et s'échappent aussitôt que, au moyen d'un câble, on fait faire un quart de tour à ce dernier.

Nous avons donné (*fig.* 394) la position que Minard a vu prendre à ces vantaux.

402. *Porte en tôle des bastions 27 et 28 à Dunkerque.* — Nous donnerons la description de ces postes d'après une note de M. Gauthier, conducteur des Ponts et

Chaussées, chargé de l'entretien du port de Dunkerque. L'auteur fait remarquer que chacun des trois pertuis de 4 mètres du bastion 27, et chacun des quatre pertuis également de 4 mètres du bastion 28, ont été munis d'une porte de flot en bois et d'une porte de chasse en tôle. Cette disposition a permis de gagner 1/10 sur le débouché des portes. Les portes de chasse en bois auraient eu, en effet, 0m,60 d'épaisseur, et celles en tôle n'ont que 0m,20. Avec cette faible épaisseur relative, elles sont plus rigides et mieux reliées, ce qui les rend plus aptes à supporter les chocs auxquels les manœuvres les soumettent.

L'ouverture d'une de ces portes (*fig.* 407, 408, 409, 410 et 411,) se compose d'une traverse supérieure et d'une traverse inférieure reliées par trois poutres verticales, savoir : deux poteaux qui complètent le cadre de la porte et un poteau central.

Des membrures horizontales soutiennent le bordage en tôle en servant d'appui au cadre de la vantelle à jalousies disposé dans le grand côté du vantail.

La ventelle et ses glissières sont logées dans l'épaisseur de l'ossature de la porte. Il en résulte que le bordage a été placé sur la face aval de la porte.

Cette disposition du bordage facilite, d'ailleurs, l'ouverture du vantail. Le poteau battant du petit côté qui fait saillie sur la face d'amont du bordage joue, en effet, lors de l'ouverture, le même rôle que les volets saillants dont on est souvent obligé de munir les portes tournantes en bois pour les amener à se placer dans le fil du courant.

Les poteaux battants et la traverse inférieure sont munis de fourrures en bois, qui s'appliquent, d'une part, sur les poteaux-valets, d'autre part, sur un seuil en bois de chêne encastré dans le radier. Le pivot supérieur est embrassé par le coussinet en bronze d'un palier en fonte, qui est fixé sur une traverse en tôle et cornières, encastrée dans les deux bajoyers du pertuis.

Ces portes se manœuvrent très facilement.

Pour l'ouverture, on déclanche les poteaux-valets après avoir levé les vannes. La porte s'ouvre alors complètement et sans choc.

Pour la fermeture dans le courant, la vanne est amenée, et la porte se ferme très facilement et sans choc notable.

A l'époque où le service des chasses se faisait, les eaux étaient tenues dans les fossés à une cote variant entre 4m,50 et 5 mètres, et les manœuvres s'exécutaient sans difficulté. Les niveaux de crue ne dépassant pas souvent 3m,50 à 4 mètres. ces manœuvres d'ouverture et de fermeture se faisaient à n'importe quel moment de la marée.

Résumé.

403. En résumé, on voit que, dans un grand nombre de cas, la mer n'a pas une puissance d'apports aussi excessive qu'on serait tenté de le croire. C'est ainsi, par exemple, que les galets qui se déposent à nouveau résultent de l'effondrement des falaises, qui est quelque fois très lent.

Il en est de même du sable, ainsi qu'on a pu s'en rendre compte par le temps pendant lequel se prolongeait l'effet dû aux chasses, et par les années qui, quelquefois, ont été nécessaires pour faire disparaître des dépôts de dragages jetés au large. C'est ainsi qu'on retrouve encore aujourd'hui des traces de dépôts effectués, il y a vingt-cinq ans, au canal de Suez.

On doit donc se garder de jeter le lest des navires dans les rades, aussi bien que les débris pouvant former des amoncellements, et on est conduit à opérer des dragages à l'entrée des ports aussi bien dans les ports sans marée que dans ceux qui y sont assujettis.

404. *Entrée du canal de Suez.* — Comme exemple des premiers, nous citerons Port-Saïd, dont la grande jetée N.-O. s'avance en mer jusqu'à des profondeurs de 8m,50, et dont l'entrée, placée sous le vent du delta du Nil formé, ainsi qu'on le sait, par les apports du sable de ce fleuve. On croyait être obligé de prolonger les jetées, ainsi qu'on l'a fait à Dunkerque, mais l'expérience a prouvé que de petits dragages annuels sont suffisants pour entretenir la profondeur de 8m,50.

Nous emprunterons au remarquable article de M. Quinette de Rochemont, inséré dans les *Annales* de 1890, un autre exemple relatif aux ports à marée. Il s'agit du débouché du canal d'Amsterdam dans la mer du Nord, à l'entrée de la Meuse au Hœck van Holland.

105. *Entrée du canal de la Meuse près Rotterdam.* — M. Quinette de Rochemont fait d'abord remarquer que, dans une rivière à marée, deux effets tendent continuellement à se produire :

1° Des dépôts d'alluvions dans toute la partie maritime de la rivière ;

2° L'approfondissement de l'embouchure par l'action du jusant.

Ces dépôts d'alluvions proviennent des eaux douces de la rivière et des sables soulevés par la mer et amenés par le flot.

Les courants de jusant agissent comme les chasses. Comme elles, par conséquent, leur action sera d'autant plus énergique que la quantité d'eau introduite dans la rivière sera plus considérable, et, si on veut un écoulement régulier, il faut que la section aille en s'agrandissant, car, on doit y ajouter à chaque instant le double du débit de la rivière dans l'espace considéré, puisque celle-ci n'a pu s'écouler pendant le flot. La largeur de l'embouchure doit être telle que la pente de la rivière n'atteigne la hauteur de la basse-mer, qu'à ladite embouchure.

Pour conserver le chenal, le cours de la rivière ne doit être ni un long alignement droit, ni présenter des passages trop rapides d'une courbe à une autre, car ce sont des causes puissantes d'atterrissements. Il faut donc, autant que possible, avoir un tracé formé de courbes alternativement en sens contraire et bien raccordées.

Ce furent ces vues qui servirent à rédiger le programme de l'amélioration du chenal du port de Rotterdam. Autrefois, en effet, les navires y arrivaient directement en passant à Brelle ou par le Scheur (*fig.* 412 et 413) ; mais, depuis longtemps déjà, le manque de tirant d'eau ne permettait plus aux grands navires de prendre cette route. Ils étaient obligés de relâcher à Brouwershaven, afin d'alléger. Ils gagnaient ensuite Rotterdam, soit en contournant le Goerce, soit par les chenaux de la Hollande méridionale.

De 1827 à 1829, on obvia à ce fâcheux état de choses en construisant un canal de plus de 10 kilomètres de longueur à travers l'île de Voorne, à Hellevoetsbuis et à Nieuwesluis. Les écluses de ce canal ont 44 mètres de largeur, 70 mètres de longueur utile et 5m,60 de tirant d'eau.

Ces dimensions devinrent insuffisantes, et, vers 1857, on mit la question à l'étude, et le projet suivant fut élaboré.

On choisit, en appliquant les principes dont nous avons parlé, le Scheur comme voie d'accès à la mer. Il était barré en un certain point de son cours, et un nouveau débouché lui fut ouvert à travers les dunes de Hœck van Holland. On devait établir deux digues, à l'origine de la coupure, pour reporter l'entrée en pleine mer par des fonds de 7 mètres à haute mer et de 5m,50 à basse mer. On devait aussi régulariser le lit de la rivière jusqu'à Krunpen, au moyen de digues longitudinales convergentes, et on s'efforça d'augmenter le débit le plus possible en rejetant, dans la direction adoptée, une partie des eaux de la vieille Meuse, au moyen de travaux exécutés sur la partie orientale de l'île de Rozenburg.

L'ensemble du projet comportait ainsi 44 kilomètres, dont 11 kilomètres de Krunpen à Amsterdam. La percée au travers le Hœck van Holland ne fut faite qu'en 1868, et les courants, favorisés par le rétrécissement du Scheur, augmentèrent rapidement les dimensions. Le premier lougre de pêche passa le 10 juillet 1871, et le premier navire de commerce, le 9 mars 1872. La profondeur augmenta dans de telles proportions, jusqu'à l'hiver de 1875-1876, qu'il se forma un banc dans le prolongement de la jetée Sud qui n'avait qu'une longueur de 1200 mètres.

Durant l'hiver 1875-1876, il y eut une suite de hautes eaux et de tempêtes si violentes qu'une grande quantité de sable se déposa entre les jetées et que la marée ne pénétra plus dans le fleuve, même à Hœck van Holland.

La coupure à travers le banc de sable n'avait que 200 mètres ; on décida de l'élargir, de rétrecir à 700 mètres le débouché

Courbes de propagation des marées
(19 Juin 1885)
Lieux Géométriques des Pleines Mers
Lieux Géométriques des Basses Mers
Profil en long
Zeeeinde Noorderhoofd
Hoek van Holland
Maassluis
Vlaardingen
Rotterdam
Krimpen a/d Lek

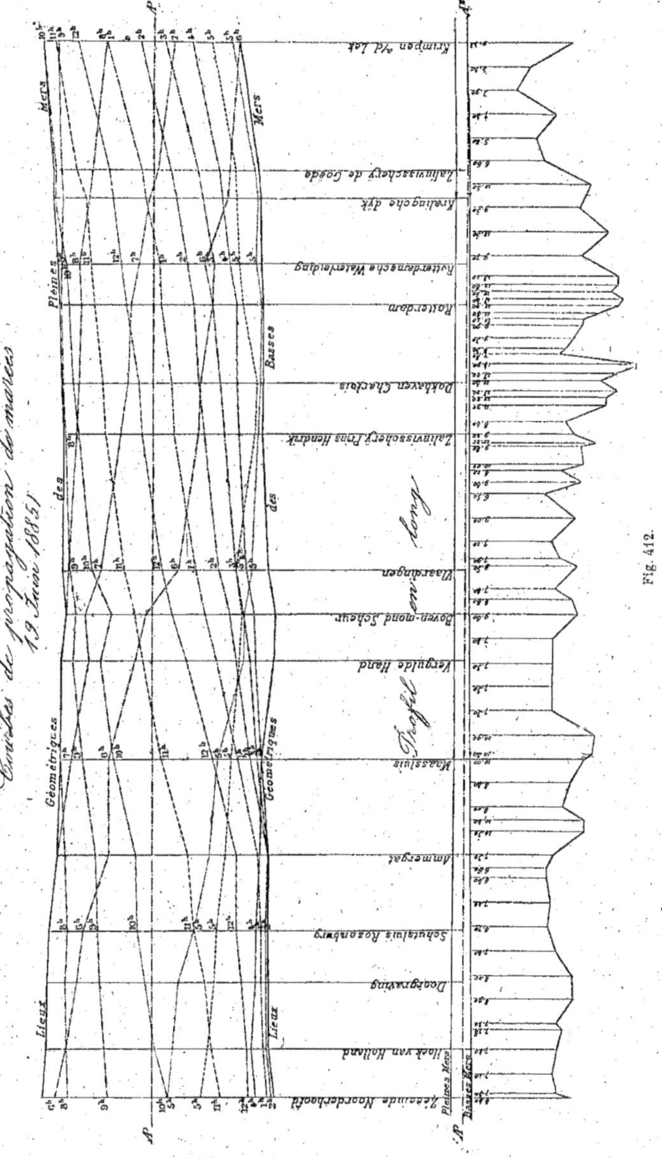

Fig. 412.

en mer, d'isoler complètement le nouveau lit de la rivière de celui de la Vieille Meuse et de draguer entre les deux jetées.

La jetée du Nord fut aussi portée à 2 000 mètres et celle du Sud à 2 300. Elles furent arasées à environ 1m,80 et construites en fascinages (*fig.* 414 à 418) formées de plates-formes lestées avec des pierres et fixées par des pieux en chêne. On les fabriqua en terre et on les échoua; puis, on les chargea de 200 kilogrammes de moellons par mètre carré et de 500 au niveau des jetées.

Les plus grandes plates-formes employées avaient 50 mètres de longueur sur 28 mètres de largeur.

Au niveau des basses mers, on plaçait une couche d'osier de 0m,25 maintenue par des clayonnages distants de 0m,60 environ. Le couronnement fut formé en pierres arrimées à la main, pesant environ 50 kilogrammes et les jetées protégées par des blocs de 500 à 2 000 kilogrammes.

La digue Nord a 9 mètres au couronnement, et la digue Sud, 8 mètres.

Des ballons portés par des mâtereaux indiquent la position des ouvrages à haute mer. Des fanaux sont placés sur les musoirs, et, une voie ferrée est établie sur l'ados des jetées. Ces ouvrages se sont très bien comportés. Le sable, en pénétrant dans les interstices a fait une sorte de monolithe du tout, et, il suffit de recharger de temps en temps les talus au moyen de blocs de pierre.

Les barrages du Scheur ont été construit d'une manière analogue.

Quant aux travaux de régularisation du lit du fleuve, ils ont consisté en dragages, rétrécissement ou élargissement et défense des rives au moyen de revêtements.

Les dragages se font ordinairement avec des dragues à succion, qui chargent des chalands que des remorqueurs entraînent au large.

Les résultats obtenus ont été les suivants :

La marée se propage librement dans le fleuve (*fig.* 419) le plein se produit à Rotterdam à 2 heures et demie après le moment de la pleine mer à Hœck van Holland. La basse mer à Rotterdam suit celle

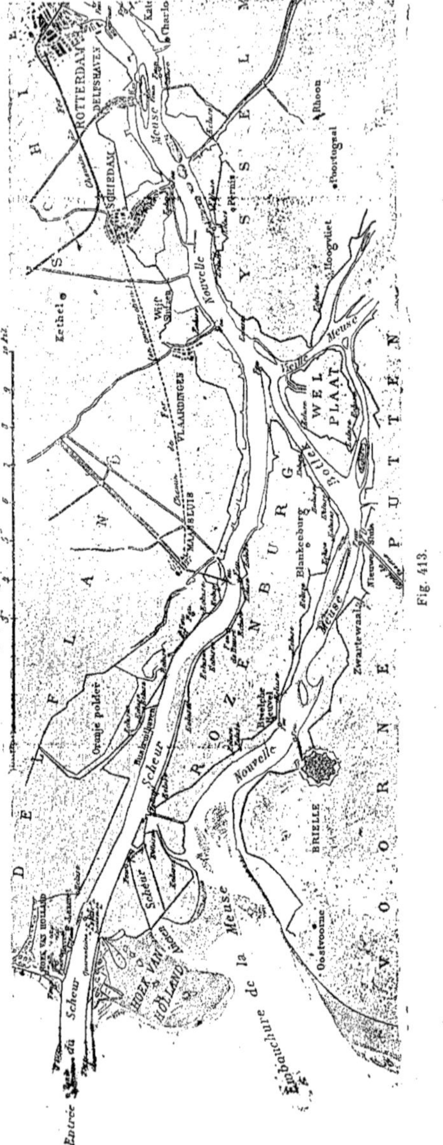

Fig. 413.

de Hœck van Holland de 2 heures et demie à 3 heures. La basse mer à Hœck van Holland présente deux minima distants l'un de l'autre de 2 heures et demie pendant lesquels la mer remonte de $0^m,10$ à $0^m,15$.

Le lieu géométrique des pleines mers s'abaisse, de Hœck van Holland à Maassluis et Vlaardingen, d'environ $0^m,20$, puis il remonte ensuite; mais le niveau de la pleine mer à Rotterdam reste encore en ce point inférieur de quelques centimètres à celui qu'il atteint à Hœck van Holland.

Le lieu géométrique des basses mers présente, au contraire, une pente assez régulière de Rotterdam à la mer.

Dans les conditions normales, à Rotterdam :

Le flot dure. . . . . $4^h,00^m$
L'étale du flot . . . . . . $0^h,15^m$
Le jusant. . . . . $7^h,30^m$
L'étale du jusant . . . . . $0^h,35^m$

On voit sur la figure 412 comment la marée se propage dans la nouvelle voie navigable jusqu'à Krunpen pendant une marée de morte-eau ordinaire.

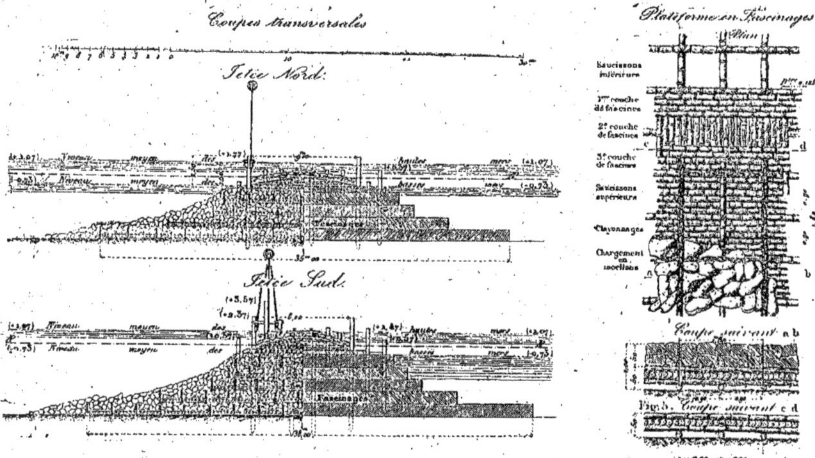

Fig. 414 à 418.

Les moindres profondeurs accusées par le relevé fait en octobre 1886, relativement au niveau des pleines et basses mers, sont les suivantes :

HAUTS FONDS	PLEINES MERS	BASSES MERS	LARGEUR DE LA PASSE	OBSERVATIONS
	m.	m.	m.	
Entre les jetées..........	8.2	6.5	100	Haut fond dans un chenal de 100^m de large.
Doorgraving............	7.5	6.1	70	Sur une longueur de plus de 6 kilomètres, la profondeur sous la basse mer reste inférieure à $6^m,50$.
Hul-Zuiden............	7.2	5.6	110	
Hoorn..................	7.2	5.8	100	
Verguld Hand..........	7.4	6.1	150	Barre peu étendue dans la passe.
Pernis..................	7.4	6.1	80	Passe rétrécie sur 170^m de longueur.
Charlois................	7.6	6.4	100	Barre de 200 mètres de longueur au milieu d'une passe profonde.

Lorsque les eaux sont bonnes et qu'il vente de l'Est, ces profondeurs peuvent être réduites de $0^m,40$ à $0^m,50$.

Les hauts fonds qui existent sur ces points tendent à se reformer, et il est nécessaire de les draguer périodiquement. Les dépôts se constituent principalement pendant l'hiver.

On estime à 1 100 000 mètres cubes les apports annuels, dont 260 000 se déposent

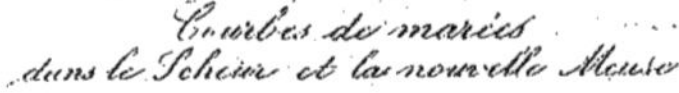

Échelle des temps : $0^m,008$ pour 1 heure
Échelle des hauteurs : $0^m,006$ pour 20 centimètres

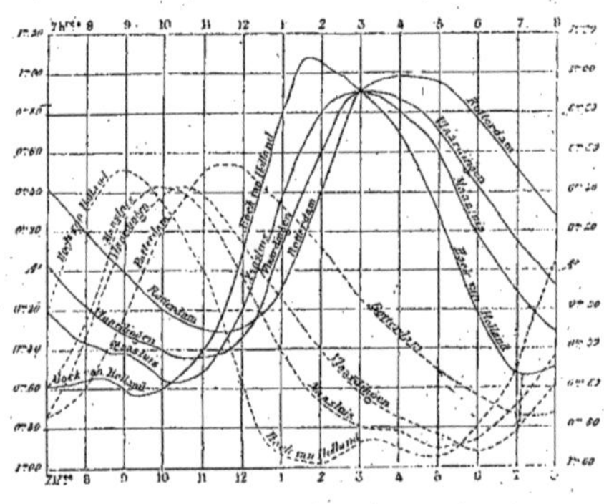

—— Courbes dans les conditions normales de hauteur et basses eaux. (Pleines mers à Hoek van Holland à 2 heures du soir)
.... Courbes par faibles marées et forts vents d'Est. (Pleines mers à Hoek van Holland à 9 heures du matin)

Fig. 419.

entre les jetées et 160 000 au large, sur une surface de 150 hectares.

Le commerce et la navigation ont grandement bénéficié de l'ouverture de la nouvelle voie d'accès de la mer à Rotterdam.

Dès 1890, tous les navires ont abandonné les anciennes routes et suivent exclusivement cette nouvelle voie. Les

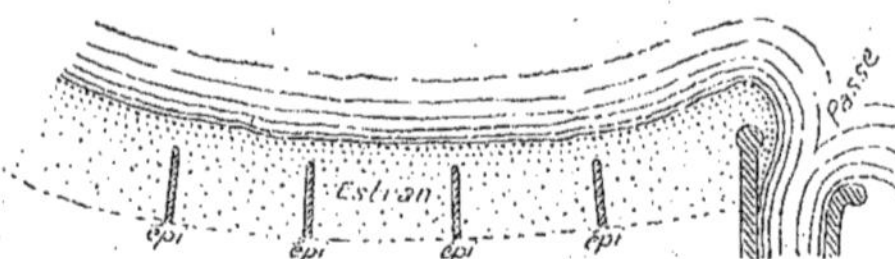

Fig. 420.

recettes de l'ancien canal de Voorne, qui étaient de 210 850 francs, en 1873, sont tombées à 166 francs, en 1885. L'emploi des allèges est devenu inutile, leur nombre, qui était de 1 113, en 1882, est tombé à 37, en 1886.

Rotterdam reçoit d'une façon courante des navires calant jusqu'à $6^m,70$; il est même entré dans son port un steamer ayant $7^m,57$ de tirant d'eau. Les bateaux ordinaires arrivent à Rotterdam en 2 heures et mettent le même temps à redescendre. Au contraire, ceux qui calent plus de $6^{m},55$ ont besoin de deux marées; ils quittent Rotterdam au plein et mouillent à Vlaardingen pour y attendre le flot.

Cette amélioration de la Meuse a donc donné les excellents résultats qu'on en attendait. Elle sera poursuivie, continue

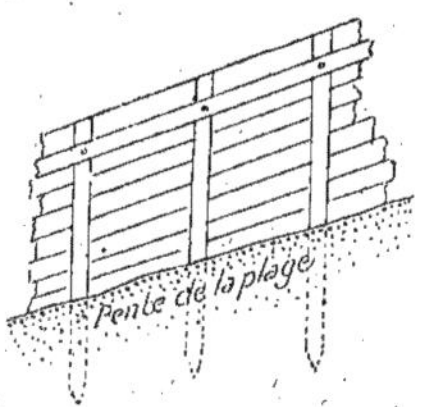

Fig. 421.

M. Quinette de Rochemont, jusqu'à ce que les profondeurs soient de 8 mètres sous basse-mer entre les jetées, et de $6^{m},50$ en rivières. *Cet état de choses une fois obtenu sera maintenu au moyen des dragages d'entretien qui n'auront rien d'excessif.*

En 1887, on avait dépensé 58 800 000 fr. et on estimait ce qui restait à faire à 26 040 000 francs, ce qui mettait le coût de la jetée Nord à 2 601 francs le mètre courant.

Celui de la jetée Sud ancienne à 3 225 fr. le mètre courant;

Celui de la jetée Sud nouvelle, à 870 fr. le mètre courant;

Et le barrage de la Scheur à 1 420 francs le mètre courant.

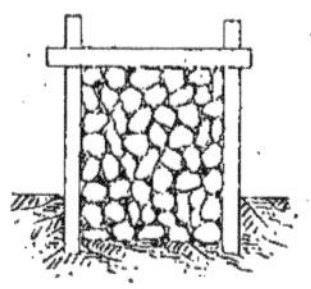

Fig. 422.

Les dragages, tous frais compris, peuvent s'évaluer à $0^{f},65$ le mètre cube, soit, pour les 1 000 000 mètres, 700 000 francs.

L'entretien total est estimé à 1 042 000 francs.

406. On voit par ce qui précède que l'on a de grandes chances de maintenir la praticabilité à l'entrée des ports en prolongeant leurs jetées jusqu'en eau profonde, là où l'action de la mer est moins modifiante qu'à la surface et à opé-

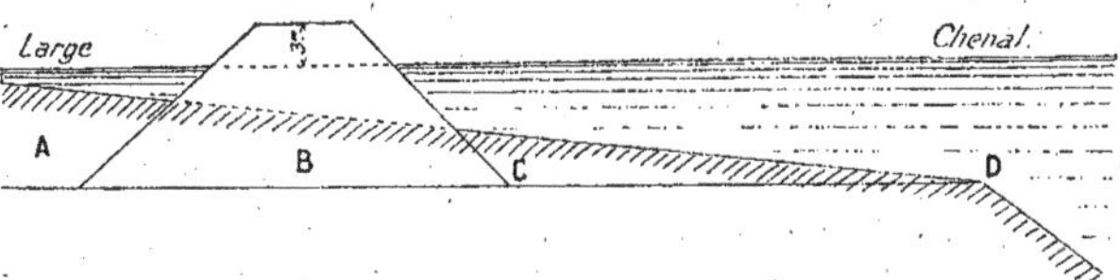

Fig. 423.

rer des dragages annuels, qui alors sont de peu d'importance.

Quand les sables sont très mobiles, et, en se déplaçant sous l'action d'une tempête, peuvent créer des barres à l'entrée des ports, il y a avantage à creuser une sorte de fosse, avec la drague dans un endroit convenablement choisi ; les sables pendant les gros temps s'accumulent dans cette fosse et on les extrait ensuite.

C'est ainsi qu'on a pratiqué à Dunkerque, à Calais, à Boulogne, à Ostende, etc.

407. *Épis.* — Ce moyen n'est pas toujours suffisant pour s'opposer à des apports d'alluvions qui atteignent quelquefois, en quelques heures, 30 à 40 000 mètres cubes; on dispose alors des épis qui s'opposent à la marche des sables ; on construit ces épis sur toute la largeur de l'estuaire et généralement en charpente; celle-ci est simple; on forme un coffrage, qu'on remplit d'un enrochement (*fig.* 420, 421 et 422).

Pour faciliter les dragages, on construit la jetée au vent à claire-voie ou simplement avec de gros blocs jetés sans ordre; le sable pénètre, en petite quantité, dans les interstices, jusque dans le chenal; on le drague à l'abri de la houle, c'est-à-dire avec facilité; ce dernier système a été employé à Port-Saïd. « Le sable, dit M. Laroche, a passé de A en C (*fig.* 423), à travers les grands vides qui existent entre les blocs de 10 mètres cubes; en B, le pied du talus, très doux, s'avance assez loin dans le canal, à l'abri de la jetée: on drague ce dépôt intérieur sans toutefois compromettre la stabilité de la jetée.

« De cette façon, on diminue l'avancement de la plage au vent ainsi que le cube des dragages à faire en dehors de tout abri. »

Dans les ports à marée, on peut quelquefois éviter la construction de ces épis, si les circonstances topographiques permettent d'atteindre avec les jetées les places où les courants de flot et de jusant balayent jusqu'au roc. Ces circonstances se rencontrent surtout au fond des baies, où généralement l'estran a une pente plus rapide que dans les courbes convexes du rivage.

ENTRETIEN DE LA PROFONDEUR DANS LES PORTS

Généralités.

408. Les procédés employés sont identiques à ceux que nous venons de décrire. Ils consistent donc en chasses naturelles ou artificielles et en dragages. On est conduit à faire la même distinction relativement aux ports à marée et aux ports sans marée. Nous nous occuperons d'abord des premiers.

PORTS A MARÉE

409. Ainsi que nous l'avons déjà vu, un port à marée se compose essentiellement de trois parties distinctes :

1° Un avant-port extérieur, compris entre les jetées qui s'avancent dans la mer;

2° Un avant-port intérieur, contenant les chenaux des bassins à flot;

3° Les bassins à flot, où les navires sont mis à l'abri des fluctuations de la marée.

Chacune de ces constructions exige un mode d'entretien différent.

Avant-port extérieur.

410. Les chasses et les dragages sont les seuls procédés qu'on puisse employer. Quand nous avons étudié la construction des jetées, nous avons vu qu'il y avait souvent avantage à construire des jetées convergentes. C'est ce que l'on fait généralement aujourd'hui, surtout quand le chenal n'est pas balayé par des courants suffisamment rapides pour y entretenir la profondeur convenable. Nous avons relaté les avantages de cette disposition au point de vue de la tranquillité de l'eau dans l'avant-port. Celui-ci peut être très large, ce qui facilite les manœuvres des navires à l'entrée et à la sortie, et sa grande surface entretient la profondeur entre les musoirs par le jeu des marées.

Le seul inconvénient de ces dispositions est que, l'eau y étant relativement tranquille, les vases et les alluvions légères se déposent. Il paraît donc indiqué de ne donner à l'avant-port qu'une tranquillité relative; on y arrive en lui faisant occuper une grande surface qui, exposée au vent, créée une certaine agitation.

On remarque que les alluvions se déposent surtout à l'intérieur, sous l'abri du musoir au vent, ainsi, du reste, qu'il est facile de le comprendre, puisque c'est le point où l'eau est le plus tranquille. On devra draguer les dépôts chaque année.

Avant-ports intérieurs et chenaux des bassins à flot.

411. Ces avant-ports étant abrités des vents, et dans l'intérieur des terres, sont beaucoup plus sujets aux envasements que les avant-ports extérieurs. Il faut donc recourir aux dragages.

Les envasements sont naturellement encore plus abondants et formés d'une vase plus fine dans les chenaux qui conduisent aux écluses des bassins et surtout dans la retraite formée par l'écluse d'aval avec l'avant-port. On emploiera, pour maintenir leur profondeur, des dragages ou des chasses obtenues en empruntant l'eau aux bassins à flot; généralement une ventelle de 1 mètre carré percée dans la porte de l'écluse suffit, mais ce procédé ne réussit bien que dans les chenaux mis sec à basse mer.

D'une manière générale, pour que ces chasses produisent tout l'effet qu'on en doit attendre, il ne faut pas laisser les couches de vase successives se tasser; elles acquerraient alors une compacité telle, qu'elles ne pourraient plus être attaquées par les courants dont on dispose. Il suffit pour cela que les chasses soient suffisamment fréquentes pour que cette compacité ne soit pas atteinte.

Dans les bassins de marée qui n'assèchent pas complètement à basse mer, on augmente les effets des chasses en mettant les vases en suspension par des moyens mécaniques (herses traînées par un petit remorqueur, tuyau d'eau sous pression, etc.). On a obtenu ainsi des résultats très satisfaisants sur la Tamise, à Tilbury-Dock.

Curage des bassins à flot.

412. Le curage s'opère avec les dragues des différents types que nous connaissons; on a seulement remarqué que les dragues aspiratrices, malgré leur faible encombrement, ont un faible rendement avec la vase qui se maintient en suspension dans l'eau des pertuis.

PORTS SANS MARÉE

413. La ressource des chasses manquant d'une façon à peu près absolue dans les ports sans marée sensible, on n'a guère que le dragage comme moyen d'action, et on devra appliquer à ces ports les procédés qui s'y rapportent et que nous avons indiqués pour le maintien des profondeurs dans les bassins et les avant-ports.

OBSERVATIONS SUR LES DRAGUES

414. Nous avons donné, dans le chapitre précédent, la description des différents types de dragues employées; il ne nous reste plus qu'à indiquer les avantages et les inconvénients de chacun de ces systèmes dans les travaux maritimes.

415. *Dragues à godet et excavateurs.* — Ce sont les engins les plus puissants, les plus économiques et qui paraissent avoir le meilleur rendement. C'est avec eux qu'on a exécuté les plus grands travaux de ce siècle.

Leurs inconvénients sont d'exiger un assez fort entretien et un assez grand emmagasinement de pièces de rechange. Ils ne peuvent travailler qu'avec une houle peu sensible.

416. *Dragues à cuiller.* — La drague à cuiller, d'un rendement plus faible, est cependant avantageuse pour effectuer les curages le long des murs de quai, puisque la cuiller opère sur toute la longueur du front de la drague. En outre, elle occupe fort peu de place.

417. *Dragues à mâchoires.* — Elles sont surtout fort légères, mais d'un faible rendement par heure. Cette légèreté permet de les faire pénétrer là où d'autres dragues ne pourraient trouver leur place. Elles conviennent donc particulièrement pour les curages exécutés à de grandes profondeurs, dans des pertuis, le long des quais, etc.

418. *Dragues aspiratives.* — Nous avons déjà étudié les dragues aspirant les sables et les vases au moyen de pompes. Une modification récente et intéressante a été faite par M. Jandin.

Son appareil (*fig.* 424), décrit dans les *Annales* de 1888, se compose essentiellement d'un tuyau A, qui plonge jusqu'au terrain à déblayer et d'un injecteur à air comprimé placé à la partie inférieure de la conduite ; cet injecteur est constitué par un caniveau BB, entourant le tuyau ascentionnel A ; l'air y est amenée par une conduite C, et, injecté par un grand nombre de petits ajutages *a*, *a*, dirigés dans le sens du mouvement du liquide.

Cette injection détermine l'ascension de l'eau, qui remplit le tuyau ; l'eau extérieure, afflue vers l'orifice, et, si l'air arrive en quantité assez grande, cette eau prend une vitesse suffisante pour corroder le fond. Le tuyau dragueur se remplit d'un mélange d'eau, de déblai et d'air, dont la densité moyenne est inférieure à l'unité. La pression de l'orifice de la conduite devient plus faible à l'intérieur qu'à l'extérieur, le niveau dans le tuyau s'élève, et, si la bouche de refoulement n'est pas trop grande, il se produit un écoulement continu. Nous avons déjà vu un effet analogue dans les suceuses à déblais employées dans les cloches à air comprimé.

Cette drague a été essayée dans la Loire, à Saumur, et dans la Seine, au Havre.

Le bassin de l'Eure, dans ce dernier port, était recouvert d'un sol vaseux. La profondeur atteignait 8 à 9 mètres ; la drague avait $0^m,23$ de diamètre ; elle élevait les déblais à une hauteur de $1^m,50$ au-dessus de l'eau et les déversait dans un bateau. On a obtenu avec un compresseur de 15 chevaux, un débit de 300 à 400 mètres cubes d'eau vaseuse ; la proportion de vase constatée était de 25 0/0 ; on extrayait par heure et par cheval 5 à 7 mètres cubes de déblais.

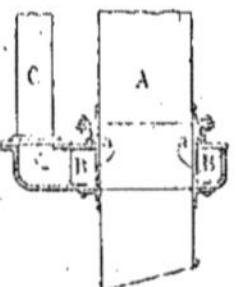

Fig. 424.

Cet appareil réussit le mieux dans la vase molle, le sable ou le gravier ; lorsque les déblais sont plus gros, le rendement diminue beaucoup ; néanmoins, dans les fondations du pont de Palma, où cet appareil a été employé, un tuyau dragueur de $0^m,27$ a extrait des galets pesant 10 kilogrammes.

OBSERVATION SUR LES DÉROCHEMENTS

419. Dans l'intérieur des ports, où on est mieux abrité, l'ingénieur a des ressources plus nombreuses.

C'est ainsi que, dans le cas de roches peu épaisses reposant sur un fond meuble, il faut employer des dragues robustes et intercaler entre chaque godet des griffes plus ou moins puissantes.

Quand on emploie la mine, il est avantageux d'utiliser la dynamite ; c'est d'elle dont on s'est servi pour déraser une barre rocheuse, l'Éderslie Rock, dans la Clyde, roche que l'on découvrit, en 1854, à la suite de l'échouement d'un navire. L'écueil était formé par une veine de trappe qui s'étendait en travers de la rivière à peu de distance de Renfreu.

D'après M. Laroche, on dérasa d'abord le sommet au moyen de poudre à canon jusqu'à 14 pieds, au-dessous des basses mers de vive-eau sur une moitié du chenal et de 8 pieds sur l'autre moitié.

On pratiqua cinq files longitudinales, de 40 pieds de longueur, formées chacune de trous distants de 2 pieds et demi. Dans chaque file, on perçait 8 trous et on les disposait en quinconce avec ceux des files voisines. On faisait sauter ensemble les huit trous d'une file. Une drague enlevait les fragments de roche ; l'expérience démontra que les trous ne devaient pas avoir une profondeur plus grande que 10 pieds.

On a creusé environ 16 000 trous de 6

pieds de profondeur moyenne et employé 76 000 livres d'explosif ; la dépense a été de 70 000 francs ; on a enlevé 110 000 tonnes de déblais et les travaux ont duré cinq ans (1880 à 1885).

On peut encore employer des trépans de sondage et opérer ainsi le broyage des roches. Ce procédé est utilisable lorsqu'on se trouve dans le voisinage d'endroits qu'on ne peut pas ébranler par des explosifs.

Les dérochements peuvent encore se faire au moyen de cloches à air comprimé ; nous en avons donné un exemple (dérochement de la roche *la Rose*) ; nous n'y reviendrons donc pas.

Nous terminerons par l'indication du procédé le plus simple, le plus sûr, et le plus rapide, quand il est applicable. Nous voulons parler de la construction d'un batardeau. C'est aussi très fréquemment le plus économique, car, tandis que les dépenses d'extraction, par les autres moyens, varient de 30 à 60 et même 100 francs le mètre cube, il s'abaisse, avec un batardeau, à 5 francs ; et même 2f,50. Il y a donc un compte à faire et à voir si la dépense occasionnée par la construction du batardeau n'est pas plus que couverte par l'économie réalisée sur le prix du mètre cube de déblai. C'est, ainsi que nous le verrons, ce qui a décidé à établir des batardeaux à Marseille pour l'approfondissement du bassin National et à La Pallice pour l'avant-port.

BASSINS A FLOT

Généralités.

420. Nous avons vu qu'il arrive fréquemment que les avant-ports ne présentent pas, dans les mers à marée, une hauteur d'eau suffisante pour que les navires restent à flot. Dans ce cas, les avant-ports prennent le nom de *ports d'échouage*.

Pour éviter cet inconvénient, qui a des conséquences graves pour la solidité des navires de grandes dimensions, principalement pour les navires en fer, ainsi que pour les manutentions qui se font à bord, on a fermé, au moyen de portes, des bassins qui conservent toujours la hauteur d'eau suffisante pour le mouillage et que, pour cette raison, on nomme *bassins à flot*.

On construit aussi quelquefois ces bassins dans les ports profonds très encombrés, tant pour augmenter leur surface que pour éviter les évolutions des navires ancrés dans le port par suite du changement de marée. Nous avons vu, en effet, au commencement de ce cours, qu'il fallait, dans ces ports, ou embosser les navires, ce qui prend beaucoup de place et n'est pas sans danger, ou, s'ils sont mouillés sur une seule ancre, leur laisser, pour leur évolution, un cercle d'un rayon au moins égal à deux fois et demi leur longueur. Avec les bassins à flot on peut, au contraire, les ranger côte à côte.

Comme inconvénient de ces bassins, il y a le temps perdu et les précautions à prendre pour traverser les écluses ; quelquefois la différence très considérable qui existe entre les plus grandes marées de vives-eaux et les plus petites de morte-eau, atteint $5^m,84$ comme à Saint-Malo. Dans ce cas, on maintient, par des écluses, le niveau du bassin à un niveau intermédiaire, et les bassins prennent alors le nom de *bassins de demi-marée*.

Pour les bateaux qui ne font que des escales de courte durée, on ménage une souille dans l'avant-port qui leur permet de rester à flot par n'importe quelle marée. On évite ainsi beaucoup de temps perdu, tant pour l'entrée et la sortie des écluses pour lesquelles il faut choisir une heure convenable, que pour les évolutions dans un bassin quelquefois très encombré.

D'après ce qui précède, on voit que la construction d'un bassin à flot comporte la création d'une vaste superficie entourée de quais servant à l'amarrage et aux chargement et déchargement des navires, ainsi que des écluses pour y maintenir l'eau à un niveau convenable.

421. D'après MM. Plock et Laroche (Étude sur les principaux ports de commerce de l'Europe septentrionale), les tendances générales, au point de vue de l'emménagement des bassins, sont :

1° *De ne pas exagérer la largeur des bassins.*

On devra leur donner au maximum 150 mètres et l'on considère qu'une bonne moyenne est de 120 à 130 mètres. De plus grandes dimensions, facilitant les évolutions des navires d'une grande longueur, ont l'inconvénient d'augmenter les dépenses du premier établissement, de perdre du terrain de manutention et de créer dans les ports à marée sensible, des courants gênants aux écluses.

2° *De pousser la largeur des quais jusqu'à 100 mètres* et au minimum 75 mètres, que l'on répartira ainsi :

Trottoirs de.	3	à	5	mètres
Voie charretière de.	12	à	15	»
Voie ferrée de. . .	15	à	20	»
Surface de manutention de.	37	à	50	»
Bandes le long du quai de.	8	à	10	»
Total :	75	à	100	mètres

3° *D'établir des abris sur les quais*, généralement au niveau du plancher des wagons.

4° *De desservir largement les quais par des voies ferrées*, quatre au minimum :

Une pour les wagons en opération ;
Une pour les trains de départ ;
Une pour les wagons vides ;
Une pour les trains d'arrivée.

On devra avoir le soin d'étudier le bassin conjointement avec les compagnies de chemins de fer, afin de ne pas avoir de courbes trop raides.

5° *De munir les quais d'un ensemble très complet d'engins actionnés par la force hydraulique.*

6° *De créer aux abords des bassins de vastes gares maritimes*, qu'on évaluera au minimum à la surface des quais.

7° *D'offrir à la navigation des moyens suffisamment puissants de réparation et de visite*, on compte ordinairement un appareil pour une entrée de 700 à 900 navires par an.

Nous allons donner d'abord quelques descriptions de bassins proprement dits et nous passerons ensuite à celle des écluses, qui, comme on le conçoit, sont des ouvrages d'une importance considérable.

Bassin Bellot (au Havre).

422. Ce nouveau bassin est construit dans l'anse de l'Eure, au Sud du canal de Tancarville, sur des terrains conquis sur la mer dont il est séparé par une digue en maçonnerie et une estacade en charpente.

Sa longueur totale est de 1 150 mètres, en y comprenant la longueur de l'écluse d'entrée ; une traverse large de 100 mètres le sépare du bassin de l'Eure, et une seconde traverse, de même largeur, le divise en deux darses d'inégales longueur mais d'une largeur uniforme, égale à 220 mètres ; sa superficie totale est de 21 hectares 21 ares (*fig.* 425, 426, 427 et 428).

L'écluse d'entrée dont l'axe est dans le prolongement de l'écluse des transatlantiques, a 30 mètres de largeur au niveau du couronnement ; elle est munie de portes d'èbe qui permettent d'isoler le bassin Bellot du bassin de l'Eure. Le pertuis de communication entre les deux darses a la même ouverture ; deux ponts tournants à une seule volée et à double voie charretière franchissent l'écluse d'entrée et le pertuis central.

Le développement des murs du quai est de 2 655 mètres dont 2 380 utilisables pour la navigation.

Les terre-pleins ont 89 mètres de largeur au Nord et 125 mètres au Sud ; leur superficie totale dépasse 250 000 mètres.

Une prise d'eau est ménagée dans le quai sud pour faire le plein du bassin à marée montante et diminuer les courants de remplissage entre les jetées et dans les écluses.

Des appareils hydrauliques font manœuvrer les ponts, les portes, les vannes

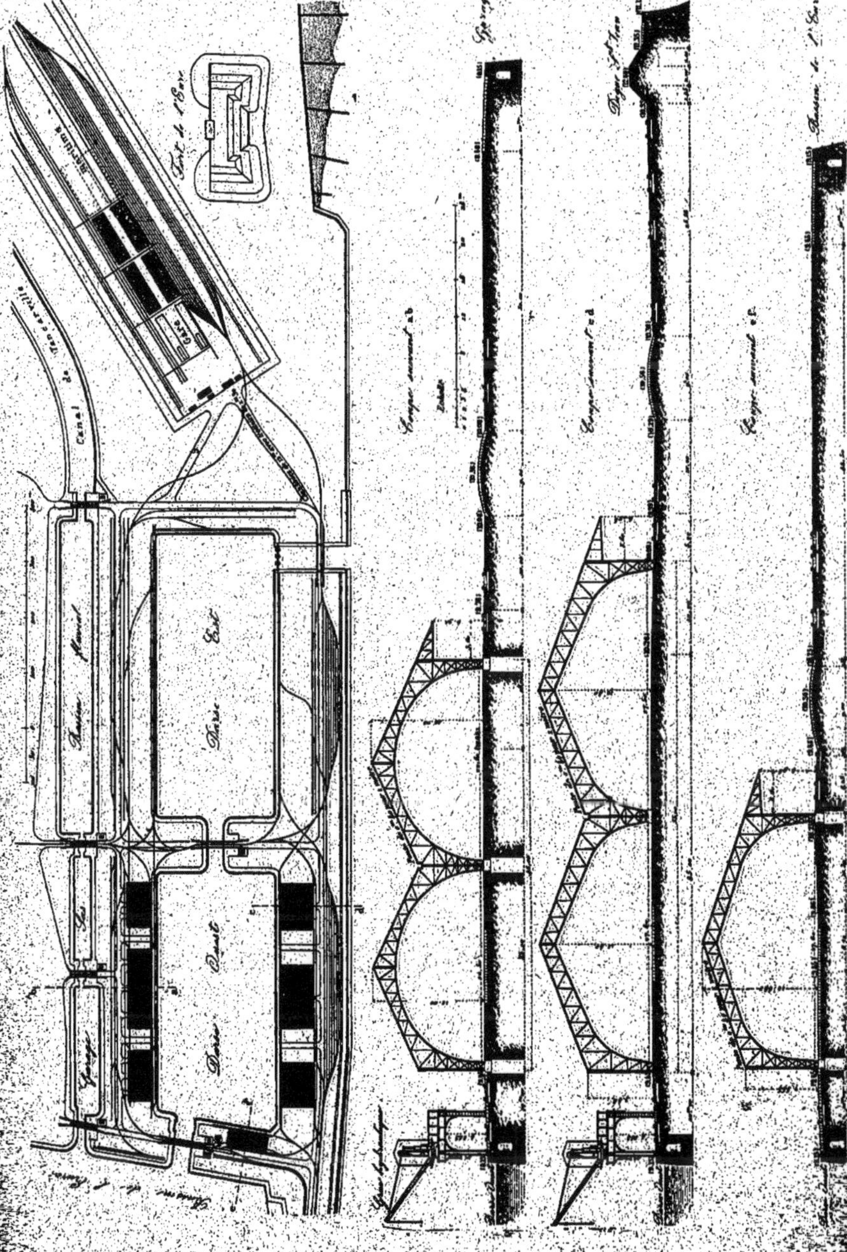

Fig. 125 à 128. — Bassin Bellot au Havre.

et les cabestans des écluses et pertuis. Nous aurons à y revenir quand nous parlerons de ces engins.

Port de la Pallice.

Eu égard, à l'importance de ces tra-

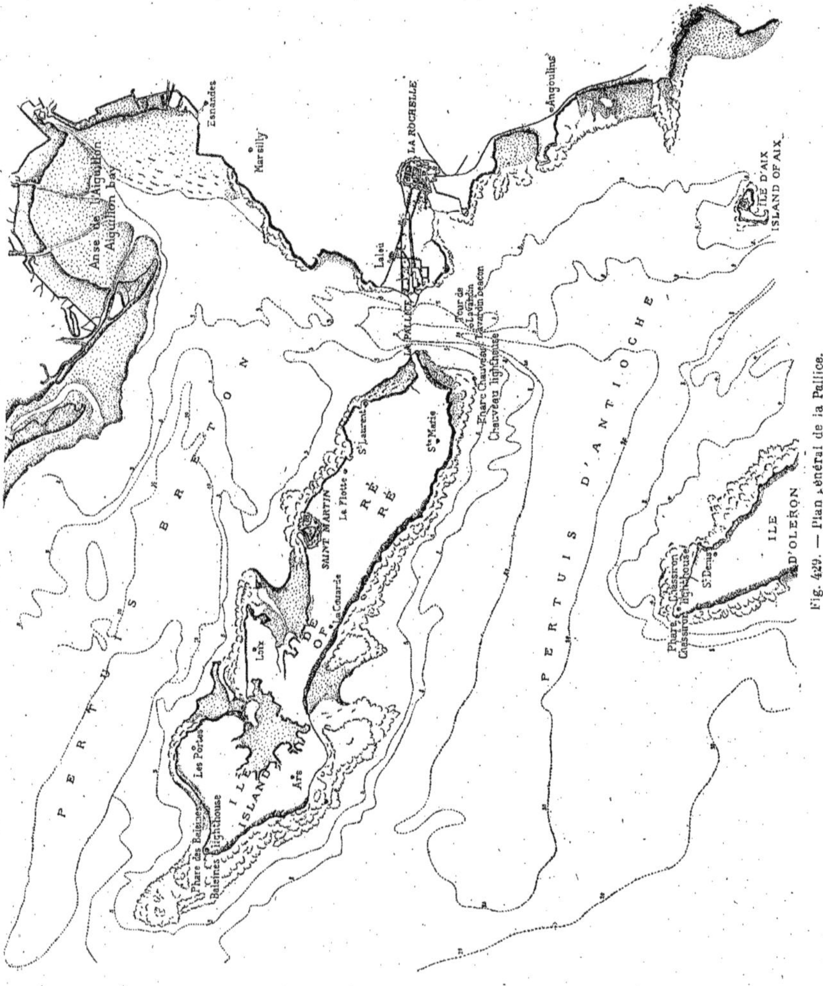

Fig. 429. — Plan général de la Pallice.

Fig. 425 à 428. — Bassin Bellot au Havre.

vaux récents, qui ont créé pour ainsi dire de toutes pièces cette œuvre grandiose, nous allons en donner la description complète afin d'en mieux faire comprendre l'ensemble.

423. *Disposition générale.* — A la suite d'études faites par M. Bouquet de la Grye en vue de rechercher les moyens propres à rendre le port de la Rochelle accessible aux plus grands navires, on choisit pour l'emplacement d'un nouveau bassin, un point de la côte situé au Nord de la baie de la Rochelle, en face de la rade de la Pallice.

Ce nouveau port a été ouvert à la circulation en juin 1891. Il est situé à cinq kilomètres de la ville de la Rochelle, et est protégé contre la mer du large, souvent très violente en cet endroit, par trois brise-lames naturels (*fig.* 429); au S. et au S.O. par l'île d'Oléron; à l'Ouest par l'île de Ré, et au Nord par le seuil connu sous le nom de *Feu breton* qui s'étend entre le port de la Piée (île de Ré) et l'embouchure de la Sèvre.

La rade de la Pallice, dit la notice sur ce port, publiée sous les auspices de la chambre de commerce de la Rochelle dont nous extrayons ce qui précède, est bien connue de tous les marins, elle offre une excellente tenue, et sa sûreté est proverbiale.

Le Port de la Pallice, s'ouvrant sur cette rade, est facilement accessible par tous les temps, soit par le pertuis d'Antioche, soit par le pertuis Breton.

La création de ce nouveau port à la Rochelle à été reconnue indispensable pour faire face à l'insuffisance de l'ancien port, aussi bien que pour doter la côte Ouest de la France, de Bayonne à Brest, d'un établissement maritime, toujours accessible aux plus grands navires.

Par sa situation géographique, par sa grande profondeur, par les nombreux avantages qu'il offre à la navigation et au commerce, le port de la Pallice est appelé à devenir le port de l'Est de la France sur l'Océan Atlantique.

Il est situé à 471 kilomètres de Paris. Le commerce de transit y est assuré de communications faciles avec tous les points de la France comme avec l'Étranger, *principalement par la frontière de l'Est* et nous ne saurions trop insister sur ce point, surtout maintenant que tant d'efforts sont faits pour détourner les courants de marchandises par Anvers et Hambourg.

Le port de la Pallice est le mieux placé pour le transport rapide de toutes les marchandises des deux Amériques et spécialement pour Lyon dont il n'est distant que de 600 kilomètres et qui sert de point de départ pour la Méditerranée et les États du Sud de l'Europe (*fig.* 430).

En face du port, les courbes du fond de la mer se rapprochaient assez du rivage pour qu'on pût atteindre les fonds de cinq mètres sous le zéro des cartes marines, avec des jetées d'une longueur totale de 600 mètres environ (*fig.* 431).

La comparaison des levées de plans, exécutés à diverses époques, permettait de considérer les fonds comme sensiblement immuables ; d'autre part la direction concordante de la lame et des courants permettait de prévoir qu'il ne se produirait pas de barre à l'entrée du port.

Enfin tous les ouvrages étaient à créer sur un fond de rocher nu, assez solide pour les fondations et pas assez dur pour rendre les déblais très coûteux. Le port s'exécuterait donc dans les conditions les plus économiques.

Tel fut le résultat des études aussi savantes que patriotiques de M. Bouquet de la Grye.

Voici l'ensemble des travaux qui ont été commencés en 1881 et terminés en 1891.

Les ouvrages comprennent :

1° Un avant-port de 12 hectares 1/2, creusé à 5 mètres au-dessous des plus basses mers d'équinoxe (zéro des cartes marines) ;

2° Une écluse à sas de 22 mètres de largeur et 167^{m},50 de longueur utile ;

3° Les amares d'une seconde écluse de 14 mètres de largeur et de 145 mètres de longueur utile;

4° Un bassin à flot creusé à la cote de 4 mètres ;

5° Deux formes de radoub : l'une de 188 mètres de longueur et de 22 mètres de largeur à l'entrée, ayant 168^{m},50 de

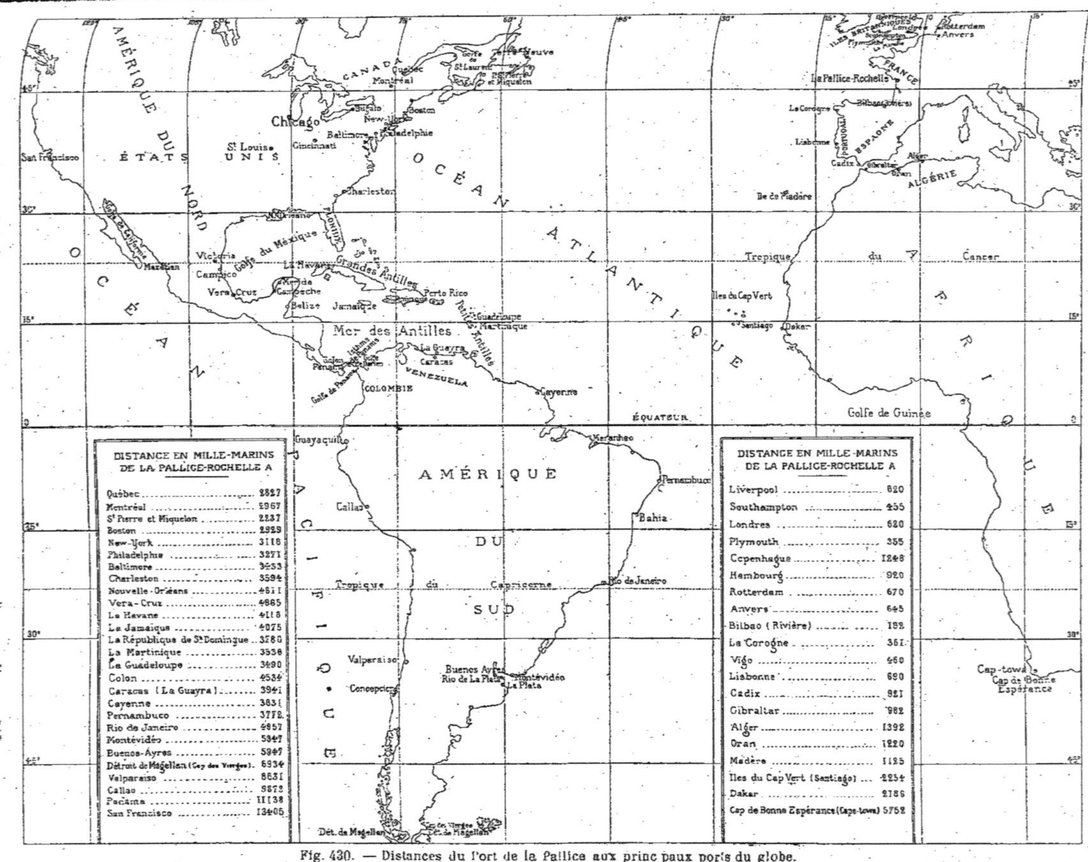

DISTANCE EN MILLE-MARINS DE LA PALLICE-ROCHELLE A	
Québec	2827
Montréal	2967
St Pierre et Miquelon	2237
Boston	2929
New-York	3118
Philadelphie	3271
Baltimore	3253
Charleston	3594
Nouvelle-Orléans	4611
Vera-Cruz	4865
La Havane	4118
La Jamaïque	4075
La République de St Domingue	3780
La Martinique	3538
La Guadeloupe	3490
Colon	4534
Caracas (La Guayra)	3941
Cayenne	3831
Pernambuco	3772
Rio de Janeiro	4857
Montévidéo	5347
Buenos-Ayres	5347
Détroit de Magellan (Cap des Vierges)	6934
Valparaiso	8631
Callao	9872
Panama	11138
San Francisco	13405

DISTANCE EN MILLE-MARINS DE LA PALLICE-ROCHELLE A	
Liverpool	820
Southampton	455
Londres	620
Plymouth	355
Copenhague	1248
Hambourg	920
Rotterdam	670
Anvers	645
Bilbao (Rivière)	182
La Corogne	361
Vigo	460
Lisbonne	690
Cadix	921
Gibraltar	982
Alger	1392
Oran	1220
Madère	1125
Iles du Cap Vert (Santiago)	2254
Dakar	2186
Cap de Bonne Espérance (Cape-town)	5752

Fig. 430. — Distances du port de la Pallice aux princ paux ports du globe.

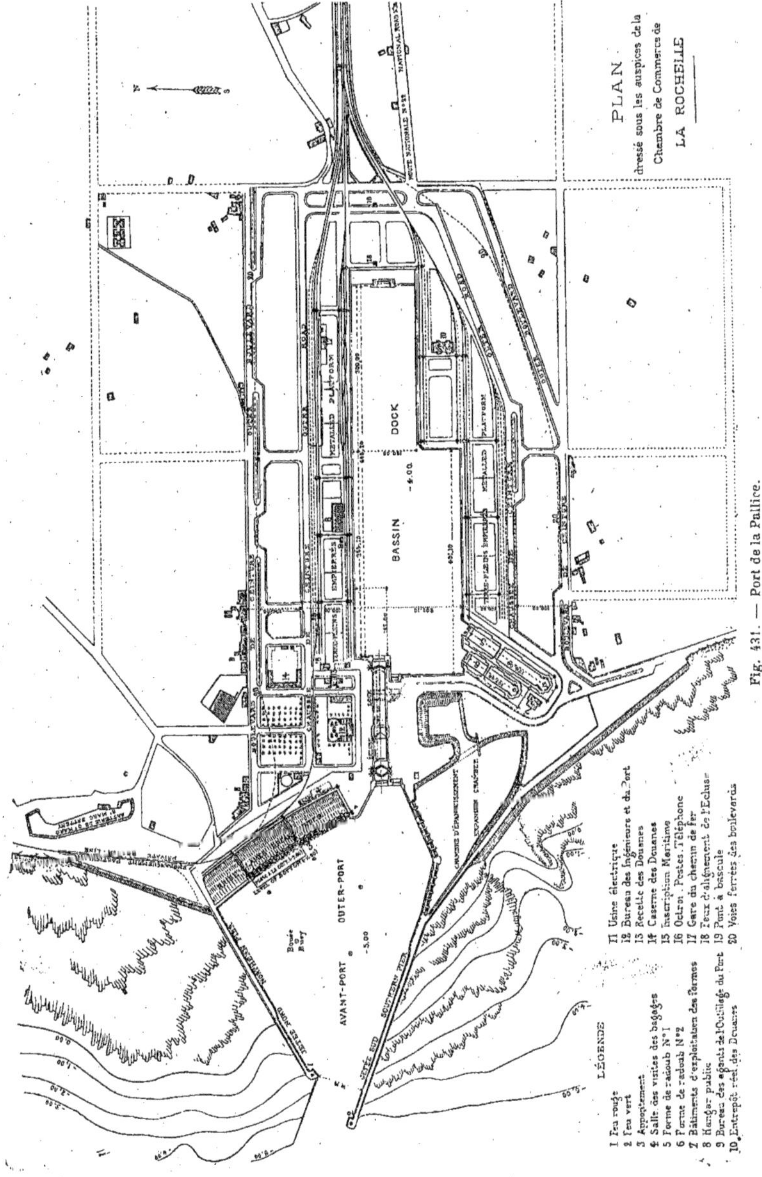

Fig. 431. — Port de la Pallice.

longueur de tins, et, une hauteur d'eau sur les tins qui varie de 8 mètres à 9^{m},50 suivant les marées; l'autre de 111 de longueur et 14 mètres de largeur à l'entrée, 100 mètres de longueur de tins et une hauteur d'eau sur les tins qui varie de 7 mètres à 8^{m},50.

Chaque forme est munie, à son extrémité opposée aux bassins, d'une fosse à gouvernail, et elle présente, en vue de diminuer les épuisements, en cas d'admission de petits navires, un seuil intermédiaire de bateau-porte, qui divise la longueur en deux parties inégales. La grande forme ne contient pas moins de 45 000 mètres cubes d'eau, et peut être vidée dans un délai maximum de 5 heures.

Les hauteurs d'eau sont les suivantes :

HAUTEURS D'EAU		AVANT-PORT ET ÉCLUSE	BASSIN A FLOT	FORMES DE RADOUB	
				n° 1	n° 2
		m.	m.	m.	m.
Hautes mers	de vives-eaux	10.80	9.30	9.30	8.30
	de morte-eau	9.66	8.66	8.16	7.16
Basses mers	de vives-eaux..........	5.70	»	»	»
	de basses-eaux	6.95	»	»	»

424. Deux feux dioptriques de cinquième ordre indiquent l'entrée du port; ils sont placés chacun dans une tourelle en maçonnerie peinte en blanc et visibles de tous les points de l'horizon maritime. Le feu du musoir de la jetée N. est rouge et celui du musoir de la jetée S. est blanc.

425. *Avant-port.* — L'avant-port est compris entre les jetées N. et S.; il s'ouvre dans la direction O.-N.-O. par une passe de 90 mètres de largeur.

La direction générale de la jetée Sud est O 1/4 N.-O.; elle a une longueur totale de 626 mètres, et s'avance en mer jusqu'à la ligne du fond de 5 mètres sous le zéro des cartes marines. Sur une longueur de 220 mètres à partir de son enracinement, elle est discontinue et formée de quinze piles en maçonnerie distantes de 13 mètres d'axe en axe, sur lesquelles repose un tablier de 4 mètres de largeur. On y a établi une passerelle qui sépare l'avant-port d'une chambre, dite *chambre d'épanouissement*, de 4 hectares de superficie complètement fermée du côté du large par une digue, qui se rend à la jetée à l'origine de sa partie pleine et va se relier au rivage. Les piles de la passerelle, la digue d'épanouissement et une longueur de 90 mètres de la partie pleine de la jetée ont été fondées à l'air libre sur l'estran. Le reste de la partie pleine de la jetée, sur une longueur de 316 mètres, a été fondé à l'air comprimé.

La direction de la jetée Nord est S.-O.; elle a une longueur totale de 433 mètres et s'étend seulement jusqu'à un fond de 2^{m},50 sous le zéro. La jetée Sud s'étendant plus au large, couvre l'entrée du port du côté du S.-O. qui est la direction d'où vient la plus forte houle. Sur 325 mètres, la jetée Nord est fondée sur l'estran et le reste l'a été à l'air comprimé, ainsi qu'on l'avait pratiqué pour la jetée Sud.

Au Nord de cette jetée, s'étend sur la côte une digue de défense de 280 mètres de longueur.

La jetée Nord a été reliée à la tête des écluses par un grand brise-lames dont une partie, est surmontée d'un appontement de 200 mètres de longueur pour le déchargement des pétroles et autres marchandises dangereuses et inflammables; en avant d'une partie de cet apontement, le fond de l'avant-port a été creusé d'une souille de 2 mètres sur 100 mètres de longueur, afin d'obtenir une profondeur de 7 mètres au-dessous de zéro et évitant ainsi l'échouage des gros navires.

426. *Construction des jetées au large.* — Au point de vue technique, ce sont les fondations des jetées au large qui offrent

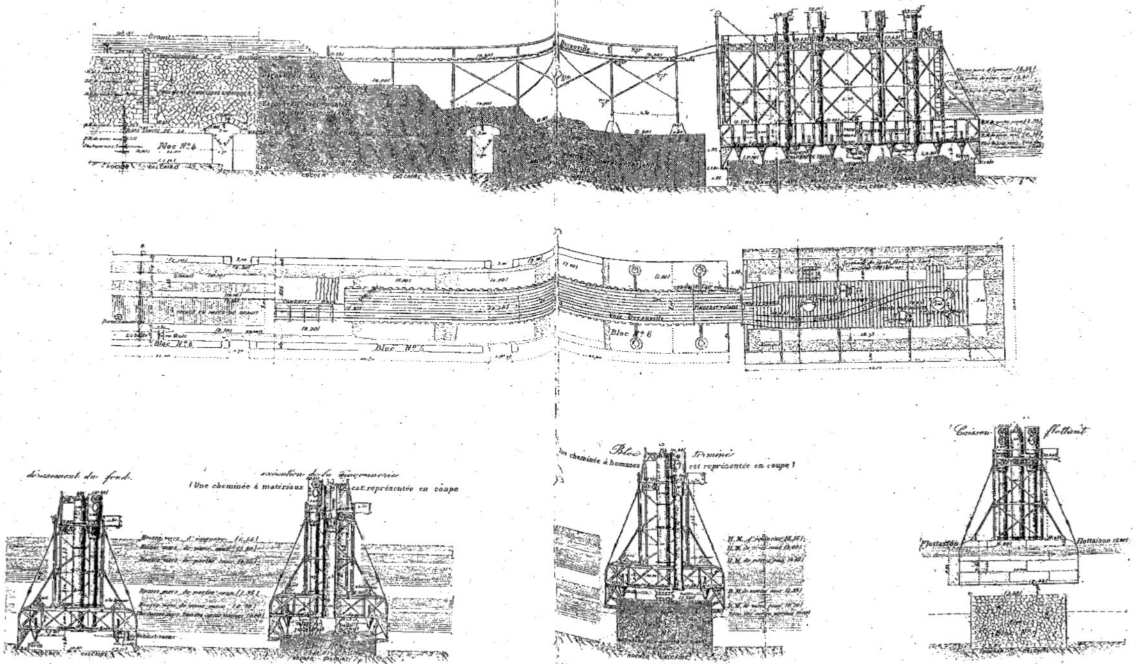

Fig. 43[illegible] à 437. — Port de la Pallice.

le plus d'intérêt, car, ainsi que nous le verrons, tous les autres travaux ont été exécutés, soit à l'abri de batardeaux, soit dans le roc vif.

Nous avons vu que plus de 300 mètres de la jetée Nord et de 100 mètres de la jetée Sud devaient être fondés au-dessous du niveau des plus basses mers.

Le cahier des charges de l'entreprise Zchokke et Terrier portait que les fondations seraient constituées par de grands blocs de maçonnerie de 20 mètres de longueur sur 8 mètres de largeur, séparés par des intervalles de 2 mètres et arrasés à la côte de 1m,50. Au-dessus de cette série de blocs, s'élevait le corps de la jetée, qui franchissait, par de petites voûtes surbaissées de 3 mètres de portée, les vides régnant entre les blocs. La cote d'implantation des blocs était variable suivant la profondeur du fond.

Les entrepreneurs proposèrent pour l'établissement des blocs de fondation, des caissons mobiles susceptibles d'être à volonté échoués ou mis à flot, et qui, fonctionnant comme de vrais cloches à air (*fig.* 432 à 436), serviraient successivement pour la construction de tous les blocs, sans aucune interposition de métal à l'intérieur des maçonneries.

On voulait primitivement se servir de ces cloches pour effectuer les déblais de l'avant-port, mais on reconnut que l'on avait avantage à faire ces déblais à sec, en construisant un batardeau. Il fallut alors fermer les intervalles de 2 mètres qui régnaient entre les grands blocs ; les jonctions furent exécutées au moyen de l'air comprimé, à l'aide de panneaux métalliques appliqués à l'extrémité de chaque partie et constituant, avec la voûte en maçonnerie percée d'une cheminée, un véritable caisson.

On employa pour tout le travail des jetées deux caissons mobiles. Ils avaient 22 mètres de longueur, 10 mètres de largeur et la chambre de travail 1m,80 de hauteur. Cette dernière était surmontée d'une chambre d'équilibre de 2 mètres de hauteur qui communiquait avec l'extérieur.

Au pourtour de la chambre de travail se trouvaient 24 vérins dont les écrous étaient invariablement fixés au plafond de cette chambre.

Le caisson avait un lest fixe constitué par une couche de 0m,30 de maçonnerie établi dans la chambre d'équilibre sur le plafond de la chambre de travail et un prisme en maçonnerie construit aux coins de ladite chambre, entre les contrefiches.

Ainsi disposé, et pesant 406 tonnes, il flottait avec un tirant d'eau de 3m,40. Des treuils placés sur la plate-forme supérieure et agissant sur des chaînes, frappées sur des bouées, permettaient de le déplacer.

On profitait d'un temps calme pour la manœuvre, et, au moment d'une vive-eau, pour des motifs que nous expliquerons tout à l'heure.

Le caisson flottant, amené exactement dans sa position, échouait ou flottait encore à marée basse. Dans ce dernier cas, on ouvrait les clapets qui mettaient en communication la chambre de travail avec la chambre d'équilibre et l'eau s'introduisant dans cette chambre, le caisson échouait. On chargeait alors son pont d'un lest mobile en fonte de 230 tonnes, on scellait sur le bloc, précédemment construit, des fermes légères en fer, pour prolonger la passerelle de service établie sur la jetée, jusqu'à la nouvelle position du caisson, puis on rétablissait les conduits d'air, on fermait les clapets et on comprimait. Cette opération demandait deux ou trois marées.

Partout le fond était rocheux; mais il y avait à la surface une petite couche de vase ou de pierrailles, et de plus, les premiers bancs étaient toujours plus ou moins fissurés et disloqués ; il fallait, avant d'asseoir la maçonnerie, pratiquer un déblaiement qui atteignait en général 0m,80 à 1 mètre de profondeur. Cette opération se conduisait comme avec tous les caissons à air comprimé et ne présentait rien de particulier. On commençait ensuite les maçonneries, en moellons bruts hourdés avec du mortier de ciment de Portland, au dosage de 500 kilogrammes par mètre cube de sable.

Une première couche de maçonnerie de 0m,80 d'épaisseur étant construite, on y faisait reposer les patins en fonte des

24 vérins, puis on soulevait l'appareil en agissant simultanément sur tous les vérins; le soulèvement était en général de 0m,40 à 0m,50; on assurait alors la position du caisson avec quelques calages en bois ou de petits massifs isolés de maçonnerie, montant jusqu'au plafond; on soulevait ensuite, de proche en proche, les patins des vérins d'une hauteur égale au soulèvement du caisson; on établissait de la maçonnerie au-dessous d'eux, et, on les faisait reposer de nouveau; la couche de maçonnerie était ensuite complétée sur toute l'étendue du bloc, et on pouvait opérer un soulèvement nouveau du caisson. Et ainsi de suite, on procédait par couches de maçonnerie de 0m,40 à 0m,50 d'épaisseur.

Pendant toutes ces opérations, la chambre d'équilibre était en communication avec l'extérieur, à l'aide du conduit coudé passant par la chambre du travail, et dont, dès la première descente du caisson, on avait ouvert la vanne; le trou d'homme du pont du caisson restait également ouvert. Selon l'état de la marée et la position du caisson, le poids de l'appareil, déduction faite du déplacement, variait entre 636 tonnes et 110 tonnes; le premier chiffre correspondait au cas où, un bloc étant terminé ou près de l'être, le caisson était tout entier hors de l'eau, à basse mer; 636 tonnes est, en effet, le poids du caisson et de son lest mobile; le dernier chiffre s'applique au cas où le caisson et ses cheminées étaient entièrement immergés. On choisissait naturellement, pour effectuer le soulèvement du caisson, les moments de pleine mer, afin de diminuer l'effort à exercer sur les vérins.

La maçonnerie des blocs s'exécutait à l'air comprimé jusqu'à la cote 1m,50. Quand on en était là, on quittait la chambre de travail en fermant à basse mer, c'est-à-dire à un moment où la chambre d'équilibre était vide, la vanne du conduit coudé; la chambre d'équilibre reposait ainsi à l'état de flotteur; on enlevait le lest mobile, on rompait toutes les communications du caisson avec la passerelle d'accès, et, à la mer montante, on laissait la chambre de travail se remplir d'eau. Quand le niveau de la marée était tel que le caisson se trouvait immergé de 3m,40, son déplacement devenait égal à son poids propre, et il se soulevait; à la pleine mer, il fallait que le niveau de l'eau fût tel que le tranchant du caisson pût passer au-dessus du bloc avec un jeu suffisant. Or, le caisson reposant par les patins de ses vérins (lesquels étaient à bloc près des écrous, pour que, aux premiers moments du soulèvement, les talonnages ne pussent briser les vis) sur une maçonnerie arasée à cote 1m,50, le tranchant du caisson descendait à la cote 0m,70; pour que ce tranchant pût passer avec un jeu suffisant (eu égard à la petite houle qui règne presque toujours) au-dessus du bloc, il devait monter jusqu'à la cote 2 mètres au moins. Le caisson calant 3m,40, la mer devait donc se trouver à la cote 5m,40, ce qui est une cote de vive-eau. C'est pour cette raison, et aussi pour pouvoir à basse mer, accéder sur le dessus du bloc terminé pour le scellement de la passerelle, que les déplacements des caissons s'opéraient toujours au moment des vives-eaux.

Le caisson étant déplacé, on le coulait à la basse mer suivante, comme il a été dit plus haut, et les mêmes opérations se reproduisaient dans le même ordre, pour le bloc suivant.

Les blocs étaient ensuite, à l'air libre, arasés à la cote 2 mètres, niveau à partir duquel commençait le corps de la jetée.

Les blocs se trouvent ainsi fondés à des niveaux variables au-dessus du fond de l'avant-port (cote 5 mètres); par suite de la création du batardeau du large et de la constitution d'une enceinte épuisée, on put, à l'air libre, revêtir de maçonnerie la paroi de la fouille au pied des blocs; la conservation du terrain de fondation des jetées fut ainsi complètement assurée.

Voici comment on a résolu le problème de la jonction des blocs. L'enceinte, à sec, est complètement étanche et l'eau qui y arrive, en peu d'abondance du reste, provient exclusivement des sources du sous-sol.

Le procédé consista à constituer un caisson mixte à l'aide de la propre voûte de la jetée continuée à ses extrémités jusqu'à l'aplomb du parement longitudinal des blocs, et de panneaux métalliques appliqués à chaque extrémité des portées et reliés l'un à l'autre, à l'intérieur, par des tirants munis de tendeurs. La voûte était percée et surmontée d'une cheminée et d'un sas à air placé au niveau de la passerelle de service à 2 mètres au-dessus des plus hautes mers.

La clef de la voûte étant à la cote $2^m,50$, on construisait la maçonnerie de la jetée, au-dessus des portées, jusqu'à la cote 5 mètres environ. Au niveau, on plaçait transversalement à la jetée, deux fortes poutres s'avançant de part et d'autre au-delà des côtés de la voûte, et portant à leurs extrémités des treuils pour servir à la mise en place des panneaux métalliques.

Ces panneaux, préparés à l'avance et amenés à pied d'œuvre sur des chalands, se composaient d'éléments horizontaux de $0^m,40$ à $0^m,60$ de hauteur, boulonnés les uns avec les autres par l'intermédiaire de bandes de caoutchouc. On mettait un nombre plus ou moins grand d'éléments selon la hauteur du pertuis que l'on avait à former; l'élément du haut avait une forme polygonale pour embrasser la tête de la voûte.

Les panneaux ainsi montés constituaient une forte cloison de $3^m,20$ de largeur renforcée par des nervures intérieures et présentant tout au pourtour une surface d'appui pour s'appliquer contre la maçonnerie; en même temps, la multiplicité des joints et l'introduction dans chacun d'eux d'une bande de caoutchouc donnaient à l'ensemble une certaine flexibilité et facilitaient l'application contre les parements, quelquefois un peu irréguliers des blocs.

Ces panneaux étaient descendus à l'aide des treuils, devant les têtes du pertuis, au moment d'une basse mer de vive-eau; aussitôt, on descendait par la cheminée un certain nombre de tirants, formés d'une barre de fer rond, articulés et munis chacun d'un tendeur; on en fixait les extrémités aux nervures des éléments vers le haut des panneaux, au-dessus du niveau de l'eau; le serrage fait, on graissait avec de l'argile le joint des panneaux et le joint d'appui contre les maçonneries, puis on commençait à comprimer peu à peu et, à mesure que le plan d'eau s'abaissait, on plaçait de nouveaux tirants et on graissait les joints mis à découvert. On arrivait ainsi jusqu'au bas des panneaux; là, on rencontrait, avant le fond naturel, un amas de pierrailles et de débris provenant des déchets de la construction des blocs; on soudait, à ces débris, le bas des panneaux à l'aide des sacs de ciment, et on commençait à déblayer, en soutenant les débris restés sous les panneaux et à l'extérieur à l'aide de petites murettes en maçonnerie au ciment prompt, que l'imperméabilité relative de cet amas marneux permettait de construire. Ces murettes, qui formaient comme un prolongement des panneaux, permettaient d'atteindre le niveau de la fondation des blocs et on commençait alors la maçonnerie. Au fur et à mesure de son élévation, les tirants qu'on rencontrait étaient remplacés par de courtes tiges de fer, recourbées et engagées dans la maçonnerie et reliées aux nervures des panneaux par une goupille engagée à force *par en-dessous*, de manière à pouvoir être plus tard repoussée *par en-dessus* pour dégager le panneau.

Quand on était arrivé à la cote 1 mètre on s'arrêtait; toutes les goupilles étaient repoussées à l'aide de barres, les tirants du haut étaient démontés, et les panneaux devenus libres pouvaient être repris pour une nouvelle opération.

Le reste de la maçonnerie sous la voûte était achevé à l'air libre, à basse mer.

Les maçonneries, ainsi faites, constituaient une jonction parfaite puisqu'on avait en regard les parements des maçonneries à relier, qu'on pouvait gratter et repiquer à vif; le travail dans les caissons plus élevés, était des plus faciles, et en fait, comme on l'a dit plus haut, les jonctions ont été absolument étanches.

Ainsi, les fondations des jetées sont constituées par un massif continu de maçonneries absolument pleines, et à parements verticaux, ce qui permet aux navires de ranger de très près les jetées, et même de les accoster.

La construction des grands blocs, commencée en mai 1884 a été terminée en juin 1888, avec quelques interruptions. Pendant ce laps de temps, les deux caissons ont servi à construire vingt-quatre blocs (*fig.* 438, 439 et 440) dont quinze pour la jetée Sud, cinq pour la jetée Nord et quatre pour le bâtardeau du large; le quinzième bloc de la jetée Sud est un bloc accolé longitudinalement au quatorzième, pour former la fondation du musoir; à la jetée Nord, l'élargissement du musoir a été obtenu par une fondation à l'air libre, faite à l'intérieur de l'enceinte épuisée.

La cote d'implantation de ces vingt-quatre blocs a varié de — 0,76 pour le premier bloc de la jetée Sud, à — 1m,35 pour les deux derniers et leur hauteur jusqu'à la cote 5m,50, de 2m,21 à 6m,85.

Le cube total de la maçonnerie de ces blocs est de 18 000 mètres; elle a été payée 70f,49 le mètre cube aux entrepreneurs. Le ciment était fourni par l'Administration, ainsi que les moellons qui provenaient des fouilles.

Les travaux de jonction des blocs ont commencé en novembre 1886 et ont été terminés en mars 1888.

Le procédé que nous avons décrit a été appliqué à seize parties seulement; les autres ont pu être fondées, à l'air libre, à l'aide de bâtardeaux de marée.

La hauteur des caissons mixtes, mesurée depuis la cote d'implantation des maçonneries jusqu'à la clef des voûtes, a varié de 3m,80 à 7m,35. Le cube de la maçonnerie exécutée à l'air comprimé, mesurée jusqu'à la cote de 1 mètre est de 1 135 mètres cubes et a été payée au même prix.

En résumé, la fondation des parties des jetées fondées au-dessous du niveau des plus basses mers (à l'exclusion du bâtardeau du large) a coûté 1 500 000 francs, y compris les fournitures de ciment de Portland, les frais de surveillance, avaries, etc. Dans ce chiffre sont compris les dépenses de la fondation des musoirs, mais non celles du revêtement de la paroi des fouilles, au pied des blocs.

Le prix de revient du mètre courant de fondation est de 2 650 francs à la jetée Nord, 3 466 francs à la jetée Sud, et en

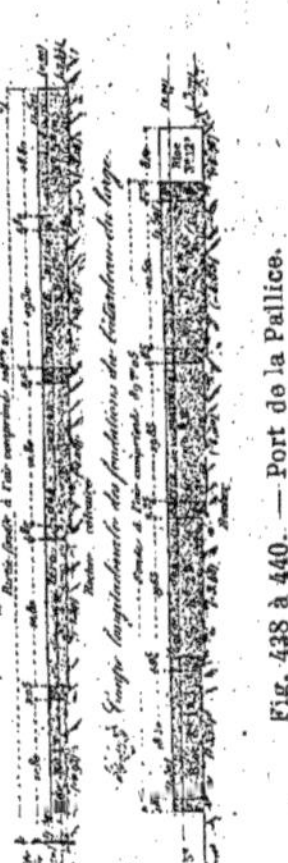

Fig. 438 à 440. — Port de la Pallice.

moyenne pour les deux jetées, 3 225 francs.

427. *Ecluses.* — Les écluses s'ouvrent dans l'avant-port, immédiatement au Nord de l'origine de la passerelle de la jetée Sud ; entre le musoir Nord de l'entrée des écluses et l'enracinement de la jetée Nord, règne un brise-lames de 300 mètres de longueur, formé d'un plan incliné à 1 de base pour $0^m,15$ de hauteur, s'étendant de la cote de 1 mètre, à la cote 8^m 56 ; au pied de ce plan incliné, se trouve une banquette de 4 mètres de largeur, à la cote de 1 mètre, reliée au fond de l'avant-port par une muraille à 1/5 de fruit.

Un bâtardeau de 7 mètres de longueur a été construit entre les deux jetées suivant la laisse des basses mers de vives-eaux ; on a aussi construit une muraille provisoire entre les piles de la passerelle ; ces batardeaux et les parties des jetées fondées sur l'estran ont formé une première enceinte d'où ont été extraits, à sec, les 900 000 mètres cubes de déblais que comportait le creusement de cette partie de l'avant-port. Le reste des déblais de l'avant-port devait, ainsi que nous l'avons déjà dit, être opéré à l'aide des caissons qui avaient servi à la confection des blocs, mais, tout compte fait, on s'est résolu, en 1886, à établir un second batardeau en maçonnerie exécuté à l'air comprimé, entre la jetée Sud et la jetée Nord. On a formé ainsi une seconde enceinte d'où 120 000 mètres cubes de déblais ont été extraits à sec.

428. *Chenal.* — Un court chenal, de 90 mètres de largeur, a été creusé à la drague pour rejoindre la ligne de fond de 5 mètres.

429. Tous les ouvrages de l'avant-port sont fondés sur le rocher. Après l'exécution du déblai, les parois des fouilles, au pied des jetées, ont été revêtues de maçonneries.

430. *Ecluses.* — Nous en avons donné les dimensions et nous renvoyons au paragraphe suivant l'étude de leur construction et de leurs portes. Nous dirons seulement qu'on devait en construire deux accolées, l'une de 22 mètres de largeur et l'autre de 14 ; on a ajourné cette seconde, en en construisant seulement les amorces, dont chacune comprend un seuil et des feuillures de bateau-porte, avec des amorces d'aqueducs dans les bajoyers.

L'examen des courbes de marée, montre qu'en morte-eau un navire calant 7 mètres peut entrer au bassin presqu'à toute heure, et qu'en vive-eau, il peut y entrer dans une période de 8 heures, environ, moitié avant, moitié après la pleine mer.

431. *Bassin à flot.* — Le bassin à flot a une surface de 11 hectares 1/2. Il est creusé à la cote 4 mètres et s'étend dans la direction de l'Ouest à l'Est. Il a, dans cette direction, une longueur totale de 700 mètres. Sur les 400 premiers mètres, il présente une largeur de 200 mètres qui permet aux plus grands navires d'évoluer, et sur les 300 derniers mètres, une largeur de 120 mètres ; son pourtour a un développement de 1 800 mètres, avec une longueur utilisable de quais de 1 600 mètres environ.

Les terre-pleins du bassin ont 200 mètres de largeur, dont la première zone de 100 mètres est nivelée actuellement.

Les fouilles étant faites en plein rocher, les murs du quai sont formés d'un simple revêtement en maçonnerie de 1 mètre d'épaisseur, présentant tous les 15 mètres une surépaisseur de 2 mètres sur 2 mètres de longueur. Toutefois, une partie du quai Ouest, qui traversait une dépression profonde, remplie de vase, a été fondée, à l'aide de caissons fixes à air comprimé.

Dans la partie Ouest du quai Sud de 400 mètres, s'ouvrent obliquement les formes de radoub dont nous avons déjà parlé ; enfin, au milieu du quai Est de 120 mètres, a été construite l'amorce d'un canal qui, en cas d'agrandissement ultérieur du port, mettrait ce premier bassin en communication avec d'autres bassins à ouvrir vers l'Est, en se rapprochant de la ville.

432. *Voies ferrées, outillage et établissements divers.* — Les terre-pleins, autour du bassin, sont sillonnés de nombreuses voies ferrées, reliées entre elles, dont l'une se prolonge jusqu'à l'extrémité du brise-lames Nord, de façon à desservir l'apontement établi sur le pied dudit brise-lames, ainsi que la salle des visites de bagages projetée à l'extrémité S.-E. de cet apontement, salle destinée aux passagers des steamers faisant un service régulier qui accosteront en cet endroit.

Une voie établie sur les boulevards de ceinture du bassin, reliée à celle des quais, permettra aux usines et industries, qui se créeront à proximité desdits boulevards, de se mettre en communication avec les voies des quais et du chemin de fer de l'Etat.

Un pont à bascule de 40 000 kilogrammes est établi à l'origine des voies desservant les quais Nord et Sud du bassin, et un autre pont à bascule de 20 000 kilogrammes existe vers le milieu de la voie arrière du quai Nord.

Outre les deux formes de radoub, les voies ferrées et les ponts à bascule dont nous venons de parler, il existe sur le quai Nord du bassin :

1° Un hangar public pour abriter les marchandises avant leur débarquement ou après leur débarquement, hangar disposé de façon à pouvoir être prolongé en longueur et doublé en largeur, au fur et à mesure des besoins du service ;

2° Des grues roulantes à vapeur, de 1 500 kilogrammes pour toutes les manutentions.

Ces deux genres d'établissement sont administrés par la Chambre de commerce de la Rochelle, qui se propose d'établir un engin fixe de forte puissance et de créer un outillage spécial pour le déchargement des céréales en grains, ainsi que pour leur manutention et magasinage dans un bâtiment servant en même temps d'entrepôt des douanes et de magasins généraux où elles pourraient être warrantées ;

3° Un entrepôt réel de douane, établi sur le petit quai Sud du bassin, administré aussi par la ville de la Rochelle.

Puis, sur le terre-plein de l'écluse et du quai Nord du bassin :

4° Les bureaux des Ingénieurs et du port ;

5° La recette des douanes ;

6° La caserne des douanes ;

7° Le bureau de l'inscription maritime ;

8° Un bâtiment où sont réunis : l'octroi, la poste, le télégraphe et le téléphone, ce dernier étant en communication avec celui de la Rochelle ;

9° Le bureau des agents de la Chambre de commerce pour le service de l'outillage et administré par elle ;

10° La gare des chemins de fer de l'Etat ;

11° Des bouches d'eau potable sur les quais du bassin, pour le ravitaillement des navires et pouvant servir de secours en cas d'incendie.

Les quais du bassin, l'écluse et les jetées de l'avant-port sont éclairés à la lumière électrique, de sorte que tous les mouvements des navires, de même que les opérations de chargement et de débarquement peuvent se faire la nuit.

Tout navire calant 7 mètres, pouvant entrer et sortir du bassin presqu'à toute heure, peut, s'il n'a qu'une faible partie de chargement à prendre ou à laisser, reprendre la mer immédiatement, sans attendre l'heure de la pleine mer, comme cela a lieu dans les ports non munis d'un sas.

Pour les navires calant plus de 7 mètres, la rade de La Pallice, à quelques centaines de mètres de l'entrée du port et sur une étendue de plus de 400 hectares, leur offre un mouillage très sûr, qui n'est pas inférieur à 10 mètres de profondeur à basse mer et où ceux-ci n'auront à attendre que quelques heures pour entrer dans le port.

Ce nouvel établissement maritime, tel qu'il est disposé et sans attendre les améliorations qui pourront être jugées utiles, est en mesure de suffire à un mouvement commercial de 800 000 tonnes et dans le cas où son trafic rendrait nécessaire son agrandissement, tout a été prévu pour la création de nouveaux bassins. En outre, une grande partie de la seconde zone des terre-pleins du bassin sur une largeur de 100 mètres, peut être concédée à la Chambre de commerce de la Rochelle pour l'installation de magasins publics ou autres établissements à l'usage du port avec faculté de location aux particuliers.

Rien n'excuse donc l'espèce d'abandon où il est laissé par nos armateurs français. En effet lorsque nous avons eu l'occasion de visiter La Pallice, il y a deux ans, une seule compagnie *anglaise* avait établi un service de transatlantique et le port ne contenait qu'un paquebot de cette Compagnie et un transport de l'Etat affecté au service des prisonniers de Saint-Martin-de-Ré à Nouméa.

Troisième bassin à flot du port de Rochefort.

433. D'après un article très substantiel publié par M. Crahay de Franchimont dans les *Annales des Ponts et Chaussée* de 1895, la ville et le port de Rochefort sont situés sur la rive droite de la Charente, à 29 kilomètres en amont de son embouchure, dans la rade profonde de l'île d'Aix.

La ville, dont la population de 33 000 habitants est principalement adonnée aux travaux de l'arsenal maritime construit par Louis XIV en 1666, ainsi qu'au commerce des blés, des charbons et des bois du Nord, repose, en partie, sur les alluvions marines quaternaires qui ont constitué l'estuaire à l'époque du bronze, et, en partie, sur un îlot calcaire de 60 hectares environ de superficie, qui appartient à l'étage cénomanien et qui émerge d'une quinzaine de mètres de hauteur au-dessus de ces alluvions.

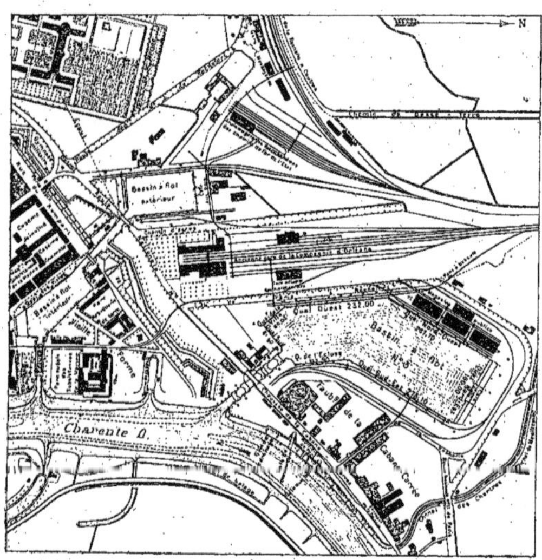

Fig. 441. — Plan général du port de commerce de Rochefort.

Ce bassin, un des derniers établi, a présenté des difficultés exceptionnelles dans sa construction. Aussi allons-nous entrer dans des détails circonstanciés sur son établissement. Nous aurons ainsi, en quelque sorte, un résumé complet de ces sortes de travaux dans les cas les plus défavorables.

Le port comprend deux établissements maritimes, savoir : l'arsenal qui occupe environ 1 800 mètres de développement sur la rive droite, et le port de commerce situé en amont, dans le coude qui domine la Charente au Nord de la ville. Ce dernier est lui-même formé de deux parties distinctes : l'ancien port ou rivière, et les bassins à flots (*fig.* 441).

Le port ou rivière, appelé aussi port de

la Cabane-Carrée, est en dehors de l'enceinte fortifiée; il offre aux navires un développement de 750 mètres de quais inclinés, munis de cales pour le déchargement des bois, d'appontements en charpente et d'escaliers; puis un mouillage d'environ 1 hectare 33 ares, dans lequel une vingtaine de voiliers de fort tonnage, tirant jusqu'à 6m,50, restent à flot, même aux basses mers extraordinaires de vive-eau.

En 1855, ces installations étant devenues insuffisantes, on commença sur le flanc Nord du coteau calcaire de la ville, la construction de deux bassins à flot, destinés à augmenter la longueur des quais disponibles et surtout à permettre d'opérer le transbordement à l'abri de la marée, dont les oscillations à Rochefort varient entre 2m,36 pour les marées de quadrature et 4m,84 pour les marées de syzygies et sont assez gênantes dans une rivière dont les berges vaseuses sont en pente très douce; leur largeur, en effet, à pleine mer ne dépasse guère 120 mètres et une partie doit rester constamment libre pour la navigation.

Ces bassins, construits sous la direction de M. Guillemain ont été livrés au commerce en 1869. Le premier d'une superficie de 1 hectare 500 environ, est bordé par les établissements de la marine militaire, ne sert guère qu'à celle-ci, et n'a pu, jusqu'à présent, à cause du niveau supérieur de ses quais, être relié par des rails avec la gare des marchandises du chemin de fer de l'Etat. Il n'est en quelque sorte que l'avant-port de la ville; relié aux voies ferrées de la région, il est utilisé exclusivement pour le commerce. Le mouvement du port, qui était en 1855 de 130 000 tonnes (batellerie fluviale comprise), atteignit en 1878, 300 000 tonnes et révéla l'insuffisance des installations existantes. Celles-ci n'étaient plus, du reste, conformes aux besoins de la navigation à vapeur qui s'était presque complètement substituée, dans l'intervalle, à la navigation à voiles. En effet, l'écluse à sas, dont la longueur utile n'est que de 63m,50, ne permettrait plus de sasser les steamers de dimensions courantes et ne pouvait plus servir que comme écluse simple en communication à chaque marée avec une rivière limoneuse, dont les apports aux bassins atteignaient annuellement 2 mètres d'épaisseur, ce qui en rendait l'usage incommode et l'entretien onéreux; la profondeur dont on y disposait n'était que de 6m,91 en vive-eau et de 5m,34 en morte-eau, profondeur d'autant trop faible que beaucoup de navires partant d'Angleterre et allant chercher des minerais espagnols, relâchent à Rochefort pour y déposer des charbons; or, ils y arrivent presque toujours en morte-eau pour pouvoir aborder ultérieurement en vive-eau à la barre de Bilbao. Enfin le fond même des bassins nos 1 et 2 est de roche, ce qui rend un échouage éventuel dangereux pour les navires en fer.

Telles sont les raisons qui ont motivé l'établissement à Rochefort d'un troisième bassin. Sa construction déclarée d'utilité publique par la loi du 25 juillet 1880, s'est poursuivie depuis le mois de mars 1882 jusqu'au mois de mai 1890, époque de son ouverture à l'exploitation.

Cette construction a donné lieu à certaines difficultés d'exécution et fourni un champ étendu d'observations et d'études. Elle a suscité quelques applications nouvelles, 1° de l'emploi de l'air comprimé, pour l'exécution des fondations, et, 2° de l'eau sous pression pour les manœuvres des appareils de l'écluse; elle a permis enfin, de relever de nombreux prix de revient. Nous allons en présenter un extrait.

Dans toutes les descriptions qui vont suivre, les cotes du nivellement sont repérées au zéro du nivellement général de la France. Voici quelles sont, rapportées à ce zéro, les cotes principales de la marée de Rochefort.

Plus hautes mers observées.	+ 4m,22
Hautes mers des marées d'équinoxe	+ 3 ,81
Hautes mers des marées ordinaires.	+ 3 ,32
Hautes mers de morte-eau ordinaire.	+ 1 ,75
Basses mers moyennes. . . .	— 0 ,61
Basses mers de vives-eaux ordinaires	— 1 ,52

Basses mers de vives-eaux d'équinoxe . . . . — 1 ,92

Plus basse mer observée. . . — 2 ,08

Le nouveau bassin, ainsi qu'on le voit sur la figure 441, est situé sur la rive droite de la Charente, à l'O. du port de la Cabane-Carrée, dans l'angle formé par ce faubourg, et par la gare des marchandises du chemin de fer de l'État, et contigu aux magasins de la Cabane-Carrée. Les quais sont desservis par une ceinture de voies ferrées, avec rayon minimum de 120 mètres, ce qui explique la forme d'un rectangle accolé par un de ses petits côtés, à un pentagone irrégulier ; il présente une superficie d'eau de 6 hect. 500 environ, avec 1 017^{m},52 de développement de quais verticaux et 160 mètres de perrés laissant, au fond du bassin, toute latitude à l'extension future des ouvrages, lorsque celle-ci deviendra nécessaire.

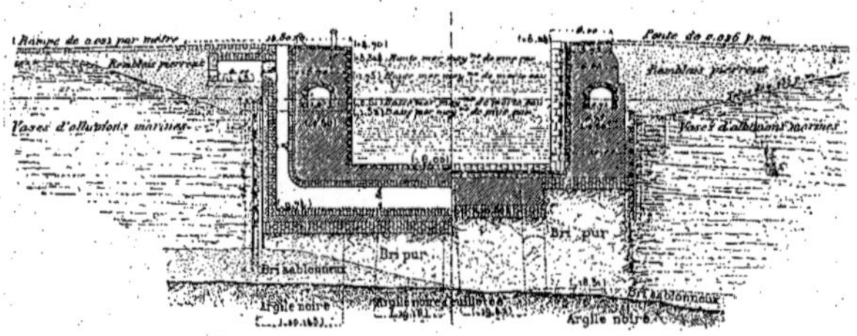

Fig. 442. — 3e Bassin à flot de Rochefort. — Coupe a' b' c' d' (voir fig. 451).

Coupe suivant e'f'g'h' du plan général

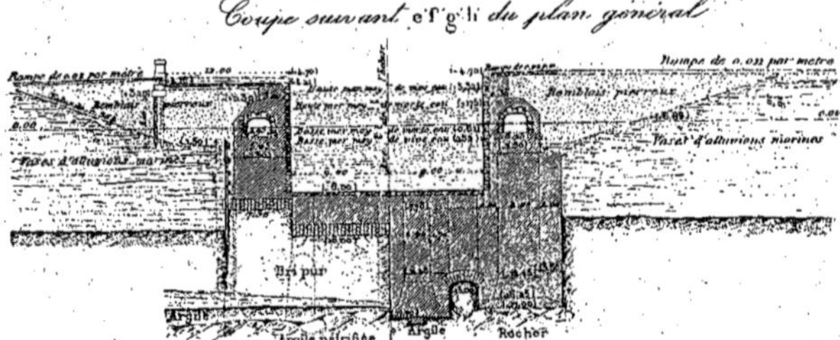

Fig. 443. — 3e Bassin à flot de Rochefort.

Les longueurs des quais verticaux et les largeurs des terre-pleins respectifs sont les suivantes, savoir :

	LONGUEUR	LARGEUR DES TERRE-PLEINS Y COMPRIS LES FOSSÉS DES ROUTES.
Quai Sud	71^{m},77	40 mètres.
Quai de la ville	60 ,05	64 »
Quai Ouest	232 ,00	34 »
Quai Nord-Ouest	267 ,70	98 »
Quai Sud-Est	273 ,40	54 »
Quai de l'écluse	112 ,90	46 »

Quant au quai Nord-Est, de 160 mètres de longueur, il est constitué par un simple perré en pierres sèches, présentant en son milieu une cale en charpente de 50 mètres de largeur, destinée aux manutentions des bois du Nord, qui forment un des éléments principaux du trafic du port.

Le bassin est relié à la rivière par une écluse à sas de 163^{m},20 de longueur, ce qui assure dans tous les cas possibles :

d'une part, l'entrée des navires les plus longs (100 mètres) que puisse recevoir couramment le lit étroit et sinueux de la Charente, d'autre part, l'indépendance réciproque des niveaux de l'eau dans la rivière et dans le bassin. Vers le milieu de l'écluse, a été ménagé l'emplacement d'une cinquième paire de porte (èbe), pour le sassement éventuel des navires de petites et moyennes dimensions (*fig.* 442 à 446). L'axe de cette écluse est incliné de 40 degrés environ sur celui de la rivière, ce qui est particulièrement avantageux, étant données les consignes du port militaire, qui ne permettent aux entrées de se faire qu'au jusant, de telle sorte que les navires pénètrent dans l'écluse avec l'aire acquise et par un simple coup de barre, malgré l'étroitesse

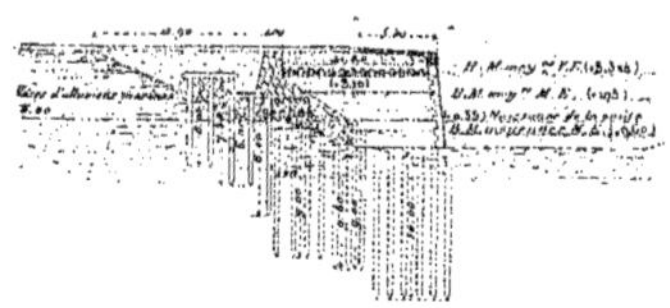

Fig. 444. — 3e Bassin à flot de Rochefort. Coupe *k' l'* (voir fig. 451).

de la rivière qui n'a, à haute mer, que 120 mètres en ce point.

Le niveau des buscs, situés à 6 mètres sous le zéro du nivellement général de la France, c'est-à-dire à 4 mètres, en nombre rond, au-dessous des plus basses mers observées à Rochefort, est à 1 mètre en contre-bas du plafond du bassin, afin de réserver le cas probable de l'approfondissement de l'embouchure de la Charente.

Les navires de commerce qui franchissent l'écluse y trouvent ainsi, sur les buscs, en vive-eau moyenne, 9m,32, et en morte-eau 7m,75 de profondeur; à la plus faible pleine mer, ils n'y trouvent pas moins de 7m,13, chiffres qui assurent pour longtemps, et dans les conditions les plus larges, les besoins du commerce maritime du pays.

L'écluse est franchie au droit de la porte èbe aval, par un pont tournant de 18 mètres de portée franche, qui établit la continuité de la circulation sur la route du port de la Cabane-Carrée. Cette circulation est assez active et n'atteint pas moins de 1,500 colliers certains jours de la semaine. Lorsque le pont est ouvert, elle se trouve encore asssurée par une large voie de ceinture contournant le bassin et reliant entre elles la route nationale numéro 11, les chemins vicinaux de cette région et la route de la Cabane-Carrée elle-même.

Le chenal d'accès au fleuve a 100 mètres environ de longueur; les rives sont bordées par deux cours de musoirs.

Les quais du bassin sont en outre réunis, ainsi que nous l'avons déjà dit, aux gares et au port en rivière par un système complet de voies ferrées, dont une, réser-

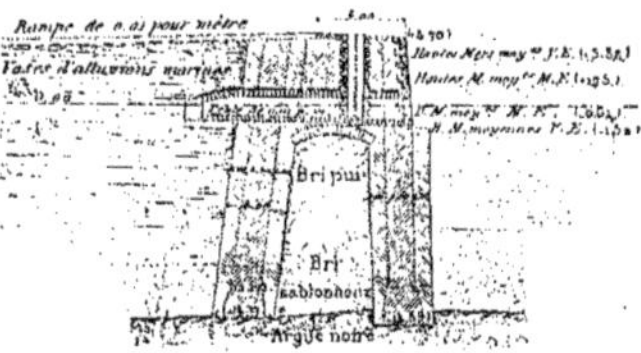

Fig. 445. — 3e Bassin à flot de Rochefort. Coupe *i' j'* (voir fig. 451).

vée aux grues, est posée près du couronnement et encastrée dans le pavage; les autres voies sont parcourues par des locomotives effectuant leurs manœuvres au moyen d'aiguilles et de plaques tournantes avec des courbes de petit rayon (100m). Ils sont desservis sur leur pourtour par une canalisation de 0m,068 de diamètre distribuant l'eau potable aux navires, et fournissant, en cas d'incendie, une pression moyenne, immédiatement disponible, de 2 kilogrammes par centimètre carré. Ils sont enfin éclairés par des becs de gaz espacés de 40 mètres en moyenne autour du bassin de l'écluse. Aux quatre angles de celle-ci, et, au droit du pont tournant, sont disposés des becs intensifs pouvant, au moment des manœuvres de nuit, donner chacun un débit de 700 litres à l'heure, c'est-à-dire une puissance d'éclairage quintuple de celui des becs ordinaires.

434. *Maçonneries.* — Le bassin est

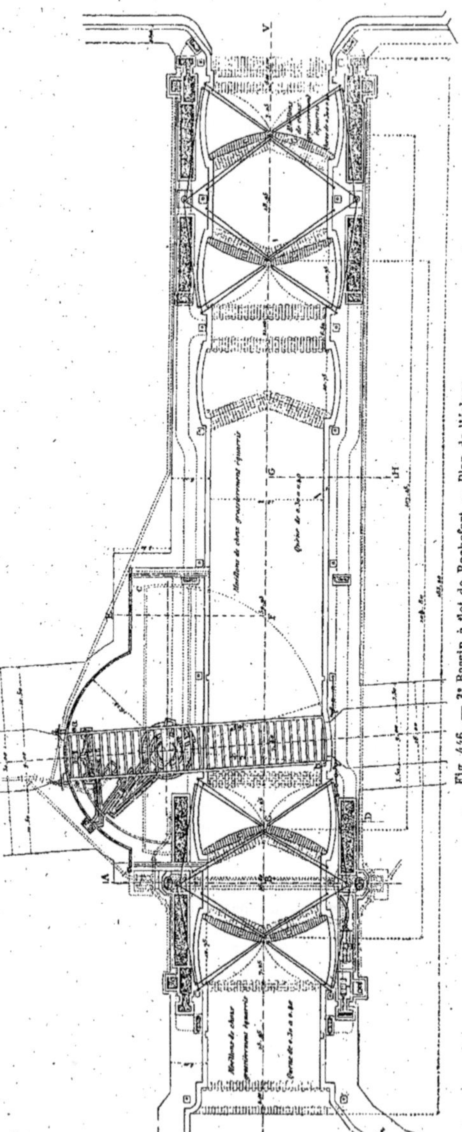

Fig. 446. — 3e Bassin à flot de Rochefort. — Plan de l'écluse.

construit dans l'emplacement d'une prairie marécageuse formée par des alluvions marines appelées *bri* dans la contrée, de nature essentiellement compressible et inconsistante, ne pouvant supporter sans fléchir une pression notablement supérieure à $0^{k},500$ par centimètre carré et par suite impropre à servir de fondation; son épaisseur varie entre 14 et 29 mètres au-dessus du sol naturel.

Le système de construction adopté pour les murs de quai verticaux est celui de voûtes en plein cintre de $9^{m},20$ d'ouverture, reposant sur des piles de 8 mètres d'épaisseur dans le sens perpendiculaire au couronnement du quai, et de 5 mètres de largeur dans le sens parallèle. Quelques-unes, formant culées, ont une plus grande épaisseur.

Le mode de fondation employé pour les piles est celui des puits coulés par havage, tels qu'ils ont été employés aux bassins à flot de Saint-Nazaire, de Bordeaux et du Havre.

On a rencontré à la cote de — 19 mètres environ une nappe aquifère abondante qu'il a fallu traverser pour atteindre le solide (sable fin de la plage primitive) qui se trouvait parfois aux cotes de — 25 et de — 26 mètres.

Quatre-vingt-neuf puits ont été foncés dans toute l'étendue du bassin : quarante-cinq à l'air libre, et quarante-quatre, commencés à l'air libre, ont été terminés à l'air comprimé.

Voici comment s'opérait ce travail :

Le sol naturel étant à la cote moyenne de $3^{m},60$, on y pratiquait une fouille longitudinale dont les talus étaient inclinés à $2^{m},50$ de base pour 1 mètre de hauteur et dont le plafond, établi à la cote $0^{m},00$, avait $13^{m},75$ de largeur. C'est au fond de cette fouille que furent alignés les puits à construire dont les premières assises sont élevées sur le terrain argileux lui-même, jusqu'à 3 mètres environ de hauteur.

La maçonnerie est en moellons bruts avec mortier de ciment de Portland, au dosage de 430 kilogrammes de ciment pour 1 mètre cube de sable; lorsqu'elle a été abandonnée pendant une quinzaine de jour à l'air libre et qu'on est assuré de la consistance parfaite des mortiers on procède à l'opération des havages.

L'outillage comporte les appareils suivants :

1° Un générateur fournissant la vapeur à la fois : 1° à un treuil pour la montée et la descente des bennes à déblai, et, 2° à un ou plusieurs pulsomètres pour l'extraction des eaux de filtration à l'intérieur des puits ;

2° Une charpente mobile reposant par l'intermédiaire de quatre fortes vis calantes sur le puits et entraînées dans son mouvement. Elle porte savoir :

1° A sa partie supérieure, la poulie de manœuvre et une couverture en tôle ondulée pour abriter les terrassiers travaillant dans les puits ;

2° A sa partie médiane, un plancher supportant le treuil à vapeur et un chariot mobile qui découvre à volonté un panneau central pour le passage de la benne vide ou pleine. Lorsque le chariot recouvre le panneau, la benne pleine est au sommet de sa course et se déverse dans un wagonnet Decauville, qui prend place sur ce chariot. Le plancher est relié à la terre d'un côté par une longue poutre soutenant le tuyautage de la vapeur, de l'autre par une passerelle légère pour l'évacuation, sur les terre-pleins voisins, des déblais sortant du wagonnet ;

3° Enfin, à sa partie inférieure, une deuxième couverture, également en tôle ondulée, pour garantir contre la pluie et les eaux de condensation du treuil à vapeur, les maçons et le système des moises inférieures et des quatre vis calantes. Le mouvement de celles-ci, combiné avec un calage alternatif des moises sur les maçonneries du puits, permet de relever la charpente entière lorsqu'elle s'abaisse avec le puits et de lui conserver, par rapport aux points fixes de la rive, un niveau sensiblement constant.

Le générateur suffisait en général pour actionner un groupe de trois puits.

Le chantier des havages comprenait trois de ces chaudières ; il y avait généralement neuf puits en descente.

En avant du chantier, d'autres puits en séchage, établis comme les premiers sur l'argile à la cote $0^m,00$ attendaient qu'un groupe fut terminé et qu'une chaudière devint disponible. Les charpentes étaient alors démontées et remontées sur ces nouveaux puits, tandis qu'une bétonnière était installée à l'orifice supérieur des puits terminés, dont le remplissage se faisait ensuite sans interruption.

Le principal avantage du système était l'absence d'organes mécaniques de précision entre les puits et la terre; il n'y avait rien autre que les tuyaux de vapeur actionnant les divers engins de traction

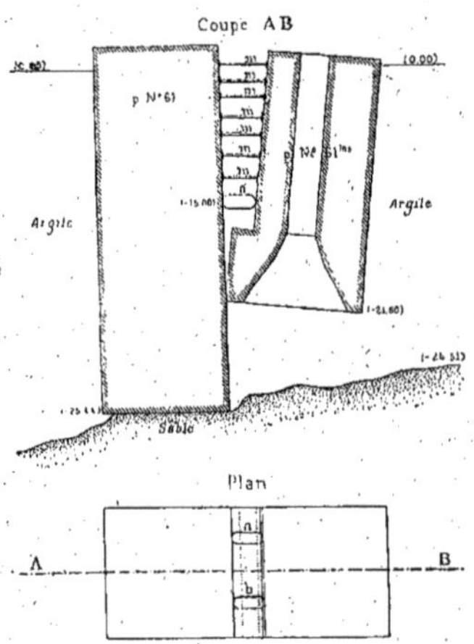

Fig. 447 et 448. — 3e Bassin à flot de Rochefort. Piles 61 et 61 *bis*.

ou d'épuisement placés sur les puits. Dans ces conditions une descente subite du puits produisait tout au plus une rupture de joints très rapidement réparée avec une ligature à brides.

Quelles que fussent les précautions prises pour obtenir jusqu'au solide la descente régulière des puits, ceux-ci ne se comportaient pas tous de la même manière. Tantôt les vases molles, tantôt les eaux souterraines y faisaient irruption par le fond et y interrompaient la descente. L'un d'eux, le puits postérieur numéro 61 *bis*, a été d'une conduite particulièrement laborieuse (*fig.* 447 et 448).

Lorsqu'on termina le fonçage à l'air comprimé du puits antérieur numéro 61, on s'aperçut que la descente de celui-ci entraînait celle du puits voisin, dont le fonçage à l'air libre n'avait pu être effectué que jusqu'à la cote — $21^m,50$ et qui avait été abandonné dans cette position.

On avait adopté précédemment pour les puits difficiles la solution suivante :

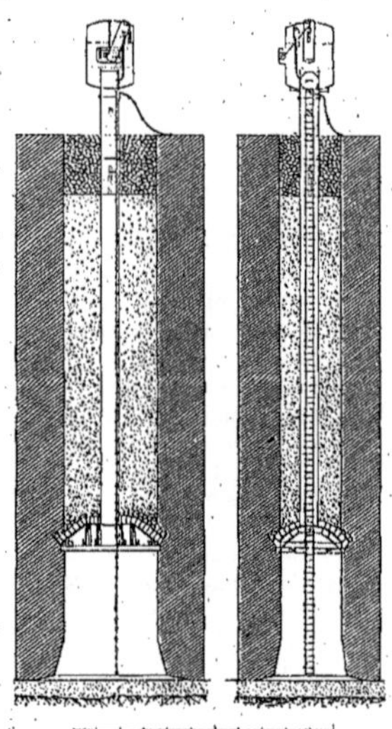

Fig. 449 et 450. — 3e Bassin à flot de Rochefort. Pile de fondation avec caisson de fonçage en maçonnerie

On ménageait à 5 mètres au-dessus de la base de tous les puits à foncer une cavité sur le pourtour de leur parement intérieur. Cette cavité, qui ne coûtait rien, quand le fonçage était régulier jusqu'au solide, servait, dans le cas de siphonnement de vase, ou d'irruption d'eau, à recevoir le cintre et le sommier d'une voûte en maçonnerie de ciment de Portland de 1 mètre d'épaisseur. Un vide circulaire de $0^m,70$ était laissé au sommet de la voûte. On maçonnait ensuite au-dessus de cette voûte, en maintenant cet orifice de façon à former une cheminée, de sorte qu'au dessous, se trouvait une véritable chambre de travail à air comprimé. A 2m,50 au-dessus de la partie supérieure du puits, on établissait une amorce de cheminée en tôle de 1m,50 de hauteur, avec tirants et équerres (*fig.* 449 et 450); on maçonnait soigneusement tout autour et l'on boulonnait sur la bride supérieure un sas à air. Une échelle en fer démontable par partie, et dont le haut était fixé à l'amorce de la cheminée de tôle, descendait dans la chambre de travail et complétait le système. On revêtait, pour l'étanchéité, les parements intérieurs des maçonneries du caisson avec un bon enduit de ciment de Portland pur. On terminait ensuite par *lâchures* successives et par les procédés ordinaires de l'air comprimé, l'extraction des déblais, la descente et le remplissage définitif des puits. Après l'opération, on enlevait le sas à air et il ne restait, comme engagé dans la maçonnerie, que l'amorce de la cheminée en tôle d'un poids de 350 kilogrammes environ.

Revenons maintenant au puits 61 *bis*. Lorsque le puits 61 fut rendu au solide et qu'on reprit le puits 61 *bis* à l'air comprimé, la première lâchure ne produisit aucun résultat. A ce moment, la base inférieure du puits était encore à 3 mètres environ de hauteur au-dessus du fond solide, et le puits ne pouvait être abandonné dans cette position. Il n'était pas possible, d'autre part, de démolir les maçonneries inférieures en contact avec le puits voisin, en raison de la grande hauteur sur laquelle régnait ce contact. On eut alors recours à l'artifice suivant.

On commença par déblayer, entre les maçonneries des deux puits, beaucoup de débris de pierre et de bois fortement comprimés qui coinçaient énergiquement les deux massifs dans leur région supérieure; puis, l'on continua la descente en démolissant une partie du parement antérieur du puits 61 *bis* et en étrésillonnant très fortement, l'une contre l'autre, les maçonneries des deux puits. Vers la cote 15, qui correspondait aux deux tiers environ de la hauteur totale du puits postérieur, on plaça deux billots de chêne à tête arrondie, recouverte d'une tôle de 12 millimètres d'épaisseur; puis, on remblaya de nouveau l'intervalle avec de l'argile plastique, en ayant soin de retirer au fur et à mesure tous les étrésillons *m* autres que les deux billots *a* et *b* (*fig.* 447-448) qui restèrent en place. La pression exercée en arrière sur le puits postérieur suffit alors pour déterminer une rotation autour des rotules *a* et *b*. De cette manière, la base du puits 61 *bis* abandonna de 0m,10 environ le contact de la base du puits n° 61. Il n'en fallut pas davantage pour assurer le succès de la continuation du fonçage qui se poursuivit sans obstacle à partir de cet instant, et par lâchures successives, jusqu'à entier achèvement.

Il est arrivé quelquefois, dans ces différents fonçages, que l'eau envahissait les chambres de travail; on employa alors les pulsomètres qui, sous l'effet de la pression intérieure, fonctionnèrent très bien et furent alors d'un grand secours comme *procédé de fortune*.

Toutes ces piles furent réunies par des voûtes dont on plaça les naissances à la cote 3m,60; le fonçage ayant commencé dans des fouilles dont le fond était à la cote 0m,00, il fallait déblayer entre chacun d'eux pour mettre en place les sommiers et les cintres; vu l'inconsistance du sol, on fut obligé d'établir entre les puits de forts masques en charpente, qui permirent de descendre jusqu'aux naissances des voûtes et au pied des perrés en pierres sèches, qu'on établissait sur un arc en maçonnerie dont l'intrados était à la cote —5m,50 et les naissances à la cote—6m,50 (*fig.* 451). Ce travail était complété en arrière du quai par un grand mur en pierres sèches dont la base était établie à partir de la cote — 2m,50. Ce mur, stable par lui-même, ne transmettait aucune pression au quai, bien qu'il supportât la poussée du remblai pierreux surchargé d'un remblai argileux. Ledit mur, dans certains endroits et à cause du bouleversement antérieur des terrains, au lieu de reposer sur l'argile, était construit sur une plate-forme reposant sur des pilotis (*fig.* 452 et 453).

Pour empêcher que les mouvements de tassement ou d'avancement se produisant dans le quai, ne décollent le parement de

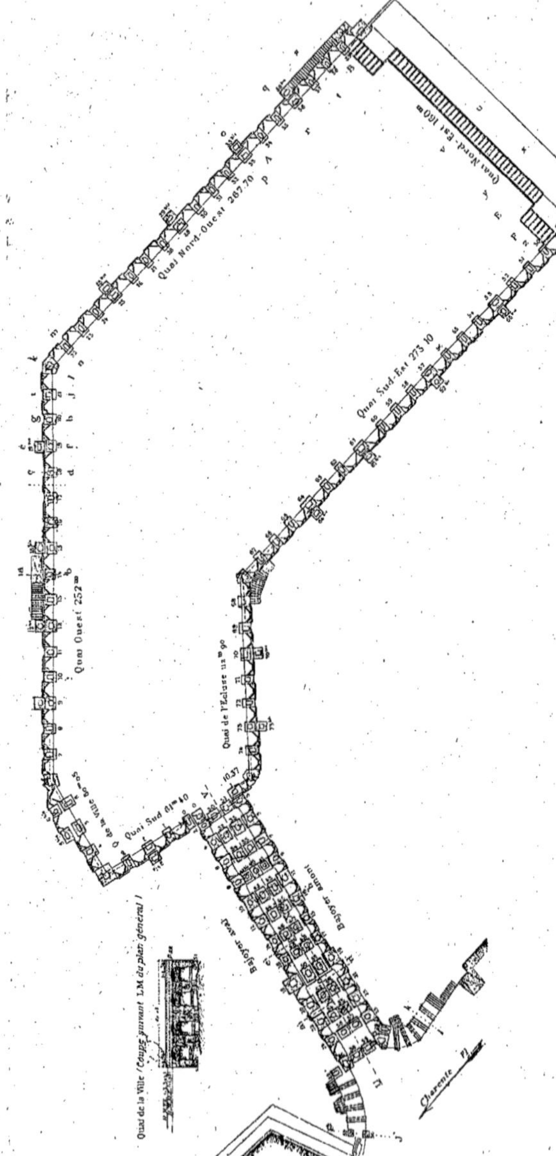

Fig. 451. — Port de Rochefort. — Plan des fondations de l'écluse et du 3e bassin à flot.

l'un ou l'autre des puits, on les relia l'un à l'autre par des ouvrages en fer, formés de vieux rails (*fig. 454*), qu'on reconrbait à leurs extrémités et qu'on noyait dans la maçonnerie.

Le reste de la construction, en élévation,

Coupe suivant ab. (Quai ouest)

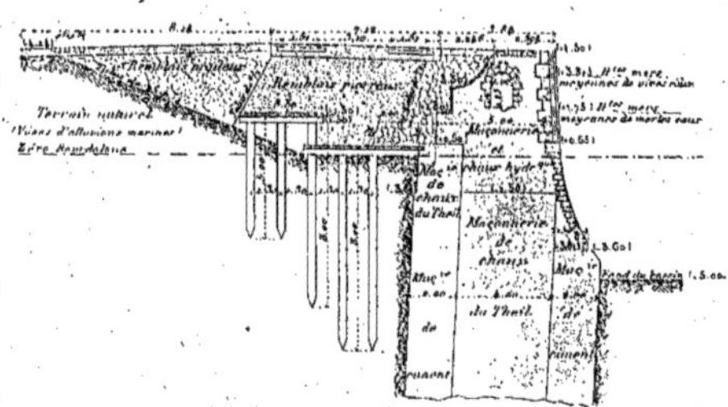

Fig. 452. — 3e Bassin à flot de Rochefort (voir fig. 451).

Coupe suivant st. (Quai nord-ouest)

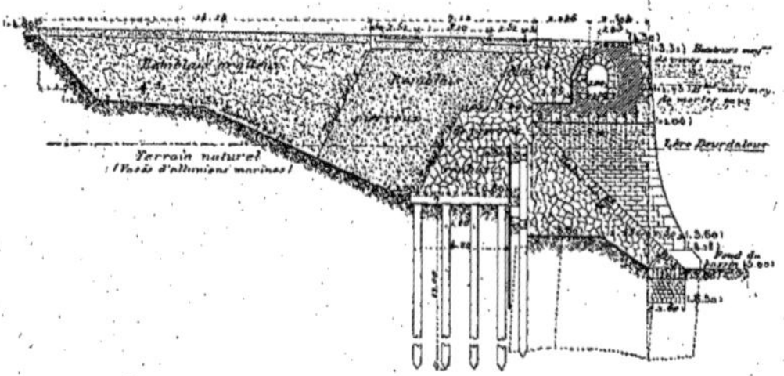

Fig. 453. — 3e Bassin à flot de Rochefort (voir fig. 451).

Coupe suivant op. (Quai nord-ouest)

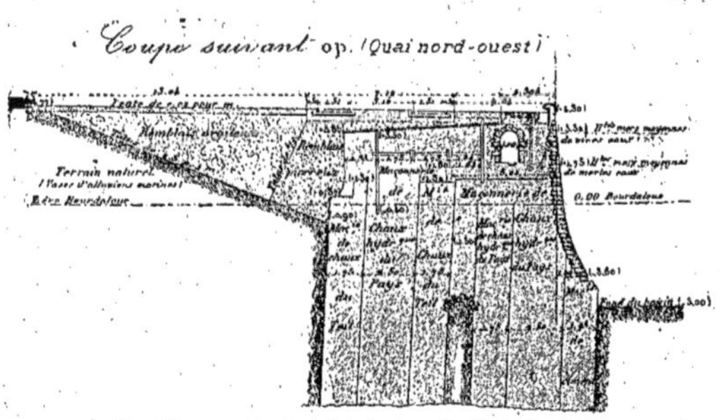

Fig. 454. — 3e Bassin à flot de Rochefort (voir fig. 451).

ne présenta aucune difficulté. Nous dirons seulement, qu'on a ménagé dans les parties supérieures de ces maçonneries un aqueduc véritable régnant sur toute la longueur des quais et destiné à recevoir éventuellement les conduits d'eau potable, d'eau motrice, etc.

La partie supérieure du quai comporte une voie de grue formée de deux rails en fonte, pesant 22 kilogrammes le mètre linéaire, à l'écartement normal de $1^m,45$, noyés dans le pavage du couronnement. On y a également placé, de 30 mètres en 30 mètres, des bollards et des échelles d'accostage.

M. Crahay de Franchimont remarque, subsidiairement, qu'il serait utile de mettre sous les bases de la maçonnerie, pour le creusement des puits par havage (qui est économique et rapide dans le cas de terrains imperméables), un rouet métallique en tôle muni d'un couteau, qui *tranche* les terrains traversés au lieu de les *écraser*.

Cet auteur recommande aussi les grands drains en pierres sèches derrière les maçonneries, pour résister, par leur stabilité propre, aux poussées postérieures des terre-pleins.

Cette construction permet d'utiliser les déchets de carrière, ce qui, étant admis, l'utilité de ce mur, abaisse le prix moyen des matériaux de toute classe que la carrière fournit.

L'enlèvement des terrains du bassin jusqu'à la profondeur voulue devra se faire par dragage et la poussée de l'eau compensera en partie l'enlèvement de ces terres; l'on n'aura plus dès lors à redouter que les *tassements généraux que l'on ne peut éviter*.

M. Crahay de Franchimont critique l'établissement de l'aqueduc général, qui, par suite des tassements dont nous venons de parler, se fissure, perd son étanchéité et dans tous les cas produit une solution de continuité défavorable dans les maçonneries. Il critique aussi la forme des bollards qui rend la suppression de l'amarrage difficile, tandis que, pour lorsqu'on emploie des bornes, il suffit, de faire sauter, par dessus celles-ci, le nœud d'amarrage.

435. Pour ne pas scinder cette étude, nous donnerons immédiatement la description de l'écluse à sas et des parties métalliques, bien que leur étude appartienne aux paragraphes suivants.

436. *Ecluse à sas.* — Cette écluse (v. *fig 446*) est fondée sur quatre rangées de puits parallèles de forme généralement carrée et de 4 à 8 mètres de côté suivant le tracé de l'ouvrage. Les puits sont réunis entre eux dans le sens longitudinal et dans le sens transversal par des voûtes en arc de cercle, dont le surbaissement varie du quart au sixième.

Le fonçage de ces puits a commencé à la cote — 1, celui des puits du radier à la cote — 5, et, comme le niveau des bas-radiers est à la cote — $6^m,50$, il a fallu déraser, après coup, les têtes des puits jusqu'à la cote — 7. Comme il eut été impossible de commencer le fonçage à cette dernière cote, sans compromettre la stabilité des puits terminés des bajoyers, on a dû, pour prévenir leur appel dans l'intérieur de l'écluse, les contreventer à leur partie supérieure, par des poutres en pitchpin de 21 mètres de longueur sur $0^m,50$ d'équarrissage.

Une fois les quatre piles de pieux battues, on procédait à leur réunion :

1° Dans le sens transversal, qui s'exécutait en deux fois jusqu'à la cote — 15, en fouille blindée, dont deux parements étaient formés par ceux des puits ;

2° Dans le sens longitudinal, par la confection de grandes voûtes, dont l'intrados reposait sur l'argile même, taillée en forme de cintre et revêtue d'un simple voligeage en planches mi-jointives, pour donner au premier rouleau de la voûte une assiette propre et régulière.

Les radiers sont plans, les buscs rectilignes avec angle au sommet de 137°,30. Les hauts et bas radiers furent raccordés entre eux par des pentes de 1 pour 1 et de 3 pour 1, afin de permettre facilement le passage des godets des dragues d'entretien.

Les bajoyers sont verticaux, raccordés à angle droit sur le radier, pour simplifier la coupe des pierres, surtout dans les environs des chardonnets. Ils contiennent les aqueducs de vidage du sas et les cages de manœuvre des appareils tournants.

Un aqueduc-siphon, à section circulaire de 2 mètres de diamètre, passe sous le radier de l'écluse entre les deux paires de porte d'aval. Il reçoit deux conduites d'eau de 0m,35 de diamètre, dont l'une est la conduite de refoulement de la canalisation de la ville de Rochefort. C'est elle qui fournit la force motrice.

137. *Musoirs en rivière.* — Les musoirs en rivières faisant suite à l'écluse, forment le revêtement des terre-pleins du côté de la Charente. Ce sont de petits murs de quai, en voûte de 5m,50 d'ouverture sur le parement extérieur, et, de 11 mètres du côté des terres. Ils reposent sur pilotis et ont leur base établie à la limite des basses mers, sauf pour la première pile du musoir d'aval. Celle-ci, la plus rapprochée de l'axe du chenal, a été descendue jusqu'à la cote — 3m,50, à l'abri du batardeau en charpente, qui, pendant la construction du bassin et de l'écluse, a séparé le chantier de la rivière. La culée d'aval est formée de deux puits carrés

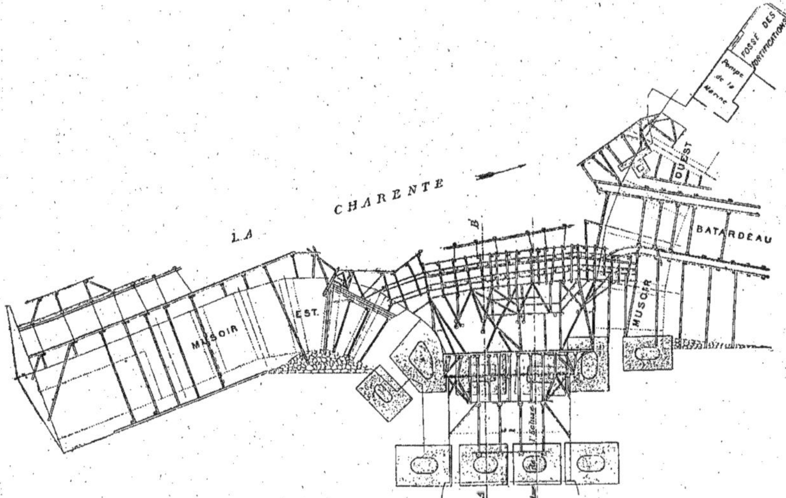

Fig. 455. — 3e Bassin à flot de Rochefort. — Batardeau. — Plan sans la passerelle.

accolés, de 4 mètres de côté, fondés par havage, pour éviter les fouilles profondes dans le voisinage d'un bâtiment situé à proximité.

En aval, le terrain solide était à une profondeur assez faible pour que l'on ait pu enfoncer tous les pilotis à refus. En amont, au contraire, on dût se contenter d'un pilotis flottant, pouvant supporter 1,000 kilos par mètre carré.

Les remblais ont été soutenus au moyen de plates-formes en charpente sur pilotis flottants. On les a constitué de murettes en pierres sèches et de débris de carrière, ce qui a fait que les musoirs et le sol argileux ne supportent aucune pression directe.

Le revêtement de ces musoirs est vertical, ce qui facilite les manœuvres des navires et l'accostage des gabares.

138. *Quai Nord-Est.* — Le fond du bassin est terminé par un quai provisoire, formé d'un perré en pierres sèches, incliné à 2 de base pour 1 de hauteur, dont le pied repose à la cote 0m,50 sur une pile de pieux et palplanches moisés à leur tête et reliés en arrière à des pieux de retenue. Au-delà, règne un talus de vase, réglé à 3 pour 1, qui rejoint le fond du bassin. On a essayé de descendre ce talus, à sec, jusqu'à la cote — 2,50, mais des mouvements de terrains se sont produits et on a dû abandonner ce travail.

Le centre du quai est occupé par une cale en charpente de 50 mètres de longueur, pour le déchargement et le halage à terre des bois du Nord.

On a perrayé ce quai sur une longueur de 20 mètres à partir de chacun des quais latéraux, afin de faciliter l'accostage des navires.

En réalité ce quai n'est qu'un revêtement, qui ne compromet en rien l'avenir,

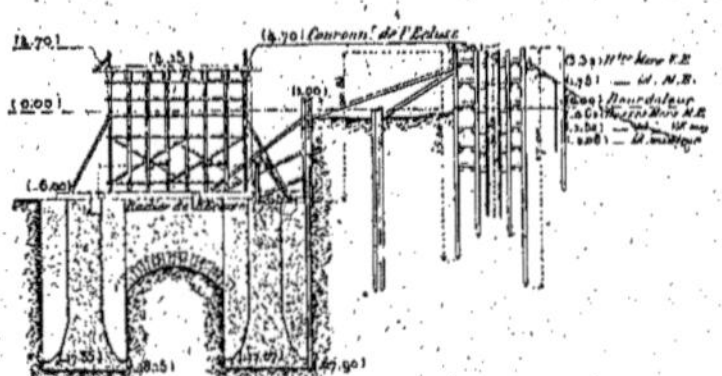

Fig. 456. — 3e Bassin à flot de Rochefort. Batardeau.

dans le cas d'agrandissement nécessaire du port.

439. *Epuisements.* — L'argile de Rochefort étant parfaitement pure est d'une étanchéité rigoureuse. On n'a donc eu à expulser que les eaux pluviales, les eaux d'infiltration de la rivière à travers les batardeaux et les eaux provenant des pulsomètres. On amena toutes ces eaux dans un puisard formé par la cavité inférieure, non remplie jusqu'à 7 mètres, c'est-à-dire 2 mètres au-dessus du fond du bassin, du puits antérieur n° 2 du quai Sud. L'eau y pénétrait par une rigole d'amenée. On installa sur ce puits et sur son contrefort deux locomobiles d'environ 20 chevaux, actionnant des pompes centrifuges débitant l'une 90 mètres cubes, l'autre 300 mètres cubes à l'heure. Les eaux étaient refoulées dans un vieil aqueduc débouchant en mer à la cote 0m,00, aqueduc que l'on vidait à mer basse. Pour éviter l'accumulement des vases dans le puisard on y adapta un agitateur qui les maintenait en suspension.

440. *Batardeaux.* — L'écluse était construite sur l'emplacement d'un ancien chenal de navigation (canal de Mouillepieds) qu'il a fallu isoler de la rivière. Le batardeau que l'on construisit à cet effet devait supporter, pendant les vives eaux, une hauteur d'eau de 10m,50. Il fut construit en plusieurs fois.

On a commencé (*fig.* 455, 456 et 457) par établir un coffrage de 1 mètre de largeur, entre deux files de palplanches bouvetées de jointives, appuyées et contreventées sur quatres files de pieux de 13 à 17 mètres de longueur et de 8 à 14 mètres de fiche.

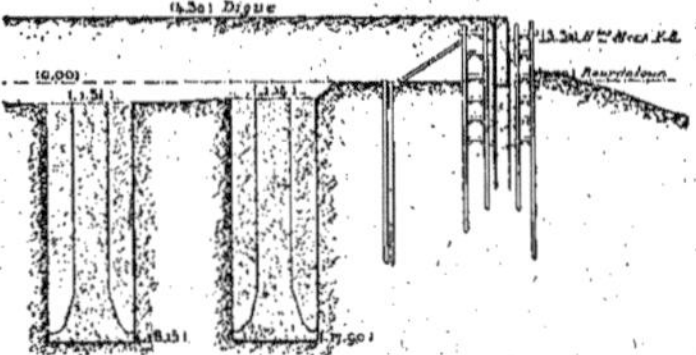

Fig. 457. — 3e Bassin à flot de Rochefort.

On a rempli ce coffrage d'argile bien pilonnée et sous l'action des courants de vidange du canal, qui étaient interrompus, la berge se reforma et déposa des vases qui complétèrent l'étanchéité, laquelle devint alors absolue.

Du côté intérieur, on déblaya jusqu'à la cote 0m,00 et on implanta les puits de la tête aval de l'écluse, en ayant soin de consolider la charpente du batardeau par des contrefiches et des pièces auxiliaires reposant sur deux groupes de trois pieux moisés, fichés de 13 mètres.

Le fonçage des puits a entraîné des déformations souvent alarmantes dans les charpentes du batardeau, qui exigea des soins presque journaliers. On a pu cependant terminer, sans trop de peine, les maçonneries de la tête de l'écluse et donner à celle-ci sa forme définitive. A cet effet, on réunit les files intérieures des pieux par des voûtes et l'on commença le dérasement des puits du radier jusqu'aux cotes — 6 mètres et — $6^m,50$. Pour soutenir le terrain entre ces puits et le batardeau, on battit une pile de palplanches jointives. Leurs têtes étaient appuyées sur les rainures des bateaux-portes ménagées à la tête aval et dont les parties intermédiaires étaient maintenues par des poteaux verticaux espacés de $1^m,50$ et des contrefiches reposant sur le radier et placées au fur et

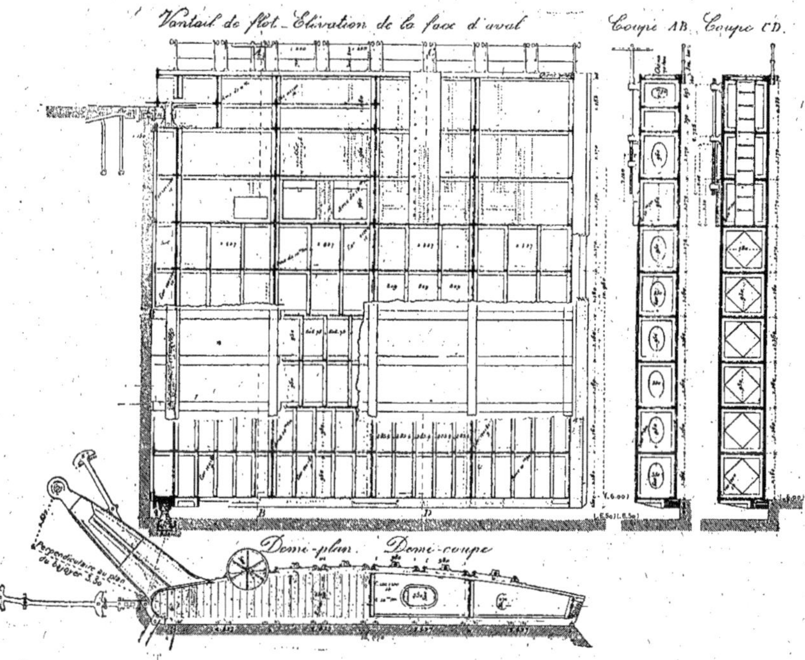

Fig. 458 à 461. — 3e Bassin à flot de Rochefort. — Porte d'écluse.

à mesure de la démolition des puits. La fiche des palplanches était arrêtée à la cote — 7, de sorte, qu'après le dragage du canal d'accès, les palplanches vinrent flotter à la surface.

Toute la partie basse du batardeau étant ainsi appuyée sur de la maçonnerie de pierre de taille, sa stabilité a permis de garantir la partie supérieure dont les pieux étaient simplement noyés dans le sol argileux de la rive. Cet ouvrage a coûté 157 000 francs.

Prix de revient de maçonneries.

441. Ainsi que nous le disions au commencement, M. Crahay de Franchimont a donné avec beaucoup de détails les différents prix de revient ; nous ne reproduirons que le résumé.

manœuvre et la deuxième entretoise. Le tourillon est claveté dans chacun de ces patins par une cheville horizontale et muni, en outre, à sa partie supérieure, d'une boucle de tirage. Il suffit dès lors de supprimer la clavette et d'agir sur la boucle au moyen d'un treuil, pour relever le tourillon et rendre le vantail complètement libre sans toucher au collier. Celui-ci très robuste est formé de trois branches, il peut se démonter en deux parties, ce qui donne un second moyen de retirer le vantail de ses attaches, lorsque cela est nécessaire

La crapaudine femelle se compose d'une pièce en fonte, avec grain en acier fondu, encastré dans le poteau tourillon et boulonné sur tout son pourtour. Elle repose sur la crapaudine mâle, bloc en

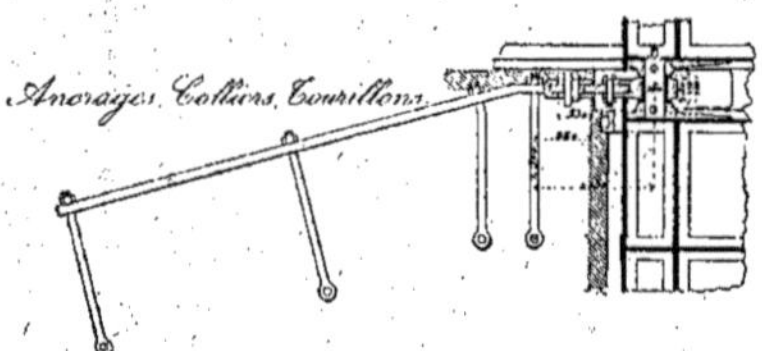

Fig. 463. — 3e bassin à flot de Rochefort. Porte d'écluse.

acier formé d'un tourillon de 0m,16 de diamètre, reposant sur un tronc de pyramide quadrangulaire encastré dans la bourdonnière en granit du radier. Pour assurer cet encastrement, la base de la crapaudine est entourée sur 0m,02 de hauteur d'un alliage de sept parties de plomb et d'une d'antimoine, coulé, la crapaudine étant en place, et surmonté d'un massif en ciment pur de Portland, arrasant le niveau de la bourdonnière.

Le montage des portes s'est effectué de la façon suivante : le poteau tourillon, pesant environ 5 tonnes, a été complètement exécuté en usine, puis mis en place tout d'une pièce dans ses attaches, ce qui a permis de vérifier et d'assurer dès l'origine, son centrage dans les meilleures conditions. Puis, l'on est venu fixer sur ce poteau, successivement, toutes les entretoises, à partir du bas, ainsi que les portions correspondantes du bordé et du poteau busqué.

La mise à l'étanche n'a présenté aucune difficulté, en ce qui concerne les bordés et les surfaces verticales ; il n'en est pas de même de l'entretoise inférieure du pont supérieur, ainsi que du puits d'accès. Les mattages intérieurs n'ayant

Fig. 464. — 3e bassin à flot de Rochefort. Porte d'écluse.

pas été faits avant la pose, on a dû les faire après, ce qui fut plus difficile, surtout, à l'entretoise inférieure. On n'a même pu l'obtenir, dans cette partie, qu'avec un glacis de Portland et de gros sable de 0m,15 d'épaisseur, glacis qui fait en outre l'office de lest et dont la pente a été réglée de manière à ramener toutes les eaux d'un même côté pour en rendre l'extraction éventuelle plus facile. L'étanchéité est telle, qu'il a fallu compléter le lest, par une introduction directe de l'eau, ce qui rend la vidange inutile, et n'est pas

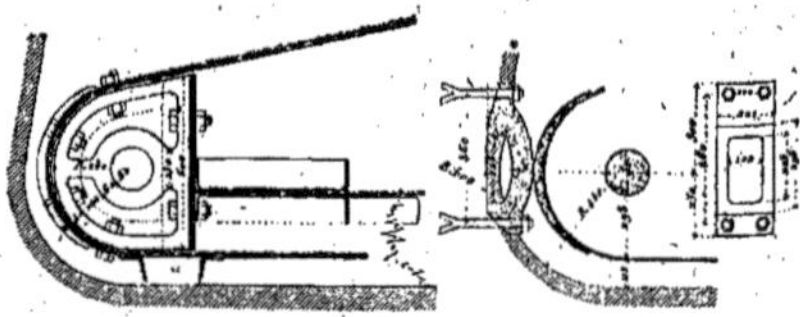

Fig. 465. — 3e bassin à flot de Rochefort. Porte d'écluse. — Butoir.

sans intérêt, avec des eaux aussi troubles que celles de la Charente.

444. *Vannes.* — Chacune des quatre vannes des aqueducs de sassement (*fig.* 466, 467) se compose d'un coffrage rectangulaire étanche de 1m,87 de hauteur, sur 2 mètres de largeur. Ce coffrage est constitué par une ossature eformé de deux fers en U recouverts d'un bordé de 6 millimètres d'épaisseur. Le pourtour est muni d'un cadre en bronze raboté de 2 centimètres d'épaisseur s'appliquant exactement dans le repos et dans le mouvement sur le bâti en fonte, également raboté, dans lequel coulisse la vanne ; il est donc étanche sur les deux faces. Cette vanne est manœuvrable soit à la main, soit par un appareil hydraulique.

445. *Pont tournant.* — Le pont tournant est d'une seule volée et du type adopté au Havre et à Dieppe; on l'a établi pour pouvoir recevoir au besoin des locomotives et des trains de chemins de fer (*fig.* 468, 469 et 470). Il ne présente de particulier que la construction du pivot qui est mobile dans le sens vertical, ce qui permet d'effectuer, soit le graissage périodique, soit le rattrapage des différences de niveau dues aux tassements (*fig.* 471, 472, 473 et 474). Cet appareil se compose d'un cylindre en acier de $0^m,25$ de diamètre, trempé à son extrémité. Sa base, de $0^m,50$ de diamètre, est logée dans la boîte du bâti et repose sur deux coins en acier, à pente contraire de 1/5, manœuvrés au moyen de deux roues d'angle commandées par un arbre unique. Chaque train se composait d'une vis à filet carré, de $0^m,10$ de diamètre et de $0^m,025$ de pas ; une roue dentée de $0^m,60$ engrenne avec cette vis. Une deuxième vis de $0^m,08$ de diamètre, de $0^m,02$ de pas, dont l'écrou forme la jante de

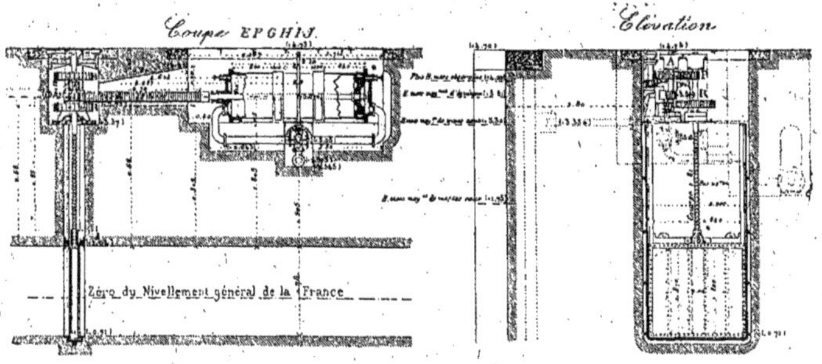

Fig. 466 et 467. — 3ᵉ bassin à flot de Rochefort. — Appareil hydraulique de vanne.

la roue précédente, est manœuvrée à la main par un volant de $0^m,60$ de diamètre.

Une partie alésée de $0^m,22$, ménagée sur la tête du pivot, permet de l'entourer d'une boîte remplie d'huile, de telle sorte que le niveau de cette huile est supérieur aux deux surfaces de contact. L'appareil est complété par deux verrins de 150 tonnes chacun, qu'on peut installer au sommet du chevêtre. Quand on veut graisser, on amène les verrins au contact, et on abaisse le pivot au moyen de son mécanisme.

Cette disposition permet en outre de faire reposer la totalité du poids sur le pivot, sans charger les guidages du pont.

Le poids étant de 210 tonnes, la charge sur le grain d'acier est de 4 kilogrammes par millimètre carré pendant la rotation; en mettant 2 minutes par rotation, il n'y a pas de grippements à craindre.

On a employé des tôles d'acier de 43 kilogrammes de résistance par millimètre carré et 22 0/0 d'allongement. Elles ne devaient pas se tremper au rouge cerise en les plongeant dans l'eau à 28 degrés et par suite devaient pouvoir se replier à froid à 90 degrés sur un rayon égal à leur épaisseur. Après le poinçonnage, on les recuisait au rouge cerise et on les alésait sur 2 millimètres, à leur pourtour.

Le montage s'est effectué très simplement sur l'un des bajoyers; une fois terminé, on a descendu le pont sur la crapaudine et il a pu être tourné et mis en place.

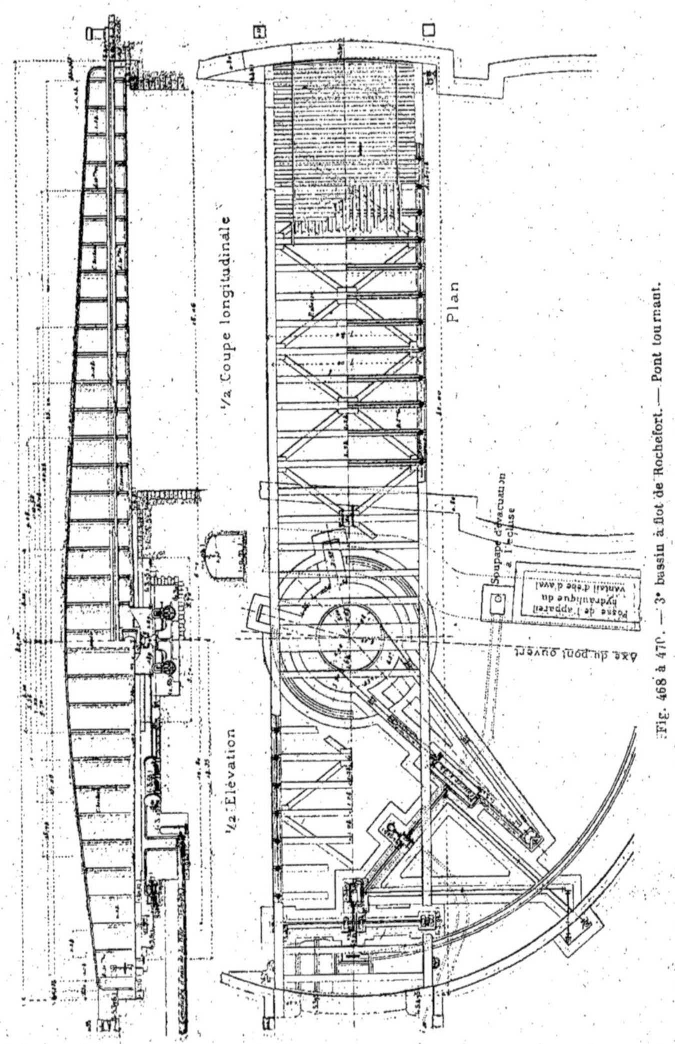

Fig. 468 à 470. — 3e bassin à flot de Rochefort. — Pont tournant.

446. *Prix de revient de la partie métallique des ouvrages.*

POIDS.

OUVRAGES	FERS	BOIS	TOTAUX
	kil.	kil.	kil.
Pont tournant	160 596	54 673	215 269
Pivot et crapaudine du pont	16 726	»	16 726
Porte d'èbe amont, 2 vantaux	134 469	12 054	146 523
Porte d'èbe, aval, 4 vantaux	131 497	12 054	143 551
Porte de flot, 4 vantaux	287 507	24 108	311 615
Vannes (quatre)	20 081	»	20 081
Totaux	750 876	102 889	853 765

PRIX EN FRANCS.

OUVRAGES	MÉTAL	BOIS	FRAIS GÉNÉRAUX 11,435 0/0	TOTAUX
	frcs	frcs	frcs	frcs
Pont tournant	55 551	5 594	6 992	68 137
Pivot et crapaudine	8 532	»	976	9 508
Porte d'èbe amont	70 812	2 193	8 348	81 353
Porte d'èbe aval	69 804	2 193	8 232	80 229
Porte de flot	159 494	4 385	18 740	182 619
Vannes	19 026	»	2 176	21 202
Totaux	383 219	14 365	45 464	443 048

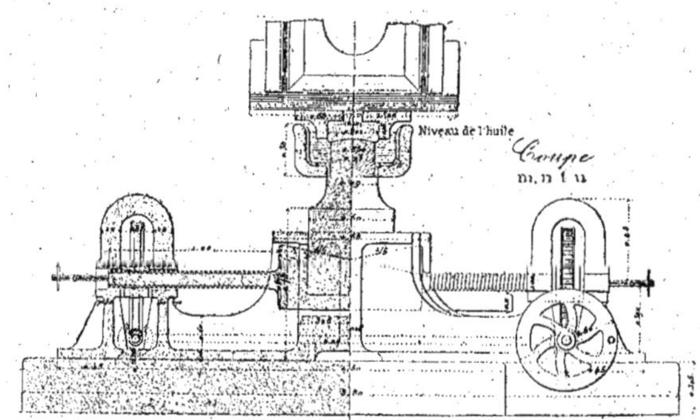

Fig. 471 et 472. — Pivot du pont tournant.

447. *Appareils de manœuvre.* — Quelques détails préalables sur la distribution d'eau à Rochefort sont nécessaires pour bien faire comprendre l'économie du système.

La ville de Rochefort possède une distribution d'eau douce provenant d'un château d'eau contenant deux réservoirs de 875 mètres cubes, chacun, et situés à une hauteur de $+ 23^m,47$ du nivellement général de la France, ce qui avec $1^m,60$, moitié de la hauteur de l'eau, donne une hauteur moyenne de 25^m,07. Cette eau est refoulée par des pompes foulantes placées à cinq kilomètres de la ville.

Dans son passage sur la route de la Cabane-Carrée, le tuyau de 0^m,35 traverse la tête aval de l'écluse à sas, à

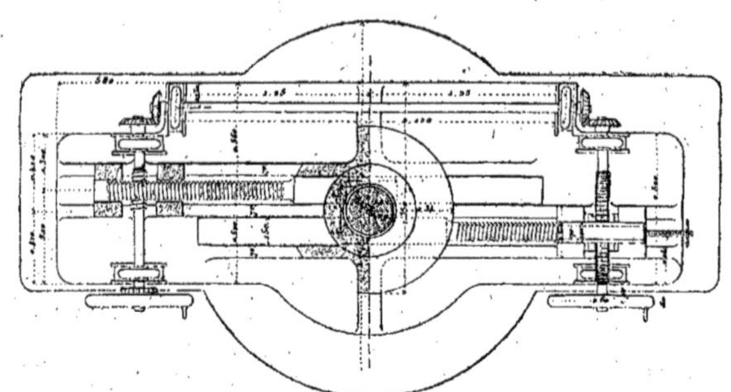

Fig. 473. — Pivot du pont tournant demi coupe et demi plan.

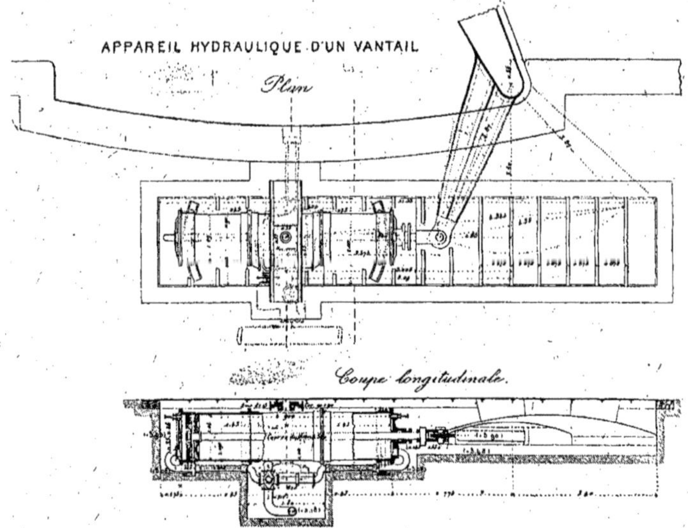

Fig. 474 et 475. — 3e Bassin à flot de Rochefort.

1 450 mètres de distance du château d'eau, dans un siphon de 2 mètres de diamètre, ménagé sous le radier.

C'est à cette source que l'on a emprunté la force motrice nécessaire pour les manœuvres des vantaux des grandes vannes, et des aqueducs de sassement ainsi que du pont tournant.

448. *Manœuvres des portes.* — C'est à l'écrou de $0^m,10$ qui traverse l'œil circulaire de la barre de manœuvre (*fig.* 474 et 475), que s'attache l'appareil de traction hydraulique qui comprend :

I° Un cylindre en fonte de $1^m,04$ de diamètre et $4^m,90$ de longueur. Ce cylindre est mobile autour d'un axe ayant $0^m,18$ de diamètre assujetti :

1° En haut par un collier encastré dans une pièce de fonte encastrée elle-même dans une poutre en tôle scellée dans les maçonneries ;

2° A sa partie inférieure dans une crapaudine en fonte. Ce cylindre est relié à la canalisation au moyen de tuyaux coudés en fonte de $0^m,110$ de diamètre et d'un tuyau en caoutchouc. Un robinet à deux eaux permet, soit l'admission de l'eau sous pression, soit l'évacuation de cette eau dans le sas.

L'amplitude de l'oscillation du cylindre est de 5 degrés autour de sa position moyenne, qui est parallèle à l'axe de l'écluse.

Le cylindre est soulagé, à l'avant et à l'arrière, par deux galets; il porte en outre des soupapes réglées à 3 kilogrammes ;

II° Un piston en fonte de $4^m,56$ de long avec bagues et garnitures étanches de $0^m,30$ d'épaisseur totale. Sa tige a $0^m,15$ de diamètre et est clavetée sur une fourchette articulée avec la barre de manœuvre.

On peut démarrer avec un effort net de 3 500 kilogrammes appliqué au poteau busqué perpendiculairement au rayon qui joint le centre de rotation à 10 mètres du point d'attache.

Avec ces conditions, l'ouverture, dans un état moyen d'entretien, peut se faire en $1^m,10^s$. Ordinairement, on se donne 2 minutes, y compris le temps de la manœuvre des robinets.

A bras, il faut cinq hommes virant au cabestan pendant 12 minutes, et s'il y a de la vase, vingt hommes.

449. *Appareil moteur des vannes de sassement.* — Ces vannes, au nombre de quatre, sont placées, deux à deux, aux extrémités amont et aval des aqueducs, dont les branchements débouchent librement dans les sas. Nous en avons donné précédemment la description; elles peuvent se manœuvrer à volonté à la main ou par un appareil hydraulique.

L'appareil à la main se compose d'une vis en fer forgé ayant $1^m,87$ de course. Cette vis est fixe et tourne dans l'écrou en bronze adapté à la vanne; sa rotation en détermine le mouvement. On la lui imprime au moyen d'une série de roues d'engrenages en fonte, de telle sorte que trois hommes agissant sur l'une d'elle au moyen d'une roue de cabestan, peuvent lever la vanne sous une charge d'eau de $3^m,16$ appliquée à son centre. Un pignon supplémentaire, muni d'une tête de cabestan, est relié aux organes précédents, pour le cas d'une résistance accidentelle, et permet à un seul homme de lever la vanne, ce qui peut être utile dans l'intervalle des manœuvres.

Pour passer de la manœuvre à la main à la manœuvre hydraulique, il suffit d'enlever sur l'arbre A (*fig.* 467) une clavette *m* et de la replacer en *m'*, après avoir soulevé l'arbre suffisamment pour désengrener les roues d'engrenages de leurs pignons. On engage alors le pignon P avec la roue R' et le pignon P' avec les dents d'une crémaillère en fonte, formant la tête du piston moteur de la vanne.

L'appareil hydraulique (*fig.* 474 et 475) se compose :

1° D'un cylindre moteur, fixe en fonte, de $0^m,81$ de diamètre et $2^m,71$ de longueur, relié aux tuyaux avec robinet à deux eaux et soupapes de sûreté ;

2° D'un piston en fonte de $0^m,22$ d'épaisseur et $2^m,45$ de course, correspondant à la levée complète de la vanne. Sa tige est clavetée à la crémaillère en fonte, dont nous avons parlé.

Sous la pression de $3^m,16$ sur le centre de la vanne, celle-ci démarre facilement ; la montée demande 50 secondes et la descente 40.

A la main avec trois hommes, il faut 6 minutes, avec un homme sur l'arbre n° 3, 20 minutes.

450. *Appareils de manœuvre du pont tournant.* — Il faut deux appareils, l'un d'orientation, l'autre de relevage.

451. 1° *Appareil d'orientation.* — Il comprend :

1° Un cylindre fixe de $0^m,59$ de diamètre et $2^m,52$ de longueur, muni de pattes de scellement, soupape de sûreté, amorces de tuyautage, etc. ;

2° Un piston en fonte à deux bagues de $0^m,17$ d'épaisseur et $2^m,26$ de course (*fig.* 468 et 470) relié à deux tiges (une à l'avant, l'autre à l'arrière) en fer forgé de $0^m,60$ de diamètre, maintenues à leur tête par des glissières et portant un anneau dans lequel est amarrée la chaîne de manœuvre. Celle-ci est formée d'anneaux étançonnés en fer de $0^m,018$ de diamètre, et s'enroule d'une part sur une poulie de retour, d'autre part sur un tambour en tôle de 3 mètres de diamètre, fixé au chevêtre du pont et formant ainsi chaîne sans fin. Deux anneaux de la chaîne sont maintenus sur ce tambour, de façon à empêcher tout glissement.

Un robinet à deux eaux, placé sur une conduite de $0^m,100$, permet d'admettre ou d'expurger l'eau servant à la manœuvre qui agit sur l'une ou l'autre face du piston.

452. 2° *Appareil de relevage.* — Cet appareil se compose :

1° D'un cylindre de $0^m,41$ de diamètre intérieur, $0^m,81$ de longueur entre couvercles, muni comme les précédents de tous ses accessoires.

2° D'un piston en fonte de $0^m,12$ de diamètre et $0^m,60$ de course. Sa tige est clavetée à une crémaillère engrenant avec un secteur denté de $0^m,38$ de diamètre, calé sur l'arbre horizontal qui sert à la manœuvre des coins en fonte de $0^m,16$ d'épaisseur, produisant avec 1/4 de rotation le relevage du pont. Le contact des cames avec les semelles a lieu au moyen de galets, roulant sur une pièce de fonte fixée à ces semelles, avec interposition d'une cale d'épaisseur en bois de chêne.

Le tout, au moyen de tiges, agissant sur les robinets, est commandé du terre-plein.

Les appareils sont calculés pour pouvoir ouvrir ou fermer le pont en une minute, savoir 40 secondes pour l'orientation, 10 secondes pour le calage, 10 secondes pour l'ouverture des robinets et le temps perdu. Pour éviter les chances d'accident, on met 2 minutes, vitesse suffisante, bien que certains jours, il passe 1 500 colliers sur le pont.

Pour éviter les chocs à l'arrivée et à la sortie, on a disposé trois tampons de choc analogues à ceux des buttoirs des gares des chemins de fer et affleurant exactement dans la position de fermeture les fourrures correspondantes fixées à l'ossature du pont. Il suffit de maintenir l'appareil hydraulique un instant sous pression pour éviter toute oscillation.

453. *Cloches à air.* — Cinq cloches à air formées d'une cloche en fonte de $0^m,39$ de diamètre, $1^m,25$ de hauteur et $0^m,02$ d'épaisseur, montées, l'une à proximité de la conduite du pont, et, les quatre autres de celles des vannes, servent à éviter les coups de bélier. Elles sont munies de robinets de purge d'air, de soupapes de sûreté, etc.

454. *Dispositions générales.* — Tous les appareils sont renfermés dans des cages blindées avec des tôles striées de $0^m,007$ d'épaisseur, cages ménagées dans les maçonneries des bajoyers.

Une seule clé à béquille sert pour toutes les manœuvres ; chacune n'exige qu'un homme, soit en tout un sur chaque bajoyer.

Un bec de gaz est installé dans chaque cage, pour la prémunir contre les effets de la gelée.

Les cages portent des clapets débouchant dans les aqueducs de sassement pour évacuer l'eau provenant des grandes marées.

455. *Prix de revient des appareils de manœuvre.* — Voici un extrait du tableau de ces prix de revient :

NATURE DES OUVRAGES.	POIDS en KILOGRAMMES.	PRIX TOTAL y compris les FRAIS GÉNÉRAUX 11.435 p. 100.	PRIX DE REVIENT	
			PAR KILO.	PAR OUVRAGE.
		fr.	fr.	fr.
Appareil hydraulique du pont. Rotation	7 892	6 860	0 870	6 860
Appareil hydraulique du pont. Relevage	2 981	2 660	0 892	7 660
Appareil hydraulique des portes (8 vantaux)	122 398	107 167	0 875	13 396
» » des vannes (4 vannes)	27 458	22 442	0 818	5 610
Canalisation hydraulique générale	23 039	11 224	0 487	11 224
Cloches à air (4 cloches)	8 235	5 011	0 608	1 002
Cabestan à main avec accessoires (4 cabestans)	4 580	3 292	0 718	823
TOTAUX	196 583	158 656	moyen 0 812	«

456. *Avantages du système employé.* — M. Crahay de Franchimont fait remarquer qu'il y avait grand avantage à employer l'eau à basse pression pour une canalisation installée dans des terrains aussi instables que ceux de Rochefort. Les joints peuvent être faits avec de simples tresses suiffées et les réparations sont beaucoup plus faciles. Il est vrai que par contre, les appareils sont plus volumineux, mais il ne paraît pas, d'après les tableaux ci-dessous, qu'il y ait eu excès de dépense sur les autres appareils déjà existant en France.

457. TABLEAU DES FRAIS DE PREMIER ÉTABLISSEMENT DES APPAREILS DE MANŒUVRE D'UNE ÉCLUSE À SAS MARITIME, COMPRENANT QUATRE PAIRES DE PORTES, UN PONT ROULANT OU TOURNANT, QUATRE VANNES D'AQUEDUC DE SASSEMENT ET FONCTIONNANT AVEC LES MOTEURS HYDRAULIQUES EN MARCHE NORMALE, ET, AVEC LES MOTEURS À BRAS, COMME MANŒUVRE DE SECOURS.

DÉSIGNATION DES PORTES	OUVERTURE DU SAS	SUPERFICIE D'UN VANTAIL	MAÇONNERIE CENTRALE		CANALISATION	APPAREILS DE MANŒUVRE				TOTAUX
			BATIMENT et fondations	MACHINES, chaudières et accumulateurs		LES PORTES (appareil-moteur seul)	LES VANNES et leurs appareils	UN PONT tournant (appareil seul)	ACCESSOIRES moteurs à bras, cloches, téléphones, etc.	
		m³	fr.	fr.	fr.	fr.	fr.	fr.	fr.	fr.
Bordeaux, haute pression hydraulique	22	120	80 000	90 000	48 600	60 000	30 400	15 000	33 000	357 000
Saint-Malo, Saint-Servan, haute pression hydraulique	18	105	22 500	37 200	21 700	71 200	51 800	103 800	»	308 200
La Martinière, canal maritime de la Basse-Loire, haute pression hydraulique	10	95	82 800	43 200	16 000	76 900	45 400	»	»	264 300
Rochefort, basse pression	18	110	»	»	11 200	107 200	43 700	9 500	18 800	190 400

Ces avantages sont encore plus évidents si l'on considère qu'à cause des courants rapides de la rivière, les manœuvres ne peuvent se faire que pendant les deux heures de la haute mer. Souvent même, il y a des marées où il n'y a ni entrée ni sortie ; par suite l'installation d'une usine centrale de force hydraulique aurait été peu justifiée. C'est un cas particulier dont il faut tenir compte dans les ports d'importance secondaire.

458. Frais annuels d'exploitation d'une écluse a sas maritime, comprenant quatre paires de portes, un pont roulant ou tournant, quatre vannes d'aqueducs de sassement et fonctionnant avec des moteurs hydrauliques en marche normale et avec des moteurs a bras comme manœuvre de secours.

DÉSIGNATION DES PORTS	FONCTIONNEMENT ANNUEL				TOTAL	AMORTISSEMENT et INTÉRÊT des frais de 1er établissement 10 0/0	TOTAL GÉNÉRAL
	ENTRETIEN	MATIÈRES consommées (eau, huile, charbon, etc.)	PERSONNEL				
			MACHINES et ateliers	ÉCLUSIERS et auxiliaires			
	fr.	fr.	fr.	fr.	fr.	fr.	fr.
Bordeaux	4 100	3 200	1 100	5 600	13 900	35 700	49 600
Saint-Malo, Saint-Servan	3 100	4 400	3 600	2 900	14 000	30 840	44 840
La Martinière, canal maritime de la Basse Loire	2 000	4 200	4 400	7 000	17 600	21 030	38 630
Rochefort	2 200	4 500	»	5 000	11 700	19 040	30 740

ECLUSES DES BASSINS A FLOT

Généralités.

459. Nous avons étudié, dans notre *Cours de canaux*, tous les détails de la construction des écluses servant à la navigation fluviale. Indépendamment de leur grandes dimensions et de l'écartement des bajoyers, les écluses marines se distinguent des écluses fluviales en ce qu'elles peuvent ne pas comporter de sas; le phénomène des marées, en effet, amène successivement l'eau aux hauteurs prévues d'avance, et le rôle de l'écluse se trouve réduit à celui d'un barrage dans un pertuis, barrage destiné à retenir l'eau à la hauteur voulue en arrière de ce pertuis, c'est-à-dire dans le port. On rencontre un certain nombre de ces écluses à une porte; on en voit un exemple à Dieppe.

Les envasements dus à la mer, qui s'opposent à la manœuvre des portes, rendent aussi nécessaires l'emploi des chasses dont on n'aurait pas l'emploi dans les canaux.

En outre de ces dispositions générales, il faut souvent défendre au moyen de portes spéciales, les portes d'écluse contre les agitations de l'avant-port. On obtient cet effet avec des portes de flot, des portes valets, etc.

Choix de l'emplacement des écluses.

460. Nous avons vu dans la description du port de Rochefort les considérations sur le choix de l'emplacement de l'écluse du troisième bassin ; ces considérations sont tout à fait générales et nous n'avons qu'à les rappeler et à les compléter :

1° L'entrée doit être dans l'eau calme, pour que le navire ne soit pas jeté à droite ou à gauche sur les bajoyers. On se procure ce calme, soit par des bassins d'épanouissement comme à la Pallice, soit par des brise-lames ;

2° L'entrée devra en être facile afin d'éviter les fausses manœuvres ; comme conséquence, elle ne devra jamais pouvoir être prise par le travers des vents violents de la région ;

3° Le terrain devra être étudié avec les plus grands soins. On a vu tous les ennuis que l'on a eus à Rochefort par suite d'une étude préalable incomplète de la nature du sol.

Il convient, autant que possible, comme dans les écluses fluviales, de laisser aux abords un garage dans l'avant-port, et, dans le port, un bassin d'évolution pour les navires. Cette dernière considération fait que dans le voisinage des écluses, on sera conduit à donner au bassin 200 mètres de largeur pour l'évolution, dimension que l'on augmentera d'une double largeur de 25 mètres pour permettre à d'autres navires de se ranger le long des quais, en totalité 250 mètres.

On dispose souvent, surtout quand il n'y a pas de remorqueurs, des estacades pour faciliter le halage; cette disposition est employée dans les ports situés sur les rivières à marées. Nous ne pouvons donner d'indications générales à leur égard, et nous conseillons de s'en rapporter aux marins de la localité.

Dimensions des écluses.

461. Nous allons examiner successivement la longueur, la largeur et la position du seuil des écluses.

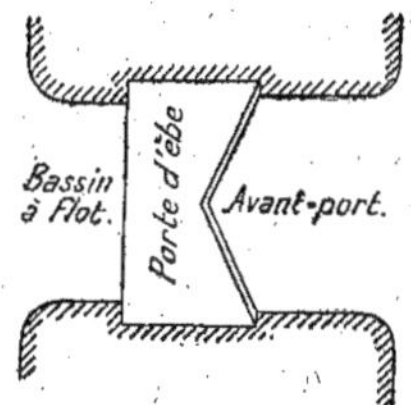

Fig. 476.

462. 1° *Longueur.* — Relativement à la longueur, il se présente deux cas, celui où l'écluse ne comporte pas de sas, et celui où elle en est munie.

ÉCLUSES SANS SAS.

463. On y distingue trois parties: la chambre du vantail ou enclave, et les deux bajoyers formant les têtes amont et aval (bassin à flot et côté de l'avant-port).

La *chambre du vantail* doit avoir une retraite ou enclave d'une profondeur au moins égale à l'épaisseur totale de la porte, bordé compris, afin que celle-ci puisse s'y loger toute entière. Nous en donnerons un peu plus loin les dimensions. Pour faciliter l'écoulement de l'eau, tant pendant l'ouverture que pendant la fermeture de la porte, on lui donne 0m,40 à 0m,50 de longueur en sus de celle du vantail (*fig.* 476).

464. *Bajoyers amont.* — Ainsi que nous l'avons fait remarquer, il faut éviter que les navires puissent venir frotter contre des angles en maçonnerie, aussi les terminera-t-on par un quart-de-rond ou par un quart d'ellipse. On donne même quelquefois à leurs longs pans une forme évasée en plan, de façon à élargir progressivement l'entrée ou la sortie des bateaux.

Il est prudent de les munir de coulisses pour pouvoir, à l'occasion, et en cas de réparation, installer un barrage en poutrelles ou un bateau-porte formant batardeau, et permettant de mettre le busc à sec.

On laisse ordinairement 4 à 6 mètres

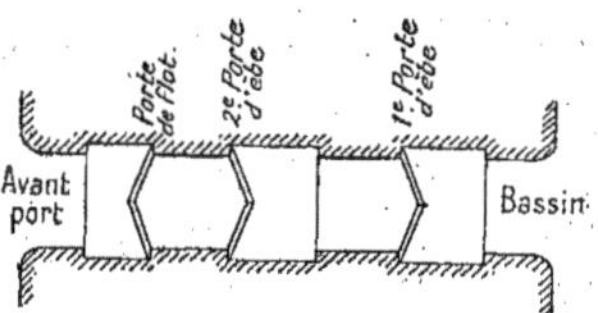

Fig. 477.

entre l'arête de l'enclave et la rainure; on donne à celle-ci 0m,50 de largeur pour les barrages en poutrelles, et 1 mètre pour les bateaux-portes, puis on termine par la construction de bajoyers de 6 à 8 mètres, quelquefois 12 mètres de longueur.

465. *Bajoyer aval.* — On adopte exactement les mêmes dispositions pour les bajoyers aval que pour ceux de l'amont, avec cette remarque que ceux-ci supportant toute la charge transmise par le poteau busqué et les tourillons. On doit donner plus de longueur à la partie C des bajoyers, aussi les porte-t-on généralement de 8 à 12 mètres (*fig.* 477).

466. *Deuxième porte d'èbe.* — On conçoit combien un accident à une porte de bassin, si elle venait à se briser à marée basse, entraînerait de troubles et même d'avaries, dans l'intérieur du port. Il est donc utile de placer une seconde porte d'èbe, de telle sorte que l'on puisse facilement parer à toutes les éventualités et même au besoin enlever une porte pour la réparer. Il convient, dans ce cas, de donner 6 à 8 mètres de longueur au bajoyer séparatif des deux enclaves (*fig.* 477).

467. *Porte de flot.* — Dans les ports où la mer est agitée dans l'avant-port, il convient, pour éviter les chocs sur les portes d'èbe, de placer une porte ouvrant en sens contraire et appelée porte de flot. Cette porte exige une nouvelle longueur de bajoyer de 6 à 8 mètres entre les deux enclaves (*fig.* 477).

468. *Largeur.* — La largeur de l'écluse doit permettre, aux plus gros navires qui peuvent entrer dans le port, d'avoir un espace libre suffisant entre les parties saillantes du bateau et les bajoyers.

Si le port est tranquille et si les moyens de halage sont tels que l'on soit maître de la manœuvre, on pourra ne laisser que $0^m,50$ de distance entre les formes extérieures du navire et les bajoyers, et l'écartement de ces derniers devra être celui des plus gros navires, plus 1 mètre.

S'il y a un peu de houle, 2 mètres sont nécessaires, si le vent venant de travers à plus de $0^m,20$ de vitesse, il faut laisser 3 mètres.

Dans ce cas où on n'a pas recours au halage, 5 à 6 mètres sont nécessaires.

En résumé, on donne aujourd'hui 18 à 20 mètres aux écluses des ports recevant presque tous les navires de commerce, et 24 à 25 mètres pour ceux qui peuvent recevoir éventuellement des vaisseaux de guerre.

469. *Dimensions des principaux navires actuels.* — Voici, d'après différents documents empruntés à M. Laroche et à la Société des Ingénieurs civils de France, les principales cotes des plus grands navires.

470. *Compagnie des Messageries maritimes* (*fig.* 478). (Natal, Saghalien, Oxus) ont :

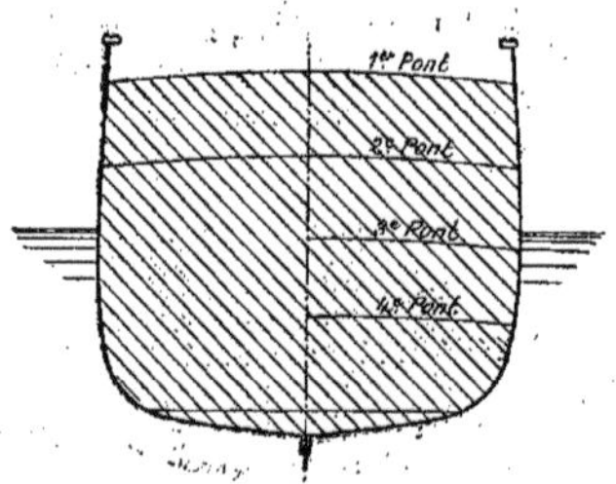

Fig. 478. — Compagnie des messageries maritimes.

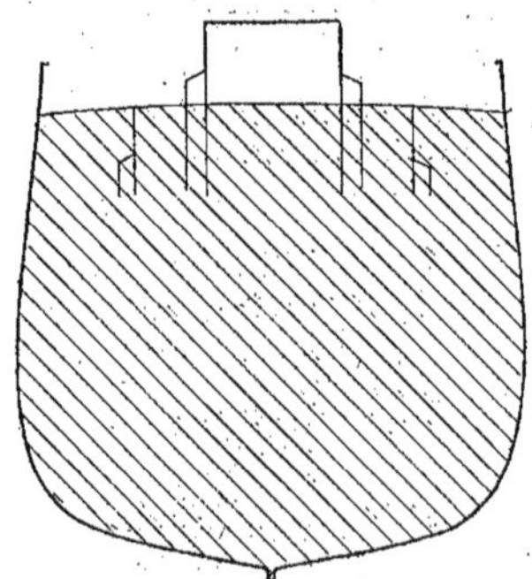
Fig. 479. — Compagnie générale transatlantique.

Longueur latérale de tête en tête	$152^m,640$
Longueur entre perpendiculaires	147 000
Largeur hors membres au fort	15 000
» » tôle »	15 040
Creux sur quille au pont supérieur	11 250
Tableau de la quille	0 250
Tirant d'eau moyen en charge	6 800
» » en arrière »	7 400

471. *Compagnie générale transatlantique* (*fig.* 479), voir le tableau suivant.

DIMENSIONS.	DÉSIGNATION DES NAVIRES.									
	NORMANDIE.	LA CHAMPAGNE.	LAFAYETTE.	SAINT-GERMAIN.	MOÏSE.	FERDINAND DE LESSEPS	LA BOURGOGNE.	L'AMÉRIQUE.	FOURNEL.	BIXIO.
Largeur extrême sur le pont...	145	154.60	106.70	117.95	97.00	108.27	154.60	123.35	94.40	94.30
Largeur hors bordé........	15.30	15.75	13.40	12.27	10.25	11.65	15.96	13.40	11.05	10.97
Creux................	11.40	11.70	9.31	10.60	7.77	8.84	11.70	11.67	7.62	8.14
Tonnage brut..............	5,962	6,675	3,401	3,555	1,751	2,754	6,675	4,517	2,018	2,189

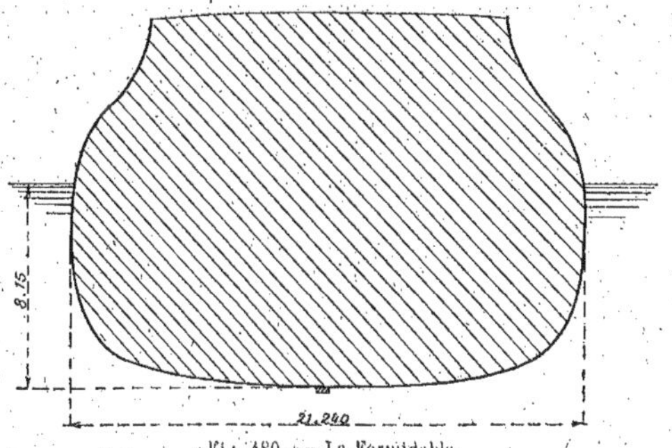

Fig. 480. — Le Formidable.

472. *France.*

MARINE MILITAIRE.

DIMENSIONS	DÉSIGNATION DES NAVIRES.						
	CARNOT cuirassé de 1er rang.	Amiral DUPERRÉ, cuirassé d'escadre.	FORMIDABLE cuirassé d'escadre.	TAGE croiseur à batterie.	DUPUY DE LÔME croiseur cuirassé.	MARENGO cuirassé d'escadre	HOCHE cuirassé d'escadre.
	m.	m.	m.	m.	m.	m.	m.
Longueur à la flottaison...........	116.00	97.300	100.400	119.940	114.000	88.550	102.400
Largeur totale..................	21.50	20.300	21.240	16.380	15.700	17.510	19.740
Tirant d'eau..................	7.400	8.000	8.150	6.950	7.070	8.478	8.000
En pleine charge................	7.500	8.150	8.250	7.500	7.500	9.180	8.300

473. *Etranger.* — Parmi les plus grands navires des marines étrangères nous citerons :

DIMENSIONS	DÉSIGNATION DES NAVIRES.						
	ANGLETERRE *le Terrible* croiseur protégé.	ALLEMAGNE KAISERIN AUGUSTA croiseur protégé.	ITALIE PIÉMONT croiseur protégé.	AUTRICHE KAISERIN MARIA-THEREZA.	ESPAGNE REINA RÉGENTE croiseur protégé.	RUSSIE RURIK croiseur cuirassé.	ÉTATS-UNIS MINNÉAPOLIS croiseur.
	m.	m.	m.	m.	m.	m.	m.
Longueur à la flottaison..........	162	118	91.44	114	97.50	133	126.08
Largeur totale................	21.60	15	» »	16	15.24	20	17.68
Tirant d'eau..................	8.20	6.60	4.57	6.40	6.30	6.61	7.13

474. *Hauteur du seuil de l'écluse.* — Cette hauteur est intimement liée à celle de l'entrée du port. Ainsi, par exemple, dans le cas où il existe une barre couverte de 8 mètres d'eau dans *les plus hautes eaux*, l'écluse ne pourra recevoir que des navires calant 8 mètres moins le pied d'eau qui doit rester sous la quille, en tenant compte de ce qu'on appelle la *levée du bateau*, c'est-à-dire la hauteur dont la quille se hausse et s'abaisse au-dessus de sa position moyenne par le tangage. Ce chiffre est très variable. C'est ainsi que dans la vase molle on le prend égal à 0, et, il dépasse rarement 1 mètre sur les fonds de galet.

Si, pour fixer les idées, nous supposons qu'un navire calant 7^m,50 puisse traverser la barre de 8 mètres en vive-eau, ce navire après l'avoir franchie mettra un certain temps pour arriver à l'écluse, temps pendant lequel la mer aura baissé et le seuil devra, par suite, être abaissé d'autant. Si donc l'eau est descendue de 0^m,50, ce seuil devra se trouver, de ce chef, à 7^m,50, 0^m,50 + 0^m,30 (pied d'eau) soit 8^m,30 audessous du niveau qui couvre la barre de 8 mètres d'eau. On devra encore augmenter cette cote de la houle qui peut exister et de 0^m,10 à 0^m,20 pour l'épaisseur des chaînes de fermeture des vantaux qui traînent ordinairement sur les radiers (*fig.* 481).

Dans tous les cas, si on prévoit un approfondissement ultérieur de la barre, il faut construire l'écluse en conséquence.

475. ÉCLUSES A SAS. — On a remarqué que dans bien des cas, et surtout si la vitesse dans le pertuis d'une écluse sans sas dépasse 0^m,20 à 0^m,30, le passage direct des bateaux, de l'avant-port dans le bassin, est difficile et quelquefois même dangereux. Entre autres causes, cela tient à ce que les courants n'ont pas lieu exactement dans l'axe du pertuis, et poussent le bateau sur l'un ou l'autre des bajoyers. Pour éviter cet inconvénient, il faut profiter en hâte du moment où la marée est *étale dans ce pertuis;* de là des dangers d'abordage, etc.

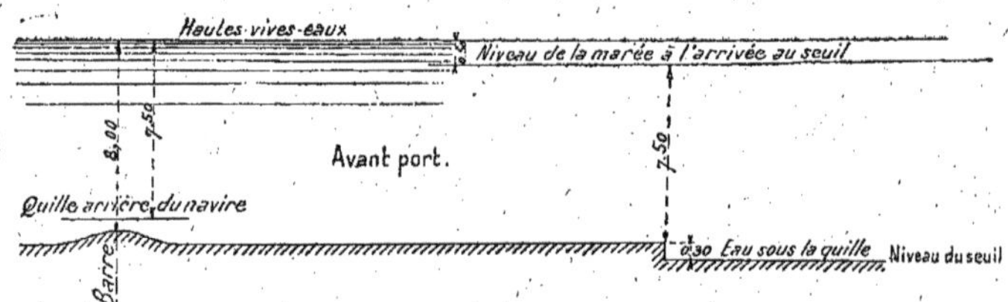

Fig. 481.

Dans certains ports favorisés, comme au Havre, l'étale peut durer deux heures et demie ou trois heures, mais dans beaucoup d'autres localités, elle ne dure que une heure ou deux heures. Si donc un navire arrive en retard, il risque ou d'échouer dans l'avant-port, ou est obligé de regagner la haute mer, ce qui peut être dangereux par certains temps ou certains vents.

On comprend que la vitesse du courant sera d'autant plus grande, toutes choses égales d'ailleurs, et dans le cas où le pertuis est son seul débouché, que le bassin sera plus grand. On en conclut que les écluses sans sas devront seulement desservir des bassins d'une surface d'autant plus petite que les marées auront plus d'amplitude.

Tous ces dangers sont évités dans une écluse à sas. On peut débarrasser pendant plus longtemps l'avant-port des navires de petit tonnage, et on a tout le temps de la haute mer pour faire passer les grands bateaux, toutes les portes étant ouvertes.

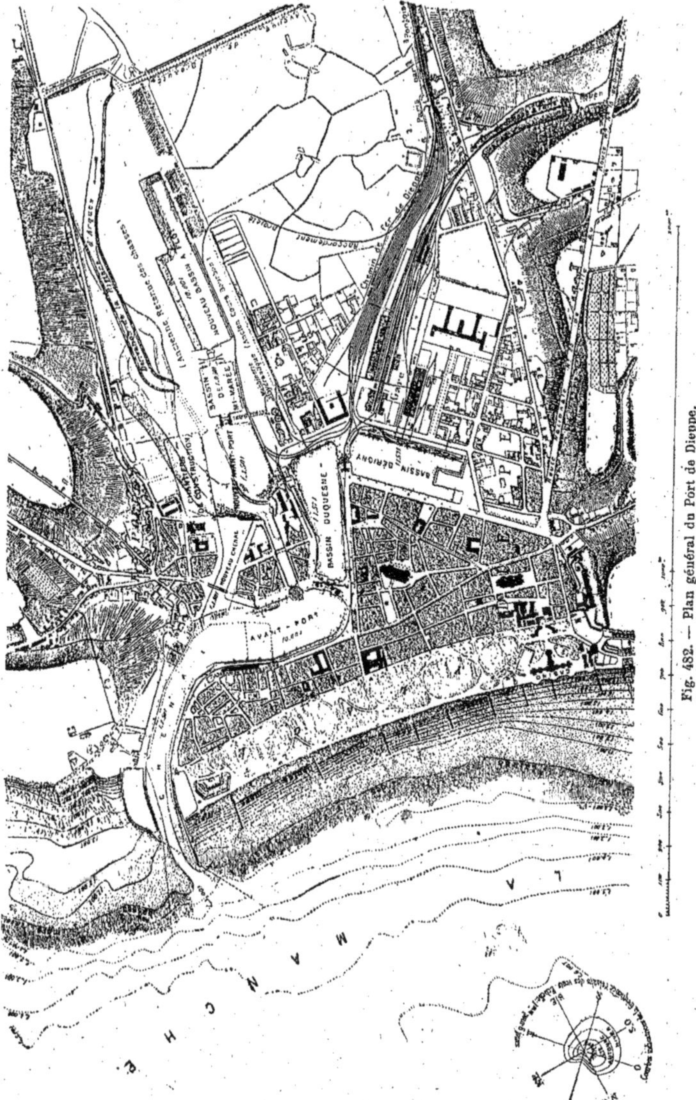

Fig. 482. — Plan général du Port de Dieppe.

Tant qu'il y aura suffisamment d'eau sur le seuil on pourra faire entrer les navires de forte calaison.

Un autre avantage est de soulager la porte d'èbe d'aval de toute la charge de la marée, en maintenant dans le sas l'eau à mi-hauteur, ce qui est avantageux dans les cas de grande amplitude de marée.

Dans les ports très fréquentés, où se présentent un grand nombre de petits bateaux, on a quelquefois avantage à augmenter la dimension du sas de façon à pouvoir faire passer un grand nombre de bateaux à la fois. Souvent même, on agrandit considérablement ce sas de façon à en former un véritable bassin, qu'on appelle *bassin de mi-marée*, ainsi que nous avons déjà eu occasion de le dire. Nous allons donner quelques indications sur les difficultés auxquelles la construction de ces bassins donne quelquefois lieu, par une description sommaire de celui de Dieppe, d'après une note de M. Alexandre, insérée dans les *Annales des Ponts et Chaussées*, de 1887.

472. *Bassin de mi-marée à Dieppe.* — Le tracé des ouvrages du nouvel établissement, tel que l'indiquait l'avant-projet annexé à la loi du 3 avril 1880, comportait (*fig.* 482) l'ouverture d'un chenal à travers le faubourg de Pollet, et la création, dans la retenue des chasses, d'un nouvel avant-port, donnant accès à un bassin de mi-marée suivi d'un bassin à flot.

Avant de procéder à la rédaction du projet de détail, on a fait exécuter des sondages qui ont révélé aux abords de l'écluse une variation brusque de la nature du sous-sol qui devient mauvais, tandis que celui de la retenue des chasses était très favorable à l'exécution de fondations

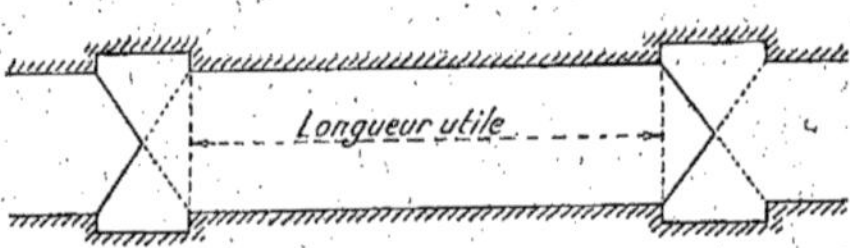

Fig. 483.

par épuisements. On se demanda donc s'il n'y avait pas lieu de déplacer l'ouvrage de manière à le ramener dans la zone de la retenue, où on n'avait pas à redouter cette difficulté.

Mais on fit les remarques suivantes :

1° Si on reportait l'écluse plus à l'Est, on la rapprochait de l'embouchure de la rivière d'Arques, déjà trop peu éloignée, et l'on diminuait le rayon de la courbe à décrire par les navires sortant du chenal de Pollet pour pénétrer dans les bassins ; la direction de ce chenal ne pouvait d'ailleurs être changée, par suite de l'existence de deux monuments importants sur sa rive droite ;

2° Voulait-on, au contraire, ramener l'écluse vers l'Ouest, on était conduit à établir le bassin de mi-marée dans les terre-pleins du cours Bourbon qui devaient servir de quais et ne pouvaient être élargis vers l'Ouest, sans déplacer trois établissements industriels ;

3° Si enfin on repoussait l'écluse et les bassins vers le Sud, on allongeait outre mesure l'avant-port, ce qui nécessitait une dépense considérable.

On dut donc la maintenir là où elle avait été prévue, en réduisant ses dimensions au strict nécessaire, c'est-à-dire à 18 mètres. Nous reviendrons un peu plus loin sur sa construction.

473. *Longueur des sas.* — Si maintenant nous reprenons le cas simple où le sas a la même largeur que l'écluse, voyons comment on déterminera la longueur de celle-ci.

La longueur utile est celle qui est comprise entre et en dedans des deux enclaves des ports amont et aval (*fig.* 483) ; cette distance doit être celle du plus grand navire à écluser. Ces dimensions, ainsi que nous l'avons vu, peuvent atteindre 180 mètres, et, si on ajoute la longueur d'un remorqueur, quelquefois indispensable, on arrive à 250 mètres.

Quelquefois, quand l'amplitude des marées est très considérable, comme sur les côtes de la Bretagne, à Saint-Malo, par exemple, on a adopté, pour la retenue du bassin, un niveau intermédiaire entre les deux hauteurs extrêmes, de telle sorte qu'il faut ajouter au sas deux portes de flot, puisque le niveau de la mer est plus élevé dans le port pendant les marées des vives eaux que dans le bassin.

Le même fait peut se produire dans les ports maritimes situés à l'embouchure de rivières sujettes à de grandes crues, comme à Bordeaux.

Cette disposition entraîne encore un allongement dans les bajoyers du sas, lequel allongement n'est pas sans quelques inconvénients parmi lesquels nous signalerons :

1° La dépense ;

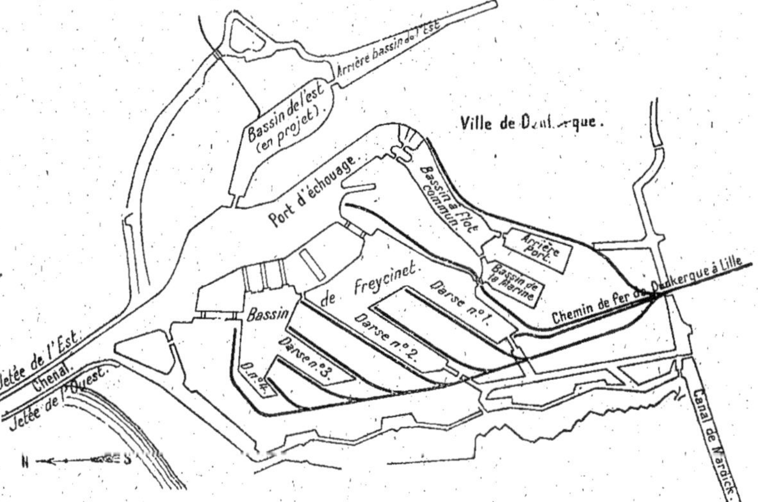

Fig. 484. — Port de Dunkerque.

2° Les difficultés dues aux changements dans la nature du sol d'autant plus à craindre que la longueur des bajoyers est plus grande ; nous en avons vu un exemple dans le bassin de mi-marée de Dieppe ;

3° Le temps de l'éclusage qui est augmenté ;

4° Le halage plus difficile et, par suite, plus dangereux.

Aussi, se borne-t-on, ordinairement, à donner aux sas *seulement* la longueur des plus grands navires qui *fréquentent* le port, se réservant de faire entrer à haute mer, toutes portes ouvertes, ceux qui ont des dimensions exceptionnelles.

Les plus grands navires pouvant être admis dans le sas ne forment pas non plus toujours la majorité de ceux qui se rendent dans le bassin, alors, pour éviter le temps perdu, on partage le sas en deux plus petits, ainsi que l'on a fait pour la Pallice.

On adopte cette solution quand on veut ménager l'eau du bassin, afin de n'y pas introduire d'eau *vaseuse* à la marée suivante. En partageant le sas en deux parties inégales, on peut introduire des navires de trois longueurs-types différentes. On place ordinairement le plus petit sas du côté de l'avant-port, afin d'éviter aux petits bateaux la houle qui pourrait se propager de l'avant-port entre les bajoyers, et que les bateaux redoutent d'autant plus qu'ils sont plus petits.

Nous allons éclaircir ce qui précède par la description du bassin Freycinet à Dunkerque.

474. *Bassin Freycinet ou de l'Ouest à Dunkerque.* — Ce bassin, inauguré le 30 octobre 1881, a une longueur de 500 mètres, et sa profondeur au moment des grandes marées est de 8 mètres. Il communique avec la mer par une écluse de 21 mètres de largeur, et admet, en vives-eaux moyennes, des navires de $7^{m},35$ de tirant d'eau, et, en mortes-eaux moyennes, des navires de $6^{m},35$. Les bateaux qui n'ont pas plus de 120 mètres peuvent être sassés en quelques minutes; ceux qui sont plus longs entreront, toutes portes ouvertes, par l'étale du plein (*fig.* 484).

L'écluse s'ouvre à peu près au milieu du côté Nord du bassin. A son extrémité d'aval, elle débouche dans le port d'échouage.

Le sas est fermé, à chacune de ses extrémités d'amont et d'aval, par une paire de portes d'èbe busquées. Les portes d'aval sont munies de portes-volets; enfin, une paire de portes d'èbe intermédiaire, placée entre les portes extrêmes et aux deux tiers de leur distance à partir de l'amont, divise le sas en deux parties.

De cette sorte, on dispose de trois sas, entre lesquels on règle son choix d'après les dimensions des navires :

1° Un petit sas ayant 52 mètres de longueur de busc en busc et compris entre les portes d'aval et les portes intermédiaires;

2° Un sas moyen, ayant 77 mètres de longueur de busc en busc, entre les portes d'amont et les portes intermédiaires;

3° Un grand sas, ayant 129 mètres de longueur et s'étendant entre les portes d'amont et les portes d'aval.

Deux ponts tournants assurent la communication entre les deux rives de l'écluse; l'un est placé immédiatement en aval des portes d'amont, et l'autre immédiatement en aval des portes intermédiaires.

Les mouvements de l'eau pour les sassements se font à la fois par des aqueducs ménagés dans l'épaisseur des maçonneries et par des vannes disposées dans les portes.

Pour faciliter les épuisements nécessaires pour les visites ou des réparations des radiers et des portes, on a préparé à chaque extrémité une feuillure pour bateau-porte.

Un avant-radier protège chacune des têtes de l'écluse.

Le radier est construit en voûte renversée dans le moyen et le petit sas; il est plan dans toute les autres parties.

Le profil du radier courbe est une anse de panier à cinq centres, ayant $3^{m},50$ de flèche et tracée d'après cette condition, qu'il n'y ait que $0^{m},50$ de différence de niveau entre le point le plus bas et le point situé à 4 mètres de distance horizontale des bajoyers, aujourd'hui on les ferait presque plans, et nous verrons, un peu plus loin, les motifs qui déterminent ce tracé.

Les bajoyers du sas sont verticaux.

Les dimensions les plus importantes de l'écluse sont les suivantes :

Hauteur d'eau sur le radier en basses mers moyennes de vives-eaux ordinaires.	$2^{m},00$
Hauteur d'eau sur le radier en pleines mers de vives-eaux moyennes	7 ,45
Hauteur d'eau sur le radier en pleines mers de mortes-eaux moyennes	6 ,45
Largeur de l'écluse.	21 ,00
Longueur de tête en tête entre les lignes de palplanches de fondation	168 ,00
Distance entre les pointes des buscs des portes extrêmes. . . .	129 ,00
Distance entre les pointes des buscs des portes d'aval et des portes intermédiaires	52 ,00
Distance entre les pointes des	

buscs des portes intermédiaires et des portes d'amont	77m,00
Longueur d'une enclave des portes	12 ,00
Longueurs franches des sas (entre la corde du busc d'amont et l'origine de l'enclave des portes d'aval) :	
1° Pour le petit sas	40 ,00
3° Pour le moyen sas	65 ,00
3° Pour le grand sas, constitué par la réunion du petit et du moyen	177 ,00
Flèche des buscs	3 ,70
Saillie des buscs	0 ,35
Saillies des seuils de bateaux-portes	0m,50
Épaisseur du radier dans les sas	3 ,00
Épaisseur maximum sous les buscs	4 ,50
Hauteur du couronnement au-dessus du fond du radier du sas.	9 ,20

Le grand sas compris entre les portes extrêmes présente une superficie horizontale de 2 780 mètres carrés. Eu égard à l'étendue de cette surface, les manœuvres exigent de grands orifices, tant pour l'introduction de l'eau dans le sas que pour l'évacuation de cette eau dans le port d'échouage.

Les dispositions de l'écluse assurent, pour l'introduction de l'eau dans le grand sas, un débouché de 16 mètres carrés, et, pour l'évacuation, un débouché de 20 mètres carrés.

Les vannes sont organisées pour s'ouvrir en *une* minute.

D'après cela, on a calculé que le remplissage ou la vidange du grand sas durerait environ trois minutes et demie et dans le cas le plus défavorable, c'est-à-dire dans celui d'un sassement à mi-marée montante ou descendante de vive-eau d'équinoxe. En tenant compte du temps perdu, on emploiera environ cinq minutes.

Le remplissage et la vidange du petit et du moyen sas exigeront un peu moins de temps. Ils ont, le premier, 10 mètres de débouché, et le second, 16 mètres.

Ces sections sont données par les vannes des portes busquées et par des aqueducs ménagés dans le massif des bajoyers.

Chaque paire de portes busquées a une surface de 6 mètres carrés de vannes.

Un aqueduc longitudinal règne sur chaque bajoyer, depuis la tête amont jusqu'à la tête aval. Sur chacun de ces deux aqueducs, s'embranchent trois aqueducs transversaux, qui débouchent, deux dans le grand sas, immédiatement en amont de la chambre des portes intermédiaires, le troisième dans la chambre des portes aval.

Chacun des aqueducs transversaux d'amont présente un débouché de 3 mètres carrés, et chacun des aqueducs transversaux, intermédiaire et d'aval, un débouché de 2 mètres carrés.

Chacun des aqueducs longitudinaux a 5 mètres carrés de section, depuis la tête amont de l'écluse jusqu'à l'aqueduc transversal d'amont correspondant. Il mesure 3 mètres carrés de section depuis sa jonction avec cet aqueduc jusqu'à la rencontre de l'aqueduc transversal intermédiaire; à partir de cette rencontre jusqu'à celle de l'aqueduc transversal d'aval, il prend une section de 5 mètres carrés, comme les sections des aqueducs transversaux intermédiaires et d'amont; enfin sa section s'accroît de 2 mètres carrés après la rencontre de l'aqueduc transversal d'aval, et demeure fixée à 7 mètres carrés, jusqu'à la tête aval de l'écluse.

Les radiers des aqueducs sont un peu au-dessus du niveau des plus basses mers, pour que la visite en soit toujours facile pendant les basses-mers de vive-eau.

Les têtes des aqueducs longitudinaux sont disposées de manière à pouvoir être munies de clapets de fermeture. Les clapets d'amont sont montés à charnière, et peuvent être facilement rabattus sur leurs sièges, toutes les fois qu'il faudra visiter les aqueducs à marée basse. Ces clapets d'aval ne seront mis en place que momentanément, lors des grosses réparations.

Les vannes des aqueducs transversaux et des portes busquées sont à jalousies, et manœuvrées soit à la main, soit au moyen d'appareils hydrauliques.

Dans les aqueducs longitudinaux, dont les sections, variables entre 5 et 7 mètres, sont trop grandes pour admettre un système de vannes levantes, on a disposé la construction de manière à faire concourir la chute même de l'eau à l'ouverture de l'aqueduc.

A cet effet, chaque aqueduc longitudinal est fermé, à chacune de ses extrémités, par une porte tournante dièdre dont l'axe est vertical, et dont les deux côtés sont inégaux.

L'angle des deux côtés est droit pour la porte d'amont, un peu obtus pour celle d'aval. L'axe de rotation est placé suivant l'arête du dièdre, en dehors et à $0^m,25$ du contour de l'orifice qui met l'aqueduc en communication avec le puits où est logée la porte tournante. Le petit côté du dièdre ferme, de l'amont vers l'aval, l'orifice de l'aqueduc, en s'appuyant, par un recouvrement de $0^m,10$, sur la paroi d'aval du puits ; le grand côté se meut, avec un jeu de $0^m,01$, dans une chambre cylindrique pratiquée au dépens de la paroi du puits. Du fond de cette chambre part un tuyau de décharge, muni d'une vanne et aboutissant à une certaine distance en aval de la porte. Quand on lève la vanne du tuyau de décharge, l'eau contenue dans la chambre cylindrique s'écoule vers l'aval, et la pression sur la face antérieure reste soumise à la pression de l'eau d'amont; bientôt le moment et la différence des pressions que supportent respectivement les deux faces du petit côté, déterminent le mouvement de la porte qui s'ouvre d'elle-même; ou bien, si la différence des niveaux d'aval et d'amont est trop faible pour vaincre les frottements du système, on aide à l'action de l'eau en halant la porte au moyen d'une chaîne manœuvrée par un treuil qui est placé au sommet du puits.

La fermeture ne doit jamais avoir lieu qu'après que l'égalité de niveau s'est établie entre le bassin et le sas, ou bien entre le sas et l'avant-port ; il n'y a plus alors de pression, et il suffit de tirer la porte au moyen d'une seconde chaîne manœuvrée par le même treuil.

Lorsqu'on fait usage du grand sas, il n'y a pas lieu de manœuvrer les vannes des aqueducs transversaux, qui doivent rester ouverts pour le remplissage comme pour la vidange. Le remplissage du sas se fera en ouvrant :

1° Les vannes des portes busquées d'amont (6 mètres carrés);

2° Les portes tournantes amont des aqueducs longitudinaux ($2 \times 5^{m2} = 10^{m2}$).

On aura ainsi en totalité, 16 mètres carrés de débouché. L'eau qui proviendra des aqueducs longitudinaux sera jetée dans le sas par les aqueducs transversaux en six points: deux à l'amont, deux à l'aval et deux au milieu, de manière que les effets d'impulsion sur la carène des navires se neutralisera autant que possible. La vidange du grand sas s'opérera par les vannes des portes busquées d'aval (6 mètres carrés), et par les portes tournantes aval des aqueducs longitudinaux ($2 \times 7^{m2} = 14^{m2}$, soit par un débouché total de 20 mètres carrés; et l'eau sera appelée dans les aqueducs longitudinaux par six orifices à la fois.

Les vannes des aqueducs transversaux ne deviennent nécessaires que pour les manœuvres du moyen et du petit sas; si l'on se reporte à la description ci-dessus, il est aisé de voir comment elles permettent de réaliser, concurremment avec les vannes des portes busquées, les débouchés de 16 mètres carrés et de 10 mètres carrés indiqués ci-dessus.

En résumé, on s'est efforcé de diminuer autant que possible le temps des manœuvres (seul reproche que l'on puisse faire aux écluses à sas) en donnant de très grands débouchés à l'eau, en utilisant la différence de pression, existant entre le bassin et l'avant-port, pour manœuvrer rapidement l'ouverture des aqueducs longitudinaux et, enfin, en employant des engins hydrauliques.

Subsidiairement, l'ensemble des aqueducs et des vannes sert pendant les marées basses de vives-eaux à donner les chasses nécessaires pour conserver la profondeur du chenal dans l'avant-port, à l'aval de l'écluse. Ces chasses font baisser la retenue jusqu'au niveau moyen des hautes mers de morte-eau, c'est-à-dire, d'environ 1 mètre par rapport au niveau initial, qui correspond moyennement au plein des marées de vive-eau.

Le terrain sur lequel est établie l'écluse est constitué par du sable pur farineux, jusqu'à une profondeur d'environ 20 mètres au-dessous des basses-mers. L'écluse est assise sur une table de béton, dont l'épaisseur est de $1^m,50$ dans le radier du sas, et de $2^m,50$ à 3 mètres le long des têtes, sous les chambres des portes busquées et sous les seuils de bateaux-portes. Ce béton est composé de volumes égaux de briques concassées, de galets de Calais et de mortier ; il a été coulé dans une enceinte de pieux et de palplanches en orme. Les faces latérales de cette enceinte ont été arrachées après la prise du béton, et l'on n'a conservé que celles des têtes amont et aval. Celles-ci sont faites de palpanches de 8 mètres de longueur et de pieux de $8^m,50$, assemblées à rainures et grains d'orge moisés.

Le mortier employé à la confection du béton contient par mètre cube :

$0^m,800$ de chaux éminemment hydraulique de Tournay ;

$0^m,400$ de trass d'Audernach ;

$0^m,250$ de cendres de houille.

Le mortier des maçonneries au-dessus du béton est composé de ciment de Portland et de sable, en proportions variables, suivant les cas : celui des maçonneries de pierres de taille et des enduits est dosé à raison de 570 kilogrammes de ciment par mètre cube de mortier, suivant le degré de résistance ou d'imperméabilité que comporte chaque partie de la construction.

Toutes les maçonneries de remplissage sont en briques jaunes du pays et les parements vus en pierres de taille de diverses provenances. Seuls, les parements intérieurs des aqueducs font exception. Ceux-ci, sauf aux angles, sont revêtus d'un enduit en ciment de Portland de $0^m,02$. Pour les parements des parties inférieures de l'écluse placées au-dessous des naissances du radier courbe, on a employé, comme pierres de taille, les calcaires durs des environs de Marquise (Pas-de-Calais) ; toutefois, les seuils et les feuillures des bateaux-portes sont en calcaire dur de Soignies (Belgique). Dans les parties de l'écluse placées au-dessus des naissances du radier courbe, on a employé, comme pierre de taille, le calcaire dur des environs de Marquise et le granit de Normandie (carrières de Diélette ou des îles Chaussey). Le granit a été réservé pour les musoirs, les chardonnets, les angles d'enclaves des portes busquées, les feuillures de bateaux-portes, l'encuvement de ponts et les tablettes de couronnement. Les parements vus des pierres de taille de sujétion (musoirs, buscs, chardonnets, feuillures de bateaux-portes, encuvements des ponts, tablettes, pierres d'angle), sont bouchardés et ciselés. Les pierres courantes sont simplement smillées à la grosse pointe, dans toutes les parties de l'écluse placées au-dessous du niveau moyen de la mer ; elles sont bouchardées avec ciselures d'encadrement au-dessus de ce niveau.

Les avant-radiers sont limités par une enceinte de pieux et de palplanches en orme, moisés ; ils comprennent :

1° Un corroi d'argile (terre grasse de Watten) de 1 mètre d'épaisseur ;

2° Une couche de $0^m,50$ d'épaisseur de menus matériaux, mélangés avec les déchets provenant du blutage de la chaux de Tournay, employée dans le béton ;

3° Un revêtement supérieur en maçonnerie sèche de libages grossièrement équarris, de $0^m,50$ à $0^m,60$ d'épaisseur, dont les joints sont remplis avec les mêmes déchets de chaux et avec des débris de pierres fortement coincés au marteau. Ce massif est consolidé et maintenu, dans l'avant-radier d'aval, par trois liernes transversales en orme, boulonnées de 2 en 2 mètres sur des pilotis d'ormes en grume de 4 mètres, qui partagent la longueur de l'avant-radier en quatre parties égales.

La dépense correspondant aux terrassements et aux maçonneries a été évaluée à 3 000 000 francs.

475. *Ecluses accolées.* — Dans les ports où la circulation est très active, une écluse n'est quelquefois pas suffisante ; on en accole alors deux, tantôt une simple et une à sas, tantôt deux à sas, dont l'une au moins est divisée en deux parties inégales. Les écluses sans sas donnent passage aux grands navires, comme nous venons de le voir.

Nous allons donner quelques exemples de ces dispositifs.

476. *Écluse simple et écluse à sas du port de Saint-Nazaire.* — Ces écluses servent d'entrée au grand bassin à flot, qui communique avec l'avant-port (*fig.* 485).

477. *Écluses du port de Bordeaux.* — Deux écluses (*fig.* 486), à sas parallèles, sont séparées par un bajoyer intermédiaire de 10 mètres d'épaisseur mettant le bassin en communication avec la Gironde. La plus grande écluse était destinée aux grands paquebots à roues, elle a 22 mètres de largeur et 152 mètres de longueur entre les portes. La seconde a 14 mètres de largeur et 136 mètres de longueur ; elle a été construite pour être affectée aux navires à hélice et aux navires à voiles. Une

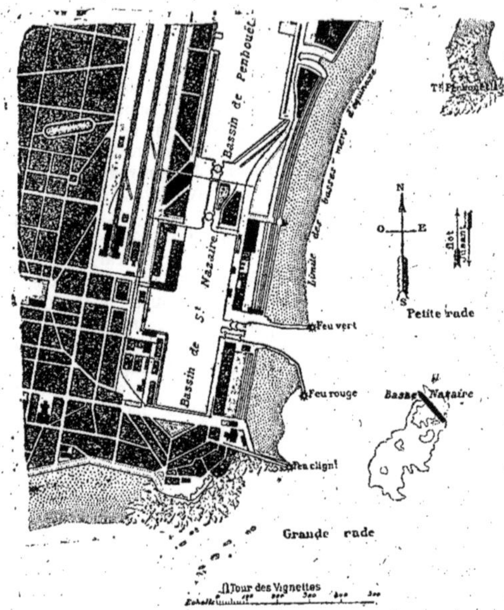

Fig. 485. — Port de Saint-Nazaire.

paire de portes intermédiaires la divise en deux sas, l'un de 60 mètres, l'autre de 76.

Dans les maçonneries des bajoyers sont logés des aqueducs, munis de vannes, pour le remplissage et la vidange des écluses.

La surface supérieure des radiers est disposée en voûte renversée de manière à arc-bouter le pied des bajoyers et à offrir plus de résistance à la sous-pression de l'eau. On sait que ce mode de construction tend aujourd'hui à être abandonné.

De chaque côté des écluses règnent des francs-bords de 25 mètres de largeur, bordés de trottoirs.

478. *Écluses du bassin à flot du port de Calais.* — Le bassin à flot présente une superficie mouillée d'environ 12 hectares, en y comprenant l'arrière-bassin avec lequel il est en libre communication. Sa largeur est de 170 mètres environ à l'entrée, de 120 mètres à son extrémité Sud et de

70 mètres dans l'arrière-bassin. Il s'élargit dans la partie voisine des écluses maritimes, de manière à former un véritable bassin où les plus grands navires peuvent évoluer.

Le plafond est réglé à 0m,50 au-dessous du seuil des écluses.

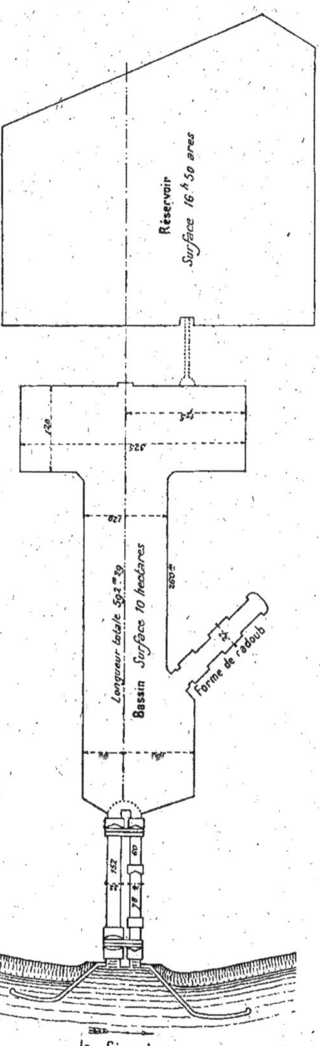

Fig. 486. — Port de Bordeaux.

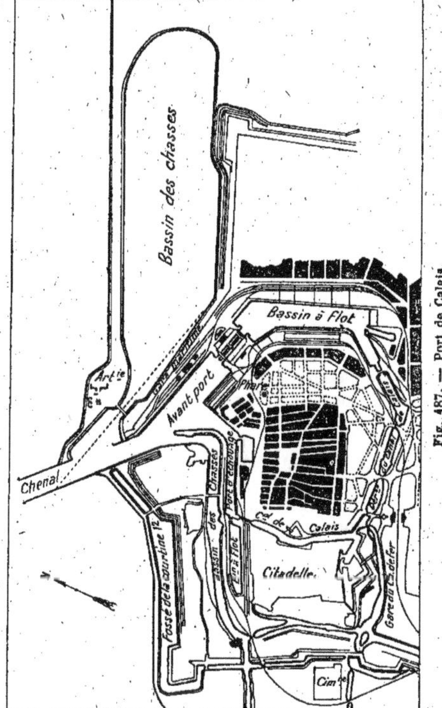

Fig. 487. — Port de Calais.

Le pied des quais est à la même cote que le seuil des écluses.

Le développement total linéaire de ces quais est de 1 500 mètres.

L'arrière-bassin est creusé seulement au niveau des basses-mers de vive-eau ordinaire. Ce niveau est aussi celui du pied des quais, dont la longueur utile est de 350 mètres.

La largeur normale des terre-pleins est de 100 mètres du côté de l'Ouest et de 140 mètres du côté de l'Est. Des hangars servant d'abri pour les marchandises sont construits sur les terre-pleins de l'Ouest par la Chambre de commerce. Tous les quais sont desservis par un réseau de voies ferrées établies par la Compagnie du chemin de fer du Nord.

Deux écluses donnent entrée dans le bassin à flot (*fig.* 487). Ces deux écluses ont leur seuil établi à $1^m,75$ au-dessous du zéro des cartes marines. La profondeur est de $5^m,70$ au-dessous du niveau moyen de la mer; on pourra donc commencer les sassements, pour les navires de faible tirant d'eau, avant la mi-marée montante, et les prolonger après la mi-marée baissante. La plus grande des deux écluses a 21 mètres, et la plus petite 14 mètres de largeur.

Ces écluses permettent d'effectuer le sassement des navires de 130 et de 135 mètres de longueur; pendant l'étale de haute mer, toutes les portes étant ouvertes, elles pourront donner accès dans le bassin à flot aux navires de toute longueur.

La longueur commune des écluses est de $226^m,95$.

Le radier général de la grande écluse, en dehors des chambres des portes, est profilé extérieurement suivant la forme d'une anse de panier renversée à cinq centres, dont la flèche est de 3 mètres et dont le point le plus bas est à la cote $1^m,75$.

Des chambres et des enclaves sont ménagées dans les maçonneries du radier et des bajoyers pour recevoir une paire de portes busquées de flot, à l'aval du sas, et trois portes busquées d'èbe, situées à l'amont, à l'aval et vers le milieu du sas.

La distance entre les pointes des buscs des portes d'èbe d'amont et d'aval, correspondant à la plus grande longueur du sas, est de $133^m,50$; les portes intermédiaires forment avec les portes extrêmes deux sas partiels qui ont respectivement $57^m,50$ et 76 mètres de longueur, mesurée de pointe en pointe des buscs.

Le radier de la plus petite écluse est profilé en anse de panier dont le point le plus bas est également à la cote — $1^m,75$. Cette écluse peut être également fermée par une paire de portes busquées de flot et trois paires de portes busquées d'èbe; la longueur du plus grand sas, mesurée entre les pointes des buscs des portes d'èbe est de $137^m,45$. Les deux sas partiels ont respectivement $57^m,50$ et $79^m,95$ de longueur.

Des feuillures sont ménagées sur les deux têtes de chaque écluse pour en permettre la fermeture au moyen de bateaux-portes.

Des aqueducs de manœuvre sont ménagés dans toute la longueur de la pile centrale et dans le bajoyer de rive droite de la petite écluse.

Les bajoyers extérieurs portant les pivots et les appareils de manœuvre des quatre ponts tournants disposés par paires en prolongement l'un de l'autre, vers les extrémités des écluses, et, en dehors des sas formés par les portes d'èbe extrêmes. De cette façon, la pile centrale qui reçoit les abouts de volée de ces ponts est toujours dégagée pour les manœuvres et permet de maintenir les communications établies entre les deux rives des écluses, soit du côté d'amont, soit du côté d'aval, pendant toute la durée du sassement.

Toutes les manœuvres se font par engins hydrauliques. Ils sont établis dans des cages ménagées dans le terre-plein, recouvertes de plaques de fonte et n'encombrent nullement la circulation.

L'ouvrage tout entier repose sur un massif général de béton de $1^m,50$ environ d'épaisseur descendu à la cote $4^m,75$, excepté dans les chambres des portes où elle atteint $5^m,75$ et le long des piles et palplanches, $6^m,75$, formant ainsi parafouille. Le béton de fondation, formé de galets et de mortier de chaux hydraulique de trass et de sable, a été coulé à l'intérieur d'une enceinte en pieux et palplanches, foncés par injection d'eau et dont les files longitudinales ont été arrachées après l'achèvement du bétonnage.

Les massifs des radiers de la pile centrale et des bajoyers ont été construits à sec sur cette plateforme.

Les dépenses pour les deux écluses se sont élevées, en nombre rond, à 3 000 000 de francs.

479. *Busc.* — Généralement en France, on donne, aux buscs ainsi que nous l'avons déjà vu sur les figures précédentes la forme d'un triangle isocèle dont la flèche varie de 1/5 à 1/6 de la largeur de l'écluse.

Les calculs des portes montrent que plus la saillie du busc est grande, plus la réaction des poteaux busqués l'un sur l'autre est faible, mais alors les portes sont plus grandes et, par suite, plus coûteuses. D'autre part, si la saillie est plus faible, il faut augmenter les dimensions des entretoises puisque les réactions qu'elles ont à supporter sont plus considérables. Il en est de même des chardonnets et des bajoyers.

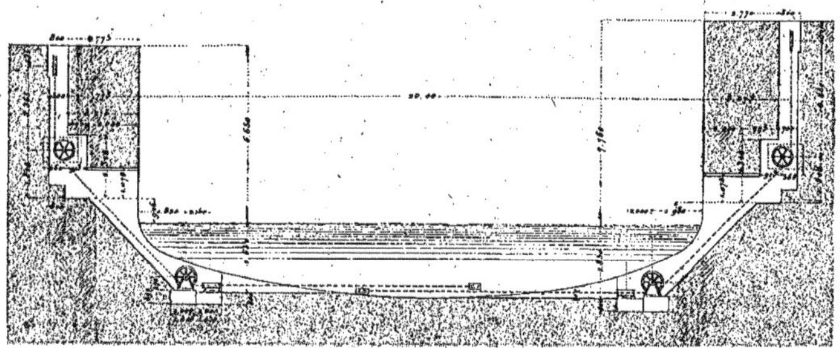

Fig. 488.

Ce chiffre de 1/5 à 1/6 est donc une donnée de l'expérience. Aucun calcul exact ne peut être fait, car il faudrait tenir compte des effets de la houle; suivant M. Guillemain, on pourrait adopter la proportion d'un cinquième dans les ports où l'agitation de la mer est à craindre, et de 1/6 dans les autres.

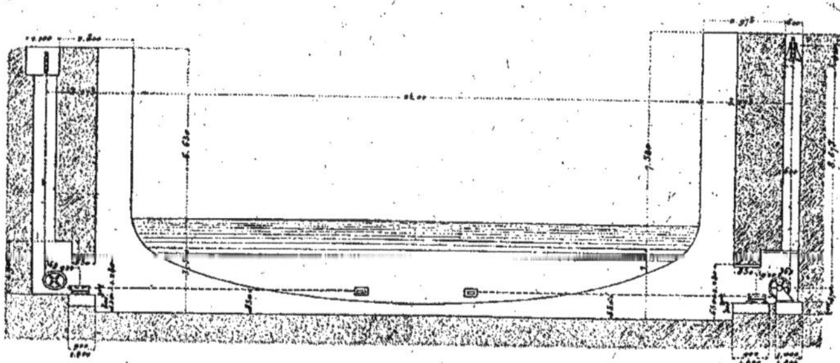

Fig. 489.

Quelquefois, comme à Bordeaux et en Angleterre, on donne aux buscs la forme d'une ogive très aplatie. Quelquefois encore on fait les portes à un seul vantail (écluse Ouest de Tancarville, de Fécamp). Le busc est alors perpendiculaire aux bajoyers.

480. *Bajoyers.* — Les bajoyers sont de véritables murs de quais, on peut donc leur donner toutes les formes que nous avons déjà décrites lorsque nous nous sommes occupés de ces constructions. On place ordinairement leur couronnement à $0^m,50$ au-dessus des plus hautes mers en tenant toujours compte de la hauteur de la houle dans l'avant-port. Pour obtenir la fixité nécessaire au chardonnet, on donne aux bajoyers, en cet endroit, une épaisseur égale à sa hauteur.

481. *Radier.* — Une des modifications radicales amenées par la substitution du fer au bois, dans les constructions navales, consiste dans la forme du maître couple qui s'approche dans les navires en fer de la forme rectangulaire. Il faut donc que la section de l'écluse enveloppe cette forme, ce qui conduit à construire un radier horizontal ou à courbe de très grand rayon. Généralement, on lui donne une pente et une contrepente vers l'axe afin de pouvoir l'assécher en cas de réparation.

On le raccorde avec les bajoyers soit par une courbe de 2 ou 3 mètres de rayon, soit même à angle vif ainsi que nous l'avons vu pour le troisième bassin à flot de Rochefort. Cette dernière disposition, outre la facilité qu'elle donne pour l'appareillage des pierres de taille du chardonnet, ne permet pas aux vases de s'accumuler entre *a*, entre la porte et sa buttée (*fig.* 490) : à Bordeaux, on a été obligé de faire disparaître une partie de cette courbure.

Dans la construction des radiers on distingue, de même que dans les bajoyers, la portion du sas et celle des portes.

Celle du sas peut n'exiger aucune maçonnerie, comme à la Pallice, dans les bassins de mi-marée, etc., où un simple revêtement suffit. Le radier sous les portes exige, au contraire, et quelle que soit la nature du sol, une maçonnerie des plus résistantes.

Il résulte de cette observation différents modes de construction suivant la nature du terrain. Si celui-ci est très dur et très résistant, on se contente de l'araser dans le sas, comme à la Pallice, ou on fait un simple revêtement en maçonnerie comme à Cherbourg, et on construit le busc en l'encastrant verticalement de un ou deux mètres dans le roc vif; pour parer aux sous-pressions, on lui donne 8 à 10 mètres de longueur et on soude solidement la maçonnerie au sol.

Si le sol est perméable, quoique solide, on calcule par les formules que nous avons déjà données les dimensions pour qu'il puisse résister aux sous-pressions.

Enfin, si le sol est perméable et affouillable, il faudra créer des obstacles aux infiltrations de l'eau en donnant une grande longueur au radier et en le bâtissant avec des redans de façon à créer le plus de chicanes possibles au passage des filets liquides.

481. Nous avons donné, dans notre

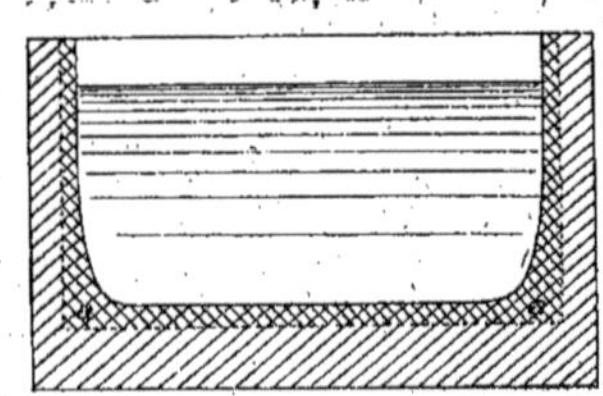

Fig. 490.

Cours de Rivières, la méthode indiquée par M. de Préaudeau pour calculer ces constructions ; nous y renverrons donc nos lecteurs.

Nous ferons toutefois observer que ce genre de calcul est extrêmement difficile et qu'on ne doit en considérer le résultat que comme renseignement. Il est presque impossible, en effet, de tenir compte de la différence de compressibilité du sol sur une surface aussi étendue. De plus, il se fait une sorte de répartition d'efforts entre le bajoyer et le radier qu'on ne peut calculer ; et, s'il y a tassement sous l'une ou l'autre de ces constructions, il y aura des fissures ou des ruptures. Les sous-pressions viennent encore modifier cet état de choses.

Toute fissure détermine généralement un filet d'eau, qui, dans les terrains sablonneux, entraîne et affouille le dessous des fondations et augmente la facilité qu'ont les eaux à miner le sous-sol. Comme précaution générale, il faudra donc battre des pilotis aussi bien sous le radier que sous les bajoyers, afin d'éviter ces accidents, qui amènent quelquefois, ainsi que nous le verrons par des exemples, une réfection presque complète de l'écluse.

Ce qui rend les réparations plus difficiles est le peu de temps dont on dispose

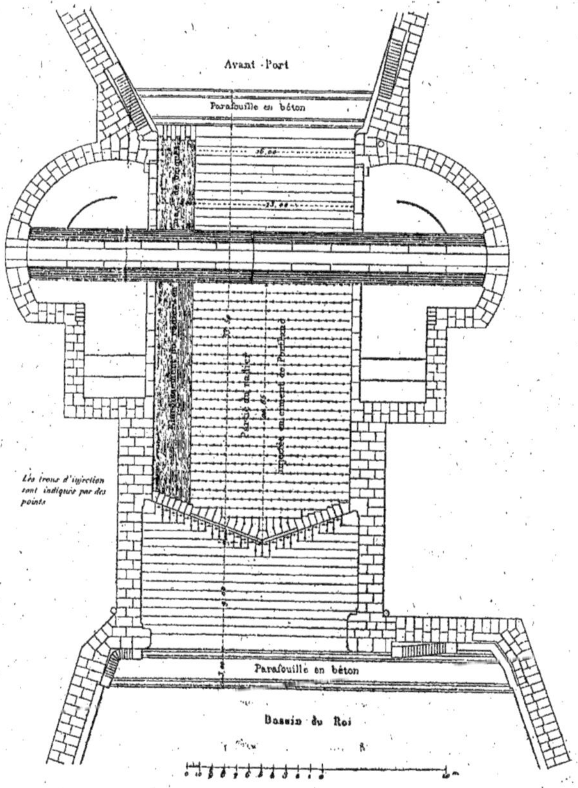

Fig. 401. — Port du Havre. — Écluse Notre-Dame. — Plan.

pour les effectuer à basse-mer, c'est-à-dire avec une sous-pression minima. Il est, en effet, dans ce cas, absolument sans effet d'essayer de réparer les fissures par le côté vu ; le dicton des ouvriers « qu'il ne faut pas prendre les *renards* par la queue, » dicton que nous avons déjà cité, devient alors une loi presque absolue, et l'on peut dire que toute poignée de ciment mise *sur* une fissure est une poignée de ciment perdue.

482. *Restauration du radier de l'écluse*

Notre-Dame. — Pour bien montrer qu'on ne saurait donner trop de soins à la construction de ces radiers, nous donnerons, d'après M. Remont, conducteur f.f. d'ingénieur, le détail des travaux de réfection qu'il a fallu exécuter au Havre au radier de l'écluse Notre-Dame. (V. *Annales des Ponts et Chaussées*, 1883.)

Cette écluse, qui ferme le bassin du Roi vers l'avant-port, fut achevée en 1669, en même temps que ce bassin, le premier du Havre déjà entouré de murs dès l'année 1628.

Cette écluse n'avait primitivement que 13 mètres de largeur, et son radier, construit en charpente suivant les principes

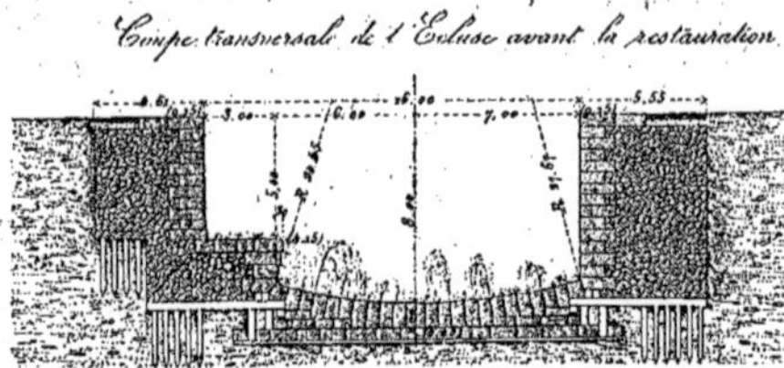

Fig. 492. — Port du Havre. — Écluse Notre-Dame. — Plan.

de Vauban, était de $1^{m},25$ plus élevé qu'aujourd'hui; sur une plaque de bronze trouvée jadis dans les fondations on lisait que cette écluse était une des plus grandes qui eussent été construites jusqu'alors.

En 1776, l'écluse Notre-Dame fut l'objet d'importantes réparations au radier, et on reconstruisit les portes et les parements des bajoyers.

En 1835, le port du Havre ne possédait encore que trois bassins à flot: le bassin intérieur du Commerce, communiquant avec les bassins du Roi et de la

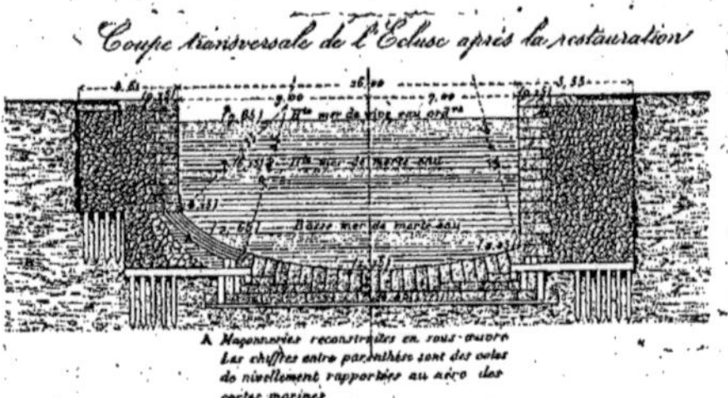

Fig. 493. — Port du Havre. — Écluse Notre-Dame. — Plan.

Barre, et ces derniers avec l'avant-port, par des écluses de 13 mètres et $13^{m},70$ de largeur.

Cette situation ne répondant plus aux besoins de la navigation, on pensa à remplacer l'écluse Notre-Dame par une écluse de largeur suffisante pour donner passage aux navires des plus grandes dimensions, et on résolut d'élargir de 3 mètres l'ancienne écluse, en coupant le bajoyer de gauche sur 5 mètres de hauteur, de manière que, en morte-eau, il restât au moins 2 mètres de hauteur d'eau sur la retraite formée par le reculement de la partie supérieure du bajoyer, hauteur jugée nécessaire pour le tirant d'eau d'une roue de bateau à vapeur. On proposa en même temps d'abaisser le radier de $1^m,25$ pour le mettre de niveau avec celui de l'écluse de la Barre et obtenir ainsi 5 mètres de hauteur en morte-eau (*fig.* 491, 492 et 493).

Les travaux, qui comprenaient aussi la reconstruction des murs du bassin du quai du bassin du Roi, furent exécutés entre deux batardeaux établis l'un dans l'écluse de Lamblardie, en amont du bassin du Roi, l'autre dans l'avant-port, en aval de l'écluse Notre-Dame.

Avant de commencer la démolition du radier et de procéder aux reprises en sous-œuvre, on contrebuta solidement les bajoyers pour éviter leur renversement; on enleva ensuite l'ancien radier en charpente et l'on creusa le terrain jusqu'à la profondeur déterminée pour les nouvelles fondations; mais, au lieu de pierres battues sur toute la surface de l'écluse, sur lesquelles on comptait pour asseoir solidement le radier, on ne trouva que de forts piquets qui servaient à maintenir l'ancienne charpente, et l'on dut se décider à fonder sur le terrain naturel pour ne pas s'exposer à ébranler les bajoyers en battant des pieux.

Le terrain étant bien dressé, on y répandit une couche de mortier hydraulique de $0^m,05$ d'épaisseur ; puis, sur ce mortier, on plaça une plate-forme en hêtre de $0^m,15$ d'épaisseur, en engageant les madriers de 1 mètre au moins sous les bajoyers.

Sur cette plate-forme, on posa une première assise en libages, de $0^m,45$ de hauteur, sur laquelle reposèrent les pierres supérieures du radier, en calcaire de Ranville, taillées en voussoir et formant sur la surface du radier des plates-bandes transversales, incrustées de deux en deux dans l'assise des libages, afin d'éviter de faire un plan continu que pourraient suivre les filtrations.

Dans son ensemble, le radier présente une voûte renversée, formée par un arc de cercle de 13 mètres de corde et $0^m,90$ de flèche. Sa hauteur, à l'axe de l'écluse, est de $1^m,60$, en y comprenant la plate-forme en hêtre de $0^m,15$ d'épaisseur.

Deux parafouilles en béton, de 2 mètres de largeur sur 2 mètres de hauteur, compris entre deux files de pieux jointifs, furent construits à l'amont et à l'aval de l'écluse. L'élargissement de cette dernière fut obtenu par le reculement du bajoyer gauche; on reconstruisit entièrement les anciens murs de la chambre des portes ; mais, en aval du heurtoir, on ne refit que la partie supérieure du bajoyer sur 5 mètres de hauteur, en conservant la partie inférieure du vieux mur, qui forma ainsi une retraite de 3 mètres de largeur et de $1^m,60$ de hauteur au-dessus de la naissance de la courbe du radier, s'étendant sur 31 mètres de longueur. Le nouveau mur ne pouvant être entièrement porté sur l'ancien bajoyer, qui n'était plus assez large par suite du reculement, on comprima le terrain en arrière par de forts piquets, et l'on fonda sur ces piquets.

Malgré ces dispositions, qui devaient assurer une longue durée aux travaux, la décomposition, par le contact de l'eau de mer, des mortiers de chaux employés dans les maçonneries, détermina, dans un espace de temps relativement court, des désordres assez graves pour compromettre la solidité de l'écluse.

Des suintements, d'abord peu apparents, s'écoulant par le joint des pierres, devinrent successivement plus nombreux, en même temps qu'ils prirent plus d'importance. Des sondages pratiqués dans les maçonneries avaient fait voir que les mortiers étaient complètement décomposés.

Le bassin du Roi n'ayant pu être mis à sec, à cause du mauvais état de l'écluse de Lamblardie, située en amont de ce bassin et commandant le bassin du Commerce, on ne put entreprendre aucune réparation sérieuse au radier de l'écluse Notre-Dame, et l'on dut se borner à arrêter les infiltrations, à mesure qu'elles se produisaient, soit au moyen d'étoupes refoulés dans les joints des pierres et recouverts de ciment à prise rapide, soit même avec des coins de bois tendre enfoncés dans les joints. Ces procédés superficiels suffirent pendant quelques années ; mais, au mois de mai 1880, la situation changea complètement. Les fuites augmentèrent rapidement d'intensité ; de nombreux jets ayant jusqu'à 2 mètres de hauteur se firent jour à basse mer sur la plate-forme du radier ; puis l'eau, continuant à se frayer des passages sous les maçonneries, sortit en bouillonnant avec force par deux ouvertures réservées dans l'axe de l'écluse pour recevoir les étaiements des bajoyers pendant la restauration de 1836, et remplies par un restant de boisage et par un béton décomposé, qui furent emportés.

Les pierres de l'ancienne plate-forme du bajoyer gauche, déjà ébranlées par de nombreux chocs de navires, se mirent en mouvement dans la partie voisine des portes et ouvrirent de nouveaux débouchés à l'eau qui contournait le poteau tourillon de la porte et les pierres du chardonnet.

Les réparations faites à la cloche à plongeur ne donnèrent pas de résultats : les trous bouchés à marée basse se vidaient à marée haute ; le mal continua donc à s'aggraver, et, à partir du commencement d'octobre 1880, l'écluse cessa de fonctionner.

Il fallut :

1° Reconstruire le busc en maçonnerie et remplacer le heurtoir en charpente des portes ;

2° Consolider la plate-forme du radier au moyen d'injections en ciment de Portland ;

3° Supprimer la retraite du bajoyer gauche de l'écluse et reprendre les maçonneries en sous-œuvre.

Pour la reconstruction du busc, on opéra d'un seul côté à la fois, réservant l'autre pour l'écoulement des eaux fort abondantes qui s'échappaient du bassin du Roi et des vieilles portes de l'écluse Lamblardie. On opéra au moyen d'une ceinture de batardeaux volants embrassant une partie de la chambre des portes, ainsi que le haut radier sur 10 mètres de longueur moyenne et sur 1 mètre au-delà de l'axe longitudinal de l'écluse ; les batardeaux, construits en planches de sapin et remplis de terre glaise, avaient une hauteur maximum de $0^m,80$ sur le haut radier et de $1^m,20$ dans les chambres des portes, ce qui permettait de travailler pendant environ seize marées, à chaque vive-eau, avec une durée variable de deux à trois heures.

Les épuisements étaient faits au moyen d'une machine locomobile de 16 chevaux placée sur le couronnement de l'écluse, actionnant une pompe centrifuge, débitant 55 litres par seconde, installée sur le radier et communiquant avec un puisard creusé dans les pierres mêmes du bas radier ; les eaux se déversaient directement dans l'écluse du côté de l'avant-port ; vingt minutes suffisaient pour la mise à sec.

Les préparatifs terminés, on démolit les pierres du busc et celles du radier qui étaient brisées ou de mauvaise qualité.

Les pierres enlevées, une première difficulté se présenta. L'eau qui entourait les batardeaux se frayait un passage sous les pierres du haut radier, sortait en abondance et rendait impossible tout travail de maçonnerie.

Pour se débarrasser de cette eau, on perça à la barre à mine, dans les pierres des haut et bas radiers, une ceinture de trous rapprochés traversant l'épaisseur dudit radier. A la morte eau suivante, on injecta par ces trous des coulis de ciment de Portland qui formèrent ainsi sous les pierres des barrages étanches ; les premières injections réussirent parfaitement ; on interrompit les épuisements pendant la prise de ciment, et l'on put ensuite reprendre le travail sans être nullement gêné par l'eau.

Le busc a été établi en maçonnerie de granit de chaque côté du heurtoir en charpente, et, pour prévenir les ébranlements produits par les chocs des portes, quelquefois très violents, les pierres taillées en voussoirs ont été reliées entre elles par des goujons en fer placés entre les joints, et rattachées avec le bas radier au moyen de forts scellements en fer galvanisé de $0^m,04$ d'équarrissage, encastré dans la face de pierres.

Les parties du radier en arrière du busc ont été reconstruites en maçonnerie de briques avec mortier en ciment de Portland.

Enfin, le heurtoir des portes, en bois de chêne, de $0^m,30$ sur $0^m,40$ d'équarrissage, qui forme l'angle du busc, a été remplacé et scellé dans les pierres du radier avec des boulons en fer galvanisé de $0^m,045$ de diamètre.

Les jets d'eau qui s'étaient propagés

sur la surface du radier de l'écluse s'étendaient jusqu'à 18 mètres en aval des portes; ils indiquaient évidemment que le dessous des maçonneries était complètement miné par les eaux. On appliqua alors le procédé d'injection qui avait si bien réussi au bassin de la Floride en 1855-1856.

De même que pour cette écluse il s'agissait encore de désorganisations produites par la décomposition du mortier.

Des forages dans les pierres de la plateforme du radier de l'écluse de la Floride, avaient fait reconnaître qu'au-dessous de ces pierres, le massif de fondation en béton était décomposé sur une certaine épaisseur, et qu'une nappe d'eau, provenant de la retenue du bassin, circulait entre les pierres et le béton; par des trous percés sur le haut radier, le courant avait même rejeté de gros galets qui ne conservaient pas un atome de mortier. Le problème à résoudre, pour remédier aux dégradations du radier, consistait donc, à trouver le moyen de reconstituer, sous les pierres d'appareil, le béton décomposé. On s'était arrêté, après quelques essais, à l'idée d'injecter sous ces pierres du ciment de Portland gâché mou, sans addition de sable pour éviter le mélange des deux matières. Au lieu de pompes on employa des tubes en zinc de $0^m,06$ de diamètre et de 5 à 6 mètres de hauteur dans lesquels on introduisait le coulis au moyen d'un entonnoir.

Pour assurer une pénétration complète on espaça les trous d'injection de $0^m,50$.

A l'écluse Notre-Dame, les vides étaient plus multipliés et il fallait chercher à faire pénétrer les injections dans tous ceux qui existants. La figure 491 indique les emplacements de ces trous que l'on garnissait d'un petit tube en zinc. L'arrêt de l'écluse détermina des dépôts de vase liquides qui remplirent les vides. Il fallut donc les nettoyer. Pour cela on se servit d'une petite pompe aspirante et foulante afin d'injecter de l'eau par les trous. Quelques sondages faits après coup et qu'on essayait de nettoyer ensuite montrèrent si le dessous des pierres était réellement propre.

Le diamètre des tubes de pénétration fut porté à $0^m,08$.

Les injections furent faites de la façon suivante : des échafaudages mobiles, posés sur des tréteaux, pour le service des ouvriers étaient préalablement installés dans l'écluse. Le ciment était gâché dans des augets sur les échafaudages mêmes, et employé immédiatement aux injections.

Dès que l'opération commençait, un ouvrier revêtu d'un vêtement imperméable, descendait sur le radier, et débouchait des petits tubes en zinc scellé dans les pierres à l'orifice du trou et y emmanchait le tube d'injection; puis on lavait de nouveau la maçonnerie en introduisant par l'entonnoir de l'eau à plusieurs reprises; on versait ensuite le ciment jusqu'à ce que le tube soit rempli; on l'agitait au moyen d'une longue tige de fer, en même temps que l'on frappait doucement sur le tube pour faire descendre le ciment. On laissait le tassement se produire pendant que l'on continuait les injections dans les tubes voisins, puis quand on jugeait l'opération terminée, on retirait le tube et on le lavait immédiatement avec soin. Les injections se faisaient simultanément par six trous à la fois. A la vive-eau suivante on coupait les petits tubes en zinc au niveau du radier.

Quelques trous, principalement sous les buscs, ont absorbé jusqu'à 410 kilogrammes de ciment.

La moyenne générale dépensée par chacun d'eux a été de $60^k,23$.

Le coulis était composé de :

1 volume eau de mer ;

0 vol. 4 de ciment de Portland ;

correspondant à 1 litre d'eau pour $1^k,92$ de ciment. Il a été employé 36 260 kilogrammes de ciment représentant un volume de $23^{m/3},43$. La surface du radier étant de $272^{m/2},32$, cette quantité correspond à une couche de $0^m,084$.

Une expérience a permis de constater l'efficacité des mesures prises : les portes du bassin étant fermées à la pleine mer d'une marée de vive-eau, on a fait déboucher, à la basse-mer suivante, un certain nombre de trous percés à $11^m,50$ en aval du busc et réservés pour cette épreuve ;

on a pu ainsi constater que le niveau de l'eau restait invariable dans ces trous et que conséquemment, ils étaient sans communication avec la retenue du bassin.

La dépense s'est ainsi répartie.

Percement à la barre à mine de 602 trous d'injection, de 0m,08 de diamètre de 1m,70 de longueur moyenne, soit 1 023m,70 linéaires à 10 francs le mètre	10 234f,00
Lavage des trous au moyen d'une pompe aspirante à 2 fr. l'un	1 204 ,00
36 260 kilogrammes de ciment de Portland à 76 francs les 1 000 kilogrammes	2 755 ,76
Gâchage et injection du ciment à 62 francs les 1 000 kilogrammes	2 248 ,12
Vingt-quatre tubes d'injection en zinc de 0m,08 de diamètre et 4 mètres de longueur y compris l'entonnoir à 15 francs l'un	360 ,00
602 petits tubes en zinc de 0m,08 de diamètre et 0m,30 de longueur à 1f,60 l'un, y compris le scellement en ciment sur les trous	963 ,20
602 bandes de bois de sapin 0f,50 l'une	301 ,00
Fourniture et réparations de barres à mine.	800 00
Façon et établissement des bâtardeaux dans l'écluse . .	7 678 ,00
Epuisements	5 094 ,00
Installation d'échafaudages pour les injections, location d'une pompe, éclairage et autres dépenses	1 500 ,00
Total	33 138f,08

On compléta ces travaux par l'enlèvement de la retraite ou plate-forme établie sur le bajoyer gauche pour le passage des roues des bateaux. C'était une cause d'avaries pour ces roues et même pour les hélices; on le démolit donc par portions de 2 ou 3 mètres de longueur, on le reprit en sous-œuvre en étayant solidement et on raccorda le radier. Ce travail fut fait avec des briques et du moellon siliceux.

Le parement de la courbe de raccordement du radier de l'écluse a été exécuté avec quatre rouleaux en briques de 0m,45 d'épaisseur.

483. *Busc.* — On leur donne ordinairement, ainsi que nous avons déjà eu occasion de le dire, 0m,35 à 0m,45 de hauteur. Il faut, en effet, d'une part, que le battement de la fourrure en bois de l'entretoise inférieure ait au moins 20 à 30 centimètres de hauteur, à cause des chocs et de la pression considérable exercée par la hauteur de la marée, et, d'autre part, il est nécessaire que la partie inférieure de cette entretoise soit de 0m,15 à 0m,20 au-dessus du seuil pour le cas où la porte donnerait du nez ou pour celui de l'apport de grandes quantités de vase par le port d'échouage.

Au Havre, on a porté cette hauteur de busc à 1 mètre.

Le fond de la chambre des portes est raccordé avec le radier du côté opposé au busc par un mur à parement vertical ou incliné (*Voyez fig.* 574 à 578 *du cours des Canaux*).

484. *Enclave.* — La profondeur de l'enclave doit être plus grande que l'empâtement de la base de la porte. Il faut, en effet, prévoir le cas du refoulement des vases et pouvoir les laisser s'accumuler en certaine quantité sans qu'on soit empêché de fermer les portes. On donne ordinairement 0m,35 à 0m,45 à cet espace et autant comme retraite, de l'extérieur à la porte en dedans des bajoyers.

Il s'ensuit, d'après M. Laroche, que pour une porte de 11m,50 ayant une épaisseur

d'environ	1m,15
On aura pour la place libre en arrière.	0m,50
Et pour la retraite	0m,35
Total	2m,00

485. *Aqueducs de chasses pour le dévasement.* — Nous avons vu qu'on réservait dans les bajoyers des aqueducs qui, au moyen de pertuis, permettent de dévaser et nettoyer les chambres des portes. Nous en avons déjà cité plusieurs exemples.

Ces pertuis de faibles dimensions sont percés perpendiculairement dans l'aqueduc longitudinal et ont pour largeur et pour hauteur celles des pierres de taille.

L'aqueduc est fermé par une vanne à l'aval et une vanne à l'amont des bajoyers pour faire les chasses; on ferme celle d'aval à marée basse et on ouvre celle d'amont à marée haute; l'eau se précipite par les pertuis et met les vases en suspension. On les chasse dans le port d'échouage ou dans l'avant-port en ouvrant des ventelles dans la porte d'èbe d'amont, ce qui détermine un courant.

Aujourd'hui, on paraît avoir renoncé à ce système encombrant, coûteux au point de vue des maçonneries et compromettant quelquefois leur solidité. On les a supprimées, ainsi que nous l'avons vu, à Rochefort et à Bordeaux, et on se contente de draguer ou de pomper les vases par les procédés que nous avons indiqués, et, somme toute, ce moyen paraît le plus économique.

486. *Conduites d'eau, de gaz, etc.* — On renonce d'autant plus volontiers au système des aqueducs de chasse que l'on est obligé d'installer des rainures pour les bateaux-portes, des tunnels pour loger les conduites d'eau douce d'eau comprimée, de gaz, etc., ce qui compliquerait encore la construction, La seule recommandation à faire est de donner à ces tunnels des dimensions telles que la visite et au besoin le travail des réparations soient faciles; des tuyaux de $1^m,50$ à 2 mètres de diamètre paraissent bien convenir à cet usage.

RÉSUMÉ RELATIF A L'EXÉCUTION DES MAÇONNERIES DES ÉCLUSES

487. Les nombreux exemples que nous avons donnés des fondations des écluses nous permettent de résumer les principes généraux qui doivent guider dans la construction de ces sortes de travaux, car on ne peut songer à donner des règles immuables, chaque cas particulier exigeant une solution spéciale.

La solution la plus simple et la plus économique consiste à construire un batardeau, à creuser l'emplacement de l'écluse à sec et à la maintenir dans cet état.

Nous examinerons donc successivement le cas d'une fouille asséchable et celui où on ne peut construire de batardeau.

Fouille asséchable.

488. *Batardeaux.* — Les batardeaux peuvent se faire :

1° En terre avec talus coulants plus ou moins raides;

2° En terre avec talus raidis;

3° En terre dans un coffrage;

4° En maçonnerie.

489. *Batardeaux en terre à talus coulants.* — On leur appliquera tous les principes que nous avons donnés dans notre *Cours de Rivières* pour les constructions des digues de réservoir.

Ils devront donc être soudés au sol composés de déblais homogènes, n'être percés d'aucune conduite, et le remblai intérieur ne devra pas être protégé par des maçonneries à bain de mortier, qui empêcheraient de se rendre compte de leurs dégradations et, par suite, de les réparer en temps utile.

490. *Batardeaux en terre avec talus raidis.* — Les batardeaux précédents entraînent comme conséquence un empâtement considérable qu'on ne peut pas toujours leur donner. Dans ce cas, on peut les projeter, comme on l'avait fait pour Brest et comme on l'a exécuté en Angleterre pour les deux écluses de Sunderland et de Leith. Si les déblais sont formés d'une vase imperméable, on peut les renfermer, ainsi qu'on le ferait avec un corroi, entre un enrochement, d'un côté, et des enceintes en palplanches étagées, de l'autre.

491. *Batardeaux en terre dans un coffrage.* — Nous citerons comme exemple de ces batardeaux celui qui a servi pour le troisième bassin à flot de Rochefort (*fig.* 456).

492. *Batardeaux en maçonnerie.* — Quand le terrain ne découvre pas ou est très mauvais, très fissuré et offre le roc à une certaine profondeur, on trouve quelquefois utile de construire un batardeau en maçonnerie, ce qui comporte deux procédés généraux : le coulage en béton et les fondations par piliers que l'on réunit ensuite. Cette construction ne diffère en rien de celle des quais. Nous nous contenterons de rappeler que nous en avons cité plusieurs exemples, et de donner la coupe du batardeau qui a servi au port de La Pallice (*fig.* 494).

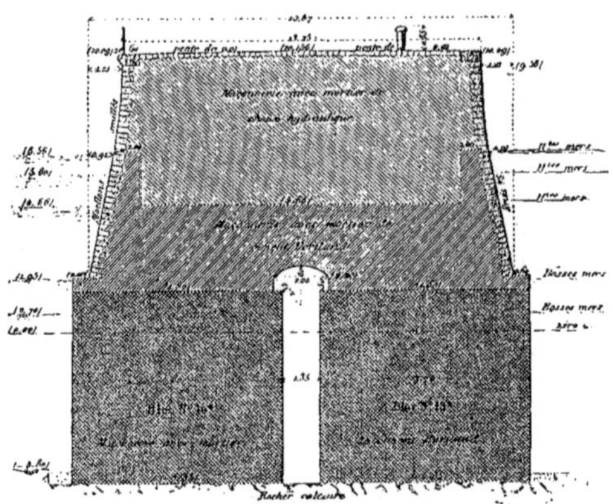

Fig. 494. — Port de la Pallice. — Coupe transversale du musoir sud (v. page 427).

493. *Construction dans une fouille asséchée.* — Si le terrain est solide, il n'y a aucune difficulté, il suffit de bien relier les maçonneries au rocher.

Si le terrain est solide, mais fissuré ou perméable, on coulera une couche de béton et, dans les deux cas, on pourra supprimer les parties du radier qui ne nécessitent pas un appareillage spécial. Il n'en sera pas de même, si le terrain est solide mais altérable : il faut alors que le radier soit continu, et, si on craint les infiltrations, on devra construire des parafouilles et des chicanes.

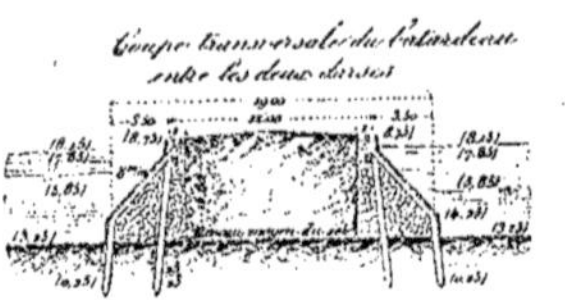

Fig. 495. — Port du Havre. — Bassin Bellot.

Dans les terrains meubles et incompressibles, tels que les galets reposant sur un sous-sol de craie, ou le sable de très grande profondeur, et dans le cas où le terrain ne ressue pas l'eau au pilonnage, on se contentera d'une couche uniforme de béton de $1^m,50$ à 2 mètres d'épaisseur, ainsi qu'on l'a fait au bassin Bellot (*fig.* 495, 496, 497 et 498).

Dans le cas où l'eau ressourde sous le pilon, ce qui indique une sous-pression, on coule le béton sous l'eau, en laissant remonter l'eau préalablement. On a bien soin d'enlever les enceintes de pieux et de palplanches après chaque couche de béton, afin d'opérer un soudage complet.

Si le terrain est meuble et compressible, il faut alors employer les pilotis, en ayant soin de multiplier les pieux sous les bajoyers, de façon à prévenir toute espèce de tassements. Il faut se garder surtout de faciliter les cheminements d'eau par l'emploi d'un grillage ou d'un plancher sur les têtes de pieux ; on se contente de noyer leurs têtes de 0m,75 à 1 mètre dans les maçonneries. Dans tous les cas, il est toujours prudent, dans les terrains même très peu compressibles, de mettre des pilotis sous les bajoyers.

Cas où les batardeaux ne sont pas possibles.

494. *Fouilles blindées.* — Dans le cas où on ne peut construire des batardeaux, soit parce qu'on ne dispose pas d'une place suffisante pour creuser les talus,

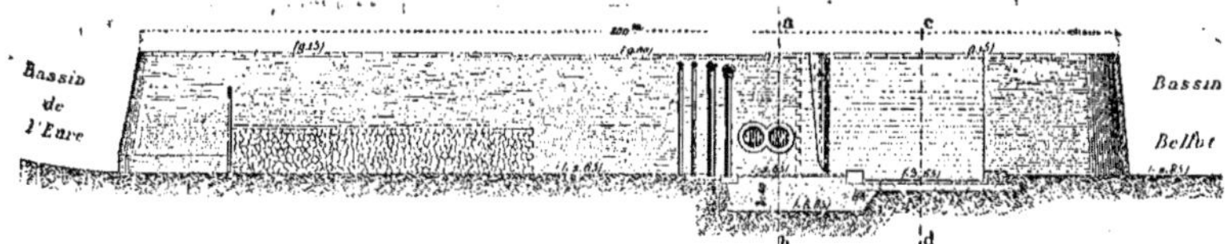

Fig. 496. — Port du Havre. — Bassin Bellot. — Coupe longitudinale de l'écluse.

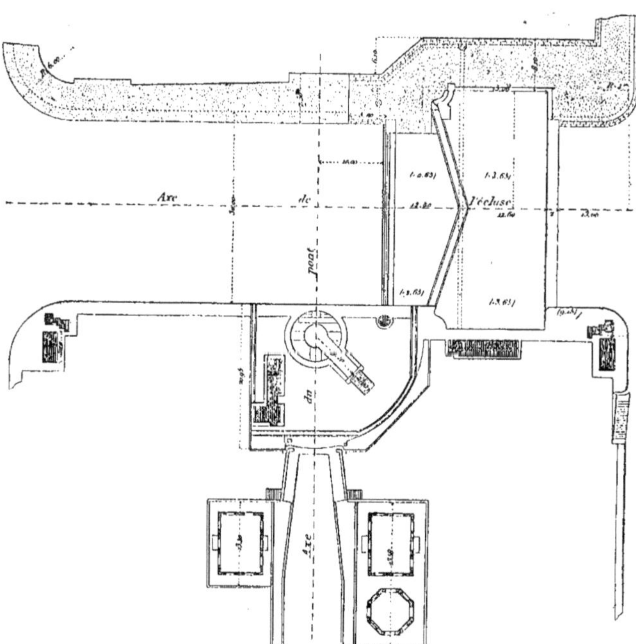

Fig. 497. — Port du Havre. — Bassin Bellot.— Plan de l'écluse.

soit pour tout autre motif, mais en admettant cependant, que l'on puisse épuiser, on peut exécuter les maçonneries dans une fouille blindée, en prenant toutes les précautions que réclame ce genre de travaux. Ils doivent être menés très rapidement, car les poussées sont considérables. Il faut employer des bois de gros échantillons, qui gênent d'autant plus le service qu'il faut souvent les renforcer pendant l'exécution des travaux. En quelques mots, c'est toujours un travail dangereux, plein d'imprévu, et ce n'est, nous en pouvons parler par expérience, qu'avec une surveillance des plus minutieuses et de chaque instant qu'on peut éviter les accidents. Il faut choisir la belle saison. Dans les pays chauds et dans les endroits où le sol se fissure profondément, on fera bien d'avoir sous la main de la glaise prête à être employée pour détourner les eaux sauvages qui pourraient se déverser dans les fissures qui avoisinent la fouille et augmenteraient les poussées latérales. Dans tous les cas, on fera bien de pousser les travaux avec toute l'intensité possible, le danger étant, pour ainsi dire en raison inverse du temps employé.

Lorsqu'il s'agit d'écluses, on commence naturellement par la construction des bajoyers, qui forment une sorte de batardeau permettant de creuser entre eux, de façon à pouvoir construire le radier.

495. *Fondations par blocs ou par puits avec havage.* — Ce procédé est alors identique à celui que nous avons décrit pour les fondations des quais ; nous en avons cité de nombreux exemples, nous n'y reviendrons donc pas ; nous dirons seulement qu'en fermant les extrémités de l'écluse par des blocs que l'on réunit ensuite, on pourra former un véritable batardeau en maçonnerie qui permettra de faire les travaux intérieurs et serviront de parafouille. On arase ensuite ces deux lignes de blocs jusqu'à la hauteur du radier, ainsi, du reste, qu'on aurait été contraint de le faire pour un batardeau en maçonnerie.

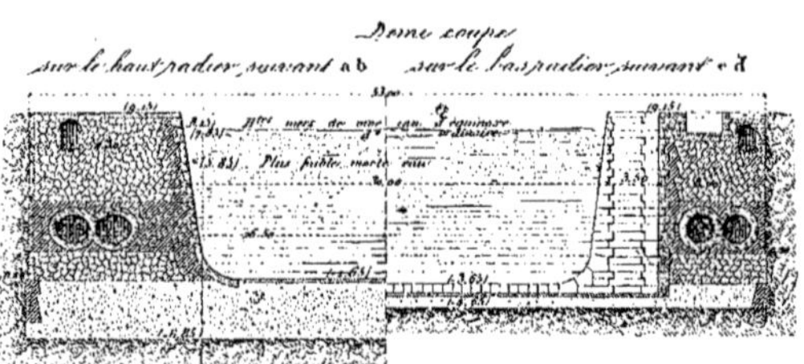

Fig. 498. — Port du Havre. — Bassin Bellot. — Écluse.

On devra prendre toutes les précautions que nous avons indiquées pour la fondation des quais, afin d'empêcher le déversement des blocs pendant le travail.

Cas où la fouille n'est pas asséchable.

496. Dans ce cas, qui se présente si le sol est composé de gros galets très perméables, on emploie les caissons à air comprimé.

Nous en avons déjà cité de nombreux exemples ; nous en citerons un autre relatif à l'écluse aval du bassin à flot de mi-marée à Dieppe, que nous emprunterons au mémoire de M. Paul Alexandre inséré dans les *Annales des Ponts et Chaussées* de 1887.

497. *Écluse aval du bassin de mi-marée à Dieppe.* — Dans l'emplacement de l'écluse, le sol est constitué, jusque vers la cote $1^m,40$ au-dessus de zéro des cartes, par des bancs de galets de diverses grosseurs

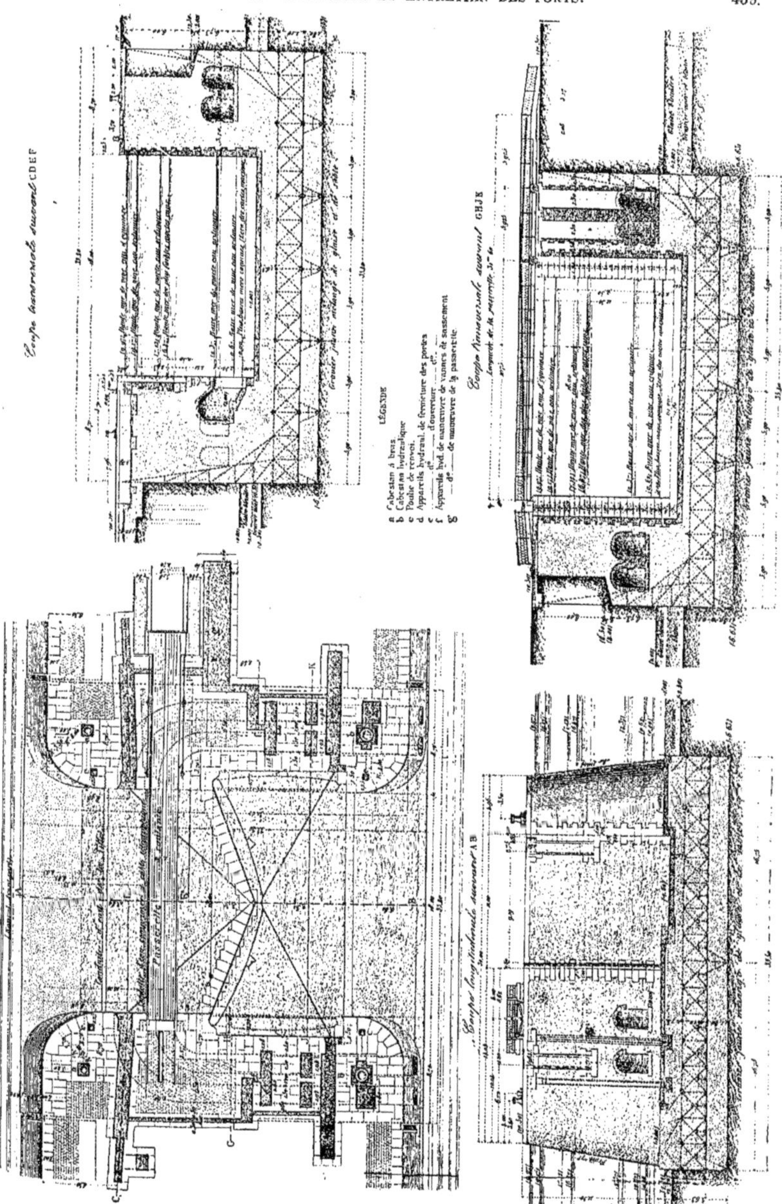

Fig. 499 à 502. — Port de Dieppe. — Écluse d'aval du bassin de mi-marée

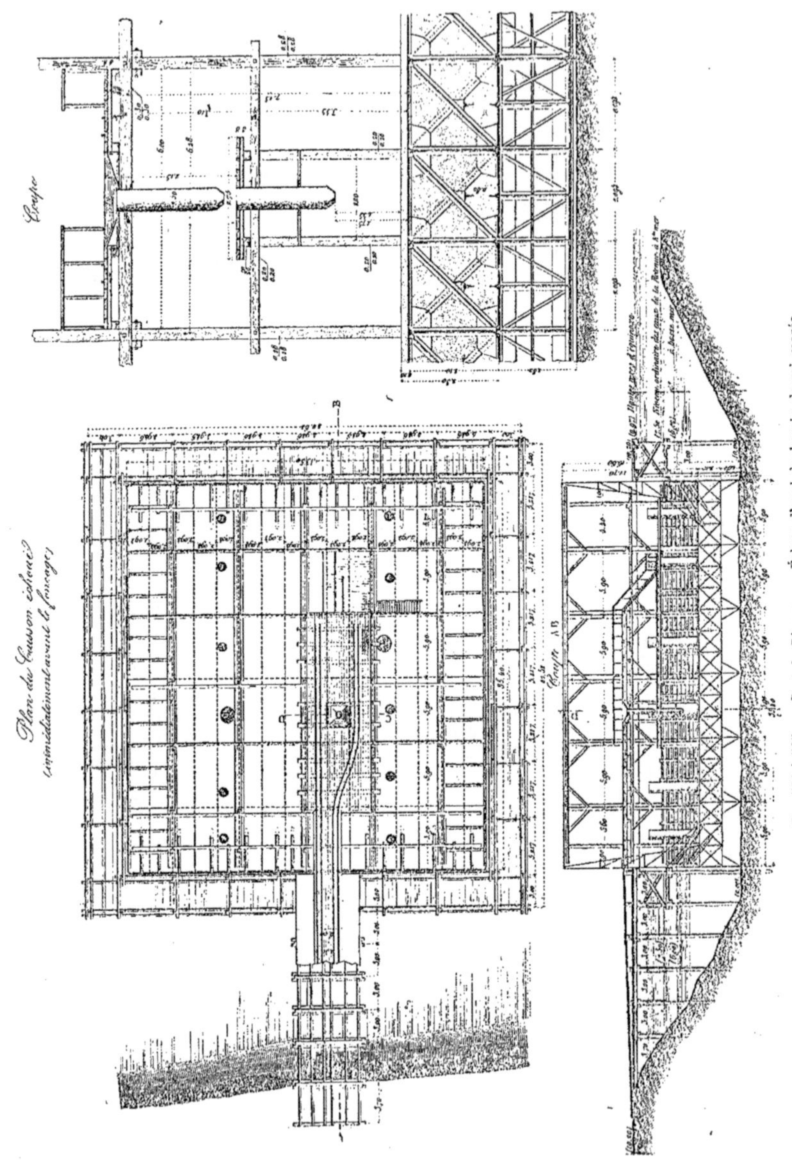

Fig. 503 à 505. — Port de Dieppe. — Écluse d'aval du bassin de mi-marée.

analogues à ceux qui forment l'estran de la plage de Dieppe. Au-dessus de ces bancs, qui se laissent facilement traverser par les eaux, on rencontre, sur un peu moins de 2 mètres de hauteur, des couches d'argile et de tourbe; elles recouvrent un gravier non roulé qui règne jusqu'à la craie et, dont la surface supérieure ne dépasse guère la cote de 8 mètres au-dessus du zéro des cartes. Les fondations ont présenté les mêmes difficultés que celles de l'écluse du bassin Duquesne, en 1868. On assure que pour ce travail, bien que les fouilles aient été entourées d'une ligne de pieux et palplanches jointifs, les épuisements, opérés au moyen de pompes mues par de nombreuses machines fixes et locomobiles, ont coûté près de 300 000 francs.

Les infiltrations à travers les bancs de galets étaient telles qu'on se trouvait dans l'impossibilité de mettre à sec à vive-eau. On ne travaillait qu'à morte eau. Il a fallu deux ans pour achever les fondations.

Pour l'écluse nouvelle (*fig.* 499, 500, 501 et 502), on a rencontré des conditions plus défavorables encore, attendu que, d'une part, les fondations étaient projetées à un niveau beaucoup plus bas (près de 1^m), et que les batardeaux auraient eu un développement trop considérable. On se décida donc pour l'emploi de l'air comprimé qui, s'il coûte plus cher, offre peu d'aléa relativement aux crédits prévus.

Le radier fut projeté par comparaison avec des ouvrages analogues à $3^m,60$ d'épaisseur, se réduisant à 3 mètres dans la chambre des portes. Ce caisson, dont nous donnons le dessin et l'installation (*fig.* 503, 504, 505, 506 et 507) pesait $561^T,5$, présentait une surface de $35^m,40 \times 33^m,50 = 1\,185^{m^2},90$. Il pesait donc 473 kilogrammes par mètre carré de fondation, sur lesquels $446^T,5$, soit 376 kilogrammes, correspondait à la chambre de travail. On le construisit horizontalement sur des madriers placés sur un remblai, puis on le déblaya de $0^m,80$ et on le fit abaisser d'une hauteur égale. On attendit ensuite une marée de septembre et on le lança entre des pieux moisés servant de guide et formant un vaste rectangle fermé de trois côtés. Aussitôt le caisson arrivé en place, on ferma le quatrième côté et on se mit en communication avec lui au moyen d'une passerelle.

On dut naturellement le charger pendant le fonçage et on opéra à la manière ordinaire.

A la tête Nord de l'écluse, les musoirs

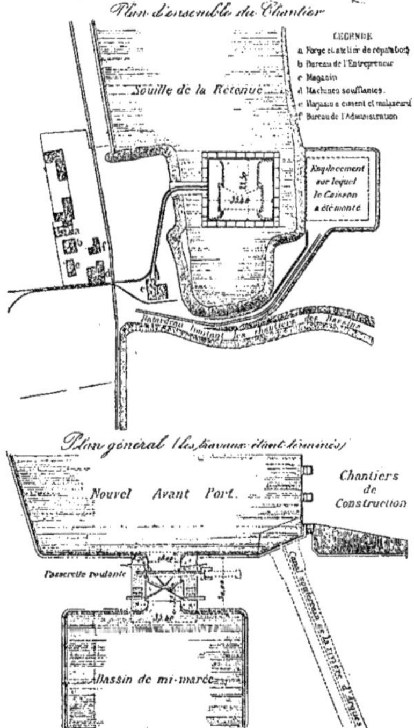

Fig. 506 et 507. — Port de Dieppe. — Écluse d'aval du bassin de mi-marée.

des bajoyers Est et Ouest ont été montés successivement, après avoir vidé de galets les compartiments correspondants, lesquels mesuraient $12^m,80$ de longueur sur $11^m,40$ et $12^m,40$ de largeur; on a élevé les maçonneries par assises horizontales d'environ 1 mètre de hauteur et par gradins jusqu'à la cote 7m,50, correspondant au niveau ordinaire des eaux dans la souille, à pleine mer. A cette

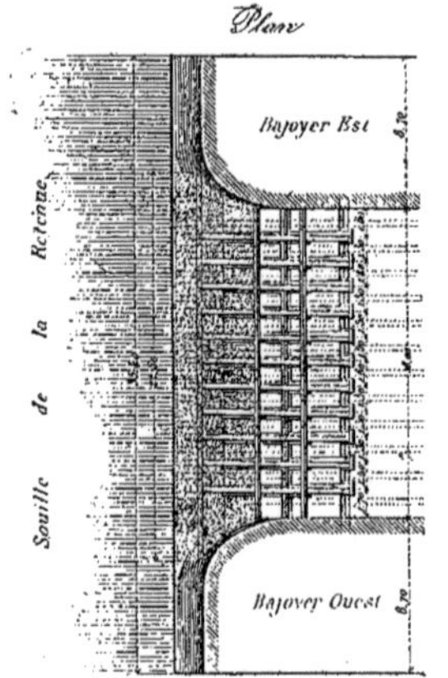

Fig. 508. — Port de Dieppe. — Batardeau en tête de l'écluse.

cote une plate-forme de 3m,50 de largeur a été établie. Les deux musoirs une fois montés, la portion du radier comprise entre eux a été achevée. C'est dans cette portion que sont situées les deux rainures de 0m,60/0m,60 projetées pour le passage en siphon des tuyaux de canalisation de l'eau.

On a pu procéder alors à la construc-

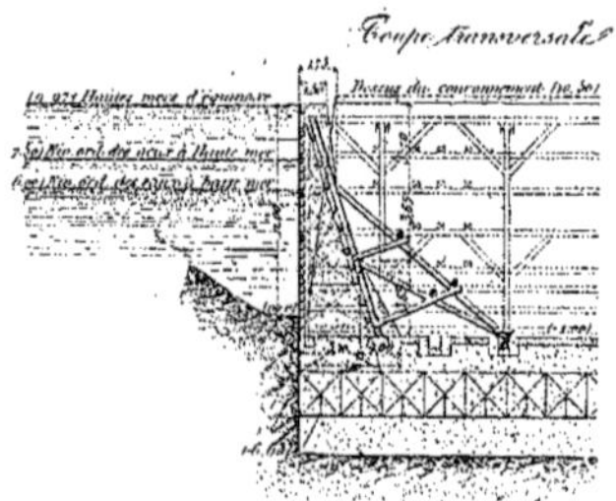

Fig. 509. — Port de Dieppe. — Batardeau en tête de l'écluse.

tion du batardeau destiné à consolider la paroi en tôle du caisson au droit du pertuis de l'écluse. Cette paroi Nord se trouvait contreboutée à la paroi opposée par l'intermédiaire de la charpente longitudinale du caisson ; mais une fois les épuisements commencés dans la portion restant

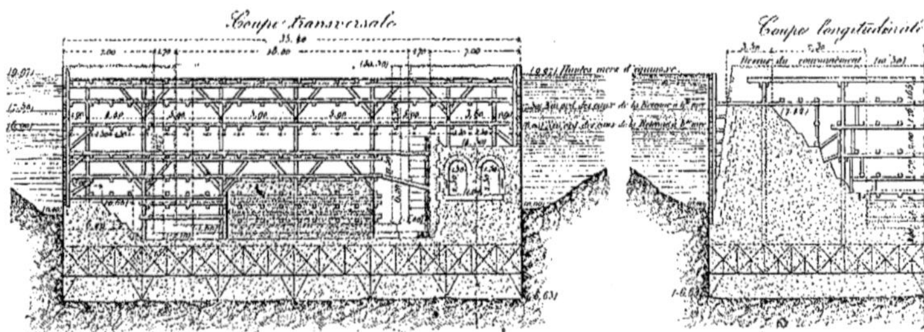

Fig. 510 et 511. — Port de Dieppe. — Construction du bajoyer Est.

à exécuter du bassin de mi-marée, les eaux devaient cesser d'exercer sur la paroi Sud, la pression qui équilibrait celle à laquelle était soumise la paroi Nord.

On constitua, par suite, le batardeau de la façon suivante (*fig.* 508, 509, 510 et 511) : les fermes très légères, en tôle, reliant la paroi verticale Nord du caisson aux poutres du plafond, ont été réunies par dix cours de poutrelles horizontales sur lesquelles on a boulonné perpendiculairement de fortes pièces de sapin de 30/30 à 32/32 d'équarrissage, espacées de 1m,50 d'axe en axe. Chacune de ces pièces a été contreboutée par deux étais ayant leur pied engagé dans la deuxième rainure du radier. On a ensuite appliqué contre la paroi un massif en béton assez maigre (formé avec 300 kilogrammes de ciment par mètre cube de sable) ayant 1m,50 d'épaisseur au sommet et 5 mètres à la base. La zone du radier correspondant à ces 5 mètres a été faite complètement en béton, sans revêtement en briques, dans le double but de permettre une meilleure liaison pendant la durée du batardeau, et d'obtenir une surface de radier plus régulière après le dérasement sous l'eau de la base de cet ouvrage, ce qui n'aurait pu se faire sans casser un grand nombre de briques du revêtement. Entre les parements des musoirs des bajoyers et le béton du batardeau, on a interposé des feuillets de sapin, de manière à empêcher toute adhérence et à permettre la démolition sans détériorer les parements.

Le batardeau mixte ainsi formé de tôles, charpente de sapin et béton, résista convenablement à la poussée dans les circonstances les plus défavorables, et, pendant les trois années, pendant lesquelles il fut utilisé, il ne se produisit ni filtration ni inconvénient.

Les musoirs et le batardeau étant établis, on s'occupa de l'achèvement des deux bajoyers, et ceux-ci construits, on enleva

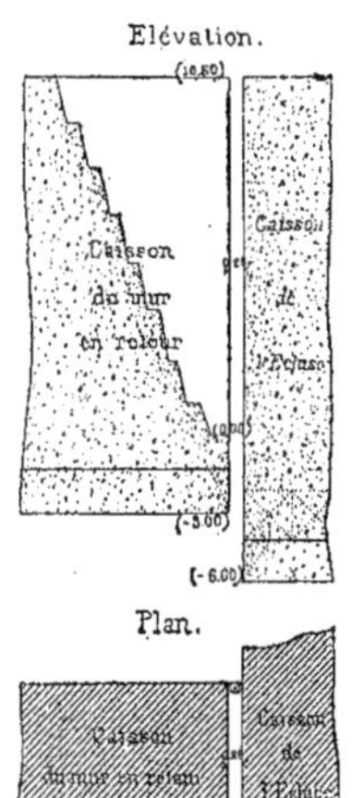

Fig. 512 et 513. — Port de Dieppe. — Construction du bajoyer Est.

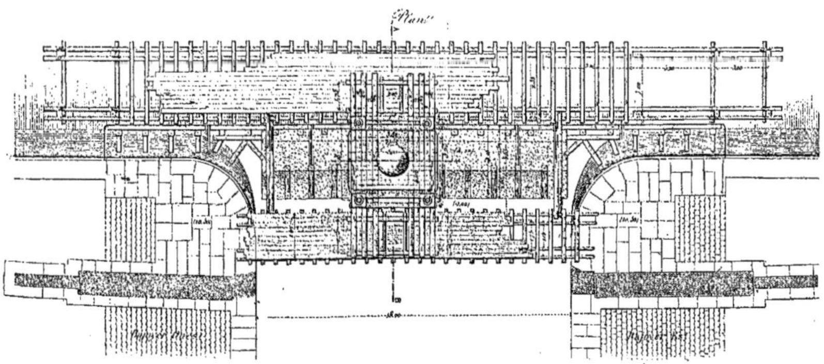

Fig. 514. — Port de Dieppe. — Démolition du batardeau construit en tête de l'écluse.

tous les boisages du fond, on put alors construire dans d'excellentes conditions le radier et le busc. On n'eut que quelques difficultés de bardage pour descendre les bourdonnières et la pointe du busc.

Il ne resta donc plus qu'à souder les bajoyers avec les murs en retour. Ceux-ci avaient été construit dans de petits caissons spéciaux. On battit (*fig.* 512 et 513) des pieux le plus profondément possible en face de la soudure, afin de comprimer le sol et de rendre les affouillements aussi difficiles que possible ; puis, avec des pieux et des palplanches, on forma une enceinte que l'on épuisa ; on enleva les tôles des caissons, et, on effectua la soudure des maçonneries en utilisant les gradins que l'on avait ménagés.

Une fois les travaux terminés, les vannes, les portes, les tuyaux des aqueducs mis en place, on démolit le batardeau (*fig.* 514, 515), ce qui fut une opération longue et pénible. On commença par enlever les parties latérales, jusqu'à ce qu'il ne resta plus qu'un massif ayant 18 mètres de longueur (ouverture de l'écluse), 11 mètres de hauteur, 1m,50 de largeur au sommet et 4 mètres à la base. On put descendre à sec jusqu'à la cote de 4m,20, l'eau montant assez lentement dans le bassin. On démolit le reste au moyen d'un caisson à air comprimé.

Ce caisson avait 5 mètres de longueur sur 4 mètres de largeur.

On le munissait de hausses mobiles au fur et à mesure de son enfoncement. L'eau pénétrant au-dessus du plafond, la sous-pression était constante et correspondait au cube d'eau capable de remplir la chambre, soit 44 mètres cubes.

La démolition s'opéra par tranches de 0m,50 de hauteur sur les 2 premiers mètres, puis on enleva le massif restant, qui avait une hauteur de 3m,20, en deux couches de 1m,60 chacune. On employait la dynamite par charges de 50 à 150 grammes. On travailla de jour et de nuit. Le travail, commencé le 20 septembre 1886, fut terminé seulement le 2 janvier 1887, et, le volume étant de 302 mètres cubes, on n'enleva que 3 mètres cubes par 24 heures.

Chaque équipe se composait de huit ouvriers. Ce travail, quoique s'étant terminé sans accident, était particulièrement dangereux, par suite de ce que le caisson débordait la maçonnerie sur deux faces. Si, en effet, une porte avait été ouverte intempestivement, l'eau aurait envahi instantanément la chambre de travail.

Les dépenses se montèrent pour la partie située au-dessous de la cote 6 mètres à 793 985 fr. 04, dont 113 347 fr. 08 pour le ciment.

La dépense totale pour la construction

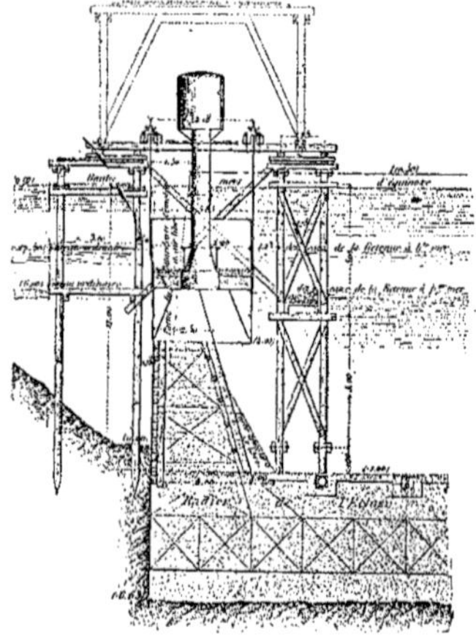

Fig. 515. — Port de Dieppe. — Démolition du batardeau construit en tête de l'écluse.

de l'écluse prête à fonctionner s'éleva à 1 065 000 francs, ainsi répartis :

Maçonneries, etc.	849 500 fr.
Une paire de portes en tôle galvanisée, pesant environ 151 tonnes la paire.	113 600
Un appareil funiculaire d'ouverture et de fermeture	27 900
Quatre ventalles des aqueducs	36 000
Deux cabestans hydrauliques à poupée différentielle.	12 400
A reporter.	0,039 400 fr.

Report.	1 039 400 fr.
Deux cabestans à bras. . .	1 500
Deux poulies de renvoi . .	900
Une passerelle roulante pour piétons.	12 000
Un appareil funiculaire de manœuvre pour la passerelle	11 200
Total. . .	1 065 000 fr.

Maçonneries.

498. Nous avons peu de choses à dire relativement aux maçonneries dont nous avons eu fréquemment occasion de parler.

Nous rappellerons seulement que les pierres de taille ne doivent pas offrir d'angles saillants vifs, mais bien présenter des arrondis de 0m,10 à 0m,12 de rayon sur leurs crêtes. On doit les employer toutes les fois que l'on aura à résister à des chocs par une action de masse (rainures de bateaux-portes, busc et surtout bourdonnière).

Ces deux dernières constructions en pierre exigent des soins spéciaux, à cause des efforts et des chocs qu'elles supportent. Généralement on donne aux pierres du busc, surtout s'il y a un peu de houle, 1 mètre de longueur, 0m,70 de largeur et 1 mètre d'épaisseur.

On choisit ordinairement le granit à grain fin, et on ménage souvent une feuillure qui sert à incruster une forte pièce de charpente qui solidarise à la fois toutes les pierres du busc, et amortit le choc des vantaux qui s'effectue sur elle, d'où le nom de *faux busc* qu'on lui donne ; elle peut être changée quand elle a été fatiguée par le choc des portes.

Quant à la *bourdonnière*, qui reçoit par l'intermédiaire la crapaudine le poids de tout un vantail lorsque l'écluse est vide, on lui donne une surface suffisante pour répartir ce poids sur une surface convenable de fondation. Pour plus de solidité, elle fait généralement partie intégrante du fond de la chambre des portes, du busc et du chardonnet (*fig.* 516).

Les parafouilles qu'on emploie pour éviter les affouillements sous le radier, sont composés par une ligne de pieux et de palplanches descendant profondément au-dessous du sol ; on augmente dans leur voisinage l'épaisseur du radier de 1 ou 2 mètres.

On peut protéger ces parafouilles par un enrochement affleurant le sol, enrochement qu'on peut recharger quand le besoin s'en fait sentir.

Si les courants sont violents cette défense est insuffisante, il faut alors, ainsi que nous l'avons déjà vu construire des avant-radiers auxquels on donne jusqu'à 15 et 20 mètres de longueur. On les compose d'une couche d'argile corroyé de 1 mètre, recouverte d'une couche de pierres cassées de 0m,40 à 0m,50 d'épaisseur et de gros blocs *isolés* ayant 0m,50 à 0m,60 de façon à ce qu'on soit averti des affouillements qui pourraient se produire et y remédier en temps utile.

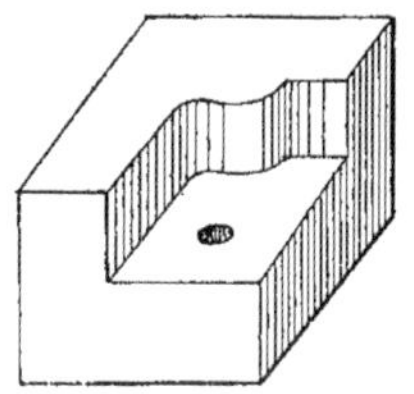

Fig. 516.

On peut protéger cet avant radier par un autre parafouille et celui-ci par un enrochement à fleur du sol.

Nous en avons vu un exemple quand nous avons parlé du port de Calais.

PORTES D'ÉCLUSES

Généralités.

499. Bien que ces portes soient semblables en principe aux portes d'écluses que nous avons décrites en parlant des canaux, on conçoit qu'il faut prendre des précautions particulières tant pour leur établissement que pour leur manœuvre. Ces constructions pèsent en effet jusqu'à 150 tonnes et supportent des charges pouvant s'élever à 150 tonnes et au-delà.

Tant que la navigation n'employait que des navires d'un tonnage relativement faible et que l'industrie métallurgique était peu avancée, on construisit les portes en bois, mais depuis l'application de la vapeur à la navigation, depuis que les bois de fort échantillon ont augmenté de prix, et surtout depuis les progrès de l'industrie du fer, on a utilisé ce dernier de plus en plus, et, aujourd'hui, les nouvelles portes d'écluse se construisent presque toutes en fer.

500. *Moyen d'alléger le poids des portes d'écluses.* — Ainsi qu'on le pense bien, l'un des premiers soins des constructeurs fut de chercher à soulager les portes afin d'en faciliter les manœuvres tout en leur maintenant la rigidité voulue. Toutes les inventions faites à cet égard se rattachent à deux types différents: 1° supporter la porte sur des roulettes ; 2° profiter de la poussée de l'eau déplacée.

Le premier procédé peu employé en France entraîne à de nombreuses sujétions de construction. Il faut en effet que les roulettes soient placées bien exactement dans le plan du vantail afin de ne pas tendre à le déformer. On doit pouvoir régler leur charge. Leur surface de roulement sur la plateforme doit éviter tout ripage qui rendrait leur utilité presque nulle. L'ensemble des axes est sujet à gripper. Elles ne peuvent être visitées et par suite entretenues que dans les ports où le radier découvre à basse-mer ; enfin, le chemin de roulement lui-même est sujet à des déformations.

On a donc préféré en France, ainsi que nous le disions plus haut, alléger les portes en se servant de la poussée de l'eau. Lors de la construction des portes en bois de nombreuses expériences ont été faites à cet égard. On a essayé de substituer le chêne au sapin, malheureusement le poids du mètre cube du bois varie avec le temps de l'immersion.

C'est ainsi qu'au Havre, d'après M. Debauve, du sapin pesant 624 kilogrammes lors de son immersion, pesait 808 kilogrammes après 14 mois.

Il résulte d'expériences faites par M. Wattier à Saint-Nazaire que du chêne pesant 850 kilogrammes à l'état sec, pesait 900 kilogrammes après plusieurs mois d'immersion, et que du sapin rouge avait vu augmenter le sien de 650 à 700 kilogrammes.

Les expériences de M. Poiré ont donné les chiffres suivants :

Chêne noueux en magasin : 755 kilogrammes ; desséché à l'étuve 644 ; après 10 ans d'immersion 1 298 kilogrammes.

Chêne sans nœuds en magasin : 773 kilogrammes ; desséché à l'étuve 576 ; après 10 ans d'immersion 1 234 kilogrammes.

Sapin du Nord en magasin : 500 kilogrammes ; desséché à l'étuve 483 ; après 10 ans d'immersion 1 077 kilogrammes.

Le chêne noueux était allé au fond de l'eau au bout d'un an. Le chêne sans nœud au bout de dix-huit mois et le sapin du Nord au bout de deux ans.

Il suit de là qu'on ne peut compter sur la densité du bois pour soulager une porte d'un poids déterminé. Il en est tout autrement des chambres à air et à eau qui ont surtout leur application là où elles sont le plus nécessaires, c'est-à-dire dans les grandes portes métalliques. Ces chambres permettent en même temps de rendre la porte aussi légère qu'on le désire au moment de la haute mer c'est-à-dire au moment où s'effectue la manœuvre. De plus si on place la caisse à air près du poteau busqué on empêche le vantail de donner du nez.

Quant à la légèreté qu'on doit donner à la porte, il faut se garder de s'approcher du moment où la porte serait prête à flotter, car alors elle exercerait une poussée sur son collier qu'elle tendrait à arracher, ou bien elle tendrait à se dégager de sa crapaudine ; on doit même tenir compte de la houle de façon à éviter tout accident de cette nature.

Il suffit pour obtenir ces chambres de se servir :

1° De l'entretoise inférieure comme plancher étanche ;

2° Des bordés de la porte ;

3° Et de construire un plafond étanche à une hauteur convenable.

Au moment où l'on veut alléger la porte on pompe l'eau dans l'intérieur de cette chambre en y laissant la quantité convenable pour obtenir l'allègement voulu.

On peut remarquer toutefois que l'on

a un travail mécanique assez considérable à effectuer s'il s'agit d'enlever ce lest depuis le fond de la caisse à eau. On a cherché à l'économiser dans les chambres à entretoises horizontales en plaçant la caisse à lest au-dessus de la chambre à air proprement dite (*fig.* 517).

Au dessus du compartiment supérieur, on laisse l'eau arriver librement; de cette façon on a une sous-pression à très peu près constante.

Des cheminées, analogues à celle des caissons à air comprimé, servent pour effectuer les visites. On a le soin d'en placer deux à chaque caisson afin d'assurer la ventilation,

501. *Calculs des portes.* — Nous n'avons rien de spécial à ajouter à ce que nous avons déjà dit quand nous nous sommes occupés des portes des écluses de chasse, nous y renverrons donc le lecteur

502. *Accessoires des portes.* — Avant de passer à la description de quelques portes, nous allons donner quelques renseignements spéciaux sur certains de leurs organes accessoires servant à obtenir l'étanchéité du sas.

Pour assurer la butée du vantail dans la cannelure du chardonnet dont nous avons donné l'épure, on mettait anciennement une fourrure en bois sur toute la hauteur du poteau-tourillon, ce qui avait l'avantage de répartir sur toute la hauteur du chardonnet un choc quelconque. Aujourd'hui on exécute généralement le tourillon de façon à ce qu'en tournant il s'écarte du chardonnet avec lequel il n'est en contact que lorsque la porte est fermée. Il suffit alors de fixer sur la hauteur du poteau-tourillon, un cylindre demi-elliptique en acier qui vient s'appuyer, au moment de la fermeture, sur une plaque d'acier régnant tout le long du chardonnet. Nous en verrons des exemples.

Colliers, crapaudines.

503. Comme disposition générale du collier destiné à maintenir la verticalité de l'axe de rotation, on doit, en raison de chocs de toute nature, le calculer largement et l'amarrer avec la plus grande solidité, au moyen de tirants bifurqués intéressant un cube considérable de maçonneries.

Ce collier se fait au moins en deux parties, afin qu'on puisse y engager le poteau tourillon; une de ces parties est reliée à l'ancrage, soit directement, soit au moyen de clés pour pouvoir régler exactement sa position.

Les crapaudines présentent un ensemble d'un *pivot* et d'un *pot* (crapaudine mâle et crapaudine femelle). On met le pot sur le poteau tourillon et par conséquent l'ouverture en bas, à cause des envasements, et, quant au pivot, on le scelle au plomb dans la bourdonnière, en ayant le soin de lui faire venir de forge un ou deux ergots dans l'emplacement du scellement pour l'empêcher de tourner.

Fig. 517.

Entre le pot et le pivot on met un *grain* en acier doux, sorte de lentille facilement changeable, et destinée à supporter l'usure.

CONSTRUCTION DES PORTES

Généralités sur la construction des portes.

504. Nous avons étudié, dans les constructions en fer les motifs qui ont porté les ingénieurs à préférer l'emploi du fer à celui du bois; ce que l'on doit surtout rechercher pour ces sortes d'ouvrages après la solidité est la facilité d'entretien, c'est-à-dire de visite, tout en construisant aussi économiquement que possible. Si on emploie le métal, il faudra donc éviter autant qu'on le pourra les pièces courbes. Toute pièce de fer, en effet, qui doit subir un travail de forge au sortir du laminoir amène un surcroît considérable de dépenses, non seulement à cause de la main-d'œuvre et des déchets, mais aussi parce que les fers doivent être d'une qualité supérieure pour pouvoir supporter ce travail sans se criquer. Ceci conduit à renoncer au système des portes courbes qui, si elles amènent une petite économie au point de vue de la résistance, entraînent à une plus grosse dépense dans leur construction ; en outre, elles occupent dans les enclaves une place considérable qui, étant utilisée pour donner de la largeur à la porte, amène alors une économie dans la construction.

Cette largeur est elle-même utile au point de vue d'une bonne construction ; les hommes sont plus à l'aise pour faire de bonnes rivures et un bon mattage ; les visites ultérieures, et, au besoin, les menues réparations sont plus faciles.

On notera qu'au point de vue de la résistance il conviendra de donner plus d'épaisseur aux plates-bandes des poutres et au bordé du côté du large. C'est en effet de ce côté que s'exercent les efforts de compression.

Au point de vue de la construction et des calculs, l'appareil à aiguille est plus simple que celui à entretoises horizontales. Il en est de même pour l'entretien, les ouvriers pouvant pénétrer plus facilement dans l'intérieur de la porte.

Quant à leur conservation, il sera nécessaire d'appliquer les procédés que nous avons indiqués au commencement de cet ouvrage, c'est-à-dire le zincage, la peinture au minium pour la première couche et les couleurs claires pour les autres.

Au point de vue de leur établissement on peut construire des portes soit à un vantail, soit à deux vantaux.

Les portes à un vantail ont été imaginées pour obvier aux défauts que présente l'emploi des poteaux busqués. Ceux-ci en effet demandent une précision mathématique dans l'exécution et dans la manœuvre pour qu'il n'y ait pas ou des coincements ou des efforts anormaux qui sont la cause de déformation.

Les portes à un vantail sont plus courtes que la somme de deux vantaux, le fer, en leur donnant 1/10 de leur épaisseur, y travaille mieux, et elles ne supportent pas d'efforts horizontaux pendant la manœuvre. Toutes ces considérations jointes aux économies que l'on peut réaliser sur la construction du chardonnet et, en général, sur les maçonneries de sujétion font, qu'en réalité, elles coûtent moins cher que les portes à deux vantaux.

Ces portes offrent cependant l'inconvénient d'exiger une enclave plus profonde, et par suite d'inutiliser une plus grande longueur de quai.

Nous allons maintenant examiner un certain nombre de portes, en rappelant que nous avons déjà donné la description de celles du troisième bassin à flot de Rochefort (*fig.* 458 à 461), et de celles de Tancarville (*fig.* 563 à 565 du *Cours de Canaux*).

Portes en fonte du bassin de flot du port de commerce de Cherbourg.

505. Nous trouvons, comme un des premiers emplois de métal, la construction et la mise en place des portes en fonte du bassin de flot du port de commerce de Cherbourg.

L'écluse de ce bassin, construite de 1766 à 1791, remplaçait celle construite en 1736, qui est citée par Bélidor, dans son *Architecture hydraulique*, comme un des plus remarquables ouvrages de ce genre. Il avait fallu employer pour les épuisements dix-sept roues à chapelet. L'appareil du radier était composé d'une série de clavaux formant voûte renversée, et on le considérait comme un chef-d'œuvre. Les portes étaient courbes, et également considérées comme très remarquables.

En 1758, cette écluse fut détruite par les Anglais. Jaloux des ouvrages du port, ils brûlèrent les portes et le pont tournant, firent sauter les maçonneries de l'écluse, ainsi que celles des abords, et emportèrent comme trophée deux inscriptions de cuivre, qui étaient scellées dans les bajoyers.

La démolition avait été à peu près complète, et on fut obligé de l'achever, quand on reprit les travaux en 1766.

On s'aperçut, en 1839, que le pavage du radier se disloquait et qu'il fallait faire de grosses réparations.

La longueur de l'écluse était de 50 mètres et sa hauteur de 13 mètres. On construisit un batardeau, on épuisa et on procéda par injections, au moyen d'un corps de pompe en orme.

Les nouvelles portes se composent d'entretoises horizontales en fonte, évidées et garnies d'une fourrure en bois destinée à recevoir le bordage.

Les poteaux tourillons et busqués sont

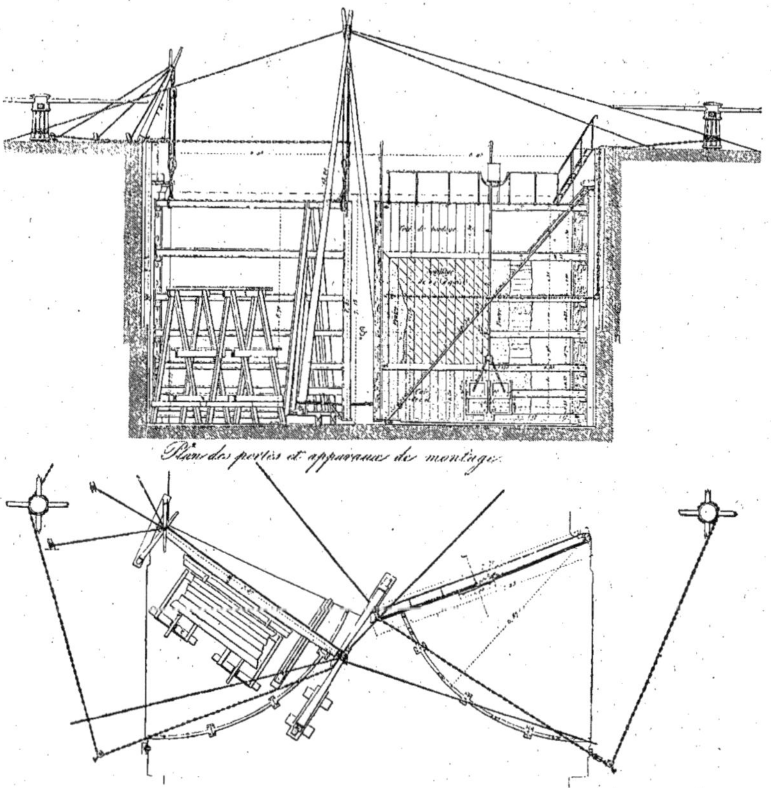

Fig. 518 et 519. — Portes du bassin du port de commerce de Cherbourg.

également en fonte : les premiers ont la forme d'un demi-cylindre creux, les seconds sont plats et revêtus d'une garniture de bois taillée en coin suivant l'angle du busc, de manière à opérer une fermeture complète.

Les entretoises sont assemblées sur les poteaux tourillons et busqués à l'aide de boulons qui traversent les oreilles que ces entretoises présentent en haut et en bas; ces oreilles sont reliées pour offrir plus de solidité.

Nous n'entrerons pas dans plus de détails à leur égard. Il est évident que la fragilité du métal doit le faire proscrire de ces sortes de constructions. Nous en reproduirons seulement le dessin d'après les *Annales* de 1842 à cause de la disposition employée pour leur mise en place (*fig.* 518, 519),

Portes de Fécamp.

506. L'écluse d'entrée du bassin à flot du port de Fécamp a été reconstruite pendant les années 1860 à 1865, avec une largeur de $16^m,50$, mais dans des conditions de profondeur peu ordinaires, afin d'être en rapport avec le tirant d'eau du chenal d'accès. Le busc a été établi en contre-bas du niveau des basses mers de vives-eaux d'équinoxe, à la cote de 21 mètres du nivellement général du port, soit à $11^m,15$ en contre-bas du niveau des hautes mers de vives-eaux d'équinoxe, correspondant lui-même à la cote $10^m,85$. Nous en emprunterons les détails à un mémoire de M. Carlier, publié dans les *Annales des ponts et chaussées* de 1869.

Par suite de la situation commandée

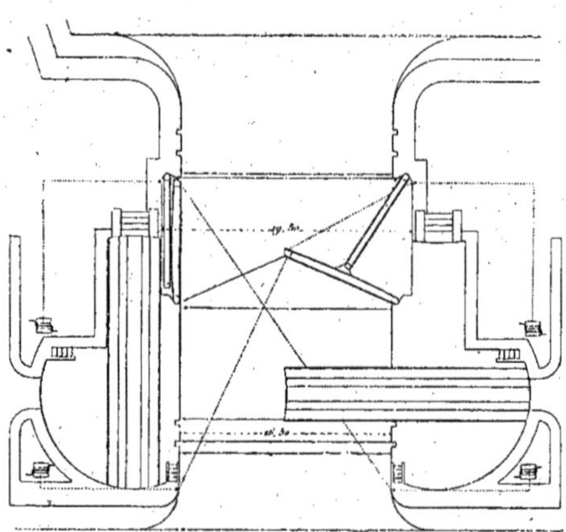

Fig. 520. — Fécamp. — Plan de l'écluse du bassin à flot.

pour l'emplacement de cette écluse, et de l'impossibilité de surélever les entrées du pont tournant (semblable à celui de l'écluse du barrage du port de Dunkerque) au-dessus de la cote $9^m,64$ de la voie charretière des quais environnants, qui sont bordés d'habitations, dont on ne pouvait exhausser la chaussée sans les rendre inaccessibles, les arêtes des encuvements du pont n'ont pu être arasées plus haut que la cote $10^m,85$. De plus, l'étroitesse de l'un des murs de ces quais, dont le terre-plein n'a que 16 mètres de largeur totale, a forcé de rapprocher l'axe du pont de la tête aval de l'écluse, de telle façon qu'il devenait nécessaire de chambrer les volées vers l'amont, contrairement à ce qui se pratique ordinairement. On empêche en effet, par cette mesure, que les extrémités de ces volées, dépassant la tête de l'écluse lorsque le pont est ouvert, ne soient une gêne considérable pour le mouvement des navires, tout en restant elles-mêmes exposées à de graves et continuelles avaries. Il en est résulté qu'il a fallu choisir entre l'inconvénient d'allonger outre mesure l'écluse vers l'amont et celui de placer les portes busquées au droit même des chambres du pont, en faisant tourner celui-ci par dessus les portes. C'est à ce dernier parti que l'on s'est arrêté (*fig.* 520), en reculant suffisamment le busc vers l'amont, pour que, eu égard à la forme et à la hauteur du dessous des

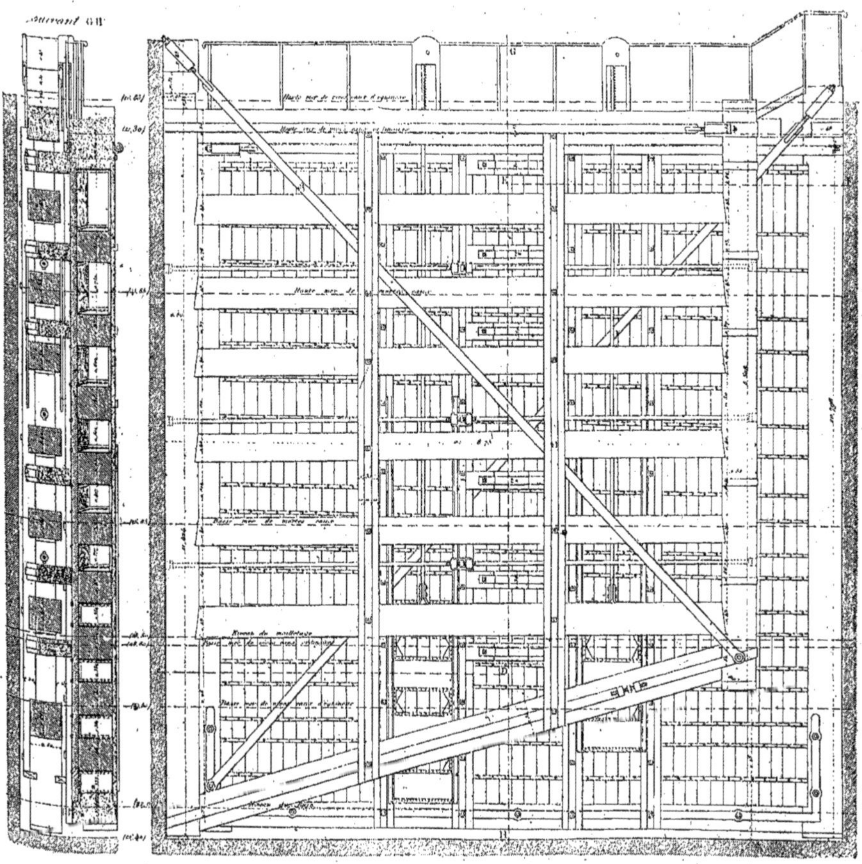

Fig. 521 et 522. — Ecluse de Fécamp. — Coupe et élévation de la face amont d'un vantail avec sa porte-valet.

volées du pont, celles-ci puissent évoluer sans préjudicier aux crics, garde-corps, etc. etc.

Il suit, de là, que le dessus de la porte est noyé lors des grandes marées de vives-eaux. Cela n'a aucun inconvénient à cause des portes-valets qui assurent la fermeture des portes aussitôt qu'elles se rejoignent et les garantissent de tout choc préjudiciel, jusqu'à ce que la pression d'amont domine celle d'aval.

Ces portes furent construites dans un système mixte bois et fer. On n'avait pas alors l'expérience des grandes portes en fer, et on hésita à employer uniquement le métal. Un cadre en bois de chêne fut formé avec les poteaux busqués et tourillons et les traverses supérieures et

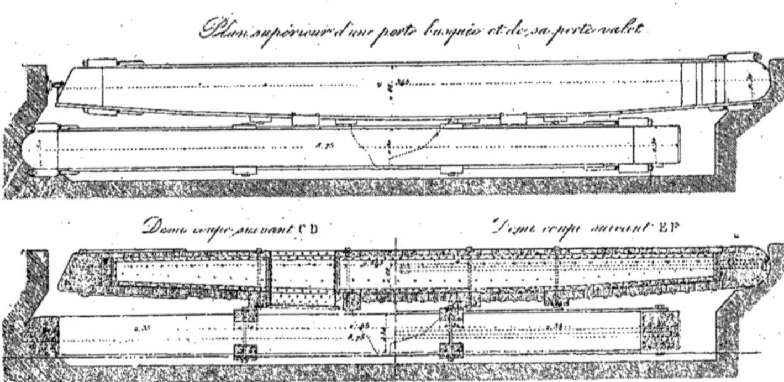

Fig. 523 à 525. — Ecluse du bassin à flot de Fécamp.

inférieures, ainsi qu'avec les entretoises intermédiaires; le tout fut relié par des pièces formant moise, des tirants et des écharpes et par un bordage épais du côté d'amont et un bordage léger du côté d'aval (*fig.* 521, 522, 523, 524 et 525).

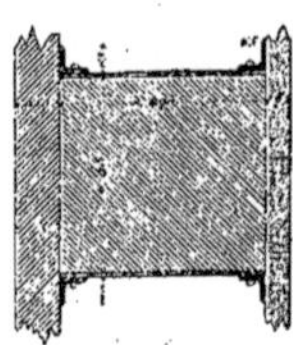

Fig. 526. — Ecluse du bassin à flot de Fécamp. Coupe d'une entretoise.

On abandonna le système des entretoises tout en bois, auxquelles il aurait fallu donner des dimensions trop considérables pour résister à la poussée; on prit un système mixte en armant le bois de deux poutres-cornières en U (*fig.* 526).

Ces renforts étaient placés sur le bois et retenus, plutôt que fixés, sur le bois par des vis.

On employa le sapin pour diminuer le poids et on calcula les renforts en tôle, pour ne pas dépasser une épaisseur totale, de $0^m,50$ pour la porte, et 4 kilogrammes par millimètre carré pour la résistance du fer laminé.

Les poteaux busqués et tourillons furent emmanchés avec les entretoises au moyen de répaisses chassées et légèrement coincées latéralement, entre le poteau et les extrémités des renforts métalliques des entretoises, dont les cornières furent retournées d'équerre. Nous en donnons le détail (*fig.* 527, 528 et 529).

Le bordage d'amont fut établi en sapin, celui d'aval en chêne, et le tout fut armé de tirants en fer, de plates-bandes encastrées, d'écharpes en fer, etc. etc.

Des vannes furent ménagées entre les entretoises; elles furent formées d'une plaque en tôle de $0^m,01$ d'épaisseur et de $0^m,98$ de largeur présentant alternativement des pleins de $0^m,47$ de hauteur et des vides découpés de $0^m,33$ de hauteur et de

$0^{m},86$ de largeur, dimensions un peu plus fortes que celles des ouvertures ci-dessus.

Ces dispositions furent calculées de manière à ce qu'il suffise d'un mouvement vertical de $0^{m},40$, égal à la demi-distance entre les axes de deux entretoises consécutives, pour ouvrir ou clore complètement la totalité de l'orifice d'écoulement.

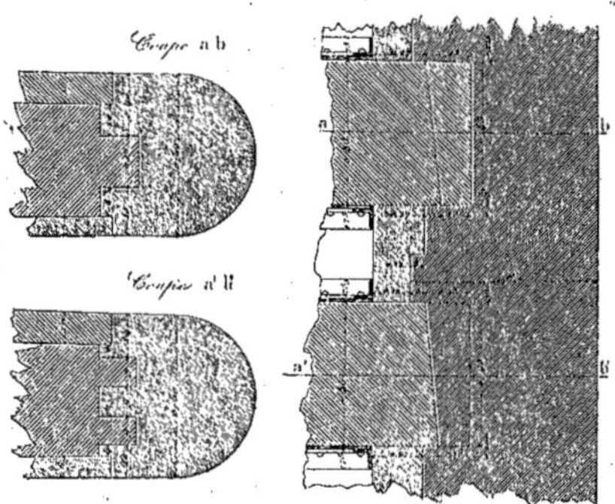

Fig. 527 à 529. — Écluse du bassin à flot de Fécamp. — Assemblage des entretoises avec les poteaux tourillon et busqué.

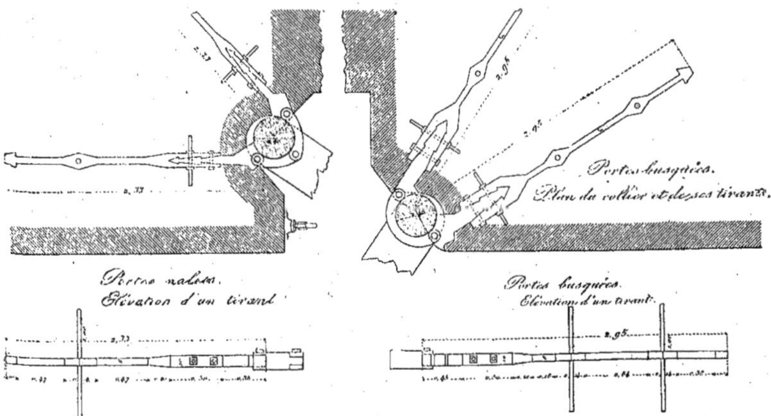

Fig. 530 à 533. — Ecluse du bassin à flot de Fécamp.

Le seuil d'arrêt de ces vannes est simplement formé par une cornière saillante rivée à la porte inférieure du châssis.

507. *Portes-valets.* — L'utilité des portes-valets ressort, dans l'espèce, de deux circonstances principales : la nécessité de garantir les portes busquées des effets du ressac, qui motivait l'application d'un bordage en aval de ces portes, et la possibilité de les caler suffisamment pour empêcher leur ouverture spontanée et inutile, pendant la nuit, lorsque le niveau de la haute mer, dépassant celui de la retenue opérée dans le bassin à la marée pleine de la journée précédente, rend momentanément la pression d'aval un peu supérieure à celle d'amont.

Le système général de la construction de ces portes-valets est assez conforme à celui de la charpente des portes busquées (*fig.* 521 à 525) et repose sur les mêmes principes. Les poteaux busqués prennent le nom de poteaux-battants, et la butée des portes-valets sur les portes busquées s'exerce par l'intermédiaire de forts taquets en bois placés entre les entretoises

Fig. 534 et 535. — Ecluse du bassin à flot de Fécamp. Crapaudines de portes-valets et de portes busquées.

des portes-valets, de façon à ne pas gêner la juxtaposition des deux portes dans l'enclave.

Les crapaudines et colliers sont en bronze (*fig.* 530 à 535). Les parties fixes des colliers sont saisies par des tirants en fer. La direction de ces derniers pour les portes-valets est parallèle aux deux positions extrêmes de la porte ; pour les portes busquées, l'un des tirants est parallèle au busc, l'autre dirigé suivant la bissectrice de l'angle formé par le prolongement de ce busc avec l'arête du bajoyer, en aval des portes.

Lorsqu'on est obligé de maintenir les portes busquées, chambrées, pendant un certain temps, on les maintient au moyen de verrins.

La manœuvre des portes busquées s'exécute, comme à Dunkerque, au moyen de chaînes qui saisissent la porte à mi-hauteur et s'enroulent sur un treuil de manœuvre. Les portes-valets se manœuvrent à la main, à l'aide de palans mobiles.

Tous les fers, tôles et fontes ont été galvanisés, et on a interposé une bande de papier goudronné entre le fer et le bois.

Les surfaces extérieures ont été mailletées à recouvrement jusqu'à $0^m,10$ au-dessus de la cote des hautes mers de vives-eaux ordinaires. De ce niveau au niveau moyen entre les hautes eaux des mortes-eaux et les hautes mers de vives-eaux, elles ont reçu une triple couche de goudron, et au-dessus de ce niveau moyen, une triple couche de peinture. Les bois employés ont été le chêne et le pitchpin.

La dépense totale s'est élevée à $112\ 269^f,29$; savoir :

Portes busquées, compris le levage et la mise en place...........	$62\ 581^f,08$
Portes-valets...........	20 537,99
Appareils de manœuvre, chaînes, etc...............	7 653,33
Colliers, tirants, crapaudines, mailletage, etc......	21 496,90
Total.....	112 269,20

Nouvelles portes en tôle de l'écluse des transatlantiques au port du Havre.

508. Nous en extrairons tous les détails du mémoire de M. Widmer, inséré dans les *Annales des ponts et chaussées* de 1887.

L'écluse du bassin de l'Eure, qui met en communication l'avant-port avec le bassin de l'Eure, au port du Havre, a $30^m,50$ de largeur. Le busc en pierres de taille de granit présente une flèche de $5^m,51$ et est arasé à $2^m,85$ en contre-bas du zéro des cartes (*fig.* 536 et 537).

L'écluse était, jusqu'à ces derniers temps, munie de deux paires de portes d'èbe en bois construites en 1861-1862. Ces portes avaient $17^m,50$ de longueur sur $9^m,80$ de hauteur (non compris la passerelle qui les surmontait). Les poteaux-tourillons et busqués étaient en chêne et avaient chacun $0^m,88$ d'équarrisage.

Ils étaient formés de plusieurs pièces de bois qu'on avait cherché à rendre aussi solidaires que possible. Les entretoises étaient en sapin rouge, elles étaient également formées de plusieurs pièces assemblées entre elles; leur largeur variait de $0^m,88$ aux extrémités à $2^m,08$ au milieu. Les premières régnaient depuis le bas du vantail sur une hauteur de $5^m,40$. La porte était donc massive sur toute cette hauteur.

Le second cours était placé au-dessus

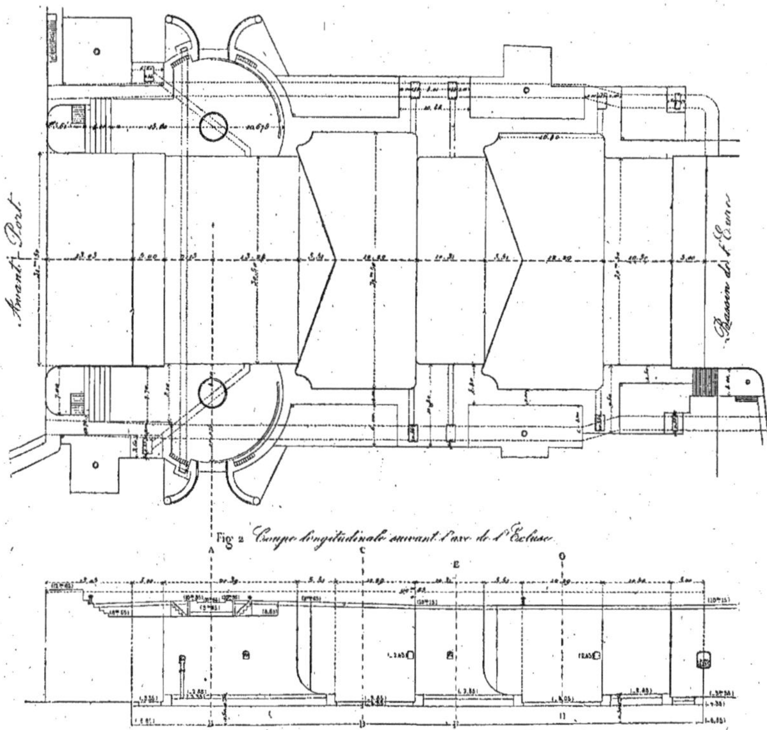

Fig. 536 et 537. — Havre. — Plan de l'écluse des transatlantiques.

de l'espace libre réservé pour les vannes; il avait $0^m,90$ de hauteur. Le troisième, enfin, était formé par l'entretoise supérieure, qui n'avait que $0^m,60$ d'épaisseur. Le cube total de la charpente d'un vantail était de 500 mètres cubes environ; le poids des ferrures et métaux de toute nature qui étaient entrés dans la construction atteignait 13 000 kilogrammes, et le prix d'une paire de portes s'était élevé à 415 000 francs, y compris la mise en place et les dépenses de régie.

Depuis deux ou trois ans, les deux paires de portes, et notamment celle d'aval, qui est la plus exposée au choc de la houle, présentaient des symptômes de dislocation fort inquiétants. Le poteau busqué du vantail Sud aval avait tassé de près de 6 centimètres; il était fendu sur une partie de sa hauteur. Le poteau-tourillon sonnait creux sous le marteau en certains points; l'entretoise supérieure, primitivement plane vers l'aval, avait pris de ce côté un bombement dont la flèche atteignait 14 centimètres. Des fuites importantes avaient lieu à travers le bordé des quatre vantaux. La plus simple prudence exigeait la construction de portes neuves à bref délai.

509. Les difficultés de se procurer des échantillons de bois convenable, la dépense qui en résulterait, et les portes récemment exécutées en tôle, firent choisir ce dernier métal, et, pour la facilité de la construction on adopta le système dit à aiguilles, qui, ainsi que nous l'avons déjà dit, présente quelques facilités de calculs et d'exécution.

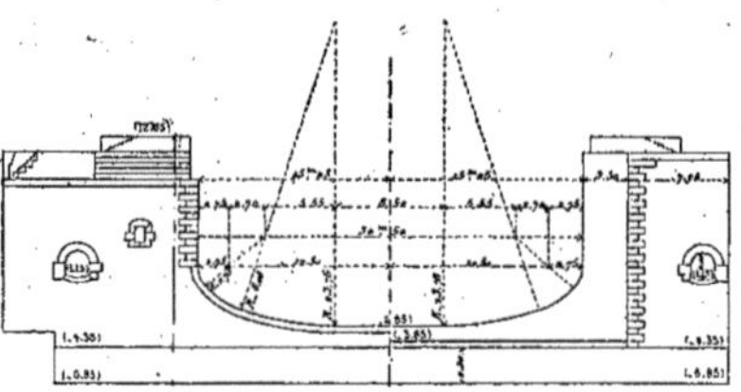

Fig. 538. — Havre. — Ecluse des transatlantiques : 1/2 coupes suivant AB et CD.

510. *Description d'un vantail.* — L'ossature d'un vantail comprend (*fig.* 541 à 545) :

1° Un cadre constitué par une traverse supérieure, une traverse inférieure, une poutre tubulaire formant poteau-tourillon et une autre poutre tubulaire formant poteau busqué;

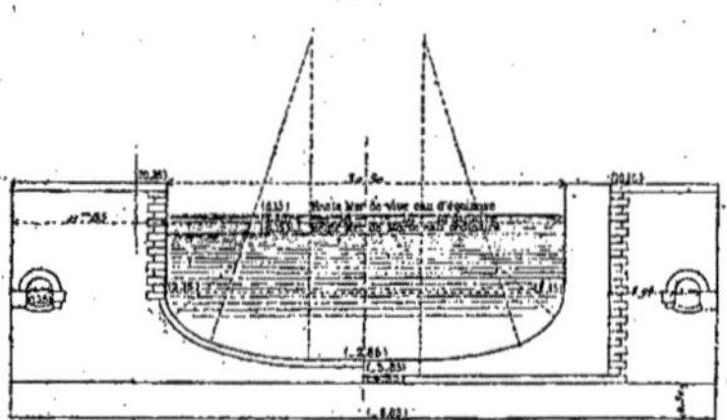

Fig. 539. — Havre. — Ecluse des transatlantiques: 1/2 coupes suivant EF et GH.

2° Neuf montants verticaux partageant en dix intervalles égaux la distance horizontale entre le poteau-tourillon et le poteau busqué ;

3° Deux cloisons ou entretoises horizontales intermédiaires entre les traverses inférieure et supérieure ;

4° Des membrures horizontales inégalement espacées et destinées à roidir le bordage, lequel couvre les deux faces de la porte.

L'espace compris entre la traverse inférieure et la première entretoise intermédiaire, à compter du bas, d'une part, le septième montant vertical à compter du poteau-tourillon inclusivement, d'autre

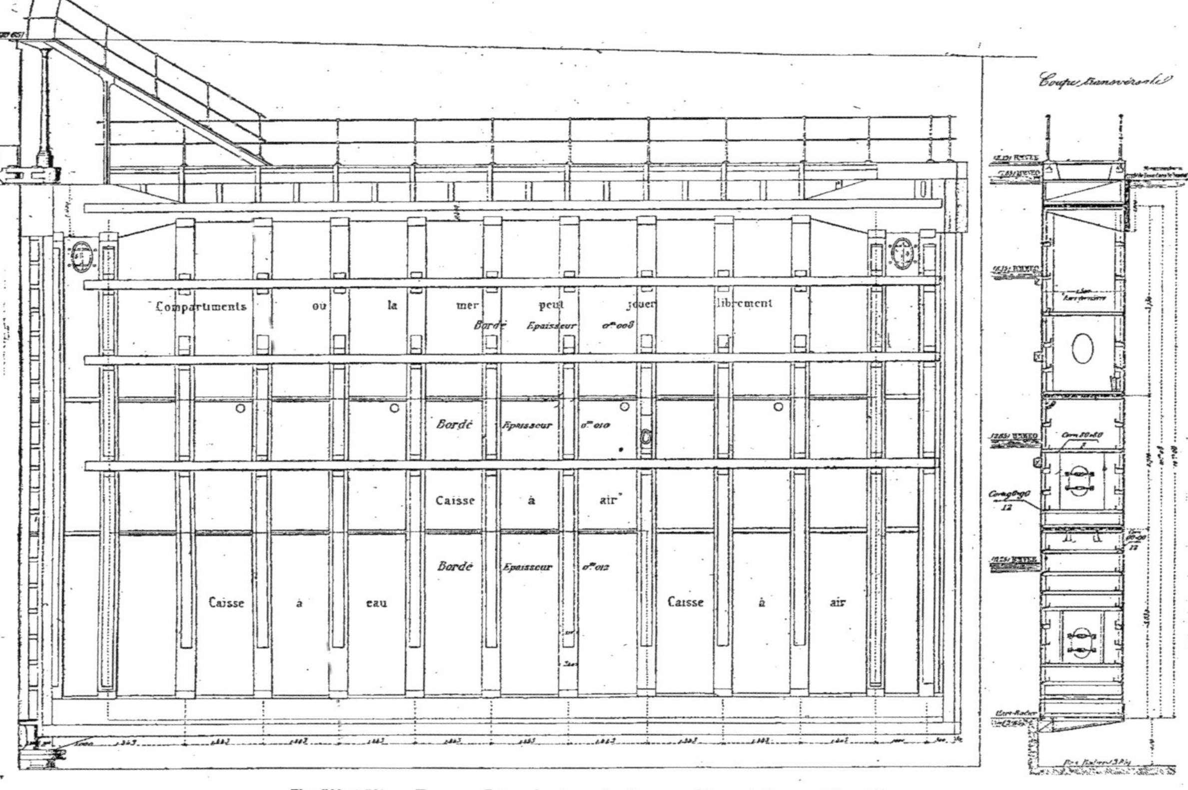

Fig. 540 et 541. — Havre. — Ecluse des transatlantiques. — Vue aval d'un vantail en tôle.

part, constituent une série de chambres à eau distinctes. Tout le reste de l'espace compris entre la traverse inférieure et la deuxième entretoise intermédiaire, à compter du bas, forme avec le poteau busqué des chambres à air également étanches. Au-dessus de la deuxième entretoise intermédiaire, la mer pénètre librement à l'intérieur de la porte, dans la partie comprise entre les poteaux-tourillons et busqués, au moyen d'ouvertures ménagées dans le bordé d'amont; elles sont munies de vannes. Des bondes de fond, munies de clapets et de tuyaux recourbés, sont placées dans l'âme de l'entretoise, de façon à permettre de vider à mer basse, du côté d'aval, le compartiment supérieur de la porte. Les vannes et les bondes de fond peuvent être manœuvrées du sommet de la porte.

On obtient de la sorte un vantail qui peut présenter un poids effectif suffisant pour ne pas être soulevé par une lame ou par le choc d'un navire, tout en ayant, par rapport à l'axe de rotation, un moment, relativement aux conditions du travail, très favorables au point de vue des attaches.

La deuxième entretoise intermédiaire à compter du bas étant, d'ailleurs, placée au-dessous du niveau le plus bas auquel les portes sont manœuvrées, le déplacement du vantail correspondant aux différents niveaux de la pleine mer ne diffère que d'une quantité égale au volume des fers entrant dans la construction de la partie supérieure de la porte, augmenté du volume des parties supérieures des poteaux-tourillons et busqués. Des trous d'homme sont ménagés dans les faces d'amont des poteaux-tourillons et busqués, dans les faces latérales de ces poteaux, et dans les montants verticaux, de façon à permettre d'accéder et de circuler librement dans les caissons à air et à eau, ainsi que dans la zone supérieure de la porte. Ces trous sont susceptibles d'être fermés hermétiquement au moyen de bouchons d'acier fondu, à charnières.

Des fourrures en bois de chêne mailleté sont placées suivant les deux côtés verticaux et suivant le côté horizontal inférieur du vantail, pour assurer l'étanchéité du système au contact des deux poteaux busqués, ainsi qu'au contact de chaque vantail avec le chardonnet correspondant avec le busc.

Les portes mises en chambre ont leur face inférieure à $0^m,58$ en arrière du plan des bajoyers. Cependant, par mesure de précaution, quatre défenses horizontales, également en chêne, sont disposées sur cette face pour protéger la porte contre le frottement des navires à leur passage dans l'écluse. Les fourrures et les défenses sont d'ailleurs fixées sur le vantail, de telle façon qu'aucun boulon ne traverse les parois des compartiments qui doivent être étanches.

Les membrures horizontales présentent uniformément la forme d'un fer en Z composé d'une âme de $0^m,200$ de large, $0^m,005$ d'épaisseur, et de deux cornières de $\frac{60.60}{6}$ et $\frac{70.70}{7}$.

Les montants verticaux sont formés d'une âme en tôle de $1^m,50$ et de $0^m,100$ d'épaisseur, et de quatre cornières de $\frac{90.90}{12}$ et, enfin, de deux semelles de $0^m,012$ d'épaisseur sur chaque rive.

La première règne sur toute la hauteur et a une largeur de $0^m,340$, sur laquelle se rive intérieurement la tôle du bordage. Les âmes des montants sont raidies de distance en distance par des cornières horizontales.

Les parois latérales des poteaux-tourillons et busqués sont constituées par des pièces analogues au montant.

La traverse inférieure (*fig.* 542 et 543) a été disposée de façon à permettre un assemblage très solide avec les montants verticaux. Elle se compose d'une âme de $0^m,015$ d'épaisseur, quatre cornières de $\frac{90.90}{10}$, deux semelles sur chaque rive, ayant chacune $0^m,50$ de hauteur et $0^m,12$ de hauteur. L'âme de la traverse est raidie dans l'intervalle des montants verticaux, d'une part, par des varangues, perpendiculaires au busc, rivées sur la face supérieure de l'âme, au nombre de trois par chaque intervalle, d'autre part, par des goussets en tôle et cornières rivées sur

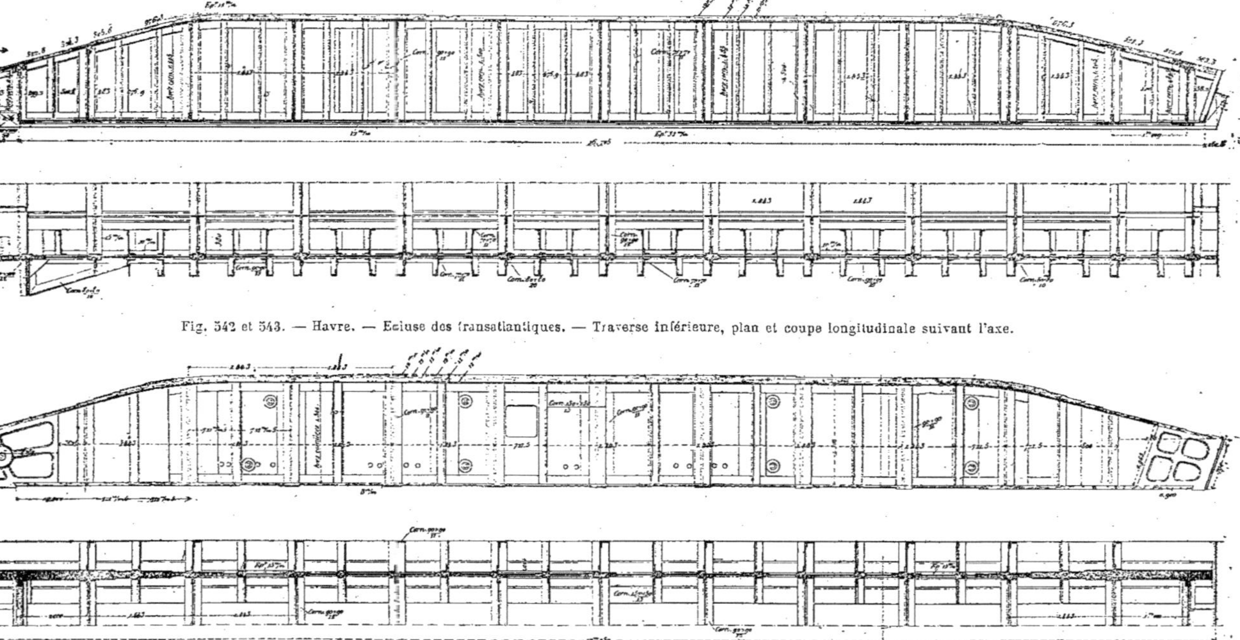

Fig. 542 et 543. — Havre. — Ecluse des transatlantiques. — Traverse inférieure, plan et coupe longitudinale suivant l'axe.

Fig. 544 et 545. — Havre. — Ecluse des transatlantiques. — Traverse supérieure, plan et coupe longitudinale suivant l'axe.

la face inférieure de l'âme au droit des montants verticaux et des varangues de la face supérieure.

Les entretoises intermédiaires sont composées d'une série de panneaux pleins en tôle de 10 millimètres d'épaisseur assemblés avec les âmes des montants verticaux et les bordages, par des cornières de $\frac{70.70}{9}$. Les panneaux de l'entretoise intermédiaire, qui sert à supporter le poids de l'eau qui s'introduira dans le compartiment où la mer doit jouer librement, sont raidis par des cornières transversales.

La traverse supérieure (*fig.* 544 et 545) est la pièce la plus chargée du système; c'est elle, en effet, qui soutient avec le busc les efforts résultant de la pression directe de l'eau et qui reçoit, en outre, pour la transmettre au chardonnet, l'effort de réaction produit par l'autre vantail. La pièce a été traitée en conséquence. Elle comprend :

1° Une âme en tôle de $0^m,015$ d'épaisseur dont la rive d'aval est une ligne droite et dont la rive d'amont comprend trois tronçons de droite réunis par deux arcs de cercle de $3^m,50$ de rayon, de manière que la largeur perpendiculaire au busc soit de $0^m,850$ seulement aux deux extrémités et de $1^m,500$ entre les premier et neuvième montants verticaux (comptés à partir du poteau-tourillon), l'âme étant d'ailleurs munie, à ses extrémités, sur chacune de ses faces, de tôle de renfort, qui en augmentent successivement l'épaisseur, laquelle atteint ainsi $0^m,075$, et portent sur les sabots métalliques extrêmes;

2° Deux cornières de $\frac{150.150}{15}$ qui suivent la rive d'amont;

3° Deux cornières de $\frac{150.150}{15}$ qui suivent la rive d'aval;

4° Des semelles d'amont de 1 mètre de hauteur placées symétriquement par rapport au milieu du vantail et dont les dimensions sont les suivantes :

1er rang	$12^{mm},0$	$\times$ $17^m,167$
2e »	12 ,0	$\times$ 15 ,865
3e rang	$12^{mm},0$	$\times$ $14^m,482$
4e »	12 ,5	$\times$ 12 ,977
5e »	12 ,5	$\times$ 12 ,566
6e »	12 ,5	$\times$ 5 ,980

Ces semelles sont d'ailleurs doublées intérieurement, sur toute la longueur de la poutre, par des fers plats de $0^m,400$ et $0^m,330$ de hauteur et $0^m,15$ d'épaisseur, placés dans le plan des ailes verticales des cornières;

5° D'une semelle d'aval de $0^m,400$ de hauteur et de 10 millimètres d'épaisseur faisant, au-dessus du bord de la cornière d'aval supérieure, une saillie de $0^m,080$, sur laquelle se rive intérieurement le bordage d'aval. Cette semelle est doublée par une autre tôle de $0^m,015$ aux abords des extrémités de la traverse, et s'élargit ainsi que sa doublure, jusqu'à atteindre, au portage sur les sabots métalliques extrêmes, une hauteur de 1 mètre égale à celle des semelles d'amont.

L'âme est reliée aux semelles, non seulement par les cornières longitudinales indiquées ci-dessus et par les montants verticaux dont les cornières de rive s'attachent à la fois à l'âme et aux semelles, mais encore par de solides pièces de contreventement en tôles et cornières placées au-dessus et au-dessous de l'âme au droit des montants verticaux et au milieu de leurs intervalles, c'est-à-dire à des distances de $0^m,722$ les unes des autres. Par suite de ces dispositions, la fibre neutre de la traverse prend une forme convexe vers l'amont et se trouve placée à l'amont la ligne droite suivant laquelle agissent la réaction des vantaux et la réaction du chardonnet. Il en résulte que ces réactions, considérées isolément tendent à courber l'entretoise vers l'amont et détruisent ainsi en partie l'effet des pressions d'eau directes qui tendent, au contraire, à courber l'entretoise vers l'aval.

Pour transmettre aux maçonneries l'effet des réactions des vantaux, les deux extrémités de la traverse supérieure sont armées de sabots en acier.

Le sabot du poteau-tourillon est en contact avec le chardonnet, sur une surface de $1^m,20$ de hauteur sur $0^m,80$ de largeur;

la pression transmise par l'entretoise supérieure étant de 492 170 kilogrammes, la surface de la maçonnerie de granit n'a à subir qu'un effort de 51^{k},2 par centimètre carré, soit environ le quatorzième de la charge d'écrasement, qui est de 700 kilomètres.

Les queues des pierres de granit formant un empâtement de plus de 3^{m2},4, la pression sur la maçonnerie intérieure n'atteint pas 16^{kg},2 par centimètre carré. Le chardonnet est, d'ailleurs, soutenu par un massif de maçonnerie qui a une épaisseur de 8 mètres, comptée normalement aux bajoyers, ou de 12 mètres, si on la mesure suivant la direction de la réaction de la traverse supérieure sur les maçonneries; elle est donc faible relativement à leur capacité de résistance.

Le sabot d'acier (*fig.* 546 et 547), par lequel la traverse supérieure s'appuie sur le chardonnet, porte un piton cylindrique qui constitue le niveau supérieur du vantail. Un collier en fer (*fig.* 548) embrasse ce piton et est attaché lui-même par deux bielles articulées à une ancre à trois branches, solidement scellée dans les maçonneries. Les dispositions de ce collier ont été étudiées de façon que la mise en place de la porte puisse s'effectuer dans une position parallèle aux bajoyers de l'écluse.

Au pied du poteau-tourillon, le vantail porte une crapaudine mâle en acier (*fig.* 549, 550, et 551), qui s'engage dans la

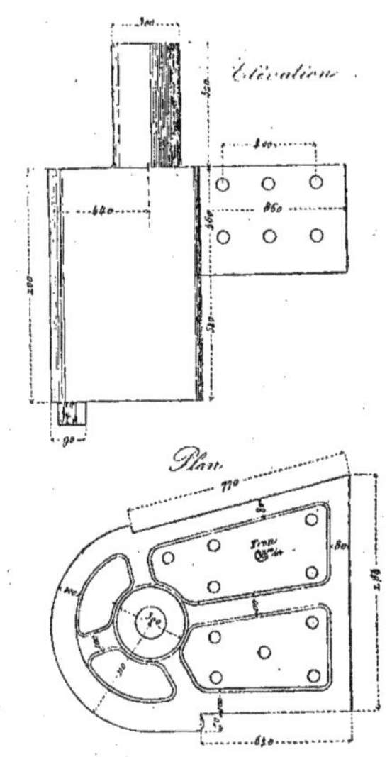

Fig. 546 et 547.—Havre.—Écluse des transatlantiques. Tourillon supérieur des portes.

crapaudine femelle en bronze de l'ancienne

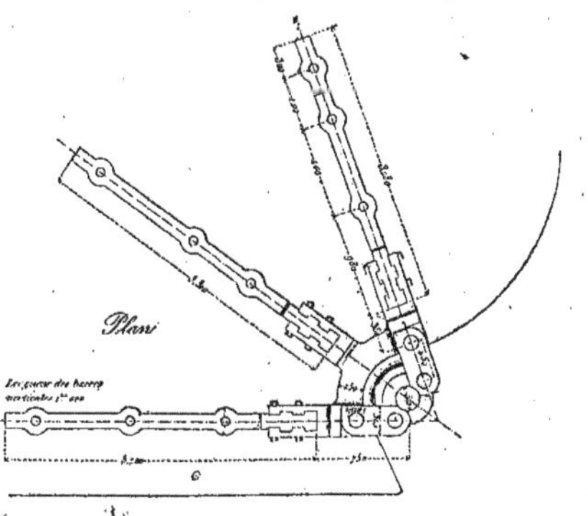

Fig. 548. — Havre. — Écluse des transatlantiques. — Ensemble du collier et des ancrages.

porte en bois. Les formes de cette crapaudine mâle ont été arrêtées, de façon à ce que les efforts qu'elle reçoit ne soient supportés que dans une faible proportion par les boulons qui l'attachent au vantail.

En examinant les dessins d'ensemble et de détail des portes, on remarquera que toutes les tôles et cornières qui entrent dans la construction présentent les di-

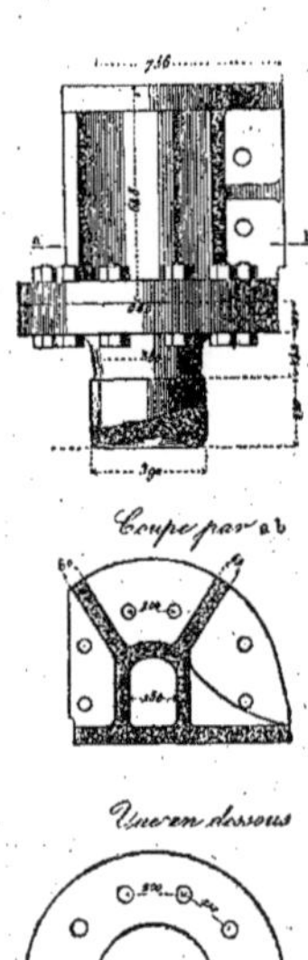

Fig. 549 à 551. — Havre. — Ecluse des transatlantiques. Tourillon inférieur des portes.

mensions du commerce. A l'exception des tôles qui raccordent la partie centrale des portes avec les poteaux-tourillons et busqués et des cornières correspondantes, toutes les pièces n'exigent aucun travail de cintrage ou de forge.

Les calculs démontrent que, lorsque les portes sont fermées, le travail du métal est au plus de 7 kilogrammes, et que, pendant la manœuvre, ce même travail est inférieur à 2 kilogrammes pour les pièces en fer et à $4^{kg},69$ pour les pièces en acier, de telle sorte que le tassement du vantail à l'extrémité correspondante au poteau busqué est insignifiant et indique l'inutilité des roulettes; mais ce résultat n'est obtenu que par l'étanchéité des caisses à air. On a donc matté tous les joints avec le plus grand soin. Grâce à ces précautions, la porte, abandonnée à elle-même pendant huit jours, ne laisse guère pénétrer que 7 à 8 centimètres de hauteur d'eau dans les caisses à air. On a disposé une pompe de cale pouvant débiter 60 litres par seconde, qui a été placée vers le milieu du vantail au-dessus de la deuxième entre-

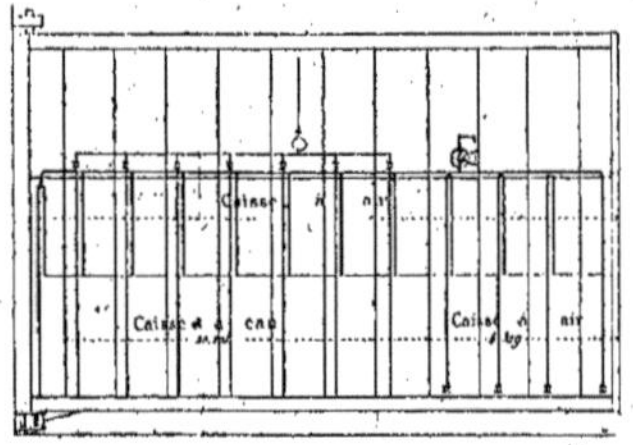

Fig. 552. — Havre. — Ecluse des transatlantiques. Ensemble de la tuyauterie.

toise intermédiaire, à partir du bas (*fig.* 552).

Des robinets, placés à la jonction des tuyaux secondaires et du tuyau principal de la pompe, permettent d'épuiser successivement dans les différents compartiments.

On s'est aussi ménagé les moyens de remplir et de vider rapidement la caisse à eau.

Le remplissage s'opère au moyen de tubes qui s'élèvent jusqu'à la partie supérieure de la porte et qui sont ordinairement fermés au moyen de bouchons métalliques. On a juxtaposé à chacun de ces tubes, un tuyau devant permettre l'évacuation de l'air pendant le remplissage.

Pour activer la vidange, qui ne doit

se pratiquer que dans les cas où il s'agirait soit d'une grosse réparation, soit d'enlever les portes, on a installé un pulsomètre auquel on fournirait la vapeur par une chaudière locomobile.

Toutes les tôles ont été galvanisées et ont reçu en plus deux couches de peinture au blanc de zinc.

Le montage définitif a eu lieu au Havre, sur le terre-plein Ouest du bassin de la

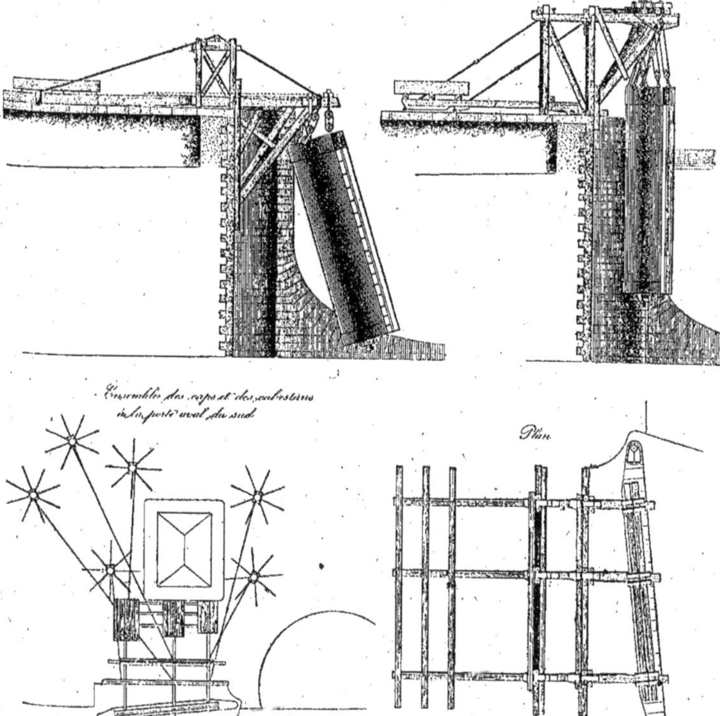

Fig. 553 à 556. — Havre. — Ecluse des transatlantiques. — Anciens et nouveaux caps d'accrochage.

Floride ; il s'est fait à plat sur des chantiers qui les élevaient de 1m,20 environ au-dessus du sol ; avant le montage, on avait essayé avec une pompe à bras l'étanchéité des trois caises à eau et à air.

Une fois l'étanchéité d'un vantail reconnue, on procéda à sa mise à l'eau dans le bassin de la Floride au moyen d'un ber en charpente de 35 mètres de longueur avec une pente de 0m,14 par mètre.

Mis à l'eau, le vantail flottait à flot, le

bordé aval en haut. Son poids était d'environ 160 tonnes, et son volume 248 mètres cubes.

Pour effectuer l'accrochage, il fallait amener le vantail devant l'écluse, la traverse supérieure contre le bajoyer, le dresser verticalement au moyen d'engins disposés sur le bajoyer, puis le redescendre dans l'enclave, en engageant le pivot inférieur dans la crapaudine femelle scellée au radier.

Une première opération ne réussit pas.

Des caps de soulèvement en charpente ayant été dressés (*fig.* 553, 554, 555 et 556), le vantail fut amené, légèrement lesté par l'introduction d'eau dans quatre de ses compartiments inférieurs.

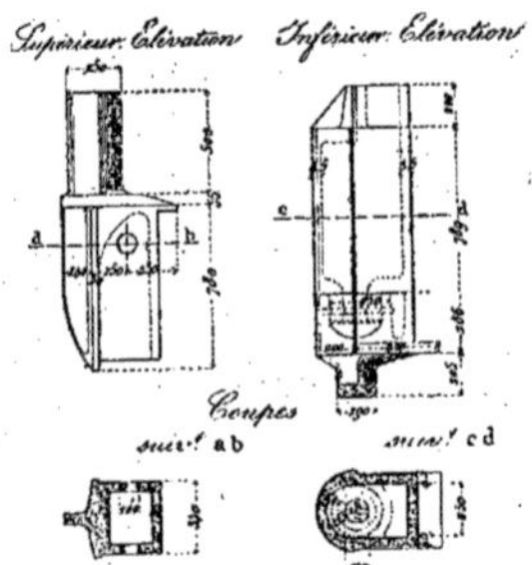

Fig. 557 à 560. — Havre. — Ecluse des transatlantiques. Tourillons.

On le dressa au moyen de palans différentiels à chaînes frappées sur les caps ; mais quelques retards s'étant produits dans la manœuvre, et les caps n'étant pas assez élevés pour soulever suffisamment le vantail ou lui permettre d'éviter le haut radier, on reconnut que l'opération ne pouvait s'effectuer, et l'on prit le parti de redescendre le vantail. Cette opération n'ayant pu s'exécuter vivement, la mer baissa plus vite que le vantail, qui émergea de plus en plus ; la charge devint excessive, les palans rompirent successivement, et le ventail tomba à l'eau, sans, du reste, accasionner d'autre accident.

Guidé par cette expérience, on construisit de nouveaux caps plus élevés (*fig.* 556) et capables de porter une charge totale de 150 tonnes, ce qui permettait de supporter le vantail lesté, pourvu qu'il fût immergé seulement de 3m,50 de hauteur ; de plus, les quatre petits palans différentiels furent remplacés par six forts palans munis de cordages, d'une force de 25 000 kilogrammes chacun, et actionnés par six cabestans disposés sur le bajoyer. L'emploi de ces cabestans donnait toute facilité pour faire descendre ou monter le vantail aussi vite qu'il était nécessaire. Enfin, deux treuils, attelés sur des amarres fixées à la partie supérieure de la porte, donnaient le moyen d'agir sur celle-ci pour la déplacer parallèlement à l'axe de l'écluse et pour la maintenir dans une position convenable malgré le courant.

Avec le nouveau matériel, la mise en place des quatre vantaux s'est effectuée de la façon la plus simple. A pleine mer, le vantail était soulevé par les six palans, de façon à n'être plus immergé que de 3m,50 environ. Dans cette situation, il pesait, lest compris, 210 tonnes environ, et déplaçait 80 mètres cubes ; la charge sur les palans était donc de 130 tonnes environ.

Le vantail étant ainsi suspendu verticalement dans son enclave, on le descendait au fur et à mesure que la mer baissait.

En même temps, au moyen de la pompe, on finissait de le lester, afin d'assurer sa stabilité dans la position verticale. En agissant convenablement sur les palans et sur les treuils horizontaux, il était facile de conserver rigoureusement au vantail sa position. Un plongeur descendu dans l'écluse indiquait fréquemment les positions relatives du pivot et de la crapaudine pour faciliter le commandement de la manœuvre, à laquelle était employée une équipe de 120 hommes.

Pour le premier vantail, l'opération dura près de quatre heures. Pour les autres, grâce à l'expérience acquise, elles ne demanda que deux heures un quart, ce temps étant compté depuis le moment où le vantail était amené dans l'écluse jusqu'à celui où il était mis en place, son collier fermé.

Le même matériel a permis d'opérer très facilement le décrochage des anciens vantaux en bois; seulement, ceux-ci ayant un poids supérieur à celui du volume d'eau déplacé, on dut, pour les faire flotter, les garnir de ceintures de barriques et de flotteurs.

Peu de temps après l'achèvement de la mise en place des deux paires de portes, un accident est survenu à l'un des vantaux d'aval, le 9 octobre 1884, à la marée du jour. La mer étant grosse au large, l'avant-port houleux, et un ressac d'une intensité exceptionnelle se produisant dans l'écluse, au moment de la fermeture, les vantaux d'aval battirent assez longtemps l'un contre l'autre avant de busquer, et se rouvrirent même plusieurs fois avant le buscage, sous l'action du ressac. A la suite de ces chocs répétés, les deux vantaux se rouvrirent une dernière fois de près de la moitié de leur course et vinrent frapper violemment l'un contre l'autre la dénivellation entre la teneur du bassin et l'avant-port était alors de $0^m,40$.

A la marée suivante, les portes d'aval ne s'ouvrirent pas sous l'action de la mer montante, puis le vantail se coucha en travers de l'écluse, l'engageant sur la moitié de sa longueur et interceptant ainsi

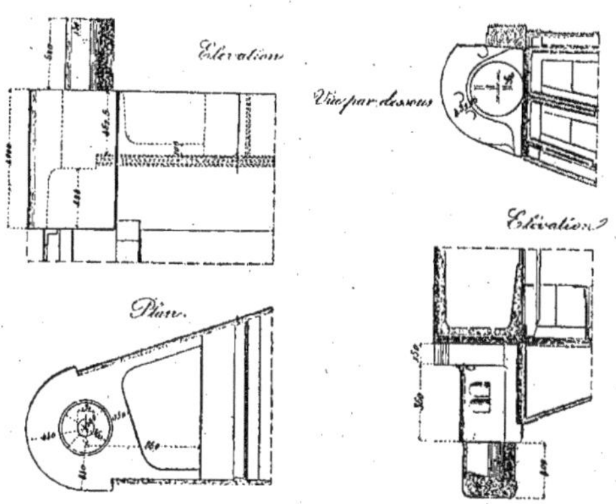

Fig. 561 à 564. — Havre. — Écluse des transatlantiques. — Tourillons modifiés.

la navigation; pour la rétablir on rentra le vantail dans l'enclave puis on remonta les capes et on l'enleva.

On constata que le tourillon supérieur, en acier fondu, s'était brisé. On le remplaça, ainsi que le pivot inférieur, par des pièces en fer forgé (l'acier fondu ayant paru donner peu de garantie à cause de son manque d'homogénéité) (*fig.* 558 à 564). On peut remarquer sur le dessin que le tourillon supérieur est en deux pièces et que l'axe ne fait pas corps avec le moyeu, mais est rapporté; l'emmanchement a eu lieu à chaud et est claveté. Cette disposition a été prise, pour qu'à la forge, on puisse disposer les moises parallèlement à l'axe longitudinal.

On compléta cette mesure en adaptant, aux vantaux d'aval, des portes-valets pour les contrebuter en cas de houle. Ces portes sont en fer pour les pièces travaillant à l'extension, et en bois pour celles travaillant à la compression (*fig.* 565). Pour amener le contact des valets avec les butoirs, on a disposé des coins maintenus dans une glissière, coins que l'on peut manœuvrer avec un volant de la partie supérieure de la porte-valet.

En outre, pour amortir les chocs, à chaque vantail, en dehors des chaînes de manœuvre, est attachée, à la partie supérieure de sa face amont, une chaîne de retenue, destinée à empêcher la partie supérieure de ce vantail de dépasser sa position d'équilibre dans le battement qui se produit à la fermeture. Entre les maillons de cette chaîne, qui est amarrée sur le bajoyer de l'écluse, est interposé un ressort Belleville de 30 tonnes environ pour une course de $0^{m},210$. Ledit ressort peut être tendu plus ou moins au moyen d'un levier agissant sur un pas de vis, par l'intermédiaire d'un écrou.

La longueur de ces chaînes est fixée de

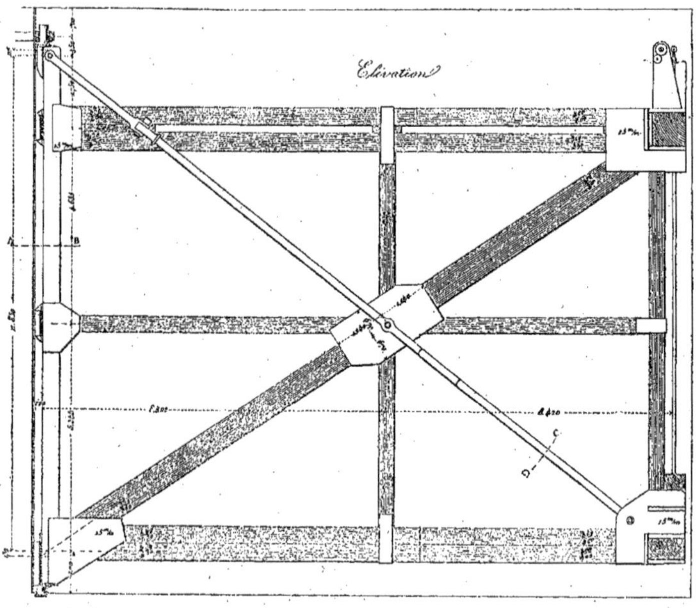

Fig. 565. — Havre. — Écluse des transatlantiques. — Porte-valet.

telle façon qu'au moment de la fermeture des portes, les deux vantaux ne peuvent venir choquer l'un contre l'autre. Ils sont arrêtés par leurs retenues à quelques centimètres de la position où le buscage commence. Ces derniers centimètres sont parcourus avec une faible vitesse, chaque vantail étant soumis à l'action des ressorts.

511. *Prix de revient.* — Voici les prix de revient d'une paire de portes :

Métaux.

Fer laminés, tôles, cornières, etc....	282 485k	0,67	189 265f,43	
Tubes en fer........................	2 608	0,67	2 008,16	
Ouvrages en fer forgé et de sujétion.	9 254	3f,47	32 113,99	
» » pour traverses de boulons........................	1 671	2,75	4 595,94	
Ouvrages en fer forgé pour boulons..	3 639	0,87	3 175,76	
» tôle d'acier............	2 560	1,17	2 995,20	
» acier doux............	5 668	1,97	11 166,46	
Galvanisage........................	304 133	0,20	60 826,61	
Ouvrages en bronze................	1 096	5,50	6 028,69	
» en fonte 2e fusion.........	1 914	0,48	918,96	
Acier doux fondu pour tourillons....	10 536	1,65	17 385,64	
				330 470,84

Charpente.

Bois........................	15 429 196mc	à 245f	3 780f,15	
Mailletage avec clous à maugère.	761 242	à 15,60	1 187,54	
Mailletage avec pointes de Paris.	728 349	à 28,30	2 061,23	
				7 028,92
Total..............................				337 499,76
A déduire rabais 19 0/0				64 123,95
Reste..............................				273 374,81
Dépense sur la somme à valoir (2 pompes, clapets, pulsomètres)......				23 625,19
Démolition et reconstruction des bajoyers au-dessous des ouvrages, refouillement........................				13.000,00
Total				310.000,00

Prix de revient des portes-valets :

Fer et tôle..............................	15 509 à	0f,67	10 391f,39
Fer forgé pour tirant	5 604 à	2,75	15 411,03
» boulons........................	1 786 à	0,87	1 553,82
Pattes d'accrochage........................	568 à	2,75	7 609,32
Bois	42 à	180,00	1 511,50
Fonte........................	3 023 à	0,50	4 372,99
Mailletage avec pointes de Paris	118 à	28f,30	3 360,33
Bronze........................	1 535	4,50	6 907,50
Tuyaux........................	142	0,77	117,33
Chaînes de manœuvre........................	733	2,00	1 466,00
Galvanisage........................	26 057	0,20	5 211,50
Mise en place des portes-valets...........	»	»	3 500,00
Butoir des portes et appropriation des entretoises........................	»	»	9 700,00
Chaînes de retenue........................	1 500	2	3 000,00
Frais de surveillance........................	»	»	325,28
Total..............................			76 000,00

Les ressorts pour les chaînes de retenue ont couté 1 500 francs pièce.

Portes roulantes de Davis-Island.

512. En 1883, on a construit à Davis-Island, sur l'Ohio, une écluse de

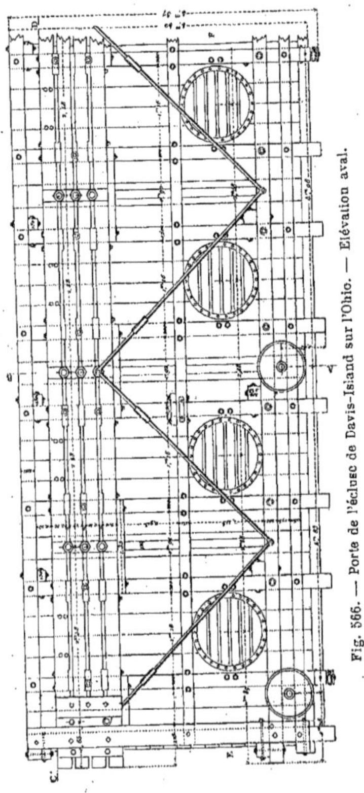

Fig. 566. — Porte de l'écluse de Davis-Island sur l'Ohio. — Élévation aval.

33m,55 de largeur, dont les portes sont roulantes. Nous en emprunterons les détails à un mémoire de M. G. Cadart, inséré, en 1885, dans les *Annales des Ponts et chaussées*. L'écluse n'a que deux

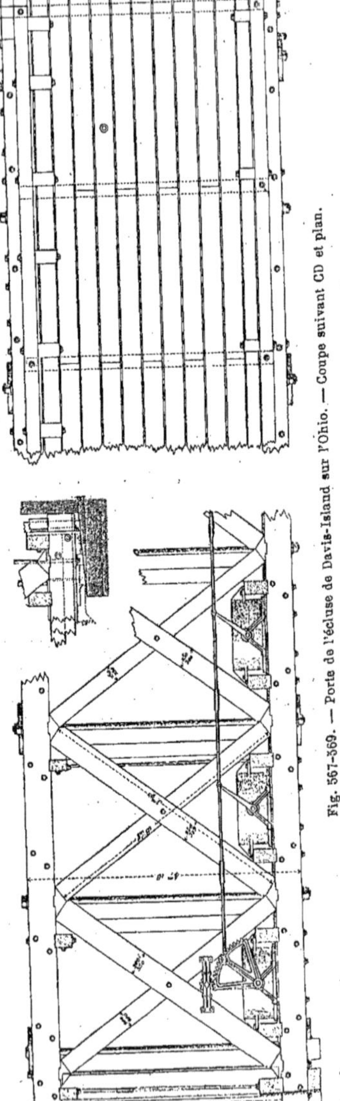

Fig. 567-569. — Porte de l'écluse de Davis-Island sur l'Ohio. — Coupe suivant CD et plan.

portes, une à l'amont et l'autre à l'aval. D'après le projet approuvé, chacune de ces portes est formée d'un grand chariot de 36 mètres de longeur, 4m,06 de largeur et 4m,27 de hauteur, porté par seize roues calées sur huit essieux (*fig.* 566, 567, 568, 569, 570, et 571).

Ce chariot se compose essentiellement :

1° D'un cadre inférieur formé de deux pièces de bois longitudinales, l'une à l'amont, l'autre à l'aval, reliées par une série de traverses ;

2° D'une poutre horizontale, du système Howe, placée à la partie supérieure ;

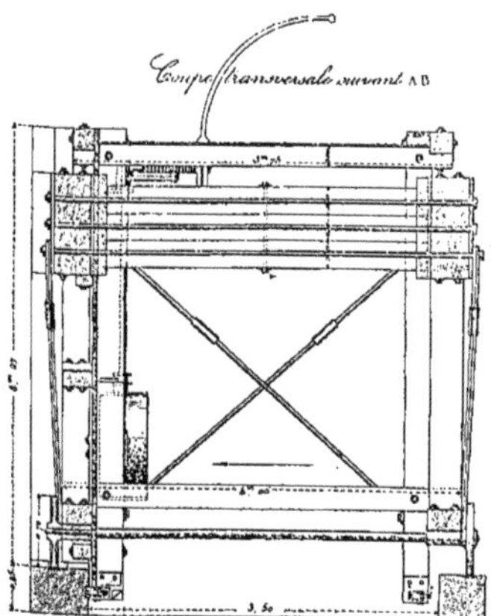

Fig. 570. — Porte de l'écluse de Davis-Island sur l'Ohio.

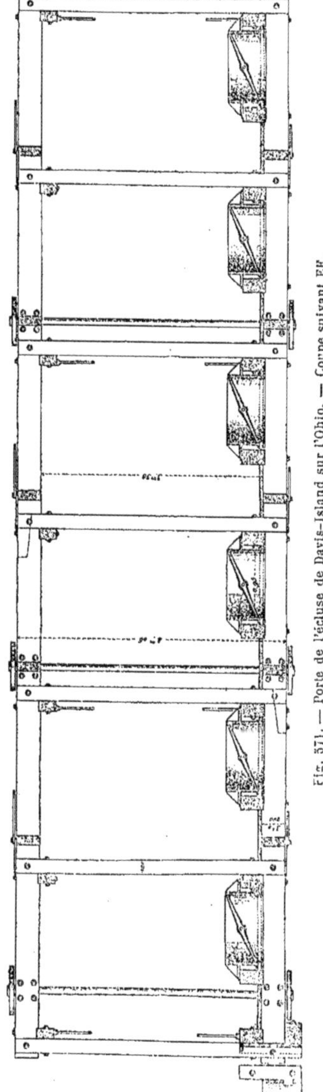

Fig. 571. — Porte de l'écluse de Davis-Island sur l'Ohio. — Coupe suivant EF.

3° De deux séries de montants, l'une à l'amont, l'autre à l'aval, reliant la poutre horizontale au cadre inférieur, et d'un contreventement formé de tirants en fer en croix de saint André ;

4° D'un masque en charpente remplissant tous les intervalles vides entre les montants de la face aval et s'étendant vers le haut jusqu'à la semelle de la poutre horizontale et vers le bas jusqu'à la saillie du radier, contre laquelle vient s'appuyer la porte ;

5° De quatorze vannes placées dans des tubes cylindriques disposés dans le masque et entre les montants de la face aval, lesquelles vannes peuvent tourner autour d'un axe vertical ;

6° D'un tablier en bois qui repose sur la poutre horizontale supérieure. Les roues ont 0m,72 de diamètre ; elles ont une jante plate et se meuvent sur des rails plats, afin de permettre un déplacement latéral de la porte ; ce mouvement latéral est limité par de petites roues à axe vertical de 0m,20 de diamètre, attachées au bas des montants, et qui descendent dans l'intervalle des murs qui supportent les rails. Les tubes contenant les vannes ont 0m,95 de diamètre intérieur ; ils sont soutenus par deux bras boulonnés sur les montants qui les encadrent, et sont eux-mêmes boulonnés avec le masque en charpente ; les axes des vannes sont articulés à leur partie supérieure avec des manivelles reliées toutes à une même bielle ; cette bielle est articulée avec une roue dentée, mue par un pignon placé à une des extrémités de la porte et que font tourner des hommes placés sur le tablier. La porte peut être tirée dans un sens ou dans l'autre, au moyen de chaînes manœuvrées par une turbine. Quand on ferme la porte, l'extrémité d'avant, qui est terminée par un montant en forme de coin, vient s'appliquer (*fig.* 568) sur une feuillure du bajoyer, et les petites roues horizontales de guidage viennent se placer en face de petites dépressions de la muraille d'aval du radier, de façon que la charpente de la face aval et le masque viennent s'appuyer exactement contre les bords de l'enclave.

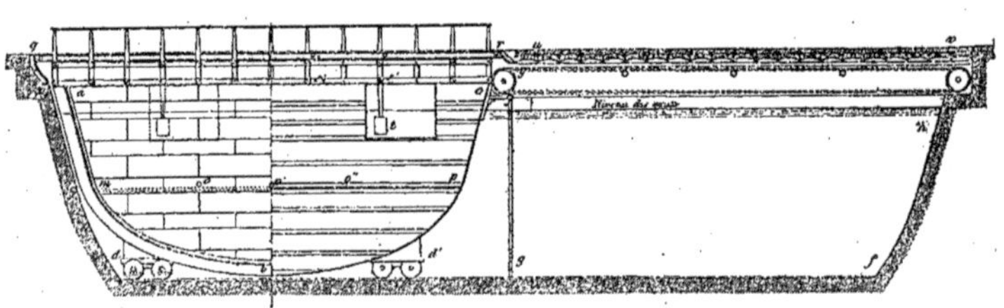

Fig. 572 et 573. — Bateau-porte de Greenock. — Demi-élévation et demi-coupe longitudinale.

Le masque et la charpente de la face aval s'appuient, d'une part, sur la partie saillante du radier, et, de l'autre, sur la semelle supérieure et répartissent la pression de l'eau entre ces deux appuis. Il est nécessaire de placer le masque sur la face aval, car, si on le mettait sur la face amont, tout en laissant la porte s'appuyer contre le radier et les bajoyers par sa face aval, il faudrait mettre un autre masque sous le chariot, et l'eau amont exercerait une sous-pression qui tendrait à soulever la porte.

La porte, en s'ouvrant, vient se placer dans une chambre ménagée sur la rive.

Des aqueducs sont placés dans les bajoyers, pour opérer le remplisage et la vidange du sas, concurrement avec les vannes des portes.

Les portes de l'écluse de Davis-Island paraissent être une bonne solution pour les écluses d'une grande largeur, sauf les restrictions que nous avons déjà faites, et qui sont relatives au graissage et à l'envasement.

Bateaux-portes.

513. Pour terminer ce que nous avons à dire sur la fermeture des pertuis en général, nous rappellerons les détails que nous avons donnés sur la fermeture de l'écluse Ouest de Tancarville (v. *Cours de Rivières*, *fig.* 582 à 585), et nous ajouterons quelques mots empruntés aux *Annales* de 1876, dans un mémoire de MM. Poulet et Luneau relativement au sujet qui nous occupe.

« La forme de radoub du port de Greenoch

a été fermée par un bateau-porte, ou, plutôt, par un caisson roulant, qui a été terminé en 1874; le modèle adopté devait être employé, avec quelques légères modifications, par l'Amirauté, à Portsmouth, dans de plus grandes dimensions.

La forme de radoub est fermée par un caisson en tôle, présentant une disposition spéciale, analogue à celle des bateaux-portes, et jouant le même rôle, sous le rapport de la fermeture (*fig.* 572 à 575).

Le mouvement de déplacement de ce caisson diffère seul de celui des bateaux-portes ; ce caisson *abc* est porté par deux chariots *d*, *d'*, roulant sur des rails placés sur une partie horizontale en contre-bas du seuil de la forme ; il peut se mouvoir parallèlement à lui-même dans le sens de sa longueur, et venir se remiser dans une chambre *gh*, pratiquée dans l'épaisseur du bajoyer, chambre dont la longueur est égale à celle du caisson lui-même, de sorte que celui-ci, y pénétrant entièrement, démasque complètement l'entrée de la forme.

La portion inférieure du caisson *mbp*, limitée à la partie supérieure par une cloison qui la ferme hermétiquement, constitue une chambre à air étanche ; les dimensions en ont été calculées de telle sorte que, à marée basse, la poussée exercée par l'eau sur le caisson soit peu inférieure au poids du caisson même. Il résulte de cette disposition que le système pèse peu sur les roues qui le supportent, et que l'on peut déterminer son déplacement à l'aide d'une force relativement minime. Lorsque la mer monte, l'eau peut s'introduire dans l'intérieur des chambres supérieures du caisson, de telle sorte que la poussée reste constante et ne tend pas à le soulever. Le caisson, mis en place, est calé à l'aide de cames mues par des vis; des fourrures en bois assurent l'herméticité de la fermeture.

L'ouverture et la fermeture de la passe s'obtiennent par le moyen d'une chaîne sans fin mue par un treuil (ou par tout autre moyen), de telle sorte que, à volonté, le caisson est placé en travers de la passe ou rentré dans la retraite ménagée dans le bajoyer. S'il était nécessaire de réparer la porte ou de la visiter, il suffirait de fermer les ouvertures *o*, *o'*, *o''*, à l'aide de vannes disposées à cet effet ; la mer montant et la forme étant pleine, le caisson viendrait à flotter, s'élèverait au-dessus du radier et pourrait facilement être conduit en un point où il serait possible de le mettre à sec.

Le caisson que nous venons de décrire sert, en outre, à établir une communication entre les deux bajoyers de la passe ; il porte une voie charretière qui doit se trouver au niveau des quais avoisinants et se raccorder avec les voies établies sur ces quais. La chambre où s'engage le caisson est recouverte par un plancher fixe, sur lequel passent les voitures, et c'est sous ce plancher que doit se placer le caisson entier. Pour arriver à ce résultat, le tablier *gr* du caisson est

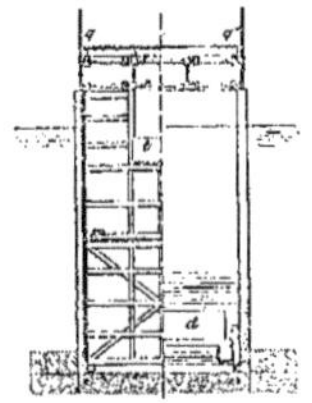

Fig. 574 et 575. — Bateau-porte de Greenock. Demi-élévation et demi-coupe transversale.

mobile ; il est relié au caisson par l'intermédiaire de bielles, *s*, *s'*, etc., articulées en *s*, *s'*, etc., de manière à constituer une série de parallélogrammes articulés qui permettent au plancher *gr* de se mouvoir parallèlement à lui-même ; quelques-unes de ces bielles se prolongent au-dessous de l'axe de rotation correspondant *s'*, pénètrent dans des chambres étanches spéciales, et portent des contrepoids. Le système articulé ainsi constitué est donc facilement mobile ; lorsque les bielles *s*, *s'*, sont verticales, le plancher est au niveau des quais ; si elles sont suffisamment inclinées, le tablier *gr* et même les balustrades qui l'accompagnent s'abaissent assez pour pouvoir passer au-dessous du plancher *uv* et permettre ainsi au caisson d'entrer sans difficulté dans la retraite *gh*.

Le mouvement du tablier, qui l'amène à la position qu'il doit avoir, peut s'obtenir de diverses manières. Dans le projet étudié pour le port de Portsmouth, on doit se servir d'une machine à eau comprimée.

A Greenoch, ces mouvements se produisent automatiquement. A cet effet, les poutres q et r qui supportent le plancher sont terminées à leurs extrémités par des galets q, q', r, r'. Ces galets s'appuient sur des pièces en fonte xx', yy', dont les formes sont telles que, lorsque le caisson s'avance dans un sens ou dans l'autre, ces galets sont poussés en haut et en bas, entraînant avec eux le tablier du pont, de sorte qu'il s'élève jusqu'au niveau du quai, lorsque le caisson vient à fermer la passe et qu'il s'abaisse jusqu'au-dessous du plancher uv, lorsque celui-ci pénètre dans la chambre gfh.

Vannes.

514. Pour terminer ce qui est relatif aux organes de fermeture des pertuis, il ne nous reste plus qu'à parler des vannes. Elles sont de plusieurs espèces. Nous allons commencer par donner un exemple de celles qui sont une copie des écluses de chasse.

515. *Vanne tournante du chenal de Perrodil.* — Les travaux d'amélioration du chenal de Perroli, sur la côte orientale de l'île d'Oléron, comprenaient la construction d'un pertuis de chasse de 6 mètres de largeur, dont le radier est à la cote — 3 mètres du nivellement général de la France, et le couronnement à la cote + 4 mètres. Le niveau des plus hautes eaux connues étant de + 3m,80, la hauteur de l'eau au-dessus du pertuis peut atteindre 6m,80. Le 6 avril 1883, le Ministre demanda aux ingénieurs d'étudier le projet d'une vanne excentrée avec vannes régulatrices et directrices dans le grand côté, sans dépasser, pour la dépense, un maximum de 25 000 francs.

On prit comme type la porte de Dunkerque.

La partie supérieure de la porte est à 3m,80, c'est-à-dire au niveau des plus hautes eaux connues. L'ouvrage est tout entier, sauf les rivets, en acier, ainsi que le garde-corps et quelques barres de scellement, qui sont en fer. Les plaques d'ancrage et les cabestans sont en fonte, et les coussinets des paliers, en bronze.

Une traverse supérieure et une traverse inférieure reliées par trois poutres verticales, deux poteaux battants et un poteau central composent l'ossature (*fig.* 576, 577, 578 et 579).

Le bordage en tôle d'acier est soutenu

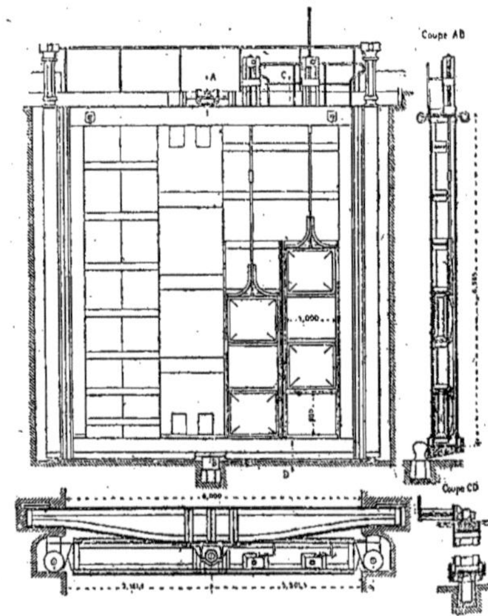

Fig. 576 à 579. — Vanne de la Perrotine. Élévation, coupe et plan.

par des membrures horizontales qui servent aussi d'appui au cadre dans lequel est disposée la vantelle à jalousie placée dans le grand côté du vantail. La vantelle et ses glissières sont logées dans l'épaisseur de l'ossature de la porte; aussi a-t-on placé le bordage sur la face aval.

L'excentricité du poteau central est de 6 centimètres. Il a son tourillon fixé à la traverse supérieure. La traverse inférieure porte la crapaudine femelle, et la crapaudine mâle, ou pivot, est scellée dans le radier.

Le tourillon supérieur est embrassé par le coussinet en bronze d'un palier fixé sur une traverse encastrée dans les bajoyers du pertuis. Munie d'un garde-corps, elle sert de passerelle pour la manœuvre des crics des ventelles qui sont placés sur la traverse supérieure.

On a laissé un jeu de $0^m,03$ entre le radier et la traverse inférieure et on a muni les poteaux-battants de fourrures en bois s'appuyant sur les poteaux-valets. Ceux-ci sont formés de deux poutres en acier de même section que les poutres des poteaux-battants. Chacune de ces poutres porte deux fourrures en bois, l'une destinée à s'appuyer sur la fourrure des poteaux-battants, l'autre à reposer sur l'enclave en maçonnerie pour assurer l'étanchéité.

Les crapaudines des poteaux-valets sont en fonte d'acier. Des cabestans en fonte ordinaire, servant à la manœuvre des poteaux, sont clavetés et boulonnés à la partie supérieure.

La traverse supérieure fixe s'appuie sur des plaques de fonte de $0^m,05$ d'épaisseur posées sur des feuilles de plomb de 4,5 millimètres et installées sur deux pierres en granit.

La porte tournante repose sur un pivot vertical qui tend à être entraîné vers l'aval par la poussée qui s'exerce sur sa traverse inférieure. Ce pivot, pour y résister, est pris dans un collier et des tiges cylindriques relient les pierres en granit, encastrées sous les massifs formés par la pile et la culée du pertuis.

Les dimensions ont été calculées pour ne pas dépasser une tension de 9 kilogrammes par millimètre carré dans les cas les plus défavorables. Le poids total est de 28 845 kilogrammes, et il a été dépensé 24 $186^f,64$ soit $0^f,84$ par kilogramme.

516. *Vannes en éventail.* — Parmi les systèmes employés pour la fermeture des aqueducs, nous pouvons encore signaler celui des vannes dites en éventail se rapprochant du système hollandais. Les schéma ci-joints (*fig.* 580) en font immédiatement comprendre la manœuvre. OAB forme deux panneaux en retour d'équerre pouvant tourner autour d'un axe O. Une petite vanne communique avec le port d'échouage, et l'aqueduc D avec le sas. La surface OA étant supérieure à OB, on voit de suite que, suivant que la vanne L sera levée ou baissée, la pression dans la chambre C donnera lieu à un mouvement de rotation à AOB et, par suite, ouvrira ou fermera le chenal D.

517. *Vannes cylindriques.* — Nous en avons donné la description et la figure dans notre *Traité des Canaux* (*fig.* 395); nous n'y reviendrons donc pas.

518. *Vanne à soupape double automobile de M. Decœur.* — M. Decœur a publié, dans les *Annales* de 1883, un projet de soupape pour ouvrir et fermer rapidement, sous de grandes charges d'eau, de larges orifices d'écoulement.

L'auteur suppose qu'il s'agit de vider

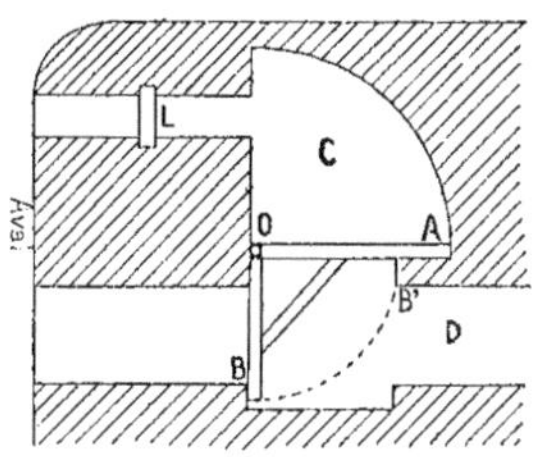

Fig. 580.

une écluse de 4 mètres de chute au moyen d'un aqueduc contournant les portes d'aval et ayant une section minimum de $0^{m2},127834$, correspondante à 1 mètre de diamètre à l'origine. Si l'orifice de cet aqueduc, qui doit être placé au-dessous du niveau des eaux d'aval, était fermé par une soupape simple de 1 mètre de diamètre, la pression à vaincre pour démasquer l'orifice dépasserait 3 140 kilogrammes, ce qui exigerait un appareil de levage très puissant et dont la manœuvre à la main serait aussi longue et difficile que celle d'une vanne ordinaire.

On a tourné la difficulté en employant une sorte de vanne cylindrique logée dans un vide des maçonneries de la chambre des portes, et constituée par un tube vertical reposant sur la tête horizontale de l'aqueduc, et ayant son ouverture supérieure au-dessus du niveau des eaux d'amont.

Ce tube, équilibré intérieurement par des contrepoids, et n'étant soumis à aucune pression verticale, se manœuvre sans effort avec un cric ordinaire, dont la manivelle n'a à vaincre que les frottements dus à l'inégalité des pressions latérales pendant l'écoulement de l'eau.

Pour de fortes chutes, cet appareil est lourd et encombrant, et, malgré les avantages qu'il présente sur les autres systèmes de vannes, au point de vue de la rapidité des manœuvres et de la fermeture parfaite des orifices, son emploi ne paraît pas devoir se généraliser.

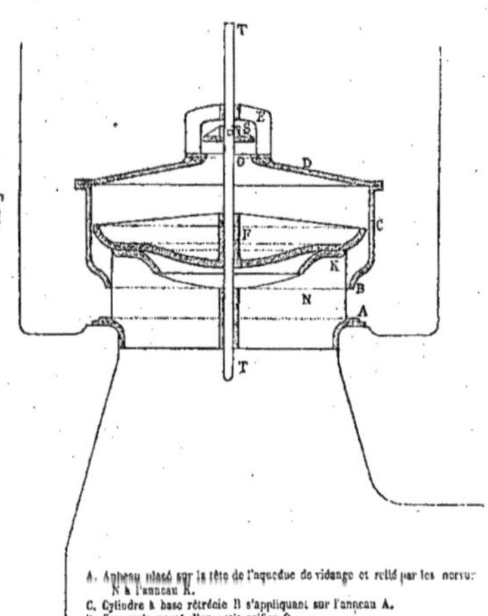

A. Anneau placé sur la tête de l'aqueduc de vidange et relié par les nervures N à l'anneau K.
C. Cylindre à base rétrécie B s'appliquant sur l'anneau A.
D. Couvercle percé d'un petit orifice O.
E. Chapelle fixée sur le couvercle autour de l'orifice O.
F. Fond mobile supporté par la pièce fixe ANK.
S. Petite soupape fixée par une goupille sur la tige de manœuvre T.

Fig. 581.

519. Pour remplacer ces vannes, M. Decœur a proposé et fait exécuter la soupape suivante (*fig.* 581).

Elle se compose d'un cylindre creux, renfermant un fond mobile F, soutenu sur la tête de l'aqueduc de vidange par le double anneau à nervures ANK.

Le cylindre présente un rétrécissement à sa base en forme de cône tronqué avec courbes de raccord, facilitant le soulèvement de la soupape par la pression de l'eau. Il est surmonté d'un couvercle D, percé d'un orifice central O, sur lequel vient s'appliquer une petite soupape S, fixée par une goupille sur la tige de manœuvre T. Cette tige verticale, qu'on pourrait prendre en fer creux, pour lui donner plus de légèreté, se termine par une crémaillère actionnée par un levier ou par la manivelle d'un pignon à cinq ou six dents. Elle traverse la douille de la chapelle E, montée sur le couvercle, la douille du fond mobile F, et la douille de la pièce fixe ANK, qui lui sert de guide dans le bas.

Le fond mobile formant piston et chapeau intérieur sur la tête de l'aqueduc a un diamètre presque égal au diamètre du cylindre; les nervures qui soutiennent son siège K sont assez épaisses pour ne pas fléchir sous la charge d'eau considérable qu'elles sont appelées à supporter quand la petite soupape S est ouverte.

La rigidité du piston F est assurée par des nervures et par l'inclinaison du profil en dedans et en dehors des points d'appui. Sa position est bien fixée par la douille centrale, dans laquelle s'engage la tige T. Il peut ainsi glisser sans frottement à l'intérieur du cylindre C, qui est guidé, dans son mouvement vertical, par la douille de la chapelle E et les arêtes verticales des nervures N.

Quand la soupape est au bas de sa course, l'orifice O étant fermé, si on désigne par H la hauteur des eaux extérieures au-dessus du plan d'eau d'aval et par h la hauteur du cercle D au-dessus du niveau des eaux intérieures (en admettant qu'il y ait de l'air emprisonné sous le couvercle pendant une précédente manœuvre), la force qui applique la soupape sur son siège est égale à son poids P, augmentée de la différence des pressions verticales sur les deux faces du couvercle, qui a pour mesure en tonnes 1 000 kilogrammes $\times \pi R^2 (H - h)$, diminué de la pression d'en bas sur la surface conique inférieure, qui a pour mesure $\pi(R^2 - r^2)H$, R et r représentant les rayons du cylindre C et du petit cercle de base B.

Comme la hauteur h doit être généralement très petite par rapport à H, on voit que la pression résultante diffère peu de $\pi r^2 H$.

Il suffit alors d'exercer sur la tige T, de rayon ρ, un effort de traction égal à son poids p augmenté de la pression hydraulique $\pi(r'^2 - \rho)(H - h)$, pour lever la petite soupape S de rayon r' ; et, comme l'eau extérieure, entrant librement par l'orifice O, ne peut passer que difficilement autour du piston F, pour s'écouler dans l'aqueduc, l'égalité tend à s'établir sur les deux faces du couvercle D, la charge étant reportée sur les nervures de l'anneau A. La soupape se soulève donc immédiatement, si son poids est inférieur à la réaction verticale $\pi(R^2 - r^2)H$, diminuée de la pression dynamique autour de l'orifice O et de la différence de pression sur les deux faces de couvercle qui a pour mesure $\pi R^2 \xi$, en désignant par ξ la perte de charge autour du piston.

Il suffit que la soupape se soulève d'une hauteur égale au quart de son diamètre de base pour engendrer une section d'écoulement égale à celle de la tête de l'aqueduc.

Supposons qu'elle ait une ouverture de 1 mètre de base et un diamètre de 1m,20 sur 0m,30 de hauteur dans la partie cylindrique. Son poids, sans compter celui de la tige de manœuvre, ne dépasserait guère 300 kilogrammes pour une épaisseur de fonte d'environ 0m,015, tandis que la réaction hydraulique définie ci-dessus atteindrait 1 380 kilogrammes dans le cas d'une chute H = 4 mètres, si les fuites d'eau autour du piston étaient négligeables par rapport au débit de l'orifice O.

Or, en admettant un jeu de 1 millimètre autour du piston de 1m,198 de diamètre, on aurait pour ces pertes d'eau à la circonférence, sous la pression intérieure $H - h - \xi$ une section d'écoulement de 0mq,0037 ; et, en donnant 0m,20 de diamètre à l'orifice O, et 0m,04 à la tige T, on aurait pour l'écoulement de l'eau par cet orifice sous la différence de pression ξ une section d'environ 0mq,030. La valeur de la perte de charge serait donc :

$$\frac{\xi}{H - h - \xi} = \left(\frac{0{,}0037}{0{,}0300}\right)^2 = 0{,}015.$$

et la force de réaction disponible pour le soulèvement de la soupape ne serait réduite que d'une section peu différente de

$$0{,}015 \frac{R^2}{R^2 - r^2} = \frac{1}{20}.$$

On disposerait ainsi d'une force de :

1 380k — 69k = 1 311 kilogrames,

plus que suffisante pour déterminer l'ascension spontanée de la soupape.

Quant à la pression à vaincre pour détacher la petite soupape S de l'orifice O, elle serait seulement de 160 kilogrammes pour une charge d'eau de 4 mètres sur une surface annulaire de 0mq,04, en admettant un recouvrement extérieur de 0m,01 sur les bords de l'orifice.

On voit que, sans même équilibrer le poids de la tige T, on pourra très aisément la manœuvrer avec un cric ordinaire, qui servira à accélérer la montée et à retarder à volonté la descente de la soupape.

Grâce au frein hydraulique, constitué par le volume variable OF au-dessus du piston, on n'a rien à craindre pendant la manœuvre, car, si la section produite dans l'espace annulaire KB, compris entre le piston et le tronc de cône, augmente d'abord la force ascensionnelle, pendant que l'écoulement a lieu dans l'aqueduc par la section annulaire AB, démasquée par la soupape, le mouvement d'ascension est retardé à la fois par les pressions dynamiques sur le couvercle, par la dépression produite au dessous, en raison de l'insuffisance de débouché de l'orifice O, et par les frottements dus à la pression latérale sur le cylindre sur le côté de l'arrivée de l'eau.

La soupape s'arrête, d'ailleurs, quand la partie conique vient toucher le piston, et elle se maintient à ce maximum de hauteur, jusqu'à ce que, par suite de la succion due à la diminution de la vitesse d'écoulement, elle soit sollicitée à redescendre sous l'action prédominante de son poids, mais avec le retard causé par la difficulté de l'évacuation de l'eau au-dessus du piston.

Nous ferons remarquer, ajoute M. Decœur que la vitesse d'écoulement, qui est au plus $\sqrt{2gH}$, décroît moins vite que la différence du niveau H et ne s'annule pas nécessairement en même temps qu'elle, l'écoulement devant continuer jusqu'à l'épuisement de la force vive de l'eau en mouvement. Il peut donc se faire que la soupape, abandonnée à elle-même, ne retombe sur son siège qu'après que la différence de niveau est devenue négative. Il n'y a à cela aucun inconvénient, puisqu'une différence de niveau négative facilite l'ouverture des portes de l'écluse, et qu'en cas de retour d'eau dans l'aqueduc de vidange, la soupape se soulève au besoin sous l'action de la pression transmise par le fond mobile F.

La durée d'une manœuvre de vidange se calcule approximativement en divisant le volume de l'éclusée par la section de l'orifice d'entrée de l'aqueduc et par la vitesse moyenne d'écoulement, qui est à peu près égale à :

$$\frac{1}{2}\sqrt{2gH},$$

si l'aqueduc n'a que peu de longueur et une large embouchure dans le bief d'aval.

Avec deux appareils de la dimension précitée, symétriquement placés par rapport à l'axe de l'écluse, il ne faudrait pas beaucoup plus de deux minutes pour vider une écluse de 4 mètres de chute et d'environ 1 000 mètres cubes de capacité.

En employant pour le remplissage de l'écluse deux autres soupapes de même grandeur placées sur les murs de la chambre des portes d'amont à une profondeur suffisante pour être constamment couvertes par les eaux du bief supérieur, la durée de cette seconde opération serait la même, parce que les deux aqueducs de remplissage, débouchant dans l'écluse par plusieurs orifices noyés par les eaux d'aval seraient toujours remplis d'eau et siphoneraient dès le début de l'opération, le courant d'eau ayant, d'ailleurs, une force suffisante, pour entraîner l'air, qui, pour une cause quelconque, se serait introduit sous la soupape.

M. Decœur estime qu'une semblable soupape mise en place ne coûterait pas plus de 1 000 francs, pour une écluse de 4 mètres, c'est-à-dire moitié du prix d'une vanne cylindrique de même diamètre.

Manœuvre des vannes.

520. Nous avons déjà donné quelques exemples de cette manœuvre, notamment en parlant du troisième bassin à flot de Rochefort (page 405).

Nous en ajouterons un plus récent tiré des *Annales des Ponts et Chaussées* de 1889, après l'avoir fait précéder des considérations suivantes :

Les pressions considérables dues à la différence de niveau existant entre le bassin et l'avant-port, déterminent sur les coulisses des frottements qui nécessitent des engins d'une assez grande puissance pour opérer le soulèvement de la vanne. Le calcul en est extrêmement simple, et nous donnerons seulement les coefficients numériques généralement admis.

Poids de l'eau de mer, le mètre cube .... 1 026 k

Coefficient de frottement des glissières 0,16

Au moyen de ces coefficients, on calculera l'effort du frottement pendant la levée, on y ajoutera le poids de la vanne, puis un chiffre arbitraire pour frottement au départ, 500 à 1 000 kilogrammes, suivant les dimensions de la porte, et on aura ainsi le travail à fournir par le moteur.

Celui-ci est tantôt un moteur animé (treuil à bras), tantôt un moteur hydraulique.

L'inconvénient des moteurs à bras est d'exiger un certain nombre d'hommes qui n'ont à agir que pendant quelques minutes dans la journée et d'être lent, aussi préfère-t-on aujourd'hui le deuxième système.

521. *Appareil hydraulique des vannes du bassin Bellot.* — La manœuvre des vannes se fait au moyen de deux appareils hydrauliques, chacun d'eux servant à la manœuvre d'un jeu de quatre vannes (*fig.* 582, 583, 584, 585, 586).

Chaque appareil se compose d'un cylindre avec piston à double effet pour l'ouverture et la fermeture, dont la tige s'attelle directement sur la tige de manœuvre des vannes. Le piston a $0^m,34$ de diamètre et la tige du piston est de $0^m,29$; la course est de $2^m,52$. La dépense d'eau pour l'ouverture d'un jeu de quatre vannes est de 153 litres.

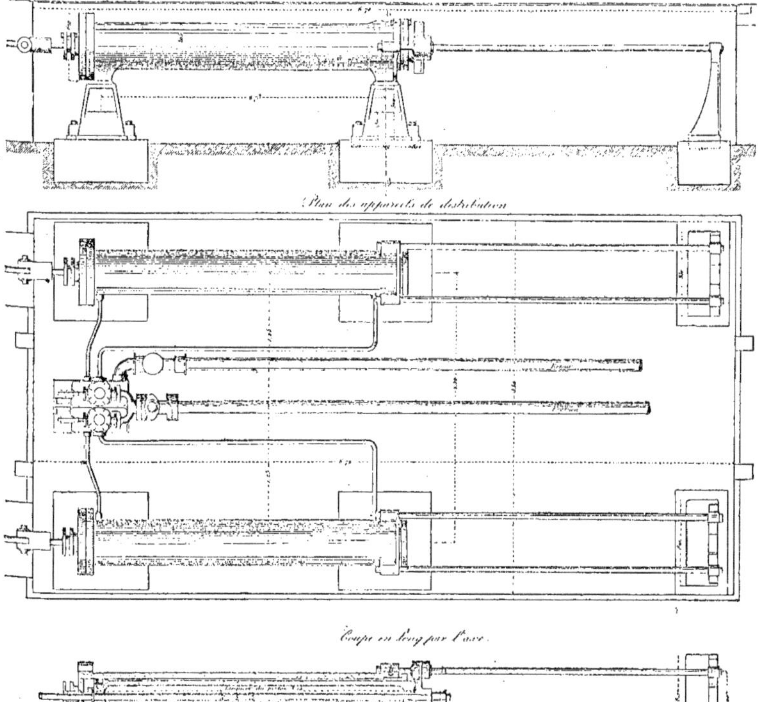

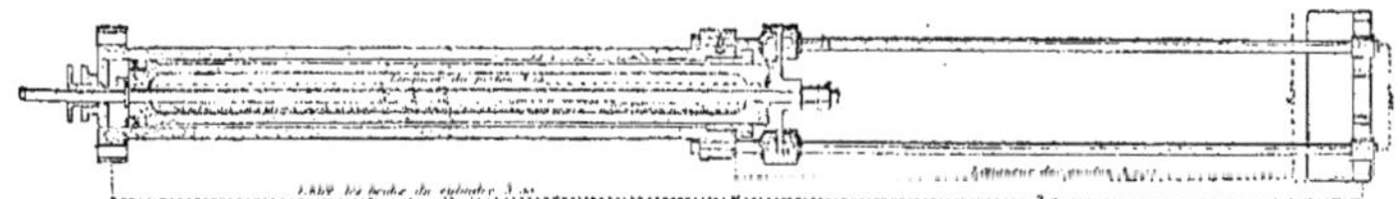

Fig. 582 à 584. — Appareil hydraulique des vannes du bassin Bellot.

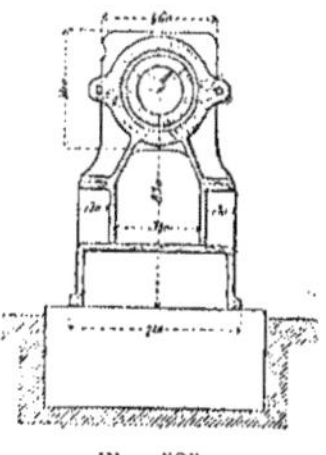

Fig. 585.

Le poids des matériaux entrant dans

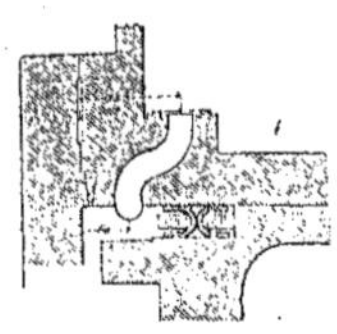

Fig. 586.

la construction de ces appareils est le suivant :

Fonte de 2e fusion	7 930k
Bronze	103
Fer forgé	132
Tôles et cornières	2 150

Manœuvre des portes.

522. Nous avons vu, quand nous nous sommes occupés des canaux, que le système le plus anciennement employé consistait en un simple levier, ou balancier, sur lequel on opérait une poussée pour faire tourner la vanne. Les efforts considérables qu'il faut opérer sur les écluses marines, à cause de leurs grandes dimensions, ont fait remplacer généralement ce système par des chaînes manœuvrées par des cabestans. On en dispose une pour l'ouverture, l'autre pour la fermeture. On a aussi employé des moteurs hydrauliques agissant directement sur un levier formant la *queue* de la vanne.

523. *Manœuvre des portes du bassin Bellot.* — Nous citerons, comme exemple du premier système, celui du bassin Bellot.

Les appareils de manœuvre se composent pour chaque vantail d'un appareil d'ouverture et d'un appareil de fermeture situés à côté l'un de l'autre et commandés par un tiroir unique. A cet effet, les chaînes d'ouverture et de fermeture ont leur point d'attache sur le fond de l'écluse sur les bajoyers. Après avoir passé sur des poulies de renvoi placées sur les portes, ces chaînes s'enroulent sur les moufles des appareils funiculaires d'ouverture ou de fermeture (*fig.* 587 à 591).

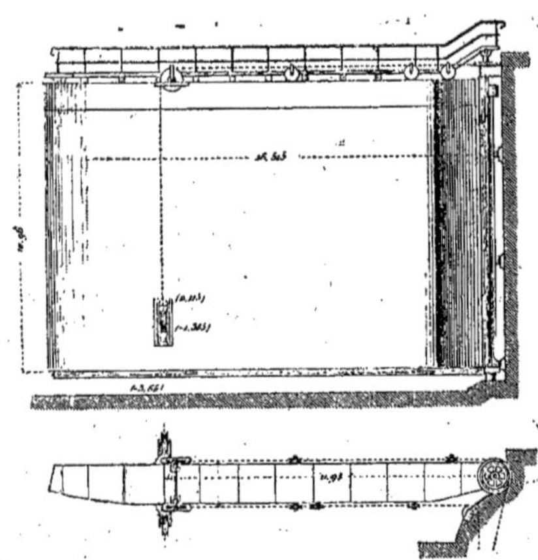

Fig. 587 et 588. — Manœuvre des portes du bassin Bellot.

On n'emploie ainsi qu'un homme pour les manœuvres; un seul tiroir commande les deux appareils, et on évite la construction, dans les bajoyers, des puits des chaînes.

Chaque appareil funiculaire est à six brins.

Celui d'ouverture doit exercer 8 000 kilogrammes sur la chaîne. Le cylindre a $0^m,42$, le plongeur $0^m,40$ et $2^m,45$ de course.

L'appareil de fermeture doit faire un effort de 4 500 kilogrammes, aussi le plongeur de même course n'a-t-il que $0^m,31$ de diamètre.

La dépense est de 308 litres pour l'ouverture et 185 pour la fermeture.

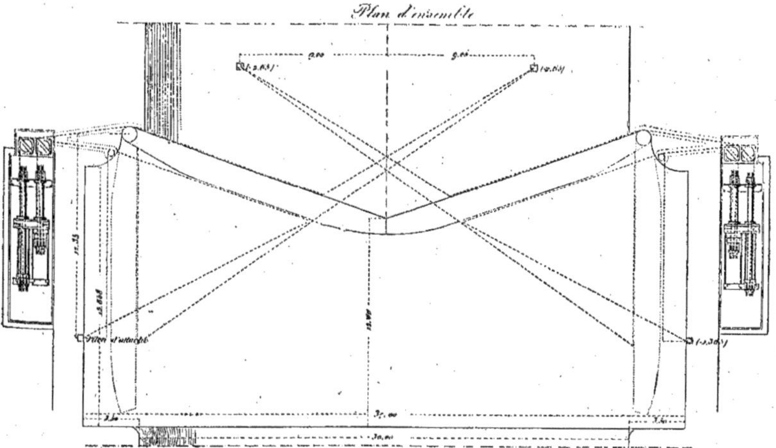

Fig. 589.

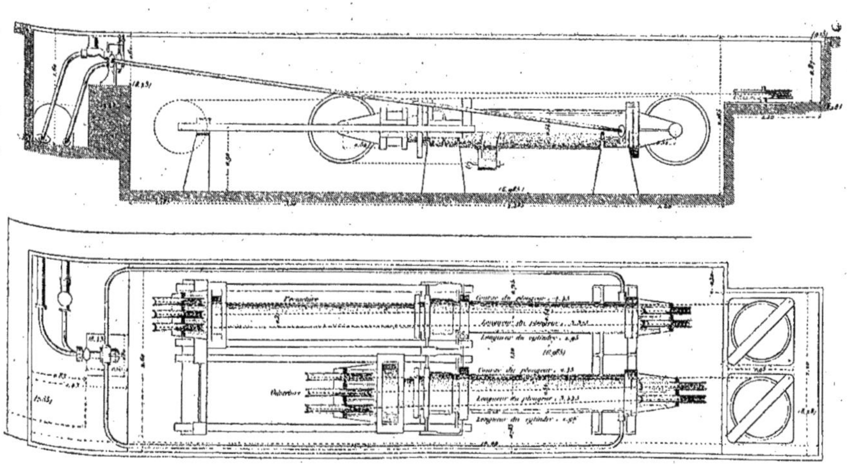

Fig. 590 et 591. — Appareil de manœuvre des portes du bassin Bellot.

L'ensemble des appareils a nécessité l'emploi de :

Fonte de deuxième fusion...	31 994k
Fer forgé..................	3 728
Bronze.....................	160
Chaînes....................	5 588
Tuyaux en fer..............	320

On voit que, quand les portes sont ouvertes, les chaînes de fermeture de vantail se croisent sur le radier, ce qui diminue d'autant la profondeur du chenal.

Pour éviter cet inconvénient, on a repris, à Rochefort (*fig.* 458 à 461), l'ancien système usité sur les canaux en le perfectionnant au moyen d'engins hydrauliques.

Chaînes.

524. Le point d'attache des chaînes n'est pas indifférent; pour éviter le gauchissement, il convient tout d'abord de placer à la même hauteur celui de la chaîne d'ouverture et celui de la chaîne de fermeture. Si la porte ne repose pas sur des roulettes, ce qui est une cause de résistance à la partie inférieure du vantail, le mieux est d'attacher la chaîne vers le milieu du poteau busqué ; c'est, en effet, le point où passe la résultante des deux poussées de l'eau, lorsque l'on manœuvre la porte.

On doit avoir grand soin que les scellements des poulies de renvoi n'affaiblissent pas le chardonnet et, par suite, on doit les sceller à 4 ou 5 mètres de distance.

Pour calculer les dimensions de la chaîne, on remarquera que le poteau tourillon supporte la moitié de la charge appliquée au centre de la porte; la chaîne supportera donc l'autre moitié ; il est très difficile d'évaluer cette charge exactement, mais les expériences les plus récentes sur les nouvelles portes donnent une moyenne de charge d'eau de $0^m,10$, pour tenir compte des remous, dénivellation, vitesse au moment des éclusages, etc.

Ce chiffre, multiplié par la surface de la porte S, donne le double de l'effort que doit supporter la chaîne, ce qui permet d'en calculer les dimensions, et l'on a, en appelant r le rayon du fer rond servant à faire un maillon et R la traction à laquelle on veut faire travailler ce fer:

$$R2\pi r^2 = \frac{0{,}10.S}{2} \times 1\,000,$$

et si on se donne le temps de l'ouverture ou de la fermeture, on en conclura facilement le travail *utile* en chevaux : T. On a, en effet, en appelant n le nombre de minutes et ab l'arc décrit par le point d'attache :

$$T = \frac{0{,}10S}{2} \times \overline{ab}. \frac{\overline{ab}}{75^{kgm} \times n^m \times 60^s},$$

Pour maintenir les chaînes, toujours tendues, quelles que soient leurs variations de longueur, on a souvent recours à un *tendeur*, ou poids, suspendu à une poulie. Ce qui assure la fermeture simultanée des deux vantaux.

Portes de flot.

525. Nous avons vu l'influence fâcheuse que pouvait avoir la houle sur les portes d'écluse, en faisant battre les poteaux busqués les uns contre les autres, et nous avons également vu que, pour éviter les inconvénients qui en résultent, on employait des portes-valets. Quelquefois cette solution, quoique la plus simple et la plus économique, n'est pas suffisante, il faut briser la houle. On emploie alors des portes de flot que l'on place en avant de la porte d'èbe vers le port d'échouage et qui se ferme en sens contraire (*fig.* 477). N'étant destinée qu'à détruire la houle, on ne fait pas son bordé plein, mais, au contraire, à claires-voies. L'agitation est alors arrêtée, et l'expérience apprend quelle proportion on doit établir entre le vide et le plein.

La construction de ces portes n'a donc pas besoin de la solidité des portes d'écluses, à moins qu'on ne se propose de les faire servir plus tard comme batardeaux. Dans ce cas on les construit comme les portes d'èbe.

Résumé général sur les écluses.

526. Eu égard à leur bon fonctionnement au point de vue de la navigation, les écluses ne doivent pas donner lieu à des courants de plus de 30 centimètres dans le pertuis et ne doivent même atteindre que 15 centimètres.

M. Laroche en tire les conclusions suivantes :

1° Une écluse ne doit pas desservir un bassin d'une trop grande étendue, car alors les courants de remplissage et de vidange deviennent trop forts, et, si l'on est amené à aggrandir la surface d'un bassin au-delà de la limite où les courants seraient gênants, on devra assurer son remplissage par une prise d'eau distincte.

On devra toujours, autant que possible, recourir à un mode d'eau d'alimentation distinct quand les eaux sont vaseuses.

2° Dans les écluses sans sas, on doit opérer le halage aussi promptement que possible pour profiter de l'étale. Il faut donc des cabestans puissants et rapides, aussi, l'emploi de l'eau sous pression est-il indiqué;

3° Le halage exige que le terre-plein, ou couronnement, soit dégagé sur un espace de 1m,50 à 3 mètres au moins, et, si on le peut, de 5 à 6 mètres le long de l'arête des bajoyers. Tous les autres engins de manœuvre doivent donc être éloignés;

4° Il suit de là que l'on devra pouvoir coucher horizontalement les passerelles qui sont sur les portes, de façon à ce qu'elles ne présentent aucune saillie sur les bajoyers;

5° Enfin, si l'on ferme une porte quand le courant de jusant est déjà sensible dans les pertuis, elle est poussée avec une certaine violence, et les vantaux ne s'appliquent pas au même moment sur le busc. Le premier arrivé se voile et le contact n'a plus lieu le long du poteau busqué. On doit donc pouvoir retenir les vantaux par des amarres qu'on laisse filer de façon à être maître de la fermeture. Ordinairement c'est la chaîne d'ouverture qui sert de retenue à la fermeture. Quelquefois on est obligé d'y ajouter une aussière.

Dans les portes métalliques, on évite de rendre la porte aussi sensible aux mouvements de la houle, en lui donnant un excès de poids suffisant au moyen des caisses à eau.

PONTS

527. *Généralités.* — L'étendue des bassins et, par suite, leur longueur ainsi que celle de l'avant-port ne permettent pas de laisser sans quelques communications intermédiaires les deux quais qui se font face. On choisit généralement, pour établir lesdites communications, les portions du chenal où il est le plus rétréci, c'est-à-dire les écluses. Outre les facilités que donnent les dimensions les plus réduites, on a encore l'avantage de réunir, pour ainsi dire en un seul bloc, toutes les maçonneries de sujétion, qui, si elles sont bien comprises, se prêtent un mutuel appui.

Nous avons déjà étudié dans notre *Cours de Canaux* les principaux types de ponts pouvant se déplacer pour laisser libre le passage des bateaux. On conçoit aussi que, dans le cas des ports de mer, ces ponts doivent présenter un débouché considérable, tant en largeur qu'en hauteur, et celle-ci, sauf des cas particuliers extrêmement rares, tels que celui du pont sur le Douro, à Porto, ne peut être obtenue que par un déplacement du pont. D'une manière générale, ce déplacement peut s'opérer de trois façons différentes.

1° En faisant basculer le pont autour d'une charnière perpendiculaire à son axe longitudinal.

Pont-levis (*Cours de Rivières*, p. 592, *fig.* 885 et 886);

2° Par des ponts à bascule (*Cours de Rivières*, p. 596, *fig.* 893);

3° En soulevant le pont verticalement (*Cours de Rivières*, p. 593, *fig.* 887);

4° En le faisant tourner autour d'un axe vertical;

5° En le faisant glisser dans le sens de son axe vertical (V. 3° bassin à flot de Rochefort, *fig.* 468 à 475).

Nous ne connaissons pas d'exemples de pont de bois appliqués à ces grandes portées, si ce ne sont les ponts de bateaux aujourd'hui presqu'abandonnés, et fort peu de ponts-levis et à bascule.

Les trois dernières solutions sont généralement les seules appliquées pour les portées un peu considérables, encore la seconde ne l'est-elle que dans le cas particulier où le tablier du pont est déjà à une certaine hauteur, de façon à ne pas avoir à le soulever d'un grand nombre de mètres, ce qui nécessiterait alors des piliers très coûteux à établir, ou bien encore, lorsque les abords du pont ne permettent pas d'établir, pour une cause quelconque, la chambre nécessaire au logement des ponts tournants.

La solution aujourd'hui la plus généralement adoptée permet, en outre, de diviser la portée du pont en deux parties, ce qui facilite la construction du tablier, mais multiplie les appuis des axes de rotation.

Le seul reproche que l'on puisse faire à ce système de pont est d'inutiliser la partie de quais le long de laquelle le pont vient se ranger, dans le cas où le tablier est au niveau de ces mêmes quais, ce qui arrive fréquemment.

Nous allons passer en revue quelques-uns des ponts les plus importants qui ont été construits en rappelant que nous avons déjà donné la description de celui du troisième bassin à flot de Rochefort (V. page 405).

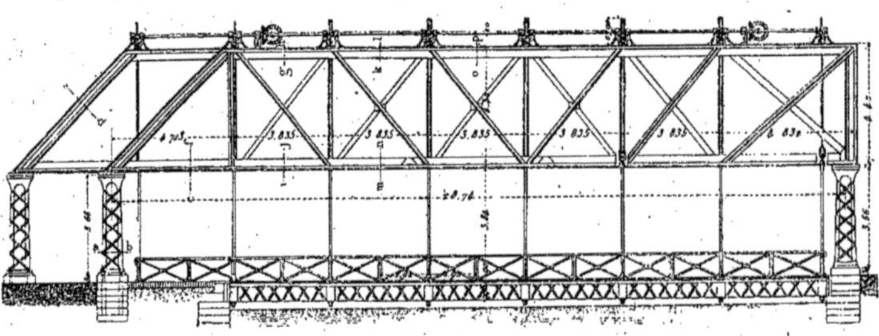

Fig. 592.

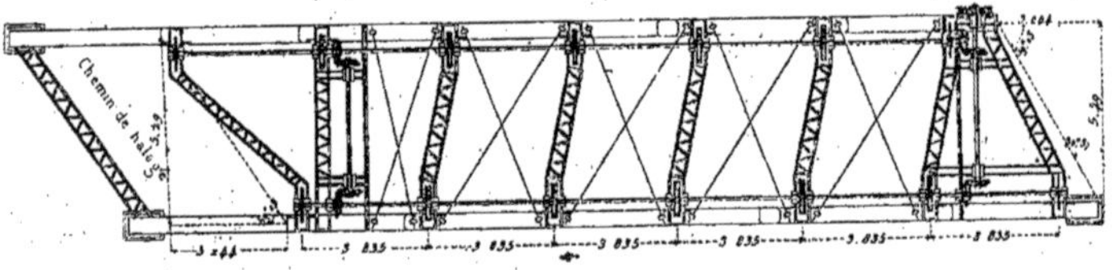

Fig. 593.

Ce dernier mode de construction a été en quelque sorte imposé par la nature même des lieux. D'une part on ne voulait pas mettre des piles en rivières, et, d'autre part, on n'avait pas dans les abords l'emplacement nécessaire pour y établir la chambre d'un pont tournant.

PONTS LEVANTS

528. On trouvera, page 593, des *Cours de Rivières*, les détails relatifs au pont à soulèvement vertical de Syracuse, nous donnerons donc seulement comme exemple de ces ponts celui de Rochester sur le lac Érié.

Pont à soulèvement vertical à Rochester sur le canal du lac Érié.

529. Ce pont a été décrit dans un rapport de M. G. Cadart sur une mission accomplie par lui. Nous empruntons les figures ainsi qu'une partie de celles qui vont suivre au *Cours de Ponts* de M. Chaix qui fait partie de cette Encyclopédie.

Il se compose ainsi qu'on le voit (*fig.* 592, 593 et 594), d'un tablier en tôle et bois de 23m,75 de longueur et de 23m,50 de portée suspendu par 14 tiges de 0m,04 de diamètre à des câbles en fil de fer de 0,027 de diamètre, s'enroulant sur des poulies de 0m,70 également de diamètre. Ces poulies sont supportées sur une charpente métallique formée d'une double poutre en treillis solidement contreventée. Cette poutre est placée à une hauteur suffisante pour que les bateaux puisse circuler en dessous.

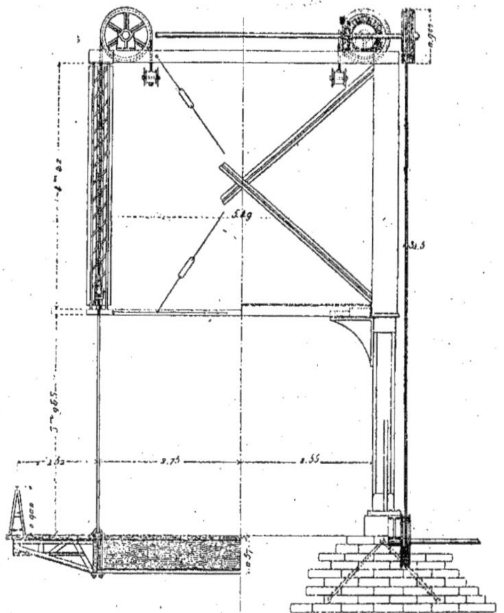

Fig. 594.

Le tablier est équilibré à un faible poids près, de façon à pouvoir descendre seul.

Les quatorze poulies sont fixées sur deux axes longitudinaux placés de chaque côté de la charpente. Ces axes reçoivent leur mouvement par l'intermédiaire d'un engrenage conique, à l'une des extrémités duquel est placée une poulie de 0m,90, qui reçoit l'action d'un câble moteur actionné par une machine à colonne d'eau à simple effet, mise en mouvement par l'eau de la ville qui a une pression suffisante. Un seul homme suffit à la manœuvre.

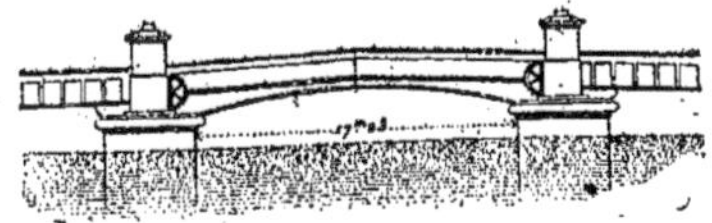

Fig. 593.

Le pont proprement dit a coûté 50 000 francs, non compris la machine motrice, dont le prix a été d'environ 3 500 francs.

PONTS À BASCULES

Pont de Knippelbro.

530. Ce pont (*fig.* 596, 597) se compose de deux travées fixes et d'une travée centrale mobile à bascule de 17^m,23 entre les maçonneries et de 9^m,40 entre garde-corps, lesquelles sont formés par les poutres de tête, ainsi qu'on le voit sur la coupe (*fig.* 597). Le tablier est supporté par huit poutres longitudinales (y comprises les deux poutres de tête) et ces huit poutres sont traversées par un arbre transversal porté sur de forts paliers reposant sur les maçonneries des piles.

Un contrepoids en fonte équilibre une partie du tablier mobile.

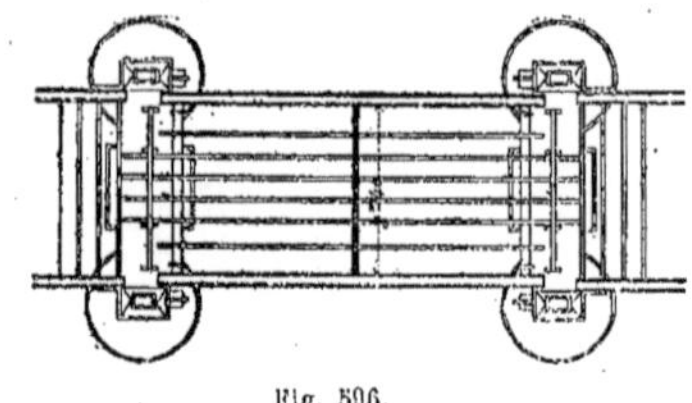

Fig. 596.

La manœuvre se fait soit à bras d'hommes, soit à l'eau comprimée, soit

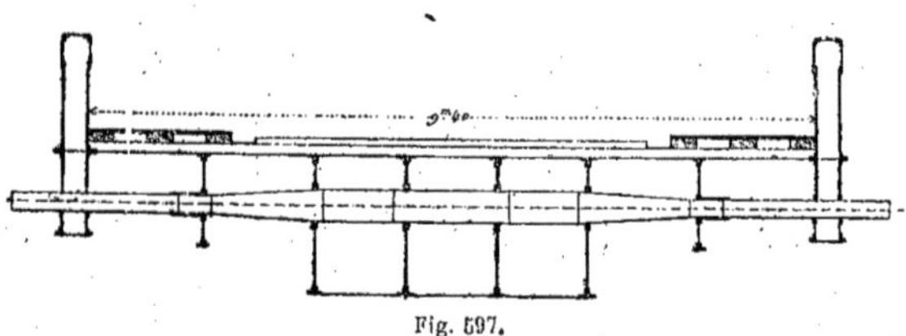

Fig. 597.

avec l'air également comprimé. Elle dure, suivant les cas, de une à deux minutes.

Le tablier mobile pèse 103 500 kilos dont 57 500 kilos pour le contrepoids.

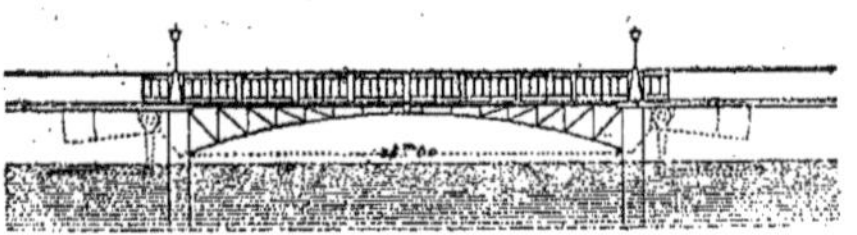

Fig. 598.

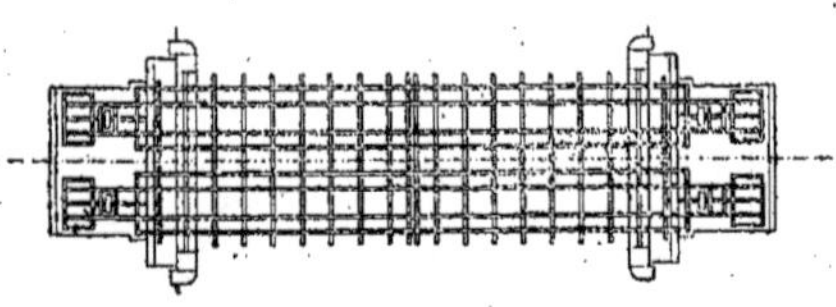

Fig. 599.

Ponts à bascule de Rotterdam.

531. Le tablier de ces ponts est généralement horizontal, excepté pour ceux où il passe des tramways; dans ce cas, on lui donne la forme parabolique avec un cercle osculateur de très grand rayon au sommet. La largeur des voies charretières varie de $4^m,54$ à 5 mètres, et la hauteur libre sous volée de $0^m,90$ à $13^m,64$, à la cote de $2^m,50$ de l'étiage de Rotterdam.

Les extrémités des deux volées ne s'arcboutent pas, de façon à ne pas exercer de poussées horizontales sur les culées, et, bien que pouvant supporter chacune isolément la charge roulante, on les verrouille ou on les accroche ensemble.

Deux de ces ponts présentent, comme particularité, la réunion des fondations des culées par une armature en fer placée aussi bas que possible sous l'eau, de façon à maintenir, rigoureusement exact, l'écartement des culées, précaution utile dans un pays où le sol est aussi instable qu'en Hollande et où on observe, quand on n'a pas pris cette précaution, jusqu'à $0^m,02$ de variation dans les jonctions des poutres correspondant aux limites extrêmes des étiages.

Tous les ponts sont manœuvrables à la main, et un certain nombre avec l'eau sous pression de la ville; cette opération s'effectue dans ce cas avec un ou deux cylindres, suivant que la pression du vent n'atteint pas ou atteint 10 kilogrammes par mètre carré.

Nous donnons, d'après M. Chaix, l'élévation et le plan du pont récemment établi sur le Binnenhanen, près de Kœnigshaven (*fig.* 598 et 599).

Ce pont est le plus grand pont à bascule qui existe actuellement. Il sert pour la circulation ordinaire et pour le passage des trains de marchandises du chemin de fer. Il est à 7 mètres au-dessus du niveau des marées hautes, et la voie est à 10 mètres au-dessus du plafond du bassin.

Pour atténuer l'effet du vent sur la grande surface du tablier, lors de l'ouverture, on a élevé de chaque côté deux pavillons formant portique au-dessus de la voie de passage.

La longueur des poutres entre culées est de........................ $24^m,00$

La largeur.................. $10^m,50$

La distance des axes des bascules........................ $27^m,00$

Le calcul a été fait pour une charge uniforme de 400 kilogrammes par mètre carré de surface et pour une charge totale

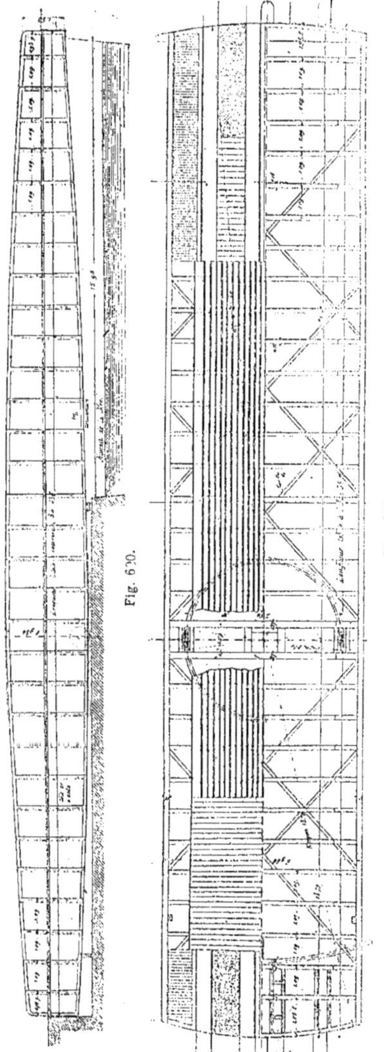

Fig. 600.

Fig. 601.

de 2 000 kilogrammes par essieu de voiture.

Une masse de lestage, glissant entre deux guides au moyen d'une vis sans fin, est destinée à corriger les perturbations d'équilibre dues à une forte insolation, à une pluie abondante, ou à d'autres causes accidentelles. Chacune de ces masses pèse 2 370 kilogrammes et a $2^m,70$ de course. L'inclinaison du plan de glissement est calculée de façon qu'on puisse toujours faire coïncider le centre de gravité de

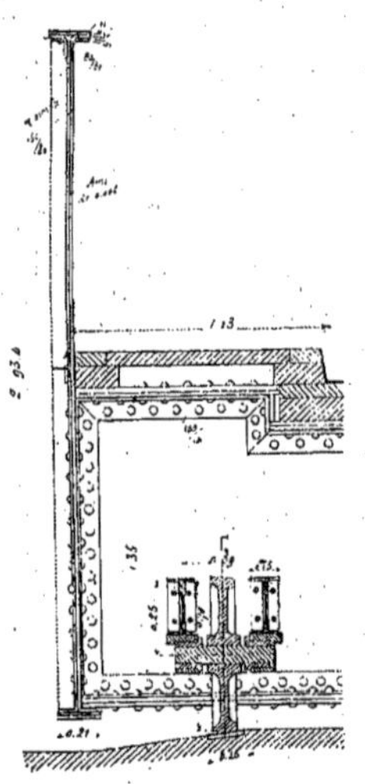

Fig. 602.

chaque bascule avec le centre de son axe de rotation.

Les bascules sont mues soit à la main, soit par une machine à gaz, mais, dans l'un et l'autre cas, par l'intermédiaire de l'eau sous pression. Cette eau est obtenue soit par la main de l'homme, soit au moyen d'une machine à gaz Otto.

On empêche la gelée de cette eau soit au moyen de quelques becs de gaz, soit d'un poêle à gaz que l'on allume dans la chambre de distribution.

PONTS TOURNANTS

On peut citer parmi ces ponts le :

Pont de Kehl.

532. Qui, construit en 1860, possède, à ses deux extrémités, une travée tournante de 26 mètres d'ouverture. Les poutres de ces travées ont la forme d'égale résistance, leur longueur totale est de 70 mètres.

Ponts tournants du Havre.

533. On a construit des ponts tournants à une seule volée, mettant en rela-

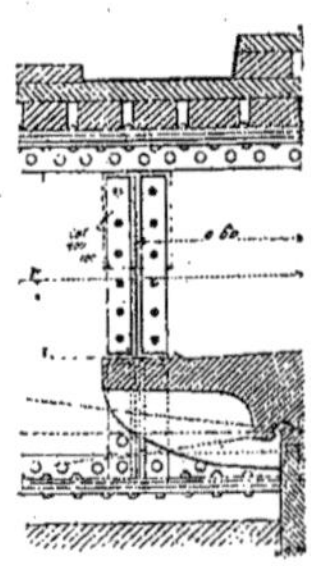

Fig. 603.

tion l'avant-port et le bassin de l'Eure au Havre avec le bassin de la Citadelle.

La longueur de ces ponts est de $35^m,19$ et $6^m,96$ de largeur. Les poutres de tête affectent la forme de solides d'égale résistance ; elles sont contreventées et reliées par 31 entretoises sur lesquelles repose le plancher (*fig.* 600 à 603).

Deux verrins servent à caler le pont et sont commandés par le même arbre, afin de fonctionner simultanément. Le poids total est de 73 300 kilogrammes, et le coût de 56 000 francs.

Pont tournant du Leith.

534. Ce pont a été construit en 1874 ; il est un des plus grands qui aient été établis dans ce système ; il pèse 620 tonnes dont 240 tonnes de lest. Sa volée, unique, a 36m,64 de largeur ; les poutres ont 65m,06 de longueur dont 44m,69 pour la volée et 20m,34 pour la culasse. Elles ont 8m,23 de hauteur au droit du pivot, et leur écartement est de 7m,30.

Pont tournant du bassin de radoub de Marseille.

535. Ce pont, dont la description a paru dans les *Annales des Ponts et Chaussées* de 1875, donne passage :

1° à une voie ferrée;

2° à une voie charretière et

3° à un trottoir en encorbellement (*fig.* 604, 605 et 606). Le tablier a 62 mètres de longueur sur 14 mètres de largeur ; une forte poutre transversale placée sous les fermes sert de sommier supérieur à la presse hydraulique destinée à soulever le pont et à lui servir en même temps de centre de rotation.

Chaque ferme porte à une extrémité un galet de roulement et un coin de calage.

La manœuvre se fait avec l'eau sous pression et comprend (*fig.* 607) :

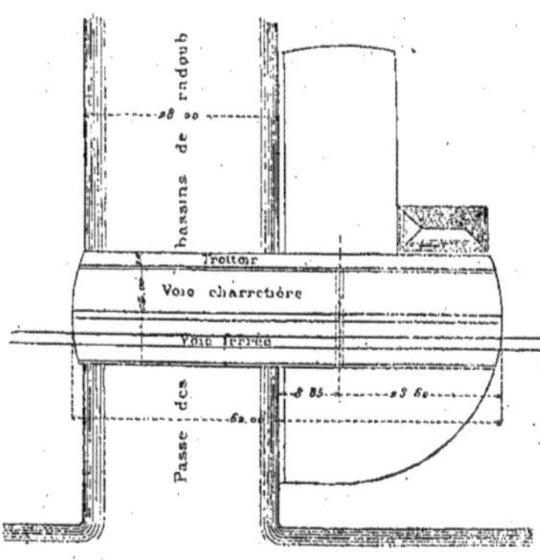

Fig. 604.

1° Une presse centrale destinée à soulever le pont et à former le pivot de rotation ;

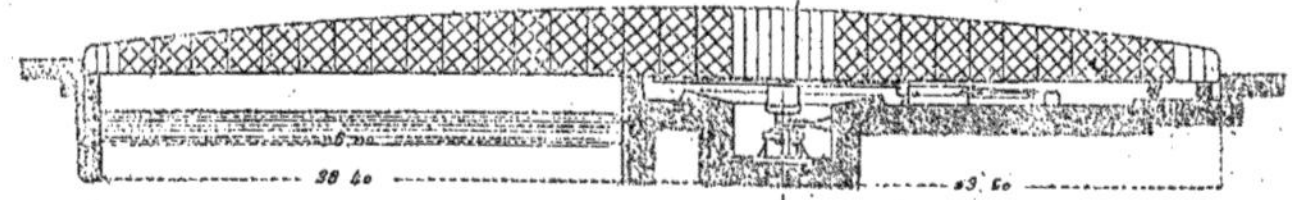

Fig. 605.

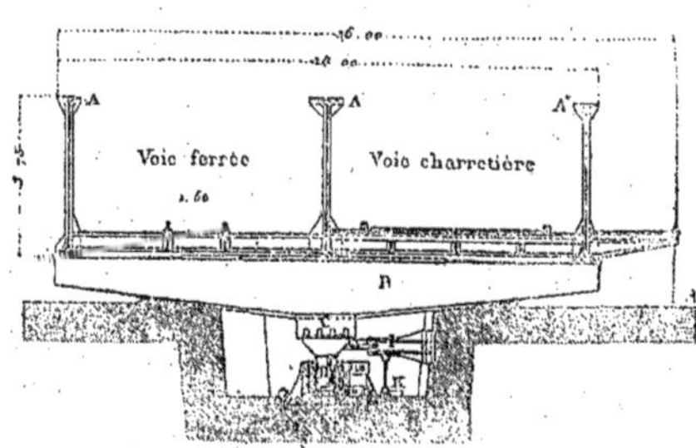

Fig. 606.

2° Le cylindre de manœuvre des coins de calage et de la culasse ;

3° Les deux appareils agissant sur la chaîne de rotation ;

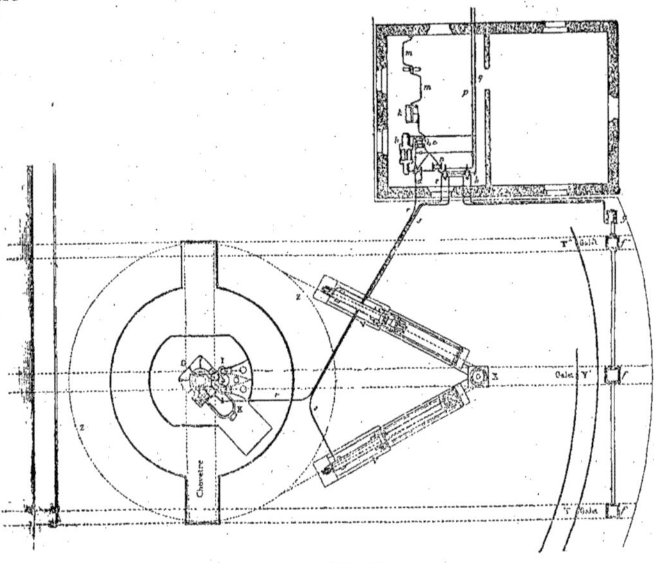

Fig. 607.

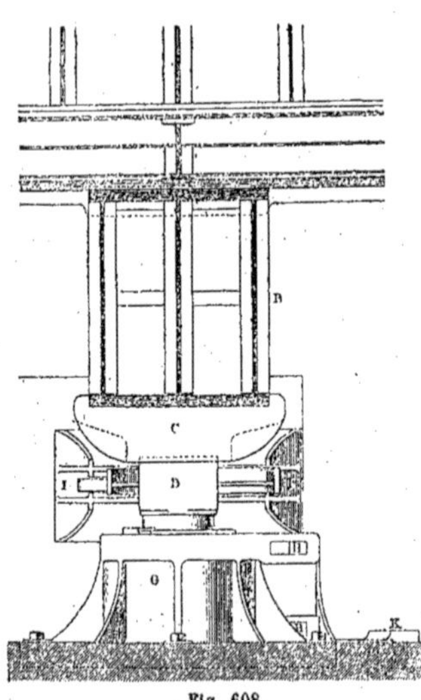

Fig. 608.

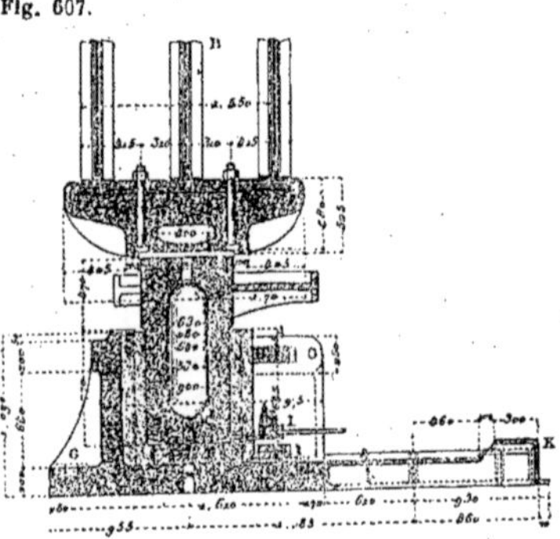

Fig. 609.

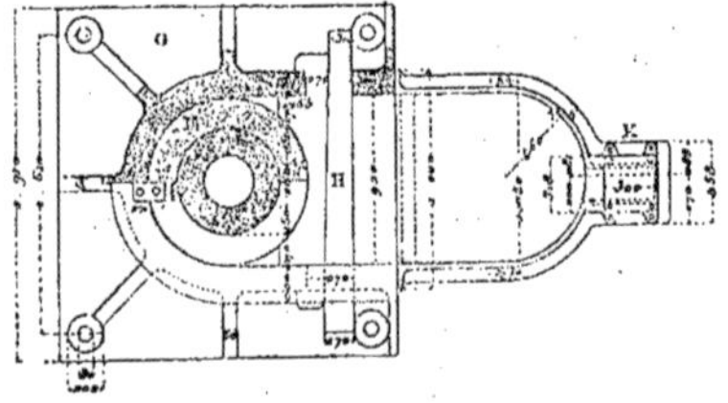

Fig. 610.

4° Un appareil de compression destiné à transformer la pression initiale de l'eau en une pression de 270 kilogrammes par centimètre carré, qui, transmise à la presse centrale, sert à soulever le pont.

5° Les appareils (soupapes et tiroirs) de distribution.

On opère la manœuvre :

1° En décalant le pont pour le faire reposer sur les galets et les rails ;

2° En le soulevant et le faisant tourner.

L'ensemble de ces manœuvres s'effectue par un seul homme en trois minutes.

La presse hydraulique est en fer forgé (*fig.* 608 à 610) avec tampons formant

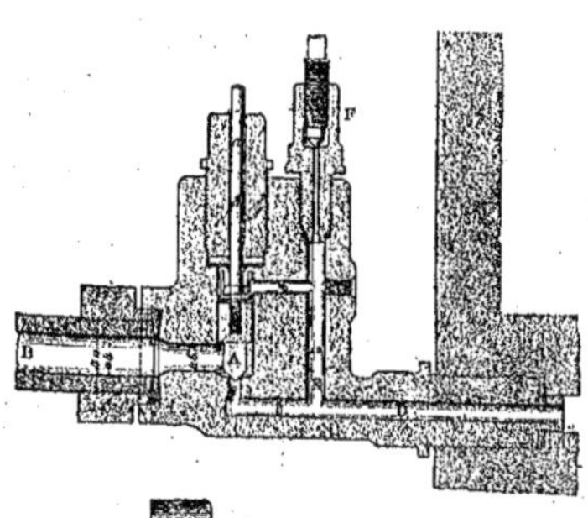

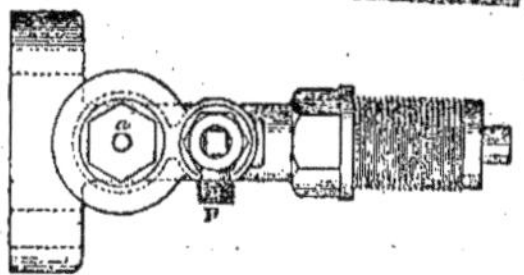

Fig. 611 et 612.

fond mobile, ce qui facilite le forgeage et l'alésage. Le piston est rendu étanche au moyen de deux cuirs emboutis, rendus nécessaires par suite du mouvement double d'ascension et de rotation.

Une chaise en fonte supporte le corps de presse et le plongeur également en fonte, et s'emmanche dans le sommier placé sous le pont, auquel il est relié par 6 boulons de 0m,060 de diamètre.

Un appareil de sûreté (*fig.* 611 et 612) composé d'une boîte en bronze et muni d'une soupape recevant en dessus et en dessous la pression de l'eau venant de la presse et en plus, en dessous, celle de l'eau motrice; si un tuyau de celle-ci se rompt, la pression du dessus de la soupape la ferme et maintient le plongeur en place.

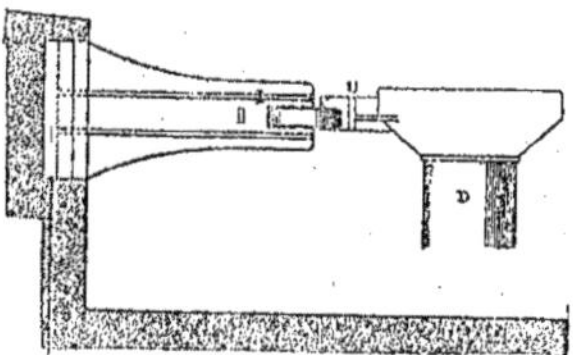

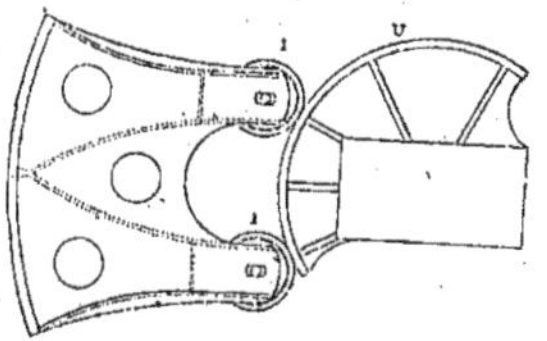

Fig. 613 et 614.

L'extrémité supérieure du plongeur porte un secteur sur lequel s'appuient des

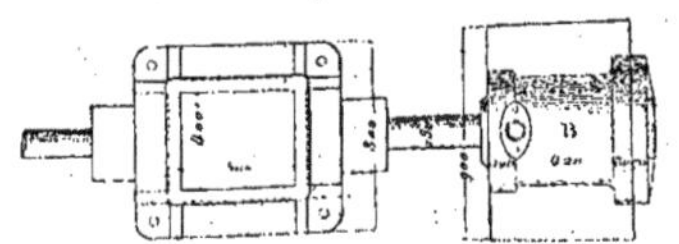

Fig. 615 et 616.

galets horizontaux dont les supports sont scellés dans la maçonnerie et qui servent de guides en maintenant verticale la position (*fig.* 613 et 614).

Le calage s'obtient au moyen de trois coins (*fig.* 607), et chacun de ceux-ci est manœuvré par un piston hydraulique (*fig.* 615 et 616).

Les galets de la culasse peuvent résister à un effort d'écrasement de 10 tonnes.

Une sorte d appareil différentiel permet de transformer la pression normale de 52 atmosphères en une pression de 270 pour le soulèvement du pont, ce qui permet de diminuer dans le rapport inverse les sections du plongeur qui auraient été nécessaires.

Les appareils de rotation sont formés de deux cylindres dont les pistons agissent sur des palans (V. *fig.* 607).

Les appareils de manœuvre se composent de tiroirs équilibrés au moyen de pistons. On les met en mouvement par l'intermédiaire de vis.

Des index indiquent au conducteur du pont le moment où la culasse est calée ou décalée et celui où elle arrive à l'extrémité de sa course de rotation.

Le poids total du pont est de 742 000 kilogrammes, ainsi répartis :

Ferme et tablier	499 200^k
Roues et rails	6 700
Lest en fonte	177 540
Presse hydraulique	29 000
Appareil de calage	7 800
» de rotation	14 800
Mécanisme	6 960
Total	742 000

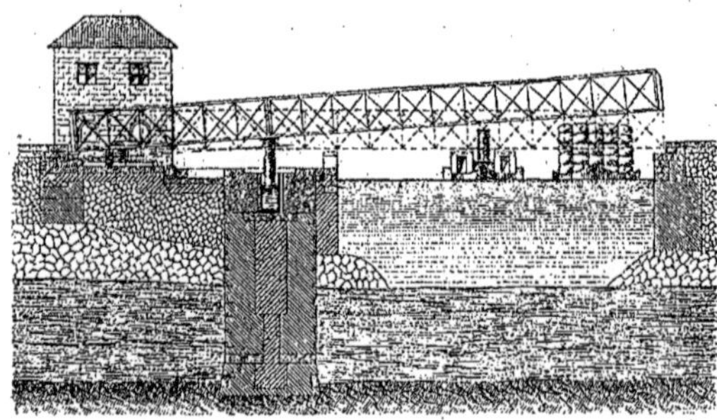

Fig. 617.

Pont tournant du bassin d'Arrenc à Marseille.

536. Cet ouvrage, qui est le plus important des ouvrages analogues construits en France, est à une seule volée et laisse un espace libre de 50 mètres. La travée a 95^m,20, et la culasse 36 mètres. La hauteur des poutres est de 8^m,944 au milieu et 2^m,685 aux extrémités. La largeur, de 8^m,825, comprend deux voies ferrées et deux petits trottoirs. Dans la position normale, le pont est ouvert, c'est-à-dire que son tablier est parallèle aux berges du chenal.

On le cale au moyen de coins, quand il est en travers de la rivière.

Son poids est de 1 350 000 kilogrammes dont 300 000 pour le lestage.

Pont tournant et basculant de la Joliette.

537. On fait simplement basculer ce pont (*fig.* 617), quand les navires sont de médiocre hauteur, et on le fait tourner pour ceux qui sont très hauts.

La passe a 21^m,30 de largeur, soit 27^m,59 pour la volée du pont, 14^m,394 pour la culasse en totalité, 41^m,988 pour la longueur de la partie métallique. Il a 8 mètres de largeur, comprenant une voie charretière, une voie ferrée et deux trottoirs.

Quand il est en place, la hauteur libre sous poutre est de $1^m,75$; quand on le fait basculer à l'aide d'une presse hydraulique de soulèvement, dont le piston est articulé à charnière avec le chevêtre, l'espace libre devient de $4^m,25$ environ à l'extrémité de la volée.

Pour ouvrir la passe en grand, on bascule légèrement le pont et on le fait tourner au moyen de presses hydrauliques.

Le poids total est de 262 260 kilogrammes dont 80000 de lest.

Il a coûté 316 000 francs, dont 250 000

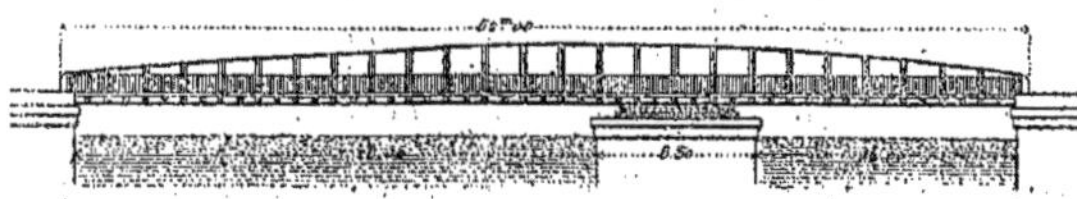

Fig. 618.

pour la traversée proprement dite, et 66 000 pour la pile de 6 mètres de diamètre, fondée au moyen de l'air comprimé à une profondeur de 14 mètres.

Pont tournant à deux volées de la Darse de Missiessy à Toulon.

538. Ce pont, à deux volées inégales,

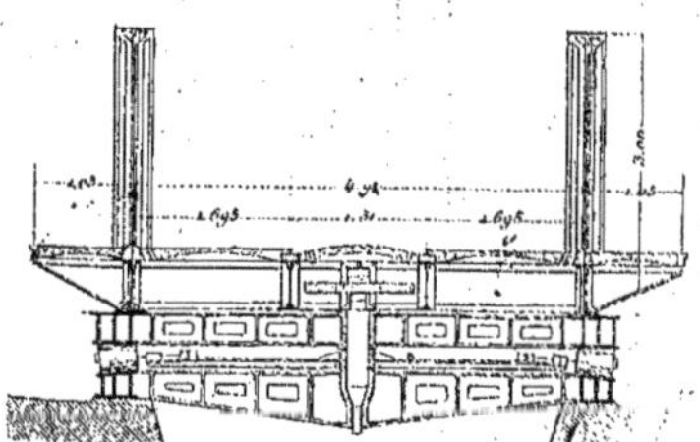

Fig. 619.

est construit sur la passe Missiessy dans l'Arsenal de Toulon (*fig.* 618-619). Il possède une voie ferrée, deux voies charretières et deux trottoirs en encorbellement (*fig.* 619). Il est entré dans sa construction 142 000 kilogrammes de fer et 110 700 kilogrammes de fonte dont 64 000 kilogrammes pour le contrepoids.

Pont de Dordrecht.

539. Deux ponts, construits sur la Vieille-Meuse ont 427 mètres de longueur, qui se décomposent ainsi :

1° Un pont tournant à double volée de 20 mètres .... 40^m

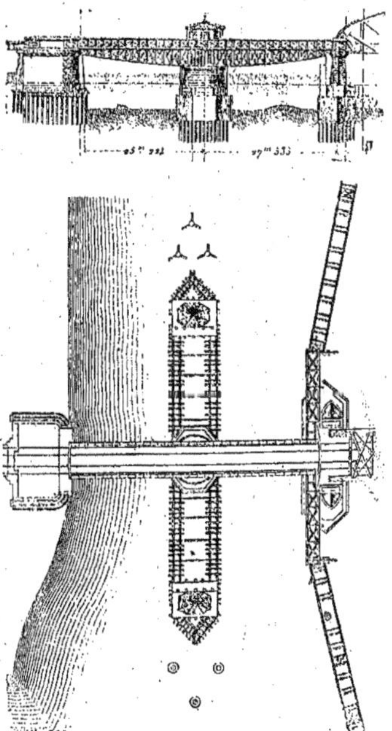

Fig. 620.

2° Deux travées fixes de 80 mètres 160m
3° Un pont tournant à double volée de 12 mètres 24
4° Deux travées fixes de 60 mètres 120
5° Abords, piles, etc........... 83

Les figures 620, 621, 622 représentent le premier de ces ponts tournants; les travées, laissant libres deux passes de 20 mètres, sont composées de poutres en treillis reposant sur un pivot central. Ce pivot est

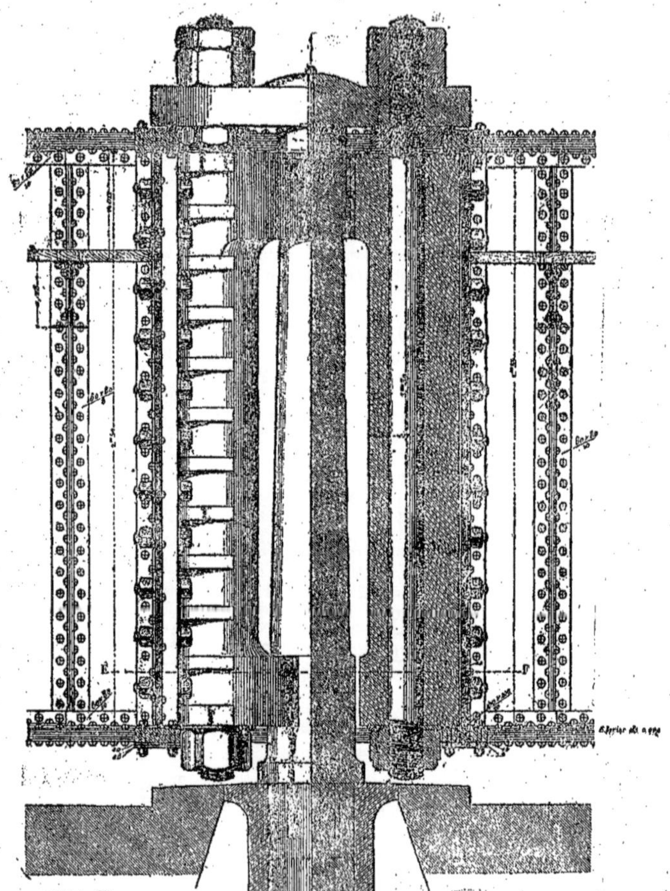

Fig. 621.

terminé par un grain en acier à sa partie supérieure et surmonté d'un chapeau en fer. Ce chapeau est relié à la travée par trois gros boulons qui répartissent également la pression sur le pivot.

Des galets de roulement sont placés sur

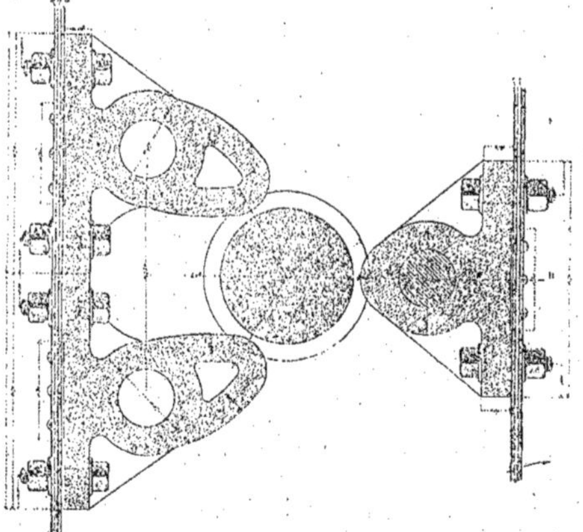

Fig. 622.

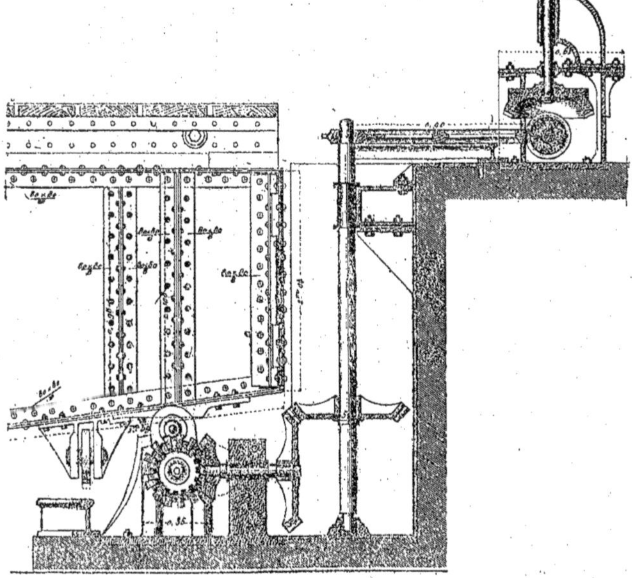

Fig. 623.

la pile centrale et soulagent le pivot. Deux galets de *calage* sur lesquels repose la travée, quand elle est à sa place, concourent au même but. Les extrémités du pont sont calées avec des leviers surmontés par un arbre horizontal (*fig.* 623) auxquels on peut donner un mouvement angulaire de 90°, au moyen d'une manivelle.

On imprime la rotation au pont au moyen d'un treuil mû par des roues d'en-

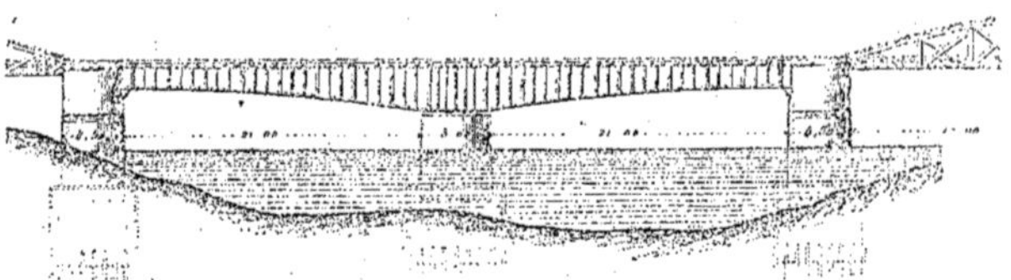

Fig. 624.

grenage. Deux hommes suffisent à la manœuvre, qui s'exécute en quatre minutes pour l'ouverture et en deux minutes et demi pour la fermeture.

Les abords des travées tournantes sont garnies d'estacades en bois pour guider les navires. Le grand pont fixe pèse 190 000 kilogrammes et le petit 103 000.

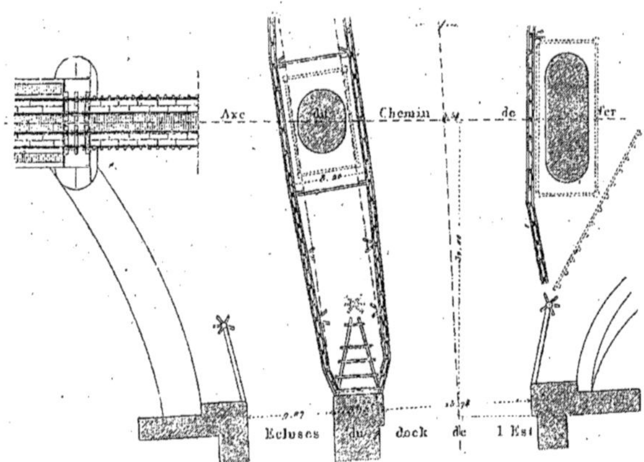

Fig. 625.

Pont tournant en avant des écluses du dock de l'Est à Amsterdam.

540. Les écluses du dock de l'Est constituent pour Amsterdam la seule entrée possible pour les navires d'un fort tonnage. On a donc composé ainsi le pont de chemin de fer :

1° Deux travées fixes de 27 mètres ;

2° Un pont tournant à deux volées latérales, de 21 mètres chacune (*fig.* 624, 625).

Il diffère de celui de Dordrecht :

1° Par son pivot qui est conique ;

2° Par l'absence des galets de roulement, laissant ainsi toute la charge sur ce pivot;

3° Par son mode de calage qui se compose de pièces de fer portant sur des socles en fonte, et mû du centre de la travée par des manivelles agissant sur des arbres à vis et des pignons.

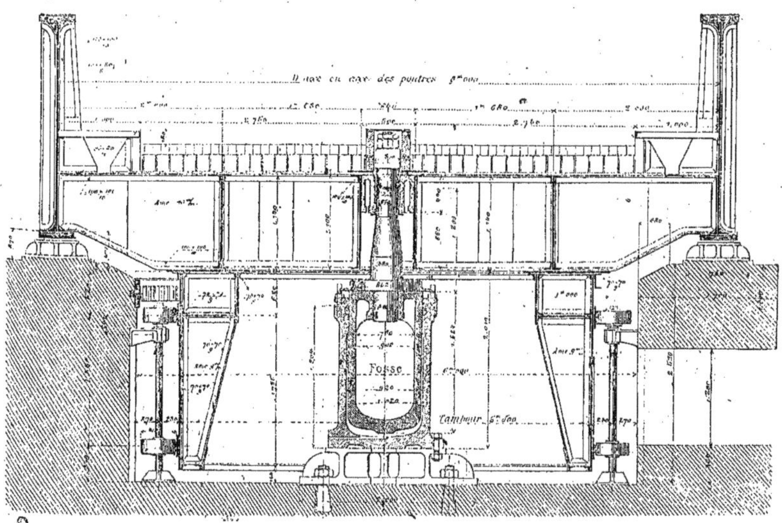

Fig. 626.

Il pèse 128 119 kilogrammes (95 858k de tôle d'acier et d'acier fondu, 11 188k de fer forgé, 19 962k de fonte, 411k de bronze).

Pont tournant du bassin à flot de Bordeaux.

541. Le problème se compliquait à

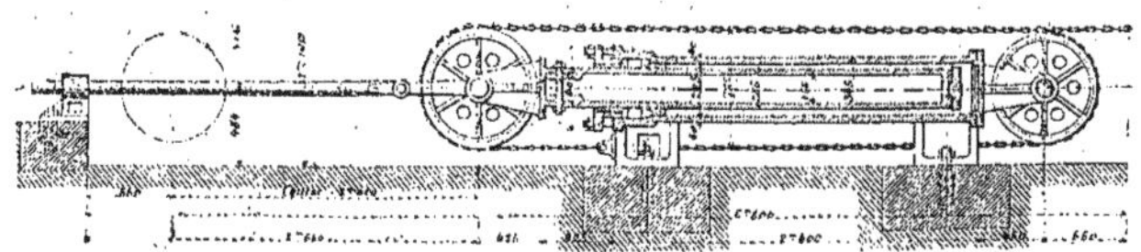

Fig. 627.

Bordeaux, par suite d'une circulation très active et qui ne pouvait jamais, sans graves préjudices, être interrompue. Pour le résoudre, on a placé deux ponts tournants chacun à une extrémité des écluses à une distance de 150 mètres l'un de l'autre, et, le service est organisé de telle sorte qu'il y en a toujours un, qui est livré à la circulation des voitures.

Chaque pont (*fig.* 626) a 49 mètres de

largeur et recouvre deux passes, l'une de 22 mètres, l'autre de 14.

Le pivot et la presse hydraulique sont portés sur une pile de 10 mètres de diamètre.

La largeur du pont est de 8 mètres (2 voies charretières de 2m,75, un trottoir intermédiaire de 0m,50, deux trottoirs de rive de 1 mètre).

L'ensemble des appareils hydrauliques se compose d'une machine à vapeur refoulant l'eau dans des accumulateurs et de cylindres à eau sous-pression pour les mouvements de soulèvement du pont et

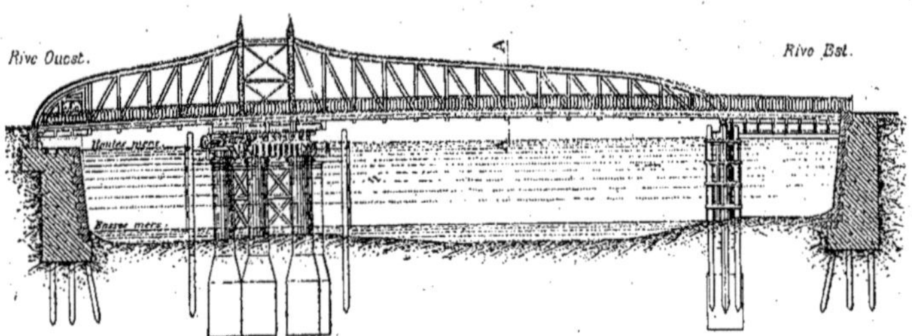

Fig. 628.

de rotation; la figure 627 donne le détail du mécanisme de ce dernier.

Pont tournant de Drypool à Hult (Angleterre).

542. Ce pont date de 1888, il est remarquable par l'inégalité de ses deux travées qui se raccordent avec une partie fixe; l'une de ces travées a 32m,50 et l'autre 16m,50; un lest de 140 tonnes, mis dans la petite travée, établit l'équilibre par rapport au pivot (*fig.* 628, 629).

Les mouvements sont obtenus au moyen de cylindres hydrauliques agissant sous la pression de 50 atmosphères.

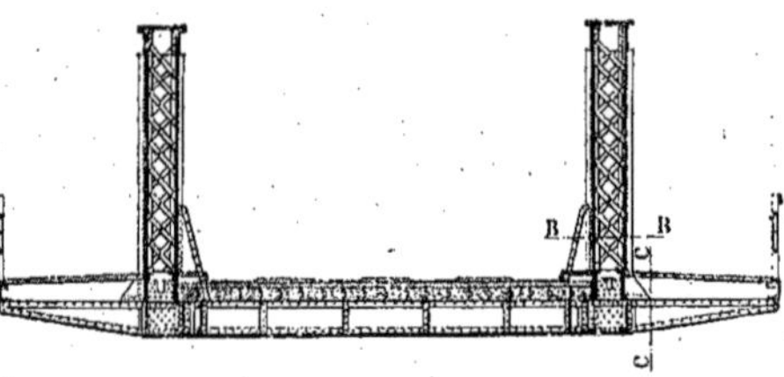

Fig. 629.

Pont tournant à deux vantaux indépendants sur la Penfeld, à Brest.

543. Ce pont a été construit vers 1856 par le Creusot et terminé en 1861; il est un des premiers ponts tournants de grande dimension. Ce sont en réalité deux ponts semblables à ceux dont nous venons de donner la description qui se rejoignent par une de leurs extrémités (*fig.* 630 à 635).

Le libre passage est de 106 mètres et les deux axes de rotation sont placés à 117m,32. La culasse de chaque vantail a 28m,60.

Les volées ont l'une 58m,75, l'autre 58m,57, ce qui tient à ce qu'elles se

Fig. 630.

Fig. 631, 632 et 633.

Fig. 634.

rejoignent par deux arcs de cercle, l'un convexe, l'autre concave. La largeur du pont est de 7^m,7 y compris les trottoirs. On voit sur les figures les verrous des raccords.

Les volées reposent sur les piles par des galets coniques disposés autour des axes de rotation ; on a équilibré au moyen de maçonnerie dans la culasse le moment de la volée. On soulage le pont quand il est en place au moyen de verrins (*fig.* 635).

Le mouvement de rotation se donne au moyen de cabestans. La durée d'une manœuvre simple est de treize à quinze minutes et emploie neuf hommes. Des presses hydrauliques peuvent être substituées aux verrins et permettre de remplacer les galets.

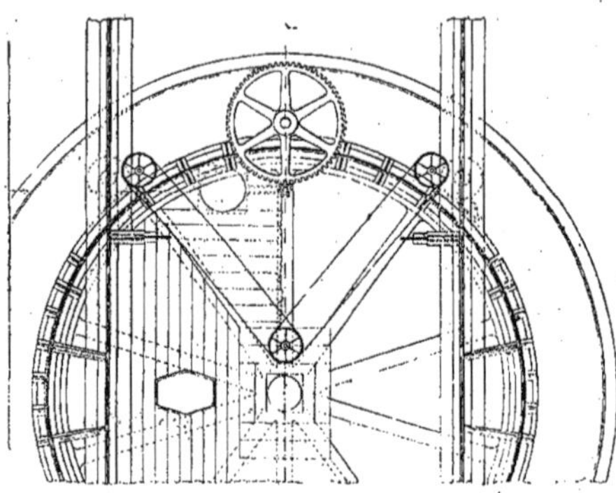

Fig. 635.

Pont tournant à deux vantaux de l'arsenal de Tarente.

544. Ce pont jeté sur le canal, qui fait communiquer la *petite* et la *grande* mer, ressemble beaucoup au précédent, mais lui est postérieur de plus de vingt ans. La distance entre les axes de rotation est de 67 mètres, on compte entre culées 59^m,40 ; et les poutres ont 89^m,90 de longueur.

Fig. 636.

La flèche de l'arc est de 3^m,380. Des pièces de pont sont placées un peu au-dessous des plates-bandes des quatre poutres principales et recouvertes par un

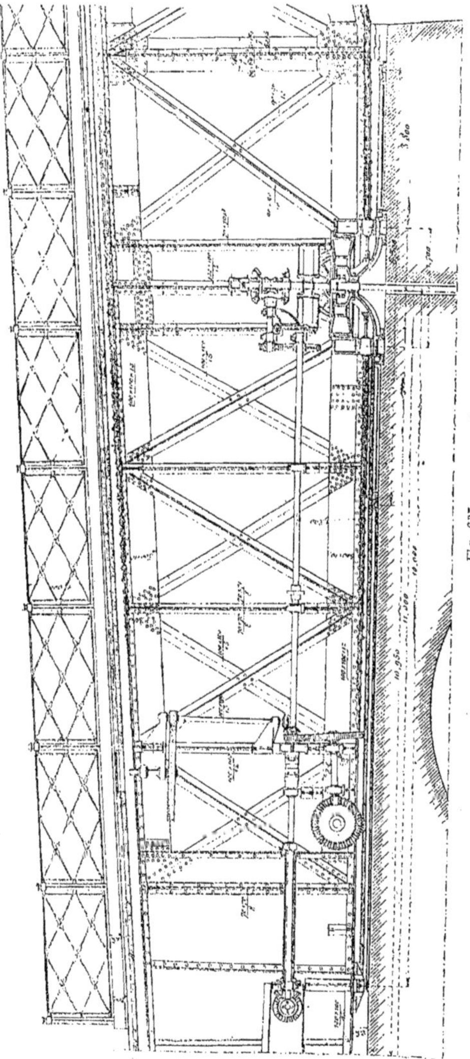

Fig. 637.

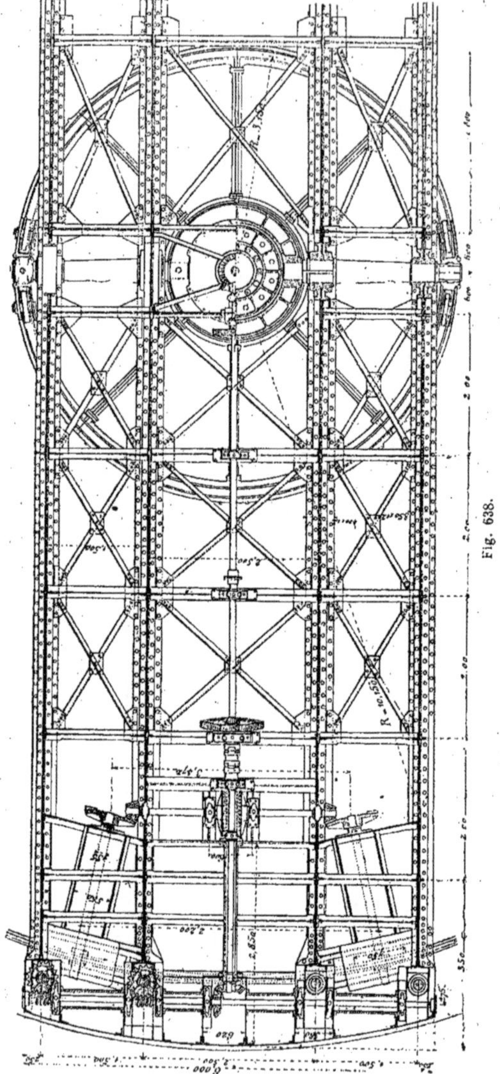

Fig. 638.

double platelage reposant sur des longrines fixées sur lesdites pièces de pont (*fig.* 636).

La manœuvre se fait d'abord au moyen d'un premier mouvement de bascule qui désembraye les *disques* à la clef des deux arcs du milieu, puis d'un second mouvement de rotation. Les mouvements s'obtiennent soit à bras d'hommes, soit au moyen d'un moteur hydraulique. Les disques en fonte

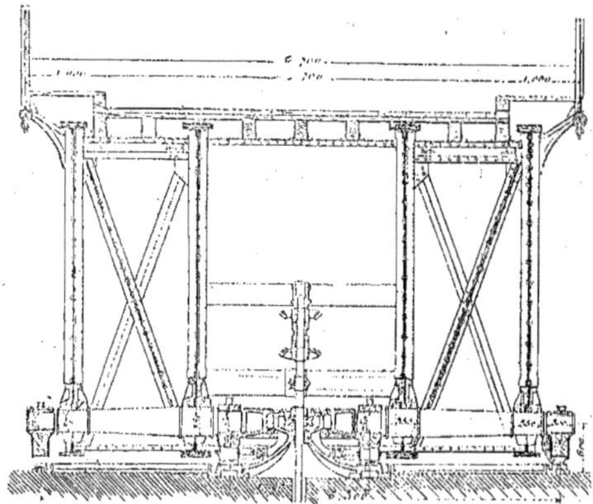

Fig. 639.

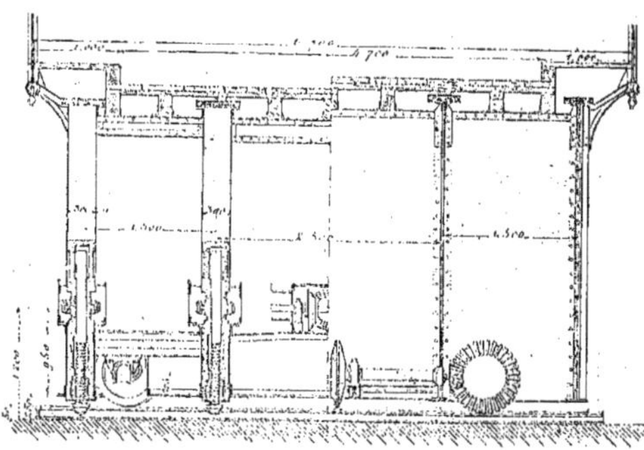

Fig. 640.

destinés à amener rigoureusement la position des deux volées à leur point de jonction sont les uns coniques, les uns saillants et les autres en creux ; la conicité est telle qu'ils se dégagent lorsque l'on abaisse les culasses pour exécuter la manœuvre de rotation.

La volée roule par l'intermédiaire de deux paires de galets d'acier sur un chemin de roulement de 6 mètres de diamètre (*fig.* 637, 638).

Les deux roues motrices principales sont situées vers l'extrémité de la culasse et tournent sur une demi-couronne de 10m,50 de rayon.

Pour donner le mouvement, on a installé un réservoir de 600 mètres cubes dans une vieille tour à une hauteur de 22 mètres au-dessus du niveau de la mer. On alimente ce réservoir au moyen de deux pulsomètres, et de deux tuyaux de $0^m,35$, et fournissant l'eau à deux turbines verticales dont chacune est placée dans une culée du pont (la traversée d'un de ces tuyaux se fait en tunnel). Ces turbines, de $0^m,950$ de diamètre et, à admission partielle, sont de la force nominale de 14 chevaux (*fig.* 639, 640) et font 240 tours. L'arbre de ces turbines est au niveau du pivot de rotation, qui est élargi vers la base et fortement nervuré, formant ainsi une plate-forme circulaire sur laquelle roulent 16 galets coniques en acier, portant une deuxième plate-forme circulaire.

Dans la tête évidée du pivot, on a dis-

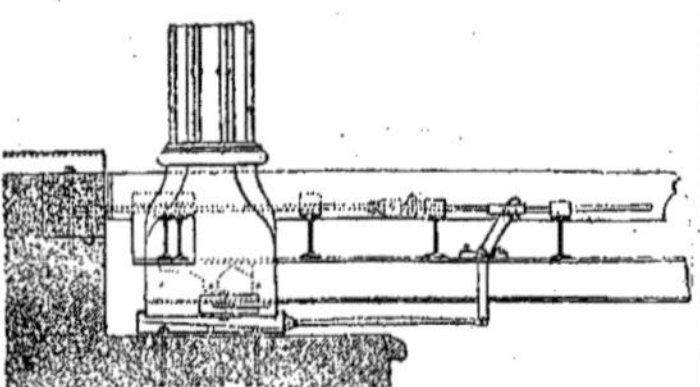

Fig. 641.

posé l'attache, par un joint à double mouvement, du prolongement du premier arbre commandé par la turbine. De cette façon, ce prolongement, qui constitue le premier arbre moteur, peut s'incliner par rapport à la verticale et suivre le mouvement de bascule de la moitié du pont. Cet arbre porte deux roues coniques, avec manchon d'embrayage, permettant de faire tourner la volée dans un sens ou dans l'autre.

Le mouvement de bascule s'obtient au moyen d'une roue dentée conique, qui engrène avec une autre roue calée sur un arbre horizontal transversal au pont, lequel porte quatre vis sans fin, actionnant quatre roues dentées horizontales fixées sur les têtes de quatre vis calantes à double filet qui s'engagent dans des écrous de bronze.

On peut se servir d'un cabestan pour exécuter ces manœuvres.

Le poids total s'est élevé à 1 180 tonnes dont 532 pour les contrepoids; le prix, non compris les maçonneries, a été de 475 000 francs.

PONTS TOURNANTS AMÉRICAINS

545. Ces ponts se distinguent des autres en ce qu'ils sont presque toujours à double volée et à *rotation continue*, de telle sorte que la seconde travée remplace la première, qui a, pour ainsi dire, accompagné le bateau pendant la traversée de la passe.

La manœuvre s'effectue fréquemment

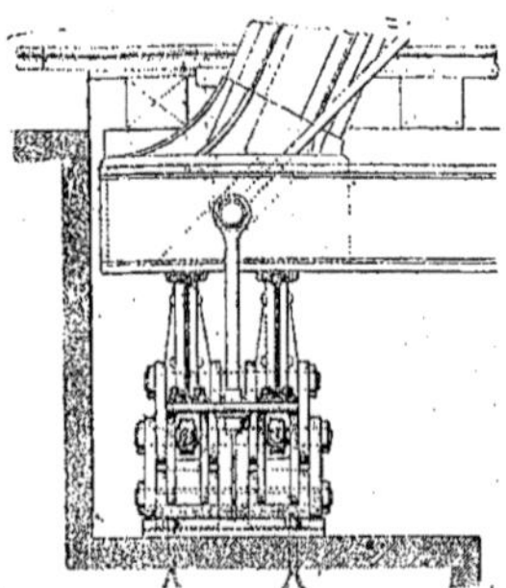

Fig. 642.

au moyen d'une machine à vapeur placée sur la travée centrale. Quelquefois on construit ces ponts avec des haubans figurant ainsi deux demi-arches d'un pont suspendu; fréquemment, on s'est contenté d'employer les poutres continues qu'on établit alors dans un des systèmes connus quelconque. Un des modes qui paraît le mieux convenir est celui de poutres en caisson, car c'est la forme qui convient pour les portions qui travaillent tantôt à l'extension, tantôt à la compression, suivant que la volée est ou non soutenue, c'est-à-dire suivant que le pont est ouvert ou fermé.

Le calage vertical de ces ponts est variable avec la nature des surcharges qu'ils ont à supporter; énergique pour les chemins de fer, on se contente quelquefois de simples galets pour les passages soumis à de faibles charges de roulement.

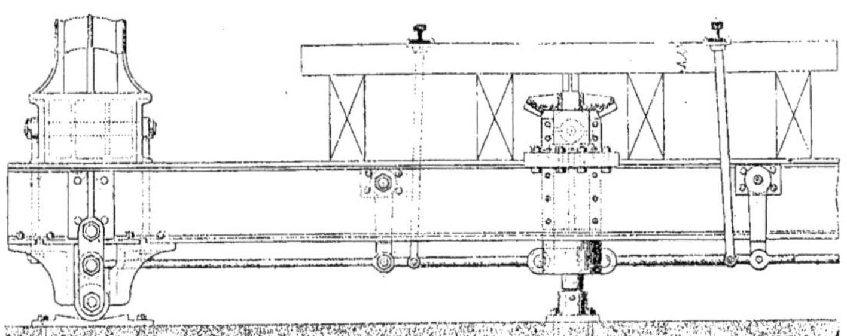

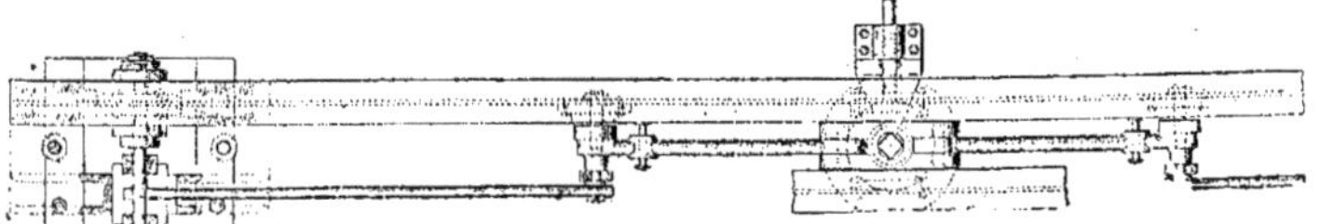

Fig. 643.

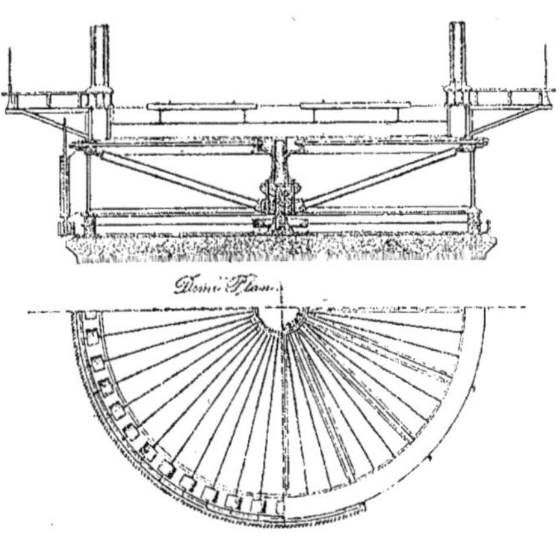

Fig. 644.

Les calages verticaux dans un grand nombre de ponts construits par la compagnie de Keystone consistent à faire cesser, au moyen d'un coin, le jeu qui existe entre le dessous de la volée et les points d'appui extrêmes, sans chercher à développer aucun effort de soulèvement. Une tige (*fig.* 641) munie d'un signal d'arrêt ferme la voie et pousse le verrou ; le tout est manœuvré de la pile centrale.

D'autres compagnies, celle de Phénixville par exemple (*fig.* 642, 643 et 644), ont employé un mode de calage qui consiste à fixer le pont en abaissant, dans des rainures pratiquées dans les culées, des rails mobiles en prolongement des rails fixes. Ce mouvement s'obtient au moyen de bielles articulées, placées sous les volées au droit des points d'appui qui sont constitués par des plaques de fonte légèrement concaves. Un écrou, montant ou descendant le long d'une vis et manœuvré de la pile centrale, met ces bielles en mouvement, dans un sens ou dans l'autre, au moyen de leviers de transmission. Ces deux mouvements sont utilisés pour élever ou abaisser les rails mobiles qui font suite aux rails fixes du pont tournant.

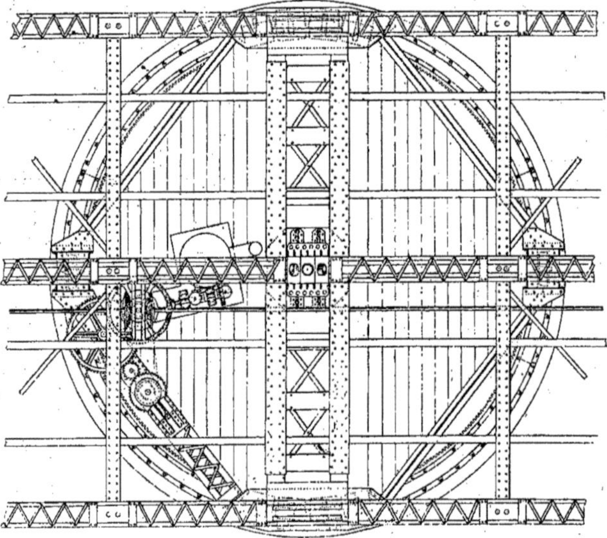

Fig. 645.

Ce système comporte trois avantages principaux :

La concavité de l'appui :

1° Facilite le centrage du pont ;

2° Le fixe exactement en place ;

3° Donne un raide suffisant à la volée et diminue ainsi sa sensibilité au passage des surcharges.

On a aussi employé un seul verrou tronconique qui constitue ainsi une sorte d'ancrage.

On se sert encore de verrous hydrauliques.

Pour la rotation on emploie le système des plaques tournantes sur lesquelles on fait reposer les deux poutres de tête au moyen de poteaux verticaux. Quelquefois le poteau central transmet seul la charge sur le pivot.

Beaucoup d'agencements, que l'on peut

facilement imaginer, ont été employés pour la répartition de cette charge. Nous allons en indiquer quelques-uns.

Pont de Passaïc-River.

546. Ce pont est formé par trois fermes reposant sur un pivot au moyen d'arbalétriers inclinés. Les fermes centrales sont supportées en leur milieu par un chevêtre central aux extrémités duquel on accumule les galets de rotation (*fig.* 645 et 646).

Ce pont est construit près de Newark et sert à deux voies de chemin de fer. Il laisse sur le Passaïc deux passes libres de 26 mètres.

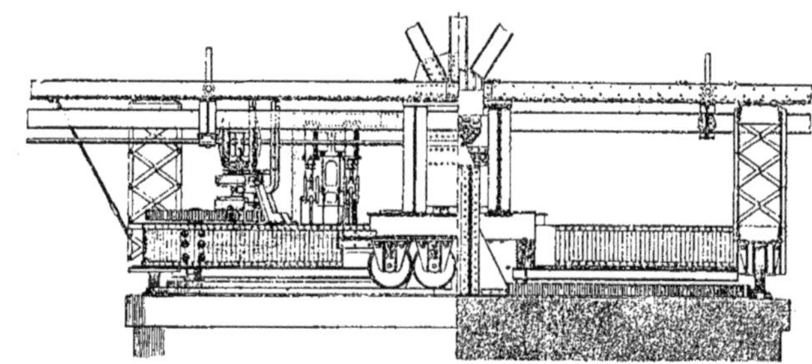

Fig. 646.

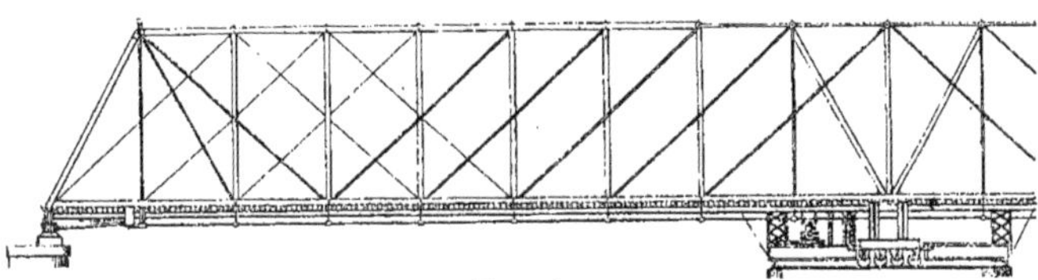

Fig. 647.

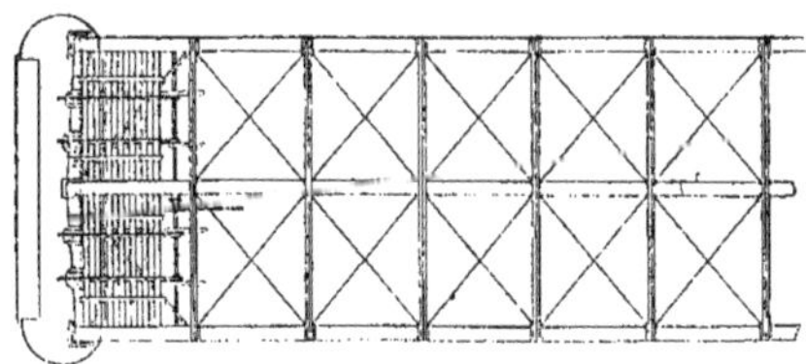

Fig. 648.

La figure 647 et 648 représentent le plan et l'élévation d'une demi-travée.

Les ponts ont 67^{m},10 de longueur et 6^{m},75 de hauteur.

Le pont roule sur un *appareil antifriction Sellers* (v. plus loin), à double cercle de galets; seulement il n'existe de galets sous le cercle de rotation extérieur que sous les axes principaux du pont. La partie métallique de cet ouvrage pèse 205 tonnes environ.

547. *Appareil antifriction Sellers.* —

Nous allons donner la description de cet appareil qui permet de faire tourner avec une force tangentielle de 1 kilogramme des plaques tournantes de 15 mètres de diamètre pesant 11 tonnes. Ce même appareil appliqué à des ponts pesant jusqu'à 272 tonnes permet de se dispenser pour la manœuvre de l'emploi de la vapeur. M. Chaix cite un pont tournant établi à Chicago pour chemin de fer, ouvert en moyenne quatre-vingts fois par jour, que deux hommes peuvent ouvrir ou fermer en 45 secondes.

Cet appareil (*fig.* 649, et 650) se compose d'un pivot fixe de forme conique, présentant à sa partie supérieure un sommet arrondi sur lequel on place une calotte hémisphérique. On interpose entre cette calotte et le chapeau fixé à la traverse, qui réunit les poutres de tête à la poutre centrale, deux disques en acier portant chacun une rigole annulaire. Dans la

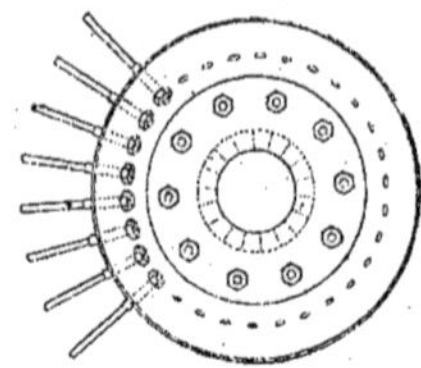

Fig. 649.

chambre ainsi obtenue, on loge de petits troncs de cône en acier terminés par des segments sphériques s'appuyant sur les

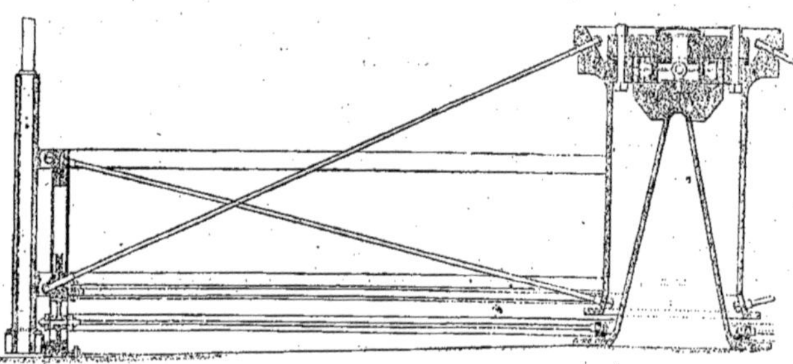

Fig. 650.

parois circulaires de la chambre. Ces petits cônes sont chargés de répartir la pression de la plaque supérieure sur la plaque inférieure.

La mobilité de la calotte du pivot garantit le fonctionnement des cônes de friction contre les effets des trépidations et des oscillations causées par les inégalités de la voie sur laquelle circulent les galets extérieurs.

M. Chaix ajoute :

« Pour les ponts d'un poids très considérable on dispose souvent l'une à l'extrémité de l'autre, deux couronnes de galets tronconiques du même système. »

« L'American Bridge Cie remplace l'appareil précédemment décrit par des disques en acier, interposés entre le pivot et le chapeau.

Pont de Baritan-Bay.

548. Ce grand pont tournant repose sur une pile centrale de $10^m,20$ de diamètre. La portée de chaque poutre est de $66^m,30$ et leur hauteur de 12 mètres au milieu et de 9 mètres aux extrémités. Cet ouvrage (*fig.* 651 et 652) a 143 mètres de longueur totale et donne deux passes navigables de 64 mètres de largeur.

La plaque tournante a un diamètre de $9^m,16$, les fermes reposent sur quatre poteaux placés au centre sur des chevêtres doubles dont les âmes embrassent les verrins servant au soulèvement et qui viennent se croiser avec des poutres lon-

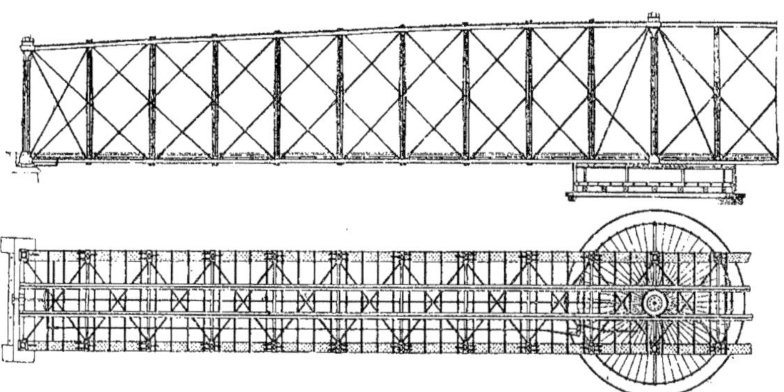

Fig. 651 et 652.

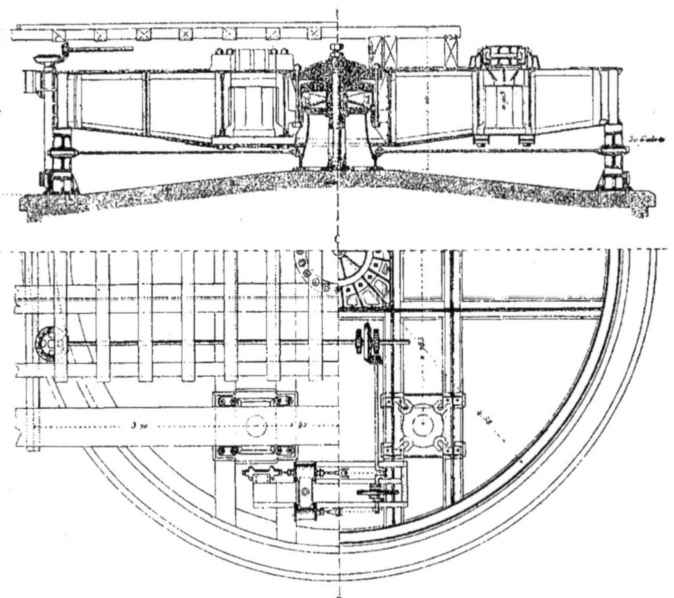

Fig. 653 et 654.

gitudinales entre lesquelles s'engage la crapaudine centrale (*fig.* 653 et 654).

Pour augmenter la stabilité pendant la fermeture et répartir également la charge sur les appuis, on a rendu les deux travées indépendantes, en interrompant au milieu du pont, la semelle inférieure des fermes qui supportent le tablier. Entre les abouts de ces tronçons est un coin à vis (*fig.* 655) servant de butée. On desserre cette vis quand le pont est en place, et on rétablit la continuité en la serrant quand on veut l'ouvrir. Cette opération se fait en soulevant l'ensemble de $0^m,10$ au moyen de 4 verrins hydrauliques reposant sur l'appareil de rotation et placés sous les montants verticaux de chaque panneau central; le pont dégagé de ces appuis peut alors tourner.

L'appareil de rotation est à antifriction et se compose de 10 galets de $0^m,30$ de longueur roulant sur des chemins d'acier, encastrés à la partie supérieure d'un tambour en fonte de 1 mètre de diamètre, formant la partie fixe du pivot. 20 boulons de $0^m,07$ suspendent le cadre qui supporte les fermes à une crapaudine embrassant les chevêtres, crapaudine traversée en son centre par un arbre vertical servant de guide au mouvement de rotation.

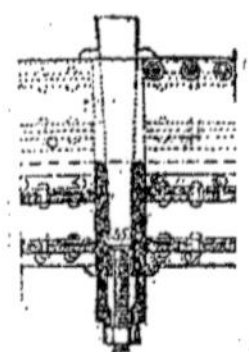

Fig. 655.

Les galets extérieurs, au nombre de 30, sont en acier forgé.

La rotation a lieu au moyen d'engrenages commandés par une machine à vapeur qui refoule en même temps l'eau servant à la manœuvre des verrins.

Le poids de la partie mobile est de 590 tonnes.

Pont de Rock-Island.

549. Ce pont un des plus grands, si ce n'est le plus grand, des ponts tournants construits jusqu'à ce jour, relie au-dessus du Mississipi, la ville de Rock-Island à celle de Davenport. Il est à deux étages, l'un donnant passage à une route, l'autre à un chemin de fer. La travée tournante a $112^m,24$, son poids est de 704 kilogrammes, dont 682 sont supportés par 39 galets et le reste par le pivot.

La manœuvre s'exerce au moyen d'une machine à vapeur de 4 chevaux par l'intermédiaire d'appareils hydrauliques travaillant sous une pression de 356 kilogrammes par centimètre carré.

PONT A CHARNIÈRES.

550. Les Américains ont encore inventé des ponts dits à charnières; jusqu'à présent ces ponts semblent n'avoir été utilisés que pour de petits débouchés. Nous renverrons pour les détails à notre *Cours de canaux*.

DERNIERS PONTS TOURNANTS CONSTRUITS EN FRANCE

Pont tournant du bassin Bellot.

551. On voit sur la figure 425 que les parties réunissant les deux darses du bassin Bellot, ainsi que les parties réunissant ces darses au bassin de l'Eure, sont traversées par des ponts tournants construits tous les deux dans le même système.

M. Desprez en a donné la description dans les *Annales* de 1889, auxquelles nous emprunterons les renseignements suivants :

La longueur totale du pont est de $53^m,023$ dont $35^m,80$ pour la volée et $17^m,223$ pour la culasse. Sa largeur est de $7^m,72$. Les deux voies charretières ont chacune $2^m,08$ de largeur et sont séparées par un bourrelet central de $0^m,50$ de largeur, deux trottoirs de $1^m,27$ règnent de chaque côté. Une voie ferrée à cheval sur le bourrelet est placée au centre.

L'ossature du pont se compose essen-

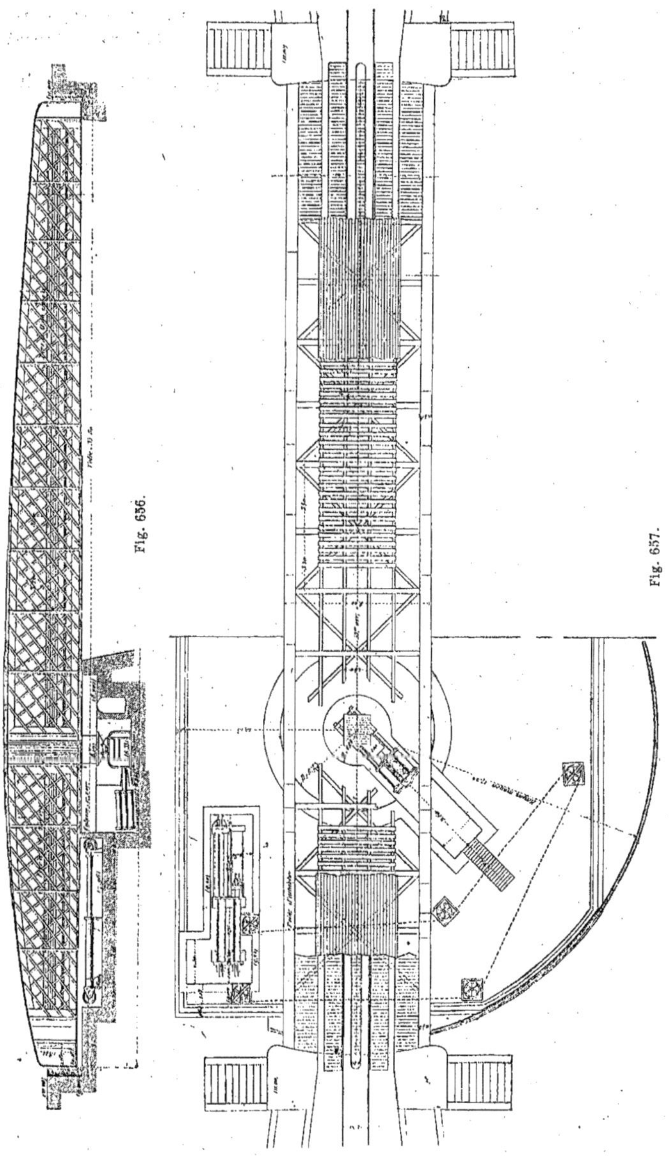

Fig. 656.

Fig. 657.

tiellement de deux poutres de rive réunies par des entretoises qui sont elles-mêmes reliées entre elles par des longerons longitudinaux placés sous des plaques de roulage des voies charretières, et sous les rails de la voie ferrée qui traverse le pont (*fig.* 656 à 660).

Au droit du pivot, les poutres de rive

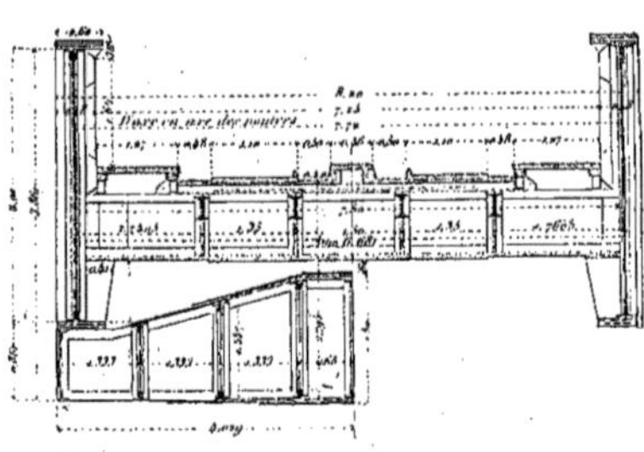

Fig. 658.

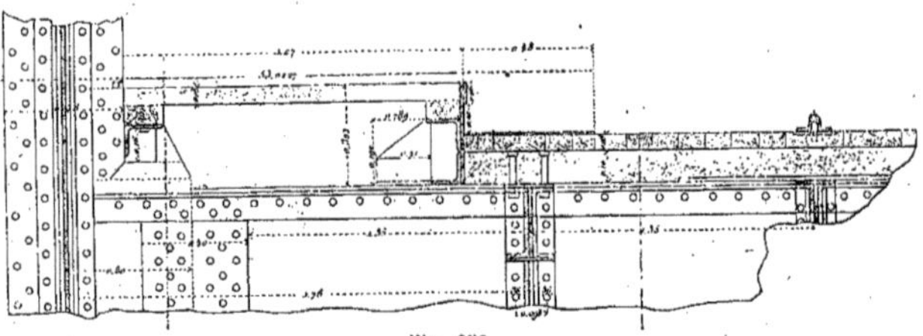

Fig. 659.

reposent sur un chevêtre, ou sommier, qui permet de soulever le pont pendant son mouvement.

Les poutres de rive sont à treillis; le choix de ce système, quoique un peu plus coûteux que celui d'une poutre à paroi a été choisi pour une question d'esthétique, une paroi pleine de 53 mètres sur 2m,60 à 4 mètres de hauteur ayant paru peu gracieuse. Une partie de la dépense supplémentaire est du reste compensée, par suite des moindres dimensions des appareils de manœuvre, qui n'ont pas à lutter contre une résistance de vent rendue plus considérable par une paroi pleine.

Les entretoises sont contreventées par des croix de Saint-André.

Des caisses de lestage, pour assurer l'équilibre du pont, sont ménagées à l'extrémité de la culasse sur une longueur de 2m,70. Elles renferment des gueuses en fonte de 25 à 30 kilogrammes régulièrement arri-

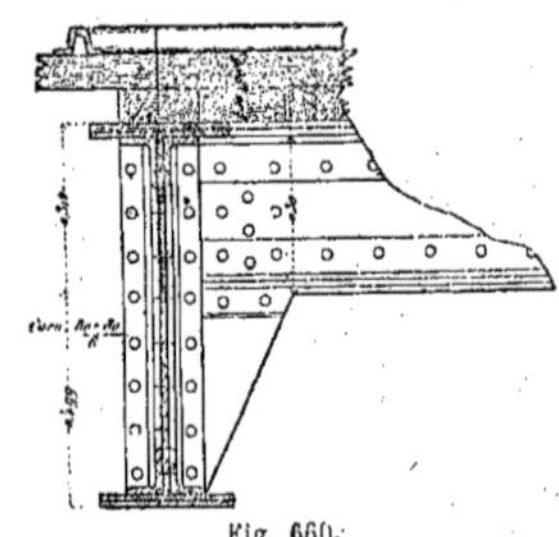

Fig. 660.

mées et dont le poids total est d'environ 118 tonnes.

Le pont a été calculé de façon à permettre le passage des plus lourdes locomotives de la Compagnie de l'Ouest (14t par essieu) ou le passage simultané sur chacune des voies charretières, de deux files de camions présentant un poids de 11 tonnes par essieu. Le fer ne travaille pas à plus de 6 kilogrammes par millimètre carré.

Les poids des matériaux employés sont les suivants :

Fers laminés................	197 450k
Tôle d'acier.................	13 850
Fonte de deuxième fusion pour lest......................	118 480
Bois de pitch-pin............	16 m3
Bois de chêne...............	22
Bois d'orme.	7 50

Le sommier, qui supporte les deux poutres de rive, est placé sur un pivot de rotation contenu dans un cylindre reposant, par sa base, sur un coin métallique, actionné directement par une presse hydraulique qui permet de donner un mouvement vertical au cylindre et par suite de soulever le pont tout en entier en décalant la volée (*fig.* 661).

La rotation du pont s'exécute par l'action de deux appareils funiculaires conjugués. Un plateau-crapaudine (système Girard) permet, au moyen d'injection d'eau sous pression, de réduire le frottement à celui de l'eau sur l'eau.

Fermé, le pont repose sur des appuis situés sur chacune des rives du bajoyer

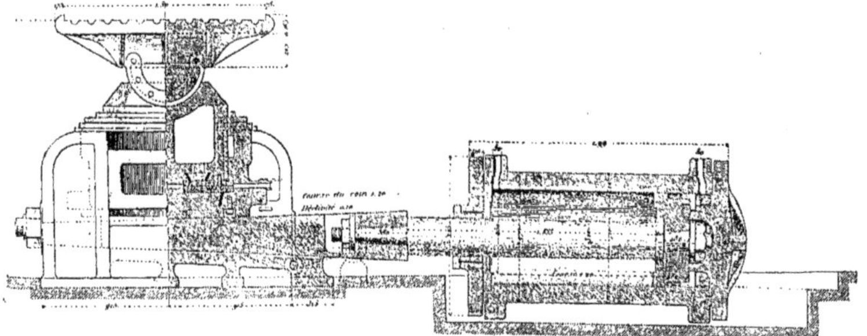

Fig. 661.

et à l'extrémité de la culasse (*fig.* 662, 663). Pendant le mouvement de soulèvement, il bascule sur un axe formé d'un demi-cylindre situé au-dessous du sommier, de telle sorte que pendant la rotation il repose sur son pivot et sur les galets de culasse, qui sont au nombre de deux de chaque côté.

En résumé, la manœuvre du pont comporte les appareils suivants :

1° Un pivot métallique contenu dans une crapaudine constituant une pièce verticale à faible course;

2° Un coin mis en mouvement par une presse hydraulique ;

3° Quatre galets de culasse;

4° Une voie métallique sur laquelle roulent les galets de culasse;

5° Deux appareils funiculaires conjugués pour la rotation ;

6° Les appareils de distribution nécessaires à ces différents engins.

Le poids du pont étant d'environ 370 tonnes, la presse verticale a été calculée de façon à l'équilibrer sensiblement, sans pouvoir produire le moindre mouvement; son diamètre est de 0m,92, ce qui, avec la pression maximum de l'eau de 53 kilogrammes, correspond à une pression de 352 322 kilogrammes. L'action de l'eau dans la presse réduit donc à environ 18 tonnes, le poids du pont sur son pivot.

Le coin de soulèvement a une déclivité de 1/10, il doit soulever un poids de 420 tonnes, comprenant le poids du pont proprement dit, celui du pivot de la presse et une surcharge de 20 tonnes. La presse horizontale qui l'actionne exerce un effort de 180 tonnes pour le pousser et 145 tonnes pour le ramener. Le diamètre du piston est de 0m,70, celui de la tige de 0m,30; la course du coin est donc de 1m,20.

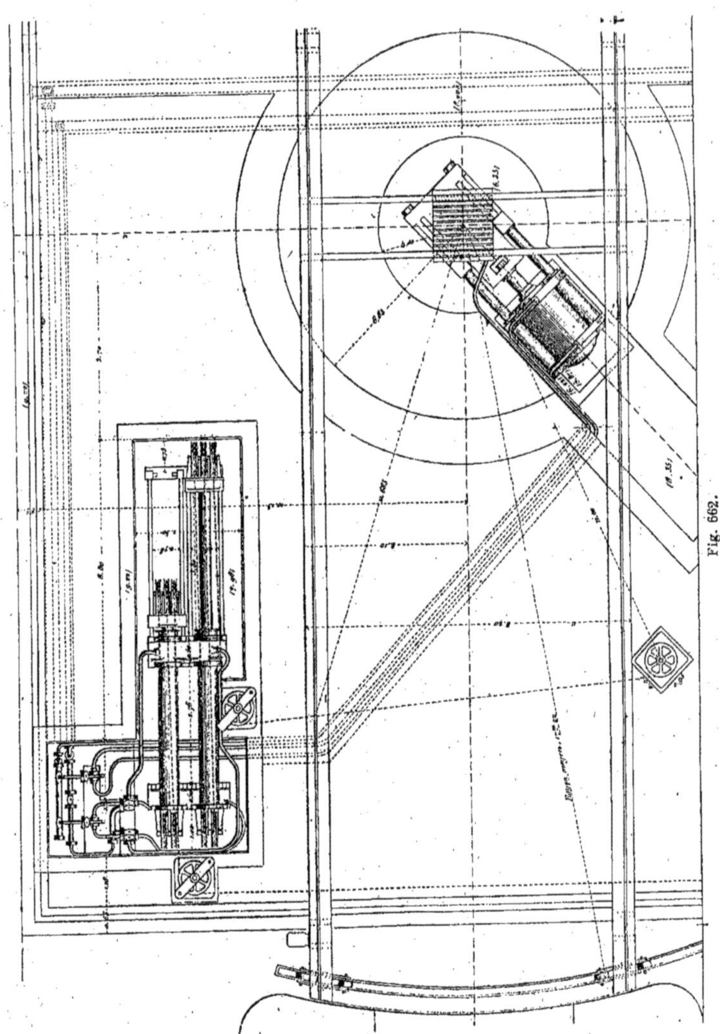

Fig. 662.

Les galets de la culasse sont au nombre de deux de chaque côté, et sont montés sur un balancier qui assure la bonne répartition de la charge. Chacun d'eux supporte un effort maximum de 3 tonnes en supposant que le tablier du pont est sou-

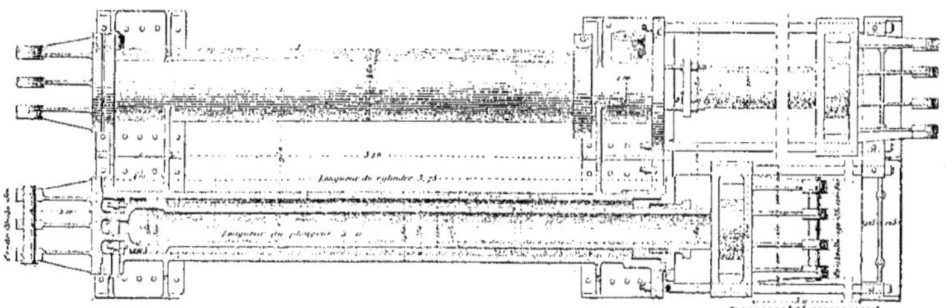

Fig. 663.

mis à un vent violent, exerçant sur lui un effort vertical de 45 kilogrammes.

L'action du vent sur le pont étant une des principales résistances que doivent vaincre les appareils de rotation, les presses qui agissent sur les moufles sont à double puissance. En temps ordinaire, l'eau est admise en avant et en arrière du piston, de telle sorte que le mouvement est déterminé par la pression sur la section de la tige du piston. Quand la pression du vent est supérieure à 15 kilogrammes, on fait agir la section entière du piston. Le diamètre de celui-ci est de $0^m,35$, celui de sa tige de $0^m,25$ et la course est de $3^m,03$.

On dépense :

462 litres d'eau pour soulever le pont;

378 litres d'eau pour le descendre;

150 litres d'eau pour la rotation à simple pouvoir;

292 litres d'eau pour la rotation à double pouvoir.

La manœuvre exige deux minutes.

Le système de coins paraît présenter des avantages pour les cas où il se produirait des accidents dans la distribution d'eau pendant les soulèvements. Il empêche, en outre, les efforts obliques sur le pivot, quand le vent a une grande réaction verticale.

Pont du Pollet à Dieppe.

552. Ce pont qui a complété les travaux d'amélioration du port de Dieppe a été décrit par M. Alexandre dans les *Annales* de 1891.

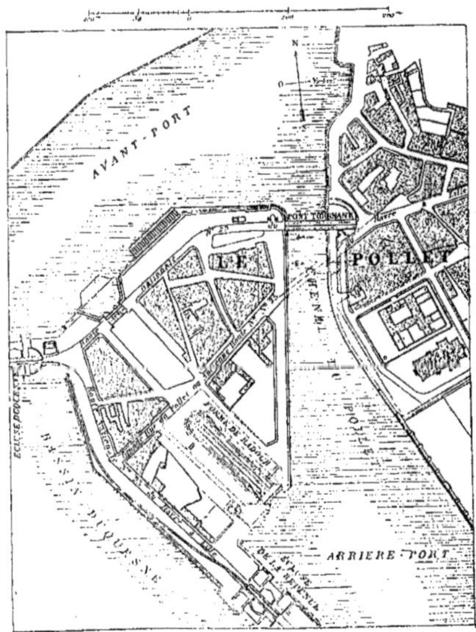

Fig. 664. — Port de Dieppe.

Le programme de ces travaux com-

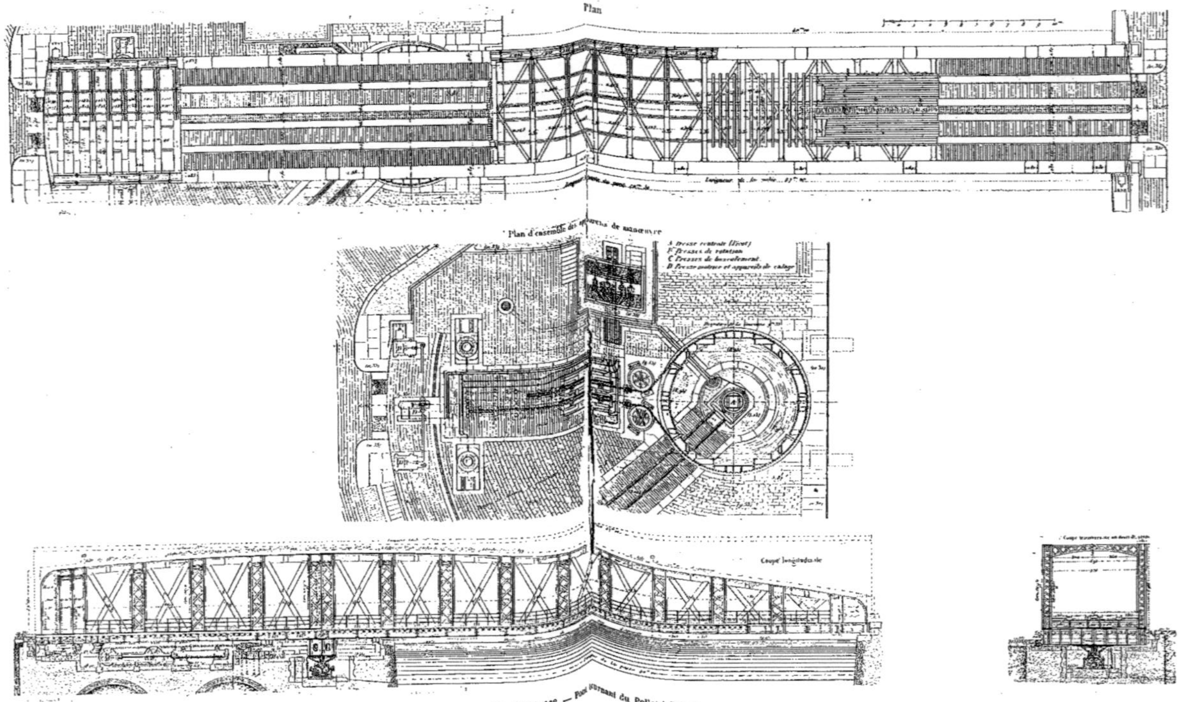

Plan

Plan d'ensemble des appareils de manœuvre

A Presse centrale (Pivot)
B Presses de rotation
C Presses de soulèvement.
D Presse motrice et appareils de calage

Coupe longitudinale

Fig. 665 à 668. — Pont tournant du Pollet à Dieppe.

prenait l'ouverture, à travers le faubourg du Pollet, d'un chenal de 40 mètres de largeur minimum, destiné à mettre en communication directe l'avant-port avec le nouveau bassin à créer.

Ce chenal devait séparer la ville de l'un de ses quartiers les plus importants et couper notoirement la route n° 25 (*fig.* 664) (Grande Rue du Pollet), qui constitue la voie principale, reliant Dieppe avec toute la région Ouest du littoral de la Seine-Inférieure. Pour donner satisfaction aux intérêts en cause, l'administration s'engagea à construire un pont tournant à deux voies charretières.

La route nationale rencontrait le chenal sous un angle de 54 degrés, mais on put faire une dérivation favorable à tous les intérêts, puisqu'en même temps qu'elle était utile à la ville, elle ramenait le pont à être normal au chenal, ce qui réduisait sa longueur utile à 40 mètres.

La longueur de la volée du pont est de 47 mètres, celle de la culasse de 23ᵐ,50, ce qui donne un total de 70ᵐ,50 pour la longueur du tablier. La largeur est de

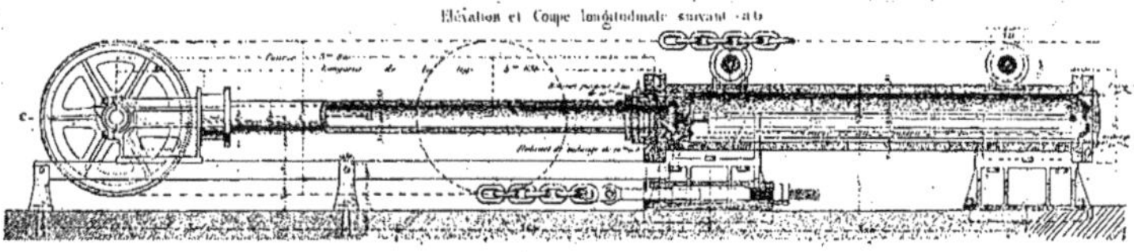

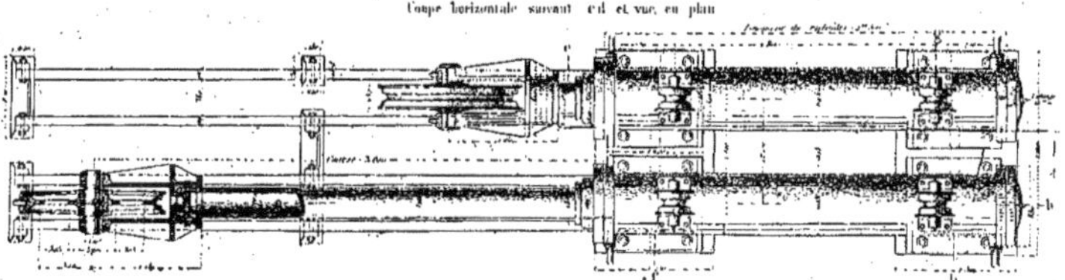

Fig. 669 et 670. — Pont tournant du Pollet à Dieppe.

4ᵐ,50 pour la chaussée, et de 2ᵐ,50 pour deux trottoirs (*fig.* 665 à 668).

Pour mettre le pont à l'abri de la mer, il fallait placer le dessous du tablier à 0ᵐ,50 au moins au-dessus des plus hautes eaux d'équinoxe, soit à hauteur de 10ᵐ,47 ; lors une grande tempête, qui eut lieu le 20 janvier 1891, on fut obligé d'ouvrir le pont pendant *deux heures* pour le soustraire à l'action des lames.

D'autre part, pour éviter d'enterrer les seuils des maisons, on ne pouvait pas élever le platelage au-dessus de 11ᵐ,20. On devait donc réduire l'épaisseur du tablier à 0ᵐ,70 au plus, ce qu'on obtint avec des poutres de 0ᵐ,60 de hauteur.

La chaussée fut divisée en deux zones (*fig.* 668), l'une pour l'aller, l'autre pour le retour, par un heurtoir central de 0ᵐ,12 de hauteur et de 0ᵐ,50 de largeur; des bandes de roulage en acier, de 0ᵐ,45 de largeur et de 0ᵐ,014 d'épaisseur, recouvraient le platelage en creux. De cette façon, on rend non seulement l'encombrement impossible sur le pont, mais encore, on obtient une certaine économie sur le poids du métal, en déterminant très exactement les emplacements des charges roulantes ; de cette façon on a obtenu un trottoir de 0ᵐ,68 d'épaisseur, bandes de roulage comprises. Ceci a conduit à faire un pont à passage inférieur avec contreventement supérieur.

Le lest de 234ᵗ,5 dépasse de 20 tonnes environ celui correspondant à l'équilibre du pivot ; cet excédent a été jugé nécessaire pour assurer la stabilité pendant la rotation ; on comprend qu'il n'a rien d'exagéré si on considère que, pour contrebalancer l'effet du vent supposé soufflant verticalement sur le tablier pendant la rotation et produisant, à raison de 50 kilogrammes par mètre carré de tablier, une surcharge de 31 tonnes au milieu, c'est-à-dire à $11^m,75$ du pivot, il faut un supplément de poids de près de 18 tonnes à la culasse.

Ce lest est disposé sous le plancher de la chaussée et des trottoirs entre les entretoises qui, sur une longueur de $8^m,46$ de l'extrémité de la culasse ont été renforcées et placées à des distances variant de $0^m,950$ à $1^m,215$ d'axe en axe. On a également rempli de fonte les extrémités des montants des poutres maîtresses dans l'intervalle libre de $0^m,50$ laissé entre les âmes pleines verticales. L'espace occupé mesure $3^m,65$ de longueur sur une hauteur de $2^m,45$ comptée au-dessus des semelles inférieures (*fig.* 666 et 675).

Afin de réduire le volume occupé par le lest, on l'a formé de blocs de fonte, de deuxième fusion, coulés suivant diverses formes ; les blocs ont été arrimés de manière à remplir exactement tous les vides laissés entre les pièces de charpente et les tôles constituant la caisse à lest.

Le tablier pèse :

Fers et tôles	$445\ 900^k$
Charpente	53 600
Total	499 500

soit par mètre courant :

$$\frac{499\ 500^k}{70,5} = 7\ 086 \text{ kilogrammes.}$$

Pour avoir le poids total supporté par le pont il faut ajouter à ces..	$499\ 500^k$
Le poids du lest	234 500
Celui du chevêtre	40 300
Le poids de la partie du mécanisme fixée au tablier, soit la couronne en fonte portant la chaîne de rotation ($14\ 200^k$), une portion de cette chaîne (4600^k), la rotule et son bâtis ($11\ 600^k$), les roulettes, les blocs d'appui supérieurs de culasse 5,600 kilogrammes environ.	36 000
Total général.	$810\ 300^k$

Soit en nombre rond 810 tonnes.

Les calculs ont été faits pour qu'avec la surcharge due à un essieu chargé de 8 tonnes, le travail du fer soit inférieur à 6 kilos par millimètre carré.

La flèche prise par le pont pendant la rotation est de $0^m,11$ ce qui correspond exactement aux résultats du calcul.

Pour le mécanisme, on se trouvait en présence de trois systèmes.

Dans le premier, *les appuis de culasse et de volée sont fixes* ; le tablier est invariablement fixé au piston plongeur d'un pivot hydraulique. Pour dégager les appuis avant la rotation, on soulève le pivot d'une hauteur correspondant à la flèche de la volée ; le pont est alors à soulèvement droit ;

Dans le second, *les appuis de volée et de culasse sont mobiles ;* le tablier est porté par un pivot porté sur une couronne de galets. On dégage avant la rotation les extrémités de la volée et de la culasse en les soulageant avec des verrins hydrauliques qui permettent aux coins placés entre les blocs d'appui de s'effacer sous l'action de l'eau sous-pression. Le pont est à niveau fixe.

Dans le troisième, *l'appui de culasse est mobile et l'appui de volée est fixe.* Le tablier repose sur le pivot, sans lui être fixé, et peut, au contraire, basculer autour de lui. On dégage avant la rotation l'extrémité de la culasse en la soulageant avec des verrins hydrauliques qui permettent comme précédemment aux coins formant appui de s'effacer ; le tablier, n'étant plus soutenu à l'extrémité de la culasse, bascule et l'extrémité de la volée se dégage de son appui ; le pont est à basculement.

Le premier système est d'une grande simplicité, ce qui l'a fait adopter pour les tabliers de faibles dimensions. Pour les ponts de longue portée, il présente un grave inconvénient. En raison de l'importance du poids du tablier et de la flèche relativement considérable que prend la volée, le pivot doit avoir un grand diamètre et être soulevé à une grande hauteur. Si, pendant la rotation, le pivot venait à manquer, soit par suite de la rupture du pivot ou de la presse, soit à cause d'un défaut de la garniture ou du presse-étoupe, le tablier retomberait et l'avarie qui en résulterait pourrait avoir comme conséquence de compromettre pendant

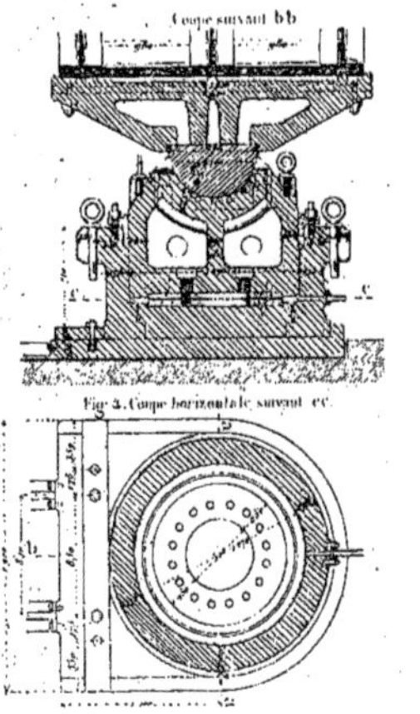

Fig. 671 et 672. — Pont tournant du Pollet à Dieppe.

longtemps la circulation des navires ou celle du public.

Le second système qui n'a pas ces inconvénients présente les suivants : Tout d'abord la couronne de galets constitue un mécanisme compliqué d'un réglage délicat et d'un entretien coûteux, en raison de l'usure. En outre il faut conduire l'eau sous pression à l'extrémité de la volée pour faire mouvoir les appuis. Cela aurait entraîné, dans le cas actuel, à établir une conduite de plus de 700 mètres.

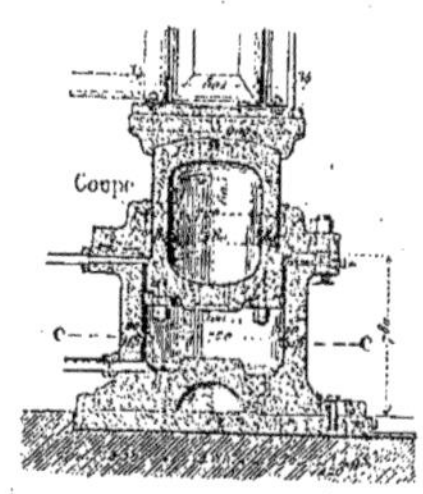

Fig. 673. — Pont tournant du Pollet à Dieppe.

On se décida donc pour le système à basculement (*fig.* 668, 669, 670, 671, 672, 673).

Le piston plongeur du corps de presse formant pivot porte un demi-cylindre horizontal concave, sorte de crapaudine dans laquelle peut tourner, lors du bascu-

Fig. 674. — Pont tournant du Pollet à Dieppe.

lement, une rotule en forme de demi-cylindre concave fixée au-dessus du chevêtre.

En service le tablier ne repose pas sur le pivot; un jeu de quelques millimètres est laissé entre les deux surfaces cylindriques de la rotule et de la crapaudine; chaque poutre maîtresse porte à l'extrémité de la volée sur une plaque en fonte (A) fixée au bord du bajoyer, rive gauche ; à 5m,34 du pivot, sur une plaque de fonte (B) (*fig.* 674), fixée au bord du bajoyer rive droite, et, à l'extrémité de la culasse sur un appui mobile C formé d'un coin pouvant glisser entre deux plaques de fonte, l'une boulonnée au-dessous du tablier, l'autre scellée dans la maçonnerie de l'encuvement du pont.

La culasse porte deux roulettes D, placées à 20m,50 du pivot; ces roulettes sont normalement à 0m,16 au-dessus du chemin de roulement formé d'un rail circulaire fixé dans l'encuvement.

Dans cet encuvement sont également placés au droit des poutres maîtresses à 18m,42 du pivot, deux verrins hydrauliques (E), dits presses de basculement.

Le diamètre du pivot est tel, que sous l'action de l'eau comprimée à 50 kilogrammes, l'effort vertical qu'il exerce sous le tablier soit insuffisant pour le soulever; ce soulèvement ne peut avoir lieu que quand on fait agir l'eau sous-pression simultanément dans la presse du pivot (presse centrale) et dans les presses de basculement.

Comme dans les points mus par l'eau sous-pression, la rotation s'obtient au moyen de deux appareils funiculaires placés parallèlement au-dessous du tablier dans l'encuvement; la chaîne de rotation est fixée à l'un des deux appareils et s'enroule sur la couronne en fonte boulonnée au-dessous du tablier et vient se maillonner sur l'autre appareil.

Le pont étant en service, il faut, pour opérer l'*ouverture*, manœuvrer de la manière suivante (*fig.* 675 et 676):

1° *Donner la pression dans la presse centrale ou pivot.* — On ouvre le robinet le mettant en communication avec l'eau comprimée; le pivot se soulève du jeu existant entre sa partie supérieure formant crapaudine et la rotule, et s'arrête quand les deux surfaces cylindriques arrivent au contact, la presse centrale étant insuffisante pour soulever le tablier.

2° *Donner la pression dans les presses de basculement.* — On ouvre le robinet les mettant en communication avec l'eau comprimée; les pistons viennent s'appliquer sous les tables des poutres maîtresses de la culasse et le tablier se soulève sous l'effort combiné des presses de basculement et de la presse centrale; il suffit de maintenir le tablier à quelques millimètres au-dessus de sa position normale horizontale pour que les appuis de la culasse se trouvent dégagés.

3° *Décaler la culasse.* — On met en communication, avec l'eau sous-pression, l'appareil qui commande le mouvement des coins des appuis de culasse; les coins s'effacent et l'extrémité de la culasse devient libre.

4° *Faire basculer le tablier.* — Le tablier étant toujours soutenu par la presse centrale et les presses de basculement, on met ces dernières en communication

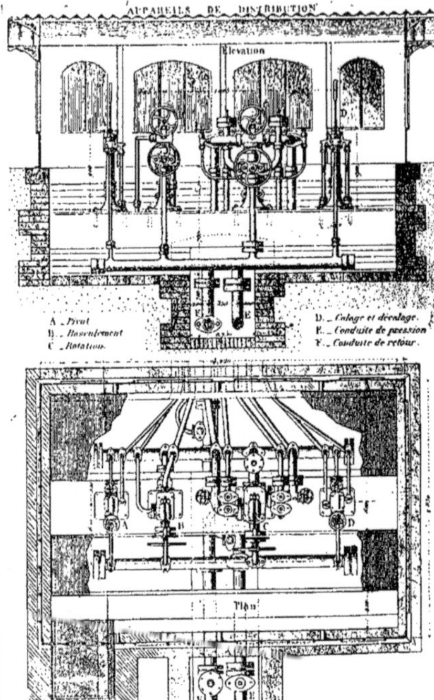

Fig. 675 et 676. — Pont tournant du Pollet à Dieppe

avec l'évacuation; les pistons descendent sous la charge du tablier; la culasse, en raison de l'excédent de poids de 20t, s'abaisse et les galets viennent reposer sur le chemin de roulement. Pendant ce basculement, la presse centrale reste en pression, mais comme elle ne peut supporter à elle seule le tablier, le pivot descend en même temps que lui, pour venir porter sur le fond du pot de presse.

Une fois le basculement effectué, le tablier repose sur le pivot qui exerce, sur le fond du pot de la presse centrale, une pression égale au poids du tablier diminuée de la sous-pression exercée par l'eau ; les galets portent l'excédent du poids de la culasse.

5° *Faire tourner le pont.* — La pression étant maintenue dans la presse centrale pour diminuer la charge sur la surface frottante du fond du pot de presse, il suffit de mettre l'appareil funiculaire d'ouverture en communication avec l'eau sous pression pour faire tourner le pont. S'il doit rester un certain temps le long du bajoyer, on peut mettre la presse centrale en communication avec l'évacuation.

Les manœuvres à faire pour la fermeture s'expliquent d'elles-mêmes ; elles consistent :

1° A faire agir la pression sous le pivot en mettant le pot de presse en communication avec l'eau comprimée ;

2° A ramener le pont dans sa position normale à la presse, en faisant agir les presses de rotation ;

3° A soulever la culasse à l'aide des presses de basculement ;

4° A caler, en introduisant les coins entre les blocs d'appui de la culasse ;

5° A faire reposer partout le tablier sur ses appuis, en supprimant la pression successivement dans les presses de basculement et dans la presse centrale.

Le pivot du pont, qui est le piston plongeur du corps de la presse centrale, a 4^{m},27 de diamètre; le demi-cylindre creux qui sert de crapaudine à la rotule fixée au-dessous du diamètre et qui est venu de fonte avec le piston, a une largeur de 0^{m},40 et un diamètre de 0^{m},65.

Le dessous du pivot et le fond du pot de presse portent une bande annulaire en acier (*fig.* 677 et 678) de 1 mètre de diamètre extérieur et de 0^{m},50 de diamètre intérieur, faisant saillie de 0^{m},020 ; c'est suivant la surface annulaire de ces bandes que le pivot appuie sur le fond du pot de presse. La bande d'acier fixée au pivot est munie de rainures destinées à faciliter le graissage.

Le corps de la presse est en fonte de 0^{m},195 d'épaisseur. Il est en communication à sa partie inférieure avec l'eau sous-pression, qui, avant d'y pénétrer, traverse un cylindre rempli de glycérine, de manière à assurer constamment un graissage parfait.

Quand le pont est livré à la circulation, le pivot s'appuie sur le fond du pot de presse, mais le tablier ne porte pas sur le pivot, il reste un jeu d'environ 5 millimètres entre la rotule et sa crapaudine. C'est seulement pour la manœuvre de basculement que l'eau comprimée étant introduite dans le corps de pompe, le pivot quitte la surface annulaire d'appui pour s'appliquer contre la rotule.

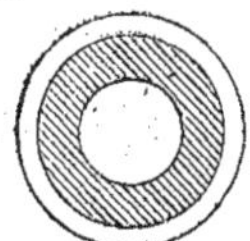

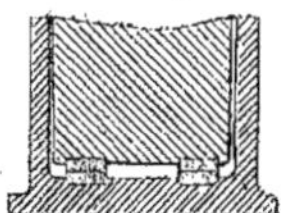

Fig. 677 et 678.

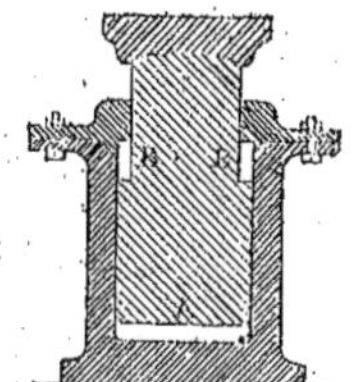

Fig. 679.

L'effort alors exercé est de :

$$\frac{\pi \times \overline{1^{m},27}^2}{4} \times 50\,000^k = 633\,385^k,$$

insuffisant pour soulever le pont qui pèse 810 tonnes.

Les galets portant 20 tonnes, il reste 790 tonnes ; pendant la rotation la couronne d'acier est chargée de ce dernier poids, qui est en partie équilibré par la sous-pression qui s'exerce en dehors de la surface annulaire en acier, soit 399 500 kilogrammes; celle-ci est donc soumise à un effort de :

$$790\,000^k - 299\,500^k = 390\,500^k$$

soit une pression de 84 kilogrammes par centimètre carré, ce qui est extrêmement faible pour l'acier.

Les presses de basculement (*fig.* 679) sont, en quelque sorte, à double effet; le piston plongeur porte une forte tige, de telle sorte qu'en admettant l'eau au-dessus ou au-dessous du piston, on détermine sa descente ou sa montée.

Le schéma ci-joint (*fig.* 680) indique la répartition des efforts, on voit que la différence de $810\,000^k - 390\,500^k = 410\,500^k$ se reporte sur les presses de basculement et sur les appuis de volée. En prenant les moments de ces quantités, on trouve que

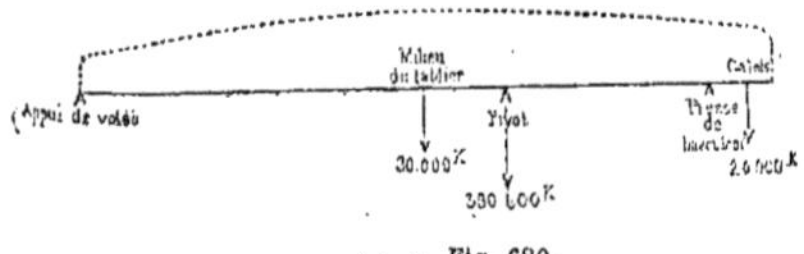

Fig. 680.

les presses de basculement doivent supporter un effort total de 316 800 kilogrammes, soit 158 350 kilogrammes pour chacune d'elles.

Avec $0^m,66$ de diamètre et une sous-pression de 50 kilogrammes, on a seulement un excédent de pression de 12 700 kilogrammes.

Les appareils de rotation sont analogues à ceux que nous avons étudiés précédemment; la partie annulaire sert à produire le mouvement inverse du piston, en accompagnant la volée; l'autre appareil produit la traction.

On peut évaluer les efforts nécessaires à la première opération à 2 793 kilogrammes.

Pour la seconde, on a calculé successivement :

1° La résistance due au vent; on a admis pour ce calcul que le vent agissait avec un effort de 10 kilogrammes par mètre carré s'exerçant sur une seule poutre supposée pleine et représentant une surface de $417^{m^2},19$. L'effet produit sur la chaîne de rotation est alors de....... 7 540 k

2° La résistance due aux galets de la culasse (frottement de roulement et frottement de glissement sur les axes pour 20 tonnes) peut être évaluée à. 1 350

3° La résistance due au frottement du pivot se compose d'abord de la résistance due au frottement des disques annulaires d'acier, soit $390\,500 \times 0{,}08 =$ 31 240

qui reportés sur la chaîne produisent une tension de 31 240

$\times \dfrac{0{,}79}{9{,}35} =$ 2 640

Celui du presse-étoupe dont le diamètre est de $1^m,27$ donne $1^m,24 \times 5\,000^k = 6\,350^k$ qui produisent sur la chaîne une tension de.................. 863

La poussée de vent qui fait frotter le pivot sur les parois de la presse, soit sur la chaîne

$4\,170^k \times 0{,}08 \times \dfrac{1{,}27}{9{,}35} =$ 45

Enfin, sous la tension des deux brins de la chaîne, le pivot s'applique sur la paroi du pot-de-presse, la résultante des deux tensions (y compris l'action du vent qui s'ajoute dans certaines positions à la précédente), est de...............

$$14\,800^k \times 0{,}08 \times \frac{1{,}27}{9{,}35} = \quad 161$$

Puis la somme des résistances dues au frottement du pivot et au passage de la chaîne motrice sur les couronnes de la poulie de renvoi, qui atteint........ 307

Total 4 016

La chaîne a donc une tension de :

1°	2 793
2°	7 540
3°	1 350
4°	4 016
Total	15 699

Cette tension s'augmentant par l'enroulement de 3 0/0 devient pour le *brin fixe* : 15 700 × 1,03 = ... 16 171 k

Cette tension s'augmentant par l'enroulement de 3 0/0 devient pour le *brin fixe* : 15 700 × 1,03 =	16 171 k
En y ajoutant la pression sur le garant	15 699
Et comme frottement de la garniture	1 600
Et pour les glissières	500
On obtient un total de	33 970

Ce qui, avec une pression de 50 kilogrammes, donne une surface de 679cq,4, soit un diamètre de 0m,294 qui a été porté à 0m,32; les maillons de 0m,062 de diamètre travaillent à 6k,6 par millimètre carré.

Le calage de la culasse du pont s'obtient au moyen de deux coins ou tasseaux en fonte de 0m,40 de longueur, 0m,60 de largeur et 0m,315 d'épaisseur distants, de 7m,74 d'axe en axe.

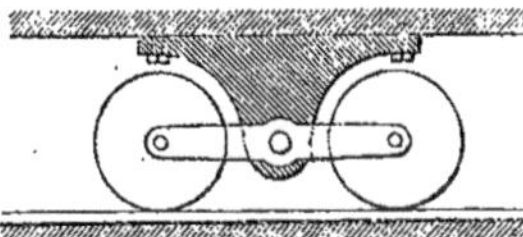

Fig. 681.

Chacun d'eux est introduit par un mouvement de glissement horizontal entre deux plaques d'appui en fonte placées au droit des extrémités des poutres maîtresses. L'une des plaques est fixée au dessous des tables des poutres ; l'autre, scellée au radier de l'encuvement, forme glissière. Le décalage s'obtient en enlevant les tasseaux par un mouvement de glissement inverse. Le mouvement de translation est donné par des bielles, actionnées par un arbre et un pignon engrenant avec une crémaillère formant le prolongement du piston plongeur d'une petite presse, actionnée par l'eau comprimée.

On limite la course du tablier du pont au moyen de trois buttoirs formés de tampons en fonte reposant sur des blocs de bois dur.

Les deux galets de culasse (*fig.* 681) sont doubles et reliés par un balancier pour obtenir une bonne répartition des pressions.

La dépense d'eau pour une manœuvre est la suivante :

Pour l'ouverture :

Presse centrale	20 l
» de basculement	203
» de rotation	295
» de décharge	5
Total	523

Pour la fermeture la dépense est à peu près la même.

L'eau est fournie par une machinerie centrale comprenant deux machines de 40 chevaux et un accumulateur d'une contenance de 726 litres. Le débit des pompes correspond pour les deux machines à 720 litres par minute, ce qui fait que l'eau est restituée à peu près aussi vite qu'elle se dépense par une seule machine.

A la rigueur, la manœuvre peut s'exécuter en 90 secondes; en temps normal elle dure deux à trois minutes.

Le coût a été :

Maçonneries	89 900 f
Tablier métallique	224 145 04
Mécanisme	191 120 26
Total	505 165 30
A ajouter frais de régie, etc.	24 834 70
Total général	530 000 fr.

PONTS ROULANTS

Pont roulant de Kattendyck à Anvers.

553. Ce pont fut établi au-dessus de l'écluse de Kattendick et livré à la circulation en 1881. Il est manœuvré au moyen d'appareils hydrauliques. On commence d'abord par élever le pont au-dessus du quai, puis on le recule sur des rouleaux fixés dans le terre-plein. Les manœuvres inverses servent à le fermer (*fig.* 682, 683).

On obtient l'élévation du tablier au moyen de deux presses hydrauliques établies sur les bajoyers, et le roulement est produit par des chaînes attelées à d'autres presses hydrauliques.

La largeur de la passe est de 27m,50 ; le tablier mobile à 48m,36 (30m,28 pour la volée, et 18m,08 pour la culasse). Un lest de 106 240 kilogrammes, placé à l'extré-

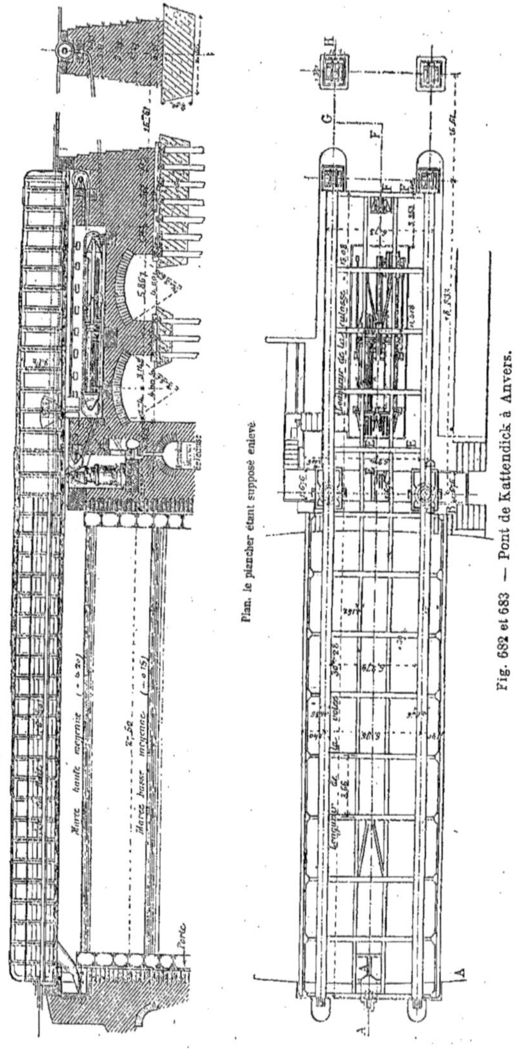

Plan, le plancher étant supposé enlevé

Fig. 682 et 683 — Pont de Kattendick à Anvers.

mité de la culasse, sert à ramener le centre de gravité à environ $0^m,40$ en arrière des presses de soulèvement.

Le tablier roule sur quatre galets fixés sur la rive et sur les deux galets placés sur les cylindres élévateurs.

L'eau agit avec une pression de 50 atmosphères envoyée d'une distance de 1200 mètres.

On retrouve le système généralement employé de deux cylindres ; ceux-ci ont $0^m,793$ de diamètre, leurs plongeurs sont surmontés d'un chapeau, ou siège en fonte, portant l'axe d'un galet de $1^m,10$ de diamètre intérieur.

Deux presses en fonte forment l'appareil moteur de traction.

Le déplacement horizontal du tablier se fait par des galets installés dans le terre-plein de la chaussée qui conduit au pont.

Pour prévenir toute négligence de la part de ceux qui manœuvrent le pont, on a établi un verrou, qui opère automatiquement le calage des plongeurs verticaux, pendant la période de roulement.

Un petit taquet boulonné aux longerons vient au moment opportun fermer la barrière d'introduction de l'eau sous pression et provoque l'arrêt. Un buttoir en rondelles de caoutchouc amortit les chocs qui pourraient se produire.

La durée des manœuvres est en moyenne de 3' 20" par l'ouverture, dont 1' 35" pour l'ascension et 1' 45" pour le recul, et, pour la fermeture, 2' 10" dont 1' 40" pour le déplacement horizontal du tablier et 30" pour la descente.

Le poids total du tablier est de 370,000 kilogrammes et la dépense s'est élevée à 288,500 environ.

Pont roulant de l'écluse de Penhouet à Saint-Nazaire.

554. Ce pont a été décrit par M. Kerviler dans les *Annales* de 1885 ; il a été construit surtout en vue de ne pas interrompre le halage et de ne pas inutiliser, comme amarrage du quai, toute la partie parcourue par la culasse.

On voit en effet que les ponts roulants n'inutilisent qu'une longueur de quai égale à leur largeur.

La seule difficulté résulte de la chaussée en arrière au niveau de laquelle il faut soulever le pont, avant de lui imprimer son mouvement de roulement. A Saint-Nazaire, on a essayé de tourner cette difficulté en projetant de soulever l'avant du pont, qui, formant avant-bec, venait bientôt heurter sous un galet placé dans le bajoyer opposé à celui de la culasse. Un mouvement inverse se produisant alors, la volée ne montait plus et la culasse se levait en faisant pivoter tout le pont sur son avant-bec ; quand la partie inférieure de la culasse débordait la chaussée, on tirait le pont au moyen d'un appareil funiculaire.

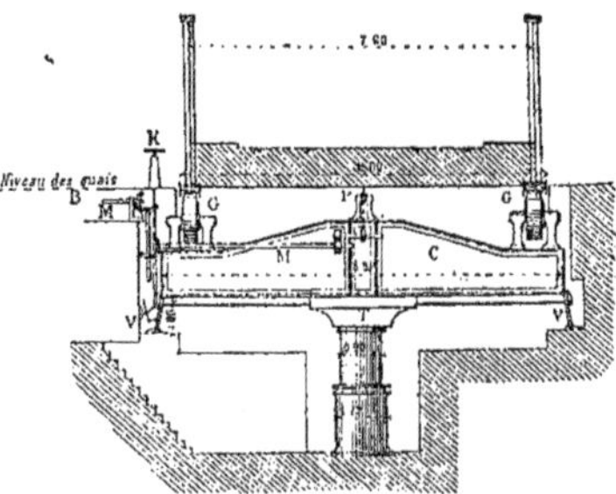

Fig. 684.

La maison Cail remplaça ce projet par le suivant qui fut exécuté :

On lève d'abord le pont de toute la hauteur des pièces de pont sous les rails, soit de $0^m,95$, afin que les semelles des poutres de rive puissent glisser sur la chaussée en arrière. Cette manœuvre se fait au moyen d'un piston hydraulique de 1 mètre de hauteur (*fig.* 684) qui soulève le pont en entier à une hauteur un peu supérieure à celles des galets de la chaussée d'arrière, puis on le redescend de façon à faire reposer le chevêtre sur quatre appuis ; les galets du chevêtre s'alignent alors avec ceux de la chaussée.

Un treuil hydraulique Brotherood fait mouvoir, par une transmission, un pignon placé au centre du chevêtre, pignon sur lequel passe une chaîne Galle qui tire le pont en arrière.

Toute la manœuvre s'exécute en quatre minutes et avec une dépense de 1500 litres d'eau comprimée à 50 atmosphères. Au retour les mouvements sont inverses.

Les mouvements son extrêmement doux et d'une grande précision.

Pont roulant de Saint-Malo.

555. Nous citerons encore le pont tournant de Saint-Malo qui a une largeur libre de 18 mètres; le tablier à 38^{m},80. La partie mobile du pont pèse 181 580 kilodont 35 500 de lest.

Des tampons de butée (*fig.* 685), munis de forts ressorts, limitent la course de la travée; ceux qui sont posés du côté de la volée sont munis de galets de 0^{m},300 de diamètre pour faciliter le soulèvement du pont.

Le prix de ce pont s'élève à 200 000 fr.; le poids total est de 337 500 kilogrammes.

Pont roulant de Brest.

556. Pour ce pont roulant sur l'écluse du bassin n° 5 au port de Brest, il fallait :

1° Le soulever de près de 1 mètre de hauteur pour l'amener au-dessus du sol de la chaussée ;

2° Ou le reculer de 34 mètres en arrière

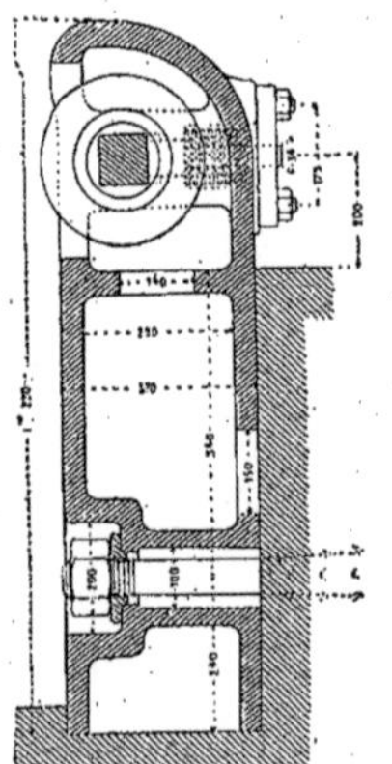

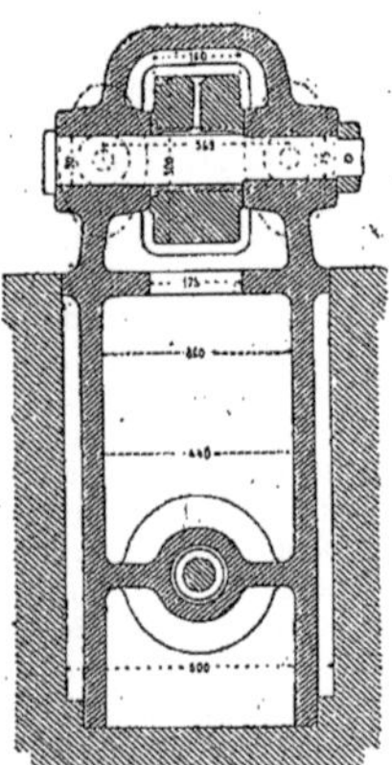

Fig. 685. — Pont roulant de Saint-Malo.

de façon (la fosse ayant 28 mètres) à laisser un espace libre de 4 mètres sur le quai.

Pour résoudre ce problème, on attacha les galets de roulement extérieurement et après le tablier métallique, afin de pouvoir faire rouler le pont sur une voie latérale; la portion de cette voie qui correspond à l'emplacement des galets extérieurs est portée par des poutres mobiles qu'un mouvement hydraulique très simple fait effacer, au moment où, le pont reposant sur la presse et non plus sur les galets, la descente dans l'encuvement doit avoir lieu. Un mouvement inverse fait revenir les poutres à leur place quand cela est nécessaire.

Les galets de support sont au nombre de huit, disposés par groupes de deux. Chacun de ces groupes porte la partie du poids lui incombant au moyen d'une articulation supérieure. C'est sur ces deux articulations latérales que repose le poids total du pont.

Un galet vertical de guidage, placé à l'extrémité de la culasse, est manœuvrable à la main.

La traction s'opère dans les deux sens

au moyen d'une chaîne ordinaire de 26 millimètres actionnée par deux moteurs Brothevood placés sous le pont, dans l'axe, un peu en arrière de la presse de soulèvement. Le second moteur n'est qu'un appareil de démarrage ou de rechange.

Le piston de la presse supporte directement le chevêtre sur lequel est placé un faux plancher que l'on amène au niveau du sol, lorsque le pont est complètement ouvert, pour couvrir la fosse et maintenir, le long du quai, le passage de 4 mètres exigé par le cahier des charges.

Un seul homme suffit à la manœuvre.

Le poids à soulever est de 275 tonnes environ et celui à rouler de 260 tonnes.

L'eau est à une pression de 56 atmosphères ; elle provient d'un accumulateur contenant 1 600 litres.

Le mouvement complet d'ouverture et de fermeture du pont s'effectue en moins de douze minutes et occasionne une dépense d'environ 2 500 litres.

Résumé Général.

557. On voit que l'on doit se préoccuper principalement de deux choses dans l'établissement des ponts mobiles.

1° La facilité du mouvement des navires dans le pertuis.

2° La rapidité des manœuvres, afin d'interrompre la circulation le moins de temps possible.

Ce sont les conditions qui tendent à faire proscrire les ponts de bateaux, les ponts-levis et les ponts basculants (bien que nous ayons cité un exemple de ceux-ci) lesquels ponts exigent un temps assez long pour la manœuvre ou deviennent une gêne pour les vergues des navires.

En réalité ce sont surtout les ponts tournants qui paraissent mériter la préférence et on ne doit recourir aux ponts roulants que dans certains cas particuliers, tels que ceux que nous avons examinés.

La condition d'interrompre le moins longtemps possible la circulation impose, en quelque sorte, la condition de les établir à l'aval des portes d'aval ou à l'amont des portes d'amont, car s'ils étaient sur l'écluse il faudrait maintenir les parties ouvertes pendant tout le temps de la manœuvre du bateau, tandis que dans une des positions que nous venons d'indiquer le temps sera réduit à celui du passage du dit bateau.

Comme sécurité de manœuvre, il sera préférable de faire tourner le pont de l'aval vers l'amont, ce qui diminuera les risques d'abordage pendant les manœuvres du navire.

En tant que rapidité, les manœuvres s'exécutent plus facilement et plus économiquement avec les ponts à une volée qu'avec ceux à deux volées. Il suffit en effet d'une équipe et on n'a pas à ajuster et, à consolider, par des verrous, la jonction des deux volées, ce qui offre moins de sécurité pour le passage des lourds véhicules (locomotives, etc.). Au point de vue économique, on évite un encuvement, ce qui rend aussi le halage plus facile.

On a pu remarquer que, dans tous ces ponts, le poids repose à certains moments et, dans toutes les directions, sur le pivot ; l'assise de celui-ci devra être à l'abri de tout tassement et devra par suite être calculée pour des pressions modérées.

Pour faciliter les calculs de ces ponts, on sépare souvent les deux voies charretières par un heurtoir ; on détermine ainsi d'une façon rigoureuse la position des charges, en régularisant le passage des véhicules. On détermine leur longueur en ajoutant d'une part à la largeur du pertuis celle de l'appui que l'on calculera comme ci-dessus, au point de vue de la résistance des pierres de taille, et d'autre part, la demi-largeur du pont augmentée de 1 ou 2 mètres, pour un chemin de halage qui devra être libre, quand le pont sera *ouvert*, c'est-à-dire interdit à la circulation.

La plate-forme étant au niveau des voies d'accès et la surface des encuvements placée au niveau des plus hautes marées, on ne devra, autant que possible, disposer que de la différence de ces deux niveaux pour établir tous les appareils de manœuvre.

Les calculs se font pour tous les cas possibles : pont ouvert, pont fermé avec surcharges roulantes, etc. D'une manière générale, le plus grand moment fléchissant a lieu, quand le pont est ouvert ; les efforts tranchants au droit du chevêtre sont alors considérables et il faut les calculer largement.

L'expérience a appris que le rapport de 1/2 pour celui de la culasse à la volée était celui qui répondait le mieux aux besoins et de la navigation et de la construction.

Pour obtenir toute la rapidité désirable dans les manœuvres, on double les chiffres obtenus en calculant les différentes résistances au mouvement que l'on doit compter largement.

Relativement aux couronnes de galets et aux pivots, les plaques tournantes offrent une plus large base, mais elles exigent un certain entretien et sont généralement plus coûteuses à établir que les pivots.

Les pivots, ainsi que nous l'avons dit, sont ou fixes ou hydrauliques. S'ils ne peuvent être graissés, on fera bien de ne faire supporter aux grains d'acier qu'une pression de 150 à 200 kilogrammes par centimètre carré. Si, au contraire, il existe, en dehors du temps des manœuvres, un certain jeu entre le pivot et la crapaudine, permettant de graisser, on peut atteindre 900 kilogs. M. Laroche cite le chiffre de 924 kilogrammes, comme étant celui supporté par le pivot du pont de Bordeaux, qui, fonctionnant depuis 1878, avait subi plus de 20 000 ouvertures et autant de fermetures sans aucune détérioration.

OUVRAGES ET APPAREILS DE CONSTRUCTION ET DE RÉPARATION DES NAVIRES.

Généralités.

558. Les ports doivent non seulement assurer la sécurité et la facilité des manœuvres des navires qu'ils renferment, mais il est nécessaire qu'ils leur offrent toutes les ressources nécessaires pour réparer les avaries qu'ils auraient pu éprouver en mer. Si ces réparations doivent avoir lieu dans les œuvres vives, il est essentiel que l'on puisse les mettre à sec.

Dans l'ancienne marine, l'opération la plus générale à exécuter sur la coque était le *calfatage*, qui se pratiquait en faisant pénétrer à coup de masse de l'étoupe goudronnée entre les joints, d'où le nom du radoubage (du saxon *dubbau*, frapper) donné à toutes les opérations faites sur la coque d'un navire.

Aujourd'hui, avec la marine à vapeur, ces visites sont devenues plus fréquentes et plus nécessaires. Le nettoyage et la peinture de la coque peuvent en effet augmenter de 1/5 à 1/4 la vitesse d'un navire, ce qui se traduit par une économie de charbon qui paye et au delà les quelques journées (5 à 12) nécessaires à un radoub. L'expérience a appris qu'il était généralement nécessaire de faire cette opération chaque année, bien que les parages dans lesquels s'effectue la navigation aient une importance considérable au point de vue des végétations et des mollusques qui se fixent sur les coques.

Certains ports doivent aussi posséder des établissements convenables pour la construction des navires et ceux-ci, par une manœuvre inverse à celle du lancement pouvant servir à son radoub, nous allons commencer par les décrire.

CALES DE CONSTRUCTION

559. Les cales de construction sont de grandes surfaces inclinées placées au-dessus du niveau des plus hautes marées ; on y place les charpentes ou *tins* sur lesquels s'effectue la construction du navire. Un peu au-dessous de la laisse des plus basses eaux et à la partie inférieure de la cale, on établit une avant-cale, qui sert à installer le chemin de lançage. On lui donne ordinairement la même pente qu'à la cale.

Le plus généralement, et chaque fois qu'on le peut, on dispose le grand axe de la cale perpendiculairement au rivage. Cependant, on peut à la rigueur l'incliner sur cette direction, ou même le mettre parallèlement. Dans tous les cas, il faut à son pied une profondeur d'eau et un espace suffisant pour que le navire puisse amortir la vitesse acquise, par son glissement, au moment du lançage.

Ordinairement, on donne 1/20 à 1/14 d'inclinaison pour les cales des gros navires et 1/12 à 1/10 pour les petits. Dans tous les cas, on possède aujourd'hui des engins mécaniques capables d'accélérer ou de modérer le mouvement du navire, quand cela est nécessaire.

Pour la construction, on dispose la quille sur les *tins* ou piles de bois ou en fonte de 1 mètre à $1^m,30$ de hauteur superposés et espacés de $1^m,50$ à 2 mètres, sur lesquels on place une fausse quille, puis la quille, la partie se rattachant à l'étambot en haut de la déclivité de la cale. Des accores ou des *épontilles* s'opposent au déversement et sont réunis par des pièces longitudinales ou *couettes*.

Pour les grands navires, dont la construction dure un certain nombre de mois, on recouvre la cale d'un hangar.

OUVRAGES ET APPAREILS DE RÉPARATIONS

Abattage en carène.

560. Le procédé le plus simple pour exécuter les travaux de carénage (nettoyage, chauffage, goudronnage, calfatage réparation du bordé, du doublage métallique, etc.), est l'abatage en carène qui consiste à incliner le navire sur un de ses flancs, de façon à mettre l'autre à sec. Ce procédé imprime une assez grande fatigue au bateau en faisant travailler les différentes pièces qui le composent d'une façon autre que celle pour laquelle elles ont été établies. D'autre part, s'il est exact que, dans le cas du calfatage, quand on remet le navire dans sa position normale, les joints sont plus comprimés, ce qui est favorable à l'étanchéité, il faut remarquer que ceci n'est vrai que pour le dernier côté calfaté. Le premier, en effet, par suite de l'abatage nécessaire pour travailler sur le second, a eu ses joints soumis à un excès de compression qui disparaît dans la position normale.

Il suit de ces préliminaires, qu'on doit, pour imposer la moins grande fatigue possible, décharger *complètement* le navire en ne lui laissant que les bas-mâts, à l'extrémité supérieure desquels on opère la traction pour donner la *bande* ou inclinaison convenable. Il n'est pas besoin de dire qu'on n'opère cette traction qu'après avoir fermé avec soin tous les panneaux, sabords et ouvertures par lesquels l'eau pourrait s'introduire. Des ouvriers installés sur des radeaux peuvent alors travailler sur la carène.

L'abatage en carène, qui exige un déchargement complet du navire, n'est plus guère employé que pour les navires en bois ne dépassant pas 120 tonneaux.

Il se pratique de plusieurs façons suivant que l'on se trouve sur une mer à marée ou non.

Fig. 686. — Abatage sur quai.

Sur les mers sans marée, le plus simple est de sceller des organeaux sur les cales de carénage. Dans les bassins de flot des mers à marée, il convient de sceller des organeaux à différentes hauteurs pour que l'abatage puisse avoir lieu aussi bien en vives-eaux qu'en morte-eau. (*fig.* 686).

Un appareil, qui sert aussi bien dans

les ports à marée que dans les ports sans marée, consiste en un fort ponton, très fortement lesté, et portant tous les appareils de traction nécessaire (*fig.* 687).

Grils de carénage.

561. Quand les réparations peuvent être entreprises et conduites dans l'intervalle des marées, on peut échouer le navire à marée basse sur une plate-forme en charpente nommée *gril de carénage*. Le navire accoré y reste droit sur sa grille, éprouvant ainsi la moindre fatigue possible, de telle sorte qu'on n'a ni besoin de le démâter, ni même de lui enlever tout son chargement. Il flotte et échoue successivement à chaque marée.

On devra évidemment placer le gril de carénage dans un endroit bien abrité et où il sera le moins gênant possible, un des angles du bassin d'échouage par exemple. Sa hauteur au-dessus du niveau des basses mers dépendra et de l'amplitude des marées et du tirant d'eau des navires qui doivent le fréquenter.

En tous cas, on admet que la plate-forme doit être à 1 mètre au moins au-dessus des basses mers ordinaires de morte-eau, afin de rendre la visite possible et de prolonger en quelque sorte la durée de l'étale. On fait du reste reposer la quille sur des tins.

Ordinairement ces grils ne servent que pour les bateaux de petites dimensions. M. Laroche cite cependant le cas du *Great-Eastern*, le plus grand navire construit jusqu'à ce jour, que l'on fut obligé de visiter sur un gril de carénage, aucun bassin de radoub ne pouvant le recevoir.

Relativement à leur construction, on les établit sur pilotis et l'expérience a prouvé que les pieux les plus chargés ne supportaient pas plus de 10 tonnes, ce qui fait qu'on peut les enfoncer dans un fond de vase indéfini, où le frottement suffit à les maintenir en place.

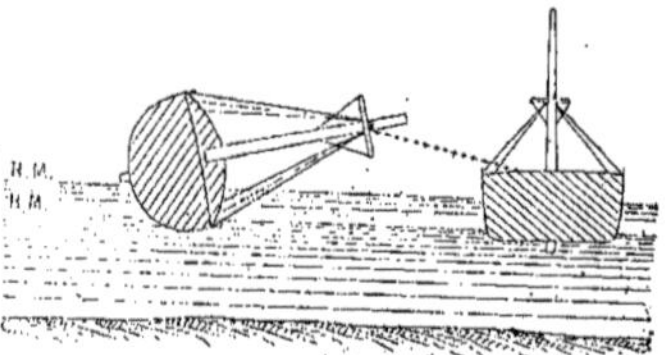

Fig. 687. — Abattage sur ponton.

Un double système de moises, de 25 à 30 centimètres, réunissant les têtes des pieux, forme le grillage proprement dit et les tins sont fixés sur les têtes des pieux. Un platelage en madriers, recouvrant les moises sert à la circulation des ouvriers. On lui donne souvent une légère pente vers le chenal pour faciliter l'égout des eaux.

BASSINS OU FORMES DE RADOUB

Généralités.

562. Dans les cas de réparations de gros navires, devant durer un certain temps, et, qu'il y a intérêt à activer, sans imposer de fatigues extraordinaires auxdits navires, on se sert de constructions spéciales, connues sous le nom de *bassins* ou *formes de radoub*.

Ceux-ci ne sont, en réalité, que des écluses que l'on peut mettre à sec, soit naturellement dans les mers à marée, soit, ce qui est le cas général, au moyen de machines d'épuisement. Le navire après avoir pénétré dans le sas y est accoré et mis à sec ; après réparation, il suffit de faire rentrer l'eau dans le bassin pour le faire flotter.

Pour que les travaux puissent s'exécuter avec sécurité, il faut, répétons-le, que les bassins de radoub soient les plus abrités possible.

Cette condition est d'autant plus nécessaire que, pour y pénétrer, les navires étant lèges, il y aurait grand danger à ce qu'ils fussent soumis à l'action du vent. On les placera donc, ou dans les bassins à flot, ou dans les darses des ports.

On se départit cependant quelquefois de cette règle dans les ports à marée et on place souvent un bassin de radoub dans le port d'échouage, afin d'éviter au navire en avarie, d'être obligé de traverser l'écluse du bassin à flot.

Il est commode pour les réparations de réunir les bassins par groupes que l'on répartit dans les différentes parties du port les plus fréquentées. Dans les ports à marée, on les place dans le voisinage du port d'échouage ou des limites du port, de façon à pouvoir, au moyen d'une canalisation généralement peu importante, profiter de l'abaissement de la marée pour laisser écouler naturellement une portion de l'eau qui remplit le bassin et éviter ainsi les frais d'épuisement.

On sépare les formes, les unes des autres, par des terre-pleins ayant une largeur minima égale à la longueur de deux tins, plus une largeur de circulation.

Voici, d'après M. Laroche, les dimensions adoptées pour différents ports :

DÉSIGNATION DES FORMES	LARGEUR DES TERRE-PLEINS	
	INTERMÉDIAIRES	EXTRÊMES
Marseille	7.10	»
Brest : Pontaniou	14.00	»
Cherbourg (formes 5 et 6)	18.4	»
Le Havre (formes 5 et 6)	12.00	»
— (formes 4 et 6)	33.50	»
Anvers (petites formes)	13.00	»
— (nouvelles formes)	20.00	11.00
Hull	6.10	»
Liverpool { Queens Dock	15.24	9.14
Liverpool { Cormin —	12.12	10.66
Liverpool { Clarence —	13.72	9.75

On peut donc choisir une dimension variant entre 10 et 20 mètres.

Il n'y a pas en réalité de programme bien défini pour la construction de ces bassins. Le tonnage des navires qui pénètrent dans le port, la disposition des lieux, la nature du sol, l'intensité des marées, venant, pour ainsi dire, établir un programme nouveau pour chaque bassin à construire.

Dans ces conditions, nous allons décrire, dans l'ordre chronologique, un certain nombre de bassins et nous en déduirons ensuite les préceptes généraux qui résultent de leurs comparaisons.

Nous commencerons cette étude par celle des ports sans marée.

PORTS SANS MARÉE

Bassins de radoub de Toulon.

563. Le port de Toulon possède un assez grand nombre de bassins de radoub construits à des époques différentes. Nous décrirons d'abord les plus anciens afin que l'on puisse juger et des progrès accomplis et des inconvénients auxquels on peut et on doit remédier ; nous en emprunterons les détails à une étude faite et publiée dans les *Annales des Ponts et Chaussées* de 1850 par M. Noël.

L'auteur établit tout d'abord que la principale qualité d'un bassin de radoub est d'être étanche, et que les difficultés que l'on rencontre dans ces constructions sont de même nature que celles que présentent les écluses ordinaires ; seulement les difficultés croissent en proportion des dimensions de l'ouvrage.

564. *Bassin n° 1.* — Pendant longtemps on avait cru l'exécution d'un bassin ou forme de radoub impossible à Toulon, où, cependant, le service de la marine réclamait vivement cet établissement, car, lorsqu'un vaisseau avait besoin d'être radoubé, il fallait, ou l'abattre en carène, avec tous les inconvénients inhérents à ce mode de procédé, ou l'envoyer dans un des bassins de radoub des ports de l'Océan.

Guignard, l'illustre ingénieur qui a construit le premier bassin à flot du port de Toulon, dit, dans un mémoire de 1776 : « Le défaut de flux et de reflux dans la Méditerranée rend l'établissement des formes aussi difficile que dispendieux ; celles qui sont construites à Carthagène ont coûté des peines et des sommes immenses. On a trouvé cet établissement encore plus difficile au port de Toulon, parce que le terrain de son arsenal est, comme celui des environs de la ville, entrecoupé de sources trop abondantes pour pouvoir y creuser et bâtir, sans être submergé, des formes qui doivent être fondées à environ 30 pieds au-dessous de la surface des eaux de la mer.

Les grandes difficultés de cet établissement ont été, de tout temps, démontrées par une infinité d'expériences et de projets, qui, malgré les efforts des plus habiles ingénieurs, ont toujours fait regarder la construction des formes au port de Toulon, comme impossible. »

L'exemple du radoub infructueux du vaisseau le *Souverain* faisant de nouveau sentir la nécessité de l'établissement des formes ou bassins de radoub, au port de Toulon, le ministère de la marine chargea Guignard, ingénieur constructeur des vaisseaux du roi, de lui exposer ses idées sur cet établissement important.

Guignard, dont le projet fut soumis à l'examen d'un Conseil de la marine et à celui de l'Académie des Sciences, proposa (ce qui était extrêmement hardi pour l'époque), de construire un immense caisson rectangulaire en charpente échoué au fond d'une fouille creusée dans le port à l'aide de machines à cuiller. Le caisson devait contenir, outre la forme proprement dite, un arrière-bassin, c'est-à-dire, un réservoir communiquant avec le bassin et destiné à l'établissement des pompes à chapelet pour faire l'épuisement.

Ce caisson avait 300 pieds de long, 94 de large et 34 de hauteur. On avait ménagé dans la paroi verticale d'une de ses extrémités, une ouverture en forme de trapèze de 47 pieds de largeur à la base, 53 pieds au sommet et 23 pieds et demi de hauteur, fermé par un panneau en charpente, destiné à être enlevé après l'achèvement du bassin, pour dégager son entrée. Il fut construit sur un grand radeau composé de pièces de mâtures et de futailles vides; on le mit à flot en faisant couler bas le radeau et en débouchant simultanément toutes les futailles.

Cet immense encaissement était partagé dans sa longueur en huit parties égales par de fortes cloisons transversales en charpente : cette division avait pour but de lier la caisse, de donner la facilité de la maintenir à niveau en faisant entrer plus ou moins d'eau dans chaque compartiment, enfin de fractionner son étendue, afin de rendre plus facile la recherche des voies d'eau et, enfin, de subdiviser les épuisements ainsi que tous les travaux subséquents. La caisse étant fixée, soigneusement calfatée et lestée avec 300 000 quintaux de pierres, on y introduisit, au moyen de trente-deux pompes, le volume d'eau nécessaire pour la faire couler bas dans l'emplacement voulu.

On prit de nombreuses précautions pour niveler le sol creusé par les cuillers; on pratiqua la place des 6 quilles de 6 pouces qu'on avait placées au-dessous du caisson et on s'assura de la résistance du sol en promenant, sur le fond de la fouille, une *demoiselle* dont la base était un plateau présentant 1/6 de toise carrée et dont la tête hors de l'eau était chargée d'un poids de 330 quintaux formant environ moitié en sus de celui de 218 quintaux calculé comme égal, à surface égale, à celui que devrait supporter le fond de la fouille. Cette expérience fut répétée successivement pendant vingt-quatre heures sur toutes les parties du sol et démontra qu'il n'y avait aucun tassement.

Le caisson échoué, et pour détruire *tout doute et toute inquiétude*, on le chargea du poids de 1 million de quintaux, supérieur de 56 000 quintaux à celui des maçonneries, évaluées à 904 000 quintaux, augmenté de celui d'un vaisseau de 110 canons, évalué à 40 000 quintaux.

Le caisson, qui avait cependant bien résisté sous la charge d'essai, tassa sous le poids des maçonneries, la préparation du fond, malgré toutes les précautions prises, ayant été imparfaite. Toutefois l'ouvrage fut mené à bonne fin et le bassin fut terminé, mais il fut loin d'être étanche; le produit des filtrations était de 100 mètres cubes par heure. Pendant 25 ans on ne put faire usage de ce bassin qu'en employant 180 hommes aux pompes d'épuisement, pour empêcher l'eau d'envahir le plafond, pendant tout le temps qu'un vaisseau était tenu en radoub dans la forme. Ce ne fut que quand on fit une application, alors nouvelle, du coulage du béton sous l'eau, qu'on parvint à étouffer les principales voies d'eau du bassin, et que celui-ci put rendre les services qu'on avait attendus de son établissement.

En 1850 le bassin présentait encore quelques filtrations, mais peu considérables et nullement gênantes ; leur produit se rassemble dans l'arrière-bassin ou chambre des anciens chapelets. Un pompage de 1 heure par jour, opéré avec une machine à vapeur, maintint les formes à sec et remplaça les 28 chapelets qui étaient mus par 16 forçats agissant sur une manivelle et se relayant d'heure en heure.

565. *Bassin n° 2.* — Un seul bassin étant insuffisant dans le port de Toulon pour les besoins toujours croissants de la marine, et le bassin de Guignard n'ayant que 6^{m},15 de hauteur d'eau sur le seuil du radier, ce qui était insuffisant à cause des progrès des constructions navales, on décida en 1827 de construire deux nouveaux bassins de radoub, que l'on projeta à côté du premier, afin de réunir les pompes dans un seul bâtiment.

La fouille fut creusée sur tout l'emplacement du bassin, à 11 mètres de profondeur sous l'eau, d'abord dans la vase spongieuse, puis dans le *safre*. Ce terrain est un mélange d'argile et de roches calcaires, formant des couches légèrement inclinées, tantôt fort dures, tantôt peu résistantes ; sa profondeur à Toulon est indéfinie.

Les pilots y pénètrent avec plus ou moins de facilité suivant la dureté des couches à traverser, mais il n'y trouvent jamais de refus absolu. Leur résistance n'est due qu'au frottement. La compressibilité de cette roche a souvent fait question au port de Toulon. Il semble résulter de nombreux essais qu'elle l'est extrêmement peu.

Le travail de la fouille ne fut achevé que vers la fin de 1831, et, pendant ce temps, on poussa les travaux de la construction du bâtiment des machines.

On entoura au moyen de pilots jointifs trois côtés de l'enceinte extérieure du bassin. Le côté de l'entrée fut fermé par un panneau en charpente formant batardeau. On bâtit ensuite pour le consolider, et, à l'exemple de ce qui se pratique à Venise, un système général de pilots-battus à 1 mètre d'axe en axe et prenant 4 à 5 mètres de fiche sous le poids d'un mouton de 1000 kilogrammes, tombant de 5 mètres de hauteur. Pour éviter de briser la tête des pieux on les enfonça au moyen d'un faux-pieux.

On fit ensuite un régalement en pierrailles du fond de la fouille, on noya les têtes des pilots qui pouvaient apparaître au-dessus de la fouille, et on surmonta le tout de trois couches de béton de 1 mètre d'épaisseur chaque.

Ceci fait, on coula une caisse en bois représentant le vide de la forme et on commença le bétonnage des bajoyers qui fut terminé à la fin d'août 1832, puis on suspendit les travaux pendant un an, pour laisser durcir les bétons ; on profita de ce temps pour placer les tuyaux d'aspiration des pompes, et, le 2 octobre 1833, on essaya l'épuisement du bassin, mais on ne put parvenir, malgré un débit de 12 mètres cubes par minute, à faire baisser l'eau de plus de 2^{m},70.

On jugea dès lors qu'il était impossible de lutter contre de semblables filtrations et on prit la résolution de fractionner l'épuisement, en fractionnant l'intérieur du bassin. On commença par se débarrasser des 4/5 de la caisse formant noyau, on édifia un batardeau isolant un cinquième du volume total qui put alors s'épuiser, puis on enleva le restant de la caisse. On trouva le fond rempli d'une grande quantité de laitance, montrant que les bétons s'étaient délayés surtout dans les angles arrondis, où on avait donné une inclinaison à la caisse-noyau, afin d'avoir un fruit à l'intérieur des murs de la forme.

Le béton du radier fut alors mis à nu. On enleva les parties délayées et sans liaison qui se trouvaient au pied des bajoyers, et l'on procéda comme il suit pour l'établissement du revêtement intérieur. Deux rigoles furent pratiquées près des bajoyers. Toutes les eaux s'y réunissaient par une pente naturelle, car le béton du radier, s'était affaissé dans le voisinage des bajoyers. On fit alors des carrelages sur le fond du bassin à bains de ciment de Pouilly, en ayant soin de ménager de petites rigoles transversales aboutissant dans celles des bajoyers ; il se produisit des tassements, mais après trois ou quatre rechargements, on obtint un massif de briques et de ciment de Pouilly de 0m,55 d'épaisseur et, finalement, on put établir la cuvette de la forme. Puis, lorsque, dans chaque partie, l'arasement du radier fut fait au niveau du fond de la cuvette, et que les tassements eurent cessé, les filtrations diminuèrent beaucoup, à cause de la compression. Les petites rigoles transversales furent en partie oblitérées par des concrétions calcaires ; néanmoins comme elles versaient toujours de l'eau dans les deux rigoles longitudinales, on recouvrit celles-ci de deux petites voûtes construites en encorbellement et interrompues régulièrement par des ouvertures carrées de 0m,50 de côté, espacées de 1m,50 de milieu en milieu ; on les élevait avec le revêtement. Lorsqu'on parvint au niveau des plus hautes-mers, elles formaient deux rangées de petits puits correspondant aux petites galeries du fond.

Lorsque le travail fut arrivé à ce point, on ferma par deux tampons l'issue de ces deux galeries, on laissa remonter les eaux à leur hauteur naturelle et on combla les puits avec du mortier hydraulique et du béton fin, coulés avec soin, à l'aide de petites caisses que l'on ne renversait que lorsqu'elles étaient arrivées à fond.

Quand le revêtement fut achevé jusqu'à la seconde rainure du bateau-porte, on enleva la porte mobile du grand panneau formant la tête du noyau, on plaça dans la première rainure un châssis en charpente, solidement épontillé, pour tenir lieu de porte, puis on introduisit l'eau dans le bassin ; on dragua ensuite le batardeau et on acheva le travail, le bassin étant complètement maintenu plein d'eau.

On observa quelques tassements quand on l'épuisa et on y constata quelques fissures que l'on répara. D'autres tassements, mais de moins en moins importants, se reproduisirent les années suivantes, mais des concrétions calcaires bouchèrent les fissures les unes après les autres.

566. *Bassin n° 3.* — Le troisième bassin fut seulement décidé en 1839, on résolut :

1° De supprimer comme inutile le pilotage du sol ;

2° De couler le béton du radier en une seule opération pour toute l'épaisseur de la couche ;

3° De charger le béton du radier d'un poids additionnel, tel, que la charge sur toute l'étendue de la plate-forme soit partout la même pendant la durée de l'opération du coulage du béton du bajoyer.

On fixa ainsi les dimensions : longueur 85 mètres, largeur de l'entrée au niveau des quais 17 mètres, hauteur d'eau sur le seuil au maximum de marée 8 mètres.

La profondeur de la fouille creusée dans le safre varia de 13 à 14 mètres. On s'efforça d'extraire toute la boue accumulée avec les cailloux au moyen de petites hottes en fer qu'on promenait et qu'on relevait avec des chèvres montées sur un ponton (*fig.* 688 et 689). Cette opération a été continuée sans interruption, même pendant le bétonnage du radier ; elle a retiré du fond de la fouille une quantité énorme de vase.

Des études approfondies sur les mortiers et les bétons firent composer le mortier avec 2 parties de pouzzolane d'Italie et une partie de chaux grasse et le béton avec trois parties de pierrailles calcaires cassées et deux parties de mortier.

On y employa des tonneaux à mortier ou bétonnières, et on immergea le béton avec des caisses de 1 mètre cube (*fig.* 690 à 693) dont les volets s'ouvraient à charnière, par l'effet d'un levier à l'extrémité duquel agissait une chaînette à la main de l'ouvrier. A la descente, un homme au frein suffisait pour la diriger. Quatre hommes opéraient à la remonte.

Chaque caisse était desservie par un atelier de fabrication de béton alimenté par un tonneau, disposition qui permettait d'employer mille hommes sur un chantier fort restreint.

On commença l'opération du bétonnage de la plate-forme en 1843. Le massif fut composé de huit couches que l'on coula sous forme de gradins, et au moyen de sondes on s'assurait d'un bon nivellement de ces couches.

Pendant le temps employé à ce coulage on prépara la charpente destinée à former le *noyau* qui devait permettre de couler les bajoyers (*fig.* 694). Cette charpente se

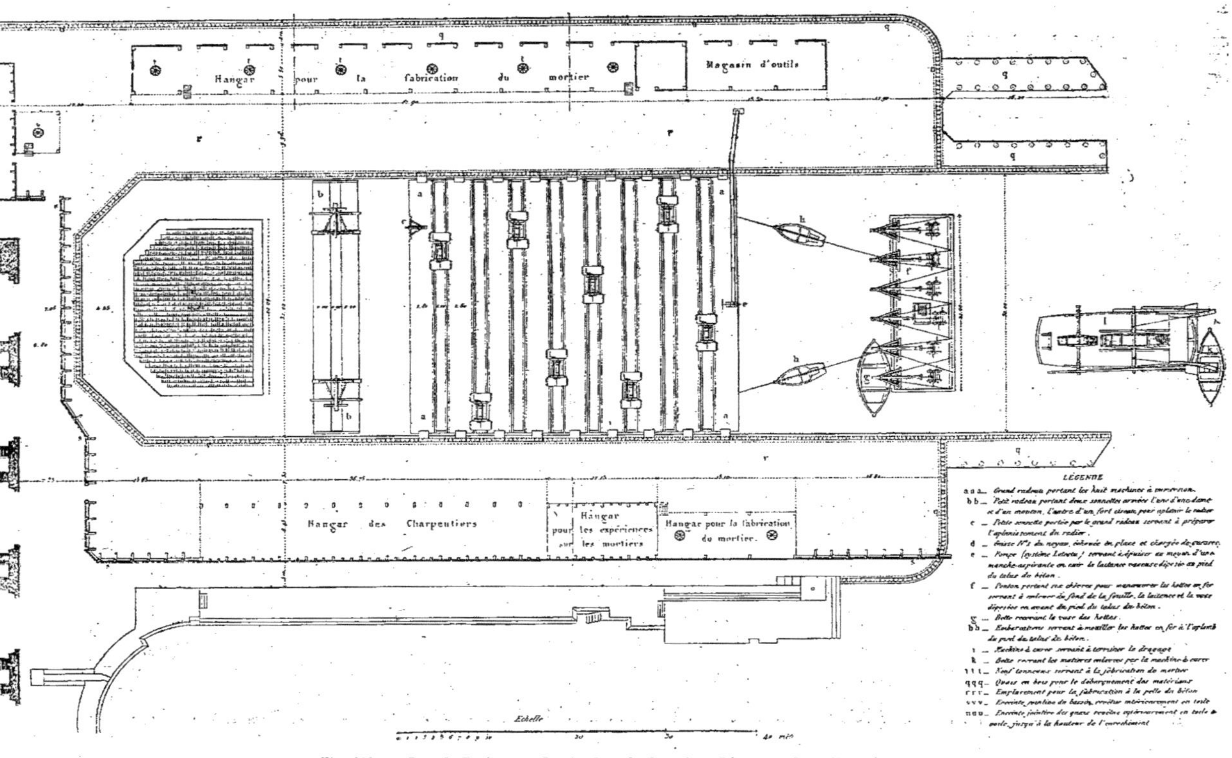

Fig. 688. — Port de Toulon. — Bassin de radoub n° 3. — Bétonnage du radier ; plan.

composait de huit caisses de longueurs inégales, mais de 20 mètres de largeur au sommet. A mesure qu'une partie de la plate-forme du radier était faite et bien arasée, on faisait sortir un radeau portant les machines à immersion, on introduisait la caisse à échouer, on ramenait le radeau à sa place et on coulait la caisse en la chargeant avec des grues et en ouvrant de petites ventelles placées sur le fond.

La caisse n° 6 avait une disposition particulière ; elle portait à sa partie antérieure un panneau ou porte provisoire en charpente formée de 10 cours de fortes entretoises appuyées par de forts étais contre des montants verticaux qui faisaient saillie en dehors du parement de la caisse, de manière à se trouver engagées dans le béton des bajoyers lors de leur moulage. Les montants formant les extrémités du panneau furent engagés de la même manière. Ce panneau était destiné à supporter les terres du batardeau et la pression de l'eau, après l'épuisement dans l'intérieur du bassin. Quoique faisant partie de la caisse n° 6 et lié avec elle, il était disposé de manière à rester en place, ainsi que ses étais, après la démolition de la caisse elle-même et pendant pendant toute la construction des maçonneries intérieures (*fig.* 695 et 696).

D'après le projet, toutes les caisses devraient être continues, mais, en les exécutant, on fit les caisses 5 et 6 plus petites que les précédentes, et lors de l'échouage, on ménagea un intervalle de 4m,10 entre la caisse n° 2 et la caisse n° 3 et un autre de 4m,80 entre la caisse n° 4 et la caisse n° 5, de manière à pouvoir couler deux murailles transversales de béton reliées avec les bajoyers dans le but de faciliter les épuisements, le bassin étant divisé en trois parties.

On en reconnut plus tard la presqu'inutilité.

Dans tous les cas, on voit que les dispositions adoptées pour le coulage du béton avaient surtout pour but de faire couler les laitances au pied du talus d'où des pompes Letestu les aspiraient. On avait du reste eu soin de maintenir des rainures verticales entre les pilots jointifs

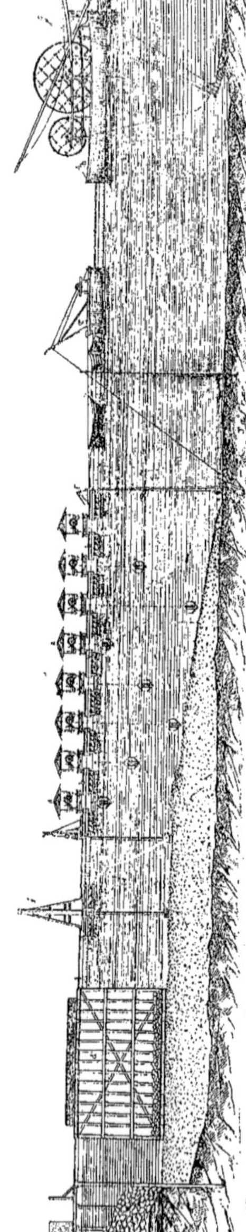

Fig. 689. — Port de Toulon. — Bassin de radoub n° 3. — Bétonnage du radier. — Profil ou long.

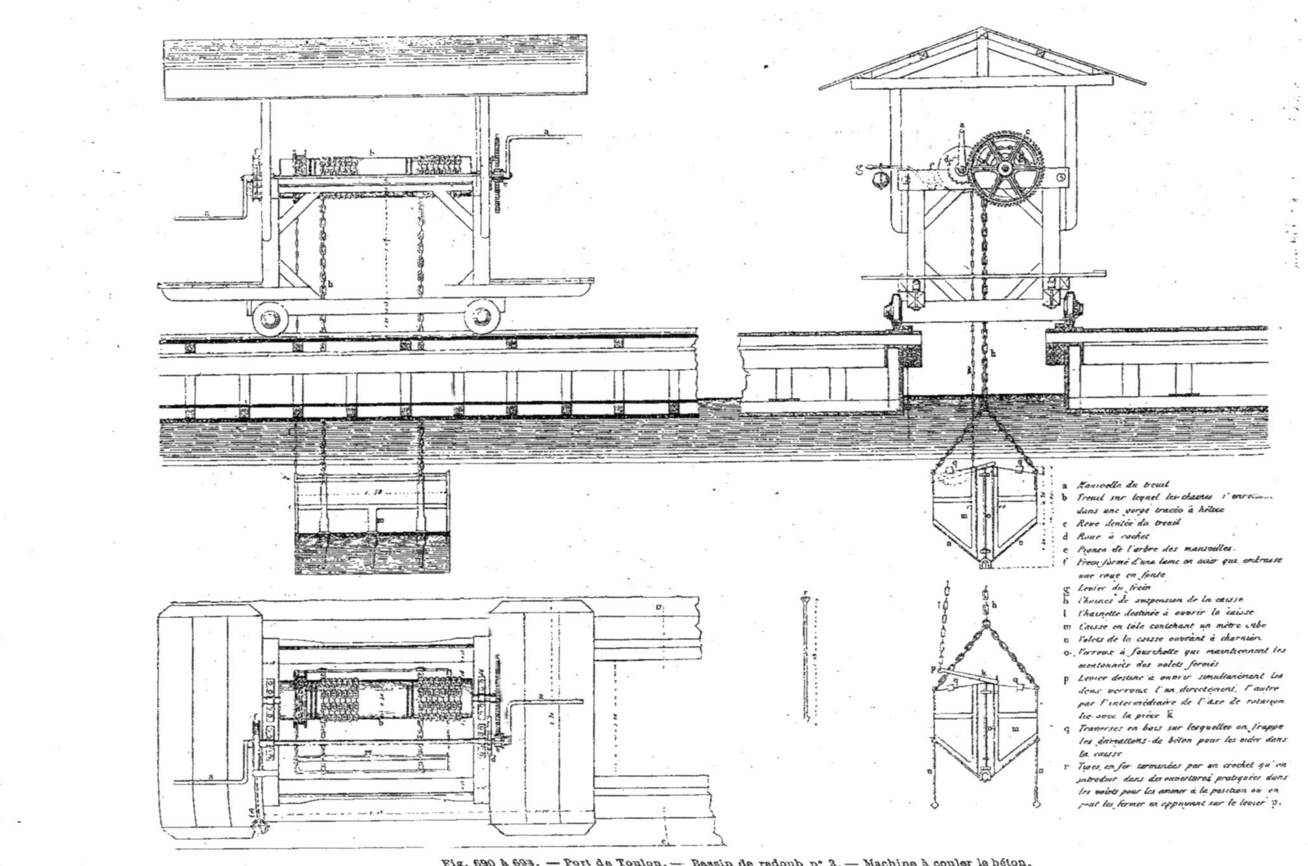

Fig. 690 à 693. — Port de Toulon. — Bassin de radoub n° 3. — Machine à couler le béton.

Fig. 690 à 693. — Port de Toulon. — Bassin de radoub n° 3. — Machine à couler le béton.

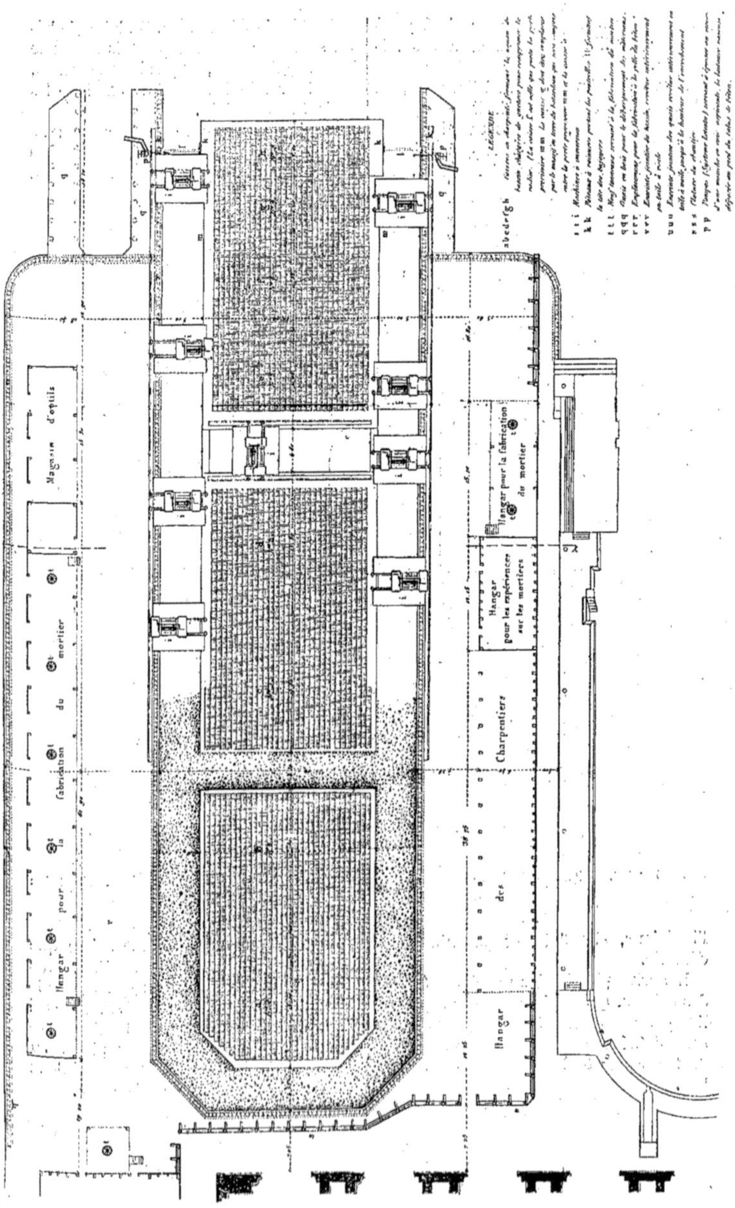

Fig. 694. — Port de Toulon. — Bassin de radoub n° 3. — Bétonnage des bajoyers. — Plan.

et les caisses formant noyau, de façon à donner un libre écoulement à ces laitances.

Après l'achèvement du bétonnage, on chargea les caisses de huit rangées de gueuses en fonte, formant un poids additionnel à celui de la maçonnerie de 7 000 kilogrammes par mètre carré, soit en totalité 12 000 tonnes. On laissa le béton se durcir pendant 18 mois avant de faire l'épuisement, et pendant ce temps, on fit les remblais autour du bassin et les quais du terre-plein.

On s'occupa ensuite du batardeau de tête. Pour cela on déchargea la caisse de ses poids additionnels, on pompa l'eau à

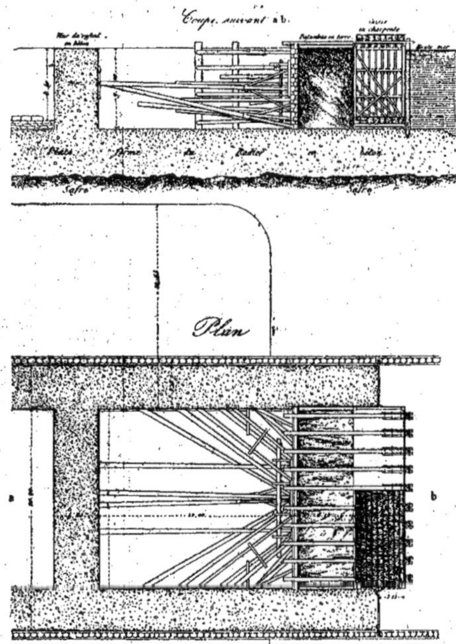

Fig. 695 et 696. — Port de Toulon. — Bassin de radoub n° 3. — Batardeau en terre après la démolition des caisses du noyau en charpente.

l'intérieur, elle flotta et put ainsi être démolie.

Il arriva plus tard un accident à l'une des caisses, qui ne se trouva pas assez solide pour supporter la poussée des terres et ses débris furent enlevés avec les terres du batardeau et les gueuses servant de lest.

On remit en chantier une caisse que l'on fit plus solide, on la renforça avec des épontilles destinées à reporter sur le radier les pressions exercées sur la paroi en contact avec la terre. On battit contre sa face extérieure dix forts pilots en chêne garnis de sabots en fer aciéré dont on fit entrer la pointe dans le béton.

Le plus difficile fut le déblayement des débris de la caisse. Les opérations furent pénibles, peu continues, et durèrent près d'un an. Heureusement, elles n'arrêtèrent

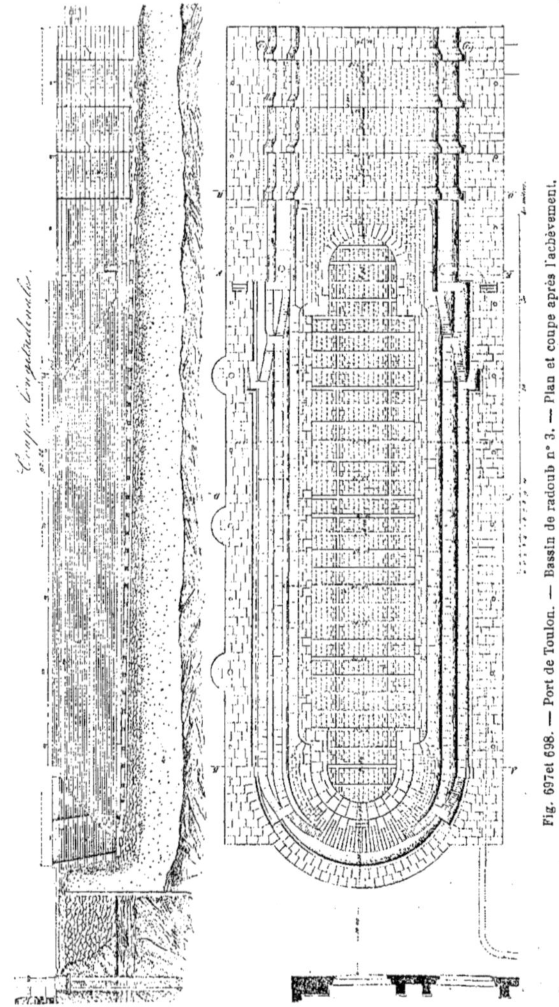

Fig. 697 et 698. — Port de Toulon. — Bassin de radoub n° 3. — Plan et coupe après l'achèvement.

pas les travaux, car on avait les deux murailles en béton qui permirent de faire les épuisements en dehors du batardeau de tête.

Le radier était à peu près complètement étanche et n'offrait que des suintements d'un débit de 50 litres à l'heure. On réunit tous ces suintements par deux rigoles que l'on amena dans un puisard d'où les pompes purent les extraire.

Les épuisements des autres chambres se firent avec la plus grande facilité et le bassin entier ne donna lieu à aucun tassement et fut achevé sans encombre (*fig.* 697 à 702). Ce fût le premier succès de gros massifs en béton exécutés sous l'eau.

On dût enlever les deux musoirs en béton qui faisaient saillie de 11 mètres sur le parement de tête du bassin et n'avaient été prolongés que pour contenir les bâtardeaux. Pour les démolir, on évida complètement les deux musoirs par un refouillement intérieur et on plaça dans l'épaisseur des parois, à leur base, quelques pétards formés de gargousses placées dans des étuis de fer-blanc. La dislocation fut

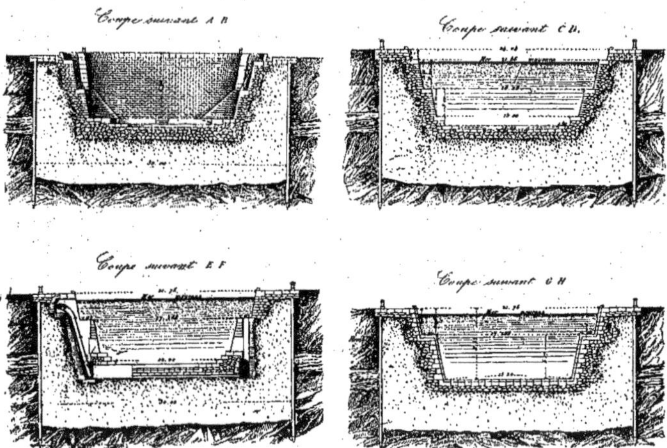

Fig. 699 à 702. — Port de Toulon. — Bassin de radoub n° 3. — Coupe après l'achèvement.

suffisante pour qu'on puisse achever la démolition à coups de mouton.

Ce bassin est fermé par un bateau porté, construit en fer (*fig.* 703 à 707). Ceux des bassins nos 1 et 2 l'avaient été en bois. Ces bateaux sont de l'invention de Groignard qui le premier les appliqua aux bassins nos 1 et 2. On sait tous les avantages qu'ils offrent sur les portes busquées au point de vue des fuites et en permettant de construire des bajoyers avec fruit intérieur.

On y a ménagé des flotteurs dont les dispositions permettent d'effectuer la manœuvre avec facilité. Du côté de la quille et de l'appui contre la pierre, on a fixé une semelle en bois, pour pouvoir y appliquer le *paillet*, garniture de fil de laine suiffée qui forme matelas et rend la fermeture étanche.

Bassin de radoub à Missyessy.

567. En présence des difficultés rencontrées dans la construction des deux premiers bassins et de la nécessité d'avoir une forme de plus grande dimension, on se demanda s'il ne serait pas possible d'employer un caisson en tôle comme on l'avait fait pour le port de Brest. On se rendait compte en même temps et de la sécurité que l'on obtiendrait pour la construction à l'air libre de la plus grande partie de forme et de la difficulté d'obtenir une soudure exacte de la partie antérieure du bassin qui serait construite

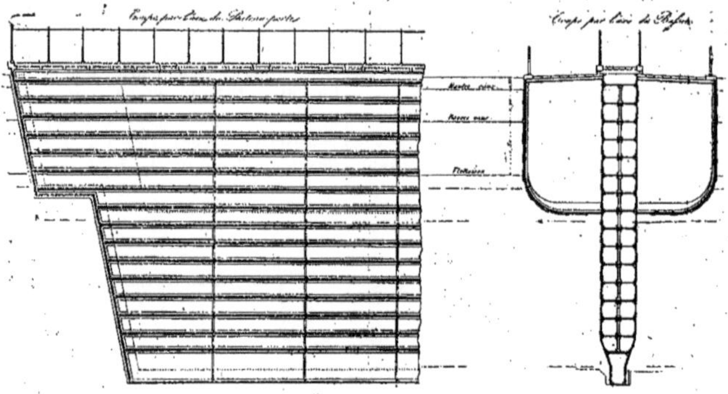

Fig. 703 et 704. — Bassin de radoub n° 3 à Toulon. — Bateau-porte en fer.

en arrière avec les moyens ordinaires d'immersion de béton.

Le défaut d'expérience à cet égard fit penser qu'il était peut-être aussi facile de construire tout le bassin de radoub dans un seul caisson suffisamment grand.

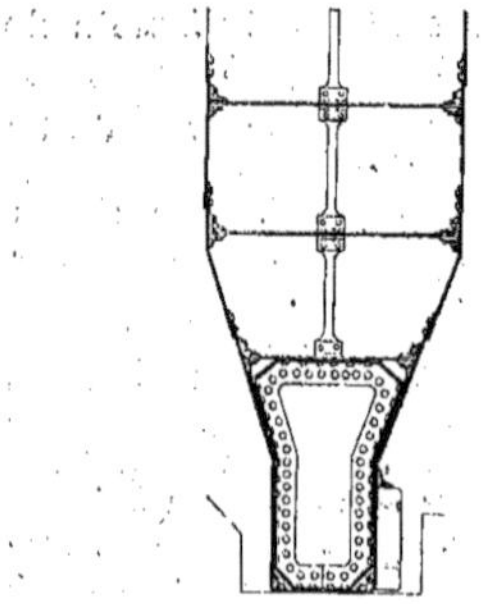

Fig. 705. — Bassin de radoub n° 3 à Toulon. Bateau-porte en fer. Coupe par l'axe du bassin.

Un projet dans ce sens fut rédigé par M. Hersent et soumis à l'Administration qui l'adopta, et il fut décidé de contruire tout le bassin dans un seul caisson qui s'immergerait successivement sous le poids des maçonneries et qui surmonterait une chambre de travail permettant de visiter

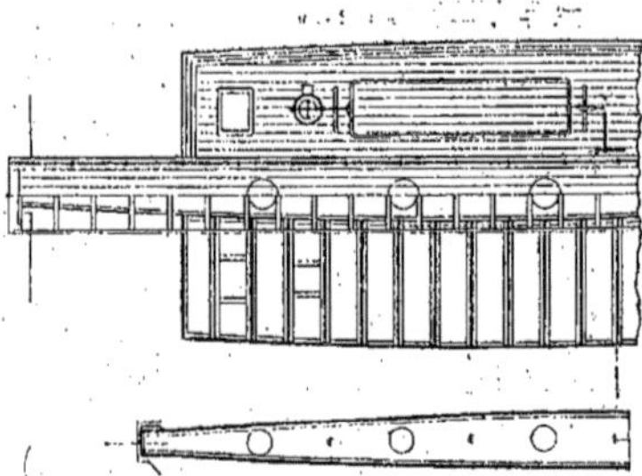

Fig. 706. — Bassin de radoub n° 3 à Toulon. — Bateau-porte en fer. — Plan et coupe au-dessous de l'origine des flotteurs.

le fond et de réparer les inégalités du dragage préalable.

Le caisson a été exécuté en tôle ; il avait 144 mètres de longueur 41 mètres de largeur, sauf à la partie postérieure et une hauteur totale de 19 mètres.

Il fut composé de deux parties principales :

1° La partie placée sous le plafond qui a pour but de former la partie supérieure de la chambre de travail, divisée par des cloisons transversales, en 18 chambres de travail qui doivent être remplies de béton après le nettoyageur ;

2° Les parties placée sur le plafond qui ont servi à construire à sec les maçonneries des bajoyers.

Le caisson est formé de hausses reliées

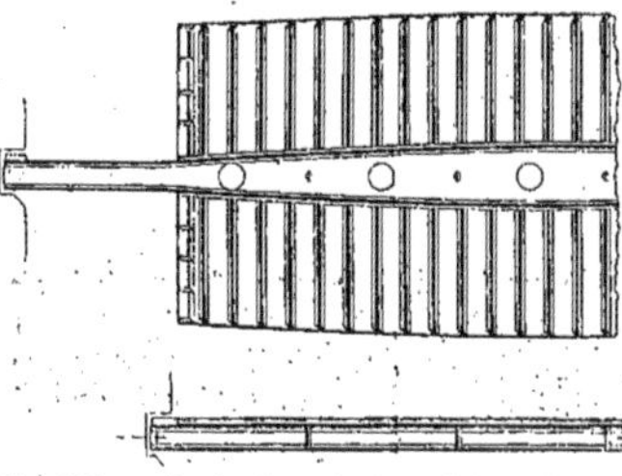

Fig. 707. — Bassin de radoub n° 3 à Toulon. — Bateau-porte en fer. — Coupes dans les rainures horizontales et au niveau du radier.

à 17 poutres transversales qui forment les 18 chambres de travail à l'air comprimé.

A la partie inférieure, des contre-fiches en équerre augmentent la rigidité des assemblages, en renforçant les parois métalliques. Deux autres entretoisements longitudinaux en équerre augmentent la rigidité des assemblages. Des fermes soutiennent les parois verticales qui furent montées au fur et à mesure de l'enfoncement du caisson.

Le tout est convenablement entretoisé. La partie d'avant, qui devra être en communication avec le mur de quai, est fermée par une paroi métallique formant batardeau.

Le tout a été calculé et l'avancement des maçonneries, voire même celui d'un lest supplémentaire ont été prévus de façon à équilibrer autant que possible les poussées de l'eau de manière à ce que le fer du caisson n'éprouve pas une fatigue dépassant les limites ordinaires, soit 6 à 8 kilogrammes par millimètre carré.

Pour construire le caisson et le mettre à l'eau sans danger de déformation, on a creusé, dans un emplacement voisin de la darse, un bassin provisoire à 2m,40 de profondeur au-dessous du niveau des mers moyennes, emplacement maintenu à sec au moyen d'épuisements pendant la durée du montage du caisson.

La partie du caisson qui devait être immergée, terminée, on enleva la banquette de séparation du bassin avec la darse et on le conduisit à sa place convenablement repérée.

Des flotteurs, des lignes de visée ont permis de constater les plus petites déformations que l'on atténuait immédiatement par un simple déplacement du lest.

On nettoya le terrain aussitôt que la partie inférieure des chambres à air eut touché le sol.

Ce nettoyage terminé, on bétonna l'intérieur des chambres.

Cet immense caisson ne pesait que 2 300 tonnes.

Forme de radoub du bassin de Paimbœuf.

568. Nous trouvons, suivant l'ordre chronologique que nous avons adopté dans les *Annales* de 1865, la description suivante de la forme de radoub de Paimbœuf, par M. Léchalas.

Le port de Paimbœuf était autrefois très animé, c'était le point où les navires de long cours s'allégeaient avant de remonter à Nantes, situation modifiée par suite de la création du bassin à flot de Saint-Nazaire. Les habitants de Paimbœuf ont cherché à redonner de l'activité à leur port en créant une nouvelle forme de carénage.

Le programme était celui-ci :

1° Construction d'une forme de carénage de dimensions médiocres, pouvant recevoir les navires qui fréquentent la Loire, sauf les navires exceptionnels ;

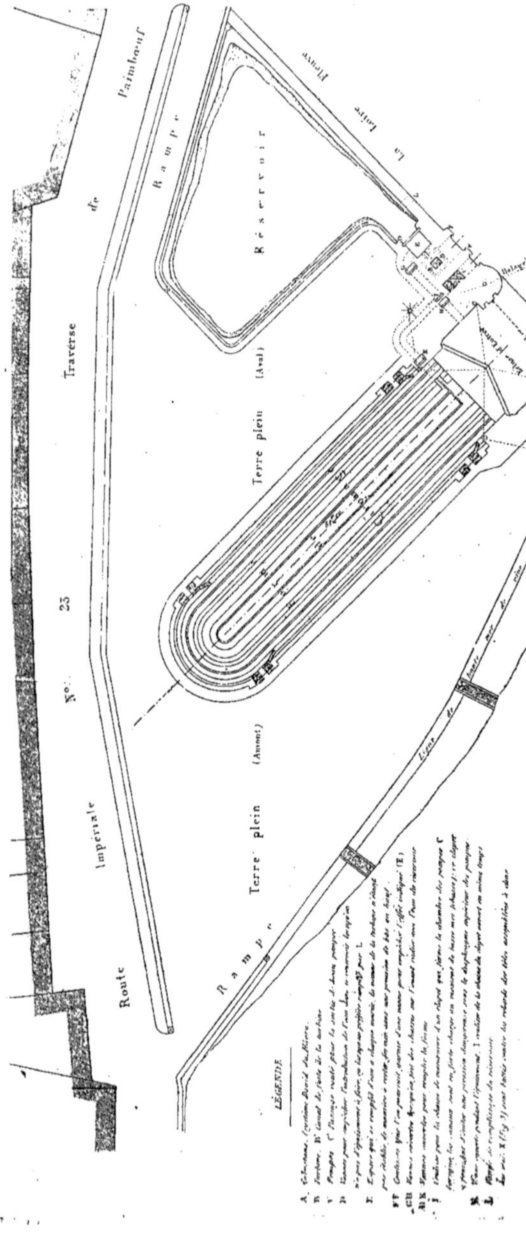

Fig. 703. — Forme de carénage de Paimbœuf. — Plan.

2° Avances de 100 000 francs par la commune de Paimbœuf qui exploitera la forme à son profit jusqu'à remboursement du capital et des intérêts.

Les dépenses se sont élevées à 270 000 fr. soit, par conséquent, 170 000 à la charge de l'Etat.

L'emplacement adopté est adossé à la route nationale n° 23 qui traverse Paimbœuf (*fig.* 708, 709, 710). Les fondations ont été faciles, excepté dans le voisinage du musoir-amont où le rocher, à nu comme dans toutes les parties de l'ouvrage les plus avancées de la Loire, se trouve à $1^m,78$ au-dessous de la basse mer de vive-eau. Après avoir essayé de forer un trou pour pla-

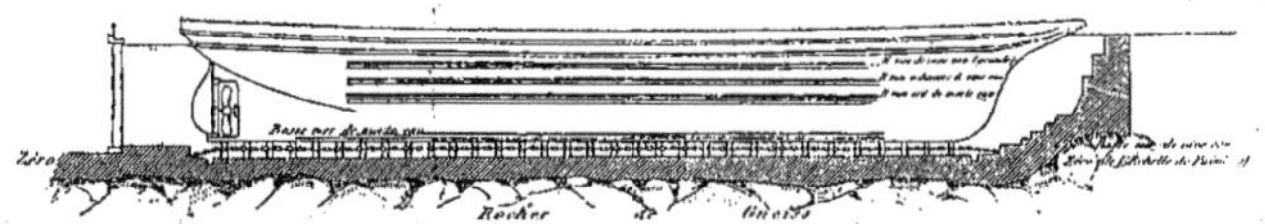

Fig. 709. — Forme de carénage de Paimbœuf. — Coupe longitudinale.

cer un pieu à l'angle extérieur de la fondation (l'échafaudage ayant été balayé par une tempête), on a placé, vers cet angle une grosse ancre, dont le bec supérieur avait été rogné et remplacé par un anneau saillant. Lorsque l'anneau a été bien en position, on y a enfilé une grosse barre de fer portant des moises en tôle disposées ainsi :

1° Un couple dans la direction du côté longitudinal de la fondation ;

2° Un autre, dans la direction de l'arête de l'avant radier.

Les extrémités de ces moises portent de part et d'autre sur le rocher, en des points au niveau de l'avant-radier, soit à $0^m,40$ seulement au-dessous de la basse mer de vive eau ; on les a empâtées dans un béton de ciment.

Les palplanches ont été serrées fortement les uns contre les autres et le pied a été consolidé par des plongeurs au moyen de

Fig. 710. — Forme de carénage de Paimbœuf. — Coupe transversale.

sacs pleins de béton. A partir de ce moment, le succès était assuré ; la dureté extrême de la fondation en béton de ciment garantissait contre toute marée.

On a élevé ensuite les maçonneries sur une partie de leur épaisseur au pourtour de l'ouvrage, jusqu'au niveau des grandes marées de vive-eau avec mortier de ciment de Portland, puis on a fermé l'ouverture au moyen d'un mur provisoire complétant le bâtardeau.

Il a été facile ensuite d'épuiser. On a fait à sec les déblais de rocher ainsi que le complément des maçonneries, puis on a placé les portes, etc.

La forme n'a que 60 mètres de longueur entre l'angle du busc et le fond ; la largeur d'entrée est de 13 mètres.

Le busc est à $0^m,80$ au-dessus du zéro de Paimbœuf; c'est le niveau de la basse mer de vive-eau lorsque les vents du large ne règnent pas. Le fond de la forme est à $0^m,70$ plus bas.

Le profil en travers présente une série de gradins ménagés de manière à donner en bas une largeur suffisante pour les navires de 13 mètres au maître bau.

Les portes sont dépourvues de vannes; on les ferme à la basse mer qui suit l'entrée d'un navire. Pour sortir celui-ci on remplit la forme au moyen d'un aqueduc, puis on ouvre les portes.

Un cabestan est placé sur chaque terre-plein. Il suffit à la manœuvre des portes et au besoin pourrait servir au halage de navires entrants, mais généralement on tire à bras sur les amarres des navires, pendant que du bord on hâle sur un organeau scellé dans le mur de soutènement de la route et dans l'axe de la forme. Deux bouées mouillées au large servent au halage à la sortie.

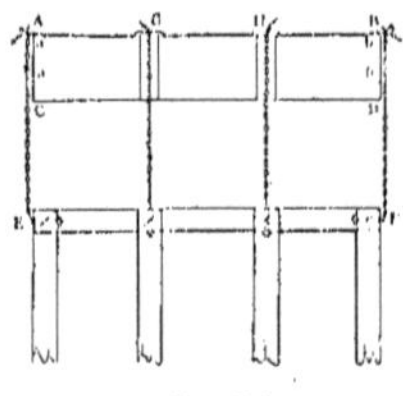

Fig. 711.

On s'est servi pour l'épuisement d'un moteur hydraulique alimenté par un bassin d'épargne. Le moteur choisi a été une turbine, ce récepteur convenant pour tous les cas où la chute est très variable.

On voit là un exemple de l'utilité des bassins d'épargne pour la création d'une force motrice dont M. Decœur a donné une théorie complète.

M. Lechalas fait remarquer que dans le cas de deux bassins de radoubs accolés, la dépense de premier établissement serait diminuée, puisqu'alors la construction du réservoir d'épargne se reporterait sur ces deux établissements.

Dans son travail sur la forme de Fécamp, l'auteur donne l'application d'un système analogue pour les formes plus hautes dont nous aurons à parler un peu plus tard.

Il suppose qu'un flotteur A, B, C, D, (*fig.* 711) est disposé au-dessus d'un grillage EF, solidement fixé sur des pieux à vis. Au moment de basse mer, on tend les chaînes et on les fixe au moyen des crochets A, B, et des barres de retenue GH. La marée venant à monter, les chaînes se raidissent sous un effort égal au déplacement ABab, ab étant la ligne de flottaison de ABCD libre. Si la hauteur verticale entre AB et la haute mer est supérieure au tirant d'eau d'un navire, celui-ci pourra être introduit sur le flotteur. A marée baissante, le navire s'assoira sur AB ; on l'étançonnera contre des armatures du flotteur non figurées sur le croquis et à basse mer le système surnagera avec une nouvelle ligne de flottaison a' b', si le poids du navire est inférieur au déplacement ABab. En même temps, les chaînes se détendront, puisqu'à basse mer, le fond CD se trouvera au dessous de la position qu'il occupait lorsqu'on les a tendues ; on décrochera en A et B, on enlèvera les barres GH et on rattachera les chaînes à leurs extrémités, de manière que le flotteur reste à peu près en position, mais sans que les chaînes se tendent.

Fig. 712.

Si l'on voulait faire l'opération avec un autre flotteur, on rendrait la liberté complète à ABCD et on le conduirait à l'écart pour réparer le navire, pendant qu'un autre navire viendrait prendre sa place.

Ce qui précède suppose un navire tirant peu d'eau. Dans le cas contraire, il faudrait un moyen d'abaisser davantage le flotteur. Soit ABCD (*fig.* 712) un flotteur surmonté sur les deux côtés de caisses à eau MNAR,

MNBR, munies de robinets R. On rend de la même manière le flotteur fixe à basse mer, la ligne de flottaison étant en *ab*. La mer monte en MN, les robinets ouverts. On ferme R au moment de la haute mer. Lorsque la mer baissante arrive au niveau *a'b'*, tel que l'ensemble de ses parties MN, *a' b'* soit égal à AB*ab*, le système flotte. A basse mer, on tend les chaînes qui ont molli de *a'a*, puisque le flotteur est descendu de cette quantité, comparativement à sa position, lors de la basse mer précédente. On pourra introduire à la marée un navire d'un tirant d'eau égale à *b'*R, augmenté de la dénivellation. Lorsque le navire sera assis, la flottaison sera EF, audessus de *a'b'*, (Les déplacements EF, *a'b'* correspondent au poids du navire) ; par conséquent, les chaînes molliront à basse mer. On les décrochera, puis on ouvrira R. L'eau contenue dans MNEF s'écoulera, ce qui fera relever ce système, d'où résultera un nouvel écoulement, et ainsi de suite jusqu'à ce que les coffres verticaux soient vides et la flottaison en *ab*, le poids du navire étant inférieur par l'hypothèse au poids d'eau correspondant au déplacement AB*ab*, puisque nous l'avons supposé égal au déplacement EF*a'b'* $<$ MN*a'b'* qui est lui-même égal à AB*ab*.

Nous avons admis, pour simplifier l'exposé, que l'on emploierait les mêmes moyens de retenue que dans l'hypothèse du premier flotteur, mais il est clair qu'il faudra les modifier pour rendre les manœuvres faciles. On pourrait donner d'autres indications, imaginer d'autres modes de résistance à la sous-pression ; mais, à défaut d'études suffisantes, on doit conserver à cette dernière partie du travail de M. Léchalas un caractère purement spéculatif.

Dans les formes flottantes, système ordinaire, ou système Clarke (v. plus loin), on coule le flotteur, on entre le navire, puis on vide le flotteur, soit directement, soit en le soulevant au-dessus du plan d'eau. Cela fonctionne très bien, si on n'a pas de marée dans la localité. Pour le cas où, au contraire, on dispose d'un emplacement en communication avec la mer, et participant au mouvement de la marée, tout en étant à l'abri des courants et des agitations superficielles, nous avons donné des moyens plus économiques à employer en relevant le flotteur au lieu de le laisser couler.

Bassins de radoub des ports de la Mersey et de la Clyde.

569. M. Quinette de Richemond, dans son article sur les ports de la Mersey et de la Clyde publié en 1892 dans les *Annales des Ponts et Chaussées*, donne les détails suivants sur les appareils de radoub de ces ports :

Ports de la Mersey.

570. *Liverpool.* — Les appareils de radoub comprennent vingt et une formes et deux grils de carénage. Les principaux renseignements sont compris dans le tableau page suivante :

571. Les formes de Langton et de Clarence sont divisées en deux dans le sens longitudinal par une chambre intermédiaire destinée aux bateaux-portes. Aux formes de Clarence, la partie la plus éloignée de l'entrée a un radier plus élevé que la partie antérieure.

La hauteur d'eau dans les formes de Saudon peut être augmentée, autant qu'il est nécessaire, en relevant, au moyen des machines élévatoires, le plan d'eau du bassin dans lequel débouchent les ouvrages.

Les bajoyers des cales de radoub sont le plus souvent en forme d'escaliers, type usuel en Angleterre ; ils ont des largeurs variant de $0^m,30$ à $0^m,91$. Aux formes d'Herculanum, en particulier, les 18 gradins ont $0^m,46$ de hauteur et $0^m,33$ de largeur. Exceptionnellement aux formes de Queen's-Dock, les gradins sont seulement au nombre de six, leur largeur est de $0^m,61$; à Saudon, les deux gradins supérieurs sont relativement très haut, et les formes ne présentent la disposition en escalier que dans la partie inférieure.

Des escaliers servent à la descente des ouvriers, et, des glissières à celle des matériaux.

Les formes d'Herculanum ont été creusées dans le rocher ; elles offrent cette

	LONGUEUR du RADIER	ÉCLUSES D'ENTRÉE		
		LARGEUR	HAUTEUR D'EAU sur le HAUT RADIER	
			en vive eau ordinaire	en morte eau ordinaire
	m.	m.	m.	m.
Langlois n° 1	268.96	18.29	7.57	5.36
» 2	288.96	18.29	7.57	5.36
Huskinson dock	120.40	24.38	7.72	5.51
Saudon n° 1	172.21	18.29	6.81	4.60
» 2	172.21	21.34	6.81	4.60
» 3	172.21	18.29	6.81	4.60
» 4	172.21	21.34	6.81	4.60
» 5	172.21	13.72	6.81	4.60
» 6	172.21	13.72	6.81	4.60
Clarence n° 1 extérieur	137.46	13.72	6.65	4.44
» » intérieur	88.09	13.72	5.89	3.68
» 2 extérieur	138.38	13.72	6.65	4.44
» » intérieur	87.17	10 »	5.89	3.68
Princes	84.53	13.72	7.49	5.28
Conning n° 1	132.89	10.90	5.22	3.01
» 2	146.91	10.90	5.75	3.54
Queen's n° 1	141.73	12.80	6.25	4.04
» 2	142.34	21.34	6.81	4.60
Brunswich n° 1	140.21	12.50	6.50	4.29
» 2	140.82	12.65	6.50	4.20
Herculanum n° 1	231.19	18.29	6.96	4.75
» 2	229.51	18.29	6.96	4.75
» 3	234.09	18.29	6.96	4.75
Total	3.806.30			

particularité d'avoir à la porte basse des bajoyers des retraites de $1^m,83$ de largeur, de $2^m,43$ de profondeur et de $1^m,82$ de hauteur; pour loger des chariots destinés à soutenir les flancs des navires.

Les tins sont le plus souvent en fonte et démontables.

Les formes sont fermées au moyen de portes busquées en bois, semblables à celles des écluses des bassins à flot.

La plupart des formes sont vidées en écoulant les eaux à basse mer dans la Mersey. Les infiltrations sont quelquefois recueillies, dans l'intervalle des marées, dans un puisard également vidé à basse mer, ou plus souvent montées au moyen de norias mis en mouvement par des machines à vapeur. C'est également avec des norias que s'effectue l'assèchement de certaines formes, de celles d'Herculanum et de Queen's en particulier. A Langton, l'épuisement se fait au moyen de deux machines Corlis horizontales, actionnant des pompes centrifuges horizontales de $1^m,52$ de diamètre; les cylindres des machines ont $0^m,66$ de diamètre et $1^m,22$ de course; les eaux d'infiltration sont enlevées au moyen de norias.

Les grils de carénage ont une longueur totale de $250^m,70$. L'un d'eux à Clarence (graving dock bassin) a $95^m,55$ de long et $7^m,77$ de large; il présente une pente longitudinale depuis la cote (— $0^m,66$) jusqu'à (— $0^m,08$). L'autre, à Kings-pier, a $155^m,15$ de long et $7^m,92$ de large et arasé av niveau du repère. La hauteur d'eau à pleine mer sur ces grils varie donc de $6^m,40$ à $3^m,53$; suivant la marée.

Cales de radoub de Birkenhead.

572. Les appareils de radoub appartenant au Mersey-dock and harbour Board consistent en trois formes; en outre il existe à Birkenhead, dans des chantiers de construction, dix autres cales de radoub. Le tableau suivant donne les principaux renseignements sur ces ouvrages.

DÉSIGNATION des FORMES	LONGUEUR du RADIER	ÉCLUSES D'ENTRÉE		
		LARGEUR	HAUTEUR D'EAU sur le HAUT RADIER	
			en vive eau	en morte eau
	m.	m.	m.	m.
Birkenhead n° 1	283.46	18.29	7.19	4.98
» 2	228.60	14.63	8.10	5.89
» 3	228.60	25.91	8.10	5.89
Laird n° 1	134.11	25.95	6.40	4.19
» 2	121.90	15.25	5.80	3.59
» 3	106.70	13.72	5.20	2.99
» 4	91.44	12.19	5.20	2.99
Clover, Clayton and C°, n° 1	114.30	24.38	5.80	3.96
» 2	114.30	24.38	5.80	3.24
» 3	106.68	15.49	4.85	3.04
» 4	85.34	10.97	5.50	3.64
» 5	64.00	12.80	4.25	2.39
» 6	67.10	9.75	3.95	2.09
Total	1.746.53			

Les figures 713 et 714 représentent le plan et la coupe transversale de la forme n° 3 du port de Birkenhead. Cet ouvrage présente quelques dispositions spéciales.

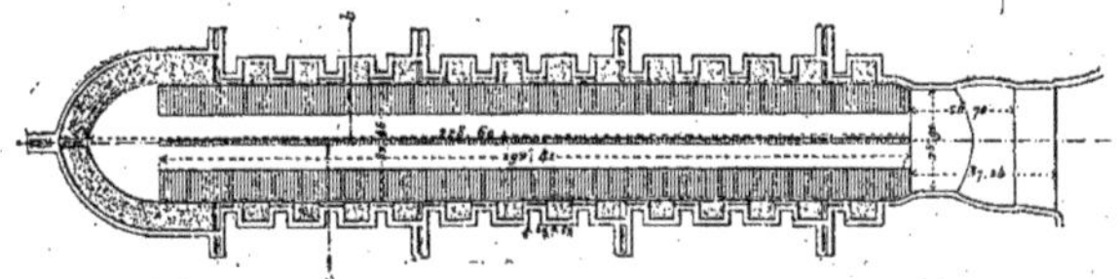

Fig. 713. — Forme de radoub de Birkenhead. — Plan.

Les bajoyers se composent de tronçons de $6^m,40$ de longueur, dont alternativement les parements sont verticaux ou présentent la forme en escaliers ; les gradins ont $0^m,33$ de large et 0,61 de haut.

Sur le radier de la forme qui mesure

Fig. 714. — Forme de radoub de Birkenhead. — Coupe transversale suivant *ab*.

$30^m,48$ de longueur, il y a de chaque côté de la ligne de tins placés au milieu, un gril en charpente de $7^m,92$ de largeur, formé de pièces de bois de $0^m,457$ de hauteur et de $0^m,305$ de largeur, distantes les unes des autres de $1^m,37$ d'axe en axe. Quatre glissières accolées sont établies avec escaliers dans chacun des bajoyers ;

un escalier double, avec glissière au milieu, se trouve au fond dans l'axe de la forme.

Les machines d'épuisement comprennent des pompes centrifuges, actionnées par une machine à vapeur de la force de 100 chevaux pour l'assèchement et deux machines pour l'entretien.

Gril de Garston.

573. Au sud du bassin, un gril de carenage de 91^m,44 de longueur a été établi dans une darse débouchant dans la Mersey; les bateaux assèchent pendant 4 heures environ à chaque marée.

PORTS DE LA CLYDE

Ports de Glascow.

574. Les appareils de radoub du port de Glasgow comprennent trois formes de radoub et quatre cales de halage, dont les principales dimensions sont indiquées dans le tableau suivant :

DÉSIGNATION des APPAREILS	LONGUEUR	LARGEUR de L'ENTRÉE	HAUTEUR D'EAU à PLEINE MER de vive eau ordinaire	HAUTEUR D'EAU à PLEINE MER de morte eau ordinaire
FORMES DE RADOUB	m.	m.	m.	m.
Clyde Trust n° 1	169.17	21.95	6.71	6.10
» 2	175.26	20.12	6.94	6.33
Henderson	152.40	16.76	5.49	4.88
CALES DE HALAGE				
Clyde Trust	121.92	16.76	4.57	3.96
Aitken and Mansel	60.96	12.80	2.44	1.83
Henderson	182.88	15.84	5.79	5.18
Inglis	259.08	17.37	3.96	3.35

Le radier de la forme n° 2 de la Clyde-Trust est composé d'une voûte renversée en briques (*fig.* 715, 716, 717), de 1^m,27 d'épaisseur et de 36^m,57 de rayon, reposant sur une couche de béton, dont l'épaisseur varie de 0^m,30 dans l'axe, à 0^m,96 sur les côtés. Au dessus se trouve une couche de béton, ayant 1^m,34 de hauteur dans l'axe et 0^m,30 sur les côtés, puis un pavage en granit de 0^m,15 d'épaisseur. La flèche du radier est de 0^m,15. Les bajoyers, dont le parement comporte 18 gradins ayant, sauf le gradin inférieur, 0^m,35 de largeur et 0^m,47 de hauteur, sont en béton, à l'exception du parement antérieur, qui est formé de pierres artificielles, et du parement postérieur, qui est en briques. Une partie de l'écluse et du mur de fond de la forme ont été construits en maçonnerie de briques, avec massifs de remplissage de béton et parements vus en pierres artificielles.

Le mur de tête de la forme et la partie aval de l'écluse sont fondés sur des puits cylindriques de 2^m,74 de diamètre extérieur et de 1^m,77 de vide intérieur, arasés à 0^m,91 en contre-bas du niveau du haut radier. De chaque côté de la forme, sont disposés deux escaliers de 1^m,37 de large et quatre glissières pour les bois.

Le couronnement, le gradin supérieur, les escaliers et les glissières sont seuls en granit. Le béton est du dosage de 5 pour 1 pour le radier et les bajoyers, de 8 pour 1 pour la couverture de la chambre du caisson, et de 9 pour 1 pour le remplissage des puits.

La forme est fermée par un caisson métallique roulant qui se place dans une chambre établie à travers le bajoyer sud et qui est recouverte d'un pont métallique supportant la chaussée. Le caisson, de forme rectangulaire, porte, par des roulettes placées à sa partie inférieure, sur des rails scellés sur le radier de l'écluse;

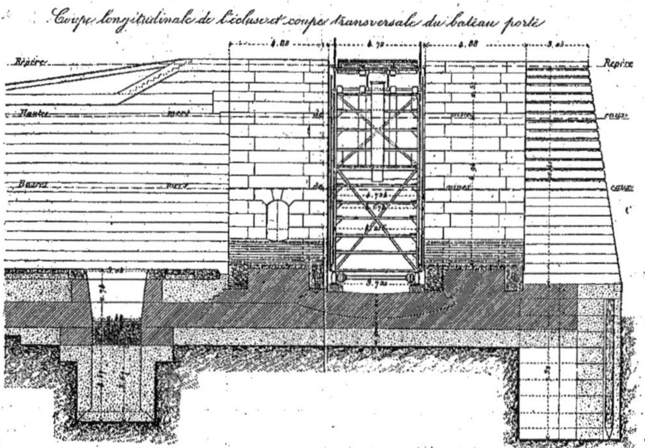

Fig. 715. — Forme de radoub de Glascow. — Coupe longitudinale de l'écluse et coupe transversale sur le bateau-porte.

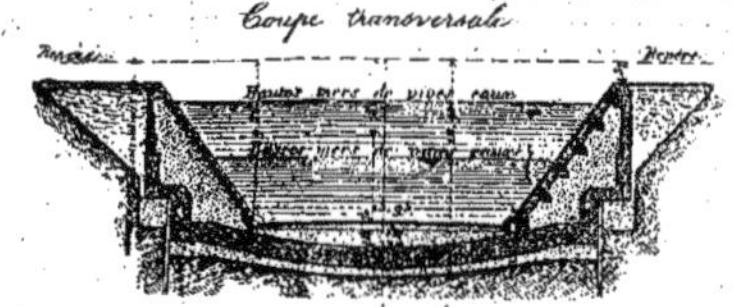

Fig. 716. — Forme de radoub de Glascow. — Coupe transversale.

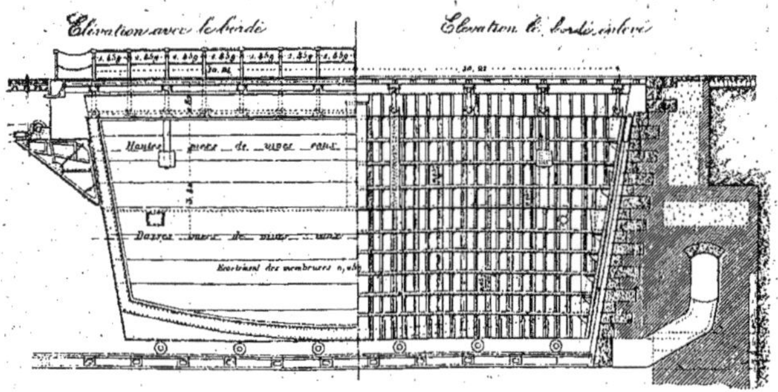

Fig. 717. — Forme de radoub de Glascow. — Bateau-porte.

un pont étanche est établi vers le milieu de la hauteur. Le caisson est lesté avec 180 tonnes de béton dont un tiers formé de petits blocs maniables à la main. En enlevant cette surcharge mobile, le caisson flotte et peut être conduit dans une forme pour y être visité et réparé. La manœuvre se fait au moyen d'une machine hydraulique placée sous terre.

La forme n° 1, plus anciennement cons-

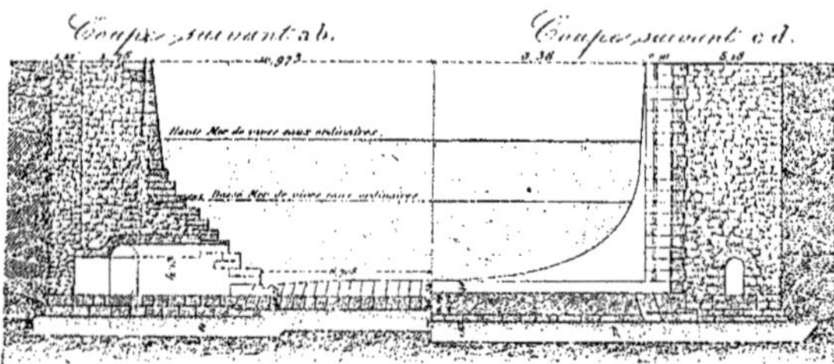

Fig. 718. — Forme de radoub de Glascow.

truite, est, pour la majeure partie, en maçonnerie de moellons. Les bajoyers ont un parement courbe à la partie basse; ils présentent, à la partie supérieure, cinq gradins seulement, dont quatre ont 1m,22 de hauteur et de 0m,38 à 0m,61 de largeur.

Dans chacune de ces formes, trois lignes de tins ont été disposées, l'une dans l'axe, les deux autres obliquement, en partant de l'axe aux extrémités de la forme ; il est alors possible de mettre sur

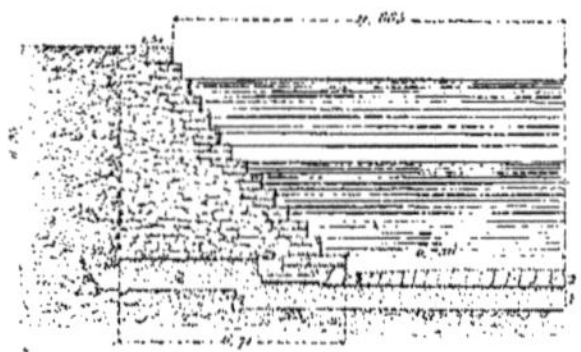

Fig. 719. — Forme de radoub de Glascow. — Coupe suivant *ef*.

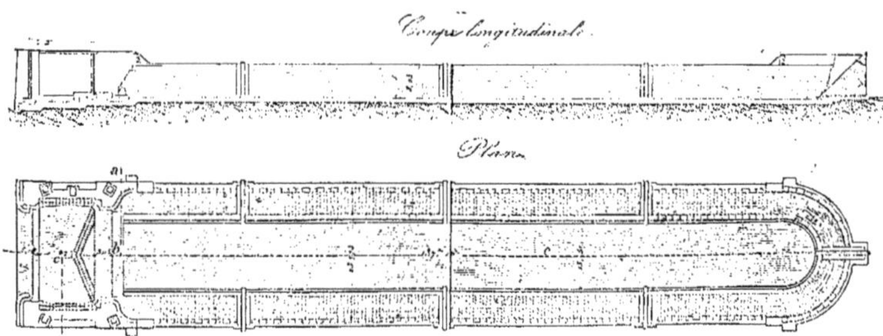

Fig. 720 et 721. — Forme de radoub de Glascow.

ces deux dernières lignes des bateaux, dont la longueur dépasse un peu celle de la forme elle-même. Le supplément de dépense, qui en résulte, n'est peut-être pas suffisamment justifié par cette possibilité.

Les deux formes sont épuisées au moyen de machines installées lors de la construction de la première, mais, comme la nouvelle cale est un peu plus profonde que l'ancienne, l'épuisement est bien assuré au moyen d'une pompe centrifuge de $0^m,254$ de diamètre, actionnée par une machine à gaz Otto de six chevaux.

La forme Henderson avait été construite primitivement par MM. Tod et Max Grégor. Voici la description qu'en donnait M. Quinette de Richemond dans les *Annales* de 1868.

Cette forme (*fig.* 718, 719, 720, 721) a $137^m,16$ sur tins, $13^m,41$ de largeur à la partie inférieure et $23^m,77$ à la partie supérieure ; elle est fondée sur l'argile compacte; le radier a $1^m,30$ d'épaisseur au centre, savoir $0^m,76$ pour la couche de béton et $0^m,54$ pour la maçonnerie de pierre de taille appareillée en voûte plate ; l'épaisseur de cette maçonnerie se réduit à $0^m,38$ au pied des bajoyers. Les eaux sont reçues dans deux petites rigoles qui les amènent à l'aqueduc par lequel elles gagnent le puisard.

La forme a une pente longitudinale, son radier s'abaisse de $2^m,97$ à $3^m,15$ au-dessous du niveau des basses mers de vives eaux ordinaires, depuis son extrémité postérieure jusqu'à l'écluse. Les bajoyers sont en partie fondés au même niveau que le radier et en partie $0^m,61$ plus haut, ils sont à parements verticaux du côté des terre-plein et à redans à l'intérieur de la forme ; leur épaisseur, qui est de $1^m,52$ seulement à la partie supérieure, atteint une épaisseur de $6^m,71$ au niveau du radier ; leur hauteur est de $6^m,55$; ils portent sur une couche de béton de $0^m,61$ d'épaisseur.

Pour permettre de descendre dans la forme, on a établi quatorze escaliers groupés deux à deux de chaque côté des glissières ; ces escaliers et ces glissières forment alors trois groupes à droite, trois groupes à gauche et un au fond, vis-à-vis de l'entrée.

Port de Greenoch.

575. Le tableau suivant donne les principales dimensions des appareils de radoub de service dans ce port.

DÉSIGNATION des APPAREILS	LONGUEUR	LARGEUR de L'ENTRÉE	HAUTEUR D'EAU à HAUTE MER	
			de vive eau ordinaire	de morte eau ordinaire
FORMES DE RADOUB	m.	m.	m.	m.
West dock	67.10	10.33	2.95	2.25
East dock	108.51	11.58	3.60	2.90
Garvel	193.55	18.44	6.10	5.40
Caïrd	72.54	13.72	3.95	3.25
Steele	109.70	14.64	4.40	3.70
CALE DE HALAGE				
Steele	152.50	12.19	»	»

Les formes sont formées au moyen de portes busquées, sauf celle de Garvel, qui est close par un caisson roulant. Cette dernière forme peut être épuisée en deux heures et demie et est desservie au moyen de deux pompes centrifuges Gwinn enlevant ensemble 10.000 mètres cubes d'eau à l'heure.

PORTS SECONDAIRES

576. *Port de Glascow.* — Ce port ne comprend qu'une forme de radoub de 99 mètres de longueur et de $13^m,70$ à l'entrée qui débouche dans le wertmer-bassin. La montée de l'eau sur le haut radier de l'écluse à pleine mer est de $4^m,70$

en vive eau et de 4 mètres, en morte eau ordinaire.

577. *Dunbarton.* Les moyens de radoub de ce port consistent en une cale de halage recevant les vapeurs de 400 tonneaux de jauge et en une forme de radoub de 91^m,45 de longueur et de 12^m,80 de largeur à l'entrée; la montée de l'eau sur le seuil est à pleine mer, de 3^m,95 en vive eau et de 3^m,25 en morte eau.

578. *Bowling.*— Ce port n'a que deux cales de halage pour les petits navires.

Formes de radoub 5 et 6 au Havre.

579. Nous terminerons ce que nous avons à dire sur les formes de radoub en maçonnerie par la description des dernières qui ont été établies au Havre, description qui a été donnée dans les *Annales* de 1893 par M. Widmer.

Cet auteur fait remarquer qu'en 1889 on ne pouvait mettre que quatre formes de radoub à la disposition des navires, et encore étaient-elles de dimensions trop exiguës pour la plupart des bateaux de grandes navigations ainsi qu'on peut en juger par le tableau suivant.

DÉSIGNATION DES FORMES	LONGUEUR SUR TINS	LARGEUR DE L'ÉCLUSE d'entrée	COTE DES TINS par rapport au zéro des cartes
	m.	m.	m.
N° 1	45 »	11 »	2.15
2	61.50	13 »	1.65
3	76 »	16 »	1.75
4	130 »	30 »	0.67

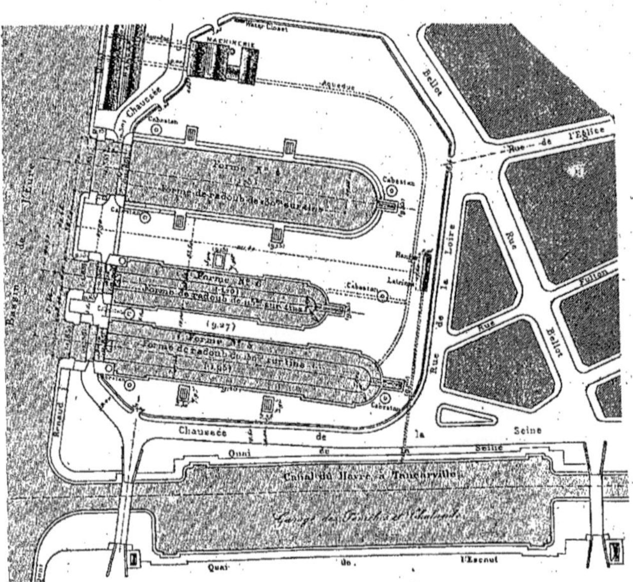

Fig. 722. — Formes de radoub du Havre.

Les trois premières s'ouvrent dans le bassin de la citadelle et ont été construites en même temps que lui. Les formes n° 1 et 2 ont été mises en service en décembre 1871 et la troisième en mai 1872. La quatrième est établie sur la rive orientale du bassin de l'Eure et livrée à la navigation en janvier 1864. C'était la seule qui pût recevoir les grands paquebots de la Compagnie générale transatlantique, les bateaux des Compagnies des Chargeurs réunis, des Messageries Maritimes, du Pacifique, Havraise, Péninsulaire, de la Compagnie commerciale des bateaux à vapeur français qui ont toutes leur port d'attache au Havre, et enfin les nombreux navires étrangers de grandes dimensions qui fréquentent de plus en plus ce port depuis la construction du bassin Bellot.

On avait ouvert, en 1880, le chantier de ce bassin et, par suite, du défaut de place on ajourna la construction de deux nouvelles formes que l'on avait prévues. Dès 1877 on avait, lors de l'exécution du mur Est du bassin de l'Eure, ménagé à 100 mètres au Sud de l'entrée de la forme n° 4, la tête d'une écluse d'entrée d'une nouvelle cale sèche qui prit le nom de cale n° 5. Quant à la forme n° 6, pour laquelle aucun travail n'avait été commencé, on remarqua qu'il était inutile d'avoir un terre-plein de 60 mètres de largeur entre les formes n° 4 et n° 5. A Anvers, en effet, les nouvelles cales sèches de Kettendick sont séparées par des espaces fort étroits. On a donc jugé possible d'installer la forme n° 6 entre les formes n° 4 et n° 5 et de limiter, à 12 mètres de largeur seulement, l'espace à ménager entre les crêtes des nouveaux ouvrages. L'expérience a montré que cette dimension était parfaitement suffisante (*fig.* 722).

On porta la longueur sur tins de la forme n° 5, à 150 mètres de façon à ce qu'elle puisse recevoir les navires du type de la Champagne, qui a 155 mètres de longueur. La forme n° 6 a 16 mètres de largeur et 115 mètres de longueur sur tins, ce qui lui permet de recevoir des navires du type *France*, qui a 123^{m},50 de longueur et 13^{m},40 de largeur.

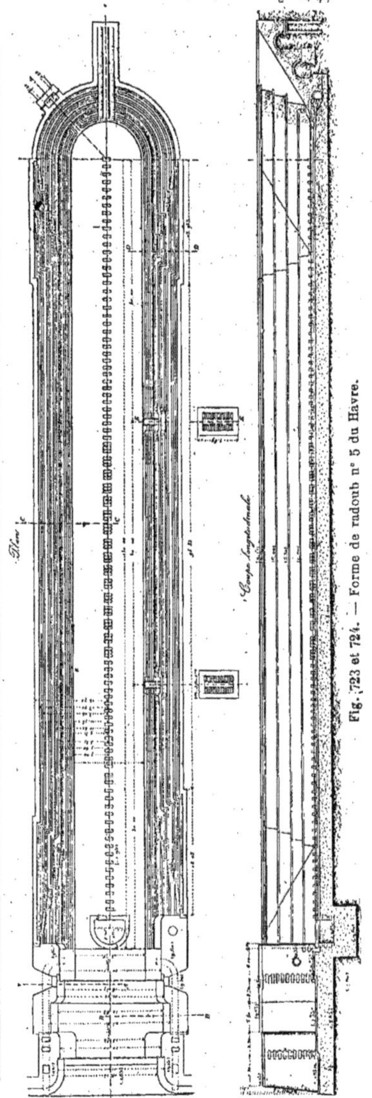

Fig. 723 et 724. — Forme de radoub n° 5 du Havre.

580. *Forme n° 5.* — L'écluse de cette

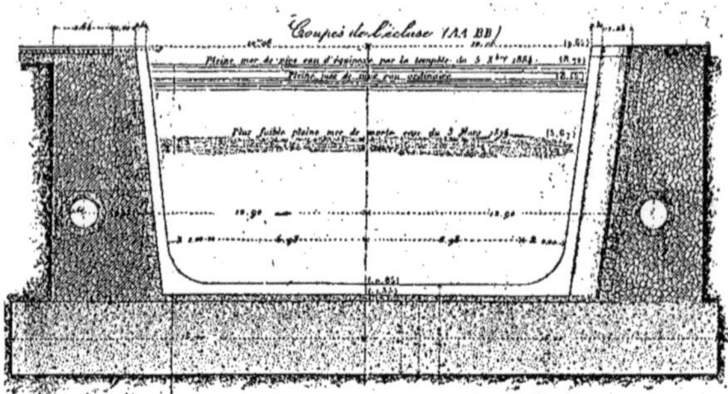

Fig. 725. — Forme de radoub n° 5 du Havre.

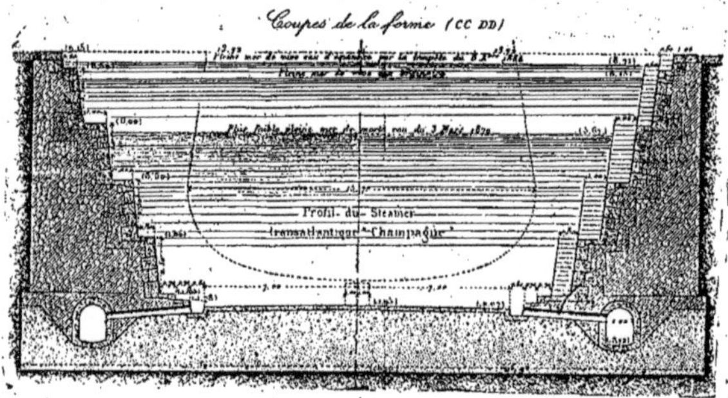

Fig. 726. — Forme de radoub n° 5 du Havre.

forme (*fig.* 723 à 727) a, comme on le voit, 20 mètres de largeur mesurée à la cote (9m,15) qui est celle du bassin de l'Eure. Sa longueur à la même hauteur est de 25m,80, dimension déterminée par la nécessité de placer le bateau-porte, destiné à fermer la nouvelle cale sèche, dans l'axe de celui qui ferme la forme n° 4.

L'écluse est pourvue de deux enclaves pour recevoir ce bateau. Cette disposition, déjà adoptée à la forme n° 4, résultait nécessairement de celle qui avait été donnée à la portion d'écluse primitivement exécutée. Elle équivaut à un allongement de la forme de 14m,30 et permet de visiter, au besoin, les feuillures et le seuil de l'enclave la plus éloignée du bassin à flot.

Fig. 727. — Forme de radoub n° 5 du Havre.

Ces deux enclaves sont séparées par une chambre d'évitement de 5^m,50 de longueur mesurée suivant l'axe et la forme, et de 23^m,60 de largeur; cette chambre a pour objet de permettre d'effectuer la manœuvre du bateau-porte, sans qu'on soit obligé de le soulever d'une hauteur excessive.

Les deux seuils sont à 0^m,50 de différence de niveau, qui sont rachetées par des différences de hauteur du couronnement de l'écluse.

Un aqueduc cylindrique de 1^m,20 de diamètre sert au remplissage de la forme.

Quant à cette dernière, elle a la forme d'un rectangle terminé par un demi-cercle. La longueur sur tins est, ainsi que nous l'avons déjà dit, de 150 mètres, ce qui fait qu'à la cote de (9^m,15), qui est celle du couronnement, la longueur est de 163^m,72.

Les tins sont établis suivant un plan horizontal, conformément à l'usage suivi au Havre dans les quatre premières formes de radoub. On évite ainsi un abatage double, quand les navires entrent par l'arrière dans la forme.

Le plan d'échouage a été placé à la même cote que le dessus du seuil le plus élevé de l'écluse, soit à 0^m,85. Les tins devant avoir une hauteur de 1^m,10, le radier de leur emplacement a été arasé à la cote (1^m,95).

Les quatre anciennes formes du Havre s'assèchent au moyen de rigoles situées près de leur axe, de part et d'autres des tins. Il a paru préférable, à l'exemple de ce qui a été fait à Anvers, dans les trois cales sèches les plus récemment construites, de donner au radier du nouvel ouvrage une forme convexe, de manière à rejeter les eaux dans des rigoles placées au pied des bajoyers; de la sorte, s'il survient des pluies ou des eaux d'infiltration, ou lorsqu'un navire vide ses *water-ballast*, les tins sont toujours à sec et on facilite le travail des ouvriers placés sous la quille. Les tins sont fixés sur une plate-forme de 2 mètres de largeur et le radier a ensuite une pente uniforme de 0^m,02 par mètre, pente suffisante pour assurer l'écoulement des eaux et, nonobstant, permettre la pose des épontilles verticales qui servent à étayer les parties basses des navires. On peut remarquer cependant que cette forme se prête moins bien au nettoyage de la vase qui se dépose entre deux assèchements.

Les eaux s'écoulent le long de chaque bajoyer au moyen d'un aqueduc où peuvent s'emmagasiner les eaux d'infiltration, ce qui permet de ne pas faire fonctionner aussi fréquemment les machines d'extension. Le volume emmagasiné est, en effet, de 625 mètres cubes.

Le profil intérieur des bajoyers a été étudié pour concilier, autant que possible, les exigences de l'exploitation avec l'économie des dépenses de premier établissement. Dans ce but il faut concilier le minimum de maçonnerie avec la stabilité de la forme mise à sec. Au point de vue de l'exploitation, il faut diminuer autant que possible la largeur libre entre les bajoyers, afin de rendre minimum le volume d'eau à extraire et de faciliter en même temps l'accorrage des navires avec des pièces de bois de plus petites dimensions. En revanche, l'air doit circuler librement sous la quille pour que la peinture sèche rapidement. Il faut également que la lumière soit assez abondante pour que les ouvriers y puissent travailler sans avoir recours aux lampes. La coupe (*fig.* 726) paraît donner satisfaction à tous ces desiderata; on n'a pas non plus multiplié le nombre de gradins, ce qui paraît inutile pour un bon accorrage, quelles que soient les dimensions des navires. On a étudié les dimensions de ces banquettes au point de vue de la sécurité des ouvriers et de la lumière. On peut se rendre compte de ces dispositions, eu égard à un bâtiment des dimensions de la *Champagne*.

Les épaisseurs des bajoyers ont été déterminées d'après les formules de M. Gobin (v. *Annales des Ponts et Chaussées de* 1883) en supposant 1 900 kilogrammes pour le poids du mètre cube des maçonneries et 1 800 kilogrammes pour celui des remblais.

Les calculs du radier offrent moins de rigueur, aussi a-t-on exagéré un peu leurs dimensions et pris pour charge de sécurité un maximum de 9 kilogrammes par centimètre carré qu'on a réduit à 6^k,3.

Une fosse à gouvernail de 3 mètres de profondeur a été ménagée dans le radier à l'entrée même de la forme du côté de

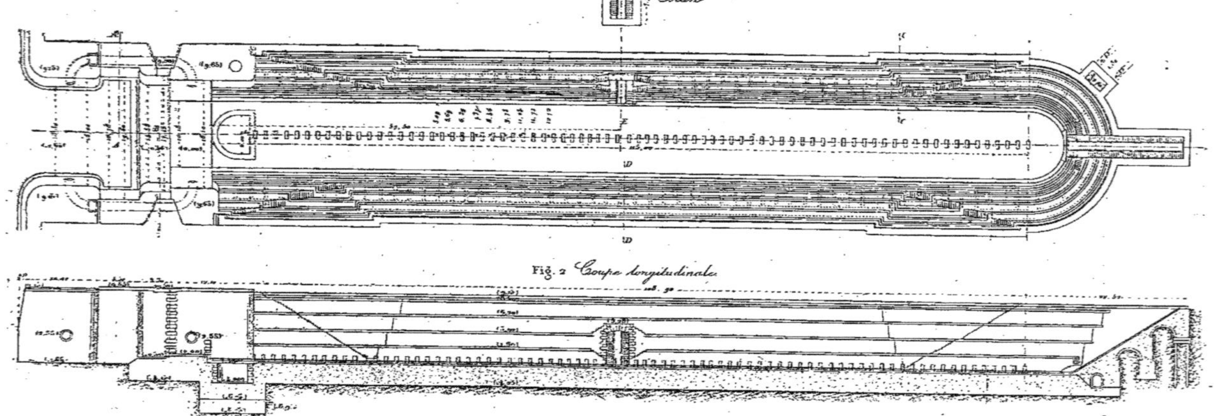

Fig. 728 et 729. — Forme de radoub n° 6 du Havre.

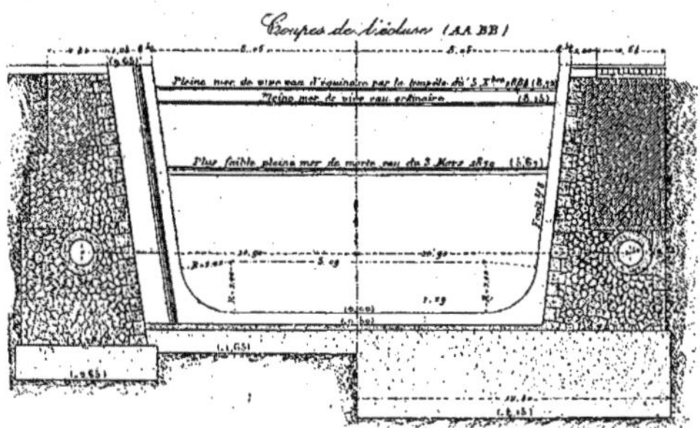

Fig. 730. — Forme de radoub n° 6 du Havre.

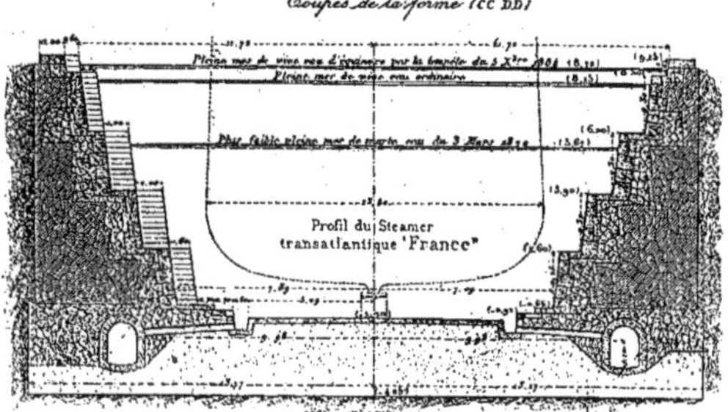

Fig. 731. — Forme de radoub n° 6 du Havre.

l'écluse, profondeur qui a été déterminée par la nécessité d'abaisser de 3m,50 les gouvernails des paquebots transatlantiques pour pouvoir les dégager. Cette fosse est vidée par une pompe à bras.

On a aussi ménagé trois glissières, deux dans le bajoyer Sud et l'autre dans l'hémicycle pour la descente des matériaux, leur pente est de 3 de base sur 2 de hauteur.

La glissière de l'hémicycle a 3m,30 de largeur et n'est pas couverte, ce qui permet d'y engager l'étrave d'un navire et permet ainsi d'en recevoir ayant 170 mètres de longueur.

On a complété l'outillage par une grue de 25 tonnes de puissance.

581. *Forme n° 6.* — Cette forme (*fig.* 728 à 732) a été construite d'après les mêmes considérations que la précédente.

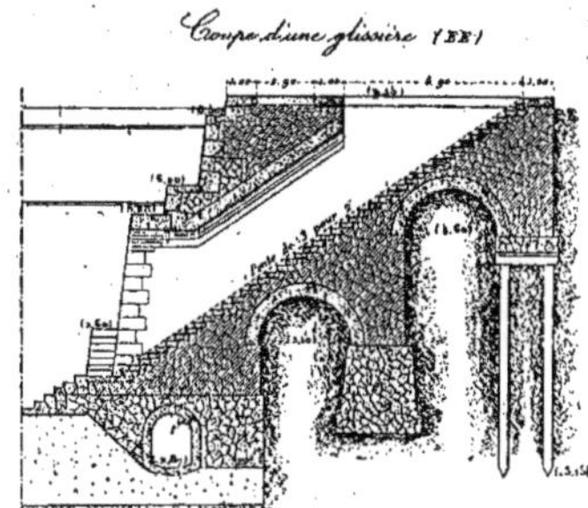

Fig. 732. — Forme de radoub n° 6 du Havre.

MAGASIN
MACHINES D'ENTRETIEN
RÉSERVOIRS
CHEMINÉE
MOTEUR DES APPAREILS ÉLECTRIQUES
Dynamo
BUREAU
BUREAU
SALLE DES CHAUDIÈRES
MACHINES PRINCIPALES D'ÉPUISEMENT

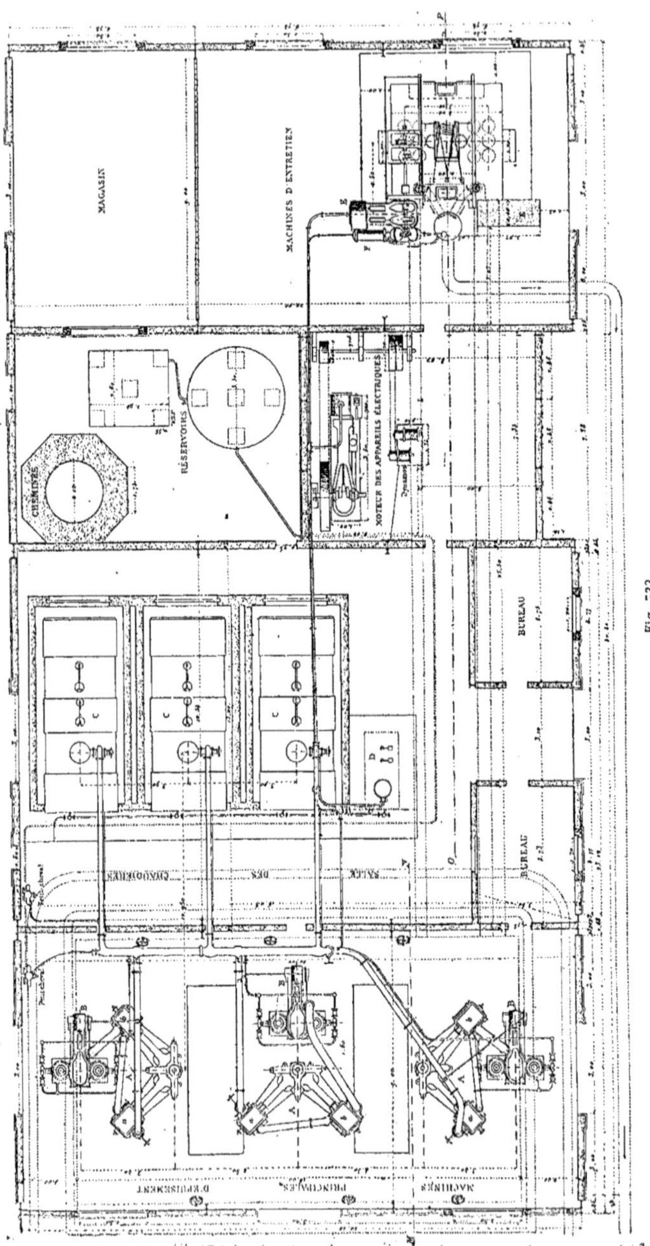

Fig. 733.

On n'a toutefois ménagé, à cause du coût de la construction, qu'un seuil pour le bateau-porte. La largeur de l'écluse a été fixée à 16 mètres, mesurée à la cote de (9m,15); elle est de 17m,12 dans l'enclave qui précède les heurtoirs et de 19m,60 dans la chambre d'évitement. Le seuil est au zéro des cartes.

La longueur de la forme entre l'écluse et le centre de l'hémicycle a été fixée à 115 mètres. Tous les organes accessoires sont disposés comme dans la forme n° 5.

On y a construit une fosse à gouvernail des mêmes dimensions, ainsi que des glissières et on y a placé une grue de 25 tonnes.

582. *Matériaux employés pour la construction.* — On a employé, pour la construction des deux formes, les matériaux en usage au Havre; les radiers sont composés d'une couche de béton constitué par du galet silicieux et des mortiers de ciment de Portland au dosage de 500 kilogrammes par mètre cube de sable; ce béton est recouvert d'un pavage en briques de 0m,23 d'épaisseur, hourdées avec du mortier de ciment à 800 kilogrammes. Les bajoyers sont formés d'un parement en briques, à raison de 0m,85 d'épaisseur moyenne, hourdées avec du mortier de ciment à 400 kilogrammes. Le reste de la maçonnerie de remplissage est en moellons siliceux calcaire, hourdé avec du mortier de chaux du Teil, dosé à raison de 350 kilogrammes de chaux par mètre cube de sable. Le parement de cette maçonnerie, du côté des terres, a été rejointoyé avec du mortier de ciment. Les bordures des gradins sont en granit et ont 1 mètre de largeur et 0m,21 d'épaisseur. Les couronnements des formes ont 1 mètre de largeur et 0m,30 d'épaisseur. Les seuils et les heurtoirs des écluses sont également en granit.

583. *Puisard.* — On a utilisé le puisard et la machine de la forme n° 6; toutefois, comme ce puisard n'était pas assez profond pour qu'on puisse épuiser les aqueducs de cette dernière, et qu'on ne pouvait l'approfondir sans une grosse dépense, on a préféré en construire un second pour achever l'épuisement avec des pompes spéciales.

On l'a installé aussi près que le permettait la stabilité des constructions afin de profiter des bâtiments et des chaudières de l'ancien puisard (*fig.* 733 à 736). Ce puisard a une forme carrée de 4 mètres de côté.

584. *Aqueducs.* — On les a établis de façon à leur donner le plus de développement possible, sans toutefois passer trop près de la forme n° 4 qu'ils ont dû contourner. Un premier conduit relie la forme n° 5 au nouveau puisard, un branchement joint la forme n° 6 à ce premier aqueduc, et un troisième tronçon relie les deux puisards ensemble.

Le radier ou premier aqueduc est établi avec une légère pente, de manière à faciliter l'écoulement de l'eau; le second a une pente plus considérable et le troisième est horizontal.

Le profil transversal des deux premiers est formé par deux piédroits verticaux de 1 mètre de hauteur surmontés d'une voûte de 0m,90 de rayon. La hauteur totale sous clé est de 2 mètres.

Deux vannes, placées à la jonction des deux premiers aqueducs et des formes, permettent d'isoler le puisard de l'une et de l'autre de ces formes, et deux cheminées rectangulaires servent à l'évacuation de l'air.

Les terre-pleins des formes sont empierrés et enclos d'un petit mur.

585. *Mode d'exécution des ouvrages.* — Les deux formes ont été construites dans une même fouille déblayée à ciel ouvert et tenue à sec au moyen d'épuisements.

Le sol était ainsi constitué :

1° Une couche de terrain argileux coupé par des bancs de tourbe;

2° Une couche de sable fin recouvrant vers la cote (— 2m,85) un banc de gravier et de galets noirs agglutinés à 3 mètres environ d'épaisseur, le même qui existe sous le port du Havre tout entier, et qu'on a trouvé notamment à la même profondeur dans les travaux d'agrandissement de l'avant-port ;

3° Au-dessous de cette couche de galets, qui est un excellent terrain de fondation, existe une couche de sable fin siliceux très pur dont on n'a pas trouvé la fin jusqu'à la cote de (— 10 mètres).

Le banc de galets noirs est incompressible, mais très perméable. Il mettait donc en communication la fouille à ouvrir avec les bassins voisins et avec la mer elle-même, et, par suite, devait tantôt donner de grandes quantités d'eau, tantôt servir de drain. Le succès de l'œuvre dépendait donc de l'organisation des épuisements.

Le bassin Bellot, fondé sur ce banc de galets, donna donc des indications précieuses ; par suite, on laissa le soin des épuisements à l'entrepreneur de maçonneries, en calculant les prix du bordereau de façon que le produit des diverses sommes applicables aux déblais, aux maçonneries, etc., contînt le prix des épuisements ; de cette façon, l'entrepreneur avait tout intérêt à s'installer largement pour ses épuisements et à pousser les travaux avec une grande activité. Trois machines d'une force totale de 260 chevaux furent installées pour les épuisements. On commença par décaper le sol horizontalement, puis on installa un excavateur système Couvreux. On remontait les déblais sur des plans inclinés et on les transportait, en grande partie, à 1 500 mètres dans certaines portions de l'anse de l'Eure qui étaient à remblayer. On déblaya ainsi 85 000 mètres cubes de terre en commençant par la forme n° 5. En résumé, les déblais, commencés le 3 septembre 1886, ont été terminés le 26 juin 1887 et ont comporté 178 476 mètres cubes.

Les fondations de la fosse à gouvernail ont été commencées pendant cette période et exécutées à l'air comprimé. Ce mode de fondation était rendu nécessaire par l'obligation où on était de descendre le fond de cette fosse à (— 4m,85), ce qui conduisait à traverser la couche de galets et à pénétrer dans la couche de sable fin. Les épuisements, obligatoires avec tout autre système, auraient entraîné des sables et auraient pu occasionner des accidents graves, par suite de l'affaissement de la couche de galets.

Ce caisson a été fondé à l'air libre jusqu'à la cote (— 3m,57), puis on a atteint avec l'air comprimé la cote (— 9m,60). La chambre de travail avait 1m,80 de hauteur et 9m,50 de largeur sur 9m,50 de longueur. On a commencé par construire le long des parois de cette chambre la maçonnerie dite *crinoline*, on a posé ensuite, sur le plafond, le massif de béton qui devait constituer le radier et élevé en partie, en maçonneries de moellon, le pourtour de la fosse. Sous ce poids, la descente du caisson s'est effectuée sans accident. Arrivé en ce point, on a rempli avec soin la chambre de travail avec du béton. Des fuites s'étant manifestées, le long des anciennes cheminées, on les aveugla en montant celles-ci jusqu'au niveau de l'eau extérieure, pour ne plus avoir de mouvement ascensionnel, c'est-à-dire de pression, puis on y coula du béton.

Le béton du radier fut fait au fur et à mesure de l'avancement de la fouille et mené de front sur toute la largeur du radier et autant que possible d'un seul coup sur toute son épaisseur. On utilisa, pour la fabrication de ce béton, les bancs de galets noirs et de sable. On prit toutes les précautions possibles pour obtenir de bonnes soudures de ce béton avec celui de la fosse du gouvernail. On recouvrit ce béton d'une maçonnerie de briques de 0m,75 formant pavage. Cette couche fut la cause d'un petit accident. Lorsqu'on fit communiquer le puisard avec l'eau extérieure, ce pavage se souleva et se fissura dans la forme n° 6, sur une assez grande longueur. On perça un trou dans le radier. L'eau n'ayant plus de pression, le pavage s'abaissa, la fente se ferma, et on se contenta alors de relier ce pavage au béton inférieur au moyen de tirants en fer de 0m,08 de diamètre et de 0m,70 à 0m,80 de longueur.

L'achèvement des maçonneries des bajoyers suivit de près celles des radiers, et les raccordements ne présentèrent aucune difficulté, excepté pour la construction des murs de fuite de l'écluse de la forme n° 6 et leur raccordement avec le mur du bassin à flot. On suivit le procédé employé à l'entrée du canal de Tancarville. On ouvrit successivement, pour chacun de ces murs de fuite, une fouille étagée dans le massif de terre qu'on avait laissé pendant la construction de la forme, contre le mur du quai ; ce mur de quai fut constitué par un parement de briques hourdées avec du mortier de ciment, en

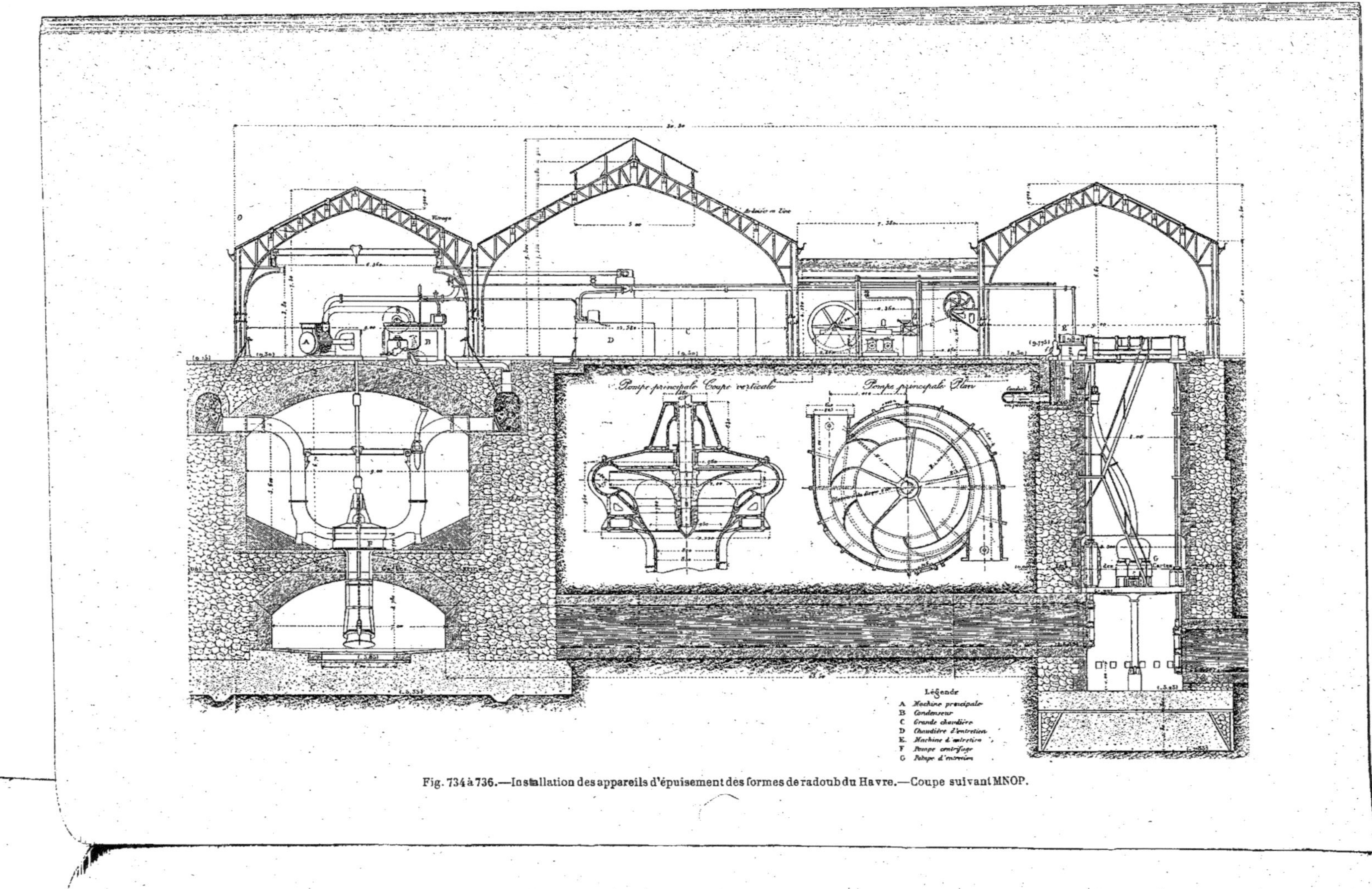

Fig. 734 à 736.—Installation des appareils d'épuisement des formes de radoub du Havre.—Coupe suivant MNOP.

arrière duquel on construisit un massif de moellons également hourdés en mortier de chaux de la Hève. Cette chaux se comportant mal à la mer, on a poussé la fondation du nouveau mur contre celle du quai, et on a ouvert dans le parement intérieur du mur de quai, en partant du bas, une sorte de niche prolongée jusqu'à ce qu'on trouvât la maçonnerie de briques et mortier de ciment, et on put établir, jusqu'au contact de cette maçonnerie, le parement du nouveau mur. Ce travail fut parachevé sans accident.

Les travaux se sont terminés par les portions du mur du bassin de l'Eure qui se trouvaient comprises entre les bajoyers de chacune de leurs écluses. On a employé pour ce travail un caisson mobile à air comprimé, ainsi qu'on l'avait fait à l'entrée du bassin Bellot et du canal de Tancarville. Ce caisson était une véritable cloche à plongeur de grandes dimensions, supportée par des verrins fixés à la partie supérieure d'un échafaudage, reposant sur le fond du bassin et de l'écluse, à cheval sur le mur à démolir; les verrins permirent de faire descendre le caisson au fur et à mesure de l'avancement du travail et de le relever après son achèvement. Toutes les manœuvrs se firent rapidement et sans difficultés.

586. *Puisards et aqueducs.* — Le puisard destiné à achever l'épuisement des formes et à les entretenir à sec a été construit au moyen d'un caisson à air comprimé. On a pu fonder à l'air libre et sans trouver d'eau jusqu'à la cote (0^m,45) et l'on a employé l'air comprimé jusqu'à la cote prévue (7^m,85) ; on poursuivit ensuite la construction des maçonneries du puisard au fur et à mesure de la desce nte du caisson (*fig.* 737).

La construction qui a présenté le plus d'intérêt est celle du tronçon d'aqueduc qui devait réunir cet aqueduc au puisard.

L'obligation de passer sans les démolir, sous les bâtiments, des machines d'épuisement, a entraîné pour cet aqueduc l'emploi de l'air comprimé. Voici comment on a procédé : Le puisard étant complètement à profondeur, on l'a recouvert d'une voûte bien étanche en maçonnerie, dans laquelle on a scellé la cheminée d'un sas (*fig.* 738), de façon à pouvoir remplir tout le sas d'air comprimé.

En construisant le puisard, on avait constitué, par un masque mince en maçonnerie, la partie fermant l'embouchure de l'aqueduc, puis on l'enleva, le puisard étant soumis à la pression de l'air. On déblaya ensuite la section de l'aqueduc sur une profondeur de 0^m,50 et on y plaça un anneau en tôle avec six segments de cornières et on continua ainsi de proche en proche ; on paracheva ainsi la jonction de l'ancien et du nouveau puisard. Ce travail achevé, on mit une fourrure intérieure en maçonnerie de 1^m,90 de diamètre et de 0^m,34 d'épaisseur.

On n'osa pas appliquer ce procédé à un aqueduc de 300 mètres de longueur. Un accident arrivé à un ouvrier fit redouter d'envoyer de l'air respirable à une aussi grande distance. Un homme, en effet, fut asphyxié, après avoir pénétré dans un sas qu'on avait laissé sous pression pendant quelques jours, afin d'équilibrer la pression de l'eau tant que les maçonneries n'auraient pas fait une prise complète.

La fouille qui relie la forme n° 5 au puisard fut donc construite en 3 parties à peu près d'égale longueur. On creusa à ciel ouvert avec épuisements. Ceux-ci entraînèrent dans la première partie des sables fins qui déterminèrent des affouillements, puis des tassements. Il fallut multiplier les étrésillons et, finalement, relever le niveau prévu de 0^m,50, en diminuant la pente longitudinale et en rachetant la différence du niveau, à l'extrémité, par une pente rapide de 2^m,50 à 3 mètres de longueur.

On attaqua alors la fouille par son autre extrémité en venant de la forme n° 5. Le relèvement de la cote facilita beaucoup ce travail, car alors on n'atteignait plus le banc de galet noir. On installa les pompes centrifuges qu'on avait dû supprimer dans le puisard, afin d'y installer les pompes définitives. On eut à boucher le puisard provisoire qui avait servi aux crépines des pompes centrifuges. A cet effet, on se servit du procédé ordinaire d'une cheminée dans laquelle on laissa monter l'eau et dans laquelle on coula du béton.

On rencontra aussi une solution de

continuité qu'on essaya de boucher par le même procédé sans y pouvoir parvenir, très probablement à cause des sables bouillants qui se trouvaient au dessous.

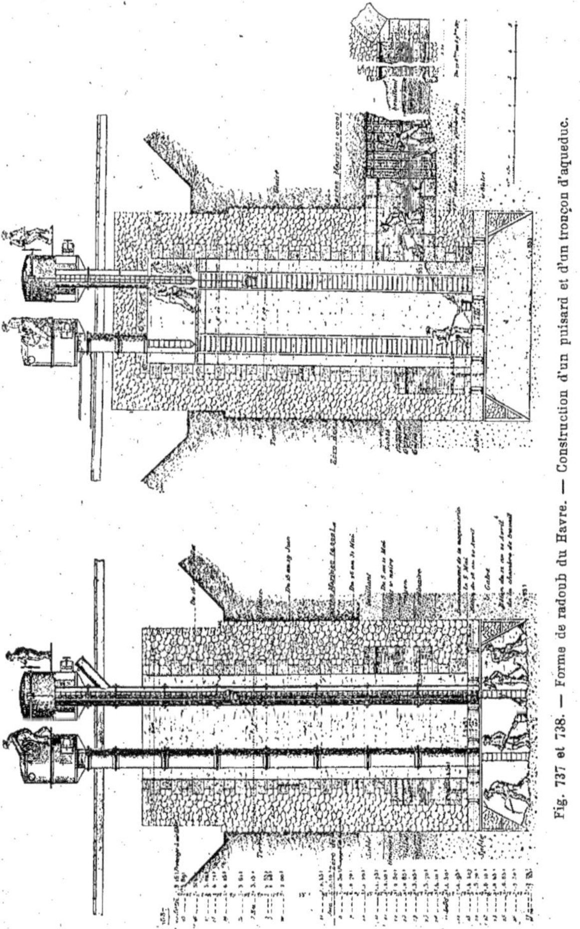

Fig. 737 et 738. — Forme de radoub du Havre. — Construction d'un puisard et d'un tronçon d'aqueduc.

On clôtura alors l'aqueduc avec deux cloisons, on y installa une cheminée et un sas, transformant ainsi l'espace cloisonné en une véritable chambre de travail. On put ainsi construire avec des briques siliceuses, faites avec le plus grand soin, une maçonnerie étanche, et la relier avec celle du radier. Pour obtenir une imperméabilité presque immédiate du sol, on mastiqua le fond de la fouille avec de la maçonnerie hourdée avec du portland pur, dilué dans une solution de chlorure de calcium, qui a dès lors une prise extrêmement rapide. Il faut dans tous les cas considérer ce procédé comme un procédé de ressource, et ne construire qu'une petite épaisseur de maçonnerie avec ce mortier, car le ciment préparé au chlorure de calcium s'attaque à l'eau de mer.

OUTILLAGE DES FORMES DU RADOUB

587. Les plus importants des appareils d'outillage des formes du raboub, sont :

1° Les bateaux-portes :
1° Les tins ;
3° Les machines d'épuisement.

Bateaux-portes.

588. Ces bateaux, malgré les inconvénients de leur manœuvre, puisqu'il faut les lester, les délester et les conduire en dehors des écluses, sont bien préférables aux portes busquées au point de vue très important de l'étanchéité, aussi les préfère-t-on dans tous les ports français. Peut-être y aurait-il moyen de concilier les avantages des deux systèmes en employant une porte unique, comme celle qui a été construite pour le canal de Tancarville.

Les bateaux-portes des deux nouvelles formes (*fig.* 739, 740, 741, 742) portent à leur partie supérieure un véritable pont de 4m,50 de largeur, comprenant une voie charretière de 2m,10 et deux trottoirs de 1m,25. Les étambots et les quilles ont 0m,80 de largeur.

Les feuillures ont une saillie de 0m,50 sur le parement de l'enclave et la face de l'étambot du bateau. Voici les dimensions principales :

DIMENSIONS	FORME N° 5	FORME N° 6
Hauteur totale au niveau des trottoirs.	m. 11 »	m. 10.15
Longueur du pont supérieur.	21.08	17.08
Largeur du pont supérieur.	4.50	4.50
Longueur de la quille ..	18.075	13.86
Largeur de la quille....	0.80	0.80

Chacun des bateaux est divisé à la hauteur des plus faibles pleines mers de mortes eaux (5m,67 au-dessus du 0 des cartes) par une cloison horizontale formant pont étanche, lequel contribue avec le pont supérieur et le seuil de l'écluse à la résistance à la pression de l'eau lorsque la forme est à sec.

Des poutres en treillis relient le pont étanche à la quille et servent à la répartition des pressions.

La pression entre le pont étanche et le pont supérieur est répartie sur ces poutres par les membres verticaux sur lesquels est fixé le bordage.

Cette caisse supérieure est contreventée au moyen de croix verticales placées dans le même plan que les poutres verticales du compartiment inférieur et de la croix horizontale, placées à mi-distance des deux ponts (*fig.* 743 à 746).

Le pont supérieur a été établi conformément aux usages du Havre. Le tablier se compose de poutrelles en pitchpin de 0m,10, recouverts d'un plancher de madriers en chêne de 0m,06, portant un platelage en planchettes d'orme à redans pour la voie des chevaux, et deux bandes d'acier, de 0m,55 de largeur et 0m,10 d'épaisseur, pour le passage des roues.

Les entretoises du pont supérieur ont été calculées pour supporter le poids d'un camion à deux roues d'un poids total de 6 tonnes.

Le pont étanche a la forme d'une poutre en I, et dans les marées de vives eaux, il supporte une charge d'eau qui a dépassé la cote de 9 mètres, lors de la tempête du 23 janvier 1890.

On forme le joint du bateau avec les feuillures, au moyen de pièces de chêne garnies de paillet en cordes goudronnées.

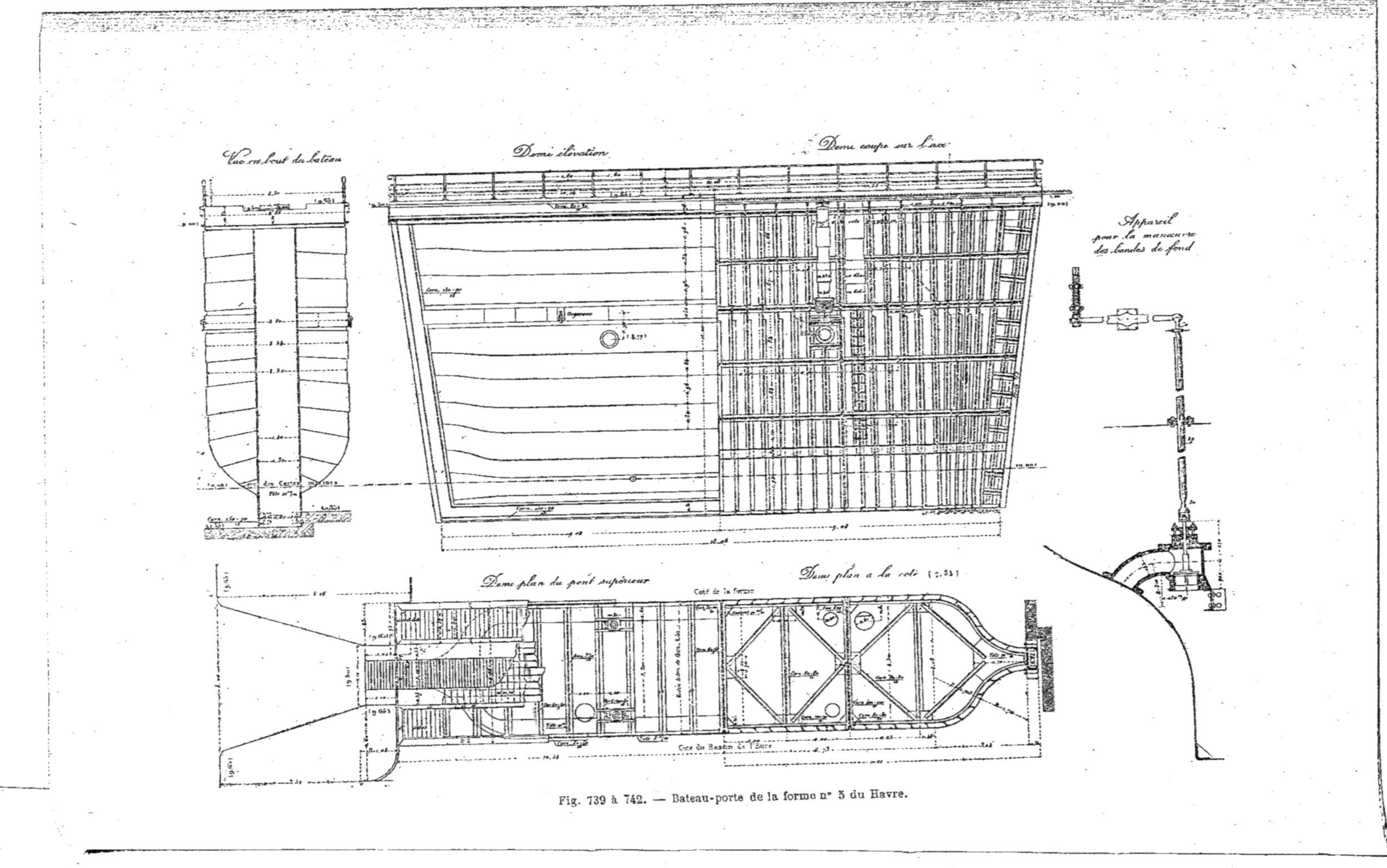

Fig. 739 à 742. — Bateau-porte de la forme n° 3 du Havre.

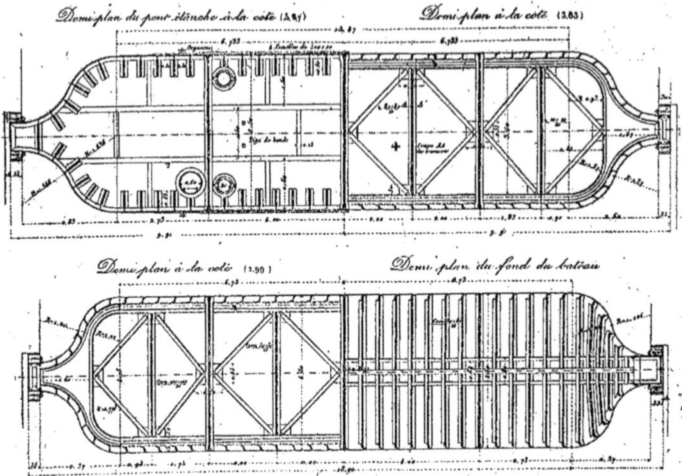

Fig. 739 à 742. — Bateau-porte de la forme

C'est dans la cale qu'est placé le lest nécessaire à équilibrer le bateau ; il est formé de gueuses de fonte, dont plusieurs sont fondues avec des formes spéciales pour épouser complètement la forme du vide intérieur. Le poids total du lest a été calculé de manière que les bateaux flottent et se soulèvent de $0^m,40$ au-dessus du bas radier, dans les plus faibles pleines mers de morte eau ; la ligne de flottaison la plus basse est ainsi à $0^m,40$ au-dessous du pont étanche.

Des cheminées en tôle munies d'échelons permettent de descendre dans la cale pour les visites et les réparations.

L'introduction et l'écoulement de l'eau-lest se font au moyen de bondes placées à $1^m,35$ au-dessus du fond de la quille. Ces bondes (*fig.* 741) se composent d'une soupape en bronze, mobile dans une boîte en fonte ouverte par le fond et fixée sur la paroi du bateau par un tube en fonte coudé. La soupape est munie d'une tige qui passe dans un presse-étoupe qui est saisi par une chape fixée à la partie inférieure d'une tige tubulaire en fer forgé s'élevant jusqu'à la partie supérieure du

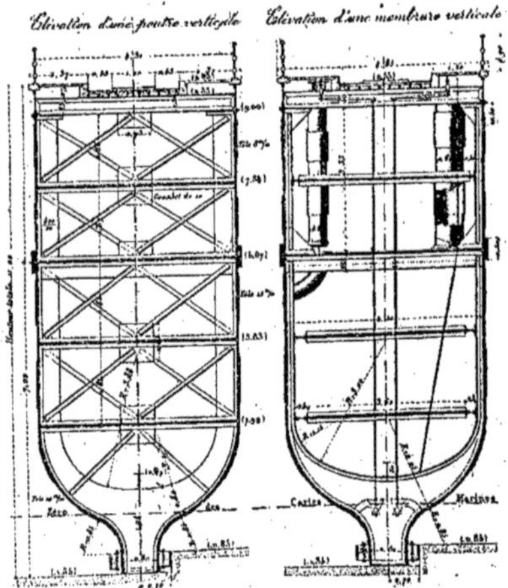

Fig. 743 à 746. — Bateau-porte de la forme n° 5 du Havre.

bateau. Le sommet de cette tige est articulé à l'extrémité d'un levier horizontal dont l'autre extrémité est pourvue d'un carré qu'on peut coiffer d'une clef. On voit ainsi qu'on ouvre la bonde en soulevant la soupape, et que, lorsqu'elle est fermée, la pression de l'eau extérieure tend à appuyer la soupape sur son siège ; ce siège est formé d'un cercle de bronze ajusté dans la boite en fonte et bien rodé avec la soupape. On a placé un grillage à chacun des orifices de la boîte en fonte, de manière à prévenir l'introduction des corps étrangers qui pourraient empêcher la fermeture d'être étanche.

On n'a pas galvanisé ces bateaux, d'abord par raison d'économie, puis pour éviter les légers changements de contexture et de forme des pièces courbes du métal qui en sont la suite et par ce que l'on a tout le temps pendant que la forme est à sec de visiter complètement le bateau en le retournant bout pour bout après chaque assèchement. On a donc remplacé la galvanisation par la peinture au minium et à la céruse. On a seulement galvanisé les échelles et les boulons qui fixent les bois aux diverses parties des bateaux.

Les deux faces de chaque bateau sont pourvues d'organeaux en fer forgé auxquels sont attachés des chaînes. Ces chaînes peuvent s'enrouler sur des treuils fixés à terre de chaque côté des formes et servent à amener les bateaux contre leurs feuillures, lorsque l'on veut les mettre en place.

On a commencé par construire sur une cale sèche les parties inférieures du bateau jusque et y compris le pont de la construction étanche; on l'a lesté, puis lancé, on a parachevé les œuvres hautes, tout en augmentant le lest au fur et à mesure, afin de maintenir la stabilité; on l'a conduit ensuite dans les anciennes formes pour y placer les fourrures et les paillets, et on l'a mis définitivement en place, où il s'est parfaitement maintenu, malgré la tempête du 23 janvier 1890.

La manœuvre s'effectue de la façon suivante :

Supposons un navire entré dans la forme : on arrime le bateau-porte contre ses feuillures et on y introduit de l'eau par les bondes de fond. On le maintient serré contre ses feuillures au moyen de chaînes attachées aux organaux et on le guide avec des barres d'anspect pour opérer un exact raccordement du pont supérieur. Pour remettre le navire à flot après ses réparations, on introduit de l'eau dans le bateau-porte afin de constituer un lest de façon à ce qu'il soit suffisamment enfoncé, soit à 1 mètre au-dessus du radier.

L'expérience a servi à fixer la hauteur d'eau nécessaire pour obtenir le résultat voulu.

On voit que le pont-étanche n'a aucune utilité dans la manœuvre ; il a du reste l'inconvénient de trop élever le centre de gravité du bateau-porte. Le seul reproche que l'on puisse faire à ce système est d'exiger de pomper l'eau-lest, quand on veut relever le bateau-porte, la forme étant *pleine d'eau*; mais ce fait se présente très rarement. Dans ce but, on a installé deux pulsomètres, ce qui permettrait d'effectuer cette exhaustion.

Voici le tableau qui sert à régler la hauteur de l'eau en contre-bas du pont supérieur suivant la marée.

Quand le niveau du bassin de l'Eure est à la cote (rapportée au zéro des cartes).	Le bateau en place émerge de	Après s'être soulevé de 1 m., il émerge de	L'eau dans le bateau doit être en contre-bas du pont supérieur du	
			Bateau n° 5	Bateau n° 6
m.	m.	m.	m.	m.
6.25	3.40	4.40	11 » Le bateau est vide.	10.15 Le bateau est vide.
6.50	3.15	4.15	9.30	8.15
6.75	2.90	3.90	8.70	7.80
7 »	2.65	3.65	8.25	7.55
7.25	2.40	3.40	8 »	7.20
7.50	2.15	3.15	7.85	7 »
7.75	1.90	2.90	7.65	6.75
8 »	1.65	2.65	7.30	6.50

Au-dessous de la cote 6,25, les bateaux doivent être entièrement vides, et dans ce cas:

Quand le niveau du bassin de l'Eure est à la cote (rapportée au zéro des cartes).	Le bateau en place émerge de	Après s'être soulevé de 1 m., il émerge de	L'eau dans le bateau doit être en contre-bas du pont supérieur du	
			Bateau n° 5	Bateau n° 6
m.	m.	m.	m.	m.
5.50	4.15	4.40	0.25	0.25
5.75	3.90	4.40	0.50	0.50
6 »	3.65	4.40	0.75	0.75

589. *Tins.* — Les anciennes formes de radoub du Havre étaient pourvues de tins en bois. Leur inconvénient est que lorsqu'on veut visiter la quille du navire, il faut détruire la pièce de bois supérieure. A Liverpool et à Anvers, on s'est servi de tins en fonte démontables et c'est le système que l'on a employé pour les formes n° 5 et 6. Ces tins se composent de trois parties (*fig.* 747, 748, 749). La partie inférieure est fixée au radier ; la partie supérieure est disposée de manière à recevoir un faux-tin en bois, sur lequel porte la quille du navire ; la partie intermédiaire

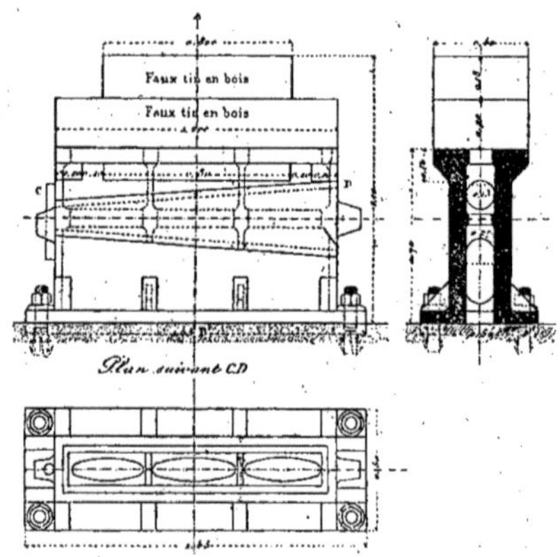

Fig. 747 à 749. — Forme de radoub du Havre. — Tins en fonte.

est en forme de coin, et il suffit d'exercer une traction ou une pression sur un des côtés pour la mettre en place.

Les figures donnent les détails et les dimensions. La hauteur totale est de 1m,10; c'est celle qui existe entre le seuil de l'écluse et le radier de chaque forme.

Pour éviter le glissement de la partie formant coin, on a mis une cheville en acier qui empêche tout déplacement.

On a déterminé l'emplacement des tins d'après l'effort qu'ils ont à supporter.

Au lieu de les placer comme ceux de Birkenhead à 1m,36 les uns des autres, ou, comme à Anvers à 1m,30, on leur a donné 1m,30 dans la partie centrale et 1m,50 aux extrémités ; on s'est guidé en cela sur la répartition des poids, en prenant un des paquebots du plus grand type (*la Champagne*) (*fig.* 750). Toutefois, comme la quille n'est pas toujours parfaitement rectiligne, elle s'enfonce davantage dans la partie la plus chargée, ce qui pourrait avoir des inconvénients après la réparation. On a donc ajouté 20 tins supplémentaires dans la forme n° 5.

590. *Machines d'épuisement.* — Les deux nouvelles formes ont été mises en communication avec le puisard qui servait à l'assèchement de ces formes n° 4. On a, en outre, construit sur le parcours de l'aqueduc qui réalise cette communication, un puisard de moindres dimensions mais plus profond que le premier et permettant à la fois de terminer la vidange et d'assurer les épuisements d'entretien des formes (*V. les fig.* 733 à 736).

A l'époque où l'on construisit la forme n° 4, on établit dans le puisard trois pompes à piston verticales, menées chacune par une machine à vapeur de 25 chevaux. Le puisard était divisé dans le sens de sa hauteur par une voûte sur laquelle reposait les corps de pompe, les tuyaux d'aspiration étant dans le compartiment inférieur, et les tuyaux de refoulement aboutissant à une galerie qui contourne le puisard et communique par un aqueduc avec le bassin de l'Eure. Les deux compartiments communiquant entre eux, les pompes étaient complètement noyées lorsque l'on ouvrait la vanne

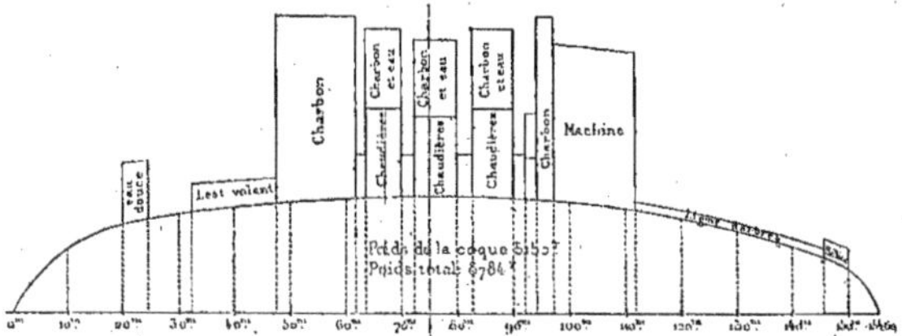

Fig. 750. — Forme de radoub du Havre. — Répartition des poids sur la longueur d'un navire du type *La Champagne*.

de l'aqueduc et que la forme était pleine d'eau.

Les machines étaient à la surface du sol sur la voûte supérieure du puisard.

Vers 1876, les machines étaient insuffisantes, car elles mettaient quelquefois 12 ou 15 heures pour épuiser la forme, on substitua à l'une des machines une autre de 75 chevaux actionnant deux pompes centrifuges Dumont, qu'on installa sur la voûte inférieure. Pour éviter qu'elles ne fussent noyées, on avait muré l'aqueduc qui relie le puisard à la forme, et scellé, dans le mur de fermeture, un tuyau en tôle d'un mètre de diamètre, qui reposait dans le fond du puisard et sur lequel se branchaient les tuyaux d'aspiration des nouvelles pompes centrifuges. Ce tuyau avait été également relié avec l'une des deux anciennes pompes verticales qu'on avait conservée. Avec ces quatre engins (deux pompes centrifuges et les deux pompes verticales dont une était à peu près hors de service), on vidait la forme en en un temps qui variait de 9 à 11 heures.

On n'admet plus aujourd'hui une aussi grande perte de temps, et, au surplus, ces pompes auraient été insuffisantes pour les formes n° 5 et n° 6.

On mit au concours l'installation de nouvelles machines, sur un programme donné par l'Administration.

Les fournitures devaient se composer de:

1° Trois machines à vapeur principales, commandant chacune une ou plusieurs pompes et alimentées par trois chaudières ;

2° Deux petits appareils destinés à achever l'assèchement et à entretenir les formes à sec, lorsqu'elles auraient été vidées par les pompes principales.

Ces appareils devaient être installés dans le grand puisard et les pompes d'entretien dans le puisard annexe.

La forme n° 4 devait pouvoir être asséchée en trois heures et demie; l'eau dans le bassin de l'Eure étant à la cote $7^m,30$, et pendant les essais en trois heures, la forme ne contenant pas de navire. Il fallait que chaque appareil puisse enlever 300 mètres cubes d'eau par heure à une hauteur variant de $11^m,30$ à $11^m,80$.

Les constructeurs devaient, en outre, garantir :

1° La consommation de combustible (premier allumage non compris), pour effectuer trois épuisements successifs de la forme n° 4, les épuisements devaient être commencés à 48 heures d'intervalle et ne pas durer plus de trois heures chacun ;

2° La consommation des appareils d'entretien pendant cinq heures de marche, allumage non compris.

Sept projets furent présentés. Celui qui fut adopté fut celui des forges et chantiers de la Méditerranée, consistant en trois pompes centrifuges à axe vertical placées sur la voûte inférieure du puisard, complétée sur toute sa longueur et rendue étanche; chacune de ces pompes devait être menée par une machine à vapeur horizontale, établie au niveau du sol. Pour l'entretien, le projet comprenait des pompes à piston plongeur, menées par deux machines horizontales.

Les figures donnent tous les principaux détails de l'installation.

La turbine de la pompe a 2 mètres de diamètre, elle est en bronze et son arbre porte également une fourrure de bronze. Le poids total supporté par le palier inférieur est de 7 545 kilogrammes.

Chacune de ces trois pompes est actionnée par une machine Compound; un condenseur à surface, indépendant de la machine principale, reçoit la vapeur du gros cylindre. Le mécanisme de ce condenseur comprend une pompe de circulation, une pompe à air et deux pompes alimentaires, disposition avantageuse pour les machines à allure rapide dans le cas où les pompes se désamorcent, ce qui peut arriver à la fin de l'épuisement et peut entraîner à des avaries dans les appareils secondaires à piston qui s'emballent alors avec les machines principales.

Les générateurs à vapeur sont au nombre de trois, semi-tubulaires et à foyer intérieur. Ils sont entourés d'une maçonnerie réfractaire formant carneau de retour, afin de conserver la pression entre deux épuisements successifs. Ces carneaux aboutissent à un carneau collecteur qui se rend à une cheminée en maçonnerie.

Chaque chaudière a 4 mètres carrés de surface de grille et 125 mètres de surface de chauffe. Le volume de vapeur mesure $11^{m3},280$, le volume d'eau $18^{m3},120$ et l'un quelconque des générateurs peut alimenter l'un quelconque des moteurs.

Un petit cheval sert à l'alimentation des chaudières, lorsque les machines sont au repos.

Les pompes d'entretien doivent fonctionner d'une façon à peu près constante sous une hauteur de refoulement sensiblement toujours la même. On a donc préféré pour ces dernières, les pompes à piston aux pompes centrifuges. Chacune d'elle se compose d'un piston plongeur avec clapets rectangulaires de grande section. On les a groupés par trois, de manière que les six forment deux appareils d'entretien.

Les plongeurs ont 3 mètres de diamètre et $0^m,60$ de course, de façon que leur poids équivaut à celui de la colonne d'eau à refouler.

On voit, d'après la coupe des bâtiments, que, dans celui des machines on peut faire circuler un pont roulant avec palan différentiel pour la manœuvre des plus grosses pièces.

Voici le détail des expériences qui ont été faites sur les consommations et les temps employés pour l'épuisement d'une forme :

DATE des ESSAIS	NOMBRE DE TOURS pour les deux machines fonctionnant ensemble	CHARBON CONSOMMÉ pour la mise en pression	CHARBON CONSOMMÉ pour l'épuisement	PRESSION MOYENNE de la vapeur	PUISSANCE MOYENNE indiquée développée par les deux machines	HAUTEUR TOTALE de l'eau dans la forme	VOLUME D'EAU épuisée	DURÉE de L'ÉPUISEMENT
		kilog.	kilog.	kilog.	chevaux.	mètres	mèt. cub.	h. m. s.
25 mars...	40 194	»	605 000	4.688	538.8	8.70	36.875	2 56 »
27 mars...	36 682	1 100	1 200 000	4.711	602.8	8.76	37.190	2 47 »
28 mars...	38 375	1 000	1 100 000	4.942	616.0	8.85	37.673	2 46 30

Dans un quatrième essai, fait le 31 mars 1891, la durée de l'épuisement rapportée à la hauteur théorique de l'eau n'a été que de 2^h,39.

Voici comment ont varié, quart d'heure par quart d'heure, les différentes phases de l'épuisement.

HEURES	HAUTEURS DE L'EAU Dans la forme	HAUTEURS DE L'EAU Dans le puisard	HAUTEURS DE L'EAU Dans les galeries de refoulement	VOLUME D'EAU dans la forme	DÉBIT MOYEN par seconde	HAUTEUR du refoulement	NOMBRE DE TOURS des machines par minute	FORCE EN CHEVAUX En eau montée	FORCE EN CHEVAUX Indiquée	RENDEMENT
h. m.	m.	m.	m.	m. c.	litres.			chevaux.	chevaux.	
0 »	6.75	6.75	7.70	33 890						
» 15	5.97	5.55	7.60	31 075	3 127	1.500	100	63	440	0.143
» 30	5.24	4.83	7.70	27 565	3 900	2.460	98	128	410	0.312
» 45	4.47	4.03	7.80	23 810	4 172	3.320	99	184	470	0.392
1 »	3.65	3.20	7.80	19 890	4 355	4.185	112	242	590	0.410
1 15	2.79	2.35	7.70	16 095	4 216	4.975	121	280	750	0.384
1 30	1.94	1.30	7.60	12 450	4 050	5.725	123	310	736	0.421
1 45	1.11	0.75	7.55	8 910	3 933	6.465	126	340	762	0.446
2 »	0.29	— 0.03	7.50	5 550	3 733	7.150	126	356	776	0.458
2 15	— 0.50	— 0.86	7.50	2 400	3 500	7.945	129	370	780	0.475
2 29	— 1.55	— 2.67	7.50	0 000	2 857	9.265	130	352	785	0.447

Le rendement des pompes à plongeur des machines d'entretien a atteint 0,90 et exigent un travail de 24 chevaux environ; le rendement total a été de 0,54 avec une consommation de 1^k,25 par cheval et par heure.

591. *Grues, vannes, etc.* — Ces formes possèdent en outre un outillage composé de grues, de vannes, de treuils, de cabestans, de canons d'amarrage, etc. La grue installée à l'entrée de la forme n° 5 peut soulever des fardeaux (hélice, gouvernails, étambots) de 25 tonnes avec une portée de 10 mètres et la grue de la forme n° 6, 15 tonnes avec une volée de 8 mètres.

592. *Dépenses.* — Les dépenses pour la construction des formes 5 et 6 et l'outillage se sont élevées à 4 851 973^f,59 ainsi répartis :

Terrassements et maçonneries	3 243 800f,68
Fournitures de ciment de Portland	514 009,26
Fourniture de chaux du Teil	140 459,61
Bateaux-portes	245 968,22
Tins, plaques de fonte à jour pour couverture des rigoles et canons d'amarre	74 965,62
Machines d'épuisement	402 452,48
Bâtiment des machines d'épuisement	60 000,00
Grille d'enceinte	20 000,00
Grues de 25 et de 15 tonnes	49 800,00
Chaussée pavée, contournant, à l'Est et au Nord, l'établissement de radoub	100 017,72
Dépenses diverses	500
Total.	4 851 973,59

Depuis la construction de ces formes, le tonnage des navires entrés a augmenté de 226 102 tonnes depuis 1882 (305 302), jusqu'à 1891 (531 404) dont 326 074 sont dus aux formes 5 et 6 (Les formes 2 et 4 ont vu leur tonnage annuel diminuer).

Cette augmentation s'est traduite par une plus-value de recettes de 86 000 francs (316.075,60 au lieu de 230 580) dont 175 280 sont dus aux formes 5 et 6.

Résumé sur les bassins de radoub en maçonnerie.

593. Nous avons vu dans les paragraphes précédents ce qui est relatif à leur établissement général, à leur emplacement à l'écluse d'entrée, au niveau du radier et à sa forme, ainsi qu'à l'inclinaison des bajoyers qui résulte du mode de fermeture.

Nous avons également fixé le jeu qui devait exister entre les parois du plus grand navire qui doive pénétrer dans le bassin et la partie la plus étroite de l'entrée. Nous rappellerons seulement que si 18 à 19 mètres sont suffisants pour les plus grands paquebots transatlantiques, il faut 20 à 24 mètres pour les navires cuirassés.

Quant à la longueur de l'écluse d'entrée, elle dépend du mode de fermeture.

Dans le cas d'une porte busquée, il faut, d'après M. Laroche :

1° 6 à 8 mètres à l'aval de la chambre des vantaux (côté de la forme) pour résister à la pression de l'eau ;

2° La largeur de la chambre des portes ;

3° Une certaine longueur de bajoyer à l'amont de cette chambre (côté du bassin à flot) pour faciliter le guidage des navires et permettre, à l'occasion, l'établissement des rainures d'un bâtardeau. On compte ordinairement 7 à 8 mètres.

Pour le cas d'un bateau-porte, on met ordinairement deux feuillures.

Le bajoyer comprend dans ce cas :

1° Une longueur de 6 à 8 mètres, à l'aval de la feuillure aval ;

2° 4 à 6 mètres entre les deux feuillures

3° 6 à 8 mètres de bajoyers à l'amont de la feuillure amont.

Il faut que dans tous les cas possibles, la feuillure amont soit éloignée du parement du quai, d'une quantité suffisante pour que le bateau-porte ne puisse jamais être abordé par les navires passant le long du quai.

On donne à ces enclaves environ 1 mètre dans le sens de l'axe de l'écluse.

Quant à la hauteur de la forme, il faut, ainsi qu'on l'a vu, laisser une fosse d'une profondeur suffisante, à son extrémité d'entrée, pour pouvoir dégager le gouvernail de son étambot.

On donne la forme d'hémicycle à l'extrémité du côté de l'étrave pour diminuer le cube d'eau à extraire. On doit dans tous les cas, à cause de la tendance des constructeurs à allonger les coques, se réserver la possibilité d'allonger les formes.

On a quelquefois, soit pour utiliser les écluses, et par suite du manque de place, construit des formes pouvant assécher deux et jusqu'à trois navires à la fois, ce qui a l'inconvénient d'obliger les navires à entrer et à sortir ensemble, à moins de placer comme dans les écluses doubles une porte intermédiaire, qui permette de faire sortir le bateau placé vers la porte la plus extérieure sans être obligé de mettre l'autre à flot.

La section transversale de la forme doit laisser l'air et la lumière pénétrer partout, ce qui conduit à donner aux bajoyers une forme évasée, sans excès pourtant, car alors la dépense première est augmentée, l'accorage rendu plus difficile, et enfin le cube d'eau à enlever plus considérable, les manœuvres du quai à bord sont aussi rendues plus pénibles.

Aujourd'hui, on ne dépasse pas 4 à 6 mètres pour la largeur des épontilles, aussi l'évasement des gradins est-il dans le rapport de 1 à 2 dans les nouvelles constructions. On ajoute ordinairement 2 mètres à la plus grande largeur du plus grand navire qui doive pénétrer dans la forme. Cette largeur est suffisante pour donner l'air et la lumière et permettre à des hommes placés sur des radeaux de 1m,70, de travailler au nettoiement de la coque au fur et à mesure que l'eau baisse.

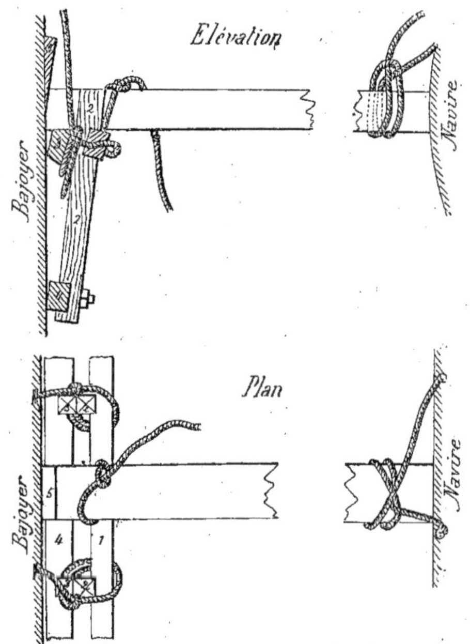

Fig. 751 à 754.

594. *Accorage.* — Le moyen le plus sûr de fixer les accores est de les faire arc-bouter dans l'angle d'une banquette. Ces banquettes étaient très multipliées dans le temps, aujourd'hui, on se contente d'en placer deux ou trois, ce qui a l'avantage de réduire la portée des grues et celles des accores.

Dans le cas où on se sert du sas d'une écluse, on accore en plaçant des pièces de bois verticales le long des bajoyers, pièces de bois sur lesquelles on vient serrer les pièces d'accorage au moyen de sellettes.

On a longtemps employé ce système à Saint-Nazaire à l'écluse de navigation, entre les bassins de Penhouet et de Saint-Nazaire (*fig.* 751 à 754).

Les accores se placent généralement à 5 ou 7 mètres de distance, ce qui fait que l'on peut faire alterner des bajoyers lisses avec des escaliers à gradins.

595. *Banquettes.* — Quant aux *banquettes*, elles doivent avoir des dimensions telles que les hommes y puissent travailler sans danger. Aussi leur donne-t-on une assez grande largeur, 1 mètre à 1^m,20 par exemple, quand elles ont une hauteur supérieure à 2 ou 3 mètres. Dans le même but, on donne 1/8 de pente au parement du bajoyer afin de faciliter le passage du coude des ouvriers chargés de fardeaux portés sur l'épaule.

Nous avons vu les motifs qui ont fait substituer deux rigoles à l'ancienne rigole axiale; nous n'y reviendrons donc pas. Nous rappellerons seulement que les pentes transversales du radier doivent être de 2 à 3 centimètres par mètre.

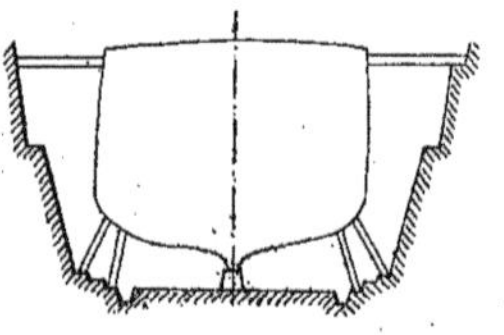

Fig. 755.

Pour accorer le navire en dessous, on met quelques gradins sous forme de marches d'escalier, ce qui permet de placer des épontilles presque droites et de soutenir ainsi les parties inférieures du navire, qui, quand il navigue, est soutenu dans les mêmes parties par la sous-pression de l'eau (*fig.* 755).

Par suite de l'inclinaison ordinaire de la quille (0^m,005 à 0^m,01 par mètre), on pourra, dans un but d'économie, donner la même inclinaison au radier et par suite à la ligne des tins et des rigoles, ce qui a l'avantage de faire reposer le bateau en même temps sur tous les tins à la fois et de placer l'extrémité des rigoles près de l'entrée, là où on place ordinairement les pompes d'épuisement.

On peut, du reste, par une modification dans le chargement, amener la quille à être horizontale, de telle sorte que l'on peut construire un radier dans les mêmes conditions, ce qui permet de faire entrer le navire par derrière. Cette condition du radier horizontal est obligatoire quand la forme a deux entrées.

Les banquettes sont toujours horizontales de telle sorte que toute sa surface se découvre en même temps et qu'on y peut travailler simultanément pour accorer. On donne aux gradins inférieurs la pente du radier (*fig.* 756).

596. *Escaliers.* — On ménage des *escaliers* pour descendre de la plate-forme supérieure sur les banquettes successives et jusqu'au niveau du radier.

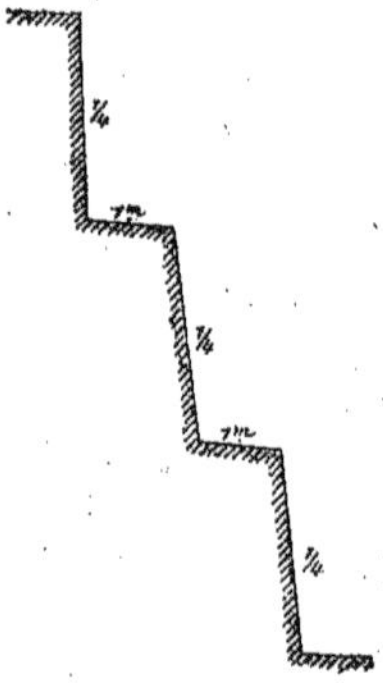

Fig. 756. — Banquettes.

Les hommes qui pratiquent ces escaliers, étant généralement chargés de fardeaux qu'ils portent sur l'épaule, il faut les interrompre par des paliers que l'on fait correspondre naturellement avec les banquettes, et on a soin de ne pas les faire en retour d'équerre, les fardeaux portés sur l'épaule pouvant alors, dans ce mouvement tournant, porter sur les murs et entraîner la chute des ouvriers. On les mettra donc en prolongement les uns des autres, et il est nécessaire, dans le même but, que ces mêmes ouvriers ne rencontrent pas devant eux de paroi verticale. On adoptera les dispositions de la figure 757-758.

On devra prendre pour la hauteur et la

largeur de ces marches la formule bien connue :

$$l + 2h = 0^m,64,$$

dans laquelle :

l, donne la largeur de l'emmarchement sur la foulée, et dans ce cas particulier celui de la marche, et h la hauteur de cette marche.

Cette formule qui convient au pas moyen ($h = 0$, et par suite $l = 0^m,64$) et aux échelles ($l = 0$, d'où, $h = 0^m,32$), nous a toujours donné d'excellents résul-

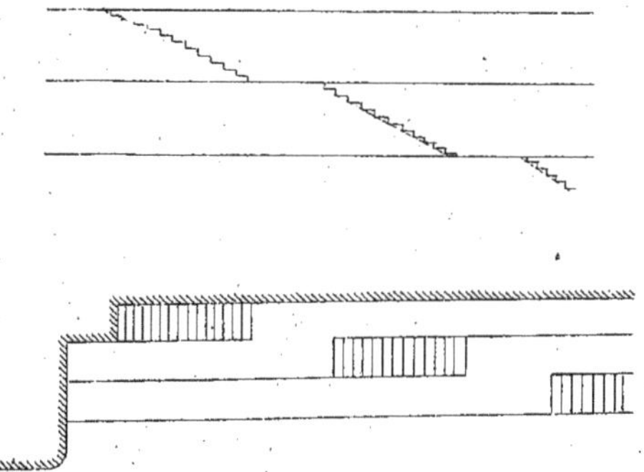

Fig. 757 et 758.

tats dans tous les cas possibles, aussi ne saurions-nous trop la recommander.

Les paliers devront donc être un multiple exact de $0^m,64$. On adopte ordinai-

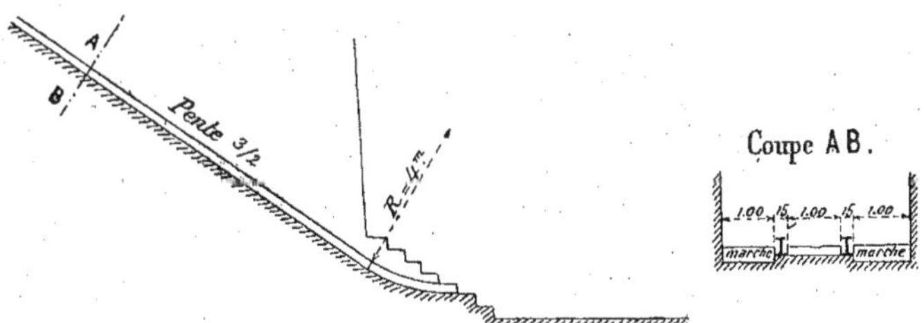

Fig. 759 et 760. — Glissières.

rement $0^m,30$ pour la largeur et $0^m,20$ pour la hauteur, nombres qui diffèrent peu de la formule que nous avons donnée, mais qui donnent une montée un peu plus raide.

On dispose généralement les escaliers symétriquement par rapport à l'axe longitudinal de la forme, et on en met 4 et quelquefois 8.

597. *Glissières.* — Les glissières, qui servent, ainsi que nous l'avons vu, à la descente des pièces de bois et de fer de grandes dimensions, ont généralement une pente de 3 de base pour 2 de hauteur et

On les raccorde au dernier gradin par un arc de cercle dont la tangente inférieure est horizontale. On leur donne 1 mètre de largeur avec rails plats métalliques.

Ces glissières sont généralement bordées de marches ; on les fait tantôt couvertes, tantôt découvertes, et on place fréquemment une de ces dernières dans la partie ronde de la forme ; elle peut ainsi recevoir l'étrave du bateau, ce qui permet d'utiliser la forme pour des

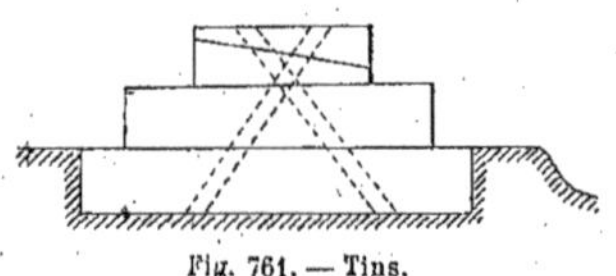

Fig. 761. — Tins.

bateaux plus longs que ceux pour lesquels elle a été construite (*fig.* 759, 760).

598. *Tins.* — Nous avons parlé des inconvénients des tins en bois que l'on doit, dans tous les cas, faire en chêne à cause des efforts auxquels ils sont soumis perpendiculairement à leurs fibres.

On maintient leur écartement avec des étrésillons, ce qui est nécessaire, car si le bateau glissait longitudinalement, il viendrait renverser les tins qui reposent les uns sur les autres par les petits côtés de leurs prismes.

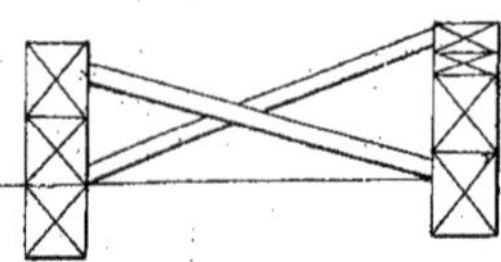

Fig. 762. — Tins.

Le faux tin sur lequel s'appuie la quille, fréquemment déformée par suite des fatigues de mer, est composé de deux coins, ce qui permet de racheter les petites différences de rectitude. On conçoit que si on n'opérait pas ainsi, les mouvements imprimés à la quille sur laquelle s'assemble les membrures amèneraient une fatigue de ces assemblages. En outre, le poids serait alors réparti sur un petit nombre de tins qui, dans ce cas, supporteraient une charge trop considérable.

On fixe la position des coins en clouant des étrésillons (*fig.* 761, 762).

Nous avons déjà entretenu nos lecteurs des tins métalliques et de leurs avantages; nous n'y reviendrons que pour dire qu'ils suppriment les étrésillons et qu'on peut

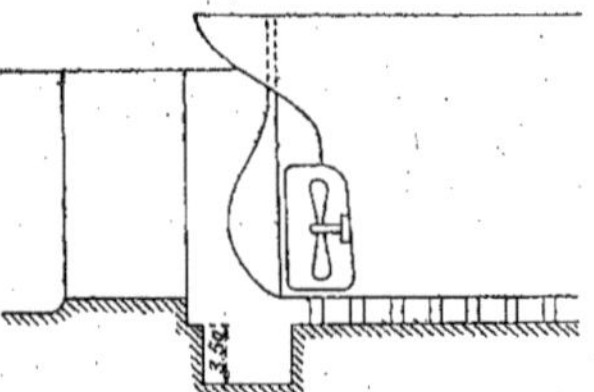

Fig. 763. — Fosse de gouvernail. — Coupe et plan.

leur donner toute la stabilité voulue au moyen d'un empattement et d'un scellement de la base.

599. *Fosse à gouvernail.* — On sait que la partie plane ou agissante du gouvernail se termine par une mèche qui traverse une sorte de puits pratiqué à

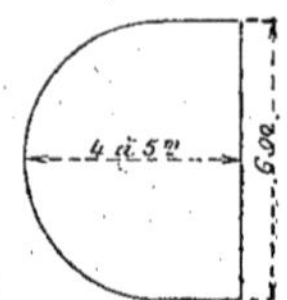

Fig. 764. — Fosse de gouvernail. — Coupe et plan

l'arrière du navire (*jaumière*) et après laquelle mèche est fixée la *barre* qui est manœuvrée par le timonier au moyen de chaînes et d'une roue à chevilles.

Cette mèche pénètre de 3 ou 4 mètres dans la jaumière, il faut donc, pour pouvoir enlever le gouvernail, l'abaisser de cette hauteur afin qu'il puisse échapper l'orifice inférieur du puits. On effectuait et on effectue encore cette manœuvre, en rade par exemple, par une mer calme, en modifiant l'arrimage pour faire donner du nez au navire, puis on opère comme l'on peut au moyen de plongeurs, etc. Il en est de même pour changer les hélices. Une construction accessoire dans les formes permet d'opérer beaucoup plus rapidement et plus sûrement. On pratique à cet effet, à l'entrée de la forme, une fosse (*fig.* 763, 764), dont le fond soit à 3 ou 4 mètres au-dessous du niveau de la face supérieure du tin. Les figures indiquent les dimensions qu'on leur donne ordinairement. Un escalier ou des échelles permettent d'en atteindre le fond, et une grue de 20 tonnes sert à manœuvrer les pièces lourdes. Une épaisseur de 1m,50 à 2m,50 suffit généralement pour le radier de cette fosse qui est maintenue de tous côtés. On l'épuise avec une pompe à main quand il en est besoin et on y ménage un petit puisard à cet effet. Nous disons quand il en est besoin, car tous les navires qui entrent dans le bassin de radoub n'ont pas à effectuer le genre de réparations pour lequel elle a été spécialement construite.

600. *Hiloires.* — On garnit fréquemment les bords du couronnement de la forme d'un parapet d'une petite hauteur qu'on appelle *hiloire*, afin d'empêcher la chute des objets dans cette forme. Autrefois on les faisait en pierre taillée dans le couronnement. Aujourd'hui on les fait en fonte qu'on scelle solidement sur le couronnement. Le moulage de la fonte permet d'y ménager des trous (*fig.* 765 à 768) et d'y placer des broches qui servent aux amarrages et remplacent les organaux, bittes, bornes, etc., que l'on était obligé de placer autour de la forme.

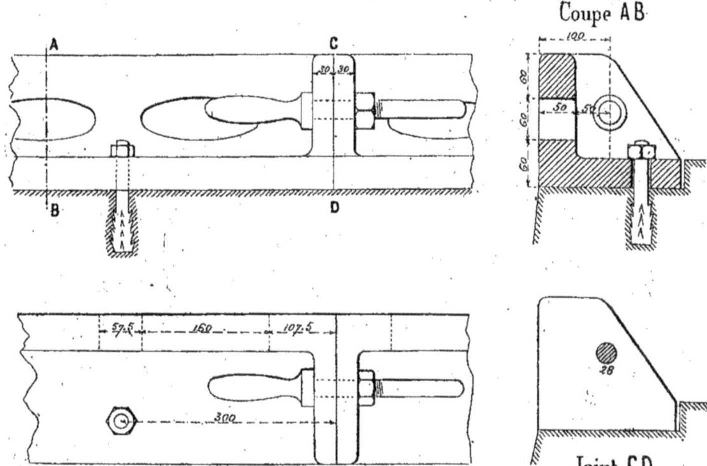

Fig. 765 à 768. — Hiloires de la forme de radoub de Calais

601. *Grues.* — Indépendamment des glissières des câbles d'amarrage, comme on a fréquemment à remuer des pièces très lourdes (étambots, hélices, gouvernails, etc.), qui sont en dehors de l'action des engins ordinaires du bord, on installe des grues dont la force varie de 10 à 20 tonnes. On les place sur des massifs solidement construits et, pour diminuer la portée de la volée, on construit le bajoyer avec un fruit aussi faible que possible (1/20 par exemple).

602. *Echelles.* — On installe aussi

quelquefois des échelles entre les banquettes pour faciliter l'accès de la forme.

603. *Aqueducs.* — On distingue deux espèces d'aqueducs, ceux de remplissage et ceux de vidange. Les *aqueducs de remplissage* sont destinés, ainsi que leur nom l'indique, à admettre l'eau dans la forme quand les réparations du navire sont terminées; on les dispose symétriquement de chaque côté de l'axe de la forme. Leur orifice de prise d'eau A (*fig.* 769) dans le bassin est toujours placé au-dessous du niveau des basses mers, afin qu'on puisse opérer le remplissage pendant toute la montée de la mer. On amène l'eau aussi bas que possible et en arrière du bateau-porte, afin d'avoir sur le radier la plus petite chute possible, et on leur donne une dimension telle qu'un homme en puisse faire la visite (ordinairement, 1^m à $1^m,50$ de diamètre). Des rainures, placées en avant

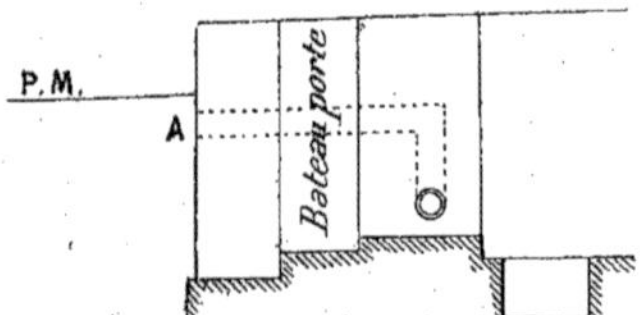

Fig. 769. — Aqueduc de remplissage.

du bateau-porte, permettent de l'isoler de façon à en rendre les réparations plus faciles.

Autrefois, on opérait ce remplissage au moyen de vannes et de ventelles que l'on pratiquait dans les portes ou dans les bateaux-portes, mais on ne pouvait, pour ne pas compromettre la solidité de ces appareils qu'il faut assurer à tout prix, on ne pouvait, disons-nous, que leur donner de faibles dimensions, incompatibles avec la rapidité des opérations aujourd'hui exigée.

604. Les *aqueducs de vidange* ont des points de départ différents suivant la position des machines d'épuisement et la pente du radier. Si celui-ci est en pente du fond vers l'avant et si les machines sont placées près de l'entrée, l'aqueduc de vidange est réduit à son minimum de longueur, puisqu'il n'a qu'à conduire les eaux des rigoles d'assèchement au puisard, et qu'à traverser un des bajoyers.

Si la machine est placée au fond de la forme, la pente du radier étant dirigée dans le même sens, on commence par épuiser jusqu'au niveau du fond de la forme et deux aqueducs longitudinaux ménagés dans les bajoyers et en contre-pente avec le radier débouchent dans la forme d'un côté vers le mur de chute, de l'autre dans le grand aqueduc de vidange, qui communique avec le puisard des machines.

Dans le cas d'un radier horizontal et si les machines d'épuisement sont vers l'arrière de la forme, on peut se contenter d'un seul aqueduc d'épuisement près du fond de l'hémicycle.

Le grand aqueduc de vidange a l'inconvénient assez grave, avec les puissantes machines d'exhaustion aujourd'hui employées, et surtout au commencement alors que le cube d'eau enlevé par seconde est maximum, de créer dans la forme un courant longitudinal qui peut atteindre une certaine rapidité à redouter tant que le navire ne repose pas sur ses tins ou bien lors qu'on veut installer des radeaux au fur et à mesure de l'abaissement des eaux.

Nous avons vu que l'on a atténué cet inconvénient, dans les formes 5 et 6 du Havre, en ménageant dans les bajoyers deux grands aqueducs latéraux communiquant de distance en distance avec l'intérieur de la forme.

Il faut dans tous les cas que tous ces aqueducs, aussi bien les principaux que les secondaires, aient une forme qui en permette la visite et qui laissent la facilité de faire des chasses pour nettoyer les vases qui pourraient s'y accumuler. Dans ce but, on donne aux grands aqueducs la forme ovoïde des égouts de ville de $1^m,80$ à la clef.

605. *Calculs.* — Les calculs sont les mêmes que ceux des écluses des bassins à flot, avec cette différence que pour les radiers, ces ouvrages devant être mis à sec, dans le cas de réparations, supportent sur toute leur surface la sous-pression totale.

Comme on doit se garer à tout prix des infiltrations, on emploiera des mortiers très riches en chaux ou en ciment.

Le mode d'exécution des travaux suivant les différents terrains, est identiquement le même que celui des écluses, et on a distingué tous les cas sur lesquels nous avons déjà appelé l'attention du lecteur (bétonnage, pilotis, barrage, caissons, air comprimé, etc.). Nous renverrons donc aux différents exemples que nous avons déjà signalés et aux avantages et inconvénients qui sont résultés de l'adoption de chaque système.

Nous verrons un peu plus loin les solutions à adopter, quand il paraît impossible ou trop coûteux de construire des formes en maçonnerie.

En tant que maçonnerie, un béton gras, riche en chaux ou en ciment, est surtout recommandable, excepté pour les parties qui peuvent supporter des chocs comme les angles, ou des efforts considérables comme les rainures des portes, etc. Dans ce cas, on devra employer des pierres de taille de *fortes dimensions.* Pour toutes autres sujétions, la pierre de taille ordinaire suffira.

Pour les bajoyers et pour les garantir des infiltrations, il sera bon de les faire enduire du côté du terre-plein avec un mortier riche. La soudure des bajoyers et du radier devra être l'objet de soins tout particuliers afin de la rendre parfaite.

Résumé sur la fermeture des bassins de radoub.

606. Nous avons vu que quatre moyens principaux sont employés pour la fermeture des formes de radoub :

1° Deux portes busquées ou une porte unique ;

2° Les bateaux-portes ;

3° Les caissons roulants ;

4° Enfin les barrages à poutrelles qui s'appliquent comme sécurité ou pour faciliter les réparations à chacun des trois premiers.

607. 1° *Portes busquées.* — Leurs avantages, à peu près les seuls qu'elles partagent avec les portes uniques, sont la rapidité des manœuvres, et une plus grande résistance que les bateaux-portes aux agitations de l'avant-port, ce dont on n'a pas à tenir compte dans le cas de formes établies dans les bassins à flot. Leurs inconvénients sont l'enclave qu'elles exigent et les difficultés de maintenir le buscage étanche. Elles exigent en outre l'inutilisation ou la mauvaise utilisation de la portion de quai qui sert à leurs enclaves, lesquelles compliquent et augmentent les difficultés de la construction, et par suite le prix de premier établissement.

608. *Portes uniques.* — Les portes uniques évitent une partie de ces inconvénients, mais il en résulte de grandes difficultés pour leur construction, car elles offrent alors des dimensions considérables.

En outre, on a tous les inconvénients dus à leur envasement, qui rendent alors les manœuvres très difficiles.

609. 2° *Bateaux-portes.* — Les bateaux-portes dans une eau non agitée sont exempts de tous ces inconvénients. Leur soulèvement au moment des manœuvres fait disparaître celui des envasements. Une enclave d'un mètre leur suffit, enfin, on peut les conduire n'importe où, même dans une forme de radoub en cas de réparation.

Ce mode de fermeture est donc généralement adopté aujourd'hui, du moins en France.

Nous reviendrons tout à l'heure sur les conditions de leur établissement.

610. 3° *Caissons roulants.* — Ces caissons, dont nous avons vu l'emploi, ont à peu près les mêmes avantages que les portes d'écluses pour la facilité des manœuvres et l'étanchéité des bateaux-portes, mais ils comportent une forte augmentation de dépense pour l'établissement de l'enclave perpendiculaire à l'axe de la forme, aussi ne les emploie-t-on que dans des cas particuliers.

4° *Barrages en poutrelles.* — Nous n'avons rien à dire sur ces barrages applicables à tous les systèmes de fermeture ; ils sont en effet nécessaires pour tous les cas de réparations, n'exigent que deux feuillures et permettent d'utiliser la forme pour des longueurs de navires un peu plus grandes que celle prévue.

Bateaux-portes.

611. Nous allons entrer dans quelques détails généraux sur les conditions de leur établissement en renvoyant aux exemples que nous avons déjà donnés. Nous commencerons par les feuillures.

612. *Feuillures et rainures des bajoyers.* — Les feuillures doivent pouvoir permettre au bateau de dégager lors des manœuvres.

Voici comment on détermine leur forme dans le cas d'un dégagement par simple ascension (*fig.* 770).

La rainure sur le radier a ordinairement 0m,50 de hauteur, ce qui est nécessaire pour un joint étanche. On l'incline

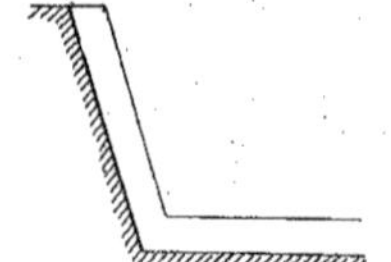

Fig. 770. — Rainure dans le radier.

pour faciliter le dégagement de la quille, et, comme il faut qu'elle puisse passer

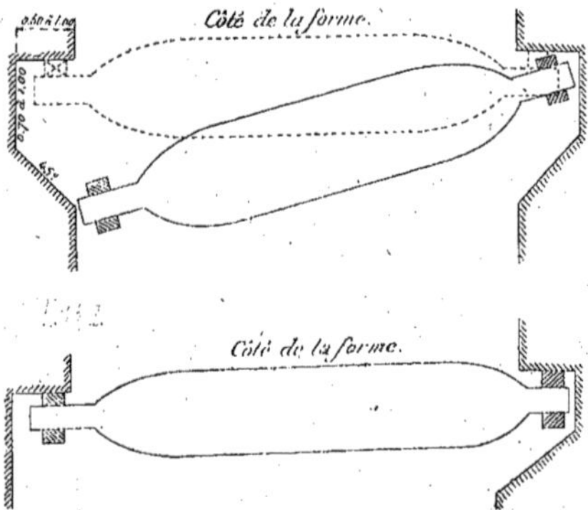

Fig. 771 et 772.

librement au-dessus du radier, on devra laisser à cet effet et au-dessous, un espace libre de 0m,30 à 0m,50 ; le soulèvement du bateau devra donc être de 0m,80 à 1 mètre.

Il faut qu'à ce moment les étambots du bateau soient aussi sortis de leurs rainures, or, comme ils s'appuient de 0m,25 à 0m,35 sur le bord de cette rainure au moyen de leurs fourrures et de leurs paillets, l'inclinaison de cette feuillure devra être de :

$$\frac{0^m,25 \text{ à } 0^m,35}{0^m,80 \text{ à } 1^m,00},$$

soit 1/3 à 1/4. C'est en effet le chiffre adopté généralement.

Il suit de là que pour le raccordement avec le couronnement du pertuis, le pont supérieur devra être plus long que la quille, ce qui est un inconvénient pour la stabilité en augmentant le poids au-dessus de la flottaison.

Pour éviter cet inconvénient, on a combiné un mouvement de soulèvement avec un mouvement de rotation, autour d'un des étambots considéré comme axe. Il suffit pour cela de faire la feuillure opposée à cet axe en pan coupé ; pour en diminuer la longueur, on prolonge un peu la rainure du côté de cet axe, et le mouvement du bateau-porte perpendiculairement à l'axe du pertuis reporte d'autant en arrière l'axe de rotation formé par l'étambot (*fig.* 771).

On a même proposé de supprimer complètement la rainure en ne laissant qu'une feuillure, mais cela a le grave inconvénient, quand, à un moment donné de l'épuisement, ainsi que nous le verrons plus loin, le bateau manque complètement de stabilité, de l'exposer à se coucher à plat, ce à quoi s'oppose la rainure (*fig.* 772).

Dans le cas où la rainure n'existe pas, il faut maintenir la verticalité du bateau par une amarre frappée à sa tête et une autre à son pied.

Quelquefois on établit deux feuillures,

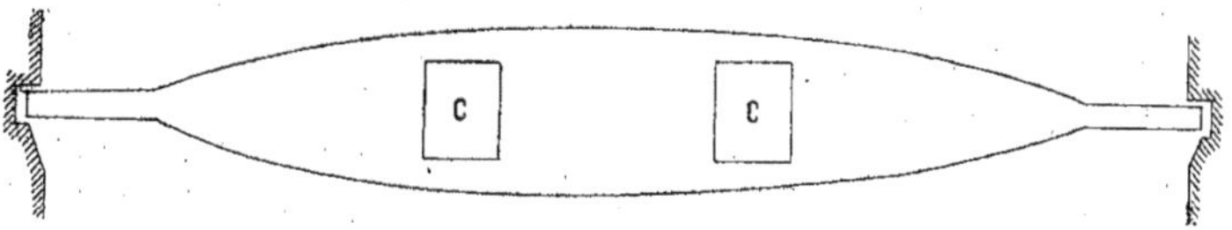

Fig. 773.

et alors on supprime la rainure de celle qui est la plus proche de l'entrée de la forme et qui ne sert qu'exceptionnellement à établir un bâtardeau.

On supprime aussi quelquefois la rainure du radier, celle des bajoyers suffisant pour maintenir le bateau en place.

On donne généralement $0^m,50$ à 1 mètre à la feuillure, $0^m,70$ à $0^m,80$ à la rainure, parallèlement à l'axe du pertuis, et 45° au pan coupé.

613. Le programme général auquel doit répondre un bateau-porte est :

1° D'être d'un entretien facile ;

2° D'avoir une stabilité suffisante à la flottaison ;

3° De pouvoir fonctionner à la marée la plus basse à laquelle puisse entrer et sortir les bateaux dans la forme ;

4° D'opérer une fermeture étanche ;

5° D'avoir une résistance suffisante pour résister aux plus grandes charges auxquelles il peut être soumis.

614. *Entretien.* — Nous avons vu qu'il suffisait pour l'entretien courant que le bateau soit symétrique par rapport à son plan longitudinal, car alors on a successivement à sec dans l'intérieur de la forme, tantôt une face, tantôt l'autre.

615. *Stabilité.* — Les conditions de stabilité varient avec les différents types adoptés.

Les premiers bateaux-portes étaient en bois. Les premiers de tous étaient un véritable bateau, les seconds un grand plateau que l'on manœuvrait avec des flotteurs. On se trouvait pour ces derniers en présence des difficultés des grands vantaux des portes. Ils avaient en outre l'inconvénient de s'alourdir par leur séjour dans l'eau et d'avoir une de leur

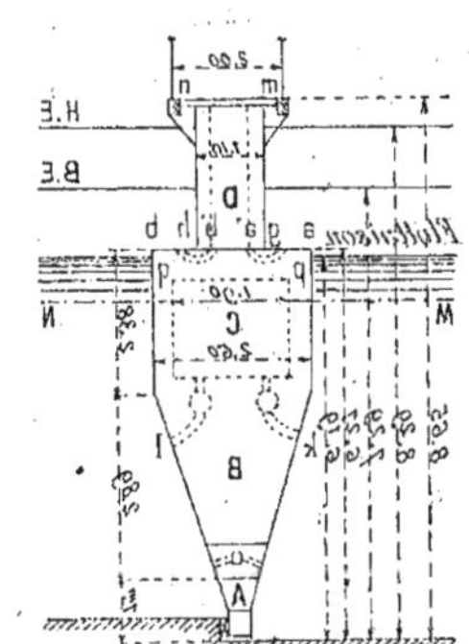

Fig. 774. — Darse Vauban. — Forme n° 3 (Toulon).

face mouillée et l'autre à sec, ce qui contribuait à leur détérioration.

Aujourd'hui on les construit en métal.

Nous avons donné la coupe du bateau en bois de la forme de Dunkerque.

Pour les bateaux-portes métalliques on distingue :

1° Ceux établis dans une darse (bassin d'un port sans marée) ;

2° Ceux établis dans un bassin à flot (port à marée) ;

3° Ceux établis dans un avant-port à marée.

616. 1° *Bateaux-portes établis pour les ports sans marée.* — Ils se composent d'un bassin étanche divisé en deux compartiments :

Le premier qui est à la partie inférieure renferme un lest fixe.

Le second contient deux caisses à eau formant lest amovible; elles sont placées symétriquement par rapport à l'axe transversal du bateau, ce qui permet de le maintenir horizontal pour les manœuvres (*fig.* 773, 774).

La surface supérieure forme un *pont étanche* et est placée à une petite hauteur au-dessus de la surface de l'eau pour la sécurité et la facilité des manœuvres, ainsi que nous le verrons plus loin.

La largeur est limitée par les conditions de stabilité. Au dessus se trouve un autre caisson de plus petite largeur, ce qui forme un ressaut sur le pont étanche auquel on donne aussi pour ce motif le nom de *pont de ressaut.* La largeur de ce caisson est déterminée par les conditions de résistance du caisson lorsque la forme est vide et la marée haute. Ce caisson est divisé en trois parties qui peuvent être mises en communication soit avec la darse, soit avec la forme.

Tous les tuyaux sont munis de valves ou de soupapes que l'on peut manœuvrer du pont supérieur du bateau-porte. Des tuyaux spéciaux mettent les différents compartiments en communication avec l'atmosphère.

Quand on veut échouer le bateau-porte on l'amène flottant au-dessus de la rainure, on ouvre tous les orifices d'arrivée d'eau dans le caisson du haut, puis ceux des compartiments inférieurs ; l'air renfermé pouvant s'échapper, l'eau y pénètre avec facilité et le bateau s'enfonce horizontalement par le règlement des soupapes d'introduction ; le pont étanche se couvre alors d'eau et celle-ci pénètre dans les compartiments supérieurs. Pendant cette introduction de l'eau, le bateau vient reposer sur les feuillures du radier et on le met exactement en place au moyen d'amarres ; on le fixe au moyen de cales enfoncées dans les rainures. Ceci fait, on ferme les soupapes des réservoirs supérieurs placées du côté de la forme, les autres restant en communication avec la mer, puis on commence l'épuisement; quand ceux-ci arrivent au niveau des orifices des communications des caisses placées au-dessous du plafond de ressaut, on les ferme alors et on achève l'épuisement.

Pour l'émersion, la forme étant supposée vide, on commence par fermer (du côté de la mer naturellement) les orifices des caisses supérieures. On évacue dans la forme l'eau qui aurait pu pénétrer dans la cale du bateau et on vide dans la forme les caisses intermédiaires. Quand ces caisses sont vides, on remplit la forme. Lorsque le niveau est établi entre le niveau extérieur et celui de l'intérieur, le bateau-porte se décolle, ou, s'il est retenu par l'adhérence des paillets, on y aide avec des anspects ou des verrins. Il se soulève lentement à cause du lest formé par l'eau dans les caisses supérieures. Cette lenteur est nécessaire pour ne pas avoir de mouvements dans le bateau-porte, ce qui amènerait soit des avaries pour lui-même, soit pour le navire qui a subi l'opération du radoub et même pour ceux qui sont extérieurement, dans le voisinage.

Quand le niveau est à peu près complètement établi, on vide les caisses supérieures ; le fond étanche émerge, le bateau flotte alors, et on peut l'emmener hors du pertuis.

Les caisses moyennes permettent de déplacer la porte quand la forme est pleine d'eau, il suffit en effet de les vider pour que le bateau puisse flotter, aussi place-t-on leur fond aussi haut que possible pour diminuer le travail des pompes. Cette position favorise aussi leur vidange aussitôt que l'eau s'est abaissée dans la forme au-dessous du niveau de leur fond.

On voit déjà l'avantage qu'il y a à donner à ces caisses un petit volume et à placer le pont de ressaut à une petite hauteur au-dessus de la flottaison.

617. 2° *Bateaux-portes dans les bassins à flot.* — On imite dans ce cas les bateaux-portes précédents, en plaçant le pont étanche de façon que le bateau puisse se soulever même par les faibles hautes mers de morte eau.

Dans le cas des marées de vives eaux, le bateau-porte doit se soulever de la même quantité qu'il se soulevait dans le cas précédent, augmentée de la différence qui existe entre la hauteur de la marée de morte eau minima et de celle de vives eaux maxima.

On voit qu'il faut, dans ce cas, donner une grande largeur au pont de ressaut pour amener la stabilité, car, la plus grande partie du bateau est au-dessus de l'eau.

Ceci a conduit à en modifier la forme, et à adopter celle que nous avons décrite

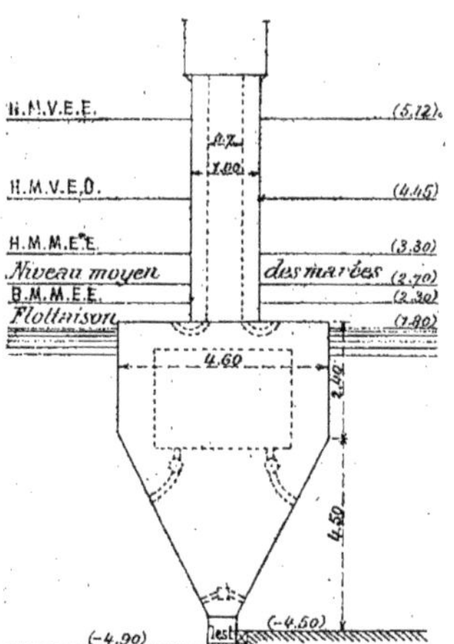

Fig. 775. — Forme n° 2 à Lorient.

pour les formes 5 et 6 du Havre (*fig.* 739 à 746) nous y renverrons le lecteur.

618. *Bateaux-portes dans les avant-ports des ports à marée.* — Dans ce cas, les manœuvres doivent s'effectuer complètement avant que la mer, en descendant, ne puisse faire échouer le bateau ; en d'autres termes, il ne faut pas commencer les opérations près du moment de la haute-mer, et on estime qu'il faut au moins 6 heures pour toutes ces manœuvres. Ceci conduit à faire un bateau-porte qui commence à se soulever quand la marée montante a atteint à peu près le niveau moyen de la mer et qu'il s'échoue à la marée baissante quand elle atteint ce même niveau.

La forme générale de ces bateaux calculée avec ces restrictions est celle des bateaux-portes du Havre.

En résumé, le principe est d'avoir un bateau qui se soulève lentement ; dans tous les cas, la manœuvre en est toujours assez délicate et demande des hommes exercés.

Pour bien connaître les conditions de fonctionnement d'un bateau-porte, nous prendrons le type figuré (*fig.* 775) dû à M. de Cottier et appliqué au bassin de Lorient, et nous suivrons pas à pas l'étude

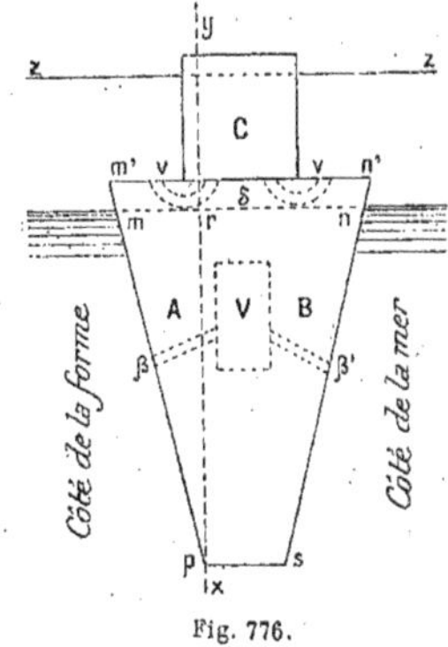

Fig. 776.

qu'en a faite M. Laroche dans son cours lithographié de travaux maritimes fait à l'École des Ponts et Chaussées :

« Soit *mn* (*fig.* 776) la flottaison normale du bateau, c'est-à-dire sa ligne d'immersion lorsqu'il est muni de tous ses agrès et chargé de tous les poids qu'il peut avoir à supporter pendant la manœuvre, entre autres celui des hommes qui doivent rester à bord.

« Soit *xy* la trace sur le plan vertical de la face d'application du bateau contre la feuillure.

« Si A est le déplacement de la partie gauche de la carène *mrp* sur le croquis, B le déplacement de la partie droite *nrps* le poids du bateau-porte à flot est égal à A + B.

619. *Immersion.* — « L'immersion du bateau s'obtient en remplissant les caisses V par les robinets $\beta\beta_1$. Elles doivent donc avoir une capacité suffisante pour faire couler le bateau au-dessous du pont du ressaut $m'n'$, car, à partir de ce moment, la poussée reste à peu près constante, puisque l'eau pourra s'introduire par les robinets $\gamma\gamma'$ dans la partie supérieure C et y circuler librement (*fig.* 776).

« Soit δ le déplacement $mnm'n'$, la première condition se traduirait donc par l'expression :

$$V > \delta.$$

« En réalité, la poussée n'est pas constante quand le pont du ressaut est couvert, elle augmente avec l'immersion du bateau :

1° Du déplacement de la charpente, car le contenant n'est pas égal au contenu;

2° De celui des parties fermées où l'eau n'accède pas, soit celui du puits de descente dans la cale; soit u ce déplacement, u' celui de la charpente, il en résulte que de la flottaison $m'n'$ à la flottaison ZZ où le bateau est coulé, l'accroissement de poussée est égal à $u + u'$; il faut donc que l'on ait :

$$V > \delta + u + u'.$$

« En appelant Π le poids de l'eau de mer, la pression P sur le fond de la feuillure sera donnée par la formule :

$$P = \Pi\,[V - (\delta + u + u')].$$

« Ce poids P représente la force d'immersion, et il ne faut pas que cette force soit trop faible, car, pendant le remplissage de la capacité C, il s'établirait une sorte d'équilibre entre le poids d'eau déjà introduit en V et la poussée due à l'immersion, et, sous l'action de la houle, le bateau-porte subirait une suite d'oscillations verticales, très dangereuses au moment où le bateau-porte est sur le point de reposer sur la feuillure du fond, et à chaque mouvement sa quille viendrait choquer le radier. On fera donc P égal au moins à 2 tonnes s'il n'y a pas de houle, et on est allé dans certains cas jusqu'à 10 ou 12 tonnes.

« P devant être positif, V doit être $> \delta$, il y a donc intérêt à réduire autant que possible ce dernier volume.

« Ce volume est égal à la section de la flottaison, multiplié par la distance du pont étanche à la flottaison dont on peut modifier la hauteur. Aussi place-t-on le pont étanche à 5 à 10 centimètres au dessus, en eau très calme, et à 10 à 15 s'il y a un peu d'agitation, car, si l'eau le couvrait à un moment donné, les conditions de stabilité seraient modifiées et la stabilité compromise.

620. *Emersion.* — « Pour l'émersion, on vide les caisses V dans la forme de radoub en ouvrant le robinet β, puis on le referme. Le poids total du bateau est alors égal à A + B, augmenté du poids de l'eau des caisses supérieures égal à $a + b$, et le poids total est :

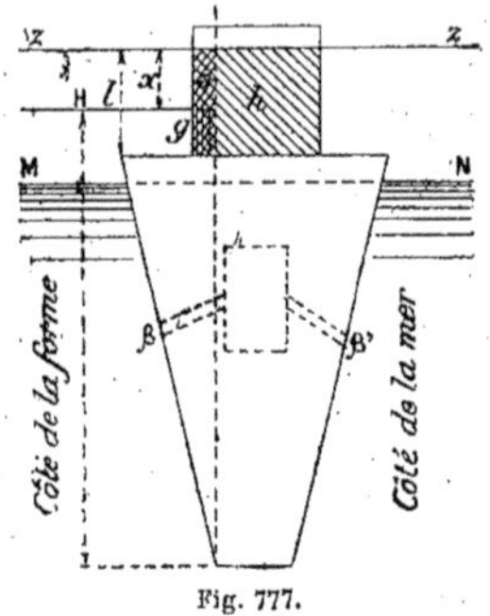

Fig. 777.

$$\text{Poids total} = A + B + a + b.$$

On ouvre alors les vannes et la forme se remplit peu à peu; si on appelle x (*fig.* 777) la différence de niveau correspondant au moment ou le soulèvement se produit, on a pour le déplacement :

$$\text{Déplacement} = A + B + \delta + u + u' + \left[\left(1 - \frac{x}{l}\right)a + b\right],$$

en négligeant de retrancher de $u + u'$ de la partie relative au volume de a correspondant à x, qui ne donne pas de poussée de la part de l'eau, et on a finalement :

Force émersive $= f =$ déplacement — poids, d'où :

$$f = \delta + u + u' - \frac{x}{l} a.$$

Ce qui donne la valeur de x si on connaît f, c'est-à-dire la force utile pour le décolement, et pour que celui-ci soit assuré, on prend la limite $x = o$ et on pose :

$$f \leqq \delta + u + u'.$$

Aussitôt que le bateau se soulève un peu, on vide les caisses supérieures, le bateau finit alors par sortir de ses rainures et revient à sa flottaison mn.

La pratique a conduit à prendre pour f minimum 2 à 3 tonnes, comme moyenne

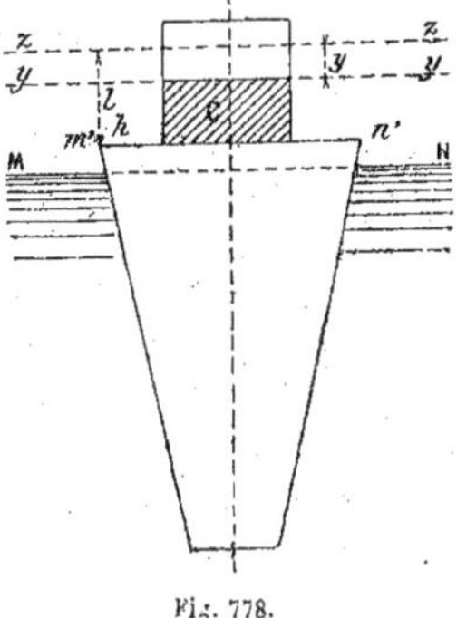

Fig. 778.

4 à 7 tonnes, et 12 tonnes comme maximum.

621. *Soulèvement.* — Le décalement se produit pour une différence de niveau que l'on a déterminée entre les eaux de la forme et celles de la mer. On peut toujours prendre x aussi petit qu'on veut, mais l'expérience a démontré qu'il est inutile de faire descendre sa valeur au-dessous de $0^m,30$, et que, si elle dépasse $0^m,70$ à $0^m,80$, le vide restant à remplir dans la forme est trop considérable.

Le bateau étant décollé, l'eau entre par les rainures et le niveau s'établit peu à peu. On peut rechercher de quelle hauteur le bateau s'est soulevé pour atteindre ce résultat.

Soit Yy (*fig.* 778), la nouvelle flottaison, et y sa hauteur au-dessus de la mer ZZ.

Ecrivons qu'à ce moment le poids est égal à la poussée. Nous avons :

$$P = A + \omega_h$$

en appelant ω_h le poids de l'eau contenue dans partie supérieure entre ZZ et $m'n'$.

La poussée $= A + B + \delta +$ déplacement de la partie ombrée du croquis.

En admettant que dans C' les déplacements sont proportionnels aux hauteurs, on peut évaluer ce déplacement à :

$$(\omega_h + u_h + u_h') \frac{l_h - y_1}{l_h}$$

le premier facteur étant le déplacement jusqu'au niveau de la mer.

On a donc :

$$A + B + \omega_h = A + B + \delta$$
$$+ (\omega_h + u_h + u'_h) \left(\frac{l_h - y}{l_h}\right)$$

de laquelle on déduit la valeur de y.

Il convient que y soit plus petit que la hauteur de la feuillure inférieure (environ $0^m,50$), afin que l'eau soit forcée de passer entre le paillet et la feuillure et ne débouche pas immédiatement dans la forme.

On prend généralement, pour y, $0^m,25$ à $0^m,35$. Après ce premier soulèvement, on vide les caisses C, et le bateau revient à sa ligne de flottaison normale.

622. *Stabilité.* — Nous avons vu à l'article Métacentre de ce cours que l'équilibre d'un corps flottant est stable quand le centre de gravité est au-dessous du métacentre, ce qui donne également la stabilité des corps flottants.

Il est fort difficile dans les bateaux-portes et d'après le mode de construction que nous connaissons, de placer le centre de gravité de façon qu'il soit constamment au-dessous du centre de carène (*stabilité de poids*), on a alors recours à un autre genre d'équilibre appelé *stabilité de forme*, bien qu'on cherche toujours à se rapprocher *le plus possible* de la stabilité de poids qu'à la rigueur on peut toujours obtenir avec un lest très lourd.

La stabilité de forme repose toute

entière sur l'étude du métacentre, et on sait qu'elle a lieu quand ce métacentre P est au-dessus du centre de gravité, ainsi que nous venons de le rappeler plus haut (*fig.* 779).

Le calcul de ce métacentre se simplifie beaucoup dans le cas d'un bateau-porte qui a deux plans de symétrie l'un transversal, l'autre longitudinal.

L'expérience a conduit à admettre comme suffisante une hauteur GP égale au moins à $0^m,60$ pour l'inclinaison limite adoptée, α.

On définit la position du point P par la formule :

$$\rho = r - a,$$

dans laquelle :

$\rho = GP$,

$a = GO$,

$r = \frac{I}{V}$, I étant le moment d'inertie de la section de flottaison par rapport à l'axe longitudinal K du bateau, et V le volume de la carène immergée.

On voit par suite que :

1° r étant toujours positif, ρ augmente avec la longueur du bateau ;

2° A égalité de I il y a avantage à diminuer V, d'où on a intérêt à rétrécir le bateau au-dessous de la flottaison *prise quand la marée est la plus basse*, c'est-à-dire au-dessous du plan de flottaison le plus rapproché de la quille ;

3° A rendre quelquefois a négatif, c'est-à-dire à recourir à la stabilité de poids en mettant un lest lourd aussi près que possible de la quille.

Ceci démontre pourquoi les bateaux-portes du type de Cappier perdent de leur stabilité quand le pont étanche est couvert par l'eau et combien il est nécessaire de le maintenir dans des rainures pour l'empêcher de s'abattre sur le flanc. Ceci est également vrai lors du relèvement.

623. *Construction des bateaux-portes.* — Nous n'avons que peu de choses à dire à cet égard qui sort de notre domaine, nous nous contenterons donc de renseignements généraux.

Ces bateaux n'étant pas destinés à naviguer et n'étant animés que de mouvements lents, il est inutile de leur donner des formes arrondies qui compliquent la construction et augmentent considérablement la dépense en exigeant des pièces de forge.

Au point de vue de l'entretien et du dépot de vases, il faut adopter des formes lisses.

On doit pouvoir les visiter intérieurement avec facilité, on ménagera donc des trous d'homme.

Ils devront être étanches ; pour cela on les essaye comme les chaudières à vapeur en les soumettant à une pression de une atmosphère à une atmosphère et demie.

La quille et les étambots devront être d'une grande solidité ; on leur donne ordinairement $0^m,50$ à $0^m,60$ de hauteur, et la quille doit être de $0^m,10$ au moins plus haute que le busc.

Ainsi que nous avons déjà eu occasion de le dire, on place sur la quille et sur les

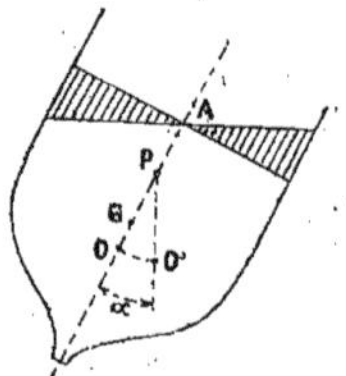

Fig. 779. — Métacentre.

étambots des fourrures en bois de $0^m,25$, sur $0^m,10$ à $0^m,12$, sur lesquelles on applique des paillets ou tapis d'étoupes de $0^m,07$ d'épaisseur, pour amener le contact avec la pierre de la feuillure. Quelquefois, on met les paillets sur la rainure au moyen d'un cadre en bois amovible.

La réparation des paillets placés sur le bateau se fait par un abatage en carène.

On protège la quille contre les chocs sur le radier par une fourrure en chêne ou en green heart de $0^m,15$ à $0^m,20$ d'épaisseur.

Il sera utile de mettre des soupapes en double pour pouvoir obvier au manque de fonctionnement de l'une d'elle.

624. *Calcul d'un bateau-porte.* — On les calcule comme les vantaux des ports d'écluse et, d'après ce que nous avons dit de la stabilité, il convient de ne pas alourdir la partie supérieure.

Il faut aussi, à cause du temps pendant lequel il supporte tout l'effort dû à la hauteur de la mer au-dessus du radier de la forme, le construire de façon à ce qu'il n'en éprouve pas de déformations. On devra également s'efforcer de répartir aussi également que possible la pression sur les paillets, et pour cela, d'après ce que nous avons dit des expériences de M. Chevallier, il paraît préférable d'employer le système des poutres horizontales qui paraît le plus rationnel, quand la forme est très évasée par le haut.

Résumé sur l'assèchement des formes.

625. Nous avons vu précédemment toute l'importance qu'avaient prises les formes de radoub avec l'accroissement des dimensions des navires, la construction en fer et l'intérêt du capital qu'elle représente. On a donc dû, pour utiliser le mieux possible cet outillage et ne pas être obligé de le multiplier, diminuer autant que possible le temps des assèchements et la durée des travaux qui s'y pratiquent. Dans ce dernier but, on a recherché les peintures qui sèchent le plus rapidement possible. Aujourd'hui, certaines compositions telles que le peacok, le peaking fournissent une peinture qui sèche en 3 heures, de telle sorte que l'on peut appliquer trois couches en 10 heures, tandis que l'ancienne peinture au minium demandait cinq ou six jours. Il suit de là, qu'un navire peut être gratté et peint en 36 heures, et, si on ajoute à ce chiffre 30 heures pour les autres menues réparations (gourvernail, hélice, etc.), le navire peut ne rester que 72 heures, soit trois jours, dans une forme qui peut alors suffire à 120 opérations annuelles. Ces chiffres montrent quelle importance il y a à obtenir une grande rapidité d'assèchement.

Dans les ports à marée, celle-ci fait une grosse partie de la besogne, si le radier des formes est établi à un niveau qui s'y prête et souvent, comme au Havre, il ne reste plus qu'une faible tranche d'eau à enlever. A Granville même, où les marées ont une importance considérable, l'assèchement se produit tout entier naturellement, mais c'est l'exception.

Pour tous ces motifs, aujourd'hui, en comptant le temps nécessaire pour l'accorage et celui que l'on emploie pour gratter les œuvres vives, on est conduit à admettre 3 heures pour la durée de l'épuisement. Une plus courte durée serait inutile et augmenterait considérablement les frais d'installation des machines en exigeant une puissance beaucoup plus considérable.

Nous avons vu comment l'eau à épuiser était amenée par des aqueducs dans les puisards, et comment, quand les formes sont voisines, on réunit ceux-ci en un seul groupe, ce qui permet d'installer les machines dans un seul bâtiment et de faire fonctionner ensemble toutes les machines; cette disposition amène des économies dans l'exploitation, etc.

Pour une bonne organisation, on doit, autant que possible, pouvoir rendre chacune des formes indépendantes du puisard général.

Voici comment on a résolu ce programme à Calais et à Dunkerque pour de nouveaux groupes de formes de radoub.

Il y a deux catégories de machines d'épuisement, celle des machines de vidange et celle des machines d'entretien, de telle sorte que l'on peut, tout en laissant fonctionner les machines d'entretien, réunir les machines d'épuisement, et la force totale dont on dispose est divisée en plusieurs machines de ce genre, de façon à ce qu'un accident à une des machines ne puisse, au pis aller, que produire un retard, et non une impossibilité dans le travail.

Par raison d'économie, on devra, sans troubler l'action des pompes, pouvoir profiter de l'abaissement de la marée par écoulement naturel dans l'avant-port.

Ce programme entraîne donc :

1° Un aqueduc de vidange spécial pour chaque forme ;

2° Un nombre de puisards égal à celui des formes ;

3° La communication de tous ces puisards entre eux ;

4° L'interruption possible au moyen de vannes entre un aqueduc et un puisard.

626. *Matériel d'épuisement.* — On choisira des chaudières à grande production économique de vapeur, et on aura au moins une chaudière de rechange.

Quant aux machines motrices, comme on sera conduit à employer des pompes centrifuges, on choisira des machines à grande vitesse, afin d'éviter les transmissions parasites qui absorbent inutilement une grande partie du travail moteur. Dans ce même but et comme nous savons qu'avec ce système de pompes le nombre de tours doit varier avec la hauteur de l'eau à élever, et que cette hauteur est variable dans les épuisements, puisque le plan des pompes est fixe et que le niveau de l'eau s'abaisse au fur et à mesure que l'opération s'achève, les machines devront avoir une grande élasticité comme travail et vitesse, jointe à une économie de combustible aussi considérable que possible.

Si, en effet, on part d'une hauteur d'épuisement de $0^m,50$ et que l'on ait $8^m,50$ à épuiser, ce qui représente à peu près les conditions maxima d'épuisement, on voit qu'un mètre cube d'eau extraite exigera un travail dix-sept fois plus considérable à la fin qu'au commencement de l'opération. On tranche cette difficulté économiquement en donnant à la machine motrice, comme nous le disions ci-dessus, la plus grande élasticité possible au point de vue du travail et de la vitesse, et en supprimant vers la fin de l'opération un certain nombre de tours. Les machines Compound sont actuellement celles qui réalisent le mieux ce programme ; ce sont celles que l'on a employées au Havre, à Dunkerque et à Calais, les unes horizontales (Havre), les autres à pilon.

Voici, d'après M. Laroche, comment on peut faire le calcul du nombre de chevaux nécessaires pour épuiser une forme vide de 150 mètres de longueur, 30 mètres de largeur et 8 mètres de hauteur d'eau : il faut ajouter à cette dernière $0^m,50$, de sorte que l'on prendra $4^m,50$ pour hauteur moyenne. Si on se donne 3 heures, soit 10 800 secondes, le travail total, exprimé en chevaux, sera, en prenant 1 026 kilogrammes pour le poids de l'eau de mer :

$$\frac{150^m \times 30^m \times 8^m \times 4^m,50 \times 1\,026^k}{10\,180^s \times 75^k} = 205^{chev.}$$

Le travail étant variable, si on estime que le travail utile au début de l'opération ne dépasse pas 50 0/0, soit 102 chevaux, il faudra, pour avoir pour la fin de l'opération :

$$\frac{x + 102^{chev.}}{2} = 205^{chev.}$$

d'où $x = 308$ chevaux.

Ce qui conduit, si on prend 60 0/0 pour le rendement des pompes et 0,75 pour celui du rendement du travail indiqué sur le piston :

$$\frac{308}{0,60 \times 0,75} = 683^{chev.}$$

627. Les *machines d'entretien*, quand la forme est bien faite, n'ont qu'à extraire l'eau provenant des infiltrations, de la fermeture (bateaux-portes ou écluses), des pluies et des lavages. On estime que 300 litres par seconde à 8 mètres sont suffisants, soit 2 400 kilogrammètres, (32 chevaux), ce qui représente avec les rendements ci-dessus environ 75 chevaux.

628. Quant aux *pompes de vidange*, on adopte aujourd'hui les pompes centrifuges. Elles se prêtent en effet beaucoup mieux que les pompes à piston aux variations de débit à différentes hauteurs, quand celles-ci ne dépassent pas un certain nombre de mètres, et coûtent moins cher d'installation. De plus, tous les détritus passent facilement entre leurs ailettes, sans occasionner d'avaries.

Il faudra, dans tous les cas, conserver à tous les aqueducs d'arrivée les mêmes sections, afin d'éviter les contractions et tenir compte de celles-ci dans la section des trous des crépines et des orifices libres entre les barreaux des grilles. On trouvera tous les détails relatifs à leurs installations dans notre *Traité sur l'élévation des eaux*. Nous rappellerons seulement qu'on ne doit pas placer ces pompes plus de 5 ou 6 mètres au-dessus du niveau inférieur de l'eau à enlever et qu'il y a tout intérêt à donner à leur turbine des dimensions telles (eu égard à la hauteur de l'eau à élever), que la transmission entre le moteur et la pompe puisse avoir lieu directement. On sait en effet que ω étant leur vitesse angulaire, la hauteur d'élévation pour un débit nul dépasserait de peu, la valeur, donnée par la formule $2gh = \omega^2 r^2$ r étant égal au rayon des ailettes de la pompe.

Depuis quelques années, on a étudié avec succès l'accouplement des pompes centrifuges pour obtenir des élévations de hauteur d'eau suffisamment considérables ; ce système n'a pas encore été appliqué que nous sachions dans les ports de mer. Nous pensons cependant qu'ils seraient susceptible (ainsi du reste que cela a été proposé par Fives-Lille), de disposer la moitié des pompes comme agissant toujours directement et l'autre moitié comme agissant aussi directement, jusqu'à une certaine profondeur, et, se déversant dans les premières pour terminer le travail. On obtiendrait ainsi une bien plus grande régularité dans le travail et un meilleur rendement, ce qui se traduirait par une économie de combustible.

D'après ce que nous avons dit sur l'aspiration des pompes centrifuges, on doit les établir à une petite hauteur au-dessus de l'eau à épuiser, par conséquent on doit les installer sur un plancher étanche capable de résister à la sous-pression ou à l'excès de la hauteur de l'eau remplissant la forme au-dessus du niveau de ce plancher.

629. Les *tuyaux de refoulement* débouchent dans l'aqueduc de refoulement établi dans le terre-plein.

630. Quant aux *vannes*, il faut bien étudier les pressions et contre-pressions auxquelles elles sont soumises suivant l'état des eaux dans la forme et celle des eaux de l'avant-port, de façon à ce qu'elles ne risquent jamais d'être arrachées de leurs glissières.

DOCKS FLOTTANTS

631. Le coût des bassins de radoub, qui ne fonctionnent d'une façon économique que quand ils reçoivent des navires ayant les dimensions pour lesquelles ils ont été construits, a fait rechercher des moyens moins onéreux.

Nous avons décrit l'emploi des cales de halage à glissement ou avec voie ferrée, les grils de marée qui ne peuvent être utilisés que pendant un petit nombre d'heures par jour.

On a imaginé ensuite des docks flottants en bois, sorte de ponton formé de caissons étanches juxtaposés, bordés de murailles sur trois côtés (2 grands et un petit) et dont le quatrième peut être fermé par des portes busquées ou par deux portes à rabattement horizontal. On fait couler ce ponton à fond du bassin en remplissant les caissons d'eau, on amène le navire au dessus et on vide les caissons en fermant la porte d'avant ; au fur et à mesure que le ponton émerge, on accore le navire qui se trouve alors dans la même situation que s'il était dans une forme de radoub ordinaire.

Ces docks en bois ont l'inconvénient d'une courte durée et de nécessiter un accorage fait avec soin. Nous citerons plus loin une catastrophe survenue à Lima par suite de négligences dans cette opération. En outre, ces docks en bois ne pouvaient recevoir que des navires d'une longueur limitée ; l'élasticité du bois ne permettait pas en effet de donner au fond une rigidité suffisante pour que la quille ne fatigue pas. Leur avantage consiste à nécessiter des épuisements environ trois fois plus petits que ceux des formes ordinaires.

632. M. Delacour (*Annales des Ponts* de 1862) à conçu un projet de formes qui peut servir de type à ces études, projet dont nous allons analyser les parties principales.

Il consiste en une grande caisse fermée à ses deux extrémités par des portes d'écluses à deux vantaux et garnies de flotteurs étanches, calculés pour le maintenir sur l'eau, quand les portes sont ouvertes et l'intérieur rempli.

Les dimensions principales sont :

Longueur maximum........	100^m,50
Largeur extérieure........	23 90
Creux total................	9 90

L'appareil est cylindrique et de section uniforme (*fig.* 780 à 783). Il se compose d'un bordé en feuille de tôle à recouvrement d'épaisseur variable depuis le fond où elle est de 11 millimètres, jusqu'au haut où elle est réduite à 5 millimètres. Ce sont

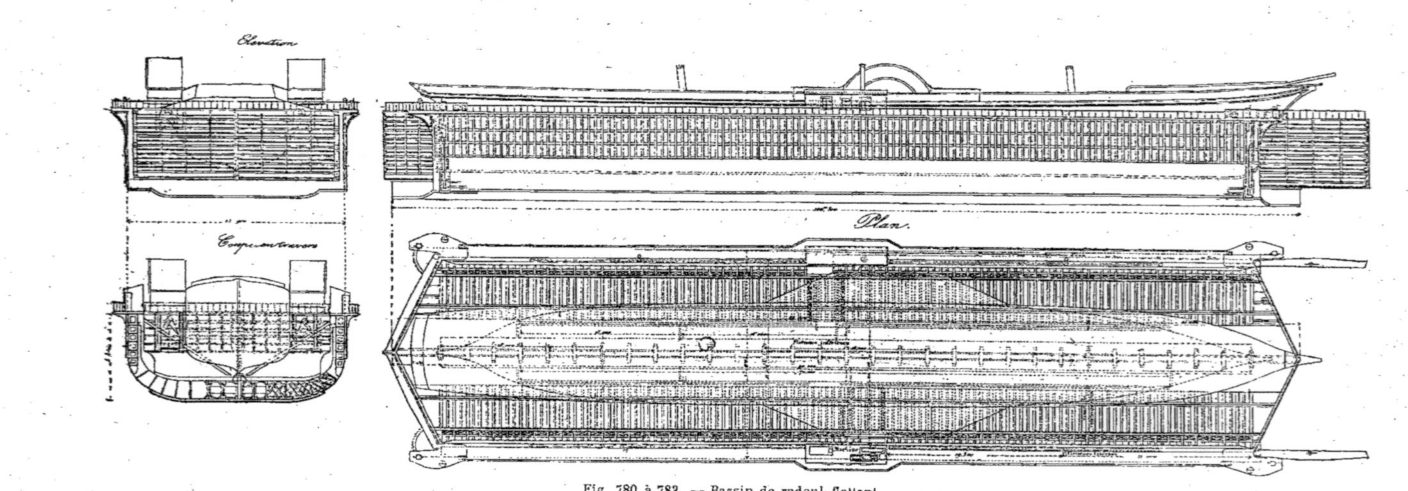

Fig. 780 à 783. — Bassin de radoub flottant.

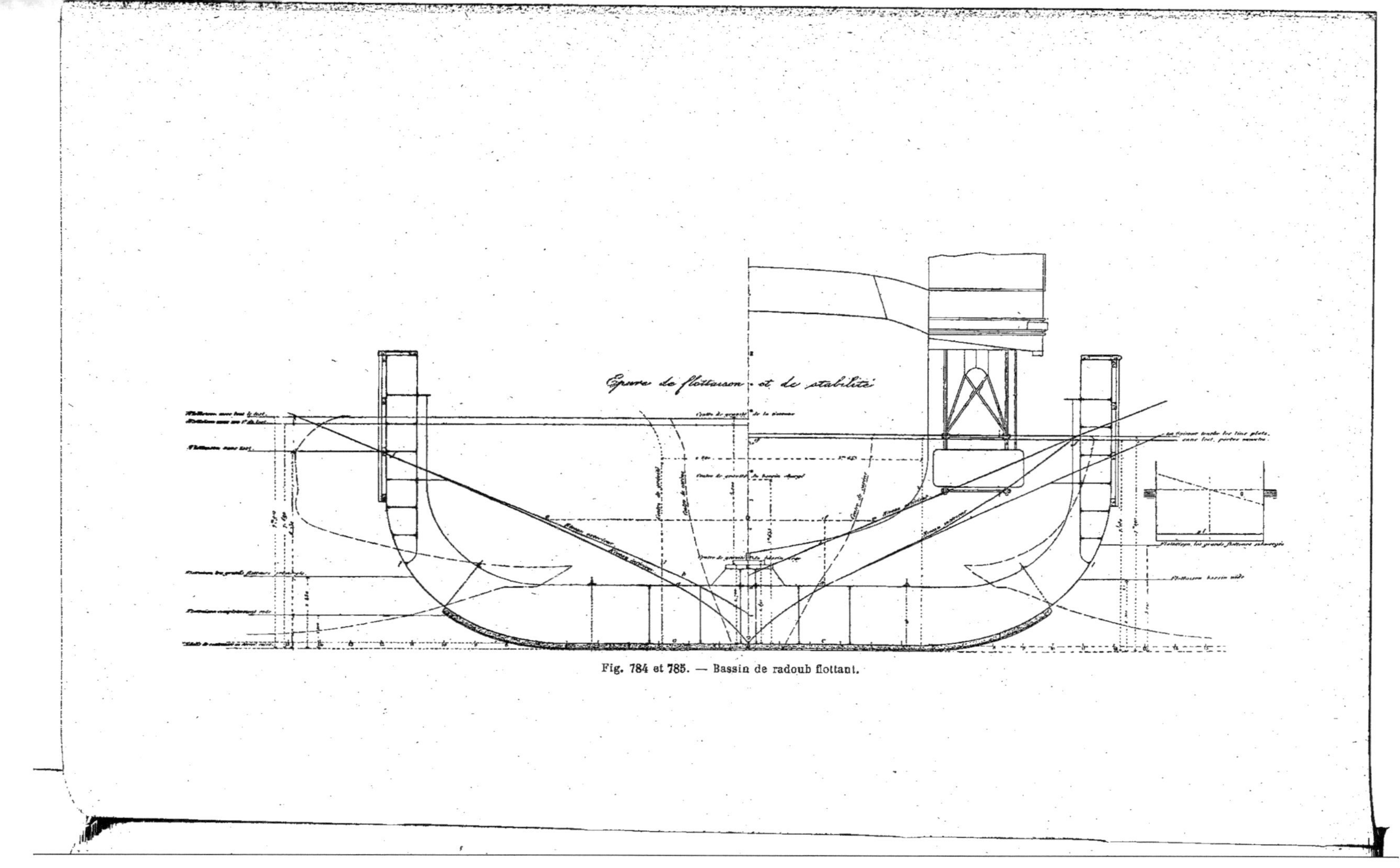

Fig. 784 et 785. — Bassin de radoub flottant.

les membrures qui constituent la solidité de cet appareil; elles sont espacées de $1^{m},50$, leur hauteur varie, elle est de 1 mètre à la racine. Le tin est en tôle pleine; des cornières transversales, placées à $4^{m},50$ augmentent leur rigidité.

La partie inférieure des bassins est formée de quatre séries de flotteurs d'une très puissante solidité. Chaque série, qui s'étend à diverses longueurs, est divisée en compartiments séparés les uns des autres par des cloisons. Le milieu de l'appareil forme une carlingue qui a $2^{m},55$ de hauteur. Elle ne sert pas de flotteur. L'eau entre librement dans l'espace laissé entre les deux tôles.

D'autres flotteurs situés dans les flancs du bassin et divisés en 6 séries complètent la capacité du vide nécessaire pour le soutenir, et assurer sa stabilité, aussi bien quand il est lège, que quand il porte le navire. A mesure qu'il s'élève, ces flotteurs cessent de contribuer à tenir le système en flottaison, et la quantité d'eau à pomper s'augmente de leurs volumes émergés. On ne leur a donc donné que le

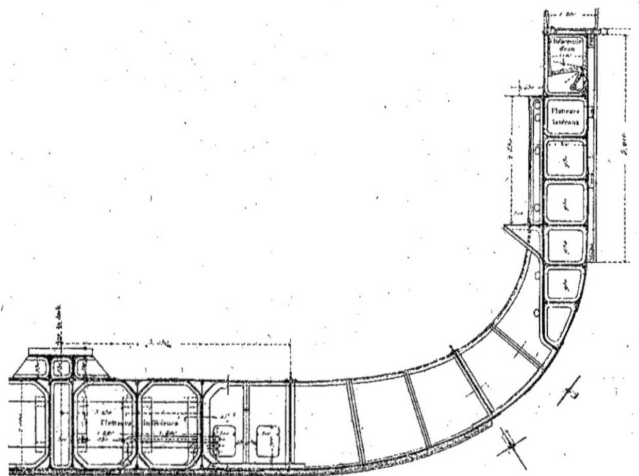

Fig. 786. — Bassin de radoub flottant. — Demi-coupe transversale.

volume utile pour une bonne stabilité en travers, et on a rejeté le plus grand vide vers le fond de l'appareil, qui reste constamment sous l'eau pendant toute la durée du pontage et donne lieu à une force de soulèvement permanente.

Un autre motif contribue à engager à donner de l'ampleur aux flotteurs du fond qui sont directement sous la quille du navire; il en résulte moins de fatigue de flexion sur tout le système de l'appareil (*fig.* 784, 785).

Le volume des flotteurs du fond est de.................. 950^{m3}

Celui des autres flotteurs de. 646

L'ensemble forme donc...... 1596^{m3}

qui représente le poids du bassin flottant conformément au devis, déduction faite des 446 tonnes du poids que l'appareil perd dans l'eau, avec une réserve de 80 tonnes pour les accessoires qui pourraient être ajoutés.

Des caisses placées au couronnement du bassin sont destinées à recevoir l'eau envoyée par les pompes aspirantes et foulantes mues par les machines et former lest pour le mettre au tirant d'eau voulu (*fig.* 786). Si on le charge de 200 tonneaux,

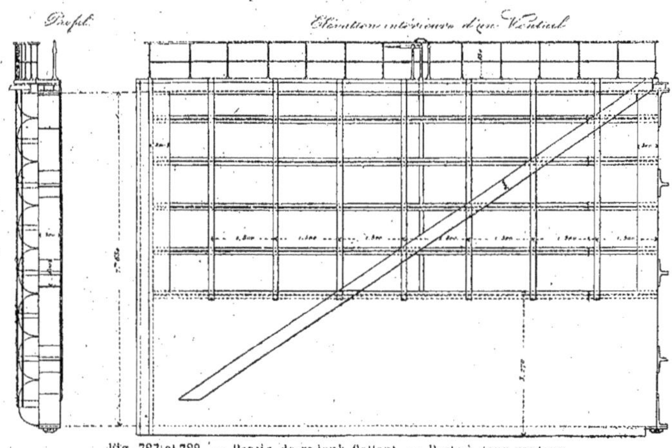

Fig. 787 et 788. — Bassin de radoub flottant. — Porte à deux vantaux.

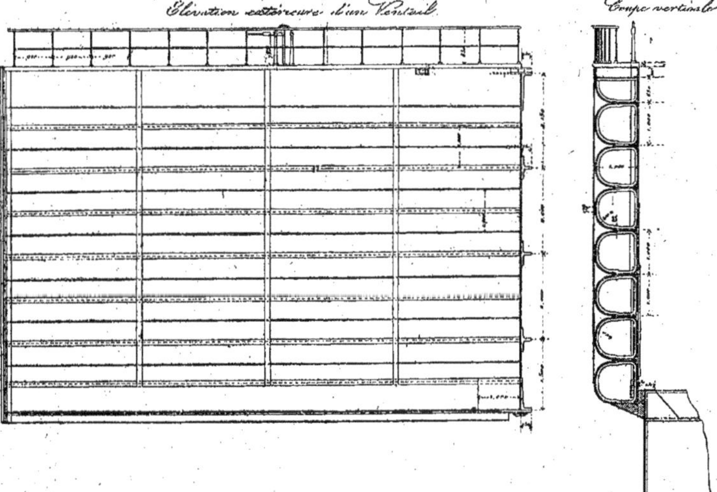

Fig. 789 et 790. — Bassin de radoub flottant. — Porte à deux vantaux.

le bassin s'enfoncera dans la flottaison qui convient pour faire entrer les paquebots du Brésil. Le tirant d'eau intérieur sur les tins sera en effet de $4^{m},85$: en laissant écouler cette eau par des clapets, il touchera au bout d'un temps très court.

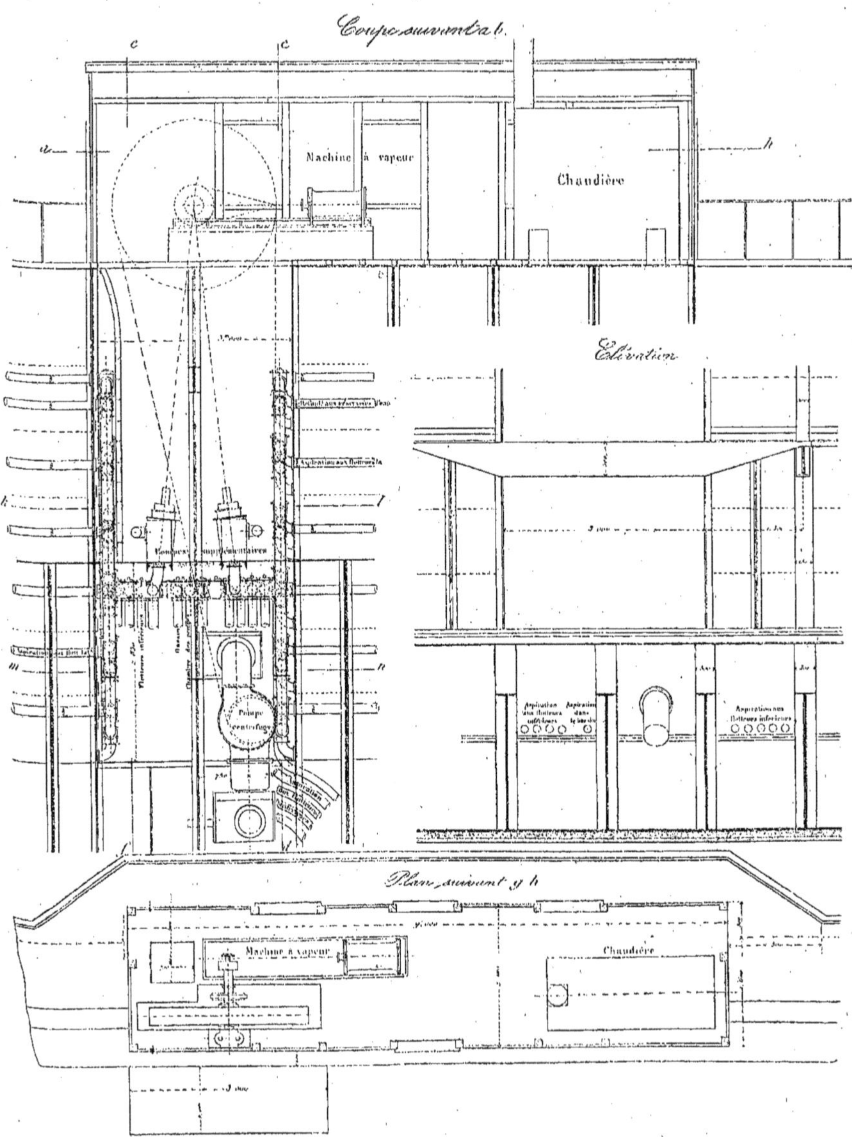

Fig. 791 et 792. — Bassin de radoub flottant. — Machine d'épuisement.

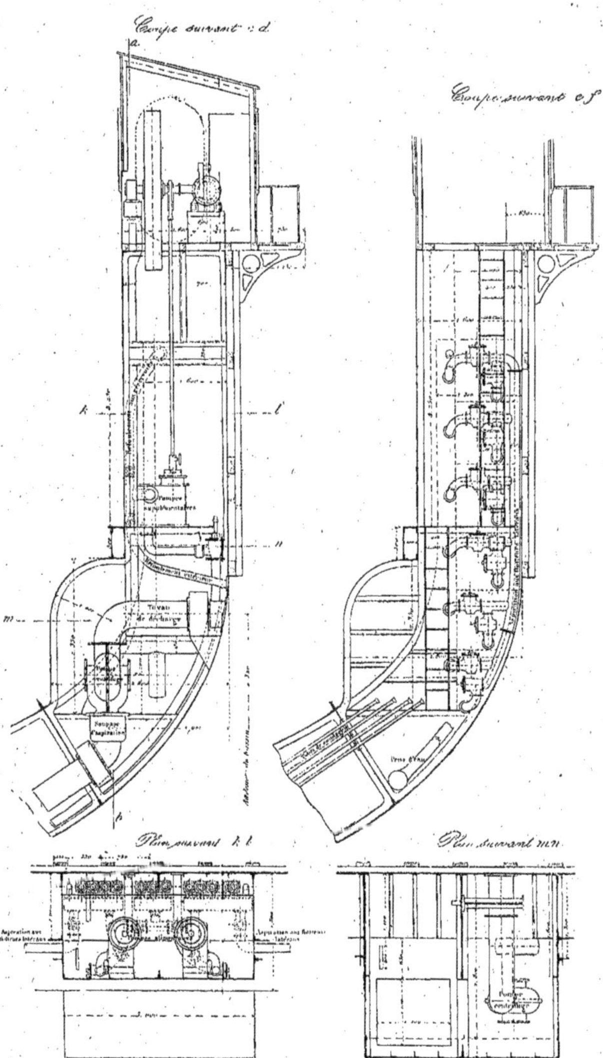

Fig. 793 à 796. — Bassin de radoub flottant. — Machine d'épuisement.

C'est après cette sorte de préparation que l'on opèrera le pompage intérieur. Au moyen de ces cages à lest, on peut obtenir des tirants d'eau variables de $3^m,85$ à $5^m,06$. Elles servent, en outre, à rendre l'appareil insubmersible. Elles doivent être en effet étanches, comme les flotteurs placés au dessous et dont la capacité excède de 331 tonnes celle qui serait nécessaire pour maintenir le bassin sur l'eau ; cette réserve, augmentée de la capacité des caisses supérieures et du poids qui serait perdu par l'immersion, forme un total de 668 tonneaux, dont il faudrait qu'il se chargeât pour couler au fond. Ceci ne pourrait avoir lieu que si les flotteurs se remplissaient d'eau par suite d'une avarie aux tôles, mais on les a divisées en compartiments étanches qui portent leur nombre à 88, savoir :

Pour les flotteurs du bas......... 18
Pour les flotteurs du haut....... 70

Il en résulte qu'il faudrait que 37 flotteurs du haut ou 13 flotteurs du bas fussent crevés simultanément pour que l'appareil cessât de flotter.

Les portes à deux vantaux sont du système des portes employées sur les canaux pour les écluses (*fig.* 787 à 790); elles sont prévues du système Poirier. Quatre vannes de $0^{m2},75$ chacune permettent de faire rentrer l'eau dans les bassins.

Quatre semelles placées à différentes hauteurs servent à recevoir le pied des accores. Les deux du fond sont les parties supérieures des poutres longitudinales, et les deux autres sont disposées comme galeries de circulation. On trouverait de même sur les tôles du dessus des flotteurs, des appareils pour des ventrières dans le cas où l'on voudrait en installer.

On peut encore y placer des bittes d'amarages, un plancher de bois avec balustrade, des cabines pour les machines d'épuisement et enfin des échelles.

Les appareils d'épuisement (*fig.* 791 à 796), étant solidaires de la forme s'élèvent avec elle, et il suffit d'élever l'eau de $1^m,47$ de hauteur pour les plus grands paquebots (*fig.* 784 et 785), tandis que la profondeur sur radier était, au moment où l'épuisement a commencé, de $5^m,55$.

Les pompes doivent donc pouvoir extraire un grand volume d'eau avec une faible charge. C'est là un des cas les plus favorables pour l'emploi des pompes centrifuges.

On fait entrer et sortir les bateaux dans le bassin en fermant celle des portes qui reçoit le courant, ce qui permet de faire manœuvrer le bateau dans une eau au repos.

Il est présumable que deux machines de 10 chevaux épuiseraient cette forme à vide en moins de 2 heures 1/2, ce qui est plus que suffisant.

La figure 784 donne tous les résultats du calcul de la stabilité; d'un côté on voit le cas où l'un des paquebots de la ligne du Brésil est dans le dock et l'autre correspond à un épuisement à vide.

On voit sur cette épure que l'axe du bassin est pris pour axe des ordonnées, et la ligne horizontale du fond pour celui des abscisses.

L'origine des coordonnées est donc au point *o*.

Toutes les largeurs sont mesurées suivant les deux axes, à la même échelle que le dessin.

Les mêmes divisions serviront, sur l'axe des abscisses, à représenter des volumes, chaque division équivaudra alors à 1 000 mètres cubes.

Le côté gauche s'applique au bassin vide.

Le côté droit à celui où il est chargé d'un paquebot du Brésil.

Les mêmes lettres indiquent les points correspondants de chaque côté.

Pour les *flottaisons*, les ordonnées représentent les niveaux de l'eau à l'intérieur et à l'extérieur du bassin, les abscisses indiquent les quantités d'eau renfermées dans le bassin à chaque flottaison.

Ainsi, lorsqu'on a poussé l'épuisement jusqu'au niveau supérieur du grand flotteur du fond, si par le point *a* on amène une verticale, la longueur *oc* indiquera à l'échelle la quantité d'eau renfermée dans le bassin, qui est de 2 400 tonnes.

La ligne *ab* donnera la différence des niveaux intérieur et extérieur, qui est pour le bassin vide $0^m,314$ et pour le bassin chargé de la Guienne, $1^m,470$.

Les tirants d'eau sont donnés par la hauteur *bc* augmentée de l'épaisseur de la couche de ciment, qui est de $0^m,140$. Ils sont du reste marqués pour ce cas et pour les positions les plus intéressantes, à l'extérieur du profil du bassin, et indiqués par des cotes.

On voit que les deux niveaux se rapprochent à mesure que le bassin s'enfonce jusqu'à se confondre au point *f* où il se soutient par ses flotteurs; c'est alors que les portes doivent s'ouvrir ou se fermer et que l'épuisement doit commencer.

Le bassin chargé de la Guienne contient 10 700 tonnes d'eau (représentées par la largeur *fg*). *fh* étant le déplacement de la Guienne pour cette immersion, la quantité d'eau à enlever pour épuiser le bassin jusqu'aux grands flotteurs, est donc $fg - oc$, soit $10\,700 - 2\,400 = 8\,300$ tonneaux, et, comme les ordonnées comprises entre les deux courbes représentent les différences de niveau, il s'ensuit que la surface *abf* mesurerait le travail à effectuer par cette opération, si l'on n'avait pas à élever l'eau vers la fin, plus haut que la différence des niveaux, à cause de la hauteur des tuyaux de décharge des pompes, qui se trouvent alors hors de l'eau ($OD = 4^m,320$). En ajoutant, pour cette cause, à la surface précédente, le triangle *bdc*, on a la surface *adef* indiquée par des hachures qui représente le travail total d'épuisement dans ces conditions, soit, 8 500 000 kilogrammètres; il s'ensuit que la hauteur moyenne d'élévation est de $\frac{8\,500\,000}{8\,300\,000} = 1^m,024$.

Quant à la *stabilité*, les ordonnées verticales représentent le niveau de l'eau à l'intérieur du bassin.

Les abscisses indiquent les positions correspondantes :

Du centre de l'eau déplacée ;

Du centre de gravité de l'appareil ;

Du métacentre longitudinal.

Ainsi, lorsque le niveau de l'eau à l'intérieur du bassin se trouve à la partie inférieure des flotteurs latéraux, si l'on mène la ligne horizontale *kl*, la largeur *ij*, prise sur cette ligne, représentera la hauteur du métacentre au-dessus du centre de gravité, hauteur qui est de $2^m,842$ pour le bassin vide et $1^m,365$ pour le bassin chargé de la Guienne. C'est dans cette position que la stabilité est minimum.

Arrivé au point où le bassin se soutient par ses flotteurs et où l'on peut ouvrir les portes, le centre de gravité et le centre de carène remontent rapidement, à cause du lest qu'il faut ajouter dans les réservoirs pour faire enfoncer le bassin davantage ; en même temps le métacentre descend, de sorte que la stabilité diminue doublement, ce qui n'a du reste pas d'inconvénient, ce mouvement étant compris dans des limites très restreintes. Les mêmes effets ne se produiraient pas si le bassin s'enfonçait par suite de remplissage accidentel d'un ou plusieurs compartiments des flotteurs, parce que l'eau qui le chargerait alors ferait plutôt descendre que monter le centre de gravité.

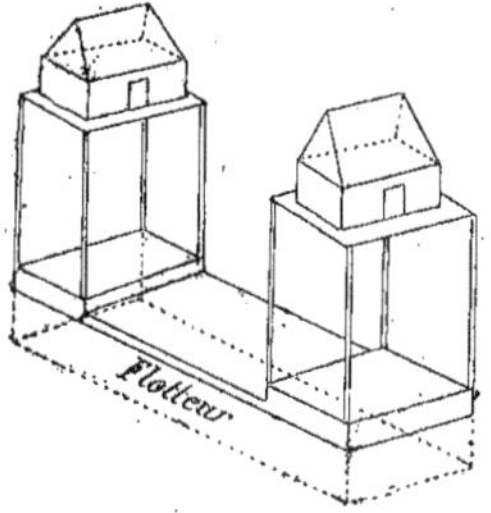

Fig. 797. — Sectional Dock.

Appareils américains.

633. Les Américains ont pris une sorte de moyen terme entre les bassins flottants et les cales de halage. Ce sont les *sectional dock* et les *balance dock*.

634. *Sectional dock*. — Le *sectional dock* consiste en une série de caissons que l'on accouple (*fig*. 797). Chacun porte des échafaudages verticaux formant muraille, sur lesquelles on installe une cabane contenant les appareils d'épuisement.

On juxtapose en les immergeant autant de couples de caissons doubles qu'il en faut pour atteindre la longueur du navire, après y avoir placé un ber de dimensions convenables. On amène ensuite le navire au-dessus de cet appareil, les murailles servant de balises. Ceci fait, on pompe l'eau des caissons qui se soulèvent avec le bateau que l'on accore au fur et à mesure de son émersion.

Quand cette opération est terminée, on remorque l'ensemble dans un bassin spécial et on amène le ber, qui porte des galets, sur une cale de halage munie d'une voie ferrée, et les couples de pontons peuvent alors servir à une autre opération.

Ce système, ainsi qu'on le voit, a l'inconvénient d'exiger une grande précision dans la manœuvre des pompes, de façon que le navire sorte bien régulièrement, sans déversement et sans fatigue, par suite d'une mauvaise répartition de son poids. M. Debauve cite les exemples suivants, arrivés avec ces appareils :

A Lima, un navire, mal accoré d'un côté, chavira, et cent cinquante hommes trouvèrent la mort dans cet accident. A Batavia, un appareil en tôle mal construit et non étanche coula par 12 mètres de fond et ne put être renfloué.

635. *Balance dock.* — Le *balance dock* (*fig.* 798) est formé de traverses pleines, remplaçant les flotteurs d'en bas du système précédent, limitées à des échafaudages verticaux portant des caisses étanches. Pour immerger le balance-dock, on remplit les caisses supérieures d'eau, on amène le navire sur le ber et on vide les caisses au moyen de vannes que l'on règle à volonté. Ainsi allégé le navire monte avec son ber que l'on hale à terre comme précédemment.

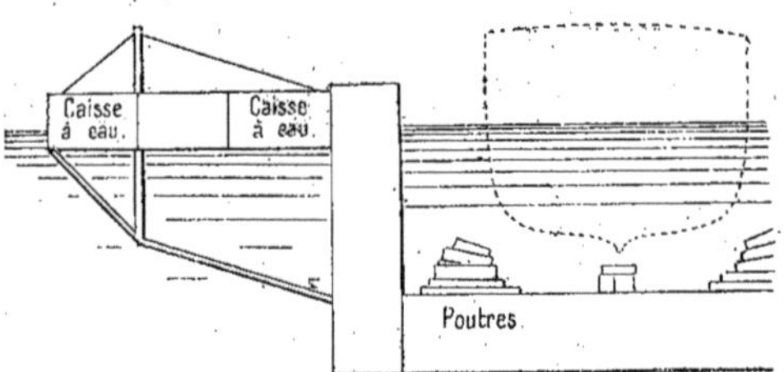

Fig. 798. — Balance Dock.

Toutefois, la marine militaire américaine paraît vouloir s'en tenir à la forme en tôle d'une seule pièce à double fond et double paroi avec cloisons étanches.

APPAREILS DE SOULÈVEMENT

Appareil de Clark.

636. Cet appareil est un appareil de soulèvement; nous allons en donner la description d'après une notice très complète publiée dans les *Annales* de 1862, par M. Bouniceau.

Le premier élément de cet appareil est une colonne creuse en fer ABC (*fig.* 799 à 805), composée de parties dont le nombre et la longueur varient suivant les circonstances. On y ménage en B un diaphragme faisant corps avec la colonne et percé en son milieu d'une ouverture circulaire. Cette colonne est plantée dans une darse à la Méditerranée, ou, dans un bassin à flot de l'Océan. Sa pose se fait très facilement dans toute espèce de terrains. On la présente à l'endroit où elle doit être fixée. On descend à l'intérieur avec un appareil, et l'excavation s'y fait presque aussi vite qu'en dehors. On lui superpose quelques charges, dans les terrains durs, pour faciliter son enfoncement. Elle doit être placée dans une hauteur d'eau égale au tirant du navire à réparer, augmentée de l'épaisseur du ponton et de la traverse que nous décrirons ultérieurement. Elle est munie à son

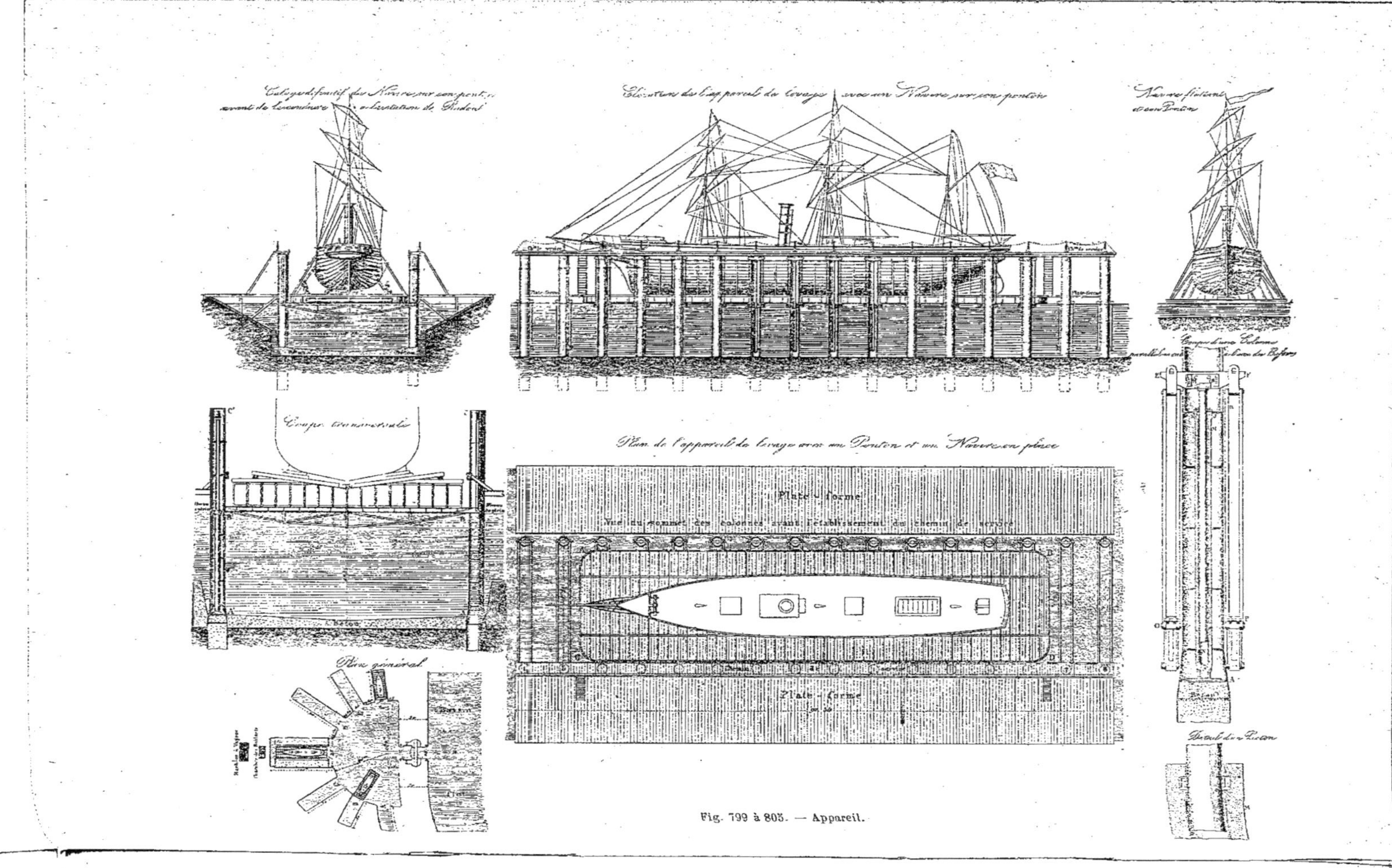

Fig. 799 à 803. — Appareil.

centre d'un cylindre creux, fondu avec soin et corrigé à l'intérieur sans qu'il soit besoin de l'aléser. Celui-ci est posé sur un sabot large en fonte et est maintenu vertical par le diaphragme dont nous avons parlé plus haut.

Telle est la première partie de la colonne, celle qui, par sa base, est encastrée dans le terrain, et, par son sommet, touche la surface de l'eau.

La seconde partie BC est composée de deux sections presque semi-cylindriques, séparées par un intervalle de 6 à 7 centimètres destiné à donner passage à la pièce EF (*fig.* 805) en fer méplat. Liées entre elles et au cylindre inférieur par la base, elles sont aussi liées à leur sommet et ont l'aspect de la continuation de la partie inférieure, de sorte que l'ensemble forme une colonne unique. La grande traverse EF en fer méplat est munie de deux épaulements G et H qui l'empêchent de vaciller dans le sens EF ; elle est attachée par sa partie inférieure à un cylindre plein en fonte, alésé d'un diamètre un peu inférieur à celui du cylindre creux, dans lequel il se meut comme une épée dans son fourreau, en conservant une entière liberté, même dans le collier IJ. Il importe de bien noter ici que la boîte à étoupe KK n'est pas munie d'étoupes proprement dites, incapables de résister à de très hautes pressions, mais d'un cuir embouti ayant la forme d'un fer à cheval. L'eau qui est introduite en D entre les deux lèvres du cuir sur les deux quartiers du fer à cheval, les presse contre les parois voisines et rend l'étanchéité d'autant plus parfaite que la pression est plus grande.

On a déjà compris que le cylindre plein que nous venons de décrire n'est autre chose que le piston à la base duquel agit la pression hydraulique. On n'est pas d'ailleurs obligé d'introduire l'eau par la base. On fore le trou d'introduction du liquide au point M (*fig.* 805) de sorte qu'il est toujours sous la main du mécanicien et de l'ouvrier, ainsi que le tuyau conducteur, ce qui permet d'y faire les réparations. Pour éviter les conséquences de celles-ci, au moment du travail de l'appareil, il y a deux tubes conducteurs et introducteurs pouvant se remplacer à volonté.

L'eau qu'on introduit en M au moyen d'une pompe foulante agit immédiatement en N sous le piston et le fait monter. Si l'on intercepte la communication établie entre le piston et la pompe foulante, et si l'on ouvre celle qui existe également en M avec l'air libre, l'eau s'échappe et la base N du piston descend.

Le mouvement de montée et de descente imprimé au piston est aussi imprimé à la pièce EF qui porte à ses deux extrémités des mains et tirants EO, EP (*fig.* 805) portant eux-mêmes à leur partie inférieure, O et P, l'extrémité B de la traverse en tôle BB' (*fig.* 805). L'extrémité B' de cette traverse étant commandée par une colonne exactement pareille à celle que nous venons de décrire, il est évident qu'en mettant la colonne A'B'C' en communication avec la même pompe foulante, on fait monter l'extrémité B' de la traverse en même temps que l'extrémité B, et, si l'une des extrémités montait plus vite que l'autre, il suffirait de fermer la communication M pour rétablir le niveau de la traverse, et réciproquement.

On a établi deux rangs de colonnes placées deux à deux en regard l'une de l'autre (*fig.* 799). Chaque couple de colonnes porte une traverse conforme à celle que nous venons de décrire, et toutes les traverses étant à 0m,30 au-dessous de la surface du bassin et du niveau, ce qui est facile à vérifier par les repères, on amène entre les deux rangs de colonne un ponton à fond plat ABCD, ayant 0m,25 à 0m,30 de tirant d'eau lège (*fig.* 800). On ouvre les soupapes, clapets ou vannes qu'on y a ménagés, et on échoue sur ces traverses.

On peut remarquer que toutes les colonnes d'un même rang sont liées par un pont. Encastrées dans le sol par leurs bases et mariées à leur sommet par le pont, elles conservent d'autant plus facilement leur parallélisme et leur stabilité que les points O et P (*fig.* 799) de la suspension agissent par leur résultante dans l'axe même des colonnes.

Le caisson ayant lui-même la largeur

des deux colonnades, son poids agit tout près des mains de suspension, ce qui fait que le moment sur les traverses est très faible; celles-ci n'ont donc que peu de flexions qui ne peuvent donner lieu à des composantes horizontales propres à déranger l'équilibre des colonnades.

Le ponton a du reste une longueur en rapport avec celle des navires à réparer. Il est lié par trois carlingues équidistantes avec ses murailles longitudinales et fortifié par une grande quantité de traverses à T de la hauteur du ponton.

Entre la machine à vapeur et les colonnades, se trouve la chambre des robinets.

A Londres, elle est placée à droite des colonnades, de sorte que les conduites d'eau traversent le bassin qu'elles comprennent, ce qui entraîne à des inconvénients pour les réparations, inconvénients qu'on s'est bien promis de ne plus reproduire.

La chambre des robinets comprend trois groupes, distingués par les couleurs blanches, rouges et bleues. Le premier groupe, composé de 16 robinets, se rapporte aux huit couples des colonnes d'amont, le second aux huit colonnes d'aval de droite et le troisième aux huit colonnes d'aval de gauche. Chaque robinet est commandé par une clef, et quand toutes les clefs particulières sont ouvertes, chacun des groupes est commandé par une clef générale ; les clefs particulières peuvent être soustraites à l'action de cette dernière. Un seul mécanicien suffit pour la manœuvre. Des soupapes de sûreté empêchent les coups de bélier.

Le ponton (*fig.* 802 et 803) approprié à la classe du navire n'a pas la longueur totale de l'appareil.

Pour faire descendre le ponton échoué sur les traverses, on ouvre les robinets des trois groupes en communication avec l'air libre. L'eau des colonnes s'échappe, le ponton descend en se remplissant d'eau par les clapets et on vérifie les niveaux quand on approche du fond.

On fait alors entrer le navire entre les deux colonnades et on l'amène au milieu du ponton. On l'amarre et on ouvre les robinets généraux. Le ponton monte, et soulève la quille du navire. Quand il est émergé de 15 centimètres et bien d'aplomb, on le cale. Ce calage s'opère au moyen de demi-tins à coulisse placés sur les pontons et que l'on n'a qu'à tirer pour les appliquer contre les parois du navire. Un encliquetage les empêche de reculer. On ouvre alors de nouveau les robinets des trois groupes, et le navire monte. Celui représenté sur la figure 805 a été levé en 1/4 d'heure. Il a fallu 2 heures pour l'opération complète, et on emploie 4 heures pour les plus gros navires ; c'est ainsi qu'on a pu en visiter 440 en moins de trois années.

Il faut environ 3 heures de travail d'une machine à vapeur de 50 chevaux pour visiter un navire.

S'il s'agit non d'une simple visite mais d'une réparation, on continue la marche de l'opération et le ponton se vide à son tour, et, quand il est complètement émergé on ferme les clapets et on ouvre les robinets de l'air extérieur. Le ponton redescend, sans *sombrer*, et il flotte avec le navire sur son tillac. On peut toujours rétablir l'équilibre de l'ensemble en faisant entrer un peu d'eau dans les parties du ponton qui tendent à émerger. On doit éviter d'opérer pendant les grands vents. Lorsque l'équilibre est établi, le ponton est halé hors des colonnes et conduit dans un petit bassin de 2 mètres de profondeur. Dans cette situation, le navire se trouve à peu près au niveau du sol environnant et des chantiers qui y sont installés. Exposé aux courants d'air, il sèche et se peint beaucoup plus vite que dans les formes ordinaires, et on n'a guère que des manœuvres horizontales à faire pour le transport des bois et des fers.

On voit du reste qu'il y a grande économie dans le travail mécanique. En effet, pour épuiser 440 fois une forme de radoub, il aurait fallu, à raison de 5 à 10 heures par navire, que les pompes marchassent de 2 200 à 2 400 heures, tandis qu'il n'a fallu que 440 fois 23 minutes (temps moyen par opération) avec le système Clarke.

M. Bouniceau, auteur du mémoire précité, compare ensuite le prix de cet appareil de 91 mètres avec les appareils similaires.

La forme de Boston de 92 mètres a coûté 3 487 013f,40, celle de Norfolk, de la même dimension, 4 859 935f,16. Une forme semblable à celle du Havre reviendrait à environ 2 000 000.

La forme flottante de Philadelphie a coûté 4 068 710 francs.

Ainsi que nous l'avons vu, elle est du système que nous avons décrit et a 107 mètres de longueur ; on en conclut qu'une forme flottante de 90 mètres coûterait 3 524 947f,78.

La balance-dock de Portsmouth a coûté 732 905 dollars et a également 107 mètres. Ramenée à 90 mètres, la dépense serait de 614 462 dollars, soit 3 174 770f,30.

La forme semblable de Pensacola a coûté le même prix.

Il y a des balances-docks à Charleston, Savanah, Mabile, etc., et on préfère les formes flottantes aux États-Unis aux formes sèches à cause des infiltrations.

M. Clark s'est engagé à mettre un appareil de son système en place, prêt à fonctionner, à Londres pour 625 000 francs, ce qui, avec les frais de transport, droits de douanes, etc., l'élèverait à 825 000 fr.

On peut donc établir le tableau suivant :

Système des formes américaines		à Philadelphie	2 073 498.89
		à Portsmouth et autres lieux	1 867 517.24
Système des maçonneries	en Amérique	à Boston	3 487 013.40
		à Norfolk	4 859 935.16
	en France	au Havre	2 000 000.90
Système Clark			825 000.00

La machine élévatoire a besoin d'un auxiliaire, qui coûte :

Dans le système des flotteurs américains	à Philadelphie	725 724.54
	à Portsmouth	653 631.03
Dans le système des maçonneries et dans le système Clark		380 000.00

Comme temps nécessaire à la construction, on admet qu'une forme de radoub de la dimension citée demande trois ans pour son érection, et que l'appareil américain ou l'appareil Clark peuvent se construire en une année.

La dépense de service représente à peu près celle des autres systèmes, il n'en est pas de même de celle du charbon. Quant au temps employé pour l'assèchement, nous venons de dire qu'il était bien inférieur avec le système Clark.

Les calculs relatifs à l'établissement rentrant, pour les colonnes, dans celui des presses hydrauliques, nous ne nous y arrêterons pas.

D'un autre côté, ce système partage avec tous les systèmes flottants l'inconvénient d'être peu stable. Le grand point est d'éviter d'opérer pendant les tempêtes et les grands vents et d'autre part de surveiller attentivement la monte, et pendant les vents ordinaires de dépasser les mats de hune et de perroquet du navire, en le maintenant tout le temps bien de niveau et bien accoré, ce qui s'obtient facilement par le jeu des robinets.

637. *Observations générales sur les appareils de radoub au point de vue de la construction.* — De tout ce qui précède on voit que l'on devra recourir aux docks flottants toutes les fois que le terrain offrira des difficultés exceptionnelles pour les fondations toujours très importantes des docks et bassins de radoub fixes.

CHAPITRE VII

EXPLOITATION ET OUTILLAGE DES PORTS

Généralités.

638. Nous avons vu que la concurrence internationale a eu pour résultat, d'une part, le développement extraordinaire de la marine à vapeur aux dépens de la marine à voiles et, d'autre part, l'accroissement des dimensions des navires.

Comme conséquence immédiate, il est donc nécessaire d'avoir des bassins et des passes profondes, et, au point de vue commercial, d'utiliser ces navires fort coûteux le plus grand nombre de jours possible pendant une année. Pour arriver à ce résultat, il faut un outillage puissant pour le chargement et le déchargement des marchandises et en outre des voies de communication nombreuses et économiques et dirigées dans le sens des trafics généraux, afin d'amener et de transporter un fret abondant.

Parmi ces voies économiques, il faut mettre au premier rang les canaux et les rivières canalisées qui permettent le transport à bon marché des marchandises encombrantes et de peu de valeur, ainsi que celui des grands poids indivisibles.

On peut noter aussi comme avantage que ces transports se font bord à bord des navires sur les allèges, chalands, péniches, etc., sans encombrement des quais. C'est ainsi qu'à Hambourg, Amsterdam, Venise, le chargement et le déchargement se font au pied même des magasins.

Quand un grand nombre de bateaux transporteurs est nécessaire dans un port, il est utile de leur créer un bassin spécial peu profond et communiquant facilement avec le réseau fluvial.

Il faut aussi dans les ports à marée organiser, le système d'éclusage des bateaux de déchargement de façon à ce qu'il puisse se faire commodément, soit au moyen de petites écluses spéciales, soit en éclusant un grand nombre à la fois.

Dans les ports à marée, le mouillage dans le lit ou dans la rade offre un grand avantage pour la rapidité des manœuvres. Les allèges accostent aussitôt l'ancre jetée, et celle-ci levée, le navire peut prendre le large sans qu'il soit obligé d'attendre l'ouverture des ports du bassin. La durée de l'escale se trouve ainsi considérablement diminuée.

Il est toutefois de toute nécessité que le mouillage soit sûr. Autrement, ou les navires sont obligés d'appareiller par un gros temps sans avoir achevé leurs opérations, ou celles-ci se font mal, avec danger de pertes où d'avaries pour les marchandises descendues dans les allèges. En outre, l'espace occupé par un navire qui évolue sur une seule ancre est considérable, et si on l'embosse, il peut être entouré d'autres navires gênant ses mouvements.

Dans les grands ports, on remédie à ces inconvénients en construisant soit des quais en eau profonde, comme à Anvers, soit des appontements comme en Amérique, quais et appontements le long desquels les navires viennent s'amarrer.

Dans la Méditerranée, pour augmenter les dimensions des rives de mouillage primitives qu'on avait bordé de quais, on a créé perpendiculairement des terre-pleins bordés eux-mêmes de quais, et les espaces ainsi délimités ont pris le nom de *darses* (V. *Port de Marseille*). Ces terre-pleins pour parer à toute les éventualités sont placés à des distances qui atteignent et dépassent souvent 200 mètres.

Les navires ont ainsi toute la liberté d'évoluer et peuvent être facilement visités par des caboteurs.

Nous avons vu plus haut, quand nous avons étudié les conditions d'établissement des bassins à flots, leurs avantages et leurs inconvénients. Nous rappellerons seulement la difficulté et la longueur des manœuvres ainsi que les dangers de passage dans les écluses.

Nous allons passer maintenant à l'outillage des ports.

OUTILLAGE DES PORTS

639. M. Duprez, dans le Congrès international des travaux maritimes sur le rôle et l'importance de l'outillage des ports, définit ainsi ce dernier :

« L'ensemble des organes et engins qui, n'étant pas absolument nécessaires à l'existence du trafic maritime, facilitent néanmoins les opérations, les rendent plus rapides et moins onéreuses, et améliorent en un mot les conditions de l'exploitation. »

« Les substances qui, placées sur les musoirs des écluses, facilitent et accélèrent le passage des navires, les appareils mécaniques qui rendent plus rapides les manœuvres des ponts et des portes, les engins qui opèrent le déchargement des marchandises, les quais où on les dépose, les hangars qui les abritent pendant leur manutention, les magasins qui les conservent, les voies ferrées et autres qui les transportent, les agencements spéciaux, nécessaires à certains commerces particuliers sont autant d'organes aujourd'hui nécessaires à la vie d'un grand port de commerce et qui constituent son outillage. »

Parmi cet outillage, un des plus importants est celui qui a pour objet de relier le port aux lignes de chemin de fer, dans le cas où les marchandises doivent être immédiatement dirigées vers l'intérieur des terres. Si, au contraire, elles doivent rester en entrepôt, les voies ferrées deviennent à peu près inutiles. C'est ainsi que le port de Liverpool en est presque complètement privé.

Voies ferrées.

640. Nous avons déjà donné de nombreux exemples de l'établissement des voies ferrées sur les ports, nous rappellerons seulement que, dans les cas d'une grande activité, il faut que des trains entiers puissent circuler sur les voies, ce qui proscrit l'emploi des plaques tournantes et des chariots roulants, au moins d'une manière générale, et nécessite le raccodement par courbes, même de petit rayon. C'est le mode adopté aujourd'hui et on place les traverses plus ou moins obliquement par rapport aux voies des rives. On doit par suite réserver un espace suffisant entre les voies, surtout entre celles de chargement et de déchargement et celles d'arrivée et de départ.

Dans tous les cas, une gare de triage s'impose et elle joue un tel rôle dans l'exploitation qu'on en doit prévoir l'extension possible.

Chargements et Déchargements.

641. Nous verrons dans les lois et règlements que les capitaines ont un temps limité et spécial dans chaque port pour charger et décharger leurs navires. Ce temps s'appelle jours de planche et ne doit pas être dépassé. Cette mesure est rendue nécessaire pour que les navires qui arrivent n'attendent pas un temps trop long le départ de ceux qui sont à quai. Toutefois, bien des capitaines, surtout ceux des voiliers dont les frais généraux sont moindres que ceux des vapeurs, utilisent tout ce temps pour effectuer ces opérations par leur équipage, et alors le matériel du port reste inoccupé, et le navire profite de tout le temps qui lui est accordé au détriment de la rapidité des opérations. Ce qui est vrai pour les quais publics ne l'est plus pour les docks administrés par des Compagnies. Celles-ci obligent les capitaines à se servir en partie de leur outillage ou même, comme à Hambourg, leur impose une taxe qui comporte les frais de chargement et de déchargement.

On doit toujours réserver un quai d'accostage pour les translalantiques et le personnel utile pour fournir le complément nécessaire à l'équipage et mener les opérations aussi rapidement que possible.

Marchandises.

642. Le service de la douane exige que les marchandises soient examinées à leur entrée en France. Cet examen peut avoir lieu sur le quai même d'arrivée, mais il faut protéger les marchandises contre les intempéries et par suite on doit ou les couvrir avec des prélarts, ou ce qui est préférable, les introduire sous un hangar servant d'entrepôt temporaire et placé sous la garde des douaniers. C'est le système généralement employé en Angleterre; il s'établit difficilement en France à cause des oppositions des industries parasites qui vivent de la location des prélarts, du camionnage, des entrepôts temporaires, etc.

Nous avons vu quelles dispositions on a donné à ces hangars quand nous avons étudié le bassin Bellot.

Dans tous les cas, ils ne doivent ni servir de magasin ni entraver la circulation.

Ils doivent en outre être très accessibles aux voitures, aussi doit-on placer leurs supports à des distances suffisantes. A Anvers, on les a placé à 12m,50 d'axe en axe dans les deux sens; au Havre, on les a disposés à 22m,50 parallèlement au quai et à 15m,50 perpendiculairement à cette direction. Ils doivent être fermés par des barrières mobiles et des clôtures qui n'entravent pas la circulation. Comme surface, on compte que l'on peut embarquer approximativement dans un port très fréquenté 40 tonnes par mètre courant de quai, et, comme on ne peut guère empiler plus de 1 tonne par mètre carré (en tenant compte des espaces libres), la largeur que l'on donne à ces hangars est généralement comprise entre 25 et 60 mètres. Dans tous les cas, la nature des marchandises reçues, le temps de vérification en douane influent sur l'importante de ces chiffres et on fera bien de consulter les Chambres de commerce à cet égard.

Les voies ferrées se placent immédiatement après les voies de service; il en faut de 3 à 5 suivant l'importance du port, une pour les wagons en chargement ou en déchargement, une pour les wagons chargés ou déchargés, une pour l'arrivée des trains, l'autre pour le départ, et une pour la circulation des machines.

Il est utile que la voie de chargement ou de déchargement soit couverte par une marquise se reliant au hangar.

En arrière des voies ferrées se trouve la voie charretière munie d'un trottoir le long des maisons. Pour fixer sa largeur on doit calculer qu'une file de camions exige environ 2 mètres de largeur. Il faut en outre qu'ils puissent manœuvrer; 12 à 20 mètres sont ordinairement suffisants.

A Liverpool, on a gagné un ou deux mètres en faisant circuler les grues sur les toits du hangar.

Il y a intérêt pour empêcher la propagation des incendies de ne pas donner aux hangars plus que 150 mètres de largeur, longueur des plus grands navires. On leur donne ordinairement de 50 à 100 mètres et l'on ménage entre eux 10 et 20 mètres d'intervalle.

Comme hauteur et afin d'obtenir un bon éclairage, on leur donne 5 à 6 mètres sous entrait des fermes, bien que les marchandises n'emploient guère plus de 2 à 3 mètres.

La hauteur du plancher varie avec les véhicules qui le desservent; si on emploie uniquement des camions, on les place au niveau de terre-plein, si ce sont des wagons, à la hauteur de celui des halles à marchandises.

Nous ne parlerons que pour mémoire des bouches à incendie qui sont de toute nécessité et doivent être multipliées.

643. *Grues.* — Les grues mobiles sont généralement employées pour les quais ; nous en avons déjà donné de nombreux exemples. Celles destinées au but que nous nous proposons d'atteindre doivent être capables d'élever 1 000 à 1 500 kilogrammes avec une vitesse d'élévation variant de 0m,50 à 1 mètre.

Leur portée doit permettre de pénétrer au centre du panneau des plus grands navires, soit à 7 ou 8 mètres du bord du quai, ce qui, avec une longueur de 2 mètres, nécessaire pour installer le pivot de la grue, donne une portée de 9 à 10 mètres. On place ordinairement le sommet de la volée à 12 mètres au-dessus du quai et les chaînes doivent permettre de descendre le palan d'accrochage jusqu'à fond de cale pour y aller chercher les marchandises ; 12 à 20 mètres suffisent ordinairement pour cette manœuvre.

On peut les faire manœurer soit à l'eau, soit à l'électricité, soit à la vapeur. Les grues à vapeur sont simples, robustes et d'entretien facile, mais leur allumage est coûteux, surtout s'ils sont fréquents ; de plus elles sont lourdes et encombrantes ; les grues hydrauliques au contraire sont toujours prêtes à fonctionner ; le travail intermittent de la vapeur est remplacé par un travail continu, et, par suite, plus économique, une seule machine à vapeur refoulant l'eau dans un accumulateur. Aussi, on peut compter qu'elles utilisent trois fois mieux la vapeur. De

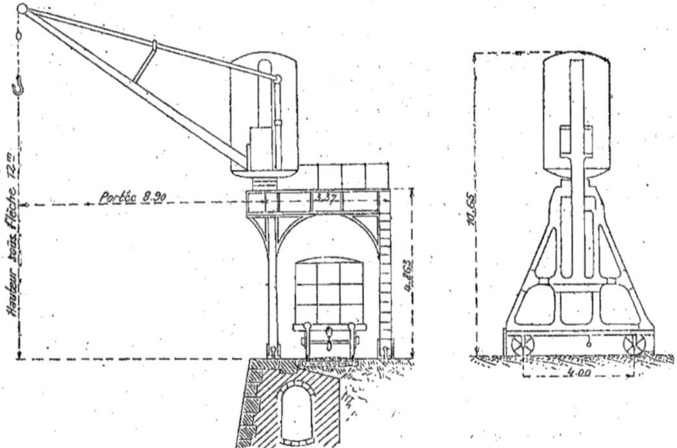

Fig. 806 et 807. — Grue hydraulique du bassin Bellot.

plus on écarte avec elles un grand nombre de chances d'incendie.

L'emploi de ces grues est donc absolument indiqué, si le port possède un établissement central pour les manœuvres des portes, des ponts, etc.

D'une manière générale, leur établissement ne coûte pas plus cher que celui d'une grue à vapeur et exige un personnel moins nombreux ; pour leur manœuvre, un seul homme suffit.

On peut aussi les installer sur un bâti élevé, comme au bassin Bellot, ce qui économise la place en facilitant la circulation des wagons (*fig.* 806, 807) ou sur les toitures des hangars, comme à Liverpool (*fig.* 808).

On peut encore rattacher aux grues mobiles les :

644. *Grues flottantes.* — Celles-ci sont employées principalement quand les quais ont une trop faible hauteur pour l'accostage des navires.

Ce sont des grues installées sur un ponton calant peu d'eau, de façon à pouvoir accoster. Le navire se range sur l'autre bord, et alors le chargement et le déchargement peuvent s'exécuter facilement.

Nous citerons comme exemple celles de Rouen; ces grues ont l'avantage de se déplacer, ce qui peut être avantageux dans certains cas. (Nous en donnerons un exemple; relatif aux grues de fort tonnage).

645. *Grues de fort tonnage.* — Le poids considérable des mâtures et surtout des chaudières et des canons à grande portée et de fort calibre, aujourd'hui très employés, nécessitent, pour leur embarquement ou leur débarquement, des grues de fort tonnage.

Jusqu'à 5 tonnes, on peut les rendre mobiles, sur rails, mais au delà elles sont généralement fixes ou flottantes; sans cela, elles deviendraient trop lourdes et encombrantes.

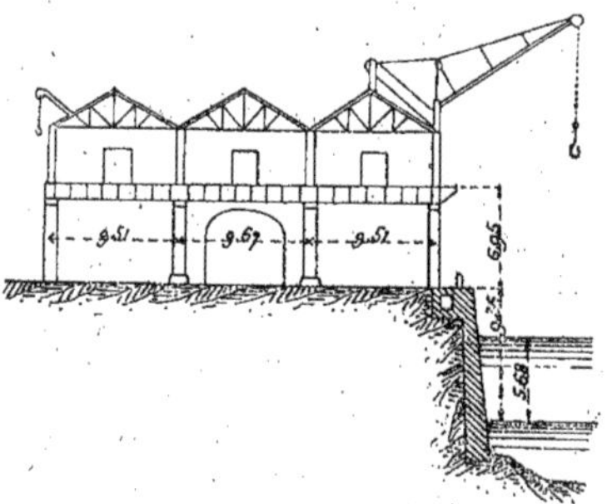

Fig. 808. — Doks de Liverpool.

Ainsi que nous le disions, les besoins de la navigation ont nécessité successivement des grues de 10, 20, 30 tonnes, et aujourd'hui on a atteint jusqu'à 120 tonnes (Marseille). Nous donnerons comme exemple la grue de 80 tonnes établie à Saint-Nazaire.

646. *Mâture de* 80 *tonnes.* — Nous en emprunterons la description à une note publiée dans les *Annales de* 1887, et due à MM. Preverez et Kerveller.

Cette grue sortie des ateliers, des chantiers de la Loire, a été établie à Saint-Nazaire sur le quai de Méan (bassin de Penhouet). Comme particularité nouvelle, cet appareil présente l'inclinaison de la vis sur laquelle se meut le pied d'arrière et la disposition de la chaîne de traction.

La mâture devait avoir comme portée la largeur d'un chaland augmentée de la demi-largeur d'un navire, soit 14 mètres. On lui a donné $14^m,50$. En déplaçant le chaland, après avoir soulevé le colis à élever au-dessus des plates-bandes d'un navire, on arrive à mettre facilement en place les chaudières de navires les plus lourdes.

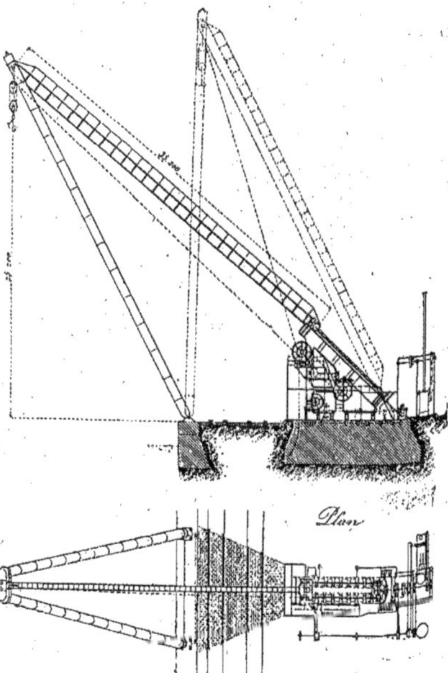

Fig. 809 et 810. — Mâture de 80 tonnes de St-Nazaire.

La hauteur du croc de caliorne, qui est de 25 mètres au-dessus des tourillons de bigue, est suffisant pour le mâtage des navires de haut bord.

Le mouvement de bascule (*fig.* 809, 810) est obtenu au moyen de deux vis inclinées à 45° environ, sur lesquelles se meuvent les écrous de commande du pied moteur, ce qui, d'une part, limite la largeur en plan à donner à l'appareil, et d'autre part, est important dans ce cas particulier, à cause des voies ferrées. On obtient ainsi de cette façon et d'une manière plus directe, le mouvement de recul ou d'avancement du troisième pied qui fait avec les vis des angles variant de 0 à 20°. L'effort se fait en outre dans le sens de l'axe des vis et on a pu supprimer les supports culbutants nécessaires pour empêcher les vis horizontales de se rompre, tout en permettant à chaque écrou mobile de parcourir toute la longueur de la vis.

Le levage est obtenu au moyen de deux caliornes à six brins, et de deux tambours parallèles à gorge, commandés par des vis sans fin. La chaîne, après avoir passé en garant dans les caliornes, descend sur les deux tambours (dont les deux gorges sont circulaires et non hélicoïdales) et passant de l'une à l'autre, descend ensuite dans un puits à chaîne. En procédant de la sorte, on ne fait enrouler sur l'ensemble des deux tambours que la longueur de la chaîne nécessaire pour produire le frottement sur les tambours, ce qui permet de faire passer sur lesdits tambours une longueur de chaîne aussi grande qu'on veut, effet inverse de ce qui se passe sur les tambours hélicoïdaux dont le levage opéré par eux est arrêté lorsqu'on arrive à l'extrémité dudit tambour.

Une machine de 25 chevaux fait mouvoir à volonté, soit ensemble, soit séparément, l'écrou du pied arrière et les tambours d'enroulement.

Cette machine peut, en outre, actionner un treuil secondaire placé en avant des supports des vis inclinées, treuil dont les poupées servent au levage des fardeaux relativement légers.

Les fondations reposent directement sur un sol de vase, de terre et de pierrailles jetées au wagon lors de l'exécution des remblais du bassin de Penhouët; on n'a pas battu de pieux, mais on a donné au massif un empattement tel que la pression maximum n'atteint pas 800 grammes par centimètre carré.

Voici quelques renseignements spéciaux sur les résultats obtenus.

	VITESSE		
	PETITE	MOYENNE	GRANDE
1° *Mouvement de levage.*			
Nombre de tours des tambours	1.05	1.64	2.51
Vitesse d'enroulement de la chaîne par seconde.	0.052	0.082	0.126
Vitesse du levage de la charge	0.0088	0.0136	0.0209
Puissance de la charge maximum	80 000^{K}	51 500^{K}	33 600^{K}
Vitesse de translation horizontale de la charge.	0.0073	0.0113	0.0173
Puissance de translation correspondant à ces vitesses	80.000	51.500	33.600
2° *Mouvement des poupées du treuil secondaire*			
Vitesse partielle des poupées par seconde	0.089	0.138	0.211
Puissance de traction maximum	11 000^{K}	7 100^{K}	4 600^{K}

Quelquefois on les établit comme à Brême sur un ponton flottant (*fig.* 811, 812, 813).

647. *Grues électriques.* — Un travail très étudié de M. Delachanal a paru dans le *Bulletin d'avril* 1895 *des mémoires de la Société des ingénieurs civils de France.*

Comme conclusion et « jusqu'à ce qu'une longue pratique ait fait ressortir définitivement les avantages et les inconvénients de son emploi journalier (électricité), il résulte de leur emploi » :

Que les frais d'exploitation sont plutôt moindres qu'avec les grues à vapeur, si le nombre total d'engins est important ;

Que les sujétions et les dangers d'avoir des chaudières isolées sont évités ;

Que les dangers de gelée sont également évités ;

Que les engins sont plus faciles à déplacer le long des quais ;

Que le temps perdu en allumages est supprimé :

Qu'en ce qui concerne le moteur, la dynamo doit avoir son inducteur monté en série et son rhéostat muni d'un commutateur permettant de fermer le courant après chaque opération, et de faire varier la vitesse à volonté.

« Toutefois, il est peu probable, *en ce qui concerne les grues de quai*, que les moteurs électriques permettent jamais d'obtenir en même temps, la précision, la douceur de mouvement, la sécurité, la simplicité mécanique, la facilité d'entretien et le bon marché d'exploitation que donnent les appareils mus par l'eau sous pression. »

D'autre part, les engins sont plus mobiles, et le rendement mécanique, la suppression des canalisations et des dangers de la gelée sont en faveur de l'électricité.

On se trouvait au Havre dans les conditions suivantes : d'une part les cinq grues à vapeur en exploitation étaient

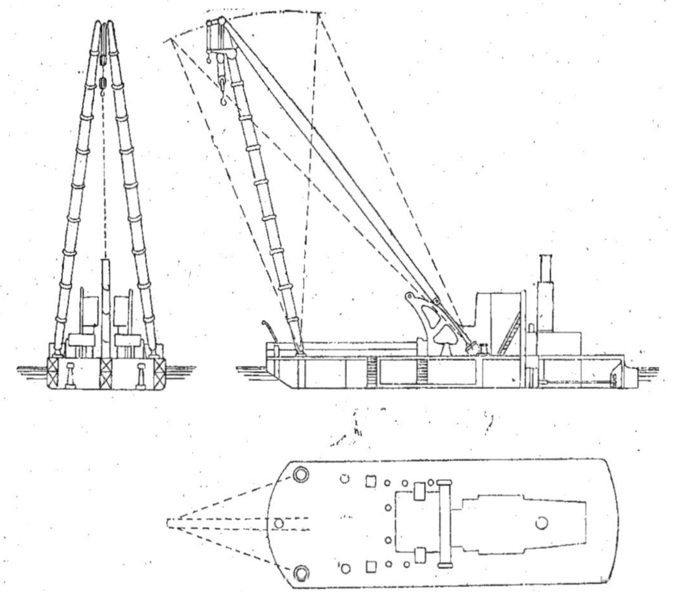

Fig. 811 à 813. — Brême. — Grue flottante de 40 tonnes.

insuffisantes pour un quai, long de plus de 600 mètres, sur lequel se fait un trafic de 300000 tonnes de charbon (moitié du trafic total du port), d'autre part, on se trouvait à côté de l'usine de l'énergie électrique.

Le courant disponible est continu sous une tension de 500 volts fournis par trois générateurs Thomson-Houston d'une puissance de 225 kilowats chacun (*fig.* 814).

Après différents essais, on s'arrêta au type suivant, qui peut être facilement transformé en type à vapeur.

Les grues (*fig.* 815 et 816) sont supportées par un portique métallique muni de roues et pouvant se déplacer par leur propre moyen sur deux rails spéciaux, parallèles au quai. Le portique est à cheval sur la voie de chemin de fer la plus rapprochée du bassin il supporte, à sa partie supérieure, le pivot et la couronne dentée d'orientation.

Les mouvements de levage d'orientation et de déplacement de la grue sont pris sur un même arbre premier moteur E (*fig.* 817-820).

Dans le cas de moteur à vapeur, cet arbre porte, à ses deux extrémités, des plateaux-manivelles, actionnés par des bielles. Dans le cas de moteurs électriques, la dynamo agit sur l'arbre soit par un relais d'engrenages retardateurs, soit directement.

On déplace la grue le long du quai en plaçant sa flèche du côté du terre-plein, ce qui permet de transmettre le mouvement à deux roues porteuses de la palée du portique. Celui-ci étant en place, le mouvement de levage et celui d'orientation sont obtenus en manœuvrant deux leviers convenablement placés dans les mains du conducteur.

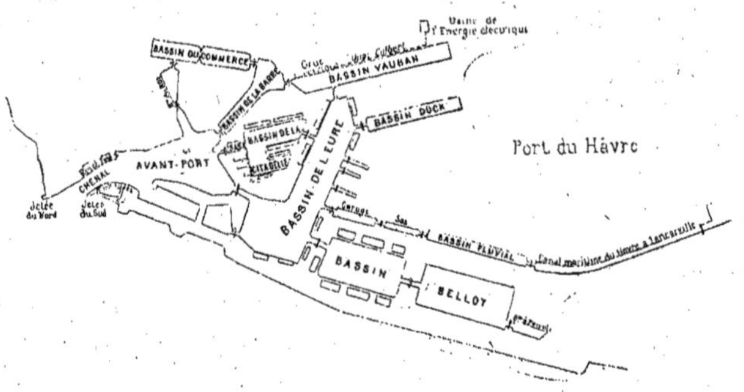

Fig. 814. — Port du Havre.

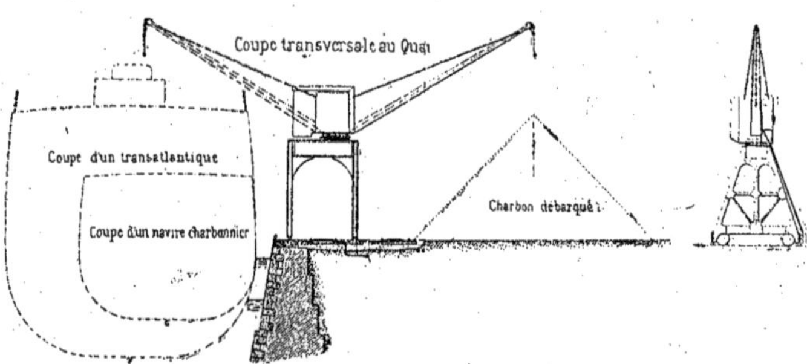

Fig. 815 et 816. — Port du Havre. — Grues électriques du quai Colbert.

Le levier B produit l'orientation dans l'un ou l'autre sens, suivant qu'on le manœuvre en avant ou en arrière.

Le levier A, abaissé ou relevé, produit le mouvement d'élévation ou d'abaissement de la charge.

Un frein K à friction permet de modérer et d'enrayer tous les mouvements, et un contrepoids Q agit automatiquement en cas de négligence du mécanicien

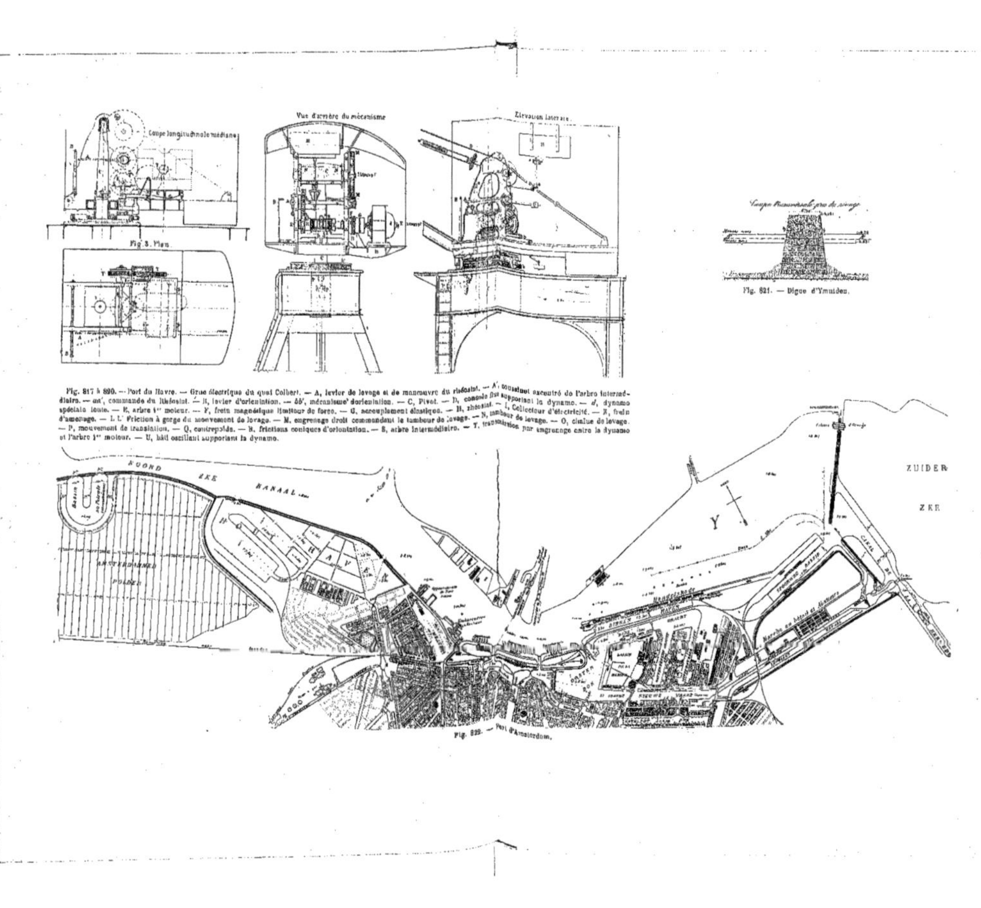

Fig. 817 à 820. — Port du Havre. — Grue électrique du quai Colbert. — A, levier de levage et de manœuvre du rhéostat. — A', coussinet excentré de l'arbre intermédiaire. — aa', commande du rhéostat. — B, levier d'orientation. — bb', mécanisme d'orientation. — C, Pivot. — D, console fixe supportant la dynamo. — d, dynamo spéciale toute. — E, arbre 1er moteur. — F, frein magnétique limiteur de force. — G, accouplement élastique. — H, rhéostat. — I, Collecteur d'électricité. — K, frein d'amenage. — L L' Friction à gorge du mouvement de levage. — M, engrenage droit commandant le tambour de levage. — N, tambour de levage. — O, chaîne de levage. — P, mouvement de translation. — Q, contrepoids. — R, frictions coniques d'orientation. — S, arbre intermédiaire. — T, transmission par engrenage entre la dynamo et l'arbre 1er moteur. — U, bâti oscillant supportant la dynamo.

Fig. 821. — Digue d'Ymuiden.

Fig. 822. — Port d'Amsterdam.

Il faut tout d'abord raidir la chaîne, puis soulever la charge de quelques centimètres pour l'amener dans la verticale de la poulie de tête de flèche, en la faisant glisser sur le fond de la cale avant de commencer, en grand, le mouvement de levage.

On obtient ce résultat en embrayant d'abord le mécanisme de levage et en mettant ensuite le moteur en marche.

Cette manœuvre des freins n'est pas sans offrir quelques difficultés, si on veut éviter les à-coups brusques.

Les essais ont prouvé que l'électromoteur, qui a donné les meilleurs résultats, est précisément celui dont la marche est semblable à celle des appareils à vapeur que l'on peut mettre en marche progressivement.

Docks et Entrepôts.

648. Au point de vue de l'économie générale, on peut remarquer que les magasins des ports servent, en quelque sorte, de régulateurs des marchés. Il y a donc intérêt pour le commerce à ne pas avancer les droits de douane avant la vente des marchandises. Aussi a-t-on créé des entrepôts, et, pour éviter une surveillance active et par conséquent coûteuse, s'appliquant à des marchandises soumises à de faibles droits d'entrée, on a divisé ces entrepôts en deux classes : les entrepôts *libres* et les entrepôts *réels*.

Les magasins d'entrepôt libre sont soumis à la surveillance des douaniers, mais les clefs restent dans les mains des entrepositaires ; ceux des entrepôts réels sont fermés par des serrures à doubles clefs dont l'une reste dans les mains des employés de la douane.

Quand ces magasins sont concédés à des compagnies, celles-ci peuvent délivrer des certificats de dépôt (*Warrants*) qui servent à des transactions commerciales, soit de vente, soit d'emprunt. On les construit à plusieurs étages et on leur donne, comme à tous les magasins, des hauteurs ne dépassant pas $2^m,50$ à 3 mètres ; on les place près des quais pour éviter des camionnages onéreux. Dans tous les cas, on les dessert par des voies ferrées et des voies charretières, afin que les expéditeurs puissent choisir celle de ces voies qui convient le mieux.

Les plus grandes précautions doivent être prises contre les incendies, au moyen de nombreuses bouches d'eau sous pression.

L'accumulation des marchandises étant le foyer le plus dangereux, on a renoncé à la construction en fer et en voûtes de maçonnerie, réservant uniquement la fonte ou la maçonnerie pour les piliers ; on construit les planchers en bois.

Dans tous les cas, il est bon de séparer les magasins en longueur de 30 mètres que l'on isole par des murs épais en maçonnerie, percés d'ouvertures de communication fermées avec des portes en fer. Comme aménagement général nous donnerons l'installation du Handels Kade à Amsterdam (*fig.* 821).

649. *Aménagements pour des marchandises spéciales.* — Certains établissements dangereux, encombrants, certaines marchandises, également encombrantes ou de peu de valeur, ont dû être l'objet d'aménagements spéciaux. On peut les classer ainsi :

1° Établissements dangereux ou encombrants, comprenant les lazarets et les bestiaux ;

2° Marchandises dangereuses : les pétroles ;

3° Marchandises encombrantes ; les grains, les charbons, les bois ;

4° Marchandises de peu de valeur : les matériaux de constructions et les minerais.

Tel est l'ordre dans lequel nous les étudierons.

Lazarets.

650. Tout navire, arrivant d'un pays contaminé, est soumis à une quarantaine dont la durée est fixée par le service sanitaire, et, dans le cas où il y a eu des décès à bord pendant la traversée, il peut être ordonné que les passagers seront débarqués et retenus dans un lieu isolé où leurs bagages et les marchandises seront désinfectés. Cet établissement porte le nom de *lazaret* et est établi suivant les prescriptions du service médical, mais il faut bien le dire, encore aujourd'hui, ces établissements manquent du confortable nécessaire et les personnes même bien portantes y sont souvent exposées à y contracter les maladies épidémiques. Ces établissements sont sous la direction du ministre du Commerce.

Nous citerons comme exemple le lazaret de Rotterdam (voir *fig.* 413), tiré du rapport fait par M. Quinette de Rochemont sur les ports de la Hollande. Les navires ayant à faire quarantaine s'arrêtent au lazaret établi un peu en amont de Hoek van Holland ; ils s'amarrent sur des corps-morts placés non loin de la rive droite, en dehors du chenal. Sur le polder, situé au nord du fleuve, plusieurs bâtiments isolés ont été construits pour recevoir les divers services qui composent un établissement de cette nature.

Bestiaux.

651. Le commerce d'exportation, et surtout d'importation du bétail, acquiert souvent une grande importance dans certains ports.

D'une manière générale les étables doivent être à proximité du quai et y être réunies par des couloirs empêchant ledit bétail de divaguer. Ces étables devront être construites selon toutes les lois de l'hygiène vétérinaire, c'est-à dire contenir des bâtiments isolés pour les animaux malades ; ils seront bien aérés, en constructions légères qu'on aura le soin de blanchir à la chaux au moment de chaque arrivage des bestiaux importés, et le sol en pente sera pavé et rejointoyé pour éviter les infiltrations excrémenticielles. On y devra joindre un abattoir.

L'embarquement et le débarquement s'y effectuera soit au moyen de grues par le grand panneau, soit par un large sabord placé au niveau du pont écurie et auquel les animaux parviennent par un plan incliné ou un appontement formant jonction entre le bateau et le quai.

A Amsterdam (*fig.* 822), l'embarcadère pour bestiaux est formé d'une estacade de 104 mètres de longueur sur 10 de largeur, établie parallèlement au rivage, auquel il est relié par un appontement de 53 mètres de longueur et de 5 mètres de largeur. Le plancher, sur 20 mètres de longueur dans la partie centrale, est à la cote (2^m,50), il s'abaisse ensuite en pente vers les deux extrémités, où il n'est plus qu'à (1 mètre). Cette disposition facilite l'embarquement des animaux dans les bateaux de dimensions variées ou dans les entreponts des grands navires. Sur le terre-plein en arrière, des écuries pour les bestiaux et un parc à mouton occupent une surface de 47 ares.

Pétroles.

652. On sait que les pétroles sont un mélange d'hydrocarbures, et que les pétroles non raffinés renferment des huiles légères dont les vapeurs, se formant à une température peu élevée sont éminemment explosives quand elles sont mélangées avec l'air.

On a donc été conduit, dans les ports d'importation, aux règles suivantes formulées par M. Laroche.

1° Eloigner, autant que possible, les bassins à pétrole tant des lieux habités que des autres bassins du port.

2° Construire, autant que possible, deux bassins réunis par un pertuis, afin de pouvoir isoler, dans l'un de ceux-ci, le navire qui viendrait à prendre feu.

3° Munir ces pertuis d'un barrage flottant isolateur pour empêcher la communication de la nappe enflammée de pétrole qui surnage.

4° Entourer les réservoirs en tôle dans lesquels le pétrole est tenu en vrac de murailles en maçonnerie, de façon à ce que la nappe d'écoulement, en cas de rupture, ne puisse s'écouler sur les quais ou dans le port.

5° A cause de la combustibilité des vapeurs de pétrole non raffiné, éloigner, de 150 mètres, au moins tout foyer où on brûle du combustible, telles que les chaudières qui mettent en action les pompes qui servent à puiser le pétrole dans les navires pour les envoyer dans les réservoirs.

6° Installer des pompes à refoulement et non à aspiration, celle-ci pouvant être

Fig. 823. — Port de Rotterdam.

détruite par la tension de la vapeur d'hydrocarbure dans les conduites.

7° Maintenir les hangars de dépôt à une aussi basse température que possible par des doubles cloisons et une double toiture.

8° N'employer que l'éclairage électrique et éviter toute flamme. Il est également utile de s'efforcer de garantir ces lampes contre le bris. En décembre 1889, la rupture d'une lampe dans la cale d'un bateau renfermant du pétrole en vrac a déterminé une explosion et le navire a coulé bas.

A Rotterdam (*fig.* 823), en arrière du quai spécialement affecté au débarquement des pétroles, il y a deux groupes de magasins destinés à recevoir les fûts pleins. L'un de ces groupes, ayant 150 mètres de longueur et une largeur variant de 45 à 75^m, est formé de constructions en maçonneries couvertes d'un toit peint en blanc; l'autre, de 70 mètres de longueur sur 50 de largeur, se compose également d'une toiture légère, également blanchie, soutenue par des poteaux en bois. Un relief en terre règne sur tout le pourtour de cette construction et s'élève jusqu'au toit; les magasins, placés sur le polder, ont leur sol en contre-bas du niveau du terre-plein des quais; cette circonstance a été mise à profit pour établir des chemins de roulage en pente, de telle sorte que les barils

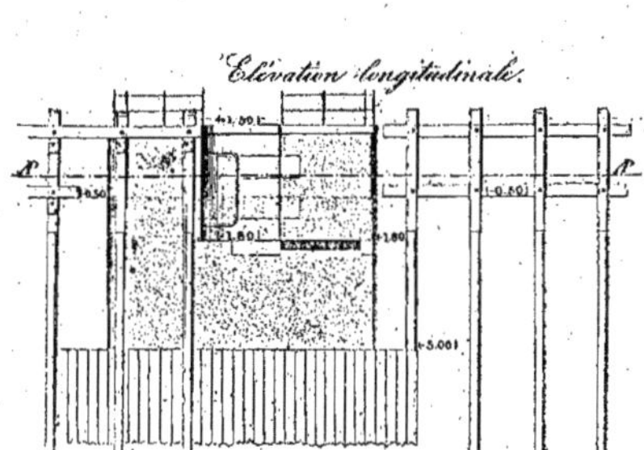

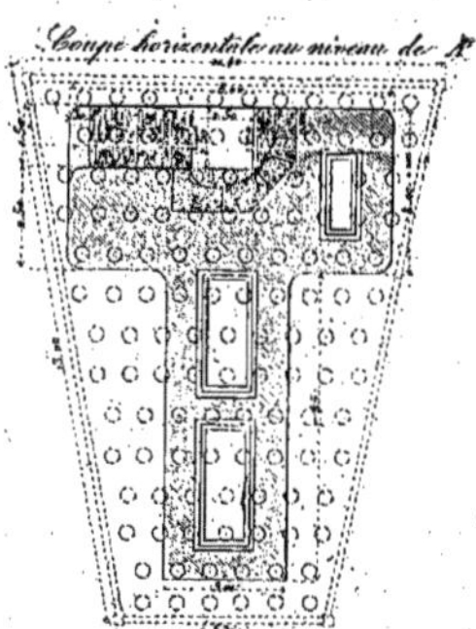

Fig. 824 et 825. — Port d'Amsterdam. — Pertuis d'entrée.

de pétrole vont seuls du quai au magasin, en vertu de la gravité.

A côté de ces deux groupes, on a construit des réservoirs en tôle pour emmagasiner les pétroles qui viennent en vrac dans les navires.

A Amsterdam, on a construit un bassin, spécialement destiné aux navires ayant à bord plus de 6 000 kilogrammes de pétrole. Ce bassin, situé sur la rive sud de l'Y, à 1 500 mètres de l'Est de Houthawen, a la forme d'un fer à cheval et est creusé à (— 8^m,20); la longueur sur l'axe est de 970 mètres et la largeur en plafond de 140 mètres. La superficie est donc de 15 hectares et celle des terre-pleins de 10^h,50^a; sur le pourtour, les terre-pleins sont arrasés de (1^m,00) à (2^m,00), ont 60 mètres de largeur et le môle a 70 mètres.

Les berges sont restées en talus avec pente de 2 sur 1. Un perré de 0^m,50 compris entre (— 2^m,88) et (0^m,50) repose à sa partie inférieure sur une berme en terre de 1 mètre de largeur. Des pieux de défense et des ducs d'Albe maintiennent les navires et les empêchent de venir sur les talus.

Le bassin communique avec l'Y par deux pertuis de 30 mètres de largeur, fermés au moyen de flotteurs en tôle. Les bajoyers (*fig.* 824 825) de 8 mètres de longueur, arrasés à (1^m,50), sont fondés à (— 5^m,00) sur une couche de béton de

2 mètres de hauteur contenue dans une enceinte de pieux et de palplanches portée sur des pieux de fondation. A la cote (— 1^{m},80), les bajoyers présentent une retraite pour recevoir les flotteurs qui busquent comme les portes d'écluse.

Ces flotteurs (*fig.* 826, 827, 828, 829) sont des caissons en tôle de 17^{m}87 de

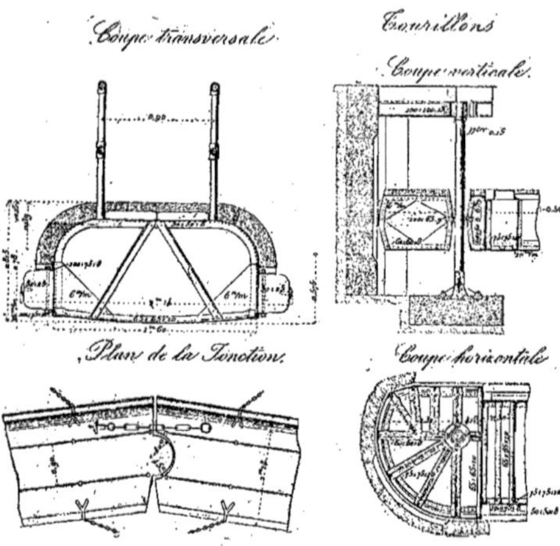

Fig. 826 à 829 — Port d'Amsterdam. — Flotteurs de fermeture.

longueur, 1^{m},60 de largeur et 0^{m},815 de hauteur; ils ont un enfoncement de 0^{m},575 et sont protégés par une ceinture de bois de 0^{m},30 sur 0^{m},25 ; la partie émergeant de l'eau est revêtue d'une couche de béton de 0^{m},15 d'épaisseur, fait avec de la pierre ponce. Les flotteurs sont maintenus en place, tout en suivant les fluctuations de l'eau, par des axes verticaux en fer forgé de 0^{m},15 de diamètre, établis dans les bajoyers, et par une chaîne qui les réunit; l'ouverture et la fermeture se font au moyen de treuils manœuvrés à la main.

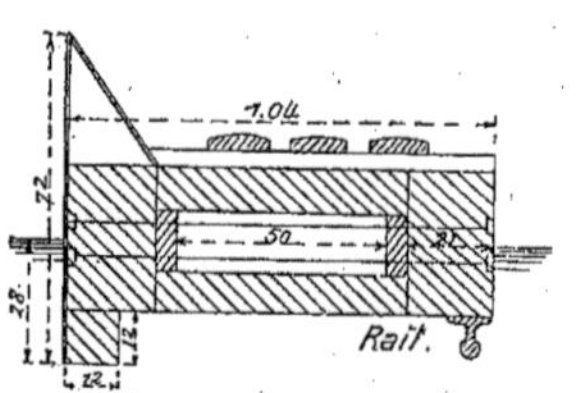

Fig. 830. — Flotteur de Dunkerque.

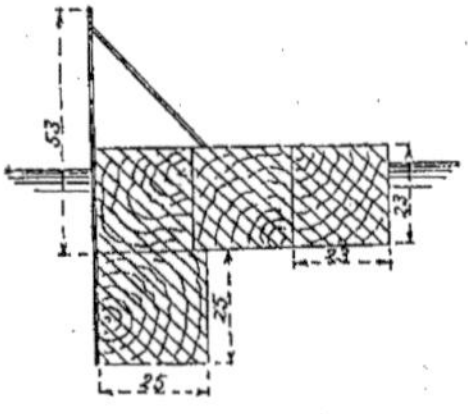

Fig. 831. — Isolateur du Havre.

Des voies ferrées, se raccordant avec le chemin de fer, sont placées sur le terre-plein.

La figure 830 représente le type d'isolateur employé à Dunkerque et la figure 831 celui du Havre.

Nous donnons aussi la disposition du flotteur de Hambourg (*fig.* 832).

Grains.

653. C'est à l'étranger, dans les contrées du Nord (Angleterre, Belgique, Allemagne), qu'il faut aller chercher les installations rapides et économiques de l'importation des céréales. Elles seraient, du reste, d'une utilité moindre dans less pay qui, tels que la France, produisent généralement ce qui est nécessaire à leur consommation. Le procédé qui paraît le plus avantageux consiste en larges courroies verticales et horizontales, dont les premières sont munies de godets.

Par une élévation verticale, on va chercher le grain jusqu'au fond de la cale des navires. Les godets se déversent sur une bande horizontale qui transporte les blés dans le sous-sol des magasins, où il est pesé automatiquement; là d'autres bandes verticales le conduisent à l'étage supérieur dudit magasin où il subit les nettoyages et il retombe sur des bandes horizontales jusqu'à l'orifice des ensachoirs; il est alors prêt à être livré aux véhicules de transport.

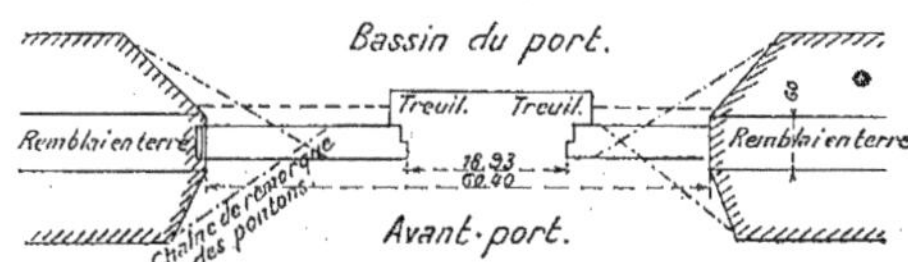

Fig. 832. — Port de Hambourg. — Disposition des pontons de fermeture.

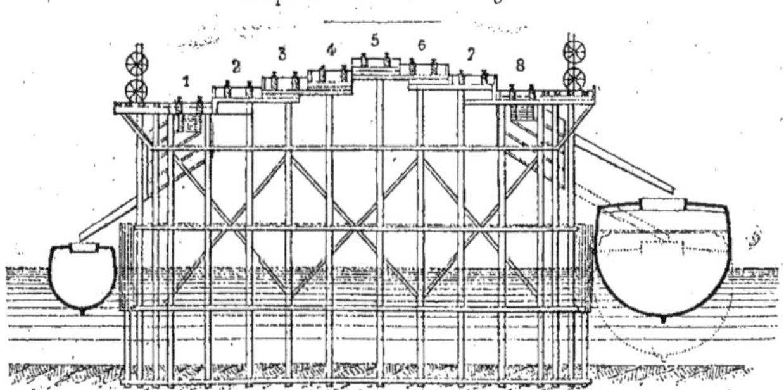

Fig. 833. — Coupe transversale d'une jetée sur la Tyne.

Charbons.

654. On distingue pour les houilles les installations des ports d'expédition de celles des ports d'importation. Un caractère commun est d'éviter le bris de la houille, bien qu'il ait plus ou moins d'importance suivant l'emploi.

C'est ainsi que les houilles grasses se brisent plus facilement que les houilles maigres et les anthracites, mais cela a peu d'importance pour les premières si elles sont destinées à la fabrication du gaz. C'est le contraire pour les usages domestiques.

655. *Ports d'exportation.* — La France, se suffisant à peine pour la production des charbons, en exporte peu et c'est en Angleterre qu'il faut aller chercher les installations les mieux étudiées pour ce genre de travail.

Le système de la Tyne (*fig.* 833), qui paraît le meilleur, consiste en un appontement sur lequel arrive, par un chemin à flanc de coteau, des wagons chargés qui déversent leurs charbons dans des trémies descendant jusque dans la cale du navire. Ces wagons sont fermés par dessous au moyen de portes placées entre les deux essieux.

On a remarqué que, pour éviter le bris, il faut prendre la précaution d'avoir les trémies toujours remplies.

Lorsque les lieux ne se prêtent pas à cette disposition, on emploie de puissantes grues qui saisissent et descendent le wagon jusque près du charbon déjà chargé et le déversent doucement; le bris du charbon se trouve alors réduit au minimum.

D'autres fois, on élève le wagon au moyen d'un ascenseur et on le fait se déverser dans une trémie.

656. *Ports d'importation.* — Le débarquement se fait presqu'uniquement au moyen de bennes à fonds mobile que l'on remplit dans la cale, qu'on élève et qu'on décharge, soit directement, soit à quai, soit dans les véhicules de transport.

Bois.

657. Les bois transportés sont, ou débités préalablement en planches, madriers, entrevous, etc., ou en grosses pièces de charpente équarries.

L'embarquement et le débarquement des premières pièces n'offre aucune difficulté.

Pour les secondes, on les charge par un sabord placé à l'avant du navire qui permet de les introduire en long; ce sabord est percé un peu au-dessous de la ligne de flottaison à pleine charge. Les bois sont empilés dans la cale.

Pour les sortir on emploie le même procédé aussitôt que, par le déchargement des autres marchandises ou du lest, les sabords sont sortis de l'eau.

On voit que ces différentes manœuvres exigent que les navires se présentent par bout au quai ce qui nécessite soit une grande largeur du bassin, soit l'emploi du quai perpendiculaire à son axe qui en forme l'extrémité.

Les bois sont halés par des chevaux sur des cales pavées et inclinées ainsi que cela se pratique dans les forêts. L'inclinaison ne doit pas dépasser 1 pour 10 et l'arête du côté de l'eau doit être à $0^m,50$ environ en contre-haut du niveau moyen de la mer dans le port ou des plus basses retenues dans les ports à marée.

Au-dessus des cales, on réserve un espace sur lequel on arrime les bois comme dans les chantiers ordinaires. Quelquefois, et s'il n'existe pas de tarets ou d'autres animaux aquatiques xylophages, on place les bois dans des fosses peu profondes, ce qui a l'avantage de les purger de tous les éléments fermentiscibles dus à la sève.

Matériaux et minerais.

658. On supprime, dans ce cas, les hangars et on leur ménage une grande surface. Quelquefois on charge ces matières directement sur wagons et alors il faut recourir à des voies ferrées convenablement étudiées, s'anastomosant pour ainsi dire entre elles, de façon à permettre une libre circulation; on doit, ainsi que nous avons déjà eu occasion de le dire, supprimer autant que possible les plaques tournantes.

Service des voyageurs.

659. Nous n'avons qu'à compléter ce que nous avons déjà dit sur les embarcadères et les débarcadères; nous le ferons en remarquant que si les marées sont très hautes, il convient, pour éviter que les passerelles aient une pente trop considérable, de placer des planchers à différentes hauteurs reliés par des escaliers (*fig.* 834). On placera sur le quai une salle d'attente avec buffet, attenant au bureau de douane et, à la sortie de celui-ci, une station de voiture et une gare de chemin de fer.

Les colis sont ordinairement empilés sur des plateaux montés par des grues ou des ascenseurs.

Eclairage des ports et de leurs annexes

660. Cet éclairage doit satisfaire aux conditions suivantes :

1° Etre suffisant pour assurer la surveillance des quais et des marchandises. Celui comparable à un beau clair de lune est le desideratum.

2° Assurer les manœuvres de nuit que pourraient avoir à exécuter les navires, dans le port, dans l'avant-port, et dans les bassins. Pour cela les hommes du bord ne doivent pas pouvoir recevoir de radiations éblouissantes.

Pour obtenir ces résultats, l'expérience a prouvé qu'il fallait placer des foyers très intensifs de 300 becs Carcel, à une grande hauteur (25 à 30 mètres) et les munir d'abat-jour réflecteurs garantissant les yeux des capitaines et des pilotes.

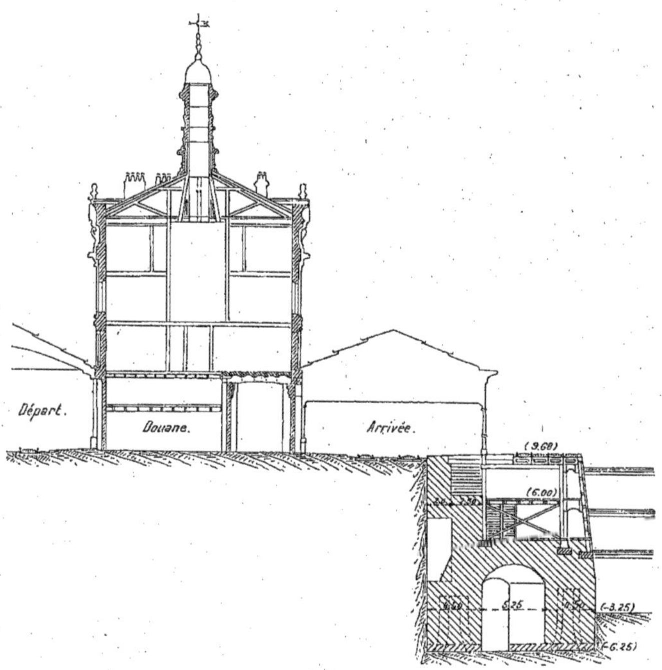

Fig. 834. — Port de Calais. — Débarcadère des voyageurs.

L'éclairage des formes de radoub se fait au moyen d'appareils mobiles qui permettent le travail de réparation sur et au-dessous de la carène.

661. Nous terminerons ce que nous avons à dire, à l'égard des annexes des ports, par le tableau suivant sur l'utilisation actuelle des quais.

LARGEUR du quai	OUTILLAGE	TRAFIC	EMBARQUEMENT et débarquement annuel des marchandises
25^{m}	nul	peu actif	200^{t} par mèt. c^{t}
25^{m} à 40^{m}	nul	actif	300 à 400^{t} —
50^{m} à 100^{m}	bon	»	500 à 700^{t} —

N. B. — Si les quais de 50 à 100 mètres sont affectés d'une manière à peu près continue à l'embarquement et au débarquement des marchandises spéciales de manutention facile, tels que les charbons et les minerais, on peut atteindre un rendement de 800 à 1 200 tonnes par mètre courant.

Nous allons maintenant donner un exemple complet de l'aménagement et de l'outillage de notre principal port marchand, nous voulons parler de Marseille et nous en emprunterons les détails à la publication du ministère des Travaux publics, relative à l'Exposition de 1889.

Aménagement et outillage du bassin de la gare maritime et du bassin national de Marseille.

662. Les anciens modes d'exploitation étant, ainsi que nous l'avons expliqué précédemment, insuffisants avec la navigation à vapeur, la question des améliorations du port de Marseille s'est posée,

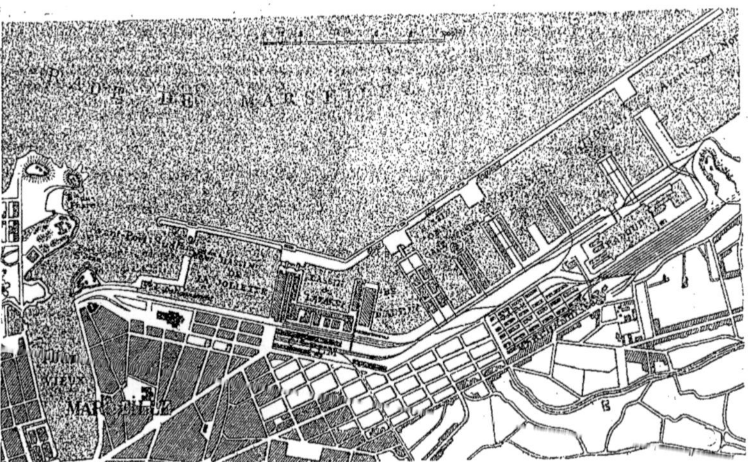

Fig. 835. — Bassins de Marseille.

à ce point de vue, il y a plus de soixante ans (1834), époque à laquelle a pris naissance l'idée de la création des docks qui furent concédés en 1856. Ceux-ci ont été imaginés dans le but d'effectuer avec célérité, exactitude et économie, toutes les opérations du commerce maritime, à savoir :

Embarquement et débarquement, reconnaissance, magasinage, livraison et expédition ;

Donner au commerce une représentation authentique pour la vente au moyen d'échantillons ;

Mettre la valeur des marchandises entreposées en circulation, sans déplacement au moyen de warrants.

Construits de 1856 à 1863, ils sont encore aujourd'hui un modèle du genre.

La question s'est posée de nouveau, il y a quelques années, à l'occasion des bassins qui ont été construits dans le Nord des docks, le bassin de la Gare maritime et le bassin National, mais sous une forme un peu différente. Dans les docks la Compagnie concessionnaire est chargée d'effectuer toutes les opérations; quand il s'est agi de l'aménagement des quais des nouveaux bassins, l'opinion publique s'est prononcée de la façon la plus énergique contre l'organisation de toute concession, de toute entreprise de nature à restreindre la liberté de l'usage public.

Le programme auquel on s'est arrêté comprend exclusivement les installations nécessaires pour que le public puisse effectuer lui-même commodément et économiquement, par tels moyens qu'il jugera convenables, les opérations que comporte la réception et l'expédition des marchandises.

La Chambre de commerce a été chargée de munir, aux frais du commerce, les quais construits par l'État, des installations et de l'outillage les plus utiles dont le public pourrait avoir besoin pour effectuer ses opérations.

Les nouveaux bassins du port de Marseille (*fig.* 835) sont construits à l'abri d'une grande jetée établie parallèlement à la côte.

Du côté du large est réservé un grand espace libre réservé aux mouvements d'évolution des navires et d'appareillage. Du côté de terre, on a construit une série de môles parallèles qui sont enracinés au quai de rive et entre lesquels sont des espaces d'eau, de largeur variable, qui forment les véritables bassins d'opérations.

Ces bassins sont précédés d'un avant-port formé par le prolongement de la etée. Pour obtenir plus de calme dans ces bassins, on a construit la traverse de l'Abattoir et la traverse de la Pinède. La première a été utilisée pour établir, entre la jetée du large et la terre, une communication qui était indispensable. Le pont tournant de l'Abattoir, construit à cet effet, couvre deux passes de 30 mètres d'ouverture chacune. La traverse de la Pinède a une largeur de 100 mètres.

Le bassin de la gare maritime a une longueur de 366^{m},40 et le bassin national 925 mètres; leur largeur est fixée à 500 mètres environ. La jetée est établie dans des profondeurs d'eau qui varient de 11 mètres, à son origine à la Joliette, jusqu'à 28 mètres à son extrémité du côté Nord.

Le terrain naturel, sur l'emplacement de ces deux bassins, résiste à l'attaque des dragues; pour éviter les dérochements, on a placé le quai de rive du bassin National à 13 mètres en avant de l'alignement prolongé du quai de rive dans le bassin de la Gare maritime. En même temps que l'on obtenait une profondeur d'eau plus considérable, on donnait au terre-plein du quai une largeur plus grande, mieux en rapport avec les exigences de l'exploitation. On avait donné au quai de rive de la Gare maritime, il y a vingt-trois ans, la même largeur qu'au quai de la Joliette, 47 mètres; le quai du bassin National a une largeur de 60 mètres.

La profondeur au pied du quai de rive est de 6 à 8 mètres; elle va en croissant d'une façon régulière jusqu'au quai du large.

Les passes dans les traverses ont été tracées de telle sorte, qu'entre la route suivie par les navires et le quai du large, il reste un espace suffisant pour que des navires puissent stationner le long de ce quai sans crainte d'être abordés. Avec la longueur de 80 mètres, qui a été donnée aux branches occidentales des traverses, l'espace libre, entre les navires accostés au quai du large et la route suivie, est assez grand pour une file de navires au mouillage.

Les môles ne font pas saillie sur le chenal, qui est déterminé par l'ouverture des passes, et il faut qu'entre les têtes des môles et le quai du large, il y ait un espace libre assez grand pour que les navires, entrant par la passe du Nord, avec les vents de la région du Nord qui sont les plus fréquents et qui soufflent souvent avec violence, puissent éviter sur une ancre mouillée en avant du quai du large. On a donné aux môles des longueurs variant de 240 à 250 mètres; et entre leur extrémité et la grande jetée, il y a une distance de 275 mètres.

Il faut, entre les môles, un intervalle

suffisant pour les mouvements des navires sortant ou allant prendre place au quai des môles, ces navires évoluant avec leurs machines ; il ne convient pas de sacrifier aux môles les quais de rive qui sont dans d'excellentes conditions pour l'exploitation. Ces conditions ont conduit à adopter, comme espacement normal, 120 à 130 mètres, sauf à réserver, de distance en distance, un espacement plus grand pour le stationnement des navires désarmés.

La largeur des môles dépend de leur longueur et de leur affectation.

Plus un môle est long, plus la circulation est active sur la voie centrale et plus on doit donner de largeur à cette voie.

Si les marchandises, que l'on manutentionne sur le môle, passent directement du navire sur les wagons ou inversement des wagons dans le navire, il suffit de donner au môle une largeur telle que l'on puisse établir les voies ferrées qui sont nécessaires, en réservant à côté un emplacement pour déposer les marchandises en attendant leur réexpédition. Une largeur de 60 à 80 mètres pourrait suffire, en général, dans ce cas.

S'il s'agit, au contraire, de marchandises qui exigent, à leur débarquement, une vérification de la douane ou une reconnaissance des négociants qui les ont fait transporter partie par les chemins de fer, partie par les camions, et c'est le cas le plus général, il faut, outre la place nécessaire pour les voies ferrées et pour les voies charretières, un vaste emplacement pour déposer les dites marchandises, pour les vérifier, pour les reconnaître et pour les conditionner avant de les expédier. On arrive ainsi à une largeur de 90 à 120 mètres suivant les cas, largeur qui devrait être portée à 130 ou 140 mètres, si l'on voulait avoir des magasins sur les quais.

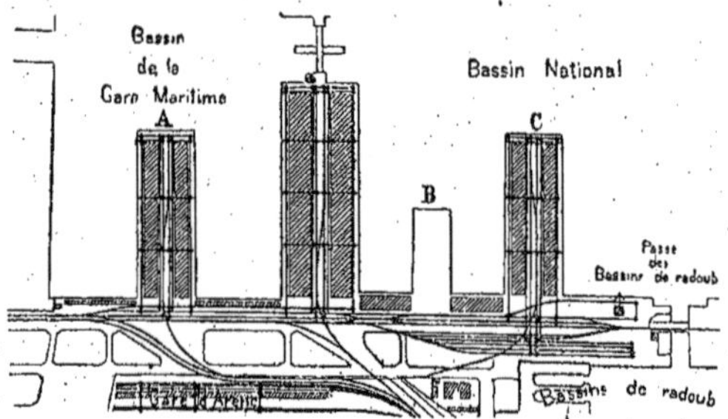

Fig. 836. — Port de Marseille. — Quai de rive entre les docks et la passe des bassins de radoub.

Ajoutons qu'il ne convient pas de donner, au môle affecté, au transit, la largeur strictement nécessaire pour cette destination.

Les marchandises de valeur seront placées le plus près de la ville. La surveillance en sera plus facile et la reconnaissance plus commode pour les négociants ; les autres marchandises seront d'autant plus éloignées qu'elles seront de moins de valeur et plus encombrantes ; si le port prend de l'extension, on peut les éloigner de plus en plus ; c'est ainsi que les houilles anglaises ont été déplacées à Marseille cinq à six fois dans l'espace de 15 ans.

Il peut aussi arriver que le port est abandonné par certaines marchandises. On en a eu un exemple dans les minerais de fer dont les importations (à Marseille) étaient de 454 408^{T} en 1874 et sont tombées à 27 350^{T} en 1887.

On a donné aux môles du bassin de la Gare maritime et du bassin National, qui ont de 240 à 250 mètres de longueur, la largeur qui convient aux marchandises

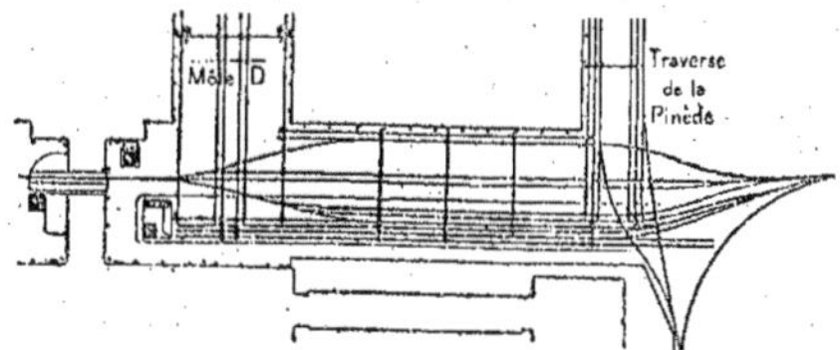

Fig. 837. — Port de Marseille. — Quai de rive au nord du môle D.

Fig. 838. — Port de Marseille. — Profil transversal du quai de rive au nord du môle D.

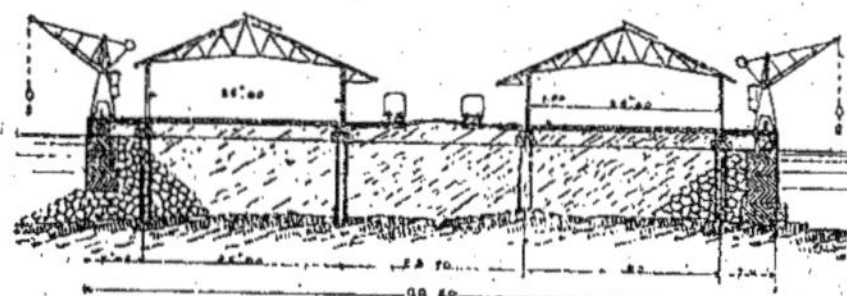

Fig. 839. — Port de Marseille. — Profil transversal du môle A.

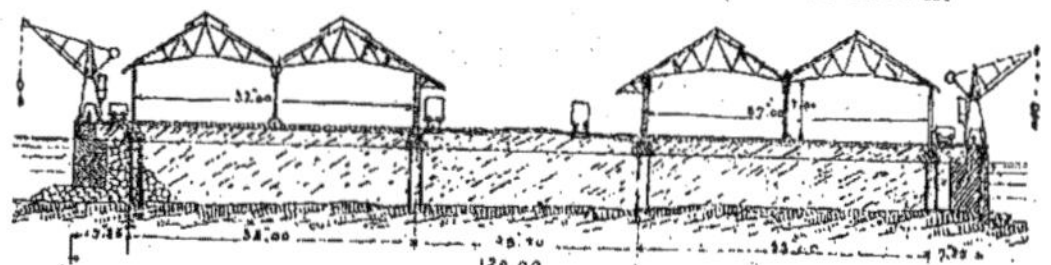

Fig. 840. — Port de Marseille. — Profil transversal de la traverse de l'abattoir.

générales, 90 mètres, et aux traverses, dont la longueur est de 310 mètres et qui doivent porter une voie de circulation aboutissant au quai du large, une largeur de 120 mètres.

Le môle B n'a que 60 mètres sur 130 mètres de longueur.

Fig. 841. — Port de Marseille. — Profil transversal du môle B.

Fig. 842. — Port de Marseille. — Profil transversal de la traverse de la Pinède.

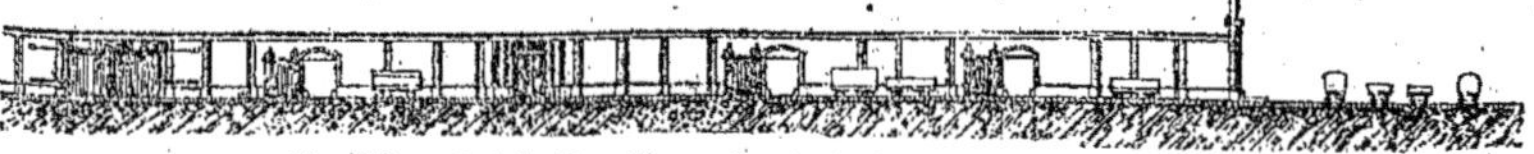

Fig. 843. — Port de Marseille. — Façade des hangars sur la voie centrale.

Les figures 836 à 843 donnent les plans d'aménagement des deux bassins, ainsi que des dimensions de leurs môles.

La surface d'eau de la Gare maritime est de 15 hectares et le développement des quais de 2.122^{m},30. Celle du bassin National est de 40 hectares et le développement des quais de 3.845^{m},10.

663. *Aménagement des quais.* — Il résulte de l'expérience que la hauteur la plus convenable pour le terre-plein des quais est celle de 2^{m},40. On l'a adoptée pour le bassin d'Arenc et pour les deux bassins à la suite.

Leur largeur varie de 30 à 60 mètres.

On accède au quai du large par les deux ponts tournants de la Joliette et par le pont de l'Abattoir. Le pont de la passe d'Arenc est seulement affecté au service des docks.

La grande voie de circulation du port est le quai de rive. C'est par lui qu'on accède au môle et aux traverses. Il est en communication directe avec les gares des chemins de fer qui aboutissent à Marseille.

Ce quai ainsi que les quais des môles et des traverses, étant beaucoup plus accessibles aux wagons que le quai du large, on a affecté les premiers aux marchandises qui emploient la voie ferrée et on a relégué, sur les points les plus éloignés, les marchandises encombrantes, les minerais, les charbons, etc.

Les marchandises générales qui forment le gros du commerce de Marseille ont la jouissance des quais situés au Sud des bassins de radoub.

Le débarquement des bestiaux, qui a lieu pendant six mois de l'année, s'effectue dans un emplacement spécial. On a choisi le môle B qui se trouve en face de l'abattoir et du marché aux bestiaux. Pendant les six autres mois, ce môle reste affecté aux marchandises générales dont le transport s'effectue par camions. On affecte aux mêmes marchandises le quai Sud de la branche occidentale de la traverse de l'abattoir.

Le quai du large, dans le bassin de la Gare maritime, est utilisé principalement pour les embarquements des steamers réguliers de la Méditerranée, de la Mer Noire et du Maroc. Les grands navires à vapeur, qui font le service des Etats-Unis d'Amérique et de l'Amérique du Sud, et notamment le transport des émigrants, opèrent au quai du large dans le Sud de la section réservée aux charbons anglais. L'angle Sud-Ouest du bassin National est réservé aux grands steamers qui viennent faire escale pour prendre ou déposer des passagers et les petites messageries.

Entre le môle C et la passe des bassins de radoub est réservée une portion du quai de rive destinée à l'embarquement et au débarquement des colis d'un grand poids, tels que les chaudières du navire, le matériel de dragage, etc.

Enfin, les quais du bassin des réparations des navires à flot sont utilisés pour l'embarquement et le débarquement du matériel ou des matériaux employés à ces réparations ou en provenant.

On peut remarquer, sur les figures 836 à 843, que les quais sont munis des installations les plus utiles pour les opérations qui y sont effectuées : des appareils pour les embarquements et les débarquements, des hangars pour abriter les marchandises, enfin des voies ferrées.

Le quai de rive sur toute sa longueur, et du côté opposé aux bassins, possède une voie charretière de 11 mètres de largeur bordée, d'un côté, par un trottoir de 5 mètres et, de l'autre, par une voie ferrée de circulation générale qui est en communication directe, d'un côté, avec les gares de la Joliette et d'Arenc, et, de l'autre, avec l'entrepôt des douanes et les magasins de la Compagnie des docks.

Entre l'arête du quai et les voies se trouvent des emplacements pour les dépôts de marchandises et les voies ferrées, pour le chargement et le déchargement des wagons. L'aménagement varie suivant l'affectation de ces quais.

Pour la manutention des marchandises générales, on a établi, à côté de la voie ferrée de circulation, deux voies ferrées pour les chargements et déchargements et les manœuvres des wagons. Ces voies communiquent entre elles et avec les grandes voies par des aiguilles. Elles sont reliées entre elles avec les voies des môles et des traverses et avec les voies de garage placées en faisceau en dehors du quai proprement dit par des transversales et des plaques tournantes.

Pour les poids considérables, qui, ainsi que nous l'avons déjà dit, doivent être manutentionnés entre le môle C et la passe des bassins de radoub, on a installé une grande bigue oscillante actionnée par l'eau sous pression et pouvant soulever jusqu'à 120 tonnes. Ramenée sur le quai, la verticale du crochet de suspension est à 5 mètres de l'arête de ce même quai.

Une voie ferrée, se détachant du môle C, passe sous la bigue en longeant le bord du quai à 5 mètres du bord du couronnement.

On remise les wagons en réserve sur des terrains dépendant des quais et compris entre la chaussée du quai de rive et le quai des bassins de radoub. Un faisceau de voies ferrées, embranchées sur la voie de circulation, est relié aux voies d'opération et aux voies du môle C par des transversales.

La portion de quai comprise entre le môle D et la traverse de la Pinède est affectée à l'embarquement des charbons français qui arrivent, par le chemin de fer, des bassins houillers du Gard et des Bouches-du-Rhône.

A côté de la voie ferrée de circulation, on trouve une première voie d'opération, et au bord du quai deux autres voies ferrées pour les opérations et pour les manœuvres. On a établi, sur les terrains compris entre le trottoir du quai et la chaussée qui longe les bassins de radoub, un faisceau de voies de remisage analogue à celui qui existe en face du môle C.

Entre la voie la plus rapprochée du bassin et l'arête du quai, on a ménagé un espace assez grand pour qu'on y puisse placer des grues mobiles : l'axe de la voie est à $5^{m},35$ de l'arête du quai. L'espacement des deux voies est de $5^{m},50$ afin que les wagons, tournant sur les plaques d'une des voies, ne gênent pas la circulation des wagons de la voie adjacente.

Les charbons embarqués en ce point sont de provenance et de qualités variables. Il faut donc faire un triage des wagons arrivant dans les trains et pouvoir amener à chaque navire, les wagons qui lui conviennent et se débarrasser des wagons vides. On a donc dû établir des voies transversales prolongées jusqu'aux voies de remisage.

On doit aussi avoir un stock de wagons de différentes provenances, soit pour compléter les chargements, soit pour parer à l'insuffisance. On a utilisé, dans ce but, les surfaces des quais comprises entre les voies longitudinales et les voies transversales.

Les quais des môles et des traverses sont aménagés de la même manière que les quais des rives, savoir : au milieu, une voie charretière, puis, pour chacun des quais longitudinaux, deux voies ferrées d'opérations, et, entre ces voies et l'arête du quai, un emplacement pour la manutention et le dépôt des marchandises.

Les môles A et C sont munis de hangars.

La voie charretière centrale a une largeur de 8 mètres entre les gabarits des deux voies latérales.

Le hangar est placé à 7 mètres de distance de l'arête du quai. Cette largeur a permis d'établir, entre la voie des grues et le hangar, une voie ferrée supplémentaire.

Il reste, pour chaque hangar, un espace de 26 mètres.

Les voies ferrées, longeant les hangars, sont reliées entre elles par plusieurs transversales et raccordées aux voies d'opérations du quai de rive au moyen de plaques. Les voies ferrées, qui sont établies de chaque côté de la voie charretière centrale, sont reliées à la gare d'Arenc, par le moyen d'un embranchement aiguillé.

La traverse de l'abattoir est aménagée comme les môles A et C. Seulement la voie centrale est plus large à cause de la circulation qui est très active (1 800 colliers) et fréquemment interrompue par les manœuvres du pont.

Le môle B n'a ni hangars, ni voies ferrées ; on y a organisé les installations nécessaires pour la reconnaissance et l'inspection du bétail importé par mer.

Le môle D est exactement agencé comme le môle C. La première partie de de la traverse de la Pinède (côté du quai de rive) est affectée, sur sa première partie, à l'embarquement des charbons français arrivant par chemin de fer, et sur le reste de sa longueur, au débarquement des minerais de fer arrivant par bateaux à vapeur et qui s'expédient par chemin de fer.

Les navires qui transportent les minerais, ayant de 70 à 90 mètres de longueur, on leur a affecté, pour pouvoir opérer simultanément sur deux à la fois, 200 mètres; le reste du quai, soit 111 mètres, est destiné au débarquement des charbons.

On trouve sur la portion de quai où sont emménagés les charbons :

1° Trois voies bord à quai, une pour les wagons pleins, une autre pour les wagons vides et la troisième servant de dégagement aux wagons de charbons et de minerais;

2° Un espace libre de 21^{m},80 pour le dépôt des stocks de charbons;

3° Trois autres voies pour faire, le long de cet espace, les mêmes opérations qui s'effectuent sur le bord du quai.

La voie la plus rapprochée du bassin a son axe à 5^{m},35 de l'arête du quai; les voies sont séparées de 5^{m},65 d'axe en axe; le diamètre des plaques tournantes n'est que de 3^{m},75.

Les voies ferrées sont reliées, de distance en distance, par des transversales; elles sont raccordées aux voies d'opération et de remisage des quais par des plaques et, enfin, un branchement double aiguillé les met en communication avec la gare construite le long des bassins de radoub et permet d'y amener ou d'en expédier avec les machines des trains complets.

Le débarquement des minerais de fer au moyen de grues de 2 à 3 tonnes de puissance, telles que les grues hydrauliques qui sont installées sur la traverse de la Pinède, s'effectue couramment au taux de 30 tonnes par panneau en moyenne à l'heure.

Fig. 844. — Port de Marseille. — Profil du quai de la grande jetée.

Comme il n'est pas nécessaire, pour opérer le chargement des wagons, que ceux-ci soient placés parallèlement à l'arête du quai comme pour l'embarquement des charbons, on a adopté un agencement particulier de voies ferrées, qui permet d'approcher les wagons vides et d'emmener les charbons chargés au fur et à mesure du chargement, sans avoir à tourner de plaques dans la plupart des cas (V. *fig.* 837).

Trois voies d'opérations et de manœuvre existent encore bord à quai, et, à une certaine distance, deux voies pour le chargement des stocks. Elles sont reliées aux premières par des transversales.

Le quai de la grande jetée (*fig.* 844), étant donnée son affectation actuelle, ne comporte aucune installation particulière. Il a 30 mètres de longueur, un trottoir de 2^{m},50 et, en avant, un terre-plein de 27^{m},50 de largeur.

664. *Outillage.* — Nous indiquerons seulement l'organisation générale des appareils spécialement construits pour l'exploitation du bassin de la gare maritime et du bassin national.

L'État a livré à l'usage du public les bassins et les quais sans aucun outillage. La Chambre de commerce s'est chargée de munir les quais des installations et des appareils les plus propres à faciliter les opérations du public.

La Chambre de commerce a été autorisée, par divers décrets pris en Conseil d'État :

1° A construire des hangars sur les quais des môles A et C et de la traverse de l'Abattoir, ainsi que sur le quai de rive attenant ;

2° A installer sur les quais des deux bassins des appareils hydrauliques pour les opérations d'embarquement et de débarquement ;

3° A contracter, pour faire face aux dépenses qu'exigent la construction, l'entretien et le service, des emprunts spéciaux dont les frais d'intérêts et d'amortissement seront couverts au moyen du produit des taxes qui seront perçues pour l'usage de ces installations et des appareils.

Les quais sur lesquels ces installations ont été faites, restent, comme tous les quais du port, affectés à l'usage libre du public, et les règlements généraux de police leur sont intégralement applicables. La surveillance et la police de l'exploitation des quais sont faites par les officiers et maîtres de port.

La Chambre de commerce n'intervient en aucune façon dans les opérations d'embarquement ni de débarquement, ni dans aucune manutention, ni dans le gardiennage des marchandises. Ses installations ne font pas obstacle à ce que le public se serve, sur les mêmes quais, de tels appareils qu'il jugerait convenable et dont l'administration autoriserait l'emploi :

A l'expiration des délais qui sont fixés par les décrets d'autorisation au 7 juillet 1917, les hangars et l'outillage hydraulique feront retour à l'État.

L'État a construit les voies ferrées destinés à desservir les quais au moyen des fonds fournis par la Chambre de commerce ; les voies lui appartiennent ; elles sont exploitées par la Compagnie P.-L.-M. en vertu d'une convention dont la durée est de cinq ans à partir de la mise en exploitation. La Chambre de commerce, pour satisfaire à ses engagements, a été autorisée à contracter un emprunt et à percevoir une taxe de péage de 0f,25 sur chaque tonne de marchandises qui fait usage des voies.

665. *Hangars.* — Les hangars peuvent se rapporter à trois types différant entre eux par leur largeur et la disposition adoptée pour les clore du côté du quai qu'ils desservent.

Un hangar n'est pas seulement destiné à abriter les marchandises contre la pluie et le soleil, il faut aussi que celles-ci, ainsi que les ouvriers, soient à l'abri du vent. Il doit aussi rendre plus sûre et plus facile la surveillance et le gardiennage des marchandises ; il faut donc qu'il soit entouré d'un mur, excepté du côté du quai.

Les façades sur la voie centrale (*fig.* 843) sont percées de nombreuses ouvertures pour le passage des voitures, des wagons et des marchandises. Elles sont fermées par des portes roulantes. On a donné à tous les hangars une hauteur de 7 mètres sous entrait. Dans beaucoup de ports on a surélevé le sol des hangars au niveau de la plate-forme des wagons dans le but de faciliter leurs chargement et déchargement. Avec cette disposition, toutes les marchandises, qu'elles soient transportées par wagons ou par charrettes, qu'il y ait ou non des marchandises déposées sous le hangar, doivent franchir à bras d'hommes toute la largeur du hangar et du quai ; c'est un inconvénient et cette même disposition ne présente d'avantages que pour les marchandises qui sont expédiées par wagons, lesquelles ne représentent à Marseille que le huitième du tonnage total du port. Le sol, sous les hangars, a été conservé au niveau du quai extérieur, et les camions, les charrettes, pénètrent librement sous un abri pour venir prendre ou déposer les marchandises (*fig.* 845, 846, 847, 848).

Pendant la nuit chacun d'eux est éclairé de six becs de gaz. Aux hangars du môle A, il a été installé, à titre d'essai, en vue du travail de nuit, une série de bec intensifs.

Sous les hangars sont installés les bureaux de la douane, les postes des gardiens et des bureaux à la disposition du public où chacun peut écrire commodément.

Les hangars, que la Chambre de commerce a été autorisée à construire, abritent une surface intérieure de 5 hectares 25. La dépense totale a été évaluée à 2 700 000 francs.

Les dépenses faites pour les cinq hangars qui sont terminés, s'élèvent à la somme totale de 1.855.588f,31 (1889).

La surface totale couverte est de 41 240m/2,29 dont 34 275m/2,61 de surface intérieure couverte et fermée.

666. *Outillage hydraulique.* — L'outillage hydraulique dessert le quai de rive et tous les quais des môles et des traverses, à l'exception du môle B. Comme il dépend à la fois de la nature des opérations et de leur importance, on a décidé

Fig. 845. — Port de Marseille. — Pignons de rive des hangars du môle A.

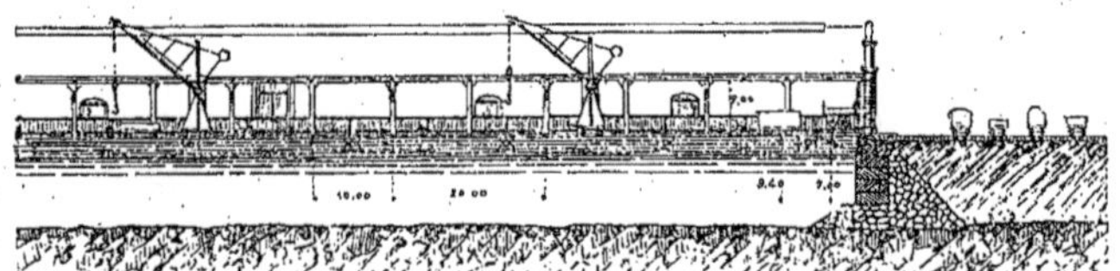

Fig. 846. — Port de Marseille. — Façade du môle A du côté du bassin.

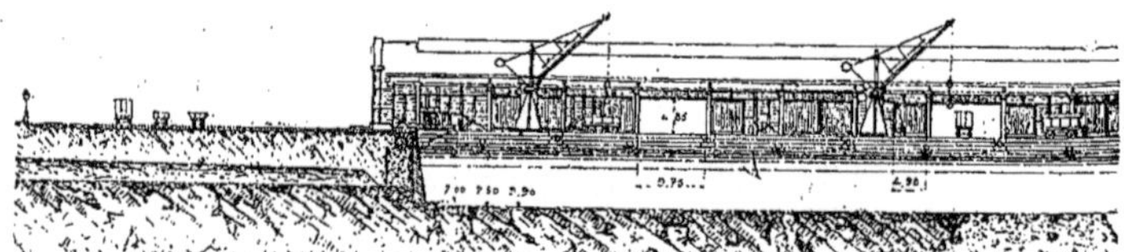

Fig. 847. — Port de Marseille. — Façade du hangar sur le quai nord du môle C,

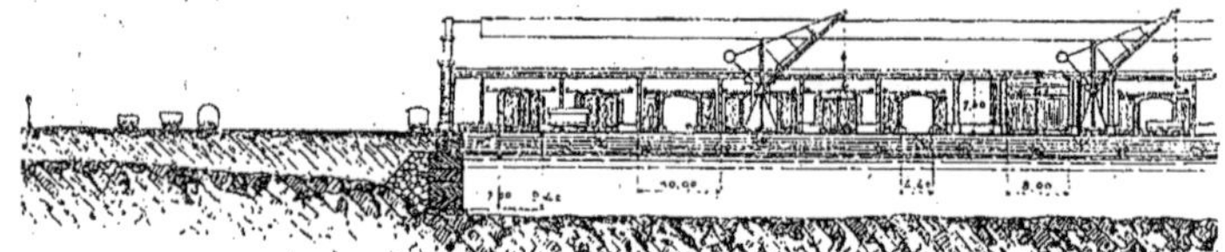

Fig. 848. — — Port de Marseille. — Façade du hangar de l'abattoir du côté du bassin.

de ne construire tout d'abord qu'une partie des appareils, en se réservant de compléter l'installation au fur et à mesure des besoins : on pourra ainsi tenir compte des indications de la pratique pour le choix des appareils et mettre à profit les progrès qui auront été réalisés par les constructeurs.

Les appareils construits (1889) comprennent :

1° 27 grues mobiles sur rails, dont 16 de 1,250 kilogrammes de puissance, 8 à double pouvoir de 1 à 3 tonnes et 3 de 3 tonnes.

2° Trois treuils mobiles ayant une puissance de 1 tonne.

3° Trois cabestans d'une puissance de 800 kilogrammes mesurée à la circonférence du petit diamètre de la poupée.

4° Une grande bigue oscillante à action directe pour l'embarquement et le débarquement des colis pesant jusqu'à 120 tonnes.

L'eau qui actionne les appareils hydrauliques est à la pression de 52 atmosphères. Elle est fournie par trois machines de compression, dont 2 de 97 chevaux et une de 30 chevaux, qui sont installées avec leurs générateurs et l'accumulateur central dans un bâtiment construit en dehors des quais, dans le Sud des bassins de radoub.

La canalisation (arrivée d'eau sous pression et évacuation) a 3 857 mètres de longueur.

La dépense, pour l'établissement de l'outillage hydraulique, a été de 1 888 000 fr. dans laquelle la bigue de 120 tonnes entre pour 255.000 francs.

667. *Voies ferrées.* — Les voies ferrées établies sur les quais sont une gêne pour la circulation des voitures ; elles prennent en général une place considérable que le commerce aurait le plus grand avantage à occuper pour y déposer les marchandises. On a cherché à faire, aussi équitablement que possible, la part de chacun.

On n'a placé sur les quais proprement dits que les voies nécessaires pour la circulation des wagons en provenance ou à destination des bassins, pour les manœuvres et les opérations de ces wagons et l'on a soigneusement rejeté au dehors les voies de remisage qu'il est indispensable d'avoir à proximité des quais pour loger le matériel de réserve. Le nombre des voies de quai, leur emplacement, leur tracé, leurs communications ont été déterminées pour chaque quai suivant le genre des opérations et en tenant compte de l'importance du trafic.

Partout où les charrettes et les camions ont à circuler, on a posé, en passage à niveau, les voies, les plaques tournantes, les appareils de changement de voies, afin de réduire au minimum possible la gêne pour la circulation.

Sur les quais destinés à l'embarquement ou au débarquement des marchandises, qui s'expédient par grandes masses, tels que les charbons et les minerais, les voies sont tracées de telle sorte que les trains puissent y arriver directement avec les machines. Nulle part le rayon des courbes n'est inférieur à 120 mètres. Et même sur les quais des môles et des traverses qui sont affectés aux marchandises générales, et où l'on n'a plus à faire que des manœuvres de détails, des communications directes sont ménagées avec la gare de formation de trains, de manière que l'on puisse faire à la machine les manœuvres des rames de wagons. Les manœuvres de détails sont rendues très commodes et très rapides par l'emploi des cabestans hydrauliques.

668. *Distribution d'eau. — Dispositions prises pour le cas d'incendie.* — L'eau de la ville est distribuée sur tous les quais. Des prises d'eau, pour l'arrosage et pour l'incendie, sont établies de distance en distance. Indépendamment des pompes et des bateaux pompes à bras et à vapeur, spécialement installés pour le service d'incendie dans le port, on peut se servir, dans le cas d'incendie, des machines et de la canalisation de l'outillage hydraulique. Sur les prises d'eau de la conduite sous pression, qui existent tous les 10 mètres environ, on peut fixer soit des lances articulées, soit des manches garnis de lances ; comme les manches ne résisteraient point à une pression de 53 kilogrammes, on a adopté une disposition spéciale qui permet de réduire la charge de la canalisation à 12 kilogrammes. Dans ce cas, les machines refoulent l'eau de la mer dans la canalisation : elles fournissent 24 litres par seconde. Un service téléphonique existe sur tous les quais.

669. *Résumé.* — Un mètre courant de quai correspond :

1° à $72^{m^2}28$ de surface d'eau dans le bassin de la Gare maritime et à $106^{m^2}12$ dans le bassin National ;

2° à $53^{m^2}32$ de surface de quai dans le premier bassin et à $49^{m^2}73$ dans le second.

On compte 64 195^{m}/^{2}61 couverts de hangars sur un emplacement total de 118 460^{m}/^{2}09 affecté aux dépôts de marchandises, soit un peu moins du 3/5 de la surface.

Le développement des quais que l'on a reconnu utile de desservir par voies ferrées est de 3 857^{m},03. Le développement total de ces voies est de 24 453^{m},15.

La construction du bassin national a coûté, par mètre courant du bassin comportant environ 4^{m},05 de développement de quai et 420 mètres de surface d'eau, 22 100 francs ; l'outillage général, c'est-à dire les hangars, l'outillage hydraulique et les voies ferrées, 5 485 francs.

CHAPITRE VIII

DESCRIPTION DE QUELQUES PORTS DE MER

670. Nous allons maintenant donner la description de quelques ports maritimes français et étrangers en commençant par les premiers. Tous ces renseignements sont tirés des ouvrages sur les *Ports de la France* et ceux des *Ports de l'Étranger* publiés par le Ministère des Travaux publics et imprimés à l'Imprimerie Nationale.

PORTS MARITIMES FRANÇAIS

Port de Dunkerque.

671. Nous avons donné (*fig.* 300 à 310, *fig.* 362 et *fig.* 484) le plan de ce port. Le delta de l'Aa (voyez *Cours de canaux*), qui comprend aujourd'hui les wateringues du Nord et du Pas-de-Calais, les ports de Dunkerque, de Gravelines et de Calais, a été longtemps couvert par les hautes mers.

Soixante ans, av. J.-C., la région où se trouve Dunkerque était habitée par les Diabnites, qui, vers le règne d'Auguste, construisirent des portes de marée.

La Flandre resta longtemps sous la domination romaine, et, vers la fin du IVe siècle, après la division de l'empire Romain entre les fils de Théodose, cette contrée, par suite de l'invasion des Barbares, fut infestée de brigands. Vers 646, saint Eloi convertit les Diabnites et fonda l'église des Duns, *Dun-Kercke*, qui a donné son nom à Dunkerque et les populations s'agglomérèrent autour.

Vers 1170 la prospérité de la contrée fut troublée par les pirates normands. Dunkerque passa successivement dans différentes maisons princières et fut réunie au Comté de Bar en 1331, puis, en 1382, devint la proie des Anglais, puis reprise par les Français, elle passa successivement dans les mains des maisons de Bourgogne, de Luxembourg, de Bourbon et d'Autriche. En 1529 Charles-Quint en devint possesseur comme faisant partie de la rançon de François Ier, puis cette ville fut reprise plusieurs fois par les Français et les Espagnols.

On y construisit des écluses et, enfin, en 1653, on proposa le canal entre Dunkerque et Mardick (*canal Marianne*). Turenne reprit la ville, remise ensuite aux Anglais par Louis XIV et rachetée par lui quatre ans plus tard moyennant 5 millions de francs,

Sous son règne, le port fut grandement amélioré, mais, par suite du traité d'Utrecht la ville fut démantelée, le port comblé, etc.

A la suite d'une tempête en 1720, le batardeau qui fermait l'entrée du port fut détruit, puis petit à petit, la navigation s'y rétablit. Les Anglais, jaloux de son développement, exigèrent tantôt la démolition des batteries, tantôt de celle d'une des jetées; mais ce ne fut qu'en 1783, à la suite de la guerre des Etats-Unis, que Dunkerque fut définitivement affranchie des exigences de l'Angleterre, et depuis lors les améliorations que nous avons décrites ont été successivement entreprises et menées à bonne fin.

La rade de Dunkerque s'étend depuis la frontière de Gravelines jusque près le travers de Gravelines, parallèlement à la côte, sur une longueur de 20 kilomètres sur une largeur de 11. Elle présente de très bonnes conditions de mouillage et le tirant d'eau y est de 12 à 15 mètres à marée basse ; elle est accessible par deux passes, celle de l'Ouest et celle de l'Est.

La première partie du port en venant du large se compose d'un chenal, d'un avant-port et d'un port d'échouage soumis au mouvement des marées.

Le chenal a environ 800 mètres de longueur, l'avant-port 650 mètres ; il est bordé de chaque côté par des estacades en charpente. Le port d'échouage, de 670 mètres, est séparé de l'avant-port par deux écluses du port de Revon et de la Cunette. Il comprend environ 900 mètres de quais dont 600 mètres en pierre et 300 mètres en bois. La superficie du port d'échouage peut être estimée à 4 hectares et la surface de quais, réservée au mouvement des marchandises, à 13000 mètres carrés.

L'établissement du port est de	12h,13m
L'unité de hauteur	2m,70
La durée de l'étale de	15 à 30m
La largeur à l'entrée du chenal est de	70m
La longueurde ce chenal	2 120m
La profondeur d'eau en vive eau ordinaire	6m,50
La profondeur d'eau en morte eau ordinaire	5m,50
La superficie affectée aux navires en avant-port	3 hectares
La superficie affectée aux navires en port d'échouage	4 »
La superficie affectée aux navires en bassins réunis	11 »
La longueur totale des quais du bassin d'échouage est de	900m
La longueur totale des quais du bassin à flot	1670
La superficie totale des terre-pleins du port d'échouage	13 000
Celle des bassins à flot	23 500
Les bassins de chasse présentent une superficie de	51
Ce qui donne une contenance utile en pleine mer de vive eau ordinaire, de	1 050 000m3

Calais

672. Calais forme à peu près la limite S. O. de la grande plaine d'alluvion de l'Aa, comprenant les wateringues du Nord et ceux du Pas-de-Calais. La rive gauche de l'Aa de Watten à Calais est inférieure au niveau des hautes mers et disposée en pente vers Calais, de sorte qu'elle écoule ses eaux douces, aux heures de bonne mer, par les écluses des ports.

Le canal d'écoulement principal, ou canal de Calais, est une ligne de grande navigation, qui met le port de Calais en communication avec l'Aa et le réseau des voies navigables du Nord.

C'est en 915 qu'on trouve la première fois le nom de Calais dans l'histoire. Dès le XIIIe siècle, Calais devint le point de passage entre la France et l'Angleterre. En 1347, cette ville fut prise par Edouard III, et en 1558, reprise par le duc de Guise, elle fut réunie définitivement à la France par le traité de Cateau-Cambrésis, sauf de 1593 à 1598, époque où les Espagnols en furent maîtres jusqu'au traité de Vervins.

Les abords du port (fig. 487) sont signalés de jour par huit bouées différentes et, de nuit, par les phares du cap Gris-Nez, de Calais, de la pointe de Walde, le feu flottant du Dyck et des feux du port.

L'établissement du port est	11h,30m matin ou 11h,49m soir
L'unité des hauteurs	3m,12
La largeur de l'entrée entre les jetées	100m,00
La longueur de l'écluse de chasse à la mer	763m,65
La profondeur d'eau en vive eau ordinaire	7m,75
La profondeur d'eau en morte eau ordinaire	6m,45
Les écluses des bassins à flot, longueur	40m,58
Les écluses des bassins à flot, largeur	17m,00
La superficie affectée au séjour des navires	5h,78a,00c
La superficie affectée au bassin à flot	1h,91a,23c
La longueur totale des quais du port d'échouage	1 787m,50 dont 1 430 utilisables
La longueur totale des quais du bassin à flot	545m,00
La superficie totale des terre-pleins des quais (déduction faite des voies charretières)	1h,99a
La superficie du bassin à flot (déduction faite des voies charretières)	0m,83
La superficie du bassin des chasses	60h
La superficie couverte par la pleine mer de vive eau ordinaire	57h,80a
Contenance utile	1 000 000m3

Boulogne

673. Ce port (*fig.* 263) est situé sur la côte du Pas-de-Calais entre le cap Gris-Nez au Nord et le cap d'Alpreck au Sud, à l'embouchure de la Liane.

La côte, dans son voisinage, est formée par de hautes falaises dont les bancs marneux ou calcaires, appartenant aux étages kimmeridgien et portlandien, s'étendent du Sud au Nord depuis Equihen jusqu'au cap Gris-Nez. Ces falaises subissent, sous l'influence de la mer et de la gelée, des éboulements lents et continus qui font reculer les saillies de la côte et remplissent les anses de dépots sableux.

Boulogne est placé sur la ligne la plus directe entre Paris et Londres. Il est en communication régulière avec l'Angleterre, son port occupe une position maritime importante en un point où les tempêtes sont fréquentes et où un port de refuge est précieux.

La rade foraine, dite de Saint-Jean ou d'Ambleteuse, dont la majeure partie est sous le vent du port, est située entre le banc dit bossure de Baras et la côte, depuis les roches de l'Heurt jusqu'au delà d'Ambleteuse. Elle ne se trouve guère abritée contre les vents de l'Est et de Nord-Est. Elle l'est fort peu ou point contre les vents d'Ouest et du Sud-Ouest, les plus violents de tous.

Cette rade a une profondeur variable de 7,00 à 8,00 mètres dans le voisinage des jetées, se réduisant à 4,50 mètres vers la pointe de la Crèche et à 4,00 mètres au droit du mont de Couppe.

Elle augmente beaucoup dans le prolongement même des jetées où les bancs de sable s'avancent plus au large.

L'approche de la côte occidentale du Pas-de-Calais est signalée au large par les deux phares de la Canche élevés au Sud à 250 mètres l'un de l'autre, et, par le phare du cap Gris-Nez, à 9 milles au Nord de Boulogne.

La pointe d'Alpreck, à 2 milles 1/2 au Sud du port de Boulogne, est signalée par un feu de 3e ordre, et l'entrée par dix feux de port.

A Boulogne, comme dans les autres

ports de la Manche, le courant de flot persiste après le moment de la pleine-mer, et le courant de jusant après le moment de la basse-mer.

Le retard du renversement du flot varie de 2h,30 à 3h,30 devant Boulogne, et augmente à mesure qu'on s'éloigne de la côte. Il est à peu près le même pour le jusant que pour le flot. Ces courants atteignent jusqu'à 2m,05 par seconde en face du cap Gris-Nez.

La ville de Boulogne (*Bouonia*) fut fondée environ 50 ans avant Jésus-Christ, par un des lieutenants de César. Une flotte stationnait dans son port; on y construisit un phare. C'est de ce dernier port que partaient les expéditions contre la Grande-Bretagne.

Boulogne, vers le ve siècle, passa sous la domination franque et joua un certain rôle pendant la guerre de Cent Ans.

Les projets de descente en Angleterre, au commencement de ce siècle, furent la cause d'améliorations et d'agrandissements poussés avec activité. Ces travaux, abandonnés sous la Restauration, furent repris vers 1830.

Le port comprend aujourd'hui :

1° Un chenal accessible aux navires tirant 5 mètres en morte eau et 7 mètres en vive eau.

2° Un port d'échouage de 900 mètres de longueur et une largeur de 100 à 180 mètres,

3° Une écluse de chasse composée de deux pertuis latéraux de 6 mètres de largeur chacun (pour les chasses) et d'un pertuis de central 12 mètres, muni de portes d'èbe et réservé aux navires qui pénètrent dans l'arrière-port.

4° Un arrière-port faisant partie du bassin de chasse de 220 mètres de longueur sur une largeur de 110 mètres.

En avant de ce bassin s'étend le bassin de retenue des chasses, dont la superficie totale, y compris l'avant-port, est de 65 hectares 88 ares.

5° Un bassin à flot d'une superficie de 6 hectares 86 ares, offrant une longueur de 388 mètres et une largeur de 192 mètres, communiquant avec le chenal par une écluse de 110 mètres de longueur et 21 mètres de largeur. Le tirant d'eau est de 7m,20 en morte eau et de 9 mètres en vive-eau.

Une estacade de halage en charpente à claire-voie relie le terre-plein d'aval de l'écluse à sas à l'origine de la jetée S.-O. En arrière se trouve la *crique d'épanouissement* destinée à atténuer l'agitation dans le sas de l'écluse et dans le port.

Au pourtour se trouve les cales de construction.

L'établissement du port est	11h,26
L'unité de hauteur	3m,96
La durée de l'étale	30m
La largeur d'entrée du chenal	75m
La longueur	650m
La profondeur d'eau sur le busc de l'écluse en vive eau ordinaire	9m,04
La profondeur d'eau sur le busc de l'écluse en morte eau	7m,20
La superficie de l'avant-port et du port d'échouage	13hect
Celle du bassin à flot	6hect,86a,50c
La longueur totale des quais	1 434m
Celle du bassin à flot	1 043m
La superficie totale des terre-pleins des quais	19 800m
La superficie totale du bassin à flot	22 500m
La superficie totale du bassin des chasses	65h,88a
Le volume utile en pleine mer de vive eau ordinaire	1 382 500m/c

Dieppe.

674. Le port de Dieppe est situé à 4 milles 1/4 E. N. E. de la pointe d'Ailly; il occupe le fond de la faible concavité que présente la côte entre le cap d'Antifer et l'embouchure de la Somme.

La vallée d'Arques, dont le port de

Dieppe forme l'embouchure, s'ouvre à travers la ligne de falaises crayeuses qui s'étend entre les deux baies de Seine et de Somme. Le chenal du port, qui sert de lit à la rivière, se trouve à l'extrémité orientale du cordon de galet qui barre l'entrée de la vallée. Ouvert ordinairement dans la direction de N.-N.-O, il présente un tirant d'eau variant de $0^m,30$ à $1^m,20$ en basse mer de vive eau ordinaire.

A l'Ouest du chenal, l'estran de sable, base du cordon de galet de la plage, offre, à partir de son origine, qui correspond sensiblement au niveau des basses mers de vive eau ordinaire, une pente de $0^m,015$ environ, prolongée jusque par les fonds de 2 mètres au-dessous du zéro des plus basses mers; la pente du cordon de galet est de $0^m,15$ à $0^m,12$ par mètre en moyenne. La laisse des plus basses mers distante de 60 à 70 mètres seulement du pied de ce cordon, le long de la plage de l'Ouest, s'avance jusqu'à 450 mètres de l'extrémité des jetées sur le bord du chenal.

A l'Est du chenal, après un épanouissement dû à l'accumulation des galets expulsés par les chasses, l'estran se rapproche du quai de la falaise, en avant de laquelle le cordon de galet, réduit à une largeur moyenne de 50 mètres, repose directement sur un fond de roches calcaires qui découvrent, en basse mer ordinaire, jusqu'à une distance de 200 mètres de la falaise. Au-delà de ces roches, on retrouve le sable, sur une épaisseur variable, superposé à d'autres roches, et descendant, avec la même pente qu'à l'Ouest du chenal, usqu'aux mêmes profondeurs.

Ce n'est qu'à 600 mètres au large de l'extrémité de la jetée de l'Ouest que l'on trouve 6 mètres d'eau à basse mer, il faut aller jusqu'à 1 500 mètres pour avoir 8 mètres.

Il n'existe devant Dieppe qu'une rade foraine et sans abri, où l'on peut rester quand la mer est calme ou lorsque le vent vient de terre, mais qu'il faut quitter lorsque le vent menace de souffler avec force.

Cette rade est divisée en grande et en petite rade.

Le chenal du port de Dieppe a été ouvert et entretenu par les courants alternatifs du flot et du jusant. La mer montante se répandait dans la vallée jusqu'à Arques; lorsqu'ensuite elle se retirait, il se formait une chute au goulet et le courant creusait un chenal assez profond pour recevoir, dit-on, des bâtiments de 6 à 700 tonneaux.

Vers le XIIe siècle, ce chenal suivait le pied de la falaise sur laquelle s'élève le château. Mais repoussés vers l'Est, les habitants ouvrirent un nouveau chenal appelé *Port de l'Est*.

En 1459 et en 1613, les habitants firent de nombreux travaux pour l'amélioration du port, mais, ce fut seulement sous Louis XIV que l'Etat intervint et, après de nombreuses vicissitudes dues aux tempêtes et à l'écroulement des falaises, le port fut établi tel qu'il est aujourd'hui (*fig.* 482 et 664).

Voici quelques renseignements généraux sur ce port.

Etablissement du port		$11^h,8$
Unité de hauteur		$4^m,60$
Chenal, largeur entre les musoirs		75
Chenal, largeur dans la partie la plus étroite		45
Chenal, longueur		600
Profondeur d'eau (marée de vive eau ordinaire)		7 ,80
Profondeur d'eau (marée de morte eau ordinaire)		5 ,75
Ecluses des bassins à flot.		
Largeur	Bassin Duquesne	$16^m,50$
	» Bérigny	14 ,00
	» de la retenue	16 ,00
Longueur	Bassin Duquesne	42 ,16
	» Bérigny	38 ,42
	» de la retenue	49 ,00

Hauteur d'eau sur le busc de l'écluse	En vive eau ordinaire	Bassin Duquesne . . .	7 ,55
		» Bérigny	7 ,20
		» de la retenue. .	7 ,55
	En morte eau ordinaire	Bassin Duquesne. . . .	5 ,50
		» Bérigny.	5 ,15
		» de la retenue. .	5 ,50

Superficie affectée aux navires.	
Avant-port ou port d'échouage.	6h,50
Bassin à flot.	9 ,60
Longueur totale des quais de l'avant-port.	1 018m
— des bassins à flot.	1 901 ,30
Longueur utilisable de l'avant-port.	787
— — des bassins à flot.	1 901 ,50
Superficie totale des terre-pleins des quais.	13 790m2
— — des bassins à flot.	45 970
Bassins des chasses.	
Superficie.	36h
Volume utile en pleine mer et vive eau.	1 000 00m3

Fécamp.

675. Le port de Fécamp est situé à l'extrémité Nord de l'arrondissement du Havre, dont il est distant par terre de 43 kilomètres (*fig.* 266).

La ville est établie au confluent des rivières de Valmont et de Gauzeville dans une vallée ouverte vers l'O.-N.-O, et défendue contre les invasions de la mer par une plage de galets de près de 1 kilomètre de longueur.

L'entrée du port est dominée par la falaise du cap Faguet, qui s'élève à une hauteur de plus de 100 mètres au-dessus des hautes mers.

Ce cap limite une baie peu prononcée qui a deux milles et demi de longueur et qui est fermée à son extrémité S.-O. par le retour brusque de la falaise, à l'Ouest de laquelle on trouve Yport.

Les deux rivières dont nous avons parlé ci-dessus se jettent dans la retenue des chasses.

Le port de Fécamp (*fig.* 266) est le point de départ de plusieurs routes et la tête d'une ligne de chemin de fer qui le relie aux lignes de l'Ouest à Beuzeville.

Fécamp paraît, d'après son nom, avoir une origine celtique très ancienne. Il fut occupé ensuite par un préfet romain, et, sous nos rois de la première et de la seconde race, par les comtes du port de Caux chargés de défendre les rives de la Neustrie contre les invasions des hommes du Nord. Une première communauté fut détruite par les Normands en 841.

Les fils de Rollon s'y installèrent, et Guillaume Longue-Epée et son fils Richard Ier naquirent à Fécamp et y fondèrent le fameuse abbaye des bénédictins, qui compte les noms les plus célèbres comme abbés et seigneurs temporels (La Ballue, Boyer, plusieurs membres de la famille des Guises, Henri de Bourbon, Jean-Casimir, roi de Pologne, etc.). Cette abbaye fut mise définitivement en possession du port par une charte du roi Henri II vers 1185, et ce furent les moines qui édifièrent les premiers travaux.

Au commencement du XVIIe siècle, la ruine générale de tous les ouvrages rendit le port peu praticable, et des difficultés de péages s'étant élevées entre l'abbaye et les armateurs, le roi lui retira l'administration du port et la confia à un vicomte. Depuis lors et jusqu'à nos jours, le port subit des améliorations continues.

Les abords ne nécessitent aucun système de balisage pour diriger les navires le jour. De nuit un feu placé à 120 mètres au-dessus des plus hautes mers signale le cap Faguet. Les jetées sont signalées par des feux de couleur ou à éclats ainsi que les musoirs qui portent des cabestans.

Les renseignements généraux sont les suivants :

Heure de l'établissement du port	$10^h,44$
Unité de hauteur	$3^m,70$
Durée de l'étale	»
Largeur du chenal entre les jetées	$70^m,00$
Largeur dans la partie la plus étroite	$40^m,00$
Longueur	$320^m,90$
Profondeur d'eau en vive eau ordinaire	$8^m,10$
— — morte eau ordinaire	$6^m,50$
Écluses des bassins à flot.	
Largeur de l'écluse du bassin de Bérigny	$16^m,50$
— — Gazant	$10^m,00$
Longueur de l'écluse du bassin de Bérigny	$33^m,80$
— —	$37^m,00$
Hauteur d'eau sur le busc de l'écluse, en vive eau ord., bassin Bérigny	$9^m,40$
— — — Gazant.	$5^m,40$
en morte — — Bérigny	$7^m,80$
— — — Gazant.	$3^m,80$
Superficie affectée aux navires, Port d'échouage	$5^h,00$
Bassin à flot	$5^h,30$
Longueur utile des quais de l'avant-port ou port d'échouage	$540^m,00$
— du bassin à flot, longueur des quais	$880^m,00$
— des appontements	»
Surface utile des terre-pleins des quais	»
— de l'avant-port d'échouage	$15\ 000^m,00$
— du bassin à flot	$51\ 000^m,00$
Bassin des chasses :	
Superficie (y compris les 2 hectares du bassin Gazant)	$29^h,00$
Contenance en pleine mer de vive eau ordinaire	$400\ 000^{m3},00$

Port du Havre.

676. Ce fut François Ier qui fonda le port du Havre. A cette époque, le mouillage des Neiges, qui se trouve au sud du château de Graville, avait disparu, et les navires ne pouvaient remonter jusqu'à Harfleur sans difficultés. Les constructions s'élevèrent avec rapidité, et, en 1520, lors de la visite de François Ier, les grands navires pouvaient déjà entrer dans le nouveau port. Dès 1545, on pouvait y réunir une flotte de 150 navires de tout genre destinée à aller attaquer la flotte anglaise sous l'île de Wight.

On fut obligé de prendre des mesures spéciales pour lutter contre l'envahissement par les galets. Il fallut même organiser les habitants par compagnies pour piocher les pouliers, et on donnait le nom de *pointage* à cette opération.

En 1776, le port du Havre ne consistait encore que dans le seul bassin du Roi et dans un avant-port, et encore le port proprement dit (ou bassin du Roi) ne pouvait contenir plus de quelques bâtiments de 300 à 400 tonneaux, et les chantiers de constructions et les cales de réparation y étaient attenantes; cet état de choses, qui forçait à échouer les navires de gros tonnage, était la cause de nombreuses avaries et de nombreux accidents.

Le Havre est situé au nord de l'embouchure de la Seine. L'entrée de son port se trouve à 2,2 milles au S. 36° E. des phares de la Hève. C'est le port (*fig.* 814) le plus rapproché de Paris, avec lequel il communique soit par chemin de fer, soit par un réseau de voies navigables. Plus rapproché du Nord et de l'Est de la France, de la Suisse et d'une partie de l'Allemagne du Sud que ne le sont Hambourg et Brême, il a surtout à craindre la concurrence d'Anvers. Ce port est plus voisin que le Havre de la Flandre française et de la Lorraine; mais il est à égale-

distance de Bâle, de la Suisse et de l'Allemagne du Sud. Le trafic appartiendra donc à celui de ces ports qui sera le plus favorisé par le régime douanier et par les tarifs de chemins de fer.

Les phares de la Hève et de Fécamp sont des guides sûrs qui font connaître la position du navire par rapport au cap d'Antifer et empêchent de l'accoster de trop près. On ne perd de vue ces trois phares qu'autant qu'on est à 6 ou 7 encâblures du cap d'Antifer ou de la côte comprise entre le cap et Cauville.

Ce qu'on appelle la *grande rade* est tout simplement un mouillage en pleine mer, où l'on est exposé aux lames et à la violence des vents depuis le N.-N.-E jusqu'au S.-O. La tenue y est excellente, et on peut appareiller en cas de mauvais temps.

La *petite rade* est l'espace circonscrit par des bancs de pierres et de galets et le rivage compris entre Le Havre et le cap de la Hève.

En dehors des ouvrages construits par l'État, il existe un certain nombre d'installations créées par des particuliers ou des sociétés pour la satisfaction de leurs besoins personnels ou de ceux du public; ces installations comprennent :

Trente-et-une grues dont quatre établies dans un intérêt général (2 dans le bassin Vauban, 2 dans le bassin de la Barre) ; les autres appartiennent à des particuliers.

Les quais du bassin-dock et le quai Vauban sont munis sur leur longueur d'une grande quantité de hangars appartenant aux Docks-Entrepôts.

Une des trois machines à mâter est de la force de 100 tonnes.

Le gril de carénage a 50 mètres de longueur, $11^{m},70$ de largeur; le dessus des tins est à la cote $3^{m},65$ ($15^{m},50$); il est donc recouvert d'une hauteur d'eau de $2^{m},25$ en mortes eaux exceptionnelles, de $2^{m},50$ en mortes eaux ordinaires, et de $4^{m},20$ en vives eaux ordinaires.

Le dock flottant est une grande caisse rectangulaire de 64 mètres de longueur, de 17 mètres de largeur et de 7 mètres de hauteur, fermée à l'une de ses extrémités par une porte qui se rabat en tournant autour de son axe horizontal. Quand le dock est coulé, on ouvre la porte et on y introduit le navire; l'eau épuisée, le dock remonte et le navire est à sec. Une manœuvre inverse permet de le remettre à flot. De 1844 à 1869, il a reçu 1 313 navires.

On trouve aussi, au Havre, trois pontons d'abatage encore très employés pour les vieux navires en bois.

Le quai Colbert et le quai du bassin-dock sont seuls pourvus de voies ferrées communiquant avec le réseau de l'Ouest.

Les deux grands établissements pour le dépôt des marchandises sont les Docks-Entrepôts et les Magasins Généraux.

Comme renseignements généraux nous donnerons les suivants :

Etablissement du port	$9^{h},15$
Unité de hauteur	$3^{m},53$
Chenal :	
Largeur à l'entrée	$75^{m},00$
Longueur	$240^{m},00$
Profondeur d'eau { en vives eaux ordinaires	$9^{m},70$
Profondeur d'eau { — —	$8^{m},00$
Superficie affectée au séjour des navires :	
Avant-port ou port d'échouage	$11^{h},21$
Bassins à flot	$53^{h},30$
Longueur totale des quais de l'avant-port ou port d'échouage	$654^{m},00$
— — des bassins à flot	$8\ 320^{m},00$
Superficie totale des terre-pleins des quais :	
de l'avant-port ou port d'échouage	$8\ 000^{m},00$
des bassins à flot	$147\ 800^{m},00$

ÉCLUSES DES BASSINS A FLOT.

NOM DES ÉCLUSES	LARGEUR	LONGUEUR	HAUTEUR D'EAU SUR BUSC DE L'ÉCLUSE	
			en vive eau ordinaire	en morte eau ordinaire
	m.	m.	m.	m.
Notre-Dame	16.00	42.60	6.70	5.00
La Barre	13.64	34.20	6.70	5.00
Lamblardie	13.64	32.00	6.30	4.60
Angoulême	13.64	32.00	6.50	4.80
Vauban	12.00	38.91	6.25	4.55
La Floride	21 00	49.40	7.70	6.00
L'Eure	16.00	51.36	6.70	5.00
Saint-Jean	21.00	49.00	7.70	6.00
Transatlantique	30.50	86.80	10.70	9.00
Docks	16.00	58.90	8.10	6.40
Aval du Sas	16.16	42.73	9.50	7.80
Amont du Sas	16.00	21.15	7.20	5.50
Citadelle	16.00	26.43	7.20	5.50

Port de Rouen.

677. Rouen est situé au sommet Nord d'une des sinuosités de la Seine en un point où ce fleuve coule sensiblement de l'E.-S.-E. à l'O.-N.-O. (*fig.* 926, *Cours des Canaux*).

On compte 116 kilomètres du Havre à Rouen par la Seine et 92 par le chemin de fer.

La navigation était autrefois très pénible et très dangereuse. Les sinistres étaient fréquents aux environs de Quillebœuf, bien qu'on ne hasardât pas en Seine des navires tirant plus de 3 mètres à 3m,50 d'eau. Les conditions se sont complètement modifiées depuis les travaux exécutés sur la basse Seine, et aujourd'hui le fleuve admet des bateaux de 5m,50 à 5m,60 d'eau ; il faut simplement franchir les digues pendant la marée montante. Il en résulte qu'un navire à vapeur peut, en tout temps, arriver de la mer à Rouen en une seule marée.

Entre Rouen et Duclair, il y a cependant deux passages difficiles : ce sont ceux de Croisset et de Bardouville, mais le chenal est bien jalonné.

La marée se fait sentir jusqu'à 25 kilomètres en amont du pont de pierres de Rouen, au barrage de Martot.

C'est Ptolémée (150 ans après Jésus Christ) qui, le premier, a mentionné Rouen, *Rothomagus*. Cette ville se développa sous les Mérovingiens. Elle fut envahie par les Normands après Charlemagne et ravagée jusqu'en 910. Rollon en fit sa capitale, elle revint à la couronne de France en 1204 sous le règne de Philippe-Auguste, puis fut possédée par les Anglais de 1418 à 1449 et, enfin, assiégée et réunie à la couronne par Henri IV.

Le port renferme un bassin maritime à l'aval du pont suspendu et un bassin fluvial à l'amont (Voir, pour ce dernier, notre *Cours des Canaux*).

Le bassin maritime a 16 hectares de superficie et 2 125 mètres de quais, dont 1 290 sur la rive droite et 835 sur la rive gauche. La superficie des terre-pleins est de 66 330 mètres carrés. L'outillage est en partie commun aux deux ports.

Voici les renseignements généraux :

Heure de l'arrivée du flot les jours de syzygies		11h,30
Amplitude de l'oscillation	vive eau	2h,00
	morte eau	1h,10
Largeur de la Seine	à l'entrée des digues (Berville)	500m,00
	à Duclair	250m,00
	à Rouen	215 à 135m,00

Longueur du pont (Bassin maritime)		1 200m,00
Profondeur d'eau	au pied des quais	2 à 5m,00
	dans le chenal	6 à 10m,00
Superficie du bassin maritime		16h,00
— — fluvial		11h 1/2
Longueur des quais		3 528m,00
Superficie des terre-pleins		11h,00

Port de Honfleur.

678. Ce port est situé sur la rive Sud de la baie de la Seine à 7 200 mètres dans l'Ouest de la ligne de Grestain au cap du Hode qui forme la délimitation entre la Seine et la mer, laquelle est à 10 500m dans l'Est du méridien qui passe par l'extrémité Ouest du banc du Ratier et par le cap de la Hève. Honfleur est relié avec la ligne ferrée qui passe à Pont-l'Évêque et Lisieux. La ville et le fort sont placés à l'embouchure d'une petite vallée au pied du revers du coteau de Grâce et à l'extrémité N.-O.

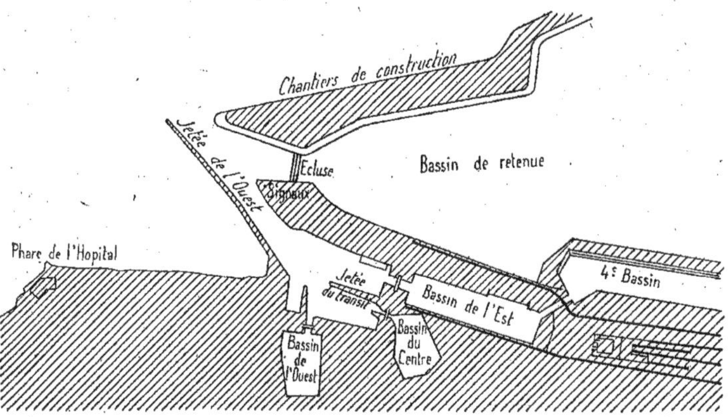

Fig. 849. — Port de Honfleur.

d'une anse bien marquée que forme la rive Sud et la baie de Seine entre le cap de Grâce et le rocher de Grestain. Cette anse a environ 8 kilomètres de largeur et 1 800 mètres de coude.

Les vents de l'O.-N.-O ou N.-E. sont les seuls susceptibles de causer une agitation sensible dans le port; le ressac causé par les vents du Nord et du Nord-Est est parfois très dur, mais ne peut se présenter qu'avec des lames courtes.

La route à suivre pour pénétrer dans le port en venant du large est extrêmement variable, suivant l'état des lames et des chenaux de la baie de la Seine. Il existe, en effet, trois bancs, celui d'Amford, du Ratier et de Trouville. Les chenaux qui intéressent la navigation sont les deux qui passent entre ces bancs, lesquels sont sujets à de grandes variations.

C'est vers la fin du XIIe siècle que le port de Honfleur acquit quelque importance; en 1204, cette ville ouvrit ses portes à Philippe-Auguste; au XVe siècle, les marins de Honfleur étaient réputés parmi les plus entreprenants et les plus hardis, et firent de nombreuses captures de navires anglais et flamands.

Une vue perspective datant de 1656 montre l'état de la ville à cette époque. Le ruisseau de la Claire débouchait dans des fossés agrandis en 1485 pour fournir des chasses.

Les abords du port sont signalés par des bouées le jour et par la ligne des phares de Fatouville et de l'Hôpital et les deux feux de la Roque et de Berville.

Le port se compose d'un avant-port et de trois bassins à flot (*fig.* 849).

L'avant-port peut se diviser en trois parties distinctes :

1° Le petit port, dit des *Passagers*, existant depuis le XVI° siècle. C'est là qu'abordaient les bateaux passagers appartenant en commun aux hospices de Honfleur et du Havre ;

2° L'ancien avant-port donnant accès aux deux écluses des bassins de l'Ouest et du Centre ;

3° Le nouvel avant-port au fond duquel débouche le bassin de l'Est, ou troisième bassin.

Les renseignements généraux sont les suivants :

Établissement du port	$9^h,8^m$		
Unité de hauteur	$3^m,63$		
Durée de l'étale	$1^h,30$		
Chenal entre les jetées.			
Largeur d'entrée	60^m		
Longueur	140^m		
Profondeur d'eau — En vive eau ordinaire	$4^m,30$ à 7^m		
Profondeur d'eau — En morte eau ordinaire	$2^m,80$ à 5^m		
Écluses des bassins à flot.			
Largeur	$10^m,30$	$12^m,20$	$16^m,50$
Longueur	35	23	40
Hauteur d'eau sur le busc — Vive eau ordinaire	5 ,10	6 ,20	6 ,70
Hauteur d'eau sur le busc — Morte eau ordinaire	3 ,60	4 ,70	5 ,20
Superficie affectée aux navires — Port d'échouage	$4^h,14$		
Superficie affectée aux navires — Bassins à flot	1^h,	$1^h,20$	$2^h,16$
Longueur totale des quais — Avant-port	800^m		
Longueur totale des quais — Bassins à flot	380^m	400^m	720^m
Superficie totale des terre-pleins	$7\,000^{m2}$		
— — — bassins à flot	$20\,000^{m2}$		
Bassin des chasses. Superficie	58^h		
— — — Contenance pleine de vive eau ordinaire	9 millions.		

Port de Cherbourg.

679. Le port de Cherbourg est ouvert sur la Manche, à l'extrémité de la presqu'île du Cotentin, dans l'anse centrale de la baie en forme de croissant que présente la côte Nord de cette presqu'île, à peu près à égale distance de la pointe de Barfleur et le cap de la Hague.

La ville est placée à l'embouchure de la Divette. Un des embranchements de la ligne de l'Ouest la met en communication avec Paris et le reste de la France.

Nous n'avons naturellement ici qu'à parler du port de commerce, dont le chenal présente des profondeurs qui vont en diminuant progressivement depuis les musoirs de la jetée Est, où il est placé au zéro du marégraphe, qui est celui des cartes marines, jusqu'à l'écluse du bassin à flot qui est à $0^m,61$ au-dessus de ce zéro.

Nous avons décrit, lorsque nous avons parlé de la jetée, la magnifique rade de 1 500 hectares qui précède le port maritime et le port de commerce (*fig.* 268). Les principaux dangers, tant de la rade que de ses abords, sont signalés par des bouées et des balises. La nuit, la côte est éclairée par les phares de la Hague, de Barfleur (1er ordre) et celui du cap Lévi

(2e ordre), et la rade par le feu de Quaqueville, les trois feux de la digue et le feu de l'île Pelée.

Les auteurs font remonter l'origine de Cherbourg à César; il paraît que Clovis l'acheta vers l'an 497, et elle appartint à la couronne de France jusqu'à la cession à Rollon, en 912. Vers 940, Cherbourg fut la résidence d'Aigrold, roi de Danemarck, à qui le duc de Normandie avait offert l'hospitalité. Elle résista longtemps aux Anglais pendant la guerre de Cent Ans, puis leur fut livrée par Charles de Navarre, reprise ensuite et, enfin, en 1450, réunie définitivement à la couronne de France. Nous avons vu l'historique des travaux d'amélioration, lorsque nous avons parlé de la construction de la digue.

Le port de commerce de Cherbourg se compose, aujourd'hui, d'un avant-port d'une superficie de 6h,44 bordé de quais et dans lequel on pénètre par un chenal de 50 mètres environ de largeur, compris entre deux jetées de longueur inégale, d'un bassin à flot d'une superficie de 5h,15, bordé également de quais et communiquant avec l'avant-port par une écluse de 23 mètres de largeur; d'un bassin de retenue, situé à l'Est de l'arrière-port, destiné à donner des chasses pour creuser le chenal d'une forme de radoub; dans l'avant-port, une cale de débarquement établie dans le fossé de Chantereyne permet aux navires d'un faible tirant d'eau d'accoster à toute heure de marée; un gril de carénage complète les aménagements.

Données générales :

Heure de l'établissement du port.	8h
Unité de hauteur.	2m,79
Chenal d'entrée des jetées.	
— — — Largeur à l'entrée.	50m
— — — Longueur.	200
Profondeur d'eau en vive eau ordinaire.	6 ,30
— — en morte eau ordinaire.	4 ,64
Écluse du bassin à flot. Largeur.	13
— — — Longueur.	50
Hauteur d'eau sur le busc de l'écluse. En vive eau ordinaire.	5m,89
— — — — En morte eau ordinaire.	4 ,23
Superficie affectée au séjour des navires. Avant-port.	6h,44
— — — — Port d'échouage.	
— — — — Bassin à flot.	5h,15
Longueur totale des quais du port d'échouage.	900m
— — — du bassin à flot.	923
Surface totale des terre-pleins des quais du port d'échouage.	17 550m
— — — — du bassin à flot.	23 300
Bassins des chasses. Superficie.	37 081m2
— — — Contenance.	137 000m3

Ports de Saint-Malo et de Saint-Servan.

680. Ces villes occupent sur la rive droite de la Rance les deux points saillants d'une vaste baie qui s'étendait autrefois jusqu'au coteau granitique de Parancé et de Saint-Joseph et qui a été réduite par des endiguements successifs.

Nous avons donné sur la Rance et sur le canal d'Ille-et-Rance des détails circonstanciés dans notre *Cours de Rivières*, détails sur lesquels nous n'avons pas à revenir. On rencontre de la tangue sur les bords. Le fond des chenaux et des fosses aux abords des rades est généralement formé de sable plus ou moins graveleux, et mêlé de coquilles brisées.

Le fond des rades est formé de sable vaseux en quelques points et curé à vif dans d'autres.

Les atterrages de Saint-Malo sont

signalés par le phare de 1er ordre du cap Fréhel, par celui des îles Chaussey (3e ordre) et par le feu flottant des Minquier.

Les mouillages sont au nombre de quatre (*fig.* 851) :

1° La grande et la petite rade de Saint-Malo ;

2° La rade de Dinard ;

3° Le mouillage de Solidor ;

4° Les mouillages intérieurs dans la Rance (Belle-Grève, de Montmarin).

Les marées de Saint-Malo ne sont inférieures que d'environ 1 mètre de celles de Granville, les plus fortes de France.

La plus grande dénivellation observée a été de 13m,67 ; la moindre entre les hautes et basses crues de morte eau n'a été parfois que de 2 mètres.

La principale modification dans la

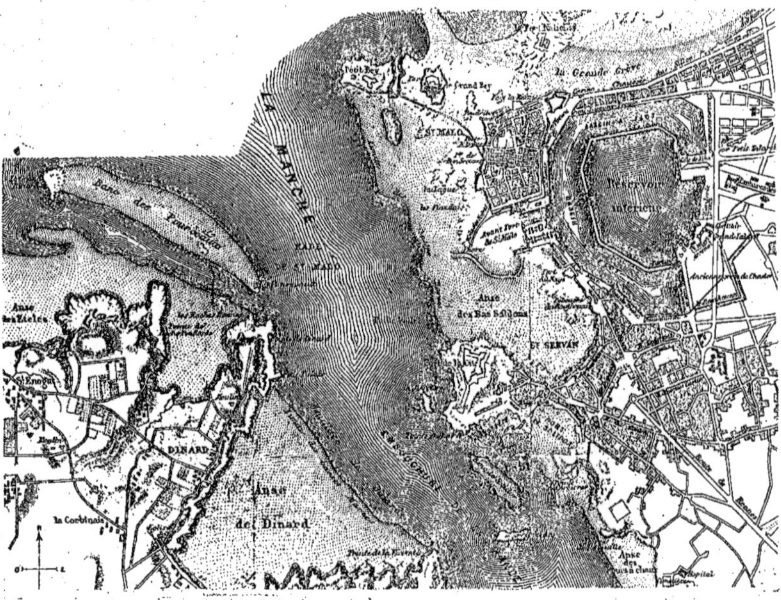

Fig. 850. — Ports de Saint-Malo, Saint-Servan et Dinard.

forme et la hauteur du rivage qu'il y ait lieu de signaler se rapporte à l'abaissement continu de la Grande-Grève au droit du Sillon de Saint-Malo, et à l'érosion d'une dune sablonneuse qui s'étend en avant du Petit-Marais de Saint-Malo et qui autrefois s'avançait jusqu'à peu de distance de la ville.

D'après les traditions, l'ensemble de la contrée comprise entre le cap Fréhel et Granville aurait été complètement modifié par suite d'une catastrophe arrivée lors de la grande marée de 709 qui aurait submergé la grande forêt de Scissey ou Scissy, qui couvrait toute l'étendue de la baie du Cancale et du Mont Saint-Michel. Le centre important de la contrée était alors Aleth, chef-lieu de la tribu celtique des Diablintes, et le nom de Clos-Poulet donné à la presqu'île qui s'étend de Saint-

Malo à l'isthme de Châteauneuf ne serait qu'une corruption de Plou-Aleth qui, en breton, veut dire *Pays d'Aleth*. En 538, saint Mac Law (Saint Malo) moine islandais, vint se réfugier au rocher Saint-Aaron et nommé évêque d'Aleth.

Pendant le xe et le xie siècle, à la suite des incursions des Normands, une partie de la population d'Aleth se porta sur Saint-Servan et sur Saint-Malo.

Saint-Malo, en s'unissant tantôt avec les ducs de Bretagne, tantôt avec le roi de France, conserva son indépendance et développa son commerce, et cela pendant tout le moyen âge, puis revint définitivement à la couronne de France par le mariage de la fille d'Anne de Bretagne avec François Ier.

Jacques Cartier partit de Saint-Malo avec deux navires et découvrit Terre-Neuve et le Canada, et c'est de ce moment que datent les armements des Malouins pour la pêche à la morue.

En 1698, le commerce de Saint-Malo occupait 100 navires de 300 à 400 tonneaux.

Sous Louis XIV pendant les guerres de la coalition, Saint-Malo devint alors la ville maritime la plus riche de France, et c'est de son port que partirent les plus hardis corsaires; leurs vaisseaux étant alors les plus rapides, ils prirent en dix ans (1688 à 1698) 262 vaisseaux de guerre et 3 380 bâtiments de commerce.

Ce fut à Saint-Malo que les marins échappés aux désastres de la Hougue vinrent se réfugier et se réparer; Saint-Malo fut fortifié à la suite.

En 1711, Duguay-Trouin partit de Saint-Malo pour bombarder Rio-de-Janeiro, et Saint-Malo devint l'entrepôt de la Compagnie des Indes.

En 1758, à la suite de la guerre de Sept Ans, les Anglais bombardèrent Saint-Malo, qui se releva bientôt de ses ruines, et ses marins prirent une part active comme corsaires aux guerres du Premier Empire.

La partie du port de Saint-Malo spécialement affectée aux relations commerciales n'ayant pas encore subi la transformation en bassin à flot, les opérations commerciales sont toujours soumises à l'action des marées.

L'entrée du port proprement dite a été réduite à 100 mètres par suite de la construction des écluses et de la chaussée de jonction sur les rochers qui s'étendaient au nord de la pointe du Nay.

Le Môle des Noires a été construit de 1837 à 1842 pour abriter la grande écluse projetée à très peu de distance du Sud des remparts de Saint-Malo. Son musoir peut recevoir de l'artillerie.

La plateforme est arasée à 14 mètres au-dessus des plus basses mers.

Le quai de Dinan, ainsi que la cale de ce nom, ont été construits en 1837 et 1838 à 20 mètres en avant de la courtine qui sépare les bastions Saint-Philippe et Saint-Louis.

L'avant-port sert de refuge aux navires qui manquent l'entrée des ports intérieurs ou qui ne peuvent immédiatement prendre le large. Le fond est formé de roc recouvert de sable fin et vaseux qui rend l'échouage dangereux en temps de houle.

La longueur de la passe d'accès, dont nous avons donné la largeur (100 mètres), est de 160 mètres, et sa hauteur d'eau varie de 5 mètres à plus de 10 mètres.

La jetée en charpente construite au Sud des écluses, est destinée à fournir des points d'appui et d'amarrage aux navires à l'entrée des écluses; elle a 100 mètres de longueur, mais on s'est réservé la facilité de pouvoir l'allonger.

La petite écluse a 13 mètres de largeur et 131^{m},60 de longueur dont 79^{m},80 utiles, 10^{m},10 de hauteur d'eau en vive eau maximum et 4^{m},98 en morte eau minimum.

La grande a 18 mètres de largeur et 114^{m},40 de longueur utile, dont 11 mètres de hauteur d'eau en vive eau maximum et 5^{m},88 en morte eau minimum.

Les ports intérieurs de Saint-Malo et de Saint-Servan se composent d'un chenal en fer à cheval et de 50 hectares en superficie. On trouve 1 309 mètres de quais, 550 mètres de voies ferrées et cales à Saint-Malo et 889 mètres à Saint-Servan, une cale de construction et une de radoub.

L'établissement du port est de . . . 6^{m},5
L'unité de hauteur. . . . . . . 5^{m},84

Port de Brest.

681. On donne le nom d'Iroise à cette partie de l'Atlantique qui se trouve comprise entre la chaussée de Sein, d'une part, et la chaussée des Pierres-Noires et d'Ouessant, d'autre part, vis-à-vis des côtes du Finistère les plus avancées vers l'Ouest.

En allant de l'Iroise vers Brest, on se trouve en présence d'une vaste baie que limitent, au Sud, la pointe du Toulinguen; au Nord, celle de Saint-Mathieu, où l'on voit, à gauche, la plage sablonneuse de Bertheaume, et à droite l'anse qui forme le petit port de Camaret, et, après avoir franchi le Goulet, on entre dans la rade de Brest proprement dite.

Brest paraît avoir été un port connu des Romains, mais ce n'est que depuis l'annexion définitive de la Bretagne à la France (1499) que Brest peut compter comme port et arsenal maritime. Colbert commença des améliorations qui se sont poursuivies depuis avec une plus ou moins grande activité.

Le port de commerce, le seul dont nous avons à nous occuper, n'avait, en 1865, qu'une certaine longueur de quais sur les deux rives de la Penfeld : environ 170 mètres en tout.

Aujourd'hui le port de commerce dit de Porstrein (*fig.* 851), tel qu'il a été approuvé en 1869, se compose d'un port à marée d'une surface de 41 hectares. Les quais sont disposés par éperons saillants précédés d'un avant-port servant de champs d'évolution aux navires. Les trois premiers bassins conviennent au commerce local; le quatrième, dont le quai de rive a 365 mètres de longueur, est spécialement désigné pour les grands navires au long cours. Un platin de carénage est réservé dans la largeur du troisième éperon.

Le bassin à flot fait suite au bassin de marée.

Renseignements généraux :

Établissement du port		3h,46
Unité de hauteur		3h,30
zéro de l'échelle du marégraphe	Plus basse mer connue	0m,50
	Basse mer de vive eau ordinaire	1m,20
	— de morte eau ordinaire	3m,10
Niveau moyen		4m,42
Plus haute mer de morte eau ordinaire		5m,70
— vive —		7m,50
Plus haute mer connue		8m,35
Bassins et ouvrages.		
Longueur des jetées	jetée Sud	950m,00
	jetée Ouest	530m,00
	jetée Est	420m,00
Longueur des quais accostables	quai à grande profondeur	1 080m,00
	— moyenne —	630m,00
	— d'échouage	590m,00
Largeur des passes	passe de l'Ouest	140m,00
	passe de l'Est	120m,00
Superficie des bassins en dedans des passes	avant-bassin grande profondeur	37h,50
	bassin moyenne profondeur	2h,00
	— d'échouage	1h,50
Profondeur d'eau aux plus basses mers	bassin d'une grande profondenr	7m,50
	— moyenne profondeur	6m,50 à 4m,70
Superficie des terre-pleins conquis sur la mer	surfaces pavées	2h,30
	— empierrées	4h,00
	— bâties	1h,70
	— remblayées et régalées	18h,00
	— — et non régalées	30h,00

Longueur des voies ferrées le long des quais			825m,00
Ouvrages pour la réparation des bateaux	grand gril	longueur	110m,00
		tirant d'eau moyen	4m,10
	petit gril	longueur	32m,00
		tirant d'eau	3m,80
	plan incliné	longueur	80m,00
		tirant d'eau	4m,50
	platin bas	longueur	80m,00
		largeur	23m,00
		tirant d'eau	7m,30
Appareils de levage	Une grue motrice		20 000k
	— roulante à vapeur		1 500
	— fixe à bras		4 000

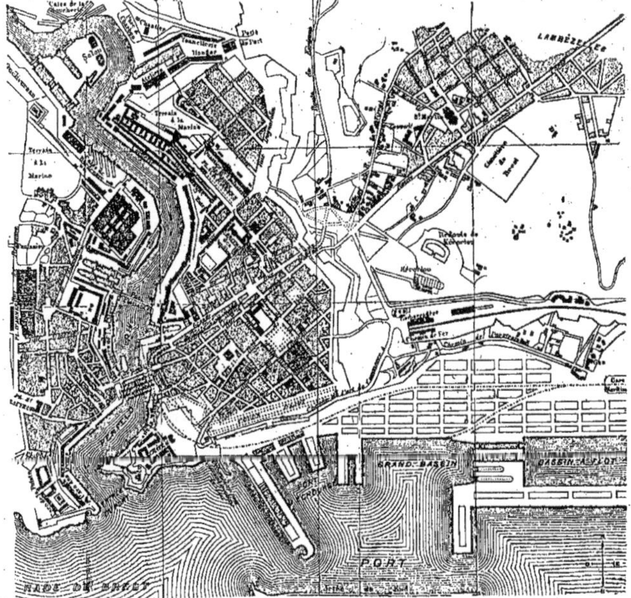

Fig. 851. — Port de Brest.

Port de Lorient.

682. Le Scorff et le Blavet se réunissent à 3 kilomètres de l'Océan et forment une large baie qui se termine au Sud par la pointe de Port-Louis et par la pointe de Gavres. Le fond de la baie est formé par de la vase et du sable vasard, et on y rencontre des chenaux de 7 mètres de profondeur au maximum (*fig.* 852).

Le port de Lorient fut fondé par Denis Langlois, l'un des directeurs généraux de la Compagnie des Indes établie par ordonnance royale du 1er septembre 1664. L'endroit choisi par Langlois fut l'anse de Roshellec, et deux frégates de 150 tonneaux et une galiotte de 80, construits au *lieu d'Orient*, partirent en mars 1668 pour Madagascar. Vers la fin de 1690, la marine marchande et la Compagnie furent en quelque sorte expulsés de la rivière du Scorff, et la marine militaire prit alors une grande activité.

Sous l'impulsion de Law, des associations nouvelles se formèrent, et on créa une Compagnie dite d'*Occident*, qui fusionna avec la Compagnie des Indes et prit le monopole du commerce maritime extérieur.

En 1719, les derniers officiers de la marine royale quittèrent le Scorff pour s'établir à Port-Louis, et le lieu d'Orient devint un grand port de commerce, auquel

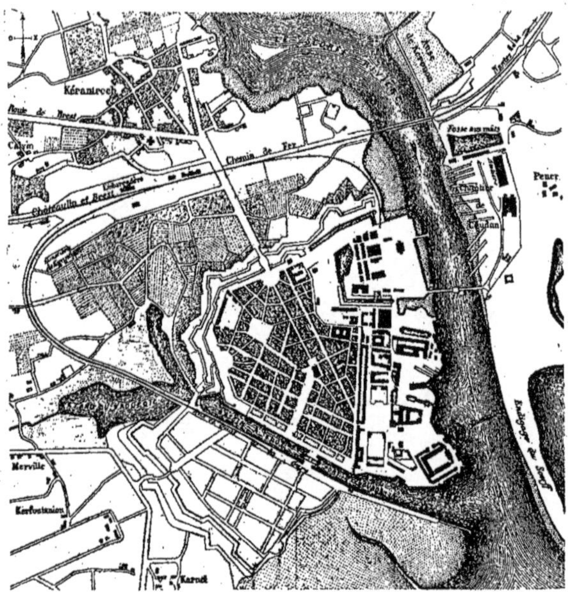

Fig. 852. — Port de Lorient.

on réunit tous les bâtiments antérieurement construits par l'État. La Compagnie obtint toute espèce de privilèges, tels que le monopole de la vente du tabac et du café. La ville s'embellit, le lieu d'Orient devint la *ville de Lorient* et prit une importance considérable, tant comme port de commerce qu'au point de vue des constructions navales.

Les Anglais, comme toujours, furent envieux de cette prospérité et essayèrent un coup de main sur la ville, mais ils furent repoussés, et le résultat fut la construction de fortifications importantes.

La guerre maritime qui eut lieu au milieu du XVIIIe siècle eut pour résultat d'opérer un mélange entre la marine de l'État et celle de la Compagnie.

En 1769, on accorda la liberté du commerce à tout armateur au-delà du cap de Bonne-Espérance.

Cette mesure tua la Compagnie qui, en cinquante ans, avait construit et armé 131 vaisseaux, 68 frégates et 50 autres bâtiments. En 1770, eut lieu la cession des bâtiments de la Compagnie à la Marine royale; ce fut à partir de ce moment que Lorient prit, comme port militaire, un développement constant.

Une nouvelle Compagnie des Indes s'organisa en 1785, mais son privilège fut aboli en 1790.

Aujourd'hui il existe à Lorient (*fig.* 852) deux ports : un port militaire occupant les bâtiments de l'ancienne Compagnie et un port marchand de construction récente.

Port de Saint-Nazaire.

683. Il y a moins de cinquante ans, le port de Saint-Nazaire n'existait pas, c'était un simple abri pour les chaloupes des pilotes; en 1881, on y embarquait ou on y débarquait plus d'un million et demi de tonnes, et on a triplé la surface des bassins à flots.

Saint-Nazaire s'appuie sur un promontoire granitique en forme de presqu'île dont l'occupation remonte à la plus haute antiquité, et a toujours été considéré comme la clé de l'embouchure de la Loire. Ce promontoire était autrefois beaucoup plus isolé dans la mer, dont le fond paraît s'élever de $0^m,33$ par siècle, par suite d'alluvions de sable, d'argile et de débris végétaux.

Ce n'est qu'en 1802 que l'Administration se préoccupa de la création d'un port. De nombreux projets se succédèrent; enfin, le 6 mars 1847, on ordonna la construction d'une digue de ceinture et le projet général de M. Jégou fut approuvé le 19 décembre 1847. Il comptait un grand rectangle de 580 mètres de longueur, 160 de largeur, orienté à très peu près Nord-Sud parallèlement à la laisse de basse mer et muni sur le milieu de son côté Ouest d'un second rectangle de 140 mètres de long sur 90 mètres de large. Le premier navire fit son entrée dans le bassin en 1856, et le port fut relié au réseau général français par un embranchement.

On décida, peu d'années après, la construction de fortifications et d'un autre bassin, le bassin de Penhouet, qui fut proposé par la ligne du chemin de fer de Nantes à Saint-Nazaire; mais le premier projet ne fut pas approuvé, et peu s'en fallut que Saint-Nazaire, créé pour le service commercial, ne devînt presque exclusivement un port de guerre. L'élément civil était déjà exclu des deux cinquièmes du développement des quais. Il fut décidé, après de nombreux pourparlers et de nombreuses réclamations des Conseils généraux et des Chambres de commerce, que les nouveaux bassins seraient construits en dehors du projet de l'enceinte fortifiée. Nous avons étudié en détail la construction de ce bassin, nous n'y reviendrons donc pas. On fonda les plus grandes espérances sur l'accroissement de Saint-Nazaire, et la spéculation, escomptant cet avenir, fit éprouver des pertes considérables à ceux qui s'en occupèrent. Mais aujourd'hui un développement plus lent, mais progressif, est un gage certain de l'avenir de Saint-Nazaire. Ce port se trouve en effet à égale distance de Vierzon (ce nœud de notre réseau de chemins de fer), de Bordeaux et du Havre, lesquels sont à l'embouchure des trois grands fleuves français qui débouchent dans l'Atlantique. Il présente plus de facilité d'abordage que Bordeaux, placé dans l'intérieur des terres, et que Le Havre, qui est soumis aux fortunes de mer de la Manche.

Nous passerons sous silence la rivalité existante entre Nantes et Saint-Nazaire. Les Nantais furent d'abord favorables, ils aidèrent beaucoup à la création du port de Saint-Nazaire, qu'ils espéraient devoir être un *avant-port* de Nantes, mais, depuis quelques années, la ville de Saint-Nazaire absorbe peu à peu le commerce nantais.

Le port se trouve du côté du large, à 10 kilomètres (5 milles et demi) de la barre des Charpentiers, obstacle qui ne permet pas aux grands navires d'entrer en Loire à toute heure de marée et qui est placé lui-même à 2 kilomètres de la pointe de Chèmoulin, limite extrême de la rive droite du fleuve. On compte 60 kilomètres jusqu'à Nantes par la Loire,

65 par le chemin de fer, et 460 de Paris au Havre.

Les bassins (*fig.* 485) sont établis suivant un axe de direction Nord-Nord-Est, en amont d'un promontoire rocheux qui les abrite du côté du large.

Les atterrages sont très sûrs de jour comme de nuit, par suite de la position avancée de l'île d'Yeu et surtout de celle de Belle-Ile dont les terres situées à 40 kilomètres sont très élevées. Les abords de Belle-Ile sont très sains ; les navires y peuvent venir par tous les temps chercher des pilotes ou des ordres et attendre au besoin, dans une rade bien abritée des grands vents du large, le moment de donner en Loire dans les rares circonstances où l'entrée du fleuve offre quelque danger. La nuit, l'atterrissage de Belle-Ile est très sûr par suite du phare de premier ordre qui y existe; aussi les navires venant de l'Ouest, quand le temps est douteux, doivent, à l'état de *règle absolue*, faire route sur Belle-Ile. Les phares du Pilier et du Four et le phare de la Bauche, ceux d'Aguillon et du Commerce et un balisage très complet renforcé par les feux des Piliers-Martin et du port de Saint-Nazaire rendent l'entrée du fleuve extrêmement facile de jour et de nuit.

Le grand obstacle à la pénétration des grands navires dans la Loire est la barre des Charpentiers située à l'embouchure du fleuve. Le chenal paraît à peu près fixé depuis 50 ans, mais il ne reste que $3^m,50$ de hauteur d'eau lors des plus basses marées, ce qui donne $7^m,20$ lors des plus faibles mers de morte eau, amenant ainsi un retard qui peut varier de $7^h 15'$ à $8^h 15'$ dans les cas les plus extraordinaires.

Les rades de Saint-Nazaire sont constituées par de vastes élargissements du chenal de la Loire et situées l'une sur la rive gauche, immédiatement à l'aval, l'autre sur la rive droite, immédiatement à l'amont de la vieille ville. La première (*grande rade*) a 2 kilomètres de longueur, 650 mètres de largeur moyenne et 8 mètres de profondeur moyenne; la seconde, 1 500 mètres de longueur, 400 mètres de largeur et une profondeur variable allant jusqu'à 15 mètres en avant du port. Elles sont à fond de vase compacte et, par suite, d'une excellente tenue.

Le port dans son état actuel est constitué :

1° Par un môle en maçonnerie qui couvre un petit port d'échouage destiné presque exclusivement aux chaloupes des pilotes de l'embouchure de la Loire ;

2° Par un bassin à flot de Saint-Nazaire, ouvert au commerce en 1856, qu'un chenal d'accès bordé de jetées en charpente met, au moyen des deux écluses, en communication avec la petite rade ;

3° Par un second bassin à flot dit *bassin de Penhouët* ouvert au commerce en 1881, communiquant avec le premier à l'aide d'une écluse à 4 paires de portes. Ce second bassin est muni de trois formes de radoub et de l'amorce d'une écluse de communication avec le bassin et le canal de sortie qui seront plus tard exécutés vers l'embouchure du Briat-Méon.

Il n'existe pas d'avant-port ; c'est la petite rade qui en sert et qui débouche dans le chenal ; déjà très calme par elle-même, elle est encore abritée par le môle en maçonnerie. Les navires, quand ils n'entrent pas directement, peuvent venir mouiller à l'extrémité des jetées, y rester à flot et à portée des aussières de halage.

Le chenal a été ouvert au milieu d'une plage de vase, qui découvre dans les grandes marées jusqu'à une vingtaine de mètres en arrière des réservoirs des jetées de rive, à l'extrémité desquelles on trouve de 2 à 3 mètres d'eau à basse mer et plus de 10 mètres à quelques épaisseurs de navire.

Les rives sont maintenues au dehors des jetées en claire-voie par des enrochements en forme d'épi en saillie d'environ $1^m,50$ sur la vasière. Leurs têtes enveloppent la base des fermes en charpente de ces jetées et ils contribuent beaucoup à leur consolidation en formant en même temps des brise-lames qui empêchent l'agitation de se propager trop énergiquement jusqu'aux écluses, ce qui pourrait en endommager les portes.

Le chenal a été creusé et est entretenu pour que les navires y trouvent 7 mètres de profondeur d'eau lors des plus hautes mers. Il faut employer dans ce but des dragues, car en basse mer il reste 3 mètres d'épaisseur d'eau, ce qui rend l'effet des chasses inefficace.

Nous ne parlerons pas des écluses et du bassin de Penhouët, ayant déjà donné tous ces détails dans différents chapitres de ce cours.

Port de Nantes.

684. Nantes a une origine fort ancienne. Elle était le principal établissement de la tribu des Nancéates peu après la conquête des Gaules par Jules César.

Sous la domination romaine, ce fut une cité florissante, un centre commercial important, ainsi qu'on le voit par les antiquités qu'on y a retrouvées.

A la fin du IVe siècle, elle fut occupée par les Bretons insulaires appelés par Maximin et, vers 480, attaquée par les Saxons qui occupaient les îles de la Loire qui l'avoisinaient. Ils furent refoulés jusqu'au Croisic.

Clovis s'en empara vers 510, elle fut gouvernée par des chefs bretons qui prirent le titre de duc et, sous Clotaire, à la suite de la révolte de Chramne, remise entre les mains de l'évêque saint Félix, lequel exécuta de nombreux travaux de canalisation et de barrages. En 799, la Bretagne fut annexée à l'empire de Charlemagne et Nantes fut pillée en 843 par les pirates normands; sa possession fut disputée entre les comtes de Rennes et ceux de Nantes, puis par l'Angleterre et la France après la conquête de Guillaume le Conquérant (1066). Prise par Philippe-Auguste, qui maria la princesse Alix, sœur du roi Arthur (assassiné par Jean sans Terre), à son parent, Pierre, comte de Dreux, ses successeurs possédèrent paisiblement la contrée jusqu'en 1348; elle devint possession anglaise pendant une partie de la guerre de Cent Ans. Enfin, Charles VIII s'empara de Nantes et épousa, en 1491, la princesse Anne, qui lui apporta la Bretagne en dot. Mais la réunion définitive n'eut lieu qu'en 1532. La peste ravagea un grand nombre de fois la ville de Nantes de 1522 à 1662.

On sait que ce fut dans cette ville que Henri IV signa l'Édit de Nantes; que le comte de Chalais, sous Louis XIII, y fut jugé et exécuté, et on connaît sa résistance aux Vendéens lors de la Terreur.

Au XVe siècle, Nantes entretenait des relations suivies avec le Danemark, la Zélande, l'Allemagne, l'Angleterre, le Portugal, l'Espagne et le Levant. Le tonnage des navires ne paraissait pas dépasser 80 tonnes.

C'est pendant le XVIe siècle que se développèrent les relations de Nantes avec l'Amérique, et Richelieu s'occupa très activement d'organiser une première Compagnie des Indes, qui ne put aboutir ; mais de nombreuses actions de la Compagnie des Indes Occidentales et de celle des Indes Orientales furent souscrites par la ville de Nantes, où une chambre de direction fut établie.

Le principal commerce se faisait avec les îles d'Amérique et de Terre-Neuve. 50 bâtiments de 60 à 300 tonnes fréquentaient les îles d'Amérique, et la pêche à la morue occupait plus de 30 navires.

La traite des nègres et le commerce avec Saint-Domingue furent les principales sources de la prospérité de Nantes pendant le XVIIIe siècle, qui devint, sous l'organisation de Law, le port d'entrepôt de la Compagnie des Indes Occidentales; Lorient étant le port d'armement.

En 1764, le mouvement de la navigation était de 1 429 navires entrés et sortis formant un tonnage de 158 546 tonneaux.

La perte de Saint-Domingue et les guerres de la République portèrent un coup terrible à la prospérité de Nantes; en l'an X, son mouvement était réduit à 828 navires jaugeant 80 887 tonneaux. Il reprit ensuite une prospérité croissante, jusqu'en 1857. Depuis, cette ville est dans une période de transition, tant à cause de l'accroissement du port de Saint-Nazaire que par suite des grands travaux entrepris sur le fleuve.

Le port de Nantes est situé sur la Loire à 53 kilomètres en amont de la ligne joignant les roches de Saint-Nazaire et de Mindin, qu'on peut considérer comme l'embouchure du fleuve. La ville est placée au confluent de l'Erdre et de la Sèvre-Nantaise. Nous avons vu, dans notre *Cours des Canaux*, qu'elle est en communication avec tout notre réseau fluvial et desservie par six lignes de voies ferrées.

Le port est placé au point de jonction

de la partie fluviale et de la partie maritime de la Loire. La marée se fait sentir jusqu'à Mauves, à 15 kilomètres en amont, mais n'a que peu d'influence sur le régime fluvial, à cause de sa faible amplitude; elle intervient toutefois au-dessous de la ville et se complique par l'action des crues et des sables.

La Loire maritime se divise en trois sections:

La première, entre Nantes et La Martinière, a 18 kilomètres de longueur et comprend, outre le port de Nantes, les ports de Trentemoult, Chantenay, de la Basse-Indre, d'Indret, de Couëron et du Pellerin. Le fleuve y coule dans une vallée resserrée entre deux lignes de coteaux quelquefois distantes de moins de 1 kilomètre; il comprend un bras principal profond, endigué par des enrochements, dont la largeur varie de 2 à 300 mètres et des faux bras en partie envasés.

La seconde section, de 23 kilomètres, s'étend de La Martinière à Paimbœuf. Sur cette longueur la vallée s'évase, l'espace submersible s'accroît, le fleuve lui-même a des largeurs variables de 300 à 2 600 mètres; il est coupé de nombreuses îles. Il se réduit à la hauteur du Migron à deux bras principaux séparés par la grande île de la Maréchale et par l'île du Petit-Carnet. Il est encombré de bancs découvrant à basse mer et laissant entre eux des chenaux sinueux de profondeur et de direction variables.

La troisième section, de Paimbœuf à Saint-Nazaire, a 12 kilomètres. La Loire y forme un bras unique de 2 500 à 4 000 mètres de largeur. Les chenaux, séparés par des bancs très allongés, y éprouvent peu de variations.

Dans la première section, la profondeur moyenne est réglée par le débit du fleuve; la troisième est assujettie au régime maritime et la marée y atteint plus de 4m,50 d'amplitude. La section intermédiaire participe à ces deux régimes.

Les débits pour un débit moyen, à Mauves, de 220 mètres cubes par seconde, s'élèvent, entre Nantes et Saint-Nazaire, de 350 mètres cubes à 12 500 en vives eaux et 230 à 5 600 en mortes eaux.

Le sommet de l'onde de marée se propage de Nantes à Saint-Nazaire en 2 heures trois quarts, soit avec une vitesse de 5 mètres par seconde.

On peut admettre, à titre de moyenne, les chiffres suivants pour les hauteurs des marées:

MARÉES	NANTES	St-NAZAIRE
En morte eau	4m,70	4m,50
En vive eau moyenne	5m,45	5m,50
En grande vive eau	5m,75	6m,00

Les glaces interrompent la navigation en moyenne pendant dix jours par an.

Depuis plus de deux cent cinquante ans, la question de l'amélioration de la Loire maritime est à l'ordre du jour.

Les premiers projets paraissent dus à des ingénieurs hollandais. Tour à tour, les ingénieurs du roi, Thevenin, de la Fond, présentèrent des projets d'amélioration, et Magin exécuta le premier, de 1755 à 1768, 993 toises de digues et épis et un môle à Paimbœuf, qui eurent pour effet de provoquer de vastes atterrissements, effets qui déterminèrent aussi les digues exécutées de 1834 à 1838 par Lemierre.

En 1851, M. Watier proposa des digues longitudinales en pierres formant un chenal continu d'une largeur augmentant progressivement à partir de Nantes. Les digues sont plus ou moins submersibles, les plus basses encaissent le chenal près de Paimbœuf, les plus hautes sont voisines de Nantes.

Le projet était divisé en deux sections, l'une de Nantes au Pellerin, l'autre du Pellerin à Paimbœuf.

La première seule a été exécutée de 1859 à 1864 et prolongée de 3 kilomètres jusqu'à la queue de l'île Thérèse. Elle a 16 kilomètres de longueur, 200 mètres à la tête de l'île Cheviré et 300 mètres au Pellerin, et généralement arrosés au niveau des hautes mers de vive eau minima. On les a seulement relevés à la sortie de Nantes.

Les digues sont formées de massifs d'enrochement en gneiss provenant des coteaux qui bordent le fleuve. Elle présente une largeur de 2 mètres à leur sommet et des talus de 3/2 perrayés jusqu'au niveau de la basse mer ordinaire. Le mètre cube de l'enrochement mis en place a été de 3f,30. Elles n'ont produit leur effet complet qu'au bout d'une dizaine d'années, et on trouve en moyenne plus de 4m,50 de hauteur à haute mer de vive eau sur les seuils les plus élevés.

Le volume qui a été expulsé en dehors des digues dépasse 6 millions de mètres cubes, mais les bassins qu'on avait espéré conserver comme réservoir des marées se sont comblés avec une extrême rapidité et sont devenus depuis longtemps des prairies fertiles.

Ces résultats n'ayant pas répondu aux espérances de la ville de Nantes, la Chambre de commerce fit étudier deux projets : l'un d'un canal latéral ayant une profondeur de 6 mètres et 30 mètres de largeur, l'autre d'améliorer la navigation du fleuve en le réduisant à un seul bras, pratiquant des dragages, etc. Ce fut le premier projet qui fut adopté en principe.

Une loi de 1879 déclara d'utilité publique un canal de 15 kilomètres de longueur ayant son origine près de La Martinière et aboutissant à l'extrémité du bras profond du Carnet, à 7 kilomètres en amont de Paimbœuf. Le canal aura 6 mètres de tirant d'eau, 24 mètres de largeur au plafond et sera limité à ses deux extrémités par deux grandes écluses à sas de 18 mètres d'ouverture et de 170 mètres de longueur de tête en tête. Il recevra les eaux des cours d'eau de la rive gauche et principalement de la rivière l'Achenau et les recevra dans le fleuve par un barrage muni de vannes levantes situées vers le milieu du parcours.

Le canal est destiné à remplacer la section intermédiaire qui s'étend à l'extrémité des digues de Paimbœuf. On se propose de modifier l'endiguement sur les points où il est défectueux.

L'entretien actuel se fait au moyen de dragages annuels qui sont pratiqués depuis 1840, mais ont été considérablement augmentés depuis 1877.

On rencontre généralement jusqu'à Paimbœuf des profondeurs à 6m,30 à haute mer de niveau minima, sauf sur deux seuils mobiles situés en face du moulin Perret et en amont de la Pierre-à-l'Œil. De Paimbœuf à l'entrée des digues, il existe quatre seuils principaux connus sous les noms de *Passes de Paimbœuf*, de *Pierre-Rouge*, de *l'île Binet* et du *Pineau*. Les profondeurs varient de 4m,60 à 4m,80 sur la passe de Paimbœuf, de 4m,40 à 4m,70 sur la passe de la Pierre-Rouge, de 4m,20 à 4m,60 sur la passe de l'île Binet, 4 mètres à 4m,50 sur la passe du Pineau.

Entre les digues, la profondeur est supérieure à 5m,30, sauf sur trois points, entre Couëron et le Pellerin, à la queue d'Indret et en face de la Haute-Indre. Le chenal se relève par suite de l'élargissement brusque des digues à des cotes comprises entre 4m,60 et 5 mètres à Couëron, de 4m,70 à 5 mètres à Indret, à 4m,80 à la Haute-Indre.

Les chenaux éprouvent de fréquentes variations, et les seuils se modifient eux-mêmes d'une façon incessante, de sorte que ce n'est qu'à l'aide de sondages répétés qu'il est possible de fixer la ligne que doivent suivre les navires et les tirants d'eau disponibles.

Les grands navires ne fréquentent la Loire maritime qu'à peu près exclusivement en vive eau, en général pendant deux jours avant et trois jours après la nouvelle et la pleine lune.

Nantes s'est développée primitivement (*fig.* 853) dans l'angle formé par la réunion de l'Erdre et de la Loire, puis s'est étendue sur les coteaux qui forment la rive droite, les îles et la rive gauche.

Le fleuve au-dessus de la ville se divise en deux grands bras, le bras de Pirmil au Sud et l'autre bras au Nord.

Le premier présente des largeurs comprises entre 240 et 300 mètres. Il est encombré de bancs de sable dont quelques-uns s'élèvent à plus de 1 mètre au-dessus des basses eaux. Il sert généralement aux basses eaux comme réservoir de marée et en temps de crue comme réservoir d'inondation.

Le port de Nantes s'étend depuis les ports de la Bourse, Maudit et de la Madeleine jusqu'à l'extrémité de la commune de Nantes, sur une longueur de 2 300 mètres environ. Il y a 75 mètres de largeur au Nord de l'île Gloriette, 70 à 170 mètres dans le bras de la Madeleine, 140 à 180 mètres dans le bras de la Fosse et se réduit à 95 mètres dans le bras situé au Nord de l'île Lemaire. La surface d'eau est d'environ 40 hectares, mais une partie est occupée par des bancs élevés et ne peut servir au mouillage des navires ayant un certain tirant d'eau.

Les *canaux de la prairie au Duc* forment une dépendance du port maritime.

Les principaux quais sont :

1° Le quai Saint-Louis (236 mètres), composé d'un terre-plein terminé par un talus perrayé ;

2° Quai d'Aiguillon (540) entre le fleuve et le chemin de fer. C'est en avant de ce quai que se trouve le mouillage le plus profond (5 mètres à 5m,50 au-dessous de la basse mer). Les tramways circulent sur son terre-plein Est, d'une largeur insuffisante pour son trafic. On travaille à l'élargir et, sur la partie déjà construite, on doit établir une bigue de 60 tonnes ;

3° Le quai des constructions (360 mètres) s'étend devant les entrepôts des Chambres de commerce et devant la gare maritime établie par la Compagnie d'Orléans. Il reçoit les navires au long cours. Sa largeur est de 44 mètres ainsi répartis : une chaussée charretière (17 mètres), la voie du chemin de fer (10 mètres), enfin un terre-plein pavé pour le dépôt des marchandises (17 mètres) ;

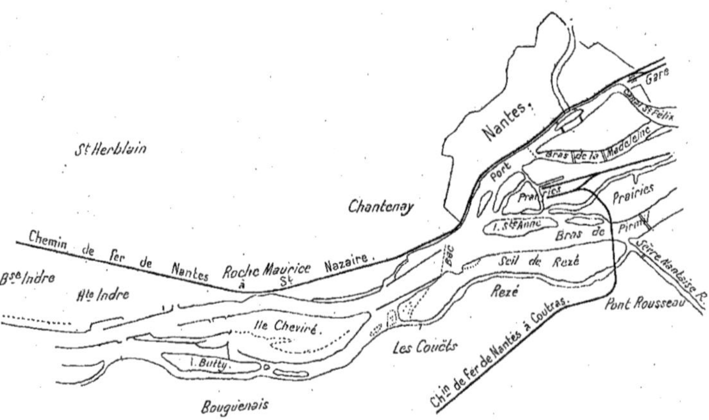

Fig. 853. — Port de Nantes.

4° Le quai de la Fosse (1 105m) a été reconstruit récemment depuis la gare maritime jusqu'au niveau du port, sur une longueur de 705 mètres, il présente une largeur de 55 mètres et comprend : une voie charretière, le chemin de fer de Bretagne et un terre-plein de 30 mètres affecté au commerce. Il est bordé de murs verticaux au pied desquels on peut disposer d'un tirant d'eau de 4 à 5 mètres, à basse mer ordinaire d'étiage ;

5° Le quai de la Bourse (150m) sert seulement au chemin de fer et à la circulation urbaine. Il est limité par un mur vertical au pied duquel on a établi une basse cale utilisée pour le halage des bateaux de rivière ;

6° Le quai Nord (450m) est fort étroit et reçoit presque exclusivement des navires destinés aux riverains ;

7° Le quai Méridional de l'île de la Gloriette (280m) est dans le même cas;

8° Le quai Moncousu (530m) sur la rive droite du quai de la Madeleine se compose d'une voie charretière de 12 mètres et en avant d'une longue cale inclinée de 32 mètres de largeur affectée, dans sa section inférieure, au commerce des bois et, dans sa portion supérieure, à celui des foins;

9° Le quai André-Rhuis (1 165m) sur la rive gauche du bras de la Madeleine, ne forme qu'un rivage privatif limité par un chemin de halage et bordé par quelques cales.

Nous ne dirons rien du port fluvial, qui rentre dans les *Cours des Rivières et Canaux*.

Le 1er juin 1882, il existait dans le port maritime 40 grues (13 sur le bras de la Madeleine dont une de 10 tonnes, 13 sur le quai de la Fosse, 6 sur l'estacade de la gare maritime, 8 sur le quai des Constructions, dont une de 15 tonnes).

Comme voies ferrées:

1 040 mètres appartenant à la Compagnie d'Orléans.

760 mètres concédés à la Chambre de Commerce. En tant que hangars: un hangar de 50 mètres de longueur sur 14 mètres de largeur dans la gare maritime, appartenant à la Compagnie d'Orléans et deux grands hangars de 50 mètres sur 12m,50 appartenant à la Chambre de commerce qui exploite, outre 20 665m2,06 formant des magasins d'entrepôt réel lui appartenant, 27 155 mètres carrés de magasins loués, utilisés dans le même but.

Le port ne possède pas de forme de radoub.

Les renseignements généraux sont les suivants :

Établissement du port			6h,20
Amplitude des marées (saison d'étiage)	vives eaux		1m,75
	mortes eaux		1m,00
Durée de l'étale	de vive eau		1h,05
	de morte eau		1h,50
Crues au-dessus du zéro de l'échelle de la Bourse	moyennes		4m,00
	grandes		6m,00
	du 14 décembre 1872		6m,22
Basses eaux zéro de l'échelle de la Bourse	ordinaires		0m,00
	très basses eaux		0m,50
	basses eaux extraordinaires		0m,75
Loire maritime	Distance entre Nantes et l'embouchure principale de Chemoulin		63 kilom.
	— de Nantes à Saint-Nazaire		53 —
	— de Nantes à la Martinière		18 —
	Profondeur moyenne à haute mer vive eau minima		4m,40
	Largeur des passes draguées, en aval des digues		75 à 100m,00
	— du fleuve entre les digues		200 à 300m,00
Port maritime de Nantes	Longueur entre les ponts et la Piperie		2 300m,00
	Largeur du port		80 à 160m,00
	Surface d'eau		35 hectares
	Longueur des rives utilisées par le commerce		6 500m,00
	Longueur des quais et cales publiques		3 580m,00
	Tirant d'eau à basse mer d'étiage ordinaire le long des quais affectés au commerce		3 à 5m,00
	Superficie affectée au dépôt des marchandises		60,000m2,00

Port de La Pallice.

685. Nous avons donné, quand nous nous sommes occupés de ce port, des renseignements très complets sur son état actuel et son avenir, nous n'y reviendrons donc pas.

Port de La Rochelle.

686. Antérieurement au XIIe siècle, La Rochelle n'était qu'une simple bourgade de pêcheurs dépendant des domaines des barons de Châtel-Aillon, seigneurs fréquemment en révolte contre les ducs d'Aquitaine et du Poitou, dont ils étaient vassaux.

En 1130, Guillaume X, duc d'Aquitaine, battit Isambert, baron de Châtel-Aillon, s'empara de ses domaines, détruisit l'antique et forte cité, et, frappé de l'heureuse situation de La Rochelle, songea à en faire la ville principale de l'Aunis. Il y bâtit un château-fort, concéda aux habitants le droit de commune et leur accorda de nombreux privilèges. Elle fit ainsi partie du duché d'Aquitaine, que le second mariage d'Éléonore, fille de Guillaume, transféra à la couronne d'Angleterre. Mais la ville de La Rochelle conserva ses privilèges de *commune*. En 1224, elle fut conquise par Louis VIII.

La guerre de Cent Ans fut fatale à La Rochelle. Le traité de Brétigny (1360), en rendant à Édouard d'Angleterre l'héritage d'Éléonore d'Aquitaine, mit sous son sceptre, et malgré elle, la ville de La Rochelle; en 1372, le maire de La Rochelle reprit par surprise le château de Vauclair, en démolit les fortifications et remit les clés de la ville à Duguesclin.

Charles V, pour récompenser les Rochelois de leur fidélité, accorda les droits de noblesse héréditaire aux maires et aux échevins, ainsi qu'à leurs successeurs, faveur que Richelieu leur enleva en 1628.

La Rochelle fut, à cause de son importance, le principal objet des courses des Anglais sur les côtes de l'Aunis et de la Saintonge; en 1404, une flotte s'empara de quarante navires qui sortaient du port.

Vers 1534, La Rochelle devint la métropole et le rempart de la Réforme; les navires furent alors armés en guerre et les négociants devinrent des amiraux et des corsaires. Puis, par suite de la pénurie du trésor, le roi retira de la ville les troupes d'occupation qu'il y entretenait, et, quand il voulut la reprendre, l'émeute avait triomphé et le prince de Condé avait pris le commandement de la place au nom du parti protestant. Après le massacre de la Saint-Barthélemy, cette ville refusa de recevoir un gouverneur et soutint un siège mémorable de quatre mois, défendue par La Noue Bras-de-Fer contre Biron et le duc d'Anjou, depuis roi de Pologne, puis de France, sous le nom de Henri III, lequel traita avec les Rochelois en leur laissant tous leurs privilèges. Deux ans après, les difficultés renaissaient avec la Cour, puis se calmèrent un peu avec Henri IV et la publication de l'Édit de Nantes, pour se renouveler par la suite; et après plusieurs escarmouches navales, Richelieu apparut et résolut d'abattre d'un seul coup les protestants et les franchises communales en s'emparant de La Rochelle, leur dernier refuge.

Ce fut alors que fut construite cette fameuse digue de 1 442 mètres et de 7m,80 de largeur, que l'on établit sur le sol avec des maçonneries de pierre de taille comme parement; l'intérieur était rempli de pierres posées à la main. Lorsqu'on atteignit les portions où la mer ne découvrait pas, on coulait des gabarres remplies de pierres arrimées avec soin, puis des navires de plus en plus grands. Dans certains parages, on en coula même deux étages. Le nombre des navires ainsi coulés fut de cinquante-neuf.

La passe fut fermée par une palissade flottante de trente-sept navires de 200 à 300 tonneaux attachés les uns aux autres par quatre amarres, montés par trente hommes et armés de deux canons.

On établit en outre des batteries sur la digue et on fit mouiller, dans les rades, trente navires munis d'une puissante artillerie.

Les Rochelois firent alors un traité avec l'Angleterre, mais sous la condition de garder leur fidélité au roi, n'acceptant le secours de cette nation que dans le but unique de sauvegarder leurs croyances et de conserver leurs privilèges que voulait enlever Richelieu.

Le 30 octobre 1628, la ville vaincue par la famine et les maladies se rendit au cardinal après un siège de 14 mois et 13 jours. Les Rochelois y perdirent leurs privilèges et les fortifications furent rasées.

Depuis cette époque, la prospérité de La Rochelle fut uniquement due au commerce.

La digue construite par Richelieu ayant créé plusieurs atterrissements, même dans le chenal, il fallut faire de nombreux travaux de dragage.

Le port de La Rochelle se trouve placé

dans le pertuis d'Antioche en communication facile avec le pertuis Breton par le courreau de la Pallice, qui est une des meilleures rades de l'Océan.

C'est cette position exceptionnelle d'un port, accessible par deux grandes voies maritimes, protégé par une île contre la mer du large, qui lui a valu sa prospérité.

Les navires qui viennent de la haute mer prennent généralement connaissance du ponton-phare de Rochelonne, puis gouvernent sur le pertuis d'Antioche situé entre les îles de Ré et d'Oleron, dont l'entrée est signalée au Nord par le phare des Baleines, et au Sud par celui de Chassiron. Ils peuvent, au besoin, louvoyer dans ce pertuis, et si la mer n'est pas assez haute pour entrer à La Rochelle, ils jettent l'ancre sur la rade du Lavardin située en face du chenal du port, ou bien, en cas de mauvais temps, sur celle de la Pallice, dans laquelle ils sont complètement en sûreté.

De quelque côté qu'on arrive, l'entrée dans le port se fait toujours en suivant l'alignement des deux feux de la ville, l'un rouge situé en aval, et l'autre blanc.

La baie a 2 500 mètres de longueur et 1 300 mètres de largeur.

A 1 660 mètres avant d'entrer entre les tours qui masquent l'entrée du port d'échouage, on rencontre la digue de Richelieu, construite en 1628.

Les deux branches des digues laissent entre elles un espace de 120 mètres. L'extrémité de la branche Nord est signalée par une balise en maçonnerie peinte en noir et portant une sonnerie à flotteur destinée à servir d'indicateur dans les temps de brume.

Le plafond du chenal, de 25 mètres de largeur, a été établi à $6^m,93$ en contre-bas du zéro des cartes marines, soit à la cote $3^m,93$ du nivellement général de la France; mais, comme il se forme quelquefois des atterrissements pendant les coups de vent, on réserve, pour tenir compte des dépôts, une hauteur de $0^m,60$, et on considère le plus souvent ce plafond comme étant seulement à la cote — $3^m,33$, ce qui correspond à une hauteur d'un minimum de 5 mètres dans toutes les marées.

Dans son état actuel, le port de La Rochelle comprend :

1° Un chenal de 2 500 mètres de longueur, depuis la rade jusqu'au port d'échouage, et de 25 mètres de largeur;

2° Un port d'échouage de $3^h,29$ entouré par un mur de quai de $752^m,60$ avec couronnement en granit à $1^m,30$ en contre-haut des hautes mers de vive eau moyenne;

Au fond et à l'Ouest du Havre, il y a un gril de carénage de $75^m,40$ de longueur entre les tins extrêmes et de 10 mètres de largeur. Les tins sont établis à $4^m,43$ en contre-bas du couronnement de ces quais;

3° Une écluse de chasse composée de deux parties de $2^m,27$ d'ouverture fermée par des vannes levantes, d'une manœuvre trop lente; le bassin de retenue a $13^h,1/2$;

4° Deux bassins à flot, l'un qui communique avec le havre d'échouage (*bassin intérieur*), l'autre qui ouvre directement sur le chenal (*bassin extérieur*).

Le bassin à flot intérieur a une surface de $1^h,35$, les quais un développement de 307 mètres; sur le côté Sud se trouve une cale de carénage de 135 mètres de longueur.

L'écluse de ce bassin n'a que des portes d'ebbe; sa largeur est de 12 mètres.

Le bassin à flot extérieur est précédé d'un avant-port qui est en communication directe avec le chenal; il est ordinairement très calme et à fond de vase molle, sur lequel les navires peuvent échouer sans danger.

Ce bassin a une surface de $3^h,08$. La longueur des quais est de 338 mètres, non compris une cale de carénage de 79 mètres.

L'écluse a des portes d'ebbe et des portes-valets. Sa largeur est de $16^m,50$.

Le port est desservi par deux gares, une de triage et une servant aux voyageurs et au trafic local.

Le bassin à flot extérieur est entouré de voies de fer dont l'une se prolonge jusqu'au quai Est du bassin intérieur.

5° Un chantier de construction situé au Nord du chenal du port, comprenant une grande cale de 100 mètres de longueur, 62 mètres de largeur inclinée à 1/9 en pavés d'échantillon. On y trouve trois cales en bois fondées sur pieux.

Les renseignements généraux sont les suivants :

	Bassin intérieur	Bassin extérieur
Heure de l'établissement du port		3^{h},31
Unité de hauteur		2^{m},67
Durée de l'étale		variable
Chenal : Largeur d'entrée		25^{m}
» Longueur		2 500^{m}
» Profondeur d'eau en vive eau ordinaire		6^{m},73
» » » en morte eau ordinaire		5 ,50
Ecluse des bassins à flot : Largeur	12^{m},40	16^{m},50
» » Longueur	Pas de sas	Pas de sas
Hauteur d'eau sur le busc : en vive eau ordinaire	5^{m},50	6^{m},73
» » en morte eau ordinaire	3^{m},96	5^{m},59
Superficie affectée au séjour des navires : Avant-port		2^{h},00
» » » Port d'échouage		3 ,29
» » » Bassins à flot		4 ,43
Longueur totale des quais : Du port d'échouage		752^{m},06
» » Des bassins à flot		1 363 ,70
Superficie totale des terre-pleins des quais : Du port d'échouage		1^{h},50
» » » » Des bassins à flot		2 ,75
Bassin des chasses : Superficie		13 ,50
» » Contenance en pleine mer de vive eau		200 000^{mc}

Port de Rochefort.

687. L'embouchure de la Charente est ouverte dans la direction N.-O., parallèlement à l'orientation des lignes de relief du sol entre la Vendée et l'estuaire de la Gironde. Le rade dans laquelle elle débouche n'est que la continuation sous-marine de cette vallée dont les limites sont, au N.-E., la presqu'île de l'Aiguille ayant pour prolongement l'île d'Aix, et au S.-O. le banc rocheux des Palles qui aboutit au Rocher de Charenton.

Cette rade sert de mouillage ordinaire aux bâtiments de guerre et de commerce qui descendent de la Charente en s'apprêtant à remonter à Rochefort ; elle offre un abri sûr aux navires, qui, par coup de vent, entrent par le pertuis d'Antioche.

On y est protégé contre tous les vents excepté ceux du N.-O. Les fonds des vases y varient de 8 à 15 mètres en basses mers, et donnent une tenue excellente.

Pour venir du pertuis d'Antioche en rade de l'île d'Aix, on gouverne sur Fouras par le milieu de l'île d'Aix, à partir du moment où on relève le phare de Chassiron dans le Sud ; on change de cap quand le fort Bayard passe par le clocher de Marennes. On peut mouiller dans le S.-S.-O. du phare de l'île d'Aix, au moment où les ruines de Chatel-Aillon passent au N. 49 degrés E., par la pointe de Coudepont. Des bouées indiquent le chenal pour la remonte en Charente. Il semble résulter de l'analyse chimique que les dépôts anciens qui remplissent la vallée de la Charente aux environs de Rochefort ont la même origine que ceux du bassin du Brouage et de la vallée de la Seudre, tandis que les produits actuels de l'érosion des falaises calcaires par la mer, qui fournissent des vases plus riches en chaux, ne pénètrent pas dans l'intérieur du fleuve et même ne descendent guère au Sud du banc des Palles ; ces deux couches sont connues dans le pays sous le nom de *Bri* supérieur et de *Bri* inférieur ; suivant de Quatrefages : « peu de rivages, peut-être, ont présenté d'aussi grands changements depuis la révolution géologique qui leur donna naissance. »

L'histoire de Rochefort, dont le nom provient probablement d'un château fort qu'on y avait construit au IXe siècle pour s'opposer aux invasions des Normands, ne commence réellement qu'en 1666, époque où Colbert y fonda un port militaire. On connaît peu l'histoire de ce château; depuis le XIe siècle, il appartint tour à tour à la couronne de France, et à la couronne d'Angleterre ou à ses feudataires.

Ce fut seulement au XVIe siècle qu'il devint une position militaire importante, sous les guerres de religion.

En 1666, on jeta, ainsi que nous l'avons dit, les premières bases de l'arsenal maritime, après, toutefois, beaucoup d'hésitations. On avait successivement jeté les yeux sur Brouage, port florissant du Xe siècle, puis sur l'embouchure de la Seudre et de la Charente. Les envasements du Brouage et de la Seudre firent abandonner ces localités.

Le lieu était du reste bien choisi. On y trouvait l'estuaire de la Charente, d'une navigation plus commode que ceux de la Gironde et de la Loire, une pénétration jusqu'à Tonnay-Charente, rendue possible par de profonds mouillages et un cabotage facile.

La *Cabane-Carrée* (voy. *fig.* 441) fut réservée pour le commerce; elle était située à 600 toises en amont du port de guerre. Après différentes péripéties et seulement vers 1820, on vit commencer au port marchand et à la Cabane-Carrée des travaux ayant pour objet de créer un véritable port, au lieu des débarcadères plus ou moins incommodes qui existaient sur ce point.

Aujourd'hui, le port se compose de deux parties; le port en rivière ou de la Cabane-Carrée et les bassins à flots ouverts, en 1867, à l'emplacement de l'ancien port marchand.

Le port de la Cabane-Carrée est au N.-E., en dehors de l'enceinte fortifiée. En face des quais, les navires tirant jusqu'à 6m,50 restent à flot, même à basse mer de vives eaux extraordinaires.

Quatre cales de halage y ont été établies, une sert au halage des bois. On y trouve en outre un gril de carénage.

Ce port de la Cabane-Carrée peut recevoir 28 navires à voiles dont 20 de fort tonnage.

La deuxième partie du port de commerce, et de beaucoup la plus fréquentée aujourd'hui, se compose de deux bassins à flot situés l'un à l'intérieur, l'autre à l'extérieur de l'enceinte fortifiée.

Ces bassins communiquent avec la rivière par un sas éclusé d'une longueur utile de 63m,50, leurs écluses ont 14 mètres de largeur.

L'avant-sas a une longueur de 50 mètres environ et une largeur de 20 mètres.

Les deux bassins communiquent par un canal libre de 20 mètres de largeur.

Le bassin n° 2 est un rectangle de 150 mètres de longueur, 90 mètres de largeur dont les quais Sud et Ouest sont à la cote 4m,40.

Ces quais sont munis de voies ferrées avec plaques tournantes, une cale aux bois de 6 mètres de largeur est réservée au milieu du quai Nord; une grue fixe de 6 000 kilogrammes a été installée par le chemin de fer sur le quai Est que desservent les voies.

Les renseignements généraux sur ce port sont les suivants:

Heure de l'établissement du port	4h,14
Unité de hauteur à l'embouchure de la Charente	2m,773
Durée de l'étale en morte eau	30 à 50m
Hauteur du niveau moyen par rapport au 0 des cartes:	
Pleine mer de vives eaux ordinaires	6m,58
Pleine mer de mortes eaux ordinaires	5 ,01
Chenal entre les jetées: Largeur d'entrée, avant-sas des bassins à flot.	20 ,00
» » Longueur	50 ,00
Ecluse du bassin à flot: Largeur	14 ,00
» » Longueur	63 ,50
Hauteur de l'eau sur le busc de l'écluse: En vive eau ordinaire	6 ,90
» » » En morte eau ordinaire	5 ,34

Superficie affectée au séjour des navires :	Port en rivière	132ª,00
» » »	Bassin à flot	245 ,50
Longueur totale des quais :	Du port en rivière	890ᵐ
» »	Du bassin à flot	750
Superficie totale des terre-pleins du quai :	Du port en rivière	101ª,50
» » »	Du bassin à flot	117 ,60

Bordeaux.

688. On a découvert, en 1867, au centre même de l'emplacement occupé par la ville de Bordeaux, au point culminant de la presqu'île formée par le Peugue et la Devèze, une station palustre antérieure aux cités lacustres suisses, contemporaine des stations qui ont suivi l'âge du renne et appartenant au premier âge de la pierre polie. On y a rencontré des amas considérables de cendres mélangées d'écailles d'huîtres et d'os plus ou moins travaillés, et on a reconnu que les habitants connaissaient le grand et le petit bœuf, le cerf, le porc, le sanglier, le cheval de petite espèce à l'état sauvage et servant à l'alimentation, et enfin le chien à l'état domestique.

Quant à la ville elle-même, sa fondation est attribuée à une tribu gallique, les Bituriges Vivisci, qui refoulèrent une tribu kimrique (*Boii* ou *Boiates*) vers les landes ibériques.

D'après Strabon, Pline, et Ptolémée, les Bituriges Vivisci furent l'un des quatorze peuples gaulois ajoutés par Auguste aux Ibéro-Aquitains pour former la province d'Aquitaine; ils conservèrent leur liberté, et leur capitale *Burdigala* devint celle de la province.

Bordeaux eut son forum, ses bains, ses temples, ses arènes et de nombreux aqueducs; un vaste port intérieur desservit la ville et sept routes le mirent en communication avec le reste de la Gaule.

La ville était ouverte jusqu'au IIIᵉ siècle, mais au IVᵉ on en entoura une partie de hautes murailles, construites avec les pierres des monuments et des tombeaux antérieurs à la fin du IIIᵉ siècle, pour résister aux invasions barbares. Ce mode d'emploi avait été autorisé par les constitutions d'Honorius et d'Arcadius. La superficie ainsi protégée n'était guère que le huitième de la ville ancienne.

De 407 à 408, la ville de Bordeaux fut saccagé deux fois; prise par les Wisigoths, conquise par Clovis en 507, elle subit sous ses fils toutes les modifications dues aux partages entre eux et leur descendants.

Les Musulmans en firent la conquête et la pillèrent; reprise par Charles-Martel, puis par les Normands, elle fut portée par Aliénor, épouse divorcée de Louis le Jeune, à la couronne d'Angleterre qui la garda 300 ans, jusqu'en 1453, époque à laquelle cette ville devint définitivement française.

La guerre civile y éclata sous la Ligue et fut suivie de nombreuses révoltes, puis, sous l'administration de de Tourny et du duc de Richelieu, qui lui succéda en 1756, Bordeaux fut embelli et depuis l'établissement des chemins de fer, la prospérité de cette ville est allée toujours en augmentant.

Nous avons vu, dans notre *Cours de Rivières* et dans notre *Cours de Canaux*, à peu près tout ce qui est important à signaler relativement à la Garonne et à ses affluents proprement dits, nous dirons seulement que le phénomène appelé mascaret s'y produit quelquefois dans les marées de Syzygie, et les navires doivent doubler leurs amarres en atteignant Bordeaux.

Des cartes datant successivement de 1546, de 1596, une dressée vers le milieu du XVIIᵉ siècle, d'autres de 1693, de 1751, et les cartes modernes montrent toutes les modifications qu'éprouve le lit de la Gironde en un nombre d'années relativement petit. Elles ont servi à l'étude de nombreux projets dont nous avons étudié quelques-uns; c'est surtout à la pointe de Grave que la nécessité de grands travaux se faisait sentir, et en 1885, on avait déjà dépensé près de 12 000 000 francs dans ce but.

Dans la Garonne *maritime*, l'amélioration de la passe du Bec d'Ambès fut considérée comme la plus difficile. Vis-à-vis de cette passe se trouve une autre passe, celle de Macau qui, par suite d'un phénomène assez remarquable, est navigable quand celle d'Ambès ne l'est pas, et réciproquement. On choisit le bec d'Ambès et on améliora sa passe en établissant, dans le prolongement de Bec d'Ambès, un éperon destiné à séparer les eaux de deux rivières et à rejeter vers les îles les courants provenant de la Garonne; puis, on construisit une digue partant de la pointe de l'îlot de Macau et se terminant vers la rive gauche en face du port marchand.

On fit de même pour le passage du Caillou.

Des phares de différents ordres et des balises servent à diriger les navigateurs au milieu de tous les détours du fleuve. Leur portée varie de 4 à 30 milles.

Nous ne décrirons pas les amers qui guident les navigateurs pour pénétrer jusqu'à Bordeaux; ils sont extrêmement nombreux, nous dirons seulement qu'en résumé, avec les profondeurs actuelles des fosses et pendant les quadratures, l'accès du port de Bordeaux est ouvert aux navires qui calent $5^m,80$, mais ces navires ne peuvent en sortir qu'en attendant une marée favorable ou en s'allégeant de manière à abaisser leur tirant d'eau à $5^m,60$. C'est ce qui arrive fréquemment aux transatlantiques qui sont obligés de faire des transbordements à Pauillac.

La rade de Bordeaux présente une belle rade demi-circulaire de 9 100 mètres de longueur sur 495 mètres de largeur, moyenne comprise entre deux alignements menés normalement à l'axe du lit de la Garonne. Il était autrefois appelé *port de la Lune*, à cause de sa forme (*fig.* 486).

Du temps des Romains, le port se trouvait dans l'intérieur de la ville et était formé d'un bassin rectangulaire d'environ 300 mètres de longueur, qui s'avançait jusqu'à l'emplacement actuel de la rue Sainte-Catherine, et occupait l'espace compris entre les rues du Camera et du Parlement. Le ruisseau de la Devise tombait dans ce bassin après avoir traversé la ville de l'Ouest à l'Est. Ce port était comblé au XVIe siècle, et les bâtiments mouillaient sans ordre dans la rade; le rivage n'était accessible que pendant les hautes marées ; on entreprit des travaux d'amélioration en 1750.

Depuis la construction du pont de pierre (1822), la rade a été divisée en deux parties; celle d'aval est seule accessible à la navigation maritime. La rade est d'un bon ancrage et son mouillage particulièrement sûr, principalement sur les rives; son fond est formé d'un mélange de sable et de vase argileuse.

On trouve actuellement dans la rade :

1° Entre le pont de pierre et la cale de Feawick, 21 corps morts à émérillons mouillés sur deux lignes, indépendamment d'un corps mort affecté exclusivement au service de l'État;

2° Dans la partie située en face du quai des Chartrons, 12 corps morts à émérillons mouillés sur une seule ligne et une ligne de corps morts du côté du large pour le service des navires placés le long des cales des Chartrons et de Bacalan;

3° Dans la partie de la digue de Queyries, une ligne de 9 corps morts servant à amarrer, du côté du large, les navires placés le long de cette digue.

Les quais de la rive gauche comprennent généralement : un trottoir, une chaussée pavée, des terre-pleins destinés aux dépôts provisoires des marchandises et à l'installation des bureaux magasins et abris nécessaires pour l'exploitation du port, des cales ou des quais verticaux, sur lesquels s'opèrent les chargements et les déchargements des marchandises.

On y trouve 12 quais, dont la longueur est donnée dans les renseignements généreux, des cales, des débarcadères consistant soit en pontons flottants pour les parties sujettes à envasement et d'autres appontements fixes auprès desquels les grands navires peuvent accoster tout en restant à flot.

Ils sont au nombre de 34.

La Compagnie du Midi a établi un certain nombre de rails sur quais; ils ont un développement de 11 102 mètres avec des voies de garage, des lieux de stationnement, des gares, etc. Les Compagnies d'Orléans et du Midi ont aussi chacune une gare maritime.

Nous n'insisterons pas sur le bassin à flot en forme de T dont nous avons déjà parlé, ni sur les écluses, sur la forme de radoub ; nous dirons seulement que le bassin à flot est alimenté par les eaux superficielles de la Garonne pendant les grandes marées et par trois puits artésiens, ayant un débit variable avec la hauteur des eaux et qui augmente, par conséquent, avec les besoins de l'alimentation.

Il y a trois stations de pilotage dans la Gironde : à l'embouchure, à Pauillac et à Bordeaux. Tout navire à voile de plus de 80 tonnes et tout navire à vapeur de plus de 100 tonnes est tenu de confier son bateau à un pilote. Les pilotes de l'embouchure sont chargés, à l'exclusion de ceux desautres sections, de conduire en mer les bâtiments mouillés au Verdon ou à Royan.

Il existe aussi un remorquage à vapeur établi sur la Gironde.

On rencontre sur les quais établis par la chambre du Commerce :

1° Sur l'ancien quai vertical :

12 grues roulantes à vapeur de 1 500 kilogrammes ;

4 grues fixes à vapeur de 1 500 kilogrammes ;

1 grue fixe à bras de 1 500 kilogrammes ;

1 grue fixe à bras de 6 000 kilogrammes.

2° Sur le quai vertical des Chartrons :

3 grues roulantes à vapeur de 1 500 kilogrammes ;

1 grue roulante à vapeur de 3 000 kilogrammes.

Une machine à mâter de 50 000 kilogrammes, mue par deux cabestans employant chacun 26 hommes.

Les bâtiments qui ont besoin d'être réparés trouvent :

1° Une forme de radoub de 58 mètres de longueur, 12 mètres de largeur ;

2° Un bassin flottant de carénage de 55 mètres sur 13 mètres de largeur, pouvant recevoir des navires de 600 tonneaux ;

3° Une coulisse ou cale inclinée vers la mer pouvant servir à réparer des navires de 400 tonneaux ;

4° Une coulisse à rails, connue sous le nom de tramway des transatlantiques, de 125 mètres de longueur (système Labat), et permettant d'élever des paquebots de 125 mètres delongueur, pesant 3 000 tonnes en moins de 7 heures.

Le port de Bordeaux contient en outre les grands chantiers de construction à Bacalan et à Queyries, des corderies, des ateliers de poulieurs, de voiliers fournissant 200 000 mètres de voilures, des chantiers de construction, etc.

Les renseignements généraux sont les suivants :

(Voir pour les distances le *Cours de Canaux*.)

Établissement du port : Cordouan	3h,53
» » Pauillac	5 ,20
» » Bordeaux	6 ,50
Unité de hauteur Cordouan	2m,35
Plus forte pleine mer du siècle (20 février 1870) rapportée au 0 du nivellement général de la France	5 ,211
Pleine mer de vive eau ordinaire	3 ,791
Pleine mer de morte eau ordinaire	2 ,611
Basse mer de morte eau ordinaire	0 ,389
Basse mer de vive eau ordinaire	0 ,469
Plus faible basse mer observée en 1834	1 ,469
Rade de Bordeaux : Courbe de 4m au-dessous de l'étiage. Longueur	3 500m
» » » » » Largeur	190
» » » » » Superficie	60h,08

Rade de Bordeaux : Courbe de 6m au-dessous de l'étiage. Longueur..	2 200m
» » » » » Largeur....	130
» » » » » Superficie..	28h,06
Port en rivière : Longueur des quais verticaux...................	973m,25
» » Longueur des cales en avant du port de Bordeaux..	2 350m
» » Superficie des terre-pleins, environ..............	32h,00
Bassin à flot : Longueur entre les portes. Grande écluse............	152m,00
» » » » Petite écluse divisée en 2 sas 76 et 60 mètres..........	136 ,00
» » Largeur entre les portes. Grande écluse.............	22 ,00
» » » » Petite écluse..............	14 ,00
Superficie totale : Du bassin à flot.......	10h,10
» » De la darse en aval des écluses.................	2 ,14
Profondeur d'eau dans la darse..................................	8 à 9m
Longueur des quais..	1 750m
Superficie des terre-pleins destinés au dépôt des marchandises.....	3h,50a
Forme de radoub du bassin à flot : Longueur y compris chambre d'entrée	154m,80
» » » Largeur à l'entrée................	22 ,00
» » » Hauteur d'eau sur le busc.........	7 à 8m,50

Bassin d'Arcachon.

689. Nous entrerons dans quelques détails sur la rade d'Arcachon, à cause de son importance au point de vue du canal projeté des deux mers.

Entre l'embouchure de la Gironde et celle de l'Adour, la côte du golfe de Gascogne présente à l'œil une ligne droite de plage de sable courant à peu près du Nord au Sud avec une légère inclinaison vers l'Ouest, interrompue en un seul point par la coupure du bassin d'Arcachon à environ 109 kilomètres de la pointe de Grave et à 120 kilomètres de l'Adour.

Le bassin d'Arcachon constitue une baie profonde en forme de triangle équilatéral mesurant 84 kilomètres de pourtour du cap Ferret au Sémaphore. La surface couverte par les eaux est, à basse mer, de 4 900 hectares, et, à haute mer, de 15 500.

La côte extérieure est formée de sable et bordée de dunes.

Sur toute son étendue, les sables ont une tendance à se transporter vers le Sud. C'est ainsi que l'embouchure du Hachet s'est transportée de 2 200 mètres de 1839 à 1853.

L'entrée est signalée de suite par le phare du cap Ferret de premier ordre, à feu fixe, et, différents feux et amers.

La barre et les bancs qui bordent la passe d'entrée sont formés de sable fin, et la configuration des fonds est due à l'action des lames et du courant.

Les modifications considérables qu'a subie l'entrée du bassin d'Arcachon depuis 120 ans sont considérables. C'est ainsi que la distance de la barre dans l'alignement de la côte, qui était de 1 160 mètres en 1768, était située à 2 500 en mètres 1885; sa largeur, primitivement de 560 mètres, a été réduite en même temps de 560 mètres à 300 et sa profondeur augmentée de 5m,68 à 6m,40. Les cartes plus anciennes font mention d'une seconde passe située près du cap Ferret (*fig.* 854).

La nuit, la passe d'Arcachon n'est pas praticable. Dans le jour, par le beau temps, la route à suivre est indiquée par les bouées. Si la mer est grosse, celles ci sont souvent noyées par l'écume des vagues, mais on aperçoit assez distinctement le chenal pour se diriger. Un bâtiment à voile ne doit pas tenter l'entrée en jusant, surtout si la mer est grosse, parce qu'alors le chenal brise sur toute sa largeur; il risquerait de ne pouvoir étaler les courants qui atteignent 4 nœuds et d'être mis en travers et roulé par les lames. Ces difficultés sont bien moindres pour les bateaux à vapeur, qui entrent presque en tout temps.

Les projets d'amélioration se montent à 11 millions.

Le bassin contient trois rades de flot: la

première (rade de Moullin) a 4 000 mètres de longueur avec une profondeur de 8 mètres sur près de 600 mètres de largueur ; la tenue y est assez bonne, sauf par les vents du S.-O au N.-O. La seconde rade du cap Ferret, de plus de 5 000 mètres de longueur sur 650 mètres de largeur, offre un très bon mouillage de 8 à 17 mètres de fond sur plus de 300 hectares.

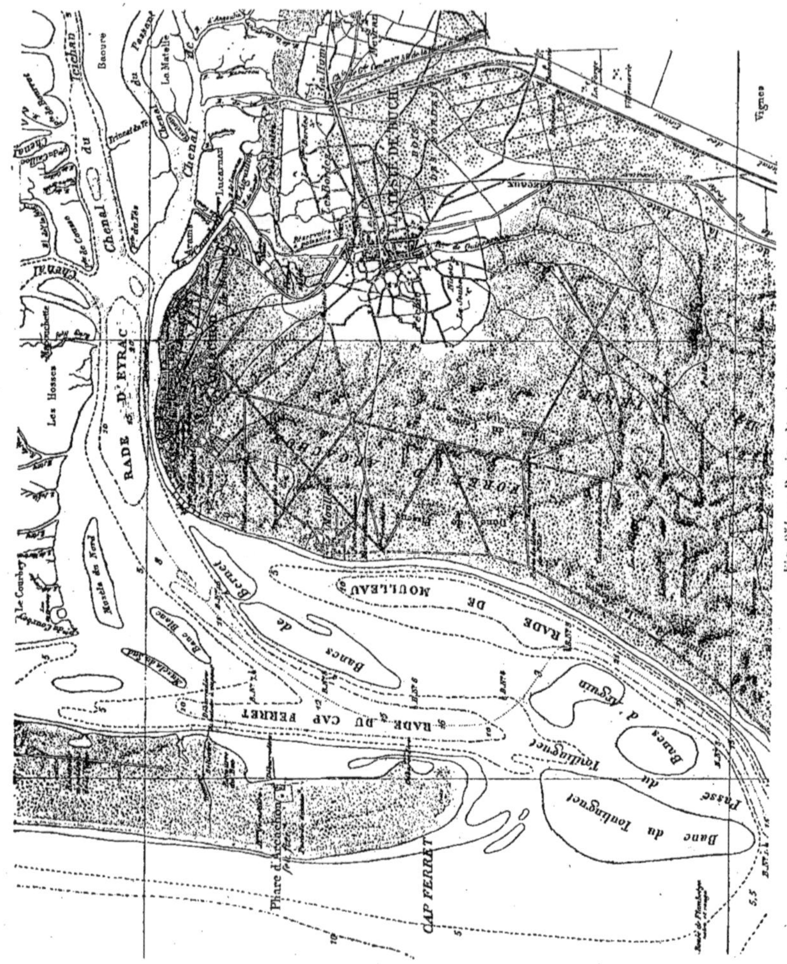

Fig. 854. — Bassin d'Arcachon.

La rade d'Eyrac située devant Arcachon avait, en 1826, 8 mètres de profondeur sur une surface de 273 hectares. Elle se modifie très peu, tantôt dans un sens, tantôt dans un autre. La tenue y est très bonne et les navires y sont en sûreté. Les rives de cette rade se sont corrodées sous l'action du courant de jusant et inspirèrent, en 1872, des craintes pour les chalets et les maisons d'habitation qui bordent le fleuve. On dressa un projet de protection qui devait coûter 400 000 francs.

Les renseignements généraux sont les suivants :

L'établissement du port devant Arcachon est de	4h,43m
L'unité de hauteur	1m,95
Les basses mers : De vive eau d'équinoxe	−0 ,49
» » De vive eau ordinaire	+0 ,05
» » De morte eau ordinaire	0 ,63
Le niveau moyen de la mer	2m,046
Les hautes mers : De morte eau ordinaire	3 ,30
» » De vive eau ordinaire	4 ,08
» » De vive eau d'équinoxe	4 ,85

On connaît l'importance de l'ostréiculture dans ce bassin.

Port de Bayonne (*fig.* 855).

690. Le port de Bayonne est formé par les eaux de l'Adour et de la Nive qui se réunissent sous les murs de la place pour se développer sur une longueur de plus de 7 kilomètres, et venir déboucher dans la mer au fond du golfe de Gascogne. Entre Bayonne et la mer, ce fleuve a 250 mètres de largeur environ,

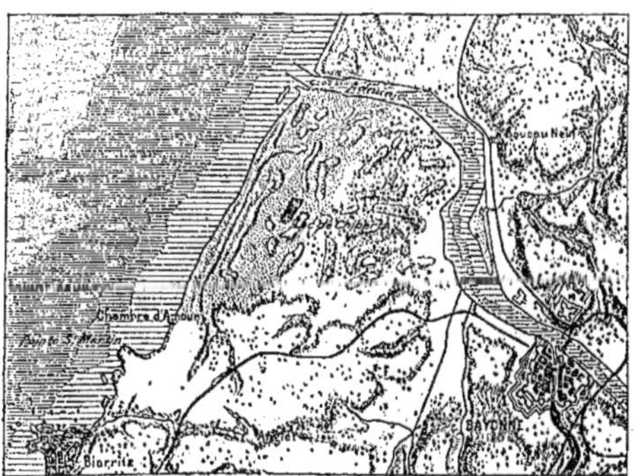

Fig. 855. — Port et rade de Bayonne.

avec un chenal offrant des profondeurs d'eau de 5 mètres à 10 mètres en contre-bas des basses mers. Malheureusement, il y existe une barre d'entrée. Cette barre, demi-circulaire, se relie aux pointes et langues de sable qui limitent l'embouchure du fleuve, et elle l'enveloppe d'une sorte d'enceinte sur laquelle la mer, quand elle est grosse, vient se briser avec violence. On aura une idée de la force de ces brisants, si l'on considère que la grande houle du large arrive, sans obstacle, jusque dans le fond du golfe exposé à la fureur des vents de l'Ouest au Nord-Ouest.

Les marins de la côte distinguent deux espèces de mer : la mer de vent, produite par le vent qui règne sur les lieux, et la mer de fond qui est produite par le vent du large, mer beaucoup plus forte à cause de la déclivité du fond. C'est peut être par 60 et même 100 mètres de profondeur au large, que commence cette surélévation qui brise quelquefois par 30, 20 et en grand par 10 mètres de fond. Le sable mis en mouvement est emporté au loin et le gravier s'arrête au point où le courant n'a plus la force de l'entraîner. Les eaux de l'Adour se frayent un passage dans un sillon qui forme la passe, laquelle, par suite, est variable de position.

Quoi qu'il en soit, le port de Bayonne avait une grande importance dès le XIIIe siècle, puisque du temps d'Edouard III d'Angleterre sont contingent de guerre était fixé à vingt vaisseaux et dix galères dont chacune était montée au moins par vingt-cinq hommes.

En 1451, Dunois la conquit pour Charles VII, et, depuis elle n'a cessé d'appartenir à la France.

On sait d'une façon certaine que, vers 1450, l'Adour qui avait dévié vers le Nord, laissant les bancs de sable s'accumuler entre son lit et la mer, arrivait au Vieux-Boucau, à 30 kilomètres de l'embouchure actuelle, ce qui fut désastreux pour le commerce de Bayonne. A la suite de plaintes nombreuses, Louis de Foix, célèbre architecte qui construisit l'Escurial et la tour de Cordouan, reçut l'ordre de s'arrêter à Bayonne à son retour d'Espagne, et fut chargé d'aviser aux moyens de remédier à cet état de choses ; il projeta de barrer l'Adour un peu au-dessous du Boucau.

On creusa une nouvelle passe dans les sables, et, le 28 octobre 1579, le barrage se trouva complètement terminé. Une crue subite de l'Adour favorisa l'érosion du nouveau chenal, qui eut alors une entrée bien plus profonde que l'ancienne. Mais, l'affluence des sables venant du Nord fut telle que le nouveau chenal devint lui-même sinueux et qu'en 1693 Ferry fit établir au Sud, en face de la digue existante, une jetée en charpente qui ramena le chenal dans sa position primitive ; le résultat obtenu ne dura que trois ans, le mal s'aggrava, et, vers 1741, on entreprit de construire des digues en maçonneries qui eurent tout d'abord un résultat inespéré, mais les sables se répartirent sur le bourrelet formant la barre qui fut seulement un peu reculée. On construisit alors deux jetées basses en prolongement des digues et faisant un angle avec leur direction. Vers 1808, de Prony et Sganzin firent prolonger la jetée basse du Sud de 60 toises, et, au Nord, projetèrent une digue haute en charpente de 248 toises à établir sur le crochet et à prolonger de manière à réduire la largeur du chenal à 152 mètres. En 1816, il fallut encore prolonger la jetée Sud de 50 mètres, et, en 1856, on décida de construire des jetées à claires-voies qui ont l'avantage de laisser le bourrelet à sa place, tandis qu'il recule devant les jetées pleines. Depuis ces travaux, la passe non seulement paraît se maintenir, mais elle semble encore s'améliorer et le tonnage des navires entrant à Bayonne augmente.

Le port de Bayonne se compose de la partie du lit de l'Adour comprise entre son embouchure et le pont de Pèdenavarre, sur une longueur totale de 7 500 mètres, et du lit de la Nive, comprise entre son confluent avec l'Adour et le port Saint-Léon à l'entrée de la ville, sur une longueur de 844 mètres.

On peut le diviser en quatre parties :

1° L'avant-port de 2 098 mètres sur une largeur de 204 à 452 mètres.

Il part de la tour des Signaux et aboutit à une ligne passant par les balises des Casquets.

2° La rade comprise entre les Casquets et l'extrémité des quais des Allées-Marines, ayant une longueur de 2 320 mètres et une largeur de 370 à 840 mètres.

3° Le port proprement dit, compris entre cette limite d'une part et les ponts sur l'Adour et sur la Nive ; longueur 1 578 mètres de largeur, de 47 à 370 mètres.

4° Deux arrière-ports, le premier sur l'Adour entre le pont Saint-Esprit et le pont Pèdenavarre ayant 1 504 mètres de longueur et une largeur moyenne de 208 mètres, le second sur la Nive entre le pont Mayon et le port Saint-Léon, sur une longueur de 678 mètres et une largeur de 52 mètres, ces deux arrière-ports sont inaccessibles, le premier aux navires mâtés, le second aux bâtiments de mer.

On y trouve : sur la rive gauche deux formes de radoub, une de 110 mètres et l'autre de 70 mètres, un gril de carénage, peu employé à cause de son envasement et du ressac, et différents appontements ; sur la rive droite des appontements munis de cinq grues à vapeur de 1 500 kilogrammes, un arsenal d'artillerie et des halles et voies ferrées appartenant à la Compagnie du Midi.

Ce port a pu recevoir dans ces dernières années des navires de 80 mètres de longueur calant 5m,50 d'eau et d'un tonnage de 2 100 tonnes.

Les renseignements généraux sont les suivants :

Heure de l'établissement du port	3h,53m
Unité de hauteur	1m,40
Durée de l'étale	1 heure
Hauteur au 0 de l'échelle de l'ancienne tour des Signaux :	
Pleines mers de vive eau ordinaire	3m,30
Pleines mers de morte eau ordinaire	2 ,10
Nota : Il y a une différence de 0m,40 entre les plus basses mers de l'avant-port et celles de l'extérieur.	
Chenal entre les jetées : Largeur à l'entrée	160m,00
» » Longueur entre l'extrémité actuelle des jetées et l'ancienne tour des Signaux	1 050 ,00
Profondeur d'eau : En vive eau ordinaire	5m,80
» » En morte eau ordinaire	4 ,60
Superficie affectée au séjour des navires : Avant-port	600m, 00
» » » : Port y compris les allées maritimes	2 070m,00
Superficie totale des terre-pleins du quai : de l'avant-port	60a, 00
» » » : du port	210a, 00

Port de Cette.

691. Le port de Cette est de formation artificielle et sert de débouché au canal des deux mers dans la Méditerranée.

Le commerce maritime est depuis longtemps établi sur ce rivage, mais autrefois, il ne se pratiquait pas sur la côte même, qui est une plage basse, étroite et sablonneuse, séparant de la mer une nappe d'eau ou suite d'étangs salés. Toutefois, même de nos jours, la séparation n'est pas complète.

Des canaux de communications (*graus*) s'ouvrent encore de nos jours de la plage vers la mer, et les sables soulevés ne tardent pas à les combler. C'étaient ces canaux qui suffisaient à la navigation à l'époque du moyen age, alors que les ports étaient dans les étangs mêmes, mais ils s'obstruaient facilement.

Au XIIIe siècle, il arriva fréquemment que les navires devaient mouiller en pleine mer et étaient déchargés par des allèges. Ce fut alors que l'on songea à construire un môle s'appuyant sur le cap de Cette (*môle Saint-Louis*), qui, pensait-on, devait suffire à protéger l'entrée des sables poussés par les vents d'Ouest. Telle fut l'origine du port de Cette. Il n'y a, du reste, point d'écueils aux abords du port.

La marée ne s'y fait sentir que sur une hauteur de 0m,15 à 0m,20, et les oscillations plus grandes sont dues à l'influence des vents.

Quant à la plage basse, elle est tout entière formée par les alluvions de la mer.

Le port de Cette (*fig.* 856) a été commencé en 1666, sur un emplacement à peu près désert, à la suite de la fermeture de l'étang de Palavas, qui eut lieu pendant une violente tempête survenue le jour de Pâques en 1663. Le commerce maritime de plus de 1 000 000 ares, se trouvait perdu, et il fut de toute nécessité de construire un grau capable d'abriter des nefs de 300 tonneaux, ayant 3m,60 à 3m,80 de tirant d'eau et des barques latines de 100 à 150 tonneaux de jauge. Après plusieurs projets, on décida de construire un môle devant le cap de Cette, où il y avait un espace considérable de 22 pieds de profondeur ; le trafic prit une importance considérable quand, en 1681, on livra le canal joignant la mer à l'étang.

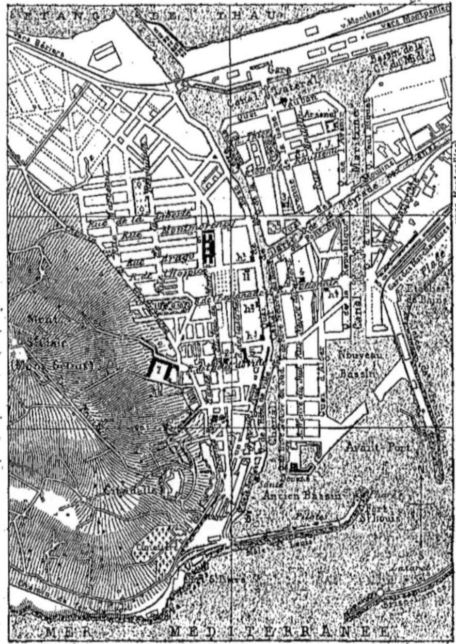

Fig. 856. — Port de Cette.

En 1710, les Anglais s'emparèrent de la citadelle de Cette, mais n'eurent pas le temps de s'y établir.

La ville a subi les développements successifs du port, et de grands priviléges furent accordés à ceux qui voudraient bâtir à Cette.

Les travaux du môle rattachés au cap de Cette furent adjugés à Pierre-Paul Riquet, seigneur de Bon-Repos en même temps que les travaux d'achèvement du Canal du Midi.

La seconde jetée ou jetée de Frontignan fut reportée plus à l'Est que sur les projets, à la suite de la remarque que l'on fit sur les effets de la première qui furent d'approfondir le port.

Les travaux prévus par l'adjudication de 1677 furent continués pendant les années suivantes, et le premier crochet à l'extrémité droite du môle Saint-Louis fut établi. Les enrochements furent bouleversés et il ne reste aujourd'hui de ce travail que l'encaissement de l'angle, connu sous le nom de *Pilon*, lequel a résisté en raison de sa masse. Le port s'ensabla. Vauban, dans un remarquable mémoire, indiqua la marche à suivre et les procédés pour arriver à de meilleurs résultats; les travaux se continuèrent amenant des approfondissements d'un côté, des affouillements de l'autre. On remédiait aux premiers par des curages, mais les travaux furent interrompus pendant la Révolution, aussi, en l'an X, le port n'existait plus pour ainsi dire. La profondeur était réduite à moins de 3 mètres. Il y avait moins de $0^m,50$ ou $0^m,60$ sur une grande étendue, et le banc occupant plus de la moitié de la largeur du Vieux-Bassin se prolongeait vers le quai de la Ville et le bureau de la Santé, de manière à barrer presque entièrement l'ouverture du chenal ; le mal s'étendait jusqu'à la passe. Le matériel de curage était fort avarié, les talus extérieurs des môles affaissés et rongés à l'extérieur et les murs des quais dégradés ou renversés.

On reprit les travaux et en 1803 et en 1808 on commença les travaux de la fermeture de la passe entre la jetée de Frontignan et les jetées isolées, puis le prolongement en arc de cercle de cette jetée, de manière à couvrir la tête de l'ancien môle et à laisser une passe de 220 mètres de largeur, ce qui fit diminuer sa profondeur, la fermeture de la petite passe ayant produit un déplacement des dépôts annuels.

On fit encore d'autres constructions (môle isolé convexe vers la mer, brise-lames, etc.) ; mais les ensablements augmentèrent. Les orages bouleversaient et transportaient les sables et, au commencement de 1833, la situation était fort critique ; on constata que de 1811 à 1837 les dragages égalaient à peine les deux tiers des atterrissements et que les dépôts accumulés formaient un dépôt de plus de 200 000 mètres cubes. On en conclut que les travaux des dernières années avaient aggravé et non amélioré le régime des atterrissements; toutefois, ils avaient produit un très bon effet au point de vue du calme du port.

Un nouveau projet fut présenté en 1837. L'établissement du chemin de fer de Montpellier à Cette avait donné un grand développement au commerce; il fallait donc non seulement parer aux ensablements, mais encore augmenter la surface du port et la longueur des quais. On acheva donc la construction du brise-lames, on enleva les ensablements et on agrandit le port.

De 1855, époque de l'achèvement du brise-lames, à 1882, époque où l'on entreprit les travaux de prolongement de cet ouvrage, les passes, les rades et l'avant-port ont toujours pu communiquer avec la mer par des profondeurs supérieures à 6 mètres, à de très rares exceptions près. La courbe de 7 mètres que les ragages de chaque été faisaient pénétrer dans la rade, étaient ramenées en arrière par les ensablements de l'hiver suivant jusqu'à la passe de l'Est qu'elle ne touchait plus au printemps que par une pointe étroite. L'entrée du port, comparée à celle de la période de 1821 à 1831, avait donc gagné plus de 1 mètre de profondeur.

Le curage d'entretien était effectué, selon les besoins, dans toutes les parties du port. Le volume extrait chaque année sur la route des navires, dans les parties extérieures du port, s'élevait en moyenne à 60 000 mètres cubes, dont un tiers environ à l'Est de la ligne joignant l'extrémité de la jetée de Frontignan au musoir Est du brise-lames et les deux autres tiers à l'Ouest de cette ligne.

Il découle de la constatation des effets produits par la construction successive des divers ouvrages que l'intervention du courant du littoral, pendant les tempêtes, paraît être prépondérante sur le mode de formation des dépôts et sur le plus ou moins de stabilité des profondeurs à l'entrée du port, ou du moins tout semble se passer comme s'il en était ainsi. Toute étude d'ouvrages extérieurs nouveaux impose donc l'obligation de rechercher avec attention qu'elle pourra être l'influence de la disposition projetée sur la marche et sur les effets de ce courant.

Le projet exécuté de 1882 à 1889 a consisté dans le prolongement du brise-lames, de 850 mètres dans l'Est, dans une direction parallèle à celle du môle Saint-Louis (E. 1/4 N.-E) et à 150 mètres à l'Est, dans la direction diamétralement opposée (O. 1/4. S.-O.).

En résumé, les grosses mers du large coïncident, à Cette, avec un courant longeant la côte du N.-E. au S.-O., et sont parfois accompagnés d'un vent de N.-E., faible à la côte.

Par suite de ce concours de circonstances, la passe de l'Ouest est impraticable pendant les tempêtes de l'Est au Sud, qui sont les plus fréquentes, surtout pour les voiliers qui trouvent de ce côté un courant contraire et quelquefois aussi vent debout. Un navire qui essayerait d'entrer par cette passe risquerait d'être poussé par les lames sur les rochers de la montagne de Cette ou sur les enrochements du môle Saint-Louis, avant d'avoir pu gagner l'abri du brise-lames. Aussi la règle nautique est-elle, en cas de grosse mer, d'aborder toujours le port par l'Est.

Cette passe, toutefois, n'était pas sans offrir beaucoup de difficultés. D'une part, l'insuffisance de son tirant d'eau y faisait briser la mer et, d'autre part, il fallait que le navire exécute des évolutions précipitées pour ne pas être jeté sur les musoirs des jetées. Ce fut alors que, pour améliorer la situation, on décida l'augmentation du brise-lames de 850 mètres, le raccourcissement de la jetée de Frontignan et l'extraction des enrochements formant un épi sous-marin derrière le musoir Ouest de l'ancien brise-lames ainsi que celle de ceux qui entourent la tête du môle Saint-Louis.

Ces travaux ont été achevés en avril 1889 et ont donné les résultats prévus. L'ancienne passe de l'Est est devenue, pour ainsi dire, une passe intérieure : les courants seuls continuent à s'y faire sentir, comme autrefois, pendant les grosses mers; mais la navigation, et c'est là le point principal, n'y éprouve plus aucune gêne tenant à l'agitation des vagues ; la sécurité est désormais complète pour les manœuvres d'évolutions à l'entrée ou à la sortie.

Un fait particulier a été constaté sur la marche des courants de tempête aux abords de la passe de l'Est ; d'après les indications de flotteurs superficiels, le courant littoral arrive au port en suivant extérieurement la jetée de Frontignan ; la majeure partie de ce courant s'infléchit vers l'Ouest, après avoir dépassé le musoir de la jetée de Frontignan, et après avoir conservé sur un long parcours la direction de cette jetée ; mais le reste du courant se retourne du côté de l'Est, longe l'épi de l'Est et revient à la mer par l'extrémité de cet ouvrage ; de telle sorte qu'on peut constater au même moment un courant rentrant par la passe de l'Est et traversant la rade de l'Est à l'Ouest et un courant sortant en sens contraire par l'extrémité de l'épi. Tout se passe, en définitive, comme si la masse liquide en mouvement, suivant l'impulsion acquise le long de la jetée de Frontignan, venait frapper sur la ligne de l'ancien brise-lames et de l'épi et se bifurquait en deux portions, l'une se dirigeant vers l'Ouest et l'autre se dirigeant vers l'Est ; près de l'épi le point de bifurcation se trouve tantôt dans le voisinage du musoir Est du brise-lames, tantôt sur un autre point de la longueur de l'épi, les filets liquides, animés de la plus grande vitesse, se rencontrant à proximité de la jetée de Frontignan ; ce sont ceux-là qui traversent la rade et y produisent les effets qui sont relatés plus loin ; le courant sortant par l'extrémité de l'épi est animé d'une vitesse plus faible.

Le nouveau régime des profondeurs et des ensablements dans les parties extérieures du port ne sera bien connu que lorsque l'état d'équilibre entre les causes productives des apports, la configuration des fonds aux abords des passes et la puissance des moyens de dragage dont on peut pratiquement disposer auront été atteints ; toutefois, on se trouve assez près aujourd'hui de cet état d'équilibre pour qu'il soit permis d'accuser les principaux résultats.

Sous l'influence des courants, la passe de l'Est s'est creusée d'elle-même ainsi qu'une partie de l'ancienne rade ; cet effet a commencé à se faire nettement sentir en 1885, alors que l'épi de l'Est n'était terminé que sur 300 mètres de longueur. Il s'est accentué au fur et à mesure de l'avancement de cet ouvrage jusqu'en 1889 ; depuis cette époque, l'affouillement s'est maintenu, sauf de légères variations en position, en étendue et en profondeur, autour d'un certain état d'équilibre; la profondeur au centre de l'affouillement oscille d'une année à l'autre entre 14 et 15 mètres.

Enfin, l'affouillement qui existait autrefois au N.-O. du musoir Ouest de l'ancien brise-lames s'est accru en étendue et en profondeur, par suite de la construction de l'épi de l'Ouest; le centre de l'affouillement, où l'on rencontre aujourd'hui une profondeur supérieure à 9 mètres, s'est déplacé en même temps vers l'Ouest d'une quantité à peu près égale à la longueur de l'épi.

Ces divers effets sont très visibles sur le plan de sonde dressé au printemps de 1890, après le premier hiver qui a suivi l'achèvement complet des ouvrages.

Malheureusement, il ne s'est pas produit que des affouillements. On a constaté un atterrissement à l'Est de la jetée de Frontignan, dans la nouvelle zone abritée par l'épi de l'Est; cet atterrissement ne présente par lui-même aucun inconvénient immédiat, puisqu'il occupe un espace inutilisé et inutilisable pour la navigation et qu'on est parvenu jusqu'à présent, grâce à des dragages convenablement dirigés, à éviter qu'il n'empiète sur la route des navires par la passe de l'Est; mais, comme la capacité à recevoir des dépôts n'est pas indéfinie pour l'emplacement dont il s'agit, on peut se demander si, lorsque les matières charriées par les courants ne pourront plus s'arrêter à l'Est de la jetée de Frontignan, les dépôts ne seront pas plus abondants sur d'autres points, notamment à l'entrée même du port, ce qui deviendrait gênant, non seulement au point de vue des charges d'entretien, mais surtout au point de vue de la profondeur à maintenir en toute saison pour le passage des navires. Jusqu'à présent, rien ne semble démontrer que cette crainte soit fondée; en tout cas, on verra plus loin qu'il sera toujours possible de conduire des dragages annuels de manière à sauvegarder l'intérêt primordial de la navigation.

D'autre part, la tendance à la formation d'une barre un peu convexe vers le large, entre l'extrémité de la levée de Frontignan et le Pilon, subsiste toujours, comme autrefois; c'est sur cet emplacement que les dépôts présentent le plus de gravité pour la navigation.

La passe de l'Ouest s'est un peu comblée entre l'affouillement cité plus haut et le môle Saint-Louis; mais cet inconvénient n'est que secondaire, à côté du précédent, et l'on n'a même pas cherché à le combattre par des dragages. Les profondeurs sur la passe de l'Ouest paraissent tendre, en effet, vers un certain état d'équilibre qui servira à la destination de cette passe.

Enfin, la quantité des dépôts dans l'avant-port est restée sensiblement la même qu'avant les travaux; ces dépôts sont apportés, pour la majeure partie, par les eaux qui pénètrent dans le port pendant les tempêtes du large, pour se rendre dans les bassins et canaux dans l'étang de Thau.

La nature des apports s'est modifiée sensiblement; on sait que les matières charriées par un courant tendent à se déposer suivant l'ordre inverse de leur facilité à rester en suspension. C'est ainsi qu'antérieurement aux travaux de prolongement du brise-lames, on rencontrait du sable presque pur aux abords de la passe de l'Est, du sable vaseux sur la barre intérieure et de la vase près de la tête du môle Saint-Louis et sous l'avant-port; des algues se déposaient bien aussi en dedans de la pose de l'Est, mais toujours dans une faible proportion.

Aujourd'hui le sable pur ne se trouve plus qu'à 200 ou 300 mètres à l'Est de la jetée de Frontignan, puis à mesure qu'on se rapproche de la passe, les atterissements sont formés le plus souvent par des couches superposées de sable et d'algues; la barre intérieure est parfois entièrement constituée par des algues; la physionomie des dépôts, près du môle Saint-Louis et dans l'avant-port est restée à peu près invariable. L'apparition des algues, dans une proportion considérable, est donc la caractéristique du changement qui s'est opéré au point de vue de la nature des apports; ce changement s'explique d'ailleurs par l'abri à peu près complet que les nouveaux ouvrages ont réalisé sur les passes et dans la rade; il est probable, en effet, que cette circonstance favorise le dépôt de certaines matières légères, telles que les algues qui, autrefois, grâce à l'agitation des eaux, pouvaient être entraînées par le courant en dehors du port.

Il n'est pas encore possible de se prononcer d'une manière définitive sur le cube annuel moyen des dépôts, et cela pour deux raisons : d'abord, parce que l'expérience du nouveau régime des ensablements à l'entrée du port n'est pas encore assez longue, et, en second lieu, parce qu'on a exécuté dans ces dernières années non-seulement des dragages d'entretien, mais des dragages de creusement, et que cette coïncidence complique les comparaisons à faire entre les résultats des sondes successives. Il résulte toutefois, de l'étude minutieuse qui a été faite des variations des fonds dans les parties extérieures du port et dans le voisinage des passes, que, pour le maintien de la profondeur minima de 7 mètres qu'on s'est imposée, il y a lieu de prévoir un cube annuel de dragage beaucoup plus important que par le passé. Ce fait avait été pressenti par les auteurs du projet, mais les effets déjà constatés dépassent certainement les prévisions initiales.

L'épi de l'Est n'a commencé à agir sensiblement sur le régime des apports qu'à partir de 1884; pendant la période qui s'est écoulée de 1884 à 1887 avec l'épi incomplet, les apports de la mer, dans les parties assujetties aux dragages, se sont élevés moyennement par an, à 84 000 mètres cubes, dont un peu moins de la moitié en dehors de la passe de l'Est; en même temps, il s'était déposé, à l'Est de la jetée de Frontignan, à peu près la même quantité de matières. Pendant la période des trois années suivantes (1887 à 1890), l'épi de l'Est étant achevé, les apports de la mer dans les parties assujetties aux dragages se sont élevés moyennement par an, à 133 000 mètres cubes, dont un peu plus de la moitié en dehors de la passe de l'Est; pendant le même laps de temps, l'atterrissement de l'Est de la jetée de Frontignan s'était encore accru de 90 000 mètres cubes par an, et il s'était, en outre, déposé 20 000 mètres cubes de matières au Nord de la seconde moitié de l'Est. Enfin, au cours de la dernière période de trois ans dont les résultats sont connus (1890 à 1893), les apports de la mer, dans les parties assujetties aux dragages, ont un peu diminué; au lieu de 133 000 mètres cubes par an, on n'a constaté que 127 000 mètres cubes, dont les trois cinquièmes environ en dehors de la passe de l'Est; le comblement annuel à l'Est de la jetée de Frontignan est tombé à 22 000 mètres cubes; mais le chiffre des atterrissements au Nord de la seconde moitié de l'épi de l'Est a gardé la même importance, soit 20 000 mètres cubes environ. De la succession de ces chiffres on peut conclure que l'on fera suffisamment la part de l'imprévu, en admettant que le cube annuel des dragages d'entretien ne dépassera vraisemblablement pas, dans l'avenir le cube total des apports annuels, pendant la dernière période considérée, tant sur les emplacements actuellement assujettis aux dragages que sur les autres emplacements, soit environ 170 000 mètres cubes, dont les deux tiers en dehors de la passe de l'Est. Ce chiffre est presque égal à trois fois celui de la période qui a précédé les travaux de prolongement du brise-lames. Le matériel de dragage actuel a été prévu pour extraire annuellement 220000 mètres cubes.

L'augmentation considérable du cube annuel des apports de la mer, principalement en dehors de la passe de l'Est, s'explique très bien si l'on considère qu'une partie du courant littoral de tempête, qui passait autrefois au large du brise-lames, circule aujourd'hui dans la région abordée par l'épi de l'Est et y dépose nécessairement une partie des matières charriées.

Depuis 1884, les dragages annuels ont été effectués sur les points suivants :

1° En dehors de la passe de l'Est, c'est-à-dire à l'Est de la ligne joignant le musoir Est et l'ancien brise-lames à l'extrémité de la jetée de Frontignan; ces dragages ont porté sur deux emplacements distincts au point de vue de leur utilité immédiate, savoir :

Le premier, sur le fond servant de chenal d'accès à la passe de l'Est est compris entre l'épi Est et le prolongement de la ligne des deux phares (Saint-Louis et Frontignan).

Le deuxième, situé en dehors de la route des navires, mais sur la route des apports, présente la forme d'une bande longeant la limite Nord du chenal ci-dessus ; cet emplacement est celui des dragages *anticipés* ou *prévisionnels*.

2° En dedans de la passe de l'Est, les dragages ont porté sur la barre intérieure qui tend à se former entre l'extrémité de la jetée de Frontignan et celle du môle Saint-Louis, et dans l'avant-port.

Il n'a pas été dragué, ainsi qu'il a déjà été dit, sur la passe de l'Ouest.

Les dragages, d'abord limités à la profondeur de 7 mètres, sont aujourd'hui poussés à 8 mètres au moins sur les deux emplacements situés au dehors de la passe de l'Est, ainsi que sur l'emplacement de la barre intérieure, et à $7^{m},50$ au moins de profondeur dans l'avant-port.

Les dragages anticipés n'ont d'autre but que de protéger le chenal en créant, pendant la belle saison, une sorte de fosse de garde destinée à recevoir une partie des apports de tempête de l'hiver suivant. Ils n'ont eu quelque importance que depuis 1888.

Les résultats obtenus, au point de vue des profondeurs utilisables par la navigation, sont pleinement satisfaisants ; à partir de 1890, le chenal d'accès à la passe de l'Est a toujours pu conserver sa largeur normale avec 7 mètres au moins de profondeur sur tous les points, et, à partir de 1861, les sondes de printemps n'ont plus jamais accusé une cote inférieure à 7 mètres, sur l'emplacement de la barre intérieure.

Il est donc permis d'affirmer que la profondeur de 7 mètres sur la route des navires par la passe de l'Est est définitivement acquise.

On pourrait être tenté, d'ailleurs, d'attribuer exclusivement ce dernier résultat à ce que les dragages ont été beaucoup plus importants qu'autrefois ; cela n'est vrai qu'en partie, attendu que la pratique qui a été suivie dans ces dernières années pour l'exécution des dragages n'est applicable et ne peut produire ses effets que dans des fonds abrités contre l'action des vagues du large.

L'amélioration des profondeurs sur la route des navires, au moyen de dragages, repose en grande partie, ainsi qu'on l'a vu, sur la méthode des dragages anticipés; cette méthode était déjà pratiquée au siècle dernier, alors que le môle Saint-Louis existait seul, avec l'amorce de la jetée de Frontignan ; on y est revenu aujourd'hui, et il faut continuer à y avoir recours dans l'avenir, si l'on veut conserver les résultats acquis et en obtenir de meilleurs encore.

Grâce aux dragages anticipés, on pourra, en effet, sinon empêcher la formation des dépôts sur les passes, du moins en réduire considérablement l'importance; on écartera de la sorte toute chance d'obstruction par des hauts-fonds, et l'on atténuera, en même temps, la gêne occasionnée à la navigation par la présence d'appareils de dragage à l'entrée du port. Lors même que la méthode des dragages anticipés aurait pour effet d'appeler un peu les atterrissements et d'augmenter d'autant le cube total à enlever chaque année, cet inconvénient, d'ordre purement budgétaire, serait racheté largement par les avantages dont la navigation profiterait.

L'expérience seule peut déterminer la forme et l'étendue qui conviennent le mieux pour les zones des dragages anticipés ; jusqu'à présent, on a donné à cette zone une largeur variable de 80 mètres, au zéro, entre la jetée de Frontignan et un point situé à 800 mètres environ de distance de cet ouvrage, sur le prolongement de la ligne des deux phares, parce que les apports ont paru cheminer en plus grande quantité, à mesure que l'on se rapprochait de la passe de l'Est ; si les conditions de cheminement des dépôts venaient à changer, il serait facile de modifier en conséquence la forme de la zone.

La rive Nord du chenal présente, sous l'eau, un talus raide qui paraît s'avancer vers le Sud pendant l'hiver, sous l'action des rechargements successifs provenant du sommet du talus ; il semble, dans ces conditions, que la profondeur au pied du talus doit avoir peu d'importance au point de vue de l'appel des apports ; il y a lieu, par suite, de creuser, dans les zones des dragages anticipés, à la même profondeur que dans le chenal.

Nonobstant l'exécution des dragages anticipés, il sera toujours prudent de draguer, chaque été, sur l'emplacement de la barre intérieure, jusqu'à une profondeur très supérieure à la profondeur normale, de manière à avoir le plus de revanche possible contre les apports pouvant résulter de tempêtes exceptionnelles.

Mais, il paraît convenable de ne pas reprendre les dragages sur la passe de l'Ouest ; draguer sur cette passe aurait, en effet, pour résultat d'accroître la section de sortie du courant qui traverse la rade pendant les tempêtes et d'augmenter, par conséquent le débit du courant entrant par la passe de l'Est; on favoriserait ainsi la formation des dépôts sur l'emplacement de la barre intérieure.

Enfin, il pourrait être utile de poursuivre l'idée, émise autrefois, de la suppression du courant qui pénètre dans le port pendant les tempêtes, au moyen d'ouvrages établis au Nord des canaux, de manière à gêner aussi peu que possible l'exploitation du port lorsqu'elle serait pratiquée. Cette suppression agirait, en ce qui concerne la barre intérieure, dans le même sens que le non-dragage de la passe Ouest et empêcherait, sans doute, l'avant-port de se combler.

En résumé, l'exécution du projet du prolongement du brise-lames a pour résultats :

1° L'amélioration nautique de l'entrée par mauvais temps et la diminution de l'agitation dans l'avant-port ;

2° Le creusement de la passe de l'Est et de la rade, sur la route des navires, par le jeu naturel des courants ;

3° La possibilité de maintenir, tant aux abords de la passe de l'Est qu'à l'entrée de l'avant-port, par des dragages convenablement dirigés, une profondeur minima de 7 mètres, supérieure d'au moins un mètre à celle qu'on pouvait maintenir auparavant.

Le but principal du projet a donc été atteint.

Le seul inconvénient constaté jusqu'ici consiste dans l'augmentation considérable du volume des apports de la mer (170 000 mètres cubes, chiffre probable, au lieu de 60 000 mètres cubes, chiffre moyen) ; toutefois, étant donné que les dépôts se forment aujourd'hui sur des emplacements mieux abrités qu'autrefois, que leur nature s'est modifiée dans un sens également favorable à la facilité de leur enlèvement, qu'enfin l'ancien matériel de dragage est remplacé par un matériel plus perfectionné et d'un fonctionnement plus économique, il est à prévoir que la dépense annuelle des curages d'entretien ne sera pas sensiblement augmentée.

Quant au rescindement de la jetée de Frontignan, prévu par la loi du 27 juillet 1880, mais qui a été différé pour des raisons budgétaires, il convient d'être extrêmement prudent avant de l'entreprendre, en raison du changement profond, que cette modification de la disposition actuelle de la passe de l'Est, pourrait causer dans le régime des apports de la mer dans les parties extérieures du port. Les extractions d'enrochement aux abords de la passe de l'Ouest pourraient être pratiquées dès aujourd'hui, sans autre inconvénient que de découvrir un peu l'avant-port du côté de l'Ouest ; mais, comme la navigation tend à se servir exclusivement de la passe de l'Est, elles ne présentent plus maintenant qu'un intérêt tout à fait secondaire au point de vue de l'amélioration de l'entrée du port.

Comme données générales, nous dirons que, pour la construction du brise-lames, on a désigné sous le nom :

1° De pierrailles, les pierres d'un poids inférieur à 5 kilogrammes ;

2° De moellons, les pierres d'un poids compris entre 5 et 200 kilogrammes ;

3° D'enrochement de première catégorie, celles d'un poids de 200 à 4 000 kilog. ;

4° D'enrochement de deuxième catégorie, celles d'un poids de plus de 4 000 kilogrammes;

5° Et enfin de blocs artificiels, des blocs de 4 mètres sur 2m,50 et 2 mètres, soit 20 mètres cubes.

Il n'y a jamais eu de rade à proprement parler dans le port de Cette. Ce qui porte ce nom, sur le plan, n'est qu'un chenal abrité où ne stationnent pas les navires et ne correspond pas à ce qu'on appelle rade en eau profonde dans les ports de l'Océan. Du reste, l'utilité d'une rade proprement dite semble diminuer avec les progrès de la navigation à vapeur.

Les quais qui entourent le vieux bassin ont les dimensions suivantes :

		Longueur	Largeur
Quai	inférieur du môle Saint-Louis	427m,00	6m,00
	du cul-de-Bœuf	130m,00	4m,80 à 16m,00
	de la Santé	193m,00	9m,00
	Richelieu (ancienne jetée 2-3)	118m,00	11m,00

Les fondations de ces murs ayant été établies très près du niveau de l'eau, les quais ne sont pas accostables aux navires de mer ; ils sont uniquement affectés au service des bateaux de pêche.

Le canal de Cette constitue, avec le vieux bassin, la partie la plus ancienne du port; il a une longueur totale de 2 040 mètres, et, on appelle chenal la partie de ce canal d'une longueur de 449 mètres, située au sud du Pont-Legrand. Sa largeur varie de 37 mètres à 80 mètres. Sa profondeur est de 4 à 7 mètres ; il est bordé à l'Ouest par le quai dit de la Ville, qui a 454 mètres de longueur et 16m,50 à 38 mètres de largeur et à l'Est par le quai du Sud de 449 mètres et 16m,80 à 20 mètres. On les a reconstruits et redescendus sur le roc vif, ce qui permet de donner à l'occasion un tirant d'eau considérable à leur pied.

Le canal de Cette s'étend du pont Legrand à l'étang de Thau sur une longueur de 1 590 mètres avec une largeur variant de 35 à 75 mètres et une profondeur de 3m à 3m,50. Il est généralement affecté aux barques de navigation intérieure et aux bateaux de l'étang ainsi qu'aux voiliers à faible tirant d'eau. Les quais qui bordent ce canal ont environ 15 mètres de largeur. Ceux des deux rives communiquent ensemble par trois ponts tournants.

Le nouveau bassin présente la forme d'un quadrilatère irrégulier, d'une superficie de 7 hectares. Sa profondeur normale est de 7 mètres sous basses mers, sauf dans la partie Ouest, où cette profondeur se réduit sur certains points à 6 mètres seulement ; il communique avec l'avant-port par une passe de 60 mètres de largeur moyenne.

Le nouveau bassin et le canal maritime au Sud du pont de Montpellier constituent la partie du port la plus fréquentée par les grands navires.

C'est du côté Ouest que se fait le trafic le plus considérable de marchandises, alimenté par le commerce local et desservi par des compagnies de bateaux à vapeur en service régulier. Du côté Est, les quais servent de gare maritime à la compagnie P.-L.-M. et sont spécialement affectés à la manutention par transbordement direct des marchandises provenant du réseau de cette compagnie.

A la pointe du pan coupé (*fig.* 856) sont ancrés les navires qui manutentionnent au moyen d'allèges.

Voici les longueurs et les largeurs de ces quais :

		Longueur	Largeur
Côté Ouest	Quai du Nord jetée 4-5	147m,00	44m,30
	» du pan coupé	61 ,00	30 ,00
	» d'Alger	318 ,00	19 ,80
	» de Samarie	107 ,00	21 ,80
	» de la République	219 ,00	51 ,80
Côté Est	Quai Nord de la jetée 4-5	177 ,00	15 ,00
	» de l'École Navale	89 ,00	21 ,10
	» Nord-Est	97 ,00	21 ,70
	» Est du canal maritime	217 ,00	21 ,70

Le canal maritime, situé entre le pont de Montpellier et la darse de la Peyrade, présente une longueur de 200 mètres, une largeur de 66 mètres, et, 7 mètres sous basse mer de profondeur normale : une autre branche, placée au Nord du pont des Moulins, occupe une longueur de 400 mètres sur une largeur de 100 mètres; il a également une profondeur normale de 7 mètres. Un autre canal latéral à la gare du Midi, de 570 mètres de longueur, 100 mètres de largeur et 5 mètres de profondeur normale d'eau, s'étend de l'extrémité Nord du canal maritime à la levée du pont de bois qui le sépare du canal de Cette.

Un bassin creusé par la Compagnie des Chemins de fer du Midi, à laquelle appartiennent les quais (941 mètres), est placé dans la direction du canal latéral prolongé.

La darse de la Peyrade réunit le canal de Cette au canal maritime et sert de débouché au canal de la Peyrade qui communique lui-même avec le canal des Etangs (voy. *Cours des Canaux*); sa longueur totale est de 600 mètres, sa largeur de 56 mètres et sa profondeur de 2 mètres.

Un bassin à pétrole, situé dans l'angle de la jetée de Frontignan et de la jetée 4-5, a été retranché de l'avant-port au moyen d'une petite jetée rattachée à celle de Frontignan, qui l'abrite. Sa surface est d'environ 1 hectare et sa profondeur de 7 mètres. Il a 314 mètres de quais. Deux réservoirs de 1 000 tonnes et des chalands-citernes de 300 tonnes permettent de décharger, en 30 heures de travail effectif, un navire-citerne chargé de 3 600 tonnes de pétrole.

La vapeur est fournie aux pompes du bord par une chaudière placée à terre.

Le bassin à pétrole peut être isolé de l'avant-port au moyen de deux barrages qui partent de l'extrémité de la petite jetée pour se rattacher, l'un vers le milieu du quai de la jetée de Frontignan, et l'autre, vers le milieu de la jetée du quai 4-5. Le premier barrage est le seul qui soit placé, lorsque le bassin n'est pas encombré; il est composé de 7 flotteurs métalliques de 11 mètres de longueur. Le second est, à son tour, mis en place lorsque d'autres navires se présentent, il est composé de 8 flotteurs en bois de sapin de 13 mètres de longueur, recouverts d'un doublage en zinc.

On rencontre encore dans le port de Cette divers magasins, et le dock Richelieu, établissement affecté aux Ponts et Chaussées. C'est un petit bassin d'environ 70 ares.

En résumé, ce port renferme:

Quais du service maritime.............	6 117^{m2}	d'une surface de	124 340^{m2}
Et quai de navigation intérieure.......	2 712	—	42 700
TOTAL...........	8 829^{m2}	—	167 040^{m2}

Les seules grues de débarquement qui existent sur les quais de Cette sont celles établies par les Compagnies du Midi sur le quai Nord de son bassin. Elles sont fixes et se manœuvrent à bras.

1 d'une puissance de 10 tonnes;
2 — 5 —
4 — 3 —

On doit en établir une de 15 tonnes.

Le service du pilotage dispose d'un remorqueur, et il y a un certain nombre de ceux-ci appartenant à des particuliers.

Il n'y existait, en 1892, ni cale de construction, ni forme de radoub, bien que cette dernière soit réclamée par la Chambre de Commerce.

692. Aigues-Mortes (*fig.* 857).

Nous dirons quelques mots du port d'Aigues-Mortes, à cause de la sûreté du mouillage de son golfe et de l'entrée facile que présente son port. Ce golfe est la partie du littoral comprise entre la pointe de l'Espignette à l'Est et l'embouchure du Lez ou Grau de Palavas. L'atterrissage est signalé par un phare situé sur la pointe de l'Espignette; le fond est formé de sable fin, est dépourvu d'écueils et très propre à l'ancrage, les courants y sont peu sensibles et détournés par la pointe de l'Espignette. Il n'y a ni barre ni ensablement à l'embouchure du chenal. Les eaux du Vidourle y entretiennent par ses crues, depuis quarante ans, la profondeur normale, qui est de 3 mètres.

Cette ville, dont le terrain appartenait à l'abbaye de Psalmodi dont l'origine est inconnue et antérieure à Charlemagne, fut fondée par saint Louis en 1246. Il n'y avait à cette époque d'autres ressources que la pêche, mais la côte présentait alors une rade plus profonde et encore plus abritée que la rade actuelle, car, des deux étangs que l'on traverse successivement aujourd'hui pour se rendre d'Aigues-Mortes à la mer, le premier seul existait à cette époque et le second était encore dépendant de la mer, bien à l'abri derrière le cordon du littoral alors en formation.

Le premier soin de saint Louis fut de creuser, dans l'étang qui bordait la mer, un port contigu aux murs, d'approfondir le grau par lequel cet étang communiquait avec la mer et d'en protéger l'entrée par un môle en maçonnerie et en

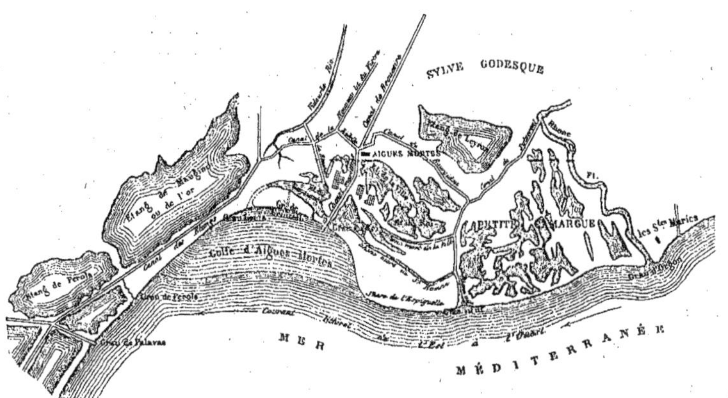

Fig. 857. — Littoral d'Aigues-Mortes.

enrochement dont les ruines (*La Peyrade*) subsistent encore à mi-chemin d'Aigues-Mortes à la mer.

Les travaux ne furent achevés que sous Philippe-le-Hardi, et c'est vers la fin du XIIIe siècle que le port atteignit l'apogée de sa prospérité.

Bientôt après, les limons du Rhône, qui débouchait à moins de 4 kilomètres du môle, commencèrent à encombrer la fosse, et le commerce avait complètement disparu, quand, vers l'an 1600, le limon, en se soudant, sépara de la mer le nouvel étang du Repausset et ferma complètement le port.

En 1725 un arrêt du Conseil ordonna l'ouverture sur le rivage d'un nouveau grau, le *grau du Roi* actuel.

La déviation du Vidourle dans l'étang de Repausset, entreprise en 1824, déblaya la barre de la passe par les chasses dues à ses crues, mais, à deux reprises différentes, le Vidourle s'étant ouvert une issue directe du Repausset vers la mer, sans passer par le grau du Roi, la barre se reforma ; on ramena cette rivière et en construisant en travers de l'issue directe, dite *grau neuf du Vidourle*, un barrage présentant trois parties qu'on peut fermer au moyen de poutrelles.

Depuis 1849, la passe du grau du Roi a toujours eu une profondeur de 4 à 5 mètres, supérieure à celle du chenal maritime qui est de 3 mètres.

Le port de Cette lui fait une concurrence considérable, mais cependant il paraît appelé à un certain avenir, surtout depuis qu'une voie ferrée le relie au réseau français et depuis que la plantation des vignes y prospère et s'y développe d'une façon merveilleuse.

On trouve dans ce port une forme de radoub de 30 mètres de longueur et de 20 mètres de largeur formée par un pertuis à poutrelles, ainsi qu'une cale sèche de radoub de 70 mètres de longueur, sur 35 mètres de largeur.

La profondeur de 3 mètres du bassin et du chenal est obtenue au moyen d'un dragage annuel de 10 000 mètres cubes.

Il n'existe, le long du bassin, ni sur les deux rives du chenal, ni grues, ni appareils de chargement et de débarquement. La pêche côtière y est très active et le mouvement commercial, de 2 000 tonnes, est composé d'oranges, de vin, de farine d'engrais.

Les renseignements généraux sont les suivants :

Chenal entre les jetées	Largeur à l'entrée	40m
	Longueur	5 776m
	Profondeur d'eau	3m
Superficie affectée au séjour des navires		22 800m²
Longueur totale des quais		420m
Superficie totale des terre-pleins des quais du bassin		11 000m²

Port de Marseille.

693. Nous avons déjà longuement parlé du port de Marseille, il ne nous reste donc plus qu'à donner quelques détails historiques et qu'à compléter quelques autres renseignements.

Cette ville est la plus grande ville maritime de France et de toute la côte méditerranéenne.

On rapporte, suivant une tradition plus ou moins exacte, que, l'an 154 de la fondation de Rome (559 avant J.-C.) une flotte conduite par Protos et venant de Phocée, ville de l'Asie-Mineure, y débarqua et ceux qui la montaient essayèrent immédiatement de se créer des relations avec les habitants du pays; Protos fut choisi comme époux par la fille de Naans, fille des Ségobriges, qui occupaient alors le pays ; Naans céda alors à Protos un terrain à l'extrémité du territoire des Saliens pour y établir une ville, qui prospéra rapidement. Cette ville tira son nom de cette situation (*mas* maison, *salia* salienne, d'où *massilia*). Les Massaliotes eurent à lutter contre les successeurs de Naans. Ce qu'il y a de certain, c'est que cinquante-sept ans après sa fondation, elle reçut une nouvelle colonie de Phocéens qui y importèrent la vigne, l'olivier, le blé et l'industrie savonnière. Elle excita ainsi l'envie de Rhodes, de Tyr et de Carthage, qui essayèrent de la ruiner sans y pouvoir parvenir.

Deux siècles après sa fondation, elle fonda d'autres villes sur le littoral : *Nicœas* (Nice), *Antipolis* (Antibes), *Cetharista* (la Ciotat).

En l'an 350, ses navigateurs allèrent jusqu'en Islande (Thulé) et jusque dans la Baltique.

Marseille rendit des services à Rome et vécut en bonne intelligence avec elle, jusqu'à ce qu'ayant pris le parti de César contre Pompée, elle tomba au pouvoir du vainqueur, qui lui laissa ses libertés, mais lui enleva ses trésors et ses colonies. Vint ensuite l'invasion des Barbares, puis, jusqu'au xve siècle elle jouit de repos, et, ce fut seulement en 1481 que Marseille et la Provence furent réunies à la France après la mort de Charles du Maine, héritier du roi René. Pendant les guerres de religion, Marseille prit le parti des catholiques et eut beaucoup à souffrir. La peste de 1580 vint ajouter à ses maux. Sous Louis XIV, elle se révolta, le roi s'en empara et lui retira ses libertés, une nouvelle peste en 1720 lui enleva presque la moitié de sa population (40000 sur 90000). On connaît son rôle pendant la Révolution française.

La rade de Marseille est éclairée par trois phares, celui de Porquerolles à l'Est, celui de Caraman à l'Ouest et celui de Planier au Sud-Ouest.

Le vieux port est exclusivement réservé aux navires à voile et aux remorqueurs; à droite du fort Saint-Jean se trouve le port de la Joliette, qui communique par un canal avec l'ancien port. Il communique aussi avec trois bassins situés du côté du Nord, formant un ensemble de 80 hectares, malheureusement pas très bien abrités par une jetée.

Au Sud du vieux port, sont creusés des bassins de radoub pour des navires d'un fort tonnage.

Toulon.

694. La ville de Toulon, d'après certains documents, serait de beaucoup plus ancienne que celle de Marseille. Plusieurs

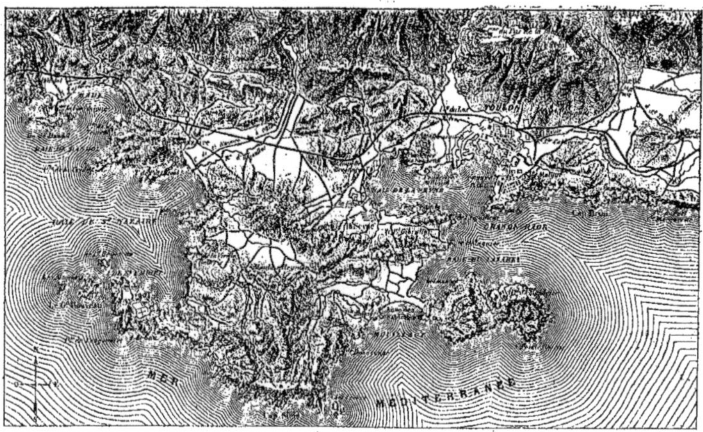

Fig. 858. — Rade de Toulon.

fois ruinée et incendiée, elle renaissait de ses cendres, mais on ne connaît réellement son histoire que depuis le xe siècle, à l'époque de l'invasion des Sarrasins; ce fut seulement sous Robert, comte de Provence et roi de Naples, et sous sa fille Jeanne que cette ville fut érigée en commune et, en 1481, Toulon passa par testament à la couronne de France. Tour à tour prise par Charles-Quint, puis pillée, un grand nombre de ses habitants furent emmenés en captivité par les pirates africains; cette ville fut peu après fortifiée, ce qui ne l'empêcha pas d'être reprise par André Doria au nom de Charles-Quint et évacuée peu après.

Sous la Ligue, Toulon fut le véritable boulevard qui protégea la Provence contre le duc de Savoie; elle prit parti pour Henri IV qui, en reconnaissance, lui accorda plusieurs franchises. Richelieu et Louis XIII protégèrent également cette ville qui prit toute son importance sous Louis XIV, après l'exécution des plans de Vauban; des flottes importantes qui, sous Duquesne, gagnèrent des batailles sur les Hollandais, bombardèrent Alger, contraignirent les Tripolitains à cesser leur piraterie, etc., et, en 1694, Toulon était le maître de la Méditerranée. Il subit un grand siège en 1707 et força ses ennemis (la Savoie, l'Angleterre et la Hollande) à se retirer, puis il fut décimé par la peste en 1720. En 1756, Nicolas Berryer, acheté par les Anglais, et, sous le prétexte que la France n'avait pas besoin de flotte, vendit les vaisseaux et les apparaux qui étaient dans les arsenaux, de telle sorte que Toulon était désert quand Choiseul lui rendit une partie de son activité passée. On connaît toutes les séditions qui eurent lieu pendant la Révolution; c'est de ce port que partirent les expéditions d'Egypte, celle de la campagne de Grèce, etc.

La baie de Toulon (*fig.* 858) est dominée au Nord par des montagnes élevées, à l'Est par la route d'Italie, au Sud par le cap Sepet et à l'ouest par les montagnes qui forment les gorges d'Ollioules. Le port est défendu par un grand nombre de forts (fort Balagnier, fort de l'Aiguillette, fort Lamalgue, fort Napoléon, fort Malbousquet, fort Saint-Louis, fort du

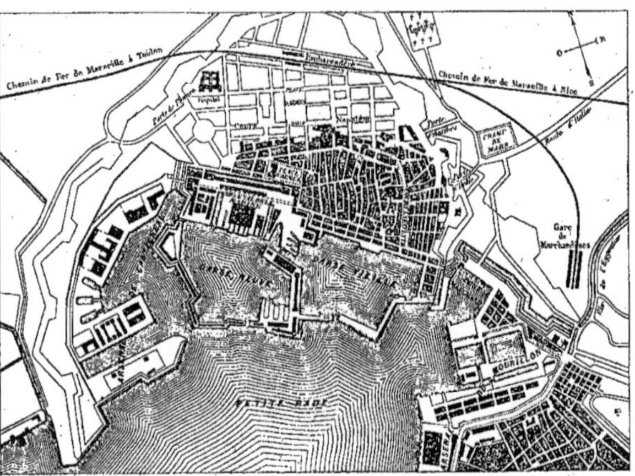

Fig. 859. -- Port de Toulon.

cap Brun, fort Sainte-Marguerite, etc.). Il est signalé par le phare du cap Sepet et le fanal de la Grosse-Tour; il peut contenir jusqu'à deux cents vaisseaux.

De 1848 à 1856, le port (*fig.* 859) fut l'objet de travaux de dragage pour approfondir le tirant d'eau de $8^m,50$ qui existait au delà de la Grosse-Tour et de la Tour du Balaiguier, et les navires tirant 8 mètres pouvaient à peine mouiller sur une seule ligne de chaque côté de l'entrée de la petite rade et ne pouvaient suivre qu'un chenal assez étroit pour entrer dans l'arsenal; l'approfondissement fut exécuté jusqu'à $9^m,50$ au-dessus des basses eaux ou jusqu'à la roche vive, si on venait à la rencontrer; ce travail fut mené à bien en huit années. Il s'agissait d'enlever sept millions de mètres cubes.

Nous avons vu dans ce cours les importantes modifications qu'a subi ce port, entre autres la construction des différentes formes de radoub. Nous n'avons donc pas à y revenir.

Nice.

695. Nous ne dirons que quelques mots de ce port, peu important par lui-même.

Plusieurs historiens affirment que Nice fut fondée par une colonie de Phocéens qui, établis à Marseille, en chassèrent, ainsi que nous l'avons dit en parlant de ce dernier port, les Saliens et les Ligures. Alliée à Rome, elle fut occupée successivement par les Wisigoths, les Burgondes, les Lombards et les Francs. Indépendante au XIIe siècle, elle se donna à Amédée VII le Roux, comte de Savoie, puis, à diverses reprises, devint la possession des Français, des Espagnols et des Turcs. Elle fut incorporée à la France en 1792, rendue au roi de Piémont en 1814, et redevint la possession de la France à la suite de la guerre d'Italie (*fig.* 860).

Son commerce se borne à l'exportation et à l'importation des marchandises du pays.

Le port, bien abrité, reçoit des navires d'un tirant d'eau de 4 mètres. Le bassin méridional est séparé de la mer par deux môles, sur celui du Midi se trouve un phare d'une portée de 12 milles.

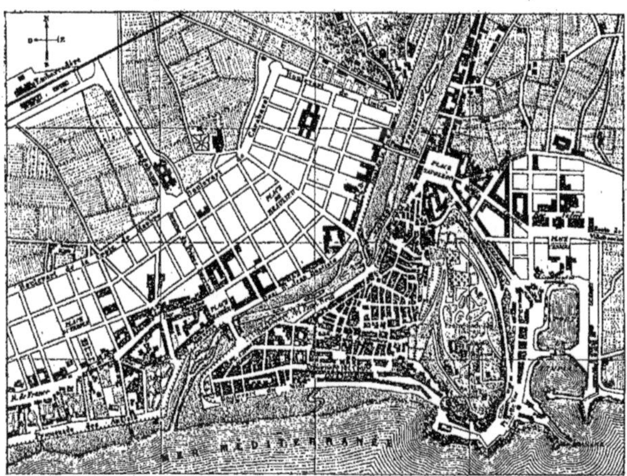

Fig. 860. — Port de Nice.

CORSE

696. La côte occidentale de la Corse est presque partout escarpée et se découpe en golfes profonds. Son histoire est fort obscure. On lui attribue pour origine une colonie de Phocéens chassés de l'Ionie par les soldats de Cyrus. Les Tyrrhéniens les auraient expulsés et furent remplacés par les Carthaginois. Les Romains paraissent ne s'y être transportés la première fois qu'à l'époque de la première guerre punique.

Les Vandales s'en emparèrent lors de la dislocation de l'empire romain; les Goths leur succédèrent. Les dévastations des Sarrasins y sont encore légendaires. Charlemagne la fit occuper par ses lieutenants, mais les Sarrasins revinrent à la charge et n'en furent chassés définitivement que par les Pisans, vers la fin du XIe siècle.

Les Corses prirent part à la lutte entre Pise et Gênes, prenant parti tantôt pour l'une, tantôt pour l'autre de ces villes.

Pise n'abandonna la Corse qu'en 1299. Des luttes intestines, entretenues par l'intervention du roi d'Aragon, investi de ce pays par une ancienne bulle du pape Boniface VIII, d'épouvantables famines, des incursions barbaresques, achevèrent la ruine du pays.

En 1553, Henri II tenta la conquête de la Corse, soutenue par Sampiero de Bastelica, mais le traité de Cateau-Cambrésis, en 1559, restitua la Corse à la République de Gênes. Sampiero, pour soutenir l'indépendance de son pays, implora tour à tour le secours de la France, du dey d'Alger et du Grand Turc. Assassiné en 1567, les dernières résistances finirent deux ans après, lorsque Alphonse d'Ornano, fils de Bastelica, quitta l'île.

La Corse n'a plus d'histoire jusqu'en 1729, époque à laquelle elle se révolta et se donna pour roi Théodore, baron de Neuhoff, qui eût à lutter contre Gênes et mourut à Londres. Après une série de luttes continuelles, auxquelles prirent part les Paoli, les Gaffori et Rivarola, Gênes, fatiguée, céda la Corse à la France en 1768. Tombée sous la domination anglaise pendant deux ans, elle fut conquise à nouveau pendant les guerres d'Italie du premier Empire.

Ajaccio.

697. Ajaccio est le principal port de cette île, on prétend qu'il doit son ancien nom d'Urcinium, soit à des potiers qui y fabriquaient des amphores, *urci*, dans lesquelles ils faisaient vieillir leur vin, soit à des vases de terre dans lesquels ils enterraient leurs morts avec une clef. Cette ville ne figure qu'à partir du XVe siècle dans l'histoire de la Corse.

Le plus important et le plus fréquenté des golfes de la Corse est celui d'Ajaccio. Il est largement ouvert aux vents et aux mers du Sud-Ouest. Au Nord, son entrée est signalée par la pointe de la Parata qui est surmontée d'une tour et par un chapelet d'îlots connus sous le nom d'îles Sanguinaires. La pointe extérieure Sud du golfe est connue sous le nom de Capo Muro. De la pointe de la Parata au Capo Muro, l'ouverture du golfe d'Ajaccio est de 9 milles marins, et sa profondeur dans l'intérieur des terres, mesurée de la Parata à la tour de Capitello, près de l'embouchure de la rivière de Prunelli, est sensiblement égale à la largeur de l'ouverture.

La côte Nord est presque en ligne droite, allant de l'Ouest à l'Est, de la pointe de la Parata à la citadelle d'Ajaccio. Le restant du golfe se découpe ensuite en une série d'anses profondes, parmi lesquelles il faut citer la baie d'Ajaccio et l'anse de Chiovari. Plusieurs des points saillants qui séparent ces diverses baies sont signalés par de vieilles tours génoises : tour Muro, tour de la Costagna, tour de l'Isobella.

La ville est située à l'entrée de la baie d'Ajaccio, sur le revers d'une saillie de la côte, qui tient son port à l'abri de l'action directe des mers du large.

La plupart des navires qui fréquentent le port d'Ajaccio viennent des directions Sud ou Nord et abordent le golfe par le capo Muro ou la pointe de la Parata.

Le navire qui vient du Sud doit passer à un demi-mille au moins de la pointe de la Costagna.

Celui qui vient du Nord, aborde le golfe soit par la passe étroite, dite des *Sanguinaires*, existant entre la Parata et la première des Sanguinaires, soit en passant au Sud de ces îles.

La *Grande Sanguinaire*, la plus éloignée de la pointe de la Parata, possède un phare visible de 20 milles, placé à 98 mètres au-dessus du niveau de la mer.

La passe des Sanguinaires n'est abordable que pour des navires ne calant pas plus de 5 mètres. Souvent la mer y est très mauvaise; aussi, dans ce cas, est-il préférable de pénétrer dans le golfe, en passant bien au large de ces îles. Les courants étant irréguliers, il est imprudent de s'engager dans cette passe avec des navires à voile, quand la brise est molle.

Quant à la côte, elle est saine sur tout son parcours, à la condition de se tenir à un demi-mille de la terre.

En dehors des mouillages qui constituent le port d'Ajaccio, on distingue, dans le golfe, les mouillages de la Parata, d'Aspretto et de Chiovari.

Les côtes étant partout très accores,

les navires doivent mouiller très près de terre, de façon à éviter les grandes profondeurs d'eau. Ainsi, à un demi-mille à peine de la jetée du port d'Ajaccio, dans

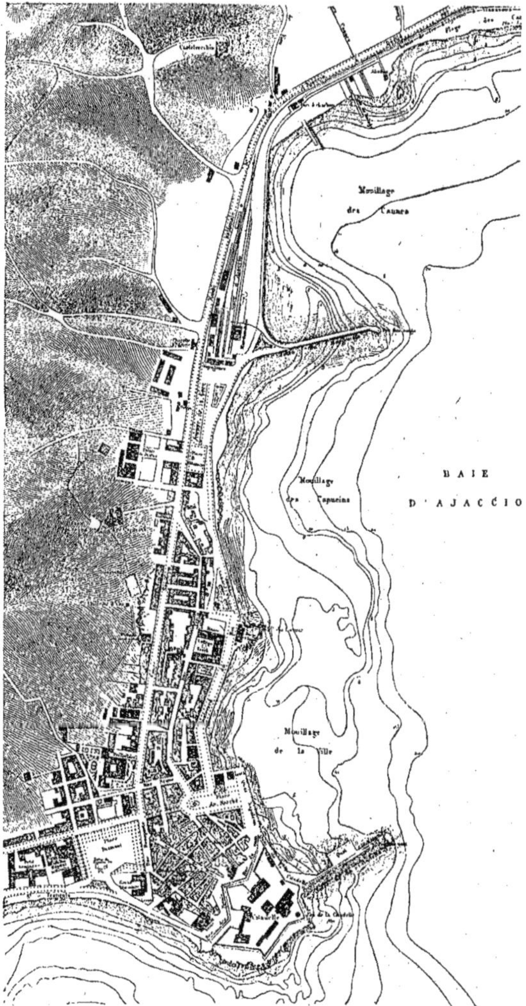

Fig. 861. — Port d'Ajaccio.

la direction S.-S.-E., on ne trouve plus le fond qu'à 1 100 mètres.

Le port (*fig.* 861) est très abrité par de hautes montagnes, les vents du large et l'état du golfe, ne sont indiqués que par le sémaphore de l'île Sanguinaire.

Le port, en lui-même (*fig.* 861), s'étend sur 1 500 mètres au Nord de la citadelle, qui est signalée aux navigateurs par un feu fixe de cinquième ordre.

Le port comprend trois mouillages :

1° *Le mouillage de la Citadelle*, ou mouillage de *la Ville*, est limité au Sud par la jetée de la Citadelle longue de 200 mètres, à l'Ouest, depuis l'enracinement de la jetée, jusqu'au collège Fesch, et au Nord, par le banc de sable, situé par environ 6 mètres de fond, dans le prolongement de la pointe du lavoir ;

2° Le *mouillage des Capucins*, au Nord du mouillage de la Citadelle;

3° Le *mouillage de Cannes*, prenant son origine à la jetée de Margonajo, s'étendant jusqu'à la plage des Carmes, dans le fond de la baie.

Les montagnes d'Ajaccio protègent le port contre les vents du Sud-Ouest, mais une ligne de bas-fonds rocheux fait quelquefois déferler les vagues, dues à ce vent, vagues qui viennent du large, ce qui rend alors impossible les opérations de débarquement sur le quai Napoléon.

Les vents d'Est et de Nord-Est sont quelquefois assez violents et les mouillages du port sont quelquefois exposés à leur action, mais la proximité des côtes empêche la formation des grandes vagues et on n'observe qu'un clapotis superficiel, très dur, mais seulement pour les petites embarcations.

Bien amarrés, les navires tiennent toujours bien au mouillage des Capucins, mais ils trouvent au mouillage de Cannes une mer suffisamment calme par tous les vents.

Les principaux ouvrages du port d'Ajaccio sont :

1° La *jetée de la Citadelle*, de 200 mètres de longueur, construite avec des blocs de plusieurs catégories dont la première comprend des blocs de 20 à 200 kilogrammes, la deuxième de 200 à 1 600 kilogrammes et enfin la troisième de 1 600 et au dessus.

Cette digue a subi de nombreuses avaries dues au roulement des blocs les uns sur les autres. Ces avaries ont été successivement réparées.

2° La *jetée du Margonajo*, construite sur les pointes de rochers qui séparaient le mouillage de Cannes du mouillage des Capucins;

3° Le *quai Napoléon*, quai d'accostage récemment reconstruit, de 200 mètres de longueur et de 35m,30 de largeur, se décomposant en un dallage de 23m,30 avec pente transversale de 0m,02, en une chaussée empierrée de 7 mètres de largeur et en un trottoir maçonné de 5 mètres de largeur;

4° Le *quai de la Citadelle*, sur lequel se font presque toutes les opérations commerciales ;

5° Un chemin de ceinture (boulevard du Roi-Jérome), réunissant les trois mouillages ; il a 22 mètres de large et est composé d'une chaussée de 10 mètres et de deux trottoirs de 6 mètres avec murs de soutènement.

Voici les renseignements généraux concernant ce port :

Hauteur des plus fortes marées	0m,70
Superficie totale affectée aux navires	137 hectares
Longueur totale des quais	480 mètres
Superficie totale des terre-pleins des quais	90 ares

ALGÉRIE

698. Nous n'entrerons pas dans des détails historiques sur l'Algérie et sur sa conquête, ce qui nous entraînerait trop loin, et nous passerons immédiatement à la description du port d'Alger.

Port d'Alger (*fig.* 862).

699. La baie d'Alger a 9 à 10 milles d'ouverture sur 4 milles de profondeur; elle présente la forme d'un croissant dont les pointes sont placées dans la direction Est-Ouest et dont la concavité regarde le Nord. Elle est couverte, à l'Ouest, par le cap Caxine; au Sud, par les terres; à l'Est,

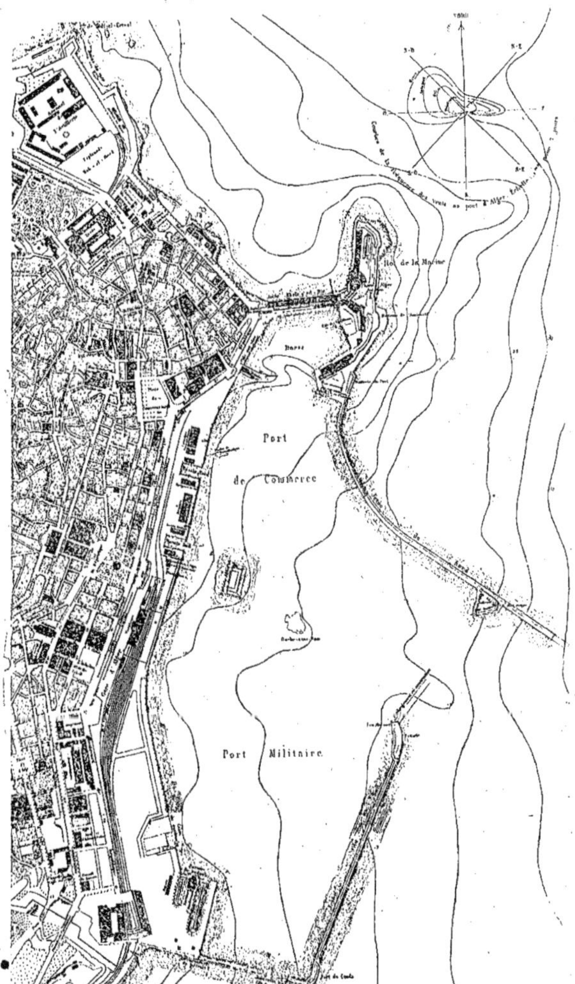

Fig. 862. — Port d'Alger.

par le cap Matifou, mais, elle est battue en plein par toutes les aires de vent du large et n'offre, par conséquent, aucun mouillage assuré contre le gros temps d'hiver, car on ne peut nulle part se mettre à couvert des coups de vent de la partie Nord. Pendant la belle saison, on peut y jeter l'ancre partout, dès que l'on est à la distance de 2 à 3 milles du rivage; on trouve alors de 30 à 50 mètres d'eau sur un bon fond de vase.

L'abri formé par le cap Matifou offre dans la région orientale de la baie un bon mouillage contre les vents d'Est et de Nord-Est, par 15 et 25 mètres d'eau, sur un fond de sable et de vase. Les Algériens y avaient construit un fort pour protéger leurs corsaires qui venaient parfois s'y réfugier.

Le meilleur mouillage de la baie est situé vers la région occidentale, à l'abri de la pointe Pescade et du cap Caxine; c'est la rade foraine d'Alger; les vaisseaux peuvent y jeter l'ancre à un mille environ dans l'E.-S.-E. de la tour du phare de l'îlot de la Marine, par 45 mètres d'eau, sur un fond de vase d'une excellente tenue. Ils y sont à couvert des vents d'Ouest et de Nord-Ouest, mais bien tourmentés par la houle du Nord et du Nord-Est. Avec de longues touées, cependant, on y résisterait parfaitement aux plus violentes tempêtes et, par conséquent, des bâtiments de guerre pourraient y stationner au besoin pendant l'hiver.

La ville d'Alger est bâtie en amphithéâtre, sur le versant oriental d'un petit promontoir qui se rattache au cap Caxine par les terres élevées. Elle avait autrefois la forme d'un triangle dont la base s'appuyait sur la côte et dont le sommet, placé à 118 mètres au-dessus du niveau de la mer, était couronné par la citadelle ou Kasbah, mais, aujourd'hui, par suite de constructions nouvelles, elle a pris la forme d'un quadrilatère allongé débordant, un peu vers le Nord et beaucoup vers le Sud, la ligne continue des fortifications qui aboutissent à la mer au Nord et au Sud du port.

Le fronton du Nord-Est, qui va de l'angle Nord du port à la pointe El-Ketani, a 850 mètres de longueur; le fronton Nord-Ouest a 1 700 mètres et celui du Sud-Ouest qui aboutit au Sud du fort Bab-Azoum 1 400 mètres. L'angle Sud-Ouest des fortifications au haut de la ville est élevé de 160 mètres au-dessus du niveau de la mer.

Quand on vient de l'Est ou de l'Ouest, le long de la côte, la reconnaissance d'Alger est facilitée par la vue de terres si remarquables qu'il est inutile de donner aucun autre renseignement particulier.

Qand on vient directement du Nord, les montagnes du petit Atlas commencent à paraître à 18 ou 20 lieues; si l'on est un peu à l'Ouest du méridien d'Alger, on aperçoit la coupée remarquable de la Mouzaïa, située dans la partie Ouest d'un haut plateau de 1 400 à 1 500 mètres d'élévation.

Si l'on vient du méridien d'Alger ou un peu de l'Est, on aperçoit la montagne isolée de Bouzegzag, ou Amal, massif un peu aplati terminant, vers l'Est, une chaîne de terres un peu moins hautes qu'elle; cette montagne présente sur son sommet un petit cône bien reconnaissable, élevé de 1 035 mètres au-dessus du niveau de la mer.

Le massif de la Bouzaréa, auquel est adossé la ville d'Alger, sort de l'eau à 40 ou 42 milles, et le petit plateau du cap Matifou, ayant l'apparence d'un îlot en premier plan, est visible à 20 milles.

Les points de la côte à signaler en venant de l'Ouest sont:

Sidi-Ferruch, célèbre par le débarquement de l'armée française en 1830, la pointe de Ras-Acrota, bosse rocheuse et saillante vers l'Ouest avec fond de 10 mètres à une encâblure, le cap Caxine, la Djerba, mamelon de 189 mètres de hauteur faisant partie des montagnes de la Bouzaréa, la pointe de la Pescade, couronnée par un vieux fort turc, la pointe El-Kelané et la roche M'Tahen.

Si on va d'Alger au cap Matifou, on rencontre:

1° Le village d'Hussein-Dey;
2° L'embouchure de l'Oued-Harrach;
3° La Maison Carrée;
4° Le village du Fort-de-l'Eau;
5° L'embouchure de l'Oued-Hamiz;
6° Le cap Matifou.

A partir de la jetée Sud du port d'Alger, la côte n'est qu'une plage de sable de 11 milles d'étendue jusqu'au cap Matifou. Les fonds y sont très réguliers. La limite des fonds de 10 mètres est parallèle au rivage, à la distance de 4 encâblures, et celle des fonds de 20 mètres à 7 encâblures. Sur un des points culminants de la côte est construit le séminaire de Kouba dont l'église avec son dôme, élevé de 128 mètres, est visible de toutes les parties de la baie.

Entre l'embouchure de l'Oued-Hamiz et du cap Matifou se trouve un plateau de roche où il n'y a que 1 mètre d'eau. A un mille au Sud du cap, on trouve les restes d'une ville phénicienne, puis romaine, *Rusguined* ou *Rustornium*. Le lazaret d'Alger est établi sur ce cap dans la partie comprise entre l'ancien fort turc et la pointe.

La baie d'Alger est éclairée par 5 feux de grand atterrage (cap Caxine, 1er ordre, et cap Matifou, 5e ordre), et 3 feux de petit atterrage.

L'entrée du port d'Alger, aidée d'ailleurs par les pilotes, n'offre aucune difficulté pour les navires à vapeur, ni même pour les navires à voile, quand ils arrivent avec des vents variant du Nord au Sud, en passant par l'Est.

Quand les vents viennent de l'Ouest, il leur faut louvoyer jusqu'à ce qu'ils soient en dedans des jetées, en position soit de mouiller, soit de se haler avec des amarres au poste qu'ils doivent occuper. La seule précaution à prendre, en venant du Nord-Ouest, est de donner un bon tour à la roche de M'Tahen et de passer au Sud de la bouée à cloche, placée sur le prolongement de la jetée Nord, à 50 mètres au-delà de l'extrémité de la partie de cette jetée, qui s'élève au-dessus du niveau de la mer.

En vue de signaler le prolongement de 200 mètres de la jetée du Nord, le feu vert du musoir de la jetée Sud-Est est masqué dans un espace angulaire de 36 degrés, compris entre le feu rouge et la bouée à cloche. En conséquence, les navires qui viennent du large doivent, après avoir relevé le phare de l'îlot de la Marine et le feu rouge, se diriger vers le Sud, en passant à 1/4 de mille au moins dans l'Est du feu rouge, et jusqu'à ce que le feu vert se trouve démasqué; ils viennent alors sur tribord et gouvernent au milieu de la passe, entre les deux feux, situés, l'un par rapport à l'autre, dans la direction N.-E.-S.-O.

La construction de deux sémaphores complète cet ensemble.

A Alger, la mer monte quand le baromètre baisse, et réciproquement, de telle sorte que les variations se correspondent avec des signes contraires, mais les marées barométriques ne sont pas les seules causes du mouvement de la mer; les marées lunaires paraissent avoir une influence de 3 à 4 centimètres; la différence du niveau de la mer, dans le port d'Alger, entre ses deux limites extrêmes, est de $0^m,66$, et, en général, la mer remonte avec les vents d'Ouest et baisse avec les vents d'Est.

Avant la conquête, le port d'Alger consistait en une darse qui, en raison même de ses défauts nautiques, convenait plutôt à des corsaires qu'à un établissement de commerce. Elle n'avait qu'une superficie de 3 hectares et demi avec une passe de 130 mètres de largeur ouverte au Sud. Elle était parfaitement à couvert de la mer directe du large, mais le ressac produit par la tempête du Nord-Est y était parfois assez violent pour broyer les navires contre les quais. Aussi la flotte algérienne avait coutume d'aller hiverner à Bougie; de plus, elle ne pouvait recevoir des navires de haut-bord à cause de son peu de profondeur (*fig.* 863).

Le premier soin, après la conquête, fut donc d'organiser un port faisant face aux nécessités les plus urgentes. On commença par restaurer et consolider les ouvrages constitutifs de la darse, notamment la partie extérieure du môle abritant cette darse des vents de la région du Nord et de l'Est, qui se trouvaient dans un état de délabrement complet et de ruine imminente. Ce résultat obtenu, on élabora plusieurs projets pour la constitution d'un port militaire, propre à recevoir les plus grands navires.

On se décida à agrandir le port vers le Sud sans rien changer à celui déjà existant en prolongeant le môle dans l'Est au moyen d'une jetée, derrière laquelle les navires pourraient se mettre à l'abri au fur et à mesure de la construction. En 1840, la jetée, avancée en mer de près de 100 mètres, suffisait déjà pour doubler au moins l'étendue et la sécurité du port.

Ces travaux furent continués pendant plusieurs années ; les résultats obtenus amenèrent des modifications successives et mirent les choses dans l'état où elles sont aujourd'hui.

Les ouvrages qui constituent le port d'Alger dans son état actuel sont les suivantes :

1° La jetée Khaïr-ed-Din et le môle de l'Ilôt de la Marine formant la darse ;

2° La jetée du Nord, avec son musoir et son prolongement, de 200 mètres au delà ;

3° La jetée du Sud, formée de deux branches, l'une de l'enracinement et l'autre de l'Est, avec musoir à son extrémité ;

4° Les quais ;

5° Quatre cales de carénage, dont une située au fond de la darse, près de l'Amirauté, et les trois autres se suivant sans interruption entre elles, et contiguës au quai précédant immédiatement la tête de la petite forme de radoub ;

6° Les deux formes de radoub.

La passe entre les musoirs a 340 mètres de largeur et s'ouvre au S.-E.

Le port offre un bassin d'une superficie totale d'environ 87 hectares, accessible aux plus grands navires, sur presque toute son étendue.

1° La jetée Khaïr-ed-Din a 175 mètres de longueur sur 40 mètres environ de largeur au couronnement. Elle présente une seule ligne continue, sans opposer de tête à la mer, et sa direction est à peu près Est et Ouest. Elle est défendue par plusieurs affleurements d'un banc de roches sur lequel elle a été établie.

Le môle qui prolonge l'ilôt de la Marine a environ 125 mètres de longueur sur 95 mètres dans sa plus grande largeur; sa direction est N.-E.-S.-O.

Ce furent ces deux ouvrages, existant lors de la conquête, qui furent d'abord défendus par l'Administration et ce fut pour ces travaux que Poirel, ingénieur des Ponts et Chaussées, inventa et employa des enrochements avec gros blocs artificiels, procédé aujourd'hui si répandu et ayant rendu exécutables des travaux qui n'auraient pu être menés à bien sans ce secours.

La longueur de la branche d'enracinement, mesurée depuis un mât de pavillon qui se trouvait autrefois à l'angle formé par les faces Est et Sud du fort Bab-Azoum, jusqu'au commencement du fort du Coude, est de 500 mètres. Cette partie de la jetée est rectiligne et suit la direction Est, 15° 15′ S.-E.

La branche Est ou du Large, depuis l'origine du fort du Coude jusqu'à celle du Musoir, a une longueur de 620 mètres ; elle est aussi en ligne droite et suit la direction N.-N.-E.

Le musoir a 116 mètres de longueur et sa face extérieure est orientée exactement N.-S.

La branche s'enracinant de la jetée Sud a été construite entièrement en blocs artificiels à partir de son origine, près du pied du fort de Bab-Azoum jusqu'au point où la profondeur est devenue assez grande pour rendre utile l'emploi des enrochements naturels dans la partie inférieure du massif.

Le reste de la branche d'enracinement jusqu'au fort du Coude, la branche du Large et le musoir ont été constitués d'après le système mixte en enrochements naturels et artificiels, comme la partie de la jetée du Nord comprise entre son extrémité et un point situé à 610 mètres de son origine, mais avec la réduction de la largeur à la flottaison et de l'épaisseur du revêtement supérieur en blocs artificiels que paraissait comporter la situation moins exposée de ces ouvrages.

Les procédés employés pour les enrochements sont les mêmes que ceux qui ont servi pour la jetée du Nord.

Tous les murs du quai, à partir de l'amirauté jusqu'aux trois cales du carénage contiguës à la petite forme de radoub, y compris ceux formant la tête de ces trois cales, ont été construits en béton immergé frais dans des caisses sans fond, préalablement découpées à la demande du sol sur lequel elles devaient être placées.

Ils ont une longueur de 1 736^{m},10 depuis la voûte de l'Amirauté jusqu'à l'origine des trois cales de carénage contiguës au quai de la petite forme de radoub.

La surface totale des terre-pleins qui bordent les chaussées pavées ou empierrées est de 33 320 mètres.

On compte sur le bord de ces quais quatre grues fixes à pivot, se manœuvrant à bras, lesquelles peuvent prendre ou charger les marchandises sur des barques et des chalands. L'une d'elles, de la force de 2 tonnes, est placée à 104 mètres au Sud de la face Sud du quai de la Santé; la seconde, de la force de 5 tonnes, est placée à 52 mètres au Nord de la face Nord du bassin Nord de la Douane; la troisième, également de la force de 5 tonnes, est placée à 26 mètres au Sud de la face Sud du bassin Nord de la Douane, et la quatrième, de la force de 20 tonnes, est placée à 120 mètres au Sud de la face Sud du bassin Sud de la Douane.

La partie Nord du port est pourvue de voies ferrées. Deux voies sortent de la gare en se dirigeant vers le Nord. Elles suivent la chaussée empierrée et deviennent parallèles non loin de la gare. L'une d'elles, celle de l'Est, s'arrête au droit de la face Sud du bassin Nord de la Douane; l'autre, celle de l'Ouest, se prolonge encore et ne se termine qu'à 8 mètres en deçà du bastion n° 20, situé près de la Santé. Une autre voie ferrée

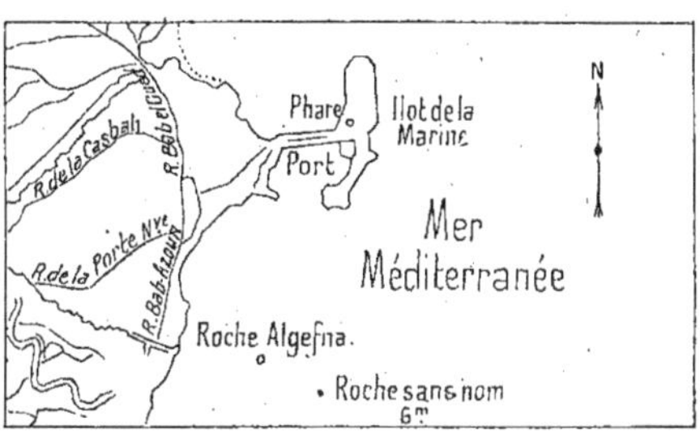

Fig. 863. — Ancien port d'Alger.

longe le bord des quais, en partant de la face Sud du bassin Sud de la Douane et en se prolongeant vers le Sud sur un développement de 312^{m},70.

La cale de carénage située au fond de la darse, non loin de l'amirauté, a 12^{m},42 de largeur au sommet et 35 mètres de longueur, jusqu'à un ressaut de 0^{m},40 de hauteur sur lequel commence l'avant-cale; celle-ci n'a plus que 4 mètres de largeur et se prolonge sur une longueur de 40^{m},70. La pente de la cale, comme celle de l'avant-cale, est de 0^{m},10 par mètre. Elle a été construite en béton.

Les trois cales de carénage, contiguës l'une à l'autre, qui se trouvent entre l'extrémité Sud du quai et la petite forme de radoub, ont une longueur uniforme de 80 mètres, mesurée à partir d'une ligne formant le prolongement de l'arête du couronnement des quais. La première a 40 mètres de largeur avec une pente de 0^{m},04375 par mètre, et son seuil est au niveau des plus basses mers. La seconde, celle du milieu, a 30 mètres de largeur, une pente de 0^{m},05625 par mètre, et son seuil est à 1 mètre au-dessous du niveau des plus basses mers. La troisième, celle du Sud, a 12 mètres de largeur, une pente de 0^{m},09687 par mètre et son seuil est à 3^{m},80 au-dessous du niveau des plus basses mers. Cette dernière est divisée en deux parties par un ressaut de 0^{m},45 de hauteur situé au sommet de la partie qui forme l'avant-cale, à une distance de 43^{m},40, mesurée horizontalement, de l'alignement de l'arête de couronnement des murs des quais et de 36^{m},60 de l'arête supérieure de la cale.

Les seuils de ces trois cales se trouvent tous sur le prolongement des murs de quai et les arêtes supérieures de celle du milieu et de celle du Sud sont situées à 3^{m},50 de hauteur au-dessus du niveau des plus basses mers.

Les radiers sont en béton posé à sec sur remblai de sable.

Les deux formes de radoub sont construites par des profondeurs d'eau variant de 8 à 14 mètres ; le fond est un rocher de gneiss fendillé. La partie délicate du travail a été l'établissement des enceintes sur ce fond solide, mais perméable et nécessitant, par suite, des épuisements. On se servit de caisses sans fond, et on prépara le fond en béton à la demande du caisson.

Voici les principales dimensions de ces formes :

		Grande forme.	Petite forme.
Longueur.	Depuis le heurtoir de l'enclave extérieur jusqu'au sommet de l'hémicycle amont.......	137,83	81,90
	De la fosse aux tins........................	114,87	61,46
Largeur.	Au couronnement........................	26,40	22,00
	1re banquette (6^{m},25 au-dessus du couronnement..................................	15,83	10,60
Profondeur sur le dernier tin.	A l'aval................................	8.68	6,81
	A l'amont...............................	7,54	5,38

Ces deux formes sont fermées au moyen de bateaux-portes en tôle établis à peu près sur le même modèle. Ils se composent de trois ponts (petite forme) ou quatre ponts (grande forme) et d'un pont-étanche à environ 0^{m},10 au-dessus de la flottaison du bateau. Les caisses de surcharge sont placées un peu au-dessus de l'emplacement occupé par le lest. Le grand bateau en a deux.

Les épuisements des formes s'effectuent au moyen de deux machines à vapeur horizontales à haute pression, chacune de la force de 50 chevaux. Ces deux machines peuvent marcher isolément, ou être accouplées suivant le besoin. Elles actionnent chacune quatre pompes aspirantes et foulantes de 0^{m},50 de diamètre, pouvant élever ensemble 250 litres d'eau par seconde à une hauteur de 10^{m},50. Le diamètre du cylindre de ces machines est de 0^{m},45 et la course du piston de 1^{m},10.

Voici quelques remarques intéressantes qui ont été faites. Les mortiers de chaux grasse et pouzzolane avec ou sans addition de sable, très durs dans les premiers temps de leur emploi, se décomposent rapidement lorsqu'ils sont placés dans le voisinage du niveau de la mer, là où ils peuvent alternativement être exposés à l'air et se trouver sous l'eau. Ils se conservent parfaitement quand, étant toujours submergés, ils peuvent être couverts de l'enduit protecteur formé par la végétation marine et les sécrétions calcaires des mollusques, mais si, les sortant de leur milieu, on les met dans des baquets remplis d'eau de mer, bien que cette eau soit renouvelée assez souvent, les animaux périssent, l'enveloppe protectrice disparaît et les mortiers tombent peu à peu en bouillie.

Les mortiers de chaux du Theil et de pouzzolane, avec ou sans addition de sable, se comportent comme ceux de chaux grasse et pouzzolane, si ce n'est que leur altération est moins rapide et qu'elle ne se produit pas par un ramollissement général des surfaces extérieures gagnant de proche en proche et dégénérant en bouillie, mais par fendillements et éclats se manifestant d'abord sur les arêtes et continuant à se produire ensuite sur les autres parties.

On a constaté les mêmes effets, avec plus d'intensité et de rapidité encore, lorsque, au lieu de la Pouzzolane de

Rome, on a employé celle de Naples ou celle de Rachgoun (près Oran) soit avec de la chaux grasse, soit avec de la chaux hydraulique du Theil.

Les mortiers de ciment de Vassy subissent aussi quelques altérations, mais seulement au bout de cinq ou six années.

Les mortiers de chaux du Theil et sable et les mortiers de ciment de Portland et sable, quel qu'ait été leur dosage, sont les seuls qui, jusqu'à présent, se soient conservés parfaitement intacts, ne perdant rien, ni leur dureté, ni leur force d'adhérence.

D'autre part, il résulte des constatations faites par M. Poirel, que les vides des enrochements en blocs artificiels étaient à peu de chose près le tiers des pleins, c'est-à-dire qu'il y avait un quart de vide dans la masse totale, et que dans les enrochements naturels de toutes catégories les vides étaient à peu près la moitié des pleins, soit 1/3 de vide dans la masse totale.

Le poids du mètre cube du calcaire bleu de Bab-el-Oued est de 2 675 kilogrammes. Celui du mètre cube de béton, 2 200 kilogrammes, et celui de la maçonnerie, 2 500 kilogrammes.

Les renseignements généraux sont les suivants :

Passe entre les jetées	Largeur à l'entrée..............	240 mètres
	Profondeur d'eau...............	22 —
Superficie affectée au séjour des navires, environ		87 hectares
Longueur totale des quais................................		1 736^{m},10
Superficie totale des terre-pleins des quais................		33 320^{mq}

COLONIES ET PROTECTORATS

PROTECTORAT. — TUNISIE.

700. Nous nous occuperons seulement de l'aspect général des côtes de ce pays qui sont rocheuses au Nord et basses au Sud.

Au Nord, le pays est élevé et boisé et dominé à 500 mètres de distance par la petite île de Tabarca. Elle suit la direction du Nord-Est jusqu'au ras d'El-Kéroum, et la latitude de ce point est à 150 kilomètres au Nord de Ceuta.

On rencontre au large un certain nombre d'écueils (les *Frères*, les *Sœurs*, la *Galite*, etc.) et, au-delà du Cap-Blanc, on trouve la baie de Bizerte qui forme une rade magnifique, capable de contenir toutes les flottes réunies de l'univers. Cette rade est la plus sûre de toute l'Afrique méditerranéenne.

Au-delà du golfe d'Utique on allait, il y a quinze siècles, jusqu'aux portes de Carthage, aujourd'hui séparée de la mer par un isthme étroit.

Au Sud-Ouest, on rencontre la colline de Byrsa, où se trouve la chapelle élevée en l'honneur de saint Louis, et, un peu plus loin, le port de la Goulette, ainsi que le port de la ville de Tunis, aujourd'hui abandonné depuis les travaux qui ont joint Tunis au golfe. Au delà, on rencontre le Cap Bon, nommé ainsi par antiphrase, car c'est en ce point que se heurtent les vents et les courants.

A partir de ce cap, la côte, d'abord rocheuse, se dirige vers le Sud et se creuse un peu plus loin pour former le golfe d'Hammamet contenant les trois ports de Hammamed, de Sousse et de Monostir (*fig.* 864). Le port de Monostir est abrité contre tous les vents, sauf ceux du Nord-Est. Au delà, le cap Dimos marque la fin du golfe d'Hammamet, et la côte tourne brusquement vers le Sud; il est bordé d'écueils jusqu'au ras Kapoudiah n'offrant qu'un refuge : le mouillage de Mahedia. Ce ras marque le commencement du golfe de Gabès. La côte y est basse et la mer peu profonde; le flux et le reflux y sont très sensibles (1^{m},50 et même 2^{m},60). On rencontre successivement, donnant sur ce golfe et en allant du Nord au Sud, Sfax,

Mahares et enfin Gabès. Un peu plus loin, après avoir dépassé l'île de Djerba, on rencontre la limite de la Tripolitaine.

En réalité, il n'existe que quatre grands ports en Tunisie : Tunis, Sousse, Sfax, Bizerte.

Port de Bizerte.

701. Bizerte est le plus important de tous ces ports par sa situation, la sécurité de son mouillage, l'étendue de sa rade et la profondeur de son mouillage (9 mètres).

Les travaux qui y ont été exécutés ont consisté principalement :

1° Dans le dragage d'un chenal de 64 mètres de largeur au plafond, de façon à réunir le mouillage de 9 mètres au fond du large, qui est également de 9 mètres.

On a construit en outre deux jetées chacune de 1 000 mètres de longueur, protégeant l'entrée du chenal et enserrant un avant-port de 75 hectares. Ces jetées aboutissent à un fond de 13 mètres et la largeur de la fosse est de 400 mètres. Ce port paraît appelé à relier entre eux les grands courants maritimes et à devenir un des ports d'escale les plus importants, comparable à Malte ou à Alger.

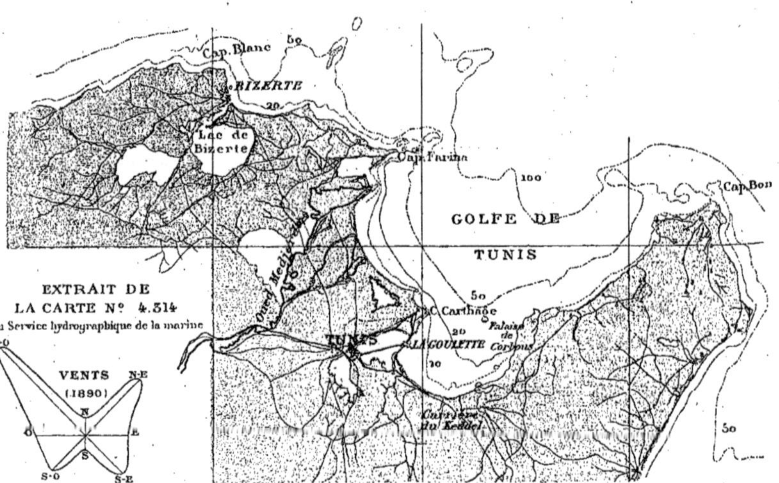

Fig. 864. — Golfe de Tunis.

L'éclairage en est assuré par deux feux placés sur les jetées, et par deux autres placés sur des cavaliers protégeant l'entrée du canal du côté de l'avant-port. On trouve sur la rive Nord du canal un quai de 200 mètres auquel aboutit la gare terminus de Tunis.

On rencontre sur ce quai, comme outillage, six bollards en fonte, dix-huit organaux, trois escaliers, une bascule pour wagons, une grue fixe de 12 tonnes et une roulante de 1 500 kilogrammes.

En arrière de ce quai est un hangar de 660 mètres carrés pour les marchandises, une salle de visite et un magasin, deux appontements, dont celui de la rive Nord du canal a 25 mètres de long sur 6 mètres de large et est muni d'une grue de 500 kilogrammes. Il y existe aussi une prise d'eau, une cale sèche pour les navires calant moins de 3 mètres ; un service de remorqueurs est organisé pour les navires à voiles.

Port de Tunis.

702. Le golfe de Tunis a pour limites extrêmes (*fig.* 864) le cap Porte-Farina au Nord et le cap Bon à l'Est. Cette vaste étendue d'eau est relativement calme, étant couverte en partie par la Sardaigne, la Sicile et par les hauts-fonds des Esquerquis.

Cet effet est encore augmenté par l'étranglement existant entre le cap Carthage et le Ras-el-Fortos situés vis-à-vis, à l'Est. Il est rare que les barques ne puissent accoster la plage entre la Goulette et le cap Carthage.

La plage du fond du golfe a une pente tellement douce qu'il faut aller à 6 kilomètres pour trouver des fonds de 10 mètres et 9 à 10 kilomètres pour avoir 15 mètres; aussi les lames de fond brisent loin de la Goulette.

Le vent dominant est le vent de Nord-Ouest (*Mistral*) qui souffle surtout en hiver et donne lieu, en été, à des sautes de vent du Sud-Est (*Sirocco*).

Les tempêtes ordinaires sont causés par les vents venant entre le Nord et l'Ouest, et les effets s'en font sentir à la Goulette par une houle longue qui provient de la réflexion de lames par les accores de la côte des Corbons qui entrent dans le golfe en contournant le cap Porto-Farina. La tenue de la rade est excellente; toutefois le vent du Sud-Est, bien que venant de la terre, produit dans la rade de la Goulette, par un phénomène encore inexpliqué, une mer très courte et très creuse, dangereuse pour les embarcations.

La lagune de Tunis n'a qu'une profondeur moyenne de $0^m,50$ et n'atteint 1 mètre que dans le sillon creusé et entretenu par le passage des barques qui, de temps immémorial, naviguent entre Tunis et la Goulette. Cette lagune est séparée de la mer par une sorte de cordon littoral vaseux qui ne paraît pas s'être modifié depuis les Carthaginois. La Goulette est sur la partie la plus étroite de ce cordon, auquel on a donné le nom de Lido.

Avant l'ouverture du canal maritime de Tunis, les vents, suivant leur direction, vidaient ou inondaient la lagune; depuis l'ouverture du canal, le courant qui s'y

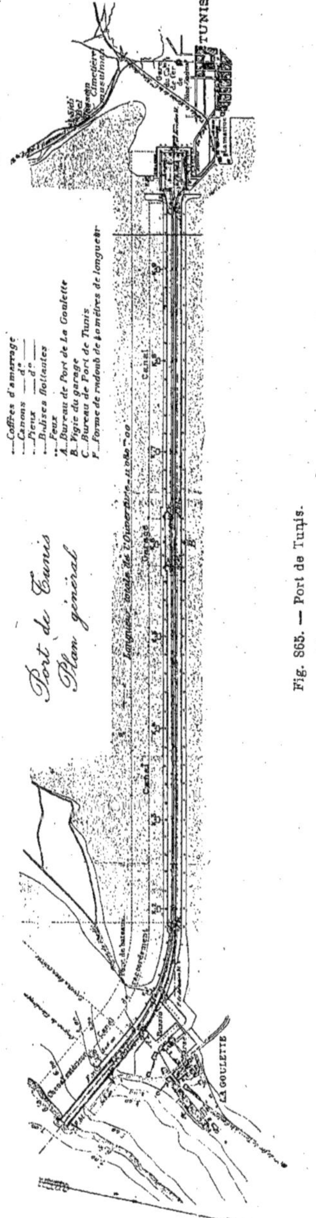

Fig. 865. — Port de Tunis.

établit suffit pour y entretenir un niveau constant.

Ce port comprend :

1° Un chenal donnant accès de la mer dans le canal maritime ;

2° Un bassin de batelage à la Goulette ;

3° Un canal maritime dans le lac de Tunis ;

4° Un bassin maritime à Tunis ;

1° Le chenal est orienté S-60°-E ; il a une profondeur de 6 à 7 mètres en basse mer, 100 mètres de largeur en plafond et 1 200 mètres de longueur (*fig.* 865).

La jetée Nord est parallèle au chenal et son axe est à 125 mètres de celui-ci en arrière de l'origine du chenal.

L'axe de la jetée Sud est symétrique à celui de la jetée Nord par rapport au chenal. Sa longueur est de 596 mètres, son musoir est par le fond de 4 mètres. Un peu avant l'enracinement de la jetée Sud, l'axe du chenal prend un alignement curviligne de 2 000 mètres de rayon, tandis que la largeur de son plafond diminue progressivement de 100 mètres à 22 mètres ; la longueur du canal de raccordement est de 1 450 mètres mesurés sur l'axe.

Non loin de l'origine de la courbe est accolé au canal, avec lequel communique par tout un côté, le bassin de la Goulette dont la forme est celle d'un trapèse bi-rectangle. Le fond de ce bassin a 330 mètres de longueur, les deux côtés parallèles ont respectivement 160 et 300 mètres de longueur. Le fond de 300 mètres est pourvu d'un mur de quai continu ; les deux côtés sont revêtus de pierres ; ceux-ci se raccordent avec la levée en enrochement qui défend la berge, au Nord comme au Sud, du canal de raccordement ; la profondeur de ce bassin est de $2^{m},50$ à basse-mer.

Le canal maritime est rectiligne depuis l'extrémité de la courbe de raccordement jusqu'au bassin de Tunis.

Il a 22 mètres de largeur entre les pieds théoriques des talus ; en fait, cette largeur n'est pas inférieure à 30 mètres. Il a une profondeur de $6^{m},50$ à 7 mètres sous basse mer ; sa longueur est de 8 030 mètres. Il présente, au milieu de son parcours, un garage de 500 mètres de longueur qui permet le croisement des navires. Cet élargissement est exécuté uniquement du côté Sud avec 44 mètres de largeur au plafond. Les déblais ont servi à former des cavaliers formant talus.

L'extrémité du canal s'évase de 150 mètres de largeur avant son débouché dans le bassin de Tunis qui a la même profondeur que le canal, sur 400 mètres de longueur et 300 mètres de largeur ; des terres-pleins l'entourent sur trois côtés.

Il est éclairé par 17 feux d'alignement et de direction.

Des bouées servent à guider les marins pendant le jour.

L'outillage comprend une darse de carénage et une forme de radoub à la Goulette, des poteaux d'amarrage le long du canal et autour du bassin six coffres d'amarrage : dans le bassin on trouve trois appontements en bois avec hangard et prise d'eau.

Les bâtiments d'exploitation comprenant à la Goulette un bureau de port avec poste de pilote, un garage, un poste-vigie ; à Tunis, un bureau de port avec ses anexes.

Ces installations étant insuffisantes pour les besoins actuels, on achève d'exécuter en ce moment les travaux suivants :

600 mètres de murs de quai ;

2 500 mètres de chaussées pavées ;

7 500^{mq} — empierrées ;

7 000^{mq} de hangars ;

Une mâture flottante de 20 tonnes ;

4 grues de 1 500 à 3 000 kilogrammes.

Son mouvement actuel est à lui seul plus de la moitié de celui de la régence. Entrées et sorties, on y a compté en 1895, 270 000 tonnes de marchandises et 150 000 passagers.

Autres ports de la Tunisie

703. Les autres ports de la Tunisie sont très mal outillés et insuffisants pour un mouvement commercial un peu important. Celui de *Sfax*, par exemple, se compose d'un bassin d'un hectare de superficie, 200 mètres de quais, un terrain de 4 hectares, une grue de 6 tonnes et une cale de halage.

Nous ne citerons que pour mémoire le port de *Sousse* avec un quai de 300 mètres de longueur accostable avec les embarcations ne tirant pas plus de 1 mètre d'eau, muni de deux appontements qui atteignent les fonds de 2m,50.

Celui de *Tabarka* ne possède qu'un débarcadère, et un appontement ainsi que ceux d'*Hammamet*, de *Monostir*, de *Gabès*.

COLONIES.

704. Nous n'avons guère à signaler comme port ayant été l'objet de travaux importants que notre colonie de l'île Bourbon dont nous avons longuement parlé, nous n'avons donc plus à y revenir.

Tous les autres ports ne présentent guère que des fractions de jetées et les plus favorisés sont munis d'appontements.

PORTS DE L'ÉTRANGER

MÉDITERRANÉE. — MER NOIRE

705. Nous commencerons l'examen très rapide de quelques ports étrangers par celui des ports de la Méditerranée en les classant par nationalité et nous commencerons par l'Italie en empruntant nos documents généraux à un travail de M. Doniol, ingénieur des Ponts et Chaussées, publié dans les *Annales* de ce corps

Fig. 866. — Port de Venise. — *a*, lagune vive; *b*, lagune morte; *lll*, limite de la lagune; *cc*, chemin de fer; *d*, passe des Trois-Ports; *e*, passe de Saint-Erasme; *f*, passe du Lido; *g*, passe de Malamocco; *h*, passe de Chioggia; *k*, bouches de l'Adige; *u*, *u*, ligne des points de partage des eaux de la lagune; *m*, *m*, ligne des profondeurs d'eau de 8 mètres en contre-bas des plus basses mers; *no*, chenal de Rochetta; *op*, canal de Malamocco; *pq*, canal de San-Spirito; *qr*, canal Orfano; *s*, canal Saint-Marc; *t*, canal de la Giudecca.

en 1870 ; nous dirons aussi quelques mots des ports de Venise, de Livourne, de la Spezza et de Gênes, qui ont été l'objet de nombreux travaux.

Italie.

Venise.

706. Le port de Venise est formé par les parties des lagunes qui offrent un tirant d'eau suffisant pour le mouvement des navires (*fig.* 866). Ces lagunes constituent un vaste étang littoral dont la largeur moyenne est de 9 kilomètres séparé de l'Adriatique par une langue de terre qui a une longueur de 46 kilomètres et dont la largeur maxima est de 1 kilomètre et demi, en moyenne 350 mètres. Cinq ouvertures naturelles ou passes, auxquelles on donne à Venise le nom de ports, coupent ce littoral et établissent une communication permanente entre les lagunes et la mer. Ces passes se nomment Trois-Ports, Saint-Erasme, Lido, Malamocco et Chioggia.

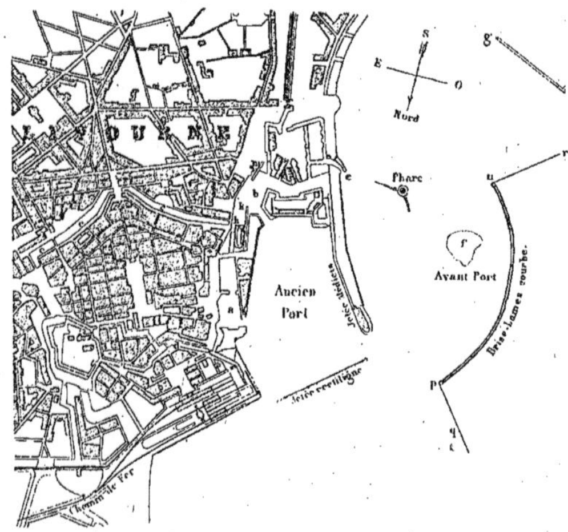

Fig. 867. — Port de Livourne. — *a*, ancienne darse ; *b*, vieille darse ; *c*, canal royal ; *d*, canal de Venise ; *f*, bancs de rochers sous-marins ; *g*, écueil de Vigleoga ; *h*, forme sèche de radoub ; *k*, plan incliné ; *m*, cale de construction pour la marine militaire ; *nr*, tangente au Cap Corse ; *pq*, tangente au littoral italien par Spezzia.

La passe des Trois-Ports ne peut être utilisée à basse mer que par les navires ayant un tirant d'eau inférieur à $1^m,30$. La passe Saint-Erasme est ensablée et n'est accessible qu'à marée haute. Celle du Lido, la plus voisine de la ville et autrefois la plus fréquentée, ne peut plus recevoir que des navires calant moins de $2^m,60$. Celle de la Chioggia a 4 mètres de profondeur et celle de Malamocco a été l'objet de travaux sur lesquels nous ne reviendrons pas (Voir page 291). Nous rappellerons seulement que la position de ces passes n'a jamais varié.

On distingue deux espèces de lagunes : la lagune morte et la lagune vive, réservant ce nom pour les endroits où les courants se font sentir. L'eau n'y gèle presque jamais et sa profondeur est généralement inférieure à 2 mètres ; elles communiquent par des passes avec la mer.

L'étendue du bassin correspondant à chaque passe se trouve nettement déterminée par les lignes de point de partage des eaux soumises aux courants alternatifs de montée et de descente.

La superficie totale des lagunes de Venise est de 52 000 hectares, savoir : 18 400 pour les bassins de Saint-Érasme et des Trois-Ponts, 600 pour la ville de Venise, 5 400 pour le bassin du Lido, 15 000 pour celui de Malamocco et 12 600 pour celui de la Chioggia.

L'amplitude des oscillations de la marée diurne est d'environ $0^m,80$, mais s'élève quelquefois à $1^m,40$.

On n'a amélioré que la fosse de Malamocco, celle de la Chioggia étant trop éloignée de Venise, et celle de Lido trop éloignée des mouillages de 7 à 8 mètres.

Le tirant d'eau que le service des curages doit maintenir dans tous les chenaux est de $5^m,70$ en contre-bas du niveau des basses mers, soit $6^m,60$ au-dessous des hautes marées moyennes.

Livourne (*fig.* 867).

707. L'ancien port de Livourne a été construit sous le gouvernement des grands-ducs de Toscane; il est abrité des vents d'Ouest, par la jetée Médicis enracinée à terre et ayant une longueur de 785 mètres. La profondeur d'eau au mouillage est de 5 mètres en contre-bas du niveau des basses mers. La superficie accessible aux bâtiments de 100 tonneaux est d'environ 10 hectares. La jetée Médicis ne suffisait pas pour assurer le calme de ce port pendant un gros temps, mais l'ancienne darse est parfaitement abritée; sa passe, dont la largeur est de 21 mètres, était fermée à volonté par des chaînes de fer; elle présente une longueur de 160 mètres, une largeur de 92 et des profondeurs d'eau variant entre 3 mètres et $6^m,20$. De plus, l'ancien port et la darse communiquent avec le canal Royal et le canal de Venise.

Ces dispositions furent cause de la prospérité de ce port, mais les progrès de la navigation nécessitèrent un approfondissement et une augmentation du tirant d'eau.

M. Poirel, ingénieur des Ponts et Chaussées, appelé par le grand-duc de Toscane, projeta une jetée rectiligne et un grand brise-lames courbe qu'il fit exécuter en grande partie et les travaux furent achevés par les ingénieurs italiens.

La jetée rectiligne est placée au Nord de l'ancien port et dirigée suivant le Sud-Ouest et exécutée dans des profondeurs d'eau variables de 3 à 5 mètres ; elle est construite en blocs naturels d'enrochement sur une longueur de 100 mètres, puis en blocs naturels revêtus à l'extérieur de blocs artificiels en béton de 10 mètres cubes.

Le prix a été d'environ 1 200 francs par mètre courant. On a dragué l'ancien port jusqu'à la profondeur de $6^m,50$.

La distance entre la jetée rectiligne et le musoir de la jetée de Médicis est d'environ 128 mètres à la ligne d'eau, les talus occupant près de 28 mètres ; le port devenu calme ; ne présentant qu'un tirant d'eau de $5^m,50$ à $4^m,89$, les navires d'un fort calage sont obligés de se réfugier dans l'avant-port le long du brise-lames courbe.

Ce dernier ouvrage a 1 100 mètres de longueur et sensiblement la forme d'un arc de cercle de 1 000 mètres de rayon et 220 de flèche. L'avantage principal de cette disposition est d'augmenter l'abri pour les bâtiments mouillés près de la partie centrale de l'arc.

L'avant-port n'est vraiment abrité que devant le brise-lames au long duquel une cinquantaine de navires peuvent se ranger pendant les gros temps ; l'agitation de l'avant-port est assez forte pour amener beaucoup de talonnage, et on ne rencontre le fonds de 10 mètres qu'à peu de distance du musoir Sud du brise-lames. Ce n'est qu'à plusieurs kilomètres au large qu'on trouve des fonds de 20 mètres. A peu de distance de l'intérieur du brise-lames se trouve un banc de rochers sous-marins ayant une superficie d'environ 2 hectares et demi, dont la présence est indiquée par un signal. Ce n'est que sur une longueur de 350 mètres que le mouillage devant le brise-lames de Livourne présente au moins 8 mètres de profondeur d'eau sur une étendue de 150 mètres, comptée perpendiculairement au quai de ce brise-lames.

Les fluctuations de la mer sont d'environ 1 mètre.

La nouvelle darse et la forme de radoub ont été construites en 1867.

Spezzia.

708. Le golfe de Spezzia, dont l'axe se trouve dirigée du S.-E. au N.-O., a une superficie d'environ 2 400 hectares naturellement abrités contre les vents du S.-O., qui donnent les plus grosses mers. Dans la plus grande partie de cet espace, les fonds varient de 10 à 14 mètres (*fig.* 868 et 869).

On considère généralement ce golfe comme limité par la ligne, longue de 4 400 mètres, qui joint la pointe de Fornaca à celle de Moralunga. La distance entre le milieu de cette ligne et le fond du golfe est d'environ 6 kilomètres et demi, sa largeur moyenne de 3 600 mètres. Les eaux y sont presque entièrement calmes dans les gros temps, surtout en arrière de la ligne joignant la pointe de Spezzia à celle de Saint-Barthélemy. C'est donc un mouillage extrêmement vaste et suffisamment abrité pour la marine militaire. C'est le vent du S.-E. qui donne la plus grande agitation, mais il n'est généralement pas fort. Le fond est composé de sable et de vase et le golfe entouré de montagnes dont l'altitude maximum est d'environ 600 mètres. Les principales alluvions sont dues à la Magra, grand torrent qui coule parallèlement à la côte orientale du golfe et dont les dépôts, en temps d'inondation, sont chassés par le courant littoral sur cette côte jusque vers la pointe de Saint-Barthélemy.

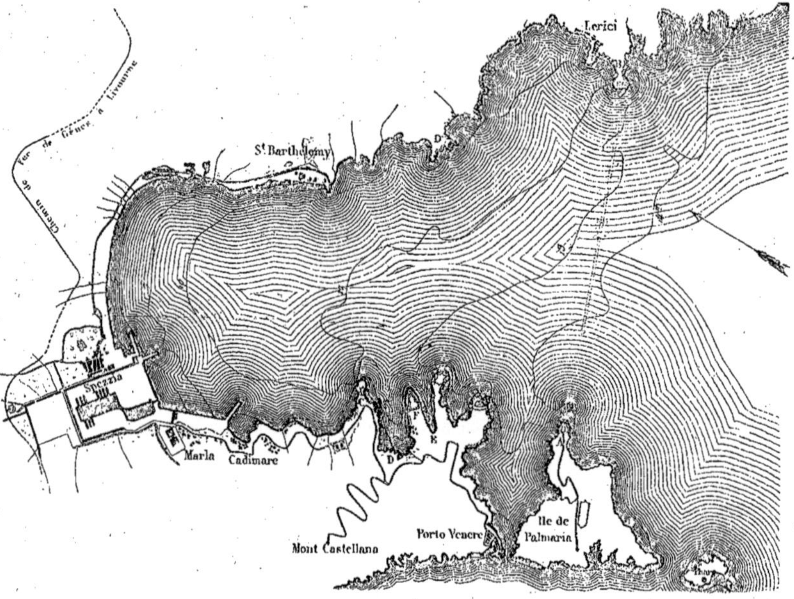

Fig. 868. — Golfe de Spezzia. — A, l'ointe de Fornaca; B, pointe de Maralunga; C, fort de Pezzino; D, fort de Santa-Teresa; D, anse de Grazie; E, anse Vangnano; F, lazaret.

Sous la République de Gênes, le golfe de Spezzia servait de port de relâche et lieu de quarantaine. Ce fut Napoléon Ier qui, en 1808, décréta d'y établir un port militaire. La chute de l'Empire interrompit ces travaux. Immédiatement après la formation du royaume d'Italie, Victor-Emmanuel reprit le projet d'établir un arsenal militaire au port de la Spezzia.

La figure 889 donne le plan complet des ouvrages projetés sur une très vaste échelle et qui nécessitera, par conséquent, eu égard à l'état financier du pays, un long espace de temps avant d'être terminé.

Gênes.

709. Le tonnage du port de Gênes est d'environ 1/7 du mouvement total et de 1/4 pour le commerce extérieur de l'Italie; il atteint environ 2 000 000 tonnes et un mouvement de 516 000 passagers.

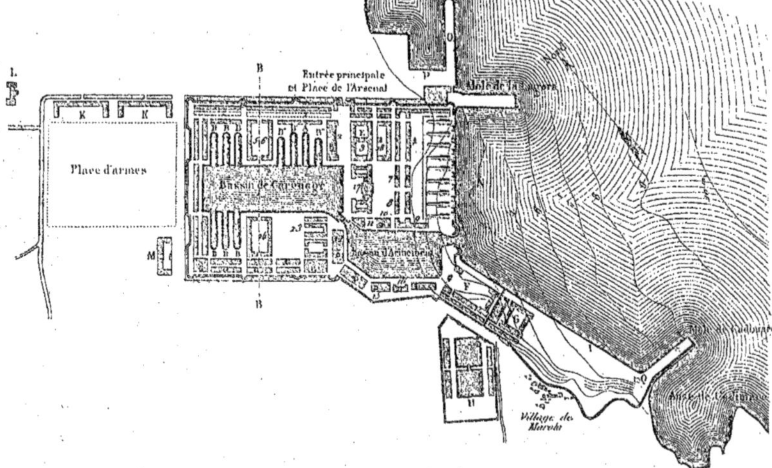

Fig. 869. — Arsenal de Spezzia. — 1, pompes d'épuisement des formes de radoub; 2 à 7, ateliers; 8, hangar; 9, construction d'embarcation; 10 à 12, mâture; 13, voilure; 14, fonderie; 15, magasin d'armement; 16, bureaux; 17, direction; 18, scierie; 19, corderie; A, B, B'B", formes sèches de radoub; D, magasins; E, ateliers, F, parc d'artillerie; G, G, magasins; H, fosse d'immersion; I, dépôt de charbon; K, casernes; L, hôpital; N, cales de construction; O, jetée du port de commerce; P, quai du port de commerce; Q, source d'eau douce.

Le port de Gênes est très vaste et a la forme d'un demi cercle de 1 kilomètre et demi de diamètre. Il est abrité par l'ancien môle enraciné à l'Est, d'une longueur de 600 mètres et le nouveau môle enraciné à l'Ouest, de 1 010 mètres de longueur.

La largeur de la passe entre les musoirs est de 520 mètres, ce qui permet aux navires d'exécuter facilement le mouvement tournant nécessaire pour pénétrer dans l'arrière-port.

Le courant littoral et les ensablements y sont peu sensibles et la variation de la mer se réduit à $0^{m},50$.

Le port de Gênes (*fig.* 870) a une surface totale de 135 hectares, savoir : 23 pour les profondeurs d'eau inférieures à $4^{m},00$; 70 pour celles comprises entre 4 et 8 mètres; 22 entre 8 et 12 et 20 entre 10 et 13.

C'est pour abriter le port de Gênes contre les tempêtes du S.-O. et augmenter l'étendue du mouillage qu'on a construit le nouveau môle primitivement de 500 mètres, puis successivement, prolongé de 60, de 150 et de 300 mètres.

Ce nouveau môle a 50 mètres de largeur à la ligne d'eau et son mur d'abri moyennement 5 mètres; son couronnement est à $12^{m},25$ au-dessous du niveau

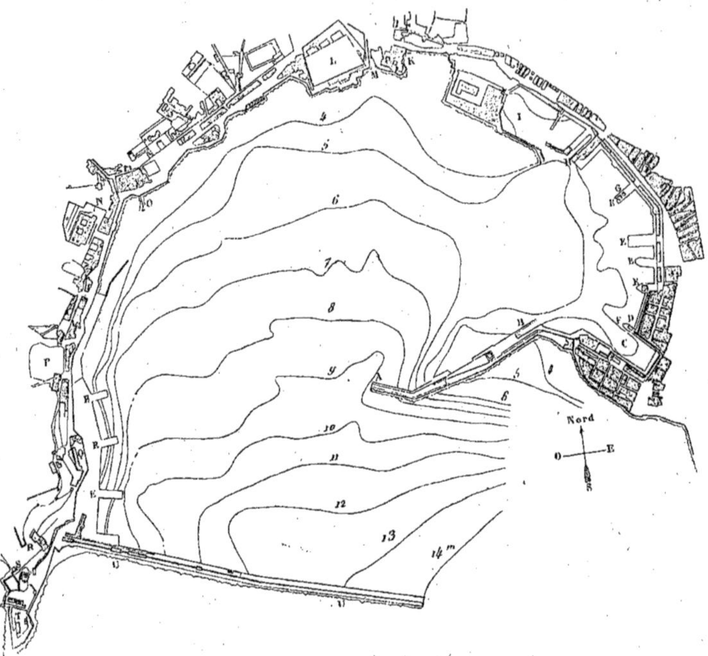

Fig. 870. — Port de Gênes. — A, ancien môle et feu de port de 4e ordre; plan incliné pour le radoubage des navires ; C, bassin réservé aux pêcheurs; D, douane; E, débarcadères; F, santé; G, Commandant du port; H, forme sèche de radoub; I, darse de la marine militaire; K, Amirauté; L, palais Doria; M, torrent; N, hôpital militaire; S, phare de 1er ordre (à 112 mètres au-dessus de la mer); T, batteries; U, môles.

de la basse mer; il est contrebuté par des contreforts ayant 22 mètres de longueur, 15 mètres d'épaisseur, espacés d'environ 140 mètres d'axe en axe, entre lesquels sont construits des magasins dont les voûtes sont à l'épreuve de la bombe. Ces ouvrages reposent sur une plate-forme en maçonnerie de 27 mètres de largeur fondée sur un vaste bétonnage d'une épaisseur moyenne de $2^{m},50$. Le quai est fondé sur un massif de $3^{m},50$ et n'a qu'une largeur de $3^{m},40$, ce qui paraît insuffisant pour un môle d'aussi vastes proportions.

L'arrête du quai se trouve à $3^{m},22$ au-dessus du niveau de la basse mer.

On a employé pour ces constructions des enrochements de six catégories différentes dont les poids variaient de 10 à 20 000 kilogrammes.

Trieste.

710. Trieste est le port le plus important des établissements maritimes de l'Autriche et sert d'attache à la compagnie de navigation du Lloyd Austro-Hongrois. Ville principale de l'Illyrie, elle fut fondée par les Romains (*Tergeste*) et n'acquit que vers le XVIIIe siècle un peu d'importance; mise en 1857 en communication avec l'intérieur par une voie ferrée, ses établissements ne se trouvèrent plus alors en rapport avec ses besoins commerciaux, aussi, en 1862, on adopta les plans d'un ingénieur français, Paulin Talabot, pour son agrandissement, et la construction de ses annexes.

On y remarque (*fig.* 871) quatre larges môles devant lesquels se trouve un brise-lames formant quatre bassins de 31^{ha},5 de surface, 8^{m},5 de profondeur avec un développement de 2 800 mètres et l'installation d'un bassin spécial pour le pétrole.

Les môles ont 80 mètres de largeur; des magasins de 21 mètres près du débarcadère et un puissant éclairage électrique permettent d'opérer les chargements et les déchargements en tout temps.

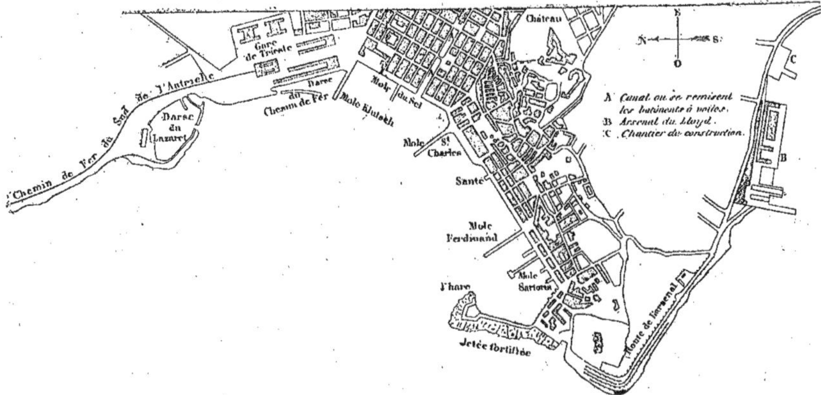

Fig. 871. — Port de Trieste.

Le golfe au fond duquel est situé la ville est placé à l'extrémité la plus profonde de l'Adriatique et par cela même offre le minimum de parcours terrestre entre la Méditerranée l'Oder et la Vistule, bien qu'il lui faille traverser les Alpes dans les défilés du Sommering. Les conditions économiques de ce port découlent toutes de cette situation et des détours des courants de marchandises attirées soit par Hambourg, soit par Furnes.

Principalement ville d'entrepôt (il n'y a pas d'industrie locale), elle a à se défendre contre ces deux concurrences, et c'est la partie orientale du bassin de la Méditerranée et la mer Noire qui lui fournissent ses grands mouvements de marchandises. Parmi celles-ci, le café occupe le premier rang, puis les fruits du littoral de la Méditerranée, les céréales, les laines, et enfin les pétroles du Caucase.

Constantinople.

711. Constantinople bâtie, ainsi qu'on le sait, sur les ruines de l'ancienne Bysance, fondée elle-même 658 avant J.-C. a eu de tout temps la plus grande importance commerciale et politique.

L'idée de Constantin était d'en faire une nouvelle Rome. On connait son histoire sous le bas-empire et celle de sa conquête par les Turcs en 1453. Nous ne décrirons pas non plus ses nombreux et splendides monuments, nous dirons seulement que, sous l'époque byzantine, c'était de la tour de Léandre à la pointe du Sérail qu'était tendue la chaîne qui fermait l'entrée du Bosphore et de la Corne d'Or (*fig.* 872).

La navigation du Bosphore est généralement facile, si ce n'est à l'entrée et à la sortie où le fort courant venant de la mer Noire exige beaucoup de précautions.

Le mouillage y est bon, mais on n'y trouve pour les besoins du commerce que des bouées et des corps morts pour l'amarrage, bien qu'une grue à vapeur soit installée à la pointe du Sérail, mais les portefaix ne permettent pas de s'en servir.

Constantinople est réunie aux voies ferrées de l'Europe par la ligne de Belgrade.

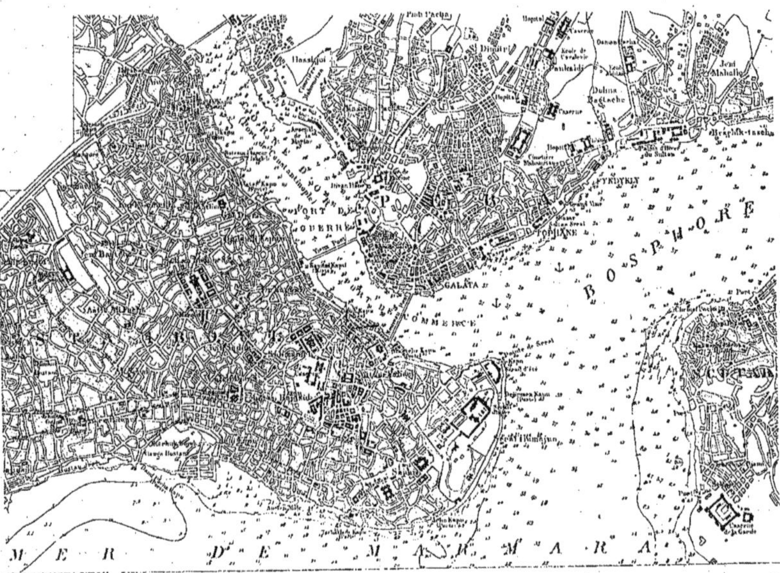

Fig. 872. — Port de Constantinople.

20 000 vaisseaux représentant environ 11 000 000 de tonnes sont entrés dans le port en 1888.

Les grandes pertes qu'a subies la Turquie en 1878, à la suite de sa guerre avec la Russie, ont diminué l'importance commerciale de Constantinople qui a reçu encore une atteinte en 1885, lorsque la Roumélie orientale a été définitivement absorbée par la Bulgarie. Cette dernière province recevait 30 0/0 des importations totales de Constantinople, et il est à craindre que cette situation se perpétue lors de l'achèvement des lignes de chemin de fer de ce pays.

Il serait à souhaiter que le pont sur le Bosphore projeté par des ingénieurs français fut construit. Il aurait 800 mètres de longueur et serait placé à 17 mètres au-dessus du niveau de la mer. On le construirait très près de l'emplacement ou fut établi le pont de bateaux sur lequel 700 000 Perses conduits par Darius traversèrent ce détroit.

MER NOIRE

Odessa.

712. Ce port se trouve à 150 kilomètres des bouches du Danube, sur la baie d'Odessa, située au fond du golfe de ce nom. Il est de création moderne et doit sa fondation à Catherine-la-Grande. Il est relié actuellement par une voie ferrée au reste de l'Empire.

D'une manière générale, il n'est pas par sa nature un bon port, bien que sa situation, au point de vue commercial, soit très bien choisie, aussi est-ce le port le plus important de la Russie sur la mer Noire (*fig.* 873).

Un de ses désavantages est que, par les grands hivers, il se recouvre d'une couche de glace qui empêche la navigation, quelquefois, mais rarement, pendant six semaines.

La base de son exportation consiste dans les céréales, le blé particulièrement, aussi a-t-on construit de puissants élévateurs et des magasins immenses.

Odessa possède, en outre, quatorze moulins à vapeur et est le centre de grandes compagnies de navigation russes et étrangères.

On remarque encore sur les côtes de la mer Noire les ports de Nikolajew sur lequel on construit un quai de plus de 1 kilomètre de longueur, qui, malheureusement, est bloqué par les glaces de novembre en mars. Il sert d'entrepôt aux pétroles du Caucase et, pendant les bonnes récoltes, exporte une quantité considérable de blés.

On rencontre ensuite le port de Sébastopol. Plus loin le havre de Kateh et le chenal maritime à l'entrée de la mer d'Azow, qui n'a qu'une profondeur maxima de 4 mètres et est par suite des plus dangereux pour les vaisseaux. Exactement au Nord de l'entrée, on trouve les ports de Bediansk et de Mariopol, exportateurs de blés et dont nous avons déjà eu occasion de parler ; ce dernier reçoit les charbons du Donetz et du Dniéper.

Taganrok sert d'entrepôt à la mer d'Azow.

Nowossisk, port d'exportation des blés, reste libre en hiver, et, enfin, le port de Batoum, exporte la plus grande partie des pétroles du Caucase.

Trébizonde.

713. Enfin, sur la côte du Sud, se trouve le port de Trébizonde assez mal abrité et où les steamers sont toujours obligés de se tenir sous petite vapeur pour pouvoir se réfugier à Platana en cas de tempête soudaine que rien ne peut faire prévoir.

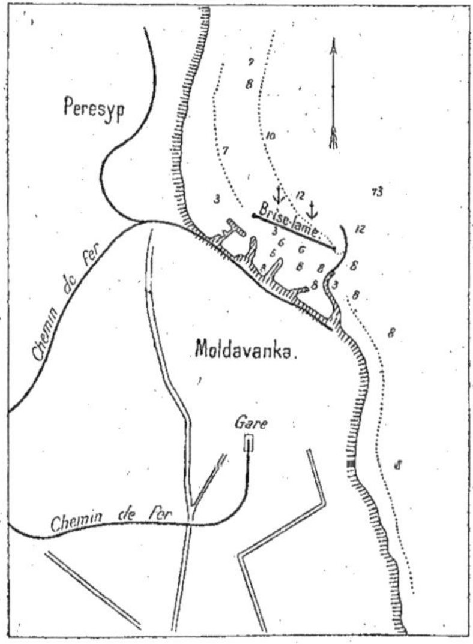

Fig. 873. — Port d'Odessa.

Ports de la Syrie.

714. Parmi ces ports nous citerons seulement Smyrne et Beyrouth.

Smyrne est placé au fond d'un des plus beaux golfes du monde de 3 à 18 kilomètres de largeur. Son entrée est marquée par les roches à pic du cap Kara-Bourum en face duquel se trouve le port de Pho-Kia, ancienne Phocée métropole de Marseille. Au S.-O. du cap précité se trouve l'île de Chio, célèbre par ses productions de fruits (figues, raisins, etc.).

Ouvert seulement du côté de l'Ouest, le bassin construit près du quai peut recevoir un nombre considérable de navires, mais il court les risques d'être complètement ensablé tant à cause du glissement des terrains d'alluvion qui l'entourent, que par suite des sables apportés par le Gedis-Tchai (ancien Hermus).

Les quais de Smyrne sont de construction toute moderne. Le port est le seul, avec celui de Beyrouth, qui soit organisé à la moderne.

Toute cette côte offre d'importantes ruines, elle contenait les ports de la Phénicie et était en relation avec la Chaldée et, par ses nombreux navires, avec le monde entier.

Alexandrie.

715. Lorsque nous avons parlé du Delta du Nil, nous avons vu qu'il s'étendait le long de la mer depuis Port-Saïd sur lequel nous aurons à revenir lorsque nous parlerons du canal de Suez, jusqu'à Alexandrie à l'Ouest. La plage est très plate, aussi sont-ce les phares qui servent principalement à l'orientation.

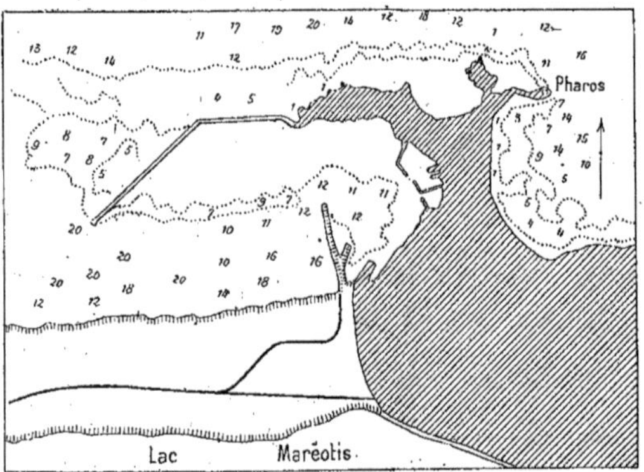

Fig. 874. — Port d'Alexandrie.

Un long brise-lames en ligne brisée protège le port, et une seconde jetée (*fig.* 874) le divise en port extérieur et en port intérieur. Dans ce dernier, on trouve le bassin de radoub de l'antique port de *Bon-Retour* dont la pointe qui porte actuellement le phare, a conservé le nom. La partie Est de la ville est baignée par le bassin du port Neuf que fréquentent les petits navires côtiers. C'est le Grand Port.

Sur la partie Nord-Ouest du *Grand Port* était placé le fameux phare qui passait pour une des sept merveilles du monde (v. page 15); il était rattaché par une digue à l'île de Pharos et en formait l'extrémité Est, de même que la pointe Ennostres en formait l'extrémité Ouest. L'île de Pharos, dont la côte Sud forme une partie de ce qui est aujourd'hui le quai de l'arsenal, était rattachée au continent par l'Heptastadium, jetée de 1300 mètres de longueur dans laquelle étaient pratiquée deux ouvertures jointes par un pont. C'est sur les deux côtés de cette digue qu'à force d'alluvions et de travaux de terrassement s'est formé le sol où s'élève l'Alexandrie moderne dont l'axe longitudinal recouvre l'Heptastadium. Le fort Napoléon occupe l'emplacement de l'ancien palais des Ptolémée. On trouve près de la ville le lac Maréotis qui est réuni à la mer par un canal naturel qui existait encore au moyen âge.

Nous parlerons de Port-Saïd quand nous nous occuperons du canal de Suez.

Ports d'Espagne (*Méditerranée*).

716. Nous emprunterons les renseignements relatifs à ces ports à un travail publié en 1890 par M. Eyriaud des Vergnes, inspecteur général des Ponts et Chaussées, dans les *Annales* de ce corps.

L'Espagne, de même que la France, possède des ports sur la Méditerranée et sur l'Atlantique. Voisine du Portugal dont les productions sont identiques avec les siennes il y a peu d'échange entre les deux pays, et, d'autre part, le commerce avec la France ne peut se faire qu'aux deux extrémités de la chaîne pyrénéenne qui les sépare. La vie extérieure de ce pays doit s'effectuer par ses ports; aussi dans la somme de 1 582 556 835 pesetas représentant le total en valeur du commerce extérieur de ce pays, le commerce maritime figure-t-il pour 1 325 010 327 pesetas.

Barcelone (*fig.* 875).

717. Ce port est le plus important de l'Espagne sinon par le tonnage du moins par le trafic.

Autrefois les abris manquaient presque totalement, aujourd'hui ils se composent de deux jetées enracinées dans la terre, celle de l'Ouest part du coteau de Montjuich et celle de l'Est continue le quai Neuf en suivant une direction qui s'incline un peu sur la ligne Nord-Sud. Elle s'incurve ensuite fortement en présentant sa convexité au Sud-Est, et est arrêtée, par un vigoureux musoir, à peu près sur le prolongement de l'alignement droit de la ligne de l'Ouest, laissant entre lui et le musoir de cette dernière une passe de 280 mètres de largeur. Les navires qui voudraient attaquer cette passe devraient par suite venir du Sud-Sud-Ouest et marcher au Nord-Nord-Est.

L'avant-port a une superficie de :........................ 61 hect.
La darse du commerce..... 43 »
Celle de l'industrie......... 14 »
Quais de l'avant-port. 2,540^m }
Quais des darses ..... 4,988^m } 7,528^m

Il existait comme outillage en 1890 :

1 grue fixe de 25^T	de	10^{m}39	de portée
1 »	« 12	7^m,62	»
4 » »	de 3	7^m,62	»
9 » »	de 3	7^m,62	»
14 » roulantes	1 1/2	7^m,62	»
1 » fixe	1 1/4	6^m,10	»

Ces grues marchent par une pression hydraulique de 57 atmosphères fournie par une machine de 200 chevaux.

On projetait à cette époque une grue fixe de 150 tonnes, une de 100^T et une de 50^T et 90 mobiles de 1^T 1/2.

Port de Valence.

718. Le port de Valence est le second des ports d'intérêt local au point de vue du commerce maritime extérieur. Il a été établi dans des conditions aussi désavantageuses que possible au point de vue de la conservation des profondeurs. Il est exposé, d'une part, aux apports des sables qui voyagent le long de la côte du Nord au Sud, d'autre part aux atterrissements du Guadalavir qui débouche précisément sur le point où il s'agissait de créer un port.

Depuis la forte pointe qui avance en mer le delta de l'Ebre jusqu'à Valence, la côte s'élonge suivant une direction générale parallèle à celle des vents de Nord-Est. Elle est battue par les vents de la seconde moitié du premier quadrant qui sont les vents de tempête; elle n'est abritée que relativement contre les vents du Sud, mais laisse entre elles et les îles de Ibyza et de Formentra une large coulée par laquelle le vent du Sud-Est pousse des lames assez fortes. Les lames de Nord-Est et d'Est chassent les sables dans le Sud; les lames d'Est les remontent sur les plages, et les lames du Sud-Est les repoussent dans le Nord. L'action résultante est un transport vers le Sud et un engraissement général de la côte, caractérisé par la formation de cordons littoraux qui ont enfermé des lagunes très importantes, comme celles d'Albalat au Nord et celle d'Albufera au Sud.

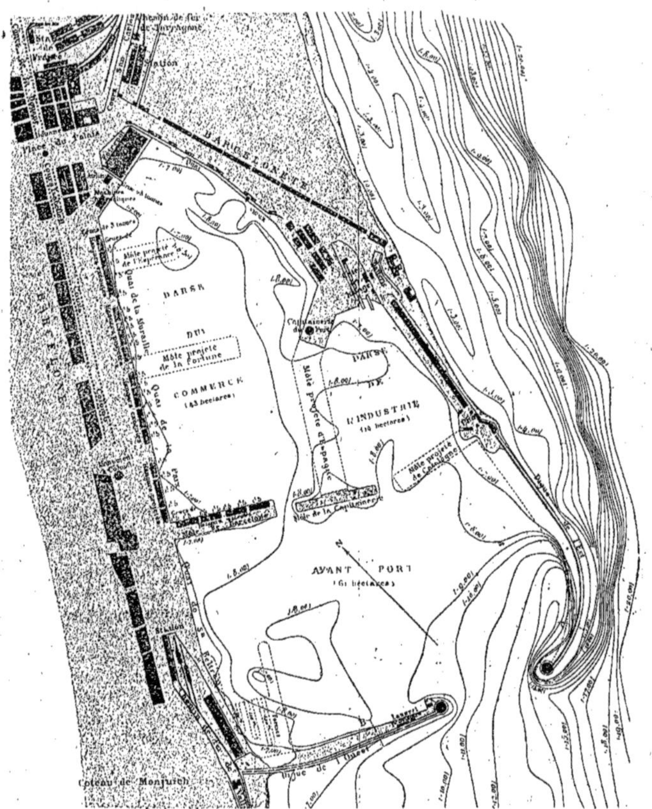

Fig. 875. — Port de Barcelone.

On a constaté, de 1852 à 1886, des ensablements considérables dont on peut juger l'importance par les chiffres suivants :

	FOND EN 1852	FOND EN 1886
Musoir de la digue du large	13m,87	9m,30
Milieu de la passe	11m,14	8m,60
Musoir de la digue de l'Ouest	8m,36	1m,40

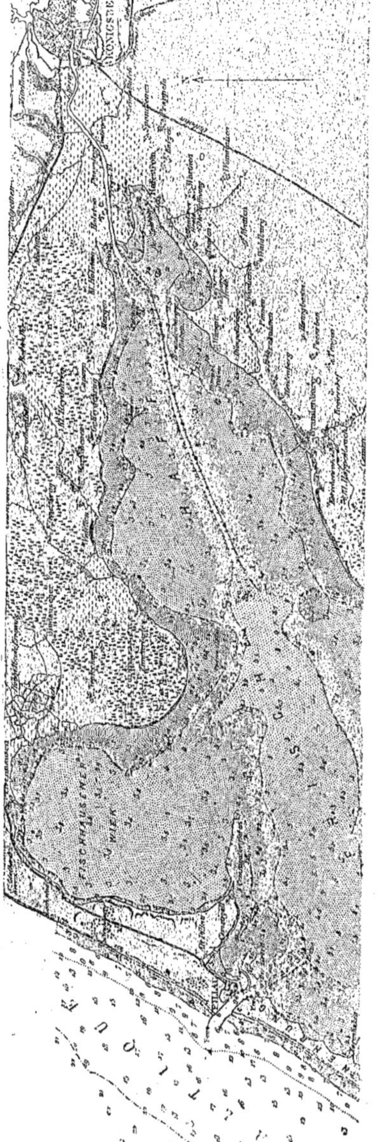
Fig. 876. — Ports de Kœnigsberg et de Pillau.

et cet exhaussement a eu lieu malgré des dragages énergiques (environ 211 279 mètres cubes par an).

En résumé, depuis de longues années, le port n'est entretenu que par des dragages puisque, dès l'origine des travaux au XVIIe siècle, il a fallu recourir à ce moyen autrefois d'une bien faible efficacité.

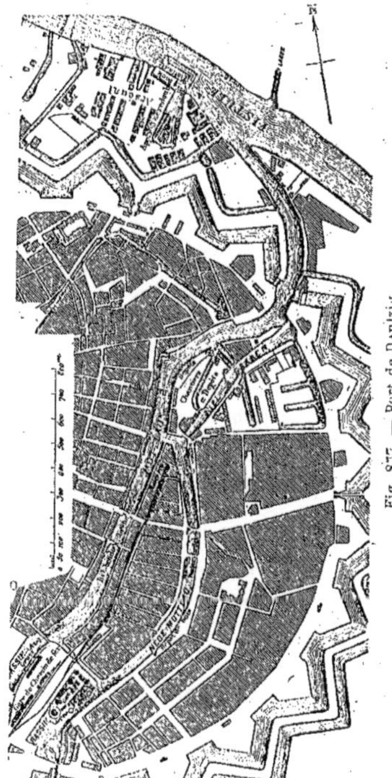
Fig. 877. — Port de Dantzig.

Port d'Alicante.

719. Ce port est le troisième comme importance. Il est situé au fond d'une baie limitée à l'Est par le cap de las Huertas et au Sud par celui de Santa-Pola. Il est découpé dans une côte rocheuse dont l'orientation est la même que celle de la côte avoisinant Barcelone.

Les marins sont unanimes à considérer le tracé des ouvrages comme désavantageux. Il rentre dans la catégorie de ceux qui ouvrent la passe d'entrée au milieu d'un alignement droit, c'est-à-dire dans de mauvaises conditions nautiques, parce-que les lames se réfléchissant sur les ouvrages, viennent rencontrer sur la passe les lames directes et y font une mer démontée dans laquelle les navires gouvernent mal. Non seulement la mer fait sur les jetées et sur la passe un ressac dangereux par tous les vents du premier quadrant, mais entrant par la passe malgré son étroitesse, elle détermine dans le port des brisants et de petites lames courtes qui tournent tout autour.

Le quais de rive ne sont accostables qu'aux barques, et c'est seulement le long de la jetée Est que des navires d'un tirant d'eau un peu considérable pourraient opérer leurs chargements et leurs déchargements sans transbordement. C'est cette jetée, qui, seule, possède quelques apparaux de manœuvre : une grue de 20 tonnes, une de 10, une de 6, deux de 3 et deux de 1 tonne.

Toutes sont à bras. On y trouve en outre une grue-ponton de 10 tonnes.

Port de Carthagène.

720. Ce port doit surtout son importance à son arsenal. Au point de vue du commerce, il n'est que le onzième de la péninsule, aussi n'en parlerons-nous pas davantage.

Port de Malaga.

721. Nous n'insisterons pas non plus sur le port de Malaga, qui n'a reçu aucunes améliorations lesquelles ne sont qu'à l'état de projet.

Port de Cadix.

722. Ce port est le cinquième comme importance.

Les anciens ouvrages de ce port se composaient de quais établis au pied des remparts, le long desquels les embarcations pouvaient venir s'amarrer à marée montante, sauf à rester échoués à basse mer.

Un riche habitant de Cadix, Montanès, laissa une somme considérable pour les améliorations de la ville et du port. On construisit alors un appontement, des grues, etc.

Un récif existant au bord du chenal principal de l'entrée de la baie, le rocher de las Puercas, découvre à mi-marée, et on est quelquefois quarante-cinq jours sans pouvoir l'aborder. On y a installé une tour métallique avec éclairage électrique allumé et éteint au moyen d'un mouvement d'horlogerie pouvant fonctionner pendant deux mois sans être remonté. Il était en effet impossible de loger les gardiens sur les rochers.

Port de Seville (*Guadalquivir*).

723. Nous ne parlerons que pour mémoire de ce port, qui ne peut recevoir que des navires tirant 5 mètres d'eau et situé à 100 kilomètres de l'embouchure du Guadalquivir.

MER BLANCHE

Arkhangel.

724. Le seul port important de la mer Blanche est le port d'Arkhangel, placé à l'embouchure de la Dwina et obstrué par les glaces de septembre à juillet. Nonobstant, c'est le quatrième ou le cinquième port de la Russie par son importance, il vient après Saint-Pétersbourg, dont la création lui a porté un coup terrible.

MER BALTIQUE

725. Les principaux ports de la Baltique sont, en RUSSIE, *Saint-Pétersbourg*, *Cronstadt*, *Riga* et *Libau*.

Nous donnerons le plan des deux premiers ports, quand nous parlerons du canal maritime qui unit ces deux villes.

Quant à Riga, un des plus importants de l'empire, il est malheureusement longtemps bloqué par les glaces, aussi le Gouvernement russe a-t-il fait exécuter des travaux considérables à Libau, qui, placé un peu plus au Sud et aussi par sa situation moins avancée dans les terres au fond d'un golfe est moins longtemps fermé à la navigation. Nous avons donné quelques détails à l'égard de ces constructions, nous n'y reviendrons pas. Nous dirons seulement qu'il sert au transport des produits russes qui s'embarquaient autrefois dans le port de Memel.

On rencontre encore sur la Baltique, en Allemagne, les ports de Memel, Stralsum, Kœnisgberg, Dantzig, Stettin, Lubeck, Kiel ; en Danemark, Copenhague ; en Suède, Stockholm.

Les ports de Memel et de Stralsund sont peu importants, aussi les passerons-nous sous silence.

Kœnisgberg, Pillau.

726. Le port de Kœnigsberg (*fig.* 876) est précédé par le port de Pillau sur le Grun des Fvisch-Haft qui en forme en quelque

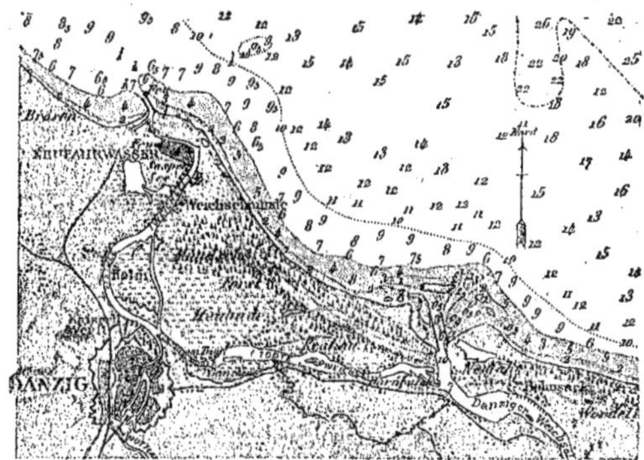

Fig. 878. — Embouchure de la Vistule. — Port de Dantzig.

sorte l'avant-port avec 3 000 mètres de quais et dock flottant.

Le Pregel, qui forme le port de Kœnigsberg proprement dit, n'a que 3 mètres de tirant d'eau ce qui fait que les forts navires ne peuvent y aborder. On y rencontre 1 975 mètres d'accostage, soit par quai soit par appontement, une cale de construction et de radoub, d'importants magasins à blé et en aval des fortifications, un bassin à pétrole.

Dantzig (*fig.* 877).

727. Ce port, autrefois le deuxième de l'Allemagne, n'en est plus que le cinquième.

La ville est une des plus anciennes et les nombreux canaux formés par la Vistule qui la parcourent lui avaient mérité le surnom de *Venise du Nord*. Son industrie, comme celle de toutes les autres villes allemandes est en grande progression et contre-balance au point de vue du port la concurrence que lui font les chemins de fer. Il est précédé de Neufahrwasser qui lui sert d'avant port (*fig.* 878).

Stettin (*fig.* 879).

728. Stettin est le port de Berlin sur la Baltique et celui de la Basse-Oders. C'est une des villes dont le développement a été considérable dans ces dernières années. Il a comme avant-port Swinemünde, qui comprend 3 575 mètres de quai; les navires d'un fort tonnage s'y arrêtent, Stettin ne pouvant recevoir que ceux tirant moins de 5 mètres. Ses quais ont 13 240 mètres de développement avec entrepôt de l'État; dix grues à vapeur dont une grue flottante de 40 tonnes forment l'outillage conjointement avec les cales de radoub à halage.

Lubeck.

729. Lubeck fut autrefois le chef-lieu

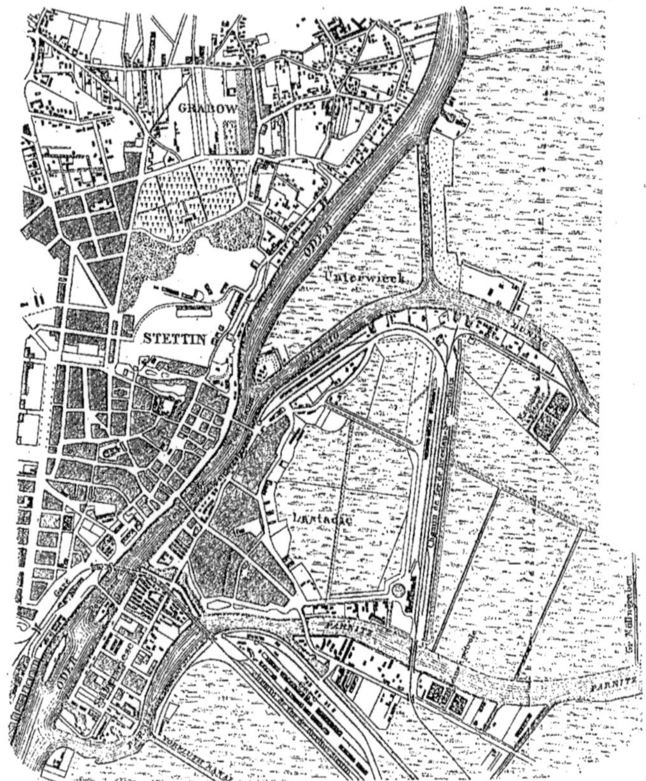

Fig. 879. — Port de Stettin.

des villes hanséatiques, et, à l'époque du moyen âge, les flottes de la Hanse réunies dans l'estuaire de la Trave pouvaient lutter contre celles de la Suède et du Danemark. Il est placé à 21 kilomètres de la mer.

Son port peut recevoir des navires tirant 5 mètres d'eau. Il possède, en outre, un port à pétrole.

Kiel.

730. Nous aurons occasion de revenir sur ce port, quand nous parlerons du canal de Kiel.

Copenhague.

731. Cette ville, qui succéda à Roskilde, première capitale du Danemark, lorsque les navires à quilles succédèrent aux premiers bateaux à fond plat, possède non seulement un port marchand, mais aussi un port militaire avec tout l'outillage nécessaire à la construction et à la réparation des navires.

Le tirant d'eau est de 6 à 7^m,50 au pied des quais, les plus grands navires peuvent donc y opérer leur chargement et leur déchargement. Des canaux existant dans l'intérieur même de la ville permettent à de plus petits bateaux d'opérer le transport des provisions de la capitale. L'entrée en est défendue par le fort des trois couronnes et quelques bastions.

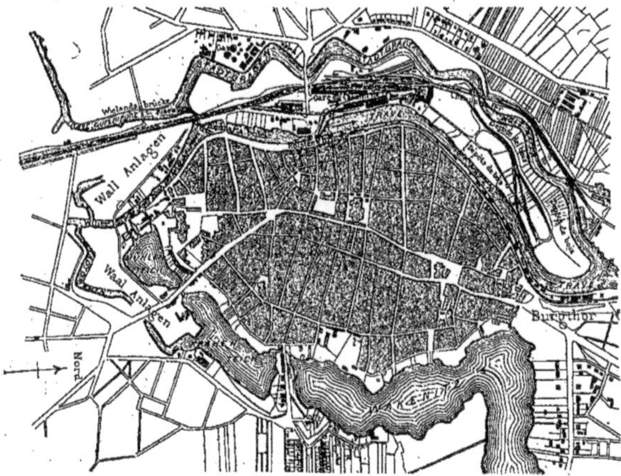

Fig. 880. — Port de Lubeck.

Stockholm.

732. L'accès du port est des plus difficiles, mais il est très sûr ; les plus gros bâtiments peuvent y mouiller ; il est défendu par les trois forteresses de Waxholm, de Fredericksborg et Dalaroë, ainsi que par un grand nombre d'îles qui peuvent fournir des refuges.

Stockholm, par ses routes et ses lacs intérieurs, dispose des ports du Kattégat et même en hiver peut faire ses expéditions à l'Ouest par les ports de l'Atlantique. Avant la fondation de Saint-Pétersbourg il commandait en quelque sorte la mer Baltique.

Le port de Stockholm est fermé par les glaces pendant une durée de trois à cinq mois, c'est alors que la navigation se fait par les lacs ou par le havre extérieur de Nynös, placée sur le littoral même de la Baltique.

MER DU NORD

733. Les ports les plus importants de cette mer dont la navigation est dangereuse, sujette aux orages, sont :

En Norwège, *Christiansand* et *Bergen* ;

En Allemagne, *Embden*, *Brême*, *Hambourg* ;

En Hollande ; *Berg-op-Zom*, *Rotterdam*, *Amsterdam*, *Harlingen* ;

En Belgique, *Ostende*, *Flessingue*, *Anvers* ;

En France, *Dunkerque* ;

En Ecosse, *Leith*, *Edimbourg*, *Dundee* ;

En Angleterre, *Londres*.

Nous ne parlerons que des principaux de ces ports, en suivant l'ordre indiqué ci-dessus.

Brême.

734. La ville de Brême remonte à une très haute antiquité. Charlemagne y institua un évêque. Elle a toujours été commerçante et formait une des villes principales de la ligue hanséatique ; quand celle-ci fut restreinte en 1630, elle forma une nouvelle Hanse avec Lubeck et Hambourg.

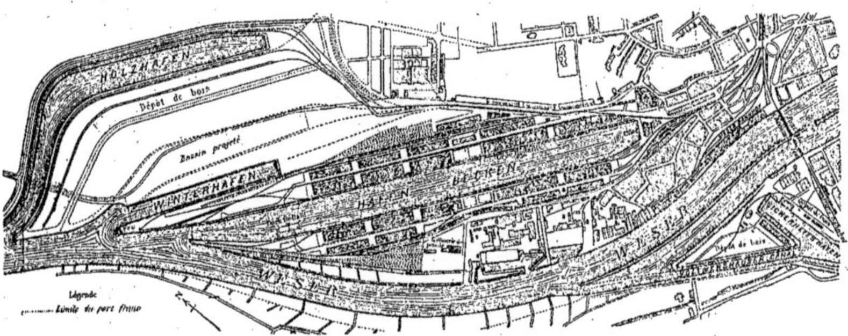

Fig. 881. — Port de Brême.

Elle formait une république avant d'être englobée dans l'empire germanique actuel.

Son ancien port (*fig.* 881), placé au point où commence le Weser inférieur et où le flux et le reflux se font légèrement sentir, n'était accessible qu'aux navires d'un faible tonnage ; aussi avec les progrès de la construction navale, créa-t-on, au commencement du XVIIe siècle, le port de Vegésack qui fut bientôt insuffisant ; pour les mêmes motifs, on fonda en 1827, le port de Bremerhaven, de 159 hectares, qui lui sert d'avant-port et lui valut le second rang (après Hambourg), comme port de l'Allemagne sur la mer du Nord (*fig.* 882). Il a surtout servi à l'émigration des colons vers l'Amérique.

Hambourg.

735. Pendant longtemps, le port de Hambourg n'a consisté qu'en un mouillage en rivière. Les navires s'amarraient sur des ducs-d'Albe placés en files parallèles et les marchandises étaient transportées au moyen d'allèges. Ce fut en 1862 que la construction d'un premier bassin fut décidée ; les quais de Santhorhafen ont été livrés à la circulation en 1866, et ceux de Grasbrookhafen peu après ; le grand magasin établi sur le musoir de Kaiserquai a été terminé en 1872 et le bassin à pétrole en 1880 (*fig.* 883).

Enfin, en 1882, on décida de laisser 1000 hectares en dehors du territoire douanier pour établir un port franc (*Freiehafngebiet*), avec magasin, bureaux et fabrique ; l'inauguration en a été faite le 29 octobre 1888.

Les navires venant de Hambourg sont surveillés par des pilotes près le Cuxhen, qui empêchent toute communication avec la terre jusqu'au moment de l'arrivée dans le port franc. Les navires qui ont seulement à passer de l'amont à l'aval de Hambourg ne peuvent le traverser et le contournent.

Dans la traversée de Hambourg, la profondeur de l'Elbe varie de 3 à 7 mètres. Les bassins ont 118^{hect},6 de surface et sont en communication directe avec l'Elbe. Ils sont dirigés vers l'aval pour empêcher l'ensablement et faciliter l'entrée et la sortie des navires; un seul celui de Pétroleumhaver fait exception. Ce dernier a 11^{hec},6 de superficie.

Ces bassins sont bordés de 14 313 mètres de longueur de quai variant de 10 à 150 mètres de largeur ; 9 760 ducs-d'Albe sont disposés pour l'amarrage.

Les quatre grands appontements que les navires peuvent accoster dans l'Elbe en dehors du port franc, à San Pooli, ont 300 mètres de longueur.

On remarque une écluse fermée par des portes placées en prolongement l'une de l'autre et montées sur galets roulants sur une poutre supérieure placée à hauteur suffisante pour laisser passer les navires. Cette écluse sépare le Sandthorhafen du Brookthorhafen. Ces portes sont manœuvrés hydrauliquement ainsi qu'un certain nombre des grues qui outillent le port. Leur nombre total est de 621 dont la force varie de 1 à 40 T, la plupart à vapeur et le reste à bras.

Nous avons déjà donné quelques renseignements sur les ports de Rotterdam, d'Amsterdam et d'Ostende, nous n'y reviendrons pas.

Anvers.

736. Voici la description qu'en donne M. Robert, ingénieur des Ponts et Chaussées, dans les *Annales* de 1888 :

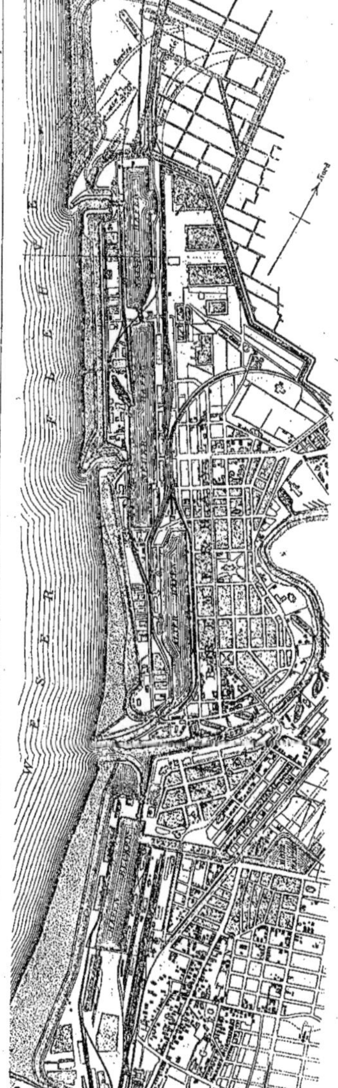

Fig. 882. — Ports de Bremerahven et de Geestmunde.

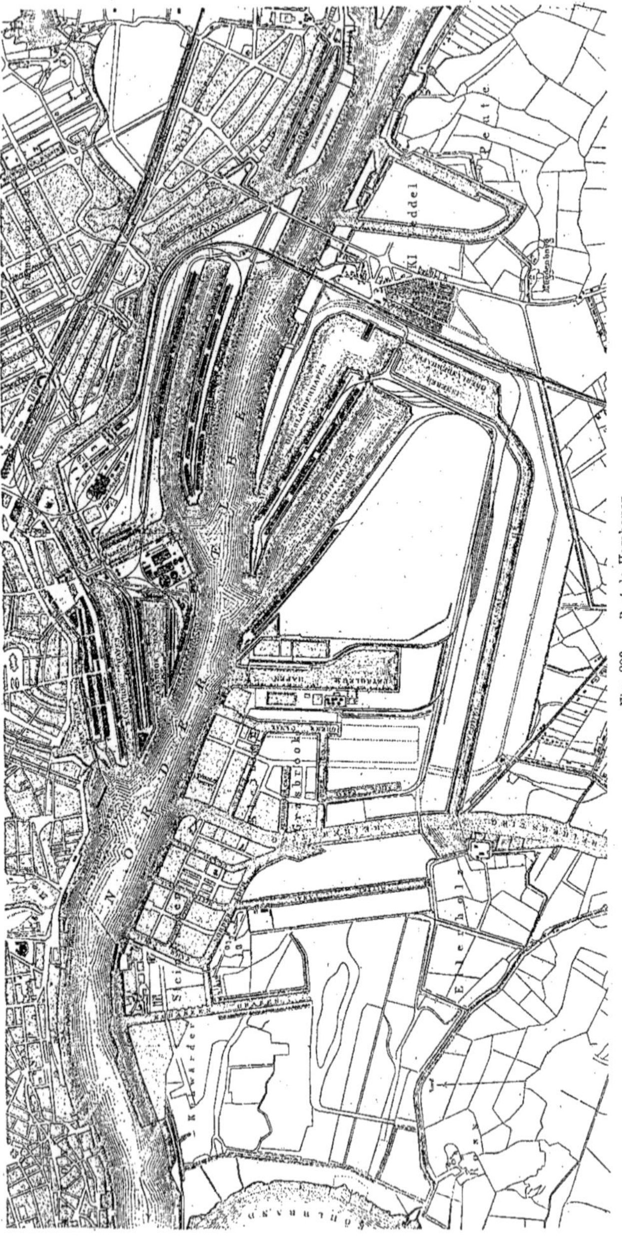

Fig. 883. — Port de Hambourg.

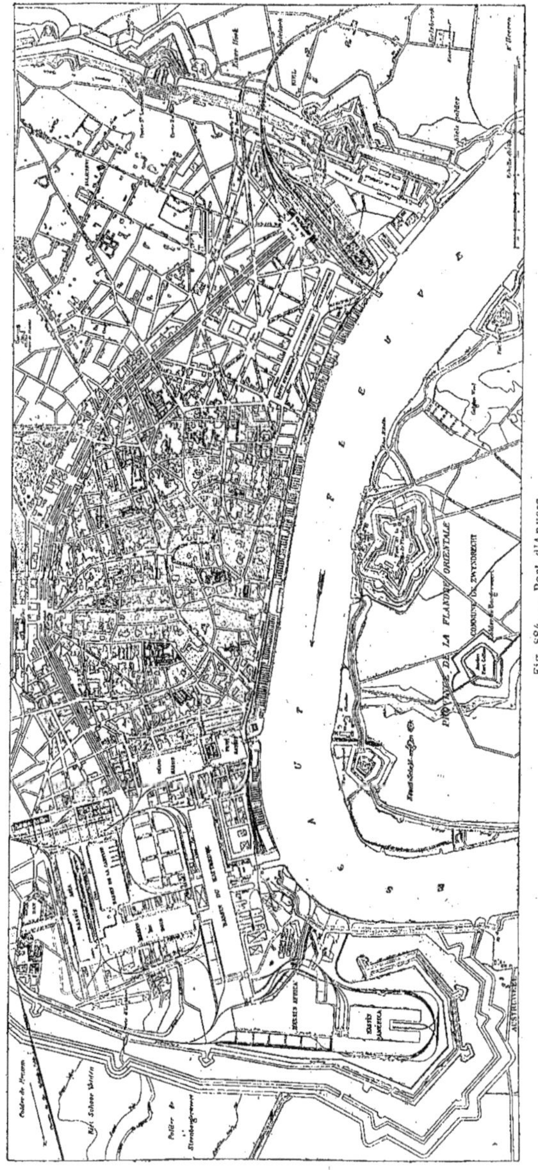

Fig. 884. — Port d'Anvers.

Le port d'Anvers est constitué par la rade que forme l'Escaut devant la ville et par les bassins situés sur la rive droite de cette rade. Le fleuve dans lequel la marée se fait sentir presqu'en amont d'Anvers, communique avec la mer du Nord par quatre passes navigables dont deux présentent un tirant d'eau de 8 mètres à mer basse. Le cours du fleuve est sinueux, et, bien que le chenal soit parfaitement balisé de jour et de nuit, des collisions et des échouages s'y produisent quelquefois. La brume, sans atteindre l'intensité des brouillards de la Tamise, couvre assez fréquemment cette région et ajoute encore aux difficultés de la navigation. Le port est à 120 kilomètres de la mer et la remonte ou la descente exigent cinq heures.

Entre Anvers et l'embouchure, le fleuve n'est constamment navigable que pour les navires tirant 5 mètres d'eau ; ceux qui ont un tirant supérieur sont obligés d'attendre la marée.

Il en est de même pour les bassins; les seuils des écluses ne permettent pas aux navires calant plus de 5 mètres d'entrer et de sortir à toute heure.

On compte (*fig.* 884) sept bassins à Anvers représentant une surface totale de 74 hectares.

Le développement des quais est de 10 700 mètres et la surface totale des terre-pleins de 84 hectares.

La plupart des quais sont abondamment pourvus d'un réseau de chemin de fer. Les manœuvres s'y effectuent avec des cabestans hydrauliques. Les voies de chemins de fer sont réunies par des plaques tournantes, des aiguilles et des transbordeurs.

Le port communique aussi par les canaux avec toutes les voies navigables de l'Europe.

Quinze grues hydrauliques roulantes à double pouvoir de 750 à 2 000 kilogrammes, une grue fixe de 40 tonnes, mue à bras ou par l'eau sous pression ; une autre de 40 mue seulement par l'eau sous pression et une bigue de 120 tonnes, complètent avec les cabestans isolés et de manœuvre l'outillage de ce port.

Londres.

737. Le port de Londres est le premier port du monde pour le tonnage et la valeur des échanges. Presque de tout temps il eut le monopole commercial, et même à l'époque romaine, du temps de la Hanse, il rivalisait avec Bruges. L'expulsion des Hanséates, la fondation de la bourse de commerce et la destruction d'Anvers amenèrent à la ville la prédominance commerciale.

D'après les statistiques, toute l'importation du thé, les quatre cinquièmes de celle de la laine, près de la moitié des peaux, les sept huitièmes du café, les deux tiers du vin, le quart du blé, arrivent à Londres.

Administrativement, le port de Londres s'étend de l'embouchure de la Tamise au pont de Londres (*fig.* 885), et on conçoit les aménagements nécessaires pour satisfaire aux exigences d'un aussi colossal commerce. Imitant ce qu'avaient fait les marchands de Liverpool, les habitants de Londres firent établir des docks. On y compte aujourd'hui :

Les docks des Indes Orientales. }
Les docks des Indes Occidentales. } 140 hectares dont 55 de bassins;

Les docks de Londres } 37 hectares dont 14 de bassins;

Les docks de Sainte-Catherine;
Les docks de Milwall, 95 hectares;
Les commercial docks;
Les docks de Surrey;
Les Victoria docks;
Les Albert docks;

Le tout formant un ensemble de plus de 800 hectares de magasins et de 300 hectares de bassins.

Les grands entrepôts occupent le Nord de la Tamise; les bois et les grains le Sud.

L'amplitude de la marée au pont de Londres est d'environ 3 mètres.

MER D'IRLANDE

738. Nous empruntons les détails sur ces ports à un travail du baron Quinette de Rochemont, paru dans les *Annales des Ponts et Chaussées* de 1892.

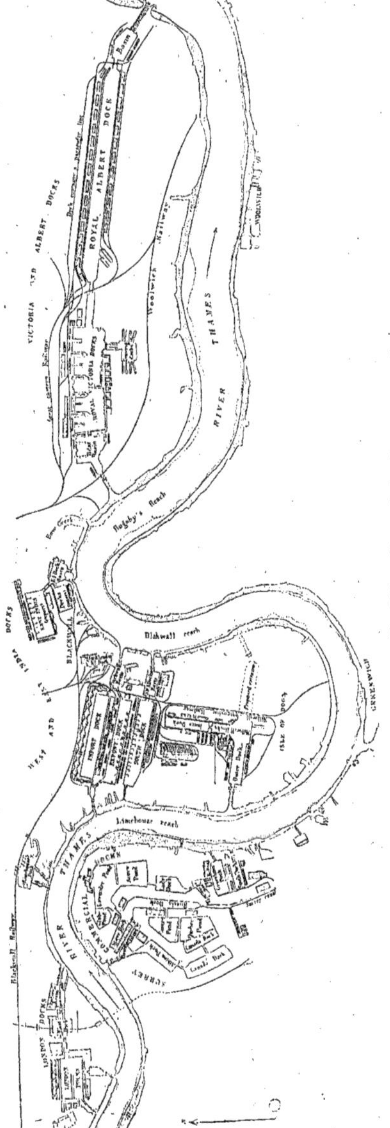

Fig. 885. — Docks de Londres.

On distingue dans cette mer deux rivières principales, la Mersey et la Clyde, à l'embouchure desquelles sont placés deux grands ports.

Le port situé sur les rives de la Mersey est celui de Liverpool, qui se compose de deux établissements bien distincts : Liverpool, sur la rive droite, et Birkenhead, en face, sur la rive gauche.

La Mersey est formée de la réunion du Goyt et de l'Etherow, à quelques kilomètres au-dessous de Stockport, dans le Chesbire. Elle se jette dans la mer d'Irlande après un parcours d'environ 90 kilomètres.

Le goulet compris entre Liverpool et Birkenhead présente de grandes profondeurs, entretenues par les courants de marée dont la vitesse atteint de 6 à 7 nœuds en vive eau. Il sert de rade, la tenue y est excellente ; les navires, abrités des vents dangereux, y sont en sûreté par tous les temps.

La Clyde, après un parcours de 95 kilomètres, traverse la ville de Glascow, et, 36 kilomètres plus loin, débouche dans le Firt of Clyde, vaste estuaire présentant de grandes profondeurs d'eau. Le bassin du fleuve a 4.091 kilomètres carrés.

Liverpool.

739. Ce port a eu de tout temps une grande importance commerciale. Un bassin à flot y a été établi dès 1768. Ce bassin, qui a disparu depuis, avait $1^{\text{hect}},62$ et un développement de quais de 509 mètres. Il pouvait recevoir en morte eau des navires calant 3 mètres.

Les plus anciens des bassins actuels (Salthouse, George et Prince's Docks) ont une surface de 19 hectares ; en 1861, la surface d'eau était de $89^{\text{hect}},10$. Enfin, en 1892, l'ensemble du domaine du Mersey docks and Harbour board était de $643^{\text{hect}},02$, se décomposant ainsi :

Liverpool	$438^{\text{hect}},26$
Birkenhead..........	204 76

Les surfaces d'eau et le développement des bassins étaient :

Pour Liverpool....	$154^{\text{hect}},23$	41 203m
Pour Birkenhead..	66 58	15 196
TOTAL.......	$220^{\text{hect}},81$	56 399m

La surface où mouillent les grands navires atteint 800 hectares. La profondeur varie de 12 à 22 mètres à basse mer de vive-eau d'équinoxe; les petits bâtiments trouvent encore une profondeur suffisante pour eux sur une autre superficie de 200 hectares.

Les embarcadères flottants servent également à l'acostage des nombreux vapeurs faisant le service entre Liverpool, Birkenhead, New-Brighton et les ports voisins. Ils sont au nombre de trois. L'un d'eux se trouve à Liverpool sur la rive droite, les deux autres à Birkenhead sur la rive gauche. Les installations se composent de flotteurs en tôle supportant un tablier; des ponts établissent les communications avec la terre. Des salles d'attente, des bureaux de distribution de billets et des restaurants sont établis sur ces pontons.

L'embarcadère de Liverpool, le Prince and George landing Stage, a 628^{m},80 de long sur 24^{m},38 de large. Un pont flottant de 167^{m},64 de long sur 10^{m},67 de largeur, également supporté par des flotteurs reposant à mer baissante sur un escalier à larges gradins, permet, en outre, aux voitures et camions d'arriver à toute hauteur de la mer sur l'embarcadère sans que la pente dépasse quelques centimètres par mètre.

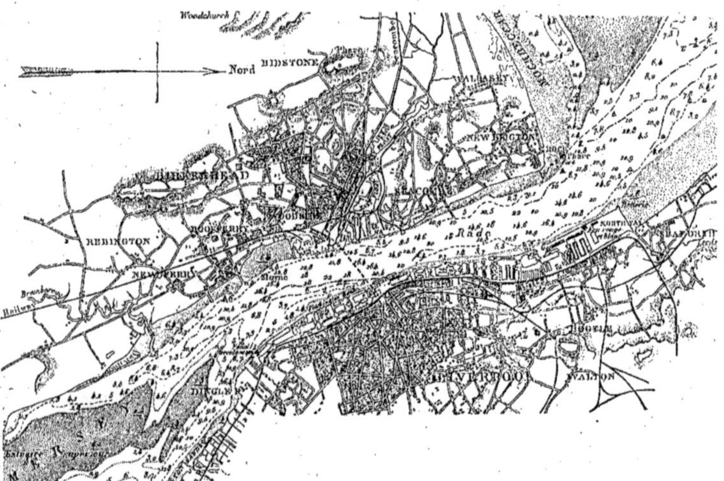

Fig. 886. — Ports de Liverpool et de Birkenhead

Le port en lui-même comprend sept bassins de marée en libre communication avec la Mersey, sept bassins de demi-marée servant de sas, six bassins à flot et vingt et une formes de radoub. Des hangars et des magasins sont disposés autour de la plupart de ces bassins (*fig.* 886). Les bassins de marée, avec largeur variable de 11 mètres à 91 mètres, ont une surface réunie de 7^{ha},10 avec une longueur de quai de 2 410 mètres. Ceux de demi-marée et ceux à flot ont une surface totale de 146^{ha},82 et une longueur de 38 792 mètres.

Les terre-pleins des quais sont généralement assez étroits, surtout les anciens (30 à 40 mètres). Les hangars sont édifiés de 1^{m},20 à 2^{m},45 de l'arête des quais, nous en avons donné les dessins, nous n'y reviendrons pas. On rencontre dans ce port une grue de 100 tonnes à eau sous pression et une grue flottante, l'*Atlas*, pouvant soulever 100 tonnes dans certaines conditions particulières et normalement

30 tonnes. L'eau comprimée sert aux manœuvres des portes des écluses. Les formes de radoub sont au nombre de vingt et une et fermées pour la plupart par des portes en bois. La plupart se vident par écoulement de leurs eaux dans la Mersey.

Les marées ont en effet une amplitude extraordinaire, ainsi qu'on en peut juger par les chiffres suivants :

Haute mer de vive eau équinoxe...	9m,58
» » ordinaire...	8 ,89
» morte » ...	6 ,68
» » les plus faibles	5 ,77
Basse mer de morte eau ordinaire.	2 ,72
» de vive eau »	0 ,50
» » équinoxe.	0 ,00

De grandes modifications doivent être apportées aux bassins compris entre Canadian bassin et Nelson dock, de manière à permettre à toutes les marées l'accès des bassins aux plus grands navires (*fig.* 887).

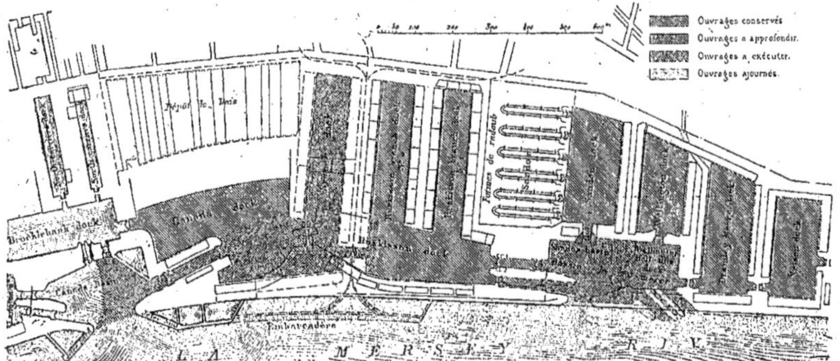

Fig. 887. — Port de Liverpool.

Birkenhead.

740. Ce port est tout récent ; sa construction a été autorisée seulement en 1844. Il se compose de huit bassins à flot dont deux peuvent être utilisés comme bassins de mi-marée, trois formes de radoub et un petit bassin de marée complétés par des hangars et des magasins. Un chemin de fer passant en tunnel sous la Mersey réunit Liverpool à Birkenhead. On y rencontre des élévateurs, des grues hydrauliques, etc.

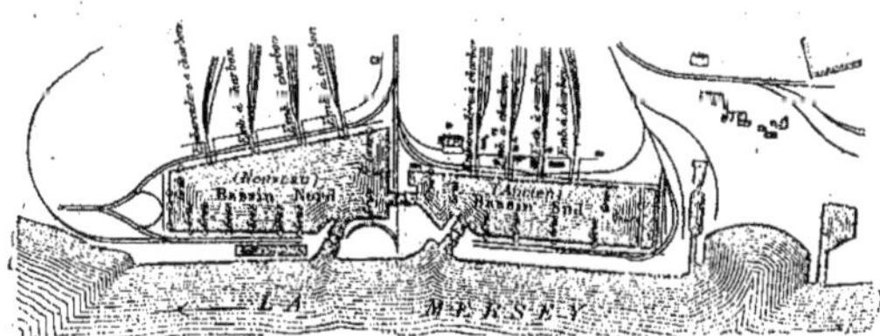

Fig. 888. — Port de Garston.

Garston.

741. Ce port (*fig.* 888) ne comprend

que deux bassins à flot débordant sur la rive droite de la Mersey et un gril de carénage, il est remarquablement aménagé pour le transit par chemin de fer, c'est ce qui nous fait en donner le plan.

Glascow.

742. Ce port s'est rapidement développé, au fur et à mesure qu'augmentaient les profondeurs de la Clyde. Jusqu'en 1867, il ne comprenait que des quais sur les rives du fleuve. Il s'étend (*fig.* 889) d'Hutchesontown en amont jusq'uau confluent de la Kelvin en aval et comprend des quais en rivière, deux bassins de marée, deux formes de radoub et quelques darses et appareils de radoub dépendant des chantiers de construction.

En amont du port, la Clyde ne peut recevoir que des allèges et des petits bateaux. Sur l'une des rives il existe un quai de 462 mètres de longueur, au pied duquel la profondeur d'eau à haute mer varie de $4^m,60$ à $5^m,20$. L'espace utilisable par les bateaux est de $5^{hect},67$. Celles du port maritime sont les suivantes :

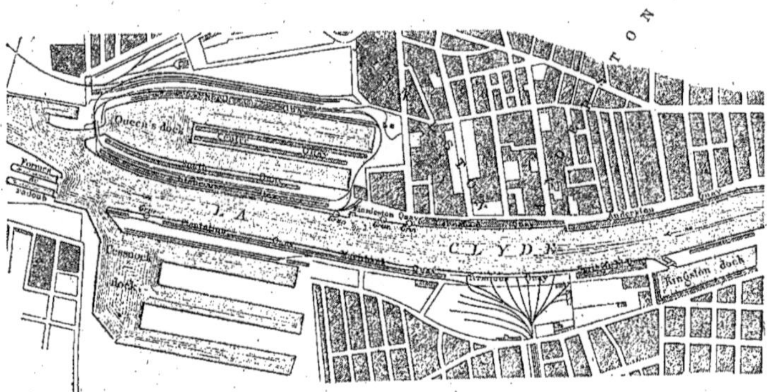

Fig. 889. — Port de Glascow.

	SUPERFICIE	LARGEUR DE QUAIS	HAUTEUR D'EAU en haute mer de morte-eau ordinaire
La Clyde	$60^{hect},99$	$5\,745^m$	$8^m,25$ à 7.05
Kingston-dock	2 ,16	759	7 ,35
Queen's-dock	14 ,66	3 049	7 ,95
Totaux	$56^{hect},81$	$9\,577^m$	

On a préféré les bassins de marée aux bassins à flot, à cause de la dénivellation relativement faible des eaux ($1^m,50$ à $2^m,00$) et afin de faciliter la circulation des bateaux de rivière et des allèges qui sont en grand nombre, notamment pour l'approvisionnement en charbon des steamers.

En amont des bassins, les terre-pleins ont généralement de 30 à 35 mètres de largeur, les hangars 14 à 20 mètres. En aval on a donné aux premiers, 37 mètres de largeur et aux seconds $18^m,30$.

La plupart des engins sont à vapeur, quelques uns à la main et quatre à l'eau comprimée.

On y compte trois formes de radoub et quatre cales de halage.

Port de refuge d'Holyhead.

743. Nous empruntons les renseignements sur ce port à un mémoire de M. Alibaut, ingénieur des Ponts et Chaussées, inséré dans les *Annales* de ce corps en 1858.

Le port d'Holyhead est situé sur la côte orientale de l'île de ce nom, à l'ouest de celle d'Anglesea.

Quoique d'un intérêt restreint au point de vue commercial, il a, au point de vue administratif, une importance capitale à cause de sa situation avancée dans la mer d'Irlande sur la route directe de Londres à Dublin, ce qui fait qu'il a été de tout temps le point de départ des communications postales de la Grande-Bretagne avec l'Irlande et la station des paquebots qui font en même temps le service des malles et des voyageurs.

Il y a environ 60 ans, les profondeurs médiocres de son mouillage, qui ne pouvait être approfondi par les dragages devinrent incompatibles avec le service postal ; aussi vers 1840 le gouvernement anglais s'empara de ce havre et y fit établir une jetée en charpente détachée de la jetée Nord et formant un débarcadère avancé où les paquebots trouvaient plus de profondeur et un accès plus facile.

D'autre part, la rade d'Holyhead étant située sur la route de Liverpool et abritée des vents de l'Ouest et du Sud par l'île d'Holyhead et des vents de l'Est et du Nord-Est par les terres d'Angleterre, forme le refuge naturel des navires qu'une tempête peut assaillir à l'entrée de la mer d'Irlande. Toutefois, ouverte du Nord au Nord-Ouest, elle ne pouvait offrir un abri assuré en tous temps, qu'au moyen d'ouvrages protecteurs élevés contre les vents qui soufflent dans cette direction.

Le littoral, très découpé dans des terrains primitifs, ne donne pas lieu à la formation d'aucune alluvion et on pouvait se procurer avec facilité des pierres d'excellente qualité.

Ces différentes considérations déterminèrent le Gouvernement anglais à créer aux frais du Trésor un port pour le service des paquebots-poste et servant de refuge à la navigation privée (*fig.* 890).

ATLANTIQUE

Bilbao.

744. Le port de Bilbao est le quatrième d'Espagne pour le commerce. Il exporte surtout des minerais de fer et de zinc, etc. Des services réguliers sont établis entre ce port et ceux d'Angleterre et de Belgique.

Il est constitué par la partie maritime de la rivière le *Nervion*, qui s'étend entre cette capitale et Portugalete. C'est une rivière torrentielle débitant 4 mètres cubes à l'étiage et 1 600 par seconde pendant les crues, et cela à Bilbao même. Le profil en long de son lit de 58 kilomètres de longueur justifie cette dénomination. Le premier kilomètre a en effet $0^m,1518$ de pente par mètre, les 30 suivants $0^m,0087$, et $0^m,0038$ sur 27, jusqu'à Bilbao ; de Bilbao jusqu'à l'Océan, elle est presque nulle.

Les affluents de la partie maritime donnent en moyenne 25 mètres cubes par seconde, la navigation de Portugalete à Bilbao est donc uniquement maritime.

Le marnage varie de $1^m,24$ à $4^m,60$.

La ville de Bilbao est placée à 13 kilomètres de l'embouchure.

On conçoit que toutes ces circonstances ont déterminé des apports fluviaux considérables. Un cordon littoral rongé par les grandes tempêtes est aussi la cause d'apports venant de l'extérieur.

On a amélioré le Nervion par la rectification des coudes brusques, par des dragages du fond, et par le prolongement du môle de Portugalete sur 800 mètres de longueur (*fig.* 891).

Bilbao est précédé d'un havre, au fond duquel débouche le Nervion. Ce havre s'ouvre sur le golfe de Gascogne, entre la pointe de Lucero et la pointe de Goba, abrité contre les lames directes de l'Ouest, mais soumis à celles de l'Ouest-Nord-Ouest, qui font cheminer les sables de la

Fig. 890. — Port de refuge de Holyhead.

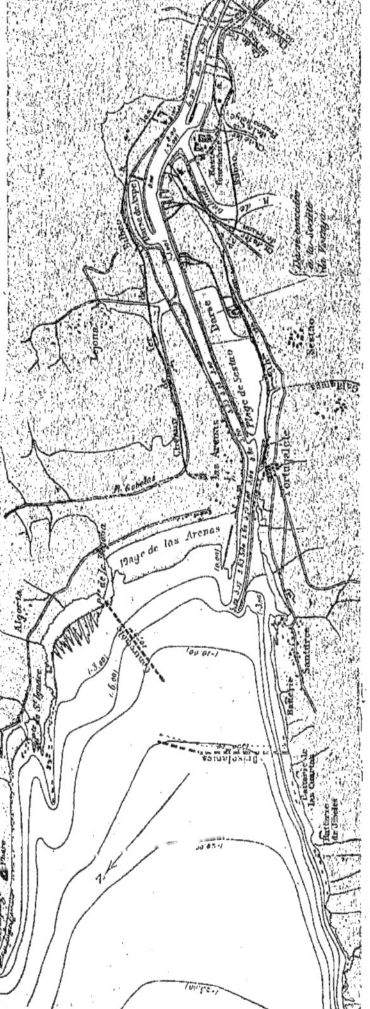

Fig. 891. — Port de Bilbao.

plage de las Arenas, de l'embouchure vers l'Ouest.

On a proposé de l'abriter, soit au moyen de brise-lames, soit au moyen de jetées. C'est ce dernier qui a prévalu et qui est en cours d'exécution depuis 1888.

745. Les autres ports de la côte d'Espagne sur lesquels nous n'insisterons pas sont au Nord :

Saint-Sébastien, *Santander*, *Gijon*, *le Ferrol* (port militaire) et *la Corogne*, au Sud : *Cadix*.

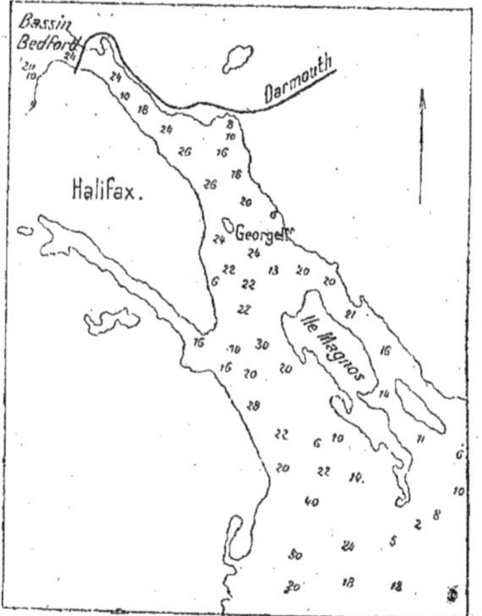

Fig. 892. — Port de Halifax.

Portugal.

746. Les deux ports principaux du Portugal sont :

747. *Porto*, à l'embouchure du Douro. La barre et l'entrée de ce port sont extrêmement mauvaises. Il arrivait fréquemment que les navires étaient obligés de courir des bordées pendant plusieurs jours, avant de pouvoir essayer l'entrée, aussi le Gouvernement portugais a-t-il fait établir extérieurement le port de *Laixões*, dont nous avons donné la description.

Lisbonne.

748. Situé à quelques kilomètres de l'embouchure du Tage, qui offre jusqu'en amont de la ville un mouillage suffisant pour recevoir les transatlantiques, ce port autrefois florissant a beaucoup perdu de son importance depuis le XVIIe siècle.

De nombreux travaux, principalement des quais permettant l'accostage des gros navires, ont été projetés et même commencés. Malheureusement, l'état financier du pays n'a pas permis de les achever jusqu'à ce jour.

Fig. 893. — Port de Boston.

PORTS DES POSSESSIONS ANGLAISES DE L'AMÉRIQUE DU NORD

749. Les principaux ports du Canada sont ceux de Québec et de Montréal, sur le Saint-Laurent. Cette dernière ville est en relation avec tout le réseau de chemin de fer et en communication avec le Pacifique par le Canada-Pacific-Railway (4676 kil.). C'est aujourd'hui le trajet le plus court entre l'Europe, l'Asie Orientale et le Nord-Est de l'Australie.

Halifax.

750. Dans la Nouvelle-Ecosse, on rencontre les ports d'Halifax et de Saint-John. Le premier est un des plus beaux ports du monde et peut contenir mille vaisseaux. Cinq phares et trois trompettes marines servent à diriger les navires par tous les temps. C'est une des principales stations des flottes de pêches, qui chaque année se rendent sur les côtes du Labrador et de Terre-Neuve, ainsi qu'en été pour les grandes lignes des vapeurs d'outre-mer.

PORTS DES ÉTATS-UNIS

Boston.

751. Cette ville est la cinquième des États-Unis; elle est placée à l'extrémité orientale de la baie de Massachusetts et formée de quatre presqu'îles qui aboutissent dans le port. Celui-ci s'ouvre à l'Est de la ville et il reçoit la rivière Mystre entre Charlestown et East Boston et la rivière Charles entre Old-Boston et Charlestown. Sa superficie est de 70 milles carrés; elle est défendue par les forts Waren, Indépendance et Wuilrop (*fig.* 893).

New-York.

752. New-York est le troisième port du monde. L'accès de la rade de New-York est difficile à cause des bancs de sable et des apports de l'Hudson à l'embouchure duquel elle est placée. Le pilotage y est obligatoire et ceux-ci viennent quelquefois prendre les navires jusqu'à 300 milles de la côte.

Les passes sont placées entre Long-Island et Staten-Island et défendues par de nombreuses fortifications.

Bien que l'Hudson gèle presque tous les hivers, le port de New-York est rarement couvert de glaces assez épaisses pour arrêter la navigation.

Les transatlantiques choisissant généralement l'Hudson comme mouillage et le cabotage; l'Eaest en River mieux abritée, c'est sur cette rivière qu'est jeté le Brooklyn Bridge qui relie NewY-ork à Brooklyn, pont sous lequel passent les navires du plus fort tonnage et que parcourent annuellement 40 000 000 de personnes voyageant par chemin de fer, en voiture et à pied. Les jetées et appontements du port de New-York sont construits en charpentes afin de mieux résister à l'action des glaces.

Navy-Yard le plus grand arsenal militaire des États-Unis avec ses chantiers et ses magasins, ses grandes cales sèches en granit, se trouve au fond d'une anse d'East-River (*fig.* 894).

Les jetées de Atlantic-docks ont environ kilomètres de longueur, et le bassin dont

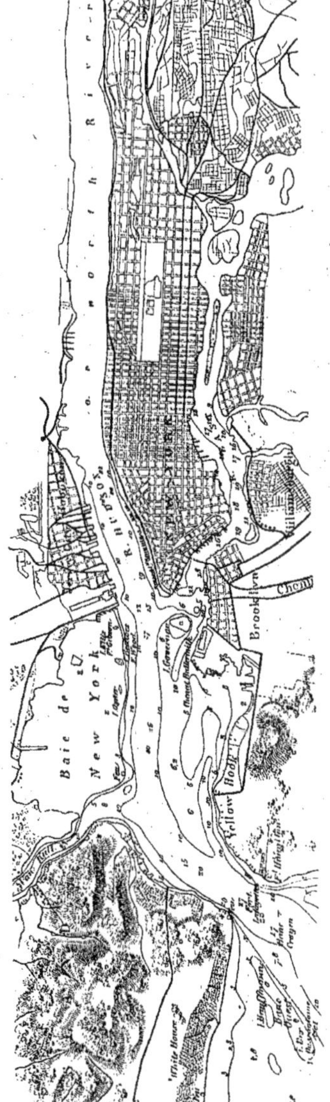

Fig. 894. — Port de New-York.

l'entrée n'a que 60 mètres de large, peut contenir 500 navires à la fois. Les quais sont entourés d'élévateurs à blé hauts comme des tours et mus à la vapeur.

C'est surtout au canal du lac Erié que la ville deNew-York doit sa prospérité; ce canal la met en effet en relation directe avec tous les grands lacs.

Les blés récoltés dans les provinces qui entourent ces lacs sont rassemblés en grande partie à Chicago et dans quelques autres places et de là dirigés sur New-York, puis à l'Étranger.

En 1888, sur une exportation totale par tous les ports y compris les métaux précieux de 1 525 663 790 dollars, New-York à lui seul comptait 852 165 691 et dans ce chiffre étaient compris les blés et les farines pour 41 592 000. Les blés sont générales ment amenés et expédiés en vrac ce qui simplifie beaucoup la main-d'œuvre. Les élévateurs délivrent des warrants. Ce sont comme nous avons déjà eu occasion de le dire, des installations colossales, on en cite un qui peut contenir 1 000 000 d'hectolitres de blé.

753. Nous terminons ici ce que nou-avons à dire des ports étrangers. De même que pour nos colonies, la plupart des ports d'Afrique et de l'Amérique espagnole ainsi que du Bresil ne consistent qu'en appontements, phares et feux de port.

Il en est de même des ports de l'Océanie; dans toute la Micronésie et la Polynésie, on ne rencontre que des atols qui forment de petites baies bien fermées avec des fonds de coraux offrant un mouillage plus ou moins profond.

Dans la Malaisie et la Mélanaisie ainsi que dans la mer des Indes les ports sont réduits à des appontements et des quais. Quelques-uns cependant, tel que Saïgon, offrent aux navires des bassins de radoub. mais ils sont extrêmement rares.

CHAPITRE IX

CANAUX MARITIMES

Généralités.

754. Les canaux maritimes comportent nécessairement un port à l'entrée et un port à la sortie. Ils ne diffèrent des canaux de navigation intérieure que par les dimensions de leur profil, en travers, et comme eux se divisent en canaux à une seule pente et en canaux à points de partage.

Nous classerons les canaux à niveau, tel que celui de Suez, dans les canaux à pente unique.

Tous, excepté ces derniers, comportent naturellement des écluses importantes. Ceux à double pente exigent des études serrées de très près pour tout ce qui est relatif à leur alimentation.

Dans le tracé du profil en long on donnera aux courbes un rayon aussi grand que possible. Fixé d'abord à 1 000 mètres pour le canal de Suez, l'expérience a démontré qu'il fallait prendre comme rayon minimum 2 000 à 2 500 mètres. D'après M. Guillemin, le mieux serait

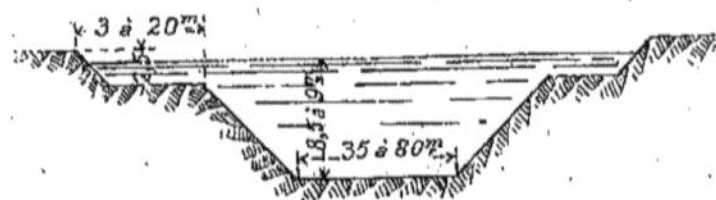

Fig. 895. — Profil-type d'un canal maritime.

d'adopter des courbes de 3 000 à 4 000 mètres. Dans le cas où il serait impossible d'avoir ces rayons, il faudrait, comme pour les canaux de navigation intérieure, élargir le canal sur la rive convexe.

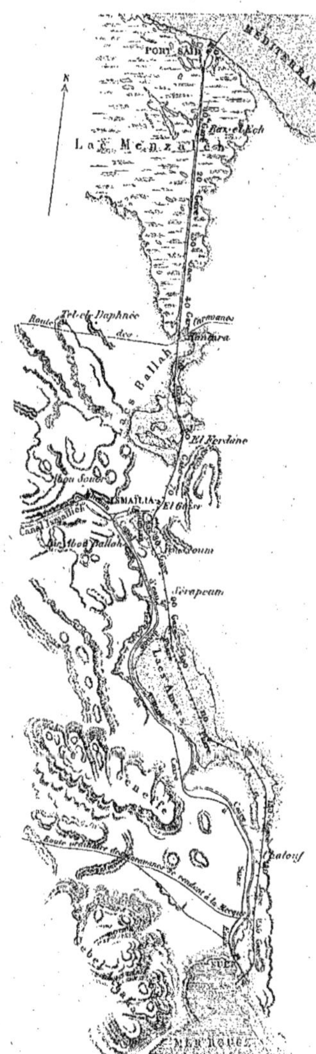

Fig. 896. — Canal de Suez.

Quant au profil en travers, la largeur qui doit servir de base est celle du plafond; on donne au talus celui de la pente naturelle des terrains.

A Suez, on a donné 22 à 26 mètres à cette largeur, 36m,60 au canal de Manchester et 85 à celui de Saint-Petersbourg à Cronstadt. On comprend que dans le cas où on fixe la largeur de 22 à 26 mètres, deux navires ne peuvent se croiser, aussi faut-il établir de distance en distance des garages. A Suez on a adopté d'abord 15 mètres d'élargissement, puis finalement 37 mètres. Ce canal étant extrêmement fréquenté et les garages faisant perdre du temps à la navigation, on s'est déterminé à lui donner une longueur uniforme de 37 mètres. Il est inutile de dire que la longueur du canal et la vitesse des navires jouent un grand rôle dans ces dispositions ; nous avons étudié complètement la question dans notre cours de canaux, aussi n'y reviendrons-nous pas.

La profondeur se règle sur le plus grand tirant d'eau des navires qui pratiquent le canal. Il faut au minimum laisser 0m,50 de pied d'eau. Le bateau gouverne du reste d'autant mieux et le fond du canal est d'autant plus protégé que ce pied d'eau est plus considérable. C'est ainsi qu'à Suez on avait admis d'abord 7m,50 pour le tirant d'eau des navires, soit 8 mètres pour les profondeurs du canal; les progrès des constructions navales ayant donné lieu à une augmentation de 0m,50, il a fallu porter la hauteur totale à 8m,50, aujourd'hui insuffisante, puisqu'il y a des navires qui tirent 8m,50 et qu'il faut alléger ou arrimer différemment pour que le transit puisse avoir lieu.

Le déferlement dû à l'onde superficielle qui accompagne la marche des navires est une des plus grandes causes de l'attaque des talus. Cette onde s'étend à une profondeur plus ou moins grande suivant la vitesse du bateau (10 kil. à l'heure sur le canal de Suez) et le rapport de la section immergée à celle du canal. Pour y obvier on ménage, ainsi que nous l'avons recommandé dans notre *Cours de Canaux*, une banquette placée à 2 mètres ou 2m,50 au-dessous du plan d'eau et on lui donne une largeur variant de 2 mètres à 20 mètres suivant la nature des terrains (*fig.* 895). On défend du reste les talus des canaux maritimes par les mêmes procédés que ceux employés pour les canaux de navigation intérieure, c'est-à-dire si l'eau est doucée par des plantations et si elle est trop salée pour comporter des plantes de nos pays, par des fascinages, des enrochements, des perrés, etc., maintenus par des files de pieux.

Quant à l'exécution de ces travaux qui exigent des maniements de terre considérables, on emploie des engins perfectionnés et de grande puissance dont nous avons déjà eu occasion de parler et sur lesquels nous ne reviendrons pas (dragues, excavateurs, transporteurs, etc.).

Les déblais sont ou rejetés au loin dans

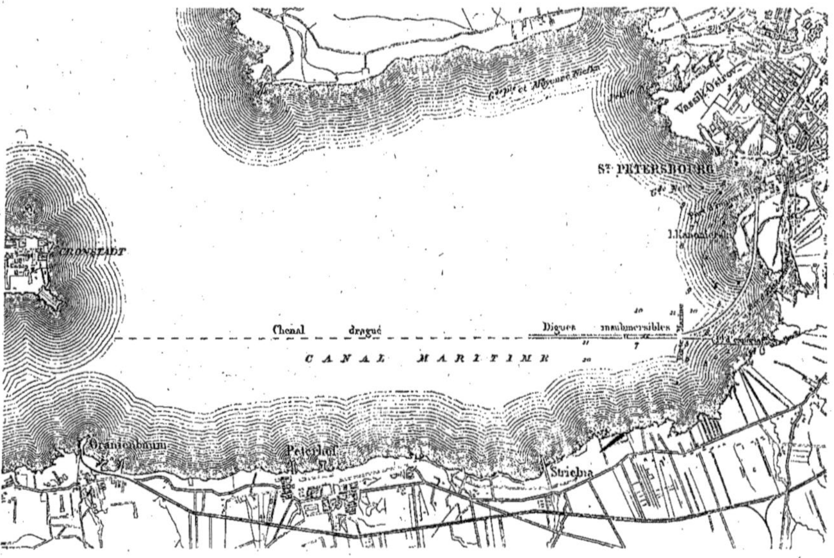

Fig. 897. — Canal de Saint-Pétersbourg à Kronstadt.

la mer de façon à ce que les courants ne puissent les ramener à l'entrée des ports qui limitent le canal, ou déposés en cavalier sur les rives.

Dans les canaux à une seule voie on dispose de distance en distance des poteaux d'amarrage.

Quand le plan d'eau supérieur est très large (cas des terrains meubles) on balise le chenal au moyen de bouées distantes de 500 mètres et de feux ou bouées lumineuses pour le pilotage de nuit.

755. Nous avons déjà donné tous les détails sur le **canal du Havre à Tancarville,** nous n'y reviendrons donc pas.

Canal de Suez.

756. Ce canal est le plus ancien des canaux maritimes adaptés à la navigation moderne, et sa construction a donné lieu à la celle des premiers engins puissants pour l'extraction des cubes considérables qu'il faut exécuter (*fig.* 896).

Nous en donnons le plan, ainsi que ceux du :

757. Canal de Saint-Pétersbourg à Cronstadt, dont on trouvera les détails dans les *Annales des Ponts et Chaussées* (*fig.* 897) ;

758. Du **canal de Corinthe,** dont la construction est décrite dans les *Mémoires et comptes rendus de la Société des Ingénieurs civils de France* (*fig.* 898).

Les *Annales des Ponts* renferment aussi tous les renseignements désirables sur :

759. Le **canal de Manchester** et

760. Celui **des Deux-Mers,** en Ecosse.

Canal de Kiel.

761. Le canal de Kiel, qui vient d'être inauguré il y a deux ans, augmente considérablement la puissance maritime de l'Allemagne puisqu'il permet par tous les temps de réunir la flotte de la Baltique à celle du Nord en évitant les passages si périlleux du Sund dans la saison d'hiver.

762. Canal des Deux-Mers, que nous devons à l'obligeance de la Société d'étude de ce canal et dont l'importance au point de vue national est si considérable en ce qu'il nous permet de réunir promptement nos escadres de la Méditer-

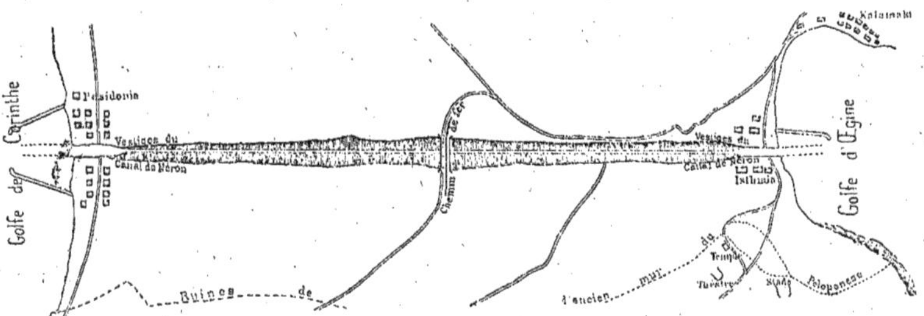

Fig. 898. — Canal de Corinthe.

ranée et de l'Atlantique doublant ainsi l'importance de notre flotte, tournant à notre profit l'obstacle formidable de Gibraltar (*fig.* 899 à 902).

« Le canal, que nous appelons le percement de tous nos vœux patriotiques, dit l'amiral Fournier dans son ouvrage sur *la Flotte nécessaire*, serait donc à la fois le contrepoids de celui de la Baltique à la mer du Nord, un nouvel et sérieux obstacle à l'exécution du plan stratégique de l'Angleterre, enfin un puissant auxiliaire pour le nôtre, etc., etc. »

D'après le projet, ce canal aura son origine du côté Océan, au bassin d'Arcachon, qui est un port de refuge sans pareil pour la marine de guerre et pour la défense de toutes les côtes du Sud-Ouest de la France et qui est actuellement sans défense; de ce point il passera à Marmande, Agen, Castelsarrasin, Toulouse, Castelnaudary, Carcassonne, Narbonne, pour aboutir enfin, dans le vaste étang de Bages, au port agrandi de la Nouvelle, sur la Méditerranée.

Sa longueur serait de 432 kilomètres et ne comprendrait dans le projet *définitif* que seize écluses, soit une écluse par 27 kilomètres en moyenne. On remarque dans le projet, que d'Arcachon à Agen, sur 157 kilomètres, il n'existe qu'un seul bief.

Il serait alimenté par la Garonne pendant les grands étiages, et en basses eaux, pendant soixante-cinq jours de l'année, par des réservoirs construits dans la montagne, réservoirs d'une capacité de 500 millions de mètres cubes.

La dépense prévue s'élèverait à environ 700 millions.

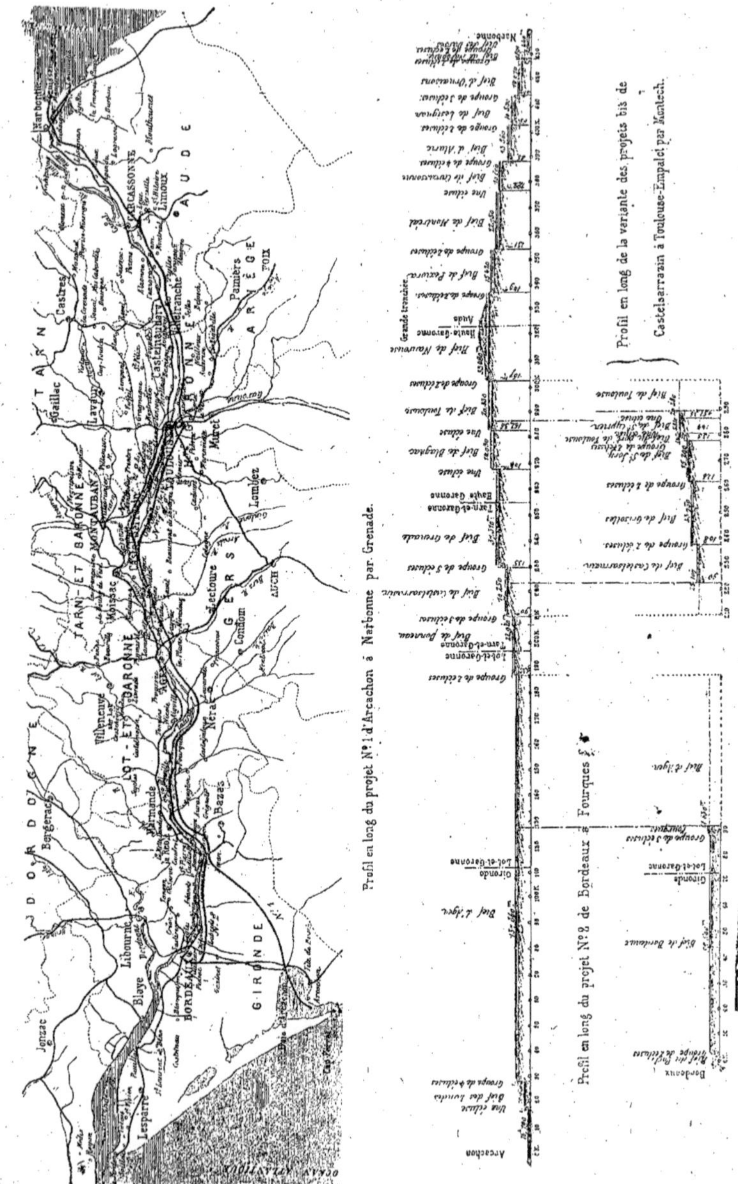

Fig. 899 à 902. — *Canal des Deux-Mers*

CHAPITRE X

LÉGISLATION

763. Pour mettre un peu d'ordre dans ce chapitre, nous commencerons par parler des lois qui réglementent le rivage de la mer, puis de celles qui s'appliquent aux navires, au personnel, et enfin, nous donnerons quelques renseignements sur les perceptions auxquelles l'Etat et les communes ont droit.

RIVAGES DE LA MER

764. *Ordonnance d'août* 1681. — Une ordonnance de la marine d'août 1681, Titre VII, article 2, définit ainsi le rivage de la mer.

« Sera réputé bord et rivage de la mer ce qu'elle couvre et découvre pendant les nouvelles et pleines lunes et jusqu'où le grand flot de mars peut s'étendre sur les grèves. » Les terrains recouverts accidentellement par les tempêtes en sont donc exceptés.

Différant des bords des rivières, les rivages de la mer font partie du domaine public. C'est donc un bien qui appartient à tous, dont personne ne peut disposer, pas même l'Etat qui ne fait que l'administrer.

Le code civil, article 538 a confirmé l'ordonnance précédente. Il s'exprime en effet ainsi : « Les rivages, les lais et relais de la mer, les ports, les havres, les rades et généralement toutes les portions du territoire français non susceptibles de propriétés privées, sont considérées comme des dépendances du domaine public.

C'est l'Administration qui, d'après les lois des 22 décembre 1789 et janvier 1790, délimite les rivages. Les formes à suivre sont prescrites par les lois suivantes :

Décret-loi du 21 février 1852.

Sur la fixation des limites de l'inscription maritime dans les fleuves et rivières affluant à la mer, et sur le domaine public maritime.

765. Article premier. — Des décrets du Président de la République, insérés au *Bulletin des lois*, et rendus sur la proposition du ministre de la marine, détermineront dans les fleuves et rivières affluant directement ou indirectement à la mer, les limites de l'inscription maritime et les points de cessation de la salure des eaux.

Art. 2. — Les limites de la mer seront déterminées par des décrets du Président de la République rendus sous la forme de règlement d'administration publique, tous les droits des tiers réservés, sur le rapport du ministre des Travaux publics, lorsque cette délimitation aura lieu à l'embouchure des fleuves ou rivières, et sur le rapport du ministre de la Marine lorsque cette délimitation aura lieu sur un autre point de littoral.

Dans ce dernier cas, les opérations préparatoires seront indirectement confiées par le ministre de la Marine soit aux préfets maritimes, soit aux préfets de départements.

Quant aux déclarations de domaniabilité relatives à des portions du domaine public maritime, elles seront faites par les mêmes fonctionnaires dont les arrêtés déclaratifs seront visés par le ministre de la Marine.

Art. 3. — L'avis du ministre de la Marine sera réclamé en ce qui concerne la concession des lais et relais de mer, et son assentiment devra être obtenu pour les autorisations relatives à la formation d'établissements de quelque nature que ce soit, sur la mer et ses rivages.

Art. 4. — Les syndics des gens de mer, gardes maritimes et gendarmes de la marine pourront constater concurremment avec les fonctionnaires et agents dénommés dans les lois et décrets relatifs à la grande voirie, les établissements irrégulièrement formés sur le domaine public maritime.

Les commissaires de l'inscription maritime donneront, dans ce cas, aux procès-verbaux de ces agents, la direction indiquée par l'article 113, titre IX, du décret du 16 novembre 1811.

766. *Jurisprudence.* — Voici extrait du dictionnaire de M. Debauve, la jurisprudence relative à la matière.

On voit tout d'abord par ce qui précède que c'est l'autorité administrative qui seule est compétente pour déterminer les limites de la mer, et, en cas de litige entre des personnes qui se croient propriétaires des rives d'un chenal aboutissant à la mer, l'administration doit, avant qu'un jugement puisse être prononcé, décider si le chenal fait ou non partie du domaine public.

Les lois et décrets ne prévoient pas de servitude légale de passage pour les agents de l'administration sur les propriétés particulières. On peut donc placer des clôtures le long des rives d'un fleuve ou du rivage de la mer jusqu'au point où ceux-ci font partie du domaine public.

Une déclaration de domanialité par l'administration donne droit aux anciens propriétaires de réclamer une indemnité. Ce cas s'est présenté pour certains marais alternativement couverts et découverts par la marée. En conséquence, tous les arrêtés doivent réserver les droits des tiers.

Dans tous les cas, la délimitation du rivage de la mer doit être faite d'après les termes de l'ordonnance de 1681, et non d'après les limites de la pêche maritime, de la salure des eaux, ou de l'inscription maritime qui répondent à d'autres intérêts.

Les terrains, qui depuis de nombreuses années et par suite du retrait des eaux, ne sont plus couverts par les marées de mars, peuvent être prescrits.

Les terrains couverts par les marées d'équinoxe peuvent cependant être l'objet de concessions ainsi que nous le verrons dans la jurisprudence relative aux lais et relais de mer.

Le Conseil d'État a seul le pouvoir d'interpréter la limite de la mer en cas de contestation.

Une île située au milieu d'un fleuve peut faire partie du domaine maritime sans être réputée bord ou rivage de la mer, suivant les termes de l'ordonnance de 1681 et, dans ce cas, ce sont les tribunaux ordinaires qui ont à connaître des différents qui peuvent s'élever.

La loi de 1681 est seulement applicable à l'Océan, car la Méditerranée n'a pas de marée appréciable sur nos côtes de France.

Pour cette mer intérieure on suit l'ancienne règle du Droit romain : « *Est autem litus maris quatenus hibernus maximus fluctus excurrit.* » (Est considéré comme rivage de la mer, ce que couvre le grand flot hivernal).

Les étangs salés sont également compris dans les rivages de la mer dont ils sont les annexes. Ces étangs étaient en effet assimilés à la mer par l'ordonnance de 1681 et, en 1842, la Cour de Cassation les définissait ainsi : « Une baie communiquant avec la mer par une issue plus ou moins étroite et qui en est un prolongement, une partie intérieure formée des mêmes eaux, peuplée des mêmes poissons.

Instructions du ministre de la Marine sur le mode à suivre pour la délimitation du rivage conformément à l'article 12 de la loi du 21 février 1852.

Instruction du 20 novembre 1884.

767. 1° Aucune fixation des limites de la mer ne doit être entreprise sans l'autorisation du ministre de la Marine et des Colonies, réclamée par le préfet maritime compétent, qui transmet à cet effet, avec un plan des lieux, toutes les pièces nécessaires pour permettre d'apprécier l'utilité de l'opération ;

2° Les délimitations sont effectuées par des commissions composées de fonctionnaires des administrations de la Marine, de la Guerre, des Finances, des Travaux publics. Ces commissions se rendent sur les lieux, les visitent, et, si l'inspection qu'elles accomplissent ne leur fournissent pas d'éléments d'appréciation suffisante, elles procèdent à des enquêtes dans lesquelles sont entendues des agents des douanes, des pêcheurs, des officiers municipaux et en général toutes les personnes aptes à fournir des indications propres à éclairer les commissions au point de vue de la constatation matérielle qu'elles ont à opérer;

3° Dans ce but, l'administration doit avoir recours aux moyens de publicité dont elle dispose, afin que le jour où les opérations sont conduites soit annoncé à l'avance dans les localités. Les propriétaires riverains, s'ils sont connus, doivent être prévenus spécialement et individuellement;

4° L'article 1, titre VII, livre IV de l'ordonnance sur la marine du mois d'août 1681 constitue la seule disposition législative qui établisse des règles relatives à la délimitation des rivages de la mer, ainsi que l'a reconnu le Conseil d'État dans un avis en date du 24 janvier 1850;

5° Ledit article 1 est conçu dans les termes suivants :

6° « Sera réputé bord ou rivage de la mer, tout ce qu'elle couvre et découvre pendant les nouvelles et pleines lunes et jusqu'où le grand flot de mars peut s'étendre sur les grèves. »

7° Le grand flot de mars dans l'Océan et le plus grand flot d'hiver dans la Méditerranée déterminent le rivage. La substitution du grand flot d'hiver au grand flot de mars, seul indiqué dans l'ordonnance de 1681, s'appuie sur les lois 96 et 112 du *Digeste* et s'explique par la faible influence de la marée dans la Méditerranée;

8° L'expression du plus grand flot d'hiver est synonyme de plus grande vague. Cette vague forme généralement sur les plages, aux extrémités atteintes, un bourrelet parfaitement accentué que l'on admet comme formant la limite du rivage sur le littoral méditerranéen;

9° Il ne faut pas confondre le grand flot des mers, ni le plus grand flot d'hiver avec le plus grand flot de tempête. Le devoir des commissions est de rechercher uniquement et de constater le point où les vagues d'hiver atteignent ordinairement;

10° Les commissions doivent tenir compte, autant que possible, des sinuosités que la mer trace sur la côte. Elles font placer en leur présence des bornes ou piquets sur le parcours de la ligne atteinte par les eaux et mentionnent ce fait dans leurs procès-verbaux;

11° Ces documents doivent, en outre, indiquer les conditions météorologiques dans lesquelles l'opération s'est faite, en particulier l'état de la mer, la force et la direction du vent, ainsi que la hauteur de la marée, s'il existe un maréographe à portée pouvant être consulté.

12° Les commissions consignent dans leurs procès-verbaux le résultat de leurs investigations. Un plan, en double expédition, établi avec le plus grand soin, est joint à ces documents. La ligne indicatrice des limites proposées doit être tracée sur les plans d'une façon très apparente avec l'intitulé : *limite du rivage de la mer*, et, renfermée entre deux lettres ou chiffres faisant clairement connaître le point où elle commence et celui où elle se termine;

13° Les procès-verbaux doivent contenir la mention que toute la publicité désirable a été donnée en temps opportun aux opérations et mentionner la présence ou l'absence des tiers intéressés.

Dans le premier cas, les commissions doivent insérer dans les observations que ces tiers pourraient présenter, et, en cas d'adhésion de leur part, obtenir autant que possible des propriétaires riverains dont elles examineront les prétentions, la déclaration que la limite proposée n'empiète pas sur leur propriété;

14° Le résultat de la délimitation doit être soumis, dans la localité, à une enquête *de commodo et incommodo*:

15° Une délimitation de rivage ne doit pas être confondue avec une délimitation de bornage. La première de ces opérations est accomplie d'après la règle que trace l'ordonnance de 1681, tandis que le bornage résulte de l'application, sur le terrain, des titres de propriétés produits par les riverains et ne peut être opéré, pour les propriétés contiguës au rivage, qu'après que la limite de la mer a été déterminée par un décret rendu en exécution de l'article 2 de celui du 21 février 1852. Il convient par suite de s'abstenir d'employer l'expression « bornage », quand il s'agit d'une délimitation de rivage.

16° Les dépenses matérielles (levée des plans et pose des bornes ou points de repère) résultant des opérations délimitatives du rivage sont seules supportées par le département de la marine. Les préfets des départements se concertent avec les préfets maritimes pour obtenir le remboursement de ces dépenses, qui sont imputées sur le budget de la marine (Indemnités et allocations diverses);

17° Quant aux frais de route ou de vacations attribuées aux membres des commissions de délimitation, ils sont supportés par les départements ministériels dont relèvent ces membres;

18° Dans ces opérations, il ne faut jamais confondre le domaine public, c'est-à-dire le rivage, tel qu'il est défini par l'ordonnance de 1681, et qui est inaliénable, avec le domaine de l'État, s'il existe, c'est-à-dire un domaine utile, tel que lais et relais de mer, alors même que le domaine ne serait pas concédé, ou qu'il serait revendiqué par l'administration.

Instruction du 5 mars 1885

768. Messieurs, le paragraphe 12 de l'instruction sur les délimitations de rivage, annexée à la circulaire du 20 novembre 1884, dispose qu'un plan en double expédition, établi avec le plus grand soin, doit être joint aux procès-verbaux des commissions de délimitation.

A l'occasion de l'examen récent d'un projet de décret portant la fixation des limites de la mer, la section des finances, de la Guerre et de la Marine du Conseil d'État a fait connaître qu'elle estimait « que les signatures des membres de la commission de délimitation devraient être apposées sur la feuille même du plan et non sur une feuille annexe ».

La section veut parler de la feuille destinée à servir de légende et en quelque sorte de la couverture du plan, feuille à laquelle ce plan est le plus souvent rattaché au moyen d'un collage.

Le mode de procéder sus-indiqué constituant une garantie de sécurité pour les intérêts publics et privés engagés dans les opérations limitatives du rivage, je vous prie de vouloir bien veiller, chacun en ce qui vous concerne, à ce qu'il soit tenu compte de l'observation dont il s'agit non seulement dans l'établissement des plans se rapportant aux délimitations fictives, mais aussi dans la confection, non encore terminée, de ceux concernant les délimitations en cours.

La manipulation fréquente de ces sortes de documents amène souvent leur détérioration.

Afin d'éviter cet inconvénient, les plans en question devront être dressés sur papier toile, et pour que les garanties que la section guerre et marine a en vue de sauvegarder soient plus complètes, on ne devra, autant que possible, établir qu'un plan et une seule feuille de délimitation. Si l'étendue de la portion du rivage à délimiter exigeait plusieurs feuilles, chacune de ces feuilles devrait être signée par les membres de la commission ; mais il faut éviter que les diverses parties d'un même travail soient raccordées entre elles au moyen des collages.

Instruction du 17 septembre 1888.

769. Messieurs, dans sa séance du 26 janvier dernier, le conseil d'État a conclu au rejet d'un projet de décret, qui avait été soumis à son approbation, en vue de fixer les limites de la mer, sur le littoral de la commune d'Escoublac, département de la Loire-Inférieure. Cette décision a été motivée :

1° Sur ce que la marée observée a été celle du 8 septembre et non point la grande marée de mars, ainsi que l'eût exigé l'ordonnance sur la Marine d'août 1681 (liv. IV, tit. VII, art. 1); qu'au surplus, il n'était pas établi qu'à cette date la mer avait précisément atteint une hauteur égale à celle du flot de mars, le seul qui, légalement, doit servir de base aux délimitations du rivage';

2° Sur ce que le procès-verbal de la commission n'avait point signalé l'état de l'atmosphère au moment des opérations et n'avait pas permis, par suite, d'apprécier si la crue des eaux s'était effectuée dans les conditions normales, ou si elle avait subi l'influence de certaines perturbations météorologiques, telles que grand vent du large, diminution de la pression atmosphérique, etc.

Cette délibération du Conseil d'État m'a paru absolument fondée en droit. Sans doute, dans la pratique, la jurisprudence qu'elle établit aura pour conséquence de restreindre considérablement le nombre de jours où les commissions pourront opérer ; mais, cependant, la faculté qu'elle accorde d'utiliser celles des marées de l'année, qui, d'après les prévisions, devront être théoriquement équivalentes à la grande marée de mars, laissera encore une latitude suffisante pour l'expédition des affaires de délimitation du rivage de la mer, dont, par contre, la solution sera désormais, de ce chef, à l'abri de toute critique. J'ai dû en conséquence me préoccuper de donner satisfaction aux légitimes urgences du Conseil d'État, et à cet effet, je me suis concerté avec MM. les ministres des Finances et des Travaux publics. De plus, afin de fixer, dans tous les cas, une ligne de conduite invariable, j'ai saisi cette occasion pour entretenir également mes collègues de la question de la délimitation des rivages sur les côtes de la Méditerranée, où la marée est à très peu près nulle. En ce qui concerne ce littoral, j'ai pensé qu'il convenait de s'en tenir à la tradition déjà établie et acceptée d'ailleurs par le Conseil d'État lui-même, c'est-à-dire de prendre pour règle le plus haut flot normal d'hiver et en outre d'opérer la constatation sur le terrain, à une époque où il est encore facile de reconnaître la trace de ce flot.

Les départements des Finances et des Travaux publics ont tous deux accueilli mes propositions, et il a été arrêté : que les délimitations longitudinales de la mer ne pourraient être effectuées, désormais, qu'aux époques suivantes :

Sur les côtes de l'Océan, de la Manche et de la mer du Nord, à la plus grande marée de mars ou à une autre marée de l'année devant atteindre théoriquement la même hauteur; sur les côtes de la Méditerranée du 25 mars au 15 juin.

J'ai l'honneur de porter à votre connaissance cette décision de principe ainsi que les considérations qui l'ont dictée. Je me réserve d'ailleurs de vous adresser, ainsi que je l'ai fait jusqu'à ce jour, des instructions spéciales, pour chaque cas particulier qui se présentera.

Constructions sur le rivage de la mer.

770. Dans le cas où un propriétaire ou une commune riveraine établit soit une construction ou une digue latérale, c'est au conseil de préfecture qu'il appartient de juger si le terrain fait partie du rivage de la mer et s'il y a ou non contravention.

Interdiction du monopole des plages.

771. L'Etat ne peut louer à une commune une plage maritime avec le droit exclusif d'y placer des cabines et de sous-louer ce droit, les plages faisant partie du domaine public, tout le monde a le droit d'y exercer librement les usages divers qu'elles comportent, par suite on a le droit d'y accéder librement et on ne peut y percevoir une taxe au profit d'un établissement de bain fondé par la commune; de même, on ne peut concéder à une seule personne le droit de faire circuler des voitures à l'usage des baigneurs à l'exclusion de toute concurrence.

Étangs salés.

772. Ces étangs ne font partie du domaine public que lorsqu'ils communiquent librement avec la mer.

Lais et relais de mer.

773. Les accrues et alluvions des fleuves et des rivières qui appartiennent aux riverains prennent le nom de *lais* et de *relais* de mer, quand il s'agit de l'Océan, et font partie des dépendances du domaine public. On désigne plus spécialement sous le nom de *lais* les alluvions surtout sensibles dans les mers à marée, près de l'embouchure des fleuves et des rivières et *relais* les terrains que la mer abandonne par suite du mouvement du sol. Il est souvent fort difficile, dans certains cas, de les distinguer les uns des autres, aussi la loi les sépare-t-elles; on ne peut toutefois les confondre avec le rivage de la mer, les premiers commencent où les seconds finissent.

Ces terrains ayant une grande fertilité, lorsqu'ils sont mis à l'abri des eaux, prennent alors le nom de *polder* et les travaux d'assèchement composés d'un canal de ceinture et de bouches d'écoulement vers la mer s'appellent *Wateringues* dans les Flandres. Dépendances du domaine public, ne peuvent être concédés que par l'Etat, ainsi que le prescrit la loi du 16 septembre 1807.

Loi du 16 septembre 1807

Titre IX, art. 41

774. Le Gouvernement concèdera aux conditions qu'il aura réglées, les marais, lacs, relais de mer, le droit d'endiguage, les accrues, atterrissements et alluvions des fleuves, rivières et torrents, quand à ceux de ces objets qui forment propriété publique ou domaniale.

Ordonnance du 23 septembre 1825.

Formalités qui doivent précéder la concession des relais de mer, alluvions et autres objets dépendant du domaine public.

ARTICLE PREMIER. — A compter de la publication de la présente ordonnance, les concessions des lais et relais de mer, des accrues, atterrissements et alluvions des fleuves, rivières et torrents, formant propriété publique ou domaniale, devront être précédées, aux frais des demandeurs de ces concessions, pour ce qui en sera susceptible :

1° De plans levés, vérifiés et approuvés par les ingénieurs des Ponts et Chaussées;

2° D'un mesurage et d'une description exacte, avec l'évaluation en revenu et en capital;

3° D'une enquête administrative *de commodo et incommodo;*

4° D'un arrêté pris par le préfet, après avoir entendu les ingénieurs des Ponts et Chaussées, ainsi que le directeur du Génie militaire, lorsque les objets à concéder seront situés dans la zone des frontières ou aux abords des places fortes;

5° De l'avis respectif des directeurs généraux des Ponts et Chaussées et des Domaines;

6° De l'avis du ministre de la Guerre, dans l'intérêt de la défense du royaume;

7° Enfin, d'un examen en Conseil d'État (comité des Finances), des demandes en concession, ainsi que des charges et conditions proposées de part et d'autres.

Les formalités accomplies, la concession peut être effectuée par un règlement d'administration publique.

Jurisprudence.

775. Voici, d'après M. Debauve, la jurisprudence établie :

Les lais de mer, ne faisant pas partie des rivages de la mer font partie du domaine aliénable de l'Etat et sont dès lors prescriptibles, de telle sorte qu'il n'y a pas de contravention de grande voirie pour un particulier qui refuse d'abandonner un lais de mer concessible. L'interprétation d'un contrat de concession est de la compétence de l'autorité administrative.

Nous donnerons comme exemple le cahier des charges de la concession des lais de mer faites par décret du 21 juillet 1856 dans les baies du Veys et du Mont-Saint-Michel.

Décret de concession et cahier des charges annexé au décret relatif aux lais et relais du mont Saint-Michel du 12 février 1868.

776. Notre Conseil d'État entendu;

Avons décrété et décrétons ce qui suit :

Article premier. — Il est fait concession au sieur Boisnard, moyennant la somme de 6 546f,73 et aux conditions du cahier des charges annexé au présent décret des lais et relais de la mer, situés dans la baie du mont Saint-Michel et désignés dans le cahier des charges.

Art. 2. — Nos ministres, secrétaires d'État du département des Finances et de l'Agriculture, du Commerce et des Travaux publics, sont chargés, chacun en ce qui le concerne de l'exécution du présent décret qui sera inséré au *Bulletin des lois.*

Cahier des charges, clauses et conditions à insérer dans le contrat, destiné à constater la concession au sieur Boisnard de lais et relais de la mer situés dans la baie du mont Saint-Michel, à l'embouchure de la Sélune, département de la Manche.

Article premier. — La concession comprend, dans les limites désignées ci-dessous, les terrains herbus et non herbus, recouverts par les hautes mers de vives eaux d'équinoxe, et situés à l'embouchure de la Sélune, entre les caps de Troche-Torin et de Beauvallon, le long du littoral des communes de Céaux et de Courtils.

Ces terrains sont limités : du côté du large, par une ligne brisée formant, avec la ligne droite menée de la borne-repère, près du cap Roche-Torin au cap de Beauvallon (ladite droite passant par le clocher du village de Saint-Quentin) comme base, un trapèze dont la hauteur est de 150 mètres, dont l'autre base a 400 mètres de longueur et dont l'un des côtés non parallèles est le prolongement de la digue de Roche-Torin au mont Saint-Michel, le deuxième côté aboutissant à 150 mètres environ en aval de la pointe extrême du Beauvallon, et du côté du rivage, par la digue des marais de Céaux et de Courtils et par le pied des terrains aujourd'hui cultivés.

Les terrains concédés sont, au surplus, désignés par une teinte rose sur un plan annexé au présent acte de concession.

Art. 2. — La concession est faite sous la réserve du droit des tiers.

Art. 3. — Sont et demeurent, en outre, expressément réservés :

1° L'emplacement occupé ou à occuper par le ruisseau du pont Besnier, suivant le tracé et les profils proposés, s'il y a lieu, par le concessionnaire et approuvés par l'Administration.

2° L'emplacement à occuper par la Guintre, suivant les projets dûment approuvés, dans le cas où ce ruisseau serait dérivé à travers les marais de Courtils, vers l'anse concédée. Dans ce cas, le concessionnaire aurait la faculté de rattacher sa digue à l'angle du rivage, au droit de la parcelle n° 716, section A du plan cadastral de la commune de Courtils, de manière à laisser le tour de la Guintre en dehors de la concession.

Les travaux à exécuter pour fixer les lits des ruisseaux et assurer l'écoulement de leurs eaux dans l'intérieur de la concession et sous les digues resteront à la charge des concessionnaires.

3° Les emplacements occupés par les chemins ci-après, sur une longueur de 8 mètres en couronne, les fossés en plus s'il y a lieu.

Un chemin de ceinture longeant la digue des marais de Céaux et de Courtils et toutes les propriétés limitrophes de l'anse concédée, sauf au droit du pont de Besnier, où le chemin franchira en ligne droite l'angle rentrant que forme la digue en cet endroit.

Un chemin en prolongement de celui du bourg de Céaux au gué de l'Épine.

Et un chemin en prolongement de celui de la Noire ou de Bas-Courtils, vers le gué de l'Epine suivant la déviation à fixer par l'Administration, sur l'avis des intéressés.

Est également réservé, à titre de servitudes, un passage pour piéton sur le couronnement des digues à construire suivant les alignements déterminés à l'article 1.

De plus, les chemins dont il est question ci-dessus seront ménagés de façon à permettre en cas de naufrage ou pour toute autre cause d'intérêt public, de traverser la concession au moyen de charrettes, de l'intérieur à la mer, et réciproquement.

Art. 4. — Le prix de cette concession est fixé à la somme de 6 546f,73 qui sera payée de la manière et dans les délais fixés à l'article 9 ci-après.

Clauses et conditions générales.

Art. 5. — *Servitudes.* — Le concessionnaire jouira des servitudes actives et souffrira les servitudes passives, occultes ou apparentes, déclarées ou non, sauf à faire valoir les unes et à se défendre des autres, à ses risques et périls, sans aucun recours contre l'État, sans pouvoir, dans aucun cas, l'appeler en garantie, et sans que la présente clause puisse attribuer à lui ou aux tiers, d'autres ou de plus amples droits que ceux résultant de leurs titres ou de la loi.

Les agents de l'Administration des douanes auront en tout temps le droit de libre circulation au pied du revers intérieur des digues.

Les terrains à conquérir sont considérés comme terrains inférieurs par rapport aux propriétés privées et devront recevoir les eaux d'égouttement et d'inondations de ces derniers, tous droits respectifs réservés au sujet des ouvrages à faire pour le passage des eaux.

Art. 6. — *Garantie.* — Le concessionnaire étant censé bien connaître les terrains concédés, les prendra dans l'état où ils se trouvent au moment de la concession, sans pouvoir prétendre à aucune garantie ni à aucune diminution de prix pour dégradations, réparations ou erreurs dans la désignation.

La concession est faite sans garantie de mesure, consistance et valeur, et il ne pourra être exercé respectivement aucun recours en indemnité, réduction ou augmentation de prix, quelle que puisse être la différence en plus ou en moins dans la mesure, consistance ou valeur.

Art. 7. — *Charges et contributions.* — Le concessionnaire est subrogé à tous les droits et obligations de l'État; il devra supporter tous les frais et charges auxquelles pouvaient donner lieu les contestations à venir, sans que l'État puisse, sous aucun prétexte, être appelé à participer à ces frais ou à intervenir dans les contestations. Il sera, en outre, tenu d'indemniser l'État des frais auxquels pourrait donner lieu sa mise en cause dans ces contestations.

Il paiera les contributions de quelque nature qu'elles soient, auxquelles auraient été ou seraient soumis les terrains à concéder.

Art. 8. — *Frais.* — Le concessionnaire sera tenu de payer, en sus du prix de la vente, les droits de timbre, tant de la minute que des expéditions de la présente concession et les droits d'enregistrement fixés à 2f,30 0/0, décime et demi compris. Le payement des droits d'enregistrement devra être effectué dans les vingt jours de la date du contrat, sous peine d'un droit en sus.

Art. 9. — *Paiement du prix.* — Le prix de la concession, divisé par cinquièmes, sera payé au bureau du receveur des domaines dans la circonscription duquel l'acte sera réalisé et ce payement aura lieu de la manière suivante : le premier cinquième dans le mois, sans intérêts, à partir de la date de l'acte de concession, et quatre autres cinquièmes d'année en année, à partir du terme accordé pour le paiement du premier cinquième, de manière à ce que la totalité du prix soit acquittée dans l'espace de quatre ans et un mois.

Les quatre derniers cinquièmes et le premier cinquième, lui-même, s'il n'a pas été payé dans le mois courant du jour de la concession, porteront intérêt à 5 0/0, à partir du jour fixé pour l'échéance du premier cinquième.

Si le concessionnaire se libère par anticipation de la totalité ou d'une partie seulement des quatre derniers cinquièmes, il ne devra que l'intérêt couru jusqu'au jour du paiement.

Art. 10. — *Libération.* — Les quittances délivrées par le receveur des domaines n'opéreront la libération définitive du concessionnaire qu'autant que les paiements auront été reconnus réguliers et suffisants par un décompte établi conformément aux lois relatives à l'aliénation des biens de l'État.

Art. 11. — *Propriétés.* — Le concessionnaire sera propriétaire par le seul fait du présent contrat, mais la propriété ne sera fixée irrévocablement sur sa tête, que du jour où il aura rempli toutes les conditions qui lui sont imposées. Jusqu'à cette époque les terrains concédés demeureront spécialement affectés et hypothéqués à la sureté des droits du domaine de l'État.

L'administration requerra l'inscription au bureau des hypothèques du privilège de l'État sans préjudice du droit de déchéance. Cette inscription sera prise à la diligence du receveur des domaines chargé de l'encaissement du prix, et le concessionnaire sera tenu d'en rembourser le coût.

Art. 12. — *Entretien et réparations.* — Pendant la durée des travaux, le concessionnaire devra entretenir, réparer, au besoin refaire les ouvrages de manière à les entretenir toujours en bon état. En ce qui concerne l'entretien des travaux après la réception, les terrains qui font l'objet de la concession resteront grevés de cette charge et pourront être soumis, à cet effet, à une contribution recouvrable sur le rôle rendu exécutoire par le préfet.

Art. 13. — *Remise des titres.* — Attendu la nature particulière des biens qui sont distraits du domaine public, il n'est remis aucun titre au concessionnaire. Néanmoins, il est autorisé à se faire délivrer, à ses frais, des copies collationnées, des expéditions ou extraits des plans, devis et procès-verbaux annexés au présent acte et concernant la conversion ainsi que les procès-verbaux de réception définitive des ouvrages après l'exécution.

Art. 14. — *Poursuites et déchéances.* — Les paiements seront poursuivis et les recouvrements effectués en vertu du présent contrat.

En cas de retard dans le paiement du prix, le domaine aura la faculté de poursuivre le concessionnaire par voie de contrainte administrative et par toutes les voies légales.

Il pourra, en outre, s'il le juge convenable, user du droit qui lui appartient de faire prononcer la déchéance conformément à l'article 8 de la loi du 15 floréal an X.

Art. 15. — *Exécution du contrat.* — Les clauses et conditions tant générales que particulières du présent contrat sont toutes de rigueur et ne pourront être réputées comminatoires.

Seront, au surplus, exécutées dans toutes celles de leurs dispositions qui ne renferment rien de contraire à ces clauses et conditions, les lois relatives à la vente des domaines nationaux.

Clauses et conditions particulières.

Art. 16. — Le concessionnaire sera tenu d'exécuter à ses frais risques et périls, et dans un délai de dix ans à dater de l'approbation de ses projets par l'administration supérieure, les travaux nécessaires pour l'endiguement des terrains concédés et pour l'écoulement de l'eau des ruisseaux.

Ces ouvrages seront exécutés de manière à ce qu'ils ne puissent être détruits ou endommagés soit par la mer, soit par la crue des ruisseaux, le tout sous sa responsabilité.

Art. 17. — Dans le délai d'un an, le concessionnaire devra soumettre à l'administration le projet définitif des ouvrages à exécuter.

En cours d'exécution, il aura la faculté de proposer les modifications qu'il jugera utile d'introduire dans le projet approuvé.

Art. 18. — Pendant la durée des travaux, qu'il effectuera par des voyers et des agents de son choix, le concessionnaire sera soumis au contrôle et à la surveillance de l'administration.

Ce contrôle et cette surveillance auront pour objet d'assurer l'exécution des différentes clauses insérées dans le présent contrat.

Art. 19. — Le concessionnaire procédera, contradictoirement avec les ingénieurs, au bornage des parties expressément réservées, et il sera dressé procès-verbal de l'opération.

Une expédition du procès-verbal sera transmise à l'administration supérieure.

Quant au barrage du côté des propriétés privées, il s'effectuera aux risques et périls du concessionnaire, sans l'intervention du domaine.

Art. 20. — Les travaux d'endiguement et les ouvrages pour le passage des eaux ne pourront être entrepris avant que les plans aient été soumis à l'examen des ingénieurs et approuvés par l'administration.

Art. 21. — Après l'expiration du délai de dix ans, si le concessionnaire ne s'est pas mis en mesure de faire recevoir plus tôt, un ingénieur ou agent des Ponts et Chaussées, désigné par le préfet, constatera en présence ou en l'absence du concessionnaire, mais celui-ci dûment appelé, si ces travaux ont été régulièrement effectués. S'ils ne l'ont pas été, l'administration des domaines aura la faculté soit d'en poursuivre l'exécution par toutes les voies de droit, soit de faire prononcer la déchéance du concessionnaire.

La déchéance sera prononcée de la manière fixée par l'ordonnance du 11 juin 1817 et par l'article 26 du cahier des charges approuvé par le ministre des Finances, le 19 juillet 1850, pour l'aliénation des biens de l'État, sans qu'il soit besoin d'une mise en demeure préalable de faire les travaux ni d'aucune autre formalité.

En cas de déchéance prononcée pour l'inexécution des travaux, le concessionnaire sera tenu de payer par formes de dommages-intérêts, une somme égale au quart du prix de la concession.

Ces dispositions ne seront pas applicables au cas où la cause de l'interruption et de la nonconfection des travaux proviendrait de la force majeure régulièrement constatée par l'administration.

ART. 22. — Soit que la déchéance ait été prononcée pour défaut de paiement du prix, soit qu'elle ait été motivée par l'inexécution des travaux, les ouvrages ou travaux qui auraient été commencés appartiendront à l'État, sans qu'il soit tenu d'aucun remboursement, à raison de ces travaux ni de la plus-value qui en serait résultée.

ART. 23. — Le concessionnaire ne pourra aliéner ni vendre aucune partie des terrains compris dans la concession avant l'achèvement des travaux.

ART. 24. — Le concessionnaire jouira, quant à la fixation des impôts, des avantages accordés, tant pour les terrains desséchés ou conquis que pour les constructions qui y seraient élevées, par la loi du 3 frimaire an VII, à la charge par lui de faire la déclaration prescrite par l'article 117 de la même loi.

ART. 25. — Les constatations qui pourraient naître entre l'administration et le concessionnaire sur l'exécution ou l'interprétation des clauses et conditions du présent acte de concession, seront jugées administrativement par le Conseil de préfecture de la Manche, sauf recours au Conseil d'État.

Décret du 22 mai 1877.

Déclarant d'utilité publique et concédant des travaux de défense dans la baie du mont Saint-Michel.

777. 1° Sont déclarés d'utilité publique les travaux compris dans l'avant-projet du 11 septembre 1875 ayant pour objet la défense contre la mer des terrains et bas-fonds situés le long du littoral sud de la baie du mont Saint-Michel, entre la pointe de Roche-Torin et le canal de Couesnon (Manche);

2° Le syndicat du littoral sud de la baie du mont Saint-Michel est autorisé à poursuivre l'acquisition des terrains et bâtiments nécessaires à l'exécution desdits travaux, en se conformant aux dispositions de l'article 16 de la loi du 21 mai 1836 ;

3° L'État contribuera jusqu'à concurrence de la somme de 195 000 francs à la dépense des travaux mentionnés ci-dessus. Cette somme sera imputée sur les fonds de la deuxième section du budget du ministère des Travaux publics (*Amélioration des ports maritimes*).

Ladite subvention ne sera payée que dans la limite des ressources budgétaires et proportionnellement aux dépenses réalisées par le syndicat.

Extraction de matériaux sur les rivages de la mer.

778. *Occupation temporaire du domaine public maritime.* — L'administration a créé une distinction entre l'occupation temporaire du domaine maritime et la récolte ou l'extraction des amendements marins.

Les occupations du domaine public maritime sont réglementées par les arrêtés et circulaires suivantes :

Une circulaire du 18 août 1878, maintient la distinction existant entre les occupations temporaires fluviales et terrestres, et les occupations temporaire-maritimes. Nous allons en donner copies :

Circulaire du ministre des Travaux publics du 18 août 1878.

779. Monsieur le Préfet, un arrêté du 15 septembre 1874, joint à la circulaire du 6 novembre suivant d'un de mes prédécesseurs, a réglé la procédure à suivre pour l'instruction des demandes d'occupation temporaire du domaine public maritime et de ses dépendances.

Aux termes de cet arrêté, l'administration supérieure a seule le droit d'accorder ou de retirer les autorisations de cette nature et d'en fixer les conditions.

Depuis que l'arrêté en question est en vigueur, les deux administrations des Finances et des travaux publics ont été à même de constater que les demandes sur lesquelles elles ont journellement à se prononcer, chacune en ce qui la concerne, n'ont trait, pour la plupart du temps, qu'à des occupations de peu d'importance et qu'il y aurait tout avantage au point de vue de la simplification de l'instruction, à laisser aux préfets le soin de statuer. En même temps s'élevait la question de savoir s'il ne conviendrait pas de refondre entièrement l'arrêté du 13 septembre 1874, afin d'y placer sous un régime commun tout le domaine public maritime, fluvial et terrestre.

Après examen de la question par le Conseil général des Ponts et Chaussées, il a été décidé d'un commun accord, entre Monsieur le Ministre des Finances et moi, qu'un arrêté spécial continuerait à régir le domaine public maritime et ses dépendances, et qu'un autre arrêté distinct, bien que portant la même date, s'appliquerait au domaine fluvial et terrestre.

L'arrêté relatif au domaine public maritime a été complètement remanié. L'autorisation est toujours donnée par mon département et les redevances sont fixées comme précédemment par l'administration des Finances; seulement les directeurs locaux des domaines arrêtent le taux de ces redevances lorsqu'elles ne dépassent pas 500 francs. Au-dessus de ce chiffre et jusqu'à 2 000 francs, les redevances sont fixées par le directeur général des domaines, et par le ministre des Finances lorsqu'elles dépassent 2 000 francs. S'il y a accord complet entre les services intéressés, le préfet statue par un arrêté. En cas de dissentiment, l'affaire est soumise à l'administration supérieure; de plus, lorsque les départements des Finances et des Travaux publics sont divisés sur la question de savoir si l'autorisation doit être gratuite ou sujette à redevance, cette question est déférée au Conseil d'État pour être réglée par un décret. Enfin, si l'administration des domaines demande que la concession soit faite aux enchères et que les ingénieurs n'y voient pas d'inconvénient, au point de vue de leur service, il est procédé à l'adjudication aux conditions déterminées par un arrêté préfectoral.

Il reste d'ailleurs bien entendu que lorsqu'il s'agit de portions du domaine public maritime dont l'occupation serait de nature à intéresser la défense ou le service de la Marine, les avis des départements de la Guerre et de la Marine continueront à être pris, conformément aux règlements existants.

L'arrêté relatif aux occupations du domaine fluvial et terrestre est entièrement calqué sur celui qui régit le domaine public maritime, sauf l'intervention du ministre de la marine, intervention qui dans ce cas n'a plus de raison d'être.

D'un autre côté, les ingénieurs ont à dresser, avant le 1er janvier 1879, un état de toutes permissions accordées sur le domaine public fluvial et terrestre avec ou sans redevance. Je tiens essentiellement à ce que ces renseignements me parviennent à l'époque indiquée.

Il n'est rien inséré, d'ailleurs, en ce qui touche les permissions d'usines ou de prises d'eau industrielles ou domestiques, lesquelles continueront à être instruites comme par le passé.

Ainsi qu'il est dit plus haut, vous pouvez statuer directement par un arrêté lorsqu'il y a accord complet entre les divers services intéressés; cependant je désire, Monsieur le Préfet, ne pas rester étranger à toutes les autorisations qui peuvent être accordées en pareil cas. Il est indispensable, en effet, que les occupations du domaine public, quoiqu'elles n'aient qu'un caractère temporaire et qu'elles soient révocables à toute réquisition de l'administration ne viennent à rendre illusoire la destination commune de ce domaine. C'est une question de mesure à observer et je dois veiller à ce que les abus que mon département a eu à relever, en ce qui touche notamment les places à quais dans les ports, ne se renouvellent plus à l'avenir. Pour obtenir ce résultat, je vous prie de m'adresser, avec les pièces à l'appui, les arrêtés que vous aurez pris sur les avis conformes des services intéressés, lorsque le taux de la redevance atteindra et dépassera 150 francs par an. Pour toute autorisation entraînant une redevance inférieure, et c'est le cas le plus fréquent, vous n'aurez pas à m'en référer, à moins, bien entendu, que la demande n'ait soulevé un dissentiment ou une réclamation quelconque.

Arrêté ministériel du 3 août 1878.

Concernant les occupations temporaires du domaine public maritime et de ses dépendances.

780. Le ministre des Travaux publics et le ministre des Finances,

Vu l'article 538 du Code civil, qui range les rivages de la mer, les ports, les havres, les rades, parmi les dépendances du domaine public national;

Vu les lois des 8-27 mai 1791, 19 août, 12 septembre de la même année, et 28 messidor an II, le décret de la Convention du 4 brumaire an IV et l'arrêté du Comité des Finances de la Convention du même jour, qui ont chargé le service du domaine de la location des biens nationaux;

Vu l'article 2 du décret du 9 janvier 1852 et l'arrêté maritime du 12 mai 1876, relatifs à l'installation sur le rivage de la mer des établissements de pêche;

Vu l'article 3 du décret du 2 février 1852, d'après lequel aucun établissement ne peut être formé sur le rivage de la mer sans l'assentiment du ministre de la Marine;

Vu le décret du 16 août 1853, sur les travaux qui s'exécutent dans les limites de la zone frontière;

Vu l'article 2 de la loi du 20 décembre 1872 ainsi conçu :

« Est autorisée au profit de l'État la perception de redevances à titre d'occupation temporaire ou de location des plages et de toutes autres dépendances du domaine maritime »,

Arrêtent :

Article premier. — Les autorisations d'occuper temporairement, sur les rivages de la mer, les ports, havres et rades et toutes autres dépendances de domaine maritime, des emplacements qui peuvent, sans inconvénient, être soustraits momentanément à l'usage de tous, pour être affectés à un usage privatif ou privilégié, sont accordées par le département des Travaux publics, lorsque ces autorisations n'ont pas pour objet l'exploitation d'établissements de pêche régis par le décret-loi du 9 janvier 1852 et l'arrêté réglementaire du 12 mai 1876.

ART. 2. — Les redevances perçues au profit du Trésor, à raison de ces occupations temporaires, sont fixées par l'administration des Finances.

ART. 3. — Toute demande d'occupation temporaire est rédigée sur papier timbré. Elle doit indiquer l'objet et la durée de cette occupation. Elle est adressée au préfet, qui la communique à l'ingénieur en chef des Ponts et Chaussées chargé du service intéressé.

Si les ingénieurs estiment que la demande peut être accueillie, ils formulent les conditions à imposer au permissionnaire, au point de vue des conventions du service qui leur est confié. Ils présentent, en outre, des propositions relativement à la redevance. Ils joignent un plan à leur rapport.

Lorsqu'il s'agit des portions du domaine public, dont l'occupation temporaire est de nature à intéresser la défense du territoire ou le service de la Marine, les avis des administrations de la Guerre et de la Marine continuent à être pris conformément aux règlements existants.

Le directeur des douanes est également consulté lorsqu'il y a lieu. En cet état de l'instruction, les pièces sont envoyées au directeur des domaines, et le chef de service fixe ou fait fixer par qui de droit, suivant les distinctions établies par l'article 4 ci-après, le chiffre de la redevance, la date à laquelle elle devra être revisée, les époques des paiements, au besoin l'obligation de fournir caution, et toutes les autres conditions d'intérêt financier ou domanial.

ART. 4. — La quotité de la redevance est fixée, savoir : par le directeur des domaines, lorsqu'elle ne dépasse pas 500 francs par an; par le directeur général des domaines au-delà de 500 et jusqu'à 2 000 francs, et par le ministre des Finances au-delà de 2 000 francs.

La redevance ainsi fixée est revisée, au plus tard, tous les cinq ans.

ART. 5. — Les conditions financières de l'autorisation financière étant réglées conformément aux articles 3 et 4 ci-dessus, le directeur des domaines se fait alors remettre, par la partie, une soumission portant acceptation de ces conditions. Cette soumission est souscrite sur papier timbré par le pétitionnaire, et, le cas échéant, par la caution; si l'un ou l'autre ne sait pas signer, il peut, à son choix, ou faire constater son engagement par le maire de son domicile, ou le faire souscrire en son nom par une personne solvable, se portant fort pour lui. Dans tous les cas, une copie de la soumission, certifiée par le directeur des domaines, est jointe au dossier.

ART. 6. — Si les ingénieurs estiment que, dans un intérêt public, la quotité de la redevance, telle qu'elle a été fixée, doit être diminuée, ou même que l'autorisation demandée doit être accordée gratuitement, ils présenteront à cet égard des propositions motivées.

ART. 7. — Lorsqu'il y aura accord entre tous les représentants de tous les services intéressés, l'occupation temporaire demandée sera autorisée par un arrêté du préfet du département. Une ampliation de cet arrêté, portant la mention de la date de la notification à la partie, sera remise, par le préfet, au directeur des domaines. Cette ampliation doit être timbrée aux frais du permissionnaire. Quant à la soumission, elle doit être enregistrée aussi à ses frais, dans le délai légal.

Une ampliation de l'arrêté sera, en outre, remise à l'ingénieur en chef du service des ports maritimes.

ART. 8. — Lorsqu'il n'y aura pas accord entre les chefs des services intéressés sur les conditions de l'autorisation, l'affaire sera soumise à l'Administration supérieure pour y être statuée par les ministres des Travaux publics et des Finances, selon leur compétence respective.

En cas de dissentiment entre les ministres des Travaux publics et des Finances, sur la question de savoir si l'autorisation doit être gratuite ou soumise à une redevance, cette question sera déférée au Conseil d'État, pour y être statuée par un décret.

L'autorisation est ensuite accordée dans les formes tracées par l'article 7 ci-dessus.

ART. 9. — La redevance commence à courir à compter soit de la notification de l'arrêté de concession, soit de l'occupation du terrain, si elle a eu lieu antérieurement.

ART. 10. — Lorsque le directeur des domaines demande que la concession soit faite aux enchères, et que les ingénieurs n'y voient pas d'inconvénient au point de vue de leur service, il est procédé à l'adjudication, devant l'autorité compétente, en présence d'un agent du domaine, aux conditions déterminées par un arrêté pris, ainsi qu'il a été dit à l'article 7 ci-dessus.

ART. 11. — Trois mois avant l'époque fixée

par l'acte d'autorisation pour la revision du montant de la redevance, le directeur des domaines revise ou fait reviser, par qui de droit, les conditions financières de la concession; il notifie immédiatement à la partie, par simple lettre, la décision prise, et, le cas échéant, se fait remettre, en temps utile, un nouvel engagement portant acceptation des conditions arrêtées en dernier lieu.

ART. 12. — Les autorisations auxquelles s'applique le présent arrêté sont accordées à titre précaire et révocable, sans indemnité, à la première réquisition de l'administration.

Le retrait des autorisations est prononcée par le préfet, si elles ont été accordées par ce magistrat, conformément à l'article 7, et par le ministre des Travaux publics, dans les cas prévus par l'article 8.

ART. 13. — L'autorisation peut être révoquée soit à la demande du directeur des domaines, en cas d'inexécution des conditions financières, soit à la demande de l'ingénieur maritime, en cas d'inexécution des autres conditions, sans préjudice, s'il y a lieu, des poursuites pour délit de grande voirie.

A partir du jour où la révocation a été notifiée à la partie, la redevance cesse de courir; mais la portion de cette redevance afférente au temps écoulé devient immédiatement exigible.

Quant au permissionnaire, il ne peut recourir au bénéfice de la concession avant l'époque fixée pour la revision des conditions financières.

ART. 14. — L'arrêté ministériel du 15 septembre 1874 est révoqué.

Arrêté ministériel du 2 décembre 1875.

Extraction, sur le rivage de la mer, des sables, pierres et autres matières non considérées comme amendements marins.

781. Le ministre des Travaux publics,

Le ministre de la Marine et des Colonies,

Le ministre des Finances,

Vu l'article 2, paragraphe 1, de la loi des 22 novembre-1er décembre 1790 et l'article 538 du Code civil, qui rangent le rivage de la mer dans les dépendances du domaine national;

Vu les articles 3 et 24 du décret-loi du 9 janvier 1852, concernant l'exercice de la pêche côtière;

Vu l'article 83, titre VII, du décret du 19 novembre 1859, et l'article 9 du décret du 8 février 1868, qui règlent les compétences respectives des départements de la Marine et des Travaux publics, en ce qui concerne les enlèvements et extractions sur le rivage, d'une part, des sables coquilliers et amendements marins, et, d'autre part, des sables à bâtir, terres, pierres et autres matériaux non considérés comme amendements marins;

Vu l'article 2 de la loi du 2 nivôse an IV, relative à l'aliénation, à titre onéreux, des objets mobiliers appartenant à l'État, laquelle a autorisé le Gouvernement à adopter, pour cette aliénation, le mode qui lui paraîtrait le plus avantageux;

Vu l'arrêté du Directoire exécutif du 22 brumaire an VI, qui charge exclusivement le ministre des Finances de faire procéder aux ventes de ces objets;

Vu l'arrêté du Directoire du 23 nivôse an VI et le décret du 31 mai 1862, sur la comptabilité publique (1re partie, titre III, chapitre III, § 1, article 43), d'après lesquels les ventes doivent être faites par les soins du service des domaines.

Considérant que les extractions sur le rivage de la mer intéressent à la fois la conservation du domaine public, la navigation et la pêche côtière, et que d'ailleurs, en principe, les permissionnaires doivent payer le prix des matières enlevées;

Considérant qu'il convient de réglementer sur des bases uniformes l'instruction des demandes en extraction et les décisions qu'elles comportent;

Considérant que, eu égard aux compétences distinctes des départements de la Marine et des Travaux publics, il y a lieu de traiter séparément les questions relatives aux amendements marins et celles qui se rapportent aux matières n'ayant pas ce caractère,

Arrêtent :

ARTICLE PREMIER. — Les demandes pour extraction, sur le rivage de la mer, de sables, de terres, pierres, galets ou de tous autres matériaux et produits autres que les amendements marins, seront soumises à une première instruction de la part des ingénieurs des Ponts et Chaussées chargés du service maritime.

Ceux-ci examineront si les permissions sollicitées peuvent être accordées sans inconvénient, et, en cas d'affirmative, ils formuleront les conditions à prescrire au point de vue de la conservation et de la police du rivage, comme de toutes autres convenances du service qui leur est confié.

Ils présenteront, en outre, des propositions relativement aux prix qu'il pourrait y avoir lieu d'exiger.

Lorsqu'ils estimeront que les extractions devront être favorables à la conservation du rivage et au maintien des passes d'entrée aux ports, ou à tout autre intérêt public dont la sauvegarde est confiée à l'administration des Travaux publics, ils examineront si ces extractions ne devraient pas être autorisées à titre gratuit, et ils présenteront des propositions motivées à cet égard.

Dans les cas prévus par l'article 7 du décret du 16 août 1853 sur les travaux maritimes, les ingénieurs se conformeront aux prescriptions de ce décret.

Art. 2. — Si les ingénieurs estiment que l'autorisation sollicitée peut être accordée, le dossier sera successivement communiqué, d'abord au préfet maritime pour avis, et ensuite au directeur de l'enregistrement, des domaines et du timbre, pour ce qui concerne l'exigibilité des prix de vente et la détermination de sa quotité.

Art. 3. — Lorsqu'il y aura lieu au paiement d'un prix, la fixation de ce prix, ainsi que le règlement des conditions du paiement, seront fait par le service du domaine.

Art. 4. — Lorsqu'il y aura accord entre les représentants de tous les services intéressés, l'autorisation d'opérer les extractions sera accordée par le préfet du département.

Art. 5. — Lorsque cet accord n'existera pas, l'affaire sera soumise à l'administration supérieure pour y être statué par les ministres des Travaux publics et des Finances, selon leur compétence respective.

Art. 6. — En cas de dissentiment entre les ministres des Travaux publics et des Finances sur la question de savoir si les extractions doivent être autorisées gratuitement ou soumises à des redevances, cette question sera déférée au Conseil d'État pour y être statué par un décret du Gouvernement.

Art. 7. — Pour faciliter l'instruction des demandes relatives aux extractions sur le rivage de la mer, les préfets des départements, sur les propositions et avis des chefs des services intéressés, arrêteront par un règlement de police les conditions auxquelles les extractions devront êtres soumises sur les différentes parties du rivage, soit au point de vue de sa conservation, soit en faveur des intérêts de la navigation, ou de la pêche côtière, soit pour le rapport des prix à exiger.

Cet arrêté réglementaire, pris sur les propositions de l'ingénieur en chef du service maritime, et, au besoin, du directeur des fortifications, indiquera :

1° Les parties du rivage où les extractions seront interdites;

2° Celles où elles ne seront autorisées qu'à charge de payer un prix;

3° Celles où elles seront gratuites, mais soumises à des autorisations spéciales;

4° Enfin, celles où les extractions seront gratuites et libres aux conditions déterminées par les circonstances locales.

A défaut d'accord entre les chefs des services intéressés, pour la préparation du règlement de police prévu au présent article, il sera procédé comme il est dit aux articles 5 et 6 pour les autorisations particulières.

Art. 8. — Les autorisations auxquelles s'applique le présent arrêté seront accordées à titre précaire et révocable sans indemnité, à la première réquisition de l'administration.

Le retrait des autorisations sera prononcé par le préfet, si elles ont été accordées par ce magistrat, conformément à l'article 4, et par le ministre des Travaux publics, dans les cas prévus par les articles 5 et 6.

Art. 9. — L'autorisation pourra être révoquée soit à la demande du directeur des domaines en cas d'inexécution des conditions financières de la concession, soit à la demande de l'ingénieur en chef du service maritime, en cas d'inexécution de toutes autres conditions, sans préjudice, s'il y a lieu, des poursuites pour délit de grande voirie.

Circulaire du Ministre des Travaux publics du 16 décembre 1880

Extraction de matériaux sur le littoral maritime.

782. L'arrêté de 1875 n'a été fait que pour les règles générales, et, dans son article 7, il a stipulé qu'un règlement de police interviendrait, dans chaque département, pour faciliter l'instruction des demandes d'autorisation en indiquant les conditions auxquelles les extractions doivent être soumises, aux différents points de vue de la conservation du rivage de la mer, des intérêts de la navigation et de la pêche côtière et enfin des prix à exiger.

La plupart des prescriptions du règlement à intervenir devant être communes à tous les départements, j'ai reconnu, avec l'administration des domaines, qu'il y aurait intérêt à adopter une formule-type, d'une application générale, sauf à y introduire les dispositions spéciales que les circonstances locales pourraient exiger.

J'ai communiqué les propositions du conseil général des Ponts et Chaussées à mes collègues, MM. les ministres de la Guerre, de la Marine et des Finances, et, après avoir recueilli leurs observations et en avoir tenu compte, j'ai arrêté le mode ci-joint.

Les dispositions adoptées me paraissent assez explicites pour n'avoir besoin d'aucun commentaire. Toutefois le conseil général des

Ponts et Chaussées a demandé que votre attention fût particulièrement appelée sur les articles 10 et 13, relatifs, le premier à la délivrance des autorisations, le second à la surveillance des opérations d'extraction.

Aux termes de l'article 10, l'arrêté d'autorisation doit être rédigé à la suite de la demande des permissionnaires, laquelle, d'après l'article 6, doit être écrite sur papier timbré; mais la carte constatant l'autorisation accordée, carte dont M. l'Ingénieur en chef et M. le Directeur des domaines recevront chacun un double, sera délivrée sur papier libre. On diminuera de cette manière les charges accessoires de la concession, tout en assurant le respect de la loi; mais il doit être bien entendu que le double de la carte, remis à l'administration des domaines pour servir au recouvrement, serait frappé de timbre aux frais de la partie, le jour où celle-ci rendrait les poursuites nécessaires.

L'article 13 stipule que le permissionnaire devra représenter sa carte à toute réquisition des agents de l'État chargés de la surveillance de la côte. Or, par cette désignation générale d'agents de l'État, on doit comprendre tous les fonctionnaires ou agents de la Guerre, de la Marine, des Finances et des Travaux publics.

J'ajouterai que les droits conférés aux agents du service militaire par les articles 30 et 31 du décret du 16 août 1853, relativement à la répression des contraventions commises dans la zone soumise à la juridiction de la commission mixte des travaux publics, sont formellement maintenus.

Les agents des douanes disséminés sur toutes les côtes de France, étant mieux que tous autres à même d'exercer une surveillance effective, sur les extractions des matériaux et la police du littoral, M. le ministre des Finances a admis en principe la nécessité de charger ce service concurremment avec ceux de la Guerre, de la Marine et des Travaux publics, mais d'une façon plus étroite et plus spéciale, du soin d'assurer l'exécution de l'arrêté réglementaire du 2 décembre 1875. Toutefois mon collègue a pensé, et je me suis rangé de cette opinion, qu'il convenait de ne pas retarder plus longtemps la mise en vigueur du règlement proposé et de réserver, quant à présent, pour en faire l'objet d'un règlement spécial, l'étude des questions de détail que soulève l'intervention de l'administration des douanes. Je vous ferai connaître ultérieurement les mesures qui auront été arrêtées à cet égard, de concert avec M. le ministre des Finances.

Vous voudrez bien, Monsieur le Préfet, assurer l'exécution des prescriptions qui précèdent et faire compléter au besoin le règlement type que je vous adresse par l'insertion des dispositions particulières et locales qui pourraient être nécessaires.

Règlement pour l'extraction, sur le rivage de la mer, des sables, pierres et autres matières non considérées comme amendements marins.

783. Le Préfet du département d.....

Vu l'arrêté du 2 décembre 1875, des ministres des Finances, de la Marine et des Travaux publics, concernant les extractions sur le rivage de la mer, des sables, pierres et autres matières non considérées comme amendements marins.

Vu les propositions de l'ingénieur en chef des ports maritimes et du directeur des domaines.

Vu les avis du préfet maritime et du directeur des fortifications.

Vu.....

Arrête :

Article premier. — Les extractions sur le rivage de la mer des sables, terres, pierres, galets ou de tous autres matériaux et produits autres que les amendements marins, sont soumis, dans le département d....., aux conditions réglementaires ci-après :

Art. 2. — *Classification des extractions.* — Toute extraction est absolument interdite sur les points suivants.....

Art. 3. — Sont assujetties à redevances et subordonnées à une autorisation préalable :

1° Les extractions d....., sur les points ci-après.

. . . .

Art. 4. — Sont gratuites, mais soumises à des autorisations préalables :

1° Les extractions d....., sur les points ci-après :

. . . .

Art. 5. — Sont libres et gratuites aux conditions fixées par les articles 15, 16, 17 du présent règlement :

1° Les extractions d...., sur les points ci-après.

Art. 6. — *Instruction des demandes en autorisation.* — Toute demande en autorisation sera écrite sur papier timbré, signé par le pétitionnaire ou une personne se portant fort pour lui, et adressée directement par lui à l'ingénieur ordinaire des Ponts et Chaussées chargé du service maritime dans la circonscription duquel l'extraction devra avoir lieu.

Elle devra indiquer la nature des matériaux à extraire, le lieu de l'extraction, le délai demandé et le mode d'enlèvement par terre ou par mer.

S'il s'agit d'une extraction à quantité déterminée, la demande devra faire connaître, en outre, le cube à extraire.

S'il s'agit d'une extraction par abonnement, ladite demande devra indiquer soit le nombre des ouvriers à employer par jour, soit le nom, le tonnage et le port d'attache du bateau, ainsi que la destination présumée des chargements, suivant que l'enlèvement sera fait par terre ou par mer.

Art. 7. — S'il s'agit de matériaux pour lesquels la gratuité est prévue ou le prix fixé par le présent règlement, le service des domaines ne sera pas consulté, et l'ingénieur en chef soumettra directement au préfet, avec son avis, les propositions de l'ingénieur ordinaire.

Dans tous les autres cas, il adressera le dossier au directeur des domaines, qui y joindra son avis et le transmettra au préfet.

Le préfet prendra ensuite les avis du préfet maritime et du directeur des fortifications, dans les cas spécifiés à l'article 8 ci-après.

Art. 8. — L'avis du préfet maritime ne sera réclamé que dans les cas ci-après :

1°.....

. . . .

De même, l'avis du directeur des fortifications ne sera pris que dans les cas ci-après :

1° Extractions de toute nature à faire dans le rayon des enceintes fortifiées.

. . . .

Art. 9. — Les autorisations seront accordées par le préfet, s'il y a accord entre les représentants des divers services, et, dans le cas contraire, l'affaire sera soumise à l'administration supérieure, conformément aux prescriptions de l'arrêté ministériel du 2 décembre 1875.

Art. 10. — *Délivrance des autorisations.* — Le préfet rédigera, à la suite de la demande du pétitionnaire, l'arrêté d'autorisation, qui restera classé à son rang dans les actes préfectoraux.

Il délivrera au permissionnaire, sur papier libre, une carte constatant l'autorisation qui lui aura été accordée.

Il adressera en même temps des amplifications de cette carte à l'ingénieur en chef des Ponts et Chaussées et au directeur des domaines.

Ladite carte sera conforme au modèle ci-joint. Elle indiquera le nom et le domicile du permissionnaire, le lieu d'extraction, la nature des matériaux, le cube à extraire ou le nombre des ouvriers à employer par jour, ou le nom et le tonnage du bateau suivant les cas, le délai, le prix et les autres conditions imposées.

Art. 11. — *Obligations du permissionnaire.* — Le permissionnaire sera tenu de faire voir sa carte par le receveur des domaines du lieu où l'extraction devra s'opérer, d'acquitter le droit d'enregistrement et de payer le prix des matériaux à extraire conformément aux prescriptions de l'article..... ci-après, avant de pouvoir commencer ses extractions.

Art. 12. — Le permissionnaire ne pourra pas extraire un cube supérieur à celui qui aura été fixé, s'il s'agit d'une extraction à quantité déterminée, ni employer un nombre d'ouvriers supérieur à celui qui aura été autorisé, ou se servir d'autres bateaux que ceux qui auront été désignés dans son autorisation, s'il s'agit d'une extraction par abonnement.

Pour les extractions à quantité déterminée, il sera tenu de prévenir, par écrit, l'ingénieur ordinaire dans la circonscription duquel l'extraction devra avoir lieu, vingt-quatre heures au moins à l'avance, du jour où il commencera les opérations

Il devra, dans tous les cas, se conformer exactement aux ordres de détail qui lui seront donnés par les agents du service des Ponts et Chaussées.

Art. 13. — Le permissionnaire ou son représentant sur le lieu de l'extraction devra être constamment porteur de sa carte et la présenter à toute réquisition des ingénieurs de l'État chargés de la surveillance de la côte.

Art. 14. — Le permissionnaire sera tenu de diriger ses opérations de manière à ne gêner ni la circulation sur la plage, ni la navigation ou la pêche côtière, ni le libre exercice des services publics.

Il devra notamment éviter toute excavation ou tout dépôt de nature à présenter un danger soit pour la circulation, soit pour l'atterrage des bateaux, soit pour la solidité des falaises voisines.

L'extraction et l'enlèvement des terres des matériaux ne pourront s'effectuer que pendant le jour.

Art. 15. — Le permissionnaire sera directement responsable vis-à-vis des riverains, propriétaires des dunes ou falaises, et, en général, vis-à-vis des tiers, des dommages que ses extractions pourraient faire subir.

Art. 16. — *Conditions particulières et locales.* — A moins de circonstances exceptionnelles, aucune extraction ne sera autorisée, pendant la saison balnéaire, sur les portions de la plage utilisées pour l'exploitation des bains de mer.

Art.....

Art... — *Conditions générales.* — Le prix total à payer sera fixé d'après le tarif suivant:

§ 1. — *Extractions à quantités déterminées.*

. . . . le mètre cube . . . . .

§ 2. — *Extraction par abonnement avec enlèvement par terre.*

. . . . par homme et par jour . . . .

§ 3. — *Extraction par abonnement avec enlèvement par mer.*

Pour un bateau ne dépassant pas... tonnes.

par jour.....

par mois.....

Pour chaque tonneau de jauge en sus de... tonnes

par jour.....

par mois.....

Nota. — Le tarif au jour ne sera appliqué qu'aux permissions inférieures à un mois.

Pour les permissions d'une durée supérieure à un mois, la redevance sera calculée par mois et fractions de mois.

Si le prix total n'excède pas 100 francs, il devra être acquitté immédiatement.

S'il excède 100 francs, il pourra être stipulé payable moitié comptant et moitié à une date intermédiaire entre celle de l'autorisation et celle de l'expiration du délai d'extraction; mais, dans ce dernier cas, le permissionnaire sera tenu de fournir une caution solidaire dans la quinzaine, faute de quoi la portion du prix restant due deviendra sur-le-champ exigible.

Art... — Les autorisations ne seront accordées qu'à titre précaire et révocables, sans indemnité, à première réquisition de l'administration.

Le retrait en sera prononcé, suivant les cas, par le préfet ou par le ministre des Travaux publics, conformément aux prescriptions de l'article 8, de l'arrêté ministériel du 2 décembre 1875.

Elles ne seront valables que pour une époque déterminée qui, dans aucun cas, ne pourra dépasser un an, et elles seront périmées de plein droit à l'expiration du délai fixé.

Art... — Les autorisations pourront être révoquées, soit à la demande du directeur des domaines, en cas d'inexécution des conditions financières de la concession, soit à la demande de l'ingénieur en chef du service maritime, en cas d'inexécution de toutes autres conditions sans préjudice, s'il y a lieu, des poursuites de grande voirie.

Art... — Si l'autorisation est révoquée dans un intérêt public, pour un motif indépendant des actes du permissionnaire, le service des domaines fera restituer la portion du prix payé, applicable au nombre de journées de travail restant à courir ou au cube que le permissionnaire justifiera n'avoir pas extrait, suivant qu'il s'agira d'une autorisation par abonnement ou à quantité déterminée.

Si l'autorisation a pour objet l'enlèvement d'une quantité déterminée de matériaux, et si le délai stipulé vient à expirer avant que le permissionnaire ait terminé son extraction, l'État lui fera restituer la portion du prix payé applicable aux matériaux qu'il justifiera n'avoir pas enlevés, mais en retenant, toutefois, le dixième de cette portion du prix.

Dans tous les autres cas, toute somme payée sera, par ce seul fait, définitivement acquise au Trésor.

Art... — Toute infraction aux dispositions du présent arrêté sera poursuivie conformément aux lois.

Art.... — Le présent arrêté, qui abroge tous les règlements antérieurs, sera inséré dans le *Recueil des actes administratifs* de la Préfecture.

L'ingénieur en chef des ports maritimes et le directeur des domaines sont chargés, chacun en ce qui le concerne, d'en assurer l'exécution.

On peut remarquer, et il est de jurisprudence que le refus d'acquitter la redevance ne constitue pas une contravention de grande voirie.

Étiers.

784. On appelle *étier* un canal ou fossé par lequel l'eau de mer pénètre dans les marais salants. D'après la loi du 21 juin 1865, ils peuvent être l'objet d'une association syndicale. (*V. Cours de Rivières.*)

Amendements et engrais marins.

785. On sait qu'*amender* une terre c'est lui fournir soit les modifications physiques que réclame la nature du sol, soit l'introduction de substances favorisant les réactions chimiques nécessaires pour rendre assimilables par les végétaux les matières enfouies dans la terre.

On appelle, par contre, *engrais* les substances directement assimilables.

Dans les produits marins cette distinction est souvent difficile à établir. Ainsi que nous le verrons tout à l'heure, la tangue, par exemple, sert à la fois d'amendement et d'engrais, toutefois on la classe comme amendement et le goémon comme engrais.

On désigne sous le nom de *tanque* ou *tangue* une espèce de sable blanc ou blanc jaunâtre que l'on trouve sur les côtes de Bretagne et de Normandie qui se dépose dans les lais de mer, principalement dans les baies ou anses ainsi formées.

On serait tout d'abord porté à croire que la proportion de sel marin dont elles sont imbibées s'oppose à leur emploi, car on sait que les plantes de l'intérieur des terres ne peuvent supporter un sol en contenant plus de 2 0/0 dans les sols humides et 1 0/0 dans les sols secs; des proportions un peu supérieures rendent le sol infertile, excepté pour les plantes marines telles que les salsola, les atriplex, les salicornes, les betteraves et, en général, les chénopodés et les tamarinées. On avait pourtant préconisé le sel à une certaine époque, mais, outre que pour la culture des betteraves il a l'inconvénient de favoriser la formation des mélasses, il donne une récolte presque nulle de céréales.

M. Dehérain, auquel nous empruntons une partie de ces détails, rapporte d'après Puvis que, dans certains cantons du Morbihan, on sème à la fois du froment et du salsola. Quand les terres sont très salées, si les pluies sont assez abondantes pour dessaler le sol, on a une bonne récolte de froment et une récolte presque nulle de salsola. L'inverse a lieu si la saison est sèche.

Emploi de la tangue.

786. Nous allons voir comment, par son mode d'emploi, on annihile ces inconvénients depuis des siècles. Cette matière est, en effet, l'objet de règlements depuis le XIIe siècle, et est une source de prospérité pour les habitants des contrées qui l'ont à portée.

On la recueille par le raclage, le dragage, la pelle ou la pioche, suivant l'épaisseur des bancs et l'outillage dont on dispose.

Sa composition varie avec les lieux d'extraction et souvent avec l'époque.

Voici, d'après M. Isidore Pierre, les compositions extrêmes que l'on a trouvées.

COMPOSITION DE LA TANGUE DESSÉCHÉE à 100 degrés	LIEUX D'ORIGINE			
	ANSE DE MOIDREY	SAINT MALO	MARE DE MONTMARTIN	BRÉVANT
	gr.	gr.	gr.	gr.
Matières combustibles et volatiles	2.96	6.90	7.27	2.83
Chlore	0.74	0.55	0.27	0.01
Acide sulfurique	0.34	0.66	0.07	traces
Acide phosphorique	1.38	0.57	0.72	0.10
Silice soluble	2.25	0.51	traces	»
Carbonate de chaux	39.25	25.23	45.45	23.94
Magnésie	0.19	0.87	0.19	0.38
Albumine et oxyde de fer	1.33	0.30	0.35	0.37
Matières insolubles	50.43	63.05	45.26	72.37
Soude et potasse soluble	1.01	1.06	0.32	traces
Pertes	0.12	0.30	0.10	»
Tangue prise au moment de l'extraction	100.00	100.00	100.00	100.00
Eau interposée pour 100	0.85	2.38	2.33	»
Azote pour 1 000	1.11	1.58	1.52	0.30

La proportion d'azote, dit M. Dehérain, est d'autant plus considérable que la tangue est plus *grassé*, c'est-à-dire formée de particules plus fines, ce qui s'explique facilement par des particules organiques provenant des débris organiques que contiennent les débris coquilliers, et que le temps n'a pas encore transformées.

Ces débris coquilliers expliquent le foisonnement, qui peut aller jusqu'à 10 0/0 dans les cours des fermes, et est dû à leur exfoliation.

La tangue est, en effet, pelletée et laissée en tas un certain temps avant l'emploi, ce qui permet à l'eau des pluies de déplacer l'eau de mer interposée et de la dessaler.

Généralement, pour l'emploi, on en forme des composts avec du fumier, des curages de mare, des balayures, etc., composts que l'on répand ensuite dans les champs. Quelquefois on l'utilise directement.

On en emploie de 6 à 16 mètres cubes par hectare pour les meilleures qualités, de 10 à 20 pour les qualités moyennes, et de 25 à 100 dans les environs de Cherbourg.

Un calcul démontre qu'au point de vue des phosphates et des matières azotées 30 tonnes des meilleures tangues ne valent pas une tonne de fumier de ferme et qu'elles ne pourraient fournir aux récoltes que la moitié de l'acide phosphorique qu'elles renferment ; l'appoint de ce côté est donc faible, et il faut attribuer l'excellent effet que l'on en obtient au calcaire qu'elle renferme et vient compléter le sol de débris granitiques dont le pays est formé, et le transforme en terre arable.

Goémon.

787. A l'égard de cet engrais employé depuis les temps les plus reculés en Écosse, en Irlande, dans les départements de la Manche et du Calvados, voici, ce que dit M. Dehérain dans son *Cours de Chimie agricole*.

« Si l'on se rappelle les quantités énormes de principes utiles aux plantes entraînées à la mer par les torrents, les rivières et les fleuves; si l'on constate, avec M. Hervé-Mangon, qu'une seule de nos rivières, la Durance, transporte chaque année 11 millions de mètres cubes de limon, contenant autant d'azote assimilable que 100 000 tonnes d'excellent guano, autant de carbone que pourrait en fournir par an une forêt de 49 000 hectares d'étendue, on reconnaîtra qu'il est naturel de considérer les pertes du sol des continents.

« Les cultivateurs des bords de la mer emploient en effet des quantités considérables de *goémons*, c'est-à-dire un mélange de différentes plantes de la famille des algues, et M. Hervé-Mangon a cité l'exemple curieux de l'île de Noirmoutier qui, depuis des siècles, maintient une fertilité moyenne par l'emploi exclusif du goémon comme engrais, car les déjections du bétail y sont desséchées et utilisées comme combustible. D'après le savant professeur des Arts et Métiers, les habitants de Noirmoutier recueillent avec le plus grand soin le *Rytiphlœa pinastroïdes*, plante malheureusement assez rare, et qui ne renferme que 56 0/0 d'eau et 1,8 0/0 d'azote, tandis que le goémon ordinaire renferme 73,3 0/0 d'eau et seulement 0,16 d'azote.

« Le goémon n'est utilisé qu'à peu de distance des côtes. Son influence fertilisante est bien marquée, et c'est à elle que la Bretagne doit la prospérité de ses côtes, de cette ceinture dorée qui contraste si complètement avec la pauvreté du reste du pays. Sans le goémon, Jersey ne serait pas le pays du monde où le rendement à l'hectare atteint le chiffre le plus élevé et monte parfois jusqu'à 5 000 francs. Mon collègue et ami, M. Dubost, qui a parcouru récemment la Bretagne avec les élèves de Grignon, m'a appris que le taux de la location des terres a varié de 300 à 400 francs pour le premier kilomètre voisin de la côte, où le varech abonde ; il descend à 200 francs pour le second kilomètre, puis il tombe à 30 ou 40 francs à 5 ou 6 kilomètres, là où le goémon ne peut plus arriver.

« On a essayé de comprimer les tourteaux après dessiccation incomplète pour les enrichir au point où ils puissent supporter le transport. Le goémon comprimé renfermerait, d'après M. Malagutti, 29 0/0 d'eau, 1,28 d'azote. Des goémons soumis à l'action de la vapeur pour en extraire le sel laissent un résidu renfermant 2 0/0 d'azote, 1/2 de phosphate de chaux, 2 de sels alcalins et 75 de substances organiques.

« Enfin on a signalé, il y a quelques années, dans le Finistère, dans la baie de Teven, anse assez vaste de la commune de Kérouaré, un gisement considérable de goémon fossile, évalué à 100 000 hectolitres. Il renferme 1,8 d'azote.

« Nous résumerons, dans le tableau suivant, la richesse en azote et le poids d'engrais équivalent à 100 kilogrammes de fumier de ferme, d'un certain nombre d'engrais. »

DÉSIGNATION DES SUBSTANCES employées COMME ENGRAIS	AZOTE contenue dans 100 parties D'ENGRAIS	POIDS D'ENGRAIS équivalent à 100 kg. DE FUMIER de ferme
Fumier de ferme frais	0.60	100.00
Feuilles de bruyère desséchées à l'air	1.74	34.50
Jeunes rameaux de buis	1.00	60.00
Jeunes rameaux de buis secs	3.63	13.50
Roseaux récemment fauchés	0.167	244.70
Roseaux desséchés	1.07	56.00
Fucus saccharinus desséché à l'air	1.30	46.60
Fucus saccharinus complètement desséché	2.29	26.20
Fucus digitatus desséché à l'air	0.90	66.70
Fucus digitatus complètement desséché	1.41	42.50
Fucus vesiculosus frais	0.20	300.00
Fucus vesiculosus complètement desséché	1.57	38.24
Ceranium subrum frais	0.23	261.00
» » complètement desséché	2.03	29.59
Rytiphlœa pinastroïdes frais	1.08	55.00
Goëmon brûlé, état ordinaire	0.38	158.00
» » complètement desséché	0.40	150.00
Goëmon fossile complètement desséché	1.80	33.30
Genêt (tiges et feuilles séchées à l'air)	1.22	49.20
Genêt (tiges et feuilles complètement séchées à l'air	1.37	43.80

L'extraction des amendements marins est fixée par l'arrêté du 10 mai 1876, que nous reproduisons ci-dessous :

Arrêté du 10 mai 1876.

788. Le ministre de la Marine et des Colonies ;

Le ministre des Travaux publics ;

Et le ministre des Finances ;

Vu l'article 338 du Code civil qui range le rivage de la mer dans les dépendances du domaine public national,

Vu les articles 3 et 24 du décret-loi du 9 janvier 1852 sur l'exercice de la pêche maritime côtière ;

Vu les dispositions des décrets des 4 juillet 1853, 19 novembre 1859 et 8 février 1863, concernant les enlèvements et extractions de matières opérés sur le rivage de la mer ;

Vu la loi du 2 nivôse an IV, art. 2, les arrêtés, du directoire exécutif du 22 brumaire et 23 nivôse an VI, et le décret du 31 mai 1802 (art. 43) relatifs à l'aliénation des biens meubles appartenant à l'État ;

Vu l'arrêté ministériel du 2 décembre 1875, qui, en réglementant les extractions de matières autres que celles qui constituent des amendements marins, a réservé l'organisation des mesures spéciales à ces dernières,

Arrêtent :

Article premier. — Les demandes tendant à obtenir l'autorisation d'extraire, sur le rivage de la mer, des sables coquilliers et autres matières considérées comme amendements marins, seront adressées au préfet maritime qui fera examiner par les fonctionnaires de la Marine si l'autorisation sollicitée peut être accordée sans inconvénients.

Art. 2. — Si ces fonctionnaires se prononcent pour l'affirmative, ils formuleront les conditions à imposer au pétitionnaire, au point de vue de leur service ; et, dans le cas où ils estimeraient que les extractions doivent être favorisées comme étant utiles à la conservation du rivage, au maintien des passes d'entrée des ports, ou à tout autre intérêt public dont la sauvegarde est confiée à l'administration de la Marine, ils fourniront des explications motivées sur le point de savoir s'il ne conviendrait pas que la concession fût faite à prix réduit ou même absolument gratuite.

Art. 3. — Les ingénieurs des Ponts et Chaussées et le préfet du département seront appelés à leur tour à donner leur avis.

Le directeur des fortifications et le directeur des douanes seront également consultés, quand il y aura lieu.

Art. 4. — En cet état de l'instruction, les pièces seront transmises au directeur des domaines, qui fixera ou fera fixer par qui de droit, suivant les distinctions établies dans l'article suivant, le prix à exiger, les époques de paiement, au besoin l'obligation de fournir caution, et toutes les autres conditions financières de la concession.

Art. 5. — Les prix des matières à extraire, quand ils ne seront pas établis d'après un tarif approuvé par le directeur général des domaines, seront fixés par les directeurs des départements, jusqu'à concurrence de 500 francs. Au-delà de ce chiffre, ils seront fixés par le directeur général, sur la proposition des directeurs.

Art. 6. — Si le préfet maritime n'a pas d'objection à faire contre le prix qui a été fixé, il statuera sur la demande de concession, par un arrêté qui règlera, conformément aux propositions des services intéressés, les diverses concessions de cette condition.

Si, au contraire, il estime que les intérêts de la marine exigent impérieusement que le prix fixé soit diminué, ou même que la concession soit entièrement gratuite, il en réfèrera au ministre de la Marine, qui, s'il partage cet avis, se concertera avec le ministre des Finances pour la solution de la difficulté.

Art. 7. — Dans le cas où l'accord ne pourrait s'établir entre les deux ministres, l'affaire sera soumise au conseil d'État, pour être statué par un décret du Gouvernement.

Art. 8. — Les autorisations auxquelles s'applique le présent règlement ne seront accordées qu'à titre précaire; elles seront toujours révocables sans indemnités.

Le retrait des autorisations sera prononcé par le préfet maritime, lorsqu'elles auront été accordées par ce fonctionnaire, dans le cas prévu par le paragraphe 1er de l'article 6, et par le ministre de la Marine dans les autres cas.

Art. 9. — L'autorisation pourra être révoquée, soit à la demande du directeur des domaines, en cas d'inexécution des conditions financières de la concession, soit à la demande des fonctionnaires de la Marine ou des ingénieurs des Ponts et Chaussées, pour toute autre cause, sans préjudice, s'il y a lieu, des poursuites pour délit de grande voirie.

Art. 10. — Afin de faciliter l'instruction des demandes d'extraction, les préfets maritimes pourront arrêter, par un règlement de police, les conditions auxquelles les extractions devront être soumises sur les différentes parties du rivage, soit au point de vue de sa conservation, soit dans l'intérêt de la navigation ou de la pêche côtière, soit enfin sous le rapport des prix à exiger.

Cet arrêté réglementaire pris sur les propositions des chefs des services intéressés, déterminera :

1° Les parties du rivage où les extractions sont interdites ;

2° Celles où elles ne seront autorisées qu'à charge de payer un prix ;

3° Celles où elles seront gratuites, mais soumises à des autorisations spéciales ;

4° Enfin celles où elles seront gratuites et libres, aux conditions nécessitées par les circonstances locales.

A défaut d'accord entre les chefs des services intéressés pour la préparation de ce règlement de police, il sera procédé comme il est dit aux articles 6 et 7 pour les autorisations particulières.

Art. 11. — Les dispositions du présent arrêté ne sont pas applicables à la récolte des herbes marines, quel que soit le mode employé, non plus qu'aux extractions d'amendements marins opérés au moyen de bateaux.

Décret du 28 janvier 1890.

Réglementation de la récolte des herbes marines.

789. Article Premier. — L'article 2 du décret du 8 février 1868 et les dispositions du décret du 31 mars 1873 sont abrogés et remplacés par les articles suivants :

Art. 2. — La récolte des goémons de rive appartient aux habitants des communes riveraines et aux propriétaires de terres cultivées situées dans ces communes, lorsqu'ils sont de nationalité française ou admis à domicile en France, sous les conditions suivantes :

« Tout habitant qui réside dans la commune depuis six mois a le droit de participer à cette récolte.

« Les propriétaires de terres cultivées dans les communes du littoral ont le droit à la récolte du goémon de rive sans être tenus de justifier du fait d'habitation, lorsque les terres ont une contenance de 15 ares au moins et qu'elles sont exploitées par eux. Cependant, pour les propriétés indivises des communes, ce droit n'appartient qu'aux co-propriétaires dont la part dans les terres cultivées faisant partie de la propriété totale est, en surface, au moins de 15 ares.

Art. 2 *bis*. — « Les propriétaires non habitants admis à la récolte doivent présenter leurs titres de propriété dûment enregistrés.

Ils peuvent exercer leur droit non seulement par eux-mêmes, mais de plus par leurs conjoints et par leurs enfants légitimes habitant avec eux. Toute autre personne employée par eux doit être habitante de la commune riveraine.

Art. 2 *ter*. « Les personnes n'habitant par les communes riveraines qui se trouveraient déchues, en vertu des articles précédents 2 et 2 *bis*, du droit qu'elles possèdent de participer à la récolte, notamment celles qui sont propriétaires dans lesdites communes de parcelles d'une contenance inférieure à 15 ares, continuent à jouir de ce droit, mais seulement à titre viager.

« Elles pourront l'exercer suivant les conditions prévues au paragraphe 2 de l'article 2 *bis*.

« Dans tous les cas, ce droit viager n'existera que si les terres qui le confèrent sont cultivées, et si les titres de propriété invoqués ont une date certaine, antérieure à la promulgation du présent décret.

PÊCHE MARITIME ET CÔTIÈRE

Généralités.

790. On distingue la *grande pêche* et le *pêche côtière*.

La grande pêche comprend :

1° La pêche à la morue pour laquelle l'État donne une prime à l'armateur, suivant le chiffre des hommes d'équipage et les produits de la pêche ;

2° La pêche à la baleine et au cachalot, qui donne également lieu à des primes au départ et au retour.

Nous n'avons pas à nous en occuper.

La pêche côtière est soumise aux prescriptions du décret du 11 mai 1861, qui a modifié le décret du 11 janvier 1852.

Voici les principales dispositions qui réglementent la matière, toutes conçues dans le but de favoriser et d'encourager nos pêcheurs et nos armateurs.

Les poissons provenant de la pêche cotière sont admis exempts des droits de douane.

Ceux d'origine étrangère paient, au contraire, acquittent les droits suivants :

Poissons frais..........	5f les 100kg.
Poissons salés ou fumés :	
Morues................	48 »
Autres................	10 »
Huîtres fraîches :	
Pêchées en France......	exemptes.
Autres................	1f,50 le mille

En outre, le sel employé soit à terre, soit en mer pour les salaisons est exempt de droits.

La pêche du hareng et du maquereau est permise en tous temps, sans autres obligations pour la composition des équipages, des filets et des ravitaillements. Les bateaux utilisés à cet usage peuvent embarquer des quantités illimitées de sels français. S'ils emploient des sels étrangers, ils ont à payer un droit de 0f,60 par 100 kilogrammes, augmenté d'une taxe additionnelle de 4 0/0.

Il n'existe aucune restriction, non plus sur la pêche des autres poissons, seulement les directeurs des douanes peuvent statuer sur l'admission des produits.

Tout patron de pêche doit être muni d'un livret de pêche coté et paraphé conformément à l'article 224 du Code de commerce.

Tout achat ou tentative d'achat ou d'introduction de harengs de pêche étrangère par un bateau français armé pour la pêche, entraîne la saisie du poisson, du bateau, de ses agrès, etc., et l'armateur, s'il est de complicité, est puni d'une amende de 500 à 2 000 francs.

Dans le cas de condamnations par les tribunaux, le patron du bateau saisi et les hommes de l'équipage peuvent être levés pour le service de la flotte et y être maintenus de un an à trois ans, avec un tiers de la solde pour les officiers mariniers et les quartiers-maîtres, et de un quart pour les matelots. Toutefois, après 6 mois, les conseils d'avancement du bord peuvent les réintégrer à solde entière.

L'introduction du poisson en franchise peut être supprimée :

1° Si l'armement du bateau n'est pas conforme au livret ;

2° Quand le livret de pêche n'est pas représenté à toute réquisition des agents autorisés ou quand ce livret est incomplet ou raturé ;

3° Lorsque des infractions au règlement ont été commises.

Les règlements des comptes ont lieu en présence du commissaire d'inscription maritime.

La pêche des huîtres est l'objet d'une réglementation particulière. Tous les ans, dans la première quinzaine d'août, une commission fait la visite des anciens bancs d'huîtres et la constatation des nouveaux bancs. Cette commission indique les huîtrières pouvant être mises en exploitation, la date où celle-ci peut commencer et au besoin sa durée et le nombre de bateaux qui peuvent y être employés.

On peut même suspendre cette exploitation s'il est reconnu qu'elle peut devenir nuisible. Au reste, il est interdit aux pêcheurs de draguer sur des bancs autres que ceux qui ont été désignés et en dehors des marées indiquées.

Les dragues sont déposées dans un endroit sous la garde de l'administration pendant l'intervalle de temps qui s'écoule entre la clôture et l'ouverture de la pêche et laissées à terre pendant que les bateaux vont pêcher le poisson frais.

Décret du 17 mai 1887

rétablissant le service technique des pêches maritimes.

791. Article premier. — Les dispositions du décret du 26 mai 1862 portant création d'un emploi d'inspecteur général de pêches maritimes sont remises en vigueur.

Art. 2. — Il est établi au ministère de la Marine et des Colonies un comité consultatif des pêches maritimes chargé d'assister l'administration dans l'étude de toutes les questions techniques intéressant l'industrie de la pêche maritime.

Art. 3. — Le comité consultatif des pêches maritimes se compose de membres titulaires et de membres adjoints.

Circulaire du ministre des Travaux publics du 21 février 1888.

Pêche dans les parties des fleuves et rivières comprises dans les limites de l'inscription maritime; modification de l'instruction de 1868 pour les gardes-pêche.

792. Il y a dans cette instruction un passage ainsi conçu :

« Il est également permis à tout individu de pêcher dans les parties des mêmes fleuves, rivières et canaux qui se trouvent comprises dans les limites de l'inscription maritime, à la condition de se conformer :

« 1° Aux règlements de la police de la pêche fluviale, pour la pêche qui se pratique au-dessus du point où les décrets ont fixé la limite entre les eaux douces et les eaux salées;

« 2° Aux règlements sur la police de la pêche maritime, pour la pêche qui a lieu au-dessous de ce point. »

Il semblerait résulter de cette rédaction que la pêche qui s'effectue au-dessous de la limite de la salure des eaux est seule soumise aux règlements de la pêche maritime (obligation pour le marin d'être marin inscrit, et pour le bateau d'être muni d'un rôle d'équipage, ou d'un permis de navigation, etc.)

Or, il n'en est rien. La pêche dans toute la partie des rivières ou canaux comprise entre la mer et la limite de l'inscription maritime, ne peut être exercée que par les marins inscrits remplissant les conditions ci-dessus indiquées. Quant à sa réglementation, elle varie suivant que la pêche s'exerce entre la mer et le point où cesse la salure des eaux, ou entre ce dernier point et la limite de l'inscription maritime. Dans le premier cas, ce sont les règles générales de la pêche maritime et ces règles seulement qui sont appliquées; dans le second cas, la pêche est subordonnée à la fois et aux règlements maritimes dont il vient d'être parlé et, de plus, aux règles spéciales édictées en vue de la pêche fluviale.

C'est donc à tort qu'on a omis de viser les règlements de la pêche maritime dans le paragraphe 1er du passage précité de l'instruction aux gardes-pêche. Pour éviter toute erreur d'interprétation à cet égard, il suffira de substituer au texte de l'instruction la rédaction suivante :

« Il est également permis à tout individu de pêcher dans les parties des mêmes fleuves, rivières et canaux qui se trouvent comprises dans les limites de l'inscription maritime à la condition de se conformer :

1° Aux règles générales édictées pour la pêche maritime et aux règlements qui concernent les mesures de police et de conservation établies pour la pêche fluviale, quant à la pêche qui se pratique au-dessus du point où les décrets ont fixé la limite entre les eaux douces et les eaux salées;

« 2° Aux règlements sur la police de la pêche maritime pour la pêche qui a lieu au-dessous de ce point. »

Jurisprudence.

793. Voici d'après M. Debauve la jurisprudence établie sur divers points.

1° Si le ministre refuse de donner suite à une demande tendant à l'établissement dans un canal maritime d'un barrage pour la pêche, ce refus est attaquable devant le Conseil d'État.

2° Le conseil de préfecture est incompétent pour connaître des contraventions aux lois et règléments de la pêche côtière.

3° Un barrage en pieux ou roseaux sur un canal servant de communication entre un étang et la mer dans le but de retenir le poisson, constitue un établissement de pêche et ne peut donner lieu à une condamnation de grande voirie.

Halage

794. Dans les rivières à marée, les chemins de halage doivent être praticables à tous les moments de la marée. L'ordonnance de 1669 considère donc comme contravention toute construction qui empêcherait ce service de s'effectuer et en ordonne la démolition.

NAVIGATION MARITIME

Généralités.

795. On distingue trois sortes de navigations maritimes.

1° La navigation au long cours;

2° La navigation au cabotage;

3° La navigation au bornage.

L'article 377 du Code de commerce définit ainsi la navigation au long cours.

« Sont réputés voyages de long cours ceux qui se font aux Indes orientales et occidentales, à la mer Pacifique, au Canada, à Terre-Neuve, au Groënland et aux autres côtes et îles d'Amérique méridionale et septentrionale, aux Açores, aux Canaries, à Madère et dans toutes les côtes et pays situés sur l'Océan, au delà des détroits de Gibraltar et du Sund. »

Le cabotage ou navigation de cap en cap comprend la navigation qui ne dépasse pas les limites précédentes ; en matière de douane le cabotage est la navigation qui se fait sur les côtes de France d'un port français à un autre port français.

Le grand cabotage désigne les armements pour Terre-Neuve et l'Islande.

Les capitaines au long cours et les maîtres au cabotage sont soumis à des examens d'après le décret des 18-23 septembre 1893.

La navigation au bornage est définie et réglée par le décret du 20 mars 1852.

Décret du 20 mars 1852,

Sur la navigation au bornage

796. Article premier. — Tout marin âgé de vingt-quatre ans au moins et réunissant soixante mois de navigation, dont douze sur les bâtiments de l'État pourra commander au bornage.

Art. 2. — On entend par bornage la navigation faite par une embarcation jaugeant vingt-cinq tonneaux au plus, avec faculté d'escales intermédiaires entre son port d'attache et un autre point déterminé, mais qui n'en doit être distant de plus de quinze lieues marines (53 335 mètres).

Les chiffres de tonnage et de limite de parcours peuvent toutefois être élevés, mais seulement pour les chalands, allèges, penelles et autres bâtiments naviguant sur les fleuves et rivières au moyen du remorquage ou du halage.

Décret du 19 mars 1852,

Concernant le rôle d'équipage et les indications des bâtiments exerçant une navigation maritime.

797. Article premier. — Le rôle d'équipage est obligatoire pour tous bâtiments ou embarcations exerçant une navigation maritime.

La navigation est dite *maritime*, sur la mer, dans les ports, sur les étangs et canaux où les eaux sont salées, et, jusqu'aux limites de l'inscription maritime sur les fleuves et rivières affluant directement ou indirectement à la mer.

Art. 2. — Le rôle d'équipage est renouvelé à chaque voyage pour les bâtiments armés au long cours, et tous les ans pour ceux armés au cabotage ou à la petite pêche.

Art. 3. — Tout capitaine, maître ou patron, ou tout individu qui en fait fonction, est tenu, sur la réquisition de qui de droit, d'exhiber son rôle d'équipage, sous peine d'une amende de 500 francs si le bâtiment est armé au long cours, de 200 francs si le bâtiment ou embarcation est armé au cabotage, de 100 francs s'il est armé à la petite pêche.

Art. 4. — L'embarquement de tout individu qui ne figure pas sur le rôle d'équipage est punissable, par chaque individu embarqué d'une amende de 300 francs, si le bâtiment est armé au long cours;

De 50 à 100 francs, si le bâtiment ou embarcation est armé au cabotage;

De 25 à 50 francs, s'il est armé à la petite pêche.

Art. 5. — Est punissable des peines portées à l'article 4, et, sous les mêmes conditions, le débarquement, sans l'intervention de l'autorité maritime ou consulaire, de tout individu porté à un titre quelconque sur un rôle d'équipage.

Art. 6. — Le nom et le port d'attache de tout bâtiment ou embarcation exerçant une navigation maritime seront marqués à la poupe, en lettres blanches de 8 centimètres au moins de hauteur, sur fond noir, sous peine d'une amende de 100 à 300 francs s'il est armé au long cours ;

De 50 à 100 francs s'il est armé au cabotage;

De 10 à 50 francs s'il est armé à la petite pêche.

Défense est faite, sous les mêmes peines, d'effacer, altérer, couvrir ou masquer les dites marques.

Règlements spéciaux.

798. Des règlements spéciaux principalement pour la pêche à la morue, définissent le nombre des individus à embarquer sur un bateau d'un tonnage déterminé, l'avitaillement, etc.

Circulaire du ministre des travaux publics du 3 décembre 1879.

Application des règlements maritimes aux bateaux du service des Ponts et Chaussées.

799. 1° Les ingénieurs des Ponts et Chaussées, les conducteurs, les agents et ouvriers de toute sorte, employés aux études et travaux de mer, ont le droit d'embarquer sur les bateaux de service et d'en débarquer sans contrôle et sans intervention de l'autorité maritime.

2° Les canots des Ponts et Chaussées, uniquement affectés au service de l'intérieur des ports et de leurs abords immédiats, sont dispensés du rôle d'équipage et de toutes les obligations qui s'y rattachent.

3° Dans chaque quartier ou sous-quartier où l'administration des Ponts et Chaussées possède des bateaux de quelque espèce que ce soit, employés à un autre usage que le service intérieur, un seul de ces bateaux sera régulièrement armé soit au cabotage, si l'une des embarcations du groupe peut être appelée à effectuer une navigation de cette nature, soit au bornage dans le cas contraire.

Tous les autres bateaux de la circonscription seront considérés comme annexes de celui au nom duquel sera délivré le rôle.

Les inscrits maritimes que le service des Ponts et Chaussées emploie d'une façon permanente dans le quartier ou le sous-quartier seront portés sur le rôle et pourront être embarqués, selon les besoins sur l'un quelconque de ces bateaux.

4° Lors de la délivrance et du renouvellement du rôle, l'administration des Ponts et Chaussées ne sera tenue de produire devant l'autorité maritime ni l'acte de francisation, ni le congé de l'embarcation à laquelle le rôle est délivré. Les bâtiments de cette administration seront également affranchis de la visite prescrite par la loi du 13 août 1791 et par l'article 225 du Code de Commerce.

De même la production du certificat de visite prescrite par l'ordonnance du 17 janvier 1846 n'est pas exigée des navires à vapeur du service des Ponts et Chaussées.

5° Les marins inscrits qui figureront sur le rôle seront dispensés de la revue au bureau de l'inscription maritime, lors du renouvellement de ce rôle ; mais dans le cas où cela serait jugé nécessaire, l'administration de la marine pourra demander leur comparution au service des Ponts et Chaussées, qui déférera à cette demande, suivant les exigences du services.

6° Le rôle d'équipage sera signé dans chaque quartier ou sous-quartier par le conducteur ou l'un des conducteurs des Ponts et Chaussées de la subdivision, qui sera délégué par l'ingénieur en chef pour représenter son administration comme armateur.

7° Les commissaires de l'inscription maritime n'useront pas des moyens de coercition dont ils disposent en cas de contravention, pour arrêter, sur un point quelconque, le service des navires ou embarcations des Ponts et Chaussées. Ils devront en référer au préfet maritime et aux chefs de service de la marine, qui traiteront la question avec les ingénieurs en chef des services intéressés.

Affrètements, nolis.

800. L'affrètement (nolis dans la Méditerranée) est un contrat ou charte-partie réglé par l'article 273 du Code de Commerce relatif au louage d'un navire. Il doit être rédigé par écrit énonçant le nom et le tonnage du navire, le nom du capitaine, ceux du prêteur et de l'affréteur, le lieu et le temps convenu pour la charge et pour la décharge, le prix du fret ou nolis, si l'affrètement est total ou partiel, l'indemnité en cas de retard.

Le fret s'entend tantôt comme le prix du loyer du navire, tantôt comme celui du transport de marchandises déterminées.

Épaves.

801. On désigne sous ce nom ou sous celui d'*épaves maritimes* tous les objets ou productions que la mer rejette à terre et qui n'appartiennent à aucun propriétaire légitime connu.

Retirées du fond de la mer ou pêchées sur les flots elles appartiennent à celui qui s'en est rendu maître ; si elles sont rejetées à terre, ceux qui les ramassent en ont un tiers et la caisse des invalides de la marine les deux tiers.

Conseil des prises.

802. Ce conseil ne fonctionne qu'en temps de guerre, quand la course est établie; elle établit la légitimité de la prise et les tribunaux de commerce sont appelés à juger les différents qui peuvent s'élever entre les capteurs.

Octroi de mer.

803. Ce droit est perçu au profit de l'ensemble des communes et non de l'Etat à l'entrée des colonies et de l'Algérie.

Bateaux.

804. Nous avons indiqué dans notre *Cours de Rivières* le mode de jaugeage des navires sur lesquels sont établis, ainsi que nous le verrons, les droits de port, etc. Pour compléter ce que nous avons à dire à leur égard, il nous resterait à parler de la loi qui régit les bateaux à vapeur naviguant sur mer.

Loi du 1er février 1893 concernant les bateaux à vapeur.

805. Cette loi qui remplace celle de 1846 était depuis longtemps attendue. Sa longueur ne nous permet que de la signaler.

Circulaire du ministre des travaux publics du 10 avril 1851.

Éclairage de nuit des bateaux à vapeur qui naviguent sur mer.

806. D'après l'instruction qui a été publiée à ce sujet, en novembre 1848, par le ministre de la Marine, et dont les dispositions ont été adoptées par la marine britannique, tout navire à vapeur en marche doit avoir, depuis le coucher du soleil jusqu'à son lever, trois feux savoir :

Un feu blanc en tête du mât ;
Un feu vert à tribord ;
Un feu rouge à babord.

Le feu de tête du mât doit être visible à une distance d'au moins 5 milles par une nuit claire, et le fanal construit de telle sorte que la lumière soit uniforme et non interrompue dans un arc de vingt rumbs de vent (225°); depuis le cap du bâtiment jusqu'à deux quarts en arrière des travers de chaque bord.

Les feux de couleur doivent pouvoir être aperçus d'une distance d'au moins 2 milles et les fanaux construits de manière à ce que la lumière embrasse sans interruption ni variation d'éclat, un arc d'horizon de dix quarts (112°30'), c'est-à-dire depuis le cap du navire jusqu'à deux quarts de l'arrière du travers du bord où ils sont placés.

Le fanal employé au mouillage doit être disposé de façon à répandre une bonne lumière tout autour de l'horizon.

Enfin chaque feu de couleur doit être muni intérieurement d'un écran pour qu'il ne puisse être vu à la fois que d'une seule direction, celle du cap du navire, et pour que la combinaison des feux de côté puisse donner un signal précis de la route suivie par le bâtiment.

Le ministre des Travaux publics a fait connaître, dans le temps, ces dispositions à MM. les préfets des départements maritimes, en les invitant à en assurer l'exécution.

Il résulte de ces renseignements que ces magistrats lui ont transmis depuis lors, que les navires à vapeur de la marine marchande sont aujourd'hui pourvus de fanaux qui satisfont aux prescriptions réglementaires.

Sur quelques bateaux, cependant, les feux en usage laissent encore quelque chose à désirer. J'ai pensé, avec la commission centrale des machines à vapeur, qu'il serait utile pour guider les armateurs sur le choix des meilleurs appareils à employer, d'indiquer dans une circulaire le mode de fanal qui a été adopté par le ministère de la Marine, sur les propositions d'une commission spéciale qu'il avait chargée d'étudier cette matière.

Ce fanal, dont le modèle a été exécuté par M. Letourneau, fabricant d'appareils lenticulaires pour les phares, se compose d'une lentille principale et de quatre anneaux, formant en tout cinq segments annulaires, analogues à ceux qui sont usités dans la construction des verres d'optiques destinés aux phares.

L'amplitude est, comme le prescrit l'instruction précitée, de 112°30 pour les fanaux des tambours et de 225 degrés pour le fanal qui doit être placé en tête du mât.

Sur le côté existe un miroir en glace, qui sert en même temps d'écran et de réflecteur : le miroir intercepte les rayons lumineux projetés vers l'arrière ; il les réfléchit, au contraire, vers l'avant et rend ainsi la lumière plus intense dans cette partie de l'horizon.

La circulaire recommande l'éclairage à la bougie, moins facile à éteindre que l'huile et encrassant moins les appareils. Cette bougie, de 0m,032 de diamètre et 0m,16 de longueur est placée dans un tube et maintenue au même niveau par un ressort à boudin.

Elle prescrit, en outre, quand les mâts sur lesquels les fanaux doivent être fixés ont des hunes, d'en juxtaposer deux de 112°30 et de les fixer sous les hunes à coté des jottereaux. Leur lumière se confond alors à une petite distance et donne l'amplitude de 225 degrés.

Ces prescriptions devront être inscrites sur les permis de navigation.

Extrait de la loi du 21 juillet 1856

Relative aux contraventions des bateaux à vapeur et des appareils à vapeur qui y sont installés.

807. Art. 8.— Est puni d'une amende de 100 à 2 000 francs tout propriétaire ou chef d'entreprise qui a fait naviguer un bateau à vapeur sans permis de navigation délivré par l'autorité administrative, conformément aux règlements d'administration publique.

Art. 9. — Le propriétaire ou chef d'entreprise qui a continué de faire naviguer un bateau à vapeur dont le permis a été suspendu ou retiré en vertu desdits règlements, encourent une amende de 400 à 4 000 francs, et peut être condamné, en outre, à un emprisonnement d'un mois à un an.

Art. 10. — Est puni d'une amende de 400 à 4 000 francs, tout propriétaire de bateau à vapeur ou chef d'entreprise qui fait usage d'une chaudière non revêtue des timbres constatant qu'elle a été soumise aux épreuves prescrites par les règlements d'administration publique, ou qui, après avoir fait faire à une chaudière ou partie de chaudière des changements ou réparations notables, a fait usage, hors le cas de force majeure, de la chaudière réparée ou modifiée sans qu'elle ait été soumise à la pression d'épreuve correspondante au numéro du timbre dont elle est frappée.

Art. 11. — Est puni d'une amende de 200 à 4 000 francs, tout propriétaire de bateau à vapeur ou chef d'entreprise qui, après avoir obtenu un permis de navigation, fait naviguer ce bateau sans se conformer aux prescriptions qui lui ont été imposées en vertu des règlements d'administration publique, en ce qui concerne les appareils de sûreté dont les chaudières doivent être pourvues, l'emplacement des chaudières et machines, et les séparations entre cet emplacement et les salles destinées aux passagers.

La même peine est applicable dans le cas où le bateau a continué de naviguer après que les appareils de sûreté ou les dispositions du local ont cessé de satisfaire à ces prescriptions.

Art. 12. — Est puni d'une amende de 200 à 2 000 francs, tout propriétaire de bateau à vapeur ou chef d'entreprise, qui a confié la conduite du bateau ou de l'appareil moteur à un capitaine ou à un mécanicien non pourvu de certificats de capacité exigés par les règlements d'administration publique.

Art. 13. — Est puni d'une amende de 50 à 500 francs, le capitaine d'un bateau à vapeur si, par suite de sa négligence :

1° La pression de la vapeur dans les chaudières a été portée au-dessus de la limite fixée par le permis de navigation ;

2° Les appareils prescrits soit pour limiter ou indiquer cette pression, soit pour indiquer le niveau de l'eau dans l'intérieur des chaudières, soit pour alimenter d'eau les chaudières ont été faussés ou paralysés.

Art. 14. — Est puni d'une amende de 50 à 500 francs, et, en outre, d'un emprisonnement de trois jours à trois mois, le mécanicien ou chauffeur qui, sans ordre, a surchargé les soupapes, faussé ou paralysé les autres appareils de sûreté.

Lorsque la surcharge des soupapes a eu lieu, hors du cas de force majeure, par l'ordre du capitaine ou chef de manœuvre qui le remplace, le capitaine ou le chef de manœuvre qui a donné l'ordre est puni d'une amende de 200 à 2 000 francs, et peut être condamné à un emprisonnement de six jours à deux mois.

Art. 15. — Est puni d'une amende de 25 à 250 francs, et d'un emprisonnement de trois jours à un mois, le mécanicien d'un bateau à vapeur qui aura laissé descendre l'eau dans la chaudière au niveau des conduites de la flamme et de la fumée.

Art. 16. — Est puni d'une amende de 50 à 500 francs, le capitaine d'un bateau à vapeur qui a contrevenu aux dispositions des règlements d'administration publique, ou des arrêtés du préfet rendus en vertu de ces règlements, en ce qui concerne :

1° Le nombre des passagers qui peuvent être reçus à bord ;

2° Le nombre et la nature des embarcations, agrès et apparaux dont le bateau doit être pourvu ;

3° Les prescriptions relatives aux embarquements et débarquements, et celles qui ont pour objet d'éviter les accidents au départ, au passage sous les ponts ou à l'arrivée des bateaux, ou de prévenir les abordages.

ART. 17. — Dans les cas où, par inobservation des règlements, le capitaine d'un bateau à vapeur a heurté, endommagé ou mis en péril un autre bateau, il est puni d'une amende de 50 à 500 francs et peut être condamné, en outre, à un emprisonnement de six jours à trois mois.

ART. 18. — Le propriétaire du bateau à vapeur, le chef d'entreprise ou le gérant par les ordres de qui a lieu l'un des faits prévus par les articles 13, 14 et 16 de la présente loi est passible de peines doubles de celles qui, conformément auxdits articles, seront appliquées à l'auteur de la contravention.

ART. 19. — En cas de récidive. l'amende et la duré de l'emprisonnement peuvent être élevés au double du maximum porté dans les articles précédents.

Il y a récidive, lorsque le contrevenant a subi dans les douze mois qui précèdent une condamnation en vertu de la présente loi.

ART. 20. — Si les contraventions portées dans les titres II et III de la présente loi ont occasionné des blessures, la peine sera de trente jours à six mois d'emprisonnement et l'amende de 500 à 1 000 francs. Si elles ont occasionné la mort d'une ou plusieurs personnes, l'emprisonnement sera de six mois à cinq ans et l'amende de 300 à 3 000 francs.

ART. 21. — Les contraventions prévues par la présente loi sont constatées par les ingénieurs des mines, les ingénieurs des Ponts et Chaussées, les gardes-mines, les conducteurs et autres employés des Ponts et Chaussées et des mines, commissionnés à cet effet, les maires et adjoints, les commissaires de police, et, en outre, pour les bateaux à vapeur, les officiers de port, les inspecteurs et gardes de navigation, les membres des commissions de surveillance instituées en exécution des règlements, et les hommes de l'art qui, dans les ports étrangers, auront, en vertu de l'article 49 de l'ordonnance du 17 janvier 1846, été chargés par les consuls ou agents consulaires français de procéder aux visites des bateaux à vapeur.

ART. 22. — Les procès-verbaux dressés en exécution de l'article précédent sont visés pour timbre et enregistrés en débet.

Ceux qui ont été dressés par des agents de surveillance et gardes assermentés doivent, à peine de nullité, être affirmés dans les huit jours devant les juges de paix ou le maire soit du lieu du délit, soit de la résidence de l'agent.

Lesdits procès-verbaux font foi jusqu'à preuve du contraire.

Les procès-verbaux qui ont été dressés dans les ports étrangers, par les hommes de l'art désignés en l'article 21 ci-dessus, sont enregistrés à la chancellerie du consulat et envoyés en originaux aux ministres de l'Agriculture, du Commerce et des Travaux publics, afin que les poursuites soient exercées devant les tribunaux compétents.

ART. 23. — L'article 463 du Code pénal est applicable aux condamnations prononcées en exécution de la présente loi.

Cette loi a été promulguée en Algérie par le décret du 28 juillet 1860.

Jurisprudence.

808. D'après M. Debauve, les peines édictées par la loi du 21 juillet 1856 et relatives au permis de navigation, à l'exploitation et la construction des machines à vapeur relèvent de la police correctionnelle.

Quant aux autres contraventions relatives à la conservation des ouvrages d'art, rives des fleuves et canaux, etc., elles appartiennent à la grande voirie, et par suite ce sont les conseils de préfecture qui sont compétents. Celles qui sont relatives à la police proprement dite sont soumises aux Tribunaux de simple police en vertu de l'article 471 du Code pénal, mais il faut que les règlements préfectoraux n'aient pas statué au point de vue de la grande voirie.

Au point de vue de la sûreté de l'équipage et des passagers, le conseil de préfecture est incompétent.

Les Préfets de département ne peuvent, sans le concours du Préfet maritime, prendre des mesures de police relativement aux bateaux à vapeur qui partent d'un port de commerce, se rendent dans une rade ou abordent dans un port militaire.

D'autre part, ils sont compétents pour prescrire dans chaque port de commerce les mesures d'ordre et de police relatives à la navigation des bateaux à vapeur naviguant d'un port à un autre, pour déterminer la durée et l'époque des chômages pour réparations et nettoyage des machines.

En outre, les bateaux doivent toujours partir aux jours et aux heures fixés par les arrêtés préfectoraux, afin d'éviter les réclamations du public.

Nous n'insisterons pas sur la responsabilité du propriétaire d'un bateau à vapeur résultant en cas d'accidents, entraînant blessures ou morts d'hommes de l'équipage, par suite d'un vice de fonctionnement ou d'entretien.

Bateaux du service maritime des Ponts et Chaussées.

809. L'application des règlements maritimes aux bateaux du service des Ponts et Chaussées a été défini par la circulaire suivante, en date du 3 décembre 1879, émanant de l'accord des deux ministres intéressés.

1° Les ingénieurs des Ponts et Chaussées, les conducteurs, les agents et ouvriers de toute sorte employés aux études et travaux de mer, ont le droit d'embarquer sur les bateaux de ce service et d'en débarquer sans contrôle et sans l'intervention de l'autorité maritime.

2° Les canots des Ponts et Chaussées, uniquement affectés au service de l'intérieur des ports et de leurs abords immédiats sont dispensés du rôle d'équipage et de toutes les obligations qui s'y rattachent.

3° Dans chaque quartier ou sous-quartier où l'administration des Ponts et Chaussées possède des bateaux, de quelque espèce que ce soit, employés à un autre usage que le service intérieur, un seul de ces bateaux sera régulièrement armé soit au cabotage, si l'une des embarcations du groupe peut être appelée à effectuer une navigation de cette nature, soit au bornage dans le cas contraire.

Tous les autres bateaux de la circonscription seront considérés comme annexes de celui au nom duquel sera délivré le rôle.

Les inscrits maritimes que le service des Ponts et Chaussées emploie d'une façon permanente dans le quartier ou le sous-quartier seront portés sur le rôle et pourront être embarqués, selon les besoins, sur un quelconque de ces bateaux.

4° Lors de la délivrance et du renouvellement du rôle, l'administration des Ponts et Chaussées ne sera tenue de produire devant l'autorité maritime, ni l'acte de navigation. ni le congé de l'embarcation à laquelle le rôle est délivré. Les bâtiments de cette administration seront également affranchis de la visite prescrite par la loi du 13 août 1791 et par l'article 225 du Code de Commerce.

De même, la production du certificat de la visite prescrite par l'ordonnance du 17 janvier 1846 n'est pas exigée des navires à vapeur du service des Ponts et Chaussées.

5° Les marins inscrits qui figureront sur le rôle seront dispensés de la revue au bureau de l'inscription maritime, lors du renouvellement de ce rôle; mais, dans le cas où cela serait jugé nécessaire, l'administration de la Marine pourra demander leur comparution au service des Ponts et Chaussées qui déférera à cette demande, suivant les exigences du service.

6° Le rôle d'équipage sera signé dans chaque quartier ou sous-quartier par le conducteur ou l'un des conducteurs des Ponts et Chaussées de la subdivision qui sera délégué par l'ingénieur en chef pour représenter son administration comme armateur.

7° Les commissaires de l'inscription maritime n'useront pas des moyens de coercition dont ils disposent en cas de contravention, pour arrêter, sur un point quelconque, le service des navires ou embarcations des Ponts et Chaussées. Ils devront en référer aux préfets maritimes ou aux chefs du service de la Marine, qui traiteront les questions avec les ingénieurs en chef des services intéressés.

J'ajouterai que, bien qu'aux termes de l'ordonnance de 1846, les bateaux à vapeur appartenant à l'État soient affranchis de la visite des commissions de surveillance, instituées par cette ordonnance, la commission des Inspecteurs généraux, qui a préparé les bases du règlement qui précède, a considéré, d'accord en cela avec le plus grand nombre d'ingénieurs consultés, qu'il y aurait avantage, pour le service des Ponts et Chaussées, à satisfaire à cette obligation, qui, au prix d'une gêne insignifiante, offre de précieuses garanties de sécurité.

PORTS

PORTS MILITAIRES

810. On sait que les cinq arrondissements maritimes, Cherbourg, Brest, Lorient, Rochefort et Toulon, sont dirigés par des préfets maritimes qui sont des vice-amiraux. Pour éviter tout conflit administratif, ces villes ne sont administrées que par des sous-préfets.

Les arrondissements maritimes sont

divisés en sous-arrondissements, à la tête de chacun desquels se trouve un commissaire de la marine, et les sous-arrondissements en question, en sous-quartiers et en syndicats confiés aux commissaires de l'inscription maritime, aux administrateurs et aux syndics des gens de mer.

Les travaux des ports et ceux des bâtiments sont dirigés par des ingénieurs des Ponts et Chaussées détachés temporairement du service et placés pendant ce temps sous les ordres du ministre de la Marine.

Ils sont secondés par les

Conducteurs des travaux hydrauliques de la Marine

Dont les attributions sont réglées par le décret du 10 août 1868.

811. Article premier. — Un personnel de conducteurs des travaux hydrauliques, assimilé à la maistrance des arsenaux maritimes, est placé sous les ordres des ingénieurs des Ponts et Chaussées chargés de la direction des travaux hydrauliques et des bâtiments civils dans les ports militaires.

Art. 2. — Le nombre des conducteurs principaux et des conducteurs ordinaires des travaux hydrauliques est fixé à quarante-cinq, savoir :

Conducteurs principaux	de 1re classe...		2
»	»	de 2e classe...	5
»	ordinaires	de 1re classe...	7
»	»	de 2e classe...	14
»	»	de 3e classe...	17
		Total	45

La répartition se fait, suivant les besoins du service, par notre ministère de la Marine et des Colonies qui nomme à tous les emplois.

Art. 3. — Aucune nomination, aucun avancement en classe ne peuvent avoir lieu que sur un rapport motivé du chef du service compétent.

Ce rapport est transmis au ministère par le préfet maritime ou le directeur de l'établissement, avec l'avis du conseil d'administration.

Art. 4. — Les conducteurs ordinaires de 3e classe sont choisis :

1° Parmi les chefs contremaîtres et contremaîtres des travaux hydrauliques et des autres services, âgés de plus de vingt et un ans, qui ont satisfait à un examen public dont le programme sera fixé par un arrêté de notre ministère de la Marine et des Colonies. Les candidats de cette provenance devront, par leurs services antérieurs, être en situation d'obtenir un pension de retraite à soixante ans ;

2° Parmi les sous-officiers libérés du service, avec un certificat de bonne conduite, et les élèves des écoles d'Arts et Métiers qui, après avoir été employés pendant un an à la direction des travaux hydrauliques de l'un des ports militaires, auront satisfait à l'examen mentionné ci-dessus. Les premiers devront pouvoir par leurs services antérieurs réunir, à soixante ans, les droits à la retraite ; les derniers être âgés de plus de vingt et un ans et de moins de trente ans ;

3° Parmi les candidats âgés de plus de vingt et un ans et de moins de trente ans, qui ont été déclarés admissibles à l'emploi de conducteur des Ponts et Chaussées à la suite des examens ouvert périodiquement dans les chefs-lieux des départements.

Art. 5. — Nul conducteur ordinaire ne peut être porté à une classe supérieure, s'il ne réunit au moins trois ans de service effectués dans la classe inférieure.

Art. 6. — Les conducteurs principaux de deuxième classe seront choisis parmi les conducteurs ordinaires de première classe ayant accompli au moins trois ans de service en cette qualité.

Art. 7. — Les pensions de retraite des conducteurs principaux sont réglées d'après les fixations du tarif annexé à la loi du 26 juin 1861 applicables aux anciens conducteurs principaux des forges et fonderies de la Marine.

Celles des conducteurs ordinaires de trois classes continuent à être réglées d'après les tarifs de la loi du 26 juin 1861 qui leur sont spécialement applicables.

Art. 8. — L'uniforme des conducteurs principaux et des conducteurs des travaux hydrauliques est conforme à celui des maîtres principaux et des maîtres entretenus des arsenaux.

Art. 9. — La solde des conducteurs des travaux hydrauliques est déterminée par le tarif joint au présent décret.

Les conducteurs ordinaires de troisième classe, actuellement en possession d'un traitement supérieur à la nouvelle solde allouée à cette classe, le conserveront jusqu'à ce qu'ils soient promus à la seconde classe.

Traitements.

Les traitements sont de :

3 200 et 2 800 francs par an pour les conducteurs principaux, 2 000, 1 800 et 1 500 francs par an pour les conducteurs ordinaires.

La solde à Paris et en Algérie est augmentée d'un tiers pour les conducteurs principaux et d'un cinquième pour les conducteurs ordinaires.

PORTS MARITIMES DE COMMERCE

Généralités.

812. Le service de ces ports est placé sous la direction des Ponts et Chaussées conformément au décret du 7 fructidor an XII.

On sait que les rivages, lais et relais de mer, ports, havres et rades font partie du domaine public, d'après l'article 538 du Code civil; par suite les ports de mer font partie de la grande voirie, ainsi qu'il résulte, du reste, du décret du 10 avril 1812, et les contraventions seront réprimées comme telles (Décret du 16 décembre 1811, art. 112 et suivants.)

Un grand nombre d'articles de l'ordonnance de la marine du mois d'août 1681 étant encore en vigueur, nous allons en donner un extrait.

Ordonnance de la marine d'août 1681.

LIVRE IV

TITRE PREMIER

Police des ports.

813. Article Premier. — Les ports et havres seront entretenus dans leur profondeur et netteté; faisant défenses d'y jeter aucunes immondices, à peine de 10 livres d'amende payables par les maîtres pour leurs valets, même pour les pères et mères pour leurs enfants.

Art. 2. — Il y aura toujours des matelots à bord des navires étant dans le port pour faciliter le passage des vaisseaux entrant et sortant, larguer les amarres et faire toutes les manœuvres nécessaires, à peine de 50 livres d'amende contre les maistres et patrons.

Art. 3. — Ne pourront les mariniers amarrer leurs vaisseaux qu'aux anneaux et pieux destinés à cet effet, à peine d'amende arbitraire.

Art. 5. — Les maîtres et patrons du navire qui voudront se tenir sur leurs ancres dans les ports seront obligés d'y attacher hoirin, bouée ou gaviteau pour les marquer, à peine de 50 livres d'amende et de réparer tout le dommage qui en arrivera,

Art. 7. — Les marchands, facteurs et commissionnaires ne pourront laisser sur les quais leurs marchandises plus de trois jours, après lesquels elles seront enlevées à la diligence du maître de quai, où il y en aura d'établi, sinon de nos procureurs au siège de l'amirauté et aux dépens des propriétaires, lesquels seront en outre condamnés en amende arbitraire.

Art. 11. — Les propriétaires des vieux bâtiments hors d'état de navigation seront tenus de les rompre et d'en enlever incessamment les débris, à peine de confiscation et de 50 livres d'amende applicables à la réparation des quais, digues et jetées.

Art. 13. — Enjoignons aux maçons et autres employés aux réparations des murailles, digues et jetées des canaux, havres et bassins, d'enlever les décombres, et faire place nette incontinent après les ouvrages finis, à peine d'amende arbitraire, et d'y être pourvu à leurs frais.

TITRE II

Article Premier. — Le maître de quai prêtera serment entre les mains du lieutenant, et fera enregistrer sa commission au greffe de l'amirauté du lieu de son établissement.

Art. 2. — Il aura soin de faire ranger et amarrer les vaisseaux dans le port, veillera à tout ce qui concerne le service des quais, ports et havres, et fera donner, pour raison de ce, toutes assignations nécessaires.

Art. 3. — Sera tenu, au défaut du capitaine de port, lorsqu'il y aura de nos vaisseaux dans le havre, de faire les rondes nécessaires autour des bassins, et de coucher toutes les nuits à bord de l'amiral.

Art. 4. — Empêchera qu'il soit fait de jour ou de nuit aucun feu dans les navires, barques et bateaux, et autres bâtiments marchands, ancrés ou amarrés dans le port, quand il y aura de nos vaisseaux.

Art. 5. — Indiquera les lieux propres pour chauffer les bâtiments, goudronner les cordages, travailler aux radoubs et calfats, et pour lester et délester les vaisseaux; et il aura soin de poser et entretenir les feux, balises, tonnes ou bouées, aux endroits nécessaires, suivant l'usage ou la disposition des lieux.

Art. 6. — Lui enjoignons de visiter, une fois le mois, et toutes les fois qu'il y aura eu tempête, les passages ordinaires des vaisseaux pour reconnaître si les fonds n'ont point changé, et d'en faire son rapport à l'amirauté à peine de 50 livres d'amende pour la première fois et de destitution en cas de récidive.

Art. 7. — Il pourra couper, en cas de nécessité, les amarres que les maîtres ou autres étant dans les vaisseaux refuseront de larguer, après les injonctions verbales qui leur auront été faites et réitérées.

TITRE IV

Du lestage et délestage.

Article Premier. — Tous capitaines ou maîtres de navire venant de la mer seront tenus, en faisant leur rapport aux officiers de l'amirauté, de déclarer la quantité de lest qu'ils auront dans leur bord, à peine de 20 livres d'amende.

Art. 2. — Les syndics et échevins des villes et communautés seront tenus de désigner et même de fournir, si besoin est, les lieux ou emplacements nécessaires pour recevoir le lest, en sorte qu'il ne puisse être emporté par la mer.

Art. 3. — Après le délestage des bâtiments, les maîtres des bateaux ou gabarres qui y auront été employés seront tenus, à peine de 3 livres d'amende, de faire leur déclaration, aux officiers de l'amirauté, de la quantité de tonneaux qui en auront été tirés.

Art. 4. — Tous bâtiments embarquant ou débarquant du lest auront une voile qui tiendra aux bords tant du vaisseau que de la gabarre, à peine de 50 livres d'amende solidaire entre les maîtres des navires et gabarres.

Art. 5. — Tous mariniers pourront être employés au lestage et délestage des vaisseaux avec les gens de l'équipage.

Art. 6. — Faisons défense à tous capitaines et maîtres de navire de jeter leur lest dans les ports, canaux, bassins et rades, à peine de 500 livres d'amende pour la première fois, et de saisie et confiscation de leurs bâtiments en cas de récidive, et aux délesteurs de le porter ailleurs que dans les lieux à ce destinés, à peine de punition corporelle.

Art. 7. — Faisons aussi défenses, sous pareilles peines, aux capitaines et maîtres de navires, de délester leurs bâtiments, et aux maîtres et patrons de gabarre ou bateaux lesteurs de travailler au lestage ou au délestage d'aucun vaisseau pendant la nuit.

TITRE VII

Du rivage de la mer.

Article Premier. — Sera réputé bord et rivage de la mer tout ce qu'elle couvre et découvre pendant les nouvelles et pleines lunes, et jusques où le grand flot de mars se peut étendre sur les grèves.

Art. 2. — Faisons défense à toute personne de bâtir sur les rivages de la mer, d'y planter aucun pieux, ni faire aucuns ouvrages qui puissent porter préjudice à la navigation, à peine de démolition des ouvrages, de confiscation des matériaux et d'amende arbitraire.

LIVRE V

TITRE III

Des parcs et pêcheries.

Art. 8. — Faisons défense à toutes personnes, de quelque qualité et condition qu'elles puissent être, de bâtir ci-après sur les grèves de la mer aucun parc dans la construction desquels il entre bois ou pierres, à peine de 300 livres d'amende et de démolition des parcs à leurs frais.

Art. 12. — Faisons défense à tous ceux qui feront leur pêche avec des guideaux de les tendre dans le passage ordinaire des vaisseaux ni à 200 brasses près, sous peine de saisie et confiscation des filets, de 50 livres d'amende et de réparation des pertes et dommages que les guideaux auront causés.

Circulaire du ministre des Travaux publics du 28 février 1867.

Règlement général de police des ports de commerce.

814. Monsieur le préfet, par une circulaire du 17 mai dernier, mon prédécesseur vous a invité à consulter MM. les ingénieurs, ainsi que les Chambres de commerce, sur le nouveau projet de règlement de police des ports maritimes de commerce préparé par la commission chargée de réviser les règlements concernant les objets d'armement dans les ports.

Les avis demandés me sont parvenus. Il en résulte que le nouveau règlement a rencontré une adhésion unanime; on a reconnu que, sans omettre aucune disposition essentielle, il laissait au commerce plus de liberté, aux officiers de ports plus de latitude dans l'exercice de leurs fonctions, qu'enfin son application constituerait un véritable progrès.

Adopté dans son ensemble, le projet a donné lieu à quelques observations de détail, dont il a paru utile de tenir compte et que je vais indiquer.

En ce qui touche le chapitre I relatif aux mouvements et stationnements des navires, il a été stipulé à l'article 3 que les déclarations exigées à l'entrée des navires dans le port le seraient également à la sortie. L'article 4 admet pour les cas d'absolue nécessité, une exception à l'interdiction de mouiller des ancres dans la passe des navires. D'après l'article 5, un pavillon doit être arboré à l'entrée du port pour annoncer que les bassins sont ouverts ; afin d'éviter toute confusion avec les pavillons de navires, on a remplacé le pavillon national par un pavillon blanc encadré de bleu. L'obligation pour les officiers de port d'assister à l'entrée des navires dans les bassins ou à leur sortie a été jugée trop absolue et a été atténuée en ajoutant ces mots : *autant que possible*. Enfin, dans ce même article, la rédaction du quatrième paragraphe a été modifiée de telle sorte que l'on ne puisse se méprendre sur l'intention de l'administration d'autoriser l'ouverture des portes des bassins même pendant la nuit.

Au chapitre II, concernant les chargements et les déchargements, les articles 12 et 13 ont été modifiés, en ce qui touche les délais accordés pour les opérations. Ces délais seront fixés par un arrêté préfectoral, pris sur l'avis de la Chambre de commerce et ne courront que du lendemain du jour de la mise à quai ; l'article 13 ne tenait pas compte du temps nécessaire pour la vérification de la douane; cette omission a été réparée.

Le chapitre III concerne le lestage et le délestage, les questions relatives à ces opérations ont été résolues par une circulaire du 23 juillet 1866 ; la liberté du lestage est maintenant adoptée en principe. On pourra y déroger exceptionnellement pour quelques ports, mais en se renfermant dans les limites fixées par la circulaire précitée : les articles du règlement de police s'appliquent à l'un comme à l'autre système, et ne prescrivent que les mesures d'ordre auxquelles les opérations de lestage et de délestage doivent, dans tous les cas, être assujéties. Une transposition des articles 14 et 15 a paru plus méthodique. En outre, l'embarquement et le débarquement du lest ne seront plus soumis à une autorisation des officiers du port, mais à une simple déclaration au bureau de ces officiers 24 heures à l'avance.

En ce qui touche le chapitre IV relatif aux précautions à prendre contre les incendies, de nombreuses observations ont été présentées au sujet de la disposition de l'article 18 qui défend de fumer sur les quais dans un espace de 10 mètres à partir de l'arête du couronnement : cette défense, difficile d'ailleurs à faire observer, se trouvait en contradiction avec la permission de fumer sur le pont des navires, accordée par l'article 19; elle a en conséquence été supprimée. D'un autre côté et pour tenir compte des craintes manifestées dans quelques ports, on a modifié la rédaction de l'article 19, en ce sens que l'usage du feu et de la lumière, à bord des navires à voiles, puisse être soumis, dans certains ports, à des restrictions particulières, prescrites par des arrêtés préfectoraux qui seront pris sur l'avis des Chambres de commerce et ne devront être rendus exécutoires qu'après avoir été approuvés par l'administration supérieure.

L'article 20 défendait d'une manière absolue de conserver à bord d'un navire des poudres et autres munitions de guerre. Les observations présentées à ce sujet dans l'enquête, et celles qui ont été faites directement à mon département par Son Excellence le ministre de la Marine et des Colonies, m'ont déterminé à modifier la rédaction de cet article, de manière à ne pas comprendre dans la défense les bâtiments de guerre et à réserver aux officiers de port la faculté d'accorder, lorsqu'il y aura lieu, des dispenses spéciales aux navires de la marine marchande.

Les trois chapitres ci-après :

V. — *Construction, carénage et démolition des navires ;*

VI. — *Police des ports et des quais* ;

VII. — *Dispositions générales*

n'ont donné lieu qu'à des observations sans importance. Il a été tenu compte de celles qui ont paru fondées.

Il m'a paru convenable de faire imprimer à la suite du nouveau règlement de police, le chapitre IV du décret impérial du 15 juillet 1854 sur l'organisation des officiers de port. Ce chapitre, qui a pour titre : *Fonctions des officiers et maîtres de port*, contient des dispositions qui avaient été en partie insérées dans le règlement de police de 1855 ; elles n'étaient pas à leur place dans ce règlement, mais il est essentiel que les dispositions de ce décret qui intéressent le public soient portées à sa connaissance, afin qu'il n'ignore pas les attributions des fonctionnaires auxquels est confié le soin de faire exécuter les règlements de police des ports.

J'ai l'honneur de vous transmettre cinq exemplaires du nouveau règlement.

En adressant ce règlement aux Chambres de commerce, vous voudrez bien faire remarquer que l'administration, en modifiant le règlement existant, a eu pour but de laisser au commerce beaucoup de liberté et d'abandonner à l'initiative des officiers de port les mesures de détail susceptibles de varier suivant les circonstances. Ces officiers, moins gênés dans leur action qu'il ne l'ont été jusqu'à présent, auront, par contre, plus de responsabilité.

Dans la plupart des ports, le règlement général pourra suffire. Quand il y aura lieu de votre part, monsieur le préfet, d'user de la faculté que l'article 41 vous confère, c'est-à-dire de prendre les arrêtés prescrivant certaines dispositions additionnelles motivées par des circonstances locales, le soin de proposer les arrêtés devra être confié aux ingénieurs chargés du service maritime ; les Chambres de commerce seront ensuite consultées. Ces arrêtés ne pourront être rendus exécutoires qu'après avoir été approuvés par l'administration supérieure. Pour rester en harmonie avec le règlement général, ils devront être aussi courts que possible et ne comprendre qu'un petit nombre d'articles. On devra dans leur rédaction éviter les détails minutieux et toute règlementation dont l'utilité ne serait pas bien démontrée.

Projet de règlement général annexé à la circulaire précédente (28 février 1867).

815. Vu les titres I, II et IV du livre IV de l'ordonnance de la marine du mois d'août 1681 ;

Vu le titre XI de la loi des 16-24 août 1790 concernant les attributions des autorités administratives en matière de police ;

Vu l'article 7 de la loi des 2-17 mars 1791, qui assujettit les ouvriers et gens de peine aux règlements de police municipale ; ensemble la circulaire ministérielle du 3 juillet 1818 relative à cet objet ;

Vu le décret du 15 juillet 1854, portant organisation des officiers et des maîtres de port préposés à la police des ports maritimes de commerce ;

Vu la loi du 19 mai 1809 (29 floréal an X), le décret du 18 avril 1810, le titre IX du décret du 16 décembre 1811 et le décret du 10 avril 1812, qui déclare ce titre applicable aux ports maritimes du commerce ;

Vu la loi du 23 mars 1842, concernant la police de la grande voirie ;

Vu l'article 538 du Code Napoléon, rangeant les ports, les anses et rades parmi les dépendances du domaine public ;

Vu le titre IV du Code pénal, et notamment les articles 471 et 474.

CHAPITRE PREMIER

Mouvement et stationnement des navires.

Article Premier. — Tout navire, lorsqu'il entre dans le port ou lorsqu'il en sort, arbore le pavillon de sa nation.

Art. 2. — Les officiers et maîtres de port règlent l'ordre d'entrée et de sortie des navires dans le port et dans les bassins. Ils ordonnent et dirigent tous les mouvements. Les capitaines, maîtres et patrons de navires doivent obéir à leurs injonctions, et prendre d'eux-mêmes dans les manœuvres qu'ils effectuent, les mesures nécessaires pour prévenir les accidents.

Art. 3. — Tout capitaine entrant dans le port doit, dans les 24 heures, remettre au bureau des officiers du port une déclaration écrite, indiquant le nom de son navire, celui du capitaine, celui de l'armateur ou du consignataire, le tonnage du navire, son tirant d'eau, son genre de navigation, la nature de son chargement, sa provenance, sa destination et le nombre d'hommes de son équipage. La même déclaration doit être faite avant la sortie.

Ces déclarations remises par les capitaines sont inscrites dans l'ordre de leur présentation sur un registre spécial où elles reçoivent un numéro d'ordre.

Art. 4. — Sauf les cas de nécessité absolue, aucune ancre ne devra être mouillée dans la passe des navires.

Art. 5. — Dans les ports où il y a des bassins à flot, un pavillon blanc encadré de bleu, hissé à l'entrée du port, annonce que ces bassins sont ouverts.

Les officiers de port donnent les ordres nécessaires pour la manœuvre des ports et des ponts. Ils assistent autant que possible à l'entrée des navires dans les bassins et à leur sortie.

Ils peuvent interdire l'ouverture des portes dans les gros temps.

A moins d'inconvénients graves, il les font ouvrir, même avant le lever ou après le coucher du soleil, lorsque l'heure de la marée et l'intérêt de la navigation l'exigent.

Lorsqu'un navire entre dans un bassin, le capitaine ou son second doit toujours être à son bord.

Art. 6. — Les officiers du port fixent la place que chaque navire doit occuper à quai, selon son tirant d'eau et la nature de son chargement et conformément aux usages du port. Ils suivent pour cela l'ordre des inscriptions prescrites ci-dessus par l'article 3. Toutefois ils sont juges des circonstances qui peuvent motiver une dérogation à cette règle.

Art. 7. — Les navires ne peuvent être amarrés qu'aux bouées, pieux, bornes ou canons placés sur les quais pour cet objet.

Art. 8. — Le capitaine d'un navire ne peut se refuser à recevoir une aussière ni à larguer ses amarres pour faciliter le mouvement des autres navires.

Art. 9. — Tout navire amarré dans le port doit avoir un gardien à bord. S'il devient nécessaire de faire une manœuvre et qu'il ne trouve pas sur le navire assez d'hommes pour l'exécuter, les officiers du port leur adjoignent le nombre d'hommes de corvée qu'il juge nécessaire. Le salaire de ces hommes est payé par le capitaine, l'armateur, le consignataire ou le propriétaire du navire, d'après un rôle dressé par les officiers du port et rendu exécutoire par le préfet.

Art. 10. — En cas de nécessité, tout capitaine ou gardien doit doubler les amarres et prendre toutes les précautions qui lui sont prescrites par les officiers du port.

Art. 11. — Dans les ports où il y a des écluses, toutes les fois que ces écluses doivent jouer, cette opération est annoncée pendant la pleine mer précédente au moyen d'un pavillon bleu dressé sur les écluses. Les capitaines doivent alors prendre les dispositions nécessaires pour préserver leur navire des avaries que les chasses pourraient leur causer.

CHAPITRE II

Chargements et déchargements.

Art. 12. — Dans chaque port le temps accordé pour le débarquement et le chargement des navires, suivant leur tonnage, est fixé par un arrêté du préfet, pris sur l'avis de la Chambre de commerce.

Les délais commencent à courir le lendemain du jour de la mise à quai.

On y ajoute 24 heures, lorsque le navire a besoin de prendre du lest pour se tenir debout.

Les officiers de port sont juges des circonstances exceptionnelles qui pourront motiver une prorogation.

Art. 13. — Le navire est relevé à l'expiration du délai fixé pour le déchargement et le chargement, ou même plus tôt si les opérations sont terminées avant que le délai soit expiré.

Les marchandises déchargées doivent être enlevées au fur et à mesure qu'elles ont subi la vérification de la douane, et au plus tard 24 heures après cette vérification. Si elles sont laissées plus longtemps sur le quai, les officiers de port constatent le fait par un procès verbal, et, après en avoir donné avis au capitaine ou au consignataire du navire, font transporter d'office ces marchandises au lieu de dépôt désigné pour cette objet. Elles ne peuvent plus ensuite en être retirées qu'après le paiement, par les intéressés, du prix des transports, du droit de magasinage et de tous les frais accessoires.

CHAPITRE III

Lestage et délestage.

Art. 14. — Nul ne peut embarquer ou débarquer du lest, sans en avoir fait la déclaration, 24 heures à l'avance, aux officiers du port.

Art. 15. — Les officiers de port désignent, conformément aux indications des ingénieurs des Ponts et Chaussées, les terrains dépendant du port sur lesquels le lest peut être déposé.

Tout capitaine qui veut faire porter du lest aux lieux des dépôts désignés par l'administration, ou en prendre dans ces mêmes dépôts, doit en faire la déclaration, par écrit au bureau des officiers du port.

Les déclarations doivent indiquer d'une manière précise les noms du navire, du capitaine, de l'armateur ou du consignataire, la place occupée par le bâtiment, la quantité, l'espèce et la qualité du lest.

Ces déclarations sont inscrites dans le bureau des officiers du port, sur un registre spécial; les autorisations sont accordées suivant l'ordre des demandes, à moins de circonstances exceptionnelles dont les officiers du port sont seuls juges.

Art. 16. — Il est interdit à tout capitaine de faire charger du lest à son bord, quelle qu'en soit la provenance, même celui qui vient de son propre navire et qui a été déposé provisoirement sur le quai, avant que les officiers du port ne soient assurés que ce lest ne contient aucune matière insalubre.

Sont exceptés de cette disposition le lest en fer et les pierres connues sous le nom d'*ironstones* ou pierres de fer.

Art. 17. — Il est défendu de travailler au lestage et au délestage pendant la nuit, à moins d'une autorisation spéciale des officiers de port.

CHAPITRE IV

Précautions contre les incendies.

Art. 18. — Il est défendu d'allumer du feu sur les quais, dans un espace de 10 mètres à partir de l'arête du couronnement du quai et à cette même distance des tentes ou des dépôts de marchandises et d'y avoir de la lumière autrement que dans des fanaux (*Supprimé*, voyez ci-dessus, page 762).

Art. 19. — Il n'est permis d'avoir du feu, à bord des navires à voiles ou à vapeur, que pour les besoins de l'équipage et des passagers, pour les visites, les réparations et le service des machines.

L'usage du feu et de la lumière, à bord des navires à voiles, peut être soumis, dans certains ports, à des restrictions particulières, prescrites suivant les formes indiquées par l'article 41 du présent règlement.

Le feu et la lumière sont interdits sur les navires désarmés et qui n'ont qu'un gardien.

La lumière doit être enfermée dans des fanaux.

L'usage des huiles essentielles de pétrole et analogues est interdit.

Les appareils de chauffage doivent être en fer, en cuivre ou en maçonnerie. Le plancher qui les supporte doit être revêtu de feuilles métalliques et convenablement isolé du foyer.

Ces appareils sont soumis à la surveillance des officiers de port qui ont le droit d'en interdire l'usage lorsqu'ils sont mal établis ou en mauvais état, et même de placer, au besoin, sur le navire, aux frais du capitaine, de l'armateur ou du consignataire, un gardien spécial pour surveiller l'usage du feu, lorsqu'ils reconnaissent la nécessité de cette mesure.

Il est permis de fumer à bord, mais, sur le pont seulement et jamais dans aucune autre partie du navire.

Art. 20. — Aucun navire ne peut entrer dans le port avec des canons ou autres armes à feu chargées.

Tout capitaine de navire de commerce arrivant dans un port doit, si son navire est porteur de poudres, d'artifices, de munitions de guerre ou de matières fulminantes, en faire immédiatement la déclaration aux officiers du port. Ces matières seront débarquées ou transportées au lieu désigné à cet effet, par les soins du capitaine et sous la surveillance desdits officiers.

Toutefois, des dispenses spéciales peuvent être accordées par des officiers de port.

Art. 21. — L'embarquement et le débarquement des matières explosibles ou facilement inflammables ont lieu pendant le jour et avec toutes les précautions qui sont prescrites dans chaque port par les officiers de port.

Art. 22. — En cas d'incendie sur les quais du port ou dans les quartiers de la ville qui sont voisins, tous les capitaines de navires réunissent leurs équipages et prennent les mesures de précautions que les officiers de port leur prescrivent.

En cas d'incendie à bord d'un navire, le capitaine ou le gardien doit, en toute hâte, avertir les officiers du port.

C'est à ces officiers qu'appartient la direction des secours. Ils peuvent requérir l'aide de tous les ouvriers du port et les matelots de tous les navires, barques et bateaux de pêche. Ils font immédiatement prévenir l'autorité municipale.

Art. 23. — Lorsqu'il y a lieu de faire des fumigations à bord d'un navire, de chauffer les soutes pour les brayer, ou de chauffer sa carène, il en est donné avis aux officiers de port, afin qu'ils fixent le lieu et l'heure de l'opération.

Le chauffage ne peut être fait que par un maître calfat, sous la surveillance d'un officier de port et en prenant toutes les mesures de précaution que cet officier prescrit.

Art. 24. — Il est interdit de faire chauffer du brai ou du goudron ailleurs que sur les points désignés par les officiers de ports.

CHAPITRE V

Construction, carénage et démolition des navires.

Art. 25. — Dans l'enceinte du port et de ses dépendances, aucun navire, canot ou embarcation ne peuvent être construit, caréné ou démoli que sur les points désignés par l'administration avec les mesures de précaution prescrites par les officiers du port, qui fixent également les heures et les délais, s'il y a lieu.

Art. 26. — La mise à l'eau d'un navire ne peut avoir lieu sans qu'il ait été fait déclaration à l'avance aux officiers du port, pour qu'ils puissent assister à l'opération, et prendre de concert avec l'autorité locale, les mesures de précaution jugées nécessaires.

Art. 27. — Lorsqu'un bâtiment quelconque, navire ou embarquement, a coulé bas dans le port, le propriétaire est tenu de le faire relever ou dépécer sans délai.

Lss officiers de port prennent alors les mesures nécessaires pour hâter l'exécution des travaux, et, au besoin, ils les font eux-mêmes exécuter d'office aux frais des propriétaires.

CHAPITRE IV

Police des ports et des quais.

Art. 28. — Il est défendu de jeter des terres, des décombres, des ordures ou des matières quelconques dans les eaux du port et de ses dépendances;

D'y verser des liquides insalubres;

De faire aucun dépôt sur les parties des quais réservées à la circulation;

De déposer sur les autres parties des marchandises ou objets quelconques ne provenant pas des déchargements des navires amarrés au quai ou non, destinés à y être chargés, sous peine de l'enlèvement de ces objets aux frais des contrevenants, à la diligence des officiers du port, et sans préjudice des poursuites qui pourront être exercées contre lui pour le fait de la contravention;

D'étendre sans autorisation des filets sur les quais;

De faire rouler des brouettes, tombereaux, ou voitures sur les dalles du couronnement des quais;

De tailler des pierres sur les quais, d'y faire aucun ouvrage de charpente, de menuiserie ou autres, sans l'autorisation des ingénieurs du port;

De ramasser des moules ou autres coquillages sur les ouvrages des ports.

ART. 29. — Aucune tente ne peut être dressée sur les quais sans l'autorisation des officiers du port. L'espace compris entre deux tentes doit toujours rester entièrement libre. Toute personne qui a été autorisée à établir une tente est tenue, après son enlèvement, de faire réparer à ses frais le pavé ou l'empierrement et de remettre les lieux dans leur premier état.

ART. 30. — Il est défendu, sans autorisation de l'officier du port, de lancer aucune marchandise du bord d'un navire à terre;

D'embarquer ou de débarquer des pavés, des blocs, des métaux ou autres marchandises pouvant dégrader les couronnements des quais sans avoir couvert le dallage de planches pour le protéger.

De charger, décharger ou transborder des tuiles, briques, moellons, terres, sables, cailloux, pierrailles, du lest, de la houille ou d'autres matières menues ou friables, sans avoir placé entre le navire et le quai, ou, en cas de transbordement entre les deux navires, une toile ou prélart bien conditionnée et solidement attachée.

ART. 31. — Les marchandises infectes ne peuvent rester déposées sur le quai; faute par le consignataire de les faire enlever immédiatement après leur déchargement, il y est pourvu d'office à ses frais, à la diligence des officiers du port.

ART. 32. — Les voitures, chariots et fourgons ne peuvent stationner sur les quais que pendant le temps strictement nécessaire pour leur chargement et leur déchargement.

ART. 33. — Chaque soir à la fin du travail, les rances, échelles, planches et autres objets mobiles servant à l'embarquement sont rangés de manière à ne pas gêner la circulation.

ART. 34. — A la fin de chaque journée, tout capitaine est tenu de faire balayer le pavage du quai jusqu'à la ligne des pieux d'amarre devant son navire et devant la moitié de l'espace qui le sépare des navires voisins sans être obligé, dans aucun cas, de dépasser une distance de 15 mètres, à partir des extrémités de son navire.

La même opération doit être faite lorsque le déchargement ou le chargement est terminé. Le capitaine fait alors balayer l'espace que les marchandises de son navire ont occupé.

Aucun navire ne peut quitter la place où il a chargé ou déchargé du lest avant que le quai ait été complètement balayé.

ART. 35. — Il est défendu à toute personne étrangère à l'équipage d'un navire d'en larguer les amarres, sans en avoir reçu l'ordre des officiers du port.

ART. 36. — Les capitaines, maîtres et patrons sont responsables des avaries que leur bâtiment feraient éprouver aux ouvrages du port, les cas de force majeure exceptés.

Les dégradations sont réparées aux frais des personnes qui les ont occasionnées, sans préjudice des poursuites à exercer contre elles, s'il y a lieu, pour le fait de contravention.

CHAPITRE VII

Dispositions générales.

ART. 37. — Les contraventions au présent règlement et tous autres délits ou contraventions concernant la police des ports maritimes de commerce et de leurs dépendances, sont constatés par des procès-verbaux que dressent les officiers et maîtres de port, les commissaires de police et autres agents ayant qualité pour verbaliser.

ART. 38. — Chaque procès-verbal est transmis suivant la nature du délit ou de la contravention constatée, au fonctionnaire chargé d'en poursuivre la répression, conformément à l'article 18 du décret impérial du 15 juillet 1854, sur l'organisation des officiers et maîtres de port.

ART. 39. — A défaut du capitaine, maître ou patron, les armateurs et propriétaires de navire sont civilement responsables des contraventions constatées à sa charge.

ART. 40. — Lorsqu'en exécution du présent règlement, il a été fait d'office certains frais à la charge du capitaine, de l'armateur ou du propriétaire du navire, ou lorsqu'il a été dressé un procès-verbal pouvant donner lieu à une amende à la charge de ce même capitaine, armateur ou propriétaire, le navire ne peut quitter le port avant que le capitaine ait fourni bonne et valable caution pour le paiement des frais ou de l'amende.

ART. 41. — Indépendamment des dispositions générales du présent règlement, applicables à tous les ports maritimes de commerce de l'empire, il peut être établi, pour chaque port où le besoin en est reconnu, après avis des Chambres de commerce, des dispositions spéciales qui seront rendues exécutoires par des arrêtés préfectoraux, préalablement soumis à l'approbation du ministre.

Décret du 5 janvier 1853.

Répartition entre l'Etat et les villes de frais d'entretien des chaussées et trottoirs compris entre le terre-plein des quais et les maisons.

816. Vu le rapport d'une commission

d'inspecteurs des Ponts et Chaussées, chargée par le ministre des Travaux publics de l'examen des questions, relatives à la répartition entre l'État et les villes, des frais d'entretien du pavé de la chaussée qui, dans les ports de commerce, se trouve comprise entre le terre-plein des quais et les maisons;

Vu l'avis émis par le conseil des Ponts et Chaussées;

Vu les articles 1 et 4 de la loi du 7 juin 1845;

Le conseil d'Etat entendu :

Article Premier. — Les dépenses relatives à l'entretien des revers et des trottoirs compris entre les maisons bâties sur un port de commerce et le ruisseau de la rue latérale ne seront pas imputées sur les frais de l'État.

Les revers seront entretenus soit par les propriétaires, soit par la ville conformément aux usages locaux.

Les frais relatifs à l'entretien des trottoirs seront réglés conformément aux prescriptions de la loi du 7 juin 1845.

Art. 2. — Lorsque, par suite de la délimitation des quais, il existe une rue latérale parallèle aux maisons, la chaussée de cette rue sera entretenue sur les fonds du Trésor public, si elle fait partie de la traverse d'une route nationale; sur les fonds du département, si la rue est considérée comme traverse d'une route départementale; à frais communs par l'État et par la ville, si elle n'appartient ni à une route nationale, ni à une route départementale.

Art 3. — La chaussée de la rue comprise entre les maisons et le parapet, élevée sur un mur de soutènement suivi d'un quai ou d'une cale de débarquement, sera entretenue aux frais de la ville, à moins qu'elle n'appartiennent à une route nationale ou départementale.

Art. 4. — Les pavages des terre-pleins, spécialement affecté au dépôt des marchandises soit avant l'embarquement, soit après le débarquement, seront entretenus aux frais de l'État.

Mais lorsque la commune aura été autorisée à percevoir des droits de location ou de dépôt sur quelque partie des quais, l'entretien de ces parties sera mis à sa charge.

Art. 5. — L'usage des portions de terre-pleins qui ne sont pas utilisées par la commune soit pour le dépôt des marchandises, soit pour les mouvements du port, pourra, sur l'autorisation du ministre des Travaux publics, être accordé provisoirement à la ville qui, dans ce cas, prendra à sa charge l'entretien des pavages.

Cette autorisation sera révocable à toute époque et sans indemnité.

Décret du 2 décembre 1874.

Embarquement et débarquement des matières dangereuses; mesures à prendre.

817. Le Président de la République,

Sur le rapport du ministre des Travaux publics;

Vu l'article 3 de la loi du 18 juin 1870, au terme duquel un règlement d'administration publique doit déterminer les conditions de l'embarquement et de débarquement des matières pouvant être une cause d'explosion ou d'incendie, et les précautions à prendre pour l'amarrage dans les ports des bâtiments qui en sont porteurs;

Vu l'article 4 de ladite loi portant que toute contravention au règlement d'administration publique annoncé à l'article 3 et aux arrêtés pris par les Préfets, sous l'approbation du ministre des Travaux publics, sera punie de la peine portée à l'article 1, c'est-à-dire d'une amende de 16 francs à 3 000 francs, et l'article 5 de la même loi portant qu'en cas de récidive dans l'année, les peines prononcées par l'article premier seront portées au double et que le tribunal pourra, selon les circonstances, prononcer en outre un emprisonnement de trois jours à un mois;

Vu les avis des ingénieurs des Ponts et Chaussées et des Chambres de commerce;

Vu les avis du conseil général des Ponts et Chaussées du 15 février 1872 et 30 octobre 1873;

Vu le décret du 12 août 1874 rendu en exécution de l'article 2 de la loi du 18 juin 1870, déterminant la nomenclature des matières qui doivent être considérées comme pouvant donner lieu soit à des explosions, soit à des incendies;

Le conseil d'État entendu:

Décrète :

Article Premier. — Tout navire chargé, en totalité ou en partie, de l'une ou de plusieurs des marchandises dangereuses dont la nomenclature a été déterminée par le décret du 12 août 1874, doit s'arrêter dans la partie du port où des mouillages extérieurs désignés à cet effet par un arrêté préfectoral approuvé par le ministre des Travaux publics.

Le capitaine fait connaître immédiatement, par une déclaration au bureau du port, la nature, la quantité des marchandises dangereuses dont le navire est chargé, ainsi que la nature des récipients qui les contiennent.

Art. 2. — Le navire stationne ou se rend à l'emplacement qui lui est désigné par les officiers du port.

Il est amarré avec des chaînes-câbles en

fer, et arbore un pavillon rouge à l'endroit le plus apparent.

Il doit rester éloigné des autres navires à la distance de 50 mètres ou à la distance moindre fixée par les officiers du port.

Il est interdit à tout navire de stationner, sans autorisation, à une moindre distance des navires chargés de marchandises dangereuses.

Art. 3. — Les navires dont le chargement en marchandises dangereuses excède 15000 litres doivent en outre être entourés, aux frais desdits navires, par les soins des officiers du port, d'une ceinture de barrages isolateurs du système en usage dans le port.

La même mesure de précautions peut être appliquée, si les officiers du port en reconnaissent l'utilité, aux navires portant moins de 15 000 litres de matières dangereuses.

Art. 4. — Le capitaine est tenu de se conformer à toutes les dispositions que les officiers du port lui prescriront dans l'intérêt de la sûreté publique.

Art. 5. — Les navires qui ont reçu dans le port un chargement de marchandises dangereuses sont soumis aux dispositions des articles précédents.

Art. 6. — Le chargement et le déchargement de marchandises dangereuses ne pourront avoir lieu que sur les quais ou portions de quais désignés à cet effet.

Ces opérations ne peuvent être commencées sans l'autorisation écrite d'un officier du port. Elles n'ont lieu que de jour et sont poursuivies sans désemparer, avec la plus grande célérité, de telle sorte qu'aucun colis ne reste sur le quai pendant la nuit.

L'embarquement des marchandises dangereuses n'a lieu qu'à la fin du chargement.

Art. 7. — Le chargement et le déchargement par allège ne pourront avoir lieu qu'au moyen d'embarcations dont la construction et l'agencement auront été déterminés pour chaque port par un arrêté préfectoral approuvé par le ministre des Travaux publics.

Leur tonnage n'excédera pas la quantité de marchandises dangereuses qui peut être déchargée ou chargée dans une journée.

Les allèges en service arborent un pavillon rouge.

Art. 8 (Abrogé, voyez décret du 30 décembre 1887).

Art. 9. — A l'égard des navires importateurs, la disposition de l'article précédent ne sera exécutoire qu'après un délai d'un an, à partir de la promulgation du présent règlement.

Les marchandises dangereuses qui seront importées, pendant ce délai, dans des bonbonnes, devront être débarquées séparément avec des précautions particulières prescrites par les officiers du port.

Les bonbonnes ne pourront, en aucun cas, rester déposées sur les quais.

Les deux paragraphes qui précèdent seront applicables aux essences importées dans des vases non métalliques et non hermétiquement fermés.

Art. 10. — Il est interdit de faire usage de feu, de lumière ou d'allumettes, ainsi que de fumer à bord des navires, sur les allèges employés aux transports, sur les quais où se font le chargement ou le déchargement, pendant la durée du chargement ou du déchargement.

Art. 11. — Tout navire chargé de marchandises dangereuses reçoit un gardien spécial désigné par les officiers du port, pendant toute la durée de son séjour.

Le même gardiennage permanent s'exerce sur les allèges pendant leur emploi, et sur les quais du dépôt, pendant la manutention des marchandises.

Le gardiennage à bord des navires et sur les allèges est aux frais des navires.

Art. 12. — Les entrepôts ou magasins de marchandises dangereuses établis sur des terrains dépendant du port ou y attenant sont soumis aux dispositions spéciales déterminées par les arrêtés préfectoraux approuvés par le ministre des Travaux publics.

Art. 13. — Des arrêtés préfectoraux approuvés par le ministre des Travaux publics déterminent pour chaque port :

1° Les mesures nécessaires pour l'exécution du présent règlement ;

2° Les conditions dans lesquelles il pourra être dérogé aux dispositions du présent règlement à l'égard des navires chargés de petites quantités de marchandises dangereuses et des marchandises qui, à raison de circonstances locales, exigeraient moins de précautions.

Décret du 30 décembre 1887.

Modification de l'article 8 du précédent.

818. Art. 8. — L'article 8 du décret susvisé du 2 septembre 1874 et l'article 3 du décret également susvisé du 31 juillet 1875 sont modifiés de la façon suivante :

« Les essences doivent être contenues dans des vases métalliques hermétiquement fermés ou dans des fûts cerclés de fer, en bon état de conditionnement.

« L'usage des bonbonnes ou touries en verre et en grès, lors même qu'elles sont protégées par un revêtement extérieur, est interdit. »

(L'article 3 du décret de 1875 s'applique aux transports fluviaux.)

Circulaire du 23 avril 1888.

Règlement général relatif à l'exploitation des voies ferrées des quais des ports.

819. Le préfet du département d....

Vu la loi du 15 juillet 1845 et l'ordonnance royale du 15 novembre 1846 ;

Vu la loi du 11 juin 1880 et le décret réglementaire du 5 août 1881 ;

Vu la circulaire en date du 23 avril 1888 de M. le ministre des Travaux publics ;

Arrête :

Art. Premier. —L'exploitation des voies ferrées du port d... et de l'embranchement qui relie les voies à la gare d... est soumise aux conditions déterminées par le présent arrêté.

Art. 2. — La traction des wagons, entre la gare et les quais, peut être faite au moyen de chevaux ou de machines locomotives.

Pour les manœuvres des wagons sur les voies des quais, on peut employer les mêmes moteurs ou les appareils de traction installés à cet effet.

Art. 3. — La Compagnie chargée de l'exploitation n'est autorisée à effectuer la conduite des wagons de la gare aux quais ou inversement, ainsi que les manœuvres à faire pour répartir le matériel vide ou chargé à l'arrivée ou pour la formation des trains au départ, qu'aux heures et suivant les conditions de détail qui résultent des arrêtés préfectoraux spéciaux réglementant ces heures et manœuvres.

Les manœuvres ont lieu par les soins du personnel de la gare, sous la responsabilité du chef de gare ou de l'agent qu'il aura désigné pour le remplacer.

Les wagons ne peuvent être amenés sur les voies des quais que pour le chargement ou le déchargement des marchandises en provenance ou en destination des navires, sauf le cas où une dérogation à cette règle a été autorisée en des circonstances exceptionnelles par un arrêté préfectoral homologué par le ministre des Travaux publics.

Les wagons ne sont admis à stationner sur les voies des quais que pendant le temps nécessaire aux opérations de chargement ou de déchargement, ainsi qu'aux manœuvres à l'arrivée et au départ.

Art. 4. — Quand les manœuvres désignées à l'article précédent sont faites avec des chevaux, ou à l'aide des appareils spéciaux du port pour les manœuvres du quai, les employés chargés de la conduite du matériel doivent se tenir constamment à la portée des freins, prêts à les faire agir au besoin.

A cet effet, chaque train ou chaque tranche de wagons attelés doit compter au moins un wagon sur trois muni de freins; les wagons sans freins, non attelés à des wagons à freins, ne peuvent être manœuvrés qu'isolément, et on doit se servir des engins spéciaux usités en pareil cas soit pour modérer leur marche, soit pour les mettre à l'arrêt.

Sur les voies en pente, les chevaux doivent être attelés à l'arrière des wagons et les remorquer parallèlement à l'un des côtés de la voie.

A la traversée des ponts, les chevaux doivent être toujours attelés en tête des wagons.

Sur les voies des quais, ainsi qu'à la traversée des rues, routes et chemins publics, les chevaux doivent être constamment conduits au pas.

Art. 5. — Lorsque la traction du matériel vide ou chargé est faite à l'aide de machines, tout employé chargé de diriger la manœuvre doit s'assurer, avant de donner le signal de marche, que la voie est complètement libre, et avertir le public à l'aide de plusieurs coups de cornes saccadés; cet avertissement est répété s'il y a lieu pendant la manœuvre, pour écarter les piétons et les voitures de la voie que doit suivre la machine.

Un coup de corne prolongé donne le signal de marche; la vitesse ne doit pas dépasser celle d'un homme allant au pas.

Un agent porteur d'un drapeau rouge roulé pendant le jour, ou d'un feu blanc soit pendant la nuit, soit en temps de brouillard, doit se tenir à 20 mètres en avant de la machine, si elle est attachée en tête des wagons, ou du premier wagon, lorsque la machine sera attelée en queue.

Cet agent marche en dehors de la voie, du côté droit, dans le sens du mouvement, de façon à permettre au mécanicien d'apercevoir les signaux en tout temps ; si un obstacle quelconque s'opposait à ce que le mécanicien pût bien voir les signaux, d'autres agents en nombre suffisant et convenablement placés les lui transmettraient.

L'arrêt immédiat est commandé soit par le drapeau rouge déployé, soit par le drapeau rouge agité vivement, ou par le feu blanc agité vivement.

Les mêmes précautions sont prises pour les mouvements des machines isolées.

En cas de refoulement par la machine, tous les wagons doivent être attelés avant d'être mis en mouvement.

Art. 6. — Quand un ou plusieurs wagons ont été mis à la disposition d'un expéditeur ou d'un destinataire et qu'ils doivent stationner sur les voies du quai, l'expéditeur ou le destinataire doit prendre toutes les mesures nécessaires pour éviter qu'ils soient mis en mouvement soit par l'action du vent, soit par leur propre poids sur les pentes, soit par toute autre cause.

A cet effet, on doit abattre les freins qui seront maintenus au moyen des clavettes dont ils sont munis ; les wagons sans freins seront calés.

L'expéditeur ou le destinataire peut, sous sa responsabilité personnelle, exécuter ou faire exécuter par les agents désignés par lui tous les mouvements des wagons nécessaires au chargement et au déchargement; il veille à l'observation des prescriptions édictées par le présent article 6, pour immobiliser les wagons après les manœuvres.

Si les manœuvres sont faites avec des chevaux, l'expéditeur ou le destinataire, ou ses agents, sont tenus à prendre toutes les mesures de sécurité prévues à l'article 4.

Immédiatement après le chargement ou le déchargement des wagons, tous les détritus qui proviennent de ces opérations sont enlevés par les soins de l'expéditeur ou du destinataire.

Art. 7. — Dans tous les cas, le lançage des wagons sur les voies ferrées est formellement interdit, même pour les manœuvres faites à bras d'homme.

Art. 8. — Dans les cas prévus par les articles 4 et 6, et avant tout mouvement des wagons, les agents préposés aux manœuvres soit par la Compagnie, soit par l'expéditeur ou le destinataire, doivent s'assurer que la voie est libre; ils recourent, en outre, à tous les moyens en usage pour avertir le public et pour prévenir les accidents.

Art. 9. — Il est interdit aux personnes étrangères à la compagnie autres que celles désignées à l'article 6, de toucher aux véhicules stationnant sur les quais.

Toute avarie de matériel, tout accident résultant d'une infraction à ces prescriptions resteront à la charge des personnes qui en seront les auteurs.

Art. 10. — Il est formellement interdit de laisser séjourner des voitures sur les voies ferrées, et d'y faire des dépôts, de quelque nature qu'ils soient, susceptibles d'entraver la circulation des trains et des machines.

A cet effet, une distance de $1^m,35$ (si, par suite d'une circonstance locale, il était impossible de réaliser cette condition, une exception pourrait être admise, mais elle devrait être bien justifiée) au moins, doit toujours exister entre tout dépôt et les bords extérieurs des rails.

Par exception aux dispositions qui précèdent les voitures en chargement ou en déchargement peuvent stationner sur les voies, à la condition expresse qu'elles seront toujours attelées et qu'elles seront déplacées à toute réquisition pour livrer passage aux trains et aux machines.

Art. 11. — Pendant la nuit ou en temps de brouillard, tout train en marche est éclairé :

1° Par un feu vert à l'avant et un feu rouge à l'arrière, s'il est remorqué par des chevaux ;

2° Par un feu blanc à l'avant et un feu rouge à l'arrière s'il est remorqué par une locomotive.

Il en est de même pour une machine isolée.

Art. 12. — Le stationnement des wagons sur les voies des quais ne peut avoir lieu que conformément aux prescriptions des arrêtés préfectoraux spéciaux qui réglementent la circulation.

Art. 13. — Les agents de la compagnie, ceux des expéditeurs et des destinataires, sont tenus de se conformer strictement aux ordres qui leur sont donnés par les officiers et maîtres de port, au sujet des manœuvres et du stationnement des machines et des wagons sur les voies des quais.

Ils restent soumis, en outre, à toutes les dispositions des règlements généraux de police du port, intervenus ou à intervenir, et auxquelles il n'aura pas été dérogé par les arrêtés spéciaux relatifs à l'exploitation des voies ferrées.

Art. 14. — Les contraventions aux dispositions qui précèdent seront constatées par des procès-verbaux.

Ces procès-verbaux seront dressés :

Par les officiers et maîtres de port, dans les limites du port ;

Par les agents des Ponts et Chaussées dûment assermentés et par les commissaires de surveillance administrative, en dehors de ces limites.

Les officiers et maîtres de port verbaliseront, notamment contre les auteurs des contraventions aux dispositions de l'article 10 du présent arrêté et ils feront, sans délai, dégager d'office les voies ferrées encombrées.

Les marchandises et voitures pouvant gêner la circulation des wagons et des locomotives seront enlevées et mises en dépôt; elles ne pourront ensuite être retirées du dépôt qu'après paiement des frais d'enlèvement et de transport, et, s'il y a lieu, de magasinage et de gardiennage, suivant l'état arrêté et rendu exécutoire par le préfet, sur la proposition de l'ingénieur du port.

Art. 15. — Le présent arrêté ne s'applique pas aux voies ferrées séparées des voies publiques par des clôtures permanentes, ou même par des clôtures temporaires fermées seulement pour le passage des trains. (S'il existe des gares maritimes non closes, et des voies ouvertes parcourues par des trains de voyageurs, l'exploitation de ces gares et la circulation de ces trains feront l'objet d'une réserve analogue ; elles seront réglementées par des arrêtés préfectoraux rendus sur la proposition de l'ingénieur en chef du port et homologués par le ministre des Travaux publics, la compagnie entendue.)

ART. 16. — Seront abrogés tous les arrêtés préfectoraux antérieurs portant règlement de police de l'exploitation des voies ferrées des quais du port d.....

OUTILLAGE DES PORTS DE COMMERCE

Circulaire du ministre des Travaux publics du 14 janvier 1882.

820. Monsieur l'Ingénieur en chef, j'ai l'honneur de vous adresser ampliation d'une circulaire que j'envoie à MM. les présidents des Chambres de commerce des ports maritimes.

J'attache le plus grand prix à ce que le côté économique et commercial du service occupe, dans les préoccupations et les efforts constants des ingénieurs, une part aussi large que le côté purement technique.

Je compte donc sur votre concours absolu et celui de votre personnel pour doter le plus rapidement possible les ports placés dans vos attributions de l'outillage qui leur ferait défaut.

Vous voudrez bien vous mettre à la disposition des Chambres de commerce pour leur donner tous les renseignements dont elles auraient besoin et pour leur prêter, dans leurs études, l'appui de votre expérience et de vos connaissances spéciales.

Vous aurez soin, dans les avis que vous leur fournirez, de tenir compte non seulement des besoins du moment, mais encore de ceux qu'il est possible de prévoir, ainsi que des nécessités de la concurrence avec l'étranger ; vous aurez égard à ce qui se fait et à ce qui se prépare dans les ports et même dans les pays voisins.

A cette occasion, je crois devoir appeler particulièrement l'attention de MM. les ingénieurs sur la nécessité de toujours comprendre dans leurs projets de ports maritimes, des indications sur les dispositions générales susceptibles d'être admises pour l'outillage et surtout pour les voies ferrées. L'administration sera ainsi mise à même d'apprécier, en plus complète connaissance de cause, le mérite de ces projets, au double point de vue de la construction et de l'exploitation.

Circulaire du 14 janvier 1882.

Relative aux ports de commerce et adressée par le ministre des Travaux publics aux présidents des Chambres de commerce.

821. Monsieur le Président, une loi du 28 juillet 1879 a décidé en principe l'exécution de travaux considérables pour l'amélioration de nos ports maritimes.

Ces travaux sont presque tous entrepris ou sur le point de l'être. Mon administration fera des efforts incessants pour leur imprimer la plus grande activité ; je n'hésiterai d'ailleurs pas à demander au Parlement la déclaration d'utilité publique des ouvrages complémentaires dont l'utilité s'est révélée depuis 1879, où viendrait à se révéler ultérieurement. Le pays peut compter sur mon dévouement absolu à ses intérêts.

Mais il ne suffit pas de créer des bassins. Il faut pourvoir leurs quais d'engins perfectionnés, permettant d'embarquer et de débarquer rapidement les marchandises et de réduire au strict minimum la durée du stationnement des navires. La transformation progressive de notre marine marchande par la substitution de la vapeur à la voile et par l'accroissement continu du tonnage et de la vitesse de marche fait de l'installation de ces engins une nécessité impérieuse. Il faut, en outre, élever sur les terres-pleins des hangars et des abris pour la manutention et la mise en dépôt provisoire des cargaisons. Il faut, enfin, relier intimement les ports au réseau des chemins de fer par des voies ferrées disposées de manière à amener les wagons au contact des navires et à assurer, dans les meilleures conditions de facilité et de promptitude, les manœuvres de chargement et de déchargement, de composition et de décomposition des trains.

A défaut de cet outillage, les sacrifices considérables que s'impose l'État seraient à peu près complètement stériles.

Il résulte nettement des discussions auxquelles a donné lieu le programme de 1879 que l'organisation et l'exploitation des aménagements dont je viens de vous donner la nomenclature sommaire doivent rester dans le domaine de l'industrie privée; telle a toujours été du reste la doctrine admise par les pouvoirs publics.

Dans la plupart des cas, les Chambres de commerce sont particulièrement désignées pour l'accomplissement de cette tâche. Composées d'hommes versés dans les questions commerciales, connaissant à fond les besoins des ports et intéressés au plus haut degré à leur prospérité, elles ont une compétence toute spéciale pour approprier l'outillage au trafic qu'il est appelé à desservir. Elles peuvent d'ailleurs, et c'est là un point capital, en doter le commerce sans poursuivre un but de spéculation directe et sans rechercher d'autre rémunération que l'intérêt et l'amortissement de leurs capitaux, en assignant à cet amortissement une durée assez prolongée pour se contenter de taxes relativement peu élevées.

Déjà un certain nombre de Chambres, comprenant toute l'étendue des devoirs qui leur incombaient, ont su faire preuve d'une louable initiative à cet égard.

Mais il n'en reste pas moins beaucoup à faire dans la plupart de nos ports.

J'ai l'honneur, Monsieur le Président, de signaler à votre attention et à votre sollicitude la nécessité d'y pourvoir aussitôt. Il y va de la grandeur et presque de la vie de notre marine marchande ; pour qu'elle puisse prospérer et tirer le fruit voulu de la loi si féconde du 29 janvier 1881, il est indispensable que nos ports présentent non seulement de l'étendue et de la profondeur, mais encore, et surtout, un outillage en rapport avec les conditions de la navigation moderne.

Ce n'est qu'à ce prix que nous pourrons soutenir la concurrence étrangère, et que nos grands ports menacés par les ports rivaux des pays voisins, pourront conserver leur importance et leur rang.

Les dépenses considérables que ne cessent d'engager les autres puissances, et notamment l'Angleterre, la Belgique et la Hollande, nous montrent la voie dans laquelle il faut nous engager résolument.

Tout mon concours et celui du personnel de mon administration sont acquis aux Chambres de commerce pour les aider à atteindre le but vers lequel elles doivent tendre. Je ne doute pas que de leur côté elles ne tiennent à honneur de se montrer à la hauteur de leur mission et de prouver, une fois de plus, que le génie pacifique de la France n'a rien à redouter des autres nations.

822. Un grand nombre de Chambres de commerce ont répondu à cet appel, nous pourrions citer entre autres celles de Boulogne, de Bordeaux, du Havre, de Dieppe, de Brest, de Marseille, de Calais, de Granville, de Caen, de Rochefort, etc., etc.

Des entreprises particulières ont également profité des dispositions prises par l'administration pour obtenir des concessions d'outillage, telles que la création d'un bassin de radoub à la Ciotat par la Compagnie des messageries maritimes, d'un appareil de mâture au Tréport, d'une cale de halage à Dunkerque, d'un bassin de carénage, d'une machine à mâter et de grues à Brest, de grils de carénage à Granville, de grues à vapeur au port du Boucau, d'un élévateur flottant à Dunkerque etc., etc.

On peut du reste remarquer que, par suite d'arrêts du Conseil d'État, les Chambres de commerce ont la capacité légale pour établir sur les quais des ports et donner en location des hangars publics pour abriter les marchandises, ainsi que des appareils hydrauliques pour opérer les transbordements.

JURISPRUDENCE

823. Nous donnons, extrait du dictionnaire de M. Debauve, un aperçu relatif à la jurisprudence adoptée dans les principaux cas qui peuvent se présenter.

1° Reconnaissance des limites d'un port et des dépendances du domaine public maritime.

C'est à l'administration qu'appartient ce droit. Nous avons vu précédemment comment il s'exerçait relativement au rivage de la mer. Pour les autres portions du domaine public maritime c'est au Préfet qu'il appartient de les reconnaître par des arrêtes de domanialité. Cette différence tient à la nature et à la conséquence des deux opérations. En effet, tout ce qui est classé dans les limites du rivage de la mer définies par un fait physique est, par cela seul, non susceptible de propriété privée, aussi bien dans le passé que dans l'avenir. Dans le second cas, celui des ports, par exemple, c'est une affectation créée par la main de l'homme, par suite c'est à l'administration à la reconnaître, à la défendre et à la conserver.

Toutefois un préfet excède ses pouvoirs, lorsque dans les délimitations relatives à ce dernier cas il comprend des propriétés privées. Si celles-ci sont nécessaires, il faut les acquérir en vertu d'un décret d'utilité publique.

2° Constructions sur les terrains des ports, alignements, servitudes.

824. Les autorisations données à des particuliers pour des constructions sur les terrains situés dans les limites des ports sont précaires, c'est-à-dire révocables sans indemnité.

Les ports maritimes de commerce et leurs quais sont soumis au régime de la grande voirie.

Lorsque la suppression d'une servitude est ordonnée par l'administration, le Conseil de préfecture doit renvoyer les parties devant les tribunaux pour faire prononcer sur l'existence de la servitude.

3° Dépôts non autorisés.

825. Il suit de la jurisprudence exposée ci-dessus que les dépôts non autorisés constituent des contraventions de grande voirie, et on considère ainsi, le fait de déposer des marchandises sur le quai d'un port de manière à entraver la circulation et de les abandonner, contrairement à des règlements de police, en dépôt pendant la nuit.

La répression des contraventions doit être poursuivie contre l'auteur des dépôts, alors même qu'à la date du procès-verbal dressé contre lui, les marchandises auraient cessé de lui appartenir; toutefois, si l'acheteur nouveau a fait acte de propriété en recouvrant la marchandise d'une bâche, par exemple, la poursuite devra être exercée contre lui.

Cette répression ne peut pas être exercée contre le transporteur.

L'encombrement de la partie d'un quai réservé à la circulation par le dépôt des marchandises déchargées d'un bâtiment constitue une contravention de grande voirie lorsqu'il est interdit par les règlements de police, mais aucune amende n'étant prévue pour la répresssion de ce cas, le contrevenant ne peut être condamné qu'aux frais de l'enlèvement d'office et du procès-verbal.

Les armateurs, capitaines, etc., ne doivent laisser les marchandises en dépôt sur les quais plus de trois jours sans constituer une contravention de grande voirie. Si les marchandises mises en fourrière après ce délai éprouvent des avaries sans qu'il y ait faute imputable aux agents du service du port, il n'y a pas de responsabilité à la charge de l'Etat.

Lorsque le contrevenant n'a, en définitive, encouru aucune amende, il ne peut être condamné aux frais du procès-verbal.

L'article 7, livre IV titre 1er de l'ordonnance de 1681, qui prévient les marchands... qui laissent leurs marchandises sur les quais plus de trois jours, est applicable aussi bien aux dépôts de marchandises à embarquer qu'à ceux de marchandises débarquées.

Lestage et délestage.

826. Les capitaines de navire venant de la mer sont tenus de déclarer la quantité de lest qu'ils ont à bord sous peine de 20 francs d'amende.

On considère comme lest, et non comme marchandises, les matériaux qui, bien qu'accompagnés d'un passavant de la douane, ont été recueillis par le capitaine sur le bord de la mer.

La peine de 500 livres d'amende, applicable aux capitaines qui ont jeté du lest dans la rade ou dans les ports, ne peut être abaissée.

Le fait d'un capitaine de vendre son lest et de le faire transborder sur une allège ne constitue aucune contravention. Dans tous les cas un capitaine peut faire procéder au lestage et au délestage par les hommes de son équipage.

Mouillage et emplacement des navires.

827. Si un capitaine refuse de mouiller dans l'endroit qui lui est indiqué, il commet une contravention de grande voirie prévue et punie par l'ordonnance de 1681 à laquelle ne s'applique pas l'article 471 du Code pénal.

Les poursuites de contravention motivées sur le stationnement trop prolongé d'un bateau dans le chenal d'un port doivent être dirigées contre les entrepreneurs de transport et non contre l'agent de la Compagnie à laquelle appartiennent les marchandises transportées.

Le refus de ranger un bateau en déchargement, faisant indirectement obstacle à la navigation, constitue une contravention de grande voirie non punie par une amende par l'arrêt du Conseil du 24 juin 1777 auquel il a été contrevenu ; si donc il n'y a pas de dommages causés, le contrevenant n'ayant encouru aucune condamnation, ne peut être condamné aux frais du procès-verbal.

Si un capitaine refuse d'obéir à un ordre du capitaine du port de s'amarrer à un corps mort dans l'intérêt de la sûreté de la navigation, ce refus constitue une contravention de grande voirie, et le Conseil de préfecture peut condamner le contrevenant aux frais du procès-verbal et de corvée nécessaires pour exécuter d'office l'ordre du capitaine du port. Toutefois la demande des frais de location des appareils d'amarrage ressortit des tribunaux ordinaires.

Déclaration d'entrée en rade.

828. L'omission d'un capitaine de faire la déclaration d'entrée en rade au capitaine du port constitue une contravention de grande voirie passible de l'amende arbitraire prononcée par l'ordonnance de 1681, mais pouvant être abaissée dans les proportions indiquées par la loi du 23 mars 1842.

Dégradations commises aux ouvrages d'un port. — Extraction de matériaux.

829. Tout empiètement sur le rivage de la mer, défini par la loi de 1681, constitue une contravention de grande voirie.

L'ouverture d'une martelière dans une digue faisant partie d'une propriété privée et donnant issue à des eaux se rendant dans un étang salé faisant partie du domaine public, ne constitue pas une contravention de grande voirie, s'il n'y a pas eu de détériorations du domaine public.

L'extraction de matériaux sans autorisation dans un terrain faisant parti du domaine public constitue une contravention de grande voirie. Il en est de même des dégradations du pavage de la cale d'un port par suite de l'échouage d'une gabarre lequel constitue une contravention passible d'une amende, en outre de la réparation du dommage.

Si les avaries ont lieu par un cas de *force majeure*, il n'y a pas de responsabilité.

Le capitaine n'est pas obligé de remettre le commandement de son navire au pilote qu'il prend à l'entrée d'un port, mais alors il reste responsable des manœuvres.

Obstacle à la circulation.

830. Le fait d'avoir tendu des filets dormants à l'entrée d'un port, contrairement à un arrêté préfectoral rendu dans l'intérêt de la navigation, constitue un délit de grande voirie et non de pêche.

Les terrains affectés par une ville au service de son port font partie du domaine public et, dès lors, les contraventions qui y sont connues relèvent de la grande voirie.

Navire échoué.

831. On distingue deux cas principaux suivant que le navire a échoué par le fait du capitaine ou par la faute de l'administration.

1° Il y a contravention aux lois et règlements de la voirie maritime lorsqu'un navire a échoué dans le chenal ou à l'entrée du port faisant écueil et obstacle à la navigation et que le capitaine n'a pas obtempéré à l'ordre de l'administration de le retirer.

Il n'y a aucune peine applicable à cette contravention, mais le Conseil de préfecture est compétent (loi du 29 Floréal an X) pour statuer sur le procès-verbal et pour condamner le capitaine et l'armateur civilement responsable aux frais de poursuite et au remboursement des dépenses faites pour relever le navire, mais il est incompétent pour statuer sur la question de savoir si l'abandon fait par le capitaine de son fret peut le libérer.

Le procès-verbal peut du reste être valablement dressé postérieurement au relèvement du navire échoué.

Le fait de l'acquéreur d'un navire coulé à fond dans un port et formant obstacle à la navigation et qui n'a pas obtempéré à la mise en demeure du capitaine du port de retirer ce navire de l'endroit où il a été coulé, constitue une contravention aux lois et règlements sur la police de la grande voirie.

Cette disposition n'est pas applicable au cas où le bateau est échoué en rade en dehors du chenal d'accès.

L'abandon du navire et du fret permet au propriétaire du navire de s'exonérer de tous les frais d'extraction et de toutes poursuites, même dans le cas de l'échouement dans un port de mer ou havre ou dans les eaux qui leur servent d'accès.

2° L'État ne peut être déclaré responsable des avaries éprouvées par un navire lors de mise à sec des bassins d'un port, si le capitaine a été prévenu à temps et s'il a négligé d'alléger son navire de manière à lui permettre de pénétrer dans le bassin à flot.

Si des avaries ont lieu par suite d'un obstacle ou d'un écueil non apparent, faute par ses agents d'en avoir indiqué la présence, l'État est responsable, surtout si les indications du maître du port ont fait placer le navire au-dessus de cet écueil.

Lieu d'amarrage des navires.

832. L'officier du port a le droit d'ordonner à un capitaine de navire amarré dans le chenal d'entrer dans le port, dans le but de rétablir la liberté de circulation. Le refus est soumis aux peines édictées par l'ordonnance 1681.

Le refus d'obéir à l'ordre, même verbal, d'amarrer à un corps mort dans l'intérêt de la sécurité du port et de la navigation constitue une contravention de grande voirie. Il en est de même du cas où le capitaine, malgré les injonctions des officiers du port, dispose son navire de manière à gêner ses voisins, seulement comme il n'y a pas de pénalité, le capitaine est condamné aux frais du procès-verbal. Les officiers du port ont le droit de réduire à trois jours les délais de chargement et de déchargement, quels que soient les règlements intérieurs du port.

Chauffage des navires à un endroit désigné.

833. Est réputée contravention de grande voirie tout radoubage de navire par chauffage dans un endroit autre que celui désigné par le maître du port.

Droit de place et de stationnement dans les ports.

834. Les droits de place et de stationnenent établis au profit des communes, doivent être approuvés par l'administration supérieure et toute contestation entre l'administration et les communes doivent être jugées par l'autorité administrative.

Le préfet ne peut disposer du rivage de la mer et ne peut y autoriser au profit d'une commune, des droits de place et de stationnement.

Frais d'éclairage d'un port.

835. L'État ne peut obliger une commune à payer plus que la somme qu'elle a consentie pour l'éclairage de son port.

Enlèvement du gravier.

836. S'il n'y a pas eu de dommage et si un enlèvement de gravier a eu lieu sur le rivage de la mer malgré un arrêté préfectoral, le Conseil de préfecture n'est pas compétent.

Responsabilité des maîtres de port.

837. L'État est déclaré responsable des avaries subies par un navire entrant dans l'écluse d'un port de commerce, par suite d'une fausse manœuvre exécutée sous la direction des officiers du port.

Service du remorquage.

838. L'État n'est pas responsable des fautes d'un service de remorquage établi par une Chambre de commerce.

Lorsqu'un capitaine de remorqueur, par suite d'un abordage, abandonne la remorque d'un autre bâtiment, l'action en responsabilité, intenté pour avaries causées à ce dernier navire, et fondée sur la faute du capitaine remorqueur, n'est pas soumise aux règles spéciales de déchéance édictées par les articles 435 et 436 du Code de commerce.

Avaries causées à un bateau dragueur de l'État.

839. Un bateau dragueur ne pouvant être considéré comme faisant partie d'un ouvrage du port, il s'en suit que les avaries qu'on peut lui avoir fait éprouver, ne constituent pas une contravention de grande voirie.

Résumé.

840. On voit par ce qui précède que toutes les contraventions à l'ordonnance de 1681 et celles de grande voirie relèvent du Conseil de préfecture, et que les contraventions aux règlements de police sont de la compétence des tribunaux de police.

C'est ainsi que le Conseil de préfecture ne peut connaître des infractions aux règlements relatifs au feu à bord, à la défense de fumer, etc.

Les agents assermentés du service des Ponts et Chaussées ont le droit de dresser des procès-verbaux de grande voirie, mais s'il n'y a ni amende, ni réparation de dommage, le délinquant n'a pas à payer les frais du procès-verbal.

Le droit à percevoir établi dans un port pour l'usage des bouées d'amarrage ne doit pas être considéré comme un impôt indirect, lorsque l'obligation pour les capitaines d'amarrer leurs navires à ces bouées ne résulte pas d'une disposition expresse du décret de concession, mais n'est que la conséquence d'un ordre donné par les officiers du port et les contestations relèvent du droit commun.

Il n'appartient pas à l'autorité judiciaire d'examiner la régularité d'une concession de travaux publics autorisant la perception de certains droits, lorsque ce décret de concession n'établit ni impôt ni taxe obligatoire.

Les syndics des gens de mer sont compétents pour constater par des procès-verbaux les entreprises sur les dépendances du domaine maritime.

Recouvrement des amendes.

Arrêté ministériel du 26 décembre 1879.

841. Article Premier. — Toutes les fois qu'un capitaine de navire est pris en contravention au règlement de la police des ports, son navire est provisoirement retenu conformément à l'article 40 dudit règlement et le procès-verbal est immédiatement porté à la connaissance du commandant du port qui ajourne la délivrance du billet de sortie jusqu'à ce qu'il ait été satisfait aux prescriptions mentionnées dans les articles suivants.

Art. 2. — L'agent verbalisateur arbitre provisoirement, conformément aux indications relatées au tableau annexé au présent arrêté, le montant de l'amende en principal et décimes, les frais du procès-verbal et, s'il y a lieu, ceux de réparations ; il prescrit la consignation immédiate à la caisse du percepteur, à moins qu'il ne soit présenté à ce comptable une caution solvable.

Art. 3. — S'il n'existe pas de percepteur et si mieux n'aime le contrevenant verser lui-même la somme à consigner dans la caisse du percepteur du ressort, la consignation devra être faite entre les mains de l'agent verbalisateur, à charge par lui d'en donner un reçu et d'en verser le montant dans un délai de trois jours à la caisse du percepteur, en allant soumettre le procès-verbal soit à la formalité de l'enregistrement, soit à celle de l'affirmation.

Art. 4. — Le contrevenant est tenu d'élire domicile dans le département du lieu où la contravention a été constatée ; à défaut par lui d'élection de domicile, toute notification lui sera valablement faite au secrétariat de la commune où la contravention aura été constatée.

Officiers et maîtres de port.

842. Ces agents sont chargés, sous l'autorité du ministre des Travaux publics, de la surveillance et de la police des ports maritimes du commerce. Ce service est placé sous la direction des ingénieurs des Ponts et Chaussées chargés des travaux maritimes.

Les ports peu importants n'ont qu'un maître, ceux qui le sont davantage deux et plus souvent un officier avec un ou plusieurs maîtres. Dans les grands ports, tels qu'à Marseille, il y a un capitaine de port, cinq lieutenants et vingt-quatre maîtres. Au Havre un capitaine, cinq lieutenants et treize maîtres.

Leurs attributions sont réglées par le décret du 15 juillet 1854 dont les articles 12, 13 et 14 ont été modifiés par celui du 26 février 1876.

Décret du 15 juillet 1854.

CHAPITRE PREMIER

Classification et traitement.

843. Article Premier. — § 1. — Les agents spéciaux préposés à la police des ports de commerce sont classés ainsi qu'il suit :

Capitaines de port;
Lieutenants de port;
Maîtres de port.

§ 2. — Les capitaines et lieutenants de port sont placés dans les ports les plus importants ; ils peuvent être secondés par un ou plusieurs maîtres de port.

Les maîtres de port ne sont placés isolément que dans les ports, criques et havres d'un ordre inférieur.

Art. 2. — Les capitaines et les lieutenants de ports sont divisés, relativement au traitement, en deux classes et les maîtres de port en quatre classes, dont les traitements sont réglés ainsi qu'il suit :

Capitaines de 1re classe..	3 000 fr.	par	an.
» de 2e » ..	2 500	»	»
Lieutenants de 1re classe.	2 000	»	»
» de 2e » ..	1 500	»	»
Maîtres de 1re classe	1 000	»	»
» de 2e »	800	»	»
» de 3e »	600	»	»
» de 4e »	de 100 à 500	»	»

Art. 3. — § 1. — Outre les traitement ci-dessus fixés, les officiers et les maîtres de port reçoivent les allocations dont la perception serait autorisée par la loi annuelle des finances et qui leur seraient accordées en vertu des règlements particuliers des ports, homologués par le ministre de l'Agriculture, du Commerce et des Travaux publics, sur l'avis des Chambres de commerce; ils reçoivent aussi les rétributions qui leur seraient allouées soit par les Chambres de commerce ou les communes, pour supplément de traitement, indemnité de logement, à titre d'agent de perception, etc., soit par l'autorité chargée de la police sanitaire, lorsqu'ils sont appelés à remplir les fonctions sanitaires.

§ 2. — Ils reçoivent également des honoraires :

1° Lorsqu'ils sont désignés pour des arbitrages par l'autorité compétente;

2° Lorsque, sur la demande des particuliers, ou dans un intérêt privé, ils sont chargés de visiter les navires en partance.

Dans l'un et l'autre cas, les honoraires sont fixés conformément au tarif légal.

Toute perception ou rémunération, autre que celles comprises dans les cas spécifiés ci-dessus, est formellement interdite.

Il est également interdit aux officiers et aux maîtres de port de prendre aucun intérêt dans les entreprises et opérations qu'ils sont appelés à contrôler.

CHAPITRE II

Conditions d'admission, nominations. avancement.

Art. 4. — Les candidats à l'emploi d'officier ou de maître de port doivent être âgés de trente ans au moins et de soixante ans au plus, et satisfaire à l'une des conditions suivantes :

Pour l'emploi de capitaine de port :

1° Avoir servi comme officier dans la marine de l'État;

2° Avoir commandé pendant cinq ans au moins comme capitaine au long cours.

Pour l'emploi de lieutenant de port:

Remplir l'une des conditions indiquées dans le paragraphe précédent ou avoir servi pendant quatre ans au moins comme maître de port de première classe.

Pour l'emploi de maître de port :

1° Avoir servi comme maître à bord des bâtiments de l'État, et justifier de dix ans de navigation effective ;

2° Avoir commandé pendant cinq ans au moins comme maître au cabotage.

3° Avoir cinq ans de service au moins comme pilote breveté. (Voir plus loin les modifications apportées par le décret du 27 mars 1890.)

Art. 5. — Les officiers de port sont nommés et révoqués par décret de l'empereur, sur la proposition du ministre de l'Agriculture, du Commerce et des Travaux publics.

Les avancements de classe sont conférés par le ministre.

Art. 6. — Les capitaines de port de première classe sont pris exclusivement parmi les capitaines de deuxième classe ayant au moins deux ans de service en cette qualité.

Les capitaines de deuxième classe sont pris, pour un tiers au moins, parmi les lieutenants de première classe ayant au moins deux ans de service en cette qualité.

Les lieutenants de première classe sont pris exclusivement parmi les lieutenants de deuxième classe ayant au moins deux ans de service en cette qualité.

Les lieutenants de deuxième classe sont pris, pour un tiers au moins, parmi les maîtres de port de première classe ayant au moins quatre ans de service en cette qualité.

L'avancement des classes dans le grade de maître de port n'a lieu qu'après deux ans au moins de service dans la classe immédiatement inférieure.

CHAPITRE III

Discipline, congés.

Art. 7. — Les officiers et maîtres de port sont tenus à la subordination envers l'officier ou maître de port du grade ou de la classe supérieure, et à classe égale, envers le chef de service.

Art. 8. — Le manquement à la subordination, l'inexactitude ou la négligence dans le service sont punis :

De l'avertissement,

De la réprimande,

De la suspension avec privation de traitement pendant un temps qui ne pourra excéder quinze jours.

Les deux premières peines sont infligées par l'ingénieur en chef des Ponts et Chaussées, sur le rapport de l'ingénieur ordinaire et la proposition du chef de service.

La suspension est prononcée par le préfet sur le rapport de l'ingénieur en chef.

Le préfet rend compte au ministre de l'Agriculture, du Commerce et des Travaux publics, des motifs de la suspension et de sa durée.

Art. 9. — Les suspensions de plus de quinze jours ne peuvent être prononcées que par le ministre de l'Agriculture, du Commerce et des Travaux publics, d'après le rapport des ingénieurs et l'avis du préfet.

Art. 10. — Les congés sont accordés par le ministre sur l'avis des préfets et la proposition des ingénieurs.

Art. 11. — L'uniforme des officiers et maîtres de port sera réglé par un décret.

Art. 12, 13, 14. — (Voir plus loin.)

CHAPITRE IV

Fonctions des officiers et maîtres de port.

Art. 15. — Ils signalent, à l'ingénieur des Ponts et Chaussées chargé du service du port, tous les faits qui peuvent intéresser l'entretien et la conservation des ouvrages dépendant du port, la situation des passes, le placement des bouées, balises et tonnes de halage. Ils reçoivent notamment et transmettent au même ingénieur, avec leur avis, les rapports exigés des pilotes par l'article 38 du décret du 12 décembre 1806.

Art. 16. — Les officiers et les maîtres de port sont pareillement chargés de la surveillance des pilotes et de la police du pilotage dans les ports où il n'existe ni officier militaire directeur des mouvements, ni agent spécial de l'autorité maritime.

Les officiers et maîtres de port, lorsqu'ils sont chargés du pilotage, reçoivent directement des pilotes les rapports prescrits par les articles 23, 26, 37, 38, 39, et 49 du décret du 12 décembre 1806.

Dans le cas contraire, les rapports leur sont transmis par l'intermédiaire des officiers ou agents spécialement préposés au service du pilotage.

Dans tous les cas, la surveillance des pilotes et la police du pilotage sont exercées sous la direction exclusive de l'autorité maritime.

Art. 17. — Les officiers et les maîtres de port donnent des ordres aux capitaines, patrons, pilotes et maîtres haleurs, en tout ce qui concerne les mouvements des navires et l'accomplissement des mesures de sûreté, d'ordre et de police qu'il est nécessaire d'observer ou qui sont prescrites par les règlements.

Ils donnent des ordres aux pontiers et éclusiers en tout ce qui se rapporte à la manœuvre des ponts mobiles et des écluses de navigation.

Ils requièrent, dans les cas et conditions prévus par l'article 15 de la loi des 9-13 août 1791, les navigateurs, pêcheurs et autres personnes, pour exécuter les travaux d'office, en cas d'urgence.

Art. 18. — Les officiers et les maîtres de port peuvent, en cas de nécessité, sans autre formalité que deux injonctions verbales, couper ou faire couper les amarres que les capitaines, patrons ou autres, étant dans les navires, refuseraient de larguer.

Ils ont le droit aussi, en cas d'urgence ou d'inexécution des ordres qu'ils auraient donnés, de se rendre à bord et d'y prendre, à la charge des contrevenants, toutes les mesures nécessaires à la marche des navires.

Ils dressent des procès-verbaux contre tous ceux qui se seront rendus coupables de délits ou de contraventions aux règlements, dont ils sont chargés d'assurer l'exécution.

Les procès-verbaux, constatant les contraventions de simple police, sont transmis au commissaire de police remplissant les fonctions du ministère public près les tribunaux de simple police.

Ceux constatant des délits de nature à entraîner des peines correctionnelles sont transmis directement au procureur impérial.

Ceux constatant des contraventions assimilées par le décret du 10 avril 1812 aux contraventions de grande voirie, sont transmis à l'ingénieur des Ponts et Chaussées.

Dans le cas où les officiers ou maîtres de port sont injuriés, menacés ou maltraités dans l'exercice de leurs fonctions, et lorsqu'ils ont, en conformité de l'article 16 de la loi du 13 août 1791, requis la force publique et ordonné l'arrestation provisoire des coupables, ils doivent dresser immédiatement un procès-verbal et le transmettre directement au procureur impérial.

Art. 19. — Les officiers ou maîtres de port remettent à l'autorité maritime copie de tout procès-verbal dressé contre un pilote dans l'exercice de ses fonctions. Cette autorité donnera un reçu de la copie qui lui aura été remise; elle aura quinze jours pour transmettre son avis à l'officier ou maître de port qui aura dressé procès-verbal. Passé ce délai, ce dernier donnera suite audit procès verbal, en y joignant soit l'avis de l'autorité maritime, soit un certificat constatant qu'elle n'a fait aucune réponse.

CHAPITRE V

Rapport des officiers et maîtres de port avec les autorités supérieures.

Art. 20. — Les officiers et maîtres de port sont soumis à l'autorité du ministre de la marine et placés sous les ordres immédiats des préfets maritimes, chefs du service de la marine, commissaires de l'inscription maritime et directeurs des mouvements du port, pour tout ce qui touche la conservation des bâtiments de l'État, la liberté de leurs mouvements, l'arrivée, le départ ou le séjour dans les ports de tous les objets d'approvisionnement ou d'armement destinés à la marine militaire, et pour toutes les mesures concernant la police de la pêche ou de la navigation maritimes.

Ils sont tenus, en conséquence, de faire immédiatement à l'administration de la marine le rapport des événements de mer, des mouvements des bâtiments de guerre et de tous les faits parvenus à leur connaissance qui peuvent intéresser la marine militaire.

Dans les ports de commerce attenant aux grands ports militaires, ils sont tenus d'optempérer aux ordres des officiers directeurs de ces ports, pour tout ce qui intéresse la marine de l'État.

Art. 21. — Les officiers et les maîtres de port sont soumis à l'autorité du ministre de l'Agriculture, du Commerce et des Travaux publics, et placés sous les ordres immédiats des ingénieurs des Ponts et Chaussées du port, en ce qui concerne la police des quais, la surveillance de l'éclairage des phares et fanaux, les mesures à observer pour la construction, la conservation et la manœuvre des ouvrages dépendant du port, les lieux d'extraction ou de dépôt du lest des navires.

Ils se conforment aux ordres des maires pour ce qui intéresse la salubrité de la petite voirie.

Pour tous les cas non spécifiés dans le présent article et dans celui qui précède, ils sont placés sous l'autorité immédiate du sous-préfet de l'arrondissement.

Décret du 26 février 1876.

Modifiant les articles 12, 13 et 14 *du décret précédent.*

844. Art. 12. — Les officiers et maîtres de port sont chargés de veiller à la propreté et à la sûreté matérielle des rades, des passes navigables, des ports, bassins, quais et autres ouvrages qui en font partie.

Ils exercent, en outre, la police sur les ports et toutes leurs dépendances; ils l'exercent également sur les rades et dans les passes navigables, mais uniquement en ce qui concerne la propreté et la sûreté matérielle, ainsi que le placement des bouées, balises et feux flottants.

Ils sont assermentés devant le tribunal de première instance du lieu de leur résidence.

Art. 13. — Ils surveillent et contrôlent l'éclairage des phares et fanaux et les signaux, tant de jour que de nuit, dans l'étendue des ports, rades et passes navigables à la surveillance desquels ils sont préposés.

Ils règlent l'ordre d'entrée et de sortie des navires dans les ports et dans les bassins; ils fixent la place que ces navires doivent occuper, les font ranger et amarrer, ordonnent et dirigent tous les mouvements.

Ils surveillent les lestages et les délestages et veillent notamment à ce que le lest soit pris ou déposé dans les lieux indiqués par les ingénieurs des Ponts et Chaussées sous les ordres immédiats duquel ils sont placés.

Ils prescrivent les mesures nécessaires pour que le lancement à la mer des navires de commerce s'effectue sans obstacles et sans accidents; ils surveillent les fumigations, le chauffage, le calfatage, le radoub et la démolition des navires.

Ils veillent à l'extinction des feux, à l'enlèvement des poudres, aux débarquements et embarquements ainsi qu'à la sûreté des navires et dirigent les secours qu'il faut leur porter quand ils sont en danger, notamment en cas d'incendie.

Art. 14. — Quand un naufrage a lieu dans un port, une rade ou dans une passe navigable, ils donnent les premiers ordres; mais ils font avertir sans retard l'autorité maritime et lui remettent, tout en continuant à la seconder, la direction du sauvetage.

Cependant, s'ils déclarent par écrit, que le navire échoué forme écueil ou obstacle dans le port, à l'entrée du port, dans la rade ou dans la passe navigable, ils prennent eux-mêmes les mesures nécessaires pour faire disparaître l'écueil ou l'obstacle. Dans ce cas, une expédition de cette déclaration doit être remise à l'autorité martime.

Décret du 27 mars 1890.

Modifiant les conditions requises pour l'admission au grade de capitaine de port.

845. Article premier. — L'article 4 du décret susvisé du 15 juillet 1854 est modifié de la manière suivante :

Art. 4 — Les candidats à l'emploi d'officier ou maître de port doivent être âgés de trente ans au moins et de soixante au plus et satisfaire à l'une des conditions suivantes :

Pour l'emploi de capitaine de port :

1° Avoir servi comme officier dans la marine de l'État;

2° Avoir le brevet de capitaine au long cours, et avoir, pendant cinq ans au moins, commandé en premier un navire d'un minimum de 500 tonneaux de jauge légale, ou en second un navire d'au moins 2 000 tonneaux de jauge légale.

Pour l'emploi de lieutenant de port :

Remplir l'une des conditions indiquées dans le paragraphe précédent ou avoir servi pendant quatre ans au moins comme maître de port de première classe.

Pour l'emploi de maître de port :

1° Avoir servi comme maître à bord des bâtiments de l'État, et justifier de dix ans de navigation effective;

2° Avoir commandé, pendant cinq ans au moins, comme maître au cabotage;

3° Avoir cinq ans de service comme pilote breveté.

846. Le but de ces modifications est de mettre à même les seconds des navires à vapeur qui sont souvent très méritants et ont une grande expérience de la navigation, mais que le nombre relativement restreint de la flotte à voiles, eu égard à la flotte à vapeur, a empêché d'avoir un commandement en premier, ce but est, disons nous, de les mettre à même d'être nommés capitaines de port.

Circulaire du 5 mars 1860.

847. Cette circulaire a pour effet de mettre de l'uniformité dans les écritures des maîtres de port.

Quatre registres seulement ont été jugés comme suffisants pour le service des officiers et maîtres de port et sont obligatoires.

1° Un registre d'entrée et de sortie du port ;

2° Un registre de lestage et délestage ;

3° Un registre de précautions contre l'incendie ;

4° Un registre de placement des navires.

Ces registres doivent être visés par les ingénieurs des Ponts et Chaussées.

Un modèle d'état trimestriel a été joint à cette circulaire.

Uniforme.

848. Les officiers et maîtres de port ont un uniforme réglé par un décret en date de 15 janvier 1855.

BALISES

Généralités.

849. Nous avons vu dans le cours de cet ouvrage en quoi consistaient les balises, leur utilité et leurs différents modes de contruction, nous n'avons donc à indiquer ici que la loi du 27 mars 1882 relative à leur protection dans les eaux maritimes.

Loi du 27 mars 1882.

850. Article Premier. — Il est défendu à tout capitaine, maître ou patron d'un navire, bateau ou embarcation de s'amarrer sur un feu flottant, sur une balise ou sur une bouée qui ne serait pas destinée à cet usage.

Il est également défendu de jeter l'ancre dans le cercle d'évitage d'un feu flottant ou d'une bouée.

Ces interdictions ne s'appliquent pas au cas où le navire, bateau ou embarcation serait en danger de perdition.

Art. 2. — Toute contravention aux prescriptions de l'article précédent est punie d'une amende de 10 francs à 15 francs inclusivement. Le contrevenant pourra en outre être condamné à la peine de l'emprisonnement pendant 5 jours au plus.

Art. 3. — Le capitaine ou patron de tout navire, bateau ou embarcation qui, par suite d'un amarrage ou du mouillage d'une ancre, ou de toute cause accidentelle, a coulé, déplacé, renversé ou détérioré un feu flottant, une bouée ou une balise, est tenu d'en faire la déclaration, dans les vingt-quatre heures de son arrivée, au premier port de France où il aborde, à l'officier ou maître du port, ou à leur défaut au syndic des gens de mer. En pays étranger cette déclaration devra être faite à l'agent consulaire français le plus rapproché du lieu d'arrivée.

Faute de déclaration, il est puni d'un emprisonnement de dix jours à trois mois et d'une amende de 25 à 100 francs.

Si la déclaration est faite dans les conditions ci-dessus déterminées, il est affranchi de la réparation du dommage causé.

Art. 4. — La déclaration exigée par l'article précédent est obligatoire, sous les mêmes peines, pour le capitaine, maître ou patron d'un navire, bateau ou embarcation qui, en danger de perdition, s'est amarré sur un feu flottant, sur une balise ou sur une bouée qui n'était pas destinée à cet usage.

Art. 5. — Quiconque a intentionnellement détruit, abattu ou dégradé un feu flottant, une bouée ou une balise, est puni d'un emprisonnement de six mois à trois ans et d'une amende de 100 à 300 francs, sans préjudice du dommage causé.

Art. 6. — La peine de l'emprisonnement telle qu'elle est prévue aux articles 2, 3, 4, 5, peut être élevée jusqu'au double en cas de récidive. Il y a récidive lorsqu'il a été rendu, contre le contrevenant ou le délinquant dans les douze mois précédents, un premier jugement pour infraction à la présente loi.

Art. 7. — Les dispositions de l'article 463 du Code pénal sont applicables dans tous les cas où les tribunaux correctionnels ou de simple police statuent par application des dispositions qui précèdent.

Art. 8. — Les contraventions et délits sont constatés par les officiers commandant les bâtiments de l'État, les officiers et maîtres de port, les conducteurs et autres agents assermentés du service des Ponts et Chaussées, les officiers mariniers commandant les embarcations garde-pêche, les syndics des gens de mer, les gendarmes maritimes, les guetteurs des postes sémaphoriques et les pilotes qui devront être spécialement assermentés à cet effet, ainsi que par les agents et préposés des douanes.

Art. 9. — Les procès-verbaux dressés en vertu du précédent article font foi jusqu'à preuve contraire.

Ils doivent, sous peine de nullité, être affirmés dans les trois jours de la clôture desdits procès-verbaux ou du retour à terre de l'agent qui aura constaté le délit ou la contravention, soit devant le juge de paix du canton, soit devant le maire de la commune où réside l'agent qui a dressé le procès-verbal.

Toutefois, les procès-verbaux dressés par les officiers commandant les bâtiments de l'État, les officiers de ports, les officiers mariniers commandant les embarcations garde-pêche, les officiers de gendarmerie et les officiers de douane ne sont pas soumis à l'affirmation.

Art. 10. — Les procès-verbaux sont remis ou envoyés soit directement, soit par l'intermédiaire de l'officier ou du maître de port le plus rapproché à l'ingénieur des Ponts et Chaussées chargé du service maritime.

Les poursuites ont lieu soit à la diligence

du ministère public, soit à la diligence de l'ingénieur du service maritime, qui a le droit, dans ce dernier cas, d'exposer l'affaire devant le tribunal et d'être entendu à l'appui de ses conclusions.

L'affaire est portée, suivant la nature de l'infraction poursuivie, devant le tribunal correctionnel du port le plus voisin du lieu où l'infraction a été commise, ou devant le tribunal du port français dans lequel le navire peut être trouvé, ou enfin du port auquel appartient le navire français.

PHARES

Généralités.

851. Nous avons vu, dans les premiers chapitres de ce cours, l'importance que de tout temps on a donné aux phares et comment, dans les temps modernes, les travaux de Fresnel et de M. Allard ont porté leur perfection à un degré qu'aucun pays du monde n'a encore dépassé.

Comme règle générale on a admis que l'erreur maxima que pouvait faire un capitaine sur son estime (à moins de circonstances exceptionnelles qui doivent le rendre très circonspect) était de 80 milles (150 kil. environ). Les feux qui pourraient être confondus sont donc établis à cette distance minima.

Un décret du 15 septembre 1792 a confié au ministère de la marine la surveillance des phares, amers, tonnes et balises et au ministère de l'Intérieur l'exécution de ces ouvrages.

Un autre décret du 7 mars 1806 a imputé au budget des Ponts et Chaussées toutes les dépenses du matériel et du personnel relatives aux phares, et depuis lors le service est confié aux ingénieurs des Ponts et Chaussées sous la direction de la Commission des phares.

A la tête de ce service est placé un inspecteur général assisté d'un ingénieur en chef. Dans les départements le service est confié aux ingénieurs en chef et ingénieurs ordinaires des services maritimes.

Un décret du 20 janvier 1887 établit une comptabilité spéciale pour les dépenses des phares et balises.

Agents inférieurs des Ponts et Chaussées attachés au service des ports maritimes et de commerce.

852. Nous allons compléter par les titres II et III le décret du 11 juin 1888 relatifs à ce personnel, renvoyant page 883 de notre *Cours de Rivières* pour le surplus de ce décret.

TITRE II

Eclusiers, pontiers et autres agents attachés au service des ports maritimes de commerce.

Art. 15. — Les ports maritimes de commerce sont divisés, en ce qui concerne les éclusiers et pontiers, en trois catégories, eu égard à l'importance du port et à la cherté de la vie dans chaque localité.

Art. 16. — Sont applicables aux éclusiers et pontiers employés dans les ports maritimes les dispositions concernant les agents de la navigation intérieure contenues dans les articles 4, 5, 6, 7, 8, 9, 10, 11, 12 et 13 du présent décret.

Art. 17. — Les dispositions de l'article 14 sont applicables aux agents chargés de la manœuvre des ponts mobiles et d'écluses de peu d'importance ou qui ne manœuvrent qu'accidentellement, aux baliseurs, gardiens de toues ou bouées et autres agents du service des ports maritimes qui, par la nature de leurs fonctions, ne peuvent être assimilés à des éclusiers.

TITRE III

Art. 18. — Le personnel des agents du service des phares et fanaux se compose de maîtres de phares et gardiens répartis en six classes.

Les traitements de ces agents sont fixés ainsi qu'il suit :

Maîtres de phares		1 200 fr.
Gardiens de 1re classe		1 000 »
» de 2e	»	875 »
» de 3e	»	800 »
» de 4e	»	725 »
» de 5e	»	650 »
» de 6e	»	575 »

Dans les phares où il existe plusieurs gardiens, l'un d'eux porte le titre de chef. Il reçoit le traitement de la classe à laquelle il fait partie.

Art. 19. — Des décisions ministérielles fixent, sur la proposition de l'ingénieur en chef, le nombre de gardiens attachés au service de chaque phare.

Art. 20. — Les maîtres et gardiens de phare sont nommés par le ministre des Travaux publics sur la proposition de l'ingénieur en chef et l'avis du préfet.

Art. 21. — Les maîtres et gardiens de phare à qui l'État ne fournit pas de logement reçoivent, en sus de leur traitement, une indemnité annuelle de 100 à 150 francs.

Des indemnités pour vivres de mer et des frais de chauffage fixés par l'administration suivant les circonstances sont alloués aux gardiens des phares isolés en mer.

Ces allocations ne sont pas soumises aux retenues pour la retraite.

Art. 22. — Sont applicables aux maîtres et gardiens de phare les dispositions des articles 7, 9, 10, 11, 12, 13 concernant les agents de la navigation intérieure.

PILOTES LAMANEURS.

Généralités.

853. On appelle *pilotes lamaneurs* des marins vivant dans un port et connaissant parfaitement les passes dudit port, de la mer et même de l'embouchure des fleuves et capables de conduire les navires étrangers.

Leur service est réglé par le décret du 12 décembre 1806. Leur nombre est fixé par le ministre de la Marine.

Il faut, pour être reçu pilote, être âgé au moins de 24 ans, avoir six ans de navigation, dont deux campagnes de trois mois au moins au service de l'État et passer un examen spécial.

Le salaire dû aux pilotes est fixé par décret sur des propositions faites par les autorités locales et par conséquent variables d'un port à un autre.

Décret du 12 décembre 1806.

CHAPITRE PREMIER

Conditions pour l'admission des pilotes lamaneurs ; leurs examens, leurs fonctions et les marques distinctives de leur état.

854. Article Premier. — Le ministre de la Marine et des Colonies fixera le nombre des pilotes lamaneurs dans chaque port où il en existe et dans ceux où il sera jugé nécessaire d'en établir, sur les propositions des chefs d'administration de la marine, et de l'avis des Chambres de commerce.

Art. 2. — Nul ne pourra être reçu pilote lamaneurs ou locman s'il n'est âgé de vingt-quatre ans ; s'il n'a au moins six ans de navigation pendant lesquels il aura fait deux campagnes de trois mois au moins au service de l'État ; et s'il n'a satisfait à un examen sur la manœuvre, la connaissance des marées, des bancs, courants, écueils et autres empêchements qui peuvent rendre difficiles l'entrée et la sortie des rivières, ports et havres du lieu de son établissement.

Les services sur les bâtiments de l'État, comme ceux sur les navires de commerce, devront être extraits des rôles d'armement, et certifiés par les administrateurs de la marine.

Art. 3. — L'examen des pilotes sera fait, en présence de l'administrateur du quartier des classes, par un officier de vaisseau ou du port, deux anciens pilotes lamaneurs et deux capitaines du commerce, qui seront nommés par l'officier commandant de ports.

Cet examen sera gratuit et il est défendu à ceux qui se feront recevoir pilotes lamaneur de payer aucun droit ni rétribution aux examinateurs et à ceux-ci d'en recevoir, sous peine de destitution.

Art. 4. — Lorsque plusieurs marins concourront pour une place de pilote lamaneur, celui qui sera jugé avoir subi l'examen prescrit de la manière la plus satisfaisante sera admis de préférence.

Art. 5. — Le ministre fera expédier une lettre d'admission à chacun des pilotes-lamaneurs admis : cette lettre sera enregistrée au bureau de l'inscription maritime de leur résidence.

Art. 6. — Pour être reconnus en leur qualité, les pilotes porteront une petite ancre d'argent de cinquante millimètres, à la boutonnière de leur habit ou gilet.

ART. 7 — Les fonctions de pilote lamaneur exigeant un service continuel, et qu'il serait dangereux d'interrompre, ils seront exempt d'être levés et commandés pour le service de l'État, et pour tout autre service personnel.

CHAPITRE II

Remplacement des pilotes.

ART. 8. — Il y aura des aspirants pilotes, dont le nombre ne pourra excéder le quart des pilotes lamaneurs, et qui seront destinés à les seconder et à les remplacer. Les marins admis à servir en qualité d'aspirants devront avoir subi le même examen que celui des pilotes.

ART. 9. — Tout pilote qui, par son grand âge ou ses infirmités, sera hors d'état de remplir exactement son service, sera obligé de prévenir l'administrateur préposé à l'inscription maritime, qui l'autorisera à s'adjoindre, s'il y a lieu, l'aspirant examiné le plus ancien, lequel sera tenu de faire le service et de donner audit pilote le tiers des bénéfices ; et à défaut de sa déclaration, l'administrateur du quartier maritime nommera un aspirant adjoint sous les mêmes conditions.

ART. 10. — Toute place vacante par mort ou par démission sera donnée à l'aspirant admis en cette qualité et le plus ancien au service, lorsque sa conduite sera sans reproche.

ART. 11. — L'aspirant qui aura servi d'adjoint conservera ses droits à la première place vacante, et sera remplacé auprès du pilote infirme par l'aspirant admis qui viendra immédiatement après lui.

CHAPITRE III

Inspection et police des pilotes lamaneurs.

ART. 12. — L'inspection du service des pilotes est exercée par les officiers militaires chefs des mouvements maritimes, par les officiers préposés à la direction du pilotage, et, en l'absence de ceux-ci, par les officiers des ports de commerce.

ART. 13. — Lorsqu'il y aura plusieurs stations, les pilotes devront porter, dans la partie supérieure de leurs voiles et sur les deux côtés au dessus de la bande du premier ris, la lettre initiale du nom de leur station, et les numéros qui leur seront indiqués par l'officier d'administration chargé de l'inscription maritime au lieu de leur résidence. La même lettre et le même numéro seront inscrits à l'arrière de leur chaloupe.

ART. 14. — Les pilotes lamaneurs ne pourront, sous peine de huit jours de prison, s'écarter du lieu de leur domicile ou arrondissement, sans un congé par écrit de l'officier d'administration préposé à l'inscription maritime, qui ne devra en accorder que pour des causes absolument nécessaires. En cas de récidive, il en sera rendu compte au ministre de la Marine ; il en sera de même si leur absence a excédé la durée de huit jours.

ART. 15. — Les pilotes qui abandonneront leurs fonctions pour naviguer au petit cabotage ou pour pratiquer les pêches lointaines, seront, par décision du ministre, déchus de leur qualité de pilotes lamaneurs, et, en conséquence, inscrits de nouveau sur la matricule des gens de mer de service. Alors, ils seront commandés à leur tour pour servir sur les bâtiments de l'État.

ART. 16. — Il sera tenu, au bureau de l'inscription maritime de chaque port, une matricule particulière, où seront enregistrés les pilotes lamaneurs, leur âge, la date de leur admission comme aspirants et comme pilotes, les services signalés qu'ils auront rendus, les récompenses qui en auront été la suite, leurs manquements, leurs fautes graves, et les punitions qu'ils auront subies; enfin, la cessation de leur service, soit par mort, démission ou infirmités.

ART. 17. — Le service de pilote dans chaque station sera fait à tour de rôle pour la sortie. Néanmoins, tout capitaine qui voudra prendre un pilote à son choix en aura la faculté ; alors il paiera le pilotage en entier au pilote à qui revenait la conduite du navire; et audit cas ce dernier perdra son tour.

ART. 18. — Tout pilote, à quelque station qu'il appartienne, est tenu de faire la manœuvre convenable pour faciliter l'abordage de la chaloupe du pilote de la prochaine station par lequel il va être relevé; il sera même tenu, lorsque le navire ne devra pas mouiller à la station où il le conduit, de faire le signal indiqué à l'article 20 du présent règlement, dès qu'il sera en vue de cette station, afin que le pilote de tour se prépare et ne retarde pas le navire.

ART. 19. — Tout pilote de tour qui ne se présentera pas vis-à-vis la station à bord du navire qui aura fait le signal aura perdu son tour et le premier pilote de la même station pourra le remplacer ; à défaut, le pilote qui se trouvera à bord pourra conduire le navire à la station suivante, sans crainte d'être démonté et il gagnera le pilotage.

ART. 20. — Relatif au signal demandant un pilote, *abrogé* (V. Code international des signaux).

ART. 21. — Aussitôt que le pilote d'un navire sera à bord il fera amener les pavillons, faute de quoi il sera tenu de payer douze francs en dédommagement à chaque pilote qui se présenterait pour aborder le navire.

Art. 22. — Si un bâtiment amené par un pilote dans un port provient de pays suspects de contagion, et que ledit bâtiment ne puisse conséquemment être admis à la libre pratique, le pilote conduira le bâtiment à l'endroit fixé pour les visites et précautions salutaires, sans communiquer avec lui s'il est possible. Le pavillon de quarantaine sera arboré à la tête du mât d'artimon; et si le navire n'a qu'un mât, le pavillon sera frappé sur l'étai de beaupré, et d'une manière visible.

Art. 23. — Lorsqu'un pilote aura abordé un bâtiment destiné à entrer dans le port, il lui fera arborer de suite le pavillon de sa maison, et il préviendra le capitaine qu'il doit faire éteindre tous les feux avant d'être en dedans du port. Il sera puni de huit jours de prison si, avant de mettre un navire à quai, il ne lui a pas fait décharger ses fusils et canons et transporter ses poudres à terre.

Art. 24. — Les pilotes lamaneurs seront obligés de tenir leurs chaloupes toujours garnies d'avirons, voiles et ancres et être en état d'aller au secours des bâtiments au premier ordre ou signal, ou lorsqu'ils les verront en danger, à peine contre ceux qui s'y refuseraient d'être poursuivis sur la dénonciation qui en sera faite et d'être condamnés à un mois de prison ou à la peine d'interdiction, et même à une punition plus grave, si le cas y échet, sauf à faire taxer particulièrement par le tribunal de commerce leurs salaires, en cas de tempête, eu égard au travail qu'ils auront fait, et aux risques qu'ils auront courus.

Tout pilote qui refuserait de marcher lorsqu'il en sera requis sera puni de 15 jours de prison et interdit en cas de récidive.

Art. 25. — Le pilote lamaneur qui entreprendra, étant ivre, de piloter un bâtiment sera condamné à la perte de son salaire, à un mois de prison et destitué en cas de récidive. Il en serait de même s'il manquait au respect que tout individu doit au capitaine qui commande.

Si le manque de respect, de la part du pilote, était accompagné de menaces et de voies de fait, le pilote serait arrêté et traduit devant le tribunal compétent pour être jugé et puni suivant la gravité des faits.

Art. 26. — Les lamaneurs doivent piloter les bâtiments qui se présentent les premiers, et il leur est, en conséquence, défendu de préférer les plus éloignés aux plus proches, à peine de vingt-cinq francs d'amende.

Cependant si l'un des bâtiments en vue était en danger, les pilotes seraient tenus alors de l'aborder le premier, tout bâtiment en péril devant être secouru de préférence à tout autre.

Art. 27. — Si le pilote se présente au bâtiment qui aura un pêcheur à bord, avant que les lieux dangereux soient passés, il sera reçu et le salaire du pêcheur sera déduit sur celui du lamaneur, eu égard à la distance du lieu que le pêcheur aura parcouru à bord du bâtiment.

Art. 28. — Tout pilote convaincu d'avoir fait quelque manœuvre tendant à blesser les intérêts des autres pilotes ou d'avoir négligé celles dont l'omission aura produit le même effet, sera tenu de restituer ce qu'il aura perçu et, en cas de récidive, sera puni d'un mois d'interdiction.

Art. 29. — Il est défendu à tout marin qui en serait pas reçu pilote lamaneur, de se présenter pour conduire les navires et sortir des ports et rivières. Les contrevenants seront punis la première fois d'une amende de cinquante francs et de trois mois de prison; la peine sera double en cas de récidive.

Art. 30. — Tout pilote est tenu de donner la préférence à un bâtiment de l'État sous peine de un mois de prison. La même peine sera infligée à celui qui aura évité de conduire un bâtiment de l'État, lorsqu'il en aura été requis: en cas de récidive, il sera interdit et levé comme matelot de classe inférieure pour le service de l'armée navale.

Art. 31. — Tout pilote qui s'étant chargé de conduire un bâtiment de l'État ou du commerce et aura déclaré en répondre et l'aura échoué ou perdu par négligence, ou par ignorance, ou volontairement sera jugé conformément à l'article 40 de la loi du 22 août 1790.

Art. 32. — Le capitaine est tenu, aussitôt que le pilote lamaneur est à son bord, de lui déclarer combien son navire tire d'eau, sous peine de répondre des événements s'il a celé plus de trois décimètres.

Le capitaine doit aussi lui faire connaître la marche du navire, ses qualités et ses défauts, afin qu'il puisse se régler pour la manœuvre.

Art. 33. — Il sera libre aux capitaines et maîtres de navires français et étrangers de prendre les pilotes lamaneurs que bon leur semblera pour entrer dans les ports et rivières, sans que, pour sortir, ils puissent être contraints de se servir de ceux qui les auront fait entrer.

Art. 34. — Tout bâtiment entrant ou sortant d'un port devant avoir un pilote, si un capitaine refusait d'en prendre un, il sera tenu de le payer comme s'il s'en était servi: dans ce cas il demeurera responsable des événements, et s'il perd le bâtiment, il sera jugé suivant l'article 31 du présent règlement.

Sont exceptés de prendre un pilote, les maîtres au grand et petit cabotage, commandant des bâtiments français au-dessous de quatre-vingts tonneaux, lorsqu'ils font ordinairement la navigation de port en port, et qu'ils pratiquent l'embouchure des rivières.

Mais les propriétaires des navires chargeurs, ou tous autres intéressés, pourront contraindre les capitaines, maîtres et patrons, à prendre des pilotes; et ils auront la faculté de les poursuivre devant les tribunaux, en cas d'avaries, échouements, et naufrages occasionnés par le refus de prendre un pilote.

Art. 35. — Il est expressément défendu aux pilotes de quitter les navires qu'ils conduiront, avant qu'ils soient ancrés dans les rades, ou amarrés dans les ports ainsi que d'abandonner ceux qu'ils sortiront avant qu'ils soient en pleine mer au-delà du danger, sous peine de perte de leur salaire, de 30 francs d'amende, d'interdiction pendant 15 jours et de plus forte punition s'il y a lieu.

Il est défendu aux capitaines de retenir les pilotes au-delà du passage des dangers, et aux pilotes de monter à bord contre le gré du capitaine.

Art. 36. — Tout pilote qui conduira un navire entrant sur son lest, ne souffrira pas qu'il soit mis du lest sur le pont ni à la portée d'être jeté à l'eau; il s'opposera formellement à ce qu'il en soit versé dans les passes, rades, ports et rivières; et s'il s'apercevait que, malgré sa défense, il en aurait été jeté à l'eau, il en rendra compte, aussitôt sa mission remplie, à l'officier militaire chef des mouvements maritimes, à l'officier chef du pilotage ou à l'officier du port de commerce.

Les pilotes qui négligeraient de faire de suite leur rapport de cette contravention de la part des capitaines seront punis de huit jours de prison; les capitaines délinquants seront condannés conformément à l'art. 6, titre IV, liv. IV de l'ordonnance de 1681, à une amende de 500 francs pour la première fois et, en cas de résidive, leurs bâtiments seront saisis et confisqués.

Art. 37. — Il est enjoint aux pilotes lamaneurs de visiter journellement les rivières, rades et entrées des ports où ils sont établis, de lever les ancres qui auront été laissées sans bouées, d'en faire, dans les vingt-quatre heures, leurs déclarations à l'officier militaire des mouvements maritimes au bureau du pilotage et au capitaine du port de commerce.

Art. 38 — S'ils reconnaissent quelques changements dans les fonds et passages ordinaires des bâtiments, et que les bouées, tonnes ou balises ne soient pas bien placées, ils seront tenus de faire les déclarations prescrites par les articles 36 et 37.

Art. 39 — Les maîtres et capitaines de navire et les pilotes qui auront été forcés, par la tempête ou autre accident, de couper leurs câbles et de laisser leurs ancres en rade, seront tenus d'y attacher, si faire se peut, des orins et bouées en bon état et capables de lever lesdites ancres et d'en faire la déclaration prescrite par les articles 36 et 37.

Les ancres et câbles seront levés, au premier temps opportun, par les pilotes, et conduits à bord des bâtiments auxquels ils appartiennent, dans le cas où il n'y aurait pas déjà été pourvu par les équipages mêmes des dits bâtiments ou par d'autres bâtiments.

Lorsque lesdites ancres seront trouvées sans bouées, il sera payé, si le bâtiment est français pour droit de sauvetage, le quart de la valeur desdites ancres et câbles; le sixième si elles sont avec des bouées. Pour un bâtiment étranger il sera payé la moitié si l'ancre est trouvée sans bouée et le tiers si elle a une bouée; le tout au dire d'experts qui seront nommés, l'un par le chef des pilotes et l'autre par le capitaine ou maître du bâtiment.

Si l'ancre appartient à un bâtiment de l'État, elle sera levée par les soins de l'administrateur de la marine ou du capitaine du port et les frais de sauvetage seront payés en proportion des travaux qui auront eu lieu.

CHAPITRE IV

Des salaires des pilotes.

Art. 40. — Les pilotes ne pourront exiger une plus forte somme que celle portée au tarif dressé dans chaque port, sous peine de la restitution de la totalité du pilotage qu'ils auront reçu, d'être interdits pendant un mois; et en cas de récidive, ils le seront à perpétuité.

Art. 41. — Il sera dressé, dans chaque port où ce travail n'a pas été fait, et pour chaque station, un tarif des droits de pilotage pour les bâtiments nationaux et étrangers conformément à la loi du 15 août 1792.

L'administration de la marine et le tribunal de commerce du lieu, concourront à la rédaction de ce tarif, qui, avant d'être soumis, par le ministre de la Marine et des Colonies, à notre approbation en notre conseil d'État, devra être préalablement examiné et discuté par le Conseil d'administration de la marine établi dans le chef-lieu de la préfecture maritime.

Lorsqu'il y aura lieu de modifier ces tarifs, il sera procédé de la même manière à leur revision.

Le même mode sera suivi, lorsque les préfets maritimes reconnaîtront que pour faciliter et assurer le service du pilotage dans les ports de leur arrondissement, il est nécessaire de déterminer par des règlements particuliers et appropriés aux localités, les dispositions auxquelles les pilotes et les capitaines de navire devront être assujettis.

Art. 42. — Lorsque dans un port de commerce, les armateurs et négociants voudront se réunir pour entreprendre le service du pilotage et que les pilotes attachés à ce port, consentiront à l'arrangement qui leur sera proposé, les préfets maritimes détermineront, conformément à la loi du 15 août 1792, les conditions d'après lesquelles le service du pilotage sera réglé, le nombre de chaloupes qui devra être constamment entretenu, la nature de leur armement, les salaires des pilotes, le mode de la recette des droits perçus sur les navires nationaux et étrangers, et l'inspection à laquelle le service sera soumis.

Dans ce cas, les négociants et armateurs éliront annuellement trois d'entre eux, lesquels réunis à l'officier d'administration préposé à l'inscription maritime et à l'officier de marine chefs des mouvements maritimes, ou à l'officier chef du pilotage, formeront une Commission administrative pour maintenir le bon ordre et la régularité dans le service du pilotage.

Tous les arrêtés de cette Commission, avant d'être exécutoires, devront être soumis à l'examen de l'administrateur supérieur de la marine, lequel, lorsqu'il y aura lieu, prendra les ordres du ministre.

Cet administrateur et les trois négociants désignés par la Chambre de commerce, se réuniront pour examiner et arrêter, dans le cours du mois de janvier, les comptes des recettes et dépenses faites pendant l'année précédente par la Commission administrative.

Dans les ports où le service du pilotage sera établi suivant le mode indiqué ci-dessus, il sera accordé sur les fonds du pilotage, une solde de retraite aux pilotes que leur âge ou leurs infirmités empêcheraient de continuer leurs fonctions et qui auraient donné leur démission.

Cette solde sera réglée par la Commission administrative, suivant la nature et la durée de leurs services : tout ou partie de cette somme sera reversible à la veuve à titre de pension alimentaire.

Art. 43. — En cas de tempête et de péril évident, une indemnité particulière, fixée par le tribunal de commerce, sera payée par le capitaine au pilote ; elle sera réglée sur le travail et les dangers qu'il aura courus.

Art. 44. — Toutes promesses faites aux pilotes lamaneurs et autres mariniers, dans le danger de naufrage, sont nulles.

Art. 45. — Les pilotes rendus à bord du navire pourront renvoyer de suite leurs chaloupes, à moins que le capitaine du navire ne leur remette sur le champ une demande par écrit de les laisser pour le service du navire ; et, en ce cas, il sera alloué au pilote la somme portée sur le tarif arrêté dans le port pour chaque jour que la chaloupe aura été employée à ce service.

Art. 46. — Lors d'un gros temps, si la chaloupe d'un pilote, en abordant un navire à la mer, reçoit quelques avaries, elle sera réparée aux frais du navire et de la cargaison ; il en sera de même si la chaloupe se perd en totalité.

Art. 47. — Dans tous les cas, pour que les pilotes puissent réclamer une indemnité, ils seront tenus de produire un certificat du capitaine, qui constatera la perte des chaloupes ou leurs avaries ; et si le capitaine s'y refusait, le fait sera constaté par l'enquête faite dans l'équipage du navire et celui de ladite chaloupe.

Art. 48. — Les courtiers et consignataires des navires étrangers sont responsables du paiement des droits de pilotage d'entrée et de sortie.

Art. 49. — Pour assurer les frais de pilotage, tout consignataire de navire sera tenu, dans les vingt-quatre heures de l'arrivée du navire à lui adressé ou dont il aura la consignation, de faire au bureau du pilotage, ou au bureau du capitaine du port, s'il n'y a pas de bureau de pilotage, une déclaration par écrit, et signée de lui, contenant les noms, espèce, pavillon et tonnage du navire, son tirant d'eau sous charge et lège ; le nom du capitaine, maître ou patron ; le lieu d'où il a été expédié, la date de son arrivée ; le nombre de tonneaux chargés, et s'il est arrivé en relâche, ou s'il est destiné pour le port.

Les consignataires seront tenus de faire pareille déclaration à la sortie.

CHAPITRE V

Des tribunaux compétents pour les affaires du pilotage en matière civile, correctionnelle et criminelle.

Art. 50. — Les contestations relatives aux droits de pilotage, indemnités et salaires des pilotes, seront jugées par le tribunal de commerce du port.

Les pilotes lamaneurs qui devront être punis par des peines correctionnelles, telles que la prison ou l'interdiction pendant moins d'un mois, seront jugés par l'officier chef des mouvements maritimes, ou par celui préposé à la Direction du pilotage ; et, en l'absence de ceux-ci, par l'officier du port de commerce sous l'autorisation de l'administrateur supérieur de la marine, ou de celui préposé à l'inscription maritime.

Les délits qui devront donner lieu à des peines plus graves, à des amendes et à des peines afflictives, seront jugés par les tribunaux de police correctionnelle et les cours de justice criminelle.

ART. 51. — Lors que les délits auront été commis à bord d'un bâtiment de l'État, ou que les faits seront de leur nature, de la compétence de l'autorité maritime, et qu'ils intéresseront le service de la marine, ils seront jugés suivant les lois et règlements de la marine.

ART. 52. — Dans tous les cas comportant punition, la peine sera double, lorsqu'un bâtiment de l'État aura été l'objet du délit.

ART. 53. — Le montant des amendes prononcées contre les pilotes, par quelque tribunal que ce soit, sera versé dans la caisse des invalides de la marine du port où les délits et contraventions auront eu lieu.

ART. 54. — Une expédition de tous les jugements prononcés contre les pilotes sera adressé à l'administration de la marine dans le quartier sur les registres duquel le pilote sera inscrit, afin qu'il en soit pris note sur la matricule des pilotes.

ART. 55. — Chaque pilote ou aspirant admis sera muni d'un exemplaire du présent règlement lequel, dans chaque port, sera placardé dans le bureau de l'administrateur préposé à l'inscription maritime, dans celui du chef du pilotage et du capitaine du port.

ART. 56. — Notre grand juge, ministre de la Justice, et notre ministre de la Marine et des Colonies, sont chargés de l'exécution du présent décret.

GENS DE MER

855. On désigne sous le nom de gens de mer les *marins inscrits*.

Inscription maritime.

856. Le long apprentissage exigé pour la profession de marin, les aptitudes spéciales à cette profession font qu'il serait impossible, en temps de guerre, de se procurer des matelots aptes au service, ainsi qu'on peut le faire pour les armées de terre. Le recrutement ne peut s'exercer que parmi les marins de la navigation commerciale et de la grande pêche, aussi les encourage-t-on par tous les moyens possibles, afin d'avoir un contingent dans lequel on puisse puiser lorsque le besoin s'en fait sentir.

Autrefois on employait le système appliqué en Angleterre sous le nom de *presse*, procédé qui consiste à enlever de force tous les marins d'un port de commerce. Ce système avait le grave inconvénient d'anéantir d'un seul coup tout le commerce maritime de la localité et de fermer ainsi l'école pratique fournie par la navigation de ce port.

Colbert en sentit le premier tous les défauts et organisa l'*inscription maritime* et la caisse des invalides de la marine. Aujourd'hui cette institution comprend l'inscription, sur un registre spécial, de tous les hommes qui se livrent soit à la navigation, soit à la pêche, soit en mer, soit sur les côtes, jusqu'à l'endroit où la mer remonte ou, dans la Méditerranée, jusqu'au point où les bâtiments de mer peuvent remonter.

Ainsi que nous avons déjà eu occasion de le dire, la France est divisée en cinq arrondissements maritimes correspondant à nos cinq ports de guerre; ces arrondissements sont, eux-mêmes, subdivisés en sous-arrondissements et ceux-ci en quartiers. Un commissaire de la marine d'un grade plus ou moins élevé est placé à la tête de chacun d'eux et est chargé de tenir les registres et d'opérer les levées quand cela devient nécessaire.

Les lois qui succédèrent à l'Institution de Colbert (1669) furent le décret de la Constituante du 31 décembre 1790, puis celle du 3 brumaire an IV qui est modifiée par les décrets du 5 juin 1856 et de 1863 et par les décrets du 31 décembre 1872 et 1er juin 1885, qui régissent aujourd'hui la matière.

En voici le résumé d'après la grande Encyclopédie.

« Tout individu âgé de 18 ans révolus,

qui a fait deux voyages au long cours, soit sur les bâtiments de l'État, soit sur les navires de commerce, dix-huit mois de navigation ou deux ans de petite pêche et qui déclare vouloir continuer la navigation ou la pêche peut être requis pour le service de l'État.

« Tout marin inscrit est appelé au service lorsqu'il a atteint l'âge de vingt ans révolus.

« La première période exigée des inscrits est de cinq ans, pendant lesquels ils peuvent recevoir des congés renouvelables (Ils font actuellement 36 à 42 mois de service).

« A l'expiration de ces cinq ans, les inscrits restent pendant 2 ans en congé temporaire à la disposition du gouvernement.

« Après ces deux périodes les inscrits ne peuvent être appelés qu'en cas d'armements extraordinaires ou en vertu du décret de mobilisation.

« Les inscrits maritimes en congé temporaire ou renouvelable peuvent se livrer à toute espèce de navigation.

« Le rappel au service de la flotte a lieu par décision du ministre et dans l'ordre des catégories ci-dessous :

« Catégorie A : inscrits en sursis de levée à titres exceptionnels.
« « B : inscrits en congé renouvable.
« « C « en congé temporaire.

En cas de mobilisation :

« Catégorie D inscrits en sursis de levée de droit.
« « E « âgés de moins de 30 ans.
« « F « âgés de 30 à 35 ans.
« « G « âgés de 35 à 40 ans.

« Comme compensation, les inscrits ont seuls le droit d'exercer la navigation et sont dispensés du service militaire. Ils sont admis à suivre gratuitement les cours d'hydrographie. »

Ils exemptent pendant cinq ans leur frère du service militaire (§ 4 art. 14 de la loi du 27 juillet 1872 sur le recrutement de l'armée). Au-dessous du grade d'officier, ils peuvent faire parvenir sans frais à leurs parents les sommes qu'ils désirent leur envoyer et cela par l'intermédiaire de la caisse des invalides.

Leurs contrats avec les armateurs sont placés sous la sauvegarde de l'administration maritime qui en assure l'exécution.

En cas de maladie à l'étranger, le marin inscrit est rapatrié aux frais de l'État et de l'armateur.

Au bout de trois cents mois de navigation à l'État, au commerce ou à la pêche, il a droit à une pension dite demi-solde.

Tout marin qui veut renoncer à la navigation ou à la pêche, peut se faire rayer des registres de l'inscription maritime, sauf en cas de guerre ou les déclarations ne sont pas admises.

Les registres de l'inscription maritime comprennent 160 à 180 000 hommes.

Caisse des Invalides de la marine.

857. Cette caisse, créée par Colbert (23 septembre 1673), a été organisée telle qu'elle existe aujourd'hui par la loi du 13 mai 1791 et est réglementée après plusieurs modifications par le décret du 21 mars 1885.

Elle est administrée par un fonctionnaire spécial qui relève du ministère de la Marine.

Fort riche autrefois (l'État y avait puisé de 1800 à 1814, 126 000 000 dont 82 000 000 seulement lui ont été remboursés en 1816), elle ne peut aujourdhui se subvenir à elle-même.

Les recettes sont d'environ 7 000 000 et fournies: par la retenue de 5 0/0 sur la solde des officiers de la marine naviguant pour le commerce, par les droits sur les armements de la pêche, du commerce, du pilotage, etc,. par la solde ou la demi-solde des déserteurs suivant qu'ils étaient au service de l'État ou du commerce, par le produit des successions non réclamées des marins, par les arrérages des inscriptions de rente appartenant à la caisse (environ 4 600 000) par les droits sur les amendes, épaves, etc.

Le trésor ajoute à ces recettes une subvention d'environ 5 à 6 000 000 pour parfaire aux charges qui lui sont imposées.

Cette caisse paye, en effet, une demi-solde aux marins de l'État et du commerce aprèsvingt-cinq ans de service, 6 à 9 francs par mois pour blessure, infirmité ou vieillesse, et des secours de 2 à 3 francs par mois auxenfants des demi-soldes jusqu'à l'âge de 10 ans, une somme égale aux veuves, 1 000 000 environ de fonds de secours, gratifications, etc., en tout 12 500 000 fr. dont 310 000 sont absorbés par les frais de Trésorerie.

TRAVAUX MARITIMES

CONSEIL DES TRAVAUX DE LA MARINE.

858. Le ministre de la Marine est assisté pour tout ce qui a trait à l'administration de son département d'un *Conseil d'Amireauté* et d'un *Conseil des Travaux*, ce dernier étant chargé de tout ce qui a trait aux projets des travaux dans les ports militaires,

Ce Conseil a été réorganisé en 1871 ; il se compose de :

Deux vice-amiraux ;

Deux généraux d'artillerie de la marine ;

Un contre-amiral ;

Un inspecteur des ponts et chaussées chargé de l'inspection des travaux maritimes;

Un directeur des constructions navales;

Deux capitaines de vaisseau ;

Deux colonels d'artillerie de marine ;

Deux ingénieurs de la marine;

Un ingénieur en chef des ponts et chaussées.

CHAPITRE XI

COMPTABILITE

PROJETS. — DEVIS.

859. L'Etablissement des projets et des devis, ainsi que la comptabilité, sont soumis aux prescriptions générales adoptées pour les travaux publics.

860. Nous nous sommes longuement étendu sur ce sujet dans notre *Cours des routes* et dans notre *Cours des rivières*, nous y renverrons donc le lecteur.

TABLE DES MATIÈRES

CHAPITRE VII

EXPLOITATION ET OUTILLAGE DES PORTS

CHAPITRE VIII

DESCRIPTION DE QUELQUES PORTS DE MER DE COMMERCE

PORTS MARCHANDS FRANÇAIS

Colonies et Protectorat.

PORTS DE L'ÉTRANGER

Mer du Nord.

CHAPITRE IX

CANAUX MARITIMES

CHAPITRE X

LÉGISLATION

Tours. — Imprimerie DESLIS Frères, rue Gambetta.

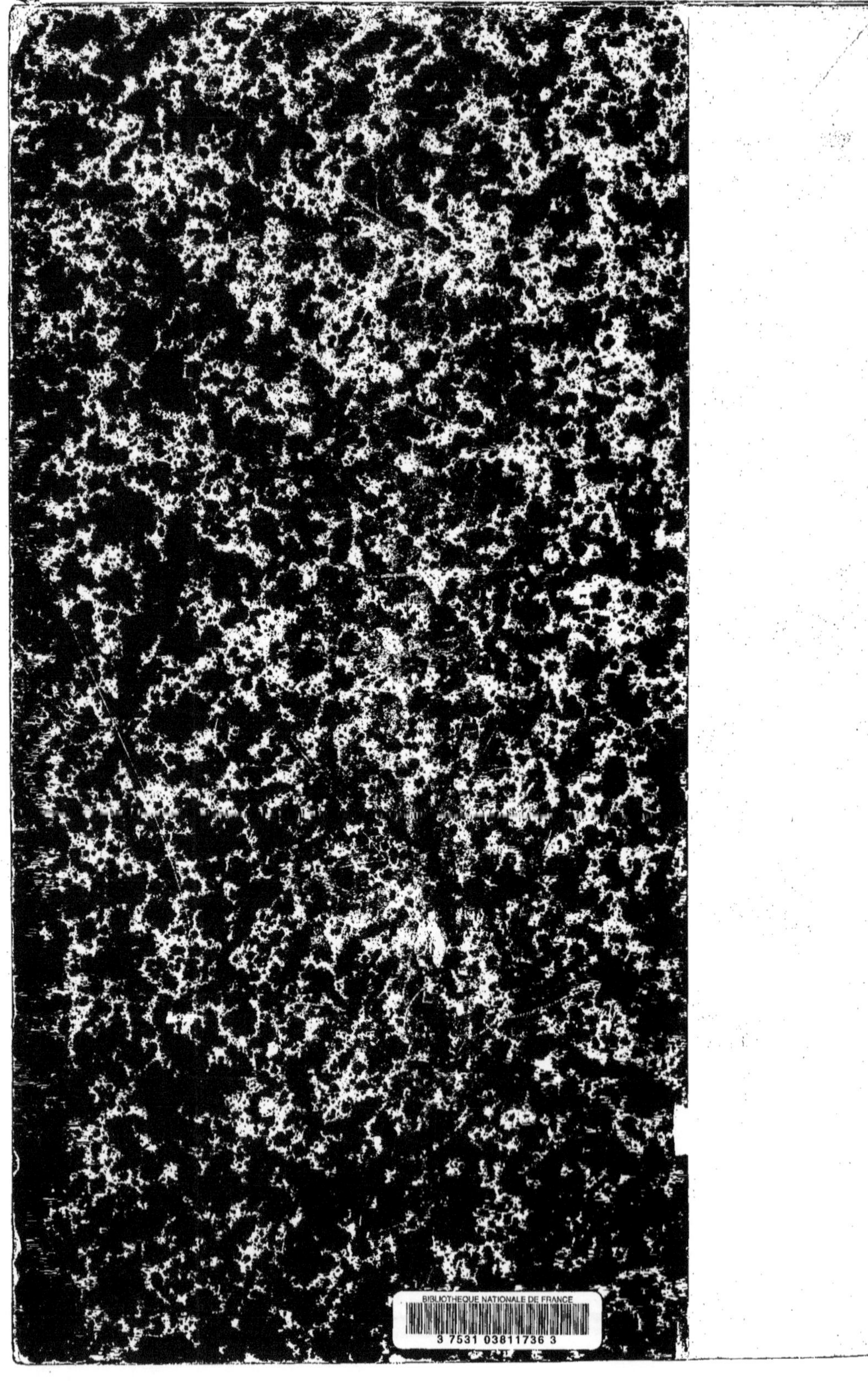
BIBLIOTHEQUE NATIONALE DE FRANCE
3 7531 03811736 3

www.ingramcontent.com/pod-product-compliance
Ingram Content Group UK Ltd.
Pitfield, Milton Keynes, MK11 3LW, UK
UKHW020259200726
13857UKWH00001B/36

9 782012 861671